火灾科学与消防工程

——第四届消防性能化规范发展研讨会论文集

FIRE SCIENCE AND ENGINEERING

A Treatise on the 4th Conference on the Development of Performance-Based Fire Code

香港城市大学建筑系火灾安全与灾害研究组
中国科学技术大学火灾科学国家重点实验室 编

中国科学技术大学出版社

合肥 · 2007

图书在版编目（CIP）数据

火灾科学与消防工程：第四届消防性能化规范发展研讨会论文集/香港城市大学建筑系火灾安全与灾害研究组，中国科学技术大学火灾科学国家重点实验室编. —合肥：中国科学技术大学出版社，2007.10

ISBN 978-7-312-02160-2

Ⅰ. 火… Ⅱ. ① 香… ② 中… Ⅲ. 消防—文集 Ⅳ. TU998.1-53

中国版本图书馆 CIP 数据核字（2007）第 162295 号

中国科学技术大学出版社出版发行

（安徽省合肥市金寨路 96 号，230026）

合肥现代印务有限公司印刷

全国新华书店经销

开本：880×1230/16　　印张：40.75　字数：1530 千

2007 年 10 月第 1 版　　2007 年 10 月第 1 次印刷

定价：198.00 元

火灾科学与消防工程

第四届消防性能化规范发展研讨会

Fire Science and Engineering

The 4th Conference on the Development of Performance-Based Fire Code

主办单位

中国消防协会
中国科学技术大学火灾科学国家重点实验室
清华大学公共安全研究中心
香港城市大学建筑系
北京消防协会

2007 年

组委会、学委会、执委会名单

（一）大会组织委员会

主　席

孙伦（中国消防协会会长、研究员）

副主席

范维澄（中国消防协会副会长、中国工程院院士、清华大学公共安全研究中心主任、中国科技大学火灾科学国家重点实验室主任、教授）

秘书长

尹铁林（中国消防协会秘书长）

委　员（按姓氏笔画为序）

卢兆明（香港城市大学建筑系副主任、副教授）

吴启鸿（中国消防协会总工程师、高级工程师）

赵子新（北京消防协会常务副理事长、北京市公安消防总队总队长）

袁宏永（清华大学公共安全研究中心副主任、教授）

廖光煊（中国科学技术大学火灾科学国家重点实验室常务副主任、教授）

（二）大会学术委员会

主任委员

范维澄

副主任委员

吴启鸿

委　员（按姓氏笔画为序）

申世飞（清华大学公共安全研究中心副教授）

孙金华（中国科学技术大学火灾科学国家重点实验室副主任、教授）

苏向明（北京消防协会副理事长、高级工程师）

袁国杰（香港城市大学建筑系工程博士课程主任、副教授）

（三）大会执行委员会

主　任

尹铁林（中国消防协会秘书长）

委　员（按姓氏笔画为序）

李　伟（北京消防协会秘书长、高级工程师）

李伟明（香港城市大学建筑系助理教授）

陆守香（中国科学技术大学火灾科学国家重点实验室教授）

杨力慧（中国消防协会科技服务部主任、高级工程师）

张和平（中国科学技术大学火灾科学国家重点实验室副主任、教授）

周新民（中国消防协会科技服务部工程师）

翁文国（清华大学公共安全研究中心副教授）

序

两岸四地第四届消防性能化规范发展研讨会的举办以及论文集的出版是“火灾科学与消防工程”学科发展的一个值得高兴的大事。性能化设计是近年来国际上逐步发展起来的一种新的设计思想和方法。随着我国内地及港、澳地区城市建设的快速发展，各类超高层、超大空间的复杂建筑不断涌现。在许多情况下，现有的条文式的规范已不能满足城市建设发展的现实需要，科学、规范地运用性能化设计方法来解决一些特殊和复杂建筑的消防安全工程设计问题已是势在必行。

定期召开的“消防性能化规范发展研讨会”是推动性能化设计不断发展和完善的一个很好的机制和平台。此次研讨会得到了两岸四地消防界广大专家学者的重视、支持和积极参与。经大会学术委员会专家评审，有78篇论文在会上交流，有近90篇论文收入了论文集。论文内容涵盖了性能化设计及验证技术、性能化设计验证及实验、性能化设计工程实例探讨、性能化设计效益评估等诸多方面。相信通过此次会议将会进一步推动性能化设计的实际应用和健康发展。

中国消防协会会长

二〇〇七年十月

序

目　　次

材料燃烧发热、烟、毒性气体之分析研究

蔡匡忠，刘韦杜，陈泓翔

台湾高雄第一科技大学环境与安全卫生工程系

摘要

表面试验(Surface test)为台湾目前测试装修材料耐燃性之主要测试法，而圆锥量热仪（Cone Calorimeter）为目前国际上最被接受之试验法，二项试验法数据之对比为一重要课题。此两套系统主要之差异在试体尺寸（22×22 与 10×10cm）与加热环境（0~13.71 kW/m^2 升温加热、50 kW/m^2 稳定加热），之前对比结果显示其相关性不高，但却未深入探讨。此外现行的法规对于室内装修材料燃烧而生成之有毒气体尚未加以规范，乃因相关研究认为烟毒与发热具有正相关，故控制热释放率应已同时控制烟毒生成，因此在检测方面常常较忽略烟毒危害部分。

本研究针对上述二议题进行进一步探讨，以 10×10、14×14、22×22 cm 尺寸之试体进行表面试验，可探讨试体尺寸之效应，并与圆锥量热仪数据比对可探讨升温方式不同之效应。此外，比对表面试验所得之总发热量及发烟系数与有害燃气试验之 CO 浓度与老鼠死亡时间，可讨论热、烟、毒及老鼠死亡时间之相关性。

研究结果发现，改变试体尺寸对着火时间、最高热释放率、总热释放之效应虽显着但无一定趋势，而发热量（tdθ）与发烟系数（C_A）及 CO 浓度皆为正相关（R^2＝0.7887、R^2＝0.6088），故控制发热量大致应可控制烟毒生成。此外若只以 CO 浓度结合 FED 模式以预估毒性对生物之影响是不够的，应尚有其它因子。本研究之结果可对防火测试中各项标准测试数据分析提供信息。

关键词：材料燃烧性之热烟毒、加热环境、试体尺寸。

1. 概述

近年来建筑物的重大火灾显示，火灾起火或扩大延烧速率常与使用易燃性的室内装修材料有关，所以使用具耐燃性能的装修材料是防火安全中第一道防线，也是最有效的方法之一。然而耐燃材料不仅要有阻缓火势扩大、延烧，增长逃生时间的效果外，还要考虑烟的发生及燃烧气体的成分问题，故在于耐燃材料的性能检测上分别以着火性、发热性、发烟性和毒性进行评估。

世界各国都有相关的试验法，其中以小尺寸试验中圆锥量热仪（Cone calorimeter）[1]为最符合国际化之试验法[2]，然而台湾在针对装修材料防火性能测试，目前仍以表面试验[3]为主要试验标准。为减少贸易障碍，试验标准之国际调和非常迫切，因此各标准测试数据之兼容性及对比研究为一重要之课题。此两套系统主要之差异在试体尺寸与加热环境，之前对比试验研究之结果已显示，表面试验及圆锥量热仪数据之相关系数并不高[4]，但未针对试体尺寸、加热方式深入探讨。

此外现行的法规对于室内装修材料燃烧而生成之有毒气体则尚未加以规范；相关研究中[5]认为烟毒与发热具有正相关，故控制热释放率应已同时控制烟毒生成，因此在检测方面常常较忽略烟毒危害部分，且火灾中热、烟、毒之危害因子通常有其合并作用，并且相互影响。因此是否控制热释放率即可管控烟毒的生成量呢？而单以目前试验法是否可以有效检测材料燃烧毒性对人体之危害影响？

2. 先前研究

2.1 世界主要防火研究国家之试验法

自从采用防火试验来测试材料防火性能以来，世界各国一向都各自发展或选用一套测试基准，共同及共通性甚少。但自欧洲数国组成「欧盟」以及的世界贸易组织，以减少贸易障碍以来，货物的自由流通为重要的目标，由于测试标准不一致，就无法达到「减少贸易障碍」的目标。因此，发展一套世界各地都通用的防火试验标准十分必要。

目前火害评估方式分别从着火性、发热性、发烟性及毒性参数去作评估，而世界各国皆有其试验法来测试装修材料，而台湾目前仍依据早期日本 JIS A1321 标准制订而来，包括表面试验（CNS 6532）及基材试验两部分。此试验法适用于检测建筑物室内装潢材料于火灾初期之耐燃性（Incombustibility），测定装修材料表面受到一般火灾状况之加热所表现之着火性、燃烧性及发烟性。而目前圆锥量热仪为国际间最被认同之试验法[2]，而台湾已订定圆锥量热仪之标准试验法（CNS 14705）[6]，但尚未以此试验法来判定装修材料之耐燃级别标准。

在毒性部分以有害燃气试验法（CNS 8738）作为烟毒测试方法，目前国际上亦常用简单数学模式来评估毒性，其中以 FED（Fraction effective dose）模式最被广泛使用。FED[7]（Fraction effective dose 有效剂量百分比值）之计算方程式如下

$$FED = \frac{\overline{C} \times \Delta t}{Ct}$$

$$\begin{cases} \text{Haber's Rule}: Ct = K \\ K = \text{常数} \\ Ct = \text{造成动物50\%死亡或丧失行动力之浓度与时间乘积} \end{cases}$$

虽然单一毒性物质之效应已能有效模拟，但是由于火灾中燃烧产物的种类与浓度变化甚多，因此 Levin[8]提出另一模式来包含火灾中混合之多项毒性气体。

$$(FED)_{total} = \sum_i \frac{\int_0 Ci\,dt}{LC_{50}(i)}$$

其中：i 为某种刺激性气体

$LC_{50}(i)$ 为某种气体单独存在时，受测生物暴露 30 分钟并观察期间 14 天，死亡半数的浓度与暴露时间乘积。表 2-2 为常见毒性气体之 LC_{50}。

其后 NIST 利用此原理，以火灾中影响死亡与丧失行动能力之主要毒性气体，提出 N-Gas 模式[7]：

$$FED = \frac{m[CO]}{[CO_2]-b} + \frac{[HCN]}{LC_{50}HCN} + \frac{21-[O_2]}{21-LC_{50}O_2} + \frac{[HCl]}{LC_{50}HCl} + \frac{[HBr]}{LC_{50}HBr}$$

$$= \frac{m[CO]}{[CO_2]-b} + \frac{[HCN]}{150ppm} + \frac{21-[O_2]}{(21-5.4)\%} + \frac{[HCl]}{3700ppm} + \frac{[HBr]}{3000ppm}$$

（信赖区间 95%，误差±0.2）

CO_2 本身毒性极低，但对于 CO 气体的毒性有相当加成作用，故当 CO_2 的浓度大于 5%时，CO 毒性便急剧地上升，上式 m 与 b 分别为经验公式常数如下：

$[CO_2]$<5%时，m＝−18　　b＝122000

$[CO_2]$>5%时，m＝23　　b＝−38600

然而并非 CO_2 愈多代表环境之毒性较高，是由于 CO_2 增加，使得小白鼠呼吸频率及深度增加[9]，造成吸入毒性物质的量增加，进而加速死亡时间，其 FED 值[10]如下：

$$FED = \left\{\frac{[CO]}{LC_{50}CO} + \frac{[HCN]}{LC_{50}HCN} + \frac{[HCl]}{LC_{50}HCl} + \frac{[HBr]}{LC_{50}HBr} + \cdots\right\} \times V_{CO_2} + A + \frac{21-[O_2]}{21-5.4}$$

$$V_{CO_2} = 1 + \frac{\exp(0.14[CO_2]) - 1}{2} \quad ; \quad A \text{ 为酸中毒函数} = [CO_2] \times 0.05$$

然而毒性物质之合成效应并非全为加成效果，Hartzell[11]进行 CO 与 HCl 对丧失活动能力时间与死亡的

暴露剂量之影响，结果发现探讨死亡时，CO 与 HCl 两者有加成效果。其原因在于 HCl 的刺激，会破坏呼吸系统而减低呼吸量，使得由吸入 CO 而产生 COHb 的比率降低，因而延长活动停止时间，但缩短致死时间。

Hartzell[12]认为 FED 模拟对于单一毒性物质的老鼠暴露测试中，是非常精准的，已不需要再以动物来做测试，然而针对火灾中多种燃烧产物至今虽已衍生出多项方程式，皆未能非常精准的模拟出毒性效果。

2.2 表面试验与圆锥量热仪试验结果之比较

表面试验与圆锥量热仪试验两试验法的差异，包括试体尺寸、加热环境、加热时间、量测项目，先前学者[4]对两试验法数据已进行过比较探讨，着火性部分发现表面试验中的 t_c 与圆锥量热仪的引燃时间（t_{ig}）有相当大的差异；在发热性中表面试验的发热量（tdθ）与圆锥量热仪的总热释放率（THR）有较佳相关性（R^2=0.7528）。然而两试验法最主要差异在于加热环境（0~13.71 kW/m^2 升温加热、50 kW/m^2 稳定加热）与试体尺寸大小（22×22、10×10 cm），如图 1，但之前学者并没有针对此两项做更深入的探讨。

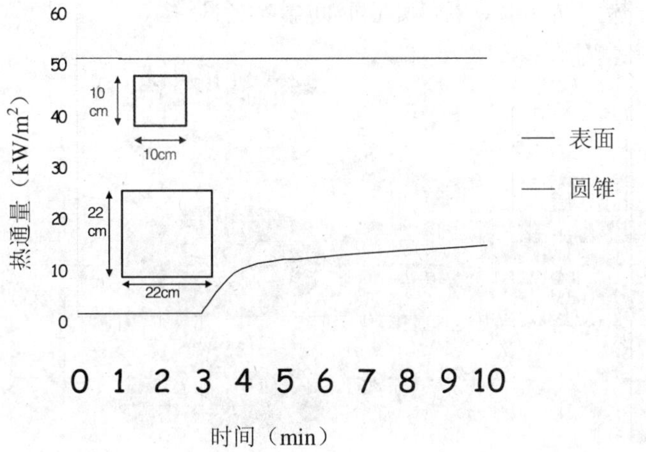

图 1　表面试验与圆锥量热仪热通量与尺寸大小比较

而 Nussbaum and Östman[13]在圆锥量热仪实验中，针对试体尺寸 10×10 cm 和 20×20 cm 进行不同尺寸之研究，分析后发现试体尺寸大的热释放率（HRRPUA）较高；引燃时间（tig）也较快。

2.3 热烟毒之试验结果相关性

日本在烟毒性的判别上提出CO生成量与热释放率成正相关，故建议之基准未提出毒性危害部分，假设若控制热释放率已同时控制CO生成量[2]；且一般建筑材料发烟与发热具有正向关系，亦即限制其发热即可控制其发烟，因此也不再单独进行发烟影响能见度之试验[5]。

3. 实验与讨论

3.1 实验规划

本研究以不同试验法探讨装修材料着火性、发热性、发烟性及毒性之相关性。赖宜麟[4]提出表面试验与圆锥量热仪试验在着火性部分发现有相当大的差异；在发热性中有较佳相关性，但却未深入针对加热环境及试体尺寸进行探讨，故本实验深入研究表面试验与圆锥量热仪在不同加热环境及不同试体尺寸下的相互关系。此外，并使用有害燃气检验法，来评估火灾烟毒之危害，以验证是否如先前研究[2]认为烟毒与发热具有正相关，控制热释放率即同时控制烟毒生成？如此将可使未来试验法在判别级别时，提供重要的信息。

3.2 实验设备

本实验设备主要为表面试验（CNS 6532）、圆锥量热仪（Cone calorimeter）及有害燃气试验（CNS 8738）、$CO/CO_2/O_2$气体分析仪、数据记录器、热电偶（Thermocouple）及 VOC $_{(s)}$、醛酮类等相关实验分析设备。

3.3 实验设计

实验设计如图 2，以表面试验（图中绿色部分）、圆锥量热仪试验（图中蓝色部分）和有害燃气检验法（图中黄色部分）探讨装修材料之着火性、发热性、发烟性及毒性之相关性。实验第一部份探讨表面试验与圆锥量热仪试验之尺寸试体与加热环境研究，分别以 22×22 cm、14×14 cm、10×10 cm 之不同尺寸进行表面试验，并与试体尺寸 10×10 cm 之圆锥量热仪试验做比对，以热释放趋势、总发热量、着火时间之火害参数数据，探讨加热环境与试体尺寸之相互关系；第二部份实验以试体尺寸 22×22 cm 之表面试验所得之发烟系数（C_A）及总发热量（tdθ）与有害燃气试验所得之老鼠活动停止时间（min）、死亡时间（min）与 CO 浓度（ppm），进行热、烟、毒对老鼠死亡时间影响之探讨。

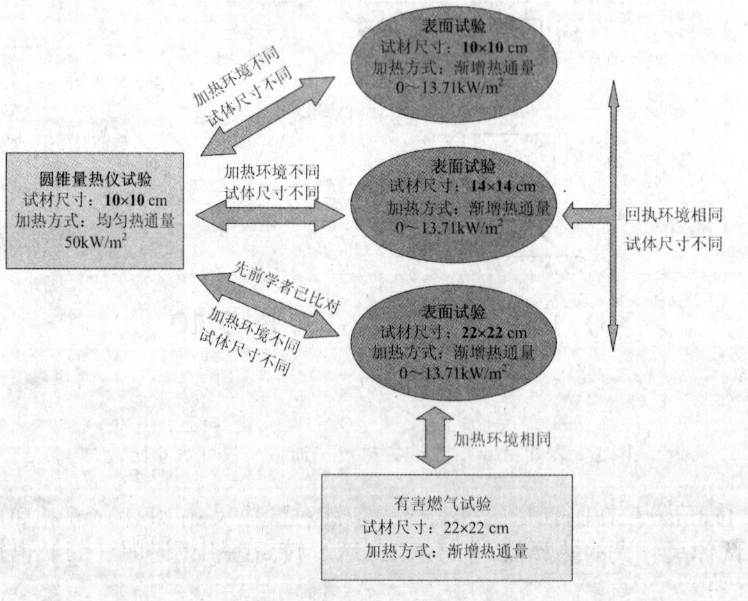

图 2　实验设计示意图

3.4 实验结果分析及讨论

针对试验法实验结果进行分析，首先分析表面试验与圆锥量热仪试验之着火性与发热性，再进一步探讨加热环境与试体尺寸之相关性；而后再与有害燃气试验作比较，探讨热、烟、毒与老鼠伤亡之相互关系。

3.4.1 表面试验与圆锥量热仪试验之探讨

（1）着火性之探讨

图 3 为在相同加热环境下表面试验试体尺寸 22×22cm 与尺寸 10×10cm 之着火时间，发现 12 种试材中不同尺寸之着火时间虽有些微差异但相当接近，并无如 Nussbaum and Östman[13]在圆锥量热仪实验中（20×20、10×10 cm）发现试体尺寸大引燃时间较快之结果，由此可见表面试验之着火时间并不随试材尺寸改变。其原因有可能为本实验中表面试验为垂直配置，而 Nussbaum and Östman 在圆锥量热仪实验中为水平配置，而水平、垂直不同热流场所形成之空气进入与气流柱方向的差异所造成，水平配置之空气进入与气流柱方向垂直，空气之进入使可燃蒸汽往试体中央部位累积，即点火源位置，当可燃蒸汽累积至可燃下限，而产生着火，此时较大之尺寸试体其累积的可燃蒸汽将较多，因此达着火时间也较快；反之垂直配置可燃蒸气不易累积。

图 4 为尺寸 22×22 cm、14×14 cm、10×10 cm 试体在表面试验中之着火时间(t_c)与 10×10 cm 试体在圆锥量热仪试验之引燃时间（t_{ig}）的综合比较图，图中发现三种趋势线都相当的接近，相关系数（R^2）均

超过 0.7。

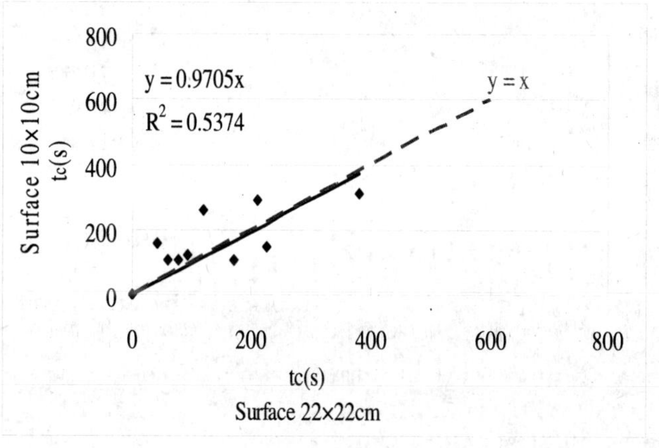

图 3　试体尺寸 22×22cm 与尺寸 10×10cm 之表面试验着火时间比较

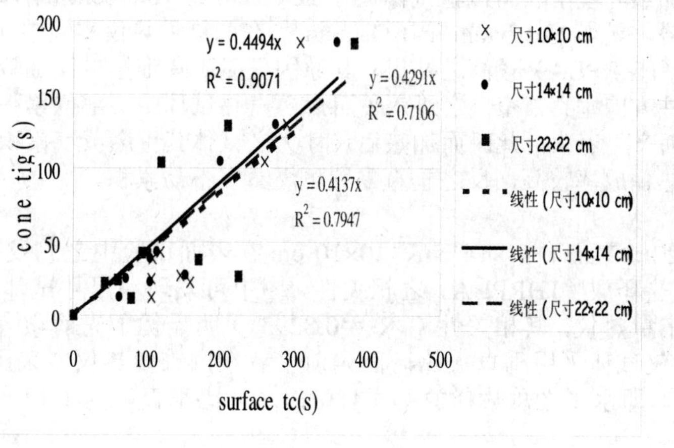

图 4　着火时间之综合比较图

（2）热释放率

实验中分别以试体尺寸 22×22 cm、14×14 cm、10×10 cm 表面试验与试体尺寸 10×10 cm 圆锥量热仪试验之 dθ(表面试验)、HRRPUA（圆锥量热仪试验）与对时间之趋势图比较，研究中发现，在 12 种试材中，除石膏板、氧化镁板与纤维水泥板因为为不燃材质外，其它材料于不同尺寸或不同加热方式之测试下热释放趋势与达热释放峰值时间无一致趋势，以图 5～图 6 呈现。

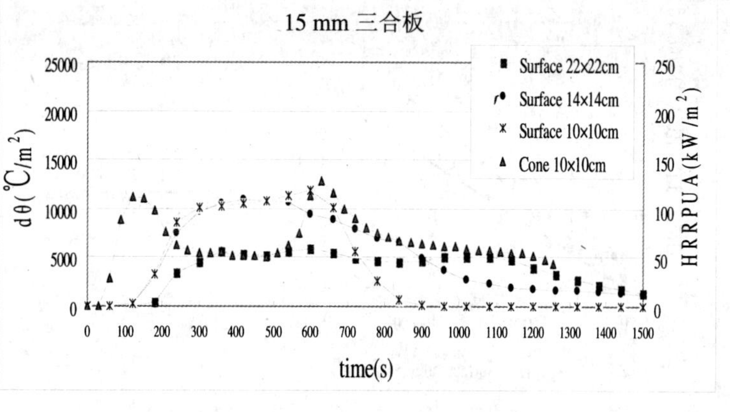

图 5　15mm 三合板发热量图

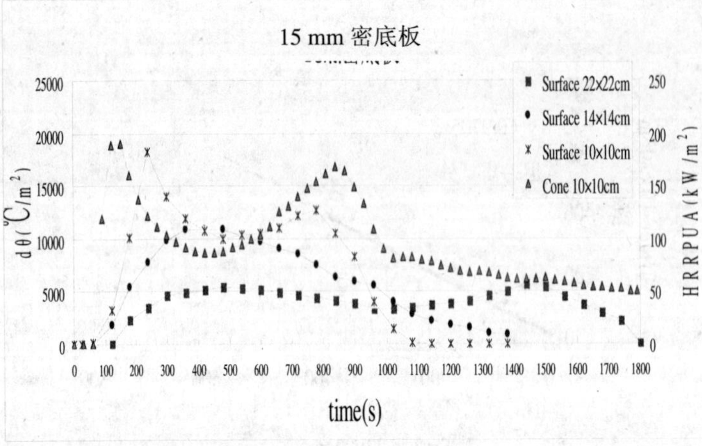

图 6　15mm 密底板发热量图

本实验另观察相同加热环境下表面试验试体尺寸 22×22cm 与 10×10cm 试体之发热性，发现 12 种试材在发热性中并无明显趋势，无如 Nussbaum and Östman [13]在圆锥量热仪实验中（20×20、10×10 cm）发现试体尺寸大的热释放率（HRRPUA）较高之结果，其原因可能为圆锥量热仪试验中为均匀热通量，且水平配置之空气进入与气流柱方向垂直，空气之进入使可燃蒸汽往试体中央部位累积，即点火源位置，当可燃蒸汽累积至可燃下限，而产生着火，此时而加热后尺寸大之试体其可燃蒸汽累积较多、火焰厚度厚、热回馈也较多，故尺寸大的热释放率较高，反之垂直配置可燃蒸气不易累积。

（3）总热释放率

图 7 为试体尺寸 22×22 cm、14×14 cm、10×10 cm 在表面试验中之总发热量（tdθ）与 10×10 cm 在圆锥量热仪试验之总热释放（THRPUA）之相关性，图中可发现在尺寸试体 22×22 cm 之表面试验与尺寸试体 10×10 cm 圆锥量热仪，其相关性（ $R^2=0.8293$ ）明显优于先前学者研究（$R^2=0.7528$ ）[4]，然而本实验之圆锥量热仪试体采用垂直加热，而先前学者在圆锥量热仪中采用水平加热方式，另考虑水平、垂直配置之影响，即水平之总热释放率（THRPUA）比垂直高约 1.12 倍[14]，发现其对相关系数并无影响。

在尺寸效应方面可发现当尺寸试体 14×14 cm 与 10×10 cm 时其表面试验与圆锥量热仪试验之数据关系相当接近，然而与尺寸 22×22 cm 有明显不同，尺寸 22×22 cm 之总热释放是 14×14 cm 及 10×10 cm 之 1.33 倍。有此可推测改变表面试验尺寸从 22×22 cm 至 14×14 cm 时有较大变化，再缩小为 10×10 cm 将无明显变化，其原因可能为表面试验中试体燃烧时火焰成紊流（Turbulent flow ）与层流（Laminar flow）状态，且中间有一段过渡区（Transition），此时 22×22 cm 尺寸试体落于紊流区；14×14 cm 与 10×10 cm 尺寸试体落于层流区。

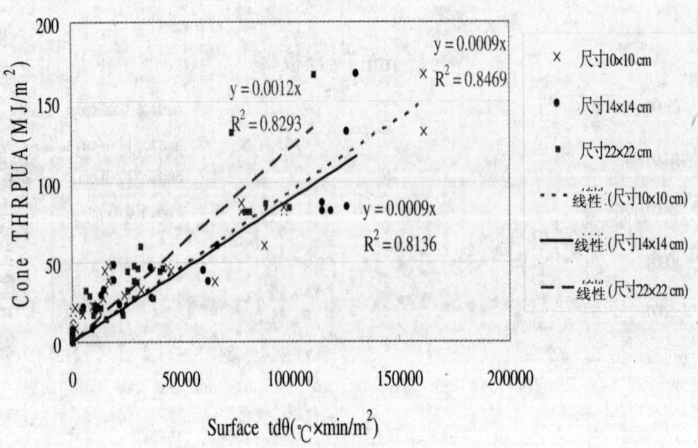

图 7　总发热量综合比较图

3.4.2 有害燃气试验之烟毒性探讨

本节探讨老鼠死亡时间（min）与 CO 浓度（ppm）、发烟系数（C_A）及总热释放率（tdθ）之相关性。本仪器试材加热燃烧时间为 6 分钟，试材燃烧后产物通入老鼠暴露箱内，侦测 CO 浓度及温度。图 8 显示老鼠暴露箱内之 CO 浓度，皆从 4 分钟后才开始累积增加，由此可推断燃烧炉产生燃烧产物通入搅拌箱至老鼠暴露箱时间约为 4 分钟左右，且 10 分钟左右大部分试材 CO 浓度成定值，因系燃烧完全停止之故（有害燃气试验加热 6 分钟）；但亦有数种试材（SMA、SMB 涂料板、红柳桉及三合板）之 CO 浓度于 10 分钟后仍然持续增加，这些试材停止加热后应仍有余火或闷烧情形发生。此外观察老鼠暴露箱内的温度如图 9，其温度皆低于 40℃，因此老鼠并未暴露于热的效应中，且 6 分钟后温度开始逐渐下降，也与燃烧炉加热 6 分钟吻合。

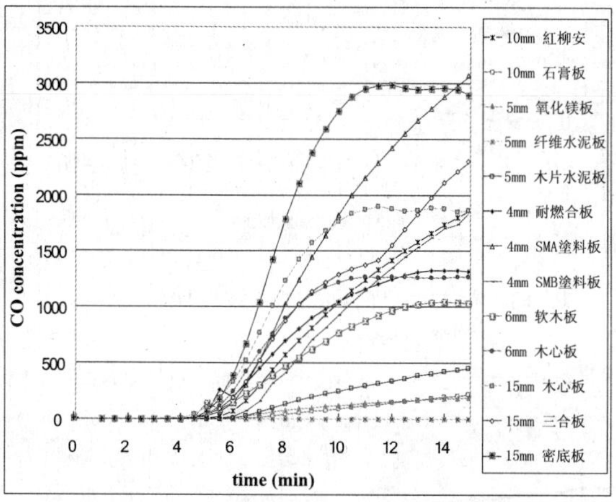

图 8　13 种材料 CO 浓度与时间之变化图

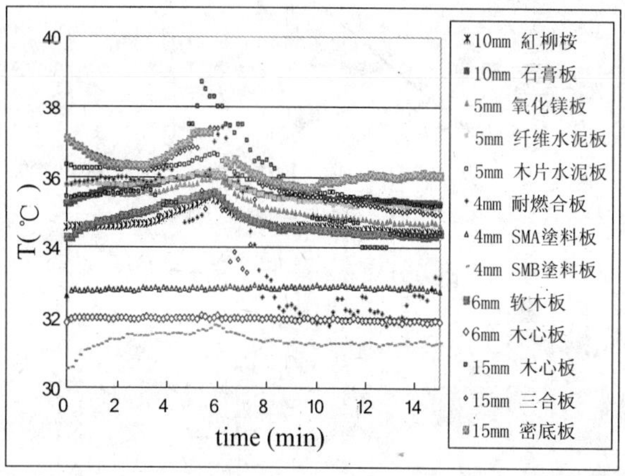

图 9　13 种材料于老鼠暴露箱内温度与时间之变化图

由图 10、11 可以发现发热量（tdθ）与发烟系数（C_A）及 CO 浓度皆有正相关（R^2＝0.7887、R^2＝0.6088），故如先前研究[2]烟毒与发热具有正相关，控制发热量即可控制烟毒生成，但因相关系数（R^2）仅 0.6～0.8，此趋势无法通用于所有材料，但一般而言应可符合，且是否推论适用在其它仪器就不得而知。另由图 12 可看出发烟系数（C_A）与 CO 浓度有很好的正相关（R^2＝0.7739），由此可见当烟量愈多时 CO 也相对增加，其原因在于试体燃烧不完全就会产生大量的浓烟与毒性物质之故。

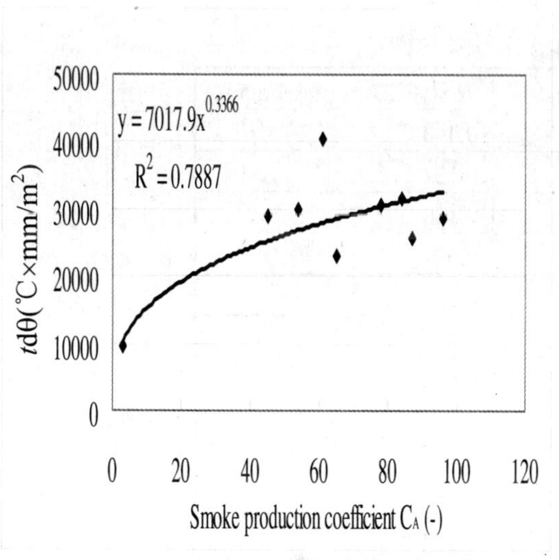

图 10　总热释放与发烟系数之比较

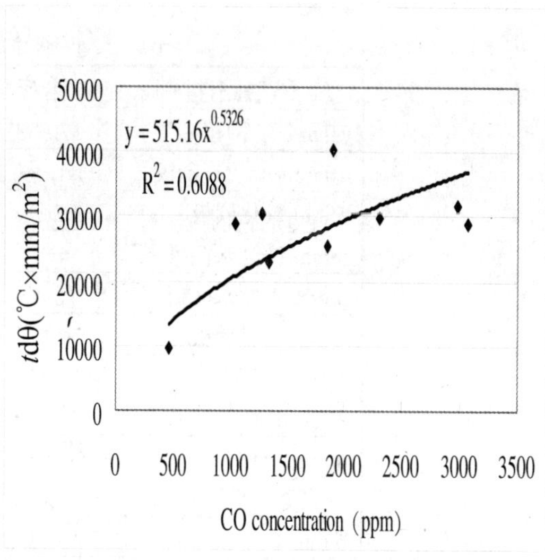

图 11　总热释放与 CO 浓度之比较

图 13、14 为老鼠活动停止、死亡之时间（min）与 CO 浓度之关系，可发现其相关性并不高（R^2=0.313、R^2=0.0722），且将老鼠死亡时之 $CO/CO_2/O_2$、$VOC_{(s)}$、醛酮类之浓度数据套入前章节之 FED 的计算公式，如

表 1，可知老鼠死亡时其 FED 值皆无≧1，可能原因为造成老鼠活动停止甚至死亡另与烟粒子及其它毒性气体有关，但本研究并无法分别烟、毒之个别效应，因此若只考虑 CO 浓度来预估毒性对生物之影响是不足的。

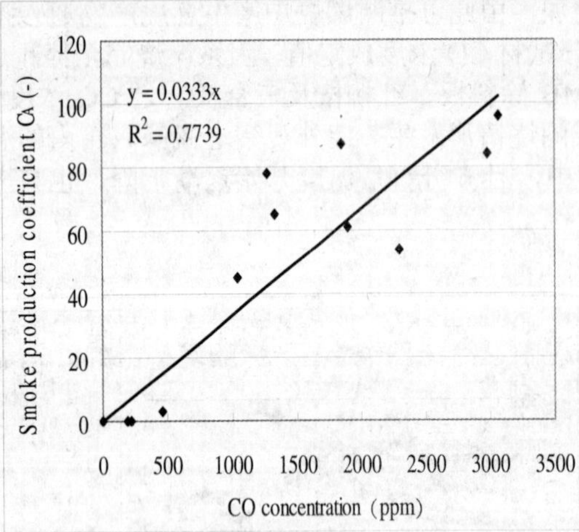

图 12　发烟系数与 CO 浓度之比较

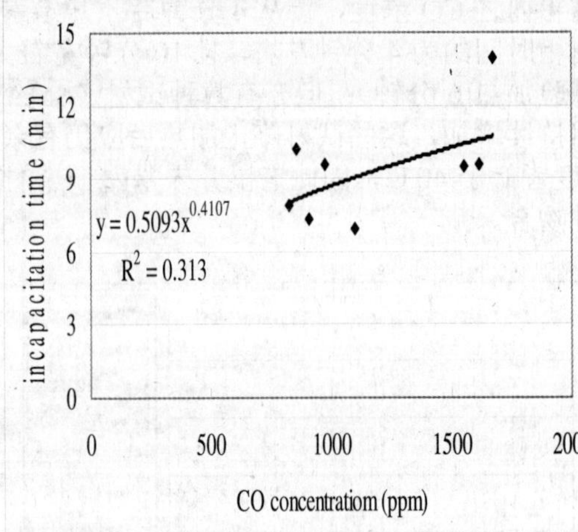

图 13　行动停止时间与 CO 浓度比较

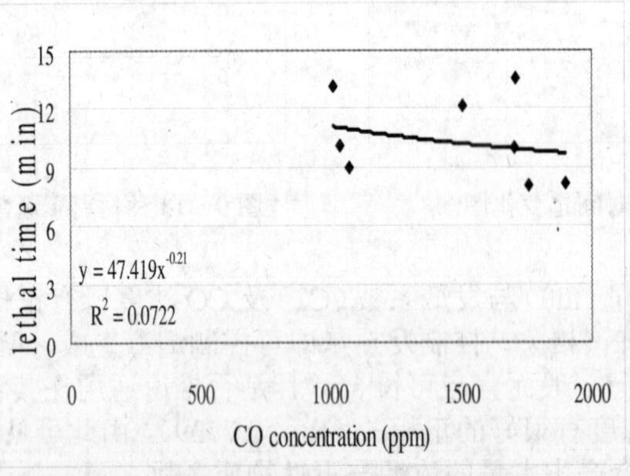

图 14　死亡时间与 CO 浓度之比较

表 1 不同试材中之 FED 比较图

试体材料	老死亡时间（min）	估计 FED 值（依 Eq.5)
10 mm 红柳桉	13.538（±1.46 min）	0.408
10 mm 纸面石膏板	ND	0.127
5 mm 氧化镁板	ND	0.168
5 mm 纤维水泥板	ND	0.071
5 mm 木丝水泥板	ND	0.227
4 mm 耐燃合板	10.1（±0.98 min）	0.355
4 mm SMA 膨胀涂料板	12.153（±1.26 min）	0.5
4 mm SMB 膨胀涂料板	ND 三天后两只死亡	0.536
6 mm 软木板	13.21（±1.1 min）	0.254
6 mm 木心板	8.95（±0.95 min）	0.272
15 mm 木心板	8.14（±0.93 min）	0.508
15 mm 三合板	9.96（±1.26 min）	0.463
15 mm 密底板	8.1（±0.45 min）	0.49

注：ND 表示无死亡发生

4. 结论与建议

本研究针对试验法中材料燃烧时热、烟、毒之探讨，利用表面试验与圆锥量热仪探讨不同加热环境及试体尺寸下之着火性及发热性相互关系；并且以表面试验及有害燃气检验法，探讨烟毒与发热是否具有正相关，来重新评估烟毒对火灾的重要性，其实验结果与建议归纳如下：

1. 表面试验与圆锥量热仪之分析

本实验比较表面试验中尺寸 22×22 cm、14×14 cm、10×10 cm 试体与圆锥量热仪 10×10 cm 试体之试验结果。

（1）引燃时间（t_c、t_{ig}）分析

发现三种尺寸之趋势线都相当的接近，相关系数（R^2）均超过 0.7，显示表面试验之着火时间并不随试材尺寸改变。

（2）热释放率分析

在 12 种试材中，除石膏板、氧化镁板与纤维水泥板因为不燃材质外，其它材料于不同尺寸或不同加热方式之测试下热释放趋势与达热释放峰值时间无一致趋势。

（3）总热释放（THRPUA）分析

结果发现尺寸 14×14 cm、10×10 cm 试体在表面试验之总发热量（tdθ）与 10×10 cm 试体在圆锥量热仪试验总热释放有相同对比关系，但 22×22 cm 试体之结果则明显不同，因系 22×22 cm 尺寸试体燃烧热流为紊流型态，而 14×14 cm 与 10×10 cm 尺寸试体为层流型态之故。

（4）综合分析

Nussbaum and Östman [13]在圆锥量热仪实验中发现试体尺寸大的热释放率（HRRPUA）与引燃时间较高且快，而本研究发现表面试验中并无此趋势。

2. 有害燃气试验之烟毒性分析

本研究可看出当所有试材燃烧后产物通入老鼠暴露箱内，温度皆不大于 40℃，因此老鼠在实验仪器中并未暴露于热的效应。且发热量（tdθ）与发烟系数（C_A）及 CO 浓度虽皆有正相关（R^2=0.7887、R^2=0.6088），故大致而言控制发热量即可控制烟毒生成，但此结论无法适用于每一材料，另是否适用于其它仪器亦不得而知。此外，发烟系数（C_A）与 CO 浓度有很好的正相关（R^2=0.7739），有此可见当烟量愈多时 CO 也增加。

老鼠活动停止、死亡之时间（min）与 CO 浓度之关系，可发现其相关性并不高（R^2=0.313、R^2=0.072），且将老鼠死亡时之 $CO/CO_2/O_2$、VOC $_{(s)}$、醛酮类之浓度数据套入 FED 的计算公式，其 FED 值皆无≧1，有此可见造成老鼠活动停止甚至死亡另与烟粒子或其它毒性气体有关，若只考虑 CO 浓度将无法准确预估毒性对生物之影响。

5. 参考文献:

[1] ISO5660,Fire Tests. Reaction to Fire. Rate of heat release from building products. Internation Organisation for Standaradisation, Geneva, 1993.
[2] 雷明远,蔡匡忠.最符合国际化之试验法-圆锥量热仪标准.消防与防灾科技杂志. 2006,25: 90-94.
[3] CNS6532,建筑物室内装试材料耐燃性试验法,1993.
[4] 赖宜麟. 使用不同防火试验法测试各式材料组成之防火性能比较.高雄第一科技大学环境与安全卫生工程研究所硕士论文,2005.
[5] 蔡匡忠. 建筑材料耐燃试验法之未来发展.消防与防灾科技杂志.NO. 2006,26:24-26.
[6] CNS 14705.建筑材料燃烧热释放率试验法-圆锥量热仪法,2002.
[7] Babrauskas V.,Richard G. G., Levin B. C., Paabo M.,. Harris R. H, Peacock R. D. and Yusa S. A methodology for obtaining and using toxic potency data for fire hazard analysis. Fire Safety Journal. 1998, 31:345-358.
[8] Levin B.C., Paabo M., Bailey C., Harris S.E. and Gurman J.L. Toxicological effects of the interactions of fire gases and their use in a toxic hazard assessment computer model. Toxicologist,1985,5:127.
[9] Purser D.A. Toxicity assessment of combustion products. SFPE handbook of Fire Protection Engineering. 3rd ed. 2002:2-117.
[10] Hull T.R. and Paul K. T. Bench-scale assessment of combustion toxicity-A critical analysis of current protocols. Fire Safety Journal. 2007, 42:340-365.
[11] Hartzell G.E., Switzer W.G and Priest D.N. Modeling of toxicologyical effects of fire gases: V. Mathematical modeling of intoxication of rats by combined carbon monoxide and hydrogen cyanide atmospheres. Journal of Fire Sciences. 1985,3:330-342.
[12] Hartzell G.E., Switzer W.G. and Priest D.N. Modeling of toxicologyical effects of fire gases: И. Mathematical modeling of intoxication of rats by carbon monoxide and hydrogen cyanide. Journal of Fire Sciences.1985,3:115-128.

[13] Nussbaun R. and Östman B. Larger specimens for determining rate of heat release in the cone calorimeter. swedish institute for wood technology research, Box 5609, S-11486 Stockholm, Sweden., Fire and Materials , 1986, 1 10, 151-160.

[14] 陈荣俊. 不同热流场环境下圆锥量热仪数据应用于火灾仿真及材料火害反应评估之研究.高雄第一科技大学环境与安全卫生工程研究所硕士论文,2006.

The production of heat, smoke and toxic gases from burning materials

Abstract

The flammability of interior finish materials is crucial for fire safety. The testing methods are different and their harmonization is a very issue. In Taiwan, the Surface Test (CNS 6532) is used and the cone calorimeter (ISO 5660) is more accepted worldwide. The heating behavior and specimen size are of the two most differences. Previous studies have focused on the comparison of the test data. However, the effect of the two main differences has not been studied. In addition, the method to evaluate the toxicity of burning materials is not properly studied. One argument exists in current methods: the way to control smoke and carbon monoxide is by controlling heat production. This argument needs to be clarified.

In the study of flammability, specimen sized 10×10, 14×14 and 22×22 cm are tested in the Surface Test and the data are compared with 10×10 cm specimen data in the cone calorimeter. Furthermore, in the study of toxicity, the data of heat production are compared with those of CO and smoke production. The time of mice death in the toxic gases test (CNS 8738) are also discussed.

He data shows that no trend existed for the effect of specimen size on ignition time, peak heat release rate and total heat release. High relevance was observed for the data of heat and smoke/CO productions (R^2=0.79 and 0.61). By controlling the production of heat may limit the smoke/CO productions. However, after inputting the information of CO production into FED model, the values did not reach unity in the tests in which mice died. The FED model may not be adequate enough. Other information is needed.

作者简介：

蔡匡忠，英国爱丁堡大学博士，曾于台湾建筑研究所任职，现为高雄第一科技大学环境与安全卫生工程系助理教授。曾参与台湾多项防火测试标准之拟定及消防设计审查工作，研究兴趣包括火灾动力学、建筑物火灾、消防测试、消防法规等。

水灭火主控参数之探讨

蔡匡忠，王孝中，陈泓翔

台湾高雄市楠梓区卓越路 2 号

摘要

为增进水灭火之效能，先前多项研究已针对最小喷水量、最佳液滴粒径及最迟喷水时间等对火的抑制影响进行探讨，但各项研究注重单一变因对灭火效能之探讨，未以整合之方法探讨水之灭火效能？此外亦未从性能设计方式探讨，以了解在不同火载量的各类场所下所需撒水设备的设置，以达到最佳的灭火效用。

本研究以木框架进行实验，先以未进行灭火之木框架燃烧实验了解其燃烧特性外，并建置小型灭火性能测试装置，以了解自动及手动撒水对灭火效能之影响。

撒水头自动作动实验部分，将观察自动撒水系统对于火灾初期抑制的效应，并与手动撒水作动状况进行比较。

手动作动部分，探讨撒布量压力：(0.35、0.7、1.5 及 3 kg/cm^2)、质量预焚百分比（8、23 及 40%）及火载量（9、12 及 15 层木框架）对灭火效能之影响，并以整合性方法归纳并计算出针对特定火载量之灭火时间关系式。

研究结果发现：

1. 未灭火木框架燃烧特性上最大热释放率与最大 O_2 消耗量及 CO_2 产生量三者皆发生于质量损失 23%时，且木框架燃烧是属于快速型火灾。而 CO 产生量最大发生在热释放值最大及燃烧后期的闷烧时，木框架质量呈指数递减。
2. 自动撒水对抑制燃烧的效应中得知，燃烧达自动撒水时立即扑灭，且依法规规定下撒水灭火效能甚佳。
3. 手动撒水时，水压力越大灭火效能越佳，层数愈大所需灭火时间越长，但在质量预焚百分比 23%较 8%及 40%灭火时间快。
4. 而在灭火效能整合性分析部份，得知火载量、单位面积撒水率和时间具有 $t = 0.003\left(\frac{\dot{Q}}{\dot{m}_w''}\right)^{2.5}$ 之关系（R^2=0.82），可预估在特定火载量及单位面积撒水率下之灭火时间，提供各类场所以性能设计设置撒水设备之用。

关键词: 火灾抑制、撒水系统、木框架。

1. 概述

水具有绝佳的灭火性能，因此成为最广泛使用的灭火剂。水经由液体变为蒸气（汽）的相变化过程为一吸热反应，可以有效攫取热量，同时大量产生的水蒸汽可以降低周遭环境的氧气浓度（在密闭空间内使用时尤具功效），因此水适于作为大部分火灾的灭火剂。

在灭火之性能设计方面，先前多项研究已针对最小喷水量、最佳液滴粒径及最迟喷水时间等对火的抑制影响进行探讨，来分析个别火载量的灭火需求，但各项研究注重单一变因对灭火效能之探讨，未以整合之方法探讨水之灭火效能？此外亦未从性能设计方式探讨，以了解在不同火载量的各类场所下所需撒水设备的设置，以达到最佳的灭火效用。

本研究将针对防火工程中以水灭火之燃烧抑制特性，及对水灭火效能之机制、主控参数等有整合性的探讨。

2. 先前研究

2.1 水系统灭火之机制

普通火灾的灭火机制，主要来自三种效应[1]：

（1）冷却燃烧物质

冷却是水的主要灭火作用，冰→水→水蒸汽的吸收热量:由冰溶解成水所需热 333 kJ/L，而将一升的水由 0℃加热到 100℃需要吸收 418 kJ 的热能。

（2）窒息作用

水灭火时，遇到炽热燃烧物而汽化，体积急剧增大约产生 1700 倍水蒸汽，大量的水蒸汽占据了燃烧区的空间，燃烧就会停止。

（3）对水溶性可燃（combustible）液体的稀释

水溶性可燃液体发生火灾时，撒水后水与可燃液体混合，可降低可燃液体的浓度，使可燃蒸气浓度减低，减缓火势蔓延，加速火灾扑灭。

2.2 木框架

Block[2]曾建立二类不同结构木框架之燃烧理论模式，并由实验来验证。

Babrauskas[3]针对宽松及密集结构堆栈之木框架进行热释放率之探讨，而木框架堆栈之几何参数如图1所示。

Babrauskas指出，对于整体点燃之宽松结构，质量损失率受燃料表面控制（fuel surface control），其参数包含初始质量、木条宽度和燃烧时间，整体点燃宽松结构经验公式如下所示。

1. 整体点燃宽松结构经验公式：

$$\dot{m}=\frac{4}{D}v_P\cdot M_0\left(1-\frac{2v_P\cdot t_a}{D}\right) \cdots\cdots\cdots\cdots \text{(1)}$$

式中 $\dot{m}$=质量损失率（kg/s）

M_0=木框架初始质量（kg）

v_P=燃料表面消耗率（fuel surface regression rate），m/s，对于木料而言， $v_P=2.2\times10^{-6}\cdot D^{-0.6}$

D=木条宽度（m）

t_a=从木框架完全引燃起算之时间（sec）

令（1）式中 t=0，则可得到最大质量损失率为：

$$\dot{m}=\frac{4}{D}M_0\cdot v_P \cdots\cdots\cdots\cdots \text{(2)}$$

此式所计算出之质量损失率可视为将木条全部散开放置，木条间无相互覆盖而不能接触空气之面积，估算值乃以木条所有面积计算，故其估算值会高于木框架中堆栈而有覆盖面积之情形。

而密集结构之质量损失率受木框架孔隙控制（crib porosity control），其参数包括初始质量和几何结构，其所得整体点燃密集结构经验公式（3）如下所示。

2. 整体点燃密集结构经验公式：

$$\dot{m}=4.4\times10^{-4}\left(\frac{S}{h_c}\right)\times\left(\frac{M_0}{D}\right) \cdots\cdots\cdots\cdots \text{(3)}$$

式中 $\dot{m}$=质量损失率（kg/s）

D=木条宽度（m）

M_0=木框架初始质量（kg）

S=木条的间距（m）

h_c=木框架的高度（m）

我们可利用（2）及（3）式计算出其质量损失率之后，再乘上木条之燃烧热（12 MJ/kg）[3]即可求得理论热释放率如下列公式（4）所示。

$$HRR=\Delta h_c \times \dot{m} \quad (4)$$

HRR=热释放率（MJ/s）

Δh_c=燃烧热（MJ/kg）

$\dot{m}$=质量损失率（kg/s）

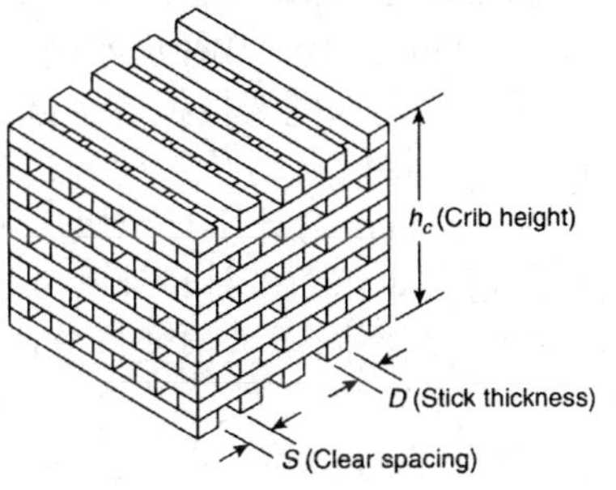

图 1　木框架堆栈之几何图形[3]

2.3 质量预焚百分比

林大惠与孔祥征[4]研究自动撒水系统之灭火效应，而去探讨热释放率变化过程和抑制火焰之必要喷水密度（required delivered density，RDD），并建立 1MW 大尺度燃烧分析装置。实验以木材迭架为试验对象，木框架（点火油盘 54×15cm 深 3cm 有两个）燃烧实验于开放空间进行，以不同的喷水率（如下表 1 所示），在不同质量预焚百分比下，直接喷水在不同层数的木框架（尺寸: 2.8×3.3×54 cm，每层 8 条）上，用以分析其燃烧抑制现象。

表 1　实验参数

变因（单位）	变量
水量（L/m^2. min）	2.98、4.22、4.66、5.08、5.22
质量预焚百分比（%）	10、15、20、27
木框架的层数（N）	9、12、15

实验结果得知固定木框架层数及喷水率时，尽管不同测试的木框架起始质量不同，但喷水前其质量燃烧率几乎相等；随质量预焚百分比增加，喷水后其质量燃烧率亦随之变大，并固定木框架层数及质量预焚百分比下，喷水率变大，其质量燃烧率变小。此外，固定质量预焚百分比下，木框架层数愈多，其所需的 RDD 随之变大；固定木框架层数下，质量预焚百分比愈大，则所需的 RDD 随之变大。

2.4 撒水设备对热流层的影响

Lougheed[5]在1997年进行了全尺寸的实验，模拟办公室发生火灾的情况，并从实验结果指出一但撒水头作动并将火势控制住后，火源之热释放率会呈现指数下降，而且在撒水头刚作动时，热烟层还是会保有其原来的浮力，但是当热释放率开始降低之后，热烟层之浮力会降低，最后会扩散至整个区域。

3. 实验与讨论

在灭火之性能设计方面，先前研究未从性能设计方式探讨，以了解在不同火载量的各类场所下所需撒水设备的设置，以达到最佳的灭火效用。

本研究除了将以未进行灭火之木框架燃烧实验了解木框架之燃烧特性外，并建置小型灭火性能测试装置，以了解自动及手动水灭火时对灭火效能之影响外并以整合性方法归纳并计算出个别火载量的灭火时间的关系式。

3.1 实验规划

本研究探讨水灭火时整合性防火效能的关系。木框架之堆栈方式乃参考 CNS 1387[6]之方式实行，所使用木框架材料为柳安木，而本实验装置整体架构配置图如下图 2 所示，编号及装置如下所示: 1.烟罩、2.为向下标准反应型撒水头其作动温度为 68℃、3.撒水承架、4.木条、5.燃烧承架、6.油盘（点火油盘 40×40cm 深 5cm，92 无铅汽油 140cc）、7.承水盘、8.重量平台、9.径流水道。

实验部份，在开放空间中进行以不同层数之木框架模拟各火载量火源之实验。点火后除了未进行灭火之木框架燃烧实验了解木框架之燃烧特性外，将以自动及手动方式撒水，并艾萨克布量量测装置（如下图 3 所示）测得各压力下的单位面积撒水率，并依压力计所显示以出水阀去调整水压。而自动撒水为感受到一定热时，当热感测组件损坏之后撒水头则立即作动，是设计在 9 层木框架及 0.35 及 0.7 压力（kg/cm^2）下实验，手动式撒水部分设计不同的喷水率，在不同质量预焚百分比下，直接喷水在不同层数木框架上（如下表 2 所示），分析其火焰抑制效应。

实验在 ISO 9705 全尺寸房间外之气罩下进行实验，以量测热释放率、烟浓度、O_2、CO_2及 CO 浓度，并以重量平台去量测质量预焚百分比。数据可进行主控变因之评估分析，并以整合性方法归纳出水灭火效能的关系式。

表 2　本实验参数

变因（单位）	变量
压力（kg/cm^2）	0.35、0.7、1.5、3
质量预焚百分比（%）	8、23、40
木框架的层数（N）	9、12、15

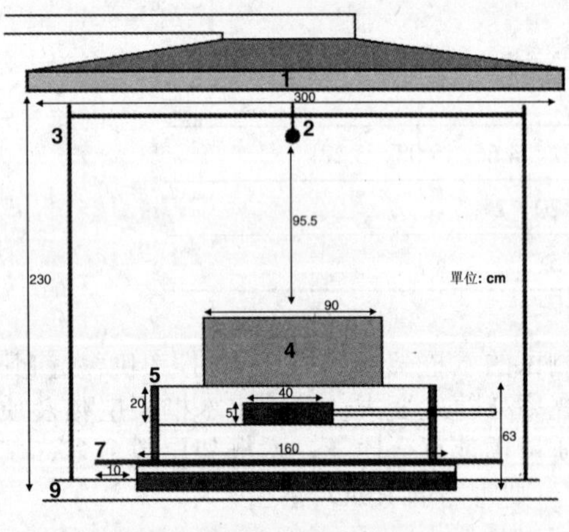

图 2　实验装置整体架构配置图

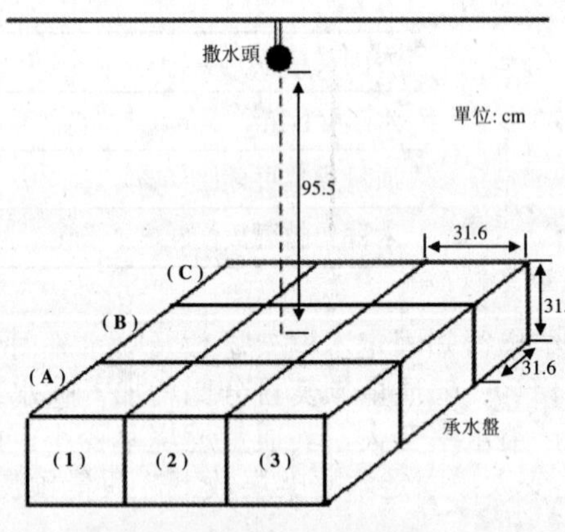

图 3　撒布量测试配置图

3.2 实验设备

实验于“内政部”建筑研究所台南归仁防火实验室进行，相关设备包括 ISO 9705 全尺寸房间外集烟罩及排气导管、气体分析仪、重量平台、数据撷取器、影像处理设备、压力表、烘箱及相关实验设备等。

3.3 实验结果分析及讨论

本章节针对木框架燃烧实验进行分析讨论，首先分析撒水头的撒布量与总水量差异，再进一步探讨未灭火下木框架燃烧特性，而后探讨自动及手动撒水对抑制燃烧的效应，以了解水灭火时对灭火效能和各变因之整合性效应，并以统计之方式建立其模式，得知灭火效能的主控变因与防火效能的关系式。

3.3.1 撒水头的撒布量与总水量分析

表 3 显示同一撒水头在特定撒水压力下，所得知累积的撒布水量（测量方式以长宽高各为 31.6cm 的

九个承水盘，测试时间为一分钟）分布并不均匀，而撒水中心处的水量皆为四周水量 1 至 3 倍，撒水时形成灭火死角使火焰不均匀缓慢延烧，虽水量分布不均匀但最后所得的总水量差距不大，并以第一组及第二组的撒水头重复作两次总撒水量的差异，而得知同一撒水头撒水量重复试验所得总水量再现性极高，也代表的相同撒水头所撒的水量是稳定。

最后再以不同撒水压力下去测得木框架顶面面积撒水率如下表 4 所示，并得知在不同撒水压力与所得单位面积撒水率的关系（如下图 4 所示），且具有 $\dot{m}_w'' = 7.14\mathrm{P}^{0.26}$（其中 $\dot{m}_w''$ 单位为 L/m^2. min，P 单位为 kg/cm^2）之关系（R^2=0.93）。

并依法规值比较下，以同心圆上各水盘之采水量不应有显着差异，且采水量法规值，应在规定曲线所示值之 70 %（18.9mL/min. m^2）以上所规定下，而本实验在不同压力下各水盘 A2、B1、B2、B3 及 C3（位置详见图 3，撒布量如下表 3 所示）水量值皆大于法规值，可能为法规所规定撒水头距水盘距离有关，因为本实验相距 95.5cm 而法规为相距 120cm 相比较下本实验比法规所规定撒水头离水盘距离更近 24.5cm，所以水盘内的水量也相对的增加。

表 3　不同撒水压力下撒布量的分布

压力 样本			0.35 (kg/cm^2)			0.7 (kg/cm^2)			1 (kg/cm^2)			1.5 (kg/cm^2)			3 (kg/cm^2)		
			A	B	C	A	B	C	A	B	C	A	B	C	A	B	C
第一组	散布量分布 (ml/m^2. min)	1	64	64	60	69	74	67	73	93	67	78	117	82	93	143	100
		2	85	111	55	100	145	93	116	167	113	137	167	137	156	182	162
		3	18	100	59	26	95	67	32	115	70	34	124	85	39	149	85
	总量(L/m^2. min)		5.55			6.62			7.62			8.67			9.98		
第二组	散布量分布 (ml/m^2. min)	1	71	124	65	84	134	74	97	152	85	132	164	110	136	178	128
		2	26	82	35	28	104	36	33	114	41	47	113	44	54	111	54
		3	77	61	67	89	74	67	98	84	78	127	78	99	155	85	126
	总量(L/m^2. min)		5.48			6.21			7.04			8.23			9.26		
第三组	散布量分布 (ml/m^2. min)	1	74	16	60	95	28	78	108	32	96	119	38	93	121	60	111
		2	55	87	74	65	82	113	65	95	124	62	79	141	52	65	149
		3	79	26	100	93	39	108	117	43	128	143	48	145	182	46	145
	总量(L/m^2. min)		5.15			6.30			7.27			7.82			8.39		
单位面积总平均水量 (L/m^2. min)			5.39			6.38			7.31			8.24			9.21		

表 4　撒水压力与单位面积撒水率之换算

变因（单位）	变量			
压力（kg/cm^2）	0.35	0.7	1.5	3
单位面积撒水率（L/m^2. min）	5.39	6.38	8.24	9.21

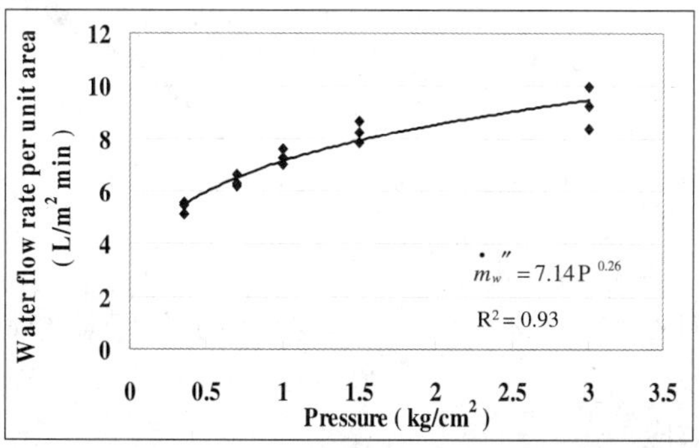

图 4　不同撒水压力与所得单位面积撒水率的关系图

3.3.2 未灭火木框架燃烧特性

（1）热释放率、O_2 及 CO_2

由 9、12 及 15 层木框架的燃烧热释放率，得知此范围层数燃烧热释放率，并未出现稳定燃烧之阶段，且热释放率与 O_2 及 CO_2 两者消耗及产生量皆随着火焰燃烧的历程而改变，而最大热释放率与最大 O_2 消耗量及 CO_2 产生量三者皆发生于质量损失 23%时，且在质量损失 23%之前随之递增之后渐渐递减。

（2）CO 产生量

图 12 显示 9、12 及 15 层的 CO 产生量对时间之关系图，得知木框架燃烧产物中 CO 之浓度非常相近，而其中有两阶段 CO 产生量较大，分别是热释放值最大及燃烧后期的闷烧时，此状况下皆因燃烧不完全而大量释放出 CO，但从其中可发现当热释放值最大值过后 CO 产生量则也快速的递减（如图 5 所示），可能因为当燃烧最旺盛期之后此时木框架完全燃烧度甚高而所产生的 CO 也较少，但随着时间递增不完全燃烧度也越来越大，CO 产生量也越来越大，应为燃烧后期闷烧结果。

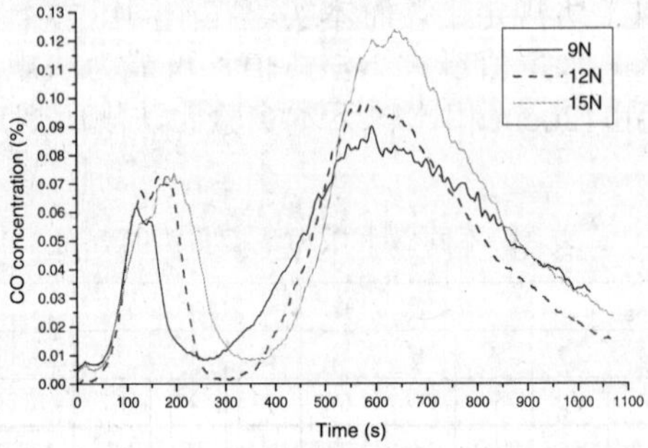

图 5　未撒水时 9、12 及 15 层（N）的 CO 产生量与时间之关系

（3）木框架的质量损失率

木框架燃烧的质量损失率以指数模式回归分析亦呈极高之相关性（如下图 6 所示），而 9、12 及 15 层指数函数分别为 $M=31.2e^{-0.0043t}$（R^2=0.9）、 $M=39.27e^{-0.0045t}$（R^2=0.97）及 $M=44.73e^{-0.0041t}$（R^2=0.99）。根据木框架燃烧质量损失率所得的质量与初始质量和时间之关系，具有 $M=4.62\cdot M_0^{0.66}\cdot e^{-0.0043t}$（其中 M 为木框架重量 kg，$M_0$ 为木框架初始重量 kg，t 为时间 sec）之关系（R^2=0.96）（如下图 7 所示）。

并与 Babrauskas[3]宽松及密集结构的经验公式相比较下，得知本实验不同层数下所测得的最大热释放介于宽松及密集结构之间，但因本实验的点燃方式为中间点燃而非整体点燃所致，因此可能无法对应 Babrauskas[3]之关系式。

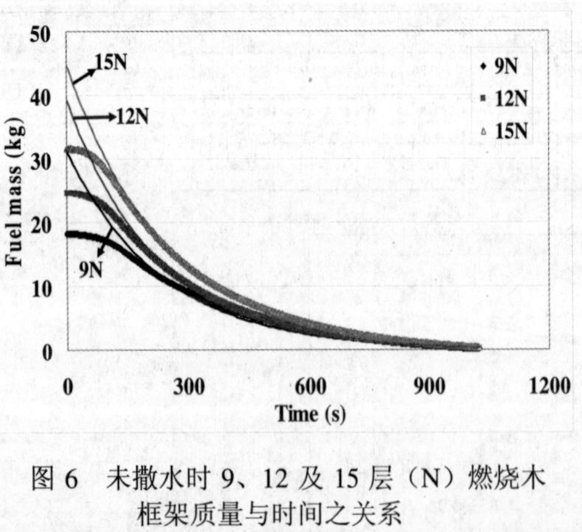

图 6　未撒水时 9、12 及 15 层（N）燃烧木框架质量与时间之关系

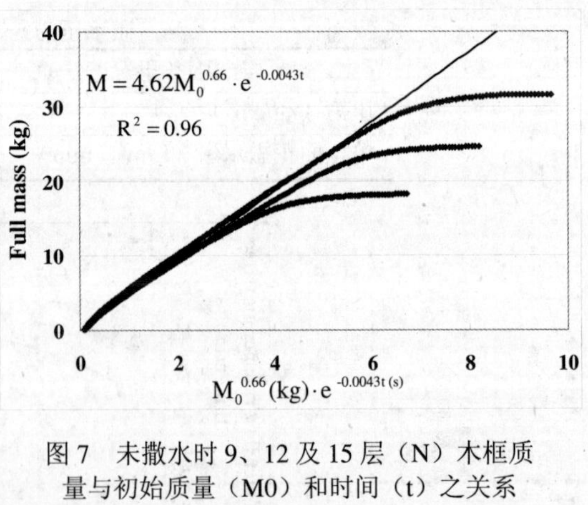

图 7　未撒水时 9、12 及 15 层（N）木框质量与初始质量（M0）和时间（t）之关系

3.3.3 手动撒水对抑制燃烧的效应

（1）质量预焚百分比

灭火时质量预焚百分比与所需灭火时间之比较如图 8 所示，在相同热释放下在质量预焚百分比 23%较 8%及 40%灭火时间较快，其原因可能为受到木框架堆栈结构密度及中间点燃方式的影响，而造成在质量预焚百分比 23%时火焰较大也较旺盛，而当撒水时大部份水进入火焰中，因为此时热释放率最大造成水快

速的汽化去吸收热能使燃烧较快抑制住，而在质量预焚百分比 8%及 40%，因火焰燃烧较不旺盛，所以当撒水时水无法快速汽化去吸收热能导致大部份水的流失，使实际抑制燃烧所需时间比在质量百分比 23%久。

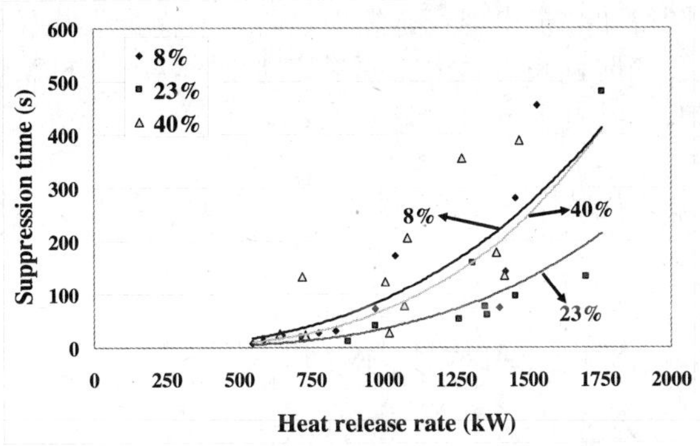

图 8　不同预焚百分比时的热释放率与灭火时间之关系

（2）灭火效能整合性分析

使用条列式法规，对于设计者来说是最简单的方式，因为只要依场所类别、楼层数及面积等条件去判定应设消防设备之类型、数量、放射压力及放射量等即可，检查时必须依照条列式法规所列项目一一检查，对于整体空间的思考较少，因为其目的只在符合法规。

而实验在撒水头手动作动状况下，由灭火时所测的火载量、单位面积撒水率及灭火所需时间，以整合性方法统计，并得知在不同单位面积撒水率下灭火所需时间与个别火载量的关系（如下图 9 所示），而 $\dot{m}_w''$ =5.39、6.38、8.24 及 9.21（由水压换算成单位面积撒水率，详见表 4）乘幂函数分别为 $t=2\cdot10^{-6}\cdot\dot{Q}^{2.64}$（$R^2$=0.79）、 $t=2\cdot10^{-6}\cdot\dot{Q}^{2.53}$（$R^2$=0.73）、$t=1\cdot10^{-6}\cdot\dot{Q}^{2.54}$（$R^2$=0.75）及 $t=6\cdot10^{-7}\cdot\dot{Q}^{2.59}$（$R^2$=0.85）之关系，并了解当水量越大时灭火效应也相对的提高。

再根据所得知灭火时间与个别火载量和单位面积撒水率之关系（如下图 10 所示），具有 $t=0.003\left(\frac{\dot{Q}}{\dot{m}_w''}\right)^{2.5}$（其中 t 单位为 sec，$\dot{Q}$ 单位为 kW，$\dot{m}_w''$ 单位为 L/m^2. min）之关系（R^2=0.82）。

而当本研究得知在不同火载量下所需的撒水量及可得知预期的灭火时间，我们则可依不同火载量的各类场所使用性能式方式去设置撒水设备和设置，以达到最佳的灭火效能。

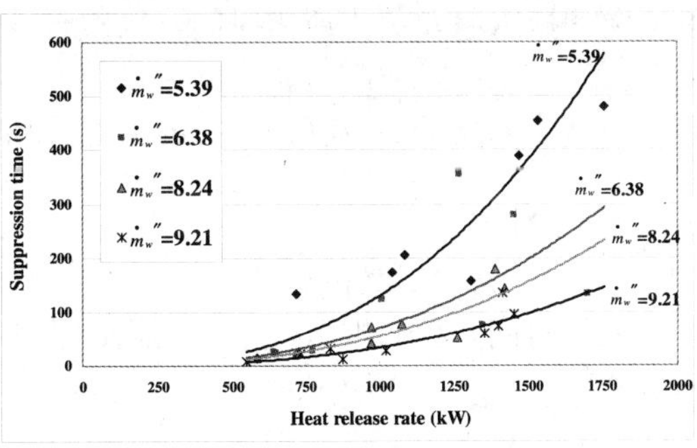

图 9 个别火载量在不同单位面积撒水率下的灭火所需时间

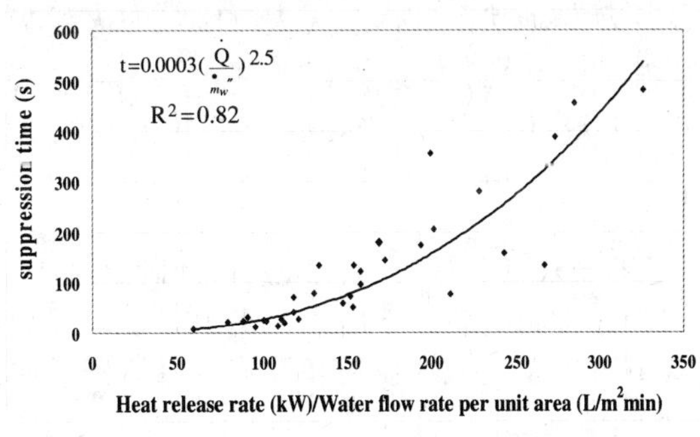

图 10　灭火时间与热释放率和单位面积撒水率的关系

4. 结论与建议

1. 撒水头的撒布量与总水量分析

相同撒水头及撒水压力下，所形成的撒布量分布并不均匀，易形成灭火死角。而在总水量重复试验再现性极高，也说明了相同撒水头所撒的水量是稳定的。

2. 未灭火木框架燃烧特性

（1）热释放率、O_2及CO_2

从木框架的燃烧热释放率图得知并未出现稳定燃烧之阶段，而最大热释放率、最大 O_2 消耗量及 CO_2 产生量三者皆发生于质量损失23%时，并与 t^2 火灾模式比对下本实验木框架燃烧是属于快速型火灾，且木框架燃烧在成长期及衰退期方面，具有乘幂及指数之关系。

（2）CO 产生量

研究发现 CO 在热释放值最大及燃烧后期的闷烧时产生量最大，此外，并得知在 9、12 及 15 层燃烧中 CO 产生量（浓度）非常相近。

（3）木框架的质量损失率

木框架燃烧的质量损失率以指数模式递减，具有 $M = 4.62 \cdot M_0^{0.66} \cdot e^{-0.0043\,t}$ （其中 M 为木框架重量 kg，M_0 为木框架初始重量 kg，t 为时间 sec）之关系（R^2=0.96）。

3. 自动撒水对抑制燃烧的效应

实验中发现当火舌刚触碰到撒水头时立即作动撒水，火焰随即熄灭。由于撒水压力值小于法规最低值，可见火灾初期时依法规规定下撒水可立即灭火。

4. 手动撒水对抑制燃烧的效应

（1）水量

水压 0.35 kg/cm^2 的水量时所需灭火时间较 0.7、1.5 及 3 kg/cm^2 长，因此并得知水压越大时灭火时间越短。

（2）CO 产生量

CO 产生量较多时主要发生在当火焰受到水抑制时及当热释放值最大时。

（3）烟浓度

未撒水时烟浓度随热释放变大而变大，但在开始撒水时烟浓度则立即下降而后再快速的攀升直到燃烧末期时烟浓度才向下递减。

（4）撒水后热释放率

撒水后木框架热释放与时间的变化呈指数方式下降，与 Lougheed[5]结果中指出当撒水头作动热释放率会呈现指数下降的结果相同，但本研究也发现在不同层数下呈指数衰退曲线也有所不同，而随着层数递增热释放率下降之速率较慢，灭火所需的时间也相对的提高。

（5）质量预焚百分比

灭火时在质量预焚百分比与所需灭火时间比较上，在相同热释放下在质量预焚百分比23%较8%及40%灭火时间较快。

（6）灭火效能整合性分析

实验在撒水头手动作动状况下，由灭火时所测的火载量、单位面积撒水率及灭火所需时间，以整合性方法统计，具有 $t = 0.003\left(\frac{\dot{Q}}{\dot{m}_w''}\right)^{2.5}$（其中 t 单位为 sec，$\dot{Q}$ 单位为 kW，$\dot{m}_w''$ 单位为 L/m^2. min）之关系（R^2=0.82）。

（7）自动撒水及手动撒水试验结果中，可知自动撒水时所需灭火时间较短及灭火效能较佳。

而当本研究得知在不同火载量下所需的撒水量及可得知预期的灭火时间，我们则可依不同火载量的各类场所使用性能式方式去设置撒水设备和设置，以达到最佳的灭火效能。

5. 参考文献

[1] 黄世忠. 以火灾热释放率分析消防用水量之研究-以桃园县为例. 台北科技大学土木与防灾研究所硕士论文,2001.

[2] Block J. A. A theoretical and experimental study of nonpropagating free-burning fires. 13th Symposium (International)on Combustion, The Combustion Institute, 1971: 971.

[3] Babrauskas V. Burning rates. In The SFPE Handbook of Fire Protection Engineering,(Dinenno ed.-in-chief), Chapter II-1, National Fire Protection Association, Quincy, MA, 1988.

[4] 孔祥征,林大惠.水对固态燃料组列的火焰抑制研究.国科会专题研究报告,计划编号: NSC78-0401-E- 006-08,1990.

[5] Lougheed G. D. Expected size of shielded fires in sprinklered office buildings. ASHARE Transactions. 1997, 103(1): 395-410,.
[6] 台湾标准. 灭火器. 标准总号 1387,类号 Z2003,2007.

An integrating study of fire suppression by water

Abstract

Water is still one of the most effective ways for fire suppression Previous studies have focused on the performance by focusing on minimum ware mass flow, water drop size, activated time, pre-burn percentage and water pressure. However, all of those studied investigated on parameter each time. Thus study intended to integrate the parameters.

Three parts are included. Firstly, the burning of wooden cribs without water suppression is conducted to understand its burning behavior. Secondly, an auto-sprinkler system with water pressure of 0.35 kg/cm^2 is applied to see the activated time of a fire of nine-level wood cribs. Finally, the effects of mass pre-burn percentage (8, 23, 40%) and water pressure (0.35, 0.7, 1.5 and 3 kg/cm^2) for a specific fire (9, 12 and 15 levels wood cribs) are studied.

He results showed that the maximum heat release rate, oxygen consumption and carbon dioxide production all occurred when 23% of wood cribs burned. The mass of wooden cribs decreased exponentially. In addition, the suppression of the fire under the auto-sprinkler system was rapid. Furthermore, the fires were extinguished faster with larger water pressure while slower with more levels of wooden cribs. However, the fires were suppressed faster for mass pre-burn percentage of 23% than 8 and 40%. After integrating these parameters, an equation is demonstrated, giving $t = 0.003(\frac{\dot{Q}}{\dot{m}_w''})^{2.5}$ (R^2=0.82). The time of suppression can be predicted by known heat release rate and water mass.

Keywords: fire suppression, sprinkler system, wood crib.

作者简介：

蔡匡忠，英国爱丁堡大学博士，曾于台湾建筑研究所任职，现为高雄第一科技大学环境与安全卫生工程系助理教授。曾参与台湾多项防火测试标准之拟定及消防设计审查工作，研究兴趣包括火灾动力学、建筑物火灾、消防测试、消防法规等。

疏散模型在建筑设计中的应用

晁海鸥

中国中元国际工程公司

摘要

介绍了中关村康乐影视城采用空间网格疏散模型作为辅助设计的实例，说明了使用具有仿真特性的疏散模型的计算结果的参考价值以及疏散模型对疏散设计的优化作用，提出了疏散模型作为工程设计工具的使用需求。

关键词：疏散模型、仿真特性、分析计算、设计工具。

1. 空间网格疏散模型（SGEM）概述

武汉大学与香港城市大学发展的空间网格疏散模型（Spatial-grid Evacuation Model），是将建筑物划分为不同粗细的网格空间，即网格模拟疏散计算方法。在模拟计算过程中，首先根据建筑物的结构布置关系划分疏散网络，将建筑内的房间、走道、大厅、楼梯等作为网络单元节点，这些节点通过门、出口等相连，因此整个建筑按照人员的流动方向构造成一个网络，在网络单元中人员按一定的密度分布并以相应的速度运算法则向前移动。SGEM 将着火层和非着火层的人员状态分别进行了不同的处理。即在某一时间间隔△T（时间步）内，着火层内用个体坐标表示人员的实际位置，而在其它楼层则根据其与出口的距离来表示某人的相对位置。

1.1 计算原理

在简化的情况，非着火层的群体计算方法：SGEM 认为人流具有一定的密度、速度、方向及流量，对此类流动不考虑人流内各个人员的具体特征。对于每个单元来说，任何人只要进入该单元都必须行走一定的路程后才能进入下一单元，而这一要行走的路程称为该单元的有效路程，根据人员在任意时刻的行走速度，由这一有效路程即可确定每一人员通过某一单元的时间，这样一个单元一个单元的计算就可以确定最后一个人员疏散至室外的时间，从而确定非着火楼层所有人员撤离建筑的时间。

着火层人员个体计算方法：在一个群体的逃生行动中存在着个体之间的区别和差异。在建立逃生模型时，网格方法是将单元节点内的人群离散为每个个体来处理，将网格划分到只能容纳一个人。网格模型的算法是以一个网格内的人员为核心，考虑周围网格的人前后拥挤和左右拥挤对他的疏散速度的影响，其运算规则是行走速度是人员密度的函数。在不同类型的单元节点内，如房间、走廊、楼梯间等采用不同的速度公式计算。处理人员行走方向的方法是，由于网格划分小到即使在最拥挤时也只能容纳一个人，所以一个网格不允许出现多个人。在某一个时间步如果前进方向的网格被“占据”，此时就对这个人的行走方向进行调整，即让他在此时间步停止下来，或让他向两侧运动。这样计算出本单元内所有人员的速度矢量，根据每一个逃生者的初始位置，就可以计算出每个人任意时刻的几何位置。当某个逃生者从本单元行走至出口中心距离达到 0 时，即认为已进入下一个单元，并开始下一单元的计算。当全部人员从建筑内部疏散至室外安全地带时，就可以得到整个建筑物的疏散时间。

在有多个出口时，将行为决策论应用到每个时间步的计算，并根据概率决定疏散者选择某个出口进行疏散，可理解为各个出口疏散人员的分配比例。

1.2 基本功能

SGEM 可以得到如下计算结果：（1）整个建筑内所有人员疏散完毕所用的时间；（2）各个楼层内人员疏散完毕所用的时间；（3）各个单元节点内人员疏散完毕所用的时间；（4）人员在各个疏散出口的分配情

况；（5）疏散过程中的瓶颈状态。

SGEM 能够动态演示着火层的人员疏散分布情况；查询每个单元疏散人数随时间的变化曲线；查询每个单元出口疏散人数随时间的变化曲线；查询建筑物最终出口疏散人数随时间的变化累计曲线情况。以表格的形式表达每层的每个单元的疏散时间。

2. 建筑设计应用实例

2.1 建筑概况

中关村康乐影视城，建筑地上四层，总建筑面积为 18990m^2，建筑高度为 23.95m。建筑的耐火等级为一级。一层、二层、三层采用钢筋混凝土结构，四层和四层夹层为电影院及放映部分，采用钢结构。

建筑主要功能是商业、餐饮和娱乐。首层建筑面积 4877m^2，层高 5m ，用于经销体育用品；二层建筑面积 4755m^2, 层高 3.9m; 三层建筑面积 1945m^2, 层高 3.9m, 二层和三层经营餐饮; 四层建筑面积为 5343m^2 ，层高 5m，设有 8 个影厅，可同时容纳 1645 人；四层夹层建筑面积为 2070m^2，主要是放映间，层高 5.2m。

2.2 影厅疏散设计

表 1　8 个观众厅的疏散设计 (单位 m)

	面积	人数	疏散宽度百人指标	疏散宽度最小值	设计安全出口宽度	安全出口数量
观众厅 1	477	391	0.75	2.93	1.8×3=5.4	3
观众厅 2	280	214	0.75	1.61	1.8×2=3.6	2
观众厅 3	319	266	0.75	2.00	1.8×2=3.6	2
观众厅 4	196	148	0.75	1.11	1.8×2=3.6	2
观众厅 5	196	148	0.75	1.11	1.8×2=3.6	2
观众厅 6	135	40	0.75	0.72	1.8×2=3.6	2
观众厅 7	196	152	0.75	1.14	1.8×2=3.6	2
观众厅 8	362	286	0.75	2.15	1.8×2=3.6	2

表 2　四层疏散设计（单位 m）

<table>
<tr><th colspan="2">人数</th><th colspan="2">走道宽度</th><th>疏散楼梯总宽度最小值</th><th>设计疏散楼梯总宽度</th><th>楼梯门宽度</th><th>疏散楼梯外门宽度</th></tr>
<tr><td rowspan="2">观众厅
1645</td><td rowspan="4">总计
1880</td><td>北</td><td>2.7</td><td rowspan="4">1880×0.75
=14.1</td><td rowspan="4">14.9</td><td rowspan="4">1.5×12=18</td><td rowspan="2">1.8×7=12.6</td></tr>
<tr><td>中</td><td>2.8</td></tr>
<tr><td rowspan="2">等候大厅
235</td><td>南</td><td>2.1</td><td rowspan="2">4.2×2=8.4</td></tr>
<tr><td>西</td><td>2.2</td></tr>
</table>

四层建筑面积为 5343m^2（包括厅下使用房间面积 361m^2），共有 8 个影厅和入场等候大厅。四层平面图和影厅编号见图 1。

说明：按照《电影院建筑设计规范》（JGJ58-88）规定，等候人数按最大影厅人数的 60%计算；有候场需要的门厅，其观众厅入场门不作为安全出口。

表 3　各疏散楼梯宽度(单位 m)

西南	西北	北		东北	东		南	疏散楼梯总宽度
1.775	1.925	1.925	1.925	1.775	1.9	1.9	1.775	14.9

四层夹层建筑面积为 2070 m^2（不包括观众厅和大厅上空面积），安全出口宽度为 6m，安全出口数量为 4 个。

各观众厅安全出口数量、每个出口所负担的疏散人数、百人疏散宽度指标、疏散距离等设计均符合《建筑设计防火规范》、《电影院建筑设计规范》的规定，按照单股人流的通行能力计算得出观众撤离观众厅的时间均不超过 2min，也符合《建规》对影剧院控制疏散时间的规定。但是影厅的位置设在四层，不符合这两本规范的规定。

2.3 疏散软件计算

上面是按照《建筑设计防火规范》和《电影院建筑设计规范》做的疏散设计。该项目在第四层设有 8 个影厅，人员从观众厅出来后还需经过走道进入楼梯，才算进入安全区域，所以有必要计算观众进入楼梯间的时间。

鉴于现行规范没有对这类影视城的规定，所以我公司和香港城市大学共同对该项目的疏散设计使用 SGEM 模型进行分析计算，并作为该工程的辅助设计，力求为建筑的疏散设计提供一种可等效于规范要求的解决方案。

2.3.1 所需疏散时间（REST）计算

SGEM 在这次计算初始参数取值：

最大逃生速度＝1.0m/s

门口处速度＝0.8m/s

计算步长＝1s

人员撤离观众厅的时间见表 4。

表 4　各影厅观众疏散时间（S）

影厅	人数	时间
1	391	240
2	214	163
3	266	175
4	148	120
5	148	127
6	40	95
7	152	115
8	286	199
等候大厅	1 号厅人数×60%＝235	131
总数	1880	

图 1 是 SGEM 计算过程中第 60s 时的人员疏散分布状况（疏散模型可以演示着火层任一时刻人员流动分布状态）。

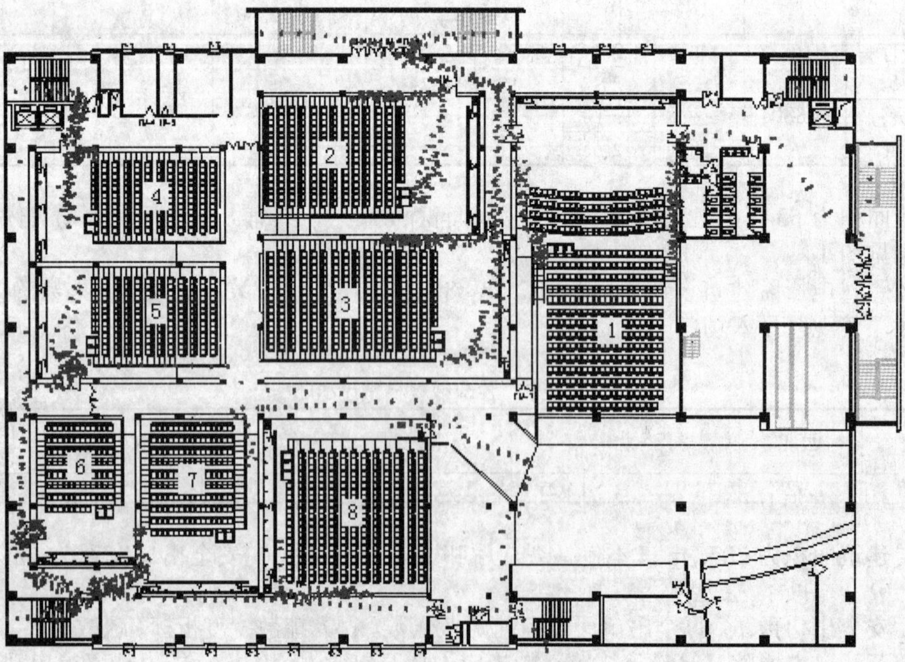

图 1　60s 时的人员疏散分布状况图（四层平面图和影厅编号）

观众撤离本层的时间就是最后一名观众进入楼梯间的时间，见表 5。

表 5　观众撤离本层的时间（s）

楼梯位置	西南	西北	北	东北	东	南
时间	489	191	357	251	265	270

2.3.2 分析修改

从计算结果可以看出，人员全部撤离本层的时间是 489s，长达 8min，主要原因是在西南角楼梯处出现了拥挤，该楼梯净宽度 1.775m，门宽度 1.5m，负担疏散 6 号、7 号影厅的全部观众以及 5 号、8 号影厅的部分观众，总人数约 340 多人，所以在此处出现了瓶颈现象。

为解决瓶颈问题，在西侧增加一部楼梯，楼梯门和楼梯的净宽度均为 1.8m。见图 2。使用仿真模型再次进行计算，可以看出增加西侧楼梯后，对西南角楼梯疏散的拥挤问题得到明显改善。计算结果见表 6。

表 6　增加楼梯后观众撤离本层的时间（s）

楼梯位置	西（新增）	西南	西北	北	东北	东	南
时间	280	347	145	267	251	265	270

增加西侧楼梯后，人员全部撤离本层的时间是 347s，不到 6min。通过表 5 与表 6 对比，可以看出，东北、东、南侧楼梯的疏散时间没有变化，因为在西侧楼梯增加前后，这三部楼梯所负担疏散的观众人数没有变化。图 2 是 SGEM 再次计算过程中第 60s 时的人员疏散分布状况。

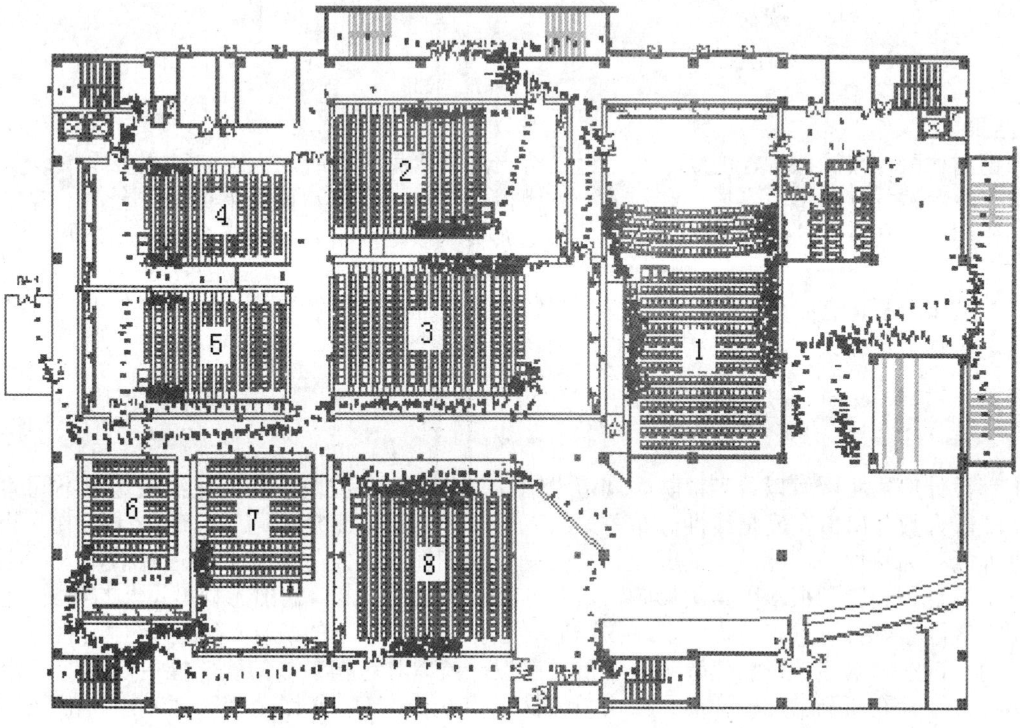

图 2　再次计算 60s 时的人员疏散分布状况图

2.3.3 可用疏散时间（ASET）的计算

当建筑发生火灾后，人员能否安全疏散主要取决于两个时间，一个是人员疏散到安全场所需要的时间（REST），前面已经计算。另一个是火灾发展到对人构成危险所需的时间（ASET）。如果人员能在火灾到达危险状态之前全部疏散到安全区域，便可认为该建筑物对于火灾中的人员疏散是安全的。对于建筑疏散的安全性评价，还应结合对烟气流动的预测。

ASET 定义为烟气层高度下降至室内地平面高度 1.8m 时的时间。假定火灾发生于观众厅内，火灾增长采用快速火：$Q=0.0469t^2$，最大热释放率为 2MW。火灾过程的计算机模拟采用美国 NIST 开发的区域火灾模型 CFAST，模型设置为每个观众厅的尺寸，参数设置为火灾热释放速率曲线，分别计算 8 个影厅烟气层高度及温度。本文仅列出观众最多的 1 号影厅计算结果。由于观众厅有视线升起坡度，每排座椅的烟气层到达 1.8m 高度的时间是不同的，下图中阴影表示烟气层，阴影上边界线表示此处座椅的烟气层达到 1.8m。图 3、图 4 是 1 号影厅在疏散某一时刻某排座椅烟气层高度 1.8m 时人员逃生状况图。

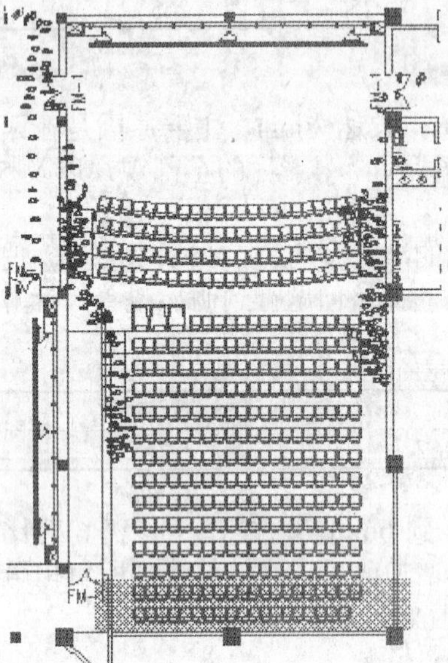

图 3　120s

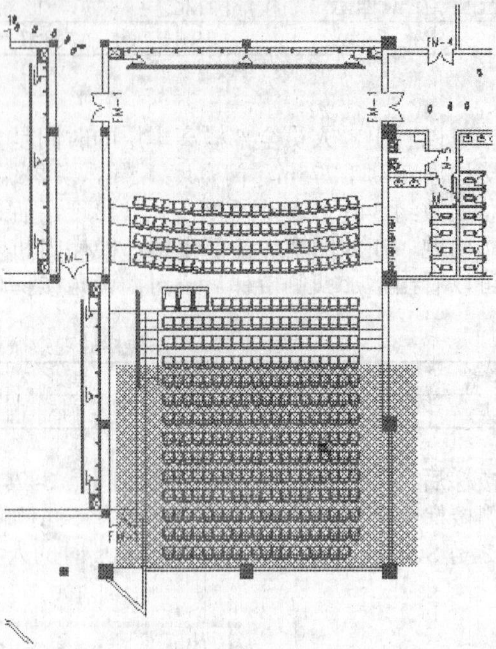

图 4　240s

2.3.4 计算结果

建筑的钢结构采用喷涂保护，观众厅及走道设有自动喷水灭火系统、火灾自动报警系统以及机械排烟系统，并设有疏散诱导灯和事故广播。在上述火灾模拟计算中，为使计算结果更加安全，未考虑机械排烟系统的排烟作用；未考虑自动喷洒系统对火的控制；人员疏散是按照 8 个影厅全部满座、人员同时疏散模拟计算的。

根据计算结果分析，有必要增加西侧楼梯，缓解瓶颈处拥堵情况。当某一影厅发生火灾时，影厅疏散设计可以满足全体人员在火灾对人员构成危险之前疏散到安全区域。

3. 设计体会

通过工程设计应用实例可以看到，防火规范中的计算公式与疏散模型的计算结果是很不同的。按规范公式计算，疏散人数与出口宽度是线性分布关系；人们的行走速度完全相同且匀速；计算中不考虑行走距离、不考虑人的行为特性。按此做出的的设计能否确保人们在灾害发生时安全畅通疏散，人们心中无数。

实际的疏散过程会受到很多因素的影响，如人对建筑物通道、出口的熟悉程度；人的年龄、健康状况、人的心理状态等因素都会对行走有影响，疏散诱导标志和紧急情况下的疏导广播也会对人们的心理和行为产生很大作用。这些因素都是影响疏散时间的重要参数，模型对这些参数的敏感性可以体现在计算结果的精准性。例如，即使在西侧增加楼梯后，西南角楼梯负担 6 号、7 号影厅全部和 8 号影厅部分共约 260 多人疏散，该楼梯门宽度 1.5m，且此处走道有拐角，人员密度大，路径不顺畅，该楼梯疏散时间仍然是最长的；而北楼梯负担疏散 540 余人，但疏散时间却比西南楼梯短，因为通向北楼梯疏散的通道短捷，楼梯门宽度大，人员密度小。这反映出 SGEM 对人员密度参数的敏感程度。

仿真疏散模型关注人们的疏散行为研究和人流分布的真实情况，模拟结果更接近实际，做为辅助设计和评估是很有参考价值的。目前国内在工程应用方面，尽管已经有少数建筑在设计过程中不同程度的使用了性能化设计的理念和方法，但真正在设计阶段应用计算机模拟技术帮助校核设计方案的寥寥无几。中关村康乐影视城使用疏散模型辅助疏散设计是较为成功的案例。

设计师们需要有一种疏散模型，和日照分析软件、结构计算软件以及节能计算软件等类似，是可以由设计人员掌握使用的工程设计工具。特别是在方案阶段对大型公共建筑和人员密集场所，使用仿真疏散模型评价改进其设计方案，杜绝人员疏散系统的先天缺陷，从根本上保证建筑物的安全疏散性能。疏散模型不是仅局限于火灾时疏散分析。由于设计者对所设计的建筑物使用功能、各类人员分布流动和预期走向的深入了解，设计师使用该类软件，可以使疏散路径、出口和集散空间的布置最优化。仿真疏散模型的发展有着广阔的应用前景。

4. 参考文献：

[1] LO SM, Huang HC, Wang P and YUEN KKR. A game theory based exit selection model for evacuation. Fire Safety Journal, 2006,41: 364-369.

[2] LO SM, FANG Z and ZHI GZ. An Evacuation Model: The SGEM Package, Fire Safety Journal, *April,* 2004,39: 169-190.

[3] 胡效雷,刘朝,陈秀环.高层建筑中人员安全疏散时间的计算机模拟,重庆大学学报,2004,10.

[4] 徐高. 基于智能体技术的人员疏散仿真模型,西南交通大学学报,2003,6.

Application of Evacuation Model in Architectural Design

Abstract

An computer aided design example of movie theater named Zhong guancun Kangle introduced, in which Spatial-grid Evacuation Model (SGEM) is adopted; the optimizing function to evacuation design owing to the model is described; and the demand that evacuation model should be used as an engineering design tool is proposed.

Key words: evacuation model, simulation characteristics, analytical calculation, design tool.

作者简介：

晁海鸥，女，中国中元国际工程公司，高级工程师，主要从事建筑防火技术研究，北京市西三环北路5号，邮编：100089，电话：010－68732733，传真：68458345。

细水雾与撒水系统在机械空间火灾抑制效能探讨

刘维义[1], 隋增辉[2],徐一量[3],陈俊勋[4]

[1]财团法人安全卫生技术中心
[2]台湾交通大学精密机械与自动化研究所
[3]科技大学环境与安全卫生工程系
[4]台湾交通大学机械工程研究所

摘要

因蒙特娄公约（Montreal Protocol）导致海龙（Halon）灭火系统中止使用，也因此展开替代灭火设备的积极研发。透过广泛的研究和测试，细水雾系统已经获得全世界一致认同，可作为在许多应用层面一种有效的取代方案；例如涉及易燃液体的使用、电气设备、半导体备及户外的变压器等。根据 NFPA 750标准定义细水雾为透过喷头的泄放，其99%总喷出水之水滴直径尺寸应小于1000微米（microns）。细水雾系统具备了许多关键的抑制机制，包括：热移除、氧气取代(置换)、热辐射阻隔、抑制及灭火。此外，细水雾系统亦有许多方面优于其它灭火系统：如较好的火灾抑制能力、烟雾吸附力、较低的水损、无毒、安全及环保。在本文里，使用数值仿真技术来验证细水雾与撒水系统在机械空间之应用，由仿真的结果得知，细水雾与撒水灭火系统的抑制效能取决于区划空间内的通风率、火灾尺寸、火灾类型和喷头安装的位置。而透过数值仿真技术，可以找到及比较细水雾与撒水系统在机械空间内运用的最佳化的方式。

关键词：细水雾灭火系统、撒水灭火系统、数值仿真、机械空间。

1. 前言

过去历次机械空间所发生之火灾均造成相当程度的损失，是以如何在火灾初期即有效扑灭火势与控制烟雾扩散，以确保设备及人员为本研究之重要课题。细水雾系统因具有诸如：较好之火灾抑制能力、烟雾吸附力、较低的水损、无毒、安全及环保等优点，导致海龙（Halon）灭火系统于蒙特娄公约签署实行而中止使用后，获得全世界一致认同。此外由于计算器的运算速度突飞猛进、硬件价格下滑、性能式设计兴起，以及火场数值仿真技术渐趋成熟等因素，使得数值仿真成为评估防火功能与火场仿真的最佳工具。依照实际环境之特性与条件，透过数值仿真之方式模拟不同的危害情境，并依据分析结论订定妥善之防（灭）火与救灾计划，除可节约实体验证的时程与成本外，亦可提升机械空间火灾安全防护能力，使火损与烟损降至最低程度，确保设备安全。数值仿真非常适合用以验证细水雾系统功能及效益性的工具，在本文里，使用数值仿真平台来验证细水雾系统在机械空间之应用，由模拟的结果得知，细水雾灭火系统于自然通风或强制通风的状态下均可有效抑制火灾，另相较于撒水系统，其火灾抑制效能亦较为优异。

2. 研究方法

针对本文欲探讨之仿真对象机械空间的潜在火灾危害、空间尺寸、布点位置、通风条件（自然通风、强制通风）、火灾种类（喷溅火灾），以及喷撒方式（全区放射与局部放射）等变异数，建立不同测试需求之比较及差异性，并归纳整理相关数据，采取系统化方式建立计算机数值仿真所需的数据后，进行灭火系统的抑制效能分析。本文使用美国国家标准与技术局(NIST)所开发的计算流体力学模型的FDS软件做为撒水抑制的模拟，而以英国格林威治大学(University of Greenwich)所研发的火灾侦测与抑制模拟软件FIREDASS做为细水雾抑制的评估依据。依据获取之各项数据，先行比对细水雾之灭火效益是否较机械空间撒水系统为优，次而评估细水雾灭火效能、压力大小、用水量、喷撒角度，以及布点距离等参数，以获得细水雾灭火最佳化设计与应急预案之规划应用。

3. 数值仿真情境说明

本文以一般发生频率较高且火灾后果严重之机械空间进行性能评估，所采用的仿真对象系依据某场所机械空间实景与尺寸建立，总长度为9公尺、宽度为13公尺、高度则为6.2公尺，空间内划分为上层设备区、下层设备区与底层设备区，出口共有二处，可经由楼梯连通至外部，出口处有防火门，平时保持常闭(Normal Closed)状态。依规划于机械空间上层区装设24个以及下层区装设22个喷撒头。此外机械空间内部除通、抽风口各一具，则无其它对外开口。根据统计资料及火灾危害分析对可能发生的火灾，设计火灾情境与灾害相关参数。本文之参数与边界条件如下：

3.1 热释放速率之设定：

- 格点数：65×45×33=96,525个格点。
- 灾害发生位置：燃油转运泵出口法兰盘处。
- 燃料：柴油，油温为49°C，喷溅压力为13-psig，出口量为260GPM。
- 热释放速率(HRR)：依SFPE防火工程手册计算燃油转运泵出口处之热释放速率为778-kw/m^2；燃油转运泵周遭为6,044-kw/m^2。

3.2 边界条件

- 空间内温度：主推进系统正常运作期间约为45° C。
- 进/排风量：通风停用（自然对流）；抽风速度为5-m/s。

3.3 喷撒头(Nozzle)设置方式：

- 喷撒头之间距：2m。
- 喷撒头与舱间四周垂直壁之距离：1.5m。
- 仿真空间经计算后，计需装设46具喷撒头（上层区装设24个以及下层区装设22个喷撒头）。

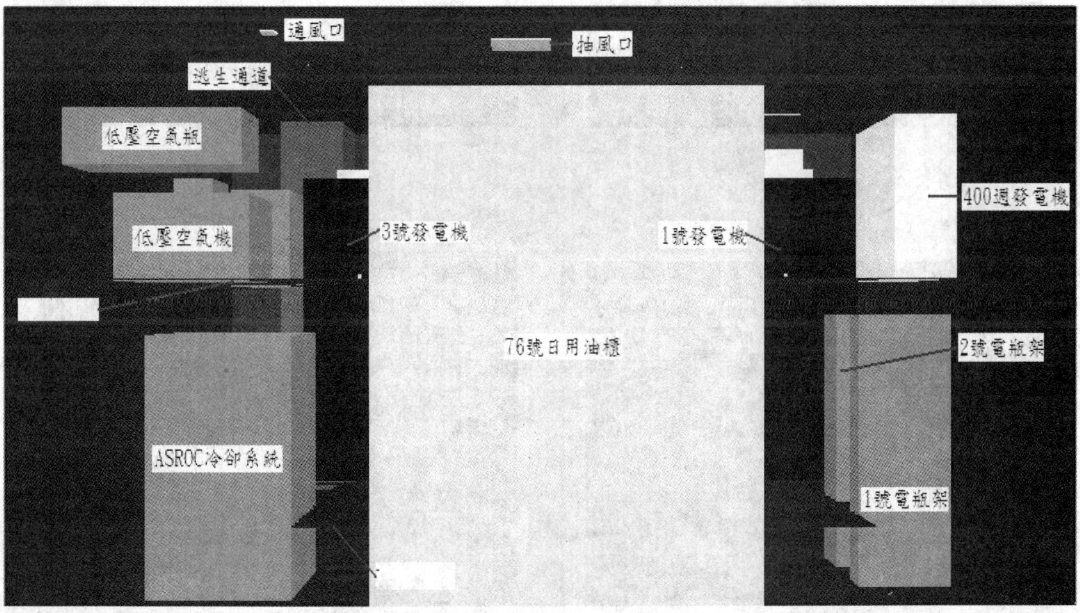

图 1　机械空间设备前视图

危害情境设定：

1. 作人员将机械空间沉淀油柜内之燃油转至日用油柜时，因未依操作程序(SOP)手册进行操作，造成燃油转运泵出口因压力过高导致法兰盘(Flange)接合处破裂，进而发生燃油大量外泄，接续因雾化燃油接触高温之气旋式日用发电机(SSTG)或主蒸汽管路，复导致引发乙类火灾（属于喷溅式火灾)。

2. 假设燃油喷溅扩延于转运泵周遭与底层设备区，故设定发生火灾后15秒引燃其四周燃油。
3. 依现行标准灾损处理程序，自应急预案处理人员发现火灾并通报消防人员处置，到抢救人员备便器材进入灾区抢救，约需耗时120秒（假设所有成员均为训练有素之状态），故设定模拟火灾发生200秒内成长的趋势，俾以评估火灾可能造成之危害。
4. 本情境假设模拟空间内装设撒水及细水雾灭火系统，藉以评估机械空间发生火灾期间其灭火设备之抑制效能分析与设备受损情况。

4. 数值仿真结果

4.1 撒水灭火系统（通风关闭状态）效能评估

喷撒头(nozzle)型式系以Grinnell生产之Model K-25为模拟标的物，其出水压力为1.3bar，放射量则以80 l/min为准，经由前述两项数据计算后可得喷撒头之K-factor值为70.163 l/min/bar0.5。由于本文假设机械空间平常工作温度为45°C，故定义74°C为火场中自动撒水头之标示温度，即撒水头之作动温度，另喷撒液滴粒径值为1300 μm。由于模拟初期发现火灾未于原设定模拟时间（200秒）内扑灭或抑制，故将之延长为500秒俾利掌握其灭火效能。观察火场模拟所搜集之火源热释放率数据，燃油于时间0秒时被点燃，热释放率曲线随即迅速陡升，并于时间20.5秒时达到高峰后渐趋下降，约于358秒时火灾几近熄灭，仅残存零星余火。将本情境模拟结果与无防护情境进行比较，无灭火系统作动之情境下所得之热释放速率曲线于4秒时即达到高峰，并持续至71秒始逐渐下滑，而本情境于20.5秒达高峰值后于同时间开始下降，由此可判定撒水系统确有达到抑制甚或灭火之效能。

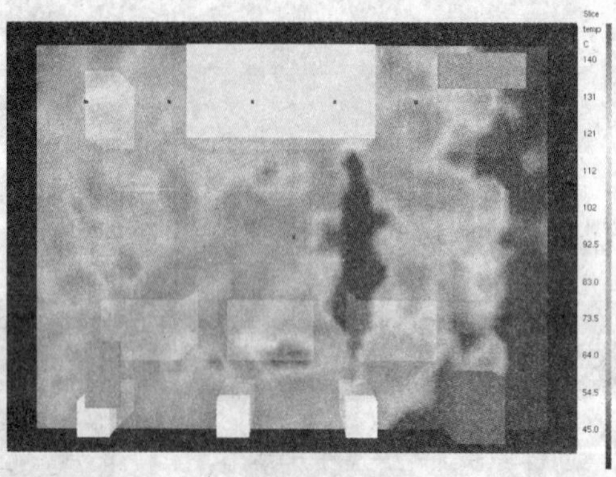

T=20 秒

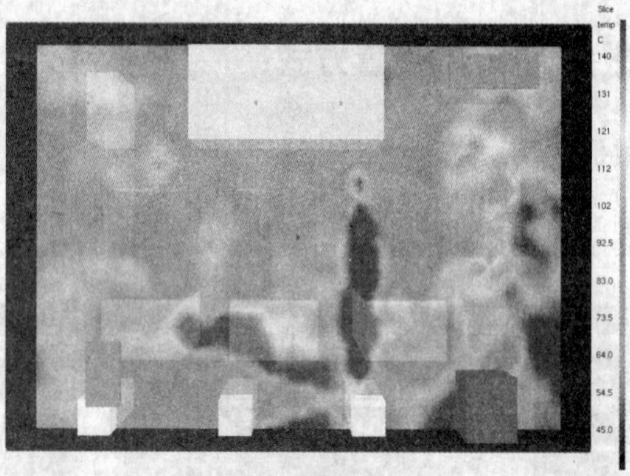

T=40 秒

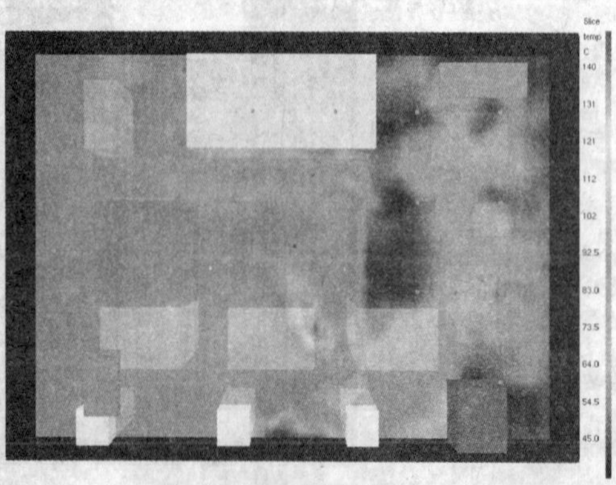

T=70 秒

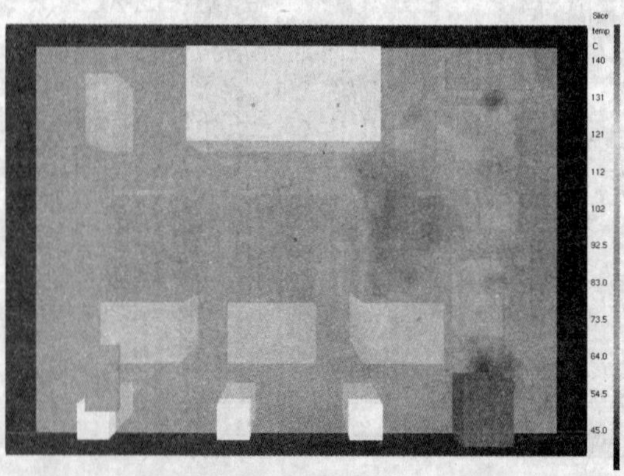

T=140秒

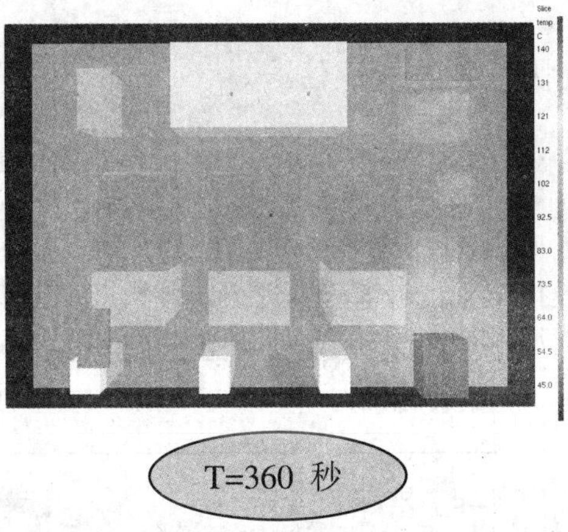

图 2　撒水灭火系统开、通风关闭状态，上层设备区温度场切面图（Z=5.4m）

图 3　撒水灭火系统开、通风关闭状态，下层设备区温度场切面图（Y=5.4m）

4.2 撒水灭火系统（强制通风状态）效能评估

探讨自动撒水灭火系统于强制通风状态下之灭火效能，评估空间入口防火门因故保持开启，另三部通风机（进气速率为3 m/s）与一部抽风机（排气速率为5 m/s）保持运转状态。燃油于时间0秒时被点燃，热释放率曲线随即迅速陡升，并于时间21.5秒时达到高峰后即趋下滑，约于200秒左右曲线开始持续于1 MW至0.6 MW之间振荡，直至500秒模拟结束止仍未趋近熄灭，分析此系开口与强制通抽风之模拟条件所致。当自动撒水系统作动时，机械空间应保持密闭并将通抽风停机，如此可增加火灾抑制效能并可缩短灭火时间。

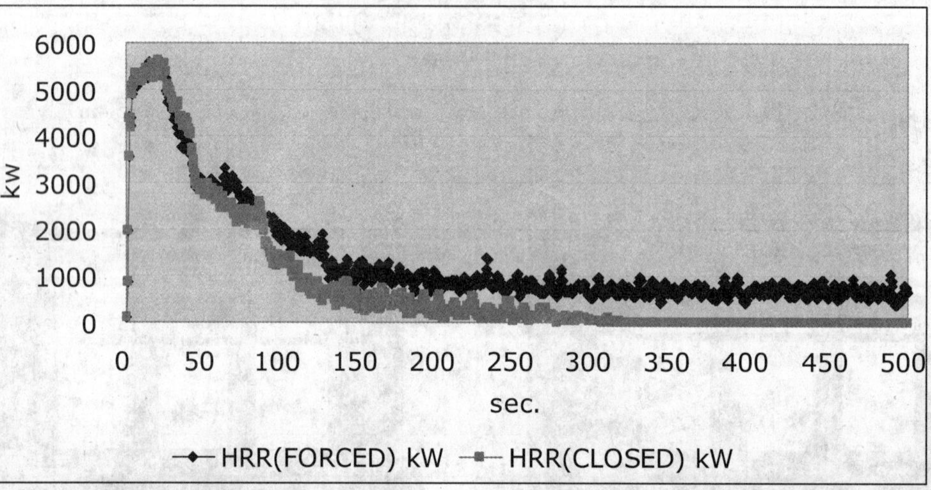

图 4　密闭状态与强制通风(开口)之热释放速率－功率比较图

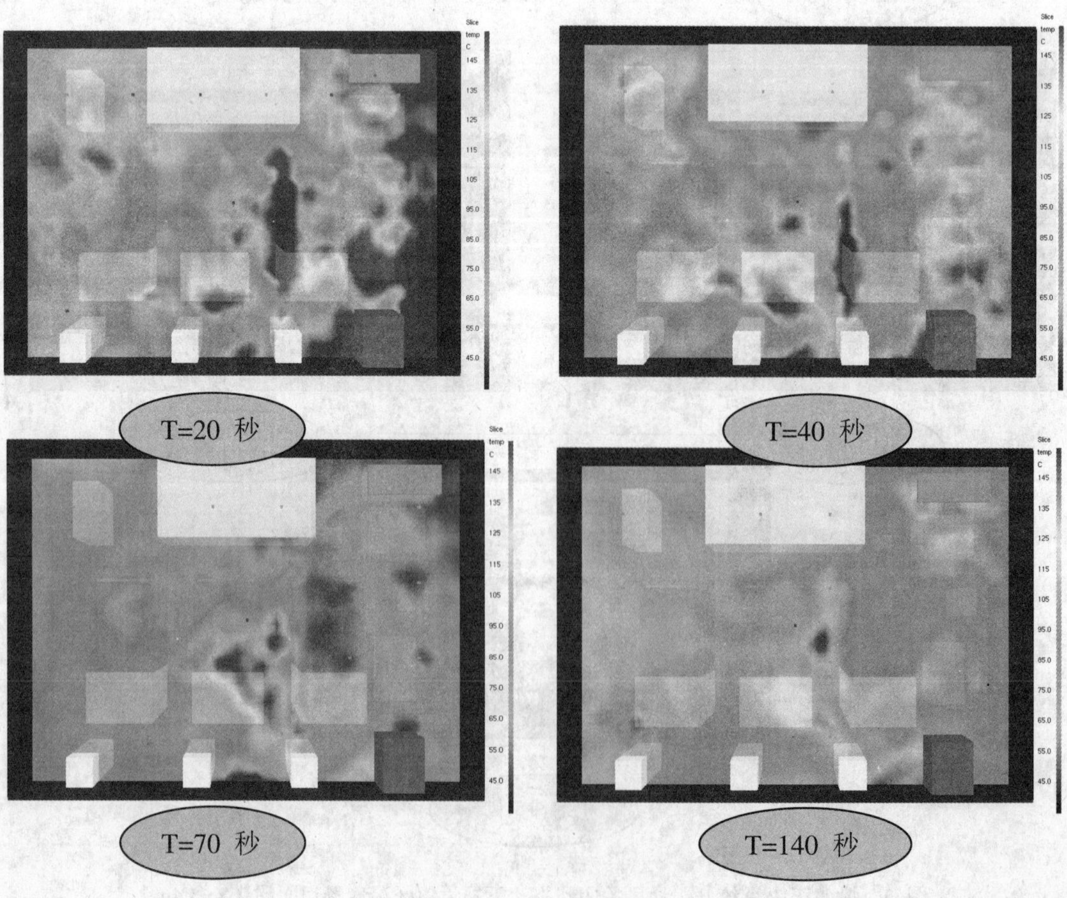

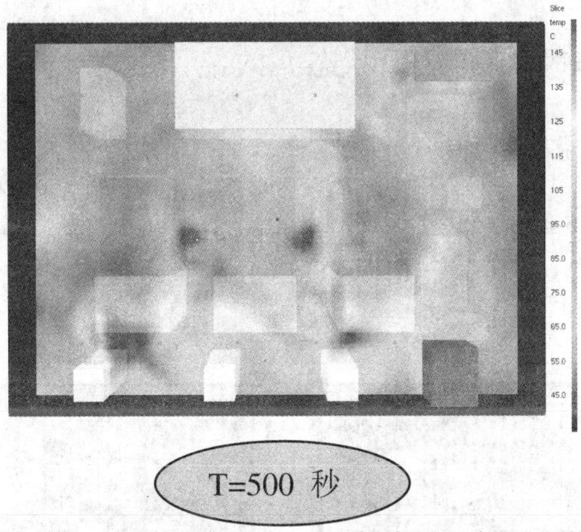

图 5　撒水灭火系统开强制通风状态，上层设备区温度场切面图（Z=5.4m）

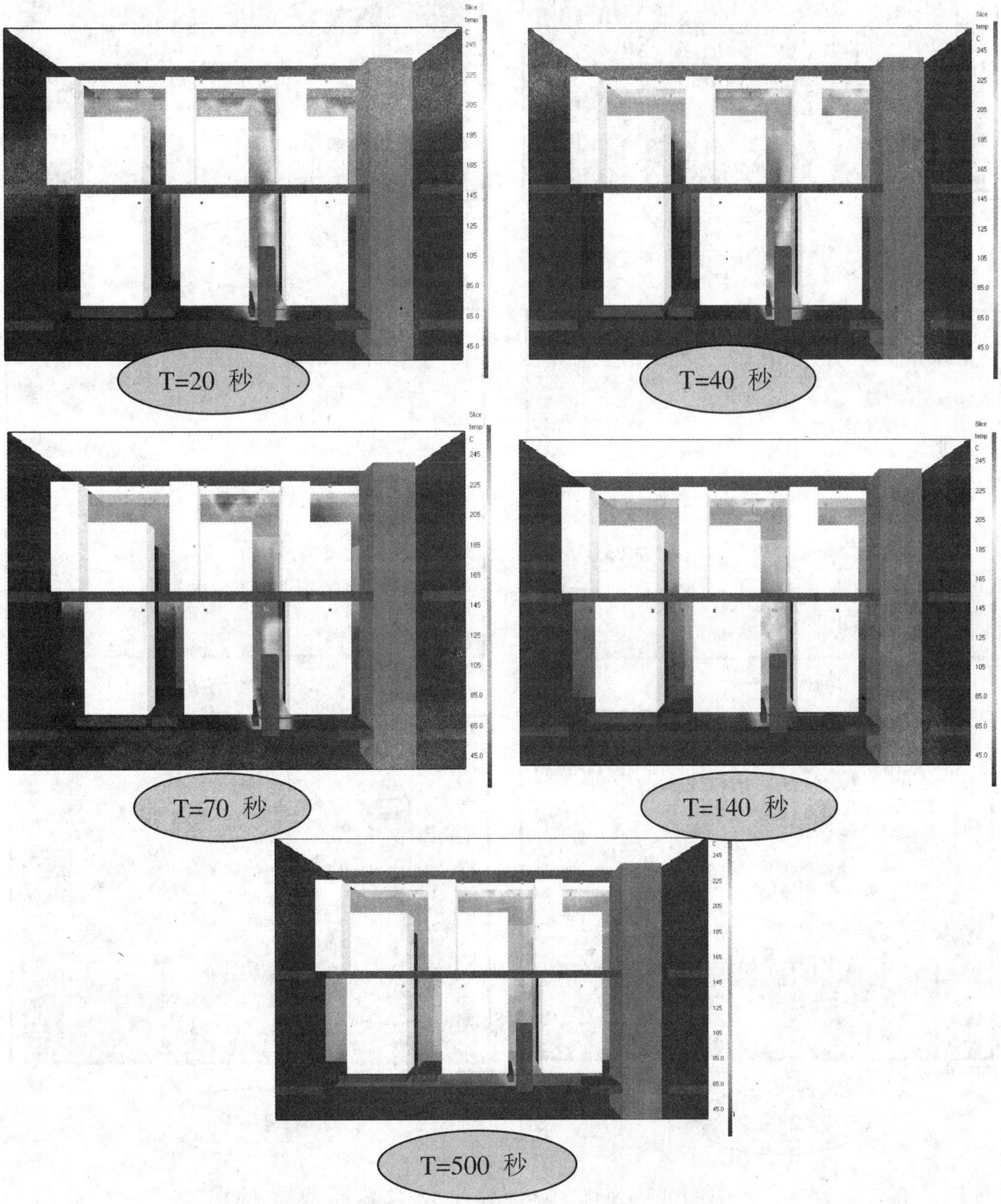

图 6　撒水灭火系统开强制通风状态，下层设备区温度场切面图（Y=5.4m）

4.3 细水雾灭火系统（开口与强制通抽风状态）效能评估

本节仿真条件除同 4.1 节所设定之各项，喷撒头(nozzle)布点位置及方式亦与撒水系统相同。由 4.1 节模拟结果得知，机械空间内上层温度于火灾发生后 5 秒内，将上升至 360°C 上下，故本情境假设火灾发生后 3 秒，上层温度即到达 74°C 之细水雾撒水头作动温度约于 15 秒时除火源上方邻近区域，其余位置温度均控制于室温 45°C 上下，约于 23 秒后火灾几近熄灭，仅残存零星余火；另外，为探讨抢救人员于细水雾系统作动时，是否存有毋需撤离舱间之可能性，故设定所有喷撒头于 3 秒钟时采全区释放方式进行仿真。

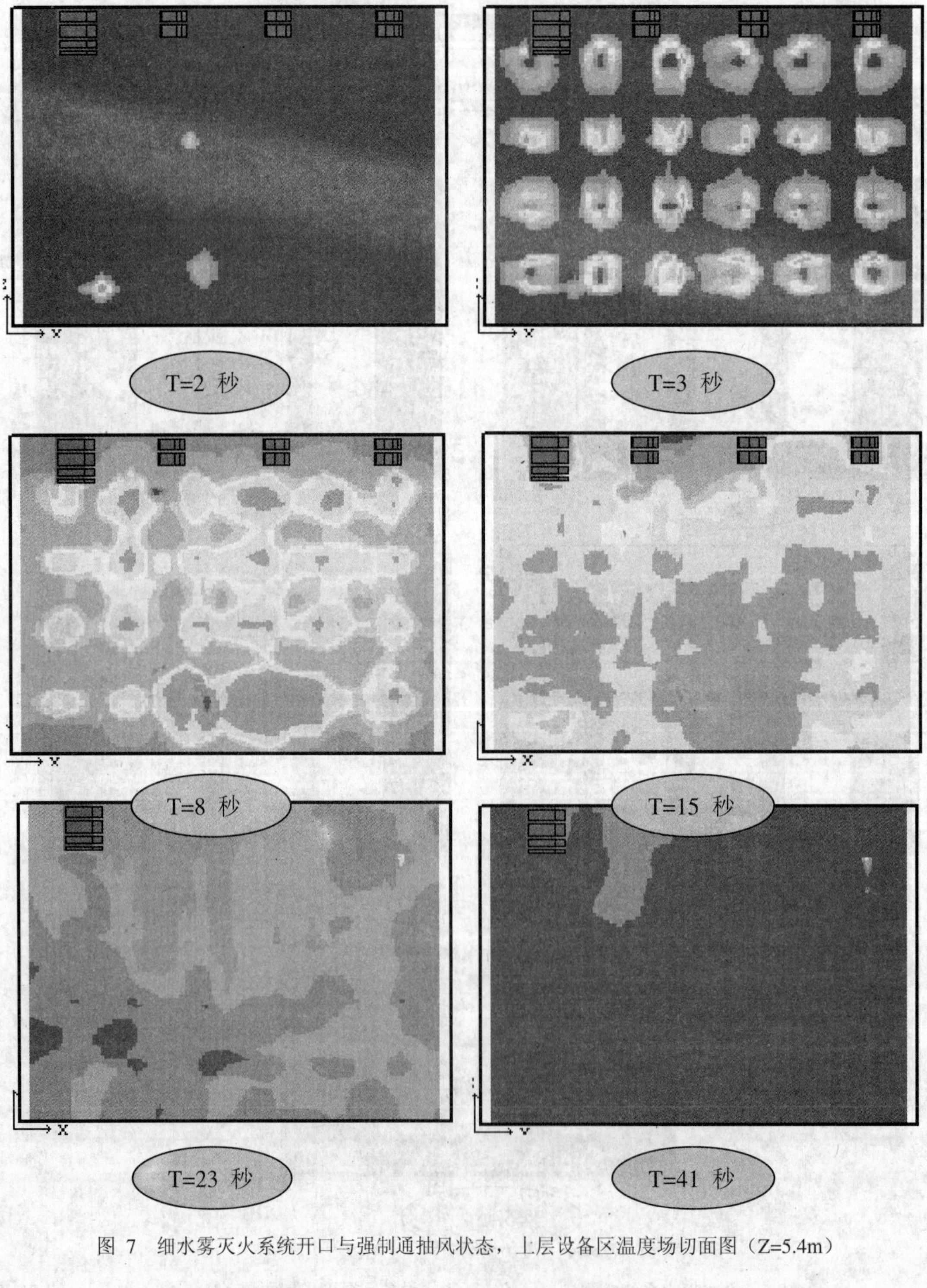

图 7　细水雾灭火系统开口与强制通抽风状态，上层设备区温度场切面图（Z=5.4m）

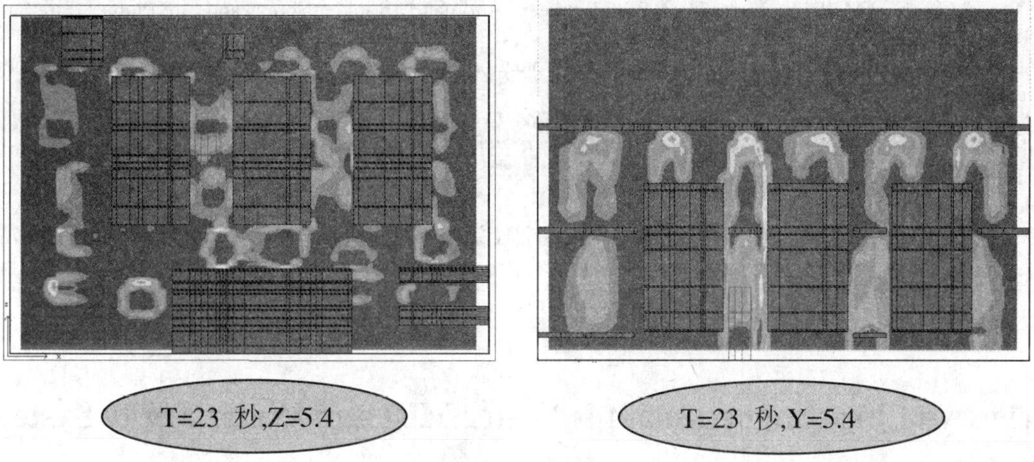

图 8　细水雾灭火系统开口与强制通抽风状态，下层设备区温度场切面图

由计算器仿真平台 FDS 与 FIREDASS 软件仿真所得之结果分析，细水雾系统与传统之撒水系统相比较之下，其火灾抑制时间、灭火媒介需求量以及灭火总体效能均优于传统撒水系统。下表为各情境仿真结果汇整比较情况。

表 4.1　机械空间各情境模拟结果汇整比较表

灭火装置	灭火 时间	耗费 成本	环保性	降温效率 (Closed)	降温效率 (Forced vent.)
撒水	P	L	G	P	F
细水雾	G	L	G	G	G

注：H:high; L:low; G:good; F:fair; P:poor

5. 结论

综合前述的研究与分析，可得到以下的结论与建议：

由数值仿真结果得之，自动撒水系统可于机械空间发生火灾时有效移除火场大部分的热量，避免对人员或是装备产生热侵害。惟其应用时必须保持密闭空间（停用通、抽风）始可获得较佳之火灾抑制效能，若否，将大大影响其灭火效能；此外，依自动撒水系统所产生的大量积水、易造成机械空间内电子（机）装备短路损坏以及人员发生电击伤亡等危害评估，其较不适合装设于机械空间作为火灾防护之用。

当细水雾系统于发生火灾作动时，即便未将机械空间内通、抽风停用的情况下，亦不影响其抑制火灾之效能，可迅速有效地移除火场大部分的热量，达到防护人员或是装备避免造成危害的目的；另外，依照 Hills 于 1993 年以及约翰霍普斯金大学应用物理试验室(APL/JHU)针对电动装备于细水雾中运作时，是否会对人员产生电击伤害的评估结果观之，即便是在未将灾舱电源切断的状况下作动细水雾系统，抢救人员似无撤离进行避难之必要性，这对于处于亟须分秒必争的机械空间及设施而言，无异是一极具优势的条件。

6. 参考文献

[1] Montreal Protocol Meeting Concludes, Media Note, Office of the Spokesman, Washington, DC, March , 1947.

[2] NFPA 750 2000 edition: Standard on Water Mist Fire Protection Systems. Fire Protection Association, Quincy, MA, 2000.

[3] Braidech, M.M., Neale, J.A., Matson, A.F. , Dufour, R.E. The Mechanisms of Extinguishment of Fire by Finely Divided Water. Underwriters Laboratories Inc. for the Board of Fire Underwriters,NY, 73.

[4] Mawhinney, J.R., Dlugogorski, B.Z. , Kim, A.K. A Closer Look at the Fire Extinguishing Properties of Water Mist. Fire Safety Science-Proceedings of Fourth International Symposium, Ottawa, ON, 47.

[5] Hansen, R.. Local Application of Water Mist for Machinery Protection. Proceedings: Halon Alternatives Technical Working Conference, Albuquerque, New Mexico, 1998: 439.

[6] Pepi, J.S.. Advance in the Technology of Intermediate Pressure Water Mist Systems for the Protection of Flammable Liquid Hazards. Proceedings: Halon Alternatives Technical Working Conference, Albuquerque, New Mexico. 1998:417.

[7] Liu, Z.G., Kim, A.K., Su, J.Z. Examination of Performance of Water Mist Fire Suppression Systems under Ventilation Conditions. NRCC-44676, National Research Council Canada,1997.

[8] Alpert, R L.. Numerical Modeling of the Interaction Between Automatic Sprinkler Sprays and Fire Plumes. Fire Safety J. 1985, 9:157-163.
[9] Hills A. T., Simpson T., Smith D. P.. Water Mist Fire Protection for Telecommunications Switch Gear and Other Electronic Facilities. NIST, 1993.
[10] Water Mist for Machinery Spaces. Http://www.fike.com/. Fike Corporation.
[11] Grandison A. J., Mawhinney R. N., Galea E. R., Patel M. K.. The FIREDASS (FIRE Detection And Suppression Simulation) MODEL. Fire Safety Engineering Group.
[12] 徐一量.火场模拟技术手册.工研院环安中心, 2001,12.
[13] 隋增辉. 某设施机械空间应用细水雾灭火效能之探讨.台湾交通大学精密机械与自动化研究所硕士论文,2007,2.
[14] 刘祥辉. 消防工程手册–理论与实际.全华科技图书股份有限公司,2003:9.1-9.18.

Efficiency of Fire Suppression for Water Mist and Water Spray System in Machinery Space Discussion

Abstract

The phase out of Halon production under the Montreal Protocol has led to constructive researches to find the replacement agents for fire protection. Through the extensively studies and tests, water mist systems have gained worldwide acceptance as an effective solution of fire suppression in many applications, such as the fires that involve flammable liquids, electrical equipments, semiconductor facilities, or outdoor transformers. The NFPA 750 standard defines "water mist" as a water spray discharged through a nozzle in which 99% of its volume comprises water particles less than 1,000 microns in diameter. A water mist system combines the key suppression mechanisms of heat extraction, oxygen displacement and radiant heat blocking, to suppress and extinguish fires. In addition, water mist systems provide the following advantages over other suppression systems, such as superior fire suppression effectiveness, smoke absorption capability, minimal water damage, non-toxicity, non-asphyxiating, and environmentally friendly. In this paper, using computer modeling can evaluate the fire suppression performance of water mist system used in the machinery space that can also found the way to optimize water mist and water spray comparative in these application areas.

Keyword: water mist system, water spray system, computer modeling, machinery space.

作者简介：

刘维义，财团法人安全卫生技术中心计划经理，台湾 310 新竹竹东镇中兴路四段 195 号 52 馆 413 室。

隋增辉，台湾交通大学精密机械与自动化研究所，硕士，台湾 300 新竹市大学路 1001 号。

徐一量，科技大学环境与安全卫生工程系， 助理教授，台湾 406 台中市北屯区廍子里廍子巷 11 号。

陈俊勋，台湾交通大学机械工程研究所教授，台湾 300 新竹市大学路 1001 号。

基于性能化的细水雾灭火系统设计方法及工程应用

陈吕义，廖光煊，魏涛

中国科学技术大学火灾科学国家重点实验室

摘 要

细水雾以其清洁、高效的优越性，已成为哈龙系列灭火剂的重要替代技术之一，有着广泛的应用领域和广阔的应用前景。由于细水雾与火焰相互作用物理过程相对复杂，而且该技术相关的标准规范尚在制订过程中，因此有必要运用性能化设计的思想，建立基于性能化的细水雾灭火系统设计方法，为细水雾在不同场所内使用提供科学的依据和参考。该方法从应用场所的实际防火目标出发，按照其可能的火灾发展特性来确定火灾场景，在此基础上进行全尺寸灭火有效性实验，研究不同设计方案下细水雾灭火特性，从而指导细水雾灭火系统的优化设计。本文以电力工业典型危险场所——电缆隧道细水雾保护的工程设计为应用实例，开展了一系列模拟实验。结果表明基于性能化的设计方法能够为细水雾灭火性能提供科学评价，能有效地提高细水雾灭火系统的效率和经济性。

关键词：细水雾灭火、性能化、电缆隧道、电缆火、工程应用。

1. 引言

《蒙特利尔条约》的签订掀起了世界各国火灾安全研究人员研究哈龙替代技术的热潮。依照哈龙替代品的现状，现阶段常用替代哈龙的替代技术可以分为五类：卤代烃类哈龙替代灭火剂灭火系统（主要是HFC-227ea 、HFC-23 、HFC-236fa 灭火系统）、惰性气体灭火系统（主要是 IG-541）、二氧化碳灭火系统、细水雾灭火系统、气溶胶灭火装置。其中细水雾以其灭火迅速、耗水量低、对防护对象安全、对环境无污染等特点，已被工业发达国家作为哈龙系列灭火剂的主要替代品[1]。

随着对细水雾灭火技术研究的深入，细水雾发生技术的日益成熟，配套工艺也日趋完善，细水雾灭火技术的应用推广成为可能。细水雾灭火机理相比其他哈龙替代技术更加复杂，然而迄今为止，在细水雾灭火系统的设计中还不能完全倚赖于一般性原则或统一的标准。在美国的 NFPA750 中就要求细水雾系统的预设计需要由国际公认的实验室进行全尺寸实验来证明其可靠性。目前在国内除个别省市外，尚缺乏完善的细水雾灭火系统设计施工标准规范，相应的设计评价方法的研究也有所滞后。性能化设计方法是建立在消防安全工程学基础上的新的建筑防火设计方法；它是运用消防安全工程的原理与方法，根据建筑物的结构、用途和内部可燃物等方面的具体情况，对建筑的火灾危险性和危害性进行定量的预测和评估，从而得出最优化的防火设计方案，为建筑物提供最合理的防火保护，尤其适用于超出规范要求或者现行规范没有明确要求的建筑物的火灾防治[2,3]。

本文将性能化设计的方法运用到细水雾灭火系统设计上，发展基于性能化设计的细水雾灭火系统评价方法，并通过细水雾灭火系统的设计实例，阐述其在工程应用中，为降低火灾防治成本、提高灭火系统的效率所发挥的作用。

2. 基于性能化的防火设计方法

性能化防火设计是根据具体建筑物的火灾发展特性来决定其防火需要，使火灾安全目标、火灾损失目标和设计目标良好结合，有助于实现火灾防治的科学性、有效性和经济性的统一，尤其适用于超出规范要求或者现行规范没有明确要求的建筑物的火灾防治[4]。性能化设计方法的一般步骤包括确定防火目标，设置火灾场景，定量分析各个火灾场景的火灾危害性以及火灾环境下的人员行为，包括开展实验研究和计算模拟研究，然后评价消防系统的有效性和经济性，最后给出结论和建议。

从 20 世纪 80 年代开始，澳大利亚、新西兰、加拿大、日本、英国、瑞典、中国香港等国家和地区都相继开展了性能化防火的理论研究及工程应用，取得了不同程度的进展，一些相对成熟的方法已经投入到工程实践当中。基于性能化的设计方法能使消防系统设计方案更加科学合理、更加灵活，有效保证建筑设

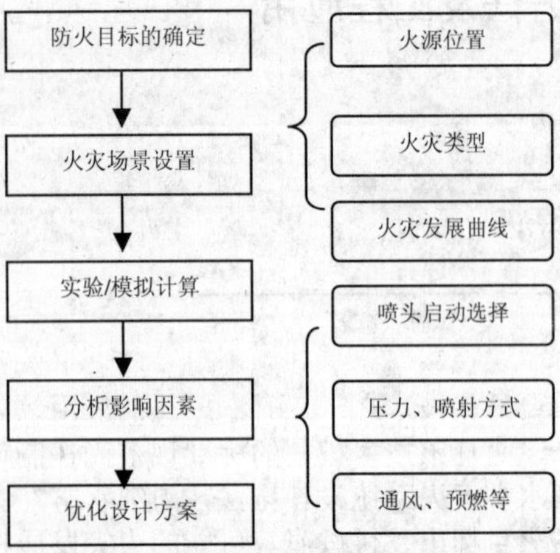

图 1　基于性能化的细水雾灭火系统设计方法流程图

计达到预期的消防安全目标，而且有利于新技术、新材料、新产品的发展，基于性能化的设计也有利于相关设计规范和标准的国际化。

基于性能化的细水雾灭火系统设计方法，就是根据性能化防火设计的思想，在确定防火目标的基础上，设置可能发生的火灾场景，在此基础上，有针对性地开展全尺寸实验或数值模拟，研究不同设计方案下的系统灭火有效性，在实验结果分析比较的指导下，优化设计灭火系统。因此从火灾防治的实际需要出发，保证了灭火系统的有效性和经济性。而在火灾场景设置的基础上开展实验，能够预先评价火灾可能的发展趋势，从而设计实验工况和系统工作条件，这样也可以为同一类型场所的火灾防治提供实验支持，同时还有助于降低实验成本。基于性能化的细水雾灭火系统设计方法的步骤可以由图 1 所示。

本文通过电力工业典型危险场所——电缆隧道细水雾灭火系统设计的工程实例，详细阐述基于性能化的细水雾灭火系统设计方法在实际消防工程中的应用。

3. 应用实例

3.1　防火目标的确定

在电力工业场所内，电缆火以可燃物多、火势蔓延迅速、烟气聚集、扑救困难等特点，是电力工业重要安全隐患之一。电缆隧道火灾的发生通常是由于电缆过热、老化或如电火花、油品泄漏等外部因素造成的[5]。电缆隧道环境内通常存在着较强的纵向自然通风，使得气体灭火剂难以有效发挥作用，而常规水喷淋保护耗水量大，不利于电缆隧道的施工和维护，同时其水渍危害可能导致长期的电力中断。因此，考虑采用用水量仅仅为水喷淋系统十分之一的细水雾灭火系统，并需要该系统能够做到迅速降低电缆隧道内沿程温度和燃烧产物的浓度，同时通过缩短灭火时间和减少水流率，使得用水量尽量减少，以减轻灭火带来的二次破坏。

3.2　火灾场景设置

根据电力行业电缆隧道的火灾特点，主要的可燃物为隧道内两边铺设的各种动力和控制电缆，由于电缆架的阻挡，还可能存在有障碍物阻挡的电缆火。综合考虑，可以设计如下的火灾场景：

- 电缆沟一边电缆起火；
- 电缆沟两边电缆同时起火；
- 电缆沟一边电缆起火，由于电缆架的阻挡，此时为有障碍物存在的电缆火。

3.3 模拟实验设计

灭火有效性的模拟实验平台的设计参照常见火力发电厂电缆隧道的结构，实验装置示意图和实物图分别见图 2 和图 3。实验间尺寸为 5m×2m×2m，类似于电缆隧道的一段，两边为电缆架，每边七层，宽 0.5m，共布置两个喷头，喷头间距 2.5m，成 120°向斜下方喷射，喷头距顶棚的面积为 0.3m。过道中心放置有 6 根热电偶以测量空间温度，烟气成分分析仪测量烟气组分浓度变化，在实验间的一端安装 CCD 录像机测量灭火过程和灭火时间。

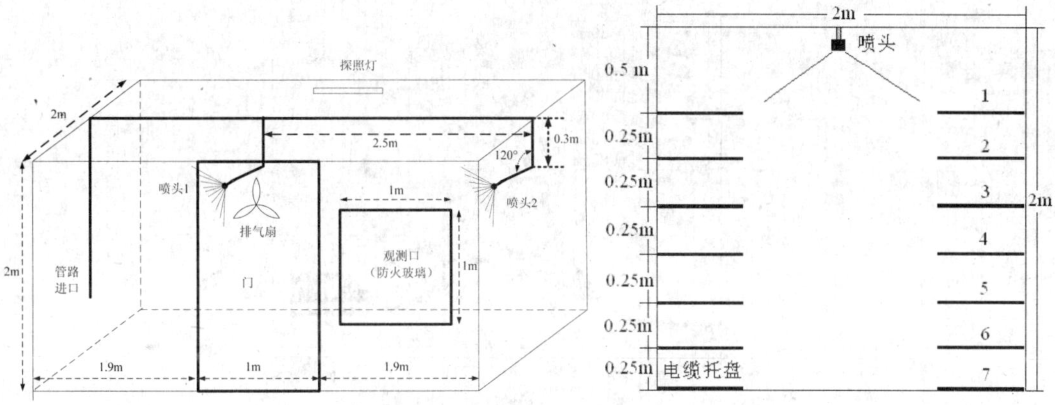

图 2　电缆隧道模拟实验平台示意图

图 3　电缆隧道模拟实验平台照片

3.4 实验结果分析

实验时主要通过电缆火的位置来改变实验工况，细水雾喷头位置不变，压力固定为 1.4MPa。每次实验时点火的一层内放置 5 根电缆，电缆事先浸上汽油，以利于燃烧。实验工况安排和结果如表 1 所示。

实验结果中所列的灭火时间是指该层电缆的火焰完全熄灭的时间，实际灭火过程中，在细水雾施加后火焰是立刻受到抑制，大部分情况下电缆线上中段的主体火焰能够迅速被扑灭，主要是远离喷头和离喷头过近的两端火焰难以熄灭，这主要是因为这些部位水雾浓度较少，雾滴难以进入火焰区，但是电缆火的蔓延受到抑制，只有很小的火焰持续存在。随着细水雾的持续施加，整个空间逐渐达到全淹没状态，两端火焰附近的水雾浓度逐渐增加，环境温度降低，最后所有的火焰都能在 150s 内熄灭。从各个工况比较来看，如若不在下层火焰上增加挡板，下层火焰要比上层火焰更易被熄灭，这是因为喷头斜向下方喷射，上方的雾浓度明显更小，尤其是第一层和第二层远离和靠近喷头端的火焰。对于工况二由于在火焰上方增加了挡板，显著加大了灭火难度，但是在空间达到全淹没状态后，火焰最终也能完全熄灭，主要与火焰所在区域的雾浓度有关。

表 1 实验工况与结果列表

序号	火源设计	灭火时间
1	单边：第 1 层，第 7 层	第 1 层（130s）第 7 层（20s）
2	单边：第 3 层，第 7 层（上铺障碍物）	第 3 层（37s）第 7 层（135s）
3	单边：第 2 层，第 4 层，第 7 层	第 2 层（124s）第 4 层（72s） 第 7 层（15s）
4	双边：第 2 层，第 4 层，第 7 层丨第 3 层	第 2 层（12s）第 4 层（10s） 第 7 层（22s）丨第 3 层（5s）
5	双边：第 2 层，第 3 层，第 6 层丨第 1 层	第 2 层（148s）第 3 层（10s） 第 6 层（17s）丨第 1 层（119s）

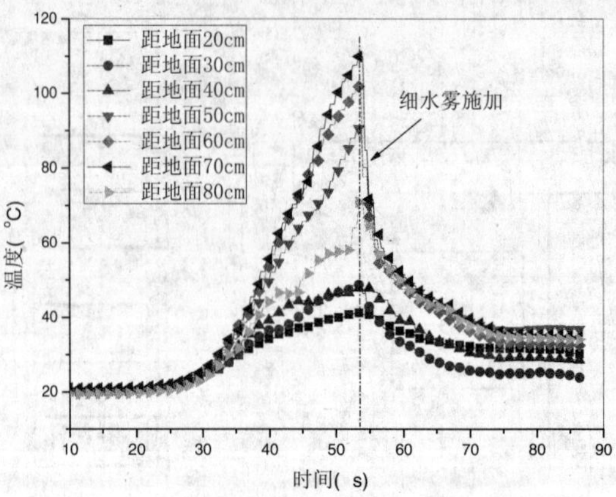

图 4　工况 4 温度变化曲线图

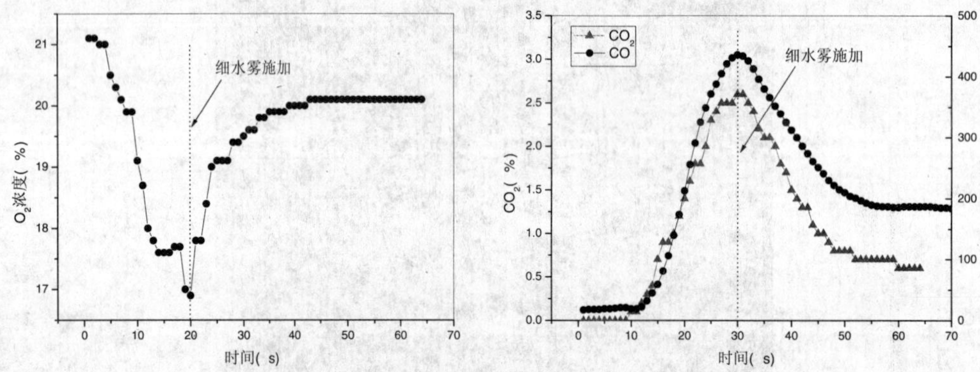

图 5　工况 4 气体组分浓度变化曲线图

图 4 和图 5 显示了工况 4 的实验间内温度和气体组分浓度的变化，可见在四排电缆点燃后空间温度急剧上升，可超过 100ºC，同时 O2 浓度下降，CO 和 CO2 浓度上升，在顶棚处可明显看见烟气层。细水雾施加后环境温度迅速下降，15s 后温度下降到 40 ºC 以下，接着温度下降趋势平缓。此外在本次实验细水雾仍然显示了很好的冲刷烟气效果，CO 和 CO2 浓度下降，O2 浓度上升，不过在细水雾施加 20s 后，下降和上升趋势变得平缓。

本次实验设计的工况考虑了实际电缆火灾中的最不利情况，实验结果显示了优化设计的中压泵式细水雾系统能够有效的扑灭各种工况下的电缆火，由于全淹没系统要求持续喷雾时间为 15－20min，因此在这段时间内足够将所有火焰扑灭。从实验结果也可看出增加喷头压力、适当减小雾滴粒径以及缩短喷口之间的距离将加快电缆隧道内达到全淹没状态，使得最不利点的火焰更快熄灭，但是综合考虑到成本的因素，全淹没细水雾系统完全能够胜任电缆隧道的火灾保护。

通过全尺度模拟灭火实验和计算表明，对于电力工业电缆隧道，采用局部和分区保护相结合的细水雾灭火系统，能够有效实现防火目标。这样既能够降低系统的总体造价，又能针对特定区域的保护进行合理设计。

4．电缆隧道细水雾灭火系统工程应用

选取内蒙某热电厂 2×300MW 机组主厂房电缆隧道进行工程实践研究。该热电厂是内蒙古自治区第一座现代化高温高压热电厂，总装机容量 120MW。本工程是二电厂扩建工程。电缆隧道最长处 200 多米，宽 2.2m，高 2m，共有 14 个防护区。

细水雾灭火系统的基本设计参数应根据细水雾灭火系统特性、被保护对象、防护区的具体情况确定。细水雾系统用于灭火时，设计喷雾强度、持续喷雾时间不宜小于表 2 的规定，且细水雾系统的保护面积不宜大于 1000m^2，容积不宜大于 8000m^3。当容积较大时，应专门认证。

表 2　设计基本参数

保护对象		设计喷雾强度（L/min·m^2）	持续喷雾时间（min）
可燃液体火灾危险场所		1.0	15
电气火灾危险场所	计算机房等弱电防护空间、高低压配电室	1.5	12
	油浸式电力变压器等含油设备	1.3	15
	电缆	2.0	12
可燃固体火灾危险场所		2.0	12
人群密集的公共场所		1.5	30
注：具体应用场所的设计基本参数应参照制造商技术资料和国家权威机构的型式检验报告			

(1) 细水雾系统保护面积的确定

采用全淹没应用方式的火灾危险场所，其保护面积可按区域使用面积确定。采用局部应用和分区保护应用方式的火灾危险场所，其保护面积应按保护对象的外表面面积确定；当保护对象外形不规则时，应按包容保护对象的最小规则形体的外表面面积确定。

(2) 喷头选型及布设规则

应根据防护区高度、面积、火灾类型、被保护物体外型及灭火系统类型合理选择喷头。细水雾喷头的平面布置方式可为正方形、矩形、菱形或线形。采用全淹没应用方式时，喷头间距不应大于 3.5m，对于高度超过 4.0m 的防护区应分层布置；采用分区保护应用和局部应用方式时，喷头间距不应大于 2.5m，喷头距防护物的安装间距不应大于 5.0m，对于高度超过 4.0m 的被保护物体应分层布置；当采用闭式系统时，防护区空间的最大净空高不应大于 4m。

喷头的特性系数 K 按生产商提供技术资料选取。细水雾系统的所有管道、喷头与裸露或非绝缘带电设备间的安全间距应符合国家现行有关标准的规定。当保护对象为大型电缆室或电缆隧（廊）道，且电缆托架成列布置时，细水雾喷头布置应符合以下规定：当两排电缆托架间距大于 0.5m 时，细水雾喷头宜布置在两排电缆托架的中间且靠近建筑物顶部的位置，并使细水雾喷向电缆托架；否则，可按双排并列托架整体包容设计。

该电缆隧道细水雾灭火系统选用美国生产的压力雾化型 7N 喷头，喷头的 K 系数为 3.2。工作压力在 1.4Mpa。在电缆隧道中使用单排喷头，喷头布置使用上章中灭火效果最好的布置方法，当隧道内只有单边有电缆架时，喷头向着电缆架倾斜 120°布置，喷头距顶棚 0.3m。当隧道内两边均有电缆架时，喷头向着隧道中心倾斜 120°布置，喷头距顶棚 0.3m。两个喷头之间的最大间距为 2.5m。

5. 结论

本文将性能化防火设计的方法引入细水雾灭火系统的设计评价，并通过工程实例详细阐述了该评价方法的步骤及内容，结论如下：

（1）合理设置火灾场景是正确、有效设计实验和评价分析的前提。设置火灾场景需要从保护对象的实际情况出发，可以利用实验测试或模拟计算得到火灾的发展特性。

（2）实验工况或模拟场景的设计和结果分析需要综合考虑到各个影响因素的作用，以利于比较各个参数对细水雾灭火系统灭火有效性的影响规律。

（3）基于性能化的细水雾系统设计方法，就是立足于防火目标，针对实际火灾设置火灾场景，利用工程模拟实验及数值模拟的结果进行分析，从而为工程应用的系统优化设计提供指导，实现细水雾灭火系统科学性和经济性的统一。

6. 参考文献

[1] Jones, P.F. Nolan. Discussions on the use of fine water sprays on mists for fire suppression. J. Loss Prev. Process Ind, 1995,8(1).

[2] 肖学锋. 发展消防安全工程学和性能化防火规范. 消防科学与技术. 1999, 02.

[3] 张宾. 火灾危险性评估在实际工程中的应用. 消防科学与技术.2005, 03.

[4] 范维澄, 孙金华, 陆守香. 火灾风险评估方法学. 北京:科学出版社, 2004.

[5] 祁勇. 论电缆隧道火灾危险性及其防护. 消防科技. 1996,2:40-42.

Performance-Based Design Method of Water Mist Fire Suppression Systems and Engineering Application

Abstract

Water mist, which is clean and efficient, have become the research hotspot of Halon substitutes, and applied widely in many fields. However, for its respective particularities between water mist and flame, no uniform criterion or standard was drawn at present. So the idea of performance-based design was taken into account, and design method of clean and efficient fire suppression systems was established. As an example, a water mist fire protection engineering of electric industry was introduced in this paper. A series of experiments were performed and analyzed. The results show that performance-based design method of clean and efficient fire suppression systems is propitious to obtain the helpful appraisement and advance the efficiency of the systems.

Keywords: Water mist Fire Suppression, Performance-Based, Cable Tunnel, Cable Fire, Engineering Application

作者简介：

陈吕义，男，博士研究生。就读于中国科学技术大学火灾科学国家重点实验室。主要从事细水雾灭火技术的相关研究工作。联系方式：电话：0551-3603183，Email: lvyichen@mail.ustc.edu.cn。

性能化与传统防火设计之比较

陈万红

湖北省荆门市象山二路东宝公安分局消防大队

摘要

本文对性能化与传统防火设计进行了比较，性能化与传统防火设计是实现建筑防火安全目标所采用两种不同的方法，具有内在的一致性和现实的差异性。建立性能化和传统防火设计方法互为补充的防火体系，互相协调、实现优势互补是今后的发展方向。

关键词：性能化、消防、防火工程。

目前，性能化防火设计方法已在不少大型体育场馆、剧院、机场航站楼等工程实践中运用，在理论研究领域，也开始了初步建立我国性能化防火设计体系的研究。建筑性能化防火设计作为一种新兴的设计理念和设计方法，是以建筑在火灾中的性能为基础，以系统安全工程理论和方法为手段，针对性的采取防火措施。传统防火设计是根据以往大量的火灾经验和火灾实验为基础，制定出的相应参数，由设计人员按"方"设计的一种方法。本文就两种方法的异同、互相关系，以及今后发展存在的问题进行了探讨。

1. 性能化与传统防火设计的内在一致性

传统防火设计方法是在总结过去火灾经验和教训基础上，运用现代消防科学技术成果，整理、归纳、总结而成的。条文式消防技术标准是其处方依据，标准中规定的建筑消防设计参数、指标和技术要求既是设计依据，也是评价依据。建筑性能化防火设计，是以建筑在火灾中的性能为基础，以系统安全工程理论和方法为手段，通过对建筑物火灾模拟特性，针对性的采取防火措施的一种设计方法。设计人员可以根据需要调整建筑平面布局、火灾荷载密度、消防设施水平等不同方法来实现建筑防火安全的目标，因而具有设计方法灵活的特点。

性能化防火设计与传统防火设计是实现建筑防火安全这一人类内在要求的两种不同方法。人类对建筑防火安全的内在追求，决定了性能化防火设计与传统防火设计的目标是一致的、统一的。无论采用哪一种方法，其最终目的都是为实现建筑防火安全。

2. 性能化与传统防火设计的差异性

性能化防火设计与传统防火设计两者差异见表 1 。

性能化防火设计与传统防火设计两者主要的差异表现在实现建筑防火安全途径的差异上。这种差异决定了两者在经济性、实际应用等方面的差异。传统防火设计具有操作简便、人员素质要求不高、评估方便、经济等优点，但存在对新技术、新工艺、新产品的应用响应慢等缺点。而性能化防火设计则具有适应性强的优势，但存在应用程序繁琐、人员素质要求高、评估复杂、应用成本高等不足。

3. 性能化与传统防火设计的互补性

传统防火设计方法优点突出。它具有设计依据明确惟一，便于设计单位、施工单位、监督机构执行。对于大量存在的普通建筑而言，具有应用经济、方便、操作性强的优势，一直以来，为保证建筑消防安全，发挥了积极的作用。并且，今后仍将继续发挥其应有的作用。

建筑性能化防火设计强调了建筑结构布局、使用功能、工艺流程、美学特征等个性化特点，建立在对特定建筑的火灾风险性评估和火灾危害分析中，采用火灾模化技术，引入了"量"的概念，弥补传统防火设计方法在新型建筑应用的缺陷，克服了传统防火设计对于特殊使用功能、特殊结构、特殊工艺流程建筑的局限性。

表 1 性能化与传统防火设计的差异性

	传统防火设计	性能化防火设计
应用的经济性	经济	成本高
应用的可操性	简单方便	复杂繁琐
设计、评估周期	短	长
设计、评估成本	低	高
设计方案	单一	多样
对新技术、新工艺、新产品的反应	反应滞后，应用受局限	强调个性，利于应用
优势领域	传统建筑	新型建筑
应用建筑量	大量	少量
对人员素质要求	低	高
应用现状	广泛应用的主要方法	少量应用的新方法
法律基础	有	尚不具有
标准体系	完备	尚未确立

传统防火设计好比医生对于常见疾病的处方模式，性能化防火设计好比医生对于疑难杂症采取专家会诊。两者具有较强的互补性。

3.1 应用范围的互补性：

传统防火设计方法主要用于大量常见的普通建筑，由于人类长期的实践经验和研究成果，对这类建筑已经形成了一套完整的行之有效的防火方法。性能化防火设计方法主要适用于新型建筑，如特殊使用功能、特殊结构、特殊工艺流程建筑。这类建筑由于过去没有，因而缺乏经验，传统防火设计无法运用。

3.2 应用成果的互补性：

性能化防火设计方法的成功应用成果，将成为下一个类似建筑防火设计的方法（"处方"）。传统防火设计方法主要成果也是校正性能化防火设计的一种方法。例如，性能化防火设计安全目标的设定往往借鉴或使用了传统防火设计方法的一些指标和数据。性能化防火设计的成果也可以修正一些传统防火设计方法中一些指标、数据的不足。性能化防火设计和传统防火设计两者应用成果可以互相促进、互相修正，并在此过程中提高建筑防火设计的可靠性，实现人类对建筑防火安全的追求。

4. 建立性能化和传统防火设计方法互为补充的防火体系需要解决的问题

4.1 法律问题

包括法律法规体系和技术标准体系建设两个方面的问题。一是要通过行政立法，解决建筑性能化防火设计合法地位问题。要在法律法规中明确建设单位、性能化防火设计单位、评估单位、专家论证机构、公安消防部门等单位的权利、义务及其对应的法律责任；二是要通过法律法规，确立建筑性能化防火设计中介评审制度、执业资格管理、认证制度；三是要确定建筑性能化防火设计和传统防火设计的适用范围、设计要求和设计、评审及监督工作程序。四是要加快建筑性能化防火设计标准体系建设。

建筑性能化防火设计技术标准是调整和推动建筑性能化防火设计与评估技术的应用与发展的基础；性能化防火设计技术标准要为每一项设计要求、设计步骤提供一致性原则，以此有效地指导性能化防火设计与评估。性能化防火设计标准体系既要考虑工程技术的发展趋势，具有一定的前瞻性；又要兼顾现阶段的工程设计和技术特点，能与传统消防设计有机融合，科学、严格地把握好两种规范的应用范围，处理好性能化设计和传统防火设计的关系，把它们科学地运用到防火设计和消防审核工作中。并尽量与国际标准及其管理机制接轨。

4.2 基础研究

我国的性能化防火设计研究，特别是基础性研究，还很薄弱。尚未建立消防安全工程基础数据库，没有科学合理的、量化的消防安全设计目标和性能评估数据，火灾基础模型、特定火灾模型、人员疏散模型、火灾风险评估模型、火灾后果预测模型、消防工程综合模型等评估、分析工具等缺乏实验验证，可信度不高。这些直接影响到消防安全目标在建设单位、设计单位、评审专家和消防部门中达成共识的可能性。性能化防火设计与传统防火设计之间的互相协调也需要基础研究来验证。加大基础研究投入，整合科技资源，进行技术攻关是建立性能化和传统防火设计方法互为补充的防火体系的理论基础。

4.3 人才培养

新技术、新方法提出了更高、更深的专业化要求。建立性能化和传统防火设计方法互为补充的防火体系，需要从设计、评审到监督的各环节从业人员在掌握传统防火设计理论和方法的同时，熟悉火灾科学和消防安全工程学的专业理论，熟练掌握火灾风险评估、火灾危害分析的方法和技术。同时，基础研究的加大，更需要更高素质、更多的消防专业人才。因而，一是要加强对在职消防设计、审核人员在火灾科学、消防安全工程学以及火灾风险评估和火灾危害分析的方法及其技术技能方面的教育和培训；另二是要加强相关学历教育，培养跨专业的综合型人才。为建立性能化和传统防火设计方法互为补充的防火体系储备人才。

4.4 中介组织

建立消防从业人员执业资格管理、论证制度和消防安全评价论证制度是大势所趋。无论是建筑性能化设计的消防安全评估环节，还是传统消防设计的技术性审核环节，这些都应交给第三方的中介组织完成，需要中介的参与。建立性能化和传统防火设计方法互为补充的防火体系，中介组织应发挥重要作用。

5. 结束语

人类对建筑防火安全的本质要求，决定了性能化防火设计与传统防火设计的内在的一致性，同时由于其差异性和互补性，必然形成两种方法在适用范围和研究成果的两方面实现优势互补、成果共享。建立性能化和传统防火设计方法互为补充的防火体系是今后发展的趋势，在发展过程中重点需要解决法律配套问题、基础研究、人才培养和中介组织等问题。

6. 参考文献

[1] 肖学锋.发展消防安全工程学和性能化防火规范.消防科学与技术,2001,3。

[2] 胡隆华. 霍然.澳大利亚性能化防火设计规范的结构特点分析及启发.消防科学与技术,2001,3.

[3] 霍然,袁宏永.性能化建筑防火分析与设计.合肥：安徽科学技术出版社,2003.

试论汽车工业建筑应用性能化防火设计理念的可行性

陈雪芹

吉林省长春市消防支队

摘要

汽车工业建筑尽管工程体量较大，但因使用功能较单一具体且火灾危险性低，一般情况下，依据现行指令性规范均可以满足设计要求，因而在性能化防火设计研究中极少涉及。但汽车工业建筑消防设计中存在的一些实质性问题，单纯依据现行指令性规范一直得不到很好的解释与解决。目前，性能化设计已经在大量工程实践中证实，可以最大限度地实现建筑物的功能、防火安全和经济投资三方面的优化统一，就应考虑在汽车工业建筑这种功能特定、安全度要求高、经济投资大的项目中应用其优势，尽快推进这种设计理念在各行业中的应用，本文以工程实践证明性能化设计在此类建筑中既面临着极大的需要，也有着社会环境和技术方面的支持。

关键词：汽车工业、消防、性能化设计、可行性。

1. 汽车工业建筑概述

汽车工厂根据不同的汽车总成和零部件分总成的生产，组成不同的生产车间，以下列表表述部分车间的生产任务及火灾危险性特征。

车间名称 (火灾危险性类别)	主要生产任务	火灾危险特征
总装配车间 (戊类)	整车装配、调整、试验、路试。	⑴常温下分装、总装、调试汽车； ⑵常温下为汽车注油调试； ⑶车身局部补漆及烘干。
涂装车间 (丁类，局部甲、乙类)	汽车车身、车架等总成、零件的涂装（油漆）	⑴常温下进行阴极电泳（底漆，水性漆）； ⑵常温下对车身等工件进行中涂和面漆（油性漆，产生易燃易爆气体）； ⑶空腔注蜡（可燃）； ⑷调漆（油性漆）产生易燃易爆气体场所 ⑸烘干，属易燃部位。
铸造车间 锻造车间 (丁类)	铸铁件、铸钢件的铸造 锻件毛坯的锻造	在熔炼炉内熔化金属，熔融状态下的金属液产生强烈的热辐射，并有金属火花飞溅； 利用加热装置将固态金属加热到赤热状态，在加热锻造、冷却过程中向周围环境辐射热量，飞溅火花。
焊接（装）车间 (丁类)	汽车车身、车架等总成的焊接装配	对不燃金属件进行焊接装配，金属焊缝、焊点局部处于短时溶化状态，辐射热量，溅出焊接金属火花。
热处理车间 (丁类)	汽车各总成加工件的热处理	⑴在热处理炉内或若其它装置上将固体金属加热到赤热状态，产生热辐射； ⑵通常采用二氧化碳、丙烷等作为保护气。
机械加工车间 (戊类)	零部件、机修件、工具的机械加工及部装。	⑴常温下机械加工金属材料，有炽热辐射。 ⑵常温下进行工件装配（不燃烧体）

工业建筑设计采取何种防火设计标准和具体防火措施，是由工艺设计的生产火灾危险性特征决定的，上表可以看出，汽车工厂中多数厂房火灾危险性都为丁戊类，并且工厂中的库房除油料化学品库及少数储存轮胎、仪表、塑料件的丙类库房外，绝大多数原材料库、中间库、外协件库均为戊类库房。

现行消防设计规范对于丁戊类建筑设计要求较低，但实际工程中，由于工厂建设规模较大，工艺流水线多由国外成套引进，核心生产工艺设备价值昂贵，其消防设计均综合考虑我国规范及国外规范，并且厂家及设计单位在工程设计建设过程中，对国内外同行业进行类比考察所采用的新技术、新措施，也使得以往我们在此类工程设计及消防审核验收过程中一直都沿袭采用的传统设计理念及做法显得渐不适宜。以下结合汽车工厂中的总装车间典型设计实例，分析汽车工业建筑消防设计需求，探讨应用性能化防火设计理念的可行性。

2. 工程实例及汽车工业建筑性能化设计需求综合分析

一汽大众公司一厂总装车间，是目前国内最大的汽车生产车间，建筑面积 11.5 万 m²，钢网架结构，除设置室内外消防给水系统外，还设置了湿式自动喷水灭火系统(现二厂总装车间改设自动消防炮系统)及手动火灾报警按钮和屋顶电动排烟窗。总装车间是汽车工厂中的核心建筑，对照现行规范，上述消防设计想法考虑已较为全面且趋于保险，然而由于规范界定不清晰，设计部门的依据其实是模糊的，原则上把所有能够采取的措施全部用上，确保设计安全度，但分析工程实际情况，仍存在问题有待解决。

2.1 功能复杂区域火灾危险性确定

规范规定，同一座厂房内有不同火灾危险性生产时，该厂房的生产火灾危险性分类应按较大的类别确定，火灾危险性较大的生产部分所占比例小于 5%时，可按火灾危险性小的部分确定。汽车工厂中，总装与涂装车间火灾危险性较大的区域面积已超过允许比例的 5%，实际做法是在火灾危险性大的区域增加自动消防设施，分区域分别判定，明显与现行规范不符，需要一个理论支撑。

2.2 不同火灾危险性区域防火分隔

汽车工业厂房内一般均设有原材料库、半成品库，规范规定生产区与仓储区之间必须采用耐火极限不低于 2.50h 的不燃烧体隔墙进行防火分隔，若无工艺限制一般都可满足，但对于生产线附设的原材料堆放区、半成品区、产品检验区等却难以实施，如：总装车间装配线上诸如座椅、内饰、轮胎等部位均属丙类，并且车间内还有一些重点防火部位：如燃料油输送供应系统，补漆设施及厂房内的试车工位等，实际工程中都是无任何分隔的平面与空间布局，或者采用厂房内宽敞的机械车辆运输通道作为隔离带，实践有效却不符合现行规范要求。

2.3 自动消防设施设计

1）工业企业防火的意义在于，在保护人员生命安全的同时，最大限度地保证生产设备及物资的安全。电器设备火灾，用水扑救与火的危害损失几乎是等同的，现行规范未要求此类场所需设自动喷水灭火系统，对于单台(套)价值几百上千万，整条流水线价值过亿的昂贵生产设备而言，用水扑救是否适合，要做出结论性的分析，需要一个火灾场景的模拟，并对消防设施所起的作用进行评估。

2）手动报警及屋顶排烟窗的设计，是为迅速报警并排除烟气考虑的。因现行规范对此也未做规定，实际工程中，两个系统是孤立的，因没有确定的目标实施方向而有所欠缺。如若采用性能化设计理念，设计之初即制定明确的防火安全目标，为达到这一目标，各系统配合发挥作用，就会使此部分设计更加完整。

3）自动消防设施的设置，使得消防投资巨增，约占工程总投资额的 8-10%，远高于丁戊类建筑消防投资比例。

分析以上设计，因为单纯依据现行指令性规范已不能很好的解释并解决问题，事实上设计人员处于两难境地，一方面尽量维护现行规范、另一方面又试图提供更全面的防火保护而超越规范，可以说，对于上述工程而言，按照规范规定做出的设计方案并不是最科学合理的方案，可能达不到预期的消防安全水平，并且因提供不必要的过度保护措施而增加了建筑成本。

3. 汽车工业建筑应用性能化防火设计理念可行性探讨

3.1 性能化防火设计的优势

目前虽然性能化防火设计的研究方向还偏重于民用建筑，工业建筑极少涉及，但性能化设计方法是当前建筑防火设计领域最先进的技术，作为建筑防火设计的一个重要方法，在一些机场航站楼、会展中心、体育场馆、剧院、商场等大空间建筑工程实践中得到了应用，并且一些现行规范条文尚未涉及、甚至无法解决的技术问题，采用性能化设计理论，都得到了有效的解决。实践证明，性能化设计对比传统设计有较多优越性，如：(1)设计方案更加科学合理，设计方法更加灵活；(2)能有效地保证建筑设计达到预期的消防安全目标；(3)可以减低建筑成本；(4)有利于新技术、新产品的开发和应用；(5)有利于充分发挥设计人员的创新才能；(6)有利于设计规范和标准国际化。

3.2 应用性能化防火设计理念的理论与实际可行性

随着我国经济建设的快速发展，汽车工业已成为国民经济的支柱产业，汽车工业建筑在消防安全方面的特定要求，亟需相关的规范标准，要求我们必须考虑采用新方法，建立适应需要的新型消防技术监督体系，也必将带动此方面的学术研究。

现行规范中严格的定量规定，束缚了设计人员的思路，性能化设计方法则是运用消防安全工程学的原理，考虑项目所特有的危险，建立火灾场景，综合考虑各种影响因素，通过定性的分析和定量的对比，制定消防对策和安全防护措施，并通过评估模型来最终检验论证其合理性。对于汽车工业建筑而言，有针对性的考虑每个项目特有的危险，不仅可以满足各建筑的个性化防火要求，还可以进而实现行业的规范一致；不仅可以解决功能复杂建筑，如：总装、涂装车间、零配件高架库的疑难问题，还可以针对工厂中较多存在的一些典型戊类建筑，如：钢板库及其它金属原材料库等，以性能化防火分析为基础，得到更加经济的做法，为企业节省大量资金。

实例分析证明，性能化设计在汽车工业建筑中既面临着极大的需要，也有着社会环境和技术方面的支持。尽管我国的性能化设计规范还处在研究完善的阶段，但工程中已经做过一些成熟的范例，应用性能化设计的理念，采用其基本方法，完全可以处理解决汽车工业建筑中的消防设计问题。如：在总装车间设计中，确定某一区域(最危险或较安全区域：流水线上的某一个特定或普通环节等)需要保护的对象及控制目标，进行火灾场景模拟，综合考虑相关因素，确定方案并进行可行性评估，从而得出最优化的防火设计方案。

4. 汽车工业建筑性能化设计前景

汽车工业建筑，虽然使用功能单一具体且火灾危险性低，但一般工程体量较大且其中工艺设备及生产或储存物品价值极高。如今，在火灾安全防护工程中很重视谋求实效和经济效益，欧洲共同体也已提出了在建筑中降低火灾代价的问题，在达到防火安全目标的前提下，既要降低工程投入又要减少火灾损失。性能化设计既然已经在其它行业证实了可以最大限度地实现建筑物的功能、防火安全和经济投资三方面的优化统一，我们就应在汽车工厂这样功能特定、安全度要求高、经济投资大的工业项目中应用其优势。

目前国际上一些国家，如英国、日本、美国等都已经制定完成了性能设计规范或法规，建立性能化规范体系，开发相关的设计指南和评估方法，以提高本国产品和技术在世界上的竞争力。中国加入 WTO，从遵循世贸规则和市场经济规则的角度，也应尽快推进性能化防火设计在各行业中的应用，以发展的观点推动消防工作的科技创新。

5. 结论

性能化防火设计在汽车工业建筑中应用可行，要想发展自己的汽车工业，就要用最先进的理念意识，做最完整优化的设计，给我国的汽车工业发展做有力的支撑。

6. 参考文献

[1] 李引擎. 建筑防火性能化设计. 北京:化学工业出版社, 2005.
[2] 王军. 建筑消防性能化设计思考. 消防科学与技术,2005.9:3－5.
[3] 张雪梅. 对汽车工业建筑防火设计中几个问题的思考. 消防科学与技术.2007.4:43－44.

漏电火灾报警系统应用探讨

程先志

湖北消防总队襄樊市消防支队

摘要

根据国家相关技术规范要求，通过剖析电气火灾事故，针对漏电火灾报警系统运用中遇到的有关问题进行探讨，对漏电火灾报警系统有关规范执行和漏电火灾报警系统的实际应用具有一定的参考作用。

关键词：漏电火灾报警系统、剩余电流保护装置、漏电报警器、剩余电流。

1. 引言

20 世纪的最后 20 年里，我国人均用电量翻了一番，但电气火灾也随之剧增，从而也给国家经济和人民生命财产造成巨大损失。据统计，全国电气火灾在所有火灾起因中居首位。我国的电气火灾大部分是由电气线路直接或间接造成的。

国际电工委员会 IEC1200-53 1994-10 中 593.3 条明确要求采用两级或三级剩余电流保护装置，防止由于漏电引起的电气火灾和人身触电事故。国外一些发达国家普遍要求建筑物安装电气防火保护装置，发生电气火灾的现象大大减少。我国 20 世纪末开始在一些电气规范中对接地故障火灾作出了防范规定。目前国内在使用了漏电火灾报警系统的工程中，经调查，在使用过程中确实发现了不少起火隐患，得到了用户的认可和好评。

漏电火灾报警系统又称剩余电流动作电气火灾监控系统。漏电火灾报警系统一般由一台主机和若干个剩余电流探测器、控制模块经二总线连接而成。当被保护线路中发生接地剩余电流时，探测器测到报警信号，传送给控制模块，通过二总线网络传输到主机发出声光报警信号；主机显示屏同时显示报警地址，记录并保存报警和控制信息，值班人员可在主机处远程操作切断电源或派人到现场排除剩余电流故障。

漏电火灾报警系统集电气监测、分析、预警、报警及控制于一体，能准确监控电气线路的故障和异常状态，能发现电气火灾的火灾隐患，及时报警提醒人员去消除这些隐患，具有监控范围大、反应速度快、报警准确、操作灵活、安装维修方便等特点。

2. 我国近年电气火灾事故剖析

电气原因引起的火灾多年来一直是我国火灾多发的主要原因。电气火灾隐患形成和存留时间长，且不易发现，一旦引发火灾往往造成很大损失。因此，有必要多方面采取措施来预防和控制电气火灾。

据《中国火灾统计年鉴》统计，自 1993～2002 年全国范围内共发生电气火灾 203780 起，占火灾总数近 30%，在所有火灾起因中居首位。电气火灾造成人身伤亡的数字也是惊人的，仅 2000～2002 年，就造成 3215 人的伤亡。特别在重、特大火灾中，电气火灾所占比例更大。例如 1991～2002 年全国公共聚集场所共发生特大火灾 37 起，其中电气火灾 17 起，约占 46%。2005 年十大火灾中死亡人数最多的两起——吉林省辽源市中心医院特大火灾和汕头华南宾馆特大火灾，均为电气引起的火灾。根据国家相关统计资料，1993~2002 年间重特大火灾的起因及电气火灾起因统计（详见表 1、表 2）显示，重特大电气火灾形成的主要原因是短路、过热和接触不良，其中供电线路上的电线电缆老化引起的因素占首位。为此，国内有关专家呼吁尽快采取有效的技术防范措施，遏制电气火灾上升的趋势。政府及有关部门相继制定和修改了相关规范、标准，要求在建筑工程项目中设置漏电火灾报警系统，以预防电气火灾发生，保障国家人民生命财产安全。

3. 电气火灾的起因和防范措施

我国的电气火灾大部分是由短路引发的，特别是接地电弧性短路。根据公安部消防局电气火灾原因技术鉴定中心的统计资料来看，电气火灾大部分是由电气线路的直接或间接引起的，且主要是由于接地故障引起的。接地故障能引起电击事故，也能引起电气火灾，要比一般短路具有更大的起火危险性。

表1　1993~2002年重特大电气火灾按起火源的统计分析数据

起 火 源	重特大电气火灾（起）	各类起火源的重特大电气火灾起数占重特大电气火灾总起数的百分比（%）
电气设备	224	10.1%
线　　路	1153	52.0%
用电器具	341	15.4%
用电设备	229	10.3%
照明器具	236	10.6%
其　　它	35	1.6%
合　　计	2218	100.0%

表2　1993~2002年重特大电气火灾按起火原因的统计分析数据

起火原因	重特大电气火灾（起）	各类原因重特大电气火灾起数占重特大电气火灾总起数的百分比（%）
短　　路	1153	52.0%
过 负 载	102	4.6%
接触不良	280	12.6%
过　　热	410	18.5%
漏　　电	39	1.8%
雷　　击	12	0.5%
电气故障	223	10.0%
合　　计	2219	100.0%

3.1 接地故障火灾三种起火途径

3.1.1 故障电流起火

一般相线间或相线与中性线之间短路时的短路电流通路，是经回路的金属导线形成的。因此，短路回路的阻抗小，短路电流大，短路点常被熔焊，其阻抗可以忽略不计。所以一般短路时容易被断路器、熔断器迅速切断故障电路而不致造成火灾。

接地故障回路的环节较多，除PE线、PEN线外，还有金属设备外壳、敷设管槽以及电气装置外的导电部分，而TT系统还以大地为通路；接地回路中的连接端子通常具有较大的接触电阻，因此接地故障电流比单相短路电流小得多，不能使过流保护电器及时切断故障。接地故障往往以电弧的形式出现，而电弧作为一个大阻抗，它限制故障电流流过，使过流保护电器难以动作，不能保护故障线路。电弧的局部温度很高，2A的电弧温度可以超过2000℃，0.5A的电弧能量即可引燃近旁可燃物质起火，所以不大的接地故障电流往往能导致一场大火灾。

3.1.2 接线端子(PE、PEN、线)连接接触不良起火

当发生接地故障时，在接线端子处需通过接地故障电流，而接线端因接触不良而产生大的接触电阻，因而限制了故障电流通过，使过流保护电器不能及时切断电源，而连接端子处的接触电阻产生的高温或接触不良引起的电火花则往往能引燃近旁的可燃物质起火。

3.1.3 故障电压起火

接地故障除产生故障电流外，还能使电器装置的外露导电部分带对地故障电压，这就是通常引起电击事故的接触电压。此电压如不及时消除，它将沿PE线或PEN线传导而散布。如果和带地电位的水、暖管

道或金属构件等磕碰打火，在聚集大量可燃物质的火灾危险场所很容易引燃起火。故障电压可以来自电气装置内部，也可以来自电气装置外部，因此它作为起火源可引起多处火灾，所以说接地故障是最多发生的一种短路，它可以引起多处起火，而线路首端的过流保护往往不能有效的将故障线路切断。因此这种接地故障是十分危险的电气火灾起因。

3.2 接地故障火灾的防范措施

防止接地故障火灾首先应尽量防止线路绝缘损坏而导致接地故障发生，同时应当采取以下防护措施：

1、在建筑物电流总进线处安装剩余电流保护装置，及时检测出接地故障产生的剩余电流，并有效地将故障电路及时切断或发出报警信号到消防控制中心；
2、在建筑物电气装置内实施等电位连接；
3、提高 PEN 线和 PE 线的连接质量；
4、正确设定 PEN 线和 PE 线的截面。

4. 国家相关设计规范对漏电火灾报警系统的要求

4.1 《高层民用建筑设计防火规范》GB 50045-95（2005 年版）规定

9.5 漏电火灾报警系统

9.5.1 高层建筑内火灾危险性大、人员密集等场所宜设置漏电火灾报警系统。

9.5.2 漏电火灾报警系统应具有下列功能；

9.5.2.1 探测漏电电流、过电流等信号，发出声光信号报警，准确报出故障线路地址，监视故障点的变化。

9.5.2.2 储存各种故障和操作试验信号，信号存储时间不应少于 12 个月。

9.5.2.3 切断漏电线路上的电源，并显示其状态。

9.5.2.4 显示系统电源状态。

4.2 《建筑设计防火规范》GB50016-2006 规定

11.2.7 下列场所宜设置漏电火灾报警系统：

1. 按一级负荷供电且建筑高度大于 50m 的乙、丙类厂房和丙类仓库；
2. 级负荷供电且室外消防用水量大于 30L/s 的厂房（仓库）；
3. 按二级负荷供电的剧院、电影院、商店、展览馆、广播电视楼、电信楼、财贸金融楼和室外消防用水量大于 25L/s 的其它公共建筑；
4. 国家级文物保护单位的重点砖木或木结构的古建筑；
5. 按一级、二级负荷供电的消防用电设备。

4.3《民用建筑电气设计规范》（2005 修改送审稿）规定

12.3 低压配电系统的电击防护部分

12.3.5 剩余电流动作保护的设置应符合下列规定：

A、下列建筑的电源进线处宜设置剩余电流火灾报警器：

1. 住宅、公寓等居住建筑；
2. 医院及疗养院；
3. 剧场、影院等大型娱乐场所；
4. 图书馆、博物馆、美术馆等大型文化场所、商场、超市等场所；
5. 地下汽车停车场。

B、剩余电流动作保护装置的动作电流宜按下列数值选择：

1. 在用作直接接触保护（或基本保护，电击保护）的附加防护时，在交流 50~100Hz 时，剩余动作电流不超过 30mA；
2. 医疗电气设备不超过 10mA；
3. 为防范电气火灾危险，在限制布线系统中故障电流引起后果的地方，额定剩余电流动作值不超过 0.5A（500mA）。

C、为确保消防电源的连续供电，消防电气设备的剩余电流动作保护装置，只发信号而不自动切断电源。

4.4 国家相关配套标准规定

国家相关配套标准有：《剩余电流动作保护装置安装和运行》GB13955-2005（以下简称国标 GB13955-2005）、《电气火灾监控系统　第 1 部分：电气火灾监控设备》GB14287.1-2005、《电气火灾监控系统　第 2 部分：剩余电流式电气火灾监控探测器》GB14287.2-2005、《电气火灾监控系统的设计方法》（暂行、2006 年发布）等。

国标 GB13955-2005《剩余电流动作保护装置的安装和运行》（自 2005 年 12 月 1 日起实施）中全部技术性内容均为强制性条文，在该标准中提出了防范电气火灾方法的要求。

GB13955-2005 明确提出："企事业单位的建筑物和住宅应采用分级保护，建筑物电源端的剩余电流保护装置应满足防电气火灾的功能要求"。对于城镇配电网，在用电单位内采用分级保护时，还应考虑采用防电气火灾的剩余电流保护装置。标准中的引言、术语和定义、应用等处，都强调了安装剩余电流保护装置对防止接地故障引起电气火灾的作用，并对在建筑物内安装剩余电流动作火灾监控装置及动作参数都作了明确规定，在附录中有安装剩余电流动作火灾监控装置的模式图。

4.5 《住宅设计规范》GB50096-1999（2003 版）规定

每幢住宅的总电源进线断路器，应具有漏电保护功能；除空调电源插座外，其它电源插座电路应设置漏电保护装置。带有漏电保护功能的断路器对电弧性短路电流有很高的动作灵敏度，能及时切断电源，防止电气火灾发生。

5. 漏电火灾报警系统应用中的几个问题

5.1 应用范围的探讨

各种规范中规定的应用范围，在实际运用中还存在一定的难度，主要是如何掌握设防范围的分寸问题。设防范围广了，经济上有一定压力，设防范围窄了又担心出现事故隐患。笔者通过对规范的理解及目前工程应用情况，建议下列建筑物的照明、插座回路、消防电源、安防电源等部位的配电系统、应设置漏电火灾报警系统。对动力回路可适当按需要设置。

1. 高层建筑内火灾危险性大，人员密集的公共建筑、商业、办公、综合楼，一类高层住宅楼等场所。
2. 按二级负荷供电的剧院、超市、大型娱乐场所、电影院、商场、展览馆、广播电视楼、电信楼、财贸金融楼等场所。
3. 住宅、公寓等居住建筑。
4. 医院、疗养院。
5. 地下汽车库。

5.2 关于探测信号及监控方式问题

1. 《高层民用建筑设计防火规范》要求：漏电火灾报警系统应准确报出故障线路地址，监视故障点的变化，探测漏电电流、过电流等信号，切断漏电线路上的电源，显示系统电源状态。

按上述要求必须设置能切断和探测故障的探测信号和能电动分合用的断路器。为了减少故障停电范围，准确报出故障线路地址，及时发现火灾隐患部位，因此以楼层、防火分区或重要部位、场所为故障点设置漏电火灾报警装置。主要在线路上设置报警式漏电报警探测器，而主开关则采用带分励脱扣器的（一24V）和报警触点的断路器，当达到漏电电流动作值时，即由集中控制器发出控制指令，切断故障线路电源，由报警触点返回动作信号到消防中心的集中控制器，这样设置及控制方式是可以满足《高规》要求的。

2. 对于住宅每幢（或高层每单元）设置的带漏电保护功能的漏电开关，当发生漏电故障后，漏电开关动作跳闸，辅助报警触点可以将动作信号返回到消防中心，可以显示系统电源状态。但这种保护方式却不能反映故障点故障电流的变化值，仅是一个开关量，而不是模拟量信号。因此我们认为对住宅类建筑的漏电火灾报警系统可以在小区内组成通讯网络系统，集中管理小区的漏电火灾报警系统。对小高层或高层住宅供电干线系统的监控，尚应在每路干线供电电源前端设置报警式漏电火灾报警探测器，以监控系统中过电流、漏电电流变化值。否则就不能完全满足《高规》的监控要求。

3. 对大型公用建筑、高层综合楼，医院等建筑，应设置 2～3 级保护装置。第一级保护设在树干式干线的前端电线处。第二级保护应设在楼层配电箱处。对配电保护级别高的重要场所、部位，可以设置第三级保护。对放射式配电系统应设一级保护，即设在设备配电箱进线部位。

5.3 过电流保护信号监测问题

根据《高层民用建筑设计防火规范》要求，对配电系统线路的过电流应进行监测，但未明确系统过电流时是否作用于跳闸。而在 GBB50054-95《低压供电电设计》规范中过负载保护明确要求：配电线路的过负载保护，应在过负载电流引起的导体温升对导体的绝缘、接头、端子或导体周围的物质造成损害前切断负载电流。而过电流保护的这种保护功能，只能由保护配电线路的断路器来完成。主开关动作后有报警接点将动作信号报警到消防控制中心。但要实现监测过电流的变化，则必须要装设具有过流和漏电电流双重探测功能的漏电火灾探测器来解决这问题。

因此笔者认为对过电流保护的监测应另设探测装置，在需要装设漏电火灾保护装置的部位设置这种探测装置。对住宅类建筑在装设了带漏电保护功能的断路器后，可以利用保护电器的反时限的保护特性来达到过负载保护跳闸切断故障电路功能，可以满足规范相关要求。

在选择漏电开关时，应按功能要求选择，一般分为 2 种：

a.采用不带过电流保护的剩余电流动作断路器（RCCB）。

b.采用带电流保护的剩余电流动作断路器（RCBO）。

5.4 剩余电流动作保护装置的选用原则

1. 剩余电流保护装置的技术条件应符合国家相关标准的规定，并且通过中国国家强制性产品认证。
2. 剩余电流保护装置的技术参数额定值，应与被保护线路或设备的技术参数和安装使用条件相配合。
3. 按电气系统和电气设备的供电方式选用剩余电流保护装置。
4. 剩余电流保护装置的额定动作电流选择，要充分考虑电气线路和电气设备的对地泄漏电流值。国标 GB13955-2005 中第 5.7.5 条规定："选用的剩余电流动作保护装置的额定剩余不动作电流，应不小于被保护电气线路和设备的正常运行时泄漏电流最大值的 2 倍。"在以前很多装有 RCD 保护器的部位，往往因为这个数值设定不合适而引起误动作，造成跳闸而影响安全供电，导致很多场合将漏电保护开关短接或取消。因此对这个问题要慎重考虑。

   电气线路和电气设备的对地泄漏电流值，可参考表 3、4、5 选择：
5. 根据电气设备的工作环境条件选用剩余电流保护装置。
6. 在采用分级保护方式时，上、下级剩余电流保护装置的动作时间差不得小于 0.2s。

表 3　220/380V 单相及三相线路贴地面或墙面敷设每公里的泄漏电流（mA）

线路绝缘类别 / 线芯截面（mm^2）	聚氯乙烯	橡皮	聚乙烯	线路绝缘类别 / 线芯截面（mm^2）	聚氯乙烯	橡皮	聚乙烯
4	**52**	**27**	**17**	**70**	**89**	**55**	**33**
6	**52**	**32**	**20**	**95**	**99**	**55**	**33**
10	**56**	**39**	**25**	**120**	**109**	**60**	**38**
16	**62**	**40**	**26**	**150**	**109**	**60**	**38**
25	**70**	**45**	**29**	**185**	**116**	**60**	**38**
35	**70**	**49**	**33**	**240**	**126**	**61**	**39**
50	**79**	**49**	**33**				

表 4　电动机泄漏电流

电动机额定功率（kW）	$\frac{运转}{起动}$泄漏电流（mA）	电动机额定功率（kW）	$\frac{运转}{起动}$泄漏电流（mA）
0.2	$\frac{0.06}{0.14}$	**7.5**	$\frac{0.38}{2.05}$
0.4	$\frac{0.09}{0.23}$	**11**	$\frac{0.50}{2.39}$
0.75	$\frac{0.12}{0.35}$	**15**	$\frac{0.57}{2.63}$
1.5	$\frac{0.15}{0.58}$	**18.5**	$\frac{0.65}{3.03}$
2.2	$\frac{0.18}{0.79}$	**22**	$\frac{0.72}{3.48}$
3.7	$\frac{0.26}{1.27}$	**30**	$\frac{0.87}{4.58}$
5.5	$\frac{0.29}{1.57}$	**37**	$\frac{1.00}{5.57}$
4.5	$\frac{1.09}{6.60}$	**90**	$\frac{1.65}{12.45}$
55	$\frac{1.22}{7.99}$	**110**	$\frac{1.95}{15.45}$
75	$\frac{1.48}{10.54}$		

表 5　荧光灯及家用电器的泄漏电流（mA）

荧光灯	安装在金属构件上 安装在木质或混凝土构件上	**0.1** **0.02**
家用电器（最大可能值）	手握式 I 类设备 固定式 I 类设备 II 类设备 I 类电热设备	**0.75** **3.5** **0.25** **0.75～5**

5.5 漏电火灾报警系统设备选型问题

剩余电流电气火灾监控系统，是由探测剩余电流的互感器（剩余电流深测器）、现场报警器或控制器、集中报警控制器等组成的电气火灾实时监测并实施报警或切断电源的保护装置。目前国内市场上已生产的产品分为二种形式：一种是将电流互感器（探测器）与空气断路器组合在一体的漏电开关式报警监控系统，这类产品适用于新建工程中使用。另一种是将电流探测器，现场控制器，集中控制器分开设置的组合式系统。当检测到剩余电流信息时，可以经现场控制器控制空气断路器的分励脱扣线圈，实现切断故障回路电源的功能。这类系统中又分为单点式一对一控制系统；一台现场控制器对多点（4、8、16、32、64 点）探测器的控制系统。这类系统应用比较灵活，对新建、改造工程都可以适用。

5.6 漏电火灾报警系统安装施工要求

1. 集中控制器均应装设在消防控制中心内，可以与消防报警系统主机联网，以便监测系统火灾情况。
2. 剩余电流探测器可以安装在配电箱内或配电箱外独立安装。现场监控器可以安装在配电箱面板上，或独立安装，根据工程实际情况决定选型。
3. 剩余电流动作保护装置的电源及器件，均应按消防用电的规定执行，接入消防用电系统。
4. 剩余电流动作保护装置安装应充分考虑供电方式，供电电压、系统接地型式及保护方式的条件。
5. 剩余电流动作保护装置的型式、额定电压、额定电流、短路分断能力、额定剩余动作电流、分断时间应满足被保护线路和电气设备的要求。
6. 剩余电流动作保护装置负荷侧的N线，只能作为中性线，不能与其他回路共用，且不能重复接地。
7. 严禁 PEN 线穿过漏电探测器的零序电流互感器，漏电保护器及与之配套使用的短路保护电器，在任何情况下，不应单独切断N线。
8. 剩余电流动作保护装置失灵时应及时更换。有效期一般为六年。

5.7 剩余电流动作保护装置与消防报警系统的关系问题

在《高层民用建筑设计防火规范》中将漏电火灾报警系统纳入消防报警范围内，作为一个独立系统。而在一些公用建筑和重要建筑物内，一般均设有火灾自动报警和消防联动系统。现代的自动报警和联动控制系统，均为总线制控制方式，它是在火灾初期时起到报警作用，其控制的器件总体上来说均为开关量；而漏电火灾报警系统要求监测的漏电电流、过电流的变化值是一个模拟量，如何将模拟量转换成开关量是一个模/数转换问题，现在已可以解决这个问题。关键是要有相关模块（智能型）来与漏电电流探测器相配套的问题，生产一种复合型消防控制系统，这样从设计、施工到运行管理、包括经济上都有很重大的意义。

目前各厂家生产的漏电火灾报警系统均是独立系统，可在消防控制中心联网，但在消防控制中心之外各自是独立系统，因此系统造价较高，对使用范围有一定影响。而复合式消防报警系统，则只需要增加漏电电流探测器和相应"智能接口模块"即可以解决漏电火灾报警问题，既经济又实用，使火灾自动报警系统更加完善和安全。

6. 结论

综上所述，笔者认为：

1. 漏电火灾报警系统集电气监测、分析、预警、报警及控制于一体，能准确监控电气线路的故障和异常状态，能发现电气火灾的火灾隐患，及时报警提醒人员去消除这些隐患，可有效防控电气火灾。
2. 从配电系统接地故障发生到形成火灾过程要相当长的时间，当剩余电流保护系统报警后，值班人员有足够的时间去检查处理故障线路，排除火灾隐患。如果对故障部分全部实行动作就跳闸，则影响范围大，相对损失也较大。故选用的系统均宜以报警式剩余电流动作保护装置为主。
3. 国家有关规范、标准中规定的重要场所、部位均应安装漏电火灾报警系统。

7. 参考文献

[1] 《高层民用建筑设计防火规范》GB50045-95（2005 版）.

[2] 《建筑设计防火规范》GB50016-2006.

[3] 《民用建筑电气设计规范》JGJ/T 16-92（2005 修改送审稿）.

[4] 《剩余电流动作保护装置安装和运行》GB13955-2005.

[5] 《电气火灾监控系统　第 1 部分：电气火灾监控设备》GB14287.1-2005.

[6] 《电气火灾监控系统　第 2 部分：剩余电流式电气火灾监控探测器》GB14287.2-2005.

[7] 《电气火灾监控系统的设计方法》（暂行、2006 年发布）.

[8] 《住宅设计规范》GB50096-1999(2003 版).

[9] 《低压配电设计规范》GB50054-95.
[10] 中国航空工业规划设计研究院.《工业与民用配电设计手册》（第三版）.

作者简介：

程先志，湖北消防总队襄樊市消防支队。联系地址：湖北省襄樊市长征路 118 号,441000。

高大空间火灾探测系统综合集成实验研究

方俊[1,*]，梅志斌[2]，刘凯[2]，张永明[1]，袁宏永[3]

[1] 中国科学技术大学 火灾科学国家重点实验室
[2] 公安部沈阳消防研究所
[3] 清华大学公共安全研究中心

摘要

利用火灾实验室大空间实验厅，采用各种标准火，利用多种类型探测器（包括一对一、一对多光截面线型感烟，吸气式感烟，图像式双波段感火焰，红外双波长感火焰）不同层面及不同高度布置，对其在各种火灾及干扰环境下进行综合实验，研究得到高大空间不同类型探测器对不同种火灾的响应规律，分析得到高大空间通风条件、火源位置对各种探测器响应的影响规律，从而为高大空间火灾探测性能化设计提供实验依据。

关键词：高大空间、火灾探测、系统集成。

1. 概述

在高大空间实际火灾探测工程应用中，已大量出现采用多种类型火灾探测器集成综合的应用方式。如各种线型感烟探测器、吸气式感烟探测器、各种火焰探测器往往并存于一个高大空间，从而实现对不同类型不同功率早期火灾进行探测。在这种多种探测系统共存的情况下，如何对复杂的集成探测系统性能进行综合评价，成为迫切需要解决的问题。

在已有国家建筑火灾探测设计标准 GB50116[1]中，没有针对高大空间建筑结构及环境特点，对各种火灾探测器的安装布置如何进行系统设计，在这种集成模式下，如何达到性能化的最佳设计，目前更没有相关的研究。在实际工程中也只是将各种探测器依照各自的施工设计标准，进行简单的多类型探测器集成，缺乏科学数据及理论支持，存在很大的安全隐患。

本文对高大空间各种探测器进行集中布置，对其在各种火灾及干扰环境下进行综合实验，研究高大空间不同类型探测器对不同种火灾的响应规律，分析通风条件、火源位置对探测器响应的影响，在此基础上，综合比较得到不同环境条件下，不同火灾探测器对各种火灾探测响应的有效性与可靠性，并对高大空间探测器选型布置、系统集成提出相关建议准则。

2. 实验设计

2.1 探测器及安装布置

实验在火灾实验室大空间实验厅（22×12×27m）展开，探测系统主要集成一对一式线型光束感烟系统、一对多光截面线型感烟探测系统，吸气式感烟探测系统，图像双波段感火焰与红外双波长感火焰探测系统。

光截面图像感烟探测器及双波段图像感火焰探测器为新型火灾探测器[2]，如图1所示，光截面图像感烟探测采用红外发光阵列为发射器，CCD为接收器，多发射，少接收，利用烟雾的消光作用在CCD上形成光斑信号，实现火灾探测，可以实现多层交叉式立体网络式布置；双波段图像感火焰探测器利用火焰的可见及红外波段的图像信号特征，对火灾信号进行识别探测。

在探测器安装布置中，主要考虑两个要素：

（1）同类型探测器相互比较。如一对一线型光束感烟探测器与一对多式光截面感烟探测器进行比较，普通红外火焰探测器与图像式红外火焰探测器进行比较等；

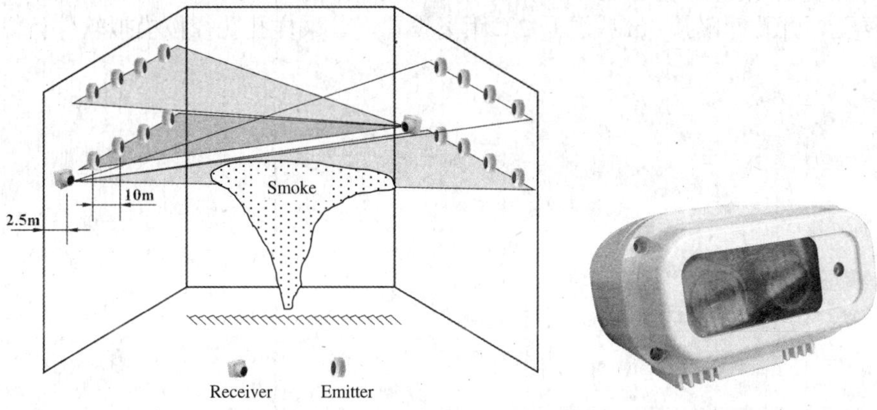

图 1　光截面一对多感烟探测器（左）、双波段图像火焰探测器（右）

（2）同类型探测器不同安装方式比较。如线型光束感烟探测器、红外火焰探测器、吸气式感烟探测器安装在不同位置，且在不同高度开孔，其在不同高度感受火灾信号的灵敏度及有效性不同。

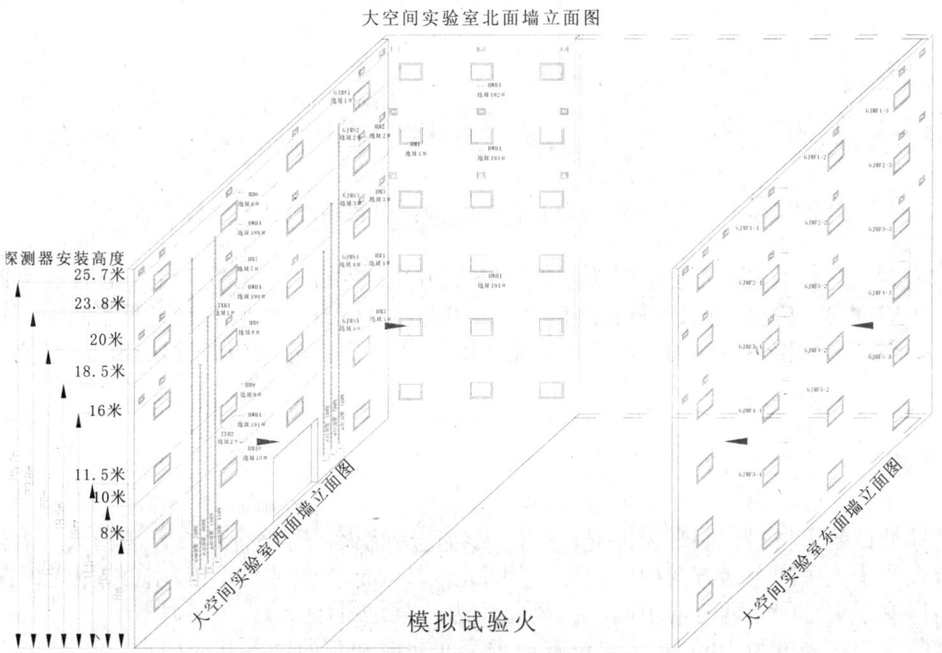

图 2　大空间实验厅探测器综合集成布置

注 1：南北方向为长度，东西方向为宽度。HM 表示线性红外光束感烟探测器，GJM 为光截面图像感烟探测器，XQSY 表示吸气式感烟探测器，HWH 表示红外双波长火焰探测器，TXH 双波段图像火焰探测器。

如图2所示，各探测器具体安装位置如下：

(1) 线型光束感烟探测器在垂直高度为 8m、11.5m、16m、20m 和 25.7m 处安装，光路沿东　　西轴向安装 2 对（一路位于中心、一路靠北侧墙 0.5m～1m，相距 12m），红外线型光束为收发一体式，收发器安装在西墙侧，反光板安装在东墙侧；

(2) 光截面型红外感烟探测器安装的竖直高度与红外线型光束探测器相同，同样为 8m、11.5m、16m、20m 和 25.7m，共 5 层，以便比较。其中每一层包括一个接受器，三个发射器。接收器安装在北侧墙 0.5m～1m，即在安装在北墙侧的线型光束感烟探测器收发器旁边，光截面感烟探测器的发射器每层共三个，其中两个安装线型光束感烟探测器反光板的旁边，另一个安装在前两个的正中；

(3) 吸气式感烟探测器（单管路）安装于实验室的西墙侧，如图 3 所示，探测器距离地面 1.5m，其中 1＃和 6＃探测器采样管的安装高度为 14.5m；2＃和 5＃探测器采样管的安装高度为 18.5m；3＃、4＃和 7＃探测器采样管的安装高度为 24m，6＃探测器的采样管在 14.5m 的高度、5＃探测器的采样管在 18.5m

的高度、4＃探测器的采样管在 24m 的高度分别延东西轴向水平吊装敷设 11m 的采样管，并在最上端开一末端采样孔，开孔间隔按 3m 或温升 2℃距离设置，各采样孔孔径按模拟软件计算；

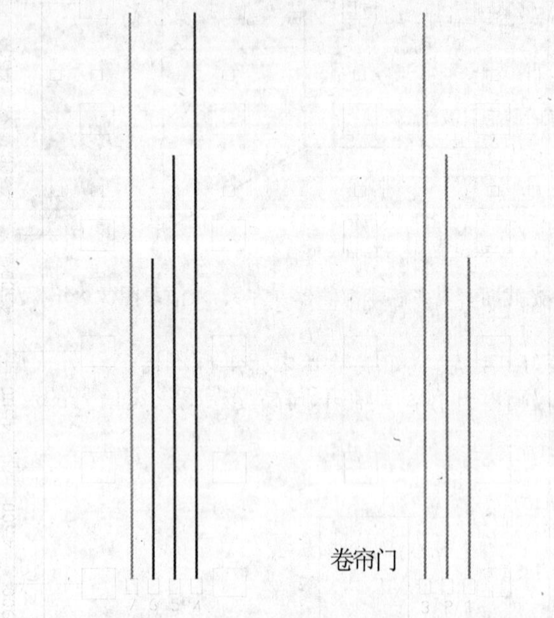

图 3 大空间西面墙上单管吸气式探测器安装示意图

(4) 图像型火焰探测器 TXH1~2 安装于西墙侧竖直高度 10m、20m，水平位置在中心轴线上；普通红外火焰探测器 HWH1~3 安装在西墙侧竖直高度 10m、20m、23.8m，水平位置在西墙侧中心轴线上，便于和图像型火焰探测器比较；HWH4~6 安装在北墙侧竖直高度 10m、20m、23.8m，水平位置在北墙侧中心轴线上。

2.2 试验火参数

实验采用标准试验火材料，阴燃为棉绳，有焰火为正庚烷火（有焰有烟），酒精火（有焰无烟）[3]。

中心试验火位于大空间东西方向中间，距大空间北面墙 6m（大致位于南北向线型光束探测器之间）；侧壁试验火同样位于大空间东西方向中间，但靠北墙边，距北面墙1m。

开窗通风条件为在高度为 10m 和 20m 位置，大空间北面和东西墙各开一扇窗。

表 1 各种试验火环境条件及试验参数

环境条件及火源位置	标准火材料	功率	考察对象及目标
封闭无风条件（中心火源）	阴燃火（棉绳）	1 或 2 倍	感烟探测器响应
	有焰有烟（正庚烷，聚氨脂）	1 倍	感烟、火焰探测器响应
	有焰无烟（酒精）		火焰探测器响应
开窗通风条件（中心火源）	阴燃火（棉绳）	1 或 2 倍	感烟探测器响应
封闭无风条件（侧壁火源）	阴燃火（棉绳）	1 或 2 倍	感烟探测器响应
	阴燃火（棉绳）		

3. 结果分析

3.1 封闭无风中心火源

3.1.1 阴燃火

实验发现1倍标准棉绳阴燃火烟气运动及探测器响应重复性很差，而2倍标准阴燃火则具有一定的重复性，所以阴燃火主要针对2倍标准棉绳火。

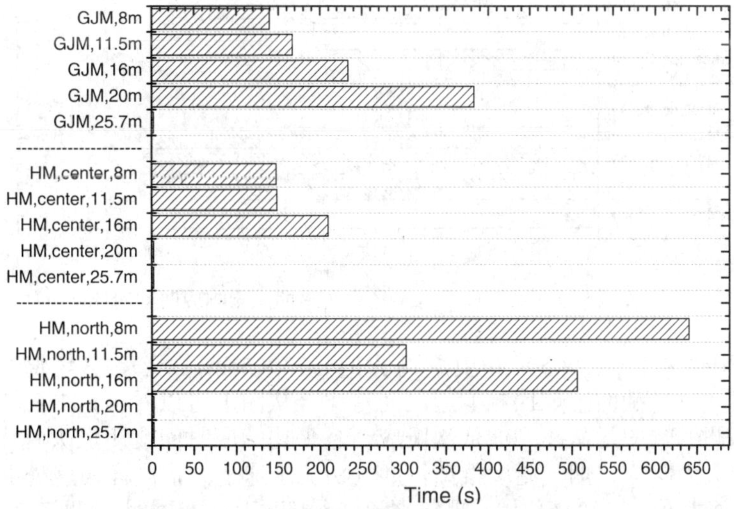

图4 一对一光束和一对多光截面响应时间对比

图4为一对一红外光束和一对多光截面图像感烟的响应时间对比，从图中可以看出，由于火源位于中心位置，阴燃烟气羽流温度较低，上升后烟气羽流横向扩展，半径不断增大，一对一中心位置红外光束从低到高，依次响应，而光截面由于采用层面探测，同样从低到高依次响应；而北面线型光束由于距中心位置火源较远，所以响应较慢，且由于烟气羽流在较高位置的随机漂移，较低位置与较高位置探测器响应呈现不规则无序性。

图5为一对一光束和吸气式感烟探测器的响应时间对比，可以看出，由于烟气在大空间中心位置产生，烟气上升到一定高度后，扩散到壁面位置附近，扩散运动需要一定时间，北面及南面的吸气式探测器响应时间比线型感烟要慢得多，但均能响应，无一漏报。

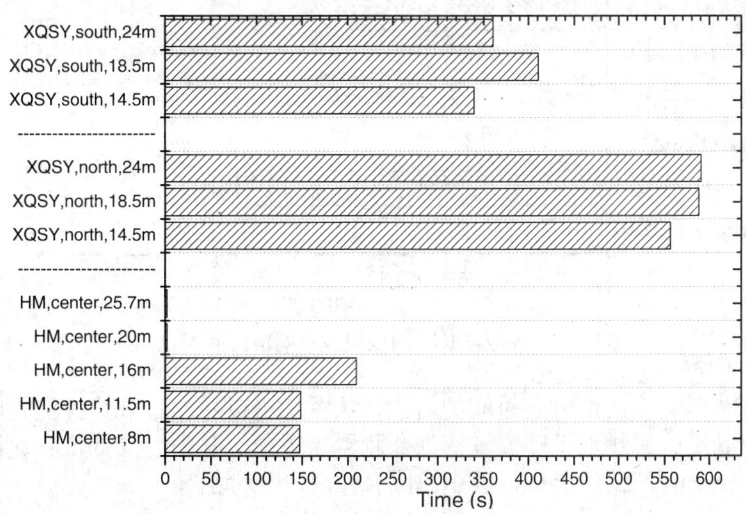

图5 一对一光束和吸气式响应时间对比

3.1.2 有焰有烟火

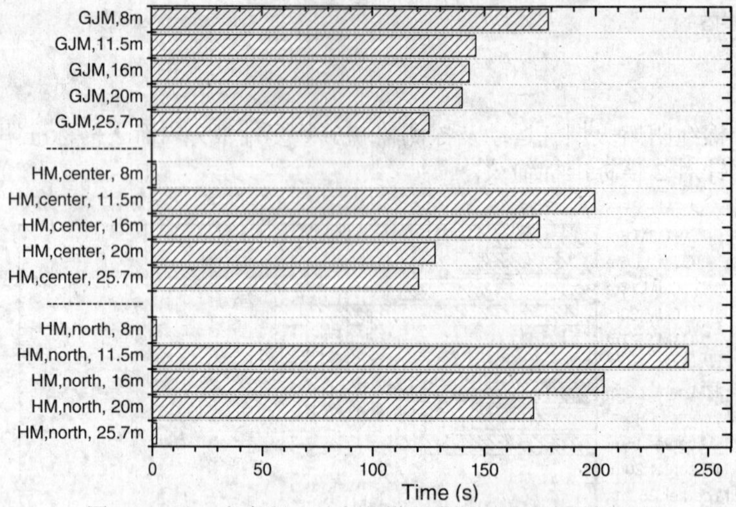

图 6　一对一光束和一对多光截面感烟探测响应时间对比

有焰有烟火采用正庚烷标准火（650g 正庚烷置于 33×33×5cm 油池），其燃烧产生火焰，并生成一定高温烟气。图 6 为一对一及光截面感烟探测响应时间对比，从图上可以看出，与图 3 对阴燃火响应不同，对正庚烷明火，所有探测器响应均从高到低依次响应，且平均响应时间比阴燃火响应时间减少。

这主要因为正庚烷火为明火，烟气温度很高，烟气羽流迅速上升，同样高度处羽流半径比阴燃棉绳火半径小。随着烟气的快速上升，在较高位置，烟气羽流半径随高度不断增大。烟气在上升达到一定高度后，开始水平爬行、向下沉降，因此，感烟探测器从高向低依次响应。

在水平向上，中心火源大致在一对一线型红外光束之间，因此在较低位置 8m 处，由于烟气宽度较小，甚至可能不足以“切割”红外光束，从而使 8m 处红外光束出现漏报；而光截面由于采用水平光束交叉，所以 8m 高度处探测器仍能响应。

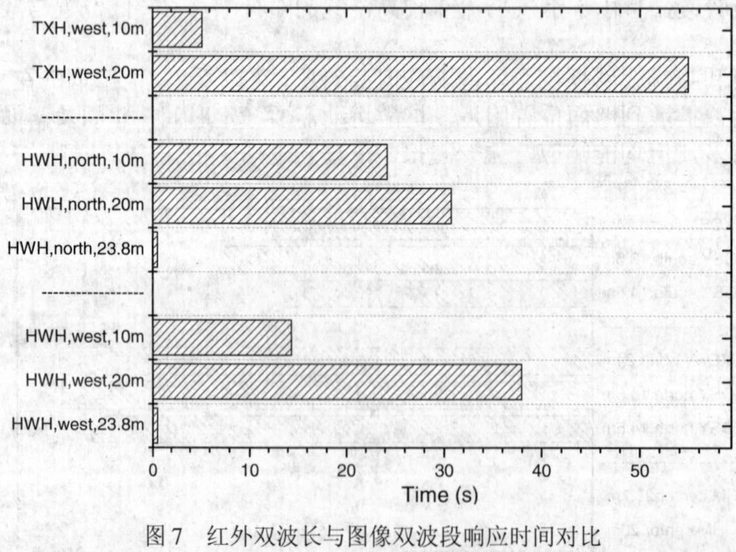

图 7　红外双波长与图像双波段响应时间对比

图 7 为两种火焰探测器对正庚烷响应时间的对比，从图中可以看出，火焰探测器响应时间比感烟探测器响应时间大大减少，且离火源越近，即位置低处探测器先报警。其中，高低位置对图像型探测器响应影响较大，10m 与 20m 响应时间差别为 50s，其中原因有待进一步分析。

3.1.3 有焰无烟火

有焰无烟火采用酒精标准火（2000g 酒精置于 43.5×43.5×5cm 油池）,图 8 为火焰探测器响应时间对比。从图中可以看出，对于酒精火，两种火焰探测器响应时间均比对正庚烷火响应时间大大减少，这是因为酒精火油盘面积大，且功率大，火焰温度高，从而使火焰图像信号及火焰辐射信号大大增强。

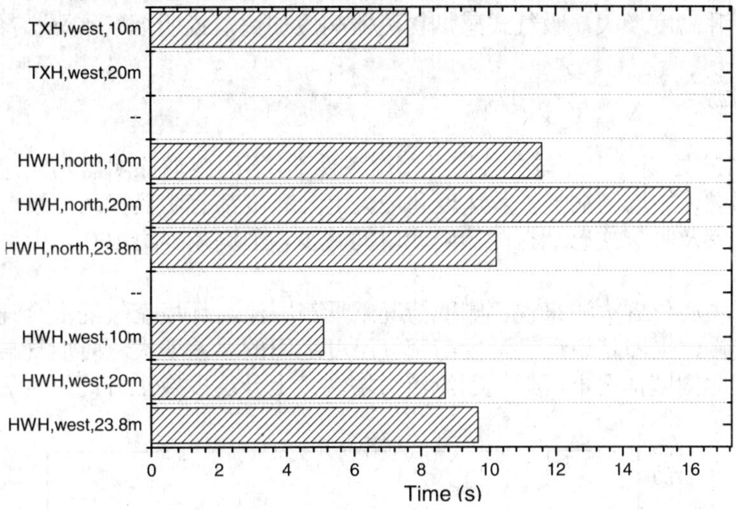

图 8　红外双波长与图像双波段响应时间对比

对于红外双波长探测器，西面墙探测器响应比北面墙响应快，这主要由于同样高度西面墙探测器距火源较近，而对于图像探测器，在较短时间内，20m 处出现漏报，进一步说明高度位置对图像型探测器影响很大。

3.2 开窗通风中心火源

图 9 为不同高度位置开窗通风与不通风条件下，感烟探测器对阴燃棉绳烟气响应对比。从图中可以看出，在没有通风的情况下烟气的最大上升高度为 12 米左右，在 10 米左右的高度开窗通风，烟气在上升至 10 米左右即被吹散，不再继续上升，即使有少量烟气扩散至 10 米以上，但烟气很稀薄浓度很低不足以使安装在 11.5 米高度的探测器做出报警响应。通风虽然降低烟气的最大上升高度，但提高了烟气水平的扩散速度，因此在通风条件下在 8 米高度安装的探测器的报警响应时间明显提前，同时安装墙侧的吸气式探测器的报警响应时间也加快。

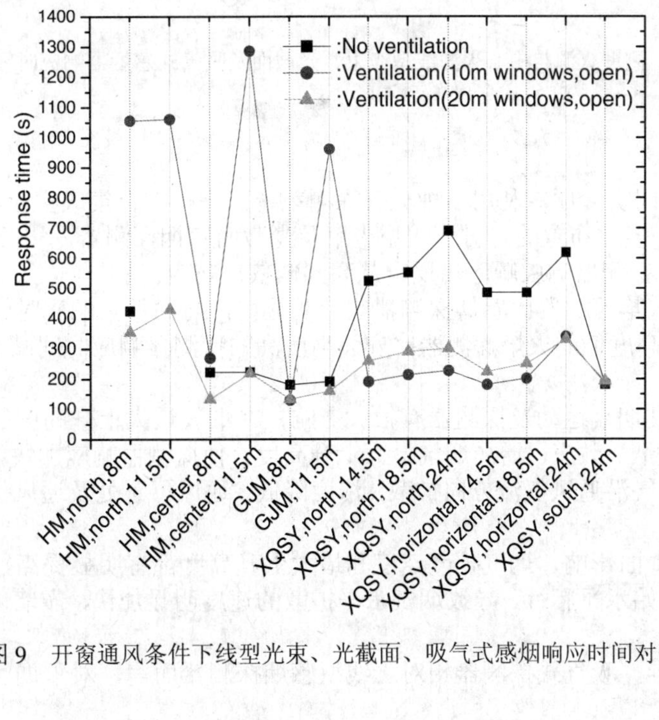

图 9　开窗通风条件下线型光束、光截面、吸气式感烟响应时间对比

而在棉绳阴燃烟气的最大上升高度的上方通风，对于烟气的扩散具有明显的“拔烟”效应，同样影响烟气的最大上升高度。在大空间五层 20m 高处通风，烟气的最大上升高度为 12 米左右，烟气最大的上升高度可提高至 15 米左右。相对于封闭无风情况，线型光束和光截面感烟探测器响应时间提前，说明烟气上升速度变快，最大上升高度增大；吸气式感烟探测器响应加快，说明烟气水平扩散速度同样加快。

3.3 封闭无风侧壁火源

图 10 为靠北面墙 1m 处侧壁火源与中心棉绳阴燃条件下，不同感烟探测器响应情况。从图中可以看出，相对于中心位置棉绳阴燃，靠墙侧烟气扩散速度和最大上升高度都有明显提高，最大高度大约增加 3~4m，北面墙侧一对一线型光束及吸气式感烟探测器响应时间减少，平均减少约 100s，而对光截面探测器影响较小。

这主要由于相对于中心位置火源来说，侧壁情况下烟气羽流与环境空气的混合速率相对较弱，因而烟气温度竖直方向下降较慢，也即是说烟气温度与空气温度之间的温差增大。而烟气与空气之间的温差是烟气浮力的主要来源，因此侧壁情况下，烟气羽流浮力增大，上升速度及上升高度增大。

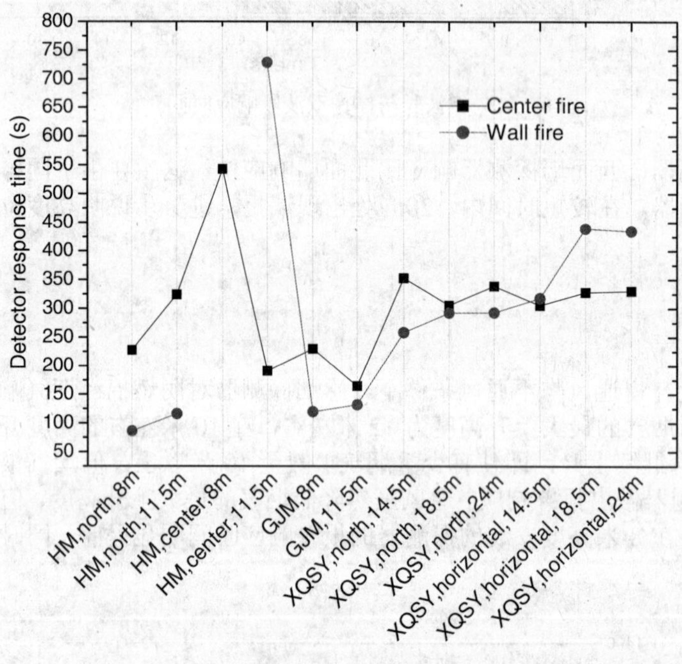

图 10　侧壁火源与中心火源线型光束、光截面及吸气式感烟器响应时间对比

4．结论

本文首次采用高大空间实验厅，利用多种火灾探测系统，进行综合集成实验，结论如下：

（1）对于阴燃火灾烟气，多层布置的一对一线型光束及光截面感烟探测器，从低到高，探测器依次响应；而对于有焰有烟火，探测器响应顺序相反，从高到低依次响应；

（2）对于有焰火灾，感火焰探测器比感烟探测器响应明显快，对酒精火响应时间比对正庚烷明火响应时间更快；同时，安装高度低的火焰探测器比安装高度高的探测器响应时间减少，安装高度对图像型火焰探测器影响较大；

（3）开窗通风条件对火灾烟气运动及探测器有很大影响，在烟气最大上升高度的上方通风，对于烟气的扩散具有明显的“拔烟”效应，增加烟气最大上升高度，使探测器响应加快；而在烟气上升最大高度下方开窗通风，使烟气沿通风气流方向扩散，浓度降低，通风位置处及通风位置上方感烟探测器无法响应；

（4）靠墙侧火灾受烟气壁面影响，烟气扩散速度和最大上升高度都有明显提高，同时由于烟气在扩散到墙壁时受到遮挡，开始水平爬行，导致烟气水平扩散的速度明显加快，靠墙侧各种感烟探测响应时间均提前；

（5）由于安装位置的差异，吸气式探测器相对于线型感烟探测器而言，对于烟气的响应相对滞后，但吸气式探测器对于各种类型、不同位置的火灾烟气均能作出报警响应，不存在漏报现象。

5. 参考文献

[1] GB 50116-98 火灾自动报警系统设计规范.中华人民共和国公安部.1998.

[2] 吴龙标,方俊,谢启源.火灾探测与信号处理.北京:化学工业出版社.2006.

[3] International Organization for Standardization.DRAFT INTERNATIONAL STANDARD ISO/DIS 7240-15. Fire detection and alarm systems-Part 15: Point-type multisensor (light and heat) fire detectors.2002.

Experimental Study of Integration of Fire Detection Systems in a Large High Volume Space

Abstract

Several fire detection systems(including beam smoke detection, optical section smoke detection, air sampling smoke detection, video flame detection, dual wavelength infrared flame detection) are arranged in multi layers with different heights in a large and high test room, experimental study about how the various fire detectors respond to different standard fires under different conditions is carried out. The performances of the fire detections under various standard fire conditions are obtained, also the influences of ventilation and fire source position upon the response of the fire detectors are analyzed, thus provide an experimental basis for the performance based design of fire detection in large volume spaces.

Key words: Large and high space, fire detection, Integration of systems.

作者简介：

方俊，男，博士，中国科学技术大学火灾科学国家重点实验室讲师，研究方向为火灾探测，Email：fangjun@ustc.edu.cn，电话：0551-3607119，传真：0551-3606430。

大型城市越江隧道疏散设计探讨[1]
——以武汉长江隧道为例

方 正[1]，袁建平[1]，谢丽霖[1]，王 平[2]，卢兆明[2]

[1] 武汉大学土木建筑工程学院
[2] 香港城市大学建筑系

摘要

目前大部分城市越江隧道采用双管单向通车方式，疏散时采用专用疏散通道或者利用连接通道进入相邻隧道进行，该方式只要保证相应的连接入口间距在一定范围内，基本上能保证隧道司乘人员安全。本文根据性能化防火设计方法分析了武汉长江隧道的人员疏散现状，分析的工具采用了自主开发的建筑疏散模拟软件（SGEM 软件）。

关键词：隧道、疏散、方法、性能化评估。

1. 引言

由于交通事故或车辆起火等原因引发的交通隧道火灾，会造成巨大的影响及损害。特别是 1949 年美国霍兰公路隧道火灾，1977 年上海打浦路越江隧道火灾，1979 年日本造贺公路隧道火灾，1979 年日本阪公路隧道火灾，1982 年美国加利福尼亚州卡尔德科特公路隧道火灾以及 1999 年法国和意大利间的勃郎峰公路隧道火灾等均造成了重大的人员伤亡和结构破坏。2002 年 1 月浙江猫狸岭隧道发生火灾事故，虽未造成人员伤亡，但造成了较大的经济损失， 中断交通 18 天[1]。因此，我国目前隧道建设越来越普遍，隧道的防灾和灭火救援已经越来越成为隧道安全管理的重要课题。

城市越江隧道是城市内担负河流两岸重要交通任务枢纽性设施，车流量大，同时城市隧道客车为主，人员相对密集，加上隧道中间低，出口高，因此越江隧道一旦发生事故必须首先保证司乘人员的安全疏散，疏散设计必须引起足够的重视。

2. 城市越江隧道疏散设计的基本思路

一般而言，城市越江隧道基本都采用单向双洞的通车模式，一些小型隧道才采用双向单洞模式，隧道中主要通行车辆，较少有行人。因此对于此类隧道的疏散设计主要是保证火灾或其它事故时隧道中的司乘人员能及时撤离安全地带[2]。由于这类隧道主要部分在水下，通往地面的出口较难形成，所以通常只能在隧道内部想办法来解决疏散设计问题。

按照目前常见的水下隧道施工方法，通常有两种：盾构施工和沉箱施工。对于盾构施工，一般采用盾构机，隧道断面为圆型，人员疏散可以利用下部空间进行；对于沉箱施工，通常是先开挖沟槽，再放置沉箱，断面多为矩形，此时人员疏散设计只能考虑专设附属通道或者利用相邻隧道进行，图 1 是这两种隧道形式的基本疏散方案。对于盾构式隧道，人员可以通过设在路边的疏散滑道进入下部空间，由下部的人行廊道疏散出地面；对于矩形断面隧道一般进入专用附属通道，或由连接通道进入相邻隧道，从而疏散至地

[1] 本文受到国家自然科学基金（50478057）和武汉市政府《武汉长江隧道工程关键技术研究项目》资助。

面[3]。

在火灾发生后，一般认为：火灾下风向的车流可以继续驶出隧道，上风向的车辆抛锚后人员下车通过下沉式滑道进入底部疏散通道，或者通过连接横通道进入相邻隧道。

关于疏散连接通道的入口间距，一般为250~300米，对于盾构式隧道，一般每隔80～150米设置一个疏散滑道，直接进入底部疏散廊道，在欧洲，山岭隧道是以一带有2个小孩的妇女在火灾时的疏散时间、距离作为指标，一般火灾工况下以500m左右为标准设置逃生口或避难所。安全避难所可以在消防队员赶到现场之前给乘客提供保护直至消防队员救出他们，还能为消防队员提供一个短时逃离烟雾和热气的场所；水下隧道设置一条管廊供给灾害时人员进行疏散，如日本清涵隧道在过海部分就设置了23公里附属通道，每隔60m设一安全口，当发生火灾后地面上的盖板通过中央控制室打开(采用液压系统)，另外在两隧道之间也设立了两条连接通道作为横向疏散需求。

人员疏散通道的宽度不小于2米，高度2.2米。此外，为了保证车辆撤离，两相邻隧道间也设置车行横道，间距一般 500～1500m，也可以兼有人员疏散功能。但由于隧道处于水下，连接横通道与主隧道的不均匀沉降会对主隧道会构成一定的威胁，所以工程上对于这类横通道的设计比较慎重，最近南京长江隧道都取消了连接横通道的设计，人员疏散直接用底部疏散通道。

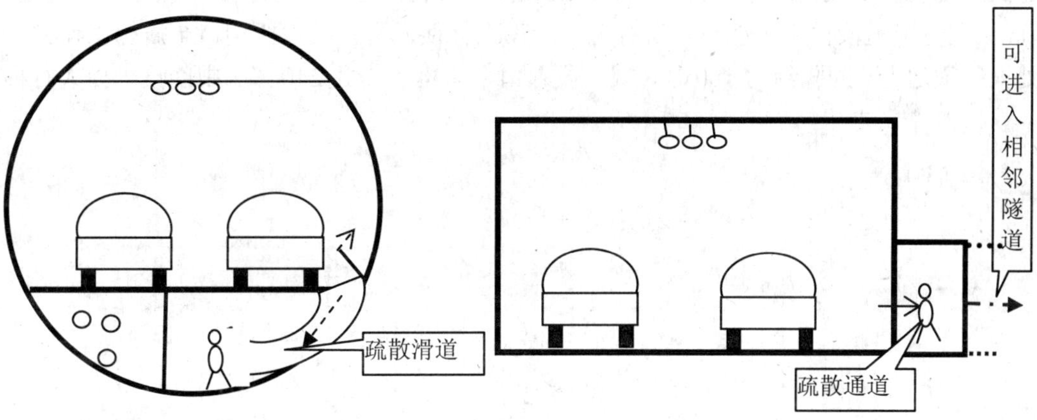

图1　两种常见的水下隧道疏散方式

3. 隧道人员安全疏散的性能化分析方法

由于目前我国还没有关于隧道人员安全疏散的设计规范，对于隧道疏散是否安全还没有明确的判断依据，除了传统的疏散距离、宽度的计算外，目前通常的做法是进行性能化分析。

人员疏散性能化分析方法主要是利用疏散分析计算工具，对最不利火灾（或其它灾害）场景进行计算，得出人员疏散至安全地点的时间，通过与火灾危险性时间的比较来检验隧道人员疏散的安全性。目前疏散性能化分析工具主要有经验公式法以及计算机模拟方法，其中计算机模拟方法因其科学性强、考虑因素多、模拟结果形象直观等优点，近年来深受消防审核人员的重视[4]。

建筑疏散软件（简称SGEM）是武汉大学和香港城市大学联合开发的疏散软件，在香港已经模拟过很多大型的公共建筑以及机场、地铁等建筑的人员疏散，已经得到相关部门的认可。SGEM的主要原理是将建筑物按照建筑功能单元（房间、过道、厅）划分成一个个的网络单元，各单元间通过门、洞连接起来形成疏散网络，人员在网络中按照一定的规律从一个节点进入另一个节点，对于火灾附近的单元按照细网格的方法模拟跟踪人员在不同时刻的几何位置，在远离火场的其他单元则按照网络流理论进行计算各个人员所在单元的位置，直到全部人员疏散出建筑即为建筑物的疏散时间。该软件是在AutoCAD的平台上开发的，包括建筑前处理模块、网络生成模块、疏散模拟模块和后处理模块，前处理可以在界面上读入建筑疏散所需的各种数据，并将其存储在相应的数据库中；网络生成模块、疏散模拟模块可以通过计算机自动调用前处理模块的各种数据进行计算，如人员在平面、楼梯等处的自由移动速度等；后处理可以演示着火层人员在平面上的移动，同时也可以查询各单元在任意时刻内的人员变化情况和曲线图[5]。

4. 武汉长江隧道疏散设计的性能化评估分析

4.1 武汉长江隧道疏散设计的基本概况

武汉长江隧道位于武汉长江一桥、二桥之间，是一条沟通内环线以内汉口和武昌中心区的重要过江通道。隧道内设双向四车道，设计车速 50km/h。左线隧道长 3295m（洞口至洞口），两端 U 形引道共长 305m，盾构段长 2550m；右线隧道长 3303.6m，两端 U 形引道共长 304.93m，盾构段长 2499.2m。该隧道 2005 年开始动工兴建，预计 2008 年通车。隧道的疏散设计包括盾构段每 80 米设置一疏散滑道，人员可以沿滑道进入盾构段底部的人行通道进入盾构通风井，再由通风工作井疏散至地面。同时，为了保证救援人员迅速到达现场以及侧向疏散至另一隧道，还在岸边盾构隧道间设置了 2 个横通道，与通风工作井间隔为 450m，明挖隧道段由于不能设置滑行道，增设人行横通道，汉口段洞口至盾构工作井 480 米，中间设置 3 处人行横通道，间隔约为 160 米，武昌段入口至盾构工作井 240 米，中间设一处人行横通道，间距 120 米。

图 2　武汉长江隧道平面示意图

4.2 性能化分析灾害场景选择

(1) 车辆数的确定

根据《武汉长江隧道交通预测分析报告》[6]，2020 年设计流量 7.8 万/日，高峰小时流量 6250 辆/时，货车 29%，轿车及客车 71%。隧道交通阻塞车速(20Km/h)，隧道长为 3295m，故车辆阻塞时经过隧道的时间为：

N=3295/20000=0.16475 小时

虽然交通阻赛时，车流一般达不到设计高峰流量，但为了考虑最坏情况，本处仍按最大车流量数 6250/高峰小时考虑，这样隧道内总车辆数为：

N＝0.16475×6250＝1030 辆

每个隧道的车辆为：1030/2=515 辆。

(2) 疏散人数的确定

根据武汉长江隧道交通设计资料中 2020 年各车型的比例，按照比较不利情况，各种车辆按照最大上座率考虑，可以算出高峰时段隧道内各种车辆的车辆数和人数。如表 1。

表 1　单隧道的人数计算

车型	数量	上座率取值	人员数量
出租车	139 辆	4 人/辆	556 人
大型客车	12 辆	48 人/辆	576 人
中型客车	54 辆	30 人/辆	1620 人
小型客车	160 辆	10 人/辆	1600 人
货车	150 辆	3 人/辆	450 人
总人数			4802 人

这样我们可以假定隧道的人数分布是均匀的，则每米隧道的人数为 4802/3295=1.46 人/米。

(3) 火灾场景的确定

本研究分三种火灾场景，即火灾发生在隧道两端以及中部。其中重点分析火灾发生在隧道的中部（盾构段）和沿车流方向隧道的前端（即右线汉口出口段），这时发生事故严重影响后方车辆的行驶，人员疏散困难；而在进口端附近发生火灾时，隧道中的前方车辆可以继续向前运行，后方车辆可以停止进入，这时事故只影响着火点附近小部分车辆的人员疏散，所以危险性较前两种方案低，故不作为重点研究。

4.3 疏散结果分析

(1) 火灾发生在右线汉口明挖段时的人员疏散分析

由于汉口明挖隧道段长约 480 米，设置了 2 个人行横通道，间距约 160 米，我们假定在最前端横通道附近发生火灾，所有的人员都要退回到隧道内部，通过横通道疏散到另一隧道，此时为最危险状态。按照隧道内人员均匀分布，这时右线汉口端横通道附近约 430 米的范围内人员需要通过 2 个横通道疏散，全部疏散的人员约 633 人，如图 3。根据车辆分布，疏散模拟包括从车辆内部疏散至外部，再疏散至横通道的全过程，疏散计算时考虑了客车内人员滞留的时间，同时也考虑了车门处的拥挤等待时间，这一过程也由 SGEM 进行模拟，其结果如表 2，最长的疏散时间（指人从车内疏散横通道的时间）284 秒（4.7 分钟），该横通道通过的人数为 383 人，另一横通道通过的人数为 250 人，疏散时间约为 3 分钟。

表 2　隧道疏散结算结果

横通道编号	疏散时间 (s)	疏散人数(人)
2	284	383
3	177	250

计算表明，只要这里的司乘人员及时下车，按照疏散指示路线进入连接横通道，即使考虑最不利情况，如高峰流量最大上座率，人员也基本是安全的。

(2) 火灾发生在隧道中部时的人员疏散分析

当火灾发生在隧道中部时，火灾前面的车可以继续前行，所以只有火灾后面的车辆内的人员参与疏散，由于整个隧道中部每 80 米设置一个疏散滑道，所以只需模拟离火源比较近的几个滑道的疏散，其它远离火源的司乘人员可以直接就近进入底部滑道，此时考虑或在下游 3 个滑道 200 米范围内的人员疏散，疏散的总人数为 410 人。车辆内部按照一般车门宽度进行模拟，行人进入滑道时间考虑 1 秒左右的时间，这样计算车辆抛锚后人员进入疏散滑道的时间，各个疏散滑道的时间及疏散人数如表 3。最长时间在火源附近的滑道，约 3 分钟，基本满足人员疏散要求。

表 3　隧道疏散结算结果

滑道(横通道)编号	疏散时间 (s)	疏散人数(人)
1	181	143
2	158	136
3	147	131

从上面两个模拟方案的结果可以看出，火灾发生的最不利的地方为汉口明挖隧道段，考虑各种最不利因素，其疏散时间最长为 4.7 分钟，小于一般地铁 7 分钟疏散完毕的规定；而火灾在隧道中间发生时，疏散时间大约 3 分钟，所以不管火灾发生在隧道那里，只要隧道的广播系统在发生火灾时能及时通知火灾信息，疏散路线指示明确，其车辆内的人是有足够时间疏散到安全隧道的，整个隧道的疏散设计是安全的。

5. 结论

城市越江隧道的设计中，由于以客流为主，人员疏散至关重要，在设计中一般需要设置附属专用疏散通道，或者设置与相邻隧道相通的连接横通道。盾构式隧道可以利用路面下部空间作为专用疏散通道，可以利用路旁设置的疏散滑道进入，疏散滑道的间距可以控制在 100 米之内，沉箱式隧道可以在主隧道旁设置附属疏散隧道，也可以设置连接的横通道与相邻隧道相通。但由于隧道处于水下，连接横通道与主隧道的不均匀沉降会对主隧道会构成一定的威胁，所以工程上对于这类横通道的设计比较慎重，最近南京长江隧道都取消了连接横通道的设计，人员疏散直接用底部疏散通道[7]。

我国目前开展大型长距离的水下隧道建设还刚刚起步，从性能化评估分析的角度来看，利用隧道本身的结构设置专用的疏散附属通道可以有效地解决疏散问题，而对于连接横通道的设计，虽然也可以实现疏散的目的，但还需要综合考虑其它工程风险。

图 3　火灾发生在隧道一端时，第 20 秒的疏散情况（T＝20s）

6. 参考文献

[1] H.Mashimo.State of the road tunnel safety technology in Japan[J].Tunnelling and Underground Space Technology,2002,17:145-152.

[2] 田玉敏. 地铁火灾中安全疏散技术与方法的研究. 消防技术及产品信息,2005,7:3-8.

[3] 王平,方正. 高层建筑人员疏散模型及其验证.火灾科学,2005,2:75-79.

[4] Ingason H,Lonnermark，A. Heat release rates from heavy goods vehicle trailers in tunnels. Fire Safety Journal,2005,40:646–68.

[5] 刘义,谢明才.长大公路隧道的火灾研究及消防措施.公路,2004,1:149-152.

[6] 俞波,杨高尚.隧道火灾时人员安全疏散的模拟研究.中南公路工程,2006,2:158-166.

[7] 洪丽娟,刘传聚. 隧道火灾研究现状综述.地下空间与工程学报,2005,2:149-155.

Discussion on Urban Tunnel Evacuation Planning
—— a case study concerning wuhan yangtze river tunnel

Abstract

Nowadays, most of the urban river tunnels adopts two-tube one-way traffic pattern. Special evacuation passages are used for people evacuation and connecting passages are used for entering the adjacent tunnel, which can ensure the safety of road tunnel users only if these passages are laid out at certain interval. This paper analyzes the evacuation condition of Wuhan Yangtze River Tunnel according to performance-based fire protection method. The diagnostic tool applied is the software of SGEM (Spatial-Grid Evacuation Model Package),which is independently developed.

Keywords：tunnel，evacuation，method，performance-based evaluation.

作者简介：

方正，男 ，武汉大学土木建筑工程学院教授，博士生导师。主要从事建筑消防理论与技术方面的研究。联系方式：电话：13237185245，email：zfang@whu.edu.cn。

建筑火灾人员疏散时间的参数敏感性分析*

冯磊，陆守香，汪金辉，庄磊

中国科学技术大学火灾科学国家重点实验室

摘要

将人员疏散时间（RSET）划分为探测报警时间（t_{alarm}）和人员逃生时间（t_E）两部分，利用探测器响应时间的数学模型计算探测报警时间，选用基于行为模式的精细网格疏散模型计算人员逃生时间。假设探测报警时间和人员逃生时间相互独立，采用单因素局部参数敏感性分析方法，分别从探测时间和人员逃生时间两方面进行参数敏感性分析，给出各参数的敏感度指标。结果表明，对人员疏散时间不确定性影响较大的参数有：对流热占总释放热的百分比、火灾增长速率、响应时间指数、探测器响应温度、人员密度、疏散出口流量系数以及人员预动作时间。

关键词：性能化分析、人员疏散时间、参数敏感性分析。

1. 引言

不确定性是性能化防火设计中的一个固有问题[1]，人员疏散时间分析作为性能化防火设计中的重要组成部分，同样存在不确性问题。影响人员疏散时间不确定性的因素很多，要实现对每一个参数的不确定性量化需要花费大量的时间，而且会使得计算过程变得相当复杂。为了恰当处理人员疏散时间的不确定性，首先需要识别影响 RSET 不确定性的重要参数，明确哪些参数需要进行量化处理，因此，有必要对 RSET 计算模型的输入参数进行敏感性分析。

Kathy A.Notaranni[2]将性能化防火设计过程各个步骤中的不确定性问题进行了概括，并认为敏感性分析方法可用于选择影响ASET不确定性的参数，该文虽未直接涉及RSET的不确定性，但对处理RSET不确定性具有很好的借鉴价值。James Lord[3]等人通过实例研究分析了影响人员疏散模型STEPs、EXIT89输出结果的主要参数及其影响程度，其初步结果认为人员数量、预动时间和排队系数等参数对模型的输出结果影响较大。

ASET和RSET是人员疏散分析的两个重要方面，前人对影响RSET主要参数及其影响程度的研究较少，文献[3]仅从疏散模型的角度给出了初步结果，没有进行深入的量化分析，本文借鉴文献[2]对ASET影响参数的选择方法，采用单因素敏感性分析方法，分别从探测时间和人员逃生时间两方面进行参数敏感性分析，给出各参数的敏感度指标，确定RSET中对人员疏散时间影响较大的参数。

2. 人员疏散时间

性能化防火设计中的人员疏散时间（Required Safety Egress Time,RSET）是指从起火时刻到人员疏散至安全区域的时间[4]，一般看成由3部分组成，包括火灾探测时间t_{alarm}、人员预动作时间t_{pre}和人员疏散运动时间t_{move}，如式（0）和0所示。

$$RSET = t_{alarm}+t_{pre}+t_{move} \quad (1)$$

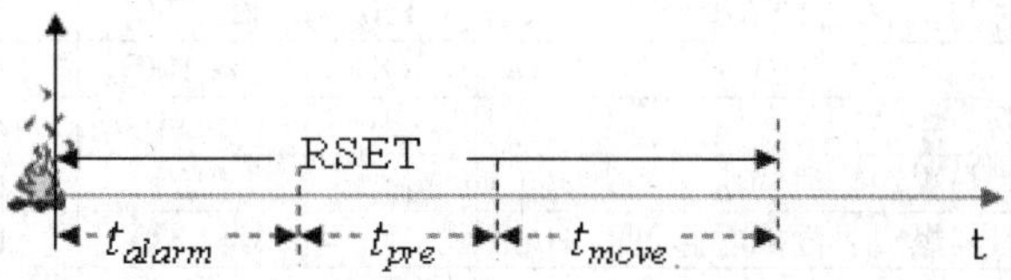

图 1　人员疏散时间的组成

*基金项目：国家十一五科技支撑计划（2006BAK06B02-2）

火灾探测时间可以利用火灾发展模型以及探测系统的特性计算和预测，人员疏散运动时间主要取决于人员密度、人员疏散速度、安全出口宽度等，可以利用经验公式或计算模型进行预测。为了便于分析，本文将人员疏散时间划分为探测报警时间t_{alarm}和人员逃生时间t_E两部分，即：

$$RSET = t_{alarm} + t_E \tag{2}$$

其中，$t_E = t_{pre} + t_{move}$，其定义为从人员察觉到火灾发生至疏散完毕所需要的时间。

3. 参数敏感性分析方法

参数敏感性分析方法分为局部分析方法和全局分析方法两类[5]。从 RSET 不确定性分析的参数选择角度考虑，本文采用局部敏感性分析的方法。输入参数对计算结果的影响程度用敏感性指标 $S(y_i,x_j)$表示，其中 y_i 为计算结果，x_j 为模型输入参数，本文采用正则化的敏感度指标（Normalized sensitivity）[6]分析输入参数对计算结果的影响程度，如式（3）所示。

$$S(y_i,x_j) = \frac{\partial y_i / y_i}{\partial x_j / x_j} = \frac{x_j}{y_i}\frac{\partial y_i}{\partial x_j} \approx \frac{x_j}{y_i}\frac{\Delta y_i}{\Delta x_j} \tag{3}$$

4. 人员疏散时间的参数敏感性分析

4.1 探测时间的参数敏感性分析

本文基于 SFPE Handbook（2003 edition）[7]中的探测时间预测理论，编写了 Matlab 程序计算探测报警时间，其输入参数如 0 所示，各参数基准值及变化范围确定如下：

1）对流热占总释放热的百分比χ：大量火灾实验表明，燃烧产生热量通常 60%～80%是通过对流方式进行传递的，本文将其基准值取 0.6，范围取[0.6,0.8]；

2）火灾增长速率 α（单位 $kW \cdot s^{-2}$）：工程设计中通常将火灾增长速率划分为四种类型：超快速增长（α=0.1876）、快速增长（α=0.0469）、中速增长（α=0.0117）和缓慢增长（α=0.0029），本文将其基准值按照中速火考虑，取 0.0117，范围取[0.002,0.2]；

3）响应时间指数 RTI（单位$(m \cdot s)^{1/2}$）：参照 GB18428－2001 和相关文献[8]的说明，本文将其基准值取 150，范围取[20,350]；

4）响应温度 Tr（单位℃）：参照 GB18428-2001《自动灭火系统用玻璃球》的相关规定，本文将基准值取 68,范围取[54,100]；

5）探测器位置参数 H、r（单位 m）：参照 GB50116-1998《火灾自动报警系统设计规范》中探测器的适用高度和安装间距的要求，本文将 H 基准值取 5，范围取[2,8]；将探测器与火源轴线的水平间距 r 基准值取 0，范围取[0,7]；

6）环境温度 Ta（单位℃）：根据《室内空气质量标准》对于设有空调的室内温度的规定，其变化范围是 16℃到 28℃，考虑到一些没有空调设备的场所，本文将其基准值取 20，范围取[0,35]。

对以上 7 个输入参数进行单因素参数敏感性分析时，使每一个输入参数都以 10%的摄动幅度在其变化范围内变化，而其它参数均取其基准值，将变化参数和其它 6 个参数的基准值代入计算程序，计算探测报警时间，并利用式（3）计算其正则化的敏感度指标，以此来表征探测报警时间对各个参数的相对敏感程度。

表 1　探测时间参数敏感性分析的基准值、参数范围和摄动幅度

参数名称	基准值	参数范围	摄动幅度
对流热占总释放热的百分比 χ	0.6	[0.6,0.8]	10%
火灾增长速率 $\alpha/kW \cdot s^{-2}$	0.0117	[0.002,0.2]	10%
响应时间指数 $RTI/(m \cdot s)^{1/2}$	150	[20,350]	10%
探测器响应温度 Tr/℃	68	[54,100]	10%
环境温度 Ta/℃	20	[0,35]	10%
探测器与火源轴线的水平间距 r/m	0	[0,7]	10%
探测器与燃料表面的垂直间距 H/m	5	[2,8]	10%

0～0 所示为探测报警时间对 0 中 7 个输入参数的敏感性，从图 2 可以看出探测报警时间随对流热占总释放热的百分比的增大而减小，而 S_χ 稳定保持在 0.35 左右，与χ本身值的大小基本无关；从图 3 可以看出探

测报警时间随火灾增长速率的增大而减小，S_α的绝对值随着α的增大而减小（0.38～0.31），表明在缓慢增长区火灾增长速率对探测报警时间的影响程度更大；从图4可以看出探测报警时间随RTI的增大而增大，S_{RTI}随着RTI的增大而增大，但S_{RTI}值相对较小（0.1～0.3）；从图5可以看出S_{Tr}随着T_r的增大而略有减小（0.65～0.59），表明响应温度较低时T_r对探测报警时间的影响程度更大；从图6可以看出探测报警时间随环境温度的增大而减小，但S_{Ta}的绝对值随着Ta的增大而增大（0～0.42）；从图7和图8可以看出，探测器的位置参数（H、r）的敏感性指标绝对值均随参数值的增大而增大，且两者的值均较大（0.76～0.90）。总体而言，上述7个参数中敏感性较高的参数为探测器动作温度T_r、探测器与燃料表面的垂直间距H和探测器与火源轴线的水平间距r，这些参数的敏感性指标均超过了0.5，其中S_H和Sr最大，达到了0.9。

对于不确定性分析的参数选择而言，除了需考虑参数敏感度指标之外还要综合考虑参数本身的不确定性（确定精确值的难易程度）。对流热占总释放热的百分比、火灾增长速率和响应时间常数三个参数虽然敏感性相对较低，但是参数本身存在的不确定性较大。虽然探测器与燃料表面的垂直间距和探测器与火源轴线水平间距敏感性较高，但是这些参数往往是可以精确给出的。

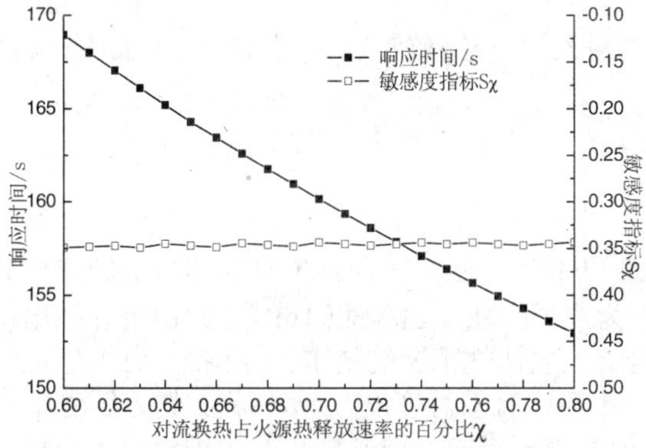

图2　探测报警时间对对流换热系数的敏感性

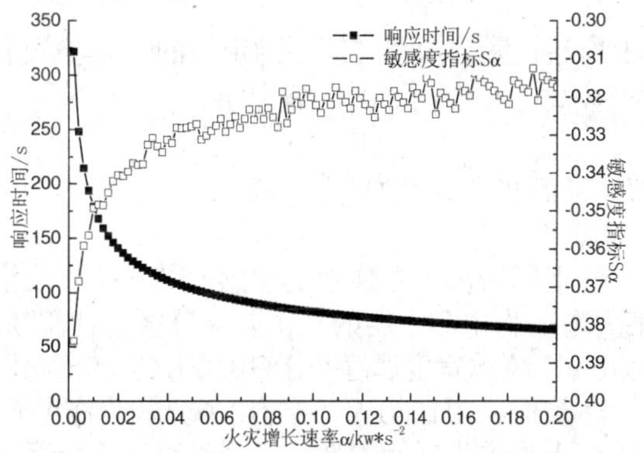

图3　探测报警时间对火为增长速率的敏感性

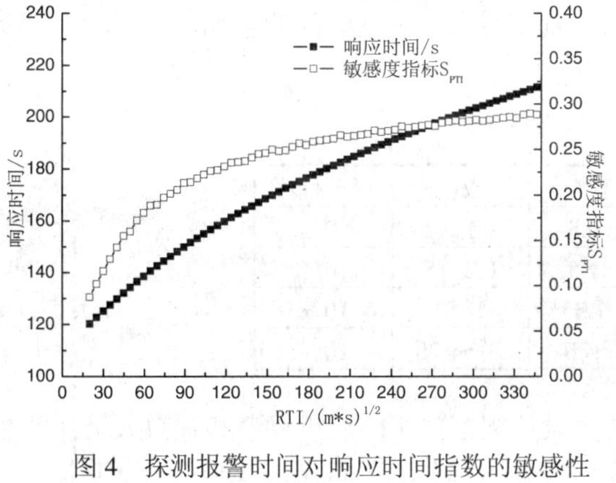

图4　探测报警时间对响应时间指数的敏感性

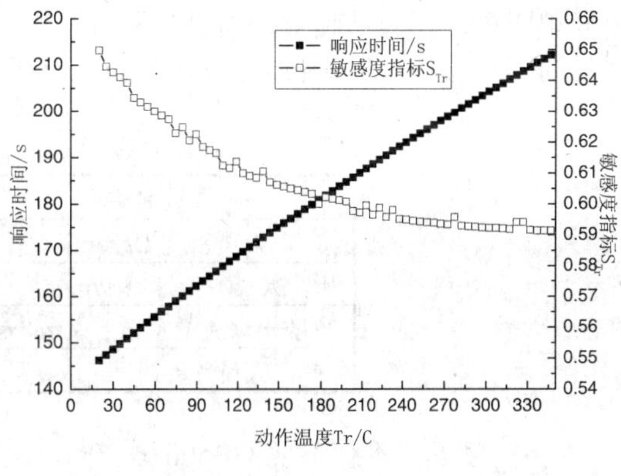

图5　探测报警时间对动作温度的敏感性

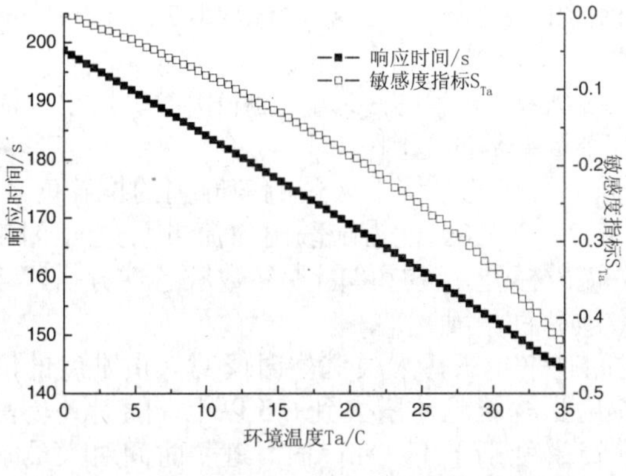

图6　探测报警时间对环境温度的敏感性

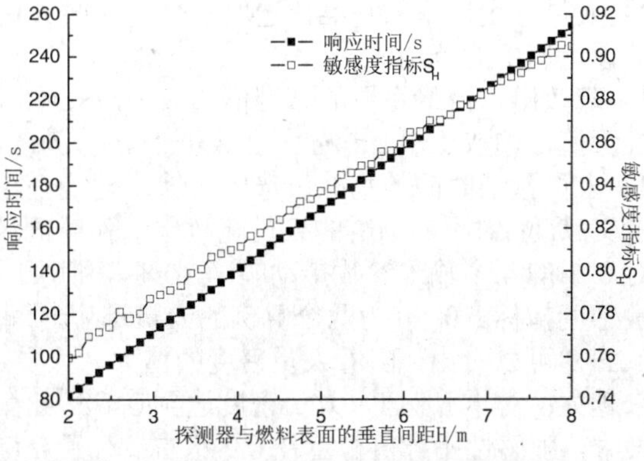

图7　探测报警时间对垂直间距的敏感性

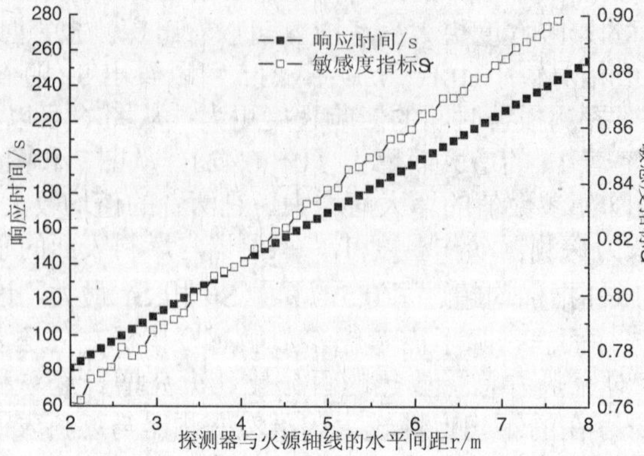

图 8　探测报警时间对探测器与火源轴线的水平间距的敏感性

综上所述，影响探测时间不确定性的主要参数有：对流热占总释放热的百分比χ、火灾增长速率 α、响应时间指数 RTI 和探测器响应温度 T_r。

4.2 逃生时间的参数敏感性分析

为比较不同情况下各参数的敏感性情况，本文选取以下两个算例进行逃生时间的参数敏感性分析：算例1－某大型购物中心一层的一个防火分区，使用功能为商场，建筑面积3191m^2，共有2个疏散出口，有效总宽度为6m，疏散宽度远远小于GB50016-2006《建筑防火设计规范》的要求；算例2－商场建筑的一个防火分区，建筑面积为1000m^2，共有3个分散分布的疏散出口，有效总宽度7.5m，疏散宽度充足。

为研究人员逃生时间参数的敏感性，本文选用基于行为模式的精细网格疏散模型计算人员逃生时间。人员逃生时间主要取决于人员密度、人员行走速度、疏散出口流量系数、人员预动作时间、安全出口宽度等参数。由于疏散出口流量系数与疏散出口的宽度对人员逃生时间的影响一致，而且疏散出口流量系数与疏散宽度相比更加不容易确定，因此本文不分析疏散出口宽度对人员逃生时间的影响，仅对前4个参数进行单因素局部敏感性分析，各参数基准值和变化范围如0所示。

表 2　人员逃生参数敏感性分析的基准值、参数范围和摄动幅度

参数名称	基准值	参数范围	摄动幅度
人员密度 D/人•m^{-2}	0.5	0.1～2	10%
人员行走速率 v/m•s^{-1}	1.5	0.2～5	10%
疏散出口流量系数 f/人•m^{-1}•s^{-1}	1.33	1～2	10%
人员预动时间 t_{pre}/s	180	20～420	10%

1）人员密度的基准值参照 GB50016-2006《建筑防火设计规范》对面积折算值和疏散人员换算系数的规定，取为 0.5 人•m^{-2}，并参照《建筑防火性能化设计》[9]对各类建筑人员密度的总结，选取 0.1 人•m^{-2}～2 人•m^{-2} 作为人员密度的范围；

2）人员行走速率的基准值选取不受约束时人员快速行走的速率值 1.5m•s^{-1}，选取 0.2 m•s^{-1}～5 m•s^{-1} 作为人员行走速率的范围；

3）疏散出口流量系数的基准值选取 HMSO 推荐的 1.33 人•m^{-1}•s^{-1}，并参考文献[10]对疏散出口流量系数的推荐值，选取 1 人•m^{-1}•s^{-1}～2 人•m^{-1}•s^{-1} 作为疏散出口流量系数的范围；

4）人员预动时间的基准值选用文献[10]对商业建筑不同类型报警系统下人员响应时间的推荐值 180s，并参考文献[11]对不同场所的人员疏散预动作时间统计选取 20s～420s 作为疏散出口流量系数的范围。

对 0 中的 4 个输入参数摄动幅度 10%，利用上述人员疏散模型，进行单因素参数敏感性分析，计算正则化敏感度指标。0～0 为两个算例的人员逃生时间的参数敏感性。

从图 9 可以看出，随着人员密度的增大，人员逃生时间越来越长，人员逃生时间对人员密度的敏感性也越来越大；对于算例 1，人员密度达到 0.4 人•m^{-2} 时敏感度指标就迅速增大到 0.5 以上，随着人员密度的继续增大，敏感性指标值稳定在 0.9 左右；对于算例 2，人员密度小于 1 人•m^{-2} 时，逃生时间对人员密度的敏感性并不明显，人员密度增大到 1.2 人•m^{-2} 后，敏感性指标值稳定在 0.8 左右。显然算例 1 中逃生时间对

于人员密度更为敏感，这主要是由于算例 1 中疏散宽度严重不足，造成疏散过程中排队时间较长造成的。

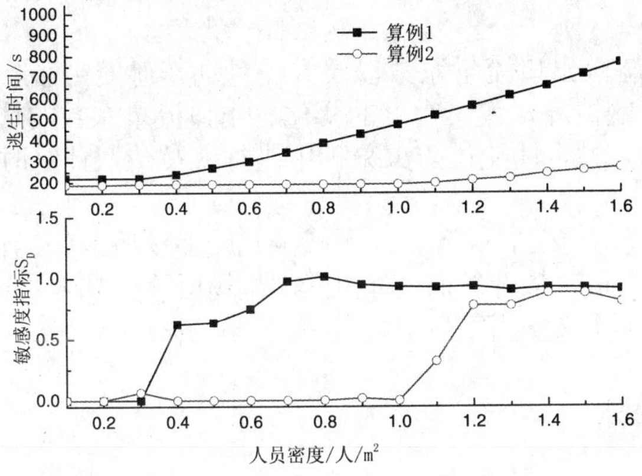

图 9　人员逃生时间对人员密度的敏感性

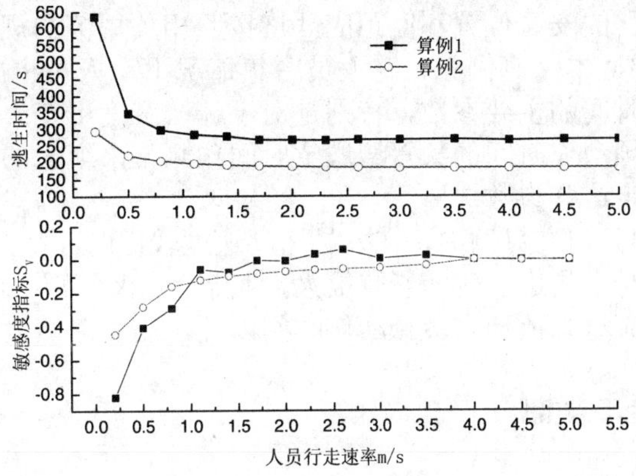

图 10　人员逃生时间对人员行走速率的敏感性

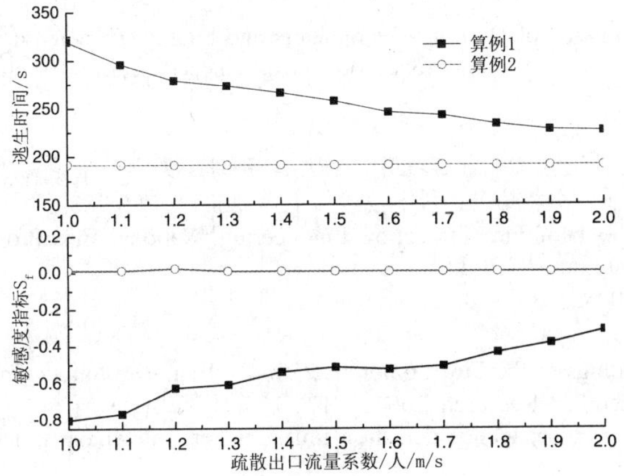

图 11　人员逃生时间对疏散出口流量系数的敏感性

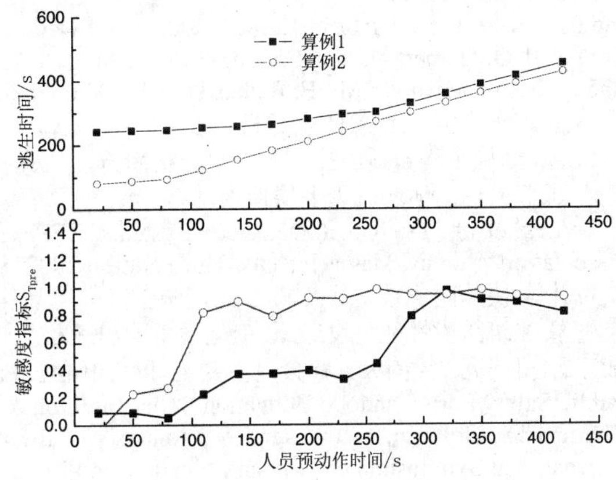

图 12　人员逃生时间对人员预动作时间的敏感性

从图 10 可以看出，两个算例的逃生时间对行走速率的敏感性变化趋势基本一致，在低速区段(<0.5 $m\cdot s^{-1}$)随着人员行走速率的增大人员逃生时间迅速减小，进入普通行走速率区段（1 $m\cdot s^{-1}$左右）人员逃生时间不再发生明显的变化。敏感度指标的绝对值在大多数情况下保持在 0～0.1 之间，说明两个算例中逃生时间对于行走速率的敏感性很低。

从图 11 可以看出，两个算例的逃生时间对疏散出口流量系数的敏感性变化具有较大差别：算例 1，疏散出口流量系数小于 1.3 人$\cdot m^{-1}\cdot s^{-1}$时，其敏感性指标值保持在 0.6 以上，随着流量系数继续增大，所需的排队时间越来越短，其敏感性也随之降低；算例 2，由于疏散宽度充裕，因此疏散过程中几乎不会出现排队现象，影响逃生时间的主要因素为人员预动时间，从而疏散出口流量系数的敏感性一直保持为 0。

从图 12 可以看出，两个算例的逃生时间对人员预动时间的敏感性变化趋势基本一致，随着人员预动时间的增大，人员逃生时间变长，人员逃生时间对预动作时间的敏感性越来越大；比较而言算例 2 中逃生时间对于预动时间的敏感性更高，这是因为算例 2 中疏散宽度充裕，排队时间很短，人员预动时间是逃生时间的主要组成部分。

综上所述，影响人员逃生时间的主要因素为人员密度、疏散出口流量以及人员预动作时间，又由于这 3 个参数本身具有很大的不确定性（很难确定精确值），因此，这 3 个参数也是影响人员逃生时间不确定性的主要参数。但值得注意的是，对于行动受限人员较多的场所人员行走速率将是影响逃生时间的重要参数。

5. 结论

1）对流热占总释放热的百分比、火灾增长速率和响应时间常数三个参数虽然敏感性相对较低，但是参数本身存在的不确定性较大，因此，影响探测时间不确定性的主要参数为：对流热占总释放热的百分比、火灾增长速率、响应时间指数和探测器响应温度。所以在性能化防火设计中预测探测时间时应特别注意这些参数的选取；

2）由于探测器与燃料表面的垂直间距和探测器与火源轴线水平间距往往可以精确给出，它们不是影响探测时间不确定的主要参数，但它们很高的敏感度指标说明它们是影响探测报警时间的主要参数，因此，探测器的安装位置和间距应严格按照相关规范的规定；

3）本文算例中，在人员密集情况下，人员密度、疏散出口流量系数以及人员预动作时间是影响人员逃生时间的主要参数，特别是对于疏散宽度不符合规范的情况，人员密度的变化、出口流量系数的选取、人员预动作时间的长短给逃生时间预测带来很大的不确定性，性能化防火分析中进行人员疏散计算时需谨慎设定这些参数；

4）本文算例中，在人员运动速度较低时（相当于行动受限的病人、老人或少儿较多场所），人员行走速率对人员逃生时间影响很大，性能给防火分析中进行人员疏散计算时，对相应类型场所除考虑人员密度、出口流量系数和人员预动作时间以外，还要谨慎设定人员行走速率。

6. 参考文献

[1] 范维澄，孙金华，陆守香等著. 火灾风险评估方法学. 北京：科学出版社. 2004.

[2] Notaranni, Kathy A. The Role of Uncertainty in Improving Fire Protection Regulation. PhD Dissertation, CarnegieMellon University.May 2000.

[3] James L.et al. Uncertainty in Egress Models and Data: Investigation of Dominant Parameters and Extent of Their Impact on Predicted Outcomes –Initial Findings. Proceedings of 5th International Conference on Performance-Based Codes and Fire Safety Design Methods, SFPE, Bethesda, MD, October 2004.

[4] 霍然,袁宏永.性能化建筑防火分析与设计.合肥:安徽科学技术出版社, 2003.

[5] 陈太聪. 结构工程自适应控制的参数分析新方法研究及其在大跨度斜拉桥施工中的应用.华南理工大学博士论文.2003.

[6] 苏志雄,郭嗣琮,李焱. 基于多层前馈网络的计量经济模型敏感性分析方法. 科学技术与工程, 2004,9: 786-788.

[7] Robert,P.S.et al,. Design of Detection Systems. SFPE Handbook of Fire Protection Engineering, National Fire Protection Association, Quincy, Massachusetts, Third edition 2002, Section Four, 4-1-4-43.

[8] 梁吉林等.快速响应玻璃球及其标识.消防技术与产品信息,2003,(10):77-78.

[9] 李引擎.建筑防火性能化设计.北京:化学工业出版社.2005.

[10] 陆守香,王福亮. 我国火灾社会风险判定标准的研究. Proceedings of the Fire Conference 2004 – Total Fire Safety Concept, Public Safety Forum and 3rd Education Symposium on Advanced Fire Research ,2004, 1: 170-176.

[11] Charters D., Holborn P. Townsend N., Analysis of the number of occupants, detection times and pre-movement times. 2nd International Symposium on Human Behaviour in Fire, 2001.

Parameter Sensitivity Analysis of Required Safety Egress Time in Building Fires

Abstract

Required Safety Egress Time (RSET) is divided into Alarm Time (t_{alarm}) and Egress Time (t_E), Alarm Time is calculated with the model of detector activation time and Egress Time is worked out with behavioral fine network egress model. On the assumption that Alarm Time and Egress Time are independent, parameter sensitivity analysis is carried on from the two parts respectively, using “one-factor-at-a-time” sensitivity analysis method. The results express that the dominating parameters for RSET uncertainty include: heat convective fraction, fire growth rate, detector response time index, detector response temperature, occupant density, specific flow rate through an exit and occupant pre-movement time.

Keyword: performance-based fire safety analysis, required safety egress time, parameter sensitivity analysis

作者简介：

冯磊（1983- ），男，中国科学技术大学火灾科学国家重点实验硕士研究生，师从陆守香教授。主要研究方向为火灾风险评估方法学。E-mail: lfeng@mail.ustc.edu.cn。

利用疏散软件对复杂建筑疏散通道评估的应用实例分析

冯明静[1],王晓刚[2],王平[3]

[1]湖北省消防总队建审处
[2]武汉大学 土木建筑工程学院
[3]香港城市大学建筑系

摘要

性能化防火设计中疏散通道的设计是关系到人们生命的重要内容，本文利用基于 CAD 平台上开发的计算机疏散评估软件（SGEM），对某娱乐场所进行人员疏散模拟，详细阐述了如何利用计算机模型评估与指导建筑物疏散通道安全性的设计，以期为国家今后的消防建审工作提供技术参考。

关键词：评估、疏散模型、疏散通道。

1. 引言

近些年，国内出现了许多功能复杂的超高、超大型公共建筑，在这些场所中，最大的特点就是人员多、密集、流动性大，一旦发生火灾，就可能造成大量人员伤亡。为减少火灾造成的人员伤亡，需要客观、合理地对建筑物进行火灾风险评估，并基于此提出相关消防措施。火灾发生时首先要保证人员的安全，作为火灾风险评估组成部分的人员疏散通道安全性的评估非常重要。建筑结构与功能的复杂化一方面增加了建筑自身的火灾风险性，又使其难于完全依照现有的防火规范进行设计，对于突破规范的消防设计，需要组织专家进行论证，但往往是依据经验判断，缺乏科学性与合理性。为了保障国家财产和人民生命的安全，对于超规范的建筑工程设计，应对建筑物疏散通道的安全性进行模拟评估，从而为火灾时人员逃生和财物的抢救提供有效的疏散通道。

计算机人员疏散模拟技术的飞速发展，为人们了解在火灾发生时，人员的安全疏散过程提供了强大的分析手段，应用计算机疏散模型模拟技术，可以对建筑物的疏散通道存在的危害性和风险性进行量化分析，并提出设计修改意见。本文详细介绍了如何应用计算机模拟技术评价火灾时期人员的生命安全，进而评估建筑物疏散通道设计的合理性。

2. 火灾发生与人员安全疏散的时间关系

建筑物发生火灾后，人员能否安全疏散主要取决于两个特征时间:一是火灾发展到对人构成危险所需时间 ASET;二是人员疏散到安全地带所需时间 RSET，要保证人员有充足的时间从危险区域疏散到安全地点，必须满足下述条件:ASET>RSET。如果此不等式成立，则认为人员能够安全地从危险区域疏散出去，即该防火设计符合安全要求，反之则不符合安全要求。其中 ASET 和 RSET 可以由火灾模拟模型和人员疏散模拟模型预测得到。

火灾发生时人员所需安全疏散时间 RSET 由 3 部分组成，即火灾探测报警时间、疏散准备时间和人员疏散运动时间。火灾探测时间可以根据火灾动力学相关模型和探测系统的特性计算得到。人员疏散运动时间主要受人员密度、人员疏散速度、人员组成、建筑环境等因素影响，其值可以通过经验公式或计算模型得到。而疏散准备时间由于与人员的心理行为特征、年龄、对建筑物的熟悉程度、人员反应灵敏性和人员集群特征密切相关，而较难准确估计。目前，对于非居住、以群集活动为主的公共建筑，由于具有专门的管理人员，建筑内人员信息交流迅速。所以在火灾风险评估中关于 RSET 的计算，一般是将疏散准备时间取一常数。当 ASET 越大，RSET 越小，则人员安全性越大；反之，安全性越小，甚至不能安全疏散。因此，为了提高安全度，就要通过疏散设计和消防管理来缩短疏散开始时间，同时延长危险状态发生的时间。

3. SGEM 疏散模型

SGEM 疏散模型是武汉大学和香港城市大学联合开发的一个可以模拟高层复杂建筑人员疏散的计算机模型，它可以记录各个空间单元的疏散时间及各个出口的人员疏散拥挤度曲线，且可以动态演示着火层的人员疏散情况和所有楼梯间的人员拥挤情况，最终计算出整个建筑物的人员疏散时间，然后将所计算的疏散时间与经验公式计算的比较，最后得出疏散通道和疏散出口的合理设计。

考虑到高层建筑着火层和非着火层人员的心理状态不一样，同时也为了节省计算机处理的信息量，SGEM 疏散模型将非着火层的人员移动作为群集流动处理，着火层的人员疏散视为个体人员网格处理。

SGEM 疏散模型的独特之处在于：

⑴．利用网络控制型原理，提出了一种将疏散行动路线上的各个空间要素节点中的人员行动情况进一步细化的空间节点划分方法，并将所划分的各个空间节点看成是微元空间。建立了更为完善合理的安全疏散行动时间预测模型，提出一种最大有效距离法表示人员在房间、走廊、楼梯间等的行走情况。在有多个出口时，疏散人员首先根据离出口的距离选择出口，当出口人员密度较大时，则可以根据出口的密度来选择密度较小的出口。

⑵．可以进行人员密集的高层建筑的人员疏散模拟。考虑到高层建筑着火层和非着火层人员的心理状态不一样，同时也为了节省计算机处理的信息量，在建立评估模型时对人员状态的描述将着火层和非着火层分别进行了不同的处理。即在某一时间间隔△T 内，着火层内用二维坐标表示人员的实际位置，而在其它楼层则根据其与出口的距离来表示某人的相对位置。

⑶．考虑到人的密度对速度方面的影响，本文利用人的密度来计算每个疏散人的速度，而且在不同类型的节点内（如：房间、走廊、楼梯间等）采用不同的速度公式计算。

⑷．该软件具有：操作非常简单、界面友好、实现人机交互式设定各基本参数、动态查询等特点

SGEM 疏散模型的输入参数包括（如图）：

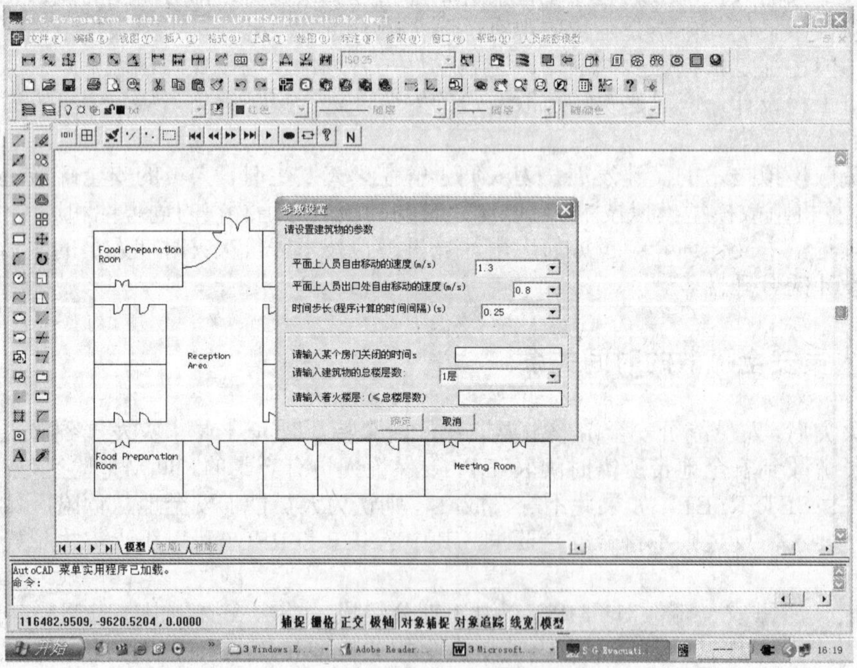

图 1　SGEM 操作界面

4. 大型复杂建筑物疏散模拟评估案例

4.1 建筑物的基本情况

图 2 为某娱乐中心的一座主体建筑底层平面图。建筑总面积约 11000m^2，总楼层为 4 层，从底层到顶层的层高分别为 4.85 米、4 米、4 米、2.65 米，顶层为旅馆，下面 3 层为娱乐场所。其中编号为 ST-1、ST-2、

ST-3、ST-4 的楼梯仅供顶层人员疏散（共 240 人），其余楼梯为一到三层所有人员疏散（共 4000 多人）。

图 2　底层平面图

4.2 模拟疏散方案

为检查建筑物疏散通道设计的安全性和整个建筑物疏散楼梯个数的合理性，因此对此建筑物人员疏散根据不同的疏散通道进行多次模拟，分别计算出每次模拟的疏散时间，然后分别与加拿大 Paul 经验公式计算的结果进行比较，得出合理的疏散通道设计和布置。

模拟人员疏散方案如下：

⑴对所有疏散楼梯进行疏散模拟；

⑵从楼梯 ST-1 到 ST-4 和 SP-1 到 SP-7 依次关掉某个疏散楼梯和某两个疏散楼梯进行疏散模拟。

对于多层建筑疏散时间，Paul 给出了如下公式：

当单位宽度楼梯通过的人数少于 800 人时，　$T = 0.68 + 0.081p^{0.73}$　分；　(2)

当单位宽度楼梯通过的人数多于 800 人时，　$T = 2.00 + 0.0117p$　分；　(3)

P 为每米有效宽度楼梯要疏散的人数(有效楼梯宽度是指实际人们可以利用的楼梯面积应该扣除楼梯两侧不可利用部分各 150mm)。

4.3 人员疏散模拟计算

根据工程的简要情况采用模拟方案⑴对建筑物人员疏散进行模拟。首先设置计算所用的各参数（总楼层 4 层、选 3 层为着火层等）如图 1。然后计算疏散模型。

计算得出整个建筑物的最终出口的疏散时间如下表（如图 2）：

表 1

出口编号	疏散时间（s）	疏散人数（人）	出口编号	疏散时间（s）	疏散人数（人）
Exit-1	214	295	Exit-2	263	286
Exit-3	217	35	Exit-4	218	49
Exit-5	444	467	Exit-6	322	393
Exit-7	163	91	Exit-8	177	171
Exit-9	218	328	Exit-10	293	313
Exit-11	253	228	Exit-12	204	321
Exit-13	283	54	Exit-14	180	200
Exit-15	314	486	Exit-16	123	187
Exit-17	40	54	Exit-18	173	216
Exit-19	69	100	Exit-20	53	83

从表中可以看出建筑物的疏散时间就是建筑物最终出口的最大疏散时间，即 Exit-5 出口的疏散时间为 444 秒。

因此只需分析 Exit-5 出口对应的楼梯间的人员疏散情况即可。从模型计算结果中调出 Exit-5 出口的人员随时间变化的曲线图（如图 3）和人员随时间变化的累计曲线（如图 4）及此出口对应的楼梯间人员疏散动态拥挤演示图（如图 5）。

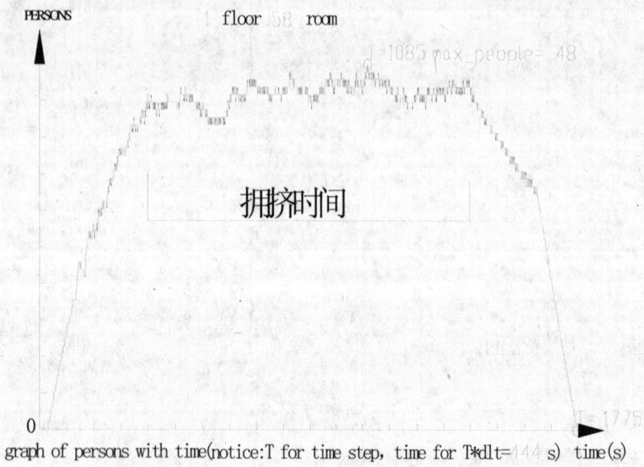

图 3　随时间变化人员疏散曲线

图 5 楼梯间拥挤演示图

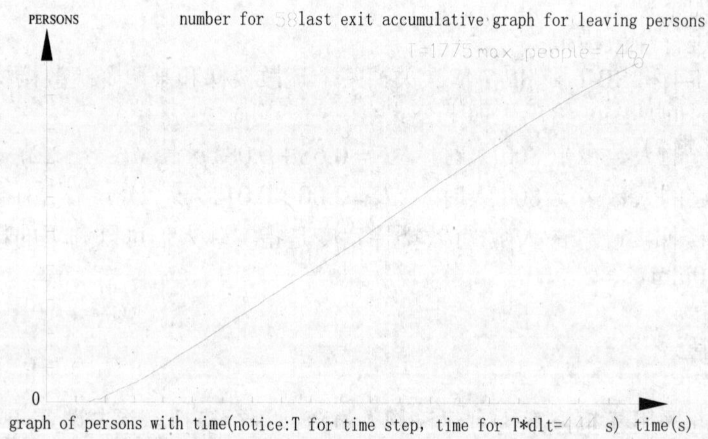

图 4　随时间变化人员疏散累计曲线

从图 3 中可以分析出在 1085 时间步（计算步长为 0.25 秒，即疏散时间为 271 秒）时，编号为 SP-3 的楼梯间疏散人数达到最大为 48 人，且从曲线变化的趋势和图 5 演示图可以看出在 SP-3 的楼梯间内疏散人员已经开始拥挤，且拥挤的时间占此单元疏散时间的大部分，从图 5 中也可以分析出疏散人员的拥挤状况并没有达到滞留等很严重的状态。在图 4 中，对于 SP-3 楼梯间的底层出口 Exit-5 除前一小部分时间没有人经过外，后面一直连续地有人疏散出去，直到时间步为 1775 步时，人员才疏散完成。

用 Paul 经验公式计算得 T=0.68+0.081*[467/(1.4-0.3)]0.73=443.5s，与疏散模型计算结果相差不多，因此疏散通道安全性设计符合要求。

值得注意的是影响人员疏散时间的主要因素是疏散通道和疏散出口设计不合理，如果在某种疏散模拟计算中，疏散模拟计算的结果不能满足要求，则必须重新设计疏散通道和疏散出口（比如增加疏散通道宽度等），直到符合实际设计要求为止。

5. 结论

本文利用建筑物疏散的量化分析模型 SGEM 模型，对某娱乐场进行人员疏散模拟，详细阐述了如何利用计算机模型评估与指导建筑物疏散通道安全性的设计。该模型应用于建筑物的疏散分析，可以较为合理地仿真出全部人员的疏散时间，特别是人员移动的动态演示可以直观看出建筑物人员的疏散图案，比较方便地对建筑物疏散通道的安全性进行评估，对不合理的建筑设计可以提出相应的优化设计方案。

基于性能标准的防火设计方法是当今国际上正在被逐步采纳的一种先进的设计方法，而建筑物疏散通道的安全性评估是建筑物火灾安全的重要指标。现有定性分析方法虽能大致分析建筑物对出口宽度、数量的要求，但对于建筑物内部布置的合理性，火灾后可能出现的各种情况不能作出有效的评估。许多新的防火技术和手段的出现，为建筑消防设计提供了新的思路，增加了建筑防火设计方案选择的灵活性和多样性，但同时也增加了消防监督部门的审查难度。通过该模型的模拟，可以为消防建审部门在今后审核建筑工程火灾安全的问题上提供有效的定量分析，从而在更大程度上保证国家人民生命财产的安全。

6. 参考文献

[1] 方正,王平,陈大宏,段金曦,胡忠日,高层建筑人员疏散性能化评估软件的开发,消防科学与技术 2004.10.

[2] 方正,卢兆明,建筑物避难疏散的网格模型,中国安全科学学报，2001,11(4):10-14.

[3] 陆君安,方正,卢兆明,赵春梅,建筑物人员疏散逃生速度的数学模型,武汉大学学报,2002.

[4] 中国消防协会建筑防火专业委员会.现代建筑防火设计技术.成都:四川科学技术出版社,1987.

[5] Guylene Proulx,Evacuation Time and Movement in Apartment Buildings.Fire Safety Journal. 1995, 24:229-246.

[6] 霍然,袁宏永.性能化建筑防火分析与设计．安徽科学技术出版社,2003.9.

[7] 霍然,金旭辉,梁文.大型建筑火灾中人员安全疏散计算分析.火灾科学,1999 ,8(2):8-13.

[8] 刘文利,熊洪.地下商业街人员疏散预测.火灾科学.1999 ,8(3).

Analysis of the Evacuation Routeway Evaluation of an Complex Building Based on Evacuation Software

Abstract

The design of evacuating passage in the performance-based fire approach is of vital importance to people's life，The paper describes a simulation of evacuation process in an entertainment building using a computer software for evacuation model which is based on CAD platform. It demonstrates how to use computer-based evacuation models to evaluate the evacuation safety of realistic building designs， in order to provide technical reference for the fire-safety inspection work of our country.

Keywords: evaluation, evacuation model, evacuation routeway.

作者简介：

冯明静，湖北省消防总队建审处。联系地址：湖北省武汉市紫阳东路 69 号，430064。
王晓刚，联系地址：武汉大学，土木建筑工程学院，武汉，430072。
王平，联系地址：香港城市大学建筑系，中国香港。

试析国际上通用人员疏散评估软件

冯王碧，冯明静，王晓刚，方正

湖北省公安消防总队防火部

摘要

疏散系统的设计是关系到建筑物中居民生命安全的重要内容，而大型建筑疏散路线的设计往往不象普通建筑那样容易满足传统规范，需要进行性能化防火设计，通常可以通过疏散软件来模拟分析。本文通过对国际上几个著名的疏散软件的介绍来说明目前疏散模型的建立原理和方法，并对比分析了它们各自的特征。

关键词：疏散软件、原理、比较。

1. 引言

随着经济持续高速发展，新材料、新工艺、新技术不断涌现，大规模、高层次、多功能的现代建筑层出不穷，建筑工程消防设计难度不断加大，综合运用消防技术标准的水平要求越来越高；传统“指令性”消防技术规范对现代建筑设计问题所能提供的解决方法越来越显得不足，对于突破现行规范的消防设计，一般需要组织专家进行论证，但缺乏相对量化的科学依据。特别是人员安全疏散系统的设计，事关人民生命安全，稍有不慎极易造成群死群伤的恶性后果。性能化防火设计为这些建筑的安全疏散系统设计带来了新思路，但如何评价采用的性能化设计的安全疏散方案是否达到预期安全目标，也是摆在消防设计、监督部门面前的一个重要问题。

计算机人员疏散模拟技术的飞速发展，为火灾发生时，人员疏散过程的分析提供了可靠的技术手段，应用计算机疏散模拟技术，可以对建筑物的疏散通道存在的危害性和风险性进行量化分析，进而评估建筑物疏散路线设计的合理性。

2. 人员疏散评估软件的发展概况

目前国际上开发了近 20 多种各种不同类型的疏散评估软件，按照模型的原理来划分大致可以分为三类：

第一类是出口容量法，即根据单位出口宽度的容量是一定的原理来计算建筑物总人数全部疏散完所需的时间。这类方法主要是从五六十年代开始以前苏联 Predtechenski 和 Milinski，日本的 Togawa，以及英国 Melinek 等人为代表，他们主要考虑的是建筑物的出口容量或根据建筑物的人口负荷确定出口数量和宽度、疏散路线长度等，我国目前的建筑设计也主要采用此方法。

第二类方法是网络流方法，该方法的研究者包括美国的 Chalmet,Francis, Gunnar, MacGregor 等人，他们将建筑物各功能单元当作网络中的一个个节点，利用节点之间存在一定的流量限制原理来计算建筑物总体疏散时间。

第三类方法是网格计算方法，该方法将建筑物划分成一个个比较细小的网格，人员可当作一个个移动的质点，质点在移动到相应的网格时会根据环境的变化调整各自的移动速度和方向，并因此可以跟踪人员移动的轨迹，从而得到建筑物的人员疏散时间，所取得的结果甚至可以在计算机上进行动态显示，这方面工作比较出色的有英国格林威治大学的 Galea,爱丁堡大学的 Thompson,美国的 Fahy，澳大利亚的 Shestopal，香港城市大学卢兆明等人。国际上目前商业化应用比较成功的软件主要有 STEPS、SIMULEX、SGEM、buildingEXODUS 等几种，它们也都是属于第三类方法。

3. 人员行为特性的考虑

对于人员特性的考虑可以分为两方面，一是单个人员独立考虑；一是全局考虑。大多数模型可以根据用户要求或计算机自动设定每个人员的移动属性如步行速度，并记录每个人员在任何时刻的移动历史轨迹。这类模型也不排除群集行为特性，但它是按单个人员检查和分配各自的移动特性的，它需要较多的计算机容量，程序处理的难度也稍大。另一类是按群集方式来考虑人员的移动特性，它将一群或一组人群按同一特性考虑，即将一群人按同一移动速度考虑，认为他们同时到达或离开建筑物的某个网格节点，它具体计算建筑物内人员疏散成功率，其操作简单，使用方便，运行速度也较快。

由于疏散涉及到灾害时人们的心理及行为，逃生时的心理反应及行为方式大大影响了人们疏散时的移动特性。它也是建筑物疏散问题计算机模拟的重点和难点之一。对于人类行为的模拟，从目前的模型分析来看大致采用如下几种方法：

1)不考虑行为特性。这种模型只考虑人员的个体身体状况和建筑环境布置的几何特性，忽略人员的行为特性，人的移动当作一般物理概念上的物体运动。

2)函数型行为模式。这类模型即将人类的行为反应按照一个或一组函数来考虑。虽然它可以分别考虑不同个体人员的行为特性，但所有人员所有的反应均按同一函数来表达的，对同一环境的反应是固定的，所有人员的运动均由此一组函数决定，不能适应不同个体人员对同一刺激可能有不同行为反应这一人类行为现象。这类模型如 Simulex, Exit89,以及作者研究开发的 SGEM 等。

3)规则决定方法。这种方法与专家系统类似，它通过给定一系列相应的行为规则，逃生人员在特定的环境条件下按照设定的行为规则确定其相应的运动方式，从而得到相应的疏散轨迹和疏散时间，EXODUS，E-Scape，EXITT 等均采用这种方式。虽然有些模型加入了一些随机函数以便可能进行不同规则的选择，但总的看来，它也类似于函数型行为模式，对于同一环境各人员的反应几乎是同一的。

4)人工智能方法。人工智能方法是近年来开始发展起来的一种新方法，它通过模拟人类智能或近似模拟人工智能对于环境因素的反应来决定人员在建筑物内的移动，这种方法目前还不十分成熟。

4. 国际上常用疏散软件介绍

本文通过目前国际上几个常用的疏散软件 STEPS、SIMULEX、SGEM、buildingEXODUS 介绍了人员疏散软件的建立方法及原理。

4.1 STEPS

该模型由英国莫特·麦克唐纳开发，目的是模拟在正常或紧急情况下，人员在不同类型建筑物中的疏散情况。

1）模型的构造

模型是一个由一系列的网格单元组成的网络系统，在网络系统中，一个人只能占有一个单元。网格单元的缺省尺寸是 0.5 米×0.5 米。另一个“细网格”选项可适用于多人占有一个网格单元，但仍处于测试阶段。

2）模型的基本原理

本模型把人员看作个体，使用者可以为模拟中的每个人或每组人赋予不同的特性。使用者还能为每个人（组）指定“目标”或出口，帮助特定人群制定路线，使人员对建造物有自己的认识。同时，对于每个目标，每个成员组被分配一个意识因子，其取值范围为 0～1，它用来指定人群对出口的熟悉程度。如果意识因子取值为 0，则表明人群中没有人知道目标或出口，而意识因子取值为 1 则表明人群中所有人都知道目标或出口。人员根据每个出口设定的数值选择出口。

3）人员的流动

人员在排队或高密度的情况下，人员的移动受邻近网格单元可用性的影响。在一个网格单元中，一个人员有八个可能的选择，决定怎么走取决于邻近网格单元的最小势位。当在 STEPS 中指定了一个出口，程序会计算它的势位表格，表格将提供每个网格单元到目标的最短距离。程序使用回归算法求得每个网格单元到出口的距离。出口单元的势位为 0，然后程序移动到与出口单元相邻的单元，并计算其势位。如果程序按对角线的方向移动，STEPS 将在单元的当前势位上增加（网格大小值*（Sqrt.2)），如果程序按照水平或竖直的方向移动，STEPS 将在单元的当前势位上增加网格大小值。当人员在决定选择哪条路线或出口时，他们将选择数值最小的路线。如果有多条数值相等的路线，人员将在这些路线中随机选择。STEPS 使用一种特定算法来计算每个人到每个目标的数值。

使用者可为人员指定（或保留缺省值）大量的属性，比如人体宽度，厚度和高度，耐性，行走速度和人的类型/组。在疏散开始后，人员还可以在某一个特定的时间和地点被创建到模拟中。若在 STEPS 中指定了一个家庭组，在模拟中，家庭成员组会在建筑物中的一个地点会合，然后一起疏散。

4）模型的特点

a）手动设置逃离障碍物，使用者可以指定地板上的具体点放置障碍物。

b）定义人群。

c）停止/放缓人群。

d）延迟/提前移动时间，通过使用者设定。

e）电梯使用。

f）耐心好坏，取值范围为 0～1 的耐心因子，表示人员在目标处排队时的情况，有耐心的人会在转移目标前等待更长的时间。人员排队时间的计算受这个系数的影响。

g）人员线路的选择，路线选择根据目标分数的不同而不同，或者被使用者预先给定。

4.2 Simulex

该模型是由英国的 P.汤普森开发，是一个能够模拟人群从复杂建筑物中疏散的模型[1-2]。

1）模型的结构

这是一个连续的空间体系。各层的平面图和楼梯都划分成一个个 0.2×0.2 米的块或网格。该模型包含一个算法，它能够计算出每个网格到最近安全出口的距离，并且将这些信息标注在一个距离图表上。 地图上的距离显示，如图 1。

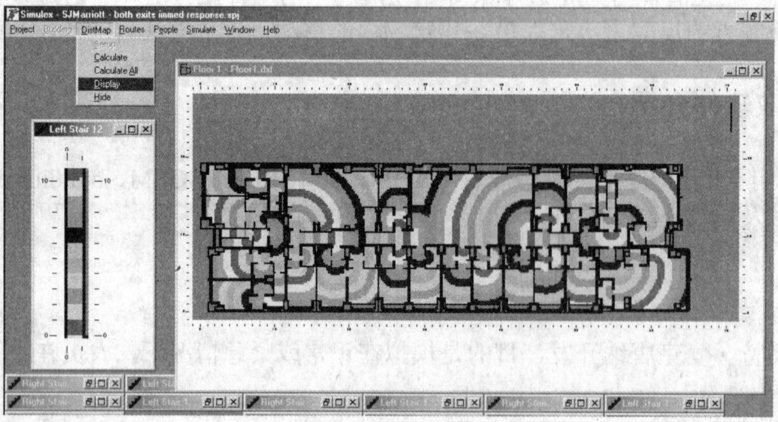

图 1　Simulex 中的距离地图

2）模型的基本原理

该模型把人员看作个体。模型可视化地输出在整个疏散过程中每个人的位置。同样，因为路线的选择可以是根据模型的默认距离地图计算出的最短路线，也可以是使用者通过指定替换距离地图而自己决定的路线，所以大楼里的人员对大楼有自己的观察。替换距离地图会不标注其中的一些出口，以迫使或指导人们通过特定的路线离开大楼。

3）人员的流动

在 simulex 模型中，使用一个算法来模拟人们徒步，侧步，扭体，插队等速度的波动。该算法结合了基于人员移动视频的分析和其它的学术研究[3]。

人们的运行速度取决于与前面人的距离。人们相互距离的定义是两个个体中心的距离。最符合图表的方程式如式（1）：

$$v = V_u \times \sin\left\{90 \times \left(\frac{d-b}{t_d-b}\right)\right\} \qquad 当\ b \leqslant d \leqslant t_d$$

$$v = V_u \qquad 当\ d > t_d \qquad (1)$$

其中 V 是在受阻碍的情况下徒步行走的速度(米/秒)，v_u 是正常（未受阻碍）的速度。d 是人们相互距离（米）。t_d 是离入口的距离。b 是人体的躯干半径。对于不同特征的人员在楼梯间的速度被限定为其正常速度的 0.6 倍。

3）模型的特点

该模型具有以下特点：

a）人为设置安全出口障碍。使用者能够在某些安全出口受阻的情况下创建另一个替代的距离地图来指导人员的疏散。

b）火情不影响模拟的结果。目前开发者正致力于将 CFAST 软件数据导入疏散模型。

c）能够界定人群类型。根据不同的人员类型选择特定的数据、距离地图和预运动延迟。

d）考虑到残疾或者行动不便人员的情况，这时使用者可以适当的假定一个稍微慢一点的转移速度来进行模拟。

e）考虑了预运动延迟等一些耽搁。使用者可以采用三角的，随机的或者正态分布来预计各部分人员的耽误时间。

f）考虑了最短路线和人员自己选择路线的区别。

4.3 SGEM（空间网格疏散模型包）

该模型由香港城市大学建筑系Lo，S.M和武汉大学土木建筑工程学院方正教授开发，其目的是利用CAD平面图，生成复杂建筑的疏散图案，比较得出最佳疏散设计路线[4-5]。模型还没有向公众完全提供。这个模型已经被用于一些咨询项目；开发者仍然在努力开发模型界面，CAD特征和模拟过程。

1）模型的构造

模型的结构基本上是细网络模型。 最初，此模型将建筑物分成一些节点，这些节点代表建筑物的空间/区域(不受保护，部分保护和全部保护)，其中区域之间至少有一个弧形（开口）连接，由此形成一个粗的网络。然后，在每个粗的网络单元再分成有限的网格，每个网格的大小是0.4×0.4米，一个人占据一个网格，这是把模型构造成细网络模型的原因。此外，同一时间内一个人只能占据一个网格单元。

2）模型的基本原理

此模型对人员在整个大楼中的每次移动进行了跟踪，同时，这种移动不仅基于从出事地点到出口的距离，而且还有基于在撤退时所产生的冲突，当人员之间发生冲突时，一般会改变自己的移动方向，同时对于出口的选择也利用了博弈论方法综合考虑出口处拥挤和路线的长短。

3）人员的移动计算方法

人员移动的速率取决于周围人群的密度，人员移动的速率还取决于环境危险性，个人的性格特点（性别，年龄）以及建筑物的结构。模型允许使用者为每个个体输入速度调整值，同时模型也提供默认值。最终，个体移动速度取决于人员密集程度，标示建筑物的节点数，建筑物中的总人数以及处理时间。

随着拥挤的加剧，该模型确定在一个预定的区域内每个个体周围的人数。如果被模拟的人员在其周围1.12平方米范围内没有其他人员，那么认为该个体的速度不受影响[6]。然而，当人员之间有接触或冲突的时候，他们有三个选择：左转45度，右转45度或者停留在他们的单元内。该模型测定了人员周围一米范围内其他人员的数量（在前方以及侧面1.2×1.2米的区域内的三个网格单元）。

步行速度的方程式，即为了给SGEM模型建立人群流动功能

方程式为：

$$V = \begin{cases} 1.4 & d \leqslant 0.75, \\ 0.0412d^{2} - 0.59d + 1.867 & 0.75 < d \leqslant 4.2, \\ 0.1 & d > 4.2), \end{cases} \qquad (2)$$

其中 v 代表撤离者的速度（m/s），d 代表人群密度(人/m^2)。

4）模型的特点

a）出口障碍指南

b）逆流：开发者可以模拟逆流的情况；然而，模拟这个情况时需要对计算机代码进行微小的调整。

c）禁止/放缓人员：模型允许使用者对每个人员输入初始速度值，能设定一个较低的速度。

d）提前撤离时间：延迟时间可以被使用者设定，或者在最大延迟时间内被随机分配。

e）耐性/动力：这些选项似乎有利于选定特殊的个体。这些选项对程序寻找路线的影响尚不清楚。

f）人员对路线的选择：路线的选择受以下两件事情的影响：离出口距离最短；路线选择的倾向取决于个人的熟悉程度，视觉可到达的地方，方向标识，线路的照明情况等等。如何对其进行模拟尚不清楚。

4.4 buildingEXODUS

该模型是由英国格林威治大学的 E.Galea 和 FESG 小组开发，其目的是为了模拟疏散大量被很多障碍围困的人[7-8]。模型由 airEXODUS，buildingEXODUS，maritimeEXODUS，railEXODUS，vrEXODUS(虚

拟现实图形程序)六个部分组成。buildingEXODUS 试图考虑"人与人，人与火以及人与建筑物之间的相互作用。"这个模型如图 2 所示，包括六个在模拟疏散方面相互联系相互传递信息的子模型，它们是人员、运动、行为、毒性、危险性和几何学子模型。

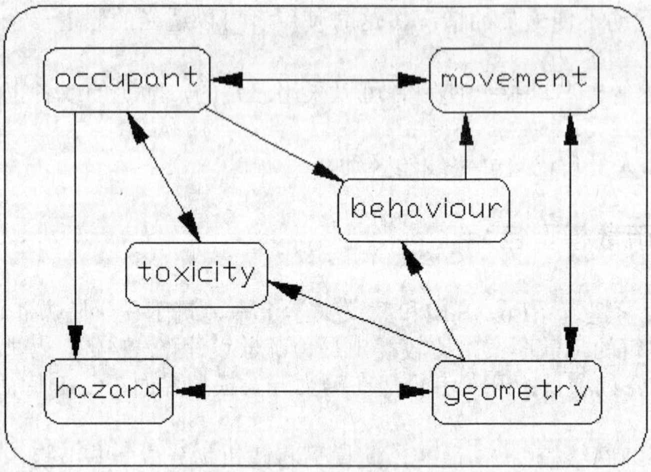

图 2　EXODUS 模型的相互作用

1）模型的结构

模型是一种行为模式模型、一个细网络系统。其利用二维空间网格绘制出几何结构，位置，障碍物等等。这种网格由"节点"和"弧"组成。每个节点都代表了建筑平面图上的小空间，而弧在建筑平面图上把这些节点连接到一起。人通过利用这些弧从建造物的一个节点到另一个节点。这些信息存储在几何子模型中。同时，在整个模拟过程中，每个节点都有毒气等级，烟雾浓度和温度等与其相关的动态环境。

2）人员的基本原理

模型是基于规则或有条件的行为。行为子模型控制人身体的移动从当前的位置到下一个位置。或者，如果用户拖延了时间，模型会让人处在适当的位置。运动模型还可以将超越，侧跨以及其它的行动结合到一起。运动模型决定人员该以多快的速度移动并且协调人员模型以确保人员在疏散过程中有特定的能力(也就是，跳过障碍物)。用户可以为每个乘员设定六个级别的步行速度中的一个，随机产生的入口，或组定义。

3）模型的特点

a）逆流，人员可被设定一条具体的路线，该路线逆流到建筑中的某一点。

b）出口阻塞/障碍。

c）火灾条件影响行为，根据危险性子模型和 CFAST。

d）定义人群。

e）残疾/缓慢人员群体。

f）延迟/预运动时间，通过使用者设定建筑物内不同的人群或指定特定的路线来提供。

g）人员中毒。

h）焦燥/驱动变量。

i）人员线路的选择/人员的分布，整体来说，势位引导了最短的路径，但能被局部的信息和事件替代。路径的选择是有条件的。

5. 结论

本文初步总结了国际上目前比较常用的几个疏散软件，这些软件通过了一定程度的疏散演习检验，在一些国家的实际建设工程中也进行过模拟评估，一定范围内得到一些国家消防部门的认可。我们由此得出以下的结论：

1)疏散软件能够人为设置出口障碍，通过对建筑平面信息的识别，可以在某些安全出口受阻的情况下创建另一个替代的有效距离地图来引导人员疏散，从而得出建筑物的最优化疏散设计方案。

2)人员的行为特性具有不确定性，无论是采用函数型行为模式，还是采用规则决定方法，都无法绝对准确模拟出火灾时人员疏散的真实情况，在今后的软件后续开发中可以增加更多的实际因素参数，以修正模拟的疏散结果。

3)疏散软件基本可以定义个体人员的基本行为特性，模拟出一定的心理反应，能够有条件地寻找出自己有效疏散路径。

4)国际上人员疏散软件的开发已经有一定的积累，并且经过了相当的工程实践检验，但毕竟国外的人员疏散行为、习惯，心理反应等与我国居民有很大不同，一些软件还不能简单直接拿来应用。 国内在这个领域的研究起步较晚，中国科技大学、武汉大学、四川消防科研所等都在这一领域开展了大量的工作，但还有待进一步进行应用推广，同时也需要必要政策资金的扶持，使其逐步成长，完善。

6. 参考文献

[1] Simulex. Technical Reference, Evacuation Modeling Software,2001.
[2] Environmental Solutions, Inc. (IES).
[3] Simulex User Manual, Evacuation Modeling Software (2001). Integrated Environmental Solutions, Inc. (IES).
[4] http://www.ies4d.com/content/default.asp?page=s1_2_1 ,2004.
[5] Lo, S. M., Fang, Z., Zhi, G. S.. An Evacuation Mode. the SGEM package. Fire Safety Journal. 2004:169-190.
[6] Lo, S. M, Fang, Z.. A Spatial-Grid Evacuation Model for Buildings. Journal of Fire Sciences. 2000, 18: 376-394.
[7] Ando, K., Ota, H., Oki, T. Forecasting the flow of people. Railway Research Review. 1988,45:8-14.
[8] Gwynne, S. , Galea, E. R.. A Review of Methodologies and Critical Appraisal of Computer Models Used in the Simulation of Evacuation from the Built Environment. Bethesda, MD: Soceity of Fire Protection Engineers,2004.
[9] Exodus Introduction (2003). http://fseg.gre.ac.uk/exodus/ [On-line].

某大型商场中庭防排烟系统性能化设计

付强，张和平，张琳

中国科学技术大学火灾科学国家重点实验室

摘要

利用烟气控制计算公式对该商场中庭排烟量进行初步计算，并通过数值模拟软件 FDS4.06 对该商场进行火灾模拟，分析了地下一层中庭附近某一精品店起火后烟气运动情况，以及烟气对中庭人员疏散的影响。分析结果表明在该火灾场景下，烟气将通过中庭迅速蔓延到商场其它区域，但中庭排烟系统将控制各层能见度和烟气温度，保证人员安全疏散。

关键字：商场、中庭、性能化防火设计、防排烟系统。

1. 前言

建筑物内的中庭以其视觉上的美感和空间使用上的灵活性，而深受建筑师、开发商、使用者的喜受，在现代建筑中被广泛采用。而在大型商场中设置体积巨大的中庭更是屡见不鲜，与普通中庭相比，此类中庭具有火灾荷载大，人员密集，内部功能复杂等特点，一旦发生火灾，高温有毒烟气将迅速充满整个中庭，并蔓延到与中庭相通的各个楼层，对人员生命安全和建筑物安全形成巨大威胁[1,2]。普通建筑主要通过采用防火分区和防火分隔来达到控制火灾，抑制烟气扩散的目的。而中庭这种新型建筑形式的出现对传统的防火水平分区、垂直分隔提出了挑战。本文结合一个建筑工程实例，通过数值模拟的方法研究了中庭及周边区域火灾烟气的运动规律，计算结果为中庭防排烟设计方案提供理论依据。

2. 工程概况及场景设计

该商场占地面积 31138m^2，总建筑面积约 198000m^2。地下分为三层，建筑面积约 126690m^2，其中地下二、三层为车库及设备用房；地下一层为百货商场、商铺、KTV、酒吧及机电用房。地上也分为三层，建筑面积约 70784 m^2，分为东西两地块，中间隔着宽度为 60 米的奥林匹克大道。其中东地块为百货商场、商铺、餐厅及酒吧、电影院，建筑面积为 38909m^2，西地块地为开敞式商铺、餐厅、酒吧及公寓式酒店，建筑面积为 32541m^2。商场中央部位设置从地下一层贯通至东地块三层的中庭，将整个商场连为一体。

该商场建筑规模大，建筑功能复杂，既有繁华商业街的建筑特点，又有受限空间类公共场所的建筑特点，现行的建筑防火设计规范不能完全适用于这类新颖建筑，因而其消防安全问题相对较为突出。因此，在建筑防火设计上采用类似与在机场中广泛使用小室安全设计概念[3]，将地下一层火灾危险性较大的商场区域与中庭尽量采用防火墙进行分割，连通区域采用甲级防火卷帘进行分割。部分面向中庭的精品店和中庭作为一个防火分区，精品店主要经营饰品、冷饮和其它小件商品。精品店与精品店之间的隔墙耐火时间大于 2 小时，精品店面向中庭一侧采用钢化玻璃加水喷淋进行防火分隔，并在精品店出口设置火灾中能够自动关闭的钢化玻璃门。精品店之间有管道相互连接时，采用有效的防火措施，防止火灾通过管道蔓延。吊顶以及吊顶内部均采用不燃材料，中庭和精品店门口禁止放置可燃物品。同时，精品店将按照防火规范进行报警、喷淋和排烟设计。图 1 介绍了商场地下一层各部分功能区域划分。

设置典型的精品店火灾场景（精品店内消防设施失效），起火源位于离中庭最远的精品店内中间部位；火源为t^2增长型火灾，火灾增长系数为0. 04689 kW/s^2； 可燃物为50%的纤维材料和50%的合成材料组成，平均烟气生成率为0.05g/g。火源面积为4 m×4 m，单位热释放速率750kW/m^2，功率峰值为12MW (受燃料控制的火源可燃物全部起火燃烧,火灾达到全面发展阶段时的功率)。

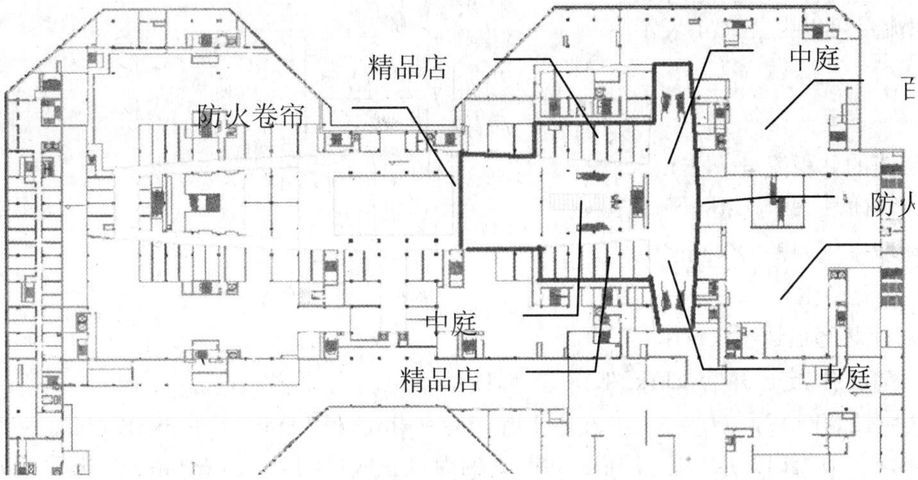

图 1　地下一层平面示意图

2. 排烟系统和补风系统设计

机械排烟是常用的一种烟气控制方法。多年来,人们对机械排烟进行了一些研究。在理论上，多数分析基于烟气-空气双区模型思想[4,5]。而区域模拟思想认为烟气和空气在界面处不发生质量和能量交换只是通过羽流进行[6]。当着火建筑体积较小时，烟气温度较高，烟气浮力较大，与冷空气之间的分层比较明显。若在建筑物顶棚安装排烟风机,底部开有补风口，排烟时烟气排出,空气补充进来，烟气和空气是一个置换过程[7,8]。

根据工程实际需求，该商场中庭烟控系统设计中的排烟量和机械补风量要保证在该场景下为人员疏散提供一个相对安全的区域，保证在疏散过程中不会受到烟气的伤害，即在所规定的疏散时间内，在疏散通道中保持一定的安全环境以便于人员的撤退。

2.1 排烟量的计算

在进行中庭的防排烟系统设计过程中，需要确定机械排烟系统的排烟量，运用经验公式计算获得排烟量的大小。中庭排烟性能化设计中，排烟量的确定一般考虑以下三种情况[9,10]：

(1) 排烟量大于火灾时产生的烟气量；
(2) 排烟量等于火灾时产生的烟气量，且烟气层的高度要大于一个临界高度，即保证人员安全疏散的高度；
(3) 排烟量小于火灾时产生的烟气量，但是烟气层的高度下降到临界高度时，人员已经疏散完毕。

本文设计的机械排烟量将考虑第二种情况，即机械排烟没有排除所有的烟气，而只是排除烟气层的部分烟气，以使烟气层的高度始终保持在一定的高度而维持一定的清晰空间，本文选取每层上方两米高度作为临界高度。按照《上海市工程建设规范排烟规程》所提供的烟气控制计算公式进行排烟量的计算，如公式 2-4 所示

$$Q_C = 0.7Q \tag{2}$$

式中，Q——热释放速率（kW）

Q_C——热释放速率的对流部分（kW）

可认为排烟风机从烟气层排出的烟气流量等烟羽流入烟气层的流量，而精品店进入中庭烟羽流的流量可以按《上海市工程建设规范排烟规程》推荐的阳台溢出型烟缕计算方程，如公式（3）所示：

$$m_{pl} = 0.41\left(QW^2\right)^{1/3}\left(Z_B + 0.3H_1\right)\left[1 + 0.063\left(Z_B + 0.6H_1\right)/W\right]^{2/3} \tag{3}$$

式中　H_1--燃料至阳台的高度(m)；

Z_B--阳台之上的高度(m)；

W--烟缕扩散宽度(m)；$W = w + b$

w--火源区域的开口宽度(m)

b --从开口至阳台边沿的距离(m)

烟羽流的体积流量可以用公式(4)表示

$$V = \frac{m_{pl}}{\rho_0 T_0}\left[T_0 + \frac{Q_C}{m_{pl} C_p}\right] \tag{4}$$

式中: V ——羽流的体积流量(m^3/s);

m_{pl} ——羽流的质量流速(kg/s);

ρ_0 ——环境空气的密度(kg/m^3);

T_0 ——环境温度(K);

Q_C ——对流热释放速率(kW);

C_{PL} ——空气的比定压热容(kJ/(kg/K)

其中, Q =12,000kW, H_1 =5m, Z_B =14m, w =4m, b =8m, T_0 =398K, C_{PL} =1.006 kJ/(kg/K),由式(3)和式(4)可计算得出:烟层临界高度 19m 处的烟气生成量约为 287,600m^3/h。假设有效排烟量等于烟气生成量,则有效排烟量应为 289,600m^3/h。假设排烟系统的排烟效率为 0.7,则排烟风机的容量约为 410,000m^3/h。因此,本文中该商场中庭选用的风机流量为 410,000m^3/h。补风系统采用自然补风与机械补风相结合的方式,机械补风的大小由 FDS 数值模拟得到。

2.2 商场中庭烟气运动的场模拟

场模拟能细致地描述火灾中的燃烧、流动和传热过程,是研究火灾过程的重要方法。FDS(Fire Dynamics Simulator)是 NIST 开发的一种燃烧过程中流体流动的场模拟软件,主要用于分析火灾中烟气与热的运动过程。本文针对设定的一个火灾场景和确定的排烟量,采用 FDS4.06 软件对商场中庭的烟气流动进行数值模拟。

在建模中对实际建筑情况进行适当的简化,得到计算空间如图 1、图 2 所示。该空间包括大空间中庭结构和与周边与中庭相通区域结构。中庭部分顶棚设置机械排烟系统,总排烟量 410,000m^3/h,顶棚共有 6 个 2.37m^2 的排烟口,地下一层远离中庭天花板处设置机械补风,机械补风量为 105,000 m^3/h,均匀布置,地上部分通过对外出口进行自然补风。同时,场模拟首先要细化整个计算空间,由于该商场中庭的空间非常大,而着火区域相对来说很小,计算时既要考虑到运算时间不能太长,又要真实地反映出着火区域的状态,为此采取了如下的网格划分方式:网格划分为 0.75m 的立方体网格,在火源附近区域加密网格,网格划分为 0.25m 的立方体网格。总网格数量为 1,517,673 个。图 2、图 3 分别为计算模型的俯视、仰视图。

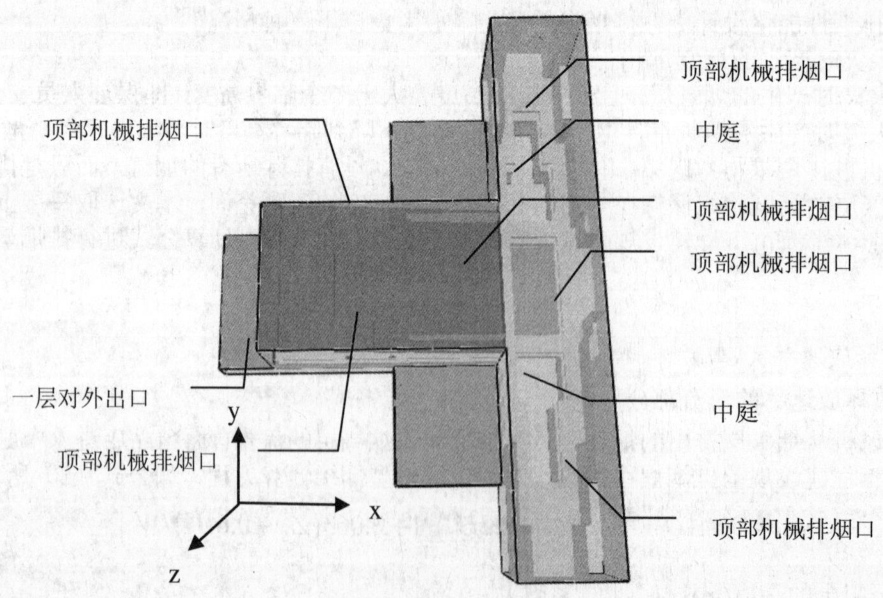

图 2　计算模型俯视图

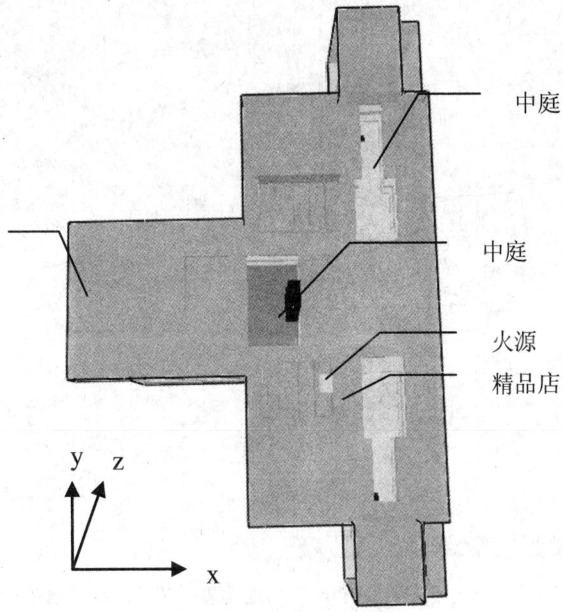

图 3　计算模型仰视图

场模拟中烟气层的边界没有统一的标准定义，针对大空间建筑，RaySinclair 建议使用能见度 7.6m 来定义烟气层边界。本文选用能见度为 10m 作为判断烟气层边界的标准更保守些。同时根据人员疏散的结果，该商场整体疏散行动时间为 750s，其中地下一层疏散时间为 530s，地上二层疏散时间为 510s，地上三层疏散时间为 510s。图 3～图 11 给出了各层疏散完毕时刻的能见度、温度切面图。

从图 4、6、8、10 可以看出每层疏散完毕时，只有小部分区域能见度小于 10m，这些区域都位于中庭和中庭附近区域，起火后人员会马上远离中庭区域，因此不会对人员安全疏散造成影响。同时从图 5、7、9、11 可以看出烟气温度始终处于一个较低的水平，对人员安全也不会造成影响。上述分析结果表明，商场中庭防排烟系统设计是安全合理的，能够保证人员不利火灾场景中安全疏散。

2.3 讨论与分析

关于建筑中商场最大防火分区面积我国规范规定地下部分不超过 2000m^2，地上部分不超过 10000m^2。在该商场设计中，中庭和地下商场部分区域实际上连为一体，形成了一个巨大的防火分区，防火分区面积超过 20000m^2。本文通过公式计算和计算机模拟共同确定了商场中庭防排烟设计方案，论证在不利火灾场景下商场内的人员能够安全，同时也保证了建筑的功能形态得到很好的实现。

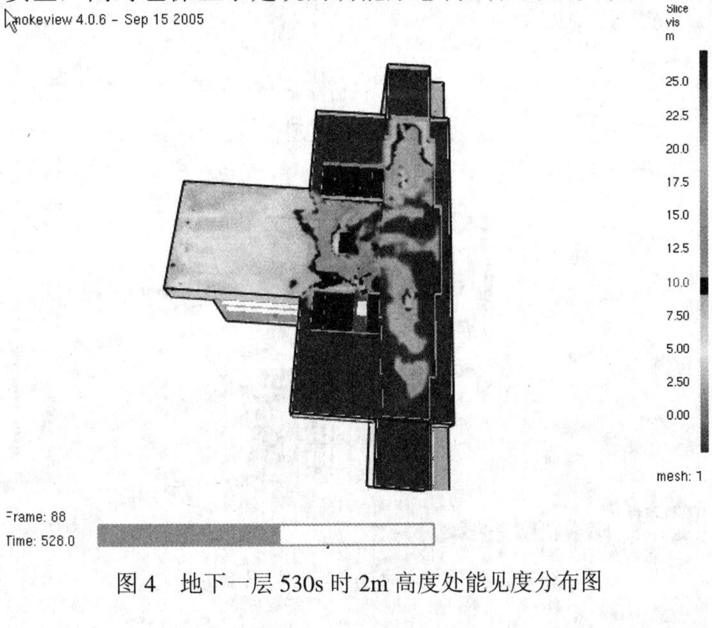

图 4　地下一层 530s 时 2m 高度处能见度分布图

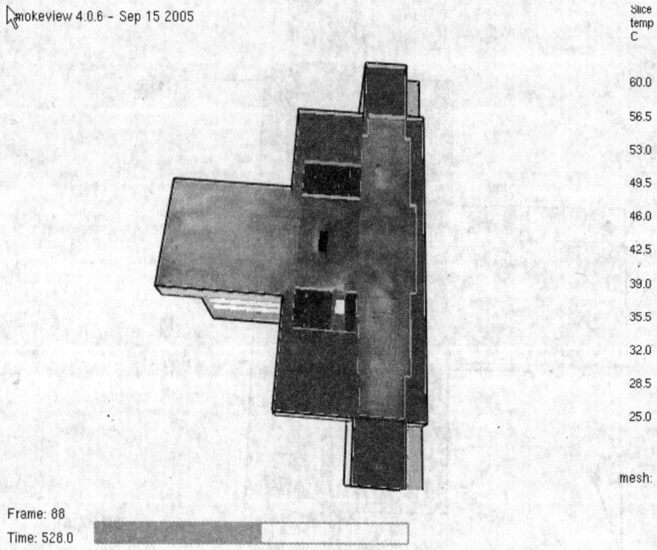

图 5　地下一层 530s 时 2m 高度处温度分布图

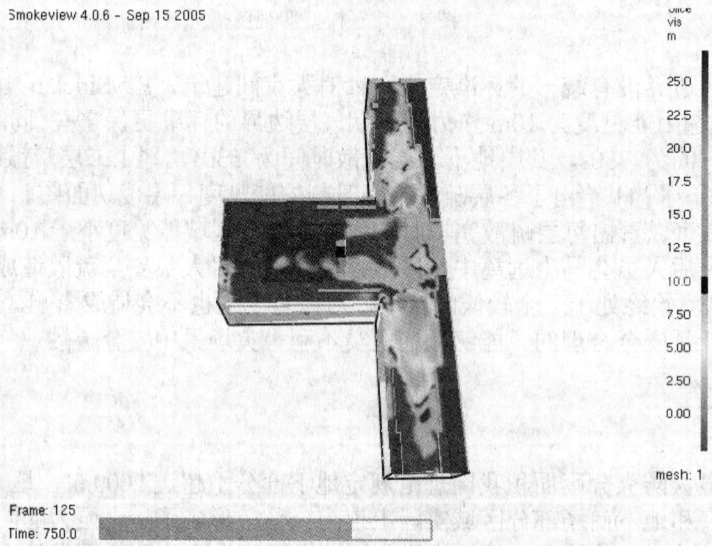

图 6　一层 750s 时 2m 高度处能见度分布图

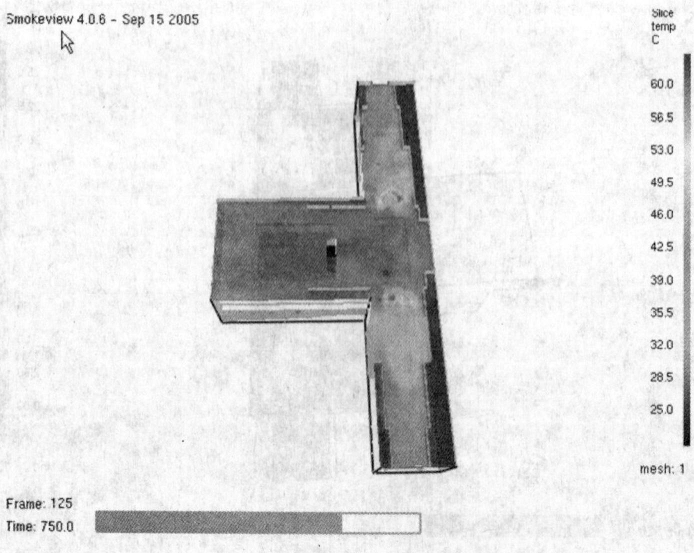

图 7　一层 750s 时 2m 高度处温度分布图

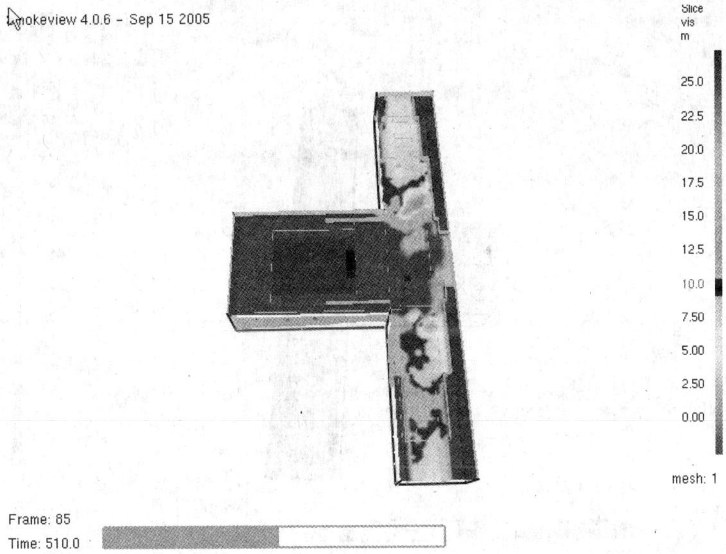

图 8　二层 510s 时 2m 高度处能见度分布图

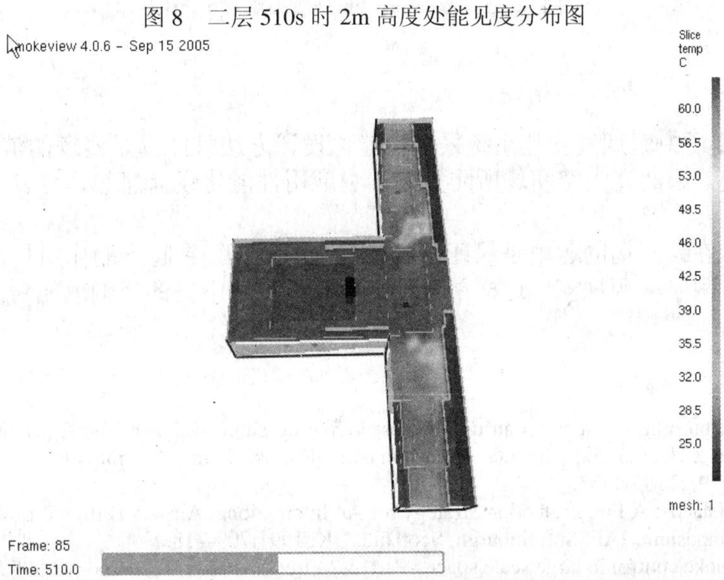

图 9　二层 510s 时 2m 高度处温度分布图

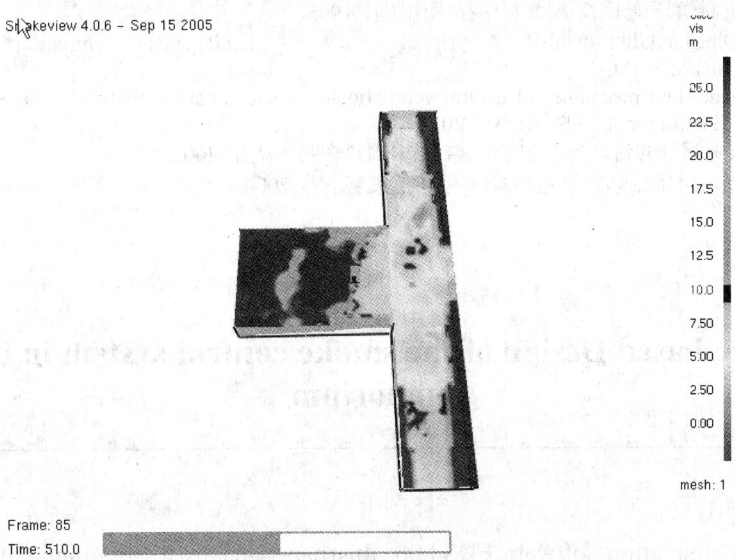

图 10　三层 510s 时 2m 高度处能见度分布图

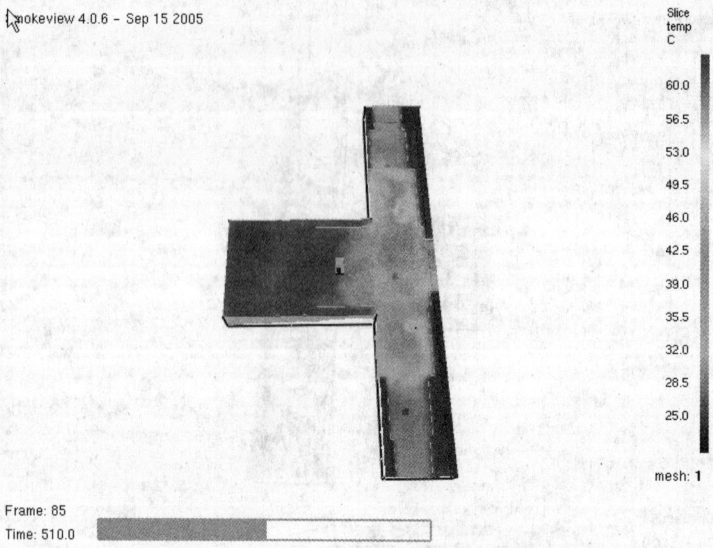

图 11　三层 510s 时 2m 高度处温度分布图

3. 结论

1. 工程应用表明:该商场中庭烟气管理系统采用性能化设计方法既能满足商场的消防安全需求，又可以合理地优化烟控系统。因此在大空间场所防火设计中应用性能化设计思想，可以使安全性与经济性都得到很好的保障。
2. 小室安全设计概念在该商场的运用是保证该商场安全的前提，它起到的作用是最大限度的降低中庭区域内的火灾荷载，限制火源规模，这样单个精品店起火后对中庭的影响就相对来说要小的多。

4. 参考文献

[1] Chow ,W .K. Full-scale burning facilities for atrium fire research. F ire Safety Science.1993,2 (2): 60-63.
[2] Huo R, Chow W K, J in X H, et al. Experimental studies on natural smoke filling in atrium due to a shop fire. Building and Environment. 2005, 40 (9) :1185-1193.
[3] Beever,P., Cabins and Islands: A Fire Protection Strategy for An International Airport Terminal Building, Third International Fire Safety Science Symposium, IAFSS, Edinburgh, Scotland, UK. 1991:709-718.
[4] Tanaka,T,Yamana,T.Smoke control in large scale spaces-Part1&2.Fire Science & Technology.1985,5(1): 31-54.
[5] LougheedG.D.,Hajisophocieous,G.V. Investigation of atrium smoke exhaust effectiveness. ASHEAE Transactions Symposia.1997,V103,Part2:519-533.
[6] 范维澄,王清安等.火灾科学导论.武汉:湖北科学技术出版社.1993.
[7] YuanXiaoxiong,ChenQingyan,GlicksmanLR. A critical review of displacement ventilation . ASHEAE Transactions Research.1998,V104,Part1A:78-90.
[8] Hunt G.R.,Linden P.P.The fluid mechanics of natural ventilation—displacement ventilation by buoyancy-driven flows assisted by wind. Building and Environment.1999,34:707-720.
[9] 易亮.中庭式建筑中火灾烟气的流动与管理研究.合肥:中国科学技术大学.2005.
[10] 李元洲,易亮等.大空间内机械排烟效果的实验研究.自然灾害学报.2004,9.

The Performance-based Design of the smoke control system in the atrium of the emporium

Abstract

By applying the digital simulation software FDS4.06, this paper makes a fire simulation of this emporium. It analyzes the smoke movement of the nearby boutique after the fire in this underground floor and the changes of the surrounding temperature and radioactive heat flux the result turns out that the fire area is restricted within the boutique in this fire scenario without spreading to the near or opposite boutiques. It proves the fire risk feasibility of controlling the boutique by applying the mechanical ventilation system in the atrium. The result provides reference to the fire security design and assessment of the emporium.

Key words: emporium, atrium, The Performance-based Design, smoke control system.

作者简介：

付强（1982— ），男，中国科学技术大学火灾科学国家重点实验室在读博士生，研究方向：电缆燃烧特性研究、性能化防火设计。联系方式：电话：13966704595，办公室：05513600252，电子邮件：fuqiang0@mail.ustc.edu.cn。

智能建筑消防配电线路的设计分析

傅晓波，张一军

温州市公安局消防支队防火处

摘要

本文对智能建筑中消防配电线路、消防联动控制方式等方面进行初步设计，并对相关问题进行讨论。

关键词：智能建筑、消防工程、供电、配线。

1. 序言

智能建筑的概念，在 20 世纪末诞生于美国。它是信息时代的必然产物，是高科技精灵与现代建筑的巧妙集成。配以综合布线系统（PDS），将楼宇自控系统（BAS）、通讯自动化系统（CAS）和办公自动化系统（OAS）有机联系在一起。智能建筑要求其建筑结构设计必须具有智能功能，除支持 3A 功能外，必须是开放式大跨度框架结构，且以高层居多。基于智能建筑的以上特点它的消防电器系统设计日益受到重视。本文结合智能建筑的防火安全要求，对智能建筑的消防配电线路进行初步分析，供商讨。

2. 智能建筑消防电气系统的主要内容及要求

随着智能建筑的兴起，与之相配套的消防电气系统也被赋予了新的内容。它集成了火灾探测与自动报警技术、消防设备联动控制技术、消防通信调度指挥系统、火灾监控系统和消防控制中心多项技术和内容，即智能防火系统。加之供电系统，消防设备配线等内容，构成了他的消防电气系统。同时也对消防电气系统提出了更高的要求：

1. 系统具有可靠的火灾探测报警功能，能适应环境变化，误报率低；
2. 系统的供电系统设计安全、可靠。配线应具有良好的防火性能；
3. 消防联动控制有效、合理；
4. 系统工作稳定性高，数据信息传输准确可靠；
5. 系统工程的适应性强、运行、调试、维护、管理方便且具有信息联网能力；

3. 配线要求

1. 耐热配线：可用常用的绝缘导线或电缆穿钢管、硬质或半硬质塑料管暗敷，也可用耐热温度大于 105℃的非延燃性材料绝缘的导线或电缆穿钢管或非延燃性的硬质或半硬质塑料管暗敷，且应满足其氧指数应在 30 以上。
2. 耐热配线：可用常用的绝缘导线或电缆穿钢管、暗敷于非燃烧体结构内，其保护层厚度不小于 30mm；明敷时应用耐热温度大于 105℃的导体穿钢管，在钢管上采取防火措施（加涂防火涂料）或用耐火电缆明敷。
3. 若采用非延燃材料作护套的导线或电缆，在弱电专用竖井内敷设时，可不穿金属保护管。
4. 弱电和强电合用竖井时两者应分别列于竖井两侧，交叉时应穿钢管保护。
5. 当在竖井内垂直敷设电线电缆时，应选用耐热耐火配线且易独立设置，不应和电梯、管道共用同一竖井，并尽量避免邻近烟囱、热力管道及其他散热量大或潮湿的设施。
6. 不同系统、不同电压、不同电流类型的线路不应共管敷设。当同一系统的不同电流类别或不同电压等级的线路置于同一配电箱内汇接时，应分别接在不同的接线端子板上，各端子板应有明显标志和隔离。
7. 当在建筑物吊顶内布线时，可采用一般的导线电缆但必须采用金属管、金属线槽布线。
8. 建筑物内横向敷设的穿管线路，不同防火分区不应共管布线。若在公共走廊、大厅处的管线可以跨越一个防火分区。总线制信号线路可不受此限制。

4.各分系统消防配线的具体要求及敷设问题

4.1 火灾自动报警系统线路

火灾自动报警系统线路的支线部分，可采用阻燃型导线穿保护管敷设在不燃的结构层内（保护层厚度≧30mm）。对于目前普通采用的总线制系统中的干线应提出更高要求，应采用耐火电缆敷设于耐火电缆桥架内，有条件的建议采用铜芯铜套氧化镁电缆（MI 电缆）。

4.2 消防水泵配电线路

4.2.1 消火栓泵配电线路

现代智能建筑的消火栓系统的每个消火栓均设置一个启泵按扭，使用消火栓时，按下按钮（或将其封闭玻璃击碎），即可远程启动消防泵。要求每个控制按钮均能实现对消防泵的启动，其消防泵羽控制关系为逻辑“或”的关系。

$$X_1+X_2+\cdots\cdot+X_n \longrightarrow XB$$

X_n：为第 n 个消火栓启泵按扭；
XB：为消防泵；
“+”：逻辑“或”的关系；
$\longrightarrow$：表示联动控制；

4.2.2 喷淋泵配电线路

在湿式喷水灭火系统中，采用闭式喷头，平时管网内充有一定压力的水，喷头在高温下玻璃球爆破，水流指示器动作，报警阀的压力开关延时动作，启动喷淋泵。其逻辑关系可用下式表示：

$$(S_1+S_2+\cdots\cdot+S_n)*(SF_1+SF_2+\cdots\cdot+SF_m) \longrightarrow PB$$

S_n：表示水流指示器 n
SF_m：表示湿式报警阀压力开关 m
*：表示“与”的逻辑关系
PB：为喷淋泵

4.2.3 防排烟设施配电线路

防排烟设施布置一般较分散，线路设计应全面考虑主回路和联动控制线路。建议防排烟装置配电线路明敷时应采用耐火型铰链低压电缆或防火铜皮电缆。线路敷设应尽量缩短线路距离，避免穿越不同防火分区。联动控制线路易采用耐火电缆。

控制方式应为排烟阀信号直接启动排烟风机。其逻辑关系为：

$$P_1+P_2+\cdots\cdots+P_n \longrightarrow PJ$$

P_n：表示排烟阀；
PJ：表示排烟风机；

4.2.4 防火卷帘门配电线路

防火卷帘门的电源可引自各楼层带双电源切换的配电箱，经防火卷帘门专用配电箱向防火卷帘门控制箱供电，供电方式可采用放射式或环接，为便于线路敷设和检修方便，当水平线路较长时，宜采用耐火电缆，在吊顶内采用耐火电缆桥架明敷，以保证其有效运行。

4.2.5 消防电梯配电线路

从工程实例来看，电梯机房敷专线（两路）配电至电梯机房。机房多处于建筑顶层，变电所一般多设于底层，因此配电线路一般较长且较复杂。为提高可靠性，建议采用耐火电缆。有条件采用 MI 电缆。消防电梯垂直敷设的配电线路应尽量敷设于电气竖井内。

4.2.6 应急照明线路

应急照明包括疏散照明、安全照明和备用照明。备用照明一般采用双电源切换实现。疏散照明和安全照明一般采用带镉镍电池的应急照明灯具。因此应急照明线路应采用阻燃型导线穿管保护暗敷于不燃结构层内。明敷时建议采用耐火或耐热型导线。

4.2.7 消防通讯线路

此线路应优先采用暗敷线路，此时可选用阻燃型导线；必须明敷时，建议对线路做耐火处理。

5. 结束语

有人将智能建筑划分为5A，即把BAS中的FAS和SAS单独分立出来。可见消防自动化在智能建筑中的地位。这正是由于其重要性所决定的。一般来讲，智能建筑在消防配电线路方面的要求要高于一般建筑，但因没有相应标准，这样会造成不必要的漏洞，若仅满足现有要求，未能保障消防配电线路的安全性、可靠性、可扩充性和可升级性，消防电气系统就会成为一块“食之无味，弃之可惜”的“鸡肋”。

随着技术的不断进步及相应规范的建立，相信以上问题终将会得到解决。从而真正实现建筑智能化、消防自动化。

作者简介：

傅晓波（1977—），毕业于浙江农业大学，一直从事建筑工程电气防火工作，现任温州市公安局消防支队防火处助理工程师。

张一军（1978— ），毕业于武警学院消防工程系，一直从事建筑防火工作，现任温州市公安局消防支队鹿城大队工程师。

智能型避难标示设备之应用

郭恩书[1]，简启明[2]

[1]台北市政府消防局
[2]日明科技有限公司

摘要

因应社会多元发展，建筑物渐朝高层化、大型化及空间复杂化设计与兴建，供商业、展览、运动、表演及居住之超高层办公大楼、复合住宅、大型体育馆、展览馆等建筑大量出现。目前各国在建筑防火设计上，消防安全设备多依火灾发展及整体规划，配合规格式条文进行灭火、警报、避难逃生及消防抢救等之设计。部分特殊空间建筑物则依其空间特性、用途及使用需求等，采用防火性能设计之个案审查，其中以排烟、避难逃生及灭火等为大宗。

在该类性能设计个案中，避难动线通常复杂且冗长,避难逃生标示设备之设计，多由设计者先行假定避难逃生动线，再搭配具有文字、图样或灯光之标示设备进行规划设计，或辅以员工编组训练来疏散内部人员，以利指引使用者于火灾发生时进行避难逃生。然而，建筑空间往往因使用管理导致设计规划与实际使用上有明显落差，因此当建筑物在使用后发生火灾时，火势发展与原设计预想不尽相同，原规划避难动线亦可能有所出入，常导致标示设备引导避难之功效大打折扣，甚或影响实际之避难逃生。

为避免前述情形，本文以系统式自动控制模块应用(SCMO,System Control Module Operation) 将避难逃生标示设备与火警自动警报设备联控成自动标示设备控制系统(Automatic Indication Equipments Control Module),在火灾发生时,配合人员之初期逃生、中期避难、末期抢救等阶段,随浓烟及火势发展适时显示安全逃生方向及尚未受火烟污染之避难出口,使受困于该空间之人员,在火灾发生时,能藉由此一智能型避难逃生标示设备控制系统指引,前往安全地点进行避难,并辅以事先规划之紧急应变标准作业程序,有效疏散内部人员逃生及提供抢救人员进入动线,达到安全疏散及应变抢救之目的。

关键词：避难逃生标示、安全疏散,自动控制模块应用、火警自动警报设备、应急规划、自动标示设备控制系统。

1. 概述

因应社会多元发展，建筑物渐朝高层化、大型化及空间复杂化设计与兴建，供商业、展览、运动、表演及居住之超高层办公大楼、复合住宅、大型体育馆、展览馆等建筑物大量出现。目前各国在建筑防火设计上，消防安全设备多依火灾发展及整体规划，配合规格式条文进行灭火、警报、避难逃生及消防抢救等之设计。部分特殊空间建筑物则依其空间特性、用途及使用需求等，采用防火性能设计之个案审查，其中以排烟、避难逃生及灭火等为大宗。

有关该类高层化、大型化及空间复杂化之建筑物于设计与兴建时，对于防火避难逃生、消防安全设备及紧急应变有下列主要检讨项目：

A. 防、耐火及阻绝延烧之建筑防灾计划
B. 确实可行之避难逃生计划
C. 正、负压之烟控计划
D. 实时警报及灭火设备规划
E. 供消防抢救设施及设备规划
F. 配合硬件之紧急应变计划

然前揭所述之建筑物动辄收容数万人规模的容留人数，所产生的问题是内部容留人员可能于同一空间要同时进行避难之状况，为避免产生人群混乱的恐慌状态，因此如何规划整栋建筑物内部容留人员能有效避难，通常在设计避难路线时会一并考虑其使用型态、火势成长速度、烟层下降高度、烟层下降时间、火警警报鸣动方式、广播避难引导及避难标示设备设置等方式相互搭配以有效避难对策在适切的避难时间内完成避难，其中在该类性能设计个案中，避难动线通常复杂且冗长,避难逃生标示设备设计，多由设计者先行假定避难逃生动线，再搭配具有文字、图样或灯光之标示设备进行规划设计，或辅以员工编组训练来疏散内部人员，以利指引使用者于火灾发生时进行避难逃生。

由往年火灾案例中发现建筑物发生火灾所造成的人员伤亡多数为浓烟所引起，火灾发生时人员之避难逃生动线，大多由设计者先行假定，但随着火灾区之浓烟蔓延与扩散，往往与设计者预想规划动线有所出入，因而导致避难标示设备影响实际之避难逃生，而造成难以弥补的遗憾。另外建筑空间常因使用管理变动导致设计规划与实际使用上有明显落差，因此当建筑物在使用后发生火灾时，火势发展与原设计预想不尽相同，原规划避难动线亦可能有所出入，因而使标示设备引导避难之功效大打折扣，甚或影响实际之避难逃生。此外,避难标示设备虽已被广泛及普遍地规划作为逃生引导的一环，但目前为止仍仅限于既定之避难标示，并不能于建筑物发生火灾或其它意外时，随火灾发展或事故之情形进行有效之引导，且既定之避难标示引导方向之箭头固定，亦无法有效随着火灾烟雾的蔓延改变方向，无法发挥避难逃生功能，因而常造成内部容留人员往不安全的避难动线进行避难，造成人员的伤亡。

因此藉由事前之火警自动警报设备，掌控浓烟蔓延与扩散动向，经由系统式自动控制模块应用(SCMO,System Control Module Operation)，应作适当的避难动线调整，来达到人群的安全疏散及应变抢救，让大型建筑物能于火灾发生时，有效疏散内部人员。

2. 高层及大规模建筑物火灾及避难特性

2.1 高层及大规模建筑物火灾特性

避难安全的意义，即是当火灾发生时，人员能够依现场实际状况，藉由相关防火避难设施及避难引导的指示，在避难容许时间内能够疏散至绝对安全区域的避难行为过程。惟有鉴于目前高层及大规模建筑物之火灾有下列特性,均对避难逃生有极大的影响。

(1) 浓烟蔓延散布：大部分属钢构、水泥结构，牢固且属不燃材料，由于结构不会燃烧，内部易燃材料因外部初期进入之空气不足，通常形成不完全燃烧，而产生大量浓烟，由于烟有向上窜升之特性，经由各种开口部、通道、楼梯及管路向上层蔓延，再加上部分高楼建筑物常有之烟囱效应，使得整栋高楼建筑物在极短时间内迅速布满了浓烟，造成了视线之阻碍与抢救之困难。

(2) 内部高温灼热：由于大多属密闭式建筑，内部因燃烧所产生的高温，无法藉由空气之对流传递至建筑物外部，导致内部热量蓄积，形成内部高温、灼热，此种现象不但使受困者造成灼伤，亦使建筑物外部救援人员不易深入抢救，但是此时如有玻璃破裂或门窗突被开启，都将因为带入大量空气而瞬间产生猛烈之火势,此时将造成更大之伤亡。

(3) 火势延烧迅速：由于火焰燃烧之特性是垂直向上延伸之速度远大于向平面扩张的速度，因此部分高楼建筑物向上耸立，正符合火焰向上延烧的特性，另外由于大规模建筑物内垂直管道与上下楼梯通道亦形成火势延烧的孔道，更形成所谓的烟囱效应（StackEffect），也就是由于内部与外部温差过大，导致内部热空气迅速向上窜升，外部之冷空气则迅速进入补其空位，形同烟囱一般的效应。这种现象在楼层越高时，其牵引力量越大，越易显见。

(4) 内部逃生不易：大规模建筑物由于腹地较大或高度过高，通路转折变化，人们在火灾发生时，通常较平日为紧张、慌恐，再加上内部漆黑、浓烟呛鼻，都增加了逃生之困难性。

(5) 救援抢救困难：对于大规模或高楼之建筑物火灾发生时，因公设消防力到达时，如已经扩大延烧且内部容留人员尚未完全疏散时，消防人员除因其面积广阔搜寻火点困难及高空消防车辆无法因应外，更须针对内部容留人员予以疏散及加派众多消防人员方足以应付火灾之状况，因此往往此类建筑物一旦发生火灾后,如建筑物既设之防火避难设施、消防安全设备及紧急应变机制,失去原有规划功能,造成延烧后,都较一般建筑物更加困难抢救。

另火灾发生时，大都会遭高温辐射热造成与因热和燃烧所产生气体,所烫伤、窒息与中毒等情形，影响生命。大型空间（购物中心、巨蛋等）建筑物发生火灾、延烧扩大、无法安全避难及快速扑灭的原因各式各样。就构造技术之发展，带来大型空间建筑之建造，此处之大型空间以所使用之整体空间而言，应有相当天花板高度空间之意思如巨蛋。其有关防火避难之特性：

(1) 挑空设计热度影响度低:因气场及环境温度使浓烟成层化（从天花板慢慢的成层下降），在整体空间，于底部到达危险程度的时间较一般非挑空区域长。另除非因火灾荷重或配置关系而发生爆发性燃烧之情况外，对空间性质而言，从天花板的上部热气的反馈难以发生之故，危险的闪燃点也不易发生。

(2) 内部空间使用用途复杂:因大规模建筑物面积广阔,相对其个空间被分别以不同用途使用机会较高，如为巨蛋体育馆，免除面积区划的结果情形很多，但是其使用一定不限于单一用途，是否考虑到不同使用性能的设计。

(3) 侦热或侦烟启动型自动灭火设备灭火效果差:因大规模建筑物为视觉特性效果,通常于某区域设计较高之天花板,至于高的天花板，从火源产生的热气柱高达天花板面将大量空气卷入，温度及浓烟浓度的上升缓慢，侦测感应器没有适当时间动作，有效的初期灭火方法之自动撒水设备动作（时间及水滴体积变小）也受影响的缺点。

(4) 内部空间收容大量人员易形成群聚疏散:因大规模建筑物个空间大且使用性质不同,较能吸引大量人员使用及利用,因此收容人数较多,且大部分收容不特定多数人的设施，因多数人同时避难必须考虑之避难计划。

(5) 内部空间疏散通道复杂不易疏散:因大型空间之机能不一定单一，大部分设施中设有和大空间邻接的小空间。火灾安全上也有从这些小区划起火的弱点，如从小区划起火，需考虑避免阻绝从大空间而来的避难通道问题;另如类似以使用膜构造之巨蛋建筑物，因开口开放致使空气流失使屋面降低，以及空气膜构造之内外压差，和其它构造相比，开口部位尽可能缩小，而于紧急救灾时，是否能确保出入口充分的出口之问题。

2.2 建筑物避难文献回顾及特性探讨

2.2.1 避难文献回顾[1]

2.2.1.1 建筑物火灾避难行为之研究

(1) 英国 Peter G. Wood 于 1972 年对英国 952 个火灾案例进行调查研究，发现避难者于火灾中的行为反应有三个型态：a.避难 b.灭火或阻止火势延烧 c.打 1 1 9 电话或通知他人。

(2) 美国 John L. Bryan 于 M.G.M（米高梅）大饭店火灾与 HILTON GRAND HOTEL （希尔顿大饭店）火灾的问卷调查结果得到火灾中的行为分别是 a.准备避难。b.开始避难。C.避难；及 a.穿衣、打 119 电话、通知他人。b 寻找进一步资料并作避难准备。c 避难。

(3) 英国 Peter G. Wood 于其所著(The Behavior of People in Fire)书中指出，在公寓住宅发生火灾时所采取的第一行为前四项是：a 灭火。b 查看火源。c 打 119 电话。d 通知他人。

(4) 英国 David Canter 在 Fire And Human Behavior 一书中，曾指出男性可能企图去抢救和查看是否有牺牲者；女性则较可能站在屋外观看抢救活动和向邻居请求协助。

(5) 台湾王琳氏 1988 年研究发现火灾发生后人们前三项行为分别是：a 通知家人、查看火源及关瓦斯。b 预防、避难、通知家人与通知邻居。c 避难、预防、搬贵重物品与通知家人。

(6) 台湾黄楚材氏 1988 年调查发现火灾的行为模式如下： a 查看火源。b 救火。c 呼叫家人与拨电话报警。d 避难。e 关瓦斯电源。f 找灭火器、不知所措。g 搬贵重物品、警告别人、躲到自认安全处。h 救人。

(7) 日本室崎益辉氏 1993 年调查结果，对于避难路径选择的心理特性类型：a 归巢性。b 日常动线志向性。c 向旋光性。d 向开放性。e 易视路径选择性。f 最近距离选择性。g 直进性。h 本能危险回避性。i 理性安全志向型。j 从众性。

2.2.1.2 大规模火灾避难行为之研究

日本火灾学会之火灾便览的大规模火灾避难行为整理如下：

(1) 在 1923 年关东大地震时，同时产生多起火灾，因此其避难时序为：a 确保自己安全。b 暂时避难。c 大规模避难。d 收容避难。e 搬入紧急住宅。而有 1/3 的人群是在火灾发展后一小时内避难，70%的人是经过 3 小时才开始避难；对于避难所的决定心理中，由自己决定的占 60%，听从他人指示占 20%；依性别属性而言，女性听从他人指示倾向较强，男性大多自己判断。

(2) 在 1976 年酒田大火时的烧失区域至最终避难时间前的各种行为，其平均时间分别为 ：a 察觉烟、臭气(自宅着火的 3.8 小时前)。b 察觉飞火(自宅着火的 3.22 小时前)。c 开始搬出家财(自宅着火的 2.67 小时前)。d 老人、小孩等弱者开始避难(自宅着火的 1.99 小时前)。f 认知延烧危险(自宅着火的 1.36 小时前)。g 最终避难(自宅着火的 0.72 小时前) 。h 延烧至邻宅(自宅着火的 0.29 小时前) 。

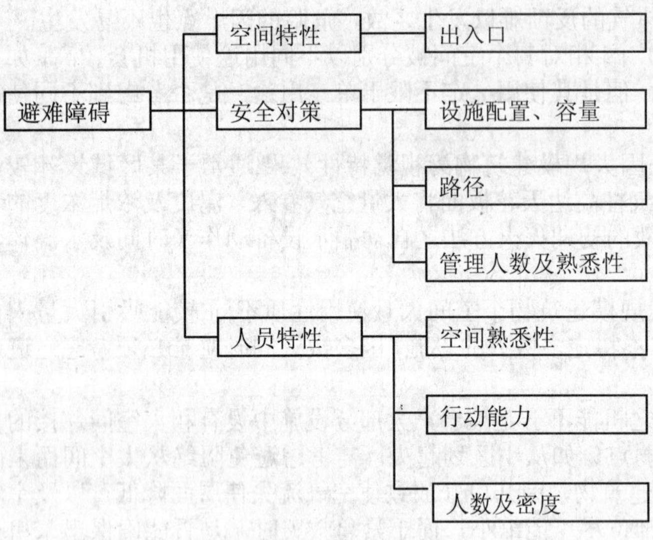

图 1　影响避难障碍要因

(3) 大规模火灾时，同一时期有大量人员开始避难，集中于特定街道，致自由步行困难，可用步行速度与密度来说明：a 人的步行速度为 60m/min。b 火灾时自由步行极限密度为 1.5 人/m^2。

2.2.2 避难特性探讨

建筑物内部容留人员于灾害发生时能克服避难障碍[2] (如图 1 所示)进行疏散外，疏散时应就避难过程时间、群流移动避难及灾害情境等进行避难动线及紧急应变之规划设计，因此须针对避难行动开始时间及避难所要时间进行了解，其可能受行动能力、人数、密度、路径等变量影响，故对于在实际灾害中，由避难人员所面对不同灾害条件的变化，进而去思考如何进行避难，现阶段对人类行动特性的掌握，是有绝对必要的，另据前揭文献探讨归纳建筑物内部人员之避难特性有十项，如表 1 避难特性分析表[3]。

表 1　避难特性分析表

项次	避难特性	特性说明	避难逃生分析
1	归巢特性	当人遇到意外灾害时为求自保，会本能的折返原来的途径，或以最习惯的途径以求逃脱。	人选择原途径避难时，将造成主出入口壅塞，而其它出入口较少人使用，使避难时间增长。
2	从众特性	生活环境中，多人一同行事可获得较大的安全感，在非常状态，因恐慌很容易失去主见判断，易接受他人行动的暗示，而追随多数人的倾向。	避难逃生时若有熟悉环境的人员（Leader）适当的引导，运用此特性，可减少避难时的混乱及伤亡。
3	向光特性	由于火灾黑烟弥漫、视线不清之，人们具有往稍亮方向移动的倾向（火焰亮光除外），而且明亮的地方也可能为较安全之处。	紧急出口、标示、安全区间等场所是明亮的，既为引导避难的手段。
4	左转特性	人们右撇较多，习惯于使用右手右脚，在黑暗步行中，会自然的左转，也许是较强的右侧为保护较弱的左半身的自然本能，因此左转向的方式具有安全感、方便及速度快。	避难路径规划时在动线交叉点上，依人左转之特性，将减少混乱的产生，提高存活率。
5	躲避特性	当察觉灾害等异常现象时，为确认而接近，一感觉危险时由于反射性的本能，马上从该地向远离的方向逃跑。	当人群往逃生路径移时，前面人员因察觉危险而往反方向跑时，将造成人移动的困难与混乱。
6	习惯特性	对于经常使用的空间如走廊、出入口等，有较深切的了解及安全感，灾害时宁可选择较危险的路径较优于不熟悉的环境。	特定人员如行政、销售人员对环境较一般民众熟悉。
7	往开阔处	愈开阔的地方其障碍可认能愈少，安全性也可能较高，生存的机会也可能较多。	避难区划、出入口处可留较开阔之空间。
8	驼鸟心态	在危险接近且无法有效的应变时，有强烈迷惑混乱的程度和逃往狭窄角落方向的行动，以减少危险，等待救援。	
9	潜能发挥	人处于危险状态中，常能使出异常的力量，排除障碍而逃生。	
10	高压失能	高度压力下往往只能选择与接收最简单的事物与讯息。	在逃生引导指示上，应以简单明了的文字或图标表达。
11	其它行为	如等待进一步的讯息、等待协助、通知消防队、灭火及防止浓烟扩散、警告或协助他人等。	

另大型空间使用之建筑物，必然出现复合使用之大规模用途的基地，而产生因大规模空间而变得复杂、

火灾扩大的危险变大以及火灾防范及防火管理变得复杂化等现象。

(1) 火灾规模扩大:设施的规模变大及空间的复合化发展，藉相乘及传播火灾扩大，使得危险性变高。

(2) 避难混乱的发生:因避难动线的合流及疏导讯息拥塞，或有避难通道一方的关闭等发生避难上的混乱。

(3) 应对的时间增加:设施巨大化及复合化因应防灾用的通路及反应时间变长。消防单位至现场、确认起火及灭火、进入火场、避难及救出等不仅距离变长，所需时间也变长。

(4) 防灾信息数量增加:设施大规模化、复杂化时，所使用之防灾信息数量增大，收集与管理上需大量人力，恐有信息搜集不到、已搜集之信息无法适当处理。

(5) 管理的广泛化、多元化:设施规模变大时，管理主体变为复杂的情形增加，如果无法顺畅相互联系会产生管理死角。

据上揭，于大规模或高楼之建筑物发生火灾时，除应于火灾初期就予以控制避免其扩大延烧外，对于内部容留人员亦须有一套完整以避难理论为基础之避难疏散策略以及搭配避难标示及人员引导避难疏散之计划，方能因应火灾发生时之紧急应变。

3. 避难标示设备设计规划

3.1 避难逃生标示设备演进

火灾发生时，若由熟知建筑物内部结构的从业人员来从事避难诱导工作，是最有效的。然而在没有人员诱导的情况下，藉由避难逃生标示设备来诱导避难人员至紧急出口处是不可或缺的手段,其中避难逃生标示设备在台湾的各类场所消防安全设备设置标准中，已列入小、中、大三款型式之标示设备。相对于小型诱导灯的亮度须在直线距离30m处，能明显看出其标示面图形及颜色，中型诱导灯需为60m，而大型诱导灯则为100m。诱导灯一般装设于各类场所中，避难逃生所必须经过之通道及紧急出口，一般可分类为:

(1) 出口标示灯（ Exit Light）：出口标示灯（ 又称安全门灯）通常装于建筑物各楼层通达安全梯及户外或另一防火区之防火门上方， 以作为火灾发生时避难逃生出口之标示。此标示灯具备交直流自动切换装置，平时以AC电源供电及进行备用电池自动充电，停电后则切换至备用电池，以维持标示功能。并以法规规定标示面以绿色为底，文字及图形为白色标示， 典型的出口标示灯如图2所示。

(2) 避难方向指示灯（Emergency Direction Light）：避难方向指示灯设置于通往楼梯、屋外出入口、阳台、屋顶平台及观众席位通路等之走廊或通道，及于楼梯口、走廊或通道之转弯处。此指示灯具备交直流自动切换装置，平时以AC 电源供电及进行备用电池之自动充电，而停电后则切换至备用电池供电，以维持指示功能。典型的避难方向指示灯如图3所示，其中一般分为向左、向右及双向三种方向指标，而以法规规定指示面以白色为底，文字及图形为绿色标示。[3]

图 2　出口标示灯

图 3　避难方向指示灯

另依目前常用之诱导灯之灯具型式、构造功能及材料种类大致分为三类如表2。

表2 诱导灯之种类

种类	构造、功能	外壳、材料
日光灯	传统型日光灯，可分为 10W、20W、30W。	1. 外盒采用铁壳制成。 2. 面板为印刷不助燃 PV 材质。
冷阴极管 (C.C.F.L)	以高压瞬时点灯，依照冷阴极管的不同，功率会有所不同。	1. 外盒采用铝挤型制成。 2. 面板为 CNC 雕刻或印刷，使用不助燃之材质。
发光二极管 (LED)	以低压点灯，可分为高功率及低功率 LED。	

另为提供有方向性之避难引导及协助避难弱者避难，近几年亦发展出高亮度诱导灯、光源闪灭避难诱导型及附设语音诱导型避难标示设备,其系利用自动火警探测设备警报讯号所启动之“闪灭动向光源避难诱导系统”以及利用赫兹效果的“语音避难诱导系统”，在日本，此类避难系统已普遍应用于大规模地下街及视听觉障碍者设施等场所，介绍如下：

（1）高亮度诱导灯:近年来，由于科技的日新月异，使得诱导灯的表面亮度已较传统之诱导灯亮度高出数倍，新科技下之高亮度诱导灯，表面只需传统诱导灯灯面的数分之一，亮度即可达到法令要求甚至更佳的亮度.

（2）闪灭型诱导灯:一般火灾产生的烟，在达到一定浓度（减光系数）时，导致诱导灯的功能降低，因此，如何研发能于火场之烟层中仍可清晰看见的诱导灯，改善表面亮度是极待解决的关键。因此闪灭型诱导灯因应而生，其闪灭的光源系利用如同照相机闪光灯之频闪闪光灯的原理所衍生。另外，使用氙气灯泡的诱导灯，亦大幅提高其亮度。

（3）附设语音之诱导灯

为使诱导灯能于火灾之烟层中具有一定的能见度，故采用氙气灯泡之大型诱导灯，仅管如此,当火场浓烟量大、烟层厚时，内部避难人员仍有可能看不见诱导灯之光源，因此，便有附设语音引导之诱导灯产生，因为声音的强度并不会在浓烟中衰减。但是，使用语音引导避难仍有缺失，因为若声音音量过大，则易受场所空间之影响，产生回音反而会使得避难者无法辨识音源方向。在以往之火灾死亡案例中，罹难者通常陈尸于紧急出口前仅数公尺之位置，因此，在使用语音引导避难时，其音量不必过于大声，只需调整至临近紧急出口附近数公尺可清晰听见即可。在日本，此种附设有声音之诱导灯，于昭和62年(1987)2月经消防厅认可采用。其中有关附加灯光闪灭及引导音响装置标示设备其相关功能分述如下[4]：

a.与火警自动警报设备连动，能自动发出灯光闪灭或引导音响。

b.与火警自动警报设备之鸣动启动方式相同，连动鸣动层之标示设备发出灯光闪灭或引导音响。

c.设置附加灯光闪灭及引导音响功能之标示设备场所，直通楼梯之楼梯间应设侦烟式探测器，当楼梯间遭烟入侵时，该标示设备之灯光闪灭、引导音响功能应停止，其时机如下。但设于通往户外之防火门、通往安全梯及排烟室之防火门、通往另一防火区划之防火门、居室通往走廊或信道之出入口之位置者，不适用：

(a)起火层为地上楼层时，起火层直上层以上各楼层标示设备之灯光闪灭、引导音响应停止。

(b)起火层为地下层时，地下层各层标示设备之灯光闪灭、引导音响应停止。

d.主要性能：

(a)紧急电源容量在 20 分钟以上。

(b)灯光闪灭频率每秒 1 次至 2 次。

(c)引导音响装置之音色与音量有别于其它设备之音响或噪音。

(d)引导音响之组成包括：

i.警报音:结合基本频率不同之两个周期性复合波声音（Ping、Pong）反复两次。

ii.语音:女声发音，语音内容为“紧急出口，这边”，发音清晰明确。

(e)引导音响装置之音压在 90 分贝以上。

(f)信号装置与标示设备间之信号回路，不得连接其它机器。

(g)楼梯间应设置灯光闪灭及引导音响停止专用之侦烟式探测器(第 2 种蓄积型或第 3 种蓄积型)。侦烟式探测器位置若为地上层，应设置在该标示设备之直下层楼梯间；设于地下层者，应设置在地下一层楼梯间（如图 4)，并于侦烟式探测器上标明“闪灭停止专用”字样。但与火警自动警报设备之侦烟式探测器连动者（如图5)，不适用之。

(h) 火警受信总机使用移报用装置时与信号装置之连接方法，应依图 6 之图例所示。

虽目前避难诱导灯已发展出与火警自动警报设备相互连动启动机制，但仅限于单一楼层或单一区域,如遇大规模建筑物仍有所欠缺整体避难逃生规划之运作,而且仅限于安全门上方之出口标示,至于避难通道上之避难方向指示灯仍无法随着火灾发展及烟层流动而改变避难引导方向。

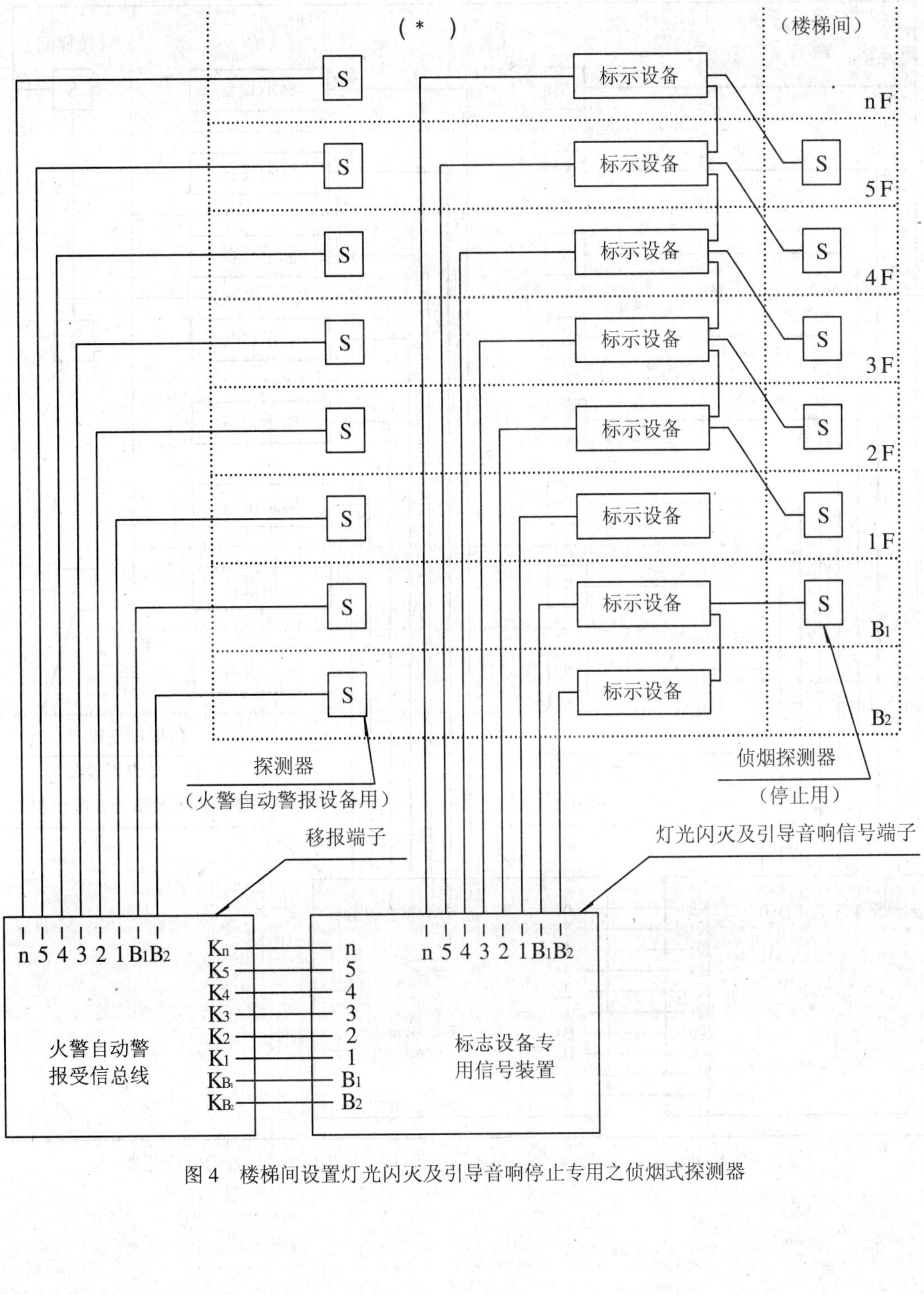

图 4　楼梯间设置灯光闪灭及引导音响停止专用之侦烟式探测器

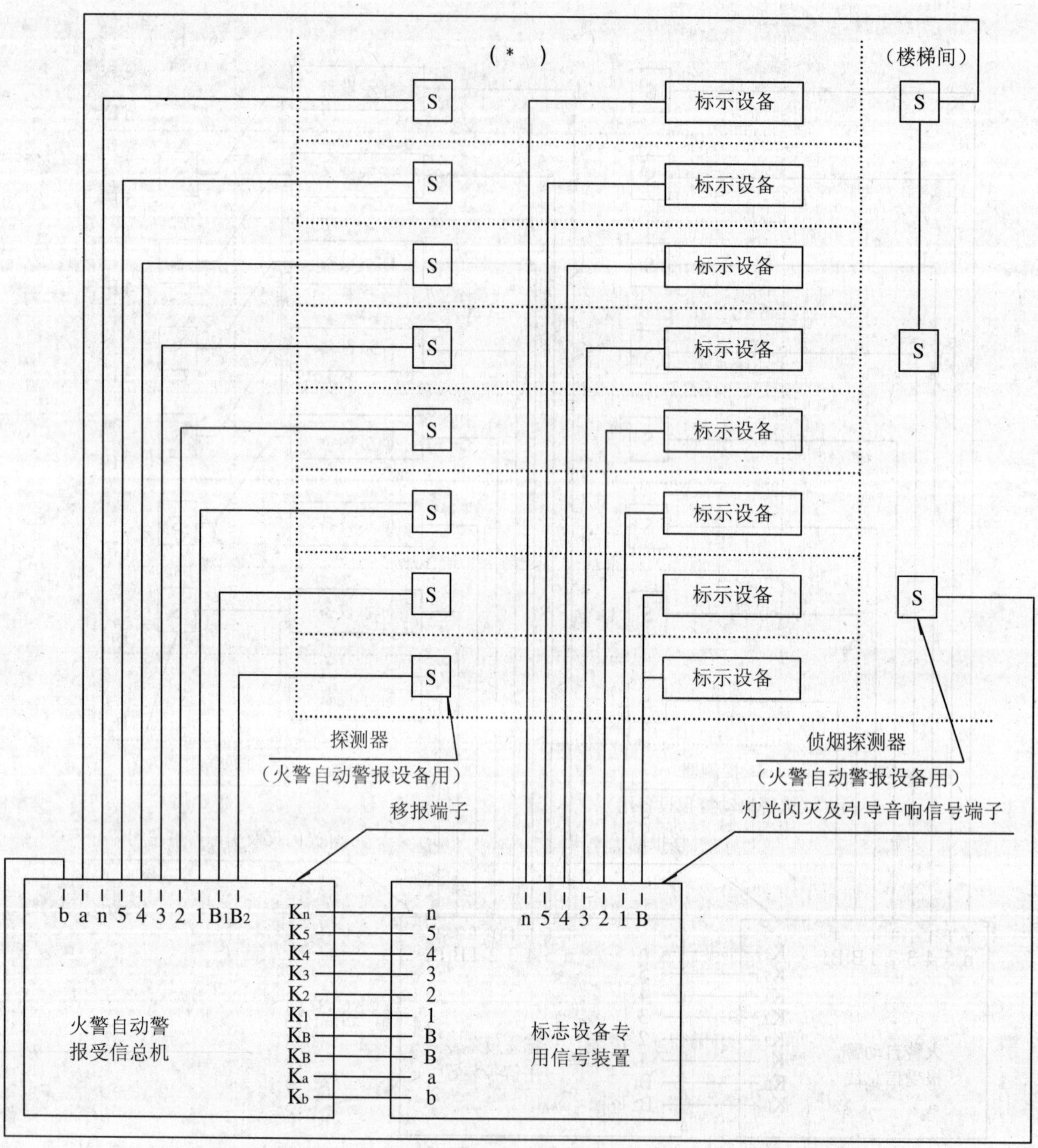

图 5　楼梯间设置与火警自动警报设备连动停止灯光闪灭及引导音响之探测器

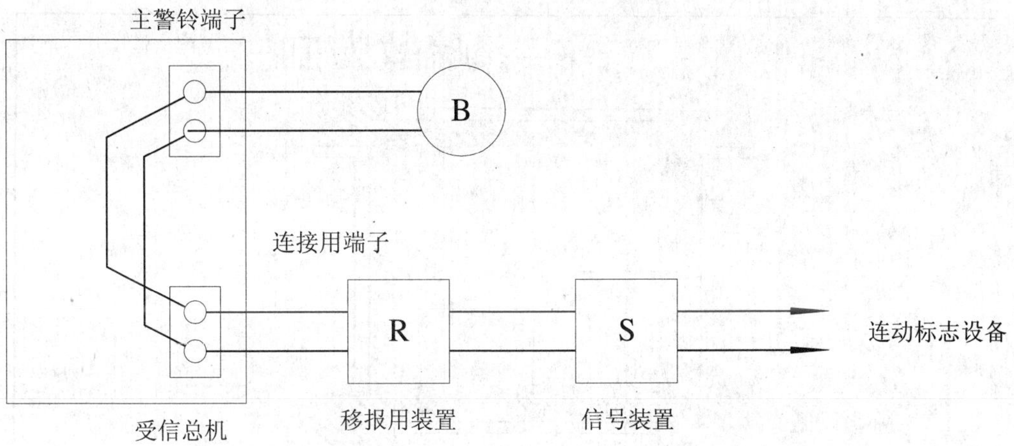

（A）火警受信总机未设移报用端子时

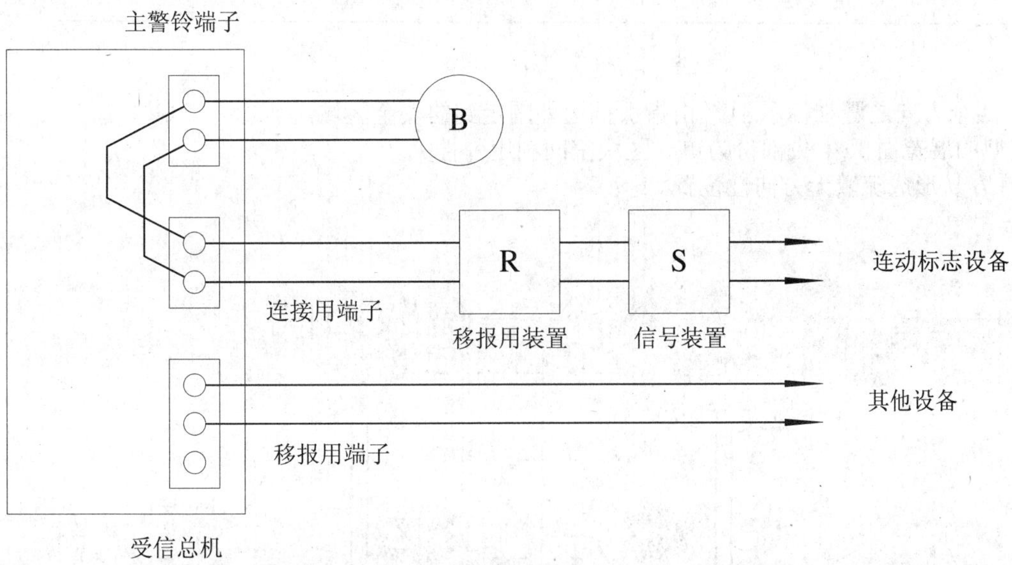

(B)火警受信总机设有移报用端子，且被其它设备连接时

图 6　使用移报用装置时之连接图

3.2 避难智能型诱导灯设备

在大规模建筑物内设置明显之逃生动线标示是很重要的，如诱导灯或其它用于辅助之文字指示灯，其中以诱导灯最为简洁且清晰，例如以箭头指示之避难方向指示灯，就是利用壳体、文字标示牌及灯管所组成，藉以达到指引紧急安全疏散方向之效果，避难方向指示灯虽然应用广泛，但其设置位置及指示方向均为固定无法变动，另火灾产生时，逃生人员只能经由避难方向指示灯之指示方向往固定之逃生出口紧急疏散，然火势的发展，常常与原设计规划避难动线有所出入，因此常导致避难逃生标示设备之功效无法发挥，以大型空间展览场展览活动之避难安全评估为例[5],将一展场之疏散分为分散型、双向型及中央集中型等三型八种规划情境模式,其所规划之疏散方向及优、缺点如图 7、8、9:

（1）分散型(Type-A)

a.Type-A1:

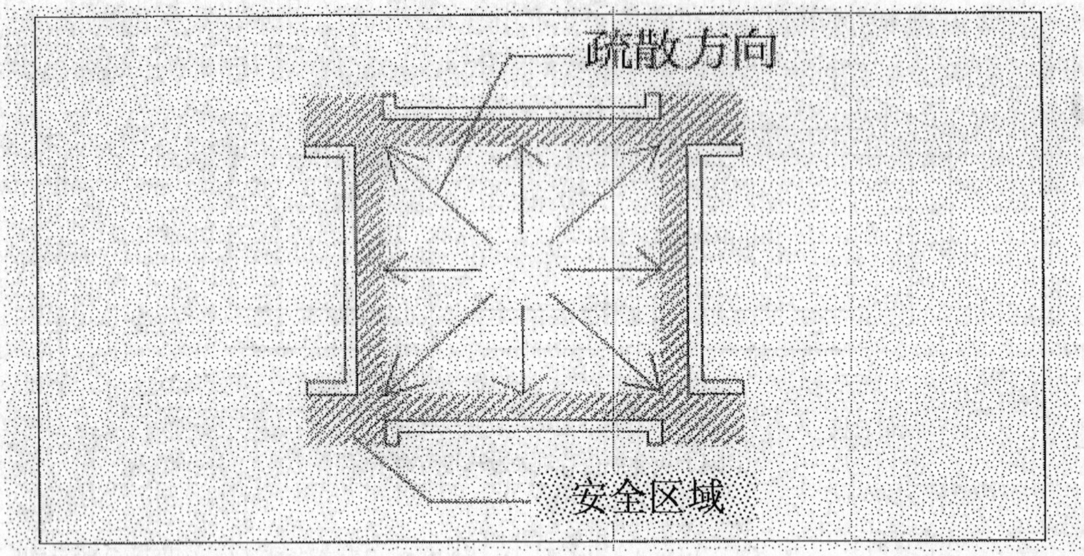

图 7　Type-A1

优点:1.设定为四个方向之避难标示,且经由指引抵达外围走到的安全区域。

　　2.全区域型的展览面积,中央部份为单一区块空间利用弹性大。

缺点:中央位置容易形成疏散无方向性位置。

b.Type-A2:

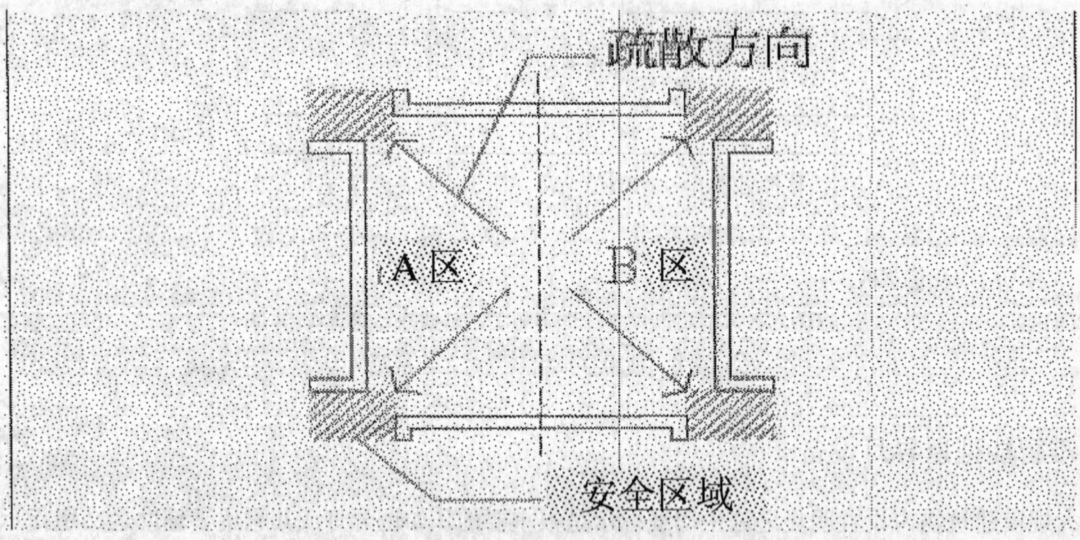

图 7　Type-A2

优点:1.设定为四个方向之避难标示,且经由指引抵达外围走到的安全区域。

　　2.区划为二区块减少疏散混乱的可能性。

　　3.同时适用于单一或不同主题之展览。

缺点:中央位置容易形成疏散无方向性位置。

(2)双向型(Type-B)

a.Type-B1:

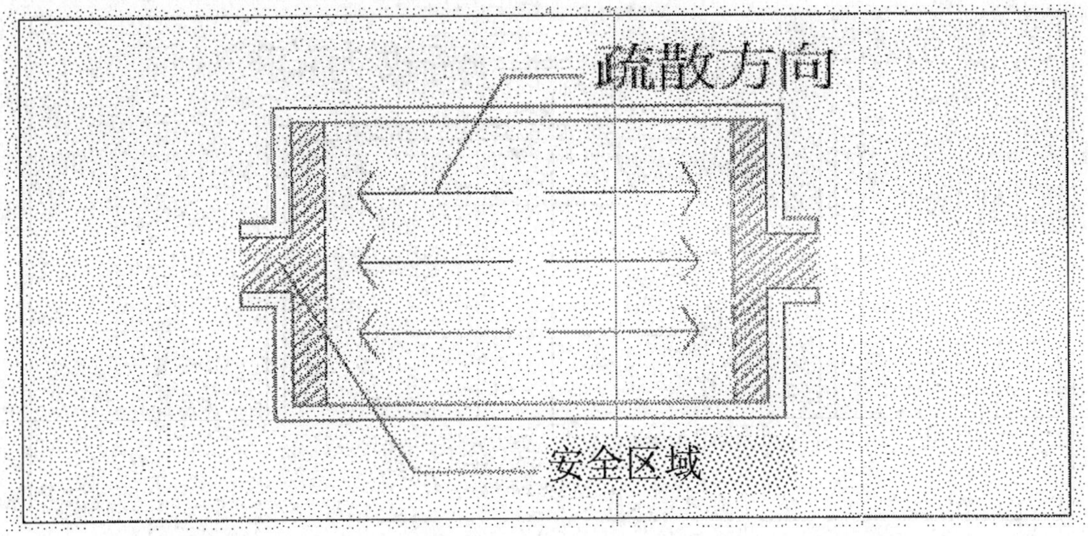

图 8　Type-B1

优点:1.设定为四个方向之避难标示,出口位置简单易见。
2.可以将中央部份区划为单一区划。
3.同时适用于单一或不同主题之展览。
缺点:日常动线稍有不便。
b.Type-B2:

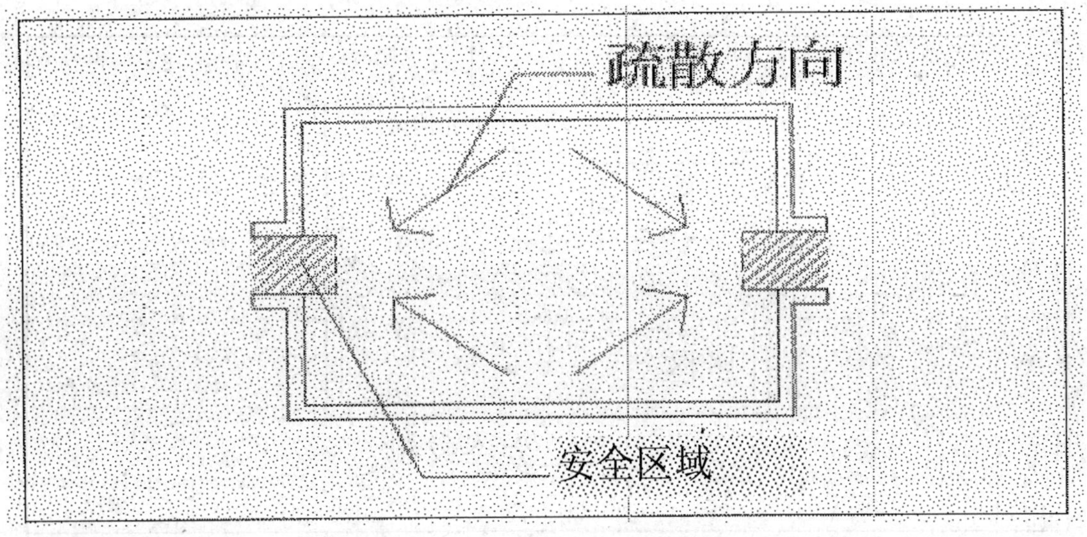

图 8　Type-B2

优点: 1.设定为二个方向之避难标示,出口位置简单易见。
2.中央部份有较完整的空间形式。
3.适用于单一展览。
缺点: 日常动线稍有不便,至出口的动线距离长,需进行区划配置。
c.Type-B3:

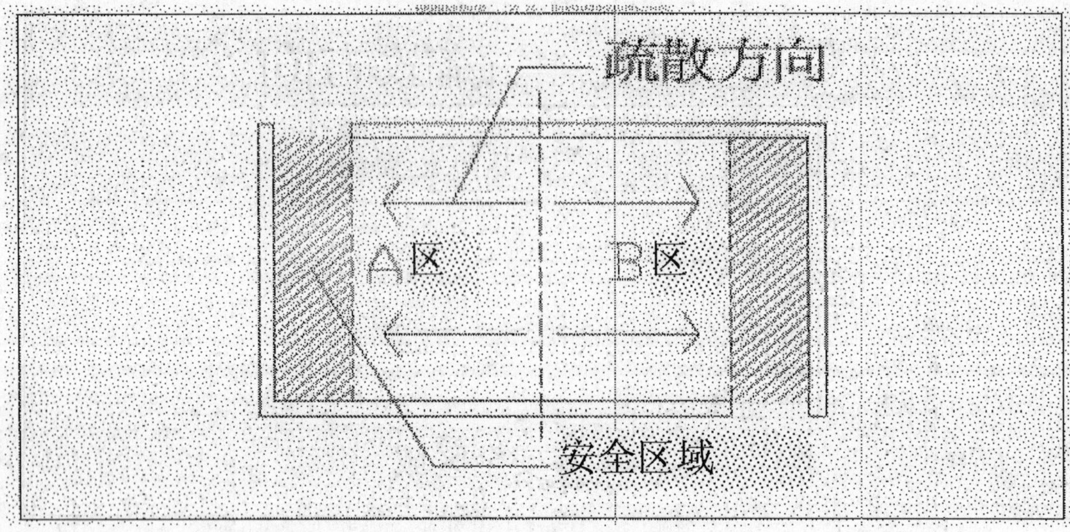

图 8　Type-B3

优点: 1.设定为二个方向之避难标示,出口位置简单易见。
2.安全区域与出口之避难组合容易。
3.同时适用于单一或不同主题之展览。
缺点:至出口的动线距离长,需进行区划配置。

(3)中央集中型(Type-C)

a.Type-C1:

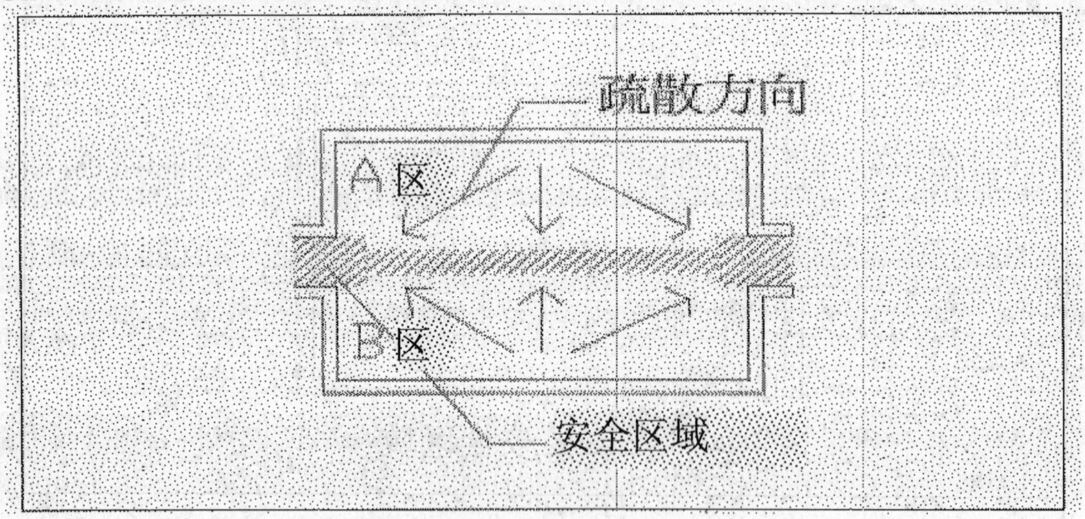

图 9　Type-C1

优点: 1.出口分置于两端,设定为二个方向之避难标示配置容易。
2.由中央通道分割,二侧之区划指标指引较短,相对避难时间亦减少。
3.适用单一展览。
缺点:至出口的动线较长,应注意区划配置。

b.Type-C2:

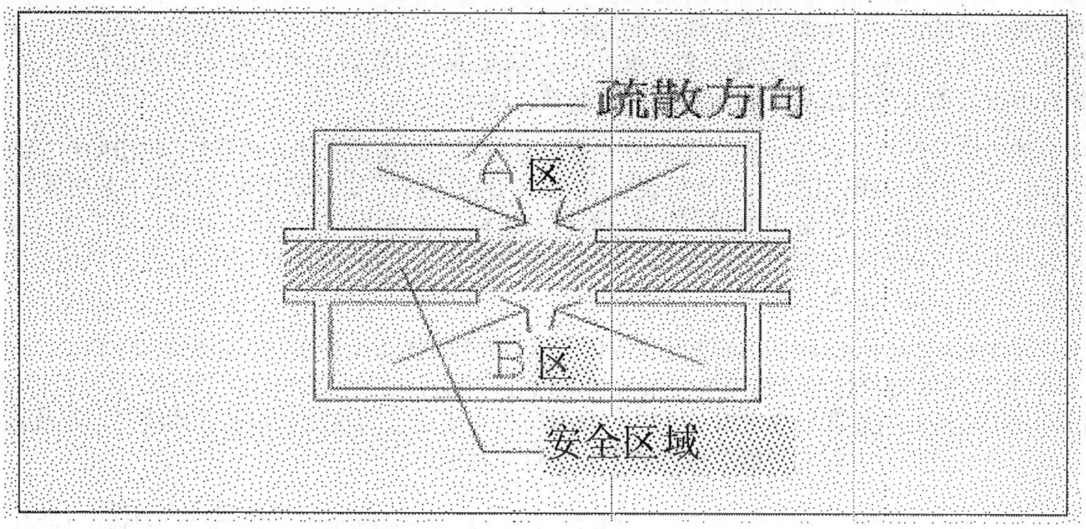

图 9　Type-C2

优点: 1.出口分置于两端,设定为二个方向之避难标示配置容易。
2.由中央通道分割,二侧之区划指标指引容易。
3.适用大空间亦被分隔。
缺点:中央位置容易形成疏散无方向性位置。

c.Type-C3:

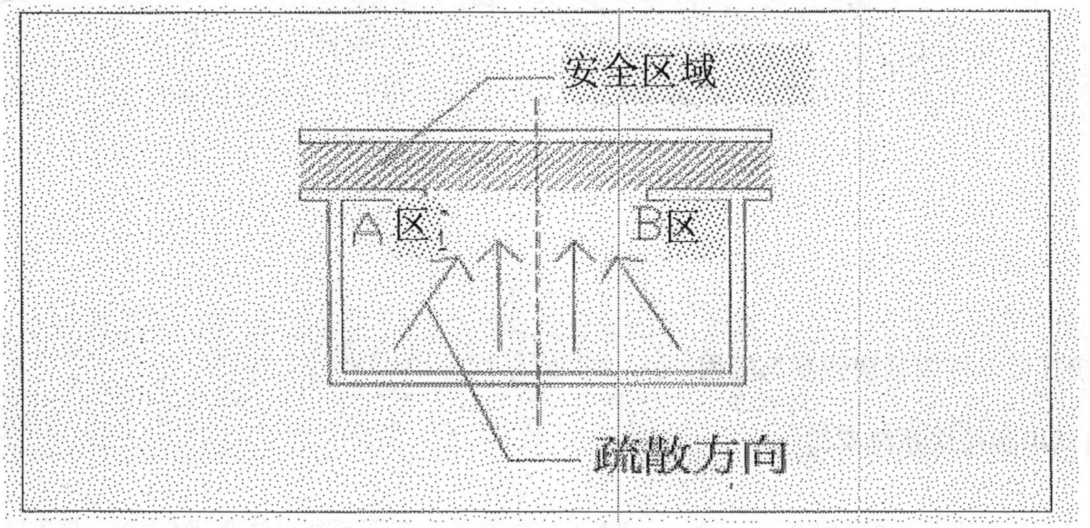

图 9　Type-C3

优点: 1.展览空间可等分割成二个区域,避难标示设定单一方向。
2.避难标示设置指引至安全区域于外缘部,安全度高。
3.同时适用于单一或不同主题之展览。
缺点:大开口的展场出口端较不易管理。

上述配置虽然各有优缺点,但因展场之区划常因展览属性及规模不同而改变,因此依其八种形式规划,虽可辅以事先拟定之紧急应变标准作业程序,在各避难动在线安排引导人员疏散,惟原建筑物兴建时所设计之避难标示系以单一固定方向引导,与使用阶段之展览规划无法相互呼应,易造成火灾或突发事件发生时,无法有效指引人群往安全方向避难逃生;又避难方向指示灯为固定型式，当指引紧急逃生出口时，并无法判断该出口是否已受火烟波及而改变文字图形转换方向,因此，如该紧急逃生出口之楼梯已有火势或烟雾蔓延时，该避难方向指示灯之指引方向仍指引向该逃生出口，则可能造成无谓之人员伤亡。因此如展场或大规模类型建筑物之避难路线上，若设置智能型避难逃生标示灯，则可于火灾产生时，经由自动控制模块系统，透过火警探测系统侦知火灾方位,显示安全之避难方向,并搭配事先所规划之避难对策,且辅以作业人员之疏散引导及诱导内部容留人员前往避难,将可大幅提高避难之功效。

达成智能型诱导灯的目的及功效，由图 10 诱导灯分解图中可清楚看出，诱导灯(图 10A)包括有诱导灯本体(图 10B)、控制电路(图 10C)与动线模块电路(图 10D)所构成，诱导灯于正常情况下是由照明组件(图 10C2)发光照射至显示面板上(图 10B3)，让显示面板上所标示之文字与图形清楚呈现，诱导灯内控制之电源电路具备交直流自动切换装置，平时以 AC 电源供电及进行备用电池自动充电，停电后则切换至备用电池(图 10C1)，以维持标示功能。

当火灾发生时，传感器或火警自动警报设备传送讯息至控制模块，由控制模块将事前的应急规划动线，传送至各诱导灯，透过诱导灯的动线模块电路来判别讯号，判别后动线模块电路将控制动线发光板(图 10D1)或以 LED 灯方式,适时调整诱导灯之指引方向，或因场所环境及空间状况影响诱导动线时，动线模块电路也可以手动调整指引方向，达到智能型避难逃生标示灯之功能。

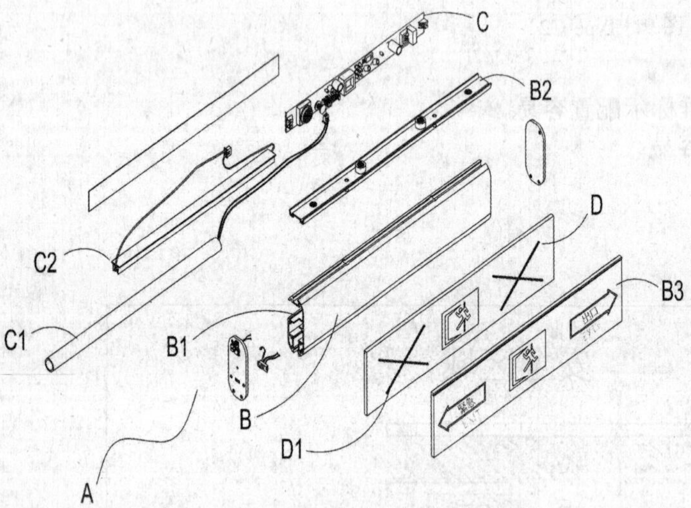

图 10　智能型避难逃生标示灯之分解图

智能型避难逃生标示灯之设计详如图 10

诱导灯.......... A

诱导灯本体...... B

诱导灯本体空间.. B 1

诱导灯固定支架.. B 2

诱导灯显示面板.. B 3

控制电源电路.... C

备用电池........ C 1

照明组件........ C 2

动线模块电路.... D

动线发光板...... D 1

4. 系统式自动控制模块研制与应用

4.1 自动控制模块系统架构

自动控制模块系统(SCMO,System Control Module Operation)，该系统可装设于体育馆、展览馆、高楼等相关具有一个或一个以上逃生出口之不同型态之建筑物，且该系统内设置有感测模块、控制模块及指示装置，其中该感测模块系可针对于建筑物内做范围性之烟雾或高温进行感测，且将其感测信号传送至控制模块，并经由该控制模块控制指示装置之指示方向与标志警告，另该指示装置可依火灾之烟雾或温度之蔓延状况进行改变指引之方向，俾使该建筑物如有火灾产生时，人员可争取较多时间，做为正确避难、逃生用，且同时可有效减少人员伤亡。

自动控制模块系统(图 11A)，控制模块(图 11C)能与火警自动警报设备(图 11E)及各种感测组件装置(图 11B)，在灾害发生时能够精确的传递讯息给控制模块，并透过控制模块事前的避难应急规划决定避难逃生标示设备(图 11D)，作适当的避难动线调整，有效安全疏散内部人员。

自动控制模块系统可改善避难逃生标示设备独立之问题，透过整合的系统或事前的避难应急规划，能够使逃生人员或抢救人员有更安全的逃生或抢救动线，以利争取逃生或抢救的时间，避免逃生人员在漆黑或恐慌情况下，误闯可能浓烟密布的楼梯间如图 12，而失去宝贵的生命，且控制模块兼具弹性，抢救人员可依现场状况来应变逃生或抢救的最佳动线，来达到最有利的安全疏散或抢救。

自动控制模块之系统运作详如图 11
自动控制模块系统... A
感测模块........... B
烟雾感测组件....... B1
温度感测组件....... B2
控制模块........... C
避难逃生标示设备... D
方向指示灯......... D1
标志指示灯......... D2
火警自动警报设备... E

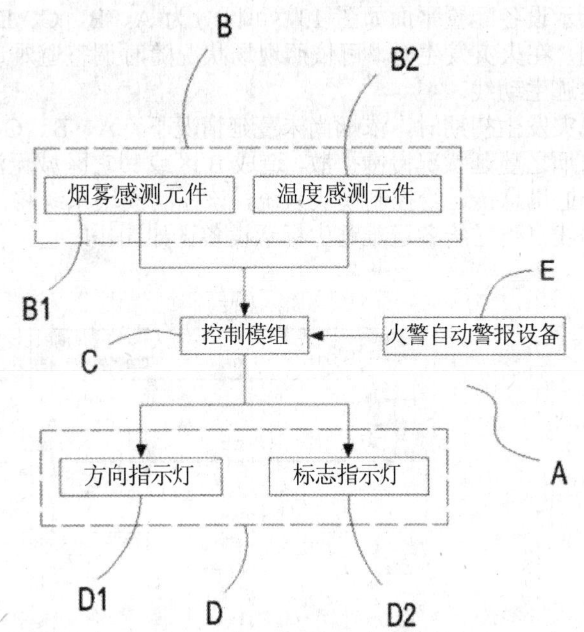

图 11　自动控制模块系统运作架构

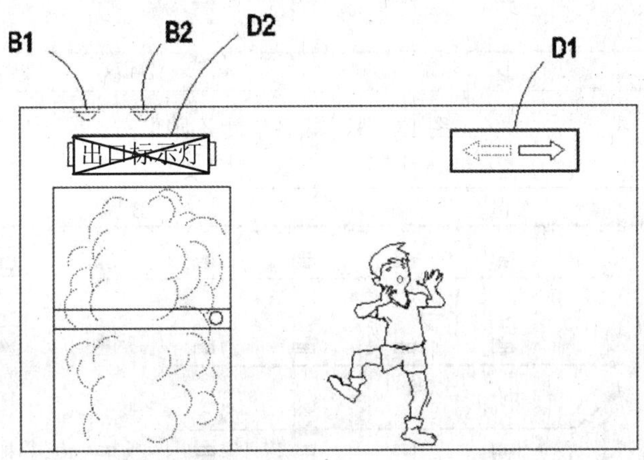

图 12　浓烟密布的楼梯间

4.2 系统式自动控制模块之逃生动线规划

火灾发生初期，大部份是处于一种缺氧的密闭及燃烧状态，这种燃烧通常会产生大量的黑色浓烟，散布于房间、走廊并沿着通风管道、楼梯间等扩散，使浓烟密布于整个建筑物内，因燃烧产生的热量，随着浓烟到处散布，并为空气所吸收，加上热量借着其传导、对流、辐射等特性，传达到燃烧空间的每一个角落，加上建筑物密闭不通风，使大量的热能蓄积在建筑物内，无法发散到建筑物外，因而产生高温灼热的现象。

由于烟有向上及向四周扩张的特性，因此当火灾发生时，烟便由燃烧点向四处扩散，加上烟是无孔不入的，因此除走廊外，建筑物的管道如中央空调系统、楼梯间、电梯间、管道间等，都将成为烟向上扩散的通道，而形成烟囱效应，此种效应将使未受燃烧波及的楼层亦充满浓烟。

由于火灾时产生浓烟密布、高温灼热的现象，阻碍逃生，同时建筑物趋向于高层化、地下化、大型化及密闭化，使人员逃生或消防抢救上，增加的许多的困难度。因此以下就自动控制模块系统(SCMO,System Control Module Operation)之逃生动线规划，依据标示设备配置平面图与标示设备配置剖面图作范例型式之探讨。

范例型式一:

标示设备配置平面如图 13，可区分为 A、B、C、D 四个逃生动线，控制模块系统透过事前的避难应急规划，在火灾发生时，可依照现场状况随时调整避难逃生标示设备，并可因使用场所型态不同，调整最佳避难逃生动线。

火灾发生初期时，浓烟尚未蔓延情况下，A、B、C、D 四个逃生出口，可平均安全疏散人员的逃生，一但浓烟之蔓延状况慢慢扩散，造成 B 区或其它区域无法进行安全疏散时，此时传感器或火警自动警报设备，会把讯息传送给控制模块系统，该控制模块系统将由事前设定的多种型态应急规划中，选择最佳安全疏散动线，传送给各避难逃生标示设备详如图 14。

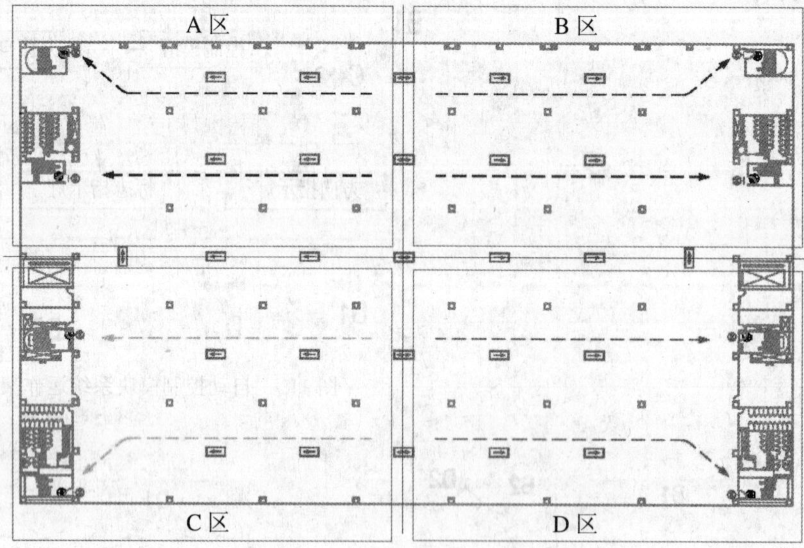

图 13　标示设备配置平面图

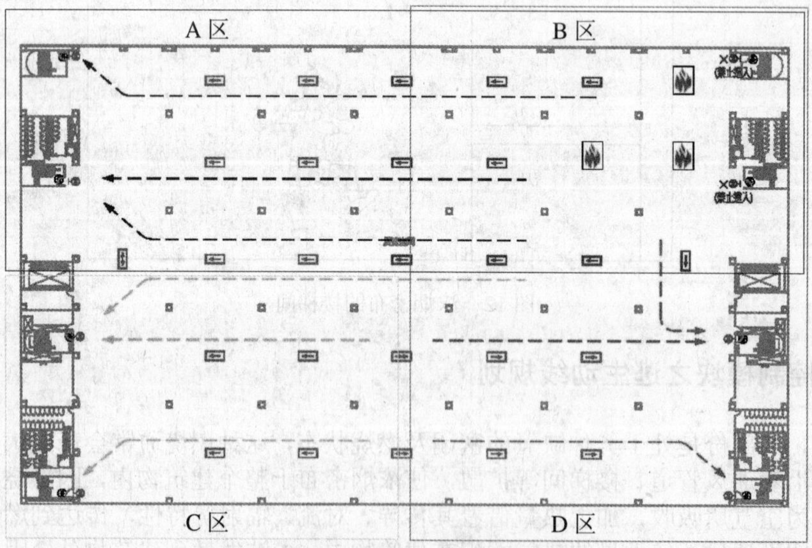

图 14　自动控制模块系统导引示意图

范例型式二:

标示设备配置剖面如图 15，可区分为 A 梯与 D 梯二个紧急安全疏散之紧急逃生出口，假定火灾起火点为 C 区 3F 走道（如图 16），此时传感器将讯息传送至控制模块系统，控制模块系统透过事前的避难应急规划，将 3F 以上楼层及 3F 以上 B 梯之诱导灯做适当的调整，将指引方向调整至 A 梯紧急出口避难逃生，而 3F 以上 B 梯紧急逃生出口，诱导灯之出口标示警告将全部打 X，以避免逃生人员误闯（如图 17），因此 3F 以上逃生人员需改变安全疏散方向，由原本 C 区位置要往 B 区位置再由 A 梯紧急出口逃生，当抢救人员到达火灾现场时，再以现场情况调整人员疏散与抢救人员动线，达到安全疏散及应变抢救之目的。

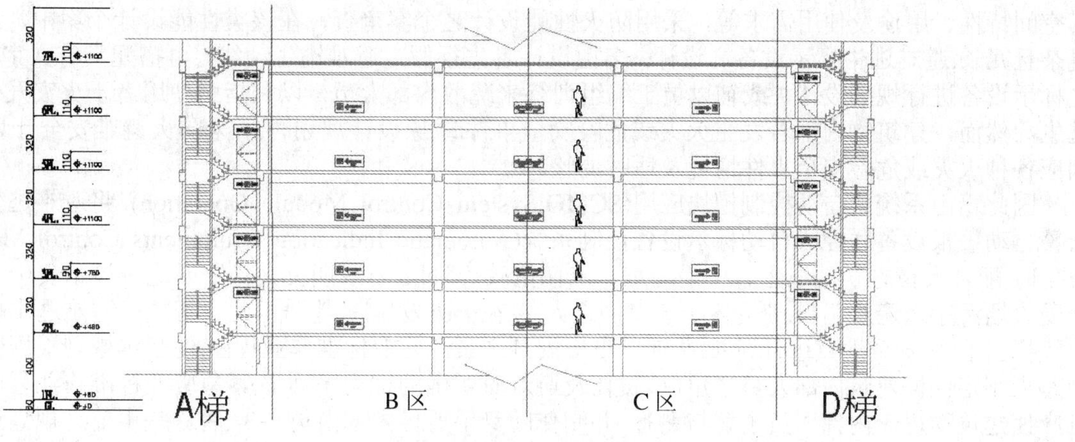

图 15　标示设备配置剖面图(一)

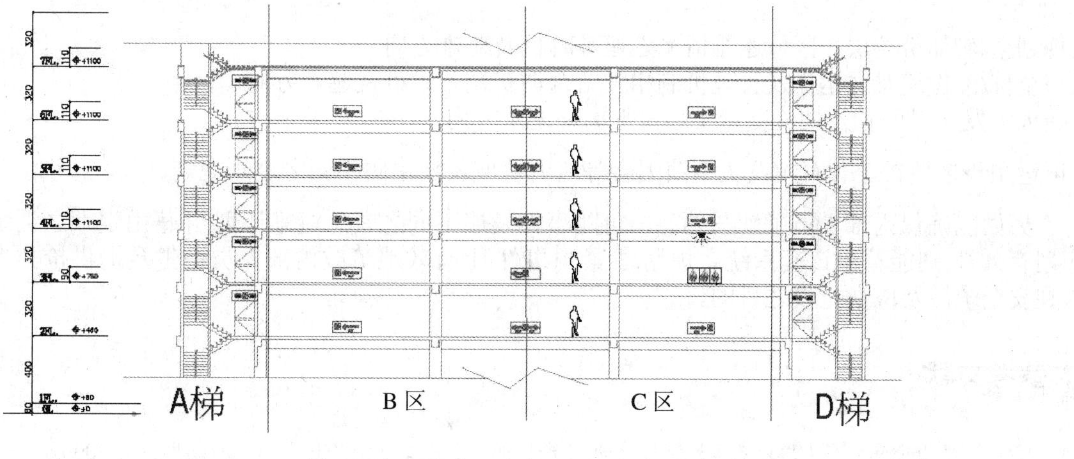

图 16　标示设备配置剖面图(二)

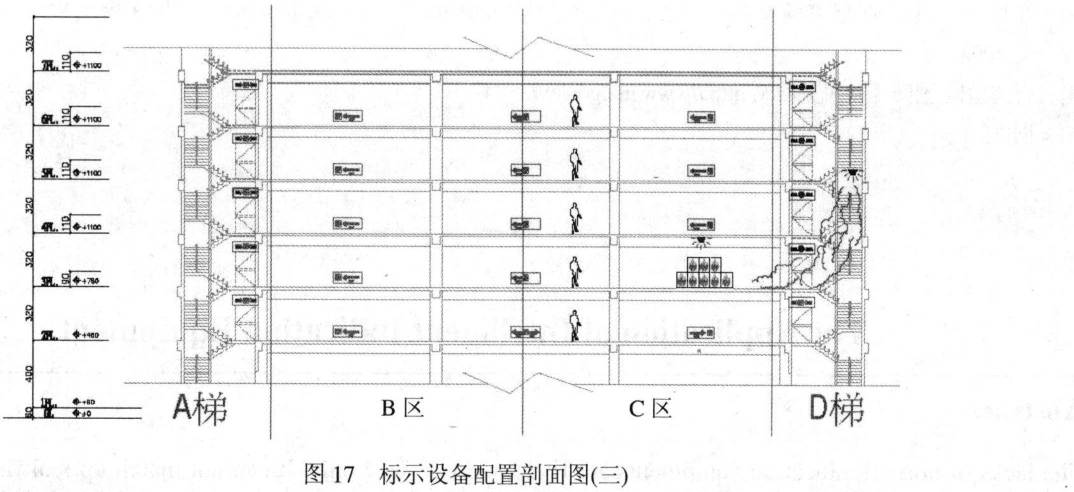

图 17　标示设备配置剖面图(三)

5．结论

目前各国在建筑防火设计上，常事先规划一建筑防火避难安全计划,该计划的主要项目包括有防火灭火计划、避难计划、烟控计划、消防救助计划、管理维护计划，并加上建筑物的基本数据及建筑计划原则。防火避难安全计划系统，包括：组成建筑物的材料、构造方法、空间的组成、设备及人的要素（防火对策）等，与起火、扩大、烟的传播、避难等火灾进展阶段相对应的防火安全的目标（或是目的），但是建筑物于日后使用后,因内部可燃物之摆放位置,并无法与原规划相同,而且火灾或事件发生时,影响烟流因子又无法于设计阶段有效掌握,因此内部人员之避难计划将随之调整,方能有效避难,尤其部分特殊空间建筑物则依其空间特性、用途及使用需求等，采用防火性能设计之个案审查，在该类性能设计个案中，避难动线通常复杂且冗长,避难逃生标示设备之设计，多由设计者先行假定避难逃生动线，再搭配具有文字、图样或灯光之标示设备进行规划设计，或辅以员工编组训练来疏散内部人员，以利指引使用者于火灾发生时进行避难逃生。然而，建筑物内部若发生火灾或危险安全事件时,原设计规划时,所采防火避难安全计划,并无法有效因应各种火灾或危险安全事件情境及适时调整。

因此藉由系统式自动控制模块应用(SCMO,System Control Module Operation) 将避难逃生标示设备与火警自动警报设备联控成自动标示设备控制系统(Automatic Indication Equipments Control Module),在火灾发生时,配合人员之初期逃生、中期避难、末期抢救等阶段,随浓烟及火势发展适时显示安全逃生方向及尚未受火烟污染之避难出口,使受困于该空间之人员,在火灾发生时,能藉由此一智能型避难逃生标示设备控制系统指引,前往安全地点进行避难,并辅以事先规划之紧急应变标准作业程序,使避难规划根据建筑物之使用型态来制定该栋建筑内部人员之角色、责任及避难时明确的行动序列,该紧急应变标准作业程序应明确简单且应使建筑物每一内部人员了解与熟悉,并制作随身手册供内部人员参考,而这些事前之规划避难情境亦可藉由事先将避难方向模块化,减少人员操作之错误。

归纳上揭,本文所述自动标示设备控制系统(Automatic Indication Equipments Control Module)可利用于下列方式:

1.规划全栋/部份楼层、区域避难情境之避难时机及避难方向。
2.与全栋/部份避难之运作及管理机制相互结合调整避难时机及避难方向。
3.随火灾发展时间轴及烟流蔓延实际情形调整避难方向。
4.可运用于展览馆、体育馆及大型演唱会等随展览或表演主题不同之避难规划。

另如能确保内部人员了解与熟悉，可随事件发展不同之紧急避难计划,并藉由定期之训练及演习,确保计划有效性,则能藉由该套系统之规划,于紧急事件时,有效地疏散内部人员逃生及提供抢救人员进入动线,达到安全疏散及应变抢救之目的。

6. 参考文献

[1] 吴武泰.都市空间大量人群避难群流特性之研究.台湾桃园警察大学消防科学研究所硕士论文.2000,6.

[2] 同[1].

[3] 郑琮琰.大型空间展览场展览活动之避难安全评估之研究——以台北世贸展览馆为例.台湾桃园,中原大学硕士论文.2003.

[4] 台湾地区,消防主管机关网站 http://www.nfa.gov.tw/.

[5] 同[3].

The Application of Intelligent Indication Equipment

Abstract

The lacks of normal indication equipments are fixed and one way only. It can not match up real fire situation and adjust it for safe way to egress. Sometimes it might be inference with escape to people in the building. Especially building structures nowadays are more and more complex, such as performance-based design cases (ex. high rise buildings, exhibition halls and shopping mall), the escape routes are long and not only one way.

This study was applied SCMO (System Control Module Operation) to indication equipments and fire alarm systems and combined to automatic indication equipment control module. It made indication equipments more flexible for matching up different stages of real fire situation such as escape, refuge and fire fighting, then adjust it for safe way to egress. It will help people escape from the building and fire fighters get in it easily.

Key Words: Egress Sign, Evacuation Safety, SCMO (System Control Module Operation), Fire Alarm System,

Automatic Indication Equipment Control Module.

作者简介：

郭恩书，男，台北市政府消防局，副大队长。研究方向:火灾预防及灾害抢救。联系方式：地址:台北市松仁路 1 号,电话:886-2-27297668 * 7219,电子信箱:kaku@tfd.gov.tw。

某影剧院的消防安全性能化评估

郭荣光，张丽娟，赵春梅，黄河潮

香港艺雅高（国际）有限公司

摘要

影剧院作为群众性的公共娱乐设施，属于大空间的公众聚集场所，一旦发生火灾，往往造成群死群伤的严重后果。在市场经济建设的过程中，从影剧院的设计到使用都发生了较大的变化，空间布局越来越多样化，新型材料不断应用，用途也不仅限于播放电影。因此影剧院的防火问题对消防工作提出了新的要求。本文运用性能化设计的方法，对某影剧院的防火安全水平进行了分析。首先确定火灾安全评估的总体目标，建立了人员安全的判定标准，设计了火灾场景。采用 CFD 火灾模拟软件 FDS 对影剧院进行了火灾模拟，得出在给定排烟口面积及排烟量等参数的条件下随着时间的推移影剧院内烟气及温度的分布变化，不同时刻的热烟气层高度，温度及热辐射强度。同时本文利用网格疏散模型 SGEM 对火灾时人员疏散过程进行模拟，得出疏散行动时间。通过对烟气模拟结果及疏散结果的对比分析，对某影剧院的防火安全性能进行了评估。

关键词：性能化、影剧院、烟气、人员疏散。

1. 引言

类似大会堂、展览馆、影剧院、体育馆之类的大空间建筑, 受到人们的普遍欢迎, 已成为新型建筑的重要设计方向之一。由于建筑结构的特殊性和使用功能的具体需要, 大空间建筑难以进行防火防烟分隔，这类建筑给火灾安全带来很多新问题，现有的处方式建筑防火规范不一定能全部满足要求。性能化防火设计是针对传统的“处方式”防火规范的种种弊端而提出的建立在消防安全工程学基础上的建筑防火设计方法，它运用消防安全工程学的原理与方法，根据建筑物的结构、用途、规模等方面的具体情况，对建筑的火灾危害性和风险性进行定量的预测和评估，从而自由选择相应的防火措施来进行防火设计。性能化防火设计方法的一般步骤如图 1 如示。

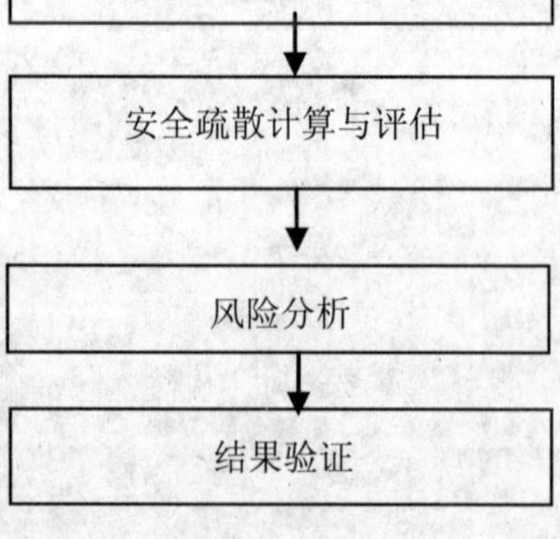

图 1 性能化防火设计的一般步骤

本文结合了某影剧院的消防安全设计具体实例，介绍了消防安全性能化评估方法。该影剧院的建筑形式为大空间体，建筑面积约为 2600 平方米，观众厅部分宽约 30 米，长约 45 米，高 8～11 米，设有观众座位 822 个。这些大空间建筑形式给消防安全提出了新问题，火灾烟气作为燃烧物在大空间不受阻碍地四处蔓延，对建筑内各区域造成影响，因此有必要对其进行消防安全性能化评估研究。

2. 性能化防火设计方法

消防安全的总体目标是保证所有观众的生命安全，即要保证火灾达到危险时刻之前影剧院内的人员安全疏散到安全地带。保证影剧院内生命安全的消防安全性能指标为 ASET>RSET,见图 2。ASET 为火灾到达危险状态的时间，通常以烟气的参数作为火灾达到危险状态的描述。RSET 为火灾开始到人员疏散完毕所需的时间，包括火灾探测时间，准备时间及疏散运动时间。因此，通到比较 ASET 与 RSET 即可对消防安全水平进行评估。

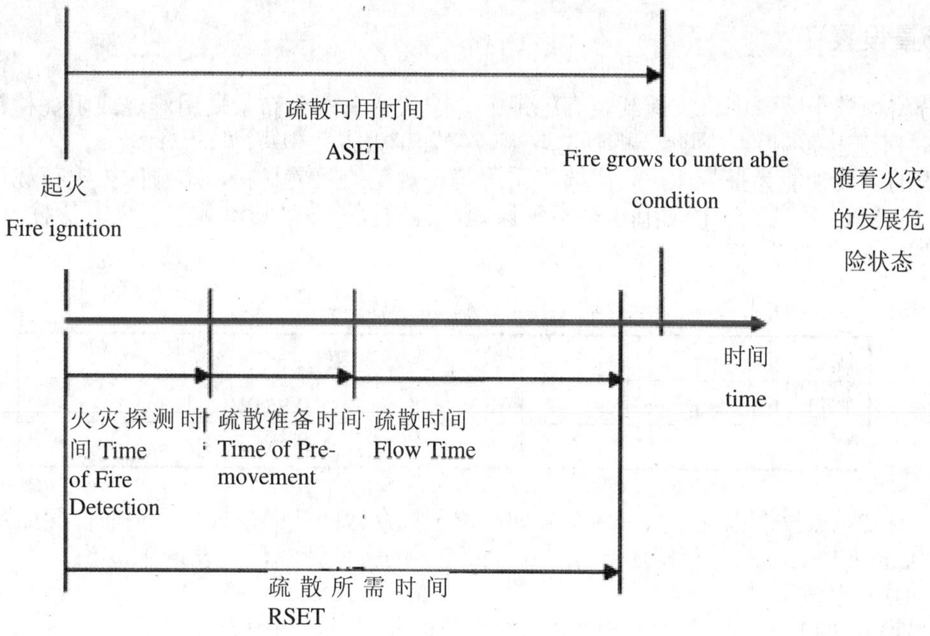

图 2　消防安全性能指标示意图

3. ASET 的确定

ASET 指的是从起火开始到危险状态的时间。在现代消防工程学中，ASET 一般用由计算流体动力学(CFD)方法模拟烟气流动来确定。本文采用了美国 NIST 开发 FDS 模型计算烟气流动[1,2]。FDS 基于大涡模型(LES)中的 Smagorinsky 模型，通过求 Navier-Stokes 方程的数值解模拟火灾中低速、热驱动的烟气流。FDS 通过求解以下质量、动量及能量守恒方程求得大涡运动状态[2]：

质量守恒:

$$\frac{\partial \rho}{\partial t}+\nabla \cdot \rho u=0 \tag{1}$$

物质守恒:

$$\frac{\partial}{\partial t}(\rho Y_l)+\nabla \cdot \rho Y_l l u=\nabla \cdot \rho D_l Y_l+\dot{m}''' \tag{2}$$

动量守恒:

$$\rho\left(\frac{\partial u}{\partial t}+(u \cdot \nabla) u\right)+\nabla p=\rho g+f+\nabla \cdot \tau \tag{3}$$

能量守恒:

$$\frac{\partial}{\partial t}(\rho h)+\nabla \cdot \rho h u=\frac{Dp}{Dt}-\nabla \cdot q_r+\nabla \cdot k \nabla T+\sum_l \nabla \cdot h_l \rho D_l \nabla Y_l \tag{4}$$

除了应用计算流体动力学的方法分析烟气流动外，确定 ASET 还需定义什么情况下建筑物内部已到达危险状态，人员安全已得不到保证。火灾中的危险状态指的是因烟和高温而导致的人员失去逃生能力的状态。本文通过三个准则判定是否到达危险状态，如表 1 所示：

表 1　危险状态的三条件

条件	安全极限
a	烟气下降到 1.8 米的人眼睛高度
b	2 米高度的热辐射强度大于 2.5 千瓦/平方米
c	2 米高度的对流层温度高于 115°C 并持续 5 分钟

3.1 火灾场景设置

舞台部分将为整个区域中火灾荷载较高的地方，建议所有舞台布景采用难烧或阻烧材料。但由于火灾发生于座位时对疏散影响大，因此分析时选取火源位置于报告厅中央(见图 3)。

由于建筑的主要功能为报告厅，且座椅将采用符合规范的阻燃材料，本身的火灾荷载量并不高，火灾规模应不大于 1MW(见表 2)。同时基于最不利原则，且假设无自动喷淋装置，火灾荷载为 2MW，火灾类型为快速发展火。

表 2　SFPE 手册中热释放速率能考值[3]

燃烧	最大热释放速率
邮包（$1.5m^2$ surface area)	0.9MW
垃圾袋	0.3MW

观众厅将安装机械排烟系统，共有两个排烟口位于观众厅两端的吊顶处，平面位置如图 3 所示。排烟口尺寸为 800mm×1200mm。 总排烟量为 62000 m^3/h。为方便计算，假设条件如下：

1) 自动喷淋装置失效
2) 不另设补风口，报告厅大门作为补风口,有效面积为门面积的 50%
3) 忽略排烟系统的启动时间(即火灾发生的同时启动排烟系统)

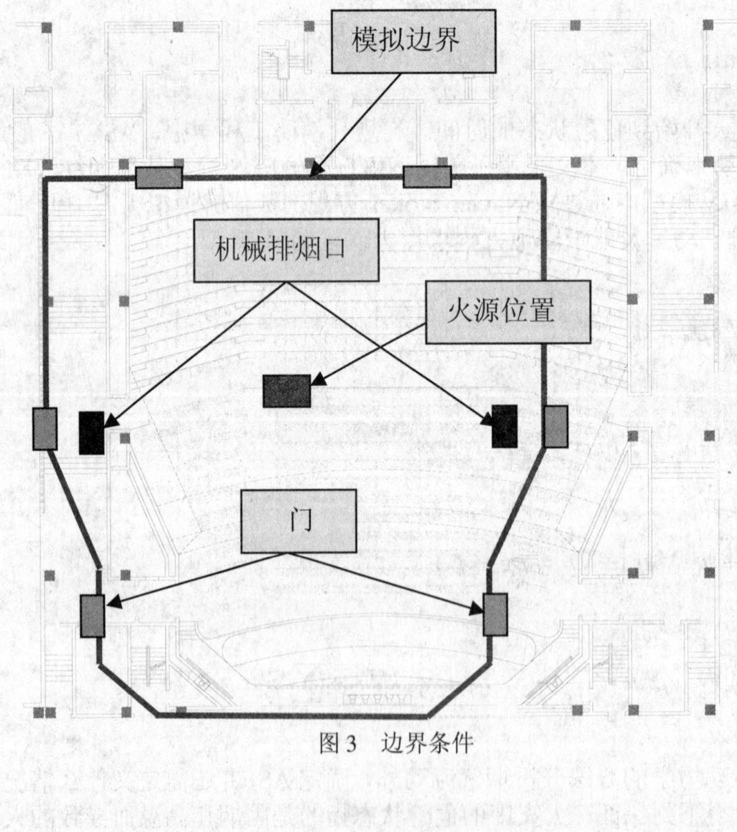

图 3　边界条件

3.2 烟气层高度

通过 CFD 的计算，图 4 为部分烟气蔓延的仿真计算结果。图 5 为烟气层高度随时间发展的计算结果。从图中可以看出，火灾发生后 300 秒时，烟气高度仍能维持在 4 米以上。因此，从烟气层高度计算疏散可用时间 ASET 大于 300 秒。

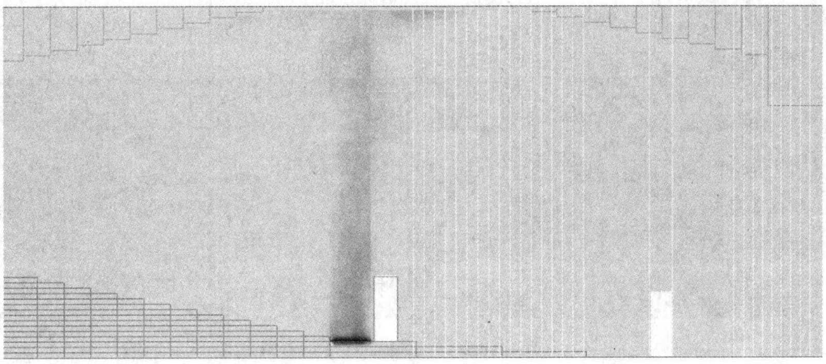

80 秒时

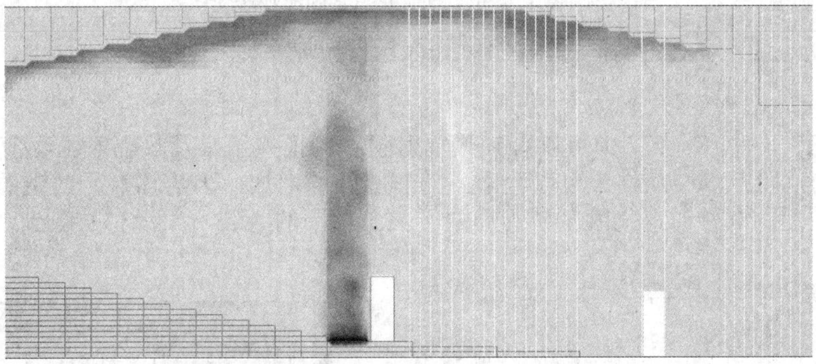

120 秒时

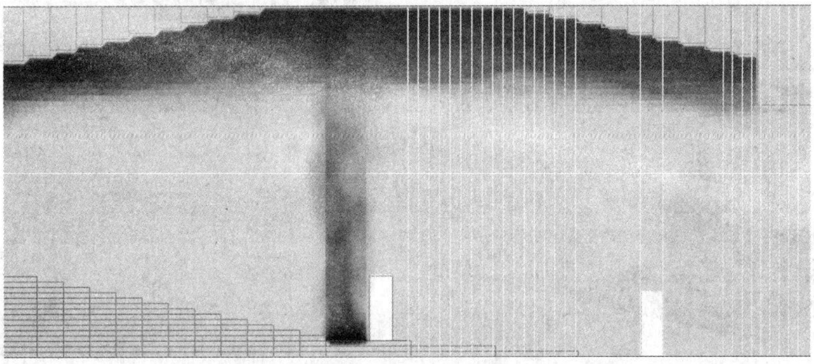

180 秒

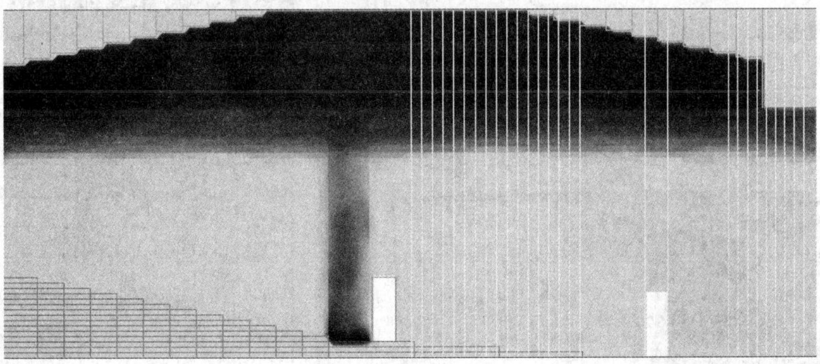

300 秒

图 4　烟气层模拟计算结果

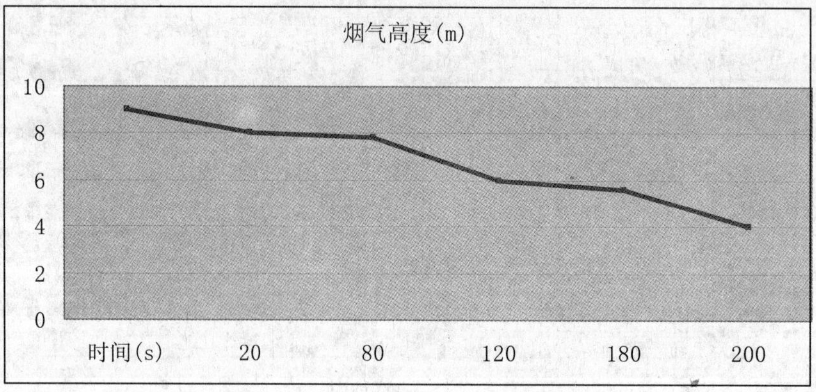

图 5　烟气层高度随时间变化关系

3.3 热辐射强度计算

热辐射强度如图 6 所示。从图中可以看到热辐射强度的模拟结果及热辐射强度值大于 2.5 千瓦/平方米的危险范围。从结果可以看出，随着时间的增加，因热辐射所产生的危险区域也在不断扩大，但在火灾发生后 300 秒时，危险区域仍局限于火源周围的区域，并没有扩散到观众厅的出口位置。

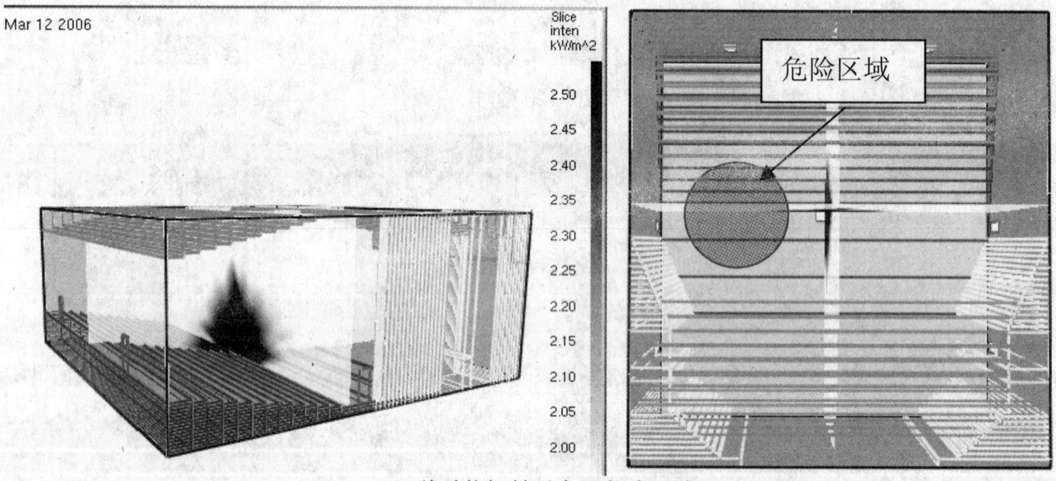

120 秒时热辐射强度及危险区域

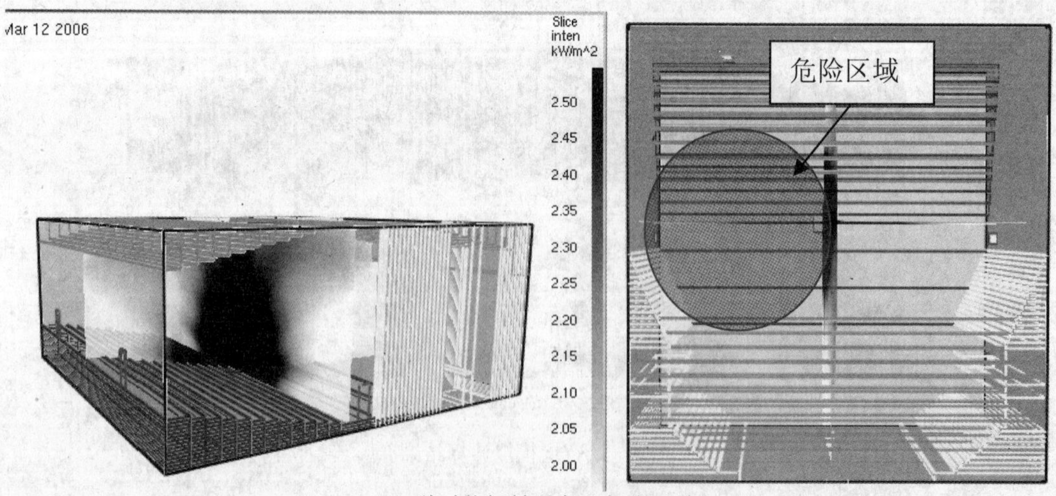

300 秒时热辐射强度及危险区域

图 6　热辐射强度计算结果

3.4 烟气温度计算

温度分布结果如图 7 所示。从图中可以看出，因温度造成的危险区域的范围小于因热辐射强度所造成的危险范围。

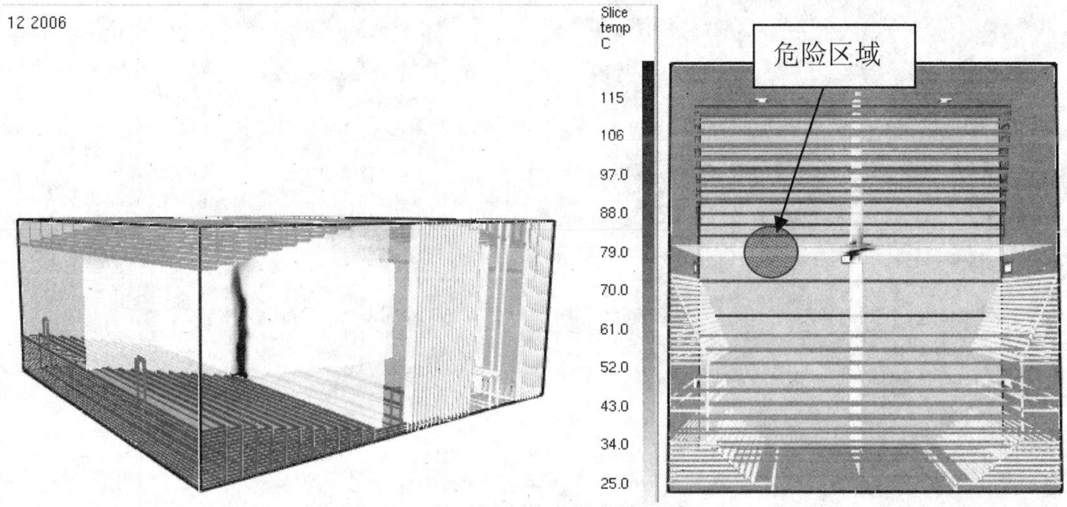

120 秒时温度分布及危险区域

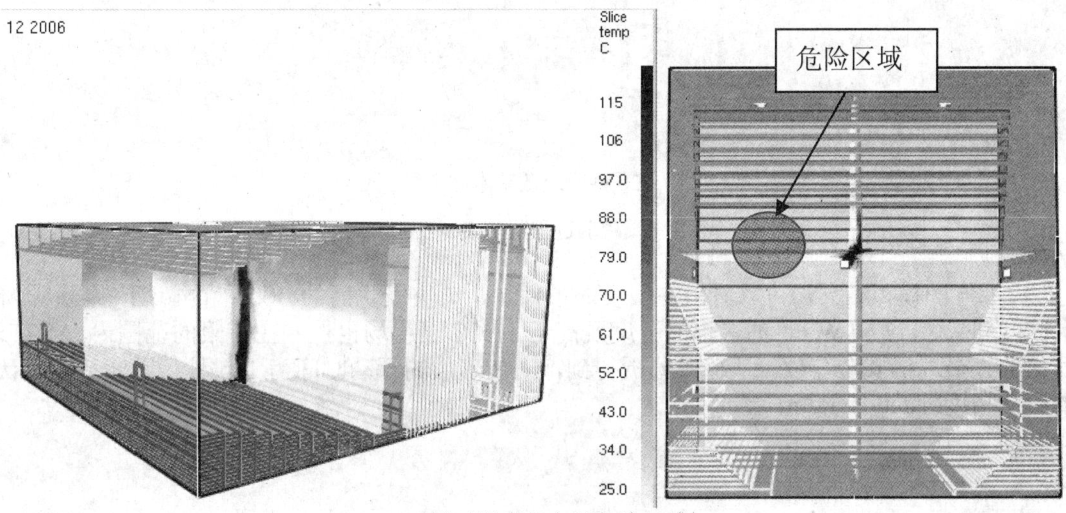

300 秒时温度分布及危险区域

图 7　温度分布计算结果

3.5 ASET 值

从 3.2，3.3，3.4 的分析中可以得到，ASET>300 秒。

4. RSET 的确定

能过人员疏散过程进行数值模拟分析，得到人员疏散完结所需时间 RSET。数值模拟模型采用香港城市大学开发的空间网络模型 SGEM[4,5]。根据有限网格理论，SGEM 模型可以自动捕捉建筑物的空间信息和人员分布特征，提供智能化的空间数据自动采集和自动输入技术，记录大型建筑物内每一个疏散人员的疏散路线轨迹，能够实现区域内大规模人员疏散过程的模拟。从火灾烟气模拟结果可以得到 ASET<300 秒，因此可以假设所有通道没有受到火焰、烟气影响，逃生人员在有序的离开观众厅。考虑到影剧院内发生火灾时能在第一时间被发觉，因此假设反应时间为 0。图 8 为通过 SGEM 得到的模拟计算结果。从结果可以

看出，疏散所需时间为 125 秒。

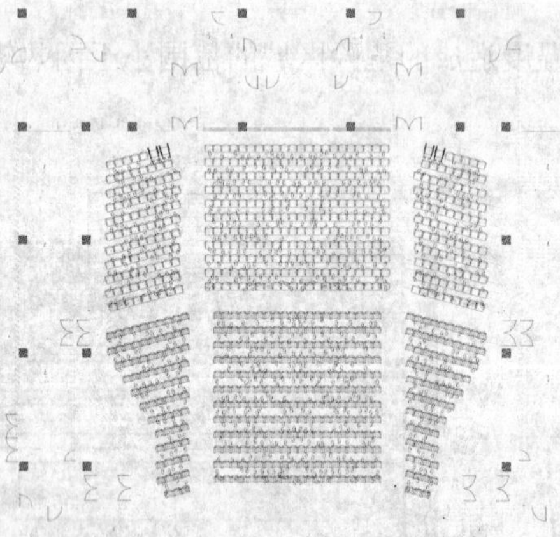

疏散开始时

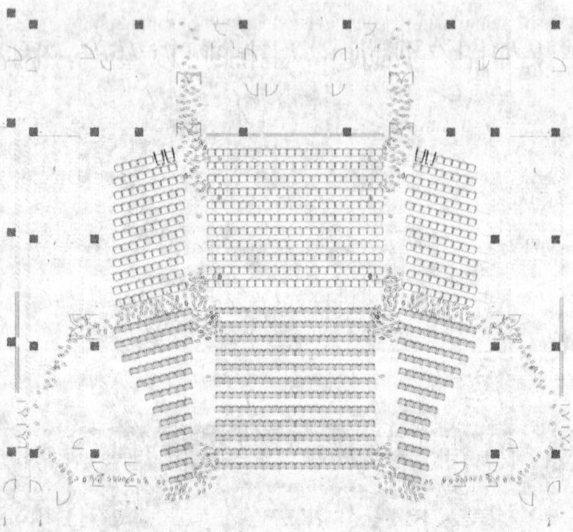

60 秒时

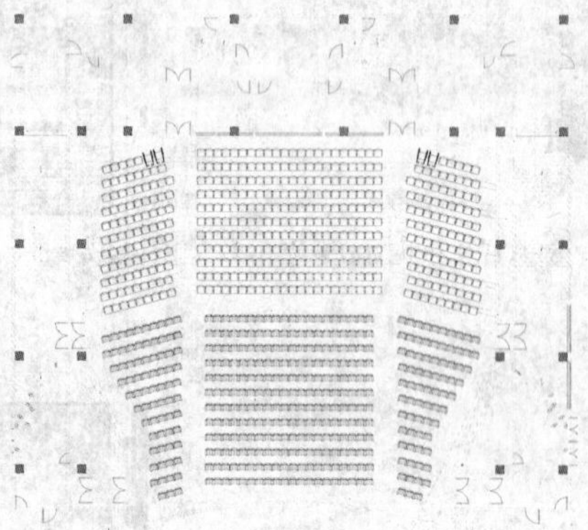

120 秒时疏散基本结束

图 8　疏散过程数值模拟结果

通过火灾烟气的模拟结果，可以看出在假设的条件下，火灾发生后的 300 秒内，烟气层并未降低到离地面 2 米高，同时大于 2.5 kW/m^2 的热辐射强度及高于 115°C 温度场也控制在有限的范围内。ASET>RSET，即观众厅内的人员能够安全疏散。从疏散分析得到，人员疏散的行动时间为 125 秒，因此基本可认为有大于两倍的安全裕度(safety margin)。

5. 结论

经过以上的计算讨论，可以得到以下几点结论：

(1) 该影剧院采取了机械排烟方式，减缓了烟气下降的速度，通过火灾烟气模拟结果及疏散模拟结果可以得到疏散所需时间 RSET 约为 125 秒，疏散可用时间 ASET 大于 300 秒，因此可以认为消防安全水平基本能得到保证，同时具有大于两倍的安全裕度。

(2) 从烟气发展的结果看，在机械排烟条件下，即使不考虑排烟的启动时间，热烟层仍会随着火灾的发展而下降。建议适当提高排烟机的设计排烟量以获得更好的控烟效果。

6. 参考文献

[1] McGratta K and Forney G. Fire dynamics simulator (Version 4) – user's guide. NIST Special Publication 1019, Gaithersburg, MD :National Institute of Standards and Technology, 2004.

[2] Kevin McGrattan. Fire dynamics simulator (Version 4) – technical reference guide. Gaithersburg, MD:NIST Special Publication 1018, National Institute of Standards and Technology,2004

[3] Society of Fire Protection Engineers & National Fire Protection Association. "The SFPE Handbook of Fire Protection Engineering", 2nd Ed. NFPA,1996,2-34.

[4] Lo, S.M. and Fang, Z., A Spatial-Grid Evacuation Model for Buildings, Journal of Fire Sciences, 2000,18:377-395.

[5] Lo, S.M., Fang, Z., Lin, P. and Zhi, G.S., An evacuation model: the SGEM package, Fire Safety Journal, 2004,39:169-190.

Performance-based design of an auditorium hall

Abstract

The performance-based approach has been applied to evaluate the fire safety level of a large auditorium hall. The spatial grid evacuation model (SGEM) is adopted to estimate the required evacuation time (RSET) and computational fluid dynamics technique is used to determine the available evacuation time (ASET). The fire safety level is assessed by comparison of RSET and ASET.
Keywords: performance-based design; auditorium hall; fire and smoke; evacuation

作者简介：

郭荣光，博士，男，Arch&Fire Professional (Int'l) Ltd 董事总经理。主要研究方向：性能化防火设计、火灾动力学研究、高效能混凝土的湿热效应等。联系方式：香港特别行政区火炭禾盛街 11 号 603 室 Arch&Fire Professional (Int'l) Ltd，电话：(00852)3165 1992，传真：(00852)3743 4001，E-mail: kwokwk@archfirepro.com。

Performance-based Fire Engineering Approach in Outdoor Stadium

W.K. Kwok, A.L.K. Cheung, K.F. Law

Arch&Fire Professional (Int' l) Ltd.

Abstract

As outdoor stadium is a place of public entertainment with large compartment volume to accommodate a large numbers of occupants, it is important to evaluate the fire safety level in case of fire accidents. Renovations of selected stadium were carried out in Hong Kong. An improvement works by alteration of architectural layout will be implemented at the existing stadium which was built in early 1980's. Due to the site constraints, the existing building can not comply with the current statutory requirement. Hence, fire engineering approach was adopted to analysis the fire safety level of the existing stadium. Based on the existing design of the stadium, addition safety measures were recommended to facilitate the evacuation procedures. Based on two fire scenarios, evacuation simulations were conducted to predict the Required Safe Egress Time (RSET), while computational fluid dynamic simulations were carried out to evaluate the Available Safe Egress Time (ASET). The difference between the Available Safety Egress Time (ASET) and Traveling Time (TT) is compared to determine the fire safety margin. Conclusively, this paper indicates that fire safety level of the building is at a reasonable level and is further enhanced by increasing the width of openings along fence as well as the additional fire safety measures. Besides, it also demonstrated the application of fire engineering approach in the renovation building developments.

Keywords: performance-based fire engineering approach, fire safety level, stadium.

1. Introduction

An improvement work by alteration of architectural layout will be implemented at the existing stadium. This site comprised of two floors that the upper floor is the spectator's entrance to the open-air spectator stand with total capacity of 3600 seated in spectator stand. The improvement works includes refurbishment and renovation of all existing servicing areas beneath the spectator stand of stadium (i.e. lower floor), while the total number of seats, total number and width of exit routes of open-air spectator stand on the upper floor remain unchanged.

Since the existing building was built since early 1980's, because of the existing building structure and site constraints, the existing open-air spectator stand does not fully comply with the current requirements stipulated in the Code of Practice for the Provision of Means of Escape, 1996 [[1]]. In order to meet the fire safety objectives and performance requirements of legislation, a fire safety engineering study will be conducted to demonstrate the fire safety level can be ensured and improved by the Proposed Design in the stadium.

The fire safety engineering study was conducted to assess the overall safety level of the Existing Designs and Proposed Designs in the stadium. Two scenarios are carried out to evaluate the performance of additional safety measures of Proposed Design, include 1) normal evacuation without the occurrence of fire and 2) evacuation under fire scenario. The like-to-like approach was adopted to evaluate the effect of Proposed Design (increasing the fencing width) under normal situation without the occurrence of fire. On the other hand, the fire safety level of this building when in case of fire was evaluated by the total fire engineering approach. The difference between the Available Safety Egress Time (ASET) and Traveling Time (TT) is compared to determine the fire safety margin. Based on the simulation results, the fire safety level of the stadium can be determined by comparison between predicted ASET and RSET.

The objectives of the current study are:

a) To assess the overall level of fire safety levels of the alteration works in the stadium; and
b) To demonstrate the fire safety level of the Proposed Design provided with appropriate fire safety measures can be ensured and enhanced by the additional fire safety measures.

2. Proposed design provided with additional fire safety measures

As aforementioned, it is proposed to provide the additional fire safety measures in the existing stadium. Due to the site constraints, it is not possible to increase the numbers of exit staircases and rearrange the seating plan. Alternatively, it was proposed to optimize the width of opening with total evacuation time of the whole building and resulted in the shortest evacuation time.

3. Evaluation of proposed design

In order to assess the effect of the Proposed Design with additional safety measures on the overall safety level, the safety level of stadium under two scenarios, i.e. normal condition without the occurrence of fire and evacuation under fire condition were studies.

In normal condition without the occurrence of fire, a like-to-like approach was adopted. Instead of evaluating the risk level, this study focused on comparing the traveling time in the building under two designs (i) Existing Design with original opening width and (ii) Proposed Design with 3 times wider opening width. An evacuation model was employed to determinate the Traveling Time (TT) for both Existing Design and Proposed Design (with 3 times wider openings) in case of emergency. The results were then compared so that the effect of the enhanced measures could be seen.

On the other hand, a fire was assumed to be located at the spectator stand as the worst scenario in case of fire accidents. Computational Fluid Dynamic (CFD) simulation was conducted to determine the Available Safe Egress Time (ASET). Meanwhile, the fire location was chosen so that one or two of the exit of the spectator stand was/were blocked and another evacuation simulation was conducted to determine the TT for the occupants in the stadium with enhanced measures. By comparing the ASET and TT, the fire safety level of the stadium with enhanced measures can be demonstrated. The approach adopted in this fire engineering study is as shown in Figure 1.

3.1 Normal evacuation without the occurrences of fire

The RSET is the time required for the occupants to reach place of safety. The value of the RSET comprises two major components namely Response Time (RT) and Travel Time (TT). The evaluation of the times is detailed as follows.

The Response Time (RT) is the time after an alarm or cue is evident but before the occupants of a building begins to move towards an exit. It involved in the responses of occupants before they start to move through escape routes, while the Travel time (TT) is the physical movement time taken for the occupants of the building to reach a place of safety and can be determined by the evacuation model.

Due to the small floor area and public announcement addressing system in the stadium, the occupants would start the evacuation immediately. As a result, the pre-evacuation time is considered minimal and can be practically set to 20 seconds. For cases of Existing Design and Proposed Design, the TT for all occupants escape from the fencing of building was predicted to be 300 seconds and 250 seconds respectively.

The values of the predicted RSET for Existing Design and Proposed Design are summarized in Table 1. The results indicate that Proposed Design can provide more efficient evacuation than the Existing Design.

Table 1 Predicted RSET for Existing Design and Proposed Design under normal situation

Scenario	Parameters	Existing Design	Proposed Design
Normal Evacuation	Response Time (seconds)	20	20
	Travelling Time (seconds)	300	250
	Predicted RSET (seconds)	320	270

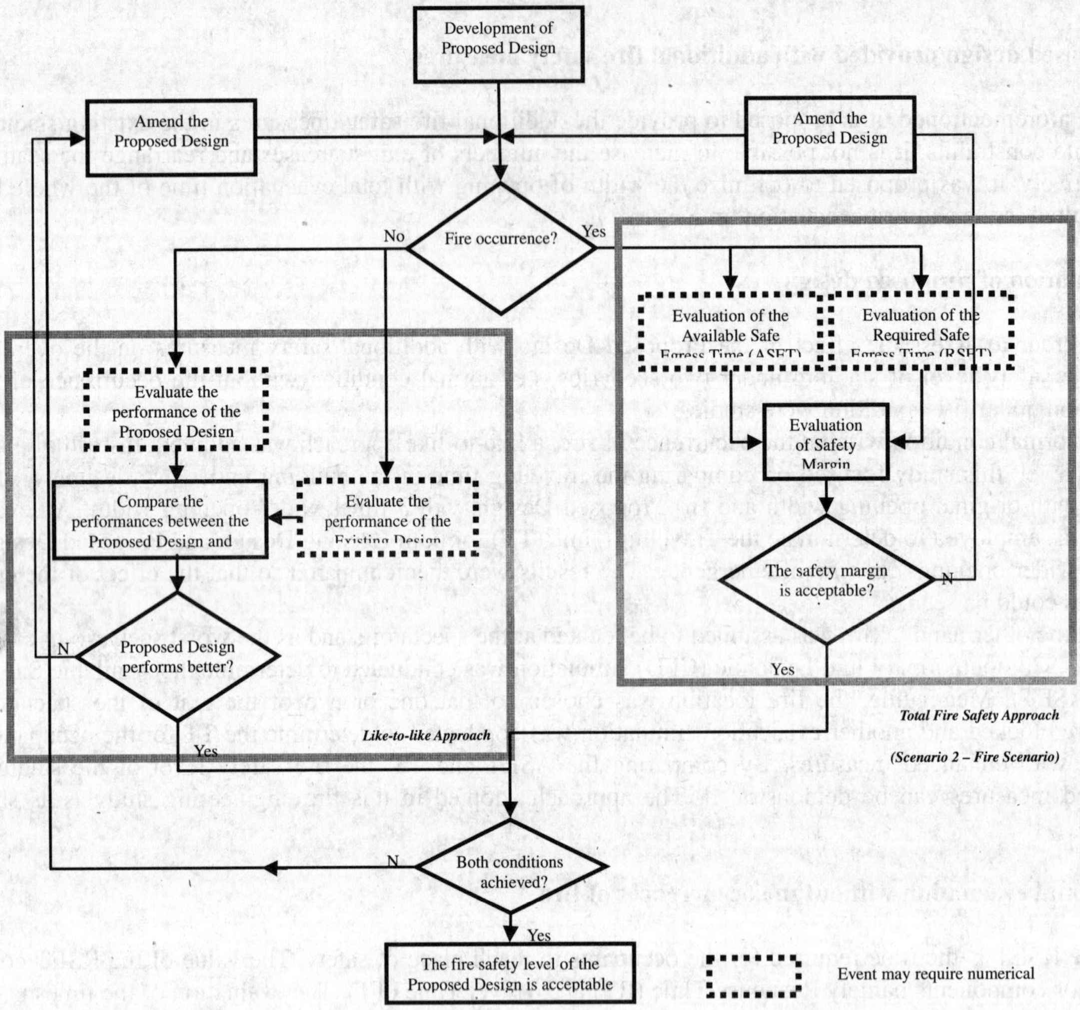

Figure 1 Approach adopted in the performance-based fire engineering study

Figure 2 All the occupants in the stadium can evacuate our of the fencing of building by 300 seconds for the Existing Design (Left) and 250 seconds for the Proposed Design (Right).

3.2 Evacuation under fire scenario

3.2.1 CFD simulations

In the current study, the Computational Fluid Dynamics (CFD) simulation on hot gases dispersion was carried out to determine the fire and smoke spread in the building. A CFD package Fire Dynamics Simulator (FDS) ver. 4.0 developed by NIST [2] was adopted. It modeled the fire driven fluid flow and solved numerically a form of the Navier-Stokes equations which are appropriate for low-speed, thermally-driven flow with an emphasis on smoke and heat transport from fires. The turbulent model of the FDS is based on the Smagorinsky model of Large

Eddy Simulation (LES)[1].

FDS solves the basic conservation of mass, momentum and energy equations for a thermally-expandable, multi-component mixture of ideal gases [2]. The basic set of equations is as follows:

Conservation of Mass:

$$\frac{\partial \rho}{\partial t} + \nabla \cdot \rho u = 0 \tag{5}$$

Conservation of Species:

$$\frac{\partial}{\partial t}(\rho Y_l) + \nabla \cdot \rho Y_l l u = \nabla \cdot \rho D_l Y_l + \dot{m}''' \tag{6}$$

Conservation of Momentum:

$$\rho\left(\frac{\partial u}{\partial t} + (u \cdot \nabla) u\right) + \nabla p = \rho g + f + \nabla \cdot \tau \tag{7}$$

Conservation of Energy:

$$\frac{\partial}{\partial t}(\rho h) + \nabla \cdot \rho h u = \frac{Dp}{Dt} - \nabla \cdot q_r + \nabla \cdot k \nabla T + \sum_l \nabla \cdot h_l \rho D_l \nabla Y_l \tag{8}$$

3.2.2 Tenability limit and Available Safe Egress Time (ASET)

The ASET was the time required for the fire to develop from ignition to a condition causing the environment untenable. The untenable conditions occurred when it was predicted that an occupant inside or entering an enclosure was likely to be unable to save themselves due to the effects of exposure to smoke and heat. In this study, two criteria were adopted to ascertain the untenable conditions and summarized in Table 2. The value of ASET was defined as the shortest time reaching either one of the two untenable conditions.

Table 2 Summary of two untenable conditions

Untenable condition	Tenability limit
A	Exposure to radiant heat intensity which is greater than 2.5 kW/m^2 at 2.0m head level [3]
B	Exposure to convective heat which is higher than 115°C with 5 minutes tolerance time at 2.0m head level [3]

Assume the fire was located at a corner of the stadium which may block up two numbers of exit staircases. The model parameters adopted in the FDS simulation were summarized in Table 3.

Table 3 Summary of model parameters in the simulations

Model Parameters	Value used	Reasons
Numbers of Control Volumes	690,000	The computational cells should be smaller than the characteristic length scales[4]
Heat Release Rate (kW)	3200	According to Su [5], a t-squared slow fire peaking at 3.2 MW would occur when 13 stadium seats were involved in fire simultaneously. Hence, the fire size adopted in the CFD simulations for the alternative item was 3.2 MW
Simulation Time (sec)	2000	Sufficient time for the fully development of fire

The area being investigated was divided into 4 zones shown in Figure 3. The ASET and RSET time is determined by CFD simulation and evacuation simulation respectively. The simulations resulted was summarized in Table 4.

[1] The application of LES on fire dynamics is based on the separation of large scale eddies and small scale eddies by filtering process. It solves the large eddy motion by a set of filtered equations governing the three-dimensional, time dependent motions. While the small eddies are modeled by the sub-grid model independently.

Table 4 omparison of predicted ASET and TT

Zone	A	B	C	D
TT (sec)	30	40	45	60
ASET (sec)	190	310	540	640
Fire Safety Margin (sec)	160	270	495	580

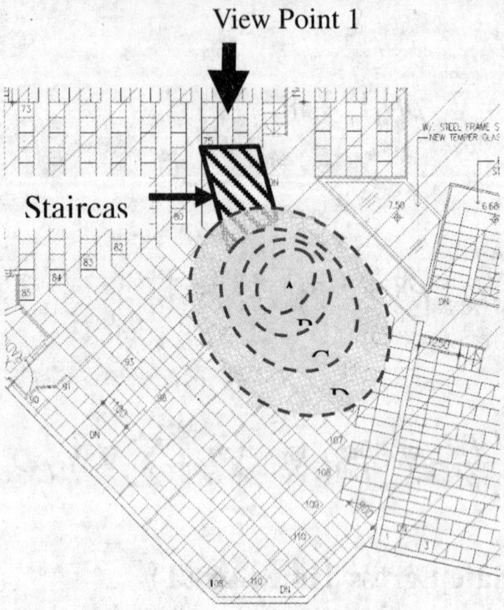

Figure 3 Key plans of Zoning

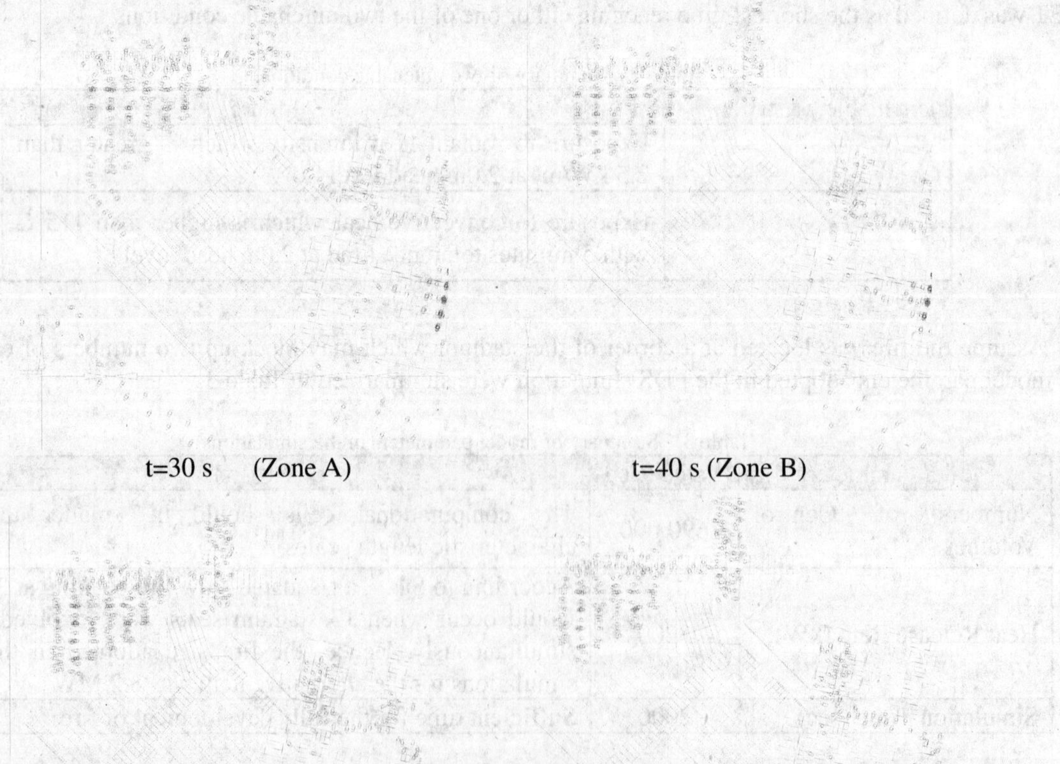

Figure 4 Evacuation pattern at the time(s) of that occupants escape out of Zone A, B, C and D.

It can be found that fire safety margin increased from Zone A to Zone D. It can be predicted that the growth of fire is slower than the evacuation of the occupants. Hence, it can be concluded that the safety level of the stadium with Proposed Design is at reasonable level.

4. Discussions and Conclusions

Although, the design items which do not comply with the respective prescriptive requirements, the acceptable fire safety level of the existing building, with additional safety measures, was well demonstrated by scientific approaches.

In order to compensate the topological limitation of the stadium, it was proposed to increase the width of opening along the court fencing, the evacuation routes can be enhanced to lead the occupants escaping from the building to the safe places. The fire safety level of Proposed Design was studied under normal situation and fire scenario. Fire safety level under normal situation was investigated by comparing the RSET of Proposed Design with the Existing Design, which is considered to meet the prescriptive requirements stipulated in the building regulations. Regarding to the evacuation simulations, RSET of Proposed Design is comparatively shorter than that of Existing Design. It can be concluded that the fire safety level of the Proposed Design is not lower than the Existing design. Moreover, the total fire engineering approach was carried out to demonstrate the fire safety level in case of fire by evaluating the difference between the Available Safety Egress Time (ASET) and Traveling Time (TT). The comparisons in different zones indicate that the Proposed Design will ensure all the occupants evacuating from the stadium and reaching the safe places. Hence, the fire safety level of the Proposed design is at a reasonable level.

5. References

[1] Buildings Department, Code of Practice for the Provision of Means of Escape in Case of Fire, 1996.
[2] McGratta K and Forney G. Fire dynamics simulator (Version 4) – user's guide. Gaithersburg, MD:NIST Special Publication 1019, National Institute of Standards and Technology, 2004.
[3] British Standards Institution, The Application of Fire Safety Engineering Principles to Fire Safety Design of Buildings, British Standard Institution, BSI ,PD 7974: Part 6: 2004.
[4] H.Y. Wang, M. Coutin, and J.M. Most, Large-eddy-simulation of buoyancy-driven fire propagation behind a pyrolysis zone along a vertical wall, Fire Safety Journal,2001,37:259-285.
[5] C.H. Su, Experimental Investigation on Heat Release Rate of Seats of a Sports Stadium under a Performance-based Design Approach, Proceeding (522) of Applied Simulation and Modelling - 2006, Rhodes, Greece.

露天体育场馆的消防性能化设计

摘要

露天体育场馆是一种特殊的大内敞空间的公共建筑，通常在特定时段内会聚集几千甚至上万公众，因而其消防安全性一直倍受政府及相关部门关注。香港于近年开始对一些建于八十年代初期的老体育馆进行翻新改建，由于受周边建筑物的限制，很多都无法满足现行规范中对人员安全疏散的要求，需要通过性能化设计的方式去解决。本文以某露天体育馆为例，针对该体育馆的周边环境特点与人员分布情况，提出相应的人员疏散管理与安全改进措施。并通过性能化设计的方法，模拟不同火灾场景下体育场馆内的人员安全疏散，即发生火灾时人员的紧急疏散分析与一般情况下的人员疏散分析，并综合考虑了露天体育场馆内火灾的热幅射强度对人员疏散的影响，确保改建后的体育场馆防火安全水平处于合理水平。本文对露天体育场馆的性能化防火的设计理念及方法可应用推广至其它同类型建筑。

关键词：性能化防火安全设计、防火安全水平、体育场馆。

作者简介：

郭荣光 博士，男，Arch&Fire Professional (Int'l) Ltd 董事总经理。主要研究方向：性能化防火设计、火灾动力学研究、高效能混凝土的湿热效应等。联系方式：香港特别行政区火炭禾盛街 11 号 603 室 Arch&Fire Professional (Int'l) Ltd，电话：(00852)3165 1992，传真：(00852)3743 4001，E-mail: kwokwk @archfirepro.com。

自动灭火天花板在消防节能环保三方面的探讨

韩茂树[1]，张宸玮[2]

[2]台北科技大学土木与防灾研究所
[2]台湾省峰全消防科技有限公司／广东省惠州市陈江语宸塑料型材厂

摘要

“自动灭火天花板（阻燃水天花板）”是由广东省惠州市陈江语宸塑料型材厂生产。它于1999年获得国家实用新型专利证书，在2003年通过了ISO9001：2000质量管理体系认证，是符合强制性国家标准GB20286-2006《公共场所阻燃制品及组件燃烧性能要求和标识》规定的阻燃制品，是首批经从事阻燃制品燃烧性能检验机构--国家防火建筑材料质量监督检验中心检验合格的产品。具有阻燃、抑制火灾蔓延、延缓、防止轰燃发生、自动洒水灭火、降温、隔热、隔音、抗折、防潮、防霉变、耐污染、回收再利用等功能，达到消防安全、节能和环保的效果。也是第一家获得阻燃制品标识的建筑装饰材料生产企业。

它的阻燃、防止轰燃、自动灭火功能为企业在不幸发生了火灾时，起到降温、延缓燃烧、防止轰燃、自动洒水和阻止火焰蔓延等功效，为消防车的到来和抢运财产赢得宝贵时间；它的降温、隔热功能为企业提供了一个行之有效的节能办法；干净、卫生、隔音、防潮、防虫不发霉、不落尘、无石棉、可水洗、完全回收再利用，达到环保的效果。

“自动灭火天花板（阻燃水天花板）”应用范围很广，像大型商场（超市）、写字楼、办公室、工厂车间、学校、饭店、休闲娱乐场所等公共场所均可使用。

“自动灭火天花板（阻燃水天花板）”是一种集防火阻燃、自动灭火、降温节能、环保多功能为一体的新型消防节能环保产品。

关键词：自动灭火天花板、阻燃水天花板、阻燃标识、阻燃建筑装饰材料、节能、环保。

1. 概述

中国政府在消防、节能和环保三方面，非常重视，希望在经济快捷成长的同时，对社会安定和谐和赶上世界先进国家的脚步，做了非常大的努力落实工作，由以下的资讯就可以看出政府的决心和苦心。

公共场所的恶性火灾不仅为级人民的生命和财产安全，而且影响社会安定。为了减少公共场所的恶性火灾，中国公安部消防局组织相关研究机构，针对公共场所火灾的防治，展开了大量的试验和研究。同时，从2003年开始，中国公安部消防局就开始着手组织制定强制性国家标准GB20286－2006《公共场所阻燃制品及组件燃烧性能要求和标识》，并根据《消防法》和《质量法》制定了《消防产品监督管理规定》和《阻燃制品标识管理办法》等文件，明确了阻燃制品的防火阻燃标识明识制度。目前，强制性国家标准GB20286－2006《公共场所阻燃制品及组件燃烧性能要求和标识》已于2007年3月1日正式实施。同时，中国公安部还批准下发了《阻燃制品标识管理办法》，并于2007年5月1日起正式实施。因此，推动了中国防火安全设计和阻燃技术的发展。

中国国务院总理温家宝在2007年4月27日全国节能减排工作电视电话会议上讲话（高度重视　狠抓落实进一步加强节能减排工作），电视电话会议的主要任务，就是动员和部署加强节能减排工作。总的要求是：统一认识，明确任务，加强领导，狠抓落实，以更大的决心、更大的气力、更有力的措施，确保国家“十一五”节能减排目标的实现，促进国民经济又好又快发展。

近年来中国政府在环保问题的决策上也越来越重视落实全民环保理念，在党中央、国务院高度重视环保工作中发动群众参与。2005年12月3日，国务院发布了《关于落实科学发展观加强环境保护的决定》，作为中国环保工作的总体战略性安排，其中专门要求健全社会监督机制，实行环境质量公告制度，为公众参与创造条件，同时发挥社会团体的作用，鼓励检举和揭发各种环境违法行为，推动环境公益诉讼。对涉及公众环境权益的发展规划和建设项目，通过听证会、论证会或社会公示等形式，听取公众意见，强化社

[2] Fire Protection Association, Code for the Protection of Cultural Resource Properties Museums,Libraries, and Places of Worship ,NFPA 909(2005)

会监督。2006 年 4 月，温家宝总理在第六次全国环境保护大会上发表讲话指出，要大力开展环境宣传教育，增强全民环保意识,弘扬环境文化,在全社会形成保护环境的良好氛围。

2. 自动灭火天花板简介

“自动灭火天花板”是由进口防火 B1 级 PVC 中空板材和 70%纯净水经过特殊工艺生产出来的。它于 1999 年获得国家实用新型专利证书，专利号为 ZL9820224.6，2003 年通过 ISO9001：2000 认证，并分别在 2003 年和 2004 年通过了国家消防装备质量监督检验中心、国家固定灭火系统和耐火构件质量监督检验中心、国家防火建筑材料质量监督中心等三个检验中心的检验和燃烧试验，结论证实“自动灭火天花板”难燃性能达到建筑材料 GB 8624 B1 级标准，具有抑制火灾蔓延、延缓和防止轰燃发生的效果。是符合强制性国家标准 GB20286-2006《公共场所阻燃制品及组件燃烧性能要求和标识》规定的阻燃制品，是首批经从事阻燃制品燃烧性能检验机构---国家防火建筑材料质量监督检验中心检验合格的产品，也是第一家获得阻燃制品标识的建筑装饰材料生产企业。

“自动灭火天花板”产品规格为 600mm×300mm×7.5mm（长×宽×厚），约重 1kg/片（其中水约 0.6kg）。所选用的原材料，都经过了严格筛选，每一块天花板都经过上百公斤的压力测试。只要不故意损坏，天花板中的水十年内不变质、不蒸发、不会泄漏。

“自动灭火天花板”具有阻燃、防止轰燃、自动灭火、降温、隔热、隔音、抗折、防潮、防霉变、耐污染、易清洗、回收再利用等功能。

“自动灭火天花板”应用范围很广，像大型商场（超市）、写字楼、生产车间、仓库、饭店、休闲娱乐场所等均可使用。其施工程序和一般传统工法是一样的，不需要特殊技术。

3. 自动灭火天花板在消防方面之探讨

自动灭火天花板在消防方面主要的功能是阻燃和自动灭火。在验证上，于 2003 年 8 月 6 日由“台湾消防署”委托台湾交通大学进行全尺寸货柜屋燃烧实验；于 2004 年 3 月 24 日及 2004 年 4 月 9 日在中国国家防火建筑材料质量监督检验中心进行型式检验（安全性能），实验报告编号是 NO:200410168,NO:200490003。为了申请中国公安部消防局强制性国家标准 GB20286-2006《公共场所阻燃制品及组件燃烧性能要求和标识》规定的“阻燃制品标识”使用证书，又于 2007 年 5 月 29 日在中国国家防火建筑材料质量监督检验中心，再次进行型式检验（安全性能），检验报告编号是 NO:200710365,通过检验后，于 2007 年 6 月 6 日取得阻燃制品标识使用证书。

在台湾交通大学的全尺寸货柜屋燃烧实验过程中，观察发现：1.水天花板之火场燃烧后并未发生轰燃现象，仅有沙发正上方三片水天花板燃烧后内上板有熏烧的痕迹，其除墙壁木板均仍未受到影响而保持原状；2.O2/CO 分析仪之结果显示氧气浓度的最低点为 17.3%,尚未达到缺氧状态（15%以下），表示整个燃烧过程中，未达轰然现象时就降温，并非空气不足，主要是以自动灭火天花板无法燃烧，其内的含水可以有效的破坏产生轰然所须的条件（天花板下须有累积高温的热烟层）为主要原因。

在中国国家防火建筑材料质量监督检验中心的检验中，编号 NO:2004101168 检验结论为：经检验，该材料燃烧性能达到 GB8624-1997 判定，该材料燃烧性能达到 GB8624 B1 级。编号 NO:200490003 检验结论为：经试验，该自动灭火天花板吊顶在模拟实体办公环境条件下采用标准点火源进行燃烧实验，最大热释放速率峰值为 480kw,20min 内未发生轰燃。编号 NO:200710365 检验结论为：经检验，该自动灭火天花板燃烧性能符合 GB20286-2006 规定的 B-s2,d0,t0 级要求。按 GB20286-2006 判定，该制品符合公共场所使用的阻燃建筑制品燃烧性能要求。在多次检验中发现，在一般装修的空调，自动灭火天花板的作用下，亦可将火势迅速扑灭；在易燃和燃烧速率非常快的空间，尽管在短时间发生轰燃，但在自动灭火天花板的作用下，亦可将火势迅速扑灭，控制火灾在此空间结束，而不会延烧到别处。

4. 自动灭火天花板在节能、环保方面之探讨

自动灭火天花板的每片内置 600 克的水，因此除了能于火灾发生时有灭火功能外，它还具有节能环保的效用，是 21 世纪最绿色多功能的科技产品。由物理学的原理，内装的水具有调节温度的功能，而达到降温的效果，节省空调的用电量。安装了自动灭火天花板的空间，平均可将室内温度降低摄氏 5 度以上，大大降低空调的负荷，而节能可观电费，因而产生经济回收的效益。

自动灭火天花板的中空 PVC 板材内外表面均经过近乎纳米级处理，光滑且洁净，不会产生尘螨、落

尘，易清洗。而 PVC 材质是采用最高档原料制成，经过 240 小时 100 公斤高压测试过，只要不刻意去破坏它，可保用 10 年以上，也不会变形、漏水。需要移动到其它地方安装使用时，也几乎不会有耗损。在不用它时，只要将水倒出，即可回收 PVC 料再利用，达到环保的功能。

5. 结论

自动灭火天花板是第一个获得中华人民共和国国家防火建筑材料质量监督检验中心所颁授国家 B-s2,d0,t0 级证书。也是首先获得国家强制性标准 GB20286-2006《公共场所阻燃制品及组件燃烧性能要求和标识》规定的阻燃建筑装饰制品，并于 2007 年 6 月 28 日由公安部消防局主办的《阻燃制品标识首发仪式》上获颁证书，而为遏制公共场所火灾多发的势头，采用先进的阻燃技术，从源头上提高公共场所消防安全水平，预防火灾和减少人员伤亡，自今年 2007 年 5 月 1 日起，我国开始实施公共场所阻燃制品标识管理工作。此项举措标志着我国消防主管部门更加注重采用先进的科学理论和技术手段来防治恶性火灾。

自动灭火天花板符合国家公安部消防局 GB20286-20O6、GB8624-20O6、GB/T20284-2006、GB/T20285-2006 四项国家标准、并通过 ISO9001：2000 质量管理体系的认证，自动灭火天花板经国家验证它具有如下特殊功能：

（1）当火灾发生时：板内的水遇热膨胀后，会自动洒水（能延缓火焰蔓延的时间，增加逃生机会）。

（2）当火灾发生时，板内的水遇热产生水蒸气，可以抑制轰然发生（确保消防队员及其它救灾人员生命安全）。

（3）省电（夏天平均室内温度可降低 3-80C、反之冬天平均室内温度可提高 3-80C，达到冬暖夏凉的效果）。

（4）无尘螨，无石棉，隔音,环保回收，可水洗（维护身体健康，净化生活空间）。

（5）当地震发生时，板内的水可以紧急饮用（免除被困时，缺水的危机）。

6. 参考文献

[1] 台湾交通大学消防实验所:自动灭火天花板与普通天花板全尺寸货柜屋燃烧检验报告,2007 年 8 月 6 日.

[2] 国家防火建筑材料质量监督检验中心:自动灭火天花板型式检验报告,NO:200410168,2004 年 3 月 26 日.

[3] 国家防火建筑材料质量监督检验中心:自动灭火天花板型式检验报告,NO:200490003,2004 年 4 月 9 日.

[4] 国家防火建筑材料质量监督检验中心:自动灭火天花板型式检验报告,NO:200710365,2007 年 6 月 6 日.

作者简介：

韩茂树，台北科技大学土木与防灾研究所副教授。
张宸玮，台湾省峰全消防科技有限公司 / 广东省惠州市陈江语宸塑料型材厂总经理。

建立和完善消防规划法律制度 提高城乡抗御火灾能力

韩子忠[1]，杨 庆[2]

[1]黑龙江省消防总队
[2]四川省消防总队

摘要

消防规划是是城乡抗御火灾和处置特种灾害事故的基础。建立和完善消防规划法律制度，对于提高城乡抗御火灾事故的能力，构建社会主义和谐社会具有重大意义。分析建立和完善消防规划法律制度的必要性，依据全国公共消防设施和火灾基础数据，明确建立和完善消防规划法律制度的必要性。明确消防规划法律制度建设的基本思路和主要内容，落实政府的社会管理、公共服务职能，明确消防规划编制和公共消防设施建设、管理的责任主体、主要内容，拓宽消防规划经费渠道，建立监督问责和违法查处机制，设定法律责任和行政强制措施，建立城乡消防规划建设管理体系，增强城乡抗御火灾和处置特种灾害事故能力，实现城乡消防基础建设与经济社会发展统一、协调和同步发展。

关键词：消防规划、法律制度、火灾预防、特种灾害事故处置。

1. 引言

消防规划是城乡规划的重要组成部分，是城乡消防基础建设的依据，是城乡抗御火灾和处置特种灾害事故的基础。建立和完善消防规划法律制度，落实城乡消防规划编制与实施的长效机制，对于提高城乡抗御火灾事故的能力，遏制重特大火灾事故，构建社会主义和谐社会具有重大意义。

2. 建立和完善消防规划法律制度的必要性

2.1 消防法律制度建设的需要

1989 年公安部、建设部、财政部、原国家计委印发的《城市消防规划建设管理规定》〔89〕公消字 70 号），对于指导城市消防规划的编制、建设和管理，维护社会稳定起到了积极作用。随着我国经济持续快速增长，城市建设不断扩大，该规定已经不适应经济和社会发展的需要，消防规划编制和公共消防设施、消防装备的建设、维护、管理法定职责不清，监督检查措施和法律责任不明确。有关立法依据《中华人民共和国消防条例》和《城市规划条例》均已经废止，建设、交通、国土、民政、监察等相关部门也制定出台了有关城乡规划方面的新的法规、规章和规范性文件，规划法制建设发生了重大变化，消防规划法制建设必须跟上我国法制建设进程。

2.2 公共消防设施建设管理的现实需要

全国城乡消防规划编制、实施以及公共消防设施、消防装备的建设、维护、管理工作严重滞后于社会和经济发展。截止 2006 年底，全国地级以上城市消防站欠账 26.5%、市政消火栓欠账 24.3%、集中受理火警系统欠账 14.3%、消防队员个人防护装备欠账 24.4%，其他城市和乡镇欠账就更为严重。近年来多起重特大火灾事故，如 2004 年湖南省常德市“12・21”特大火灾事故、2005 年广东省汕头市“6·10”特大火灾事故，均暴露了城乡消防规划、公共消防设施建设滞后的问题。截止 2006 年底，全国消防站及消火栓建设情况见图 1、图 2。

图 1

图 2

2.3 建设社会主义新农村的需要

目前全国绝大多数地区乡、村庄消防规划和公共消防基础设施建设是空白。全国 95%的乡、镇没有编制消防规划，90%以上的村庄缺乏消防水源、基本消防器材设施，全国 3.4 万多个乡镇 90%以上没有专业消防力量，65 万个行政村、257 万多个自然村 95%以上没有消防力量。1997 年至 2005 年全国农村平均每年发生火灾 6.7 万起，死亡 1585 人，受伤 2235 人，直接财产损失 6.7 亿元；平均每年发生特大火灾 24 起、重大火灾 230 起。农村火灾平均约占城乡火灾总量的六成，其中火灾起数占总数的 57.4%，死亡人数占总数的 61.2%,受伤人数占总数的 55.8%，直接财产损失占总数的 59.1%，见图 3 所示。平均每年有 4.4 万农户、15 万多人受灾，因火灾"致贫、返贫"，影响了农村经济发展，如再不加强农村公共消防设施建设，将会影响社会主义新农村建设。乡村消防规划建设必须纳入立法视线，将乡和村庄的消防安全布局、消防力量、基本消防装备、消防水源、消防车通道等建设与乡、村庄公共基础设施统一规划，同步推进，刻不容缓。

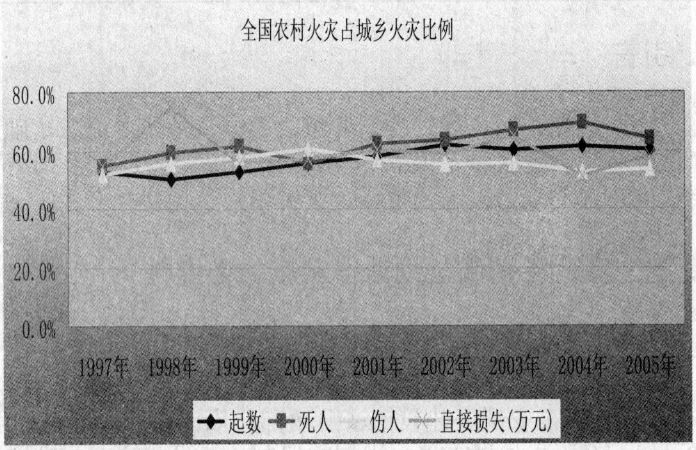

图 3

2.4 加强抢险救援体系建设的需要

消防法规定，公安消防队除了承担火灾扑救任务外，在地方人民政府的领导下参与抢险救援工作。近年来，公安消防部队依法履行职责，积极参加抢险救援工作，成功处置了 2003 年重庆开县"12·23"特大井喷事故、2005 年吉林"11·13"吉化集团双苯厂特大爆炸等，赢得了各级党委、政府和人民群众的广泛赞誉。1999 年至 2005 年全国公安消防部队共出警 229 万余次，其中参加灾害事故抢险救援和社会救助 59 万余次，抢救人员 19 万余人，保护财产价值 1419 亿元，已成为抢险救援的突击和攻坚力量，见图 4 所示。2005 年全国公安消防部队参加抢险救援的出动次数占全部执勤出动次数的比例达 45.2%。消防特勤力量建设得到国务

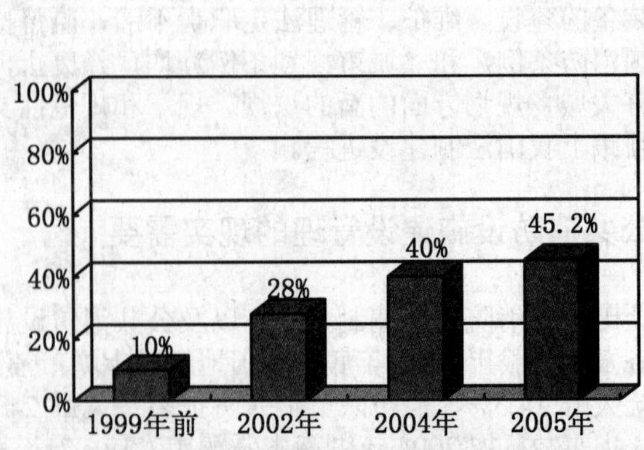

图 4

院及发展改革委、财政部等的大力支持，但是仍处于初期阶段，无法满足社会的现实和发展需要。加强城乡消防规划法制建设，强化消防特勤力量建设，是抢险救援体系建设的需要，是构建社会主义和谐社会的需要。

3. 消防规划法律制度建设的基本思路和主要内容

消防规划法律制度建设的基本思路是：以消防法、城乡规划法等法律、法规为依据，贯彻科学的发展观，坚持城乡消防基础建设科学、协调和可持续发展，落实政府的社会管理、公共服务职能，明确消防规划编制和公共消防设施建设、管理的责任主体，明确消防规划的主要内容、编制要求和建设管理经费，建立消防规划建设管理的监督问责和违法查处机制，建立城乡消防规划建设管理体系，实现城乡消防基础建设与经济社会发展统一、协调和同步发展。

3.1 制定消防规划行政法规

在 1989 年公安部、建设部、财政部、原国家计委印发的《城市消防规划建设管理规定》的基础上，提高法律效力，制定行政法规。主要理由：消防规划建设的主体是各级人民政府，规定各级政府法律责任，是部委规章无法胜任的；规划的核心是落实政府有关部门的职责和相关的经费，对政府部门的责任追究、消防规划建设管理的经费等关键问题，规章的力度和效果无法保障；消防规划建设管理中的法律责任不容回避，按照行政处罚法和正制定的行政强制法，规章的行政处罚和强制措施的设定权限，无法满足消防规划建设管理的要求。

3.2 开展新农村消防规划立法

党中央和国务院提出了建设社会主义新农村，农村基础设施建设问题已经引起高度关注，机遇难得。城市规划法已经修订更名为城乡规划法，纳入 2007 年全国人大立法计划。因此，应当一并将乡、村庄消防规划应纳入立法视线，将《城市消防规划建设管理规定》更名为《城乡消防规划条例》，并对乡镇职业消防站、志愿消防站等建设作出具体要求，在规划实施中明确乡村消防水源、消防车通道、消防通信和消防设施等纳入村庄整治和人居环境改造，与农村公共基础设施配套建设、同步实施。

3.3 明确政府和有关部门消防规划法定职责

根据消防法、城乡规划法、《市政公用事业特许经营管理办法》（建设部令第 126 号）等，明确消防规划建设的主体是各级人民政府，发展改革、建设、规划、财政、国土资源、公安消防、市政、通信等部门按照各自职能，具体负责城乡消防规划的编制以及公共消防设施、消防装备的建设、维护和管理工作。城乡消防规划的编制管理由城乡规划主管部门会同公安消防部门具体负责，建设、发展改革、规划、公安消防等部门依据城乡消防规划具体负责公共消防设施的立项、建设、验收等工作。考虑供水、道路、通信等基础设施建设、维护、管理现状，以及政企分开、社会参与、特许经营等改革变化，合理确定消防供水设施、消防车通道和消防通信设施的建设、维护管理责任部门和单位。

3.4 区别城镇乡村确定消防规划的类别和要求

按照城乡规划法和《城市规划编制办法》（建设部令第 146 号），明确城乡消防规划是城乡规划的组成部分，包括城市消防规划、镇消防规划、乡和村庄消防规划。城镇体系规划应当确定行政区域内城镇发展的消防规划总体要求，统筹规划火灾和特种灾害事故防御体系。城市、镇总体规划中应当有消防规划的内容，并单独编制消防专项规划；乡和村庄应当根据人口规模、经济社会发展和灭火救援实际需要，单独编制消防专项规划或者在乡和村庄规划中编制消防专篇；城乡规划区以外的风景名胜区、独立工矿区规划应当编制消防专篇。编制近期建设规划应当有近期内实施消防规划的重点和发展时序。编制控制性详细规划应当落实城乡消防规划确定的公共消防设施具体用地位置、界线、控制指标和地理坐标。

3.5 辨析法和标准明确消防规划的强制性内容

根据城乡规划法和《城市规划编制办法》、《城市黄线管理办法》（建设部令第 144 号）、《城市规划强制性内容暂行规定》等，明确城乡消防规划在消防安全布局、消防站、消防供水、消防车通道、消防通信和消防装备以及风景名胜区、历史文化遗产的消防保护措施等 6 个方面必须严格执行的强制性内容要求，强化有关消防规划强制性内容的法律效力，避免消防规划编制、调整和实施的随意性。辨析法和标准的区别，制定技术标准《城乡消防规划编制规范》，对城乡规划的编制具体内容和要求进行调整。

3.6 统一和明确消防规划的编制和审批程序

明确公安消防部门参加各级人民政府及其城乡规划主管部门组织的城乡规划审查，规划审批机关不得批准缺少消防规划或者消防规划不符合编制要求的城乡规划。城市消防规划由省、自治区、直辖市人民政府审批，镇、乡和村庄消防规划由县人民政府审批。明确基础资料的收集论证、规划纲要的编制和规划成果的要求，编制消防专项规划应当制定消防规划纲要，落实城乡消防规划的评审、审批、备案以及社会公开的程序和调整程序。

3.7 拓宽经费渠道保障消防规划的建设管理经费

根据预算法及其实施条例，明确政府将城乡消防规划的编制经费以及公共消防设施和消防装备的建设、维护、管理经费纳入本级财政预算，借鉴国外做法，设立消防税予以保证。考虑到地区发展不平衡，国家帮助和扶持少数民族地区、边远地区和贫困地区消防规划建设。根据《基金会管理条例》（国务院第 400 号令）、《保险资金间接投资基础设施项目试点管理办法》（保监会 2006 年第 1 号令），鼓励依法设立公共消防设施建设公益基金，鼓励商业保险机构积极投入公共消防设施建设，鼓励公民、法人和其他组织捐助消防公益事业，鼓励社会企业参与城乡公共消防设施建设，并给予相应政策支持。

3.8 强化监督问责促进规划建设管理职责的落实

根据行政监察法、城乡规划法，建立城乡消防规划行政监督检查和社会监督机制。地方各级人民政府对城乡消防规划的编制、实施进行监督检查，对违反城乡消防规划的行为做出决定，责成有关人民政府、有关部门和单位执行，接受同级人民代表大会及其常务委员会的监督。国务院和省人民政府的城市规划督察员应当在对城乡规划进行督察同时，依法对城乡消防规划乡的编制、实施情况进行监督，对违反城乡消防规划的重大项目行使否决权，对违反城乡消防规划的建设行为责令有关部门查处、纠正。监察、规划、公安消防等部门依法组织开展监督检查，依法查处违反城乡消防规划的行为。建立社会监督制度，任何单位和个人都有权对违反城乡消防规划、损坏公共消防设施的行为，向城乡规划主管部门、公安消防部门进行举报和投诉。

3.9 明确法律责任对消防规划违法行为严肃查处

根据行政监察法、公务员法，对违反消防规划的各级政府、部门的国家机关工作人员规定实行行政纠正和行政责任追究，明确相应行政处分规定。根据行政处罚法、消防法、城乡规划法，具体规定消防规划编制、建设、维护、管理中的违法行为以及行政处罚的种类和额度。根据正在制定的行政强制法，对消防规划建设管理中的违法行为设定查封、扣押、强制拆除清除等行政强制措施。通过依法明确设定法律责任，维护消防规划法律的权威性，保障城乡消防规划建设管理工作的依法落实。

4. 结束语

建立和完善消防规划法律制度，应当认真研究现行有关法律、法规，结合社会发展实际需要，充分调研消防规划和公共消防设施建设的现状，提高法律效力，建立和规范消防规划建设管理体系，切实增强城乡抗御火灾和处置特种灾害事故能力，促进社会和谐和经济发展。

5. 参考文献

[1] 中华人民共和国消防法.

[2] 中华人民共和国城市规划法.

[3] 中华人民共和国行政监察法.

[4] 中华人民共和国行政处罚法.

[5] 中华人民共和国公务员法.

[6] 国务院令第 116 号,村庄和集镇规划建设管理条例.

[7] 国务院令第 400 号,基金会管理条例.

[8] 建设部令第 126 号,市政公用事业特许经营管理办法.

[9] 建设部令第 144 号,城市黄线管理办法.

[10] [建设部令第 146 号,城市规划编制办法.

[11] 保监会 2006 年第 1 号令,保险资金间接投资基础设施项目试点管理办法.

[12] 公安部,建设部,财政部,原国家计委[89]公消字 70 号,城市消防规划建设管理规定.

作者简介:

韩子忠，男，黑龙江省消防总队法制处处长，工程师，主要从事消防立法、消防行政执法和执法监督工作，黑龙江省哈尔滨市南岗区长江路 366 号，150090。联系电话：13351282308；电子信箱：hzz_119@126.com。

商（市）场火灾轰燃的控制方法探讨

贺海军[1, 2]

[1] 湖南省株洲市消防支队
[2] 中国地质大学（北京）

摘要

通过分析商（市）场轰燃的影响因素，提出通过采用不燃或经阻燃处理的装修材料、合理设置机械排烟、送风设施、设置自动喷水灭火设施同时通过合理的防火分区设计，商（市）场轰燃是可以得到控制的。

关键词：商市场、火灾、轰燃、控制。

1. 前言

近年来，群死群伤的恶性火灾事故在我国时有发生。在这类火灾事故中商（市）场火灾尤为突出。如唐山林西百货大楼、贵阳西南国际家居装饰广场灯具市场、河南省洛阳市东都商厦、吉林市中百商厦等特大火灾事故。轰燃是造成这些火灾后果如此严重的重要原因之一。

轰燃是建筑火灾中的一类特殊火灾现象。由于建筑内部大量热量和高温烟气的聚集，室内的大多数可燃装修材料和商品在热辐射和高温的作用下，达到着火温度并几乎同时开始燃烧。轰燃表征了在极短时间内局部火的增长速率和强度都有大幅度提高,具体表现为室内所有可燃物表面都开始燃烧。火灾一旦发展到了轰燃阶段,其火势就变得难以控制。控制商（市）场轰燃的发生是有效遏制此类恶性火灾事故发生的方法之一。

2. 商（市）场发生轰燃影响因素分析

商（市）场发生轰燃的因素比较复杂，通过分析研究在众多影响商（市）场火灾特性的因素中,最主要的是商（市）场中可燃装修材料和商品的热释放速率、建筑材料的导热性、开口通风因子、房间内部空间尺寸和火源位置等。

2.1 可燃材料的热释放速率

通过实验，在一个特定的房间或有限空间，当可燃物的量（火灾荷载）或者更准确的说当总的热释放速率必须达到某一数值时轰燃才会发生。休格拉德曾进行了一系列木垛火燃烧实验,并把实验数据以燃烧速率 $\hat{U}m$ 对通风因子 $A\sqrt{H}$ (其中 A 为通风口面积, H 为通风口高度) 曲线划出[1]，如图 1 所示。

发现轰燃发生区只占该图的一个较狭窄的限定区域,即实心符号表示的区域。当燃烧速率低于约80 g/ s 时,不出现轰燃现象。McCaffrey 、 Quintiere 和 Harkleroad 等人和Thomas 还分别提出了较为合理的预测轰燃的计算方法，见（2.1）、（2.2）式。

$$Q_0 = 610(h_k A_T A_0 H_0^{1/2})^{1/2} \tag{2.1}$$

其中：Q_0 — 室内产生轰燃所需的最小热释放速率，单位： kW;
系数 610，单位：(kW. K / $m^{7/2}$)$^{1/2}$；
h_k — 有效的热传递系数，单位：(kW/ m)/K;
A_T — 室内所有表面的总面积，单位：m^2;
A_0— 室内门窗等开口的面积，单位：m^2;
H_0 — 室内门窗等开口的高度，单位：m;
注：在达到轰燃临界值时，室内房间天花板的温度设定为 522°C

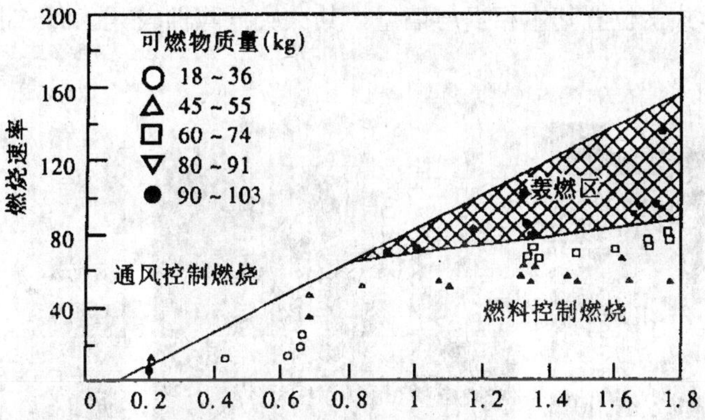

图1　室内燃烧速率与轰然的关系

$$Q_0 = 7.8A_T + 378A_0H_0^{1/2} \tag{2.2}$$

其中：Q_0 — 室内产生轰燃所需的最小热释放速率，单位：kW；

系数 7.8，单位：kW/m^2；

系数 378，单位：$kW/m^{3/2}$；

A_T — 室内所有表面的总面积，单位：m^2；

A_0 — 室内门窗等开口的面积，单位：m^2；

H_0 — 室内门窗等开口的高度，单位：m；

注：在达到轰燃临界值时，室内房间天花板的温度设定为 577°C。

此两种预测轰燃的计算方法均为计算最小热释放速率。可见材料的热释放速率在轰燃发生的影响因素中起到决定性作用。McCaffrey 等人对不同火灾荷载条件下室内房间天花板的烟气温度进行了研究，得出了一些曲线，见图 2。

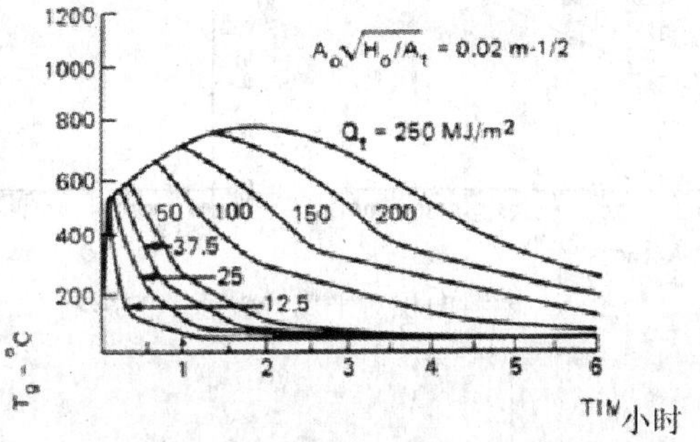

图 2　不同火灾荷载条件下室内天花板的烟气温度曲线

从图 2 中可以看出：不太大的火灾荷载(如 $50MJ/m^2$, 仅相当于$2.7kg/m^2$ 木材。注意本文中计算火灾荷载采用的是房间内的总表面积，以下同。)就会超过轰燃所需的温度或热能。而在商（市）场其火灾荷载都要远高于这一数值。20 kg 混质服装(17 kg 化纤、3 kg 牛仔裤) 吊挂在2 m长的支架上进行实验，燃烧热释放率峰值811.11kW(到达峰值所需时间为120 s[2]。燃烧热释放速率曲线见图 3。

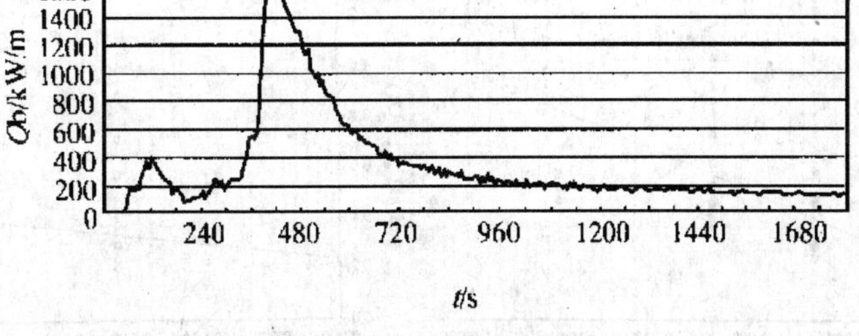

图3　20 kg 混质衣裤燃烧时间- 热释放速率曲线

通过实验发现，同一种可燃物在不同位置燃烧危险性也不一样。一般而言火灾危险性由高到低的排列顺序为:天花板—→墙壁全部—→墙壁上半部—→墙壁下半部[5]。商（市）场中商品基本存放在货柜中，尤其是服装一般采用吊挂形式，位置基本相当与墙壁，其火灾危险性较大。商（市）场中服装的摆放实景照片见图 4。

图 4　商（市）场中服装的布置形式

由公式（2.1）、（2.2）还得知，室内产生轰燃所需的最小热释放速率除了和本身的燃烧性能外，同时还和燃料面积、开口通风因子、房间空间尺寸等因素有关。燃料面积越大，火场平均温升速率也越快。燃料面积对平均升温速率的影响[3]见图 5。

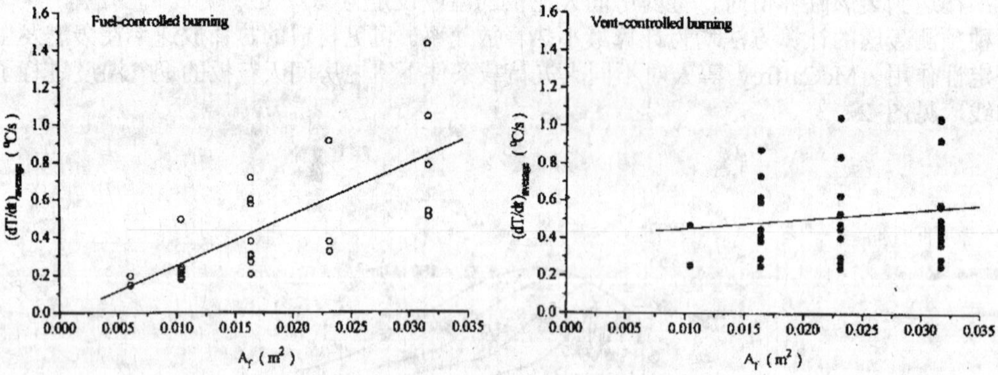

图 5　燃料面积对平均升温速率的影响

2.2 通风开口影响因素

McCaffrey 、Quintiere 和 Harkleroad 等人和 Thomas 提出的预测轰燃的计算方法中房间和通风口的尺寸对轰燃的发生有直接的影响。

Hamathy 在分析了大量室内木垛火的数据后还指出,以Ûm/ A F 对 $\rho g1/ 2 A H/ A$ F作图,可以发现通风控制形式与燃料控制形式之间有明显的区别,其中A F 是可燃物的表面积。开口通风因子对平均升温速率的影响[3]见图6 。

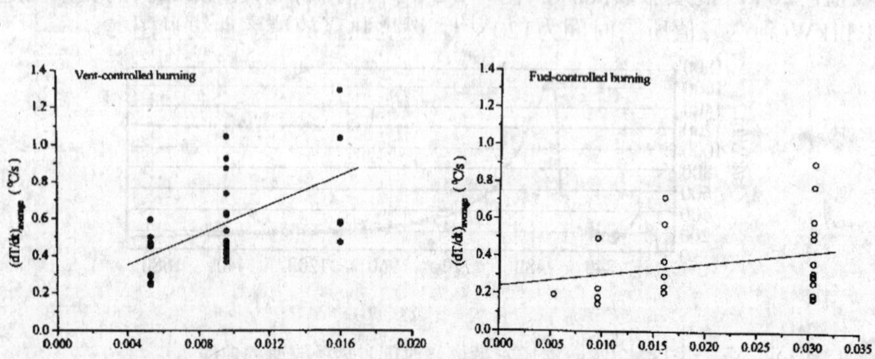

图 6　开口通风因子对平均升温速率的影响

通过合理采取排烟、送风手段,轰燃时间会延迟，甚至不发生轰燃。这是因为燃烧空间内的热量不易聚集，热分解的可燃蒸气浓度降低。在标准房间的室内净空为3600 mm×2400 mm ×2400 mm 内实验 可以看出：增大送风量，热释放速率的峰值水平变高，发生轰燃的时间提前。当送风量的水平相当(860 m^3/h 左右)，排烟量不同，分别为1763 m^3/h 和1375m^3/h，前者没有发生轰燃[6]。结果表明，排烟、送风条件对轰燃特性的影响都很大，且二者之间相互关联。在燃料因素固定情况下，排烟量与送风量之比大于某一数值，轰燃就不发生或延长轰燃发生的时间。

2.3 火源位置的影响

火源位置对轰燃发生时所需要的临界释热速率有很大的影响。若火源靠近墙壁或墙角时,达到轰燃的所需要的临界释热速率将会减小[1]。Stefan-Boltzman 定律提出计算烟气层对室内物品的辐射公式来：

$$Q_2=\varepsilon\sigma(T_S^4-T_0^4)F_S \tag{2.3}$$

其中：Q_2为物体接受到的辐射热；T_S为高温烟气层温度；T_0 为物品表面的温度；F_S 为角系数；ε 为物体的有效辐射率；σ 为斯蒂芬-玻尔兹曼常数。从公式可知F_S 为角系数与Q_2为物体接受到的辐射热成正比。

Lee 的实验结果也证实了这一点 。Lee是在全尺寸和1/ 4 缩尺房间内进行实验的,其中全尺寸试验的房间尺寸为3 m ×3 m ×2.3 m ,对于缩尺模型来说,数据与此成某种比例关系。Q_{f0}随火源位置的变化见表1。

表1 火源位置对发生轰燃的影响

火源位置	发生轰燃需要的临界释热速率（kW）
房间中心	475
靠近墙壁	400
靠近墙角	340

2.4 建筑材料的导热性

在着火的室内空间，可燃物燃烧产生的大部份热量通过对流和辐射的方式使室内的空气加热。其中，一部份热空气聚集在房间内顶棚的下部，形成温度较高的热烟气层；另一部份热空气随烟气流出室外。在使热烟气温度逐渐上升的同时，可燃物产生的另一部份热量通过辐射到周围墙壁，使受限空间墙壁的温度升高，其中一部份热量通过热传导的方式传到室外，另一部份热量被墙体材料吸收。发生火灾时，顶棚蓄积的高温烟气层对室内的材料和组件会产生较强的热辐射，对室内材料和组件热释放速率的影响十分明显。火灾后，大量热在室内蓄积后，一部分热将被建筑材料吸收和传导到其它部位，尤其是顶棚和墙壁，见图 7、图 8。

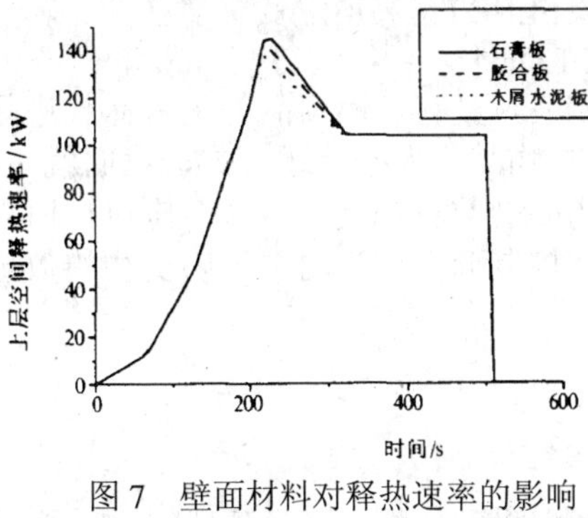

图 7 壁面材料对释热速率的影响

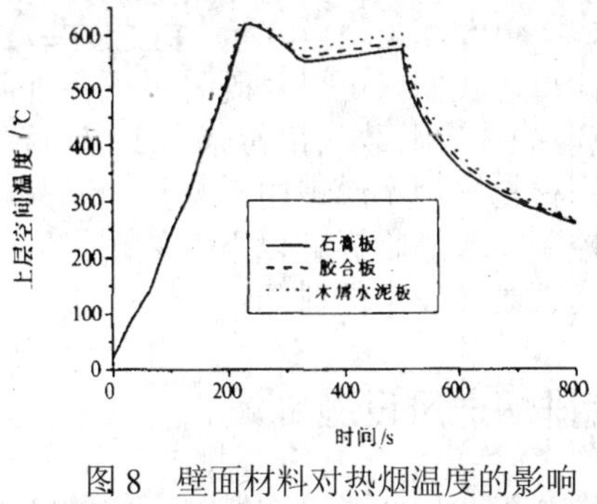

图 8 壁面材料对热烟温度的影响

实验表明墙壁导热系数越高，热烟气温度越低、释热速率越高、轰燃时间越长。通过实验发现热释放率和热烟气温度受顶棚和地面材料的影响较小，而受到墙壁材料的影响显著[4]。内衬材料热惯性对平均升温速率的影响见图 9[3]。

因建筑节能的需要，商（市）场类建筑均要求对建筑外墙实行保温处理，造成墙壁导热系数降低。室内热量不能通过外墙等部位吸收、传导散失一部分热量，致使火灾热量蓄积，缩短轰然发生的时间。

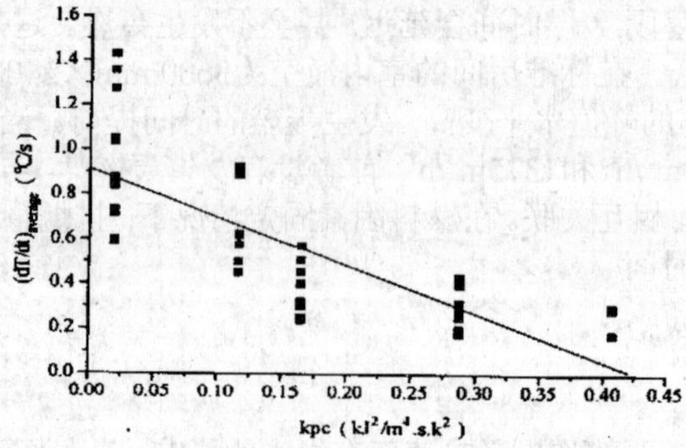

图 9　内衬材料热惯性对平均升温速率的影响

3. 商（市）场轰燃的控制措施

综上分析，防止商（市）场火灾轰燃应采取以下措施：

3.1 降低火灾荷载或热释放速率

可燃材料的热释放速率是影响轰燃的最直接因素之一。所以要有效控制轰燃首先就是要降低可燃材料的热释放速率。采用不燃或经阻燃处理的装修材料，尤其是顶棚材料、墙面。降低固定火灾荷载或热释放速率。通过实验，当采用具有可靠阻燃性能的材料制品时，即使计算出的火灾荷载远高于发生轰燃的临界值，仍不会发生轰燃。所以采用阻燃制品或采用防火材料、对可燃材料进行防火保护，可以有效的降低材料及组件的热释放率平均值和最大热释放速率峰值，降低其火灾荷载。从而能够避免轰燃的发生。通过前面分析建筑内部材料中天花板、墙壁等部位的危险性大，对于这些部位尤其应采用不燃或难燃的材料装修。在实际工程中可以对阻燃材料或制品的"有效火灾荷载"进行计算，采用一个反映阻燃特性的系数 Kr(阻燃材料或制品的热释放速率峰值 与同类普通材料或制品的热释放速率峰值之比)，此时单一阻燃材料或制品的"有效火灾荷载" FLEDr 可按(3.1)式计算：

$$FLEDr = KrxCxG \tag{3.1}$$

其中：FLEDr ——单位面积的有效火灾荷载，单位：MJ/ m^2；

Kr——阻燃特性系数；

C ——木材的热值(参照值)，单位：MJ/ kg；

G ——单位面积的可燃材料质量，单位：kg / m^2；

商（市）场中即使采用了各种不燃或阻燃材料和制品，室内仍然存在大量可燃商品。适当控制商品的储存量，降低活动火灾荷载。此时室内总的"有效火灾荷载" FLEDT应按(3.2)式计算：

$$FLEDT= \Sigma FLED +\Sigma FLEDr \tag{3.2}$$

通过以上计算，我们就可以对既采用了各种阻燃材料和制品，又有可燃商品的火灾荷载进行比较合理的计算。 轰燃前的火灾荷载大部份来自于室内存在的部份可燃物品。根据上述公式，我们就可以计算出，当建筑室内装修材料采用不燃或阻燃材料和制品时，将可燃物品的数量控制在多大范围以内时，可以将室内的火灾荷载控制在轰燃临界点以下。从而我们可以通过合理控制商（市）场中可燃货物的数量达到控制轰然的发生或延长轰然发生的时间。

3.2 合理设置排烟送风设施

通过前面的分析我们知道，在燃料一定的情况下，通过合理采取排烟、送风手段,轰燃时间会延迟，甚至不发生轰燃。排烟量和送风量之比大于某一数值时，轰然就可以不发生或延迟发生。所以在商（市）场中合理设置排烟送风设施是一种有效的控制火灾轰燃的措施。设置排烟、送风设施一方面可以在火灾初期保证人员安全疏散，同时还可以使室内的大量热量及时排除，降低着火区的温度。

排烟、送风设施可以采用自然排烟和机械排烟的方法。对于可以开设自然通风洞口的场所其自然通风面积可以按(3.3)公式计算确定：

$$A_e = m_p / \alpha\sqrt{2\rho_s\{-\Delta p + (\rho_\infty - \rho_s)g(H_e - z_c)\}} \tag{3.3}$$

其中，地板水平压力差$\Delta p = m_p^2 / 2\rho_\infty(\alpha A_d)^2$，$A_d$为开口面积. a 为流量系数，ρ∞为空气密度，$H_e$为排烟口距地高度。

将A e 与已知条件相比较，当实际通风面积小于该值时，就必须采用机械排烟系统，否则就可以采用自然排烟系统。

合理的设置机械排烟系统首先要确定好排烟量。目前排烟量的计算方法较多。这里给出几种方法供选择[7]。

1）

$$Q=at^2 \tag{3.4}$$

式中 Q—火灾热释放量(kW)

t—排烟系统启动时间，一般取 300s；

a—火灾增长系数 按快速增长火灾确定，a取0.047。

排烟量应按以下公式计算或下表取值。

$$V = \frac{M_\rho T}{\rho_0 T_0} \tag{3.5}$$

式中 V—排烟量(m^3/s)；

ρ_0—环境温度下气体的密度(kg/m^3)

通常 t_0=20℃，ρ_0=1.2kg/ m^3；

T_0—环境的绝对温度(K)；

T—烟气的绝对温度(K)，$T=T_0+\Delta T$

M_ρ—烟缕质量流量 kg/ s M_ρ=0.035×0.7Q

对于商场且设置自动喷水灭火设施，也可以取热释放量Q为3MW计算。表2为不同时段的排烟量。

表 2 不同温度时所需要的排烟量

M kg/s	8	10	15	20	25	30	35	40	50	60	75	100
ΔT ℃	263	210	140	105	84	70	60	53	42	35	28	21
V m^3/s	12.64	14.3	18.45	22.64	26.8	30.96	35.14	39.32	49.05	55.92	68.48	89.3

2）可按烟羽流量计算：

$$m_p = \left(\frac{\rho^2 g}{C_p T}\right)^{1/3} Q_f^{1/3} z^{5/3} \approx 0.07 Q_f^{1/3} z^{5/3} \tag{3.6}$$

式中Q_f和z分别为火源热释放速率和火源高度。

3）用公式(3.7)确定排烟量：

$$M=0.188 \times P \times y^{3/2} \tag{3.7}$$

式中 M：烟气生成量 kg/s；0.188：标准系数；P：火场周长 m；y：地板和烟气层下沿间的距离 m 。

y 按人员疏散最小清晰高度确定。Hq=1.6+0.1H（式中 Hq 为人员疏散最小清晰高度；H 为排烟空间的建筑高度）。

在确定排烟量后，确定好风管管径，然后按(3.8)、(3.9)公式合理确定排烟风口的最大排烟量和间距[7]。

各风口最大排烟量：

$$m_{max} = 3.13 B \bullet d^{5/2} \bullet \left(\frac{T_s - T_0}{T_s}\right)^{1/2} \left(\frac{T_0}{T_s}\right)^{1/2} \tag{3.8}$$

式中：m_{max}——各排烟口最大排烟量(kg/s)；

T_S——烟层的绝对温度(K)(一般取 345K)；

T_0——周围空气的绝对温度(K)(一般取 294K)；

B——排烟口位置因子(无量纲)(排烟口位置因子(无量纲)取2)；

d——排烟口下烟层的厚度(m)(一般为挡烟垂壁的高度)。

排烟口间的最小间距：

$$s_{min}=0.32BV_e^{1/2} \tag{3.9}$$

式中：s_{min}——排烟口间的最小间距(m)；

V_e——排烟体积流量(m^3/s)。

设置机械排烟设施后还应根据建筑特点设置送风设施，保证建筑内部压力平衡。在实际设计中可以按不小于排烟量的50%确定送风量。同时应注意送风口的位置应离排烟口水平不小于5 m为宜。由于规范中设计的排烟风机在热烟温度达到280℃时将自动关闭，在火灾发展过程中不能继续有效排除火场热烟，造成火场温度上升。通过分析发现采用高温排烟排热风机可以延长风机排烟时间从而达到有效推迟轰燃时间的目的。所以建议在实际设计中尽量选择高温排烟排热风机进行排烟。

3.3 设置自动喷水灭火设施

自动喷水灭火系统一直能有效控制初期火灾，即使喷头的位置使得喷淋水不能直接冷却着火物体,却可以有效降低着火区和热烟的温度。如果某室内火灾热烟气层在一段时间内的平均升温速率不小于临界值0.411℃/ s ,或其最大升温速率不小于临界值2.414 ℃/s ,该火灾在发展过程中就存在发生轰燃的危险[3]。自动喷水灭火系统喷出的水滴大量吸收热量，可以有效达到降低升温速率的目的。

自动喷水灭火系统喷出的水滴冷却着火区内气体的热量Q_{cool}可用室内平均温度Tav和喷淋水温度Tw的温差表示。计算公式见(3.10)。

$$Q_{cool} = K_{cool}\ (T_{av} - T_w) \tag{3.10}$$

参数K_{cool}取决于水滴的数目、尺寸和速度分布,室内气体冷却热Q_{cool}与着火区热损失Q_L相加得到的总热损失曲线如图10所示。由热量-温度曲线可判断灭火的可能性。考虑到冷却燃烧物体的机理，会使平均释放热Q_{fire}下降，这更有利于灭火。所以在商（市）场中设置自动喷水灭火系统是十分必要的。为达到更快更早的吸收火场热量，降低火场温度的目的应选择流量系数大和反应动作快的喷头。具体在实际设计中依据现行《自动喷水灭火系统设计规范》进行合理设计。

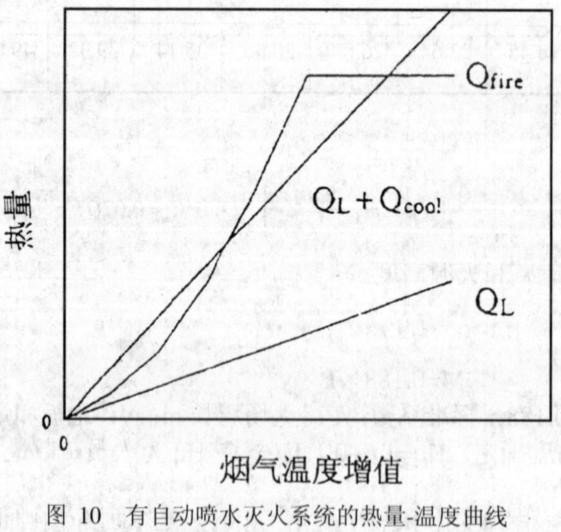

图 10　有自动喷水灭火系统的热量-温度曲线

3.4 进行合理的防火分区设计

前面通过分析商（市）场发生轰燃还与商（市）场的空间尺寸、火源位置、货物存放形式等有关。所以在设计中也应考虑这些影响因素，应尽量避免采用封闭式分隔摊位和将大量商品存放墙角等地方。同时利用走道将商场按销售区域分成若干个相对独立的“小岛”，这种方式首先可以避免火灾直接传播导致火势蔓延，其次距离控制得当，可以避免因辐射引燃其它“燃烧小岛”。具体可以依据公式（3.11）计算确定。

$$R=\sqrt{\frac{\dot{Q}_f}{12\pi \dot{q}_f}} \tag{3.11}$$

其中，临界辐射热流量$\dot{q}_f$取 10kW/m^2。（纸张是最容易被辐射引燃的，因此保守地取纸张被辐射引燃的热流量 10 kW/m^2 作为临界辐射热流量值。）

根据公式（3.11）计算，在取火灾热释放速率为3MW(设置自动喷水灭火系统的商场火灾荷载),最小分隔距离为2.82米可以阻止火灾的蔓延，再乘以1.2倍的安全因子，通道宽度为 3.384m。因此我们在商场中通过合理设置分区，将走道宽度控制在2.8-3.4 m是可以达到控制火灾初期蔓延的目的。

4. 结论

1. 商（市）场中具备轰燃发生的条件。商（市）场发生轰燃最主要的影响因素是商（市）场中可燃装修材料和商品的热释放速率、建筑材料的导热性、开口通风因子、房间内部空间尺寸和火源位置等。
2. 控制商（市）场火灾轰燃的有效措施是：采用不燃或经阻燃处理的装修材料进行室内装修；合理的设计机械排烟设施及时排除着火区的热量；设置自动喷水灭火设施，降低着火区温度，吸收热量；合理的划分防火分区，合理的设置商铺，控制燃料面积等。

5. 参考文献

[1] 胡克旭,李金宝.室内火灾轰燃研究的动态述评.四川建筑科学研究.2004.3（1）:11.
[2] 张银花,王志刚等.服装火灾特性实验.消防科学与技术.2001.3（2）:3.
[3] 陈爱平,张云明等.室内火灾升温速率的实验研究.火灾科学.2004.1（1）:58-62.
[4] 宋虎,扬中立等.火源和壁面材料对轰燃影响的数值模拟.自然灾害学报.2002.2（1）：91-96
[5] 杜兰萍,马一太等.标准房间火灾轰燃特性的实验研究.热科学与技术.2006.3（1）69-74.
[6] 李晋，盛问克等.在标准房间，火灾荷载及排烟送风对轰燃的影响的研究[J].消防科学与技术.2001.9（5）:7-10.
[7] 贺海军.商场通风系统与机械排烟系统的设计技术.中国,湖南商场灭火救援论坛,2005.7

Studies on the controlling of flashover in commercial market

Abstract

Through analyzing the influential factors of commercial market, this article proposes many measures to control the flashover of the commercial market effectively. Come to concretely, these measures are the uses of non-combustible or flame-retardant decoration materials, the rational setting of mechanical fume extractor and air supply system, the automatic sprinkler system facilities and reasonable design of fir compartmentation.

Key words: commercial market, fire, flashovcr, controlling.

作者简介：

贺海军（1974- ），男，汉族，湖南望城人，湖南省株洲市消防支队法规科副科长，中国地质大学（北京）在读工程硕士。主要从事建筑防火审核和建筑防火技术研究，湖南省株洲市红旗南路，412000，0733-8492825，013017339911 h-dahai@tom.com。

性能化防火设计中的若干问题讨论

霍然，陈志斌，任彬彬

中国科学技术大学火灾科学国家重点实验室

摘要

本文对当前性能化防火设计的状况作了分析，指出：在火灾场景设置中尚存在较大的随意性，尤其是火灾热释放速率的设定缺乏依据；火灾计算模型使用的严谨性有待提高，且对不同模型的应用的局限注意不够；有些项目设计目标针对性不够强，有些项目性能化防火设计人员介入的时间过晚，从而使设计方案的优化受到较大限制。针对上述问题，提出了一些建议和看法，希望我国的性能化防火设计研究得到更顺利的发展，并在解决实际问题中发挥更大的作用。

关键词：性能化防火设计、火灾计算模型、火灾场景设置、现场试验。

1. 引言

自上世纪 70 年代起，国际上一些发达国家便开始了性能化防火设计的研究。特别是 80 年代以后，这种设计理念在一些大型、复杂建筑的防火设计中得到了很好的应用。某些国家还着手对传统的规格式防火设计规范进行改造，并尝试建立以火灾性能为基础的建筑防火设计规范。目前，性能化防火设计仍是国际火灾科学界研究的主要热点之一[1]。

随着我国城市化水平的提高，大型、复杂建筑也迅速增多了。国外关于性能化防火设计研究在我国也产生了很大影响，我国的火灾科学工作者迅速跟进，也结合我国的情况开展了大量研究。尤其是在国家的“九五”、“十五”的科技攻关项目的支持下，性能化防火设计研究已经取得了重大进展，不少成果已在一些实际工程中得到了应用。

不过，在看到取得重大进展的同时，也必须注意，我国对于性能化设计的理论和方法研究尚处于起始阶段，有些方面的研究尚不够深入。并且由于性能化设计发展的很快，不少问题还尚未开展研究。目前，人们对性能化设计的思想和做法也存在不少不同的意见。在这种情况下，开展讨论是十分必要的。

本文对目前性能化防火设计中的几个问题进行了分析，并相应提出了一些看法。目的是抛砖引玉，引起大家的关注，以期使性能化防火设计研究在我国得到更顺利的发展，并在解决实际工程问题中发挥更大的作用。

2. 性能化防火设计的定位与实施

性能化防火设计是在我国形成的习惯说法。在有些国家通常将其称为以火灾性能为基础的分析与设计（Fire Performance-Based Analysis and Design）。其基本思想是首先要对建筑物的火灾安全状况做出全面客观的分析，进而根据分析的结果对建筑物的消防安全设计做出评价，然后对设计方案提出改进意见[2]。现在人们经常将其简称为性能化设计，但应当明白，在这里所做的大部分工作是火灾风险评价。

为了很好地发挥性能化方法的作用，应当弄清性能化防火设计在建筑物总体设计中的定位。建筑设计包括多个方面，消防系统的设计只是其中的一个部分，性能化防火设计主要涉及这方面。不过应当明确，具体的消防设计是由建筑设计人员承担的，相关的施工图纸出自他们之手。火灾风险评估人员关心建筑物消防系统的设计，但并不直接从事建筑结构或其它组成部分的具体设计，他们不能取代其他专业设计人员独立进行建筑消防系统的蓝图设计。

有人指出，为了规范性能化设计，承担此项工作的人员和单位应当具有一定的设计资质。毫无疑问，规范性能化设计工作是很必要的，但人们需要对性能化设计的定位有合理的理解。火灾风险评估工作与一般的建筑设计存在很大的区别，需要了解建筑物的结构状况和使用功能，收集有关的安全技术法规、标准及类似建筑的发生事故或灾害的经验教训，并对建筑物的火灾安全性能做出科学的分析，形成符合所涉及建筑使用的技术资料，为消防系统设计采取最佳安全对策提供依据。火灾风险评估人员应当在建筑物总设计师的组织与支持下，在建筑设计的各个环节参与消防系统设计与审核。但火灾风险评估人员不应成为建筑设计部门固定的成员，他们应当具有一定的独立性，以便能客观的审视建筑设计中的问题。因此，若说从事性能化设计的火灾风险人员要有资质，也应当是另外一种资质。是否可按一种特殊的安全评价师的要求加以规范值得研究。

此外，在建筑物竣工并投入使用后，火灾风险评估人员仍可很好的发挥作用，他们可继续对该建筑火灾安全状况进行跟踪检查和评估，及时对建筑物的火灾安全提出有益的建议。对于一些特殊的旧建筑，也可以依照性能化方法进行分析。有些建筑在开始建造时可能符合当时的规范，但根据新规范，它们就不满足要求。有些建筑建成多年后，其使用功能往往会发生较大改变，这也会造成其不满足规范的要求，或出现诸多的火灾隐患。这就是说，火灾风险评估人员可以在建筑物的设计、建造和使用的全过程中发挥作用。他们应当具有扎实的火灾安全工程学的基础知识，这与一般建筑设计人员有较大的差别。

目前，性能化设计所涉及的大多是建筑防火设计中的一些难点问题，并且涉及到多方面的关系或利益。由于不同方面的人考虑问题的角度有较大差别，在一些问题上出现分歧是不奇怪的。因此，对于新的大型、复杂建筑的消防设计，为了顺利开展性能化设计工作，需要成立一个由相关方面人员组成的工作团队。除了火灾风险评估人员外，还应包括工程甲方的代表、建筑设计人员、消防安全的管理人员及保险部门的代表等。

工程的甲方是建设资金的提供者，他们必然要重视自己的经济利益，他们希望在满足防火安全的前提下，尽量少装甚至不装某些消防设施。而认真考虑他们的要求、在可能的限度内节省投资也是应当的；建筑设计人员直接进行设计，设计图纸要由他们完成，大家的意见最终要汇总到他们那里，他们的意见如何是不言而喻的；消防安全管理人员需要把工程的安全关，他们希望尽量多装某些消防设施，并使其安全系数大一些。尽早把他们包括进来是很有必要的，特别是准备对原设计方案做出变更时，他们的意见对于方案能否通过具有重要的作用；在条件成熟时，还宜将保险机构的人员包括进来，他们对从经济的角度评价火灾风险具有重要的作用。

火灾风险评估人员则需要充分考虑各个方面的意见，从火灾安全科学与消防工程的角度，用定量数据对相关设计方案进行论证，使大家能够正确理解该工程的防火目的和目标，消除分歧。通过提出若干可供选用的设计方案，供团队讨论，最终选定一种最优的各个方面都可接收的方案。火灾风险评估人员必须与相关方面密切沟通和协调，人们应当对火灾风险评价的工作特点有正确的认识。

3. 当前性能化防火设计中的几个问题

目前，性能化防火方法已经在我国百余个工程中得到了应用，这为综合分析应用状况提供了条件。首先必须肯定，性能化设计方法确已发挥了很好的作用，成功解决了一些建筑设计中的老大难问题。但是为了提高性能化设计的质量，笔者认为下述问题值得注意。

3.1 火灾场景的设置

火灾场景是在特定建筑内发生的火灾全过程的一种客观描述。这种场景实际上没有发生，而是人们根据对火灾过程的认识设置出来的，或者说发展（Developed）出来的。它应当具有代表性，能够真实的反映建筑物一旦发生火灾时可能出现的最危险的状况，人们根据这种场景而采取相应的措施便可以达到预定的火灾安全目标，因此火灾场景是进行性能化防火分析与设计的基础。

在设置火灾场景时，应当全面的说明建筑结构状况、空间特征、火源条件、通风条件和边界条件等[3]。这些都直接影响着火灾的发展和烟气的蔓延。性能化设计的重要原则是具体问题具体对待，建筑物的空间与结构状况是体现不同建筑特殊性的基本方面。现在，一些评估项目，对于火灾场景的介绍似乎偏少，从而没有反映出该建筑的火灾特殊性，这可能正是未能充分考虑建筑物的各种有影响的因素造成的。

一般说，对火源条件的设定大家都比较重视，因为这是进行模拟计算或模拟实验的基本数据，对此需要客观说明火源的位置、热释放速率、可燃物的分布等。但不同人在实际设定时却经常出现较大的差别。例如，对于一些类似的建筑，有的人可将火灾热释放速率设为 5MW，有的人却可设为 30MW。这样大的差别显然是不合理的，这是否与预先论证不够有关值得考虑。

火灾场景的设置应当遵循一定的工程学原则，应当克服场景设置的随意性，使场景有一定的可比性。设置前必须进行充分的调查，要开展认真的分析，对于为什么选定这种热释放速率要讲出道理。对此，既需要凭借经验，更需要踏实的工作。许多基本数据将随着建筑现场条件的不同而变化。

3.2 火灾计算模型的使用

以计算机为工具、使用数学模型来计算火灾发展过程是认识火灾过程的重要方法，选择并合理的使用计算模型在性能化防火设计中已成为一项基本工作。在计算火灾发展和烟气流动时，目前常用的火灾计算模型主要有区域模型和场模型。

常用的区域模型是把所考虑的建筑空间划分为上下两个不同的区域，并假设每个区域内的状态参数是均匀一致的，而质量、能量的交换只发生在区域与区域之间、区域与边界之间以及它们与火源之间[4]。这种模型较简单，能够很快得到初步的预测，但使用时应当注意其适用范围，对于空间较大、或对流较强的建筑物，显然无法形成稳定的上部烟气层，对此不宜过分依赖区域模拟的结果。

场模型是根据质量守恒、动量守恒、能量守恒以及化学反应等基本定律建立的[4]。这种模型通过将空间划分为大量小的网格（或控制体），通过联立求解相关的微分方程，从而给出火灾过程中有关参数的空间分布及其随时间的变化。场模型的计算精度要受网格数目、边界条件的限制。如果网格划分的过粗就可能难以正确反映参数的真实分布。此时要求模型的使用者结合以往的经验进行网格独立性分析[5]。然而这方面的工作量是很大的，没有足够的时间和足够的经验，往往很难办好。另外，边界条件的设置也容易出现问题，尤其是对于一些形状变化较大的区域或通过门、窗连接的区域，如果设置不恰当，将会使计算结果与实际状况的误差加大，甚至出现错误。

目前在火灾模型的使用中存在一些误用，在模型的适用范围、网格的划分、边界条件的设置等方面考虑的不甚严谨。然而有的人却盲目相信这种计算结果，有的人还对计算中出现的温度或速度的奇异点当成真实的物理现象对待，并认为自己有了新发现。如果将这种结论用于实际工程设计势必会造成误导。

3.3 性能化防火设计的介入时间

现在有些性能化设计是在建筑物基本建成后的验收阶段提出的。此时待评估的建筑物“木已成舟”，然而又无法通过消防验收。在这种矛盾情况下，人们才想到了性能化设计。很显然，在这一阶段很难对建筑物本身做出较大改动，而只能对其局部作些枝节性改动，又很难达到要求。由于性能化评估人员介入得过晚，所能提出的可选方案将受到很大限制，并很难体现方案的优化，故对建筑物的防火设计起不到多少指导作用。

在这种情况下，还经常出现无法保证评估质量的问题。例如，有的建筑分明存在与现行规范严重冲突的问题。然而通过某种性能化分析，便使该工程在未做多少改动就轻易通过了验收，这种性能化设计多少起到了为违规设计辩解的作用，并且没有提供充分的论证。这实在有悖于性能化设计的初衷，同时也难免造成有些专家对性能化设计不相信、不支持。

因此，对于新建建筑，火灾风险评估人员尽早介入建筑物设计是必要的。例如，在建筑物的初步设计阶段介入，将有助于较早的发现建筑消防设计中存在的问题，并将其解决在设计阶段，使建筑物不会存在一些本质性的缺陷。火灾风险评估人员也有可能展开认真分析，提出多种可选的防火设计方案，使人们可以从中选出最优化的方案。在此阶段，即使需要对建筑物做出修改，也只需修改设计图纸，代价也不会很大。等到建筑物基本建成后再发现问题，企图用性能化方法来解决，只是一种被动的弥补手段，不光十分困难，而且效果也经常不理想，有时候各方面的人还会有一肚子意见。为了做到早日介入，还需要加强对性能化防火设计的宣传和培训，使人们早日认识这种设计的作用和做法，使性能化设计顺利的实施。另外这也可避免人们对性能化设计提出不合理的要求。

3.4 防火安全目标的选定

现在，人们对于建筑物防火安全的基本目的（Goals）人们已经共识，即可以保护相关人员的生命安全、保护建筑结构及其内部财产的安全、保护建筑的使用与服务功能的连续性及保护环境不受火灾的影响等 4 个方面。

在性能化设计过程开始时，设计团队应当将这 4 个基本目的排出合理的优先次序，对于不同的建筑应当给出不同的顺序[6]。近期进行的性能化评估项目大部分集中在大型公共建筑方面，对此保证人员安全显然应当放在首位。而对于人员安全来说，火灾烟气的危害最严重，因此围绕着烟气流动进行相关的分析并给出相应的方案是恰当的。

但是不少其它建筑，有时也需要进行性能化评估，例如计算中心、通讯枢纽、博物馆、古建筑、大型厂房等，对此则需要适当调整基本目的的顺序，并采用更适用的计算工具进行分析，以便使评估的针对性更强。例如，对于采取大型钢结构框架的建筑，保证其在火灾条件下的安全是非常重要的，对此应当重点考虑火灾的高温对钢结构的影响。如果对这类建筑仍按照计算火灾前期烟气流动的程序计算，便没有抓住关键问题，出现“文不对题”的状况。这也背离了性能化设计的基本原则。在考虑钢结构的耐火问题时，需要重点考虑高温烟气及火焰热辐射，使用的计算程序也应当有所变化。

总之，对于不同类型、不同使用功能的建筑，性能化防火设计的目标应当有所区别。对于人员多而密集场所，应当以人员安全为首选目标；对于那些人员很少而内部财产较昂贵而人员疏散不成问题的建筑，应以保护财产安全为主要目标；对于那些烟气组分可能构成重大危害的场所，应以保证建筑内重要设备的使用功能为主要目标，应偏重于火灾烟气流动分析及其组分的变化。这并不是不重视人员安全，而是体现了性能化设计的针对性和灵活性。

4. 几点建议

针对上述情况，笔者提出以下几点建议。

4.1 加强评估人员的素质培养

性能化设计工作应当由有丰富经验的火灾风险评估人员承担。火灾风险评估人员的素质显然对保证性能化设计的质量具有至关重要的作用，应当高度重视提高相关人员的知识水平和业务能力。

火灾风险评估人员是一类特殊的科技工作者，他们应具有特定的知识结构。他们应当对火灾科学的基本理论有足够的了解，有较强的使用火灾计算机模型的能力，有较强的独立发现问题、分析问题的能力，有较强的协调综合能力。性能化设计的对象是建筑火灾，如果对火灾科学理论和建筑物特点掌握不够，势必会导致评估偏离正确的方向。

在我国，应当尽快建立一支能够承担建筑火灾危险评估和性能化防火设计的专业队伍。目前，我国的性能化设计工作一部分由国外的评估公司承担，一部分由我国曾经参与国家科技攻关项目的单位承担。总的说来，我国的有关单位已经作了大量有影响的工作，为我国建立这支队伍奠定了人才基础。不过，以何种方式建立这支队伍也需要有关方面认真论证的，能否结合消防安全工程师职业资格建设值得考虑。

由于近期的性能化设计工作所涉及的大部分是大型特殊建筑，因此承担这项工作的人员不必太多，但对他们应当提出较高的要求。普通的消防工程师未经必要的学习和培训不能承担这项工作。

针对当前的情况，应要求火灾风险评估人员加强学习，尤其是设置火灾场景和使用火灾模型的能力。如前所述，火灾场景设置的不合理，将使相关风险评估失去正确的平台，所作的工作将失去实际意义。而基本计算工具的选择或使用不当，则将导致达不到预定目的。今后，必须尽量避免火灾模型的误用，对此应加强关于火灾模型使用的分析与讨论。

4.2 适当开展现场试验

运用计算机模拟计算火灾过程是性能化设计的重要定量分析手段，这种计算结果有助于人们全面了解火灾过程，且投入不太大。然而实际火灾过程是十分复杂的，而且存在多种不确定因素，在计算中当输入的数据不合理或火灾场景设置的不恰当时，计算结果与实际火灾状况之间出现一定的误差，有些情况甚至得到截然相反的结果。

因此，在条件允许的情况下，可以有针对性的进行一项现场模拟试验。特别是对于火灾烟气的蔓延，采取现场试验往往能够得到非常形象、非常直观的结果，许多在模拟计算中难以反映的问题能够充分暴露出来，这为有效解决问题提供了坚实的依据。

在何时开展试验，如何进行试验是业主、设计单位、施工部门和消防安全管理部门共同关心的问题。对于新建筑物，如果在大部分基本设施尚未安装的情况下开展试验，将会大大削弱试验的价值，而当建筑装修完成后再试验，又难免会对新建筑造成破坏。因此现场试验一方面要选择合适的时机，另一方面要使用合理的方法。

一般说，建筑物的结构基本完成、设施安装完毕且能正常运转，但尚未进行最后装修期间是比较合适的时机。这时形成的火灾场景才有实际的意义。为了尽量减少现场实验对建筑物的破坏，必须采取必要的保护措施，并使用对环境影响很小的可燃物作为火源。以工业酒精为可燃物，并加入低污染的烟雾剂作为示踪物质是一种可以考虑的方法。如果设计的合适，这种热烟试验能够相当好的模拟真实火灾状况[7]。

笔者所在单位与有关方面配合，在香港、深圳、合肥等地多次开展过热烟试验，均取得了令人满意的结果。不少曾让人们争议多时、或存在迷茫的问题很快便取得的共识。我们应在继续研究测试方法的基础上，规范热烟测试方法，并制定相应的标准，以便使其在性能化防火设计中发挥更好的作用。

4.3 对于重点工程增加复评程序

性能化设计具有很大的灵活性，同时也带来了很多不确定性。加上火灾风险评估人员的切入点或使用的分析工具的不同，难免会出现一些纰漏，乃至有争议的问题。为了使设计方案更合理，针对某些重要的工程有必要增加复评程序。就是说，应重新委托另外一组火灾风险评估人员对火灾场景的设置、重要参数的识别、计算工具的使用等进行复核，并选取有一定差别的模型重新进行模拟计算，这对保证性能化设计质量无疑具有重要作用。

在 2008 年奥运会的一些工程中，我国已经采取了这种做法，并取得了很好的效果。在评估过程中，评估双方与设计部门的代表进行了多次讨论，通过沟通，不仅增进了理解，也使得最终的设计方案更加合理。

4.4 规范设计报告的编写

性能化设计的最终报告是体现评估成果的主要文件，因此应当重视报告的编写。评估报告应为性能化分析与设计提供一份清晰的记录，其具体编写方式可以多样，尽管不必规定硬性的编写格式，但报告涉及的内容应当适当规范。一般说，报告应当对性能化设计的目的和目标、火灾场景设置的依据、计算工具的功能概述及计算结果的适用性等方面做出说明，给出充足的科学依据，力求给设计方案的审查人员形成清晰、明确、合理的认识。同时还应当提供相关的参考文献、基础数据、设备说明等，以便设计报告能够易于他人审核、查对和检验。这种规范的评估报告也对设计方案的顺利通过是有帮助的。

5. 结语

本文对性能化防火设计中的应用现状作了简要分析，指出目前对火灾场景设置的认识尚不够一致，存在较大的随意性。由于火灾场景在性能化设计中具有至关重要的作用，大家应当对此给予足够重视。使用计算机模型计算火灾的发展是一种重要的定量分析手段，但在实际应用中存在模型的误用，有些基本参数和计算条件的设置不甚合理，经常出现超出模型原定应用范围的情况，然而却对计算结果盲目相信。对此，一方面应当提高火灾模型使用的水平，另一方面可适时进行现场模拟试验，试验的结果往往更有说服力。另外，为了避免建筑物的消防安全问题在其基本建成时再发现、再处理，有必要让火灾风险评估人员较早的参与工程设计，以便将问题解决在设计的初期。同时，这也能为评估人员提出多种可选方案创造条件，使得建筑物能选用最合理的设计方案。

6. 参考文献

[1] 霍然,袁宏永.性能化建筑防火分析与设计方法.合肥:安徽科学技术出版社,2003.

[2] 倪照鹏,阚强.正确认识建筑物性能化消防设计与评估.消防科学与技术.2004,23(4):324-327.

[3] 汪箭,吴振坤,肖学锋,何亚平.建筑防火性能化设计中火灾场景的设定.消防科学与技术. 2005,24(1):38-43.

[4] Philip J. DiNenno, Dougal Drysdale, Craig L. Beyler, etc. SFPE Handbook of Fire Protection Engineering . NFPA.

[5] 汪箭,吴振坤,肖学锋,何亚平.建筑火灾场模拟计算中的网格独立性--建筑防火性能化设计的若干问题探讨.消防科学与技术.2005,24(3):274-278.

[6] William Grosshandler. Forum Workshop on Establishing the Scientific Foundation for Performance-Based Fire Codes: Proceedings, NIST 1061.

[7] 王国栋,霍然,易亮,周允基.热烟测试用于评价建筑烟控系统的讨论.消防科学与技术.2005,24(1): 25-27.

Some Discussions on the Performance-based fire protection design

Abstract

Analysis of the current application situation of fire performance-based design (PBD) method is presented, and the following problems should be paid more attentions. The designing of fire scenarios was a little casual, as increasing methods of designing fires. When fire models had been used to simulate fire growth or smoke movement, the limitations and application scopes of them were not considered carefully, so some misuses usually occurred. Time for fire risk engineers to take part in the PBD seemed to be too late, so the optimizing of design had to be restricted. In addition, the designing goal for some projects should be more clarified. According to these problems, some suggestions are given. The purpose of this paper is to promote performance-based design methods to be used more successful, and play the better roles in our country.

Keywords: Performance-based design, Fire modeling, Fire scenario designing, Fire tests.

作者简介：

霍然，男，中国科学技术大学火灾科学国家重点实验室，教授、博士生导师。主要从事燃烧学、火灾动力学、建筑火灾预防与控制、火灾风险评估与性能化设计等方面的研究。联系方式：电话：0551-3601660，传真：0551-3601669，E-mail: huoran@ustc.edu.cn.。

以火灾统计调查为基础探讨台湾地区高科技厂房建筑物火灾风险评估与损失程度的关联性

纪人豪[1]，陈建忠[2]，张庆进[3]，李静君[1]

[1]吴凤技术学院消防学系
[2]建筑研究所安全防灾组
[3]明台产物保险股份有限公司

摘要

高科技产业发展向来是台湾经济成长的重要指标，一旦发生重大火灾事件，将造成严重的财物损失，并危害经济发展与形象。因此，近年来大部份高科技业者，对于建筑物火灾风险管理日益重视，期望降低火灾事件的发生机率，避免因发生火灾而造成营业中断、市场流失等重大损失。然而，目前台湾尚无一套足以使各界信服的火灾风险评估模式，加上庞大的再保市场皆沦为外国保险公司的天下，且国外再保公司对于火灾发生后的损失程度多从严认定，如此经常发生理赔争议，造成火灾损失由业者与台湾产险公司承担的情形。

本研究在产、官、学各界的协助之下，由台湾地区 10 余年的高科技厂房建筑物火灾案例资料，获得其火灾发生原因、损失金额等统计资料，并与国外研究进行比较分析。再引用防火经济的概念，说明由火灾风险管理与损失评估之关系，找出建筑防火之最佳设计方案。另以美国安联保险公司的 ARC 火灾风险评估法，探讨 123 个案例的评估结果，最后，再针对 18 个曾经发生火灾事件的高科技厂房，探讨火灾发生前的风险评估等级，与火灾发生后的损失金额，比较两者的关联性，以验证火灾风险管理的效益。本文期望提供各项成果，作为高科技产业火灾风险管理的评估工具，以及防火性能设计的量化参考数据。

关键词：高科技产业、火灾风险评估、防火经济、最佳设计方案、性能设计。

1. 概述

高科技产业发展向来是台湾经济成长的重要指标，根据证券法人的估计，2006 年在台湾 12 吋晶圆厂导入 0.1 微米的技术后，未来半导体产业将再投资新台币 5,000 亿元以上，4 年后产值将可达 1.5 兆元，挤进全球第三大。在 TFT-LCD 光电显示产业方面，台湾计划大力发展上游的材料及精密设备，这几年来陆续投资约 3,500 亿元新台币，期望光电显示产业之产值在公元 2006 年可达 1.37 兆，挑战全球第一[1]，可见高科技产业身为台湾经济发展的要角，已经是无庸置疑了。

所谓高科技厂房，乃指生产制造包括半导体、光电科技甚至于生物科技等高科技类型产品之场所，其建筑物内部通常具有相当面积比例的无尘室作业空间，利用各种生产技术与设备，以自动或人工的方式，将原物料变成各式各样的高科技产品[2]。根据台湾建筑研究所的研究结果[3]，各类用途建筑物之起火机率的年平均值，以工厂类建筑物 1.41×10^{-5} 次/年•平方公尺为最高，住宅类建筑物 6.71×10^{-6} 次/年•平方公尺为次之，营业类建筑物 6.19×10^{-6} 次/年•平方公尺为再次之，其它类建筑物 2.45×10^{-6} 次/年•平方公尺为最低，其中工厂类为其它类之 5.8 倍。在各类工厂建筑物火灾的平均直接财务损失之统计数据方面，以电子科技类建筑物为新台币 926,400 千元/件最高，传统制造类建筑物为新台币 22,434 千元/件次之，塑化科技类建筑物为新台币 17,679 千元/件再次之，其它制造类建筑物为新台币 14,350 千元/件为最低，其中电子科技类约为其它制造类的 64.6 倍。另外，根据工研院环安中心事故资料统计，台湾地区工业火灾爆炸事件平均每月有 3~4 件的惊人频率，而损失金额逾新台币千万元之火灾事件，每月则至少发生一件；在 2002 年尤以印刷电路板业连续发生数起火灾事故，最能引起国人及产险业者对此类建筑物火灾事件的关切[4]。

有鉴于此，本研究以台湾地区的高科技厂房为研究标的物，首先藉由台湾、外相关文献的研究成果，获得此类建筑物火灾损失的可能因素与相对比重；并以过去台湾地区高科技厂房的重大火灾事件为案例，搜集其火灾发生前的量化风险评估结果，与实际火灾的损失金额，汇整两者间的相对关系，以实例验证的方式，探讨防火经济理论的结果，期望能提供台湾高科技业者与产险公司，作为其建筑物火灾风险管理之参考基础。此外，未来在研拟高科技厂房建筑物的相关安全规范时，亦可藉由本文的研究成果，获知不同类型高科技厂房的火灾预期损失程度，以此量化的数据，作为研拟防火规范之参考。

2. 火灾统计分析

2.1 台湾部份

依照参考文献[5]的研究成果，将台湾地区高科技厂房火灾事件，常见的火灾发生因素汇整如下所述：

1. 人为因素：人为动作或判断错误、动火程序错误、外面承包商的错误、安全卫生管理不当、防护设备使用不当、工具机械使用错误、操作程序错误、安全检查不落实等等。
2. 设备因素：机械设备故障、破裂、腐蚀、控制仪表故障、压力过高、过热、异常、未定期检修、设计不良等，以及易引起化学灾害的设备如锅炉、加热器、反应槽、储槽、压力容器、混合搅拌机器、管线及附属设备、帮浦及压缩机等。
3. 环境因素：地震、水灾等天然环境灾害，以及厂房环境的温度、湿度等气候因素，或是照明不足、通风不良、设备机械设置不均等。
4. 泄漏因素：在制程的作业场所中，常因危险物品的外泄、毒性物品的泄漏(如氢氟酸 HF)、空气漏入制程单元、制程废气的排放、化学加热槽的泄漏等因素造成火灾发生。而且大部分化学物品皆属不安定的物质，若未善加储存与防护，或是制程作业不当，将造成失控反应，产生剧烈的热爆炸、火灾或毒性气体大量外泄，其所造成的环境污染、生命与财产损失难以估计，如发生在 2005 年 11 月 23 日南科茂迪太阳能电池工厂，因硅甲烷外泄造成爆炸的火灾事件。
5. 辐射因素：在许多高科技厂房皆有使用放射性物质，将有发生游离辐射的潜在危险；另外，对于电效应干扰、静电火花等非游离辐射亦有相当的潜在危险。

由于台湾消防机关并未针对高科技厂房建筑物，进行相关的火灾统计，所以，本研究将参考文献[2]与[6]的研究成果，汇整分析后，获得台湾地区高科技厂房由 1994 年至 2005 年 6 月间，所发生的重大火灾事件计有 46 起，如表 1 所示。平均每件火灾事件的损失金额约为新台币 8.19 亿元，其中设备因素起火有 11 件，约占 23.9%；泄漏因素起火有 5 件，约占 10.9%；地震等天然环境因素起火有 5 件，约占 10.9%；人为因素起火有 4 件，约占 8.7%；目前尚属不明因素有 17 件，约占 36.9%；其它因素起火有 4 件，约占 8.7%。

2.2 国外部份

依据 2003 年美国工业厂房意外事故统计资料如图 1 所示；虽然单纯火灾发生比重仅占 5.6%，但倘若亦将人为炸弹攻击的 8.1%、电气设备故障的 5.4%、加热设备故障的 5.4%、人为操作疏失的 2.4%等，可能发生火灾的因素合并考虑，合计将超过 26.9%。

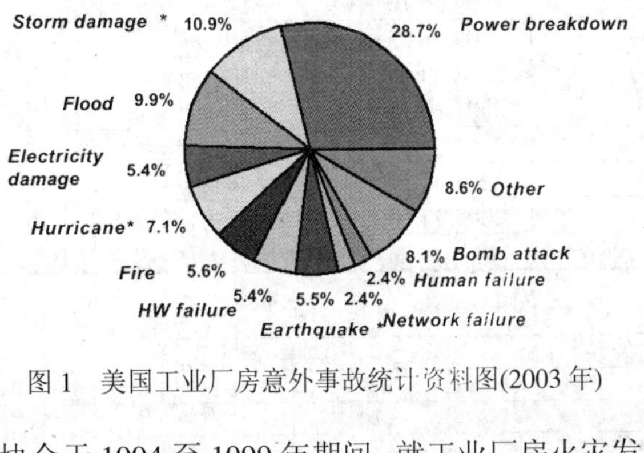

图 1　美国工业厂房意外事故统计资料图(2003 年)

另外，美国工业安全卫生协会于 1994 至 1999 年期间，就工业厂房火灾发生原因的调查分析结果发现，在各项火灾发生因素中，以电气设备为最高，占 19%，其次为撞击摩擦，占 14%，再其次为易燃化学物品，占 12%，其它发生原因与所占比率如表 2 所示[4]。

表 1 台湾地区高科技厂房重大火灾事件统计表(1994 年至 2005 年 6 月)

编号	被保险人	日期	原因	损失金额(新台币百万元)
1	中华映管	1994.02.27	-	600
2	华邦电子	1996.10.14	机器起火	7,500
3	联瑞电子	1997.10.03	废弃排放管起火	9,000
4	天下电子	1997.11.11	酸槽温度异常	330
5	光宝电子	1998.04.22	不明	209
6	华昕电子	1998.06.27	-	120
7	歌林企业	1998.09.19	-	60
8	世大积电	1999.09.22	发电机运转过热	20
9	德积半导体	2000.02.26	化学气体	60
10	联茂电子	2000.03.31	热煤油外泄	200
11	台积电	2000.06.11	地震	65
12	华邦电子	2000.06.11	地震	60
13	旺宏电子	2000.06.11	地震	35
14	华邦电子	2000.07.16	水渍	30
15	台积电	2000.09.03	氮气污染	60
16	楠梓电子	2000.10.01	不明	478
17	台积电	2000.10.04	水渍	90
18	台积电	2000.11.02	电力中断	40
19	敬鹏工业	2000.11.15	不明	60
20	佳邦科技	2000.12.04	不明	54
21	台积电	2000.12.11	地震	50
22	合鑫光电	2000.12.13	不明	100
23	旺宏电子	2000.12.25	电力中断	200
24	天下电子	2000.12.25	不明	200
25	橡荣电子	2001.01.18	不明	50
26	汐止东科	2001.05.12	油灯火种引发火警	5,000
27	瀚宇、博德	2001.05.31	不明	100
28	仁宝计算机	2001.06.28	不明	60
29	华宝通讯	2001.06.28	不明	150
30	先丰通讯、颀基科技	2002.02.25	不明	800
31	英群电子	2002.02.26	电线走火	30
32	同亨科技	2002.08.22	不明	77
33	金像电子	2002.09.01	机器损坏	730
34	鑫悦实业	2002.11.24	不明	131
35	中德电子	2002.12.10	机器故障	350
36	欣兴电子	2003.10.02	不明	450
37	宏业新技	2003.10.03	不明	170
38	宏叶科技	2003.12.03	-	100
39	益兴电子	2004.01.10	机器过热	150
40	米辑科技	2004.06.10	机器过热	15
41	精碟科技	2004.08.25	不明	145
42	蓝天计算机	2004.09.19	电线走火	37
43	东元电机	2004.10.15	不明	342
44	力特光电	2004.06.11	化学物品起火	300
45	华生科技	2004.07.17	制程加热	1,100
46	日月光	2005.05.10	锅炉过热引燃管线	7780
	平均值			819.30

表 2 美国工业厂房火灾发生原因统计表(公元 1994~1999 年) [4]

火灾发生原因	比率(%)	火灾发生原因	比率(%)
电气设备	19	灼热表面	7
撞击摩擦	14	火花	6
易燃化学物品	12	过热机具	3
直接火焰	9	静电	2
人为吸烟	8	其它	5
物品自燃	8	不明原因	7

此外，英国学者 G. Ramachandran 针对英国与美国在 1991 年至 1993 年间，平均每年火灾损失的项目与金额的数据，统计如表 3 所示[7]。在表 3 的火灾损失项目中，以消防队出勤所造成的社会成本损失为最高，在英国约占 37.2%，在美国约占 35.9%；由此可知，火灾不仅对于建筑物所有权人造成损失，对于整个社会的影响，亦不容忽视。由于表 3 中，不论是在英国或美国，火灾所造成的间接损失皆为最低，此乃该研究并未将火灾所造的营业中断、商誉损失、重置工程等间接损失计入之缘故。

表 3 英国与美国平均每年火灾损失的项目与金额之统计表(1991 至 1993 年) [7]

火灾损失的项目	英国(百万英磅)	比率(%)	美国(百万美元)	比率(%)
直接损失	1,100	25.6	9,200	18.5
间接损失	100	2.3	800	1.6
消防组织	1,600	37.2	17,800	35.9
火灾保险	600	14.0	3,700	7.5
建筑防火	900	20.9	18,100	36.5
每年总损失	4,300	100.0	49,600	100.0

3. 建筑物火灾的风险管理与损失评估

3.1 建筑物防火经济的概论

建筑物防火经济的相关理论，大多源自于工程界的价值分析(Value Analysis)，而价值分析的观念则首先在 1947 年由美国奇异公司迈尔先生发展出来，藉由分析设备产能与原物料成本之关系，进而产生具有节约成本效果的技术；随后在 1949 年美国通用公司、福特汽车公司、美国海陆空三军及其它企业单位等，也陆续引用，并对外正式发表其价值分析的方法及研究成果[8]。所以，英国学者 G. Ramachandran 于 1998 年提出建筑物防火安全等级的最佳方案，该研究首先提出建筑物因投入适当的防火安全措施，以及消防安全设备，将使建筑物免于火灾所造成的损失，对于建筑物所有人，乃至于整个国家、社会，都是一种补偿获利的观念[7]。所以，该研究定义若“增加建筑物防火安全的投资成本”与“避免火灾损失的补偿获利”，两者之间取得最佳的平衡考虑，即图 2 两条曲线相交时，对应到的建筑物防火安全等级，即为最佳设计方案，而所投入的防火投资成本，与避免火灾损失的补偿获利，彼此之间的差值将等于零，此时对建筑物所有人而言，具有最佳的投资效益，以及最适当的火灾风险，相关研究成果如图 2 所示。

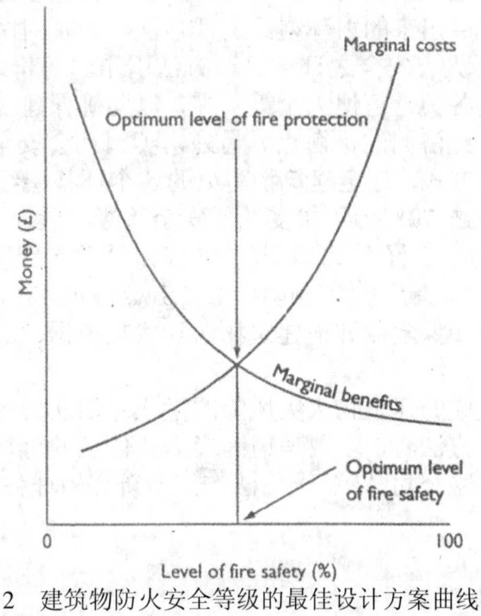

图 2 建筑物防火安全等级的最佳设计方案曲线图[7]

3.2 建筑物火灾的风险管理与损失评估之关系

对于现代的高科技产业而言，应该不再只是追求符合相关安全规范与安全技术，而是进行企业全面性的风险管理，使该产业损失极小化，追求利润极大化，并与营运管理结合，创造企业本身永续经营的力量[9]。一般而言，高科技产业风险管理的方法，可分为风险控制(Risk Control)与风险理财(Risk Financing)两大部份，在风险控制方面主要的措施有回避法、损失控制法、转移法、分散法等；在风险理财方面主要的措施有自行承担法、损失转嫁法、自行承担法配合损失转嫁法等；前者为火灾发生前的积极防范措施，后者为火灾发生后的管理对策，两者必须交互应用，以发挥相辅相成的互补功效。然而，不论是在风险控制或风险理财哪一方法，皆须有赖于准确的火灾损失模拟，方能避免风险管理失效之虞。因此，本研究参考文献[9]，针对高科技厂房建筑物火灾的风险管理之作业流程，与火灾损失的相对关系，汇整如图3所示。

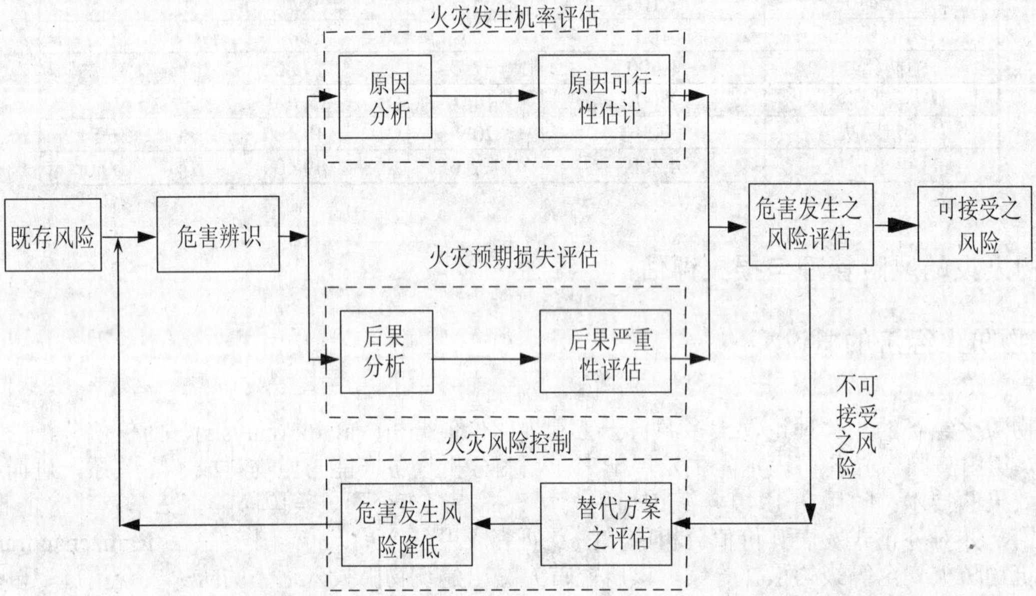

图3　高科技厂房建筑物火灾的风险管理之作业流程与火灾损失之相对关系

3.3 建筑物火灾风险的量化评估

有关建筑物火灾风险的量化评估法之研究，自1970年起，首先由美国国家标准局火灾研究中心，依据NFPA之“人命安全法规”所发展出来的窗体型式之评估法，分别对医院、拘留所、矫治所、公寓、旅馆及办公室等用途之建筑物，进行火灾安全之评量。该方法引用“等价之观念”，将相关建筑物防火的安全因素与危险因素相互抵销，使其各项差值恒大于等于零，以此确保建筑物防火安全的需求，并得以控制所需的防火投资成本，获得安全与经济间的平衡点。另外，英国社会安全卫生部于1971年委托爱丁堡大学消防安全工程学系，以专家团的方式，订定建筑物防火的5个环状层级，并以矩阵运算之原理，获得20项安全因素之权重值，最后以总分之70%为可接受最低安全等级，且在20项的总权重值为100%时，若评估结果之权重总值大于90%视为“良好”，于70%～90%为“可接受”，于56%～70%为“无法接受”，低于56%为“绝对无法接受”。此外，瑞士火灾预防中心（Swiss Fire Prevention Service）亦于1973年提出一套的点计划评估法，该法主要用于保险业评估建筑物保险费之依据，而现今所使用的瑞士点计划法，多为E.Bamert所修正[10]。

截至目前为止，国际间发展完成的建筑物火灾风险的量化评估法为数众多，而且多数由产险公司所开发完成。因此，本研究在选用评估方法时，主要考虑因素为评估法的可靠度、科技厂房的适用性，以及评估法的版权等，最后选择以安联保险公司ARC评估法作为本研究的评估工具。

3.4 安联保险公司评估法(ARC)

安联保险(AI)公司为全世界最大产物保险公司，该评估法由其内部的风险管理部门(Allianz Risk Consultant department，简称ARC)负责风险评级（Risk Grading）的研发工作。该法之评估表共有12个大项，并各有其子项，惟其子项项目不多，不需输入基本数据，仅须填入主观判断的点数。该评估系统须仰赖专业人员填入各别分项的分数，填分的依据则订有详尽之技术手册(Technical Manual)。由于ARC之评分为各项直接填入表4，故其主观及专业性较强，但其填表制作快速，标的物的危险评级结果极快取得。

表4 安联保险公司评估法(ARC)火灾风险评估表

编号		查勘日期		
单位		使用性质		
地址		国家		
		查勘者		
编号	风险项目	评分范围		现况评分
		下标	上标	
	产业传统危险因子(依使用用途而订)			
1	产业基准点	0.7	0.9	
2	制程/使用性质危险(Process / Occupational hazards)	0.9	1.4	
3	火载量/延烧度/价值分布 (Fire load/Spread/Value concentration)	0.9	1.1	
4	建筑物结构(Building Construction)			
4.1	主要建筑物	0.8	1.2	
4.2	楼层	0.9	1.15	
4.3	内部防火区隔	1	1.4	
5	公用设施(Utility)	0.9	1.2	
6	管理(Management)			
6.1	态度/整理情况	0.9	1.15	
6.2	程序/规划	0.9	1.15	
6.3	维护情形	0.9	1.15	
7	消防防护(Fire Protection)			
7.1	自动消防系统			
7.1.1	自动灭火设备	0.5	1	
7.1.2	特殊防护/灭火系统	0.9	1	
7.2	其它消防防护/防火系统			
7.2.1	自动火及烟探测系统	0.9	1	
7.2.2	警报设施	0.95	1.05	
7.2.3	消防栓及水源供应	0.9	1.05	
7.2.4	手动灭火设备	0.95	1.05	
7.2.5	警报组织	0.95	1.05	
7.2.6	公用/私设消防队	0.95	1.05	
8	保全(Security)			
8.1	警卫服务	0.95	1.05	
8.2	防盗服务	0.95	1.05	
8.3	厂区保全系统	0.95	1.05	
9	附加险(Additional Perils)			
9.1	气候/天然风险	1	1.4	
9.2	社会风险	1	1.2	

续表 4

9.3	第三人风险	1	1.2	
9.4	衍生性风险	1	1.2	
10	营业中断(Business Interruption)			
10.1	产品/输出	0.9	1.1	
10.2	相互依赖度及偶发性	0.95	1.1	
10.3	机具.公用设备及建筑物	0.85	1.1	
10.4	工具.模块及型式	0.95	1.1	
10.5	数据处理/自动控制系统	0.95	1.1	
10.6	环境影响面	0.95	1.05	
10.7	外包状况	0.85	1.1	
10.8	偶发/紧急计划	0.95	1.05	
11	损失记录(Loss History)	1	1.2	
12	风险信息取得(Risk Information)	1	1.2	
	营业中断(BI)总得分			
	财产损失(PD)总得分			
	BI 风险等级因子			
	PD 风险等级因子			

ARC 的评级分数分布为 50-500，分数愈高代表危险性愈小，安全性愈高，核保准则依据危险等级如图上的落点而定，如图 4 所示[11]。

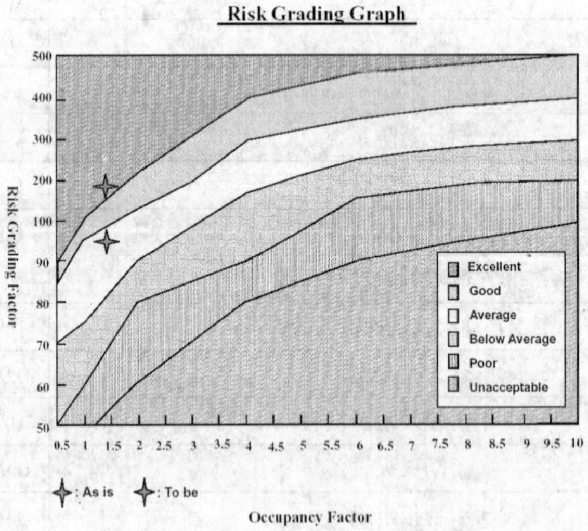

图 4　安联保险公司评估法(ARC)火灾风险分级图

评估对象建筑物经专业人员由表 4 获得营业中断(BI)总得分、财产损失(PD)总得分后，将其得分在图 4 的落点位置，可区分为优良(Excellent)、良(Good)、普通(Average)、低于普通(Below average)、劣(Poor)、不可接受(Unacceptable)等 6 个等级。评估人员在危险评定人员给予结果后，即可判断评估对象的火灾风险等级，并可提出对象物的风险改善与控制之对策。

3.5 建筑物火灾的产业风险特性

本文引用参考文献[12]，获得各种产业类型的工厂建筑物数据，分别以安联保险公司评估法(ARC)进行火灾风险的量化评估作业，并将这 123 个标的物之评分结果，依照经济部商业司所公布的产业类型予以归纳，获得产业类型的工厂类建筑物，其火灾风险的量化评分总表如表5所示。

表5 各种产业类型的工厂类建筑物之火灾风险评分总表

编号	工厂类型	工厂数目	平均得分
1	食品制造类	4	96
2	纺织成衣制造业	2	96
3	家具制品制造业	1	91
4	纸类印刷业	2	70
5	石化制造业	2	136
6	化学制品制造业	7	116
7	生化学制品制造业	2	106
8	橡胶制品制造业	5	108
9	塑料制品制造业	1	111
10	非金属矿物制品制造业	0	0
11	金属制品制造业	9	86
12	机械设备制品制造业	1	82
13	电力及电子机械器材制造业	10	97
14	光电制造业	19	102
15	IC 制造业	20	104
16	电子组装业	5	100
17	电路印刷版产业	7	79
18	运输工具制造修配业	5	101
19	其它工业制品制造业	0	0
20	非制造业	12	103
21	仓储业	0	0
平均值		123	99.2

由表5可知，产业火灾风险量化的平均得分之平均值为99.2，而台湾地区的主要高科技产业光电制造业与IC制造业，其平均得分为102与104，皆高于前述平均值99.2，其原因为此类建筑物为满足国外再保公司的要求，多数引用国际防火法规与防火管理对策有关。另外，平均得分最高的石化制造业，由于其产业具有较严重的火灾爆炸风险，所以对于厂房的安全防护，则多以最新国际防火标准为考虑，相对较其它产业超出台湾地区法规要求甚多。反之，平均得分最低的纸类印刷等传统产业，由于大量使用油墨等可燃性物品，加上厂房老旧维护不当，火灾风险相当高。至于，早期亦号称为科技产业的PCB印刷电路版产业，由于仍以电镀制程居多，电器设备易受腐蚀造成引火，且近5年来火灾损失事件相当高，其火灾风险平均得分为次低者。

本文将前述123个标的物之火灾风险得分，以图4来进行风险分级，其中63%为普通(Average)，23%为低于普通(Below average)，11%为良(Good)，3%为劣(Poor)，1%为不可接受(Unacceptable)，0%为优良(Excellent)。另外，负责承保前述123个标的物之产险公司，亦发现所有标的物过去5年中，仅有1件火灾事件发生，火灾件数损失率仅为0.8%，而客户金钱损失率仅为0.39%，而发生火灾事件之标的物，其风险评估等级亦为低于普通(Below average)，综合上述足见，利用量化可靠的风险管理评估系统，不但可以作为风险改善的依据，更可直接降低建筑物火灾的财产损失，增加企业永续经营的竞争力。

3.6 高科技产业火灾损失与风险评估分级

本文从表1的46起台湾地区高科技厂房建筑物的重大火灾事件中，获得18件火灾发生前，产险公司以安联保险公司评估法(ARC)，对其标的物进行的评估分级，并与其火灾损失金额统计比较如表6所示。

由表6可知，在所有火灾发生事件中，并无ARC火灾风险评估为良(Good)与优良(Excellent)者，其火灾损害金额最低，几乎可谓为零。在普通(Average)者，其火灾损害金额次低，平均为186.7百万元。而低于普通(Below average)者，其火灾损害金额最高，平均为1789.3百万元。虽然，有2件火灾事件其ARC火灾风险评估为劣(Poor)，其平均为372.5百万元，反而较低于普通(Below average)者为低，但就整体趋势而言，建筑物火灾风险评估分级越优良，则其火灾损失金额越低，此一结果与图2之趋势一致。

表 6　台湾地区高科技厂房建筑物火灾损失与风险评估分级表

被保险人	ARC 评估分级	损失金额(新台币百万元)	平均损失金额
金象电子	劣(Poor)	730	372.5
米辑科技		15	
橡荣电子	低于普通(Below average)	50	789.3
翰宇博德		100	
先丰通讯		800	
英群电子		30	
同亨科技等		77	
鑫悦实业		130.68	
欣兴电子		450	
宏叶科技		170	
益兴电子		150	
精碟科技		144.9	
蓝天计算机		37	
东元电机		342	
日月光半导体		7779.80	
仁宝计算机	普通(Average)	60	186.7
华宝通讯		150	
中德电子		350	

4. 结论

本文历经二年的研究，获得各项研究成果如下所述：

1. 台湾地区高科技厂房建筑物火灾常见的发生因素，主要是人为因素、设备因素、环境因素、泄漏因素、辐射因素等。
2. 台湾地区高科技厂房建筑物的火灾事件，以设备因素约占 23.9%为最高；而美国工业火灾事件，亦以设备因素占 19.0%为最高，两者统计结果相近。
3. 台湾地区各类用途建筑物之起火机率以工厂类最高，而各类工厂建筑物的火灾损失，则以高科技厂房平均每件损失约新台币 8.19 亿元为最高。
4. 依照 ARC 评估法的 6 个火灾风险分级，台湾地区高科技厂房以普通(Average)级为最多，约占 63%；低于普通(Below average)级为次之，约占 23%火灾。
5. 根据产险公司 5 年来的统计，确实进行火灾风险管理之台湾地区高科技厂房建筑物，其火灾损失率仅为 0.8%，金钱损失率更低至 0.39%。
6. 根据表 6 的统计资料，整体而言，建筑物火灾风险评估分级越优良，则其火灾损失金额越低，此结果与防火经济理论之趋势一致。

5. 参考文献

[1] 王钰.Part 1 气体侦测气行情看涨 460 亿无尘室规模.消防与防灾科技.2004,15:11-12.

[2] 叶世文,黄玉麟,纪人豪,苏鸿奇,陈弘毅,萧肇宝,张庆进,陈政洞.高科技厂房建筑物防火估方法之建构与实例验证.建筑研究所 94 年研究计划书.2005.12.

[3] Chi, J.H., Huang, Y.L., Shen, J.H., Chen, H.Y. and Chen, J.Z.Building fire situation and characteristic analysis based on fire statistics of investigation results in Taiwan. Journal of applied fire science. 2005, 12(4): 263-289.

[4] 刘维义,林木荣,蓝成阳,李全,陈俊勋.浅谈工业火灾调查.消防与防灾科技.2003,5:3-4.

[5] 灾害防救委员会,灾害防救科技中心.公共安全管理白皮书-科技厂房安管理.2004,2.

[6] 张明晖.日月光火警事故的省思.保险大道第四十三期 37-40.产物保险商业同业公会.2005,11.

[7] G. Ramachandran. The Economics of Fire Protection. E & FN Spon An Imprint of Routledge, London and New York.

[8] 陈建忠,黄玉麟,纪人豪,苏鸿奇,沈建宏.建筑物防火安全设计之风险管理与价值分析方案.建筑研究所 92 年研究计划书.2003,12.

[9] 张庆进.企业永续经营与保险互动.中兴大学企业风险管理研讨会.2005,4,28.

[10] Guo JT, Xiong GH. A study on fire suppression evaluation model used in the fire risk evaluation computer model. Central Police University for Department and Graduate School of Police Administration, 1999.

[11] 翁闳政.火灾成本控制分析与预期损失模拟.吴凤技术学院火灾调查鉴识与风险管理研讨会,2006, 12,22.

[12] 张庆进,陈希立.火灾风险量化评估与风险改善技术研究.台湾大学机械工程研究所博士论文.2006,6.

6. 致谢

本研究承蒙国科会提供专题研究计划经费(NSC 95-2221-E-274-020-)，并诚挚感谢研究团队成员，明台产物保险公司损防部，以及建筑研究所安灾组的大力协助。

Research on Relativity of Fire Risk Assessment and Fire Loss for Taiwan's High-Tech Factory Buildings Based on Fire Statistics

Abstract

Development of Hi-Tech industry is always an important indicator of Taiwan's economy, not only serious property loss, but economic growth danger and image damage caused once the conflagration happens. In recent years, most of Hi-Tech industry proprietors pay more attention to the fire risk management of the building, expect to reduce the emergence probability of the fire incident, avoid great losses as business interrupting and market loss. However, there is not a domestic convinced assessment mode of the Hi-Tech factory building, even more, the strict identification from foreign re-insurance company, it cause easy the constant dispute of compensate after the fire accident. Huge fire loss is usually shouldered by both proprietor and domestic insurance company in the end.

Under the assistance from all walks of life, this research study the fire statistics of Taiwan's Hi-Tech factory building of more than 10 years, obtain its fire cause and fire loss and study comparative analysis with foreign countries data. Quote the concept of fire economy; explain how to find the optimum design of fire safety for High-Tech factory building from the relativity between fire risk management and fire loss assessment. In order to verify the benefit of fire risk management, 123 Taiwan's factory building cases are assessed by ARC method and discuss, and 18 fire cases of High-Tech factory building are collected to compare the relativity of risk grading before fire and property loss after fire. This text expects to offer a tool of fire risk management for Hi-Tech industry and the quantization reference for performance-based design of fire safety.

Keyword: Hi-Tech industry, Fire risk assessment, Fire economy, Optimum design, Performance-based design.

作者简介：

纪人豪，男，吴凤技术学院消防学系，助理教授。研究方向：1.建筑物火灾案例分析、火灾风险评估；2.高科技厂房建筑物火灾损失分析与计算机仿真；3.建筑物火害结构安全评估与鉴定。联系方式：地址：台湾嘉义县民雄乡建国路二段 117 号，电话：886-5-2267125 转 22376 传真：886-5-2065112，e-mail: chi.jen-hao@mail.wfc.edu.tw。

数值仿真在混合型湍流流场洁净室火灾之应用与探讨

刘维义, 季彦成, 陈俊勋

台湾交通大学机械工程研究所

摘要

半导体厂内有许多总类的洁净室在使用，但是多数的研究重点集中那些层流类型的洁净室为主。为了研究火灾的影响和烟流在不同的洁净室排放的状况，故本论文将以研究混合型湍流流场在洁净室中烟流控制与排烟的状况。本文使用美国国家标准与技术局(NIST)所开发的计算流体力学模型的FDS软件做为烟流控制的模拟。本文火灾数值仿真分析之其运用Navier-Stokes方程式计算，以解析流体方程式的方式撰写，适用于由低速、热驱动（Heat drive）的三度空间的流场及烟流动模拟，主要强调以火灾的烟与热传功能为主。被模拟的混合型洁净室火灾发生在一个全尺寸41.0m×28.0m×4.0m.的密闭区划空间内，并有计划的设计不同的作动上层FFU和排烟闸门的行为情境。为了更接近真正的情境。 包括设计火载量、火灾的尺寸，而火灾可能的传播与扩散，也已经被考虑了。研究的结果显示烟流的设计与排放的可接受，并在起火点机台附近预测温度。我们也用Smokeview的软件来说明结果分析，这种评估方法不仅能用来评估潜在混合类型无层室的空间火灾的危险程度，这项技术并可以协助半导体厂工程师如何评估与设计厂内的系统。

关键词：洁净室火灾、湍流流场、数值仿真。

1. 前言

台湾地区的产业环境随着全球经济体的变迁而快速转变，高科技产业不断兴起，以半导体产业为例，过去几年因火灾而损失的金额即高达约300亿台币。由于高科技产业属于高利润、高风险之产业，因此单位面积的价值密度与投资成本皆高于一般产业，一旦发生意外，连带造成承接的保险公司亦遭受相当严重之亏损。因此，台湾地区的产险公司均纷纷转向国际再保。继茂迪、日月光等大厂火灾后，台湾地区高科技产业损失金额一次高过一次，已引起国际再保公司对台湾半导体产业在损害管理能力产生相当大的质疑，更对承接台湾半导体产业的再保险能量进行将重新评估。火灾危害事故长久以来一直是高科技产业及保险单位在安全工作上的主要议题，虽然灾害造成的损失可藉由保险理赔弥补，然残存风险犹在，倘若高科技产业因火灾危害事故不能与国际市场的脚步并行，终将为市场所淘汰。故此，在面对高科技厂特殊危害作业区域或高风险作业区域时，以厂内现有的防火安全技术能力与设备是否能够在火灾初期有效的控制或抑制火灾的成长，实在是高科技产业损害防阻的重大关键。故高科技产业之防火安全不应只是从消防灭火设备的层面去探讨，也应从使用的特性及内容物做一整体性的评估，故此，藉由数值仿真的技术将危害等级及冲击性量化，以做为防火安全改善建议及预防措施之依据。由于在实际火场中，各项危害因子间互动关系相当复杂，故在评估分析获得结果后往往需藉由计算机数值仿真来进行验证比对，才使得在评估过程能更为严谨及准确。本文希望藉此能协助高科技产业之洁净室解决火灾危害之问题，进而提升高科技产业在国际市场的竞争力，及企业永续发展之最终目标。

2. 研究方法

本文内容以半导体厂混合型湍流流场洁净室内的火灾为探讨，以美国 NIST（National Institute of Standards and Technology）所发展的火灾仿真软件 FDS（Fire Dynamics Simulator）来模拟火灾的烟层流动情形，并有计划的设计不同的作动上层 FFU 和排烟闸门的行为情境，评估洁净室中因 Wet Bench 机台内部 IPA 燃烧的火灾影响外，并针对因燃烧所产生的烟流在湍流流场其扩散方向与扩散危害状况进行探讨，最后将所有模拟结果整理分析及说明。

2.1 制程危害特性说明

本案例数值仿真之区域，除了存放易燃性物质的 Cabinet 皆设有二氧化碳自动灭火设备外，重要机台

Exhaust 端亦设置有防火闸门，以防止火势藉由风管扩散(或吸入)，因此若发生火灾而自动灭火设备亦能有效作动的话，则理应上本区应该是安全无虞的，但是若各项自动灭火设备因为保养不当或其它原因而无法正常作动时，本区还是会有火灾发生的可能性，以风险评估的角度来看，通常皆是假设现有的防护措施失效的情况下来进行评估，在经危害辨识筛选之后发现火灾潜在危害程度较高的区域为 Wet-Bench 机台区，主要可能的危害情境有：

1. URESOLVE 或 Flipstrip 浸泡槽底部的 In-line 加热器发生故障，造成持续加热，Teflon 材质高温软化导致火灾，影响至邻近 IPA 之输送管线，造成 IPA 槽与相关输送管线发生火灾。
2. IPA 之 CDU 与酸槽之输送管线由于压力过高造成泄漏喷溅至邻近加热器。
3. 操作员于更换 CDU 之桶槽时不慎泄漏，CDU 的 IPA 储存柜的接地措施失效有静电累积或碰撞火花。
4. URESOLVE 酸槽 In-line 加热器加热量过大，造成酸液大量气化至抽气管线内，于抽气管线内发生火灾。
5. 机台 IPA 槽发生泄漏，而且 IPA 槽接地措施失效有静电累积。

本文将以 Wet Bench 机台区内部之 IPA 槽因故燃烧为起始事件，评估 Wet Bench 机台部燃烧(不锈钢机壳)对邻近操作区域甚至对整个混合型湍流流场洁净室的影响程度。

2.2 火灾情境与条件设定

由于本区属于全区单一区划之洁净室作业，所以在仿真的区域设定上须以洁净室全区域为目标，且由于本区对于作业的条件要求非常严格，举凡微尘粒子、有害空气、细菌等污染物甚至室内之温湿度、洁净度、压力、气流速度与分布等，都是影响产品质量的重要因素，因此，本区域的后果分析仿真除了要评估 Wet Bench 机台内部 IPA 燃烧的火灾影响外，尚须评估因燃烧所产生的烟流在混合型湍流流场其扩散方向与扩散程度为何，以作未来在进行紧急应变或工程改善时的参考。

本文在情境的设定上以回风系统、假设的排烟装置(该区实际并未设置排烟装置)为主要的区分条件，另延烧判定与撒水设备为辅助参考区分条件，概略的设定分项如下表 1 所示：

表 1 洁净室火灾情境设定表

情境编号	回风系统	排烟装置	延烧判定	撒水设备
情境 1	√	×	×	×
情境 2	×	×	×	×
情境 2	×	√	×	×

本文的数值仿真将从情境 1 预设的火灾应变情况开始着手，即若真的发生火灾时，应变程序为在回风系统持续运转的情况下进行灭火与人员避难逃生的动作，图 1 为本案例洁净室机台设备区仿真模型俯视图，总长约 41 米、宽 28 米、高 4 米，蓝色区块代表各个机台与作业平台，红色区块为开关门，绿色区块则是设定为起火点的 Wet Bench 机台，在经进一步放大后，可从图 2 看出邻近 Wet Bench 的各个机台与作业平台位置，并在其机台位置处布设温度与热通量侦测点(如红色圈点处)，藉以判断邻近机台是否会引火燃烧。

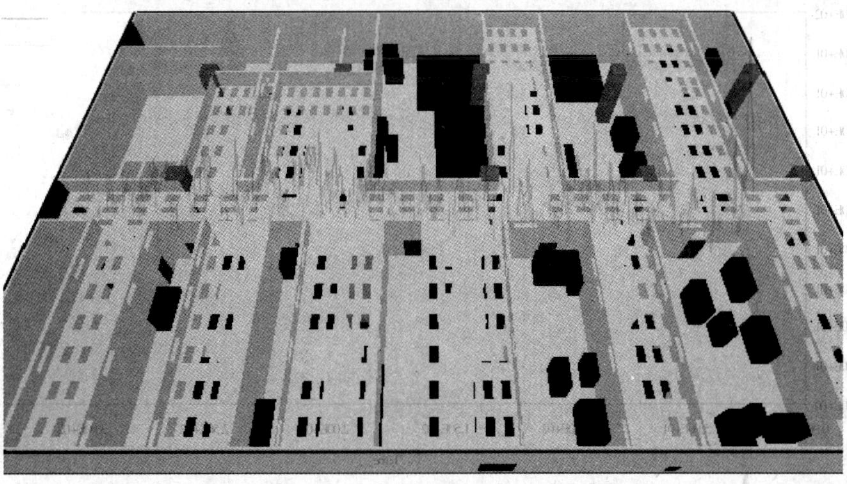

图 1 洁净室机台设备区仿真模型俯视图

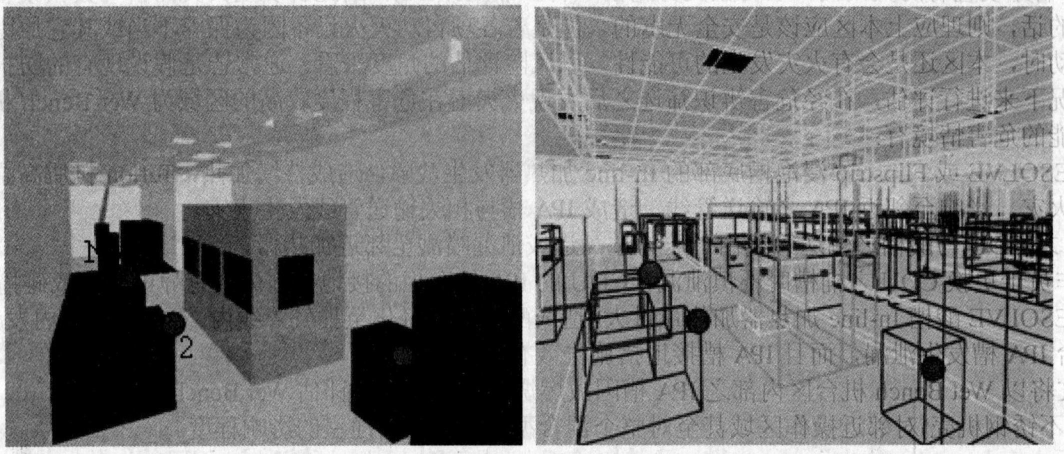

图 2　邻近 Wet Bench 各机台与作业平台相对位置图

2.3 火场数值仿真热释放率设定

根据危害辨识所得到的结果，机台主要的起火源皆指向属易燃性物质的 IPA，而 IPA 在经引火燃烧后，其燃烧模式为 Pool Fire 燃烧，火源应瞬间布满 IPA 表面，并维持接近常值的热释放率，若以单一暂存桶约 18 公斤的 IPA 当作主燃烧源，则在 IPA 约 2.3 kg/m2-min 的质量损失率下，共可维持热释率 1333 kw 的燃烧约 469 秒。

3. 数值仿真结果

仿真首先须着重在于机台的延烧判定，方能合理地模拟接下来可能发生的灾害情境。图 3 与图 4 分别为邻近机台在情境一的情况下所侦测到的温度分布图与热辐射量分布图，图中可以发现不论是温度或热辐射量其对邻近机台的影响都不大，在温度上仅介于 40℃~70℃间震荡，而热辐射量亦仅介于 2~4 kw/m2，这样的受热程度是不足以延烧 Wet Bench 邻近机台的，主要的原因除了起火源本身的可燃物量不多之外，外壳又以不锈钢材质包覆整部机台，仅少部分的热能从被烧穿的玻璃窗口传递出来，故本区 Wet Bench 机台燃烧并不会有像以 PP 材质为主的 Wet Bench 机台延烧问题。

由于在所设定的燃烧条件下不会延烧，仅在机台内部激烈燃烧反应，故确认情境设定如下：一、由于不会延烧，且机台内部原本就设有 CO_2 灭火设备，所以不须模拟洁净室假设性的撒水设备作动情况。二、由于不会延烧，所以将火灾的另外一个重要影响因子-烟流，设为本次洁净室 Wet Bench 起火的主要评估项目。

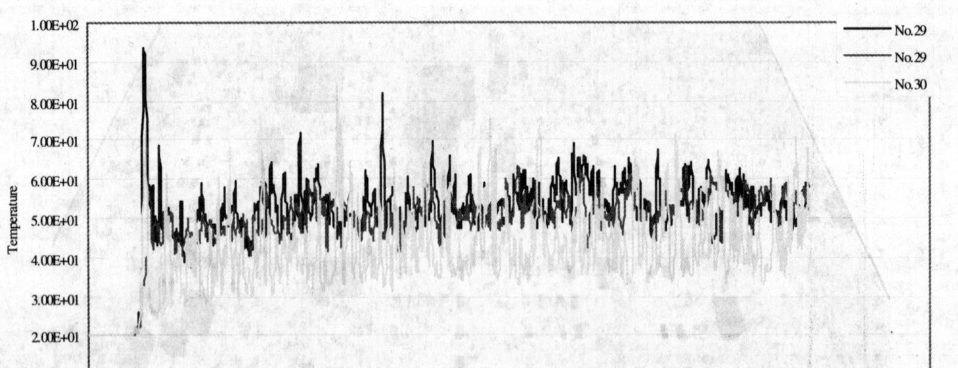

图 3　情境一不同侦测点温度分布图

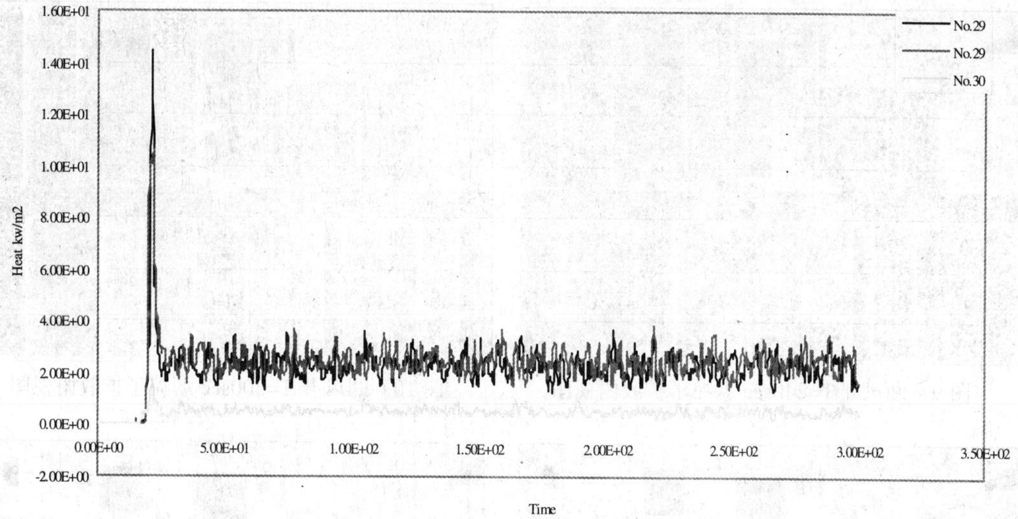

图 4　情境一不同侦测点热通量分布图

从烟浓度扩散的角度来看，图 5 ~ 图 10 为在情境一回风打开的状况下时间轴的烟流扩散程度俯视图，图中可以发现烟流会随着特殊的（混合型湍流流场）洁净室设计迅速地扩散开来，不论是在 S.A.P.空气舱或 FAB 洁净室与二侧的 Sub FAB 回风区，烟粒子都会沿着开启的回风系统不断地在洁净室内扩散。

若在火灾发生时将整个回风系统关闭的情境(情境二)，图 11 ~ 图 16 为情境二关闭回风系统下时间轴的烟流扩散程度俯视图，从俯视图中发现虽然烟粒子会快速的上升并至布满整个空气舱，然而，看可以很明显的看出烟雾几乎都是在整个模拟空间的上层然后再慢慢累积下降，换句话说，烟粒子分布情况对于机台设备或是人员避难逃生而言，有可能会是比较佳的情况。然而，毕竟烟层累积至一定程度对于机台本身或人员而言还是会有不小的风险，倘若在本区空气舱设置消防排烟设备的话，则其烟层的累积程度应该会相对减低很多(本区并无装设排烟设备）。

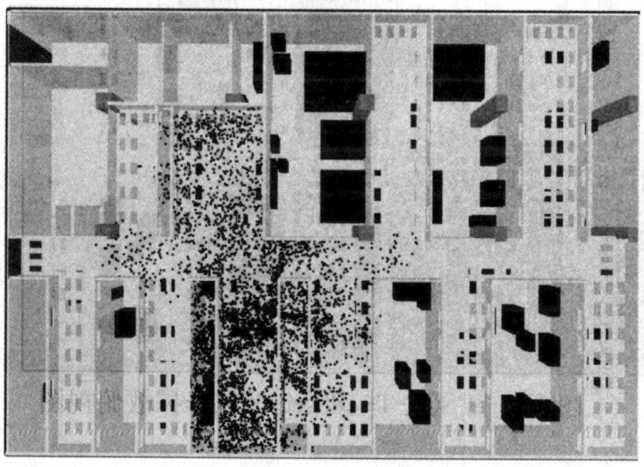

图 5　回风开 T=30sec 烟粒子扩散俯视图

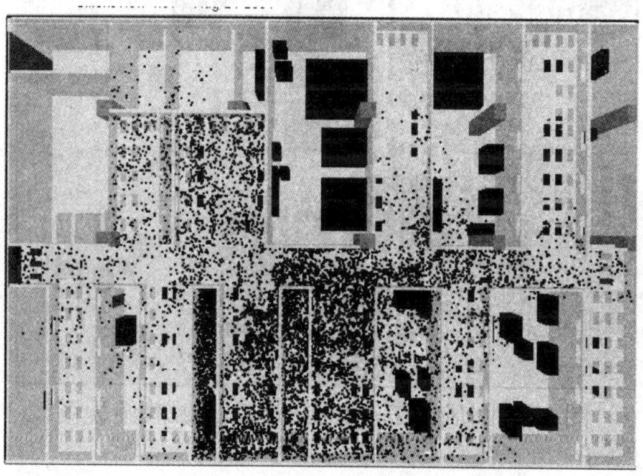

图 6　回风开 T=60sec 烟粒子扩散俯视图

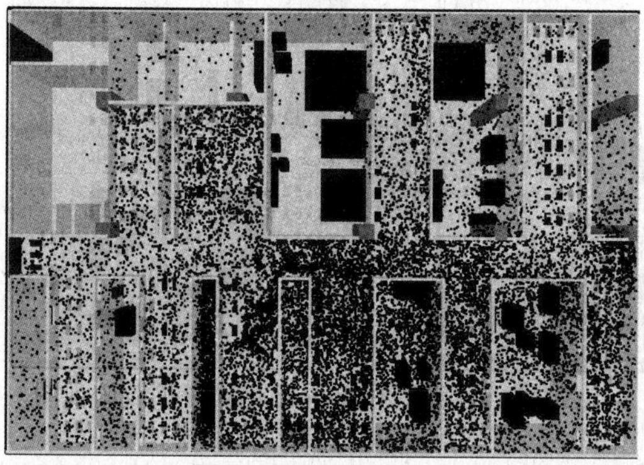

图 7　回风开 T=120sec 烟粒子扩散俯视图

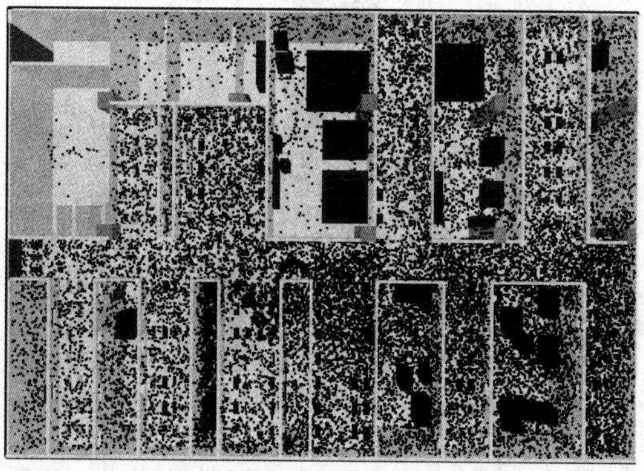

图 8　回风开 T=180sec 烟粒子扩散俯视图

图 9　回风开 T=240sec 烟粒子扩散俯视图

图 10　回风开 T=300sec 烟粒子扩散俯视图

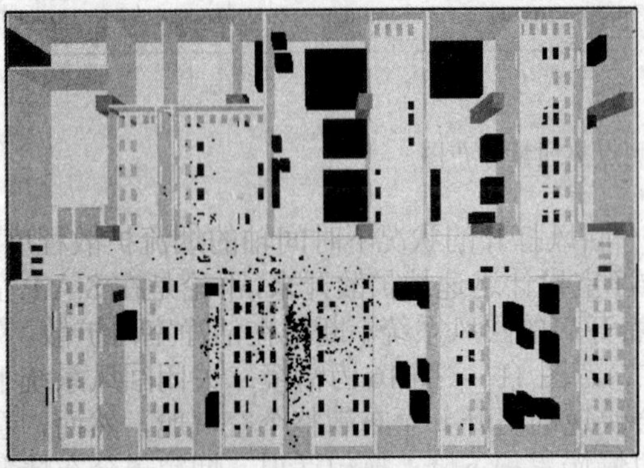

图 11　回风关 T=30sec 烟粒子扩散俯视图

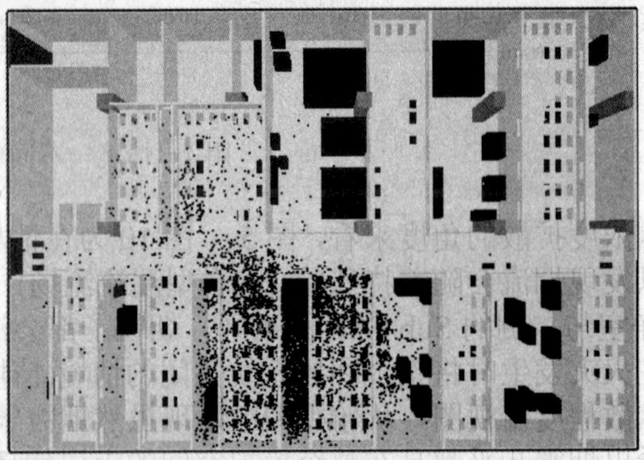

图 12　回风关 T=60sec 烟粒子扩散俯视图

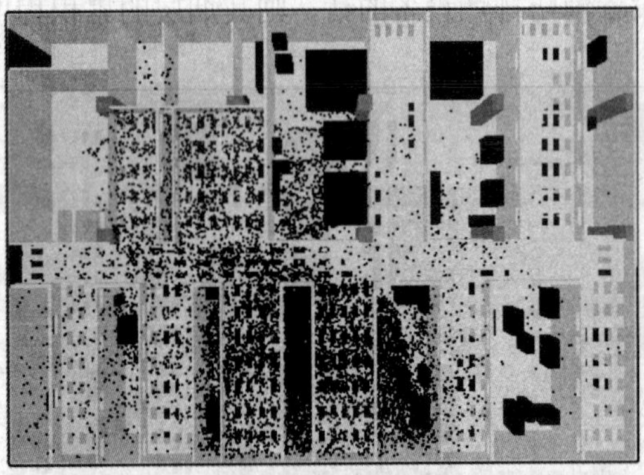

图 13　回风关 T=120sec 烟粒子扩散俯视图

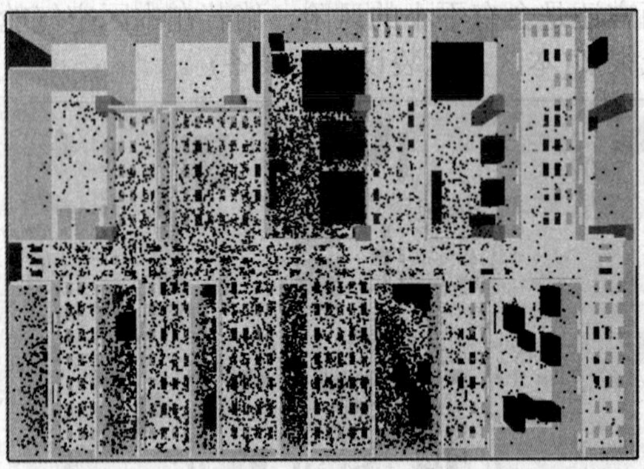

图 14　回风关 T=180sec 烟粒子扩散俯视图

图 15　回风关 T=240sec 烟粒子扩散俯视图

图 16　回风关 T=300sec 烟粒子扩散俯视图

故此，本文以情境三为假设进行数值仿真，图 17 为假设的排烟设备设置位置图，排烟闸门大小约长

30cm × 宽 30cm，排烟速度为 10 m/sec，图 18 ~ 图 23 为情境三在关闭回风系统的情况下，假设性的启动排烟设备之烟流扩散俯视图及侧视图，图中除了烟粒子的扩散范围小很多之外，烟层的累积速度亦明显减小，换句话说，当本区发生火灾的时候，如果持续开启回风系统且在无排烟的情况下，则烟粒子会快速地散播开来，导致整个洁净室严重的烟损，所以在洁净室尚无设置排烟设备的情况下应立即关闭回风系统，让烟雾自然慢慢扩散，而由情境三仿真结果得知，若能加装排烟设备的话，则最好的火灾应变程序应为在火势烧穿 FFU 之前，关闭燃烧区域的 FFU(其余区域持续开启，让该燃烧区域形成负压，降低烟雾扩散的机会)，并开启排烟设备，将火势初期产生的浓烟迅速地排出，然若火势成长并烧穿 FFU 之后，则须关闭全厂之回风系统，以免造成全厂大量的烟损及危害。

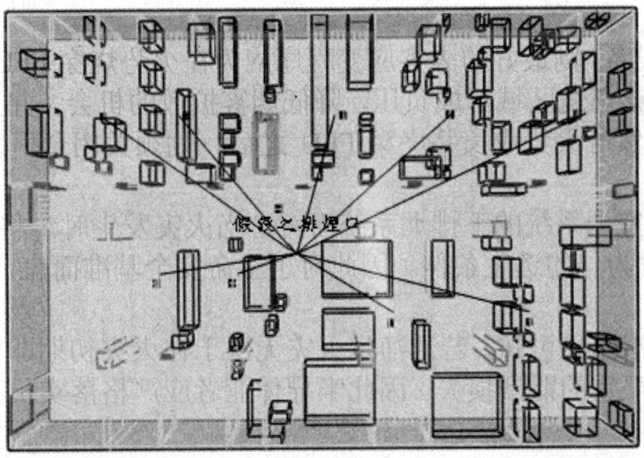

图 17 假设的排烟设备设置位置图

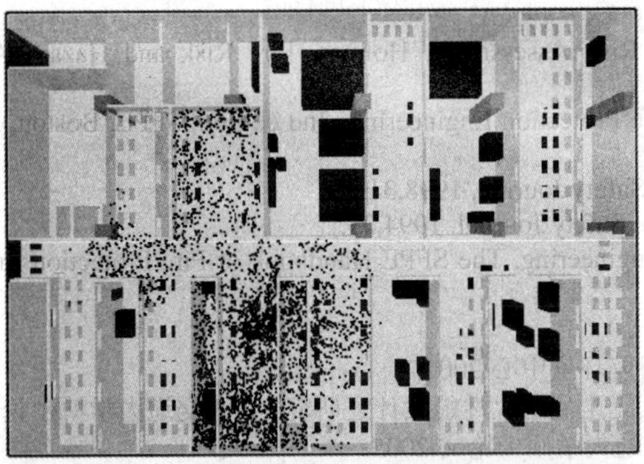

图 18 T=30sec 排烟开烟粒子扩散俯视图

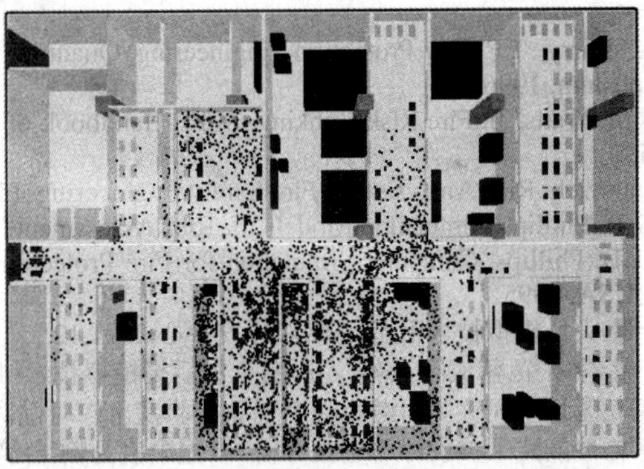

图 19 T=60sec 排烟开烟粒子扩散俯视图

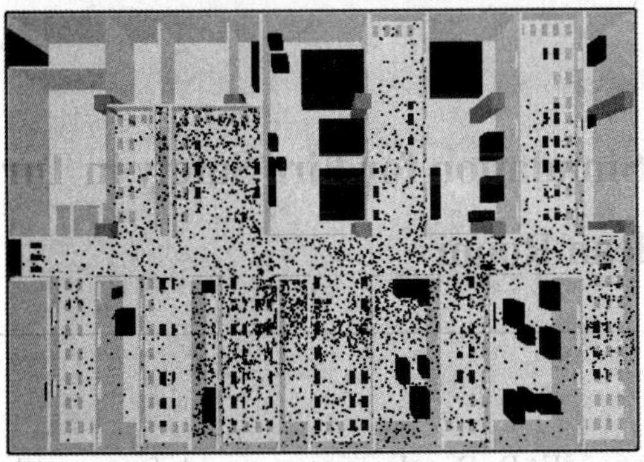

图 20 T=120sec 排烟开烟粒子扩散俯视图

图 21 T=30sec 排烟开烟粒子扩散侧视图

图 22 T=60sec 排烟开烟粒子扩散侧视图

图 23 T=120sec 排烟开烟粒子扩散侧视图

4. 结论

综合前述的研究与分析，可得到以下的结论与建议：

1. 若在火灾发生时，将整个回风系统关闭相较回风打开的状况下烟流扩散控制状况较佳。烟雾几乎都是在整个洁净室的上层然后再慢慢累积下降，烟粒子分布与控制情况对于机台设备或是人员避难逃生而言是属于较佳的设计规划。
2. 本案例中若考虑设置的排烟设备，由数值仿真结果得之，烟粒子的扩散范围缩小很多之外，烟层的累积速度亦明显减小，所以在洁净室尚无设置排烟设备的情况下应立即关闭回风系统，让烟雾自然慢慢扩散。
3. 本案例中若能加装排烟设备，则最好的火灾应变程序应为在火势烧穿 FFU 之前，关闭燃烧区域的 FFU，其余区域持续开启，让该燃烧区域形成负压，降低烟雾扩散的机会，并开启排烟设备，将火势初期产生的浓烟迅速地排出，然若火势成长并烧穿 FFU 之后，则须关闭全厂之回风系统，以免造成全厂大量的烟损及危害。
4. 在洁净室中，对于结合空调系统的下排烟系统而言，当火灾发生时，将 FFU 降载而非关闭的设定，能提供较将 FFU 关闭时为佳的逃生条件。因此对于生命安全基准而言，在下排烟系统中将 FFU 降载是较佳的设定。
5. 对财产防护而言，由模拟结果可知，若洁净室火灾无法于在火灾初期即扑灭，燃烧所产生的烟将会蔓延到整个洁净室，造成严重的财产损失。因此半导体业者应严格落实员工的工安教育与消防训练，以降低火灾发生的机会。

5. 参考文献

[1] W.D., Barry, T.F..Fire Protection Engineering Quantitative Risk Assessment. Holmes, Fire Risk and Hazard Assessment Symposium, 1996.
[2] John M. Watts, Jr..Fire Risk Ranking. SFPE Handbook of Fire Protection Engineering. 2nd edition, SFPE. Boston, MA, USA. 1995.
[3] H. Frantzich. Risk Analysis and Fire Safety Engineering. Fire Safety Journal, 1998,31.
[4] W. G. B. Phillips. Simulation Models for Risk Assessment. Fire Safety Journal. 1994,23.
[5] W. G. B. Phillips. Computer Simulation for Fire Protection Engineering. The SFPE Handbook of Fire Protection Engineering, MA, USA, 1995.
[6] 徐一量.火场模拟技术手册.工研院环安中心.2001,12.
[7] 徐一量,林木荣,蓝成阳,刘维义.厂房火灾后果模拟技术.工研院环安中心.2002,7.
[8] 邱晨玮.区划空间火灾闪燃和回燃现象实验及十二时晶圆厂无尘室防火性能设计之研究. 台湾交通大学博士论文.2005.
[9] 邱奕雄.性能式烟控设计与避难分析~以无尘室为例.台湾交通大学硕士论文,2005.
[10] 邱奕雄,林静慈.半导体厂之无尘室避难与烟控系统性能式设计及可靠度验证评估.台湾交通大学机械工程研究所.

Discussion and Application of Numerical Simulation for Fire Safety in Turbulent Flow Type Clean Room

Abstract

There are many kinds of clean room used in the semiconductor FAB. But the most research focus on the laminar flow type clean room. In order to find out the impact of fire and smoke venting in the turbulent flow type clean room. This study focus on the procedure and effectiveness of smoke venting when the turbulent flow type clean room catches fire. The software of FDS for computational fluid dynamics model which developed by NIST (National Institute of Standards and Technology) was applied to simulation of the trend of smoke flow. The software solves numerically a form of the Navier-Stokes equations appropriate for low-speed, thermally-driven flow with an emphasis on smoke and heat transport from fire. The numerical model is employed for simulations of turbulent flow type clean room fire with a typical full-scale geometry in the enclosed of 41.0m × 28.0m × 4.0m. Several scenarios of extraction with the different action of the FFU (Fan Filter Unit) and smoke damper are studied. In order to approximate the real situation. The impact of the design fire loading, fire size, and the probability of fire spread, has also been considered. The result of the study reveals the acceptability of the alternative design solution of smoke venting and the temperature near the burner is over-predicted. We also illustrates the result analysis by the another software of Smokeview. The assessment method not only could be used to evaluate the degree of potential hazard when the turbulent flow type clean room catches fire but also provide engineer the skill how to estimate their system.

Keywords: clean room fire, turbulent flow, Numerical Simulation.

作者简介：

刘维义、季彦成，台湾交通大学机械工程研究所博士班研究生。联系方式：地址：台湾新竹市 300 大学路 1001 号。

陈俊勋，台湾交通大学机械工程研究所教授。

档案库房自动侦知、灭火设备设计分析暨紧急应变之探讨

简贤文[1]， 庄哲伟[2]，黄依慧[3]

[1, 2]警察大学消防科学研究所
[3]台北市消防局灾害管理科

摘要

档案资产是先民生活的轨迹与智慧的结晶，具有其不可抹灭的生命价值，一旦遭受火灾所蒙受的损失不仅是重要档管人员伤亡、档案毁坏，其所代表的历史与文化的传承价值也可能随之消逝。

现代化建筑物随着科技发展与观念技术的进步，大部份均已设置适当之消防安全设备；然而对于档案库房，基于“各类场所消防安全设备设置标准”规定，应为图书馆、博物馆之类似空间，究竟依法应设自动灭火设备否？或习知之自动撒水设备与海龙系统灭火药剂，何种较能满足各机关存放各类档案空间之人员及档案数据安全？众说纷纭，因此为厘清法定条文与防范未然，必须针对此特殊性之空间，在不损及档案本体且兼具环保及适用性的情况下，进行消防安全设备之评估，以提升档案资产保存之实效，更能确保以终身热情与专业奉献于档案资产维护的相关人员，不受不当的灭火药剂设计而损伤。

本文除对于档案类型之分类及典藏空间适用之火警及灭火系统，其相关选用、设计、维护管理及紧急应变应注意事项，并对性能式消防设计之方法作出论述，以获得较正确的信息交流与使用。

关键词：档案、库房、消防安全设备、灭火药剂、紧急应变、性能式。

1. 前言

档案为全民之资产，存放各类档案数据之档案库房及其各重要文献，更是极具□史价值，然而如何使这些可流传后世之档案数据不受天灾或人为因素之毁损而永垂不朽，是目前各重要机关保存各类档案所面临之重要课题，其所牵涉范围极为广泛，包含档案数据保存技术及防火、防水、防震、防范人为破坏□□等安全管理维护措施。

鉴于档案资产具有其不可抹灭的生命、历史及文化价值，而存放各类档案文献之档案库房空间之消防规划，为预防性保护档案，使之免于遭受火烟危害之基本工作，若档案库房空间之消防设备无法控制得当，原本完好之档案将因此产生火害及烟损。对于各机关档案数据典藏的空间，须避免落入只能符合法规而无法满足空间安全需求的窘境，并因不当的消防设备设计造成文物的二次伤害。只要消防安全这一环节没有经过审慎评估而设计，那么对档案资产便可能无法受到完善的保护。

本文除对于档案类型之分类及典藏空间适用之火警及灭火系统，其相关选用、设计、维护管理及紧急应变应注意事项，并期望透过公开讨论，以获得较正确的信息交流与使用。

2. 档案数据之定义与类型

档案为各机关依照管理程序，而归档管理之文字或非文字数据及其附件。依照国际档案理事会(International Council on Archives, ICA)定义如下：

1、因某件特殊事件处理程序，经相关人员或机关认定为有其沿用价值的文件档案。

2、为档案数据提供保存及维护之建物或区划则称为档案库房。

随着时代进步，档案储存方式趋于多元，除了传统纸质类媒体外，基本上还包括摄影类、录像（音）带类及电子媒体类等类型，这些不同的储存媒体有其特定的物理性质及化学性质；以下分别讨论各类档案的材质及特性：

一、纸质类

质(paper)类档案数据为档案库房中最原始且传统的纪录文献，纸质文献数据及图书档案是人类极其宝贵的文化遗产财富,对于研究人类社会的进步和科学技术的发展有着十分重要的价值。由于纸质由纤维素组成，纤维素属于有机材质故具可燃性。

二、摄影类

摄影类档案包含：黑白照片(black-and-white photographs)、底片(negatives)、幻灯片(slides)、彩色影片(color motion film)、彩色照片(color photographs)、微缩片(microforms)、黑白影片(black-and-white motion picture film)…等摄影类档案媒体，有着保存影像历史的重要资产。摄影类档案是复合材料，存放环境之温湿度变化常会造成基底材及影像层不同程度脆化、膨胀及发霉之损坏。

三、录影(音)带类

以磁带录制方式保存影像及声音，可分为录音带(audio tape)录影带(video tape)两类。录音、影带类档案属于高分子复合材料，基本结构为一层基底材，上面附有磁性粒子的镀膜层，其材质多含金属，应避免存放于磁场过强之场所以确保金属磁性。此外，温湿度急遽变化时，亦会造成媒体基底材的变形及氧化。

四、电子媒体类

电子类档案为近年来高科技的发展所延伸的产物，藉以延长档案数据的寿命，其可分为磁盘(diskette)、光盘片(optical media)…等电子媒体类档案媒体。其中光盘片之主要结构包括基底层、金属反射镀膜及保护层，属于高分子复合材质，当环境温湿度变化过大造成变形或表面刮伤时，会改变雷射光线的反射率影响数据读取，磁盘档案折损时，亦会造成储存数据的流失，或影响磁头读取数据的能力。

3. 案例分析

档案类型多以文件纸张类记载存放，而其火灾特性及保存方式，与图书库房多有类似，故整理美国防火协会（NFPA）第 909 号法规附录 B[1]关有无设置自动灭火设备的情况下所发生的图书文献库房火灾灾例比较，如下表 1：

表 1 国外近年图书馆火灾案例探讨

无设置自动灭火设备	
场所	发生经过
美国达科塔州，郡立图书馆(Dakota County Library Branch) 发生日期：1993 年	1. 火灾原因：纵火。 2. 财物损失： 文献及构造设备共一百万美元。 3. 突显的问题： 由于是1964年建造，依法无设置自动警报及自动撒水系统。
美国好莱钨区域图书馆(Hollywood Regional Library) 发生日期：1982年	1. 火灾原因：失业居民之纵火。 2. 财物损失： 全毁，共损失5百万美元。 3. 突显的问题： 无设置自动警报及自动灭火系统，所以无法提前侦知及做初期反应。
圣地亚哥航空博物馆与图书馆(San Diego Aerospace Museum and Library) 发生日期：1978年	1. 火灾原因：人为纵火。 2. 财物损失： 含工艺品、艺术品、照片档案及一万卷历史纪录共一千六百三十万美元。 3. 突显的问题： 62年历史老建物，经过无数装修，且力可燃性夹板覆盖内壁做内装使火灾延烧快速，且无设置自动警报及自动撒水系统。
英国北安普敦史密斯学院图书馆(Smith College Library, Northampton) 发生日期：1975 年	1. 火灾原因：电器发火。 2. 财物损失： 文献库房全毁，共损失三十四万两千美元。 3. 突显的问题： 除文献库房外，其它空间有设置自动警报及自动撒水系统，所以文献库损失大。
有设置自动灭火设备	
美国犹他州盐湖城 大学图书馆(University of Utah, Salt Lake City), 发生日期：1981 年	1. 火灾原因：图书馆投影器之过热的电器发火。 2. 财物损失： 只损失投影设备、部分设施和两只撒水头共2600美元。 3. 突显的问题： 自动警报及自动撒水的设计，使损害变小。

[1] ICA Committee on Disaster Prevention. “Guidelines on Disaster Prevention and Control in Archives”ICA Studies :P16-P17

纽约 大学学术图书馆 (New York University Library), 发生日期：1965 年	1. 火灾原因：不明。 2. 财物损失： 7000美元 3. 突显的问题 火灾发生有一只撒水头动作。
纽约 大学学术图书馆 (New York University Library), 发生日期：1951 年	1. 火灾原因：不明。 2. 财物损失： 1000美元 3. 突显的问题 经过建物耐火之设计且火灾发生有一只撒水头动作。

上述之案例分析主要以有无装设自动灭火系统之国立或州立图书馆发生火害时的相对比较，其中可发现有设置自动灭火设备之图书馆，其物品和设备的损失明显小于没有设置自动灭火设备的图书馆案例，其突显设置自动灭火系统之重要性。

且以上案例若设有灭火设备则几乎均为自动撒水设备，少有其它自动灭火设备，这种状况可以从几个方面探讨：

一、收藏品图书文献，多属于 A 类可燃物。
二、水具有良好的冷却与润湿效果，对于 A 类火灾具有良好的效果。
三、灭火药剂成本较气体灭火系统便宜。
四、水不具毒性，放射时不会对工作人员或参观民众造成伤害。

但自动撒水系统由于水量需求较大，有水损与导电性之疑虑，对于重要档案数据的防护是否适用？再加上自动灭火设备施工中或完工后，仍使其档管人员及专家有疑虑的存在，因此是否有更适当之替代方案将在本文后段加以探讨。但值得注意的是，ICA 研究文献[2]发现，国外档案馆、美术馆及图书馆人员，对自动撒水系统之水损的疑虑以渐消除，且转变为支持这项设备，更加认为火势发展之初期阶段，水为最佳抑制剂，其提出之理由如下：

一、初期反应快速有效。
二、所用水量(70 L/min)远比消防抢救时利用消防栓乱射数千公升的水量少。
三、小火时即可迅速控制；若使火势大到不可收拾的地步，其火损将扩大，毕竟小量资产的水损是可修复的，但大量火损将付之一炬，永远无法回复。

4. 档案库房空间消防安全设计之考虑事项

4.1 档案库房火灾特性

依照档案管理局建置之档案库房，库房门禁采单一出入口方式管制，故为密闭空间且分为纸质类档案库房及非纸质类档案库房，其火灾特性如下：

(一) 火载量高

档案库房内，不管存放纸类文件或是非纸类的档案，其都是可燃性的物质且摆设密集，火灾一旦发生，势必造成蔓延，以致一发不可收拾。

(二) 电气设备复杂

库房内有相关电力监视照明采光设备，还有控制温湿度调节装置及空调系统，若因设 计或保养不当而导致火源之产生，增加火灾机率。

(三) 损失严重

库房内收集许多具有历史文化价值且可流芳百世之档案数据，火灾是所有灾害中最无情的灾难，可令各种类的档案文献与库房在刹那间扭曲变形，甚至化为灰烬，造成严重损失。

(四) 抢救困难

由于档案库房空间多具密闭性，且门禁采单一出入口方式管制火灾发生时，火烟弥漫，人命及库内资料皆立即陷入危机，此时对于人员的撤离以及档案的抢救相当具困难性。

[2] Nora H. Jason, "Preservation and Restoration of Library Collections from Fire." National Institute of Standards and Technology(1998):P19

(五) 不当的抢救

由于抢救人员对于库房内状况不熟悉，常造成火灾抢救时期，不当的射水，造成馆内重要档案(尤其是纸质类)的毁坏，而损失惨重。

(六) 重要人士伤亡

档案库房内如同重要文物馆的典藏库，都有专业人员进行维护和研究，其对档案文件的认同与热情，常是他们会勇于在灾害时进入抢救的动力，而库房内的火烟及不当灭火药剂的释放，势必造成其研究人员的伤亡，这更违反人命抢救的通则。

4.2 消防法规适用性

[1] 档案库空间依照“各类场所消防安全设备设置标准”图书馆、博物馆之类似空间。

[2] 依照要求设置的消防设备，如火警警报设备于档案库房空间之设置规定为：五层以下建物，任一层楼地板面积超过 500m^2 以上；或地下层、无开口楼层、六层以上建物，其楼地板面积在 300m^2 以上，依规定设置火警自动警报设备；其它需依规定设置之设备还有排烟设备、避难器具、室内消防栓及灭火器设备等。由上述规定而言，似无法充分符合这类档案储存空间针对档案资产保护的需求。

[3] 毋需设自动灭火设备，如“各类场所消防安全设备设置标准”：10 层以下建物之楼层楼地板面积合计在 300m^2 以上针对甲类特种场所或 1500m^2 以上针对其它甲类及车站场所才应设自动撒水设备；第 18 条：针对各类机房、计算机室楼地板面积超过 200m^2 以上应设自动灭火设备(水雾、泡沫、CO_2 及干粉)…等规定，并无针对所需之灭火设备，故应思考为需求性选项，所以应考虑消防设备自设案。

[4] 就相关文献典藏库空间最常使用的灭火药剂海龙替代品而言，现阶段系由“消防技术审议委员会”审核认可。有关海龙替代药剂灭火设备之设计厂商应取得通案认可后，方得申请个案设计之认可。

[5] 自 1995 年 7 月至 2005 年 4 月 6 日止，已通过海龙替代药剂自动灭火设备通案认可之替代药剂有 11 种（如表 2），已通过海龙替代药剂自动灭火设备通案认可案件共计有 41 件(含非套装型及套装型)，其中 FM-200 共 17 件，惰性气体类 12 件，Novec 1230 自动灭火系统 3 件，其它类 9 件。

表 2　通过海龙替代药剂自动灭火设备通案认可之替代药剂

代号	名称	化学式	厂商
FE-241	HCFC-124	CHCIFCF3	Dupont
NAF S-III	HCFC Blend A	CHCI2CF3	North American Fire Gurdian
	HCFC-123	CHCIF2	
	HCFC-22	CHCIFCF3	
	HCFC-124		
FE-13	HFC-23	CHF3	Dupont
FE-25	HFC-125	CHF2CF3	Dupont
FE-36	HFC-236fa	CF3CH2CF3	Dupont
FM-200	HFC-227ea	CF3CHFCF3	Great Lakes
CEA-410	FC-3-1-10	C4F10	3M
FIC-1311	FIC-1311	CF3I	
IG-541	惰性气体灭火药剂	N2 52% Ar 40% CO2 8%	Ansul(Inergen)
IG-55	惰性气体灭火药剂	N2 50% Ar 50%	Securiplex/Gingeker (Argonite)
IG-01	惰性气体灭火	Ar 99.9%	Minimax

4.3 性能式消防安全设计之探讨

针对档案库房的消防安全目标，除基本保护生命安全外，另有档案资产保存、内外部结构保护和周遭环境的保护。对控制消防安全目标相当注重的单位，包括了保险公司（资产与内外结构保护）。为了满足这些单位的需要，设计者和消防工程师可以采规格式(Prescriptive-based Option)或性能式(Performance-based Option)设计择一应用。美国防火协会（NFPA）第 909、914 号法规中也特别针对重要文物搜藏空间及历史性建筑物而规定其消防安全工程设计要求。

依据 NFPA 909 内容规范，消防工程师进行典藏重要文物文件籍数据空间的设计与评估时可采用下列两种：

(一) 规格式设计(Prescriptive-based Option)：

其相关的内容可参考 NFPA 909 第 1 章至第 8 章及第 11 章至第 17 章。

(二) 性能式设计(Performance-based Option)：

其相关的内容可参考 NFPA 909 第 1 章至第 7 章及第 9、11、13、14 章。

图 1 为进行规格式及性能式设计时之流程。采用规格式设计虽于法有据，但若法令规范不完全，则可能使设计僵化、不具弹性，限制建筑物多样化之设计。如前述档案库房属「各类场所消防安全设备设置标准」的规定应为图书馆、博物馆之类似空间，依场所用　途、面积、高度来要求设置消防设备；但对于档案库房如果依照法令来设置，则可能产生破坏建筑结构、破坏原始风貌、有碍观瞻等负面影响产生。反之，性能设计则是针对既定的目标，进行下列的评估：

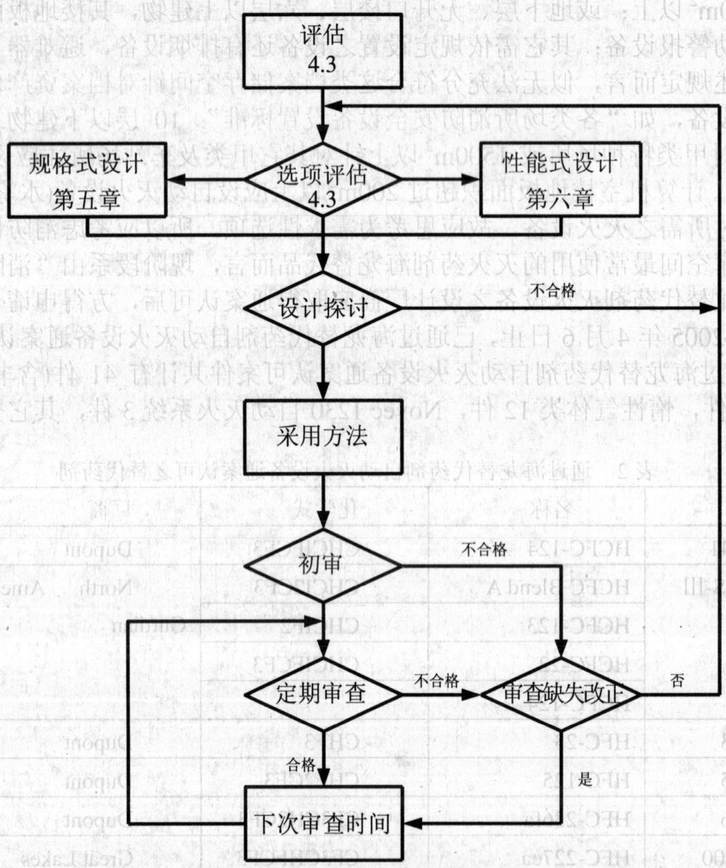

图 1　规格式与性能式设计流程(数据来源 NFPA 914 ,2001)

(一) 成长、扩大与延烧之决定性或机率性评估。

(二) 火势扩大之物理及化学性质评估。

(三) 损失目标、性能目标其替选方案的效益量化评估。

但采性能式设计时，在无完整配套之法令以满足性能式法规要求，且没有足够之专业人员来审核性能法规设计案之现况下，则可能发生设计不周延或过度投资的情况，应审慎为之。图 2 为依 NFPA 909 进行性能设计时之细部流程。

无论采规格式或性能式设计，对相关搜藏空间的最小破坏程度成了文物保存的基本需求之一。愈少原始材料损失，对档案数据重要性的潜在损害就愈少。然而，为了提供收藏档案文件的最高级防火保障，可能会对外部结构有某种程度的破坏。虽然以文物保存的观点看来，这是不可接受的。但建筑物因火灾而受损也是不可接受的，以文化传承角度来说，历史文物宁可被偷，也不愿毁于天灾，更遑论是因为错误决策而导致的损坏。因此针对历史性建物及所收藏文物特性而设定之防护目标，如能以较技术性之工学方法，进行符合该空间火灾境况预测下之火灾安全防护性能，而择定适当的防火对策将是较正确的作法。

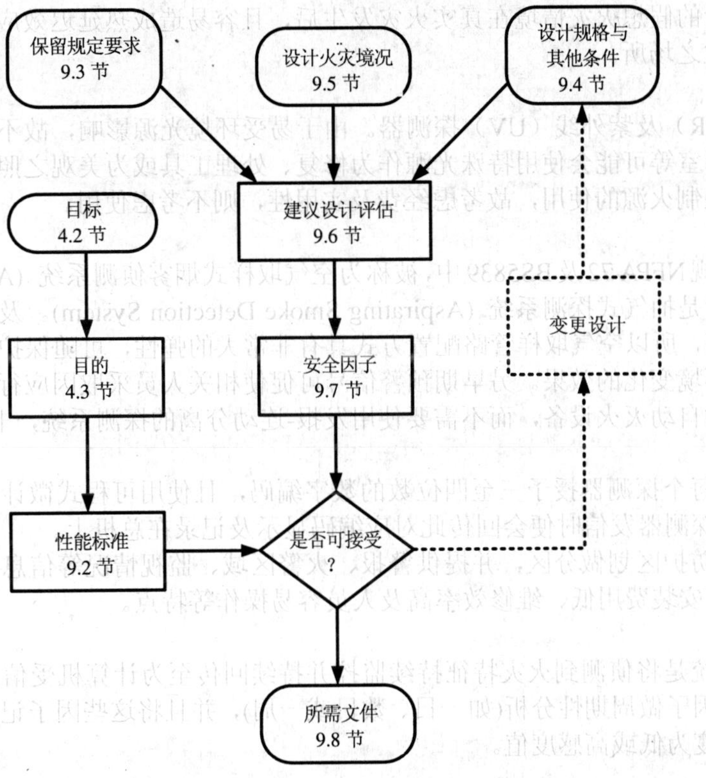

图 2　NFPA 914 有关性能设计细部流程(数据来源 NFPA 909 ,2005)

5. 档案库房空间消防安全设备探讨

消防安全设备定义为灭火设备、警报设备、避难逃生设备及消防抢救之必要设备等四大类，但就预防的观念来说，警报设备之事前侦知与自动灭火设备之控制火势蔓延即扮演消防活动初期重要角色，且由于法规并无特别规范适用之自动灭火设备，故本节将以警报设备与自动灭火设备加以讨论。

5.1 火警自动警报设备之探讨

由于档案库房所需的安全等级超越了仅要求人命安全的空间，为了确保库房空间的安全及在危害发生时有效抢救无法自行避难的档案数据，必须及早侦知火灾发生。探测器在灵敏度选择上必须由防火工程专业工程师依据空间特性（包括火载物的释热率、发烟量或烟粒子大小、颜色等特性）进行分析选取，以期探测器性能除能避免误报，更能符合空间使用特性所需。故由于大量体空间加上夜间人员稀少的特性更增添火警自动警报设备系统之必要性。

而根据 NFPA 909 附录 D 所建议适用于相关文物、图书及文献档案等场所使用之火警自动警报系统，计有侦烟型、感热型、火焰型、寻址型、模拟型，再加上 NFPA 72 2002 Edition　5.7.3.3 提及之空气采样系统(Air sampling-Type Smoke Detector)等早期探测器等合计共六种。其中侦烟式与空气取样系统是以烟为感应因子之探测器；而感热型探测器则以热空气为感应因子；火焰式即以紫外光或红外光波长变化为基准点，此六种火警自动警报探测器使用于档案库空间之上各有其适用性，但仅能做出最合适的规划（空间、文物、人员）以达到设计的目的与目标（Objective & goal）。

以下为探测器在档案库房空间设计安装上应有之考虑：

(一) 侦烟型探测器

可分为离子式及光电式探测器，需考虑场所空间平时是否会有烟尘造成误报或是否因流现象造成天花板的探测器无法有效探测。侦烟探测器在合理的假想火灾情境设计下灵敏度相当高，相当适合档案库房这类需要及早侦知火灾发生的空间。

(二) 感热型探测器

主要可分为差动式及定温式两种探测器。由于档案库房必须是恒温恒湿，因此使用热探测器虽不易造成误报；但由于设计的假想火灾情境在真实火灾发生后，且容易造成热延迟效应，故不适用档案库这类需要及早侦知火灾发生之场所。

(三) 火焰型探测器

可分为红外线（IR）及紫外线（UV）探测器。由于易受环境光源影响，故不建议设置在处理室、修复室，甚至是档案借阅室等可能会使用特殊光源作为修复、处理工具或为美观之照明空间等，且档案库房内因为以管理的方式限制火源的使用，故考虑经费及实用性，则不考虑使用。

(四) 及早型探测器

在国外的消防法规NFPA 72及BS5839中，被称为空气取样式烟雾侦测系统 (Air Sampling Type Smoke Detection System) 或者是抽气式探测系统 (Aspirating Smoke Detection System)。及早型探测器由于安装具自由度、探测可靠度高，所以空气取样管路配置方式具有非常大的弹性，可随保护区域及对象调整取样位置达到有效侦测空间环境变化的效果。另早期预警信号可促使相关人员采取因应行动，同时提供某一适当级别的警报信号以启动自动灭火设备，而不需要使用发报-连动分离的探测系统，非常适合档案库房采用。

(五) 寻址型探测器

此类探测器是将每个探测器授予三至四位数的数字编码，且使用可程式微计算机受信总机来记忆探测器之编码，当探测器发信时便会回传此对应编码显示及记录在总机上。

此类型系统可将防护区划做分区，并提供警报、火警区域、监视情况等信息。寻址式系统在购置成本上较高，然而它具有安装费用低、维修效率高及人员容易操作等特点。

(六) 模拟型探测器

此类型的探测系统是将侦测到火灾特征持续监控并持续回传至为计算机受信总机。此类型可将平日所侦测到之环境因子做周期性分析(如一日、数日或一周)，并且将这些因子记录下来供操作人员设定探测环境因子程度为低或高感度值。

5.2 自动灭火设备之探讨

各空间设置自动灭火设备，主要在于火灾发生时有实时侦知而不需人员的操作而达设备启动的功能，且依照美国防火协会(National Fire Protection Association，NFPA)第12、13、2001号…等法规有关自动灭火设备之药剂设计参数，都是以火灾控制(fire control)为前提而达到局限火势的功能；但外界却误以为设置灭火设备即可达到火灾扑灭(fire suppression)，而忽略公部门法规针对药剂量的设计为可接受损害等级之设计。自动灭火设备并非万能，火灾一旦发生必有损失，故在谈如何选用设计自动灭火设备时，应有局限火害及损失控管的概念，更要考虑设备作动过程中人员进入抢救的适当性及危险性。

（一）自动撒水设备

1. 突破"水"的迷思

美国工厂联保公司(FactoryMutual Insurance Corporation，FM)于1950年进行两组有关图书文献的火灾仿真实验，4层约9公尺高之开放书架，若装设自动撒水设备，在3分43秒内从第一个撒水头动作至第二个撒水头动作后，火势获得控制；若没有装设自动撒水设备，则在9分钟后火势燃烧到第四层，距地面7.3公尺，消防人员必须花20分钟以上之时间及10600公升的水量来灌救[3]，由此实验可知，可接受的损害范围是应被接受的。但基于档案库房存放重要档案数据无法承受超过预期的水损之考虑，一般经营者及设计者均尽量避免使用此类容易造成水损的设备。但若如设计者透过实地探勘，详实地了解各空间设计、档类型及完善的保管保存规划下，对于档案库房中未受火烟波及的档案文献仍是可以有效避免水损的。美国在1970年代许多博物馆典藏库的设计皆采自动撒水灭火设备，根据NFPA 13统计数据显示，70%的火灾可以在4个撒水头开启下就获得控制，甚至是扑灭，而一般所担心因为自动灭火设备造成的水损问题，远不及自卫消防编组或公设消防队到场后的射水作业严重。且在无火灾发生情境下造成撒水头破裂而水损的发生率相当低（约每壹百万颗撒水头，每年约造成1.6件的水损发生）。又如果各类档案存放于可防水材质包装，即可避免水自动灭火设备在火灾发生时对于未受波及档案的伤害。

2. 自动撒水设备使用者应有的认知

前面提到，相关档案库房人员可能对于各类档案的水损问题产生疑虑，针对这项困扰，
联合国教育科学文化组织(UNESCO)提出自动撒水设备使用者，需具下令几项认知：

(1) 自动撒水设备是建构在使用最少的水达到火灾控制的目的，而非应用大量水来控制火势。

[3]简贤文.重要文物之火灾防护.警专学报.1998，2(4):203-213.

(2) 每一撒水头是独立开启，不会因任何一撒水头动作而连动其它撒水头，只有在空间的温度达其标称温度才会撒水。

(3) 若依档案库而言，各类档案湿了多少可以补救，但烧了就救不回来了。

(4) 设有自动撒水设备的防护空间，可配合设置紧急进口以协助内部人员或消防人员入内抢救。

以上与ICA提出之认知不谋而合，故水对档案资产而言仍是值得选用的药剂之一。

（二）海龙灭火系统

各博物馆内重要文物收藏空间或档案库胶卷类档案数据，基于内部收藏品历史文化价值之考虑，收藏管理单位多倾向采用在放射过程中药剂本身不致污损文物材质之海龙(Halon)灭火设备。但海龙(卤化烷)药剂因会破坏臭氧层，在国际环保政策下，自1994年起禁止生产并管制使用。多种海龙替代品遂应运而生，其灭火性能、毒性评估及选用上应注意事项，都要受到大多数档案库管理单位之极度关注，因此在此我们将对其他替代方案进行评估，期望能提供各档案库房管理单位选用适当灭火设备时之参考依据。

（三）海龙灭火系统替代方案

基于海龙系统不为环保政策所认可等理由，在选用海龙替代品时，至少应考虑下列因素(如表3)。

表3　选用海龙替代品(手段)之考虑因素及内容

考虑	具体内容
环境保护	(1) 破坏臭氧指数(ODP)低。 (2) 温室效应指数(GWP)低。 (3) 大气滞留时间短。
人员安全	(1) 替代品本身的毒性。 (2) 灭火后分解物之二次毒害与可能产生之化学破坏性，如腐蚀性等。
经济效益	(1) 药剂成本。 (2) 硬设备成本(与海龙系统的共容性)。
灭火效能	(1) 设计灭火浓度值。 (2) 灭火速率。
相关法规	(1) 符合美国NFPA 2001洁净灭火剂之标准。 (2) 通过国际间具公信力检测机构之认证，如FM/UL/VDS/LPC认证。 (3) 经消防署审查通过之替代品。

目前有关海龙替代方案之开发计有以下四种[4]：

1．气体灭火剂替代品之开发

这部分以NFPA 2001所示之洁净灭火剂(Clean Agents)为主。可分为两部分：

(1) 惰性气体(Inert Gases)：旨在降低燃烧空间内含氧量，使燃烧现象无法维持。目前被消防单位认可者，除Inergen (IG-541)外；尚有其它氩气(Ar)及氮气(N_2)气体药剂，其设计灭火浓度均高达50%，氧气浓度可低至12.5%。无环保问题是此类药剂之特点，但钢瓶数量多占空间则为其缺点。

(2) 卤化碳化物(Halocarbon Agents)：与海龙灭火剂类似之合成化合物，只是把最能破坏臭氧层之溴(Br_2)拿掉，也是藉切断火焰之连锁反应，达成灭火目的。目前在使用之种类有FM200(HFC-227ea)、NAFS-Ⅲ、PCF-410(CEA-410)、FE-13(HFC-23)等；其中具破坏臭氧层能力者/在大气中滞留长达500年者，仍有其使用年限；而卤元素及其衍生物(HF及HCL)对档案库房内若有玻璃、电线及金属材质有腐蚀作用，选择设置时应特别注意。

3．细水雾 (Water Mist)

利用压力及特殊喷头之作用，产生悬浮微雾，藉冷却(除去热源)/稀释(降低氧气浓度)及遮断(减少辐射热)三种效果之共同作用，达成火灾防护之目的，属气体以外新灭火手段之开发，兼具气体与水灭火药剂之特性，与气体灭火药剂相较具有以下优点：

(1) 不具毒性、容易使用

(2) 比大部分化学物品成本低

(3) 避免复燃，因为气体替代品的浓度若无法维持充足的时间则可能发生复燃。

[4] 基金项目：国家“十一五”科技支撑计划（2006BAK06B02-2）

(4) 有效的冷却作用及较少的清洁时间，允许火灾后空间能在短时间再被使用。

而细水雾比起传统撒水系统具有下列优点：

(1) 水量需求小，可降低对敏感设备及场所的水损。

(2) 管径小，对于空间与重量要求上，具有明显的优点。

细水雾可应用于扑灭A类(普通火灾)、B类(油类火灾)、C类(电气火灾)、K类(烹调油)火灾。系统动作方式可分为开放式、密闭湿式、预动式与干式四种。预动式系统由于使用自动式喷头，系统管路内为加压空气，在与细水雾喷头同一放射区中，装置一独立式侦测系统，用以控制管路控制阀，当侦测系统动作时，管路控制阀打开，加压水经由管路流至喷头处待命，当自动喷头受热动作时，水才放射，因此具有提早侦知、双重确认及防止误动作之特性，适用于故适用于档案库房内高价值物品之保护。若对于纸质类档案之防护用途，由于文件纸张堆积众多，火灾形式属于A类深层火灾，基于降低用水量与避免复燃特点之考虑，亦有建议使用细水雾取代自动撒水设备之适用。目前我国已有两个选定安装细水雾自动灭火设备的类似场所：

(1) 善本书库，已于2002年灭火设备改修案中，选定安装细水雾自动灭火设备。

(2) 位于高雄之科学工艺博物馆，已于2006年10月决定以细水雾自动灭火设备防护其具有恒 温恒湿系统之典藏库房。

4. 传统灭火手段再检讨

针对传统灭火设备，如高/中/低膨胀比泡沫设备、干粉及 CO_2 等灭火设备，检讨对特定使用用途及空间之火灾防护，是否具替代海龙系统之能力。CO_2系统对于表面火灾，其最低之设计浓度需达34%，对于深层火灾(电信机械室、图书馆及特殊可燃物)其设计浓度更高达50%以上，远超过人命安全容许浓度；且气化过程中由于吸热冷却作用将使文物或数据表面结露，均要列入考虑因素。

泡沫灭火系统主要乃面对油类火灾时所采用，由于此系统不仅有化学性的泡沫且亦含有水灭火剂，但在考虑水损及对档案额外的化学反应造成不可回复的污损或破坏，泡沫灭火系统用在档案库房空间并不合适。此外，即使泡沫系统普遍出现在停车场空间，但在设计时仍应有所考虑；国外常以自动撒水设备替代，可节省费用的支出，又可免于泡沫喷洒后的后续清洁工作。

而干粉对档案资产亦会带来不可避免的化学反应而造成污损或是破坏性，此外干粉灭火系统对于档案库存放之类型（文献史料、胶卷或磁带等）而造成的深层A类火灾之灭火效果不佳，可能会造成复燃的现象发生。故不适用于档案库房空间。表4为常用之水系统与气体灭火系统之比较。

表4 常用水系统与气体灭火系统之比较

比较内容	细水雾 (Water mist)	撒水系统 (Sprinkler)	FM-200	二氧化碳 (CO_2)
成分	H_2O	H_2O	CF_3CHFCF_3	CO_2
灭火方式	快速降温及阻绝氧气	降温	切断燃烧的连锁反应	氧气浓度下降稀释
火灾类型适用性	A、B、C	A	B、C	B、C
非封闭型空间	适用	适用	不适用	不适用
温室效应影响(GWP*)	0	0	2050	1
对臭氧层破坏度	N/A	N/A	N/A	N/A
大气中存活期	N/A	N/A	31年	120年
系统压力 ($bar/kg/cm^2$)	高压≧34.5bar 中压 12.1~34.5bar 低压≦12.1bar	1/1.02	110/112.35	53/54.13
释放后的氧浓度(%)	22	22	约18	约15
对人之毒性	无	无	热分解生成物有毒有害	易吸入大量CO_2而中窒息
释放时间	无限制	无限制	10秒	60秒
专设排气装置	不需要	不需要	需要	需要
烟积层闪火点爆炸之抑制能力-即对火场高层(近天花板)的急速冷却降温能力	具极佳的降温能力	-	-	-

*指全球暖化趋势：在将CO2的GWP值设定为1的情况下，FM-200吸收的热超过CO2吸收的2050倍，故GWP值为2050

6. 防火管理与紧急应变

一般而言，对于档案库房之防火安全规划可分成硬件及软件两方面，硬件设计规划包含被动式防火区划及前揭之主动式火警灭火设备；而软件之内部管理及紧急应变计划更是馆内人员平时遵守及演练的重要事项，以确保库房消防安全的完整性。

6.1 内部管理

不论任何规模的档案库房，其馆内人员，均对防火负有责任，故对于防火的知识应普遍强化，诸如：如何防止火灾蔓延、收藏品燃烧特性、抢救方式、及逃生路线等，而所有的防灾计划不可流于纸上谈兵，而应定期实际的运用、演练，并订定一个紧急应变程序且随时更改不合宜之部分。档案库房应设置一防火管理人(视档案库之规模而定)并组成一个防灾小组，成员包括安全管理人员、水电人员、建筑管理人员、消防人员，并充分授权，要求提出防灾计划及安全报告(可为日、周、月)并随时提供咨询。上述之防灾计划应包含下列事项：

(一) 消防及防灾设施的设置、选择、维护， 如自动灭火系统、自动警报系统、排烟设备、防火门等。

(二) 落实所有员工防火安全及吸烟 管理规定，每一员工均应熟知火灾时所应采取之步骤以及应变计划，并负责通知消防队和相关人员，以及抢救档案数据和指派任务执行之责。

(三) 选任最佳人选担任防火管理人，加强展览 品的抢救、收藏品保护及火场清理之训练，以期能充分与消防队合作。

(四) 夜间警卫之选择与训练；他们必须拥有书面的紧急事故处理程序，并能熟知操作方法，同时对各项设备及资源均能了解如何应用。

(五) 电器管理、特别是延长线、增湿机、除湿机、电热器、电风扇等类似设备皆应建档管理。

此外，应随时与防灾工程师、消防队及相关之专业团体…等专家保持联系，例如请消防队提供消防计划之咨询，并与其充分沟通，如此于火灾发生时将有助于消防人员之救火并减少损失。

6.2 紧急应变计划

何时会发生紧急意外事故且会造成什么结局没人可以预测，但让管理人了解意外事故前该做些什么是必要的。在订定紧急计划时该注意以下几点：

(一) 计划必须是可行、易懂且书之于文字，并分发给所有人员。

(二) 定期训练员工灭火器之使用方法并令其熟知放置位置。

(三) 张贴紧急逃生路线及避难场所图示。

(四) 每半年举行一次消防演习，特别针对档案研究人员的逃生及档案文书的避难，每次演习完要针对缺点持续改进。

(五) 通报系统应健全，且应有使用演练。

(六) 每个救火系统、逃生系统、指示灯均须提供紧急电源。

(七) 所有重要档案、文件数据，于火灾中均须有保护抢救之计划

(八) 建立职员安全健康管理办法(OSHA)。

(九) 确实执行消防设备的维护计划。

(十) 定期与当地消防队实施消防演练。

此外，紧急应变计划之内容皆在人力不乏的情况下制定，但事实却非如此。因档案库房之特殊性，需24小时有管理人员负责，但特别在晚间或其它人力较少之情况下，既有之人员如何依现有空间设备及单一可操作性做出必要动作？更是紧急应变计划所要列出之必要程序，才可使整套紧急应变计划更趋完整。其步骤可如下：

(一) 单人时：

须兼具通报及抢救等两种以上任务时，必明确指示其任务顺序，首要为何？届时才不致混乱而影响效果。

(二) 双人或人数少于标准作业程序(SOP)建置时：

于编组通报、连络、灭火及文物抢救时，除应变作为应有分工及程序外，每一人员应有任务互换之

能力，随时支持其它任务。

7. 结论与建议

各式档案文献资产，都有着针对某方面的历史意义，它们的存在更影响我们对未来的认知与发展。然而，在档案库房的消防设计之初，多未投入应有的专业与热情去了解空间及各类档案的特性，如加上有限的管理体制和延迟应变，一旦灾害形成，都会造成无法弥补的的损失，对于档管人员更是一 项不可原谅的包袱。

本文强调的消防安全设备之设计规划，必须考虑到库房之空间特性、各类档案之材质及可能火灾的情境等，如此才可规划出适当之消防设备。而对于存有大量档案资产之库房空间的档案及人员安全设计并无定案，只要能做出合于空间、档案、人员、预算及环保规划需求，就是理想的设计；值得注意的是并非只要水系统灭火设备就应被排除在外。而档案库房空间灭火设备之选用，基于不污损防护对象物之原则，多倾向采用海龙系统及其替代品。但仍应充分考虑平时有人场所必须讲求人命安全浓度及保安措施。如采用惰性气体设备时，则须注意防护区外空间是否足以放置大量的药剂钢瓶。另海龙药剂系列(Halon carbon agents)，在高热火焰下放出之高浓度剂量及可能衍生毒性物质之双重考虑下，应设有充分排气能力的附属设备。

总言之，档案库房的火灾防护应着重正确文物保护概念，选择适当的自动灭火系统，并聘请专业设计规划者及经认证之施工人员完成设计装置，然后还要有完善之管理和应变，如此，档案库房的火灾防护才可落实。

8. 参考文献

[1] 简贤文.化学系统消防安全设备.台北:鼎茂图书,1996.
[2] 简贤文.重要文物之火灾防护.警专学报.1998,2(4).
[3] 黄依慧,简贤文.图书馆火灾之防护对策探讨.图书馆馆刊.2003.
[4] 简贤文,陈俊青,楼振宇.以历史性建筑物设置的博物馆之防火设计与评估.博物馆学季刊,2002.
[5] 蔡斐文,夏沧琪.档案馆典藏环境及设备规范之研究.档案管理局 2001.
[6] 邓子正.论美术馆之防火安全及管理.警学丛刊.1993 ,24.
[7] 简贤文,温渭洲,黄本宇.从消防安全的角度谈博物馆搜藏空间规划的问题.科学工艺博物馆论文集,2005.
[8] Fire Protection Association (2005). Standard on Carbon Dioxide Extinguishing Systems ,NFPA 12.
[9] Fire Protection Association (2005). Standard for the Installation of Sprinkler Systems,NFPA 13.
[10] Fire Protection Association (2004). Standard on Clean Agent Fire Extinguishing Systems ,NFPA 2001.
[11] Fire Protection Association (2005).Code for the Protection of Cultural Resource Properties. Museums,Libraries, and Places of Worship ,NFPA 909.
[12] ICA Committee on Disaster Prevention. Guidelines on Disaster Prevention and Control in Archives. ICA Studies. 1997,12.
[13] Alexander G.Copping. Application of a Systematic Fire Safety Evaluation Procedure in the Protection of Historic Property. Fire Protection Engineering. 2002,14:12-17.
[14] Zhigang Liu, Andrew K. Kim. A Review of Water Mist Fire Suppression Technology: Part-Ⅱ—Application Studies. Journal of Fire Protection Engineering. 2001,11:16-42.
[15] Kim, A.K., Su, J.. Thermal decomposition products from fire suppression with HFC-227ea in an electronic facility. Journal of Fire Protection Engineering. 2004,14:265-281.

Discussion of automatic detection, fire extinguishing systems design and emergency response in archives storage rooms

Abstract

The assets of archives represent the accumulation of experience and intelligent of ancestors today, valuable to the human historical inheritance, once a fire disaster occurring, the result may be not only to the personnel injuries but the loss of properties. More increasingly, it will destroy the rare cultural heritage which plays a dominant role in human history and culture.

The modern constructions designed basing on technology and development are all equipped with appropriate fire prevention equipment for controlling the fire spread; however, as for archive storage room, only on the basis of the 12th rules of "Installation Standards of Fire Fighting Equipment at All Sites"in Taiwan, stipulating that cultural heritage is categorized as the fourth order of type B., such as Library and museum, should they establish any automatically fire equipment to avoid the fire spread in accordance with the law ? As we all familiar with the Sprinkler systems and the Halon extinguishing agents, if both of them are proper to the collection space , one of which every administrator often choose to preserve all kinds of archives and materials of archives. Opinions are widely divided. It has not been clarified between the definition of rule clause and the precaution strategy. We must directly focus on the space of this particularity, under harmless of the archive, suitability and environmental protection situation, attain the actual effect. Then, we can proceed to do the assessment of the fire protection system, as well as guarantee the safety of the personnel devoting their whole life to those archive.

This paper aims except to interpret the suitability of automatic detection and fire extinguishing systems, and the classification of the type of the archive for storage room spaces. About the emergency response for maintenance and management personnel, also to discuss Performance-based Option fire safety design in our country, through this paper, we hope it can attract everyone's attention as well as initiate a publicly discussion stage to obtain or exchange more correctly information.

Key words: archives, storage room, fire protection systems, extinguishing agents, emergency response, Performance-based Option.

作者简介：

简贤文，警察大学消防科学研究所副教授。联系方式：桃园龟山乡大岗村树人路 56 号。

台湾公路隧道之消防安全设计及发展趋势

简贤文[1]，施邦筑[2]，李宏彻[3]，柯孝勋[4]，谢蕙如[4]，张歆仪[4]

[1]警察大学消防学系
[2]台北科技大学土木系
[3]国道新建工程局
[4]灾害防救科技中心

摘要

雪山隧道全长 12.9 公里，采双孔单向设计，其中包括 2 座主隧道、1 座导坑，而 2 隧道间另有 28 座横向的人行联络隧道、8 座车行联络隧道、12 处横向通风隧道、6 座通风竖井等，总计 58 座大大小小的隧道，是全世界双孔公路隧道中规模最大的隧道群之一。雪山隧道通车后，交通量迅速攀升并超出预期，故为确保用路人可处于安全无虞的行车环境下，隧道管理单位即采最严格之交管手段，欲将事故发生机率降至最低。且雪山隧道即将计划开放大客车通行，未来更可能开放大货车运输。

然而，由历年隧道火灾灾例及实验数据可知，以聚酯玻璃纤维材料组成之巴士起火燃烧，其约在 10 分钟内即达 30MW 之火灾规模。目前台湾业者使用的大型游览车皆以标榜豪华之装潢及座椅来吸引顾客搭乘，因此其车辆之火灾能量将可能超过上述实验数值。另根据 2003 年于挪威 Runehamar Tunnel 进行之全尺寸隧道火灾实验显示，当环境周遭之辐射热达 $12.5kW/m^2$ 时，距火源上游 5 公尺内之受困车辆皆有被引燃之可能。假使多辆大型游览车及夹杂其间小客车同时进入雪山隧道，或是游览车于隧道内打滑、抛锚、追撞等事故发生，进而产生堵车效应，甚至是火灾事故，以雪山隧道之防火设计及目前之救灾能量似乎都不足以快速有效因应。

因此本文将参考欧洲各国合作进行之 UPTUN 欧盟跨国计划、各国维持隧道安全之措施及策略，以及 PIARC 提出关于隧道安全之研究报告，进一步针对雪山隧道发生大客车火灾进行境况分析，检视雪山隧道目前之救灾效能及安全管理策略，并依灾害应变之及时性、自动冷却控温设备、救灾演练及用路人教育训练等各方面提出因应策略。并且建议当局应加速推动公路隧道实体火灾试验计划，以能更明确掌握隧道火灾特性外，进而验证自动冷却控温系统、避难安全标示及排烟系统等各项设备之性能设计是否可达最安全之隧道环境。

关键词：雪山隧道、紧急应变、消防救援、隧道火灾。

1. 前言

自1995年起全世界就已有713人因隧道火灾而死亡。而1999年至2001年在欧洲就至少发生三起重大的隧道火灾，如1999年Mont Blanc Tunnel火灾，1999年Tauern Tunnel Tunnel火灾及2001年Gotthard Tunnel火灾等。而隧道火灾所造成惨重的人员伤亡、运输中断及社会经济损失，已引起世界各国高度重视隧道相关安全问题，尤其是隧道长度较长之公路隧道。其中，世界排名第五长，居亚洲第二长之雪山隧道亦为各界讨论之重点。

雪山隧道全长约12.9公里，耗费15年完工，采双孔单向行车（各2车道），配合导坑隧道救援，并禁止大货车及载运危险物品之车辆（含空车）行驶，使行车风险降至最低。此外，雪山隧道共构建28座人行联络隧道及8座车行联络隧道，提供紧急时人员逃生及车流疏散之功用。而位于隧道下方之纵向导坑隧道则提供主隧道维修及紧急救助避难之用。隧道内亦设有人行步道、消防栓、避难指示灯、紧急联络电话及紧急停车弯等安全设施。

然而，由国外长公路隧道之灾例可知，一旦发生灾害及意外事故，即使是隧道结构具完善的安全设计，但仍有救灾可及性不易、救援行动困难等状况发生。因此灾害事故的严重性是取决于火灾初期的紧急应变，而隧道内部的安全设施及后续的救援行动则是降低人员伤亡及损失的主要关键。事前建制一套完善的紧急应变及救援程序亦也相对显得格外重要。本文将以雪山隧道发生大客车事故引发隧道火灾之模拟情境进行讨论，提出因应之紧急应变救援策略，探讨台湾隧道未来消防安全设计之趋势。

2. 隧道火灾境况分析

综观历年来公路隧道火灾之事故原因大都是车辆追辆、车辆机械故障等，且肇事车辆皆为一般经常使用驾驶之车辆，而非是高危险性之车辆。然而，大众最常使用驾驶之车辆，如小客车、巴士、货车等，不仅每日高频率通行隧道，增加发生事故之相对风险外，一旦事故处理不慎引发火灾，其火灾成长境况又往往超乎一般预期的。一般小客车起火燃烧之火灾热释放率值平均约为5MW[1]，若以聚酯玻璃纤维材料组成之巴士起火燃烧，其约在10分钟内即达30MW之火灾规模[2]，如图1所示。

2003年9月由参与UPTUN（Cost-effective, Sustainable and Innovative Upgrading Methods for Fire Safety in Existing Tunnels）欧盟跨国计划之瑞典SP、荷兰TNO、挪威SINTEF等数个研究单位共同合作，于挪威进行Runehamar Tunnel全尺寸隧道火灾实验，以木材及塑料栈板等材料组合进行仿真载运货物之半拖车起火燃烧。若以载运380个木材栈板和74个PE塑料栈板之T1试验进行探讨，则其实验结果显示约在18.5分钟内即可达203MW之火灾规模及1365℃之高温（如图2及图3），且被堵在隧道内距火源上游5公尺内之车辆皆有被引燃的可能[3,4]。但对于一般用路人而言，却只能对于热释放率小于1MW之火灾规模进行第一时间灭火，而消防队也只能对小于30MW之火灾进行有效的救援活动[5]。而身穿防火衣之消防队员处于火灾辐射热达5kW/m^{2}之火场环境下也只能忍耐5分钟[6]，更何况是毫无任何防护之用路人。此外，日后通行大型车后可能会发生火灾规模达100MW以上之境况，此时隧道处于极高温之条件下，将可能使隧道内衬崩塌、机电设备毁损，升高用路人及救灾人员之危险性；而所产生之大量浓烟急速扩散及沈积，亦将造成用路人避难时极大之威胁。即使设计监造单位保证其隧道结构强度及烟控设计可承受100MW之火灾规模，但仍须考虑隧道内发生堵车，进而引发延烧效应产生更大火势之可能性，以及人命安全、营运不中断之原始设计目标应如何确保等问题。

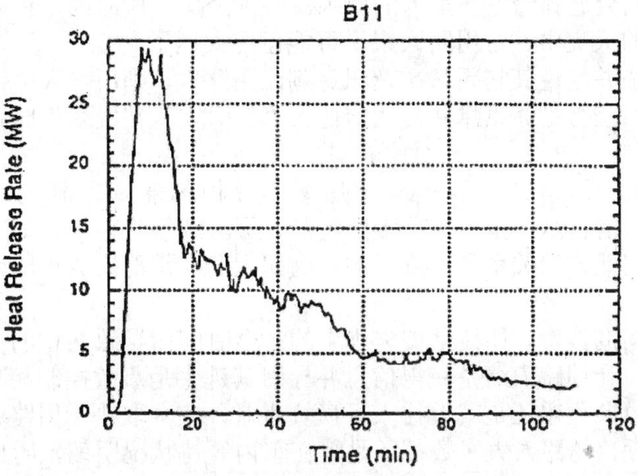

图1　巴士之热释放率成长曲线

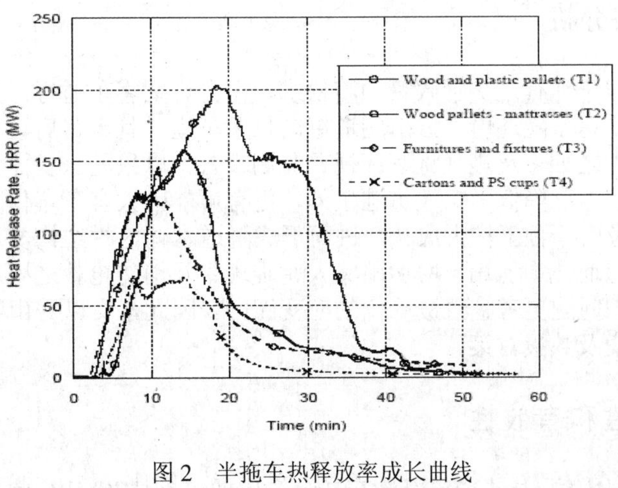

图2　半拖车热释放率成长曲线

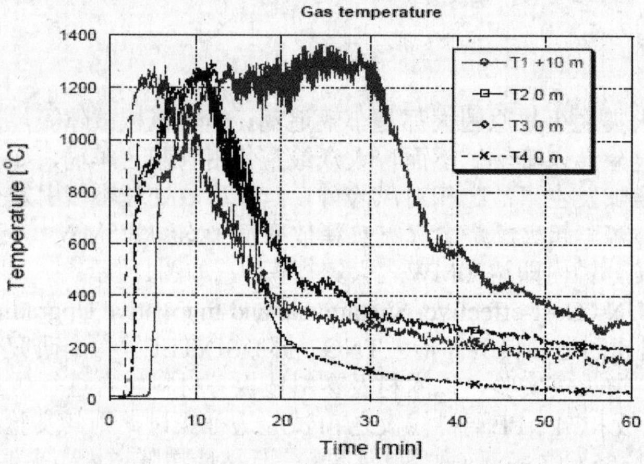

图 3　半拖车火灾于火源上方之气体温度分布

3. 用路人避难行为分析

唯有了解用路人的行为习惯才能规划有效的隧道管理措施。荷兰TNO藉由实验与纪录发现用路人在信息不足的情形下，其行为是相当保守的、犹豫的。曾有隧道避难逃生实验研究显示[7]，用路人会留坐在车内等待一段时间，即使是隧道内已有烟的存在。其中用路人最初的典型行为模式是“坐着等待”。若隧道内发生堵车，用路人会认为是“某些东西阻塞道路，且这件事将会被解决”，而并不会认为是“火灾已经发生”。这就是为什么人们会选择滞留在车内的原因。必须经历一段时间，在隧道实验中的人们才开始离开他们的车子，但在真实的火灾中，对用路人来说可能已经太迟了。

但若事故状况持续存在并出现其它新状况及讯息刺激用路人，则用路人会为了解状况而找寻更多的信息，确认事故的真实性。当获得足够讯息并传达给他人“有火灾正在发生”时，用路人才会确定是有必要“撤离建筑物或隧道”。

由此可知，人们所采取的第一个行动不会是“撤离”，因为在撤离之前，人们可能会采取其它的行动。以隧道火灾为例，用路人可能会试图抢救车子上的物品、灭火或警告他人。如上所述，火灾发生时与他人联系是典型的行为模式。因此群聚关系是很重要的，例如人们经常群聚成小团体，决定要做什么和讨论可能发生的情况。

而这些行为所造成时间的浪费，往往是丧失逃生的黄金时间而导致伤亡的主要原因。所以如何在隧道发生意外事故时第一时间，让用路人清楚获得信息并导引其逃生是事故控制相当重要的一环。

所以用路人究竟要逆风向避难还是就近往人行横坑避难，完全取决于用路人是在何时开始进行避难。上述证明灾变事故发生初期，用路人大多数都还是待在车内等待状况明朗，明显已错过初期避难的黄金时间，行控中心此时仅能通知用路人尽快往就近的人行横坑避难。

4. 紧急应变及防救策略分析

未来雪山隧道只限小客车通行之交管政策即将松绑，可允许大客车通行。假设开放大客车通行雪山隧道后，因大客车失速而于横跨于隧道内（雪山隧道单向只两车道，且无路肩设计），不幸遭后方车辆追撞引起火灾，则其燃烧所产生之烟雾及热气将遮蔽视讯监测设备，以致无法发挥灾情及时监控功能。除造成隧道内照明设施之破坏、能见度降低影响人员逃生外，更有可能因大客车车体之阻挡，导致救灾人员抢救行动受阻，致火势在未能及时干预下扩大成长，进而形成隧道本体内衬结构及重要机电防灾管线设备因无法承受火灾持续产生之高温而烧损崩塌，增加用路人避难逃生及消防抢救之困难性；而在封闭的交通路线限制下，大量伤病患的救护问题更考验救援单位的应变能力。因此本文以雪山隧道发生大客车事故之火灾境况，拟订因应之紧急应变及救援对策：

4.1 灾害应变之及时性和有效性

若以一辆巴士起火燃烧为例，其热释放率约在10分钟内即可到达30MW。此外，若纵向风速（longitudinal air velocity）为0，浓烟会从起火点开始往隧道两侧扩散，而在无排烟的状况下，浓烟的层流现象能保持10

分钟[8]。因此火灾发生初期之10分钟最为关键，第一线之行控中心值勤人员及自卫消防编组除须及时掌握火灾境况、采取必要适当之紧急应变措施外，并应实时提供第二线消防救灾人员目前之火灾境况、周围空间结构和设施之配置等各项信息。此外，事先拟订的救援路线亦应随实际灾害现场境况、用路人避难地点等信息作立即且正确的修正。消防救灾人员依据上述信息，择定救灾路线或由主隧道下方之导坑进入隧道，分组进行人员生命安全之救援及灾害损害程度之控制。

若隧道管理者想要减少撤离内部人员的时间，则必须提供用路人有关隧道的信息。这些讯息包括发生什么事，以及应该采取何种合适的行动。因此当紧急事故发生时，应由专责的广播人员持续不断通知动态灾情及指导隧道内用路人适时安全之避难路线。而驻守于雪山隧道前、中、后段之自卫消防编组平时必须落实管控人员质量及教育训练效果，才可在火势达30MW前采取及时侦知、确认通报、指导用路人避难、实施交管策略、启动烟控设施、现场事故处理、初期灭火及急难救助等一连串之紧急应变行动。但当火势超过30MW时，自卫消防组织应退居第二线扮演引导协助、支持后续消防救灾人员进行抢救之角色。因此负责救援雪隧之消防救灾人员，除具备丰富的救灾经验及技术外，也应慎选生理及心理状况均佳之队员，采至少两组共8人各三条水线之救援编组进入灾区。

4.2 提高隧道内逃生设计辨识度，建立隧道横坑空间倡导模型

隧道安全不能只依赖隧道设施设备、操作管理者及消防应变单位之平时维护及救援，更应着重于用路人的习性及行为之教育倡导。一般当隧道火灾发生时，用路人之行为表现往往超乎隧道工程师之预期，而大大降低原有人员避难逃生设计之效能。欧洲各国有鉴于白朗峰隧道火灾之惨痛教训，特针对用路人惯有的行为特性，发展不同之隧道安全设计，于用路人通行隧道的同时，也无形中接受隧道安全之相关倡导，如法国CETU将用路人行为与隧道安全设计结合，发展出利用声音、视觉方法（visual means）和及时信息可变标志（CMS）等方法来训练用路人。而关于逃生标志设计中，各国作为各有不同：例如，于2007年通车之法国A86 Beltway Tunnels以显著颜色之灯光号志吸引用路人注意，且将逃生指示绘于逃生出口周围整个墙面，加深用路人印象[9]，（如图4所示）。白朗峰隧道在灾后成立隧道单一统合之管理单位，并每间隔300公尺设置一避难室，其入口以高彩度颜色及高照度之灯光标示，且于隧道侧边绘制绿色逃生导引线，并以立体凸出边框延伸至避难室入口，提供视觉、触觉导引，导引用路人至最近之避难室[9]，如图5所示。

图 4　A86 West Beltway Tunnels 之逃生标志

为提升用路人安全逃生之机率，除了救援人员的抢救效能外，隧道内逃生设计及标志对于用路人逃生成功占极重要之影响。因此应提高雪山隧道内逃生标志及人行横坑入口之辨识度，使用路人处于浓烟弥漫之恶劣环境下，仍可快速找到最近的逃生出口；因为大火时错过一个出口，便无逃生的可能。

除了提高隧道内逃生设计之辨识度外，平时也应建立用路人正确隧道事故之反应模式。其中，全尺寸隧道空间模型不仅便于民众了解实体隧道内之空间配置外，亦藉由展示来证明隧道照明和逃生设计图示绘画之效能[9]。因此，雪山隧道管理单位应考虑于高速公路休息站及各县市防灾中心设置隧道空间横坑模型，提供用路人亲身体验之机会，强化用路人之自救能力。

图 5　Mont Blanc Tunnel 避难室入口

4.3 设置自动冷却控温系统

以巴士事故所引发之隧道火灾而言，隧道未达不可忍受环境前，用路人可安全逃生之黄金时间约10分钟。然而事故发展境况大都会超乎预期，致形成火灾境况发展迅速、用路人来不及撤离等惨况。因此，在救灾人员未抵达事故现场进行抢救前，用路人除自我救援增加逃生机会外，其它则需要依赖隧道内相关消防灭火系统之作动，抑制火灾发展速度，增加用路人可安全逃生之时间。

过去欧盟各国之隧道防火设计概念是允许火灾自由成长，以确保人员自力避难安全为要务，因而认为没必要设置灭火系统，只有日本和澳大利亚才有此类的消防防火观念与设计。但欧盟在白朗峰隧道火灾后，成立多个跨国组织与计划，经多次全尺寸隧道火灾实验结果显示，于隧道内设置撒水系统确实可有效控制火势，维持人员可容许逃生之环境条件。因此截至2006年底前，各国已陆续于隧道内设置冷却控温系统，如挪威、荷兰、法国、德国等。而2006年欧盟跨国计划UPTUN [10]也明文指出，于隧道内设置撒水系统是有必要性及重要性。UPTUN亦针对于隧道内设置撒水系统，其安全上的疑虑提出响应：

(1) 撒水所形成之蒸气只会在火源处附近产生，而无灼伤避难人员之疑虑。
(2) 撒水后所产生之冷却效果可阻止蒸气离开火源。
(3) 即使未装设撒水系统，烟层仍受到外部热效应及隧道通风之影响而遭受破坏、向下沈积。
(4) 装设撒水系统不仅可控制火势，亦可减少浓烟的产生。
(5) 撒水水滴与烟粒子结合，降低毒性及可视性等负面冲击。

此外，于隧道设置撒水系统前须先考虑隧道几何、通风条件、火灾侦测器之作动、撒水系统之运作、其它隧道内之安全设施等项目，以及隧道内部之排烟系统、CCTV监测系统、结构防护及排水系统等也须加入考虑。

基于上述种种观点，UPTUN认为欲维持隧道安全，则应优先考虑设置撒水系统，且撒水系统之作动时间必须是救灾人员抵达火灾现场所需时间的2倍时间，确保隧道内尚未逃生成功之用路人是安全无虞的。因此，若能考虑于雪山隧道内设置自动冷却控温系统，如细水雾或放水鎗系统，并在发生隧道火灾时有效且及时运作，其不仅对于一般车祸事故引发之隧道火灾，可快速控制初期之扩大延烧，增加用路人可安全逃生之时间，维持救灾人员得以进入灾区之环境条件；对于未来可能会发生之人为蓄意縱火或通行大型车引发之大规模隧道火灾，亦有冷却降温及避免或延迟隧道内衬结构崩塌之效果。

4.4 阶段性通行大型车辆之行车管制措施

装载危险物品车辆一旦在雪山隧道内发生事故，对于人命、环境、隧道结构毁坏及隧道封闭而导致运输中断等，将会付出惨痛代价。另一方面，有关隧道禁止装载危险物品之车辆通行，则提高企业界的经济成本，势必对政府交管政策形成压力。这也将迫使重车势必行驶其它更危险的路径，例如经过市区或人口较稠密处，以整体观之风险反而更高。由历年各国隧道火灾灾例显示隧道火灾，随存在之可燃物种类、数量、隧道空间尺寸、通风排烟系统运作模式与效能，有各种不同之可能性发展。

2001年瑞士圣哥达隧道火灾发生后，日内瓦国际道路联盟提出隧道安全改善措施[11]，建议应限制载运危险物品之大货车行驶隧道，且于隧道前设置检测站，避免过热、漏油等故障车辆驶入隧道、限制每日货车通行量，以及规定通行之货车应保持150公尺之车距。目前国际也已有许多国家，着手订定公路隧道的危险物品运输的管制规则。有关地区法令及管制规则的订定、决策、责任及执法方面，也都取决于该地区当局及警察单位、隧道管理单位或专家意见。故未来在开放大型车辆通行前，即应建置管制站及人力细部作业，于车辆进入隧道前，预先进行监控及检查，落实执法取缔高危险性及高肇事率之车辆进入，如载运危险物品、车况不佳、车龄太老、酒驾驾驶等车辆，并且确保雪山隧道有充足的事故救援专用车辆、人力素质及装备。

4.5 拟订紧急应变及救援程序并定期演练

目前当灾害发生时，各相关紧急应变与救援单位接获通报后，虽能依现有资源至现场执行抢救作业，但目前因有效整合后续支持人力与物力之机制仍未完整建立，故无法充份发挥各类灾害救灾资源之整合、协调、指挥、布署及调度之效能。再者，台湾雪山隧道并未配置专属之消防队组织，且目前所称之洞口消防队，仍归属地方消防局，必须兼管辖区火灾及相关勤务，成本效益难如管理机关之预期。因此一旦发生灾变，除需动员当地及邻近消防机关前往救援处理外，需配合救援的救灾单位相当多，如公路警察单位、医疗救护单位、拖吊单位、高公局工务段等。

为保障用路人行车安全及加速与掌握救援行动，需要针对公路隧道在各类灾害发生时，如何整合运用既有之组织人力、硬设备（如主隧道、连络隧道、导坑、机电交控设备、消防防灾设备、救援车辆、救援人力、警消人员、医院等）、救灾策略（灾害紧急应变机制、救援指挥系统、相关单位支持体制）及平时人员演训计划等，拟定一套明确之紧急应变计划及救援指挥标准作业程序（SOP），以利灾害发生初期能有步骤、有系统地按现场灾变情境，迅速采取正确之紧急应变及救灾作业并且有效执行各单位间之横向联系机制，俾利实时控制灾情以减少人车之伤亡及既有硬设备之毁损。此外，由高公局建置专责消防队，平时兼管制站之查核，且于灾变时为第一线应变人员。平时隧道安全之查核，可使专责消防队能随时提高警觉，严密防范各种可能危及隧道安全之可能性发生，且于灾变时，可藉重专责消防队员之专业知识及训练，及时判断最有效之抢救行动，以及迅速采取有利于救灾之行为，且成本效益佳，以最适当之人力运用，发挥最大之效能。

另外，结合行控、通风、消防、医疗等各单位举办各种不同火灾情境之消防救援演练，利用综合演练确定各单位在事故中担负之任务及权责，使整个应变作业环环相扣。以白朗峰隧道为例，其隧道管理单位派遣每梯14位员工，其中包括10位消防队员，24小时轮班作业监控白朗峰隧道，亦与法国CETU合作进行相关安全演习，如每年进行一次防火演习（fire exercise）和每3个月进行一次全员安全演习（full-scale safety exercises），其隧道内之维修系统则每天测试并每周一次之火灾试验。其中，全员安全演习展开期间，隧道会于星期一晚上7:30关闭，直至星期二早上6:00开放通行，其关闭日期会由政府公布于报纸及网络上，且演习过程将全程录像。而此安全演习分为两部份：一是例行性维修，另一是训练，藉由此训练来提升义法两国之消防队员、医务人员和警察之间的合作。通常演习包括100位紧急应变人员、40部车辆和30位人员进行模拟事故，而参与者事先都不知道明确的事故模拟情境[9]。

5. 结论与建议

雪山隧道距离长，发生火灾时的救援行动极富挑战性，如何提供施救人员效率优越的消防救灾装备及较安全的救灾环境是目前必须考虑的。随着科技不断的进步，国外陆续研发出新的消防救灾器材，或许该设备并非适合台湾环境或目前技术尚未完全成熟，但对于改善人员防护及增加救灾能力的未来性是可以期待的。

对雪山隧道即将开放通行之大客车而言，其内部豪华装潢皆属易燃性物质，一旦不幸起火燃烧，其火灾呈极快速成长，用路人能安全逃生之时间也相对缩短。而以目前雪山隧道之救灾能量是否能足以应付此艰巨之任务？

因此面对即将开放大客车通行之雪山隧道，其相关之配套措施、交管措施、救灾能量及紧急应变计划必须审慎研拟并经核定。目前当务之急则是尽速评估雪山隧道各种火灾情境，如大型车火灾、不同车种组合起火燃烧，甚至是人为蓄意縱火等，事先设想各种事故发生之可能性并进行风险分析，据以拟定安全改善措施；如此才能透过评估，提出通行大客车前后应办理事项之确定及列管实施。此外，应加速推动公路隧道火灾试验计划，以能更明确掌握隧道火灾特性。而于用路人避难安全方面，避难标示应全面改善，提高其易视性，并推动用路人习性及避难行为之研究，积极且持续倡导用路人对于隧道火灾之逃生观念。

6. 参考文献

[1] Yunguang Li. Assessment of Vehicle Fires in New Zealand Parking Buildings.Master's Thesis. 2004:28.
[2] Hauker Ingason.Heat Release Rate Measurements in Tunnel Fires. Proceedings of the International Conference on Fires in Tunnels. 1994:98.
[3] Haukur Ingason and Anders Lonnermark.Large-scale Fire Tests in The Runehamar tunnel – Heat Release Rate (HRR). Proceedings of the International Symposium on Catastrophic Tunnel Fires. 2003:81-92.
[4] Tony Lemaire.Runehamar Tunnel Fire Tests : Radiation, Fire Spread and Back Layering. Proceedings of the International Symposium on Catastrophic Tunnel Fires. 2003:105-115.
[5] 王朝煌,简贤文等.雪山隧道重大灾害救援指挥标准作业程序建立.台湾省国道高速公路局北区工程处.2005.
[6] Tony Lemaire. Runehamar Tunnel Fire Tests : Radiation, Fire Spread and Back Layering.Proceedings of the International Symposium on Catastrophic Tunnel Fires. 2003: 105-115.
[7] Norén A., Winér J. Modelling Crowd Evacuation from Road and Train Tunnels – Data and design for faster evacuations. Report 5127, Dept of Fire Safety Eng. Lund University, Lund, 2003.
[8] PIARC. Fire and smoke control in road tunnels. world road association (PIARC) publication, 1999.
[9] Steven Ernst, Mabendra Patel et. Underground Transportation Systems in Europe : Safety, Operations, and Emergency Response. 2006:3-30.
[10] Engineering Guidance for Water Based Fire Fighting Systems for the Protection of Tunnels and Subsurface Facilities. Work Package 2.5 of the Research Project UPTUN of the European Commission.2006.
[11] 周胤德等.从近年重大公路长隧道事探讨隧道营运管理安全设施策略.台湾公路工程.2004, 10(7).

The study of fire safety design and developing trends of Taiwan's road tunnel

Abstract

The Hsuehshan Tunnel connecting Taipei area to north-eastern county of Ilan is about 12.9 km and is the longest road tunnel in Taiwan, the second longest one in Asia and the fifth longest one in the world. It lessened the traveling time of more than two hours to just forty minutes. The construction of Hsuehshan Tunnel began in 1991 and took nearly 15 years to complete. It is constructed with one pilot tunnel, two main unidirectional tunnels with two lanes and 58 tunnels including 28 transverse pedestrian passages, 8 transverse vehicle connecting passages, 12 transverse airing tunnels and 6 airing shafts, etc. After allowing traffic through the Hsuehshan Tunnel, the increasing traffic flow went over the expected number. To reduce the number of traffic accidents in the tunnel, many strict traffic regulations will be enforced by the administration. In the future, buses or tucks will be permitted to pass the Hsuehshan Tunnel.

However, the fire size will be 30MW within ten minutes after bus formed by polyester fiberglass catches fire according to experiences of disaster cases and results of experiments. But the tour bus in Taiwan often be excessively decorated by inflammable material, the fire energy maybe exceed 30MW. Besides, the result of full-scale road tunnel fire test in Runehamar Tunnel in Norway on 2003 shows that all vehicles in the range within 5 meters from fire source will be kindled probably when radiant heat of the scene of a fire rises to 12.5kW/m^2. If the traffic jam or fire accidents occur in the tunnel caused by traffic flow mingled buses with cars or vehicle accidents such as bus skid, stall or crash, the fire safety design and current capacity of emergency response and preparedness of Hsuehshan Tunnel will not be enough to effectively handle disaster prevention and rescue.

In this paper, scenarios analysis of the bus fire in the tunnel will be practiced and the current emergency response plan as well as the preparedness of the Hsuehshan Tunnel will be reviewed by referring to the UPTUN project, reports of PIARC and measures and strategies be taken to insure tunnel safety in European countries. This paper also proposed improvement measures in the emergency response, fire suppression systems, rescue drill, education and training for drivers, etc. At last, the paper suggested that a full-scale road tunnel fire test must be preformed immediately to know the characteristics of the scene of a fire in the tunnel well, at the same time, verify the capability and dependability of the fire-fighting equipments in the tunnel such as fire suppression systems, escape route signs and ventilation systems, etc.

Keywords: Hsuehshan Tunnel, Emergency response and rescue, tunnel fire.

作者简介:

简贤文，男，研究方向：主要从事特殊空间防灾方面之研究，服务单位：警察大学消防学系　副教授。联络方式：地址：No. 56, Shujen Rd., Takang Village, Kueishan Hsiang, Taoyuan Hsien, 3304, Taiwan，E-mail：una179@mail.cpu.edu.tw。

浅谈消防安全系统工程的建立与应用

姜迪宁

北京华祺洋消防安全有限公司 中国人民公安大学客座副教授

摘要

本文所述消防安全系统工程是指运用安全系统工程的理论和方法，对系统火灾风险进行识别、检测、分析、评估，并采取有效的火灾对策与决策，使系统可能出现的火灾危险减少到最低限度，使系统的安全性和可靠性达到最佳的状态技术与方法。

本文所要确立的消防安全系统工程理念：不是靠人的注意力，而是靠消防技术本身，来保证消防安全。并通过消防硬件技术与消防软件技术的结合与应用，不断完善火灾科学和消防工程技术体系。

本文将从消防安全系统工程提出与建立、消防安全系统工程的识别技术、消防安全系统工程的防护技术、消防安全系统工程的本质消防技术、消防安全系统工程的分析与评估、消防安全系统工程的对策与决策等六个个方面加以论述。

关键词：消防安全系统工程、火灾风险、本质消防、火灾分析、火灾评估、火灾对策、火灾决策。

著名科学家钱学森提出的系统工程论，其中包括：军事系统工程、农业系统工程、环境系统工程等，开创和推进了系统工程完善和发展，随后建立的人机系统工程、安全系统工程等也是系统工程的重要组成部分。按照系统工程的划分和消防实际，本文所提出的消防安全系统工程，虽经过多年的消防教学实际与消防管理实践证明是完全可行的和适用的，但仍需要进一步完善、推广与应用。

1. 消防安全系统工程提出与建立

1.1 从系统分析到消防安全系统工程

我们把极其复杂的研制对象称为系统（system），系统是指由相互作用和互相依赖的若干组成部分结合成的具有特定功能的闭环有机整体，而且这个"系统"本身又是它所从属的一个更大系统的组成部分。每个系统都有其基本属性，即：整体性、相关性、目的性和环境适应性。所谓整体性就是由至少两个和两个以上的要素（元件或子系统）所组成；所谓相关性就是系统内各要素之间是有机联系和相互作用，要素之间具有相互依赖的特定关系；所谓目的性就是所有系统都是为了实现一定目标，没有目标就不称之为系统；所谓环境适应性就是任何系统都处于一定的物质环境之中，系统必须适应外部环境条件的变化。

随着工业技术的发展，特别是石油、化工领域火灾、爆炸事故的频繁发生，系统分析方法由军事领域开始转向生产安全领域，并逐渐建立和发展为安全系统工程的管理体系。例如：美国道化学公司编制的“火灾爆炸指数”系统分析评价；英国化工协会制订 “优良可劣”系统分析评价；日本劳动省制订 “化工企业六阶段系统分析与安全评价”；荷兰菲利浦石油公司编制的“化工生产企业判分－分级系统检查与安全评价”等。实践证明，这些方法都是科学、有效的安全系统工程管理方法。不仅适用安全系统领域，而且也适合消防系统领域。

从当今火灾科学（Fire Science）和消防工程（Fire technology）的发展来看，消防硬件技术应用已日臻完善，而消防软件技术应用还略显薄弱，由于消防理念和软件技术的滞后，在一定程度上影响和制约了消防技术的全面发展，尤其是如何才能使消防硬件技术和消防软件技术更好的结合与应用？如何才能做到在解决消防实际问题上最经济、最省工、最有效？这就需要建立一种科学、有效的消防技术与方法，而消防安全系统工程(Fire safety system)的建立正好符合这一要求。

1.2 消防安全系统工程的研究对象

消防安全系统工程的研究对象是系统火灾风险问题。

之所以要研究火灾风险而不是火灾隐患、火灾危险问题，是由于火灾风险与火灾隐患、火灾危险既有联系又有区别。火灾隐患(Fire Hidden Danger)是指违反了消防规范要求的一种偏离问题。例如：建筑之间的防火间距不足是火灾隐患问题，其自身是不会发生火灾危险的，只是一种偏离消防规范要求的问题，当一旦一处建筑发生火灾，才有可能引起相邻建筑发生火灾。火灾危险（Fire Hanard）是指发生火灾的可能性以及有可能造成的后果，是一种不安全状态，是不以人们意志为转移的客观因素，是不能改变的（其本身具有直接火灾危险）。例如：尽管液化气罐可以使用，但总会有一种不安全之感，其原因就是液化气罐内充装的易燃易爆液化气体，一旦受热、泄漏就有可能造成火灾爆炸事故，其本身具有直接的火灾危险。尽管在厨房内（符合消防规定场所）使用液化气罐不构成火灾隐患问题，但其火灾危险依然存在。

火灾风险（Fire Risk）是一种衡量火灾危险程度的尺度，火灾风险用数学模式来表述：火灾风险是指火灾发生概率与火灾后果严重程度的组合。一般来说，火灾发生概率很小，即使后果十分严重，火灾风险也不会很大；反之，火灾发生概率很大，即使后果不太严重，其火灾风险依然很大。基于风险率数学关系，火灾风险的大小一般可以用火灾风险率表示。即：火灾风险率＝火灾发生严重度×火灾发生概率（损失金额/事故次数×事故次数/单位时间＝损失金额/单位时间）。其结果可能是：火灾经济损失、火灾人员伤亡、环境破坏污染、社会骚乱不安等。（如图 1 所示）

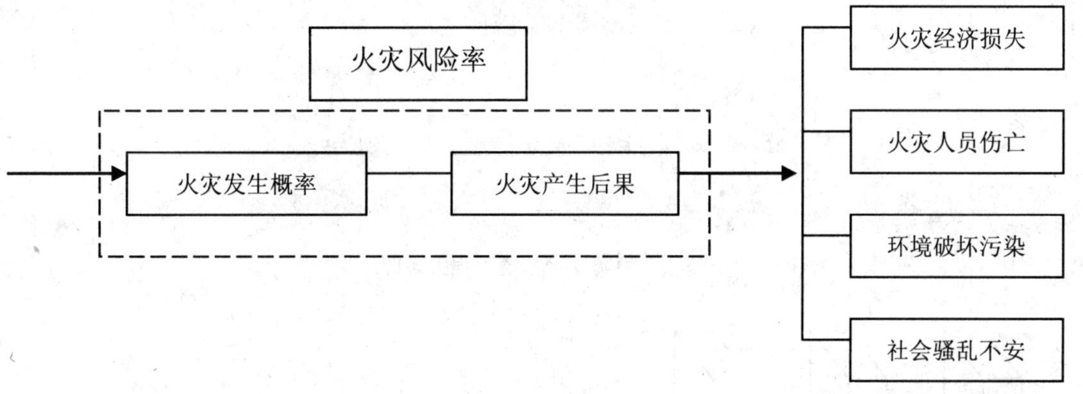

图 1　火灾风险率

尽管大多数火灾的发生其后果是难以预料的，但火灾风险则是可以控制的。在很大程度上火灾风险会随着人们的意志而改变，即人们可以设法改变火灾风险出现的概率。一般对待风险的方式，可采取接受、避开、减少和转移等。例如：驾驶车辆有可能出现道路交通事故，甚至由于车祸或意外发生火灾爆炸事故，但人们仍乐于接受这种风险，考虑到使用交通工具的便捷，发生事故的火灾风险很低，完全可以接受由此带来的风险；同样，人们可以选择不去有火灾危险的场所活动，这样就可以避开火灾风险；对有一定火灾危险场所采取火灾防护措施，从而降低和减少其火灾风险；同样还可以通过火灾保险来转移火灾风险等。消防安全系统工程的目的就是通过对系统火灾风险分析评估，并采取有效的对策，最终来控制火灾的发生，所以研究系统火灾风险问题具有重要的实际意义。

1.3 消防安全系统工程的研究内容

消防安全系统工程研究的内容可分为：消防硬件技术和消防软件技术。（如图 2 所示）

1. 消防硬件技术（Fire hardware technology）

主要有：火灾危险识别技术（Fire danger Recognition）；本质消防技术（Fire technical nature）；火灾防护技术（Fire Protection Technology）等。

2. 消防软件技术（Fire software technology）

主要有：火灾风险分析(Fire Risk Analysis);火灾风险评估(Fire Risk Assessment); 火灾风险对策(Fire Risk response)；火灾风险决策（Fire Risk Policy）等。

1.4 消防安全系统工程的研究方法

消防安全系统工程的研究方法可分为：消防移除控制技术和消防阻隔控制技术。

1. 消防移除控制技术(Remove Fire Control Technology)

根据美国安全工程师海因利希（H.W.Heinrich）提出的“事故发生顺序”骨牌机理，按照人的不安全行为，触发火灾隐患，导致火灾事故发生顺序。当把可能导致火灾事故的“火灾隐患”移除，就不会发生火灾事故。尽管这种方法从机理上是可行的，但实际中，火灾隐患可以分为：措施不当隐患（偏离问题，其本身并无火灾危险）和固有危险隐患（既是隐患，本身又具有火灾危险），对于固有火灾危险隐患，并不等于消除了火灾隐患就意味着消除了火灾危险，其火灾危险依然存在，因为火灾危险是依存于系统之中的。（如图 3，图 4，图 5 所示）

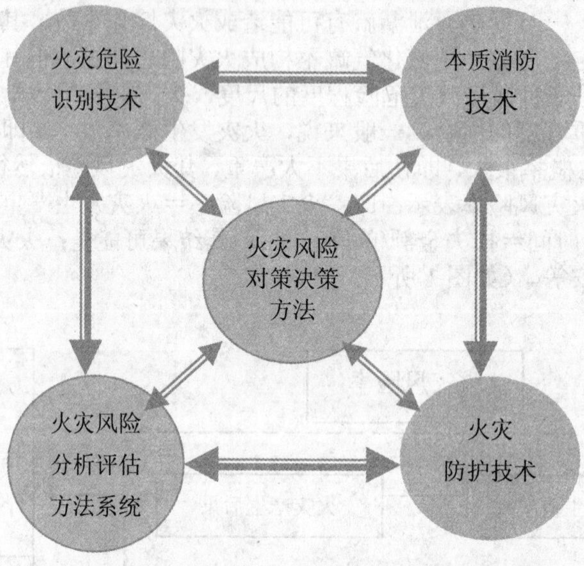

图 2　消防安全系统工程关系图

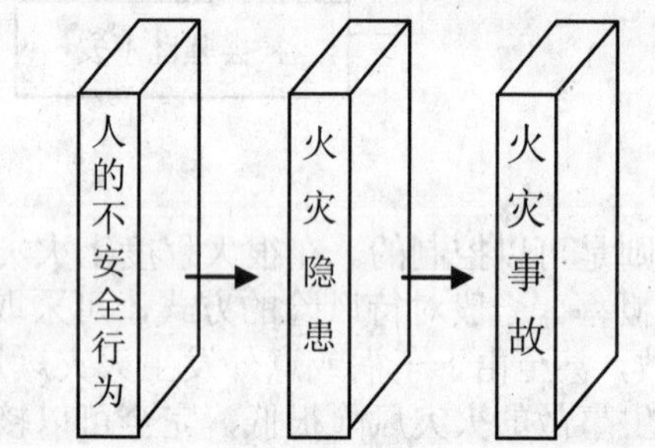

图 3　事故发生顺序

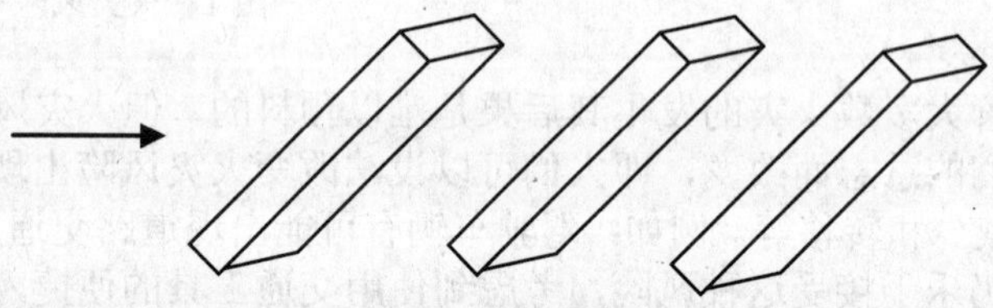

图 4　事故链锁反应

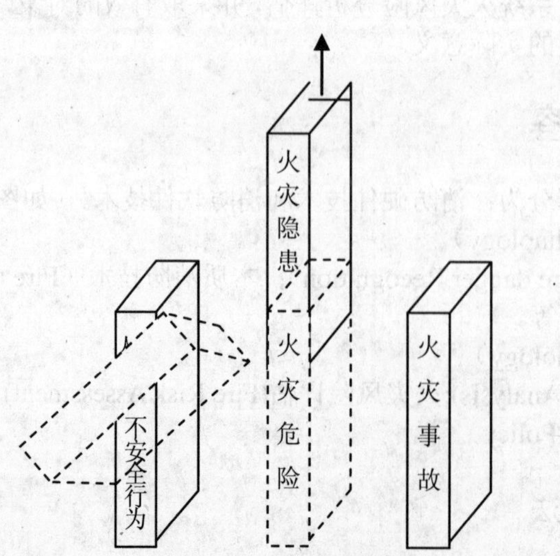

图 5　排除火灾隐患

2. 消防阻隔控制技术(Fire Control Technology Barrier)

就是把形成火灾危险的因素与控制火灾危险的方法作为一个整体系统来看待，先要对火灾危险源进行识别，对于不能移除的火灾危险源（火灾直接危险源和火灾后果危险源），可采取阻隔控制技术。所谓阻隔控制技术，就是在不能移除火灾危险源情况下，采取本质消防技术和火灾风险防护技术等的不使火灾事故发生或控制火灾事故发生（使发生火灾事故链不能打开，或不能连接）。其中本质消防技术应是首选，而火灾风险防护技术，可根据消防技术规范和系统火灾风险分析与评估，由此来确定采取什么样的火灾对策与决策。（如图 6 所示）

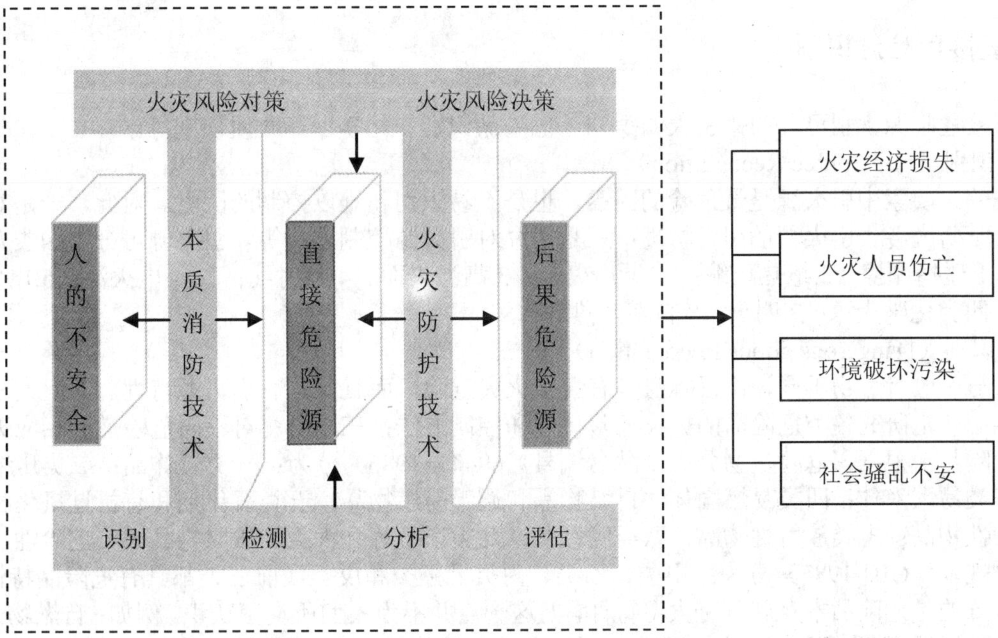

图 6　火灾阻隔技术

消防安全系统工程的建立是在消防硬件技术的基础上，通过火灾风险的识别、检测、分析、评估等，其核心就是更有效的采取火灾对策与决策等消防软件技术方法应用。其根本目的就是为了预防火灾，控制火灾、减少火灾，使系统的安全性和可靠性达到最佳状态。

2. 消防安全系统工程的识别技术

消防安全系统工程的识别可以通过消防检测技术来实现，消防检测技术是一种技术识别手段，是指依据消防法规和标准，使用消防检测仪器发现潜在火灾危险因素（尤其是很多危险因素不易为人的五官所能发现）以及建筑防火设施、消防设施以及电气设施等存在的影响其使用，并有可能出现的各种不安全因素问题。消防检测技术可分为：建筑防火检测、建筑消防检测、电气防火检测等。消防检测技术的应用，是火灾预防技术的一大进步，也是进行火灾风险分析与安全评估前期准备中不可缺少的重要组成部分之一。

消防安全系统工程的识别可分为：人的不安全行为识别、火灾直接危险源识别、火灾后果危险源识别等。

2.1 人的不安全行为识别

人的不安全行为(The unsafe behavior)因素主要包括：人的差错与失误、人的过失与故意、人的作为与不作为、人的心理因素（精神松懈）、人的生理因素（过度疲劳）等。例如：遗漏了必须做的事情；对于必须做的事情做的不全面；做了违反要求的事情；做了多余的事情；做了在时间上不适当的事情等。

人的不安全行为是最不确定的因素，也是最难控制的因素。例如：北京隆福商业大厦火灾（1983 年 8 月 12 日）整个大厦消防设施齐备，由于消防值班人员擅自关闭火灾自动报警系统，造成火灾直接经济损失 2100 多万元的重大火灾损失。试想如果不是人的不安全行为的差错所为，只要报警控制主机不被关机，在联动状态的火灾报警系统是可以自动或远程联动关闭防火卷帘门，从而可以避免和减少此次火灾带来的重大火灾损失。

据日本调查石油化工联合企业中危险物质或有害物质泄漏引起的火灾、爆炸、中毒等事故原因，发现在各种人的误操作中，操作人员阀门差错是最多的，即：误开了不应该开的阀门；误把开着的阀门看成已关闭；不能关闭打开着的阀门；关不严已打开的阀门；在关阀门时误把阀门损坏；关闭不应该关闭的阀门等。

通过对人的不安全行为因素的分析，可以得出这样的结论，人的可靠性远远不如设备的可靠性。所以，要建立一种不是靠人的注意力，而是靠消防技术本身，保证消防安全的科学理念至关重要。

2.2 火灾直接危险源识别

火灾直接危险源识别可分为：引火源识别、危险品识别和化学爆炸介质识别等。

1. 引火源识别（Fire Source Recognition）

在燃烧的三要素中引火源是最危险的因素，也是不易识别和难以控制的因素。对此，一是对引火源进行分类；二是研究各类引火源的引发机理；三是研究对引火源控制方法等。引火源可分为四类八种：一类机械火源：1.碰撞摩擦、2.绝热压缩；二类热火源：3.高温表面、4.热射线；三类电火源：5.电气火花、6.静电火花；四类化学火源：7.明火、8.自燃发热等。

2. 危险品识别（Dangerous goods Recognition）

危险品与一般可燃物不同，不仅本身具有直接火灾危险，而且又具有引火源特性。对此，一是对危险品进行分类；二是研究各类危险品的火灾危险特性和控制方法；三是研究对不同危险品的相应灭火和处置方法等。危险品（根据《危险货物分类及品名编号》6944－1986）分为：一类爆炸品；二类压缩气体和液化气体；三类易燃液体；四类易燃固体、自燃物品和遇湿易燃物品；五类氧化剂和有机过氧化物；六类毒害品和感染性物品；七类放射性物品；八类腐蚀品；九类杂类等九大类。按照物品火灾危险性（根据《建筑设计防火规范》GBJ-1987）分为：甲类、乙类、丙类、丁类和戊类（前三类都具有危险品特性）。

值得注意的是危险品本身就具有火源特性，但这一点并不为人们所真正认识。例如：自燃物品（受热）、遇湿易燃物品（遇水或潮湿）、氧化剂和有机过氧化物（碰撞、摩擦、混存）、可燃气体、可燃液体或石油液化气体（泄漏过程产生静电或绝热压缩）等，在一定环境条件下，即可成为引火源，同时又具有巨大的破坏能量。例如：1993 年 8 月 5 日 13 时，深圳安贸危险品储运公司清水河仓库火灾，就是由于库内存放的大量的硫化钠、硝酸铵、高锰酸钾、过硫酸铵等化学危险品相抵混存，引起化学反应导致火灾爆炸事故发生。造成 18 人死亡，136 人重伤，直接经济损失 2.5 亿元。

3. 化学爆炸介质识别(Chemical explosions media Recognition)

化学爆炸，不同于物理爆炸和核爆炸等（对有些物理爆炸或核爆炸也能间接导致火灾或爆炸事故的发生）。其介质可分为：可燃气体、可燃液体、可燃粉尘等，例如：石油液化气、天然气、甲烷、汽油、氢气、乙炔气、煤粉、亚麻等。尽管化学爆炸介质属于危险品之列，但由于其本身的危险程度，使用的广泛范围，有必要将其专门划分进行研究。例如：1987 年 3 月 15 日凌晨 2 时 39 分，黑龙江哈尔滨亚麻厂厂房形成爆炸性亚麻粉尘，突然发生爆炸（初步分析为静电火源）。当场死亡 58 人，受伤 182 人，并造成 1.3 万平方米厂房严重破坏，直接经济损失 650 万元。而在此前，对于亚麻粉尘能够造成如此之大的爆炸危害认识不清，所采取的防范措施不利，正是导致此次爆炸的根本原因所在。

2.3 火灾后果危险源识别

火灾后果危险源识别可分为：火灾荷载识别和火灾烟毒识别等。

1. 火灾荷载识别（Fire load Recognition）

所谓火灾荷载是指在一个空间里所有物品包括建筑装修材料在内的总潜热能(Calorific porential,当物质完全燃烧时所能释放出的燃烧热)。建筑物内发生火灾后火势的发展将受到建筑的几何形状、高度、空间、开口情况、构件的可燃程度、抗燃烧程度和建筑物内火灾荷载、空气供给强度等各种因素的影响。其中火灾荷载则决定着整个建筑物火灾的变化与大小。例如：建筑物火灾荷载如果为 1kg，那么它产生的热量就相当于 1kg 标准木材所产生的热量，约为 18840 kj。显然如此之大的热值会对建筑物的基础、墙、柱、梁、楼板、屋顶、楼梯、门、窗、吊顶等构件造成极大的威胁。对建筑物的建筑材料的耐火性能和主要建筑构件的耐火极限都将承受着巨大的考验。

一般住宅楼的火灾荷载密度（Fire load density,单位建筑面积上的火灾荷载）约为 35—60 公斤/平方米；

高级宾馆为45—60公斤/平方米。当火灾发生时，由于火灾荷载密度大，火势燃烧猛烈，燃烧持续时间长，（根据实验证明火灾荷载密度为60公斤/平方米时，其持续燃烧时间为1.3小时）。例如：1994年11月27日13时28分，发生在辽宁阜新艺苑歌舞厅火灾，由于客人吸烟后将点燃报纸塞入沙发孔洞引燃起火，造成233人死亡。在当时仅有300多平方米的歌厅里，为什么会造成如此之大的严重后果呢？除严重超员、安全出口堵塞、没有消防设施等问题外，当时使用大量木龙骨隔墙、木龙骨吊顶、织物软包等可燃材料装修以及沙发、茶几等可燃用具，使火灾荷载过大，导致建筑耐火等级降低则是其中的重要因素之一。所以，建筑耐火等级会受火灾荷载的影响发生变化，而建筑火灾荷载有些是可移动的和可改变的，这正是消防安全系统工程分析与评估必须充分考虑的问题。

2. 火灾烟毒识别（Fire Smoke Poison Recognition）

火灾烟毒是造成建筑火灾人员伤亡的“第一杀手”，建筑火灾表明：80%以上火灾死亡是由于火灾烟毒所致。火灾烟毒可分为：无机物、有机物、高分子聚合物等燃烧产物（例如：一氧化碳、二氧化碳、四氯化碳、甲醛、氯化氢、氰化氢等）。例如：2000年12月25日19时，发生在河南洛阳东都商厦的火灾，由于在地下1层违章（又是营业时间）进行动火电焊致使火花落入地下2层的沙发导致起火，由于未能及时采取有效的灭火扑救措施，致使烟毒流入地上4层歌厅，造成309人烟毒窒息死亡。

3. 消防安全系统工程的防护技术

消防安全系统工程的防护技术主要有：建筑防火技术、电气防火技术、消防工程技术、消防灭火技术和消防救援（助）技术等。

3.1 建筑防火技术

建筑防火技术(Building Fire Protection Technology)。是从建筑防火规划设计开始，并按照消防技术规范要求加以实施。由于人们工作、生活大部分都是在建筑内进行的，随着建筑的不断发展，尤其是高层建筑、超高层建筑、地下建筑（地铁、超市）、大空间建筑、中庭式建筑等发展，由于火灾直接危险源（引火源、危险品、化学爆炸介质等）、火灾后果危险源（火灾荷载、火灾毒性）以及人的不安全行为因素影响，一旦发生火灾难以应对，为此必须本着“自防自救”的原则，采取有效的建筑防火技术措施。通过采取建筑防火分隔、建筑防火分区、建筑防火间距、建筑安全疏散、建筑防爆泄压、避难层（间）、直升机救助平台、消防电梯等，最大限度的减少火灾损失和人员伤亡。

3.2 电气防火技术

电气防火技术(Electrical Fire Prevention Technology)。据《中国火灾统计年鉴》(2006年)不完全统计：电气火灾已占整个火灾的26%，列居整个火灾之首，而且每年还在不断的上升。导致电气火灾的主要原因有：短路、过载、接触电阻过大、漏电火花、雷电火花（据有关资料统计，全球雷击发生频率为每秒钟100次，并有可能造成雷击火灾事故）、静电火花等。通过采取电气防火技术的应用，例如：电气线路材质和截面选择；电气线路穿管保护；短路、漏电、过载、接地、接零保护；火灾爆炸场所防爆电气等技术。可以有效的提高电气防火的安全性和可靠性，减少和避免电气火灾的发生。

3.3 消防工程技术

消防工程技术(Fire Engineering)可分为：火灾自动报警系统、消防应急供电系统、消防给水灭火系统、自动喷水灭火系统、消防化学灭火系统（气体、泡沫、干粉）、消防联动控制系统、、消防防烟排烟系统、消防广播系统、消防应急照明与疏散指示标志系统、消防通讯对讲电话系统、消防闭路电视监控系统等。

3.4 消防灭火技术

消防灭火技术(Fire fighting technology)可分为：正规灭火技术（公安武警灭火力量、地方专职灭火力量）、自动灭火技术（自动喷水灭火技术、气体灭火技术、泡沫灭火技术、干粉灭火技术）、固定灭火技术

（市政消防给水灭火技术、楼宇消防给水灭火技术）、移动灭火技术（消防车辆移动灭火技术、建筑灭火器灭火技术）等。

3.5 消防救援（助）技术(Fire rescue technology)

消防救援（助）技术可分为：逃生救助技术（逃生梯、缓降器、逃生袋）、防烟救助技术（防毒面具、防烟口罩）、救生救助技术（救生网、救生垫）、外伤救助技术（止血、包扎、固定、搬运）、心脏救助技术（全外心脏按压、口对口人工呼吸）等。

4. 消防安全系统工程的本质消防技术

本质安全。这一术语源于20世纪60年代的电子工业部门，用于指电子系统的自我保护功能，后来这一概念又与“本质安全化”的理论和方法进一步推广与应用，并作为技术系统安全性能评价的原则之一。

本质消防(Fire technical nature)是指系统所使用的产品本身具有的自我保护或具有防火防爆控制功能。尽管火灾报警、自动灭火、防火防爆、防烟排烟等技术有了突飞猛进的发展，但留下的仍是在发生火灾后的一种补救措施和难以防范的技术难题。而本质消防技术与系统的使用产品紧密结合，从本源上解决系统（产品）引发起火的问题。

本质消防技术可分为：本质消防控制技术、本质消防替代技术、本质消防保护技术、本质消防阻燃技术等，

4.1 本质消防控制技术

本质消防控制技术的应用。例如：某服装厂根据同行业因电熨斗引发火灾的教训，制定的消防安全规定，要求在下班后个人先断电、班组再断电、最后由车间总断电，结果却出现了一次各个环节都没有断电失误，结果造成因电熨斗引发的火灾。而自从可控温自动断电保护电熨斗问世后，就彻底解决了服装行业因电熨斗使用不当引发的火灾问题。

4.2 本质消防替代技术

本质消防替代技术的应用。例如：某清洗车间，直接用汽油清洗工件，由于长期吸入汽油使得大部分工人的鼻子都出现红肿病变。尽管采取了防爆电气设备，工人也采取了一定的防静电保护措施，但仍然感到不安全、不健康、不环保。对此消防监督部门确定为重大火灾隐患部位，根据消防规定要求必须采取了一系列防火防爆措施（如：确定为甲类重点防火部位、建筑耐火等级为一级，建筑采取防爆泄压，其爆炸气体环境危险性区域定为 0 区，采取防爆电气设备以及各种防静电保护措施等）。其结果是投资巨大，收效甚微。而采取了非燃清洗剂代替汽油清洗之后，从本质上彻底解决了这一隐患问题，也不用采取一系列防火防爆措施。

4.3 本质消防保护技术

本质消防保护技术的应用。例如：家用燃气灶具，在使用过程中，由于风吹或扑锅等，导致熄火漏气，带来很大的火灾危险，此类火灾爆炸事故时有发生，对此，通常做法采取燃气报警探头、联动自动断气阀或排风设施等措施，不仅造价高，安装繁琐。而新一代燃气灶具，在灶头上本身就具有扑锅断气功能，彻底解决了燃气灶台熄火漏气的问题。

4.4 本质消防阻燃技术

本质消防阻燃技术的应用。例如：2001 年 9 月 11 日发生的美国 911 恐怖袭击事件，由于恐怖袭击飞机撞击纽约世贸大楼起火坍塌（据了解，1973 年建成，位于曼哈顿市区南端，由 5 幢建筑物组成，是美国纽约市最高、楼层最多的摩天大楼。主楼呈双塔形，各高 412 米、110 层。由于四周均是玻璃外墙，有“世界之窗”之称。），造成 3000 多人死亡，直接经济损失 450 亿美元。由于此前该建筑的钢结构采取了防火处理措施，在飞机撞击一个小时左右，才开始倒塌，为救援和逃生争取了宝贵的时间，加上消防和警务人员

努力搜救，大大减少了建筑内可以逃生的人员伤亡（据说当时正值上班高峰，该大楼内有3万多人）。

5. 消防安全系统工程的分析与评估

消防安全系统工程的分析与评估方法主要有：火灾风险系统分析（定性分析和定量分析）；消防系统安全评估（消防定性安全评估和消防定量安全评估）等。

5.1 消防安全系统工程的分析

消防安全系统工程分析方法主要有：火灾案例分析、火灾风险等级分析、可靠性分析、事件树分析和事故树分析等。

5.1.1 火灾案例分析

火灾案例分析(Fire Case)是一种描述性的分析方法，就是通过对已发生的火灾事故，分析其发生的原因，并提出应吸取经验教训的一种描述性分析方法。分析要素主要有：发生时间、发生地点、发生原因、火灾损失、火灾伤亡、经验教训等。

尽管火灾案例分析是一种描述性的分析方法，但具有典型，真实、易于接受等特点，是最为珍贵的原始资料（一次文献资料）。如能提供更详细的信息，如：建筑面积、层数、使用功能、建筑防火设施、消防设施情况、火灾发生经过情况、火灾扑救情况、过火面积情况、火灾处理情况、火灾照片、火灾平面图等，可成为以后进行火灾系统分析与评估重要素材。

5.1.2 火灾风险等级分析

火灾风险分级分析(Fire risk rating analysis)是将危险性预先分析、故障类型与影响分析等综合在一起的分析方法。目前，最具代表性的一种方法是美国军用标准（MIL-STD-882）所提供的定性分析方法。虽然这种分析方法并不一定是一种具体的应用方法，但对于消防实际应用具有很好的参考价值。（如表1，表2，表3所示）

表1　严重等级（MIL-STD-882）

分类等级	危险性	破坏程度	伤害程度
1	灾难性的	系统报废	死亡
2	危险性的	主要系统破坏	重伤、严重职业病
3	临界的	次要系统破坏	轻伤、轻度职业病
4	安全的	系统无损坏	无伤害、无职业病

表2　危险概率等级（MIL-STD-882）

危险等级	特征	项目说明	发生情况
1	频繁	几乎经常出现	连续发生
2	容易	在一个项目使用寿命当中将出现若干次	经常发生
3	偶然	在一个项目使用寿命当中可能出现	有时发生
4	很少	不能人为不可能发生	可能发生
5	不易	出现的概率接近于零	可以假设不发生
6	不能	不可能出现	不可能发生

表 3　风险定性分级

可能性	灾难的	严重的	轻度的	轻微的
频繁	1	2	7	13
很可能	2	5	9	18
有时	4	6	11	18
很少	8	10	14	19
几乎不可能	12	15	17	20

用矩阵中指数的大小作为风险分级准则，即：指数为 1－5 的为一级风险，是不能接受的风险；指数为 6－9 的为二级风险，是不希望有的风险；指数为 10－17 为三级风险，是有条件接受的风险；指数为 18－20 为四级风险，是完全可以接受的风险。

5.1.3 可靠性分析

可靠性分析(Reliability Analysis)是指系统、设备或零部件等在规定条件下和规定时间内，完成规定功能的能力。

根据系统有效寿命曲线（浴盆曲线）可知，任何系统都会随着时间变化，遵循失效过程三个阶段：早期失效、随机失效和耗损失效。（如图 7 所示）

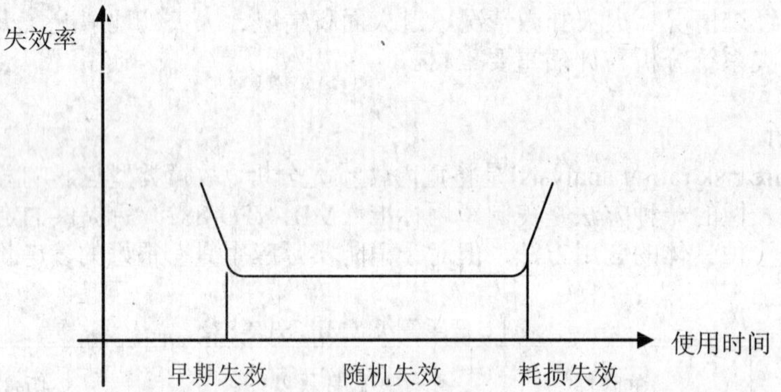

图 7　系统有效寿命曲线

在可靠性分析中可靠度是表示故障不易发生的程度；可维修度则是表示可维修的难易程度；利用这两个尺度，就可对可修复系统的可靠度做出分析与评价。

在同等条件下，串联系统可靠度大大低于并联系统可靠度。（如表 4，表 5 所示）

表 4　串联系统可靠度

零件可靠度	N 个零件串联系统可靠度				
	N=10	N=20	N=50	N=100	N=300
0.99	0.904	0.818	0.605	0.366	0.049
0.95	0.599	0.358	0.077	0.006	0.000

表 5　并联系统可靠度

零件可靠度	N 个零件并联系统可靠度		
	N=2	N=3	N=5
0.9	0.990	0.999	1.000
0.7	0.910	0.973	0.988

消防系统可靠性分析，可分为：串联系统可靠性分析和并联系统可靠性分析。

串联系统可靠度计算公式：

$$R(t)=R1\times R2\times \ldots\ldots Rn$$ （如图 8 所示）

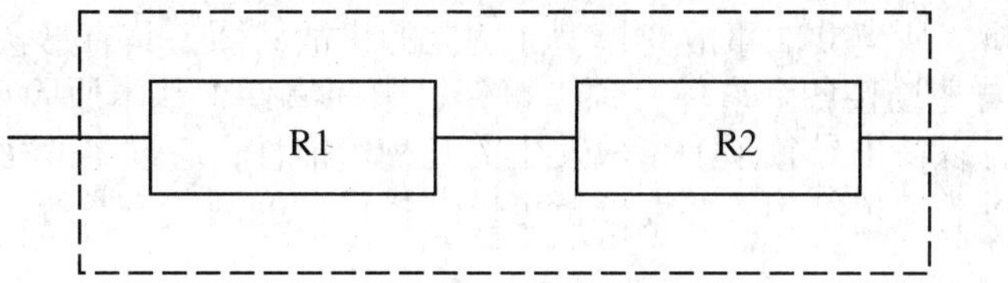

图 8　串联系统可靠度关系

并联系统可靠度计算公式：

$$R(t)=1-(1-R1)\times(1-R2)\times\ldots\ldots(1-Rn)$$ （如图 9 所示）

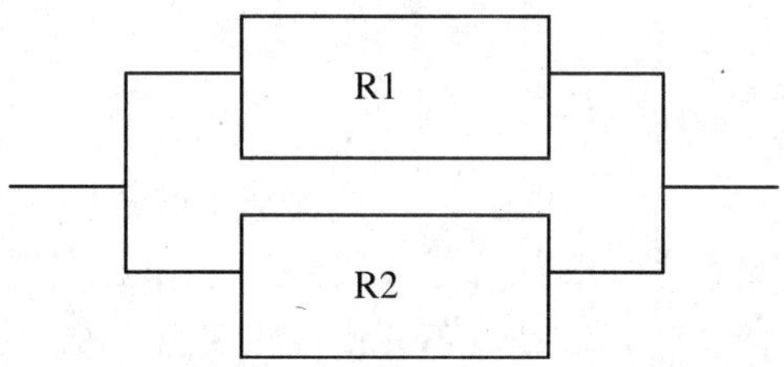

图 9　并联系统可靠度关系

例如：对于计算机房系统来讲，是由计算机主机系统、计算机网络桥架系统。假设各个子系统的可靠度都是 50%（按事故树分析结构重要度考虑），根据系统可靠性分析可知，没有采取火灾防护措施时，该系统为一个串联系统，其可靠度为：R（t）=0.25；加设火灾防护系统后（火灾自动报警系统、有管网或无管网气体灭火系统等子系统所组成），该系统形成并联系统，其可靠度为：R（t）=0.7875，显然，整个系统可靠度得到了大大的提高。

就消防系统而言（建筑防火设施系统、建筑消防设施系统等）在使用和时间的变化过程当中，同样遵循有效寿命曲线规律而会出现失效现象。一般可采取维修保养（日常保养、小修、中修、大修）、设备更新（目前尚没有相关达到使用寿命更新规定）、冗余备用等措施。例如：火灾报警系统的备用探头；消防水泵系统水泵一用一备；一个单元（房间）配备灭火器不能少于两个；一般建筑楼层疏散楼梯不能少于两个；一般建筑疏散出口不能少于两个；灭火中水带的备用水带；消防车备用轮胎；防止液体倒流连接两个单向阀等都是消防系统可靠性分析的具体应用。

5.1.4 事件树分析

事件树分析（Event Tree Analysis，ETA）是一种由事故原因到结果的逻辑归纳分析方法。

一是将一个系统可能出现的两种状况，即安全或危险分成上下两个分支，一般上分支为正常（安全），下分支为不正常（危险或隐患），并在各个分支上注明所分析的事件名称，可能出现的概率。这样一直不断延续的分析，直至得到最终结果，形成一个水平放置的树形图。

二是在下分支的不正常事件中加上相关的消防安全措施，就可提高系统的可靠度，所采取的安全措施越多（相当于并联系统），整个系统可靠度也就越高。例如：液化气使用火灾隐患事件树分析。（如图 10 所示）

火灾隐患事件树分析，从对液化气使用系统分析来看，该系统是由气瓶、角阀、胶管和气灶等各个子系统组成，可按连接顺序进行消防安全检查，根据事件树分析步骤可知，只有各个子系统都正常，所使用的液化气整个系统才安全（上分支）。而对于每一个不正常事件，即可作为一项火灾隐患来认定。在此基础上，还可对液化气使用系统提出相应的防火措施，例如：防止出现漏气，可采取安装可燃气体探测器措施；防止形成爆炸混合物，可采取通风排风措施；防止着火，可采取自动断气和灭火措施以及相应的综合措施等。由此可见，每增加一个整改措施，系统可靠度就可得到相应的提高。

5.1.5 事故树分析

事故树（又称故障树）分析（Fault Tree Analysis，FTA）是一种由事故结果到原因的逻辑演绎分析方法。

一是能够进行定性分析。所建立的事故树模型（倒立的事故树图）具有形象、直观的特点，由于采用逻辑门（与门、或门等）与之连接各个事件（顶上事件、中间事件、基本原因事件等），逻辑关系明确，通过事故树最小割集分析可以得出导致顶上事故发生的几种可能性；通过事故树最小径集分析可得出不使火灾发生的解决措施；通过事故树结构重要度分析可以选择最佳的解决方案等。

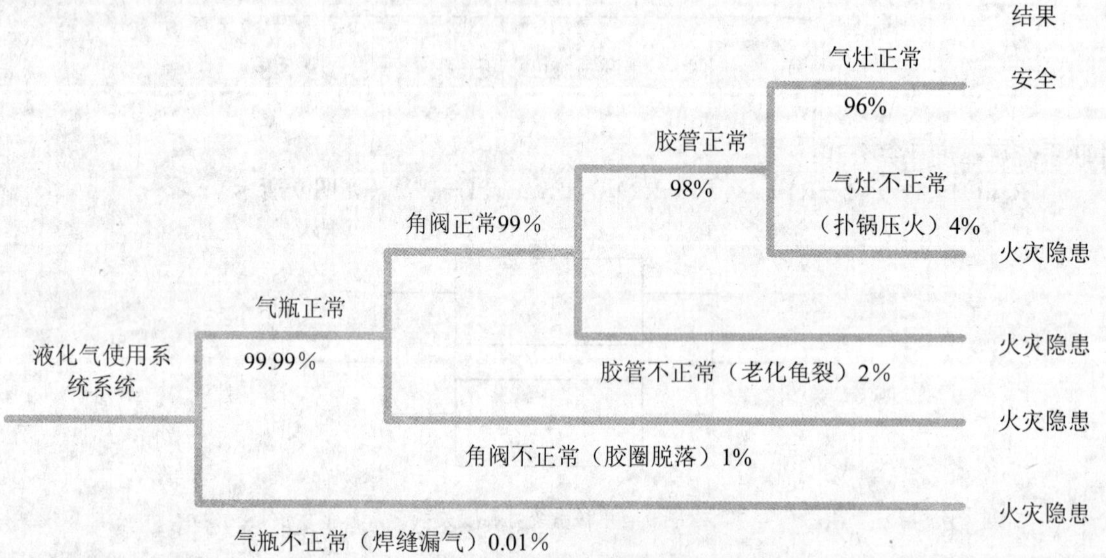

图 10　液化气使用事件树分析

二是能够进行定量分析。如果能够给出各个基本事件发生的概率值，通过运用布尔代数、概率统计、集合等数学方法、就可以进行定量分析；在目前没有火灾事故数据库（各个基本事件概率不祥）的情况下，也可采取结构重要度分析方法。例如：燃气泄漏起火爆炸事故树分析（如图 11，表 6 所示）

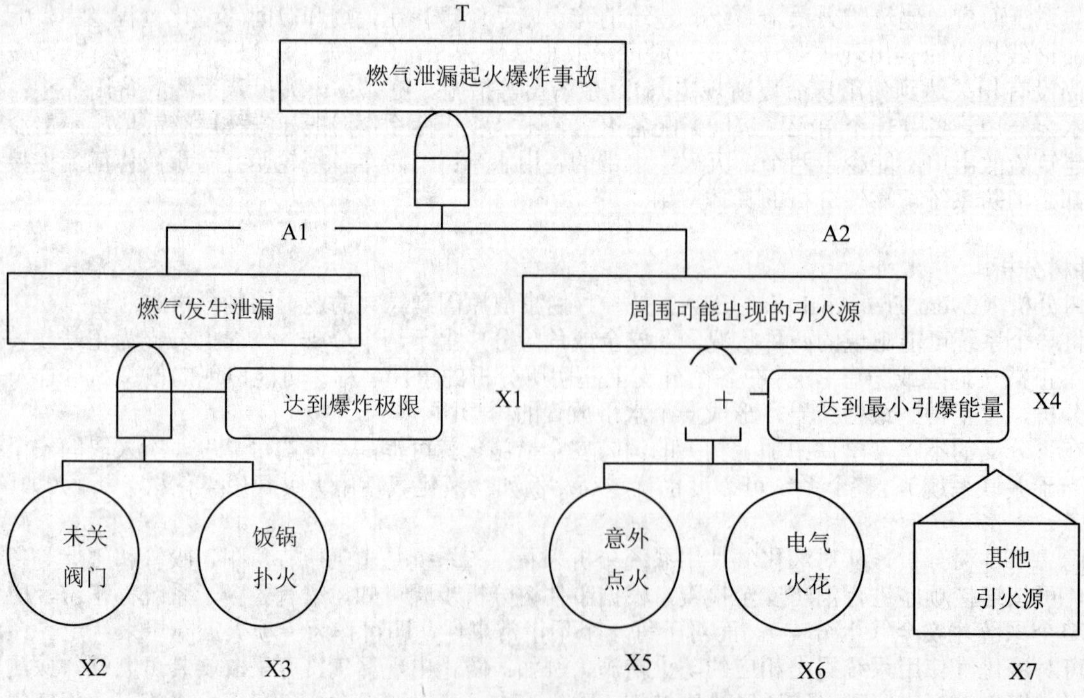

图11　燃气泄漏起火爆炸事故树分析

表6　火灾爆炸事件名称

事件符号	导致起火爆炸事故发生事件名称	替代字母
顶上事件	燃气泄漏起火爆炸事故	T
中间事件	燃气发生泄漏	A1
	周围可能出现的引火源	A2
基本原因事件	达到爆炸极限	X1
	未关阀门	X2
	饭锅扑火（漏气）	X3
	达到最小引爆能量	X4
	意外点火	X5
	电气火花	X6
	其他引火源	X7

从最小割集入手，寻找导致顶上事件（燃气泄漏起火爆炸事故）发生的几种可能性。用布尔代数方法进行计算：

T=A1・A2

=(X1・X2・X3)・(X5＋X6＋X7)・X4

=X1・X2・X3・X4・X5＋X1・X2・X3・X4・X6＋X1・X2・X3・X4・X7

由计算可知，导致燃气泄漏起火爆炸事故，有三种可能性。

三个最小割集（Ki）为：

Ki＝K1＋K2＋K3

K1=［X1、X2、X3、X4、X5］

K2=［X1、X2、X3、X4、X6］

K3=［X1、X2、X3、X4、X7］

从最小径集入手，找出防止顶上事件（燃气泄漏起火爆炸事故）的解决方案。

Pi＝P1・P2・P3・P4・P5

P1=[X1]

P2=[X2]

P3=[X3]

P4=[X4]

P5=[X5、X6、X7]

由最小径集分析可知，在五个最小径集中，只要与门下面的任意一个最小径集Pi不发生，顶上事件（燃气泄漏起火爆炸事故）就绝不会发生。如能通过采取某些技术措施，彻底消除其中的一种基本原因事件，则整个系统都不会发生事故。

从结构重要度入手（即从事故树结构上分析各个基本事件的重要程度，不考虑各个基本事件发生的概率，或假定各个基本事件发生概率都相等的情况下，分析各个基本事件发生对顶上事件发生产生的影响程度），选取最佳方案。根据结构重要度判断原则：消除少事件（最小径集中的基本原因事件），可以最省工、最经济、最有效的原理。可从中选取四个解决方案，而综合分析：即所要消除的基本原因事件最少，所要采取的解决措施最少，又考虑到能够防止人的不安全行为等因素，故选取P3为最佳的解决方案（注：目前，市场已销售使用灶眼自动断气燃气灶具）。（如表7所示）

表 7　燃气泄漏起火爆炸事故解决方案

方案	基本事件	主要问题	解决基本方案	解决最佳方案
P1	X1	达到爆炸极限	报警、断气、排风、灭火	
P2	X2	未关燃气阀门	人工断气或自动断气	
P3	X3	饭锅扑火漏气		灶眼自动断气
P4	X4	达到最小引爆能量	报警、断气、排风、灭火	

5.2 消防安全系统工程的评估

消防安全系统工程的安全评估方法主要有：检查表示安全评估、优良可劣安全评估、系统判分分级安全评估、六阶段综合安全评估和火灾爆炸指数安全评估等。

5.2.1 检查表式安全评估

安全检查表（Safety check list，SCL）是针对被检查对象情况，依据有关安全规定，按不安全因素危险程度的大小，预先编制出来所要检查内容和所依据标准以及解决措施等，以便进行检查和避免遗漏。根据消防实际编制消防安全检查表，使消防检查更加系统化、规范化、程序化。（如表 8 所示）

表 8　消防安全检查表基本格式　　　　　检查日期：

序号	检查名称	检查内容	实际状况	依据标准	解决措施

检查部位：　　　　　　　检查人（签字）：　　　　　　　被检查负责人（签字）：

5.2.2 优良可劣安全评估

英国化工协会制订的（1974 年）“优良可劣”安全评价方法(Good to be bad safety assessment)。从六个方面，即：一、组织管理；二、工业危险性控制；三、防火；四、工业卫生；五、监督检查活动和安全教育；六、事故研究统计和报告等进行安全评估，这种方法系统、全面、简便、易行，也是一种定性评估方法。（如表 9 所示）

表 9　优良可劣消防评估表

序号	检查名称	劣	可	良	优	改进意见

5.2.3 判分分级安全评估

判分分级安全评估(Grade security assessment)这是荷兰菲利浦石油公司为化工生产企业编制的，大约花费了三年时间，才使之完善。由于这种方法引入了判分评分方法，使得检查更加彻底，由于易于操作，便于推行，且具有量化特点，是由检查发展到评估的一大进步和发展。

这种评价方法的主导思想是，任何一个检查人员，无论怎样熟练或资格多老，使用一份检查指南或检查清单，就能做到更可靠地工作，避免漏查设备和有关的重要内容，或忽略检查本人觉得不太重要的某些部分，保证检查的彻底性。检查评价的内容和要求如下：

根据化工生产企业的情况，分为十个区域进行检查。即①办公室；②实验室；③消防间；④锅炉区和明火加炉热区；⑤发电机区；⑥气体压缩机区；⑦工艺装置区；⑧贮罐区；⑨槽车和汽车罐车罐装区；⑩总体部分（工厂的所有部门）。工厂管理者至少要控制列在检查表上项目的 75%。

该方法按不同危险程度分为三种判分系列，每种判分系列又分为四种不同等级分数。即：0—1—2—3 用于危险程度低的项目；0—1—3—5 用于中等程度危险的项目；0—1—5—7 用于危险程度高的项目。

判分方法：发现不能接受的条件判为 0，低于标准较多的条件给 1 分，稍低于标准的条件判给刚低于最大值的分数，符合标准条件的判给最大的分数。（如表 10 所示）

表 10 工厂企业判分分级办公区域检查安全评估表

厂名			主管		
检查者			日期		
检查者注意：正在被检查的项目或状况的条件应确定判定判给的分数如下：					
①不可接受的条件：判给 0 分			②低于标准很多的条件：判给 1 分		
① 稍稍低于标准的条件：判给次于最大值的分数			④满足规定标准的条件：判给最大分数		
（1）室办公	可判分数	判给分数	办公室	可判分数	判给分数
①办公室家具是否拥挤以至于存在绊倒的危险？	0-1-2-3		②是否提供了梯子和台阶作为一个通道可去堆放在高处的设备？	0-1-2-3	
③是否为 A、B 和 C 级火灾恰当的准备了急救用的手提灭火机？	0-1-3-5		④消火栓是否配置恰当适于为办公室服务？	0-1-3-5	
⑤可燃液体（机器备用油料等）在办公室内是否正确贮放？	0-1-5-7		⑥急救设备贮存是否恰当并容易接近？	0-1-2-3	
⑦文件柜是否安全地保证防止倾倒？	0-1-2-3		⑧是否有足够可用的电插头，以消除过负荷电路和由于电线引起绊倒的危险？	0-1-3-5	
⑨使用气体的设备，其放空是否恰当？	0-1-5-7		总数（满分）： 41 百分比=判分/满分×100%		

5.2.4 六阶段安全评估

六阶段安全评估(Six security assessment) 是日本劳动省制订“化工企业六阶段（六步骤）安全评估”（1976 年）。即：资料标准、定性评价、定量评价、采取对策、经验评价、综合评价等。这一方法把检查与经验相结合，把系统分析与评估相结合，形成一个有机的链环，一环扣一环，是一种定性与定量相结合的分析评估方法。

第一阶段：资料标准。包括各种图纸、有关标准、人员配备等；

第二阶段：定性评价。用安全检查表实行普遍对设计、操作等方面存在的问题进行检查；

第三阶段：定量评价。对物料、容量、温度、压力、操作等五项危险源进行重点的判分，后按三个不同的危险度等级：Ⅰ级（高危险度）、Ⅱ级（中危险度）、Ⅲ级（低危险度）评估；

第四阶段：采取对策。按照三个危险度不同等级，采取相应的安全对策；

第五阶段：经验评价。根据以往发生的事故经验以及相关情报进行再评价；

第六阶段：综合评价。用事故树分析、事件树分析等再进行评价。

5.2.5 火灾爆炸指数安全评估

美国道化学公司编制的“火灾爆炸指数”系统分析评价(Fire and explosion safety assessment index)方法（从 1964－1980 年经过五次修改，后又经过两次修订完善）。根据化学物质火灾危险性的大小，给出相应的点数，再根据工艺火灾爆炸危险性的大小，给出相应的系数，然后通过火灾爆炸指数公式计算其火灾爆炸危险性的大小，并按照不同等级类别，采取相应的消防安全措施。（如图 12 所示）

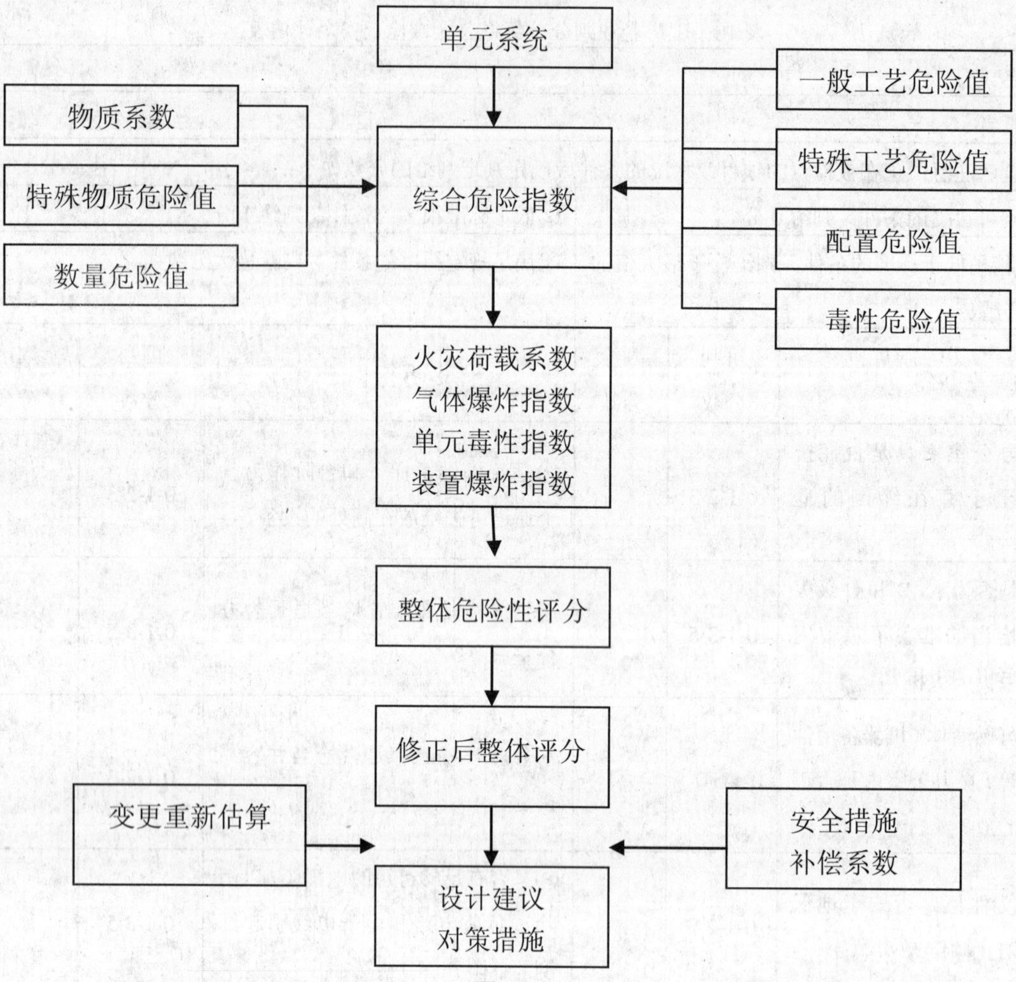

图 12　火灾爆炸指数评估系统

6. 消防安全系统工程的对策与决策

消防安全系统工程的对策与决策方法主要有：火灾风险对策和火灾风险决策。

6.1 消防安全系统工程的对策

消防安全系统工程的对策可分为：火灾预防对策、火灾限制对策、火灾灭火对策、火灾疏散对策等。其中火灾预防对策是火灾发生前的对策，其他为火灾后的应急对策。（如图 9 所示）

6.1.1 火灾预防对策

火灾预防对策(Fire Prevention Measures)就是不使可燃物与引火源直接发生作用而发生着火。其本质就是防止产生燃烧条件。例如：用不燃材料或难燃材料代替易燃可燃材料、用非燃清洗剂代替易燃清洗剂、电器产品控温断电保护技术、燃气产品扑火断气保护技术等。（如图 13 所示）

6.1.2 火灾限制对策

火灾限制对策(Fire restrictions Countermeasures)就是防止已发生的火灾扩大蔓延。其目的就是限制火灾的影响，就是从技术上、措施上不使火灾损失和人员伤亡扩大。例如：设置建筑防火间距、防火分区、防火分隔措施等措施。

6.1.3 火灾扑救对策

火灾扑救对策(Fire response)就是对已发生的火灾及时扑救。其目的就是把火灾损失和人员伤亡减少到最低限度。例如：设置火灾自动报警、火灾自动灭火、配置建筑灭火器等措施。

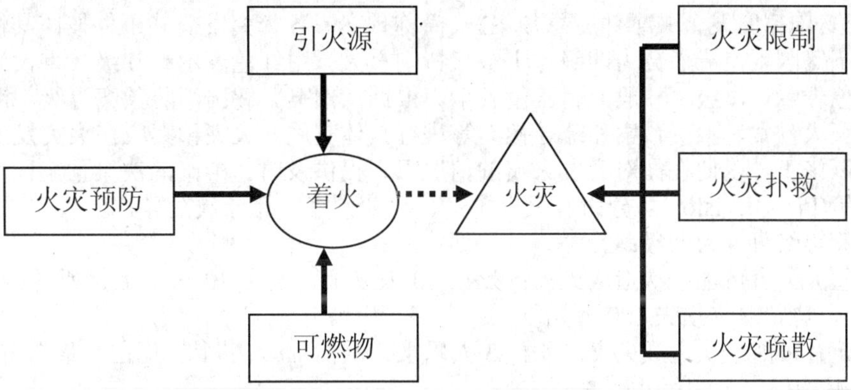

图 13　火灾风险基本对策

6.1.4 火灾疏散对策

火灾疏散对策(Fire Evacuation Measures)就是在发生火灾时，使人员和物资能够迅速、有效地从火灾危险区疏散到安全区。其目的就是保护生命和财产安全。例如：设置疏散走道、疏散楼梯、疏散出口、避难广场等措施。

6.2 消防安全系统工程的决策

消防安全系统工程的决策可分为：火灾指挥决策、火灾预案决策、火灾投资决策和火灾保险决策。火灾指挥决策和火灾预案决策只有在发生火灾时才行使，而火灾投资决策和火灾保险决策都需要在进行火灾风险分析和评估基础上才能确定。

6.2.1 火灾指挥决策

火灾指挥决策(Fire command decisions)。发生火灾时应立即组成消防指挥中心，并与当地消防部门配合实施现场灭火、救援、疏导等。指挥机构可设在消防中心控制室，由单位法人代表作为消防总指挥，并赋与火灾指挥决策权。下设：灭火组、通讯组、疏导组、救助组、警戒组和后勤组等。消防组织机构的建立是消防指挥决策的重要保证，并可根据实际情况，在预先设置的基础上可调整和重组机构，以适合实际火灾发生变化的需要。（如图 14 所示）

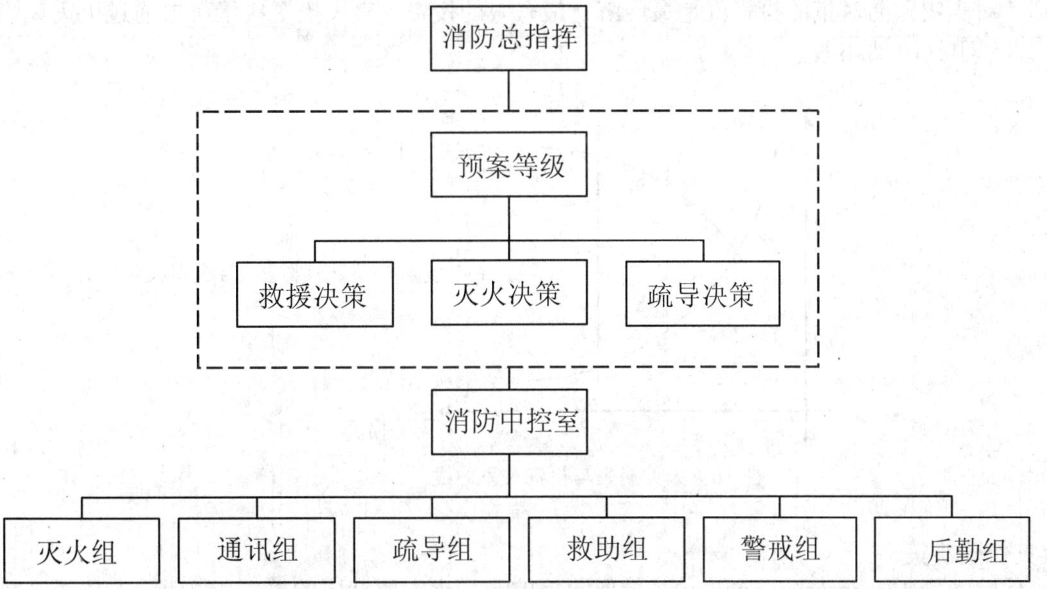

图 14　消防指挥组织机构系统

6.2.2 火灾预案决策

根据 2005 年《国家突发公共事件应急预案》（简称预案）各类突发公共事件按照其性质、严重程度、可控性和影响范围等因素，一般分为四级：Ⅰ级（特别重大）用红色表示；Ⅱ级（重大）用橙色表示；Ⅲ级（较大）用黄色表示；Ⅳ级（一般）用蓝色表示。根据《预案》做出消防预案等级，消防指挥决策，并根据预先制定的灭火预案、救援预案和疏导预案等进行具体实施。火灾预案应在火灾发生前编制，并通过反复演练实施加以修正，以便在面对突发火灾的情况下，提供及时、准确的决策预案。

火灾预案决策(Fires decision)可分为：灭火预案、救助预案、疏导预案等。

火灾预案决策等级可分为四级：

Ⅰ级（特别重大）有可能一次造成火灾：死亡 10 人以上、重伤 20 人以上、死亡、重伤 20 人以上、受灾户 50 户以上、烧毁财物损失 100 万元以上；

Ⅱ级（重大）有可能一次造成火灾：死亡 3 人以上、重伤 10 人以上、死亡、重伤 10 人以上、受灾户 30 户以上、烧毁财物损失 30 万元以上；

Ⅲ级（较大）虽不能一次造成上述火灾，但可构成一般火灾。

Ⅳ级（一般）虽不能构成火灾，但可构成火警事故。

火灾预案决策内容主要有：火灾预案发布，火灾预案等级、火灾预案实施、火灾预案结束等。火灾突发事件预案标志牌。（如图 15 所示）

火灾 突发事件 Ⅰ级（红） （特别重大）	火灾 突发事件 Ⅱ级（橙） （重大）	火灾 突发事件 Ⅲ级（黄） （较大）	火灾 突发事件 Ⅳ级（蓝） （一般）

图 15　火灾突发事件预案标志牌

6.2.3 火灾投资决策

火灾投资决策(Fire investment decision)是一种非生产性的投资，可分为：新建投资、扩建投资、改建投资、维修投资等。火灾投资可视为一种前期火灾损失，即：火灾的发生所造成的火灾实际损失与为防止火灾发生所采取对策（措施）的火灾投资损失，二者形成火灾的总损失。如何确定最佳的投资点，并使火灾总损失最小，这是火灾投资决策必须考虑的问题。很显然，就火灾对策投资而言，如果各个投资比例都相同的话，对火灾预防对策的投资就是最经济、最有效的投资。火灾投资决策可以通过火灾风险分析与评估来实现。（如图 16 所示）

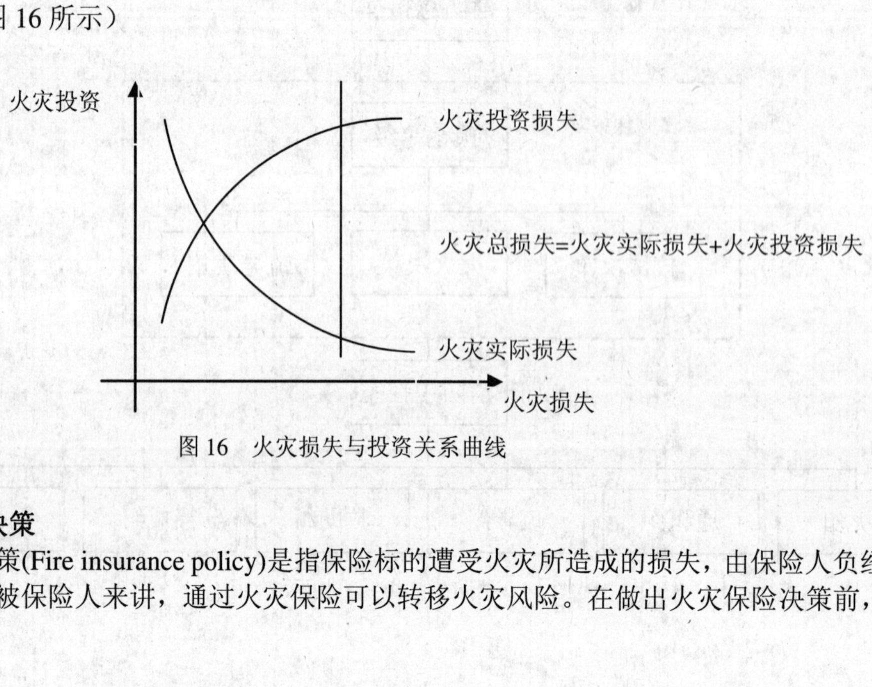

图 16　火灾损失与投资关系曲线

6.2.4 火灾保险决策

火灾保险决策(Fire insurance policy)是指保险标的遭受火灾所造成的损失，由保险人负经济赔偿责任的一种保险。对于被保险人来讲，通过火灾保险可以转移火灾风险。在做出火灾保险决策前，需要对系统火灾风险进行分析评估，显然，火灾风险的大小，是火灾保险决策的关键。如果整个系统中每一个子系统（独立系统）发生火灾的概率都相同，这个系统越庞大，其可靠性越低，火灾风险也就越大。一方面可以通过采取火灾对策减少火灾风险；另一方面可以通过火灾保险来转移火灾风险。火灾保险决策可以通过火灾风险分析与评估来确定。

7. 结论

消防安全系统工程的建立与应用，是系统工程与安全系统工程的具体应用与发展，是火灾科学与消防工程技术发展的需要和必然趋势。消防安全系统工程是建立在不是靠人的注意力，而是靠消防技术本身，保证消防安全的科学理念基础上，特别是本质消防技术的应用可以得到事半功倍的效果。通过对系统火灾风险的识别、检测、分析、评估，并采取有效的火灾对策与决策等，由此对消防硬件技术与消防软件技术的结合与应用的初步尝试。实践证明，采用消防安全系统工程的技术与方法解决消防实际问题，有利于降低火灾财产损失，有利于减少火灾人员伤亡，有助于减少消防投资，有助于转移火灾风险，有助于现代化消防科学管理水平的提高。

综上所述如有不妥之处，恳请批评指正。

8. 参考文献

[1] 北川彻三,化学安全工学.北京:群众出版社,1981.
[2] 查尔斯,弗瓦林. 石油化工厂防火手册. 北京:石油工业出版社.1983.
[3] 崔国璋,冯肇瑞. 安全系统工程.北京:冶金出版社,1987.
[4] 姜迪宁,消防安全系统工程. 北京:北京人民警察学院,1990.
[5] 姜迪宁等,公共场所消防安全检查表. 北京:北京出版社,1990.
[6] 国家标准,消防基本术语(GB 5907-86). 北京:中国标准出版社,1990.
[7] 郑端文,危险品防火.北京:化学工业出版社,2003.
[8] 罗云等,风险分析与安全评估.北京:化工工业出版社,2004.

某艺术中心钢结构的安全性分析

金素艳[1]，谢元一[1]，汪鹏[2]

[1]公安部四川消防研究所
[2]西南交通大学

摘要

大跨度空间钢结构、轻钢结构在大空间展览建筑中得到了广泛的应用，但是钢结构耐火性能很差，必须对建筑钢结构进行防火保护。目前，国内通常采用防火涂料等防火材料来保护钢结构，使其耐火极限能够满足“规格式”规范的规定。某艺术中心的南北共享大厅的内部为钢管格构柱结构，考虑建筑的空间高大开阔，内部可燃物少，与一般钢结构柱存在的火灾危险条件不同。为合理规划消防投资，在综合分析已有各种消防措施的基础上，通过设置不利火灾场景，利用 FDS 软件对火灾及烟气的蔓延情况进行模拟，验证该部分钢结构（如支撑柱、钢梁、承重钢结构等）在受热条件下是否达到危险极限。从而对建筑的消防安全性能进行评估论证，同时根据模拟结果对钢结构防火设计提供合理的建议，确定一个更合理的钢结构防火保护方案。

关键词：钢结构保护、等效时间、性能化设计。

1. 概述

由于新建大空间展览建筑的使用功能、建筑性能的不断更新，新技术、新材料的不断应用，它们的防火安全设计如防火分区划分、人员安全疏散、主体结构防火保护、主动防火设施设置、总建筑面积和消防扑救等方面已经超出了传统的“规格式”防火设计规范规定的适用范围，成为困扰设计人员和消防监督人员的重要问题。

大跨度空间钢结构、轻钢结构在大空间展览建筑中得到了广泛的应用，但是钢结构耐火性能很差。按 BS 5950 的第一部分（1990）进行设计的普通尺寸钢结构若未作防火保护，这类钢结构本身只有约 12 至 18 min 的耐火极限。一般在 300℃～400℃时，其强度开始迅速下降；到 500℃左右，其强度下降到 40%～50%，钢材的力学性能，诸如屈服点、抗压强度、弹性模量以及荷载能力等都迅速下降，低于建筑结构所要求的屈服强度，也就是低于建筑结构的承载许用应力。542℃为钢的临界温度值，达到或超过这一温度时，很容易导致结构垮塌。因此，必须对建筑钢结构进行防火保护。目前，国内的钢结构防火保护时间是按照《建筑设计防火规范》、《高层民用建筑设计防火规范》所规定的建筑结构构件耐火极限来确定的。但是在实际施工中，根据建筑使用性质、使用范围，如果采用防火涂料等防火材料对钢结构进行保护，无论从美观、钢结构的承重等各方面均存在问题。对于大空间展览建筑而言，由于其宽阔高大的空间，以及通风条件、火灾荷载密度等因素与普通建筑不同，在对钢结构的保护中如果严格按照规范进行设计可能出现某些部位保护过度，由于某些部位发生火灾的可能性较小，或者根据烟气蔓延特性其较高部位温度较低，从而可以减少防火涂料的使用，节约建筑投资，保持建筑美观。根据性能化设计的原则，如何在保证消防安全目标的前提下，对钢结构保护采取有效的具有针对性的措施，解决钢结构在火灾中的稳定性，成为本文讨论和验证的重点。

2. 工程概况

某艺术中心在总体布局上以一条垂直于中心湖岸的轴线为中心线，以两片弧形墙将建筑分为南北两个区，南区为艺术馆和美术馆，北区为大剧院、音乐厅和小剧场，南北两区各有一个共享大厅组织功能区间。

弧形墙得长度约 183m，宽度为 3.10m，高端高度约 40m，低端高度约 8.6m，内部结构为钢管格构柱，外挂玻璃幕墙。如果要达到《高规》要求得结构柱耐火极限 3 小时，则必须选择厚型涂料，加大了管径，涂层的重量增大了钢构件的荷载，而且表面粗糙，影响建筑的美观。

3. 火灾中钢结构安全性能的分析

考虑到建筑投资的经济性和建筑本身的使用场所，艺术中心共享大厅艺术墙及与其相邻的共享大厅内无可燃物、无火源，与一般钢结构柱存在的火灾危险条件不同；且艺术墙内没有人员进入和滞留，并非使用空间，同时除玻璃、钢结构、灯具和局部可能有遮阳帘（阻燃）外，没有任何附属装修；艺术墙内外通透，一旦出现火灾可以及时发现，并用室内外消火栓快速扑救。因此，考虑到上述特殊性，共享大厅艺术墙钢结构的保护不能完全按照规范规定设计。

本文遵从性能化防火设计的原则，考虑建筑的特殊性，为合理规划消防投资，针对艺术中心艺术墙钢结构的具体情况，选取不利火灾的情况，通过设置火灾场景，利用计算机数值模拟对火灾及烟气的蔓延情况，验证该部分钢结构（如支撑柱、钢梁、承重钢结构等）在受热条件下是否达到危险极限。从而对该部分钢结构在火灾中的安全性能进行评估论证，同时根据模拟结果对钢结构防火设计提供合理的建议，确定一个更合理的钢结构防火保护方案。

3.1 钢结构失效的临界温度判据

钢结构失效时的温度常作为临界温度，即失效标准所取温度，一般取为 540℃，这是一个广为接受的钢结构耐火设计准则。这个标准也会因钢结构元件类型和尺寸不同而有所不同，如 ASTM 将钢筋的临界温度取为 593℃，而预变形钢的临界温度取为 426℃。也有文献在进行钢结构性能化防火设计过程中，保守地将钢结构的蠕变温度 325℃作为安全设计标准。从消防工程的观点来看，如果在火灾中钢结构在要求的耐火时间没有达到 325℃，就不需要采取额外的防火保护。保守采用 325℃作为钢结构失效的临界温度判据。

钢结构暴露在火灾下的所能达到最高温度的时间，可根据等效时间 te 确定。等效时间 te 小于钢结构温度达到临界温度的时间 FRR，并且钢结构最高温度未达到 325℃钢结构失效的临界温度判据时，则认为在此情况下钢结构安全，不需要进行防火保护，否则必须喷涂防火涂料保护，且保护时间必须超过等效时间 te。

3.2 计算对象的确定

本文主要评估南、北共享大厅艺术墙的钢结构耐火设计。为考察在特定火灾下，该部分钢结构能否达到相应的耐火极限，选取的计算对象包括整个北共享大厅，北共享大厅分三层，每层之间通过楼梯和电梯相连，一楼和二楼层高为 4.5m，三楼层高为 3.75m，体积约为 50000m^3，共享大厅采用机械排烟，排烟量按体积 6 次/h 换气，采用自然补风。考虑对钢结构耐火的不利情况，将火源设在一层离钢结构 0.2~0.3m 处，如图 1 所示。

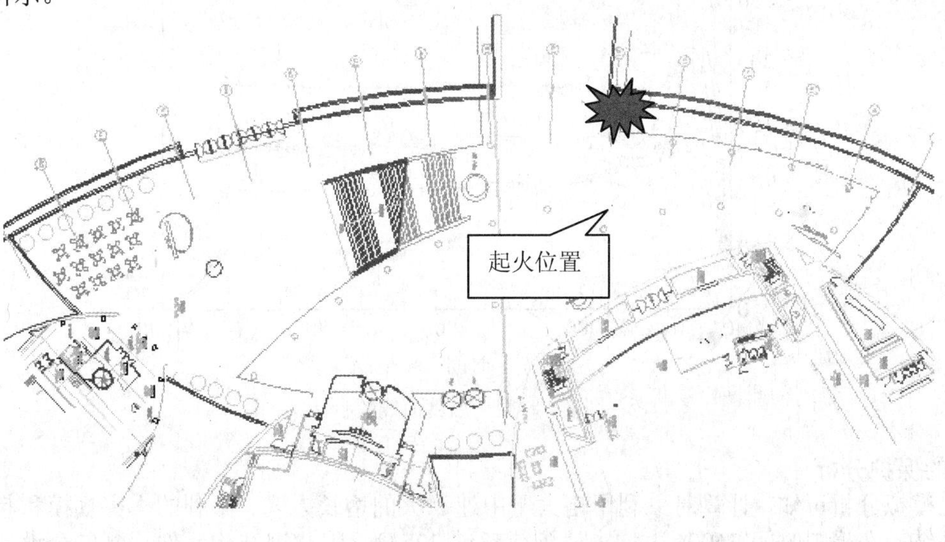

图 1　计算对象起火位置

3.3 火灾规模的确定

根据艺术墙及与其相邻的共享大厅内的火灾荷载和喷淋设施的动作情况，运用 FIRECALC 软件包可以计算出火灾的最大热释放功率为 1.13MW，模拟中保守考虑为 1.7MW，火灾的增长系数为 0.0123 kW/s^2。由于考察的是钢结构的耐火能力，需要获取钢结构周围长时间内的温度变化情况，模拟的时间长度为 3600s。火灾的热释放速率如图 2 所示。

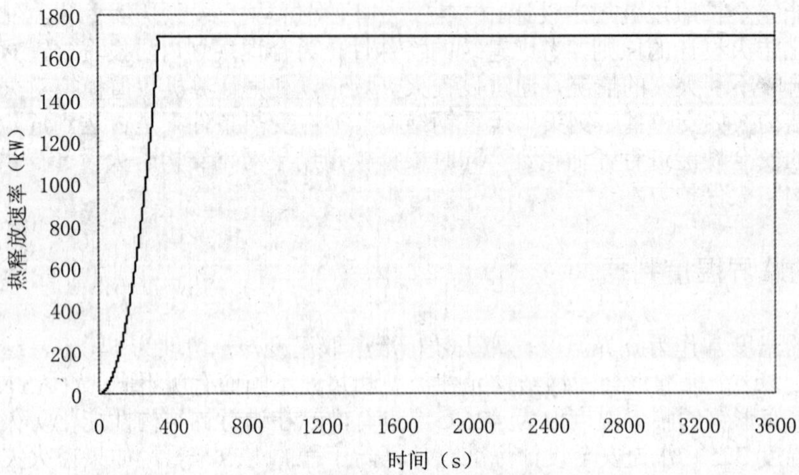

图 2　共享大厅热释放速率图

3.4 钢结构的保护计算分析

3.4.1 钢结构周围环境温度模拟

本文采用火灾模拟软件 FDS 模拟得到起火区域钢结构周围某些温度较高点的温度变化情况如图 3 所示。从图中可看出，起火区域钢结构附近的温度变化在 100℃～310℃范围内，仅在火灾早期的 350s 左右温度处达到最高峰值的 310℃，之后温度逐渐降低，在约 600s 以后，钢结构附近的温度降到低于 200℃，且在随后的模拟时间内钢结构附近的温度趋于稳定，变化幅度极小。

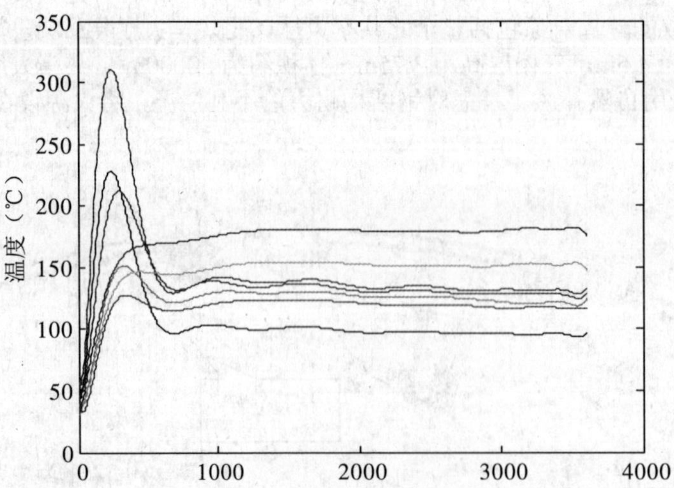

图 3　时间—温度曲线图

3.4.2 钢结构的保护分析

通过以上模拟分析可知，计算对象利用略大于中速 t^2 火的增长方式、不利的火灾规模和起火地点模拟结果显示：钢结构在模拟时间 3600s 内均未达到或超过 325℃，因此钢结构元件达到安全设计标准的时间 FRR≥3600s。考虑到钢结构附近的温度在约 600s 以后趋于稳定，且低于 200℃，认为共享大厅内发生火灾后，艺术墙的钢结构附近的温度在规范要求的耐火极限时间 3h 内是不会超过钢结构失效的临界温度 325℃的。

因此，钢结构的温度必定一直低于钢结构失效的临界温度 325℃，钢结构表面在不敷设防火涂料的情况下亦能够保证钢结构 3h 内能保持有效支撑作用。出于安全保守考虑，最终钢结构表面敷设了耐火极限为 1.5h 的不影响建筑美观的薄型防火涂料，进一步保证了钢结构的耐火安全性。

4. 结论

（1）对于某艺术中心而言，由于共享大厅可燃物较少，火灾燃烧规模小，空间宽敞高大，热量难以积聚，艺术墙的钢结构附近的温度不会高于钢结构失效的临界温度 325℃。因此，艺术墙的钢结构的温度必定低于 325℃，钢结构表面在不敷设防火涂料的情况下亦能够达到《高规》规定的耐火极限时间。

（2）钢结构表面敷设耐火极限为 1.5h 的薄型防火涂料，既不影响建筑的美观，又保证了钢结构的耐火安全性。

（3）对钢结构的保护应视建筑本身功能特点而进行确定，“规格式”的规范对钢结构耐火保护的规定应用于某艺术中心共享大厅艺术墙的钢结构是保守的，通过对钢结构温度的模拟分析可以合理经济地确定钢结构的保护需求。

5. 参考文献

[1] 高层民用建筑设计防火规范. GB50045-95, 2001.

[2] 钢结构设计规范. GBJ17-88.

[3] Pettersson. 钢结构消防工程设计.

[4] David Parkinson. Performance Based Design of Structural Steel for Fire Conditions.

[5] Lane, B. Appendix B. Structural Fire Protection Calculations. Broadgate West Ⅱ, Ove Arup ＆ Partnership, 13 Dec. 2000

半导体厂湿式清洗台火灾数值模拟之研究与探讨

蓝成阳[1]，陈俊勋[1]，徐一量[2]

[1]台湾交通大学机械工程学系所
[2]科技大学环境与安全卫生工程学系

摘要

半导体厂在制程中使用了大量的易燃性化学品与酸碱物质，并且使用一些加热的制程，同时因为洁净度的要求，其空调回风为强制下吹气流，回风模式与火灾之气流走向不同，因此需对灾害情境之预测以及相关防护系统进行必要之研究与探讨。

根据以往的统计，传统以 PP(聚丙烯)材质制成之湿式清洗台为高火灾风险制程单元，曾发生过多起火灾事故，本研究将利用火灾数值模拟的方式来探讨洁净室中湿式清洗台发生火灾之后果，分析其温度变化、烟流走向与辐射热通量等危害特性；再利用火灾与时间历程之概念，作为应变与改善之参考。

此外，我们也将探讨空调模式的调整对火势及漫延之影响以及撒水设备之效能评估，汇整出一些预防策略，例如强化高风险区域的消防防护系统，降低易燃物(化学品)存量、装设撒水系统、采用及早侦测系统以及加强应变演练与教育等，作好平时灾害预防准备，以降低一旦发生灾害事故时之损失。

关键词：湿式清洗台、火灾数值模拟、洁净室。

1. 概述

半导体厂在制程中使用了大量的易燃性化学品与酸碱物质，使用一些加热的制程，同时因为洁净度的要求，其空调回风为强制下吹气流，回风模式与火灾之气流走向不同，因此需对灾害情境之预测以及相关防护系统进行必要之研究与探讨。

半导体厂的火灾大致可分为建筑物内部洁净室火灾，建筑物内部非洁净室火灾及建筑物外部火灾三大类。例如湿式清洗台火灾、电器设备的火灾、内、外部供应系统(气体、液体)火灾、制程排气系统火灾等等，其中洁净室的火灾由于会破坏洁净度，造成制程中断与复原困难，使工厂遭受巨额的损失，不可不慎。

过去几年，半导体工厂的火灾在台湾造成相当大的损失，主要的事故区域也多集中在洁净室内。张胜凯[1]针对发生在半导体厂这类封闭性建筑物的火灾事故，进行灾害应变模式之探讨，得到半导体厂发生火灾时，在FAB区之火灾以向上排烟为最佳的烟流控制策略。陈朝庆[2]姜巍棠[3]等研究三种洁净室的排烟方式，分别是(1)RAP层地板排烟－气流的压制，能够将烟流往下带，然后利用设在RAP层的排烟管路将烟带走；(2)回风道顶部排烟－下吹气流将烟流带往下层回风区，再由回风道之排烟口排；(3)FAB层天花板排烟－利用烟层受到浮力的作用而上升的原理，而将烟直接由天花板的排烟口排出。结果发现，只要热释放率大于3 kW，烟的向上速度就会大于0.5m/s，而FFU下吹的垂直层流速度只有0.25~0.5m/s 左右，烟流随着FFU下吹气流的带动，继续的循环，只会造成烟尘更迅速的扩散而产生更大的危害。

因此，本研究主要针对八吋晶圆厂中所使用的湿式清洗机台进行火灾数值模拟之研究与探讨，除了该设备具有易燃性液体、加热设备之外，其所使用 PP 材质制成之外壳也提供了相 当大的火载量。传统半导体厂晶圆厂洁净室的配置如图 1 所示。

2. 湿式清洗机台火灾模拟

本研究选用 NIST 所发展出来的 FDS(ire Dynamic Simulator)[4]进行洁净室的火灾烟流模拟，首先要建立模拟环境的流场关系，如图 2 所示，上层回风系统(MAU)的流场经过 HEPA 进入洁净室时已为均匀的下吹层流的流场，符合洁净室实际运作的状态。

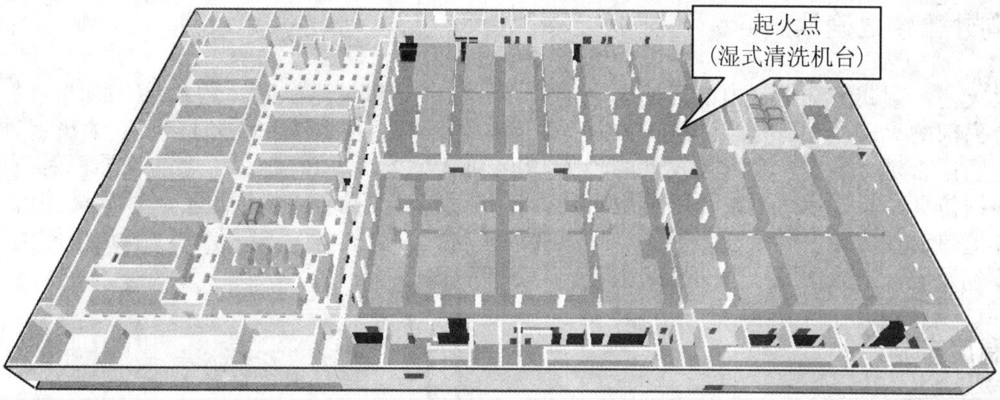

图 1 半导体洁净室配置及仿真图

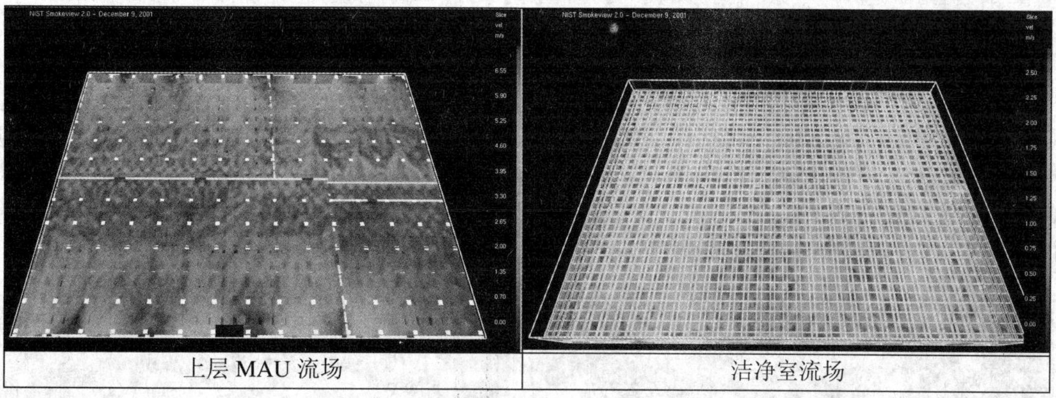

图 2 洁净室流场关系

在模拟的情境上，第一阶段探讨流场(空调)的控制与撒水系统动作对整体火灾之影响，共 8 种情境。由于下吹层流与回风系统属连动关系，需同时考虑，因此共有 4 种模拟情境，如表 1 所示。

表 1 火场模拟情境

	垂直层流	撒水	回风	情境编号	情境图示	备考
 火灾发生	有	有	有	1		
			无	2		
		无	有	3		
			无	4		
	无	有	有	5		
			无	6		
		无	有	7		
			无	8		

2.1 机台向外窜烧之确认

由于火灾是由湿式清洗机台内部开始燃烧，扩展至机台外部并开始影响整个无尘室时，经过模拟，湿式清洗机台内部的火灾在没有是当的防护或防护失效的情形下，在大约 90 秒时会演变为机台外部的火灾，接下来机台间是否延烧攸关整个火场发展的趋势。以 20kW/m2 作为 PP 是否引燃的临界辐射热通量做为判断基准，根据仿真结果显示，不论回风与撒水是否正常运作，在机台的燃烧过程中，周遭的机台均有可能会达到临界值热通量而被引燃。因此确认一旦湿式清洗台发生火灾时，如果机台没有适当的消减措施，则在火势将蔓延发展，造成洁净室全面性的火灾。

2.2 火场温度分析

在正常的运转条件下，无尘室的回风系统(下吹气流)由于流速不大(约 0.45m/s)，使得火灾发生时部份烟热向上窜至顶楼(Truss 区)，当累积足够的烟与热因扩散与冷却作用使得烟与热往下沉降(如图 3)，越过区划重返洁净室的烟流迅速将烟与热往其它区划扩散，除了会增加设备的烟损外，也提高了其它区划的潜在危害。

整个火场的最高温度是发生在起火点的正上方，在撒水没有作动的情况下温度会到达 500℃以上，如果撒水头正常运作的话则可以将温度降至 300℃左右，可以有效地降低机台到达延烧临界值的机会。倘若在火势一开始即将无尘室的下吹气流与回风机制关闭，可以发现烟热均往顶楼(Truss 区)蔓延，且其在火源正上方的温度不论是在有撒水或没撒水的情境下，会较下吹气流与回风机制启动时来的低(约低 25℃左右)。表示当下吹气流与回风机制启动时有较佳的燃料/空气混合，使得燃烧的效果更好。

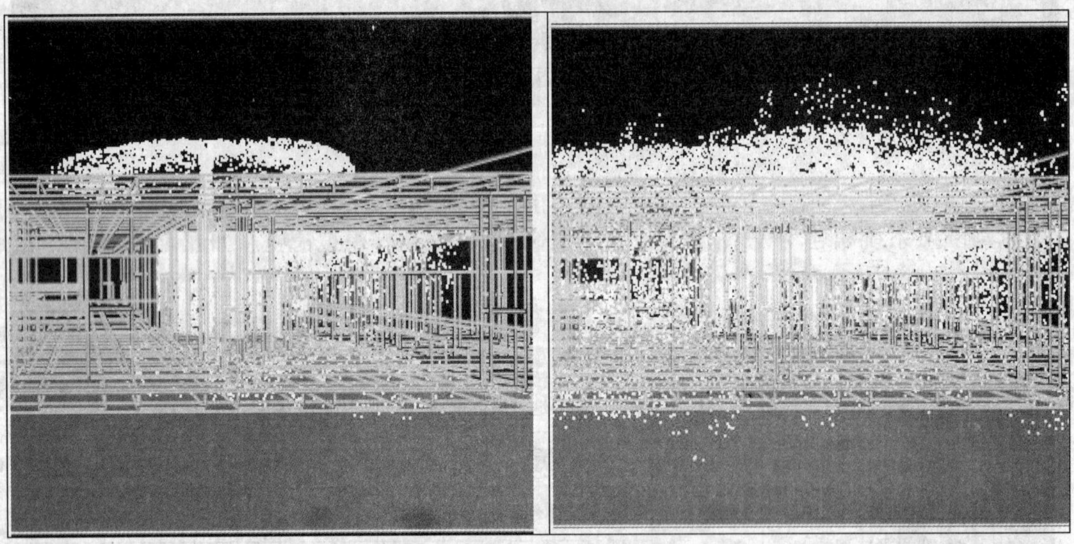

图 3　烟流上窜及重返洁净室

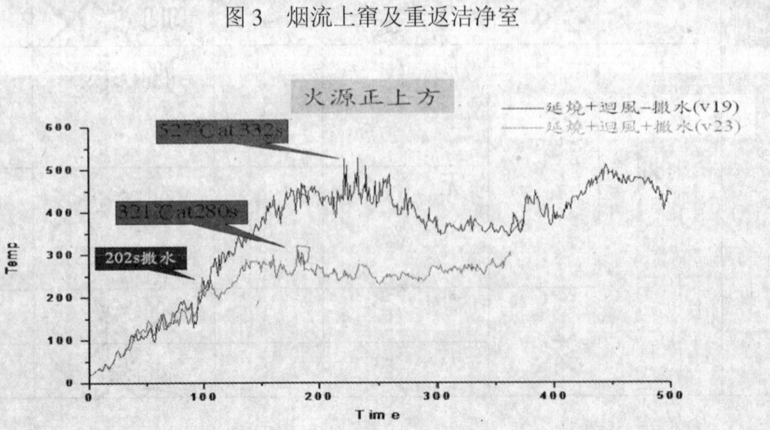

图 4　撒水开关与否之温度变化图(回风开)

当火灾烟流上升到 Truss 区，由于回风系统与下吹气流的吹送与冷却作用，使得部分烟流再度进入洁净室，造成其它区域的烟损，因此在火灾发生时进行空调系统的有效控制。因为在层流回风开启时其火灾后果是最严重的，包括火场温度与烟热扩散面积。最佳的策略是立即关闭 MAU 空调系统，迅速作动撒水系统或以消防水柱灭火，并且有人员在 Truss 区及 RAP 区留守警戒，避免复燃。

3. 湿式清洗机台火灾削减对策

3.1 排烟设备效能分析

Wet Bench 的火场模拟与对策中，排烟系统的有效性也是吾人另一考虑因素，评估 Wet Bench 区排烟设备对火场的实质影响与排烟效果。该区最小区划中排烟口位置如图 5 所示，开口面积约 2m2，排烟量为 450m 3/min。

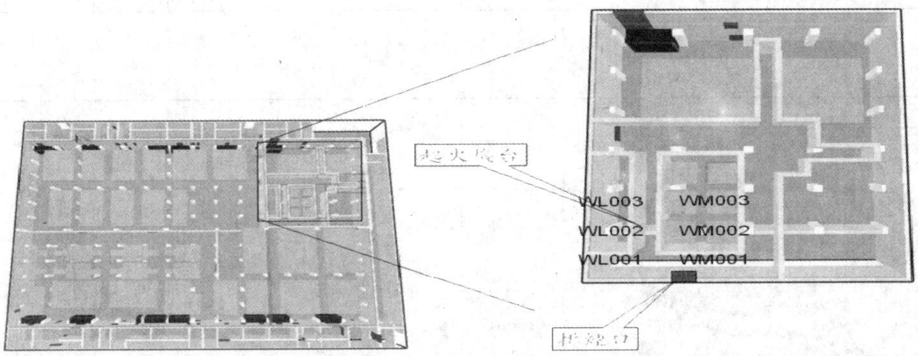

图 5　排烟校能评估

在排烟设备的模拟中，影响烟、热走势的重要因素为火场的气流流动方向，所以我们以 MAU 进气系统的启动或关闭为主要的情境变化条件，由于撒水则是属于抑制火势的防护措施，跟排烟设备的启动与否并没有直接性的关系，所以在本节的情境设定并不考虑撒水的作动情况，仅设定两个情境(如表 2 所示)来评估排烟设备的有效性。

表 2　情境设定

情境编号	垂直层流	回风系统	撒水系统	排烟设备
情境 1	○	○	×	○
情境 2	×	×	×	○

3.2 排烟设备有效性分析

首先我们先从情境 1 的模拟结果来进行分析，在 MAU 及回风系统开的情况下，有无排烟在不同温度侦测点下的温度变化图，从图中我们发现在不同的侦测点位置对于排烟设备的启动有着截然不同的结果呈现出来，就 WM002 机台而言，由于排烟口较为接近的关系，会将部分火场的烟、热排除，在此同时，由于烟的排除引进新鲜空气，使得 WM002 机台的火势加大，温度因而上升，如图 6，至于 WL001 与 WL003 机台在温度的表现上则没有太大的差异。

若从图 7 之烟浓度的变化图来看，排烟设备对不同侦测点所表现出来的烟浓度行为与温度的表现差不多，同样是增加了 WM002 机台侦测点所接受的烟浓度，且在 WL001 与 WL003 机台的部分并没有太大的变化。

不论是温度或是烟浓度，也不管排烟设备是开启或关闭，在燃烧时间 450 秒-600 秒的时候温度与烟浓度都会急剧地上升，此与火场的燃烧情境式相吻合的，当第一台机台燃烧后延燃至其它机台的时间约是在 250 秒-300 秒左右，而其它延燃机台的最大热释率时间我们也是将其设在约 250 秒-300 秒左右，亦即在大约燃烧时间 550 秒时可达我们在 Wet Bench 区火场模拟的最大热释点，所以在这个时间点的前后，不论是温度或烟浓度的曲线都会急遽上升而有较大的斜率变化。

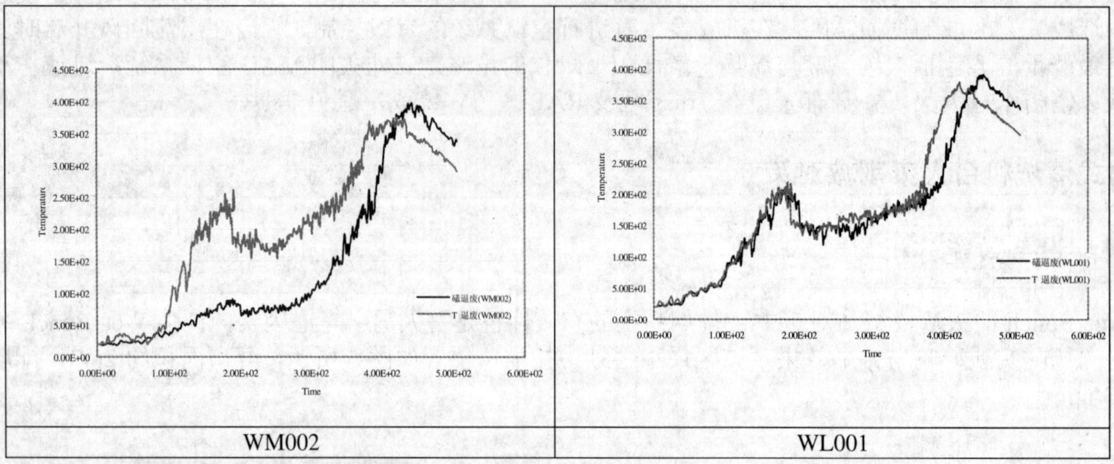

图 6　机台温度变化图

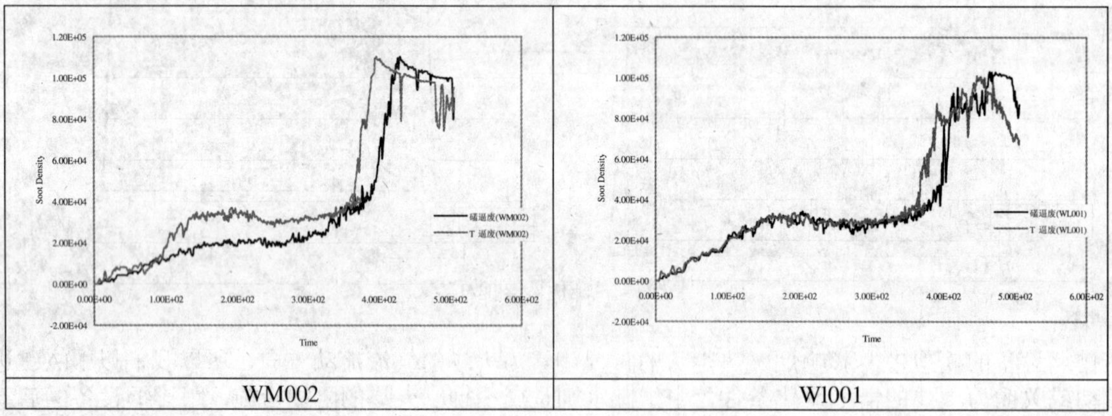

图 7　机台烟浓度变化图

3.3 关闭回风系统对排烟之影响

概括看来，Wet Bench 区的排烟设备在 MAU 开与回风系统开的情况之下，似乎并没有办法达到设置排烟设备的预期效果，不但无法有效地降地火场烟浓度，对火场的温度影响也实属有限。因此，我们将尝试在 MAU 与回风系统都关闭的情况之下，评估排烟设备对整个火场是否会有较佳的影响。

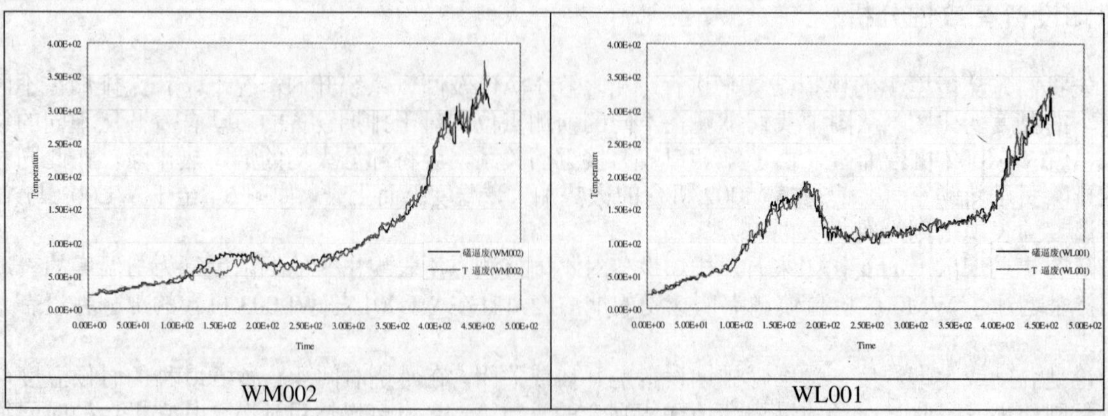

图 8　机台温度变化图

图 8 及图 9 为情境 2 的温度变化图，不论是在那一侦测点位置，在 MAU 进气与回风系统关闭的情况下，排烟设备的开关与否对火场温度的变化均没有太大的影响。而在烟浓度变化方面(图 9)，有排烟与无

排烟的浓度变化在相同的侦测点也是相差无几。换句话说，排烟设备在 MAU 进气与回风系统都关闭的情况下，并无法达到设备设置的预期效果，其原因除了排烟口离火源有一小段距离之外，更重要的因素是由于烟、热在不须抵抗下吹气流的情况下，可迅速地蓄积于天花板处，并在短时间内窜升至 Truss 区，此时位在洁净室天花板处的排烟设备自然无法有效地排出烟热，而使得温度与烟浓度侦测点所测得的值与无模拟排烟设备时所测得的值差距不大。

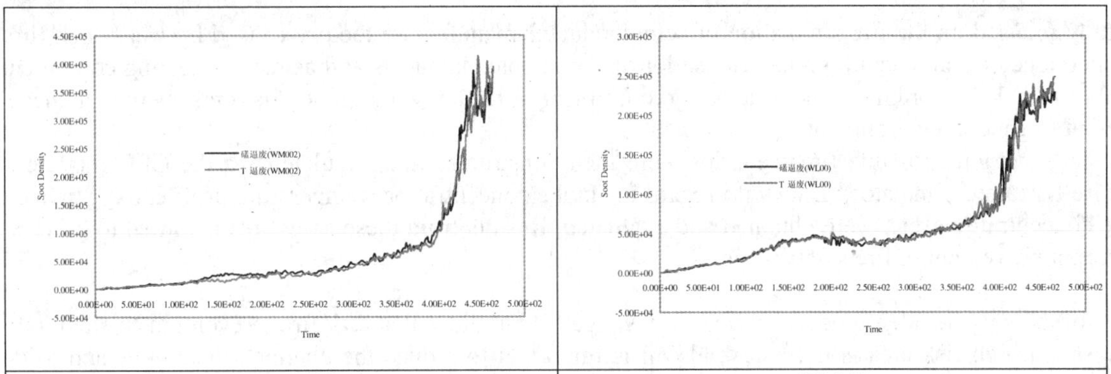

WM002	WL001

图 9　机台烟浓度变化图

由以上之模拟，除非排烟设备位于火源正上方，将烟流直接排出，若有位置偏离(offset)，则在任一种情境(操作条件)下均难以有效地达到排烟的效果。

4．结论

由本研究发现，洁净室的空调模式(垂直层流)会助长火势及引发烟雾的漫延，在火灾可控制之范围内应尽早将空调关闭。而设有撒水之区域，其火灾温热的危害相对地较低；其对于火场温度具有控制(Fire Control)的效能，但是抑制(Suppression)效能并未显现，主要是机台机台火灾之故。此外，风管与洁净室上方之空气舱(Truss 区)，在发生火灾时若有可燃物(管线)，则有延烧之风险，故除了起火点周遭外，也应注意上述区域之防护。

除非排烟设备位于火源正上方可以将烟流直接排出，若有位置偏离(offset)则很难有效地排烟。由于无法有效的降低洁净室火灾的危害，如何将火灾局限在起火点(机台)内，避免火势扩大不可收拾，是厂房与机台设计者要努力的方向。例如舍弃 PP 材质改采用不锈钢外壳等。或是加强局部高风险区域的消防防护[6]。此外，平时应有一些预防策略，例如降低化学品存量、增设撒水系统、采用及早侦测系统以及加强应变演练与教育等，以降低灾害事故发生时之损失。

5. 参考文献

[1] 张胜凯.半导体厂灾害应变模式之探讨.台湾大学硕士论文,2002.

[2] 陈朝庆.无尘室火灾模拟.台湾中山大学硕士论文,2000.

[3] 姜巍棠.洁净室烟控原理与有效设计方式.e-safety 环安简讯电子报第 32 期,2003.09.

[4] Kevin McGrattan & Glenn Forney. Fire Dynamics Simulator (Version 4) User's Guide. NIST Special Publication 1019. 2006,3.

[5] 蓝成阳,徐一量,吕信忠.高科技厂房防灾预测分析系统建置计划结案报告.工业技术研究院,2002.12.

[6] “台湾消防署”.高科技厂房防护计划范例.

A Fire Simulation Case Study in Semiconductor Wet Bench Fire

Abstract

This study focused on the fire simulation of semiconductor manufacture factory caused by wet bench fire. Since the semiconductor manufacture processes use lot of flammable chemicals and acids and heating equipments. It is in highly fire risk. According to the cleanness requirement, forced downwash ventilation system is induced which is different to general environment.
In this study, various possible fire scenarios were then constructed and simulated via the CFD module such as FDS (Fire Dynamic Simulator). Data with regard to smoke concentration; temperature profile, oxygen and carbon dioxide concentrations, etc. were obtained and evaluated. Results from these assessments turned to be very useful for future improvement of fire safety design.

Finally, based on the identified scenarios, we suggest that the enhanced fire prevention system (alert and extinguish) in high risk area is necessary; also it is important to reduce the chemical quantities and to do some emergency response drills to reduce the loss of properties.

Key words：Wet bench, Fire Simulation, Clean Room.

作者简介：

蓝成阳(Chen-Yang Lan)，男。台湾交通大学机械工程学系，博士生。研究方向：防火安全、数值仿真、细水雾系统。联系方式：地址：310 台湾省新竹县竹东镇中兴路四段 195 号 52 馆 413 室，联络电话：+886-3-5836885#119，Email：cy-lan@sahtech.org。

台湾地区性能防火法规与设计之展望

雷明远，何明锦

台湾建筑研究所

摘要

台湾地区近几年因大型化交通及商业设施持续建设中，捷运系统、地下铁系统、高速铁路系统等车站、大型购物商场(中心)、大型育乐体育设施等陆续出现，其建筑新技术与新工法的应用，及建筑物设计规划已出现法规无法适用情形，除突显现行法规之束缚，与缺乏设计弹性，亦造成建筑与投资业界严重困扰。鉴此，台湾地区建筑法规甚至消防法规业于 2004 年增修建筑性能防火设计法源，从而使台湾地区的建筑设计迈向性能设计新里程碑。本文提出了台湾地区建筑物防火性能法规演进及与其它国家之比较、防火性能设计之验证与评定机制、防火工程技术应用例简介，并且参考国外施行性能法规之经验，对于如何精进台湾地区现行制度及配套措施提出若干建议浅见。

关键词：性能法规、性能防火设计、防火工程技术。

1. 缘起与背景

1.1 背景沿革

回顾人类的历史文明，性能的观念其实早已存在，亦即性能的观念并不是新观念。早在公元前 1955-1913 年巴比伦国王汉穆拉比(King Hammurabi, Babylonia)时代，就有人类第一部有记载之建筑法规，其中法规第 229 条就规定：建造人须使建筑物具有构造安全之性能(即建造房子不能倒塌致人于死或伤) [1]。此可说是最早在人类文献纪录中出现关于安全性能的法规。

检视近代的文献，在 1925 年美国国家标准局(简称 NBS，现改称为国家标准技术研究院，简称 NIST)一份研究报告"Recommended Practice for Arrangement of Building Codes" [2]特别提到下列叙述：

"规范应讲求性能，以使用条件之试验结果为依据，而非尺寸、方法细节或特定材料(requirements should be stated in terms of performance, based upon test result for service conditions, rather than in dimensions, detailed methods, or specific materials)"

此外，性能乃是简单的观念，就是以目标为导向，步骤反而不是重要因素。Gibson [3]在 20 几年前曾提到下列叙述：

"性能手法本质上是思考与工作之实践，以最终结果表示，而非过程方式(The performance approach is, in essence, the practice of thinking and working in terms of ends rather than means)"

"（性能手法）关注于建筑物必须要做什么，而非描述如何建造它(It is concerned with what a building is required to do, and not with prescribing how it is to be constructed)"

1.2 性能式法规 v.s.条例式法规

近十几年来，世界各国建筑界不约而同的，都在进行一项法规转型的工作，其原动力即在要求设计上的放宽，以及新材料、新工法的适用。依据各国经验，建筑法规性能化主要的目的，包括（1）面对建筑的多样化，开辟引进创新设计及开发新技术之道，（2）面对建筑物的国际化，去除阻碍建设活动国际化（标准统一）的制度障碍，（3）面对建筑的节能化，进行合理且经济的设计。由于各国传统使用的规格式法规（Prescriptive-based codes），对于引进新的技术与设计概念多有阻碍与羁绊，不利于全球贸易市场的开放，也被视为贸易障碍，同时人们也开始了解，为了使产品能更具竞争力，产业维持更久远，法规的转型是必要的。

针对规格式法规与性能法规作一比较，规格式法规进展较为徐缓、复杂、枝节过多而且没有述及目标、几乎不容许有其它考虑采用替代策略的机会、无法作工程运算、对特殊状况缺乏变通弹性。而性能法规可采用新知识，清楚详列法规目标，明确规范成效，并可采用任何符合性能规定的解决方案，同时归纳出建筑业权威建立和性能法规执行的关系，这也是各国建筑界强烈要求转型性能法规的要因。

归纳言之，性能式手法是描述必需的性能，条例式手法则是描述可行的方案(acceptable solution)。此外，条例式手法是描述方式，且关注于材料形式及质量、构造方法、工艺等等[3]。以建筑构造防火安全为例，性能式法规的条文规定“建筑构造须能够抵抗火灾达到足够时间让人安全逃生”；但条例式法规则是规定“结构框架应该或不应该使用何种材料”。换言之，性能式法规描述性能或性质要求，所以不同组合的建筑构材构件只要满足要求皆可采用；条例式法规则描述建筑构材构件，限制于特定的材料与构件,形成一组性质不明确的规定[4]，如图 1 所示。

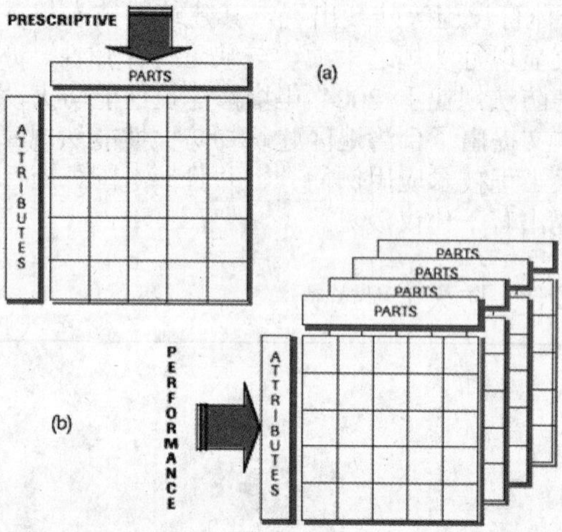

图 1 .法规要素及特质属性之矩阵(a)条例式，(b)性能式手法

1.3 条例式法规之问题

世界各国或地区使用条例式法规的历史都很悠久，对于条例式法规的优缺点都颇清楚，固然它具有明确材料、构造的规格尺寸等条文，易于让执法者及使用者清楚法规要求，但却支字未提为何规定这么设计。有人也称条例式法规为规格式法规(specification codes)，其因正是如此。只知其然，而不知其所以然，正是条例式法规的本质。然而条例式法规仍旧有若干优点；如(1)容易实施执行；(2)建管审查官员训练有素；(3)专业技术人员熟练；(4)规格（或处方）式规定因有一定标准而好应用。

尽管有优点，条例式法规仍有几方面不利的问题:

(1)妨碍创新

由于条例式法规重视一成不变的规格规定，遇到问题时难以因应变通，即便是有新型设计观念、新型式产品、构法、材料可供使用，也可能因与法规抵触而被放弃。因此建筑设计与公共卫生、安全保护之创新最好经由性能法规之发展、 采纳及使用来加以落实。

(2)建筑物建造成本难以合理化

对于一般建筑物建造成本，应用条例式法规未必昂贵，有时反倒是较低廉。然而对于特殊性建筑案，如大型购物中心、大型体育馆场、大型住商及交通设施混合使用大厦、高科技半导体、光电厂房等，条例式法规往往造成该案许多浪费，例如因楼地板面积超大，以致安全楼梯数量冗增而使得建造成本增加。

(3)易形成建材国际贸易障碍

如前述，条例式法规因限制了材料的类别规格，某方面而言即是限制使用某些种类区域性材料，因此不利于外国地区材料之使用。对此，国际贸易组织(WTO)的国际贸易障碍协议有下列记载：

“技术规定应以产品性能为依据，而非设计或描述特征”。

(4)更新迟缓

条例式法规因历史较长久，有时给人老旧印象，有如“爷爷级”规定。对于追求创新设计风潮的建筑师们，会觉得法规跟不上新建筑设计风格。另外，现代建筑潮流朝向高层地下立体化、用途多元且量体超大化、使用机能永续智能化等方向发展，特殊用途建筑设计时而出现，形成法规例外情况增加，难以适用情况增多，对于法规及执行部门均造成压力。回顾各国条例式法规发展过程，大部分皆有相同经验，即通常在经历严重大火后，法规才有大变动。以台湾地区为例，1995 年 2 月台中市卫尔康餐厅大火造成 64 人罹难，促使建筑法规增修室内装修管理条文，加强装修材料耐燃性要求规定。2001 年 5 月台北汐止东方科学园区大楼大火，虽无严重人员伤亡，但延烧三十余层(面积超过 8 万平方公尺)，促使建筑法规大幅度增修防火区划条文。

2. 何谓性能法规

2.1 北欧模式 Nordic model

在探讨到性能法规前，应先了解性能标准或性能设计的架构。这种架构大多以北欧模式(Nordic model)所提出的 5 段层次模式图来说明[5]，如图 2 所示。第 1 层是以概念表示目的，第 2 层是表示针对其目的，建筑物所应具备的功能性要件，第 3 层是表示针对其功能性要件所须性能要求(定量化、定性化)。因应以上性能要求则在第 4 层以下；第 4 个层是以指针或标准表示性能设计的方法，第 5 层则是表示评估该性能设计的验证方法。在防火性能法规之标准化方面，建议应该遵循所提及的架构或等级，并且加以具体化。

综观各国发展性能防火法规架构，率皆采用上述北欧之五阶层图加以修正，在融入本地法规体系中。

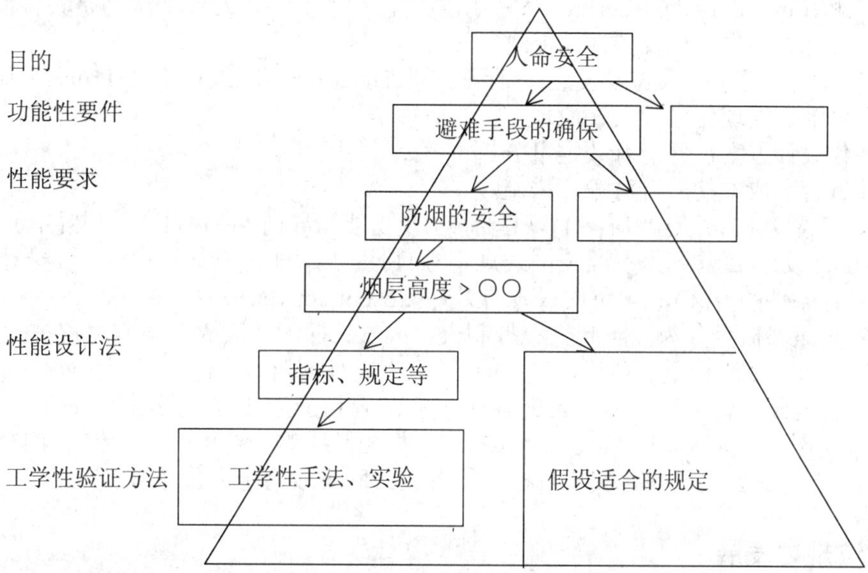

图 2 标准的性能法规体系

2.2 性能法规之基础理论

性能法规有两项主要特征，首先是需求面与供给面之间相互比较与磨合，好比彼此之间存有两种语言在对话一般。需求面是由客户端提出需要并予以了解，包括详述使命及目标(为什么它是需要的?)、定义找出目标及支持业务或相关使命的预期结果(即需要什么?)。供给面则是获得供给者或供应链参与者了解并适度响应，包括如何令一个以上的方案满足规定需求、性能表现能力评估。两方须相互比较并磨合，好比需求与供应相存共生。

其次第二项特征是方案或结果必须经过确效及验证。图 3 所示为性能法规的汉堡理论模型[1]，其中需求端有机能需要(functional needs)及性能条件(performance requirements)，而供应端有技术应用(technical applications)及性能规格(performance specification)，两者中间则是确效方法(validation methods)，三者均不可缺少。

2.3 性能法规与性能设计

相反于前述条例式法规的不利问题，性能法规具有下列优点:(1)鼓励新技术开发、(2)带动设计及验证创新、(3)消除贸易障碍、(4)法规立意清楚透明、(5)建造成本经济有效。因此，在性能法规的保护伞下，性能设计将更能应用及发挥功能。

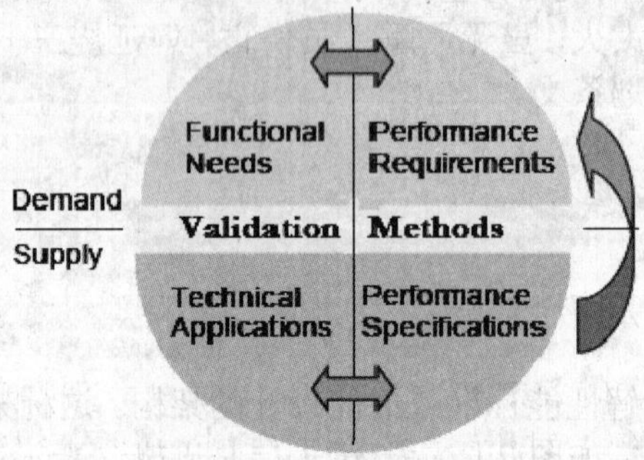

图3 堡理论模型之构成

性能式防火设计（Performance-based design/PBD）简言之乃是为达成法规规范之防火功能目标，应用各种预防火灾、被动式(Passive)防火、主动式(Active)防火及避难安全对策及方案之设计。防火功能目标可以是社会共同遵行法规(强制性规定)或者是企业团体实行规范(自愿性规定)所订的防火安全基准。防火设计则是以防火安全工程(Fire safety engineering /FSE)手法为主，所谓 FSE 设计手法乃是具备以下几项条件:

(1) 依据火灾安全目标、损失目标及预期功能进行设计。

(2) 依据火灾情景(火灾之发生、成长及发展)进行限定性(Deterministic)或概率性(Probabilistic)评估。

(3) 设计符合火灾及烟之物理化学性质、原理。

(4) 提供多元化替代设计方案，并能有效定量分析。

(5) 随时考虑最接近合理成本的防火对策、措施。

由上可知，性能式设计有几点特质；(1)以目标(的)及功能为导向，(2)知其所以然(先了解不同火灾危险或风险因素)后再进行设计(目前则是参照条例式规定"知其然"后，即可设计)，(3)多重选择性(可选择出既满足法规，又满足自订条件的方案)，(4)考虑成本有效性(Cost effectiveness) [6]。

建筑物防火安全策略概可分为预防起火、抑制火灾成长、探测及灭火、限制火灾扩大延烧、烟控及避难、结构耐火保护、消防救助等重点项目，其中的各种 火灾行为及对应的人类行为(火、烟扩散移动行为、材料受火反应、构件与结构体高温行为、人类避难行为等)皆可应用 FSE 手法模拟预测、计算分析，因此上述抑制火灾成长、探测及灭火、限制火灾扩大延烧、烟控及避难、结构耐火保护、消防救助等，均可发展为各自独立的 PBD 方法去达成各自安全目标，或者彼此联合成为全方位 PBD 方法。

3. 性能式防火法规之发展

近 20 余年来性能式防火法规在世界许多国家纷纷实现，或者允许使用性能式设计的法规(法规欠缺层级构造部分)已实施。以下就若干主要国家的发展情形简单叙述[7]。

英国于 1971 年通过火灾防制法案（Fire Precaution Act 1971），让替代性的解决方案得以被采用。1984 年住宅及建筑管理法（Housing and Building Control Act 1984）采用性能法规模式，并公告大批认可文件（Approved Document ）。1985 年，由英国和韦尔斯的环保局有鉴于规格式法规的繁复的规定，或许它易于应用与执行，但缺乏变通的弹性，仅可供有限创新；而没有可供创新建立的动机，爰着手建筑法规研修，改写成简易的功能性规定，同时提供指导文件，解说可被承认的解决方案，而且让“等价”的防火安全工程作为替代方案。1994 年，英国标准协会(BSI)发表一份执行性能设计的防火工程草案(DD240: Fire Safety Engineering in Building,Part1,2-1997)，于 2001 年正式通过。防火工程设计，分为六个子系统进行评估，包括：1.密闭空间起火点与发展、2.烟雾和有毒气体的扩散、3.火势扩散到密闭空间外、4.侦测火灾的系统及消防保护系统、5.消防设备的介入、6.人员疏散等。

纽西兰的建筑法规完全采用 NKB 五阶层架构。1994 年，发布性能式建筑规范。纽西兰建筑规范包含两条前言及 35 条专业条文，每一条皆说明条文的目的和其应用的机能性要求，还有建筑物在达到机能性要求时，需遵循的性能基准。1994 年，发展出防火工程设计指导手册（Fire Engineering Design Guide），提出具体叙述性能目标的量化安全等级，弥补建筑法规 New Zealand Building Code 没有量化要求的安全等级架构。防火安全规定可区分为四大类：火灾发生、避难计划、火灾扩散和在火灾期间内结构的稳固性。每一大类可规范出五种等级：目标、功能性规定、基本性能要求、认证方法和认可的解决方案。

澳洲在 1992 年由建筑法规协调委员会进行一个法规重整研究计划，并发布新的澳洲建筑法规草案

（Building code of Australiza/ BCA）。1994 年各地方政府开始进行新的 BCA 立法工作，并首次提出私部门检测工作的概念。1996 年，性能式的 BCA 发布实施。澳洲在防火工程设计方面，沿用英国防火设计体系，分为六个子系统评估架构，并发展出“火工程设计准则”。

国际法规委员会（ICC）于 1994 年成立，其主要的成员包括 BOCA、ICBO、SBCCI 的代表，主要的工作为订定一套适合全美国境内建筑界使用的管理制度与系统，经由一套统一的、以性能为导向的法规，达到符合政府部门、业界以及大众需求的，一套经济、实用有效益的法规体系。另外，美国防火工程学会(SFPE)亦发布性能式防火设计规范—FPE Engineering Guide to Performance -Based Fire Protection Analysis and Design(1998 年)。ICC 于 2001 年发布“筑与设备性能规范”系性能法规的格式，主要是参考澳洲建筑法规的架构制定。另外国际建筑规范(IBC) 2000 版则经过整合三大建筑规范而成为当然符合规定(deem-to-satisfy provisions)。

日本为进行建筑法规性能化，先是 1997 年 3 月建筑审议会确定建筑基准法修正的具体方向目标，1998 年日本国会审议通过建筑基准法修正条文，将性能式的等价精神纳入法规中，2000 年建筑基准法施行令修正条文公布，同年相关的性能基准技术规范也明确的规定在告示中，如告示 1433 号（耐火性能检证法）、告示 1441 号（楼层避难安全检证法）、告示 1442 号（全栋避难安全检证法）等由建设省公告，2001 年耐火性能检证法、避难安全检证法（含排烟设备技术）有关解说手册出版。由此可知，日本不似纽、澳作法，依照性能法规之层级结构（Hierarchy structure）重整法规格式及架构，而是配合原本法规层级各自增订性能化有关规定，彼此连贯起来，这点是值得我们借镜深虑如何再改进我们法规性能化的完整性。日本为了便于全国实施性能式法规及能够普遍推行性能设计法，乃设立了三路径方式—Route A、B、C。将以往的规格规定以政令、公告的方式将达到性能基准之范例规格分类，区分为三种性能评价（检证）方法，如表 1 所示。

表 1 日本建筑性能评价（检证）法路径一览表

	Route C	Route B	Route A
法令	性能规定 性能评价（检证）法的导入		规格式规定 现行法规
检证方法	高度的检证法 专家认定（委员会）	简易检证法 建筑确认（主管机关）	是否符合法规 建筑确认（主管机关）
记述位置	3m above the Platform ➢ 设计火源的确定 ➢ 构造耐火性能之评价 ➢ 避难安全之评价	各要求性能评价（检证） ➢ 构造耐火性能 ➢ 避难安全性能	
	新试验方法 ➢ 耐火试验方法 ➢ 防火材料性能试验方法 ➢ 屋顶防火试验方法		

4. 台湾地区性能式防火法规之未来展望

台湾地区现行之建筑防火法规有建筑法规及消防法规，前者以“筑技术规则”关章节规定为材料、构造、设施、设备设计主要依据，后者以“类场所消防安全设备设置标准”探测、警报、灭火、紧急照明、辅助避难等设备设计主要依据。上述法规均是过去参考日本建筑基准法（施行令、施行细则）及消防法（施行令、施行细则）制定，基本上属于条例式法规，其对材料、构造、设施、设备之规格有严格之规定。但不讳言，新建筑物型态、新型材料、技术、工法近年纷纷出现，往往不适用于现行之规格式法规，以致令人感到法规欠缺弹性且不利新观念、新技术之发展。面对这样情况，目前台湾地区有关单位除核准各案部分项目可采用替代方案设计，另一方面则积极修订法规，希望将 PBD 法源订在设计规则中。

4.1 台湾地区建筑物性能防火法规之演进

台湾地区建筑物性能防火法规之演进，可分成特种建筑物审查、防灾计划书审查、建筑物防火避难安全计划书及建筑物防火避难性能设计书等四个阶段[8,9]。

4.1.1 特种建筑物审查阶段

1. 实施日期：1971 年 12 月 22 日。
2. 法源依据：建筑法第九十八条规定，特种建筑物经许可不适用本法之全部或一部之规定。
3. 条文内容：具有下列情形之一者得建请核定为特种建筑物,免适用建筑法全部或一部之规定:（1）因用途特殊，适用建筑法确有困难之建筑物。（2）因构造特殊，适用建筑法确有困难之建筑物。（3）因应重大灾难后复建需要，具急迫性之建筑物。（4）其它适用建筑法确有困难之建筑物。

"特种建筑物审查"阶段之重要性，在于突破规规格式之约束，提供设计弹性与空间设备之机能性大都适用于特殊空间，如发电厂、石化厂、车站站体等，并以委员会审议为主。

4.1.2 防灾计划书审查阶段

1. 实施日期：1995 年 3 月 27 日。
2. 法源依据：建筑技术规则建筑设计施工编第一百九十四条之一规定。条文内容：申请兴建与地下公共运输系统相连接之地下街或地下商场，应依本内容规定，检附防灾计划书及管理维护计划书送审。
3. 防灾计划书审查内容

   "全案概要"说明资料

   "防灾计划概要"说明资料

   "防灾消防等相关设施设备之计划"资料

   "室内装修材料及构造"之说明资料

   其它经指定之数据。

   管理维护计划书审查内容
4. 防灾计划相关设施设备检讨内容

   （1）避难计划与避难时间之检讨。

   （2）标示设备。

   （3）防火区划、防烟区划。

   （4）排烟设备。

   （5）灭火设备。

   （6）消防抢救上之必要设备。

   （7）警报设备。

   （8）紧急供电系统。

   （9）管理室（防灾中心）设置。

   （10）防灾设备一览表。

"防灾计划书"阶段仍以条文式法规内容为主，综合检讨建筑物整体防火、避难之整合性，增加检讨建筑物避难设计，初步导入性能式避难设计，已具有性能法规、性能式设计之精神。

4.1.3 建筑物防火避难安全计划书阶段

1. 实施日期：2001.12.31-2003.08.19。
2. 法源：依建筑技术规则建筑设计施工编第八十九条之一规定。条文内容：建筑物实行性能式设计法进行防火避难安全设计时，经提具建筑物防火避难安全计划书，送主管建筑机关认可者，得不适用本章之一部或全部。明确规定建筑物采用性能式避难设计，不适用相关规定，并有建筑物人口密度之规定及性能式设计之首次明确导入。

4.1.4 建筑物防火避难性能设计计划书及评定书阶段

1.实施日期：2004.01.01。

2.法源：建筑技术规则总则编第三条、第三条之四。

3.条文内容：

（1）第三条，为推动性能法规，以“建筑物防火避难性能计划书”排除技术规则之适用。
（2）第三条之三，参照建筑法第 73 条执行要点，明定建筑物用途分类之类别、组别定义。
（3）第三条之四　规定较特殊复杂建筑物应检具“防火避难综合检讨报告书”
4.防火避难综合检讨报告书申请认可要点中与撰写要领有关之规定
（1）建筑物之概要
（2）防火避难计划基本原则
（3）火灾感知通报及避难诱导设备计划
（4）避难计划
（5）排烟及消防救助计划
（6）管理及营运计划
（7）附图

4.2 防火避难安全性能验证技术

4.2.1 建筑物防火避难性能验证原则

依据台湾地建筑技术规则第三条规定其适用范围内之建筑物，实行性能式设计法进行防火避难安全设计时，经提具建筑物防火避难性能设计计划书，送主管建筑机关认可者，得不适用建筑技术规则第四章一部份或全部之规定。该计划书，应依表 2 所列各类用途建筑物之避难人员数检讨必需之防火避难安全设施，达到本规则各条文同等以上安全性能。

4.2.2 建筑物防火避难性能验证内容

依建筑技术规则总则编第三条第三项之规定建筑物防火避难性能设计计划书申请认可要点，其内容：
1. 建筑物之概要。
2. 申请免适用之建筑技术规则规定及理由(如图4)。
3. 对应免适用条文采取之对策。
4. 性能验证之条件、方法及结果。
5. 经营管理计划。

表 2　应进行避难安全性能验证之方式

项目	条文	项		验证法之排除规定	
				楼层避难安全论证	全馆避难安全验证
防火区划	79		防火构造建筑物之防火区划	—	○
	79-2	1	防火构造建筑物之垂直区划	—	○
	83	1款	11楼以上的防火区划	—	○
内装限制	88		建筑物之内部装修材料	○	—
避难设施	90		直通楼梯开向屋外出入口	—	○
	90-1		避难层开向屋外出入口宽度	—	○
	91		避难层以外楼层出入口宽度	○	—
	92		走廊宽度	○	—
	93	2款	到达直通楼梯之步行距离	○	—
	94		避难层步行距离	—	○
	98		直通楼梯总宽度	—	○
排烟设备	100		排烟设备之设备	○	—
	101		排烟设备之构造	○	—

6. 性能验证方式可采下列技术：
(1)数值模拟。
(2)模型试验。
(3)全尺寸试验。
(4)其它。

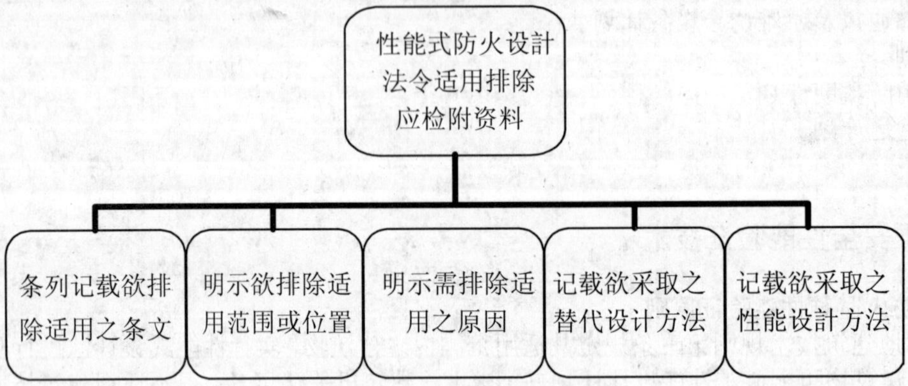

图 4　性能式设计验证应记载事项

4.2.3 建筑物防火避难安全性能验证方式

1.楼层避难安全性能

“楼层避难安全性能”系指“该楼层之任一居室发生火灾时，位于该楼层之所有人员由该楼层之任一点进入避难直通楼梯完成避难之过程中该楼层各居室以及经由各居至到达直通楼梯之主要走廊或其它避难路径上烟层下降之高度不致产生避难障碍者”称之。

2.全栋避难安全性能

“全栋避难安全性能”系指“该建筑物内任一居室发生火灾时，该栋建筑物内所有人员，自该栋建筑物内到达地面空地出入口完成避难过程中，该栋建筑物内之各居室以及从各居室经由走廊，直通楼梯到达地面空地出入口之避难路径上，烟层下降高度不致产生避难障碍者”称之。

4.3 精进台湾地区现行制度与法规

台湾地区目前虽然已可实行建筑防火性能设计，然而在建筑法中并未增修任何有关防火安全目标、机能要求，功能要求等；作法上有些类似于英国 1985 年在建筑法规订立允许替代方案设计得不受限制之规定，台湾地区是在建筑技术规则总则编第三条增订类似规定，因为并无完整的性能法规层级结构（Hierarchy structure），严格讲，台湾地区建筑法规实施现况并非性能式法规，而是允许性能设计方案免适用规格式规定的法规。这样的法规制度仍在磨合中，在运作上有若干缺点值得注意[10]，如下:

(1) 建筑/消防机关缺乏专业咨询制度
(2) 部分条例式规定不尽合理具体
(3) 部分条例式规定之主旨不够清楚
(4) 缺少审核认可用之补充性文件及综合程序
(5) 审查人员及主管官员人力及能力尚不充足
(6) 采用全方位防火设计之协调性不足

不论各国实行性能法规的目的为何，法规的转型已如火如荼地在全球酝酿、发酵。台湾地区作为贸易圈的一员，应降低贸易障碍，允许新建筑设计概念的开发、新材料与新工法的引进，因此如何降低法规转型对社会可能的冲击与抵制，同时维持安全保障，相信能由国外的转型经验得到借镜。在各国实施性能法规的经验中，以下几点值得借镜：

(1) 性能法规的实行，将改变建筑工业的“文化”，包括建筑师的设计概念、建管人员的行政体系、建筑工业对建筑材料的研发态度等。
(2) 性能法规必须将原有规格式法规架构纳入，以增加业界的配合度与熟悉度，减少因新法规的变革产生忧虑，进而抵制。

(3) 性能法规的推行，必须有争取并创造以下几个要素：
A. 主导权（Leadership）
B. 愿景（Visions）
C. 资源（Resources）
D. 技巧（Skills）
E. 诱因（Incentives）
F. 执行计划（Action Plans）

(4) 性能法规推动成功需要一个完整的教育推展计划包括如何教导建管人员以更具弹性的眼光，与开放的态度，审核建筑计划；教导设计者更精练的工程技术；教导业主接纳更具弹性的建筑方案；教导建筑工业研发更具市场竞争力的产品。

(5) 性能法规仍在起步阶段，所有技术与制度皆在磨合时期，有经验的专家不多，国际合作有其必要性。

台湾地区实施建筑性能设计制度规定自2004年始正式上路，至2005年才有较多案例出现，在此之前甚至在部份特种建筑用途的案例(大众捷运系统车站大楼、高速铁路车站等)已有使用PBD方法的多年经验及成果，然我们不禁要说，这些案例计划的实现，对于建筑物所有人或者业主的初期难题或许已获得解决之道，然而建筑物未来使用管理的考验却正开始，公共安全的把关是否也充分展现足够的对应能力，则应审慎思考，否则PBD方法可能易造成假借替代方案的弹性尺度，造成更大风险设计的漏洞。简单言之，申请者执行PBD的过程有如下所示三项步骤：

(1) 设计目标及限制条件之设定；
(2) 计划、架构、材料、工法等之设定；
(3) 验证规格是否满足目标、条件。

另一方面，把关的审查机关亦须因应以下三步骤进行查验：

(1) 查证申请案设计目标及限制条件符合法令所示的功能要求。
(2) 查证申请案所选定计划、材料、工法不违反公共秩序、安全、卫生等规定。
(3) 查证申请案所设计之材料、工法规格是否满足(1)的目标功能。

通常申请者与审查机关可能产生最多歧见的部分，大都会在第(3)项步骤，亦即申请者自行验证的技术能力常遭到审查机关的挑战。简单讲，申请者验证方法所设定之火灾情景、火源条件、预测火、烟行为的工具（计算公式或计算机模式）、分析结果…等，能否得到审查机关的认同及核准。依当前欧、美、日先进国家实施PBD的经验，各国有能力设计及审查的机构、人员均有不足的情形，因此适时寻求国际合作已是司空见惯。鉴此，为免审查阶段的查证过程费时费力，各国皆已发展出各自的FSE设计导则以供设计者与审查者共通的参考手册。设计者倘不依照FSE设计导则完成计划，则审查机关通常会花费较长时间去查核每项细节，甚至转委托第三团体机构代为查证。

国际PBD方法的应用技术已渐成熟，台湾地区审慎引进相关技术对相关建筑、消防法规势必有所冲击；原来条例式规定本身便是设计的目标，未来有必要将之逐步转变型态[6]：

(1) 法规体系中导入性能式条文，如在建筑法中增加社会安全目标、机能要求，功能要求等。
(2) 设计法规将允许采用替代方案，不限于原本硬性的条文规定。
(3) 原本硬性的规定转型成为依据经验原则的指导性规定，据以设计建筑物时，仍视为能够满足新导入的功能要求，此即所谓认定符合规定。

由上可知，当PBD方法导入原本法规体系时，既不会造成排斥原本的规格法规，反而多一项可以选择的新材料、新技术、新工法的方案，而且更重要的是殊途同归的安全目标、功能要求能确保相同的安全水平。

5. 结论

5.1 期待加速建筑性能防火法规之健全化

回顾日本建筑基准法修正作法，不似纽、澳等国完全依照性能法规之层级结构重整法规格式及架构，而是配合原本法规层级各自增订性能化有关规定，彼此连贯起来，这点是值得台湾地区借镜深虑如何再改进法规性能化的完整性。如图5所示，首先，先于建筑法中订定防火安全目标，另在建筑技术规则中订定功能条件、性能条件，其次，重新整理建筑、消防等条例式规定，按照火灾发生之防止、火灾成长延烧及管制、烟气蔓延管制、火灾探测及灭火、人员避难安全，消防队连络及反应等六项防火对策予以分类[11, 12]。

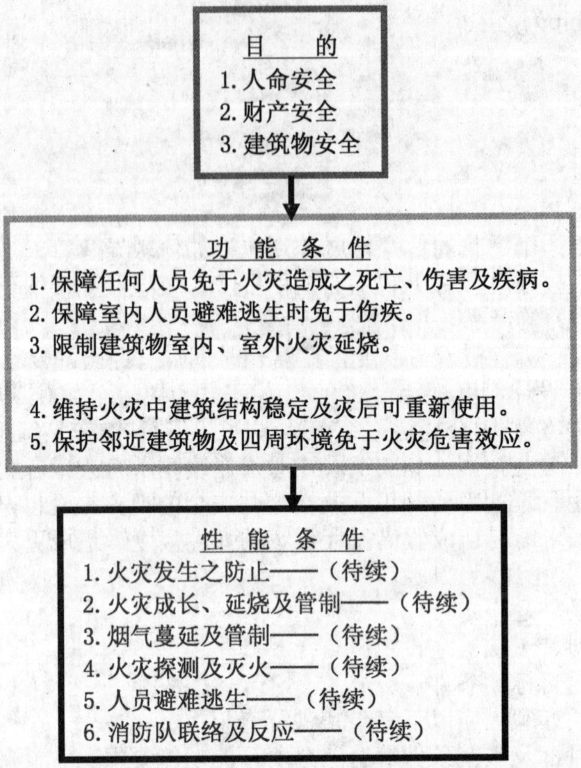

图 5　性能法规层级构造之目的、功能条件及性能条件

5.2 成立跨单位之法规重组执行组织

台湾地区宜设立“建筑防火法规重组委员会”，并由其推动“性能式建筑与消防法规体系计划”，如此上述性能法规的六项性能条件才能够依序展开整合。无论是建筑技术规则，或各类场所消防安全设备设置标准，这类法规对目前大多数建筑物设计不仅不会形成困难（某方面反而利于设计及审查参考），尚且能提供基本安全保障。上述法规亦并非全然是硬性规定，对单项材料、构造、设备不符合法规者，概准予经主管机关审查认可后使用。重组后性能式建筑与消防法规合而为一，转型成为视同符合(DTS)规定，建构了性能法规金字塔型构造的基础。

5.3 推动专业人员与审查官员之教育训练计划

性能法规推动成功的要因为教育。如何教导建管人员以更具弹性的眼光，与开放的态度，审核建筑计划；教导设计者更精练的工程技术；教导业主接纳更具弹性的建筑方案；教导建筑工业研发更具市场竞争力的产品。这些需要一个完整的推展计划，纽西兰建筑法即明订，建筑工业局应负责性能法规推动的教育。性能式设计相当倚重专业，人力资源的素质与充足，需要长期规画。在美国，政府单位因应产业需要支助内部及外部研究活动，研发成果供产业界运用，例如许多火灾分析的工具软件及技术文献都可以在政府网站自由下载，而产业各界则成为技术演进的推手。这种取之于民用之于民、完全开放“业务工具”，但实务应用交由专业人士把关、充分运用民间力量的做法值得参考。

6. 参考文献

[1] Szigeti, F. and Davis, G. Performance Based Building: Conceptual Framework, PeBBu Final Report, EUR 21990, CIBdf, 2005.

[2] National Bureau of Standards. Recommended Practice for Arrangement of Building Codes, NBS, U.S. DOC., 1925.

[3] Gibson, E.J.. Working with the Performance Approach in Building. CIB Report Publication 64. CIB, 1982.

[4] Foliente, G.C.. Developments in Performance-based Building Codes and Standards. Forest Products Journal. 2000,50(7/8):12-21.

[5] NKB(Nordic Committee on Building Regulations). Structure of Building Regulations. NKB Report No. 34. Stockholm, Sweden. 1978.

[6] 雷明远.功能性防火设计之现况与展望.环保信息月刊.2002,45:1-4.

[7] 丁育群,王鹏智.各国建筑物性能防火法规推动现况及展望,2001.

[8] 简贤文,丁育群.性能式建筑防火设计审议机制整合之研究.台北:建筑研究所专题研究成果报告,2004.

[9] 王鹏智.建筑防火性能法规与验证制度之探讨.2002.

[10] Tseng, W.W.. Towards Development of a Performance-Based Fire Safety Regulatory System in Taiwan. Ph.D. Thesis, Faculty of Engineering, University of Ulster.2004.

[11] 雷明远.建筑火灾安全法规转型性能式规定之探讨-视同合格规定(DTS)架构之研议.台北:建筑研究所专题研究成果报告.1999.

[12] Lei, Alec M.Y.. Prospective of Performance-Based Fire Safety Regulation in Taiwan. Proceedings of International Workshop on Fire Tests of Concrete/Steel Frames and Performance-Based Codes. Engineering College of Cheng Kung University and ABRI, Tainan, 2006:20.

Development of Performance-based Regulations and Design in Taiwan

Abstract

Due to the continuing development of large-scale transportation and commercial facilities in recent years in Taiwan, there are many MRT, underground and high-speed railway stations, and large-scale shopping malls/centers and athletic facilities being constructed, in which the building regulation can not be adapted for design and planning and the application of new techniques and new construction manners.

This situation not only reveals the bounding of present regulation ns and the lack of design flexibility, but also cause serious puzzle of builders and building investors. However since 2004, Taiwanese building regulations and even fire regulations have amended the provision of performance-based fire safety design in building, therefore it makes the building design to pave the way to the new milestone of performance-based design in Taiwan. In this article, the gradual progress of performance-based fire safety regulations of Taiwan and its comparison with other countries was mentioned. And also the verification and appraisal mechanism of performance-based fire safety design and the case example using the fire safety engineering techniques were briefly introduced. Besides, referring to the experiences on executing performance-based regulations in other countries, some suggestions to improve and update the present regulations and relative supporting measures were proposed.

Keywords: performance-based regulations, performance-based fire safety design, fire safety engineering techniques.

作者简介：

雷明远，男，台湾大学博士。研究方向包括建筑防火材料、防火区划与构造、避难设计、建筑防火与消防法规、特殊建筑之防火设计等。联系方式如：台湾 248 台北新店市北新路 3 段 200 号 13 楼。电子信箱：alec@abri.gov.tw。电话：+886-2-8912-7890 转 257。

何明锦，台湾建筑研究所所长。联系方式：地址：台湾 248 台北新店市北新路 3 段 200 号 13 楼。

某楼座式大型会议厅的人员安全疏散研究[5]

黎昌海，陆守香，杨善友，冯磊

中国科学技术大学火灾科学国家重点实验室

摘要

某楼座式大型会议厅内防火分区面积为 2400m^2，设计人员容量为 2000 人。本文分别模拟了火灾情况下会议厅内烟气的蔓延与人员疏散情况，模拟结果表明楼座层人员疏散出口处正是烟气最先达到危险的区域，且共享疏散楼梯的设计对疏散极为不利，人员容易受到火灾烟气的威胁。针对该大型会议厅的特点，提出了人员安全疏散的改进设计方案。

关键词：大型会议厅、人员安全疏散、烟气蔓延。

1. 引言

楼座式观众席结构是当今大型会议厅、礼堂、电影院、影剧院和体育场馆等公共建筑常用的建筑形式，这种结构形式充分利用了建筑的立体空间，以在有限的平面大小内容纳更多的人员。容量较大的会堂等的观众厅内部甚至设有多层楼座，且楼座部分的观众人数往往占整个观众厅容纳总人数的多半数[1]。

本文所讨论的楼座式大型会议厅设计容量 2000 人（下称为"案例楼座式会议厅"），是某国际会议中心的国际会议场，该国际会议中心共设地上四层，总高度 40.0m，案例楼座式会议厅位于该国际会议中心的 2~4 层。案例楼座式会议厅的观众厅与主席台分属两个防火分区，观众厅池座、楼座及四层休息厅作为一个防火分区后的防火分区面积约合 2400m^2，池座位于 2、3 层之间，1500 座；楼座在 3、4 楼间，500 座。国际会议中心及其楼座式大型会议厅的示意图见图 1。

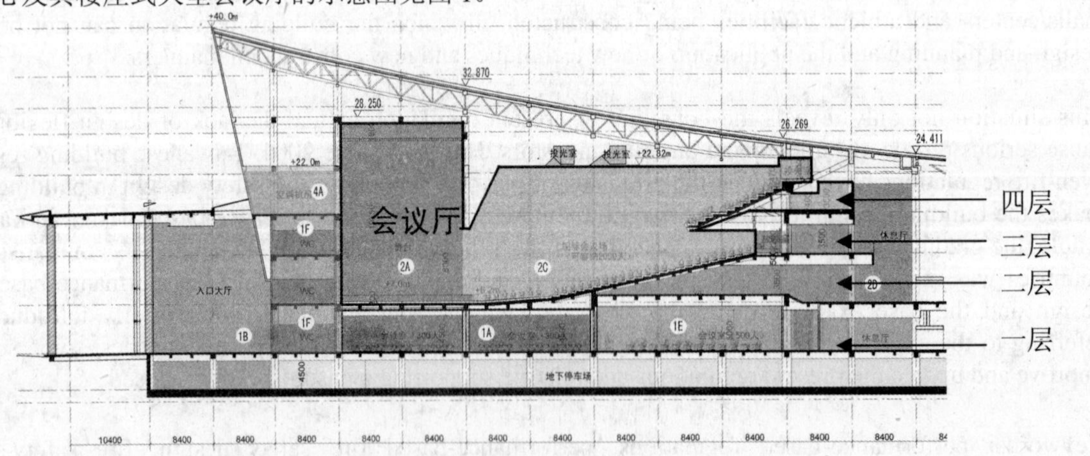

图 1　某国际会议中心及其楼座式大型会议厅示意图

案例楼座式会议厅防火分区面积超出了我国现行消防规范的要求，设计师们对消防设施进行了强化，试图通过强化消防实施来保证会议厅火灾时厅内人员的安全疏散：

（1）将案例楼座式会议厅和四层休息厅分为两个独立的防烟分区，采用机械排烟和机械补风的防排烟设计。案例楼座式会议厅内顶棚中部设排烟口共两个（每个风量 140000m^3/h）；补风口位于侧墙下部，补风量为排烟量的 50%；四层休息厅则顶棚中部设排烟口两个（共 25000 m^3/h）。

（2）强化灭火措施。案例楼座式会议厅吊顶后空间净高最大值为 16.6m（吊顶标高 22.8m），安装大空间智能灭火系统，楼座、池座后端以及休息厅部分设快速响应喷头的自动喷水灭火系统。

基金项目：国家科技攻关项目（2006BAJ27B04）

（3）保障疏散条件。案例楼座式会议厅池座设 8 个疏散口，疏散口总宽度为 17.6m，平均每口疏散 100 人疏散出口宽度大于 0.8m（0.87m）；楼座设两个疏散出口（每出口宽 1.8m），每个疏散口平均疏散人数小于 250 人；厅外疏散走道总宽度平均每 100 人大于 0.65m；疏散楼梯总宽度约 19.5m，室外平台出口宽度 6.0m，疏散楼梯宽度满足平均每 100 人大于 1.0m。会议厅（室）室内任一点到最近疏散出口的直线距离均控制在 30m 以内。符合《建筑设计防火规范》GB50016-2006 第 5.3.16 条。案例楼座式会议厅的疏散路线设计如图 2。会议厅还设置有现场语音系统和疏散指示标志，火灾时可尽早通知和引导人员疏散。

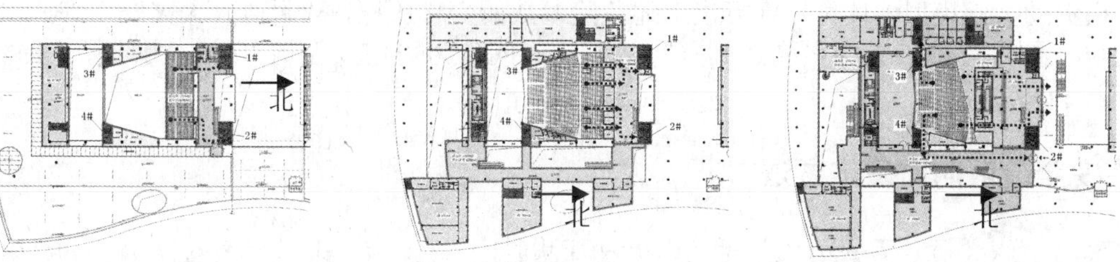

b.三层　　c.二层

a.楼座层设两门通向四层休息厅，四层休息厅的出口通往 1#、2#楼梯（在一楼直通室外）
b.池座层后部设四出口通向三层北侧休息厅，三层北侧休息厅的疏散出口通往 1#、2#楼梯（在一楼直通室外）
c.池座层中部设两出口通向二层北侧休息厅，二层北侧休息厅直通室外；池座层前端设三出口（其中两个通往 3#、4#楼梯）

图 2　案例楼座式会议厅的疏散路线示意图

本文基于性能化防火设计的思想方法，分析案例楼座式大型会议厅疏散设计的合理性。

2. 人员安全疏散基本原理

2.1 安全疏散判定标准

保障建筑内人员安全疏散的关键是保证建筑中所有人员在火灾危险来临前能够到达安全的区域，即要求必需安全疏散时间 RSET 小于可用安全疏散时间 ASET，如图 3。

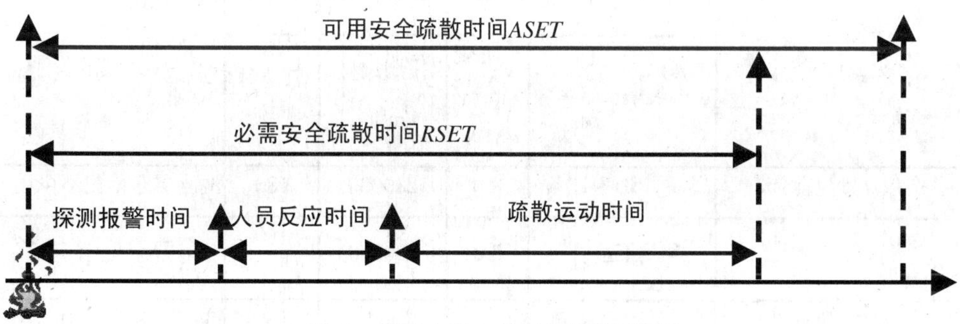

图 3　建筑火灾人员安全判据示意图

2.2 可用安全疏散时间确定方法

可用安全疏散时间 ASET 是从火灾发生到危险状态的时间，危险状态是火灾发展到对人员造成直接危害的状态。火灾对人员构成的危险通常有以下 4 种性能判据：

（1）火焰和烟气的热辐射。当人体接受的热辐射通量超过 $0.25W/(cm)^2$ 时将造成严重灼伤。当上部烟气层的温度高于 180℃时，它对人体的辐射危害就会达到这种程度。

（2）烟气层高度。热烟气层降至与人体直接接触的高度时，对人的危害将是直接烧伤。研究表明，人员在 65℃的环境下也仅可短时忍受；另外，烟气层降低到这样的高度后，人员运动受到一定的阻碍。一般认为，烟气层界面低于人眼的特征高度（通常人眼的特征高度为 1.2~1.8m）即达到危险状态。通常采取烟气层高度下降到 2.1m（《澳大利亚防火工程指南》）为达到危险状态的判据。

（3）烟气中的有毒气体的含量。在烟气层界面分层不明显时，尤其是在通风不良的情况下，需要特别考虑用有害燃烧产物的临界浓度判定是否达到危险状态。前人的研究表明，当 CO 浓度达到 1400ppm 时人 30min 内可失去知觉；当 CO 浓度达到 2500ppm 时人 30min 内可致人死亡，一般以 1400ppm 作为 CO 浓度达到危险状态的判据。

（4）环境能见度。如果因为某些因素引起建筑空间内部的烟气分层现象不明显，部分烟尘颗粒弥漫在人眼高度以下，此时，即使烟气温度和 CO 等有害气体浓度都还没达到对人体造成伤害的状态，但因为能见度的降低，除导致建筑物内人员判断出口位置困难，还会影响疏散速度和心理因素，能见度必须着重考虑。对小房间以外区域的能见度，BSDD 240 建议以能见度小于 10m 为达到危险状态的判据。

运用火灾动力学模型软件可以计算出上述危险参数的变化历程，从而得到火灾发生到危险状态出现的时间，取以上四种性能参数中最先达到危险状态的时间作为可用安全时间。常用计算软件有 CFAST、FLUENT 和 FDS 等。

2.3 必需安全疏散时间确定方法

火灾环境下的人员必需安全疏散时间由火灾探测时间（t_{alarm}）、人员反应时间(t_{resp})和人员疏散运动时间(t_{move})三部分构成,见式（1）。

$$RSET = t_{alarm} + t_{resp} + \alpha t_{move} \tag{1}$$

式中 t_{alarm} 与传感器类型、顶棚高度、安装方式以及火灾发展有关，可用 Argos 等软件进行估算；t_{resp} 与报警系统模型有关，对于“居民处于清醒状态，对建筑物、报警系统和疏散措施不熟悉”的建筑，采用现场语音报警系统、录音报警系统或普通警铃报警系统的场所所对应的 t_{resp} 分别为<2min、3min 和大于 6min[3]；α 为安全系数，在本文取为 1.5[4]；由疏散模型模拟得到。

3. 案例楼座会议厅的安全疏散分析

3.1 场景设计

本文用 FDS 计算了 6 种条件下的火灾烟气蔓延；并计算了在相应火灾条件下厅内满人员荷载时的疏散时间。计算的场景条件如表 1。

表 1 火灾场景表

序号	火源位置	设计火灾		排烟设置		疏散条件
		火灾增长速率	火灾规模[5] /MW	排烟风量 /m^3h^{-1}	启动时间/s	
1	会议厅池座前部	快速	8.0	280000	180	池座层东南门不可用
2	会议厅池座中部	快速	8.0	280000	180	通向二层休息厅的东侧门不可用
3	会议厅池座后部	快速	2.5	280000	180	通向三层北侧休息厅四个门中一门不可用
4	会议厅楼座	快速	2.5	280000	180	楼座层一门不可用
5	四层休息厅中间	快速	1.5	25000	180	所有门可用
6	四层休息厅中间	中速	1.0	25000	180	所有门可用

3.2 ASET 和 RSET 模拟结果及分析

图 4 是上述场景的 ASET 和 RSET 模拟结果的对比图。在所有场景中，池座层的 ASET 均大于 RSET，满足人员安全疏散判定条件；而在场景 1、场景 5 和场景 6 中，四层休息厅的 ASET 都小于 RSET，不满足人员安全疏散判定条件。

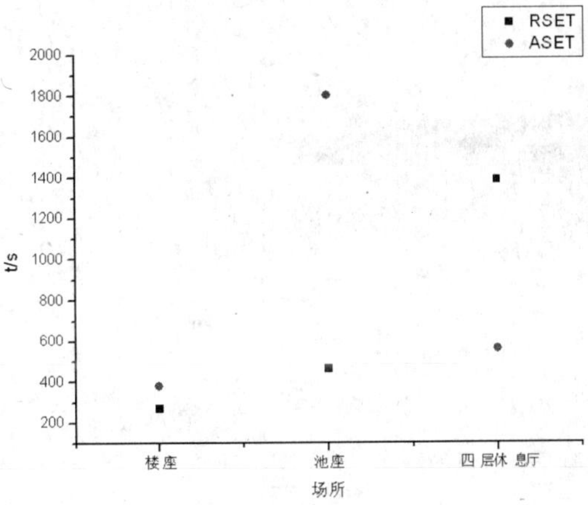

a.场景 1

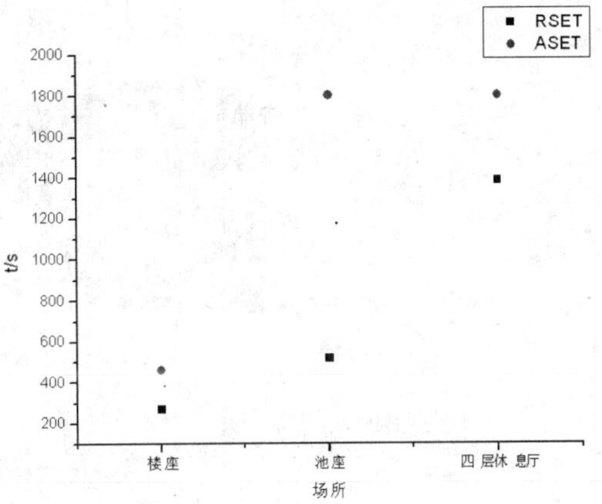

b. 场景 2

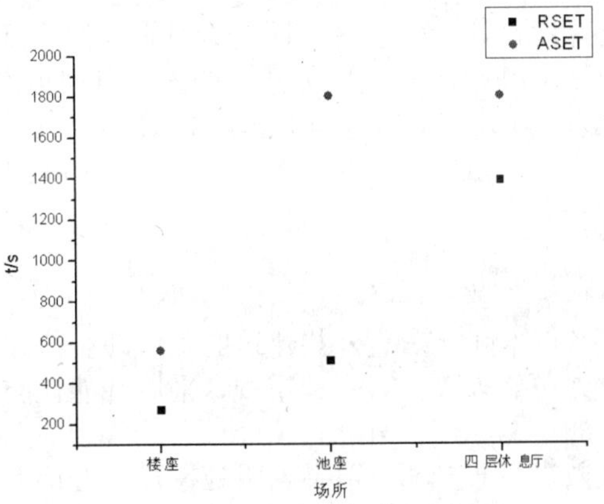

c. 场景 3

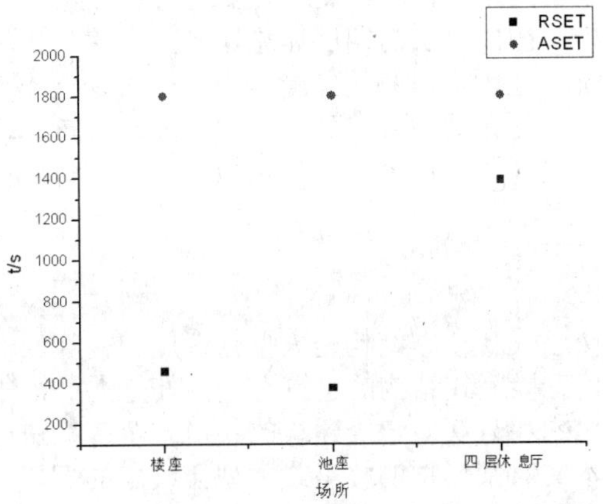

d. 场景 4

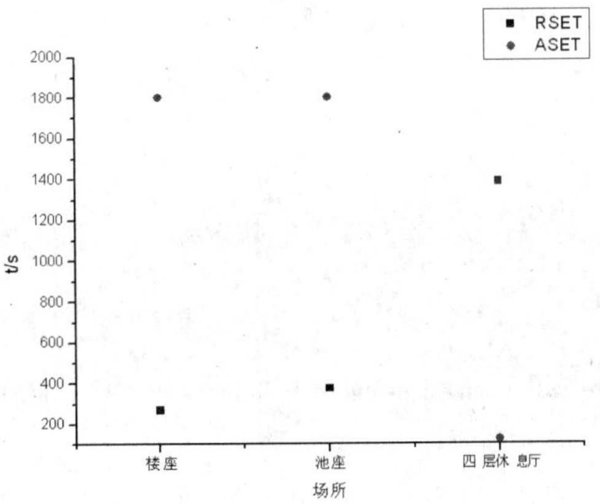

e. 场景 5

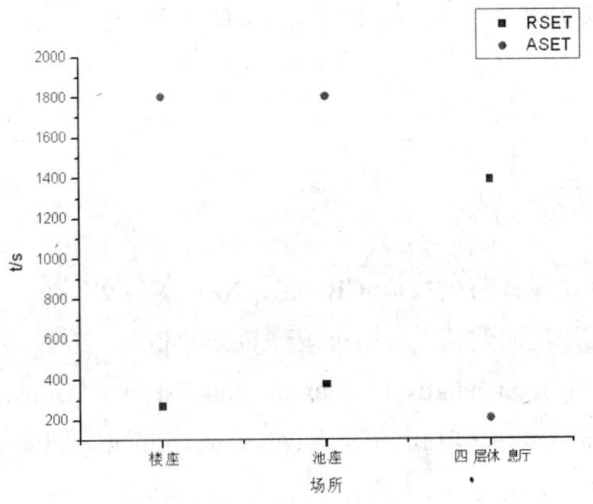

f. 场景 6

图 4　ASET 与 RSET 模拟结果对比图

四层休息厅不满足人员安全疏散判定条件，究其原因主要有以下两点：

1. 火灾烟气是受浮力控制的流动，火灾烟气温度较高密度比冷空气小，因而处在空间的上部的楼座层和四层休息厅将首先受到火灾烟气的威胁（见图 5），ASET 较小。
2. 在探测报警措施一定的前提下，RSET 的大小取决于 t_{move} 的大小。而 t_{move} 受疏散人数、人员运动速度、疏散人员与疏散出口的距离和疏散出口的宽度有关，在人员密集场所，疏散出口宽度对 t_{move} 有决定性影响。案例楼座式会议厅的疏散出口宽度尽管满足了《建筑设计防火规范》GB50016-2006 第 5.3.16 条要求，然而由于案例楼座式会议厅在三层和四层的出口为多层共享楼梯，受楼梯总宽度的限制，疏散时从四层进入楼梯的人员受到从三层进入楼梯人员的影响因而在四层休息厅的出口产生拥堵，楼座层人员即使到达四层休息厅楼梯入口附近也无法进入楼梯。

图 5　会议厅内烟气填充与楼座层疏散方向示意图

鉴于上述原因，对案例楼座式大型会议厅的特点，应采用以下改进措施，以满足人员安全疏散的需要：

方案一：在楼座层与四层休息厅之间设置防火分隔、四层休息厅设计为安全区（厅内无可燃物、改排烟系统为正压送风系统保障会议厅火灾烟气不侵入四层休息厅）使得进入四层休息厅的人员可视为安全。

方案二：变更楼座层的疏散方向，将原来向上疏散的方式改为向下疏散，在楼座层较低的楼面两侧设疏散出口（防火门）并优先疏散，并通过优化排烟设计使得人员疏散完毕前烟气不至于侵害到疏散出口。

4. 结束语

楼座式观众席结构是大型会议厅、礼堂、电影院、影剧院和体育场馆等公共建筑的不可缺少的建筑形式，具有楼座式结构的建筑无一例外是人员密集场所，其人员安全疏散必需引起重视，采用性能化防火设计的思想和方法对该类建筑的人员安全疏散进行分析是必要的。

本文对某典型的楼座式大型会议厅的烟气蔓延和人员疏散进行了分析，结果表明处在高处的楼座层及其休息厅是首先到达危险状态的区域，而楼座层的人员疏散方向则正是通向首先到达危险状态的区域，而共享楼梯的设计使得楼座层人员不能优先进入疏散楼梯逃生，楼座层人员极易受到火灾烟气的威胁。对于案例楼座式会议厅的安全疏散设计，应将四层休息厅设计为安全区或更改楼座层的疏散设计（将楼座层的疏散方向改为由高处往低处疏散并优先疏散）。

5. 参考文献

[1] 建筑设计防火规范. GB50016-2006 及条文说明.

[2] 高层民用建筑设计防火规范.GB50045-95, 2005 年修订版.

[3] British Standards Institution, Draft British Standard BS DD240 fire safety engineering in buildings, Part 1: guide to the application of fire safety engineering principles. British Standards Institution, 1997。

[4] 倪照鹏,王志刚,沈奕辉.性能化消防设计中人员安全疏散的确证.消防科学与技术. 2003,(5):375~378.

[5] 民用建筑防排烟技术规程.DGJ08-88-2000.

[6] George V, et al. Performance criteria used in fire safety design. Automation in Construction, 1999,8:489–501.

[7] Fire Dynamics Simulator (Version 4). Automation in Construction.1999,8:489–501.

[8] FDS User's Guide. User's Guide for Smokeview Version 4-A Tool for Visualizing Fire Dynamics Simulation Data.

[9] 范维澄,王清安,姜冯辉,周建军.火灾学简明教程.合肥:中国科学技术大学出版社,1995.

[10] 霍然,胡源,李元洲.建筑火灾安全工程导论.合肥:中国科学技术大学出版社,1999.

[11] 霍然,袁宏永.性能化防火分析与设计.安徽科学技术出版社,2003.

People Evacuation of a Large Auditorium Hall with Interlayer

Abstract

The case auditorium hall with an interlayer, was designed to accommodate 2000 people, the area of the fire compartment is 2400m^2. Smoke movement and people evacuation were simulated under fire situation. The result shows that areas near exits on the interlayer will reach dangerous states quickly, and the sharing-stairs design is bad for evacuation, which may do harm to people before they leave the fire compartment. An improved solution was proposed to meet the need of safe evacuation of the auditorium hall.

Key words: large auditorium hall, people evacuation, smoke movement

作者简介：

黎昌海，男，1980 年 2 月生。火灾科学国家重点实验室博士研究生，主要研究方向为封闭火灾动力学和建筑性能化防火设计。电话: 0551-3600546，Email: lchy@mail.ustc.edu.cn。

北京奥林匹克公园地下交通联系通道性能化防火设计研究

李 磊，刘文利，唐海，王婉娣

中国建筑科学研究院建筑防火研究所

摘要

北京奥林匹克公园地下交通联系通道工程作为 2008 年奥运会的重点配套工程，位于北京奥林匹克公园中心区地下，主体工程全长 5.5 公里，车道宽度从一车道、二车道、三车道、四车道一应俱全，对外连接城市干道的出入口 25 处，进出车库的出入口 34 处，通道系统十分复杂。为了使该工程的消防系统安全可靠且经济合理，通过采用性能化防火设计方法，对该通道的火灾危险性、纵向排烟设计、人员安全疏散、结构防火保护、防火分隔、火灾报警及自动灭火系统设计等方面进行了全面的分析和论证，提出了有效可行的解决方案和措施，并为该工程所采纳。该项目的研究成果可为其他城市隧道的设计提供借鉴。

关键词：性能化防火设计、地下联系通道、城市隧道、纵向排烟。

1. 工程简介

北京奥林匹克公园地下交通联系通道隧道位于中心区地下，南侧为南一路，北侧向为北一路，东西向分别为湖边东路和景观西路，四条地下通道连接成环形。

整个地下通道为一个 5500 米的大环，设有有 12 个入口和 13 个出口，进出车库的出入口 34 处。如果包括隧道与周边道路的通道，整个地下通道的长度为 7470 米。其中四车道长度为 3320m，三车道长度为 570m，二车道长度为 1980m，一车道长度为 740m，一车道敞开段总长 570m，二车道敞开段总长 290m，参见图 1。

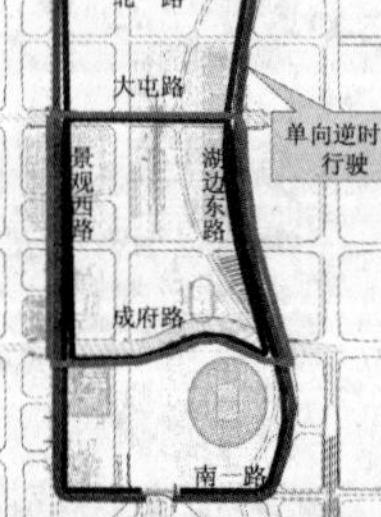

图 1　奥林匹克公园地下交通联系通道

参照国内外有关消防规范，并结合国内外大量工程实例及隧道火灾案例的特点，通道参照日本 AA 级隧道的消防标准设置。日本隧道消防规范规定：隧道长度大于 2000 米，交通流量大于 4 万辆/日，或隧道长度大于 10 公里，交通流量大于 4000 辆/日之间的隧道均为 AA 级隧道，AA 级隧道的消防设施是最为完善的。本工程采用的消防系统如下：

- 消火栓系统——成熟可靠的消防系统，由专业消防人员操作，能大大降低火灾损失。
- 水喷雾系统——与报警等系统协同工作，及时发现初期火灾，对火场区域进行防护冷却，为及时扑灭火灾创造必要的前提条件。
- 水成膜泡沫灭火系统——灵活有效的灭火药剂，能与消火栓系统或水喷雾系统结合工作，对扑灭隧道内油类火灾有很好的效果。
- 灭火器设置——使用方便、性能可靠，通过正确使用能及时扑灭隧道内各类初期火灾。
- 通风 / 排烟系统－－本工程采用分散竖井送排风加射流风机诱导型纵向通风方式。

2. 性能化消防设计解决方案

2.1 性能化消防设计方案

由于奥林匹克公园地下交通联系通道系统本身的复杂性、以及地下隧道的相对火灾危险性，使设计者对于整个隧道的安全性会存在不少疑问。首先是该环形隧道的规模世界上也比较少见，可以参照的设计实例不多，此外，由于地面设计规划的要求，通风竖井的数量仅为 9 座，地下车行隧道消防设计会受到一定的限制。因此，对于奥林匹克公园地下环线交通隧道的以下消防问题，必须采用性能化消防设计的方法予以解决。

2.2.1 排烟系统

奥林匹克公园地下交通联系通道为单管一、二、三、四车道，车辆单向逆时针方向行驶。该通道设有 9 座通风竖井并且具有多个出入口，发生火灾后，隧道有的出入口具有补风功能，有的出口会具有排烟出口的功能，因此，这些出入口与通风竖井一起将隧道分隔为多个消防控制区域。

当通道内某一处发生火灾时，启动相应的区间消防用风机加其相应区间的射流风机进行压力平衡。火灾排烟时，轴流风机高速运行。根据火灾位置决定轴流风机的运转方向：车行方向前方的轴流风机排风，车行方向后方的轴流风机送风。同时启动火灾区域附近的射流风机辅助排烟。烟气从火灾点前方就近风井排出，最终应该将火灾的影响控制在一定的范围。

该隧道的建筑方案现状具有应用纵向通风排烟系统的基础，但是要设计出安全的纵向排烟方案，必须充分考虑纵向通风的特点，设计合理的通道断面风速，并能提供足够的排烟能力将烟气排出隧道。在性能化消防设计中，工作的重点首先应该通过分析隧道的建筑方案及通风井的布置情况，划分隧道排烟控制区域，通过选取具有代表火灾场景进行计算，进而验证整个隧道系统的安全性。

2.1.2 防火分隔

为了防止火灾在不同的隧道及隧道与地下车库之间蔓延，地下交通联系通道与大屯路隧道及成府路隧道出入口应设置防火卷帘；地下交通联系通道与相邻车库连接通道设置防火卷帘。该车行隧道与地下车库间应进行防火分隔，以保证隧道内发生火灾时，火灾烟气不会蔓延进入地下车库；同时地下车库作为车行隧道人员疏散的逃生区域，应在地下车库出入口处设置安全出口。

2.1.3 人员安全疏散

该隧道采用纵向通风，当通风排烟系统确保火灾区域附近通道断面风速大于临界风速，由于烟雾的扩散速度要小于行车速度，所以火灾点下游的车辆以大于临界风速的速度不断远离火源和烟雾，火灾点上游的车辆始终处于安全地带，车辆内部的人员通过上游的安全出口逃生。为保证人员安全疏散，人员疏散通道的出口间隔不应大于 250 米, 汽车出入口和车库的连通通道可作为人员安全疏散出口。

此外，车行隧道进入地下车库出入口旁侧（即设置卷帘的旁边）设置 1 个带小室的安全出口。参照防火规范对于疏散楼梯间前室面积的要求，小室的面积不小于 6m^2，安全出口净宽度不小于 1.0m。这样，当隧道发生火灾后，即使车库的防火卷帘已经落下，隧道内的人员仍然可以利用卷帘旁边的防火门进入建筑车库并疏散到室外。因此，独立出口与车库卷帘门附近的防火门均为安全出口。

2.1.4 结构保护方案

建规送审稿对城市隧道承重结构体的耐火极限从新进行了定义。规定采用 RABT 标准升温曲线测试构件，其耐火极限标准为：受火后，当距离混凝土底表面 25mm 处的钢筋的温度超过 300℃，或者混凝土表面的温度超过 380℃时，则判定为达到耐火极限。为了该规定，必须对承重构件采用相应的防火衬砌保护。

奥林匹克公园地下交通联系通道设计了水喷雾系统，本系统具有很好的控制火灾的能力，同时结构受到火焰冲击的几率大大减少，隧道结构可利用自身的砼保护层作为防火措施。

2.2 火灾场景设计

2.2.1 排烟控制区域的划分

奥林匹克公园地下交通联系通道出入口与通风竖井一起将隧道分隔为多个消防控制区域。当火灾发生在某区域时，该区域的消防设备动作，最终应该将火灾的影响控制在一定的范围。当隧道内发生火灾时，根据火灾发生位置的不同进行相应的排烟处理。

顺着行车方向，火灾区域上、下游均有风亭。下游最近的一座风亭的轴流风机高速运行排烟，上游最近风亭的轴流风机高速运行送风，同时开启本区段的射流风机进行压力平衡，参见图2。

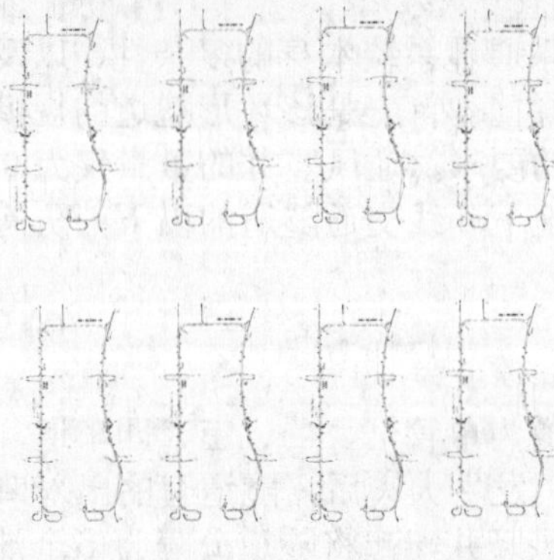

图2 上下游均有风亭的情况

顺着行车方向，火灾区域下游无风亭但上游有风亭。开启上游风亭内的轴流风机高速运行送风，同时本区段的射流风机进行风力平衡，烟气从下游峒口排出，参见图3。

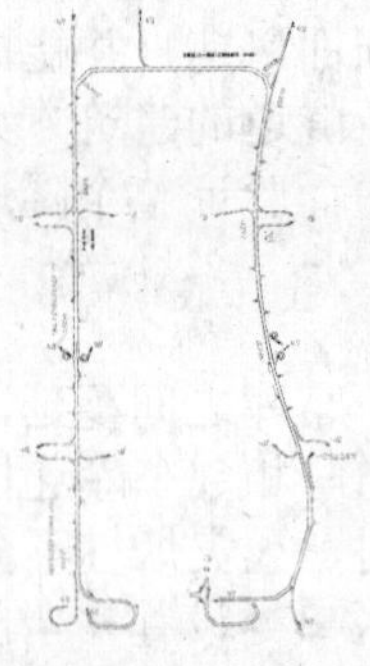

图3 下游无风亭上游有风亭的情况

顺着行车方向，火灾区域下游有风亭但上游无风亭，但有峒口。开启下游风亭内的轴流风机高速运行排烟，同时本区段的射流风机进行风力平衡，参见图4。

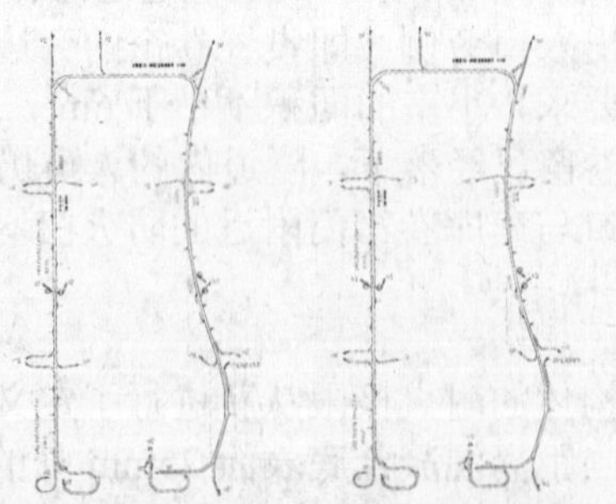

图4 下游有风亭上游无风亭的情况

顺着行车方向，火灾区域上、下游均无风亭。开启本区段的射流风机进行压力平衡，新风从上游峒口进入，烟气从下游峒口排出，参见图5。

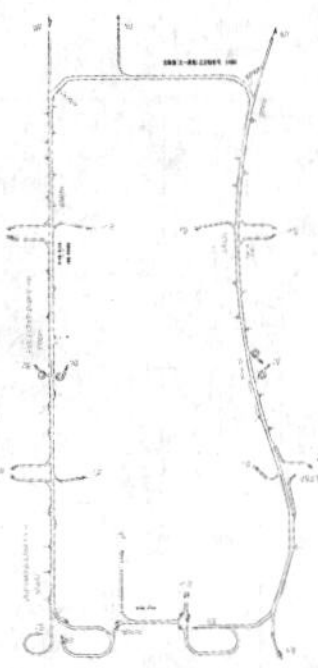

图 5 下游上游无风亭的情况

在性能化消防设计中，首先应该通过分析隧道的建筑方案及通风井的布置情况，划分隧道控制区域，通过选取具有代表火灾场景进行计算，进而验证整个隧道系统的安全性。

性能化防火设计计算选择的三个计算区域，它们基本涵盖了整个地下隧道的50%以上，包括了该地下通道最复杂的部分，参见图 6。

此外环形隧道与大屯路、成府路隧道连接处有 12 根匝道。根据按照车行方向，分为上行匝道和下行匝道；各有 6 根。从火灾危险性分析，下行匝道内发生火灾后危险性更大。因为匝道采用纵向排烟系统，而烟气在自身浮力作用下沿坡度上行，排烟系统需克服烟气的浮力将烟气向下推送，烟气不容易受到控制。因此本报告重点针对下行匝道的烟气控制系统进行分析，选取其中下行坡度（7.9%）最大的匝道 h2 和匝道 h6 进行 CFD 模拟验证。

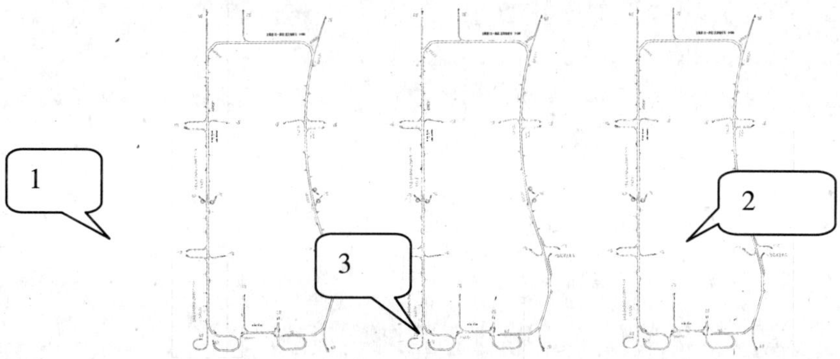

图 6 计算区域选取图

2.2.2 火灾场景汇总

本隧道禁止油罐车，或载有大量危险品的车辆通行。允许的汽车主要为小汽车，最大可能车型为小型箱式货车或轻型客车。根据国际道路学会的建议，面包车的火灾可达 15MW。报告中最终选取 15 MW 的火灾规模。火灾场景参见图 7～图 11。

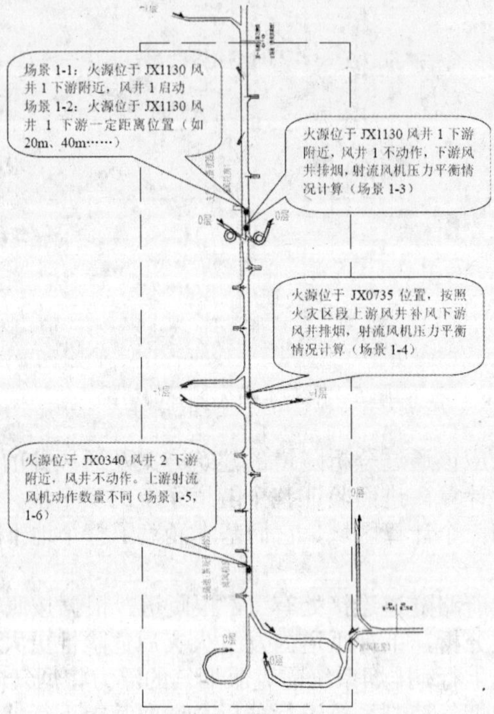

图 7　区域 1 火灾场景示意

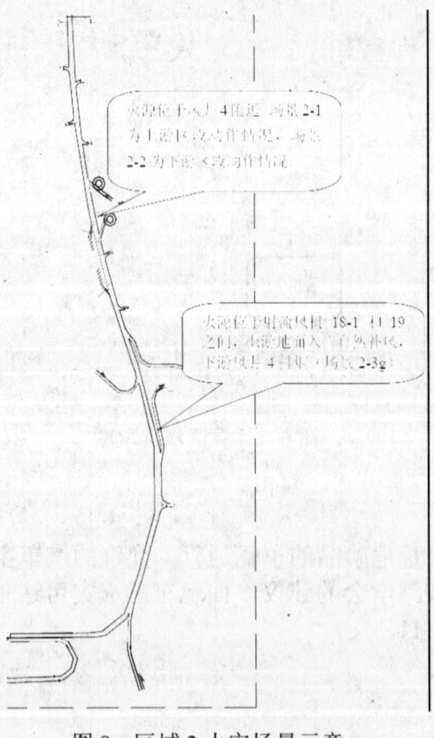

图 8　区域 2 火灾场景示意

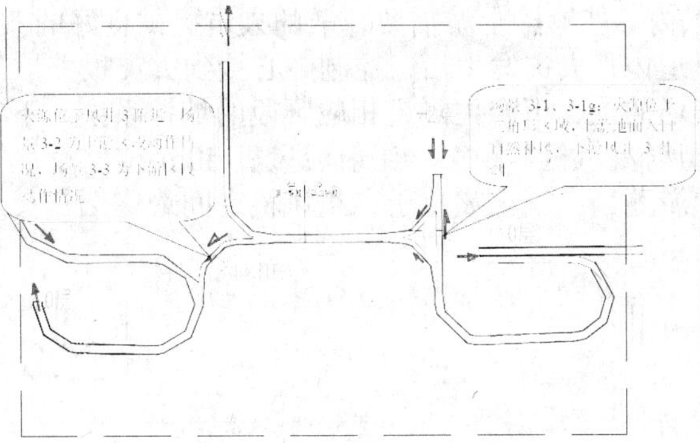

图 9　区域 3 火灾场景示意

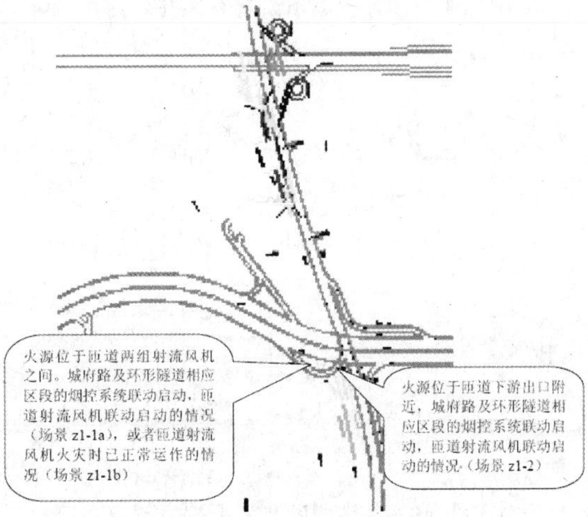

图 10　匝道 2 火灾场景示意

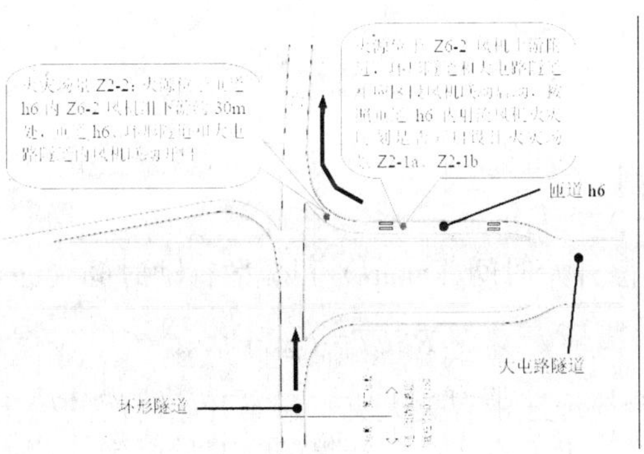

图 11　匝道 h6 火灾场景示意

3．烟气控制分析计算

3.1 烟控措施示意

地下通道采用多竖井送/排风加射流风机诱导型纵向通风方式。烟控方式根据不同的通风条件进行，见图 12 所示。

3.2 计算结果

奥林匹克公园地下交通联系通道通过设置 9 个排烟 / 送风竖井，以及该通道设置的众多通向地面出入口，使得纵向排烟方式具有可行性。通过选取典型的火灾场景，经过 CFD 分析计算，需在主隧道区域 2 部分增加 5 组射流风机。改进方案结果表明：当隧道内部发生 15MW 的火灾时，纵向通风系统可将上游的火灾烟气影响范围控制 30m 以内。能够给上游需要疏散的人员提供良好的条件。

当火灾发生在下行连接匝道内，火灾发生后，控制中心接到火灾报警信号后应联动匝道内射流风机的同时还应联动启动与匝道相连通的上、下游主隧道相应区段的烟控系统。下行匝道内设置两组射流风机，在匝道入口 15m 处设置第一组射流风机，距第一组射流风机 50m 位置设置第二组风机。火灾位于第二组风机下游，烟气能被阻止向上游蔓延。当火灾位于二组风机之间最终烟气会进入上下主隧道。

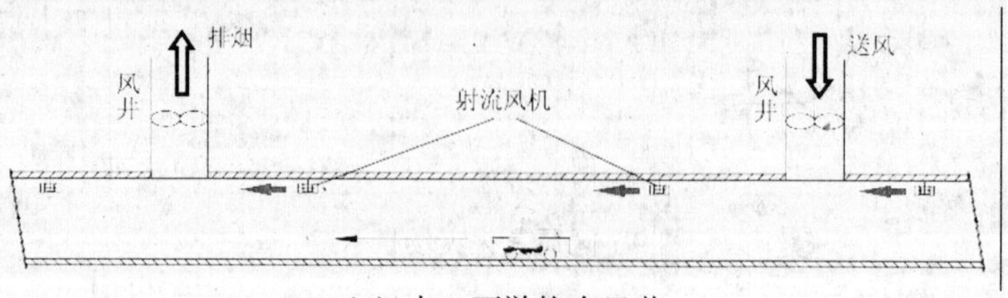

（a）上、下游均有风井

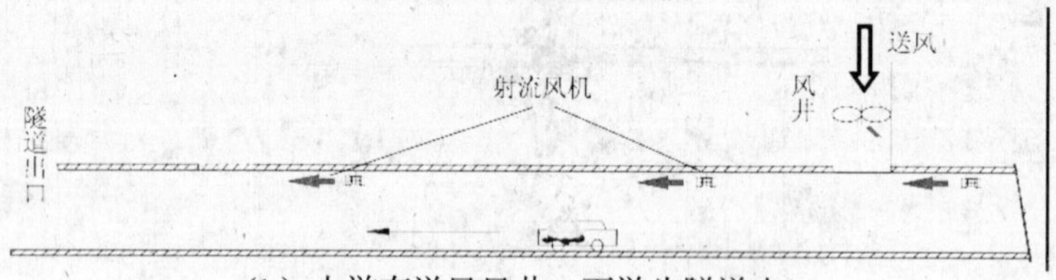

（b）上游有送风风井，下游为隧道出口

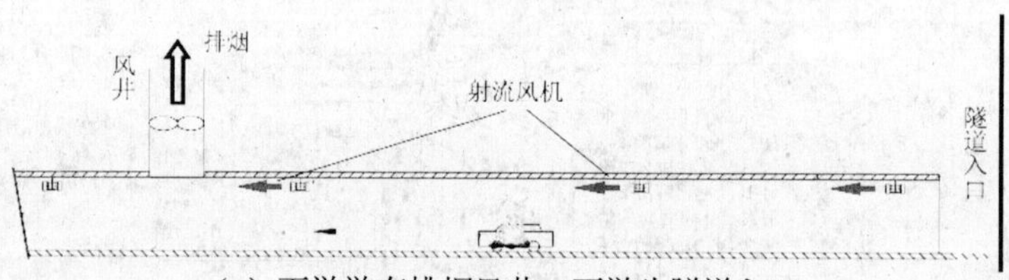

（c）下游游有排烟风井，下游为隧道入口

图 12　隧道烟控方式

4．人员疏散安全性分析

4.1 疏散时间（RSET）预测

疏散时间（RSET）包括疏散开始时间（tstart）和疏散行动时间（taction）两部分，其表达式为：

$$RSET = t_{start} + t_{action} \qquad \text{（公式-1）}$$

本项目将参照日本避难安全检证法中有关火灾室避难开始时间的确定方法进行疏散开始时间计算，即在火灾位置处划分出一定区域作为火灾室，进而计算疏散开始时间，其计算表达式如下所示。

$$t_{star} = \frac{\sqrt{\sum A}}{30} \qquad \text{（公式-2）}$$

A —— 为火灾区域面积(m^2)

上述预测方法是基于人们通过烟气和气体觉察到火灾的发生，而采取疏散行动的时间，因此，选取距火灾着火汽车 30 米之内（1~4 辆车）作为火灾区域是合适的。

疏散行动时间包括从最远疏散点至安全出口步行所需的时间和通过限制出口所需要的时间。即：

$$t_{action} = t_{travel} + t_{queue} \qquad \text{（公式-3）}$$

公式中：

- 步行时间（ttravel）：按从最远一点经折线距离至出口所需要的时间。
- 出口通过时间（tqueue）：即人员通过某一限制出口所需要的时间，也即出口前排队时间。

在本项目分析中，采用经验公式法，以及 SIMULEX 场模型计算机分析法分别进行预测分析，并取两者的较大值作为预测结果。

4.2 疏散分析人数确定

由设计说明可知，地下通道通风计算行车速度：30km/h，最低计算车速 10km/h。按车速为 10km/h 进行车辆流动分析，则进入隧道车辆在整个地下车道中的停留时间约为 0.747h。按设计交通量 1300 pcu/h·管计算，则同时最多行车数约为 971 辆车。

将不同车道长度均折算为单车道，则地下车行隧道折算总长度约为 20840m，详见下表 1。将车头与车头间距按 10m 计算，则在地下车行隧道的车辆总数约为 2084 辆车，其计算结果大于按流量分析所得到的车辆数，并按每辆车载客人数为 3 人考虑。

表 1　车道折算长度表

车道类别	车道长度（m）	折算为单车道长度（m）
4 车道	3320	13280
3 车道	570	1710
2 车道	1980	3960
1 车道	740	740
1 车道敞开	570	570
2 车道敞开段	290	580
合计	7470	20840

4.3 疏散分析场景汇总

表 2　疏散分析场景汇总表

疏散场景		场景描述	备注
区域	场景		
区域一	场景 1-1	场景位于中一路至北二路间第 1 标段隧道及部分第 3 标段隧道	对应于烟气分析场景 1-1，1-2，1-3
	场景 1-2	本场景位于规划一路至中一路间第 1 标段隧道	对应于烟气分析场景 1-6
区域二	场景 2	本场景位于位于中一路至城府路一侧的第二标段隧道	对应于烟气分析场景 2-1 和 2-2
区域三	场景 3-1	本场景位于位于南一路的第二标段隧道	对应于烟气分析场景 3-1
	场景 3-2	本场景位于位于南一路的第一标段和部分第二标段隧道	对应于烟气分析场景 3-2 和 3-3
匝道 h2 疏散场景		本场景为成府路隧道进入环形隧道湖边东路段的过渡匝道	对应于 h2 匝道场景
匝道 h6 疏散场景		本场景为地下一层大屯路隧道由东向北右转下行进入地下二层环形主隧道的立体交叉匝道	对应于 h6 匝道场景

表 3　疏散场景计算结果汇总

疏散场景	车道数（个）	开始时间（min）	行动时间（min）经验公式 / 软件计算	RSET（min）	最远距离（m）
1－1	4	0.72	5.1/4.8	5.8	163
1－2	3	0.65	4.7/5.4	5.9	144
2	3	0.65	6.7/6.5	7.4	226
3－1	1	0.43	4.3/5.1	5.5	215
3－2	1	0.43	3.5/5.4	5.8	166
h2	1	0.43	1.6～3.6	2.0～4.0	97
h6	1	0.43	2.0～4.4	2.4～4.8	119

奥林匹克公园地下交通联系通道按照最慢的车行速度为 10km/h（2.78m/s），火灾烟气沿着隧道的运行速度不大于 2.6m/s，因此，火灾发生处下游方向的人员可通过汽车逃生。

联系通道采用的纵向通风系统可将上游的火灾烟气影响范围控制在 30m 以内。火灾上游方向的人员通过上游的汽车库处入口，通往地面的汽车出入口逃生。

5. 隧道结构的防火安全

5.1 混凝土的受火反应

混凝土在遇火时会出现爆裂现象，火灾时高强混凝土爆裂现象更为严重。混凝土爆裂会使钢筋直接暴露在火灾中，并且会减少承载结构的横截面面积。由于在满足同样的结构性能的条件下，高强度混凝土结构所需的厚度较小，当遇到火灾时，爆裂的破坏程度甚至比一般情况的更严重。

5.2 混凝土的耐火极限判定标准

未经保护的混凝土，如果其质量含水率超过 3%，在火灾起始的五到三十分钟之内就会产生爆裂。混凝土中的聚合体（如石英石等）也有可能对其耐火性能产生不利的影响。

建筑设计防火规范对城市隧道承重结构体的耐火极限从新进行了定义，规定采用 RABT 标准升温曲线测试构件，其耐火极限标准为：受火后，当距离混凝土底表面 25mm 处的钢筋的温度超过 300℃，或者混凝土表面的温度超过 380℃时，则判定为达到耐火极限。

5.3 隧道结构的防火保护

奥林匹克公园地下交通联系通道内部设有水喷雾灭火系统，该系统在控制火灾的同时会使火场的温度降低。相关试验表明，汽车火灾在水喷淋系统的控制下，烟气平均温度并不是很高。因此，确定该隧道采用 50mm 混凝土保护层可保证结构的耐火能力。

6. 自动灭火系统安全分析

6.1 水喷雾系统灭火机理

水喷雾系统灭火机理是表面冷却，窒息，冲击乳化和稀释。从水雾喷头喷出的雾状水滴，粒径细小，表面积很大，当水雾滴喷射到燃烧表面时，因热交换面积大而会吸收大量的热迅速汽化，使燃烧物质表面温度迅速降到物质热分解所需的温度以下，使燃烧体达到冷却目的。对于不溶于水的可燃液体，雾状水冲击到液体表面并与其混合，形成不燃性的乳状液体层，从而使燃烧中断；对于水溶性液体火灾，由于雾状水能与水溶性液体很好溶合，使可燃烧性浓度降低，降低燃烧速度而熄灭。

6.1.1 对水喷雾系统必要的补充

水喷雾灭火系统能及时有效地控制火情、扑灭火灾，保障隧道消防安全。但对于隧道内汽车火灾有时水喷雾灭火系统仍有应用局限。根据上海延安东路过江隧道灭火统计资料：隧道通车 5 年多发生过中小型火灾十余次，其中 65%的火灾是第一发现者即司机和乘客扑灭的，35%的火灾是第一发现者和随后到达的隧道管理所兼职消防队员共同扑灭的。这些火场经验说明隧道内配置消防设施立足自救的重要性和必要性，因此，本工程设置的水成膜泡沫灭火系统是水喷雾系统必要的补充。

6.2 水喷雾系统对人员疏散的影响分析

6.2.1 水喷雾系统出水控火时间

水喷雾灭火系统的响应时间，当用于灭火时不应大于 45s；当用于液化气生产、储存装置或装卸设施防护冷却时不应大于 60s；用于其他设施防护冷却时不应大于 300s。

奥林匹克公园地下联系通道设置了双波长火焰探测器。双波长火焰探测器不受交通风和换气风影响，可准确报知火灾位置，并在 30 s 内发现 0.5m^2 的汽油火灾，具有宽广的监视视野和极高的灵敏度、可靠性。双波长火焰探测器设置时，应与水喷雾分区相对应。在设置水喷雾系统的区域，双波长火焰探测器与电磁阀一一对应。

对于 0.5m^2 汽油火灾，双波长火焰探测器可在 30 秒内报警。0.5m^2 的汽油火灾约为 0.5MW。而超快速火增长至 0.5MW 需 52s 时间。

水喷雾系统雨淋阀动作的时间约为 52+30＝82s。自雨淋阀动作到系统中最不利点水雾喷头喷出水雾取 45s。隧道中发生汽车火灾后水喷雾系统的出水时间为 127s。根据 t^2 超快速火增长公式，此时汽车的火灾规模可达 3MW。

6.2.2 对水喷雾系统联动控制的建议

当火焰探测器报警后应首先联动覆盖火灾点上方的一组水喷雾系统动作。根据设计要求：消防时应任意相邻两组系统同时作用，尽量将火灾区域控制在这 50 米的范围内。另一组系统应根据火灾的位置进行联动。

由于该隧道内以 25 米为一个喷雾区间，当火灾恰好发生在本区间中间位置时，可以联动相临的任一组动作。从满足人员疏散安全的角度考虑，应尽量减少喷水后对人员的影响。

当火灾发生在本区偏离中间位置，应满足距离火灾最近的相临水喷雾区间动作。因此，水喷雾系统应与火灾探测系统紧密结合，达到根据火灾发生的位置，合理的联动水喷雾系统，达到最佳的控火效果。火焰探测器的间距应控制在 25m。参照图 13。

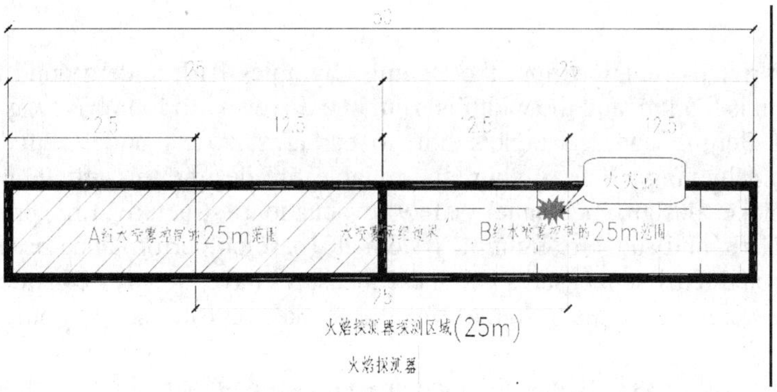

图 13　火焰探测器设置示意图

参照图 13，将火焰探测器设置在两组水喷雾系统的连接处，当火焰探测器发现如图 13 所示探测区域内的火焰并报警后，联动 A 组、B 组水喷雾系统动作。

依据上述的控制原则，当火灾发生在 B 组水喷雾区域中间偏向 A 组区域处时，人员的疏散路径上受喷水影响的距离最大为 25+12.5＝37.5(m)。根据烟气计算结果，纵向排烟可将烟气影响上游的范围控制在 30m 以内。因此，水喷雾每组的控制范围采用 25m，同时两组动作，可以满足控火及最大限度的避免对人员疏散的影响。

7．总结

奥林匹克公园地下交通联系通道以其设计规模大、地理位置特殊敏感、以及与上层成府路、大屯路隧道的匝道交通联系使得其消防设计更为复杂。为了保证该隧道的消防安全，采用性能化防火设计进行定量的评估计算是最好的解决办法。

通过对该隧道的性能化防火设计研究，最终形成了针对环形隧道的排烟组织、联动控制要求、人员安全疏散、火灾自动报警系统与自动灭火系统的联动控制设计、结构防火保护等方面的较为系统的解决方案，较好的解决了该工程的消防问题。相信该隧道取得的研究成果对我国城市隧道的设计尤其是环形隧道的设计会有较好的借鉴作用，同时也可为城市隧道规范的完善提供有益的经验。

但是，我们也应该清醒地看到，由于目前中国在城市隧道方面的设计规范还有待完善，并且性能化防火设计的标准还未出台，因此对于城市隧道纵向排烟的控制及其影响范围、人员安全疏散出口的设计要求、自动灭火系统的设计、隧道火灾自动报警系统的选择方面还需要进一步深入研究，尤其应该加强针对城市隧道的实体火灾的试验研究工作。

8. 参考文献

[1] 国家标准《建筑设计防火规范》GBJ16-87《修订编制专题报告集》国家标准《建筑设计防火规范》修订组,2002.11.

[2] 公路隧道设计规范,中华人民共和国行业标准 JTG D70-2004.重庆交通科研设计院,中华人民共和国交通部,2004.

[3] 2001 年版避难安全检证法的解说及其计算案例的解说,2002.

[4] 霍然,胡源,李元洲.建筑安全工程导论.中国科学技术大学出版社,1999.

[5] 李引擎等.建筑防火工程.化学工业出版社,2004.

[6] 李引擎等.建筑防火性能化设计.化学工业出版社,2005.

The performance-based fire safety design of Beijing Olympics Park underground traffic tunnel

Abstract

As the important correlative engineering, the Beijing Olympics Park underground tunnel is under the park centre zone, its main stem is 5.5 km, and the width is from one driveway to four driveways. It has 25 passageways links to main roads of Beijing and 34 tunnels link to carbarns, so its underground traffic system is very complicated. In order to achieving a safe, saving, and reliable fire design, this article analyses its fire fatalness, lengthways exhaust smoke design, personnel safety evacuation, structure fire protection, fire protection compartmentation, fire alarm and auto-fire-fighting system etc. base on performance-based fire safety design, and put forward the effective and feasible measures that these measures have already been adopted by the engineering. The study result can offer reference to the design of fire and smoke control system of other city tunnel traffic.

Keyword：performance-based fire safety design, underground traffic tunnel, city tunnel, lengthwags exhanst.

作者简介：

李磊，男，中国建筑科学研究院建筑防火研究所，高级工程师，主要从事建筑防火方面的研究。联系方式：地址：北京北三环东路 30 号 邮编：100013，电话： 010-64517632 ，E-mail: llga@firepro.com.cn。

Intelligence-based Compartment Design Approach for Fire Safety

Eric W.M. Lee

Department of Building and Construction, City University of Hong Kong

Abstract

In passive building fire safety system design optimization, if the resultant Height-of-Thermal-Interface (HTI) of a fire compartment design evaluated by the Computational Fluid Dynamics (CFD) is too low, another set of the design parameters are required to be tried. This iterative optimization approach requires lengthy computational time. This paper proposes to apply Artificial Neural Network approach as a fast alternative. The GRNNFA model has been developed particular for fire studies. It has been employed to establish a system response surface. Also, the expert intervened network training was developed to remedy the established system response surface for optimization of design parameters by Genetic Algorithm.

Keywords: Artificial Neural Network, Compartment Fire, Height of Thermal Interface.

1. Introduction

Currently, the CFD is the most widely adopted approach to simulate the behaviours of fire systems. It is a sophisticated and useful technique to evaluate the behaviours of the systems. The CFD model divides the domain of a system into finite numbers of small volumes. The nonlinear system behaviour of the fire system is determined by solving a large set of differential equations describing the interactions between the small volumes. Extensive iteration steps and large size of matrices are usually involved in the CFD computation. The major drawback of the CFD is the requirement of extensive computer storage and lengthy computational time. Also, the results predicted by the CFD are flow field information of all small volumes (e.g. velocities, temperature, pressure, mass fractions of different species, etc.). These numerical results are still required to be further manipulated (i.e. post-processing) for telling the user the performance interpreted from the CFD simulation results especially when the user is not an expertise in fire. One of the examples is the height of the thermal interface in a single compartment fire. Even though the temperature field has been obtained from the CFD simulation, the field data is still required to be post-processed to determine the height at which the average temperature gradient is the highest.

Due to the lengthy computational time of the CFD simulation, solely replying on the CFD model in the fire system design optimization may not be practical. Currently, ANN techniques were only applied to fire detection system. These studies have confirmed the applicability of the ANN techniques to fire detection system. The superior performance comparing to other traditional models have also been addressed. However, application of the ANN techniques to determine the consequences of fire is still very limited. Lee et al. [1] applied Feedforward MLP model for determination of sprinkler actuation. The prediction results are comparable to zone models. The FAM was employed by Lee et al. [2] to determine the occurrence of flashover. The highest rate of correct prediction was determined to be 97.6%. Lee et al. [3] have also developed a probabilistic inference engine (PEMap) based on the theories of maximum information entropy for treating the uncertainties embedded in fire data. It was also applied to determine the occurrence of flashover. The results show that the performance of the PEMap is competitive to the FAM but with a comparatively simple network structure and working mechanism. These pioneer works have confirmed the applicability of the ANN techniques in determination of fire consequences.

A novel ANN model denoted as GRNNFA [4] has been developed particularly for prediction of compartment fire. It has been proven to be a rapid alternative to the CFD simulation for predicting the height of the thermal interface in a single compartment [5]. The high speed computation of the GRNNFA facilitates the formulation of a soft computing based optimization model.

The next section of this paper introduces the development of a novel hybrid ANN model, denoted as GRNNFA, which was designed particularly for fire studies. The novel approach of network training by employing human expert intervention is also introduced to remedy the system response surface created by the GRNNFA model. Then, the optimization model by GA is also illustrated.

2. GRNNFA Model with Human Expert Intervened Network Training

The basic architecture of the GRNNFA model is shown in Figure 1. Readers may refer to [4] for the development of this model.

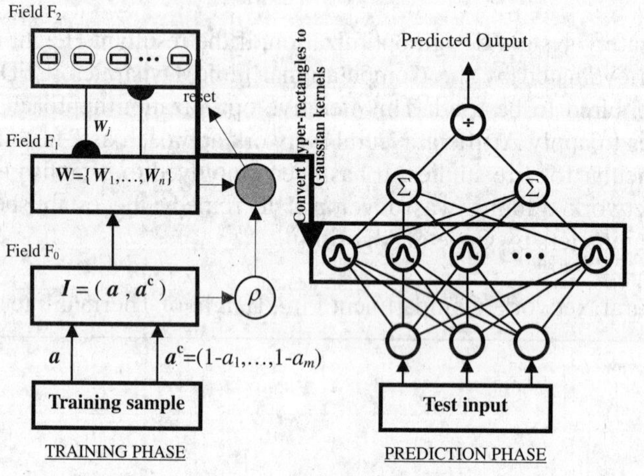

Figure 1 Architecture of the GRNNFA model

Most of the intelligent systems are designed to minimize the human intervention in network training phase for the purpose of automation. The knowledge of the system is solely recruited from the available training samples. However, when the number of training samples is limited, especially for the fire data, the knowledge recruited from the available samples may not be sufficient to describe the system behaviour. Human expert experience can provide the information missing from the limited training samples. It is proposed to simplify the prediction model by putting part of the nonlinearity of the decision action back to the human brains. The idea of applying the human intervention to ANN model was discussed [6]. If the training samples are limited in size, human expert intervention is considered as the only way to further improve the performance of the prediction model. The human expert intervention facilitates the modelling of the expert knowledge into the system which can also be considered as a supervised tuning of the system to the 'preferences' of the expert. The trained model not only captures the system behaviour from the limited samples but also recruits the expert knowledge into the network. The human expert intervened network training algorithm consists of the following generic procedures:

Historical data of the system is recruited as training samples for network training.

The GRNNFA model is trained by the available training samples. A system response surface is created to represent the knowledge of the training samples.

Human experts are invited to examine the established system response surface and identify any 'defective' location at the surface.

If a defective location is found, CFD simulation will be carried out to create an extra sample at that location. It provides an extra knowledge of the system for further network training.

The GRNNFA model is trained again with the presence of the extra samples. The system response surface is hence remedied.
Repeat step c. to e. until the human experts satisfy the remedied system response surface.
The final system response surface is ready to be used for design parameter optimization.

3. System Design Optimization by Genetic Algorithm

The last section illustrates the approach of establishing the system response surface. This system response surface, according to the objective of the design optimization (i.e. the objective function), is transformed to the problem domain. GA can be applied on the transformed surface to arrive a close optimum solution. The genetic algorithm (GA) is a evolutionary optimization approach developed on the basis of the natural selection theory as described in the book of 'On the Origin of Species by Means of Natural Selection or the Preservations of Favoured Races in the Struggle for Life' [7]. Holland [8] developed an algorithm to apply the natural selection theory on genetic chromosomes which is a string of Deoxyribonucleic Acid (DNA) of which four basic blocks are included (i.e. 'A', 'T', 'G' and 'C'). In the traditional binary coding of the GA, the basic blocks are '1' and '0'. Crossover and Mutation are the two basic operators developed from biological theories. They are used for breeding new chromosomes from one generation to the next generation. In each generation, the 'best fit' chromosomes are selected as parent chromosomes for breeding the next generation. The overall design optimization approach is shown Figure 2. The GRNNFA creates a system response surface from the collected samples. During the network training, human expert knowledge is adopted to remedy the response surface. GA optimization is then applied to achieve the close optimum design parameters. It was reported by [9] that the performance of the GA approach is diminished in noisy environment. However, since the GRNNFA is able to remove symmetrically distributed noise embedded, the system response surface created by the GRNNFA is possibly noise free. It realises the application of the GA approach to arrive a close optimum solution from the available noisy samples.

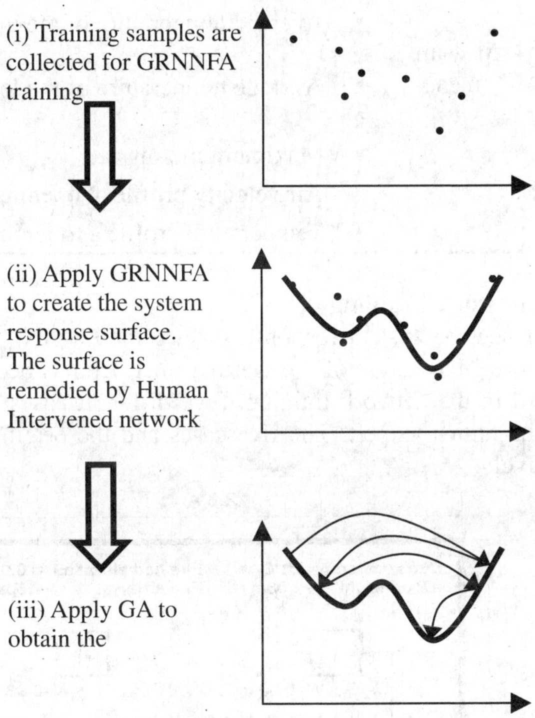

Figure 2 Concept of GRNNFA-GA design optimization model

4. Application of the GRNNFA-GA Optimization Model

This section demonstrates the application of the GRNNFA-GA optimization model for determination of door width of a fire compartment. The fire experimental data for the GRNNFA model training was extracted from [10]. It is a set of full scale steady state experiments of flow induced in a single compartment fire. A total of 55 experiments were performed that included different fire locations, fire intensities and window and door sizes. The height of the thermal interface was estimated from the room temperature profile data as the position of rapid temperature change between the lower cold layer and upper hot layer of the compartment. Owing to diffusion and mixing effects of the fluid flow, the thermal interface height could not be determined precisely. It was ascertained that the interface height could only be achieved within a range of ±8% to ±50% accuracy [10]. The values of the interface height recorded in the format of mean ± error were used to compare the GRNNFA predictions.

System Response Surface Establishment

Different controlled parameters were varied to result different measurements. Table 1 summarizes the parameters and measurements. The HTI was chosen to be the target output of the GRNNFA model. Since there are only total 55 numbers of samples available, the bootstrapping technique was adopted to evaluate a statistically justified prediction results. The value of K of the kNN and the vigilance parameter of the GRNNFA model were set to be 2 and 0.92 respectively.

Table 1 Controlled parameters and measured results of the Steckler's Experiment [42]

Controlled parameters	▪ Width of opening ▪ Height of the sill of the opening ▪ Fire Strength ▪ Distance of fire bed from the front wall ▪ Distance of fire bed from the centerline ▪ Ambient temperature
Measurements	▪ Air mass flow rate ▪ Neutral plane location ▪ Height of the thermal interface ▪ Average temperature of the upper gas ▪ Average temperature of the lower air ▪ Maximum mixing rate ▪ Air velocity profile at opening ▪ Temperature profile at opening

Human Expert Intervened Network Training

The above procedures established the system response surface the GRNNFA and the training samples adopted from [10]. The system behaviour of the height of the thermal interface has been validated. In this step, the human expert intervention is involved in the network training. Five different cases which are unseen from the training samples were examined by the human expert. The five cases and the original sample distribution are shown in Figure 3 and Figure 4 respectively.

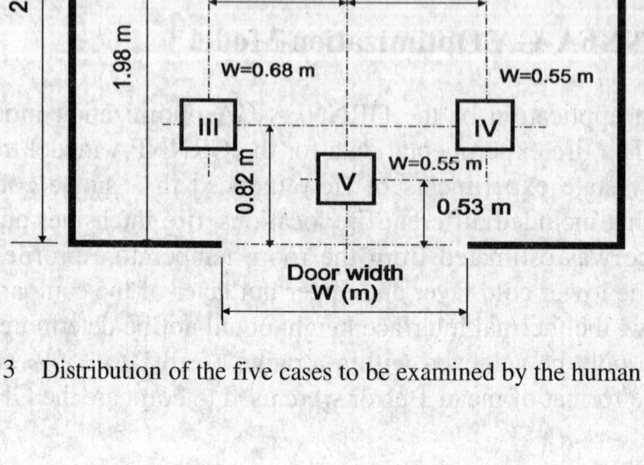

Figure 3 Distribution of the five cases to be examined by the human expert.

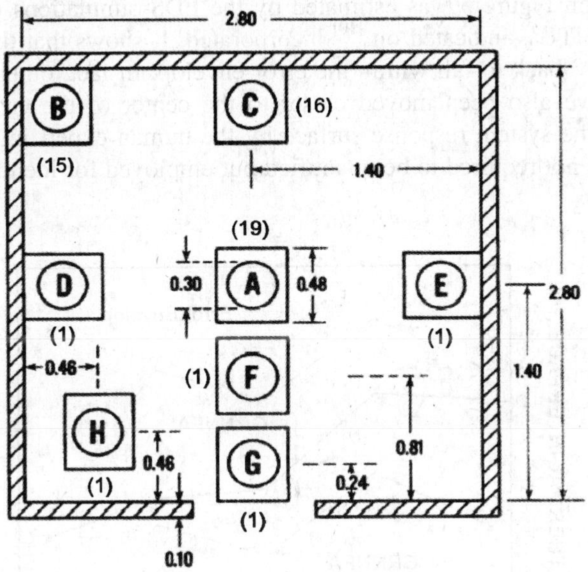

Figure 4 Distribution of the original samples in [42].Numbers of samples at the different locations are bracketed.

The trained GRNNFA model was applied to the five cases to predict the corresponding HTIs. The predicted results are shown in Table 2. According to the validated conjectures which are considered as the human expert knowledge, the HTIs of the five cases should be ranked as: $HTI_{II} > HTI_{I} > HTI_{III} > HTI_{IV} > HTI_{V}$. However, Table 2 gives a different ranking: $HTI_{II} > HTI_{I} > HTI_{III} > HTI_{V} > HTI_{IV}$.

The original data distribution is shown in Figure 4. The bracketed values shown in the figure indicate the number of samples in each fire location. It is seen that majority of the samples are located at 'A', 'B' and 'C'. Comparing to the five test cases, test case I and II benefit from these samples.

Table 2 The HTIs of the five cases predicted by the GRNNFA.

Case	Distance from door center (m)	Door Width (m)	HTI (m)
I	2.067	0.80	1.207
II	2.067	0.93	1.225
III	1.013	0.82	0.954
IV	1.013	0.55	0.897
V	0.530	0.53	0.913

For test case V, although most of the samples are remotely away from this location, there are still two samples (i.e. locations 'F' and 'G') contributing their knowledge to this fire location. For case III and IV, they receive less benefit from the remote samples. However, there is a sample at location 'H' contributes to case III. Although this sample also contributes to case IV (mirror at the center of opening), the door width of this sample (i.e. 0.74m) is closer to case III (i.e. 068m) than case IV (i.e. 0.55m). It was proven by [3] that the accuracy of prediction is significantly affected by the data distribution density. This particularly applies in the knowledge distribution of [10]. Since the data distribution density at test case IV is less than that at test case V, it can be concluded that the available samples are not sufficient to describe the system behaviour at the test case IV.

An extra sample was created by applying CFD simulation on test case IV. FDS [11] was employed. The predicted HTI was 0.992m. The GRNNFA was re-trained by the original 55 numbers of samples together with the extra sample created by the FDS. The re-trained model is denoted as GRNNFA*. Figure 5 shows the ranking of the HTIs of the five test cases before (i.e. GRNNFA) and after (i.e. GRNNFA*) the network re-training.

The error envelop indicated on Figure 5 was estimated by the FDS simulations on the five test cases with the minimum error range of the HTI as indicated on [10] incorporated. It shows that the network re-training with the extra sample drags the case IV back to fall within the error envelop. In fact, other cases has also benefited from the re-training since they have also been moved closer to the center of the error range. The above example demonstrates the remedy of the system response surface by the human expert intervened network training. The human expert knowledge was not required to be quantified but employed for identifying the defective location of the system response surface.

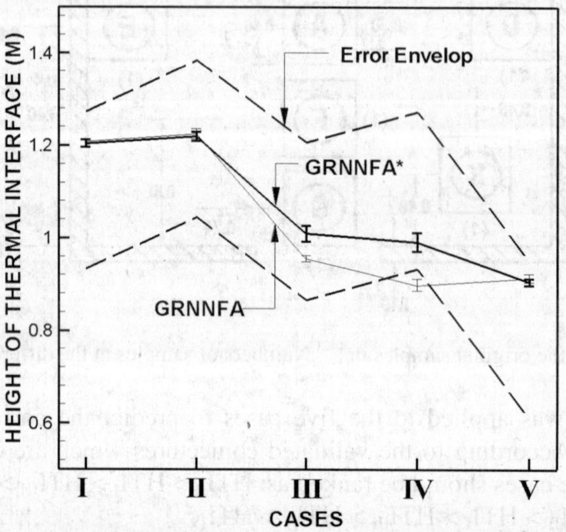

Figure 5 Improvement of the GRNNFA prediction by introduction of the extra sample

Optimization of Design Parameters by Genetic Algorithm

The remedied system response surface was ready to be used after the network training. The objective of this design parameter optimization is to determine the minimum door width with which the HTI would not lower than 1.0m above floor level disregarding the location of the fire. The objective function is defined in following formula where H is the HTI resulting from the door width W, distances of the fire bed from room center D_x and from the front wall D_y. The physical domain of the fire bed location is defined as Ω.

$$\underset{W}{Min}\left[H\left(W,D_x,D_y\right)-1.0\right]^2 \quad ; \quad \forall\left(D_x,D_y\right)\in\Omega\in\Re^2$$

The objective is to minimize the value of J. It was found that different set of $\{W,D_x,D_y\}$ may result the same value of HTI. In order to determine minimum door width irrespective to the location of the fire bed, Monte-Carlo simulation was carried out. Total 10 000 numbers of fire bed locations were randomly created within the physical domainΩto arrive 10000 corresponding door widths with which the HTIs were not lower than 1.0m. The typical progress of the GA optimization is shown in Figure 6. It can be observed that the close optimum solution was reached by only 10 generations. Also, the objective function did not has further reduction over 200 generations. The distribution of the 10 000 door widths is presented by the histogram as shown in Figure 7.

By counting 99.9% of the 10000 samples (i.e. 9990 samples) from the leftmost, the door width of the 9990th sample falls into the range of 0.85–0.9m. The following conclusion can be drawn: There is at least 99.9% confidence level that the average height of the thermal interface induced by the fire (62.9kW) will not lower than 1.0m above floor level when the door width is 0.9m disregarding the location of fire inside the compartment identical to the experimental setup of [10].

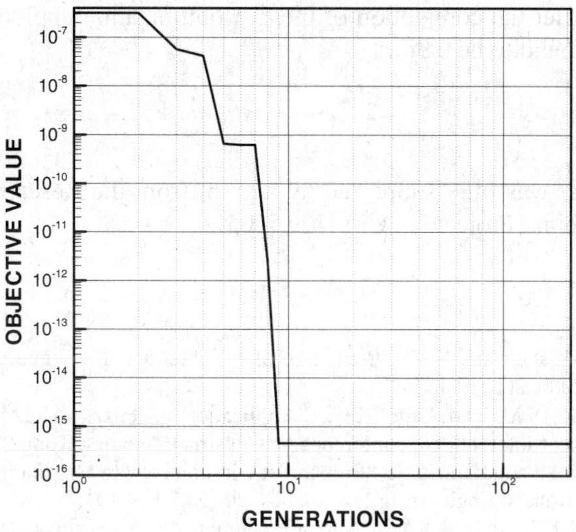

Figure 6 Progress of the optimization by GA

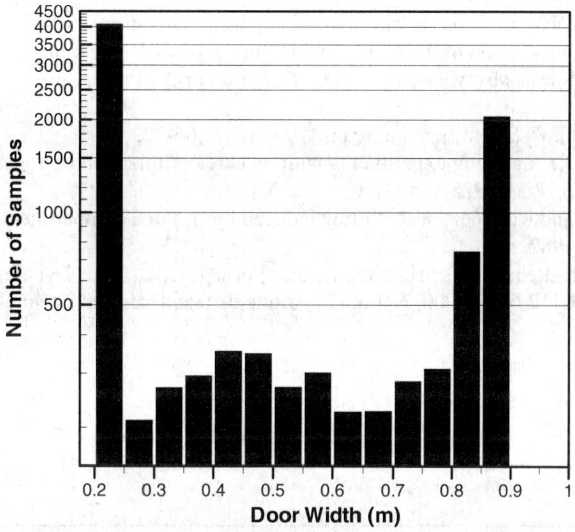

Figure 7 Distribution of the 10 000 door widths with which the resulting HTIs were not lower than 1.0m above floor level

5. Conclusions

This paper presented the development of a set of generic optimization procedures with applications of the GRNNFA model, the human expert intervened network training and GA. The GRNNFA model established the preliminary system response surface according to the information of the available training samples. Since the available samples may not be sufficient to describe the general behaviour of the system, human expert intervened network training was developed to remedy the system response surface by the implementation of the human expert's knowledge. Subsequently, the GA was applied on the remedied system response surface to arrive a close optimum solution.

This optimization approach was demonstrated by the application to determine the door width of a single compartment with which the HTI would not lower than 1.0m above floor level irrespective to the location of the fire bed. The Steckler's experimental results [10] were adopted as the training samples. The trained GRNNFA model revealed the two conjectures of the HTI's behaviour (i.e. the HTI will be raised by placing the fire bed away from the door opening or increasing the width of the door opening). The conjectures were also validated theoretically and numerically. The established system response surface was examined by the human expert. The defective location of the surface was then determined by his knowledge. CFD simulation was carried out at that location to create the extra sample for the network re-training. The re-trained GRNNFA produced the remedied system response surface. It was shown that the human knowledge together with the CFD simulation significantly improve the system response. After the completion of the GA optimization applying on the response surface, the close optimum door width was found to be 0.9m.

6. Acknowledgement

The work described in this paper was fully supported by a grant from the Research Grants Council of the Hong Kong Administrative Region, China [Project no. CityU 115205].

7. References

[1] Lee, W.M., Yuen, K.K., Lo, S.M. and Lam, K,C., "Prediction of sprinkler actuation time using the artificial neural networks", Journal of Building Surveying, 2000, 2(1),10-13,.

[2] Lee, E.W.M, Yuen, R.K.K., Lo, S.M. and Lam, K.C., "Application of Fuzzy ARTMAP for prediction of flashover in compartmental fire", Proceedings of International conference on Construction Hong Kong, June 2001, 19-21:301-311.

[3] Lee, E.W.M, Yuen, R.K.K., Lo, S.M. and Lam, K.C., "Probabilistic Inference with Maximum Entropy for Prediction of Flashover in Single Compartment Fire", Advanced Engineering Informatics, 2002,16:179-191.

[4] Lee, E.W.M., Lim, C.P., Yuen, R.K.K. and Lo, S.M., "A hybrid neural network for noisy data regression", IEEE Transactions on Systems, Man and Cybernetics – Part B. (in press)

[5] Lee, E.W.M., Yuen, R.K.K., Lo, S.M. and Lam, K.C., "A novel artificial neural network fire model for prediction of thermal interface location in single compartment fire", Fire Safety Journal, 2004,39:67-87.

[6] Lee, E.W.M. and Lim, C.P., "Discussion on possibility of integrating human intervention in Genetic Algorithm and Artificial Neural Network", Private Communication in April 2002, City University of Hong Kong, 2002.

[7] Darwin, C., "On the Origin of Species by Means of Natural Selection or the Preservations of Favoured Races in the Struggle for Life", Murray, London, 1859.

[8] Holland, J.H., "Genetic Algorithm", Scientific American, 1992,267(1):66-72.

[9] Hansen, J.V. and Meservy, R.D., "Learning experiments with genetic optimization of a generalized regression neural network", *Decision Support Systems*, 1996,18:317-325

[10] Steckler, K.D., Quintiere, J.D. and Rinkinen, W.J., "Flow induced by fire in a compartment", Washington D.C:NBSIR 82-2520, National Bureau of Standards, 1982.

[11] McGranttan, K.B., Baum, H.R., Rehm, R.G., Hamins, A. and Forney, G.P., "Fire Dynamics Simulator – Technical Reference Guide", Gaithersburg, MD: NISTIR 6467 2000, National Institute of Standards and Technology, 2000.

智能化隔室消防安全设计

摘要

对于建筑物的消防安全设计优化，通常采用计算流体力学(CFD)的方法，计算防火分区的热介面高度(HTI)。然而，当计算的热介面高度过低时，就需要对其它的设计参数进行分析。这种迭达优化的方式通常需要大量的计算时间。为了提高计算效率，本文采用人工神经网络方法建立了适用于火灾动力学研究的GRNNFA 模型。该模型建立的系统响应面可对设计参数进行优化，并利用遗传算法进行专家干预网络训练，修正已有的系统响应面.

关键词：人工神经网络、室内火灾、热介面高度。

作者简介：

李伟明，博士，香港城市大学建筑系助理教授。

以 CFD 软件仿真安全梯加压防烟设计

李宗翰，洪志壕，黄士豪

淡江大学机械暨机电工程学研究所

摘要

火灾发生时，会致命往往不是火而是浓烟，所以现在许多高楼大厦都会设置排烟室及在顶楼加装风机作排烟室及楼梯间正压，防止火灾时大楼内所产生浓烟，会跑到排烟室及逃生梯，造成人们因浓烟而呛死。高层建筑之安全或特别安全梯为一垂直之逃生通道，维持梯间无烟害之环境不但是逃生之必要，也是防止烟雾流窜到各楼层之要素。在世界各国有许多火灾案例均因低楼层起火烟流窜至上层，造成多人伤亡，基于梯间加压设计制防灾功能，各国各地区已于建筑(消防)规中纳入规范，如日本、美国、中国、中国香港、新加坡...等，已将梯间加压列入建筑物之防烟设计，目前之法规采用排烟设计，当有特定建筑物拟用加压方式作防烟时，及需项目送审，这是我们必须加强的地方。

这次我们利用模流软件 FLUENT 做数值仿真及评估，并结合 GAMBIT 来建模并网格化，藉此分析一七层楼大楼需多大规格风机，才能做排烟室及特别安全梯间正压，防止浓烟窜至其它各楼层，以达到梯间加压烟控之设计需求。

关键词：火灾、特别安全梯、FLUENT、正压。

1. 前言

当火灾发生时，会造成致命的因素，除了火焰及高温之外，浓烟也是其重要因素，许多人因为逃生不及，就被弥漫的浓烟给呛死，所以如何防止浓烟弥漫各楼层，是现在高楼大厦所必须注意的消防防灾课题，近年来国外之研究成果，已将排除烟雾之观念转移至防止烟雾漫延、控制烟之流动方向、及维持无害之逃生路径及避难。特别安全梯之设计是近年来出现较新式防灾设计，为一垂直逃生信道，如何维持逃生信道无烟害，并防止浓烟不至窜至其它各楼层，是近年来消防防灾新课题，所以特定建筑物拟用加压方式作防烟时，及需项目送审及评估，才能开始发包兴建，本研究为一大楼特别安全梯作正压模拟，我们使用 FLUENT 做模拟及评估，并结合 Gambit 建整个排烟室模型并网格化，最后再使用 FLUENT 做求解处理及后处理，分析各种情境下，各楼层排烟室正压情形，以作为项目送审评估之依据，为老旧建筑物的消防防灾树立典范。

2. 内容及研究方法

本研究要作正压模拟的大楼为七层楼的建筑，原设有特别安全梯排烟室之排烟进风设备，因设备老旧无法正常给予排进风，故全部改为正压送风，从顶楼风机间加压送风至 3、5、6、7 层，藉由排烟室加压送风可有效将火灾蔓延至第三区划(排烟室及梯间)之浓烟隔绝在外，真正确保避难之安全性。为了评估设计新的风机，必须符合在各种情境下加压送风至各楼层时，维持 40~80Pa 的正压，所以我们使用 FLUENT 作评估工具。

3. 理论基础

本案采用美国 FLUENT 公司所开发有限体积法(Finite Volume Method, FVM)为架构的计算流体力学仿真软件求解连续方程式(continuity equation)、动量方程式(momentum equation)、能量方程式(energy equation)以模拟流体运动及热传的现象。基本的传递方程式可表示成下式:

$$\frac{\partial}{\partial t}(\rho\phi)+\nabla\bullet\left(\rho\vec{V}\phi-\Gamma_{\phi,eff}\nabla\phi\right)=S_{\phi} \tag{1}$$

其中 ρ 为流体密度，ψ 为不同传递之方程式之变数，$\vec{V}$ 为速度向量，$\Gamma_{\psi,eff}$、S_{ψ} 将依连续方程式、动量方程式、能量方程式及紊流方程式不同而分别描述如下:

1. 连续方程式:

令 ψ=1、$\Gamma_{\psi,eff}$=0、S_ψ=0 代入方程式可推得:

$$\frac{\partial\rho}{\partial t}+\frac{\partial}{\partial X_t}(\rho u_t)=0 \tag{2}$$

2. 动量方程式:

令 ψ=u_t、$\Gamma_{\psi,eff}$=μ_e、$S_\psi=-\frac{\partial p}{\partial x_j}$+F 代入式 1 可得:

$$\frac{\partial}{\partial t}(\rho u_1)+\frac{\partial}{\partial x_j}(\rho u_i u_j)=-\frac{\partial p}{\partial x_j}+\frac{\partial}{\partial x_j}(\mu_e\frac{\partial u_i}{\partial u_j})+F_i \tag{3}$$

其中方程式的 $\mu_e=\mu+\mu_j$ 代表层流与紊流年至系数和，亦即有黏滞系数(effective viscosity coefficient)，F_i 代表 i 方向外部的体力(external body face)亦或多孔性介质等其它使用者定义的原项。

3. 能量方程式:

令 ϕ=T $\Gamma_{\psi,eff}$=K_e、S_ψ=S_e 代入式 2 可得:

$$\frac{\partial}{\partial t}(\rho C_p T)+\frac{\partial}{\partial x}(\rho C_p T u_i)=-p\frac{\partial u_i}{\partial x_i}+\frac{\partial}{\partial x}\left(k_e\frac{\partial T}{\partial x_i}\right)+\mu\phi+S_e \tag{4}$$

4. 紊流动能扩散方程式:

令 ϕ=k、$\Gamma_{\psi,eff}=\frac{\mu_e}{\sigma_k}$、$S_\varphi=\frac{\varepsilon(C_1 G_K-C_2\varepsilon)}{k}$ 代入式 1 可得:

$$\frac{\partial}{\partial t}(\rho k)+\frac{\partial}{\partial x_i}(\rho k u_j)=\frac{\partial}{\partial x_j}\left[\left(\mu+\frac{\mu}{\sigma}\right)\frac{\partial k}{\partial x_j}\right]+G_k-\rho\varepsilon \tag{5}$$

5. 紊流动态扩散方程式:

令 ψ=ε、$\Gamma_{\psi,eff}=\frac{\mu_e}{\sigma_k}$、$S_\psi$=$G_k$-$\rho\varepsilon$ 代入式 1 可得:

$$\frac{\partial}{\partial t}(\rho\varepsilon)+\frac{\partial}{\partial x_j}(\rho\varepsilon u_j)=\frac{\partial}{\partial x_i}\left[\left(\mu+\frac{\mu_i}{\sigma_\ell}\right)\frac{\partial\varepsilon}{\partial x_i}\right]+C_{1\ell}G_k\frac{\varepsilon}{k}-C_{2\ell}\rho\frac{\varepsilon^2}{k} \tag{6}$$

其中 G_k 表平均速度梯度所产生，其方程式定义

如下:

$$G_k=-\rho\overline{u_i u_j}\frac{\partial u_t}{\partial x_t} \tag{7}$$

而 $C_{1\varepsilon}$、$C_{2\varepsilon}$、C_μ、σ_k、σ_e 为经验常数，依照 Jones 和 Launder 所提出之标准 k-ε 紊流模式分别为: $C_{1\varepsilon}$=1.44、C_{2x}=1.92、C_μ=0.09、σ_k=1.0、σ_c=1.3

FLUENT6.1 在数值演算方面，有关对流与扩散项的求解方程式有 First Order、Second Order、Power Low 及 QUICK 四种不同离散方法而速度和压力的迭代方法，其叙述分别如下:

关于对流-扩散差分形式有两个基本要求，1.保证所得到数值解具有物理意义;2.在一定计算的工作量下所得到数值解有一定准确度。但由于较精细计算需要消耗较多的时间，同时亦不容易达到收敛值。因此如何决定算法显得格外重要，首先我们由一维稳态对流-扩散散公式来探讨各种不同差分形式，对流-扩散项表示如下:

$$\frac{d}{dx}(\rho u\Phi)=\frac{d}{dx}(\Gamma\frac{d\Phi}{dx}) \tag{8}$$

我们考虑其一维控制体积如图一所示，以英文字母大写 P、W、E 分别表示控制体积中心、西面格点中心、东面格点中心;而以小写 w、e 表示控制体积边界上西面及东面的点。

将方程式对图一所示的 P 控制体作积分可得:

$$(\rho uA\Phi)_e-(\rho uA\Phi)_w=(\Gamma A\frac{d\Phi}{dx})_e-(\Gamma A\frac{d\Phi}{dx})_w \tag{9}$$

令扩散项 $D\equiv\frac{\Gamma}{\delta x}$、对流强度 $F\equiv\rho u$，A_e=A_w=A 代入方程式 8 可得:

$$F_e - F_w = D_e(\Phi_E - \Phi_P) - D_w(\Phi_P - \Phi_W) \tag{9}$$

为了求解方程式中的 Φ_E、Φ_W，因此发展出需多不同解法，叙述如下:

(1) 一阶上风差分法:

为了克服中间差分法所造成不真实解，因此提出上风差分法，一阶上风差分法充分考虑了流动方向对导数积分计算式及界面上函数取值方法影响，其对于控制体积界面上变量 Φ 的取值规则如下:
在 e 界面上

$$u_e > 0,\ \Phi=\Phi_P;\ u_e < 0,\ \Phi=\Phi_E \tag{10}$$

在 w 界面上

$$u_w > 0,\ \Phi=\Phi_W;\ u_w < 0,\ \Phi=\Phi_P \tag{11}$$

由方程式得知界面上的位置量恒取上游节点的值。因此上风不只具备手恒的特性，同时亦具有迁移的特性。

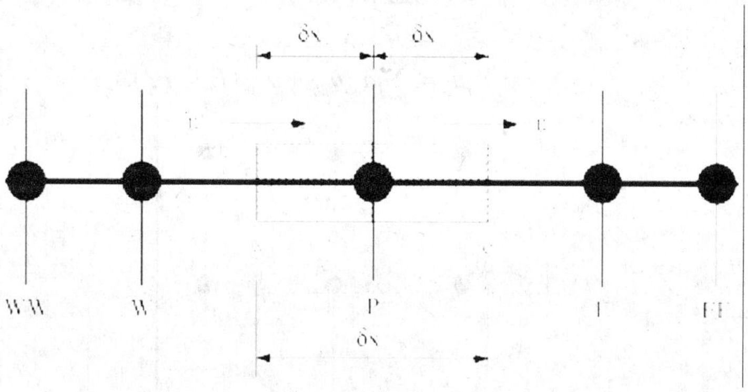

图 1　一维控制体积

(2) 二阶上风差分法:

为了克服一阶上风差分法截尾误差的缺点且又能保留其优点，可采用二阶上风差分法，其对于控制体积接口上变量 Φ 的取值如下:

$$\phi_w = \frac{3}{2}\phi_W - \frac{1}{2}\phi_{WW} \tag{12}$$

二阶上风差分法具有二阶的精确度也就是一阶导数二阶截尾误差的偏微分形式。

(3) Power low scheme

由 Patankar 提出，此种方式运算出来更接近准确值，虽然此种运算方式比一般离散法来得更复杂，但却不会因此增加计算机负担。

基本定义如下:

$$\frac{a_E}{D_e} = \frac{D_e}{\exp(P_e) - 1} \tag{13}$$

其范围如下:

$$P_e < -10 \ \Rightarrow \frac{a_E}{D_e} = -D_e \tag{14}$$

$$-10 \leqq P_e < 10 \ \Rightarrow \frac{a_E}{D_e} = (1 + 0.1P_e)^5 - P_e \tag{15}$$

$$P_e > 10 \ \Rightarrow \frac{a_E}{D_e} = 0 \tag{16}$$

$$0 \leqq P_e \leqq 10 \ \Rightarrow \frac{a_E}{D_e} = (1 - 0.1P_e)^5 \tag{17}$$

由中观察可将此四式结合为

$$a_E = D_e\left[0, \left(1 - \frac{0.1|F_e|}{D_e}\right)^5\right] + [0, F_e] \tag{18}$$

式中 D 为扩散导数， F 为对流强度分别定义如下:

$$D = \frac{\Gamma}{\Delta X} \qquad F = \rho u$$

为了求解方程式中的 Φ_E、Φ_W，在压力-耦合适采用 Van Doormal 和 Raithby 根据 Patankar 和 Spalding 的 SIMPLE 算法则，提出的 SIMPLEC (SIMPLE-Consistent)算法则，其不同之处在于 SIMPLEC 速度修正方程式里省略 $\sum a_{ab}u_{ab}'$ ，但省略 $\sum a_{ab}u_{ab}'$ ，仍会多少影响原式，故 SIMPLEC 将其改善，令 $u_e=u_{ab}$，再进行简化，降低对原式的影响。

对于图 2 上控制体积的 Navier-Stokes 方程式经离散化后可以整理出在 x、y 方向的动量如下:

$$a_e u_e = \sum a_{nb}u_{nb} + b + (P_P - P_E)A_e$$
$$\tag{19}$$
$$a_n u_n = \sum a_{nb}u_{nb} + b + (P_P - P_N)A_n$$

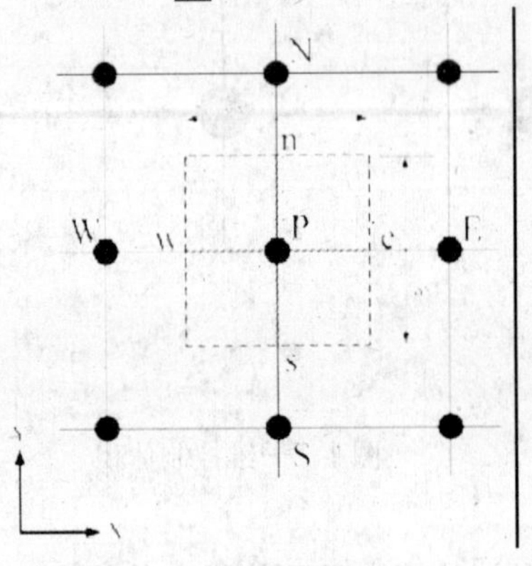

图 2　二维控制体积

其中下标 nb 代表所有邻近的格点，P 为所欲求的格点和格点，E 为右边相邻格点，e 为代表 P 格点和 E 格点间控制体积表面的点，$\sum a_{nb}u_{nb}$ 项为对流和扩散效应的结合，b 为源项(source Term)，A 为压力作用下面积。

在进行数值迭代时，假设 $P=P''+\alpha_p P'$，其中 P'' 为预估压力及 P' 为修正压力，α_P 压力松弛因子。而将预估压力值 p'' 代入式中，可得预估速度值 u''、v''，同理可设预估的速度值与正确的速度之间有一差异，即可令

$$u=u''+\alpha u' \tag{20}$$

$$v=v''+\alpha v' \tag{21}$$

其中 α 值为速度松弛因子，因为 u''、v'' 也必须满足动量方程式，因此预估的动量方程式为

$$a_e u_e{*} = \sum a_{nb}u_{nb}{}^* + b + (P_p{}^* - P_E{}^*)A_e$$
$$\tag{22}$$
$$a_n v_n{*} = \sum a_{nb}v_{nb}{}^* + (P_p{}^* - P_E{}^*)A_R$$

将式 22 减式 19 可得式 23　　$a_e u_e' = \sum a_{nb}u_{nb}' + (P_p' - P_E') = d_e(P_p' - P_E')A_e$　　(23)

上式等号两端减去 $\sum a_{nb}u_{nb}'$ 项可得式 $(a_e - \sum a_{nb})u_e' = \sum a_{nb}(u_{nb}' - u_e'') + (P_p' - P_E')A_e$　　(24)

再忽略上式中的 $\sum a_{nb}(u_{nb}' - u_e')$ 于是可得

$$u_e' = \frac{A_e}{a_e - \sum a_{nb}}(P_p' - P_E') = d_e(P_p' - P_E') \tag{25}$$

同理

$$v_n' = \frac{A_n}{a_n - \sum a_{nb}}(P_P' - P_N') = d_n(P_P' - P_N') \tag{26}$$

4．网格生成

本研究先在 Gambit 建构从 3 楼到 7 楼的排烟室排烟管道模型，接着建立各楼层安全门及门缝，以供日后模拟用，其建构模型如图 3 所示。

至于网格分析的部分，由Gambit来执行控制体绩法的概念，利用Gambit，于流域划分网格，而一个网格即代表一个控制体积，再利用Fluent计算每个控制体积而求解，划分网格前需认识Gambit所提供的网格种类与划分算法，才能较为准确地对几何模型进行网格策略研拟。

Gambit 提供的网格种类有六种，适合二维的有两种，分别为三角型和四边形；适合三维的有四种，有四面体、六面体、金字塔形和契形，本次数值模拟属于三维流场，因此仅针对三维网格讨论。

网格形状又可归纳为结构网格(structural)与非结构网格(unstructured)，在此分述如下：

1. 结构网格，网格区域内所有的内部点相连的网格数目相同，即网格系统中节点排列有序，邻点间的关系明确，如六面体网格。
2. 非结构网格，网格部分区域内的不同内部点相连的网格数目不同。即节点的位置无法用一个固定的法则予以有序地命名，如四面体网格。

结构网格可以允许比非结构网格更大的比率，容易产生高质量网格，非结构网格若比率大容易影响网格的歪斜，结构网格计算结果比非结构网格更容易收敛，误差较小，并且计算速度快一些，但是网格规划时间和技巧均较高，只能用于较为简单的几何形状，非结构化网格则容易生成，但相对来说计算速度要慢一些。

当几何外形太复杂或者流动长度太长时，非结构网格所生成的单元会比结构网格的单元少得多，这是因为非结构网格允许单元聚集在设定加密的地方，不需加密处则不会出现多余无谓的网格，而结构网格由于流域中相对的边或相对的面网格数目需相同，若几何里有微小尺寸存在会导致过多的网格数，非结构网格则没有这种问题。

本案在做建筑物网格分析，曾试过许多网格生成方式，最后使用结构网格，此种网格质量较佳，计算速度较快，加上本案模型都是六方体，唯本模型尺寸相差过大，大至超过10m楼层高，小至1cm 门缝高，所以必须以最小尺寸生成，造成网格非常多，使得求解速度较慢，但其运算值较为精确。

5．边界条件设定

本研究为配合模拟不同情境，设定进口风量为 502.4CMM 时，安全门开一扇、两扇、三扇时，各楼层压力分布情形及门缝泄漏量，探讨门缝泄漏出去的风量对楼层正压的影响，我们使用 *k*-ε 紊流模式来仿真较符合实际情况，表 1 为各种模拟情境。

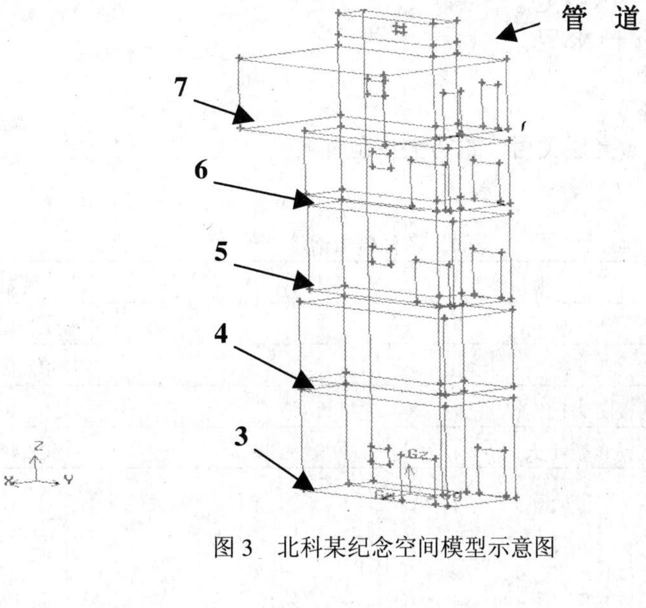

图 3　北科某纪念空间模型示意图

6. 结果

本研究模拟预设进口风量502.4CMM，进口风压200Pa作为初始值条件，出口风压设为零，并假设出口无压力降的问题，模拟表1各种情境后，在迭代一百多次后，得出以下结果。

情境一当安全门，从表2及图4可知，各楼层压力185~195Pa正压，虽然门缝总泄漏量达45CMM，但因门缝面积极小，整个楼层仍为一密闭空间，所以其大楼总风量仍然维持498CMM，由于空气大都往门缝流出，也使得门缝边风速比楼层内风速大得多。

情境二为当3楼火灾时，开3楼安全门时，由表3及图5知，除了3楼以外，其它各楼层大多维持100~110Pa正压，至于3楼虽然安全门打开后压力下降不少，但仍维持40Pa正压，符合国际正压规定。

情境三我们假设5楼、6楼失火时，同时开两扇安全门时，其各楼层压力分布情况，从图6表3可知，5、6楼压力剩35Pa，比理想值40Pa小，但仍符合国际25Pa规定，所以使用502.4CMM规格的风机依然可行，仍符合我们需求。

情境四为假设3,5,6楼发生火灾时，安全门开三扇时，模拟评估各楼层正压情形，从表4及图7知3、5、6楼层压力25~35Pa正压，虽然有点小，但考虑到同时开三扇安全门，风量流失相当大，所以要维持40Pa以上正压有其困难性，而且三层楼同时失火情形较为少见，本情境模拟只是评估在最坏情况下，使用502.4CMM规格风机能够维持多少正压，保障师生安全。

7. 讨论

本研究为此大楼的特别安全梯及排烟室做模拟评估当从顶楼风机间做正压送风时，模拟各种情境下各楼层正压情形，由结果可知，除了情境一压力过大外，其它各种情境都能维持40～110Pa正压，符合大多数国家规定，另外本梯由顶楼风机加压送风经由管道间送至各楼层，因排烟室位于3、5、6、7层，故于管道间2层楼板以防火材料填塞，以期发挥加压防烟之功效。

另外，本大楼4楼因没有排烟口，故不讨论其压力分布情形，也不讨论当4楼火灾时，当安全门打开时对本大楼正压的影响，在实地探勘时，发现北科风机管道间，有其它水管及电路管在其中，由于其数量多难以量化，加上模型回变得很复杂，只好忽略其影响因素，为了解决情境一压力过大现象，我们建议加装卸压口，使排烟室维持一均压状态，以免避难逃生时，防火门开关导致排烟室压力有过大或不足之情形发生。

本研究为大楼做特别安全梯正压模拟，利用计算流体力学方式，有助了解各楼层压力分布情形，并初步订出风机规格，未来当风机安装完成后，会做实地量测，以做验证。

以下为各先进国家和地区规范，以作为我们模拟评估的依据:

(一) 美国-正压值为12.5至25pa(UBC)
(二) 英国-正压值50pa以下。
(三) 加拿大-正压值为100pa以下(NKCC)。
(四) 澳大利亚-正压值为50pa以下(NSW)。
(五) 新加坡-正压值为50pa以下。
(六) 比利时-正压值为50pa以下。
(七) 中国-正压值为25pa至50pa(高层民用建筑防火规范)。
(八) 中国香港-正压值为50pa以下。

表1　各种模拟情境

情境	模拟情形	进口风量(CMM)
情境一	防火门全关	502.4CMM
情境二	开三楼防火门	502.4CMM
情境三	开五、六楼防火门	502.4CMM
情境四	开三、五、六楼防火门	502.4CMM

表 2　情境一压力分布情形

	楼层压力(Pa)	楼地板面积(m^2)	楼层风量(CMM)
7F	195	36.23	163.03
6F	193	15.73	123
5F	192	14.03	118
3F	189	17.43	94

表 3　情境二压力分布情形

	楼层压力(Pa)	楼地板面积(m^2)	楼层风量(CMM)
7F	110	36.23	168
6F	108	15.73	160
5F	100	14.03	126
3F	40	17.43	2051

表 4　情境三压力分布情形

	楼层压力(Pa)	楼地板面积(m^2)	楼层风量(CMM)
7F	67	36.23	165
6F	35	15.73	1980
5F	33	14.03	1515
3F	57	17.43	175

表 5　情境四压力分布情形

	楼层压力(Pa)	楼地板面积(m^2)	楼层风量(CMM)
7F	57	36.23	167.4
6F	32	15.73	1680
5F	30	14.03	1245.5
3F	25	17.43	1401

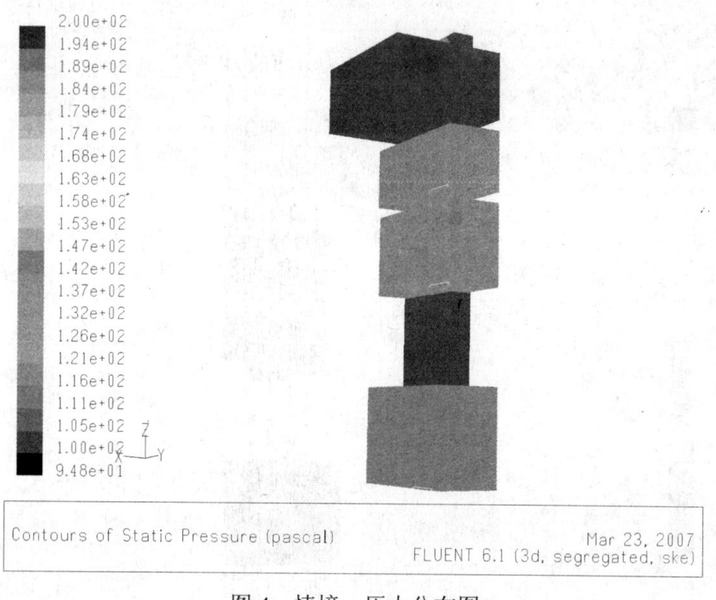

图 4　情境一压力分布图

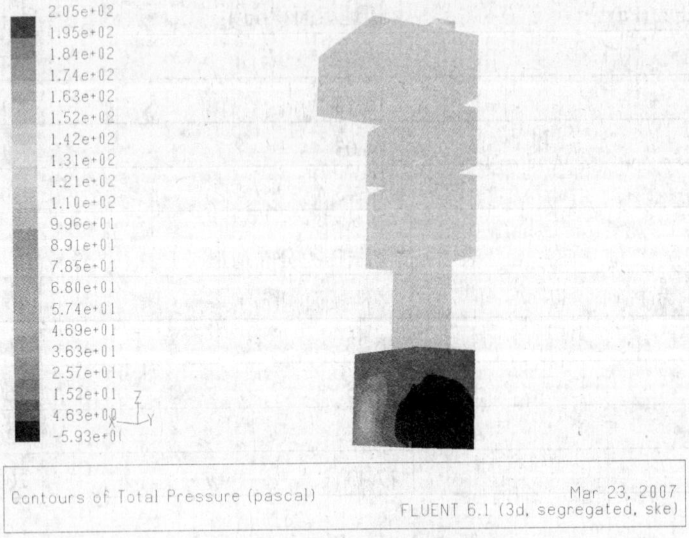

图 5　情境二压力分布情形

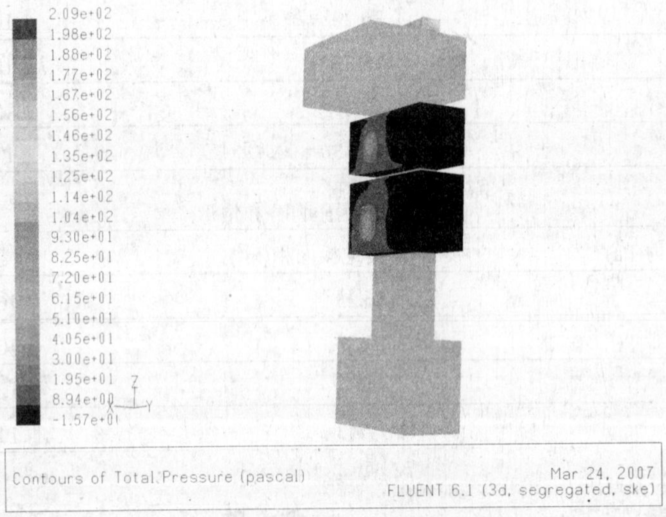

图 6　情境三压力分布情形

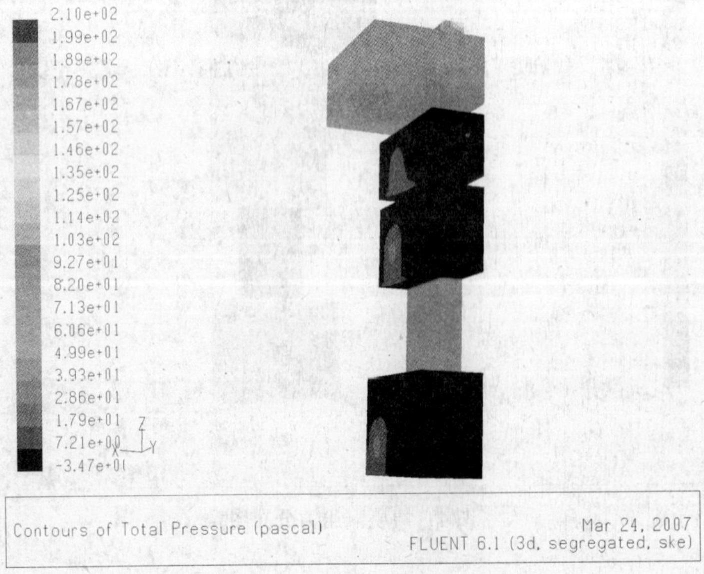

图 7　情四压力分布情形

8. 参考文献

[1] 邱正吉.隔离病房内部动态气流分析.台北科技大学, 2004 年 6 月.
[2] 李昆佑. 计算流体力学对雨屏墙等压性能之初探. 2006年6月.
[3] 林世伟.紊流模式在计算风工程上的应用.淡江航空太空工程学系硕士班. 2004年6月.
[4] L.C. Scalabrin, J.L.F Azevedo. Three Dimensional Flow Simulations with Finite Element Technique over a Multi-Stage Rocket. ABCM,2004
[5] Fluent 6.1 user guide.
[6] H.A. Vieimo, S.V. Moller. 2004.
[7] Numeric and Experimental Analysis of the Turbulent Flow through a Channel With Baffle Plates. ABCM.
[8] Gambit 2.1 user guide.

Using CFD software to simulate positive pressure of emergency staircase

Abstract

When the fire happened, which would killed people not only the fire and high temperature and the thick smoke, Most of the building now set up eliminated smoke room, and fitting a Exhaust Ventilation Mode of fan to make a positive pressure, to prevent smoke diffused to other room and stairway which bring from the fire , let people death. High floor building of emergency staircase is a vertical serviced aisle, the fact that how to maintain no smoking floor it's not only necessary for survived, prevent smoke licking to other floor. There are many case of fire in the world that killed people because smoke diffused from low floor to high floor, In order to turn the screws on the emergency staircase, many country and region enact the building law, like Japan、America、China、Hong Kong、Singapore…, were already add the emergency staircase pressurization for design of building smoke precaution. When we have building which want to adopt stairway pressurization, must send it for special case inspect, this is the place that we must consolidate.

In this case we use fluid software FLUENT to do numerical simulate and reappraising, and combine Gambit to build the model and element the model, to analysis a seventh floor building need what size of Exhaust Ventilation fan which can make a positive pressure to the emergency staircase and room, to prevent the smoke diffused to other floor, for reach the design of emergency staircase pressurization.

Key words: Fire, emergency staircase, FLUENT, positive pressure.

作者简介：

李宗翰，淡江大学机械暨机电工程学研究所，所长。
洪志壕，淡江大学机械暨机电工程学研究所，硕士。
黄士豪，淡江大学机械暨机电工程学研究所，研究生。

建筑物内单一出口空间的疏散分析

梁静，卢兆明，刘敏，黄河潮，陶朝海

香港城市大学建筑系

摘要

本文建立了一个房间内一个出口情况下的人员疏散仿真模型，该模型基于有偏随机行走格子气模型，之前也有人做过一些改进，这里我们基于实际情况做了进一步改进,使逃生者能自动选择较短的路线逃生。用此仿真模型，我们分析了房间出口宽度、人数及疏散时间之间的数量关系，运行后可得到可视化的结果。同时我们将现在的模型与之前的模型进行比较，结果显示，改进后的模型在某些情况下能更真实地反映实际人员逃生行为。

关键字：格子气模型、偏向程度、疏散时间、仿真模型。

1. 前言

行人流是互相作用的行人构成的多主体系统，近年来越来越引起研究者的关注。人员疏散是在火灾等紧急情况下发生的一种特殊的行人流情况[2,3]，通常具有明确的目标即疏散出口，此时人与人、人与建筑物之间存在的相互冲突加剧，影响着整个行人流的复杂整体行为，如拥挤、堵塞等。本文将要讨论的即单一出口空间情况下的人员疏散问题。

根据香港屋宇署 1996 年后发布的《提供火警逃生途径守则》，对于房间最少须设置多少个逃生出口门有着明确的规定。但实际情况中，某些房间在设计方面由于种种原因无法达到设置多个出口门的要求，这种条件下如果遇到火灾等紧急情况，后果往往更严重。因此《守则》规定，对于单一出口的空间，正常容纳人数不得超过 30 人。后面我们将讨论这个数目的合理性。

人员疏散仿真模型是研究人员疏散的主要手段之一，如何建立尽量接近实际情况的行人流仿真模型是研究的关键所在。目前常见的疏散模型主要有元胞自动机模型[4~6]、格子气模型[7~10]、分子动力学模型等[11,12]。元胞自动机把建筑物平面进行均匀的网格划分，每个行人占据一个网格，行人的运动遵循一定的局部规则，在此基础上模拟人群的流动。由于人的流动与车辆相比具有主观性和随机性，单纯依靠元胞自动机模拟人的运动有一定的困难。Helbing[11,12]基于"社会力"模型描述了行人的追随现象，展现了人员堵塞现象，并指出行人流动力学所表现出来的各种集群效应和自组织临界性是由于行人个体之前的非线性作用而引起的。但由于动力学模型基于连续运动方程，得到每个个体的连续运动坐标，因此模型较复杂，应用较困难。Muramtsu 等[7,8]提出一种离散化的有偏随机行走的格子气模型来模拟二维环境下的行人流，Tajima 和 Nagatani[9,10]则把这种格子气模型应用到特定的建筑结构中，研究建筑结构对人员疏散的影响，如大厅，瓶颈通道和 T 型通道等。本文建立的模型是在此模型的基础上，对选向概率的计算方法做了某些调整，与经典模型及改进过的模型 1 相比，更能真实地模拟人群在出口处的行为。

2. 仿真模型的建立

2.1 经典有偏随机行走模型

经典有偏随机行走的格子气模型将房间分为有限个离散的网格，每个网格的面积 大约只能容纳一个人。"有偏" 表示行人向各个方向行走的概率不同，具有优势方向。为了表示这种优势方向，Muramatsu 等提出了用参数 D 来体现偏向强度。将时间按一定的时间步长离散化，每个个体在每个时间步不断更新网格坐标，每个时间步长最多只能移动一个网格的距离。个体自动向出口处运动，共有三个运动方向：向前、向上、向下。个体在每个时间步的运动方向选择按概率 $P_{t,x}$,$P_{t,y}$,$P_{t,-y}$ 随机选择。每个网格具有一个状态值，0 表示网格为空， 1 表示网格处有人。每个体都向着出口方向运动，不能后退。如果个体的某个方向有人或障碍物，则此时个体在这个方向的选择概率为 0，因此，个体在运动方向选择概率主要根据出口方向及个体周围网格的状态而定。个体周围的网格状态共有八种可能，如图 1 所示。

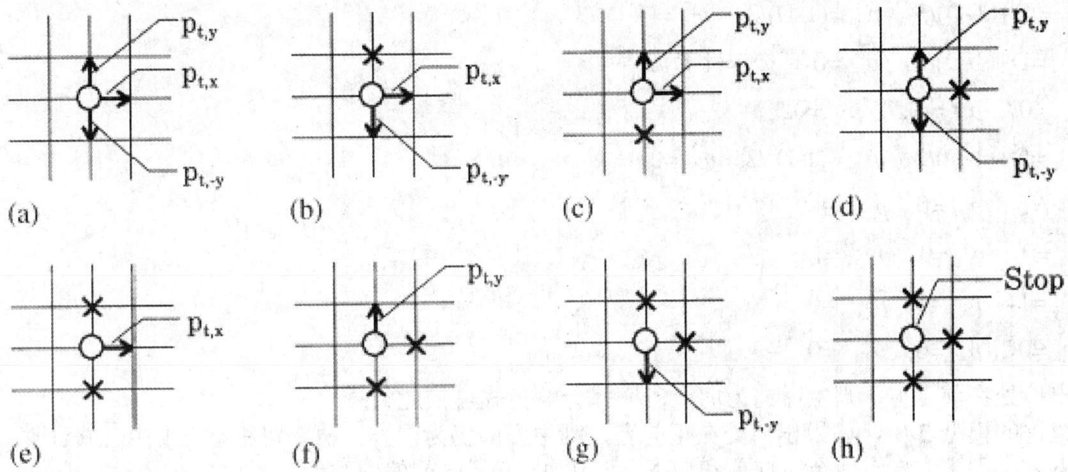

图 1 个体周围网格状态的各种可能性

根据图 1 中的(a)-(h)种可能性，即可以定义出每种情况下运动方向选择概率如下，其中 D 为随机漂移值(Drift Point)：

(a): $p_{t,x}$ =D+(1-D)/3, $p_{t,y}$ =(1-D)/3, $p_{t,-y}$ =(1-D)/3

(b): $p_{t,x}$ =D+(1-D)/2, $p_{t,y}$ =0, $p_{t,-y}$ =(1-D)/2

(c): $p_{t,x}$ =D+(1-D)/2, $p_{t,y}$ = (1-D)/2, $p_{t,-y}$ = 0

(d): $p_{t,x}$ =0, $p_{t,y}$ =0.5, $p_{t,-y}$ =0.5

(e): $p_{t,x}$ =1, $p_{t,y}$ =0, $p_{t,-y}$ =0

(f): $p_{t,x}$ =0, $p_{t,y}$ =0, $p_{t,-y}$ =1

(g): $p_{t,x}$ =0, $p_{t,y}$ =1, $p_{t,-y}$ =0

(h): $p_{t,x}$ =0, $p_{t,y}$ =0, $p_{t,-y}$ =0

2.2 模型的改进

在经典模型中，人员的运动的三个方向中，只有一个主方向，即向前，这与实际情况不太相符。房间内人员在逃生时，每个个体都将以尽量最短路径向出口处运动，因此在接近出口处时将以出口处所在的方向为主运动方向，即根据实际情况，向上和向下都可能为主方向，如图 2 所示。

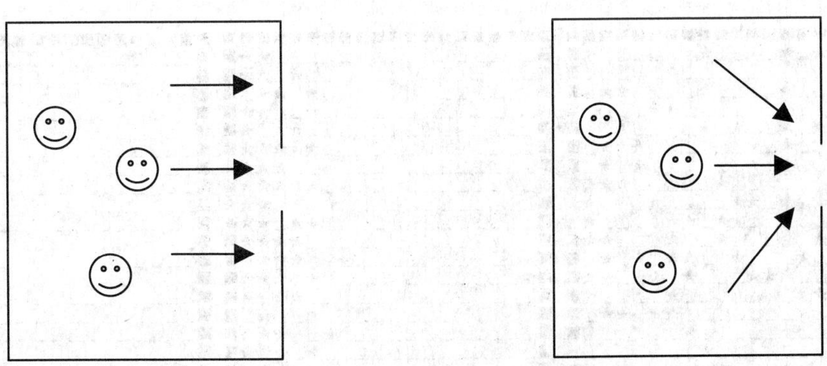

改进后模型
原模型

图 2 模型改进后人员运动方向选择

在改进的模型 1 中[1]，首先根据个体当前所在位置决定主运动方向，然后再计算三个方向的选择概率。

如果出口处在正前方，则主方向仍为前方，概率可根据 2.1 中公式计算。若出口处在前下方，则主方向为向下，概率计算公式变为：

(a): $p_{t,-y}$ =D+(1-D)/3，$p_{t,y}$ =(1-D)/3，$p_{t,x}$ =(1-D)/3

(b): $p_{t,-y}$ =D+(1-D)/2，$p_{t,y}$ =0，$p_{t,x}$ =(1-D)/2

(c): $p_{t,-y}$ =0，$p_{t,y}$ = 0.5，$p_{t,x}$ =0.5

(d): $p_{t,-y}$ =D+(1-D)/2，$p_{t,y}$ =(1-D)/2，$p_{t,x}$ =0

(e): $p_{t,-y}$ =1，$p_{t,y}$ =0，$p_{t,x}$ =0

(f): $p_{t,-y}$ =0，$p_{t,y}$ =0，$p_{t,x}$ =1

(g): $p_{t,-y}$ =1，$p_{t,y}$ =0，$p_{t,x}$ =0

(h): $p_{t,-y}$ =0，$p_{t,y}$ =0，$p_{t,x}$ =0

若出口处在前上方，则主方向为向上，概率计算公式可依此类推。

在改进的模型 2 中，如果出口处在正前方，则主方向仍为前方，概率可根据 2.1 中公式计算。若出口处在前下方，则主方向有两个，向前和向下，其中 D 表示向前偏向强度，当出口在边界正中间时 D1=D2 分别表示向上向下偏向强度，概率计算公式变为：

(a): $p_{t,-y}$ =(1+D2)*(1-D)/3，$p_{t,y}$ = (1-D2) *(1-D)/3，$p_{t,x}$ =D+(1-D2)* (1-D)/3

(b): $p_{t,-y}$ =(1+D2)*(1-D)/2，$p_{t,y}$ =0，$p_{t,x}$ =D+(1-D2)*(1-D)/2

(c): $p_{t,-y}$ =0，$p_{t,y}$ = (1-D2)*(1-D)/2，$p_{t,x}$ = D+(1-D2)*(1-D)/2

(d): $p_{t,-y}$ =(1+D2)/2，$p_{t,y}$ =(1-D2)/2，$p_{t,x}$ =0

(e): $p_{t,-y}$ =0，$p_{t,y}$ =0，$p_{t,x}$ =1

(f): $p_{t,-y}$ =0，$p_{t,y}$ =1，$p_{t,x}$ =0

(g): $p_{t,-y}$ =1，$p_{t,y}$ =0，$p_{t,x}$ =0

(h): $p_{t,-y}$ =0，$p_{t,y}$ =0，$p_{t,x}$ =0

若出口处在前上方，则主方向为向前向上，概率计算公式可依此类推。

3. 计算结果

3.1 可视化模拟比较

选取房间大小取 10m×10m，人的行走速度为 1m/s，D=0.6，房间内人数为 80，出口宽度为 1.2m。
模型 1：网格大小取 0.5m×0.5m,计算的总逃生时间为 29.1 秒。图 3 为模拟过程中不同时间的人员分布图，可以看到模拟过程中出口处发生拥挤时，人流沿出口向两边墙堆积，有的人甚至在远离出口很边远的墙角。

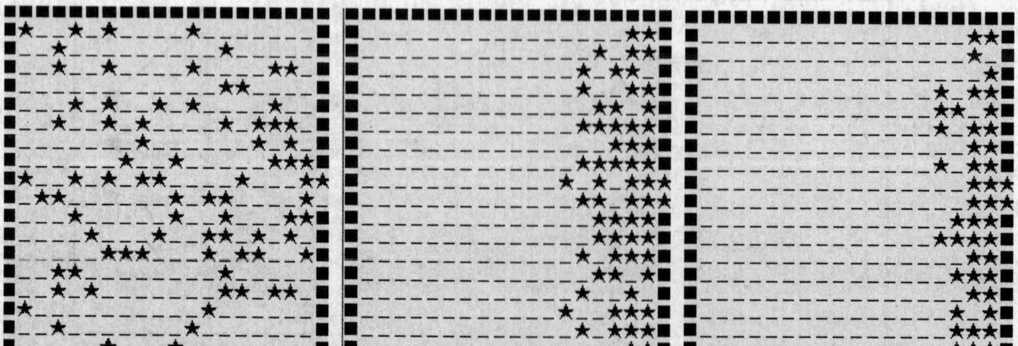

图 3　模型 1 中不同时间下的疏散过程

模型 2：网格大小取 0.3m×0.3m，D1=D2=0.5，计算的总逃生时间为 28.3 秒。图 4 为模拟过程中不同时间的人员分布图,可以看到模拟过程中出口处发生拥挤时，人流以出口为中心呈近似半圆形分布，这就像排队一样，离出口较远的人总会尽可能的占据离出口近的地方，在实际情况中也的确如此。因此，当人数较多时模型 2 能更真实的反应实际状况。

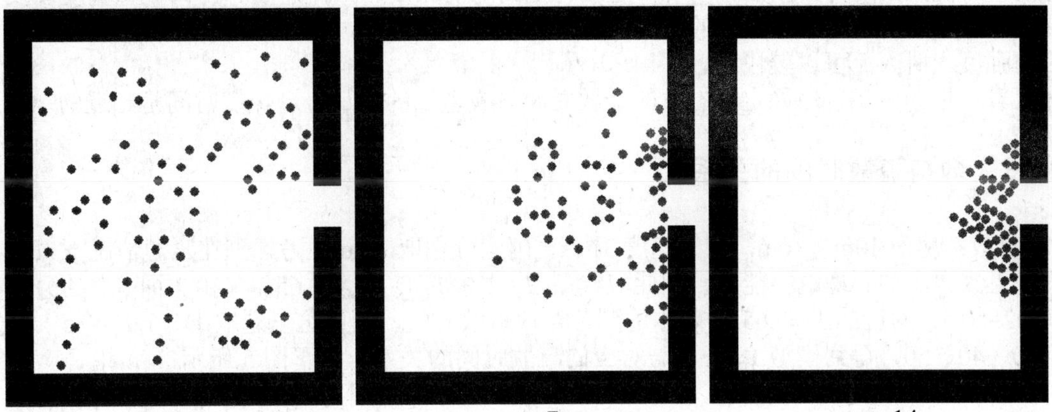

图 4　模型 2 中不同时间下的疏散过程

3.2 Drift Point 灵敏度分析

由于概率选择公式中有 Drift point 参数，表示人员选择方向的随机程度，取值范围为 0~1。为了研究 Drift Point 的取值对计算结果的影响，应做灵敏度分析。参数选取如下：房间 10m×10m, 门宽度 1.2m，行人速度 1m/s，人数分别取 20、50，Drift Point 取不同值时计算结果如下所示

模型 1：网格大小为 0.5×0.5m

人数为 20

Drift Point	0.3	0.35	0.4	0.45	0.5	0.55	0.6	0.65	0.7	0.75	0.8	0.85	0.9
疏散时间	44	44	43	43	44	13	13	13	12	13	13	13	13

人数为 50

Drift Point	0.3	0.35	0.4	0.45	0.5	0.55	0.6	0.65	0.7	0.75	0.8	0.85	0.9
疏散时间	50	48	49	49	48	22	21	21	22	21	21	21	21

模型 2：网格大小为 0.3×0.3m ，D1=D2=0.5

人数为 20

Drift Point	0.3	0.35	0.4	0.45	0.5	0.55	0.6	0.65	0.7	0.75	0.8	0.85	0.9
疏散时间	20	18.2	17.3	16.2	15.6	15.4	14.9	14.4	14.4	13.8	13.4	13.6	14.4

人数为 50

Drift Point	0.3	0.35	0.4	0.45	0.5	0.55	0.6	0.65	0.7	0.75	0.8	0.85	0.9
疏散时间	21.9	20.5	20.1	19.1	18.9	19	18.6	18.8	19.7	20	21.2	22.2	24.7

由上面两模型 Drift Point 与疏散时间的关系可以看出：

模型 1 中 Drift Point 取(0.3, 0.55)时逃生时间大致相同，取(0.6, 0.95)时逃生时间也大致相同，然而由 0.55 变化到 0.6 时，逃生时间大幅下降。这可以理解为一个相变的过程，当 Drift Point<0.55 时，人员运动基本处于随机状态，而 Drift Point>0.6 时，人员运动基本处于有序状态，而这两个状态都相对稳定，而状态之间存在一个相变过程。因此 Drift Point 一般取值>0.6 时对计算结果影响不大。

模型 2 中随着 Drift Point 取值从 0.3 到 0.9，逃生时间先是逐渐变小然后逐渐变大，但波动不大。观察动态模拟过程发现，当 Drift Point 刚从 0.3 开始取值时，向前偏向强度比向上和向下偏向强度小，此时人流即

使在接近出口的位置也会因为上下方向的偏向选择而拖延了时间；反过来，当 Drift Point 取值越接近 0.9 时，向前偏向强度远远大于向上和向下偏向强度，此时人流会出现堆积在出口两边墙壁的现象，同样会拖延一定时间。综上看来，只有当向前和向上向下偏向程度大小保持一定平衡时，才不会出现以上两种情况，即最接近真实情况，这反应在疏散时间上，也就是接近最少疏散时间时的 Drift Point 的值，才是在该情况下最合理的值。注意，此时所谓的该情况，是指特定的房间大小、人流速度、出口位置宽度以及与之对应的 D1、D2 等。同时初始状态下人员的分布状态也会存在一定影响，例如如果分布在中间位置的人较多，则向前偏向强度大时人流可以较快疏散。

总体上看，模型 1 在有序稳定状态下的疏散时间与模型 2 的的最合理疏散时间是相近的。

3.3 初始总人数与疏散时间的关系

选取参数：房间 10m×10m，行人速度 1m/s，门宽分别取 1.2m，考虑到在紧急情况下人流会存在一定偏向程度且人自身的心理调控能力，因此取模型 1、2 中的 D 均为 0.65，又由上面 3.2 的分析我们可以看到 D1=D2＝0.5，对应的 D=0.65 时基本达到最合理疏散时间，因此这里选取 D1=D2＝0.5。分别取人数 10、20、30、40、50，得到模型 1、2 下与对应的疏散时间的关系。如下图 5 所示：

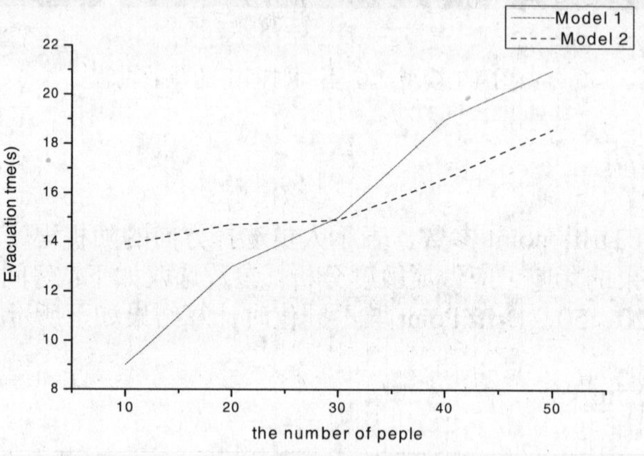

图 5　初始总人数和疏散时间的关系

由上图我们可以看到，模型 2 对应的虚线斜率，在人数为 30 疏散时间为 14.9s 处突然增大，这表明初始总人数 30 是个分界点，超过这个数目会时疏散时间陡然增加许多。再看模型 1 对应的实心折线，虽然没有模型 2 对应的折线那么明显，但 30 到 40 这段折线斜率是突然大于 20 到 30 这段折线的。由此可以看出，在只有一个出口的情况下，考虑到各种不确定因素，人数有必要要控制在 30 以下。因此，《守则》中对单一出口空间里最多容纳人数的限制，基本是合理的。

另外，由图 5 我们可以看到，当房间内人数较少时模型 1 下的疏散时间明显少于模型 2 下所需要的疏散时间。这是由于模型 1 中不在门所在中间区域的人流运动都是先偏向中间区域，到达中间区域的人流偏向门所在的前方，可以想象在人数不多的情况下，这种选择路径的方式还不会引起拥挤而且也很快捷。但是随着人数的增加，如果人流一开始都挤向中间区域，这必然会使人与人之间的冲突加剧，所需要的疏散时间自然就越来越多了。此时，模型 2 中既可以选择向前又可以选择向中间区域的偏向程度就慢慢显示出其优势了。因此我们可以说，当人数较少时模型 1 的人流疏散方式较为优化，但当人数较多时，模型 2 的疏散方式更为有效。

3.4 出口宽度与疏散时间的关系

参数选取如下：房间 10m×10m，行人速度 1m/s，人数取 50，门宽分别取 1.2m、1.6m、2.0m 和 2.4m，对于模型 2 D1、D2 均取 0.5，Drift Point 取不同值时对应的与疏散时间的关系如下所示：
模型 1: 图 6 表示了不同宽度影响下 Drift Point 和疏散时间的关系，从图中可以看出 Drift Point 取(0.3，0.55)时疏散时间大致相同，并随出口宽度的增加逐渐减少，取(0.6，0.95)时逃生时间也大致相同，虽然随出口宽度的增加也逐渐减小，但当出口宽度达到 1.6m 以后疏散时间基本稳定在一定值，这表明在模型 1 中，当宽度达到一定宽度后对 Drift Point 和疏散时间的关系基本没有影响。Drift Point 由 0.55 变化到 0.6 时，疏散时间大幅下降，这一规律在不同的出口宽度影响下依然存在，前面已经解释过，这里就不再重复了。

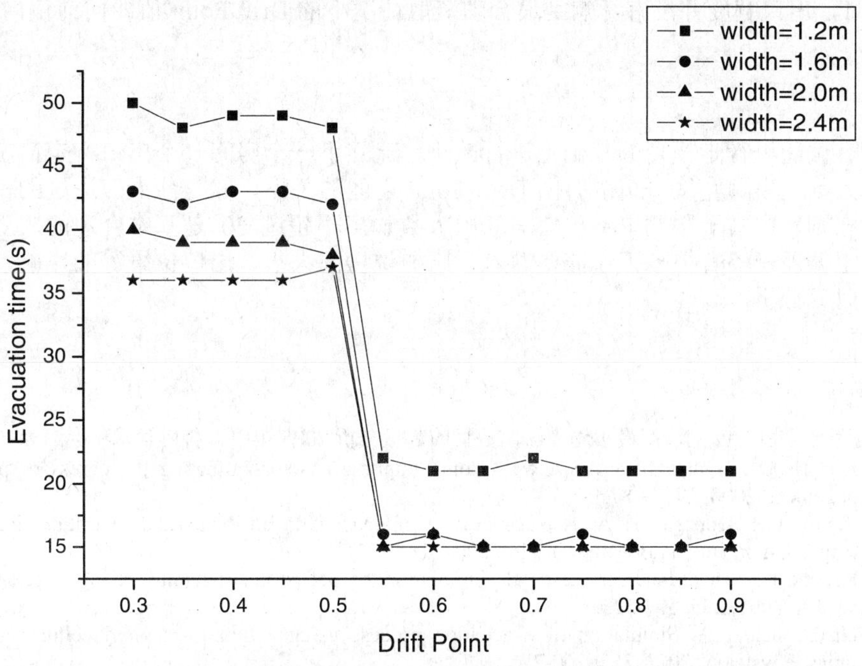

图 6　模型 1 中不同宽度影响下 Drift Point 和疏散时间的关系

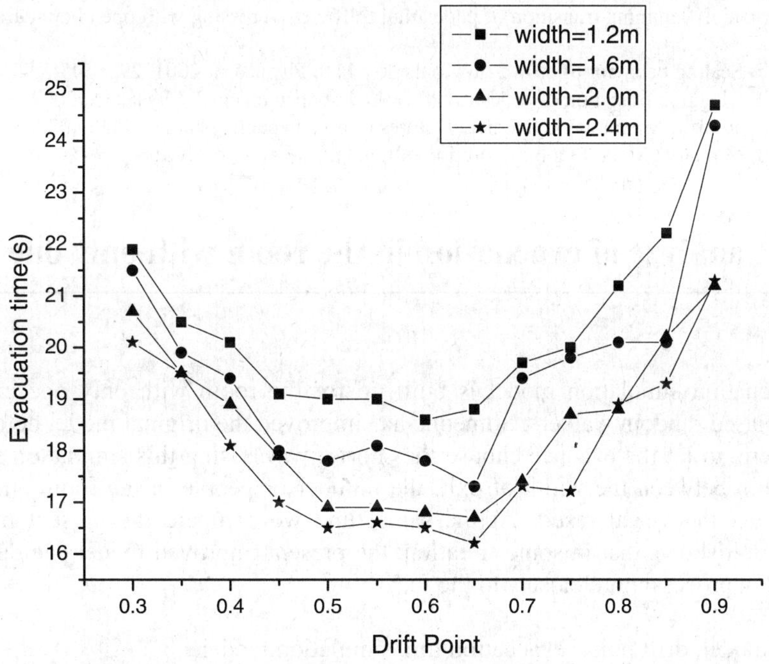

图 7　模型 2 中不同宽度影响下 Drift Point 和疏散时间的关系

模型 2：图 7 显示了不同宽度影响下 Drift Point 和疏散时间的关系，从图中可以看出不同出口宽度情况下，Drift Point 和疏散时间的变化趋势是大致相似的，即随 Drift Point 的逐渐增加，疏散时间先是逐渐减小，再逐渐增长。且 Drift Point 取相同值时对应的出口宽度越大疏散时间越小，显然实际情况中也是这样的。

再分别看不同的出口宽度条件下疏散时间的最低点对应的 Drift Point 值：

width=1.2m 时最小疏散时间 18.6s，对应 Drift Point=0.65；

width=1.6m 时最小疏散时间 17.3s，对应 Drift Point=0.65；

width=2.0m 时最小疏散时间 16.7s，对应 Drift Point=0.65；

width=1.2m 时最小疏散时间 16.5s，对应 Drift Point=0.65

可见，不同出口宽度条件下，最小疏散时间总是对应相同的 Drift Point 值，这表明当房间大小一定、D1＝D2 取定值时，出口宽度并没有影响到最合理疏散情况下的 Drift Point 值即向前偏向程度。

4. 结论

本文在经典有偏随机行走模型的基础上进行改进，建立了一个房间一个出口特定情况下的人员疏散仿真模型，分析了人数、出口宽度、疏散时间 Drift Point 之间的关系，并与前人改进过的模型 1 进行比较，计算结果说明《守则》中关于限制单一出口房间内人数最多不超过 30 是基本合理的。当然，改进后的模型 2 仍然存在一定偏差，还有很多工作需要深入，比如说房间大小、出口位置等的影响，对行走规则的制定也需要进一步研究分析。

5. 参考文献

[1] 黄河潮,卢兆明.基于仿真方法的房间最小逃生出口数目的定量分析,2005 年中国科协学术年会.
[2] Graham T L, Roberts D J. Qualitative overview of some important factors affecting the egress of people in hotel fires. Hospitality Management, 2000, 19: 79-87.
[3] Livesey G E, Taylor I R, Donegan H A. A consideration of evacuation attributes and their Functional sensitivities. 2nd International Symposium on Human Behavior in Fire, 2001. 111-121.
[4] Burstedde C, Klauck K, Schadschneider A, et al. Simulation of pedestrian dynamics using a two-dimensional cellular automaton. Physica A, 2001, 295: 507-525.
[5] Kirchner A, Schadschneider A. Simulation of evacuation process using a bionics-inspired cellular automaton model for pedestrian dynamics. Physica A, 2002, 312: 260-276.
[6] Kirchner A, Nishinari K, Schadschneider A. Friction effects and clogging in a cellular automaton model for pedestrian dynamics. Physical Review E, 2003, 67: 056-112.
[7] Muramatsu M, Nagatani T. Jamming transition in two-dimensional pedestrian traffic. Physica A, 2000, 275: 281-291.
[8] Muramatsu M, Nagatani T. Jamming transition of pedestrian traffic at a crossing with open boundaries. Physica A, 2000, 286: 377-390.
[9] Tajima Y, Nagatani T. Scaling behavior of crowd flow outside a hall. Physica A, 2001, 292: 545-554.
[10] Tajima Y, Nagatani T. Clogging transition of pedestrian flow in T-shaped channel. Physica A, 2002, 303: 239-250.
[11] Helbing D, Farkas I, Vicsek T. Simulating dynamical features of escape panic. Nature, 2000, 407: 487-490 .
[12] Helbing D, Keltsch J, Molnar P. Modelling the evolution of human trail systems. Nature, 1997, 388: 47-50 .

The analyze of evacuation in the room with only one exit

Abstract

In this paper an evacuation simulation model is built up for the room with only one exit. It is based on the lattice-gas model of biased random walkers. Someone has improved the original model before and we make some more improvement here, to let the evacuee choose the shorter way. Using this simulation model, we analyze the quantitative relationship between the width of exit, the number of people in the room and the evacuation time. After simulating we get the visual result. At the same time we compare the present model with the former improved one. The result shows that in some situation, the present improved model can describe the behavior of pedestrian in evacuation process more closely to the fact.

Keyword: lattice-gas model, drift point, evacuation tim, simulation model.

作者簡介：

梁静，女，香港城市大学建筑系，硕士生。研究方向：人员疏散仿真模型。Email: jinliang@cityu.edu.hk.

飞机库消防安全性能化评估

黄志光，林鹏，梁淑炘，张毅明

迈进土木机电设计有限公司

摘要

本文简述了国家规范 GB 50284-98 及 NFPA409 对一类飞机库防火设施的规范要求，同时总结了其他地区（国家）通常采用的防火设施。基于性能化防火设计理念，结合 NFPA 409 的相关规定，对某飞机库的消防安全水平进行了评估。通过 FDS 对烟气扩散模拟，同时采用疏散软件 STEPS 模拟了所需要的疏散时间。分析结果表明，在最大漏油面积引发的火灾情况下，该飞机库仍可充分保证人员的疏散安全要求，并有足够的安全余量。

关键词：飞机库、散油火、FDS、疏散。

1. 前言

飞机库是维修飞机专用场所，包括飞机维修区及其辅助设施建筑。飞机库有可能发生多种火灾，如泄漏引发的油面火、电气火灾、可燃物火灾等。飞机库通常为高大的空间，且往往同时停放多架飞机，一旦发生火灾，如不能及时扑灭，造成的损失难以估计。

飞机进入库内进行维修过程中,其油箱内通常带有燃油，在维修过程中可能发生油箱燃油泄漏，此时一旦发生火灾就可能引发燃油流散火灾，这种火灾扩散速度非常快，短时间可能扩散到飞机库内其它地方,并诱发多处火灾。

2. 飞机库的相关防火规范

根据《飞机库设计防火规范(GB50284-98)》, I 类飞机库的耐火等级应为一级建筑构件的燃烧性能均应为不燃烧体. I 类飞机库飞机停放和维修区内必须设置泡沫—水雨淋系统、翼下泡沫灭火系统和泡沫枪。当飞机机翼面积小于 280m2 时，可不设翼下泡沫灭火系统。在飞机停放和维修区内设置的火灾探测器宜按下列要求选择： 屋顶承重构件区宜选用感温探测器。 在飞机维修工作区宜选用火焰探测器、红外光束感烟探测器。

1995 年发行的 NFPA409 规定, 第 I 组类飞机库的防火面积为 3716 平方米以上，门的高度为 8.5 米以上。第 I 类飞机库应设置泡沫-雨淋系统,对于停放机翼面积超过 279 平方米的飞机,应设置翼下辅助灭火系统。这是因为飞机的翼展可能妨碍泡沫从淹没系统流到飞机下面的地板上。辅助的灭火系统可以最低倍的或高倍的泡沫系统。辅助的低倍泡沫系统，通过贴近地板的泡沫喷口将蛋白泡沫或更为普通的合成泡沫喷出，以便达到覆盖机库地板、窒息火灾之目的。

我国厦门太古维修机库、台湾桃园机场机库、新加坡章宜机库以及美国大部分机库均采用泡沫雨淋系统。

2001 年版的 NFPA409 对 I 类机库增加另外的两种灭火系统，高架的喷洒系统与低倍泡沫系统相结合；2、高架喷洒系统与高倍泡沫系统相结合和。设置高架喷淋系统的目的是对钢结构的保护，而贴近地面的的泡沫系统能快速的覆盖机库地板，达到窒息油面散火灾之目的。低倍泡沫系统与高倍数系统地不同在于低倍泡沫在活佛状态下体积仅增 4 倍速到 8 倍，而高倍泡沫却要增加大约 1000 倍；低倍数泡沫系统只要用若干英寸厚的泡沫生成物就能抑制火焰，然而高倍泡沫却需要若干英尺厚的泡沫将起火物全部覆盖方能达到窒息的目的。

我们总结了不同其它国际（地区）飞机库采用的消防策略如表1。

表 1 不同国家和地区飞机库消防方案

国家和地区	灭火系统	探测系统	消防泵启动控制原理
新加坡	喷淋+低倍数泡沫	两套 UV/IR	如一个探测器启动，报警启动 如两个同时启动，消防泵启动
墨尔本	喷淋+低倍数泡沫	UV/IR	灭火控制阀设定为手动以避免误动作
悉尼	喷淋+低倍数泡沫	UV/IR	如两个同时启动,消防泵在延迟一段时间后如报警仍未关闭,将自动启动.
香港	泡沫雨淋系统+翼下泡沫系统+泡沫枪	UV/IR 及屋顶温感探测器	如一个探测器启动,报警启动,延迟 2 分钟后，消防泵自动启动.
广州白云机场飞机库	泡沫+雨淋系统+翼下泡沫系统+泡沫炮	图像式火焰探测器、红外光束感烟探测器和感温电缆	图像式火焰探测器、红外光束感烟探测器和感温电缆同时发出火警信号,以报警处位置为中心,30 m 半径内的雨淋保护区自动喷放,同时作用区内的飞机翼下泡沫炮自动启动实施灭火.

本项目的飞机库将采用国际广泛被认可的性能化消防设计与 NFPA 409相结合的方式来作为该项目的消防安全保障系统。根据NFPA 409,该机库定义为Group 1，建筑结构根据Type II (000) 非燃烧体结构构建，与相邻建筑物的分隔间距不少于15m。

飞机停放和维修区内，分区设置泡沫—水雨淋系统,该机库共设置14套泡沫系统，且每套系统的保护面积不大于1394m^2。同时设置翼下泡沫灭火系统以控制机翼下面等位置的火灾。同时设置IR3探测器，根据NFPA要求，屋顶设置温度探测器。

3. 油面散火火灾尺寸

根据NFPA409，飞机库应设置排油沟以限制漏油面积，地面坡面应不小于1:200。本机库排油沟的最大间距为35m。油面在纵向的扩散由地沟的间距决定，在横向的扩散与油滴初始的动能、表面张力及地面的摩擦力和坡度有关。

根据NFPA 409，飞机库消防系统应在火灾发现后30秒启动，并在1分钟内控制（熄灭）火灾。根据美国海军实验室的研究报告，可控散油火的热释放速率为为10MW。如果进一步保守的估计，假定火灾扩散到全部油面，最大热释放速率为47MW。

3.1 探测时间

该机库设置光学探测器,根据美国海军实验室及FM的实验表明: 3波段红外线探测仪(IR3)具有较强的抗干扰力,并能有效地减少误报。该探测器的有效探测距离为60m，其相应时间约为1～9 秒。考虑到可能存在的障碍物及其它干扰，报警时间保守取为60 秒。

4. 耐受标准

本文选择了下列几个因素作为是否影响人员生命安全标准的判据。

4.1 烟层高度及能见度

烟气层高度是判别环境是否可承受的最重要指标之一，在疏散过程中，烟气层应始终保持在人群头部以上一定高度，以保证人在疏散时不受烟气中的有害燃烧产物的危害或热烟气流的辐射热威胁。根椐《澳大利亚消防工程指南》,本文选择较保守判据为：建筑物内在距离地面高度 2.5 m 位置的能见度不应小于 10 m。

4.2 温度

根据 NFPA 手册,人体对烟气层等火灾环境的热辐射耐受极限为 2.5kW/m^2, 即相当于上部烟气层的温度约为 180℃～200℃ 时的烟气热辐射量。因此，在烟气层高度控制在地面 2.5m 以上时，烟气层的温度也应控制在 180℃ 以下。

根据英国屋宇设备工程学会的CIBSE Guide E，人体在设有自动喷淋系统的环境下最高承受室温为60℃，故性能化设计必须保证逃生路径温度不会高于60℃。

5. FDS 模拟分析

FDS 是美国 NIST 开发并在火灾领域应用最为广泛的流体力学软件。FDS 采用数值求解一组描述热驱动的低流速的 Navies-stokes 方程，重点计算烟气流动和热传递过程。该软件采用大涡流模拟的方法来处理烟气流场，具有较高的精度及计算效率。

5.1 边界条件及网格尺寸

为保守起见，不考虑位于屋顶的自然通风（假定自然通风口全部关闭）。
环境温度：35 ℃
模拟时间：400～1800 seconds

5.2 计算网格的确定

FDS 计算精度与网格的尺寸和火焰的大小有关，为了保持足够的计算精度，根据 FDS 用户指南，定义火焰羽流的特征尺度为:

$$D^* = \left(\frac{\dot{Q}}{\rho_\infty T_\infty c_p \sqrt{g}} \right)^{2/5}$$

其中：

D^* = 火焰羽流的特征尺度 (m)

$\dot{Q}$ =总热释放速率 (kW)

ρ_∞ = 外界空气密度 (kg/m^3)=1.0

T_∞ = 外界空气绝对温度(K)=293

c_p = 空气热比热(J kg-1 K-1)=1.2

g = 重力加速度

根据过去的经验，$D_*/\delta x$ 介于 5～10 之间的分辨率可以得到满意的精度。为了保持足够的计算精度同时保持较高的的计算效率，在近火源区，网格分辨率满足 $D_*/\delta x$ 介于 5～10，远火源区，选取较粗的网格（1m)。

5.3 烟气模拟分析

飞机库四周设有高为 6m 的工作平台，因此将分别计算烟气层下降到工作平台层和地面层的时间。

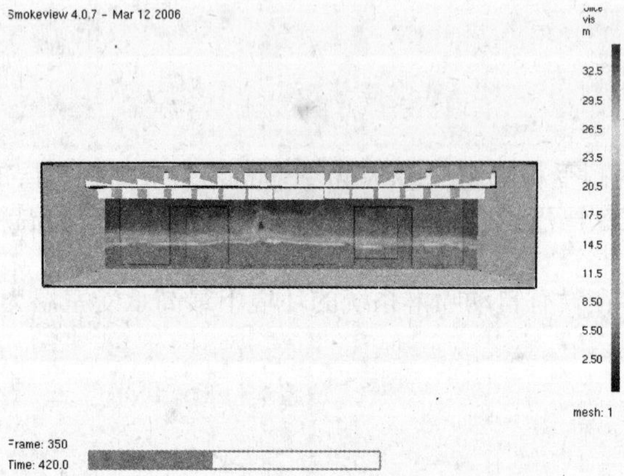

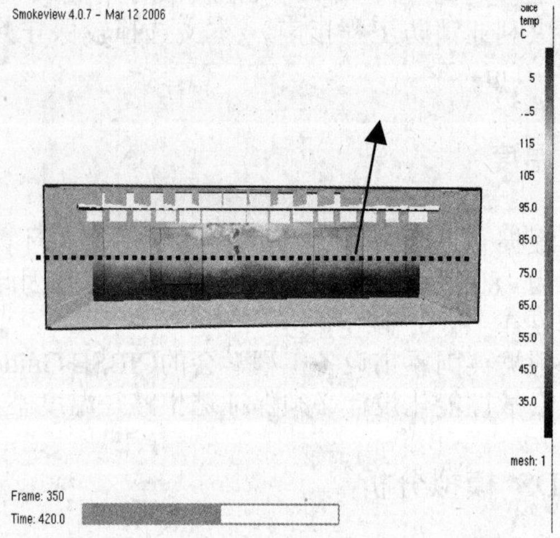

图 3　420 秒时能见度的剖面分布　　　　图 4　420 秒时温度的剖面分布

（烟气层位于工作平台 3 米以上，距离地面 9 米以上）

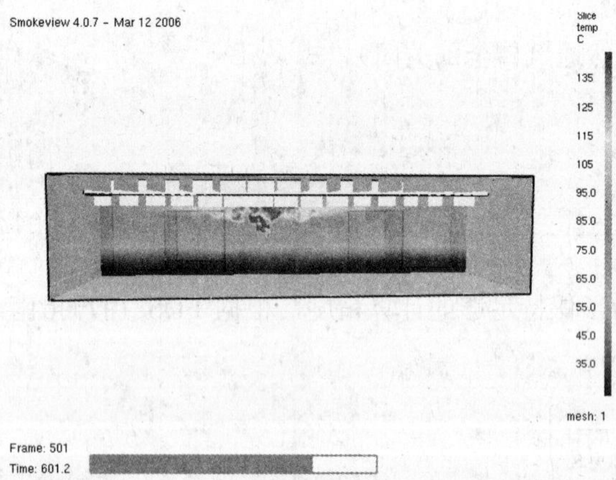

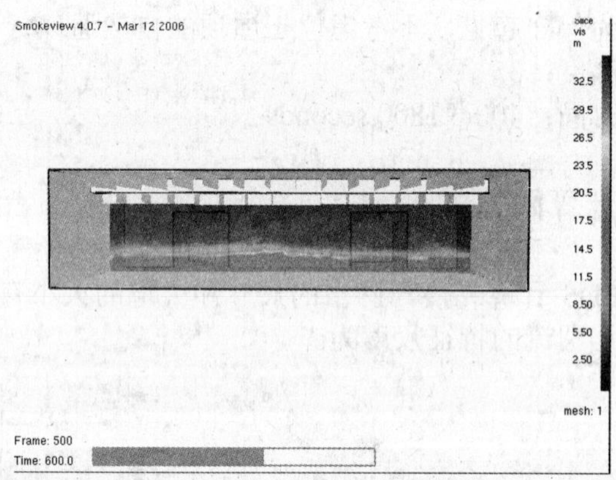

图 5　600 秒时温度的剖面分布　　　　图 6　600 秒时能见度的剖面分布

（烟气层位于地面3米以上）

6. 疏散分析

人员所需疏散时间包括报警时间、人员反应时间及疏散行动时间(包括步行至疏散出口时间和通过疏散出口时间)。

所需疏散时间(RSET) = 报警时间(T-det) +准备时间(T-pre) +疏散活动时间(T-travel)

其中：

T-det = 报警时间；如：探测器所需启动时间,如前文所述，取 60 秒。

T-pre = 人员准备时间，人员从接到警报到疏散行动开始之前时间。

T-travel = 人员疏散行动时间，包括人员步行至疏散出口的时间和通过疏散出口的排队时间。

机库设有温感及红外线探测器，同时 24 小时有人值班，所有的工作人员都是训练有素，因此疏散反映时间设定为 30 秒是保守的估计。

因此，人员的疏散总的准备时间为 90 秒。

根据飞机库管理公司建议，地面层的人员荷载为 80 人，平台的人员荷载为 60 人，其余 228 人位于附属办公区，工作间及机电设备间。

疏散模拟采用STEPS模型模拟，模拟结果如表1：

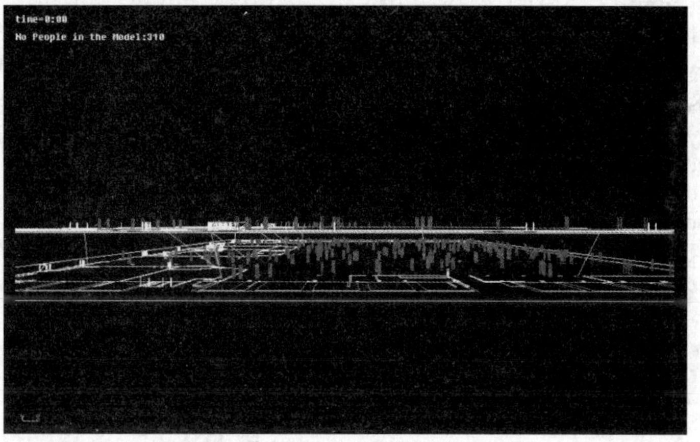

图 7　STEPS模拟疏散过程

7. 可利用的疏散时间和疏散时间的比较

可利用疏散时间(ASET)和人员疏散所需时间(RSET)的比较如下表：

在420秒内，烟气层基本位于平台3米以上高度,且烟气层下部的温度及能见度均可维持在人员可接受的标准。在600秒烟气层可位于地面3米以上高度，且烟气层下部的温度及能见度均可维持在人员可接受的标准。

表1　ASET与RSET的比较分析

楼层	运动时间(秒)	总疏散时间 (秒)(探测时间+准备时间+运动时间)	可利用疏散时间(秒)
地面层	101	191	＞600 秒
平台	35	125	＞400 秒

通过疏散时间(RSET)和可利用的疏散时间(ASET)的比较，对于平台层，其疏散时间为 35 秒，而可利用的疏散时间为 420 秒。对于地面层，需要的疏散时间为 101 秒，而可利用的疏散时间为 600 秒。

因此，在最不利的情况下，均可保证机库内人员的安全疏散且具有较大的安全余量。

8. 结论

本文简述了国家规范 GB 及 NFPA 对一类飞机库防火设施的规范要求，同时总结了其它地区（国家）通常采用的防火设施。

通过某机库消防安全设计分析，估计了由于机油泄漏而引发油面火的火灾尺寸.但仅考虑火沿水面的 2 维扩散，未考虑由于油箱爆炸等造成的三维火灾扩散，也未考虑多火源、大规模纵火、恐怖袭击等极端情况及其它自然灾害。

通过 FDS 对散油火的模拟，计算了发生油面火可利用的疏散时间。采用 STEPS，模拟了机库所需要的疏散时间。分析表明该机库可保证人员的疏散安全。

9. 参考文献

[1] NFPA 409: Standard on Aircraft Hangars,2004

[2] Joseph L. Scheffey, Joseph E. Gott; Allison J. Wakelin, Aircraft Hangar Fire Suppression System Design Study, Naval Research Laboratory, NRL/MR/6180-00-8664 ,2000

[3] Gottuk, D.T.,Scheffey, J.L.,Williams, F.W.,et al. Optical Fire Detection (OFD) for Military Aircraft Hangars-Final Report on OFD Performance to Fuel Spill Fires and Optical Stresses, Naval Research Laboratory, NRL/MR/6180-00-8457,2000

[4] Gottuk, D.T. & White, D.A. (1995) Liquid fuel fires, SFPE Handbook on Fire Protection Engineering, 3rd ed., Quincy, MA, pp.

2-297 to 2-316
[5] White D.; Beyler C.L.1; Fulper C.; Leonard J. Flame Spread on Aviation Fuels ,Fire Safety Journal, 28,(1), 1-31(31), 1997
[6] Ross, H. D., Ignition of and flame spread over laboratory-scale pools of pure liquid fuels, Prog. Energy Combust. Sci., 20 (1), pp. 17-63, 1994.
[7] Buigoyne,J.H.,Roberts,A.F.,Quinton,P.G.,The Spread of Flame across A Liquid Surface.Part 1,Proceedings of the Royal Society[C].London,1968,A308:39 ~ 54
[8] McGratta K and Forney G. Fire dynamics simulator (Version 4) – user's guide. NIST Special Publication 1019, National Institute of Standards and Technology, Gaithersburg, MD, 2004
[9] Kevin McGrattan. Fire dynamics simulator (Version 4) – technical reference guide. NIST Special Publication 1018, National Institute of Standards and Technology, Gaithersburg, MD, 2004
[10] FM Approval Report Project ID: 3020071

Fire safety study of hangar

Abstract

This paper gives an introduction of the requirements of PRC GB 50284-98 and NFPA 409 on fire protection of hangar and 409, and summarizes well adopted approaches in hanger all over the world.

In addition to the fire protection features provided and compliance with NFPA 409, performance fire engineering is conducted to demonstrate that the proposed hangar provides an equivalent or superior level of safety for the building's occupants compared with direct compliance with the Hong Kong Codes of Practice. A Computational Fluid Dynamics (CFD) and "STEPS" Evacuation fire model were employed to evaluate the safety of the hangar in the event of several design fire conditions. The simulations have contained several features that allowed for an extremely conservative analysis. A large safety factor was incorporated into this performance analysis to account for various situations and human behavior that may occur during a fire.

Key words: hangar, spillage fuel fire, FDS, Evacuation.

对三峡船闸消防安全问题的思考与建议

刘建平，冯王碧，张小忠

湖北省公安消防总队

关键词：安全管理、三峡船闸、消防、建议。

1．三峡船闸基本情况

三峡工程双线五级船闸是三峡工程的重要组成部分，它位于三峡工程长江左岸，是目前世界上规模最大、水位落差最大、闸级最多、技术最复杂的永久性通航船闸，建成后对发展长江航运和促进华东、华中、西南地区的经济建设将起着重要作用。

三峡船闸总长6442米，包括上游引航道2113米，下游引航道2708米，船闸主体段1621米。连续五级双线船闸平行布置，两线船闸中心线相距94m，两线船闸之间隔着宽为60m用混凝土护面的岩石中隔墩。船闸主体段每线由6个闸首和5个闸室组成，每级闸室有效长度为280m，宽度为34m，每级船闸均为世界上最大船闸之一。每个闸首安装有两扇超大型人字门，也属世界上最大的闸门之一。

随着三峡工程蓄水通航，三峡水库明显改善了宜昌至重庆660公里的长江航道，万吨级船队可直达重庆港。航道单向年通过能力由原来的约1000万吨提高到5000多万吨，运输成本可降低35%～37%，航运的人流和物流也急剧增加。由于过闸船舶在闸室内停留时间较长，且船舶发生火灾的致灾因素多，无论是客船还是危险品船舶一旦在闸室内发生火灾或爆炸事故，灭火救援将极其困难，甚至会引起灾难性后果，因此，三峡船闸既是长江航运的“咽喉”要道，也是三峡工程消防安全保卫的“软肋”，解决消防安全问题已成为当今世界级高难度课题之一。

2．三峡船闸消防安全的主要问题

从近年来三峡船闸运行的实际看，目前三峡船闸消防安全主要存在以下四个方面的问题：

（一）责任不明、多头管理造成管理体制不顺

2003年《三峡坝区消防安全工作协调会会议纪要》初步明确了三峡坝区消防监督和灭火救援的职责划分，但有些职责无法落到实处，在实际操作中存在一些矛盾和问题。比如，三峡总公司作为三峡坝区的经营和管理业主，有权管理船闸，却无权对过闸船舶进行安全检查；而有权检查船舶安全的长航公安消防部门，又不能进入船闸实施消防安全检查；不承担船闸灭火救援主要职责的三峡坝区城市公安消防特勤大队，一直以来却担负着危险品船舶过闸的全程护卫工作，实际上承担着船闸内各类火灾爆炸事故的灭火救援任务。《纪要》中虽明确长航公安消防部门负有三峡船闸的灭火救援和护送危险品船舶过闸的职责，但由于种种原因，至今既未建水上消防站，又没有配置对危险品船舶过闸实施防护的消防车辆和装备，在发生火灾情况下也无法进入闸室展开灭火救援。因此，依照现状能够管得住船闸的部门，却无法对船闸的消防安全负责；而对船闸消防安全负责的单位，却又没有力量、也没有手段消除对船闸构成威胁的各种因素，实际上形成了“谁都管，谁都管不了”的局面，无法真正保障船闸的消防安全。

从另一方面讲，目前三峡坝区的灭火救援力量由三部分组成，三峡坝区水面（包括船舶、船闸内的船舶、趸船、码头、水上设施等）的灭火救援工作，由长航公安局宜昌分局水上消防支队负责，三峡坝区其他方面的灭火救援工作由宜昌市公安消防支队三峡坝区消防特勤大队负责，右岸灭火救援任务暂时由武警水电部队三峡警卫消防大队承担。这三支力量互不隶属，难以做到统一指挥、快速反应、密切协作，一旦发生火灾，无法在短时间内协同完成三峡坝区特别是三峡船闸的灭火救援和应急疏散工作。

（二）消防设计先天不足，难以应对闸室火灾爆炸事故

三峡船闸的消防设计距今十余年，当时的设计仅侧重船闸闸门的防护，对于过闸船舶的火灾扑救、人员疏散，特别是危险化学品事故等问题考虑不充分，致使在船闸自身消防安全以及相关灭火救援设施等方面存在有先天性缺陷，当任何情况导致船闸闸室起火、爆炸，都会引发灾难性后果。一是人员疏散困难，

容易造成群死群伤。三峡船闸通航后，长江航运客运量激增，成批次集中过闸的船舶在闸室内相互毗连。由于预先没有设置对闸室内着火船舶进行有效分隔的措施，缺乏安全可靠的人员紧急疏散设施（现有的钢制爬梯在火灾发生时很难发挥作用），发生火灾后，易形成火烧连营，此时还受闸室内水位落差和有毒烟雾的影响，组织灭火救援和被困人员疏散极其困难。二是船闸没有设置固定或半固定式泡沫灭火系统，现有消防车辆及装备根本无法满足扑救船闸火灾的要求。一个闸室有效面积 9520 平方米，若闸室内油品全面流淌燃烧，据计算，灭火泡沫供给量将需 9520 升/秒，三峡消防特勤大队仅有的 5 辆泡沫车根本适应不了灭火战斗的需要。三是船舶在闸室内发生火灾爆炸事故，会造成船闸钢质闸门损坏，危及整线船闸安全；如果运输危险化学品的船舶一旦发生火灾爆炸，大量油品泄漏会导致长江下游水域严重污染、影响人民群众饮水安全。

（三）过闸船舶船型多且复杂，逐船安检制度得不到落实

长江上游进出的危化品主要依靠航运。当前过闸船型标准化程度较低，做不到船舶规格的统一，实际上船型杂乱，许多不符合消防安全标准的船舶仍在从事危化品运输。特别是一些营运单位受经济利益驱动，经常出现化学危险品与普通货物混装、混运现象，而负责过闸船舶消防安全检查的长江航运公安和海事部门，又没有足够的人员和必要的设备，难以落实逐船消防安全检查制度，致使过闸船舶发生火灾、爆炸等的潜在危险性严重存在。

3. 对三峡船闸消防安全问题的建议

三峡工程作为全世界最大的水利枢纽工程，具有极为重要的政治、经济意义和战略地位，而船闸作为整个工程的重要组成部分，其消防安全保卫工作必须高标准、严要求，应周密考虑发生各种灾害事故的可能情况，做到万无一失。

从近几年的情况看，一是按照《三峡坝区消防安全工作协调会会议纪要》划分的职责无法落到实处；二是即便按《纪要》把责任落到实处，受限于设计的先天缺陷和《纪要》的历史环境，加之实际运行中存在的体制不顺、机制不明和措施不力等管理漏洞和隐患，很难保证不出问题，倘若一旦发生重大消防安全事故，造成灾难性后果，这都不是哪个部门、哪个单位和任何个人能够承担得了的。更何况《纪要》采取的措施也不足以确保三峡船闸消防安全万无一失。因此，从“保障三峡船闸的绝对安全和万无一失”的角度考虑，必须站在国家安全战略的高度，打破条块分割、各自为政的现状，总体考虑构建与完善三峡船闸消防安全体系，对原《纪要》确定的体制模式和运行机制进行更新明确，做到既落实责任，又确保安全。为此，提出以下建议：

（一）明确消防安全责任，落实消防责任主体，制定消防管理制度。按照《中华人民共和国消防法》规定，三峡总公司是消防安全责任的主体单位，应全面承担整个三峡坝区（陆地面积 15.28 平方公里、水域面积 19 平方公里内所有红线征地范围）的消防安全工作。三峡工程建设委员会办公室作为国务院设立的专门领导部门，建议成立三峡坝区防火安全领导小组，制定三峡坝区、船闸及重点部位的《消防安全工作责任制》和《消防安全工作管理制度》等，对三峡开发总公司履行消防安全职责情况进行监督检查，负责协调地方和相关职能部门共同做好消防工作，及时解决消防工作中遇到的实际问题和困难，确保 34 平方公里三峡坝区的绝对消防安全。

（二）整合力量，建立统一、快速、高效的防灭火体系。为避免三峡坝区消防安全保卫工作政出多头、多支消防队伍各自为战，彻底消除消防管理和临战指挥出现的不统一、不协调、不配合、不一致的弊端，建议整合三峡坝区现有消防力量，落实“防消结合”的消防工作方针，组建一支统一指挥的企业专职消防支队或现役公安消防支队，全面负责整个三峡坝区的消防监督、灭火指挥和疏散救援，确保三峡坝区和船闸消防安全。为保证消防监督执法的公正有力，所需保障经费可由国家财政预算专款拨付。

（三）对危险品运输过闸实行专营制度。为确保现阶段危险品过闸的消防安全，建议由国家或省航运部门承担运输危险品过闸的任务。随着今后三峡船闸消防安全条件的改善，再逐步放开危险品运输经营权。承担危险品过闸的营运船舶必须符合特种船舶的制造技术规范、标准规定的消防安全条件；船上押运人员和所有工作人员上岗前必须经过消防安全培训合格；承运危险品的船舶须经消防安全检查合格后方可从事危险品运输。

（四）抓紧解决三峡船闸消防设计先天不足的遗留问题。一是增设闸墙冷却保护措施，完善船闸人字门水幕保护系统；二是重新核算消防特勤力量，增加特勤队员编制；三是迅速增加消防车辆装备，应购置大流量供水车、举高泡沫喷射装备、闸室救人装备、大型高倍数泡沫灭火装备和设施等，并加强消防装备器材革新，研发一批近距离作战的高倍数泡沫产生器、泡沫输送管、大流量供水装备等装备器材；四是重点研究船闸火灾时疏散救人战术，通过技术先进的实用型云梯车、救生吊篮、救生软梯、消防机器人等新

装备的实战应用和开展特勤队员在船闸火场救生技能训练来提高消防指战员的实战救助能力。

（五）尽快组织三峡工程整体消防安全论证会议。建议国家近期组织相关科研单位和职能部门，对三峡船闸的总体消防安全进行专题论证，针对船闸消防安全中的人员疏散、危险品船舶灭火救援、船闸固定消防设施及升船机、消防安全配套技术以及坝区输变电等关键环节开展具体讨论、研究，并协同三峡总公司加快进行着火区段船舶分隔措施和机动升降救生设备的研发工作，以提高三峡船闸自身防控火灾的能力。

作者简介：

刘建平（1958- ），男，黑龙江省齐齐哈尔市人，大学本科，学士学位，在读博士。现任湖北省公安消防总队总队长，高级工程师，全国消防标准化技术委员会委员、消防管理分技术委员会委员、火灾报警及探测分技术委员会副主任委员、湖北省应急管理专家咨询委员会事故灾难组副组长。电话：027-87269001。

冯王碧（1957- ），男，山西省晋城市人，大学本科，现任湖北省消防总队防火监督部部长，高级工程师。全国消防标准化技术委员会第八分委委员。电话：027-87269401。

张小忠（1968- ），男，湖北省仙桃市人，硕士学位，现任湖北省消防总队防火监督部高级工程师，中国消防协会电气防火专业委员会委员。电话：027－87269405，传真：027-87269405。

公路隧道火灾的数值模拟和探测试验

刘敏，童雷

北京首安工业消防有限公司

摘要

本文通过数值模拟和试验研究，对公路隧道防火设计和相关规范中的几个重要技术问题进行了讨论。应用火灾动力学模拟软件 FDS 对某公路隧道内的火灾过程进行了数值模拟，定量预报了不同工况下隧道内的烟气流动状况及温度分布，结果表明：火灾状况下采用射流风机通风可有效控制烟气流动方向及降低隧道顶部温度，有利于人员疏散及火灾扑救；在高风速条件下的小功率火灾中，最高温度点漂移距离小于探测分区长度。为研究现有的公路隧道火灾探测技术的性能，开展了“国际公路隧道火灾探测研究项目”，建立了公路隧道火灾探测试验的模型，并开展了相应的试验研究。

关键词：公路隧道火灾、数值模拟、火灾探测。

1. 概述

公路隧道在现代社会中发挥着越来越重要的作用，截止 2001 年底，中国共有公路隧道 1782 条，其中 22 条长度大于 3km；预计 2000～2010 年将有 155km 投入建设[1]。目前美国共 197 条公路隧道，加拿大 50 条，全球公路隧道总长约 2500km。与公路隧道特点类似的还有地铁及铁路隧道，如今地铁已是许多城市最重要的交通工具之一，而全球铁路隧道总长约 4000km，未来 10～15 年内全球将新建的交通隧道超过 6000km。

据国外统计，隧道内火灾频率为 10 次/(亿车 · km)～17 次/(亿车 · km)，一旦发生火灾，往往造成严重的影响和损害。例如，1995 年阿塞拜疆巴库地下隧道火灾致死 289 人，2003 年，韩国 Daegu 隧道火灾致死 196 人。每年欧洲隧道火灾导致的直接损失达 2.1 亿欧元，而其间接损失更难以估量，以意大利 Mt.Blanc 隧道火灾为例，修复隧道共花三年时间，每年间接损失达 3.5～4.0 亿欧元。隧道火灾主要有隧道和汽车的电气火灾、汽车机械事故火灾、车辆交通事故火灾、车载可燃货物火灾等类型。由于隧道结构和设施复杂、出入口少、疏散路线长、通风照明条件差，一旦发生火灾，其危害性极为严重。隧道火灾的特点包括：浓烟高温，火灾蔓延速度快；烟气流动速度快；能见度低；易造成人员伤亡；疏散困难；灭火难度大；扑救艰难、指挥决策实施慢等。

近年来，研究人员在实际隧道或实验室条件下进行了相关的火灾试验研究[2,3]，并取得大量成果。另一方面，随着计算机技术和数值计算方法的发展，以及将质量守恒、动量守恒、能量守恒和化学反应原理巧妙地运用到研究建筑火灾领域上，数值模拟方法成为了研究火灾问题的另一个有效途径。

目前，我国尚未颁布的公路隧道防火设计国家标准。仅在国标《建筑设计防火规范》的部分章节，以及一些行业标准等内容中对公路隧道的消防设计进行了部分规定。这些标准规范包括：JTG/T D70-2004《公路隧道设计规范》、JTG/T D71-2004《公路隧道交通工程设计规范》、JT/T 610-2004《公路隧道火灾报警系统技术条件》、JT/T 611-2004《公路隧道环境检测设备技术条件》、JTJ 026.1-1999《公路隧道通风照明设计规范》、DBJ 53-14-2005《公路隧道消防技术规程》（云南）、DB**《公路隧道火灾自动报警系统设计规程》（湖北，编制中）等。国际上，影响最大的是 NFPA 颁布的关于公路隧道、桥梁和其他限行高速公路的设计规范 NFPA 502，欧洲一些国家也颁布了类似的标准规范，例如荷兰 TNO 报告 98－CVB－R1161《隧道防火》、德国 RABT《公路隧道设施及运行准则》、英国 BD78/99《公路及桥梁设计手册》等。但这些标准规范对于隧道内的火灾探测技术等，并未进行明确规定，或部分规定已不能反应技术发展现状，亟待修订。

本文应用火灾动力学模拟软件 FDS 对某公路隧道内的火灾过程进行了数值计算，预报了不同风速条件和不同火灾功率下隧道内的烟气流动状况及温度分布。在此基础上对隧道通风方式、耐火性能要求、以及火灾探测报警中的温度点漂移问题进行了初步讨论。对“国际公路隧道火灾探测研究项目”，尤其是公路隧道火灾探测试验的模型进行了介绍。

2. 公路隧道火灾的数值模拟

2.1 基本工况

应用火灾动力学模拟软件 FDS 对隧道火灾过程进行了数值模拟。所模拟的某在建公路隧道设计横截面图如图 1 所示。该隧道由两条圆隧道组成，每条圆隧道内径为 10.40m，单向双车道，车道设计宽度分别为 3.5m 及 3.75m，通行净高 4.5m。隧道采用单向射流风机诱导型纵向通风方式。每隔 100m 间距布置一组 2 台射流风机，直接悬挂在隧道顶板下，构成串、并运行。

图 1　隧道横截面示意图

考虑到隧道纵向结构的周期性特征，数值模拟中选取计算域长度为 100m，两台射流风机距计算域左端 20m，通风方向向右。由于在此隧道的消防设计中每个探测分区长度为 30m，故计算域共包含了 3 个探测分区。

对计算域内不同通风条件时的火灾过程进行了数值模拟。假定一辆巴士在距计算域左端 40m 处燃烧，火灾热释放速率采用《公路隧道通风照明设计规范》规定的估计值 20MW[4]。所模拟的工况包括：工况 A，静态条件（自然通风风速为 0，风机关闭）；工况 B，隧道内自然通风平均风速为 2.5m/s，风机关闭；工况 C，射流风机开启，出口风速 20m/s。此外，为研究火灾探测报警中的温度点漂移现象，还对高风速条件下的 2.5MW 火灾进行了数值模拟（工况 D）。

2.2 不同通风条件下的烟气流动

由于隧道内部空间小，火灾发生时，往往产生不完全燃烧，发烟量较大。烟气中含有大量有毒气体，同时烟气的存在使能见度降低，妨碍人员疏散。

FDS 预报的工况 A、B、C 时的烟气层剖面图如图 2 所示。可以看出，火灾情况下，由于热气流上升，在隧道顶部形成一定厚度的热烟气流，并沿隧道纵向迅速扩散。

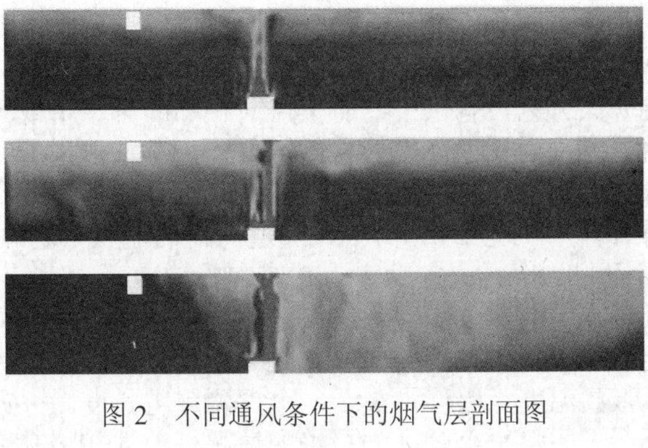

图 2　不同通风条件下的烟气层剖面图

在静态条件下（工况 A），烟气沿隧道顶端向两侧对称扩散，扩散速率约为 2.6m/s，同时，隧道下部冷空气流向火源附近补充，在火场两侧形成循环风流。由于流动状况较稳定，烟气将集中在隧道顶部区域，烟气层高度较高。应当指出，静态条件只是一种理想状况，实际情况中隧道内通常有一定速度的自然或强制通风，以利于排放汽车尾气。

对于自然通风工况 B，烟气层出现了回流现象，顶部烟气逆风朝上风向流动，扩散速率约为 1.2m/s；而下风向的烟气扩散速率大于静态时的扩散速率，约为 4.2m/s。预报的火灾上风向烟气层高度低于下风向高度。由于车辆掉头困难，在这种情况下，发生火灾时烟气的回流可能对上游人员和车辆造成直接危害，并妨碍消防队员从上风向接近火场。

对于工况 C，开启射流风机后，将能有效控制烟气流动方向，射流风机上风侧不受烟流污染。此时烟气向下风向扩散的速率约为 4.6m/s。同时，由于通风破坏了烟气层流动状态，流动变得紊乱，烟气层高度明显下降。在 20MW 火灾功率下，火源下风向大部分区域内烟气层高度下降到 1.8m 仅需半分钟左右，仅计算域最右端 10m 左右烟气层高度高于 1.8m。在此通风条件下，火灾发生时上风向人员应向上游撤离，下风向人员则应尽量利用车辆逃生以便加快撤离速度，或尽快利用连往地下通道的逃生安全口、或是双向隧道的连通车道和人员疏散通道逃生。待人员疏散完毕后则应关闭连通门。此外，在排烟系统设计中，可考虑引入横向和半横向通风，与纵向通风结合使用。

2.3 温度分布

火灾对隧道内环境温度的影响以热辐射为主，而烟气层的热散失以对流为主。随着高温烟气沿隧道顶部向隧道两侧扩散，影响区域逐渐增大。在此过程中，烟气与隧道壁面不断换热，使隧道本体温度逐渐增高，而烟气温度沿隧道纵向逐渐下降。

FDS 预报的工况 A、B、C 时的隧道内纵向温度分布图如图 3 所示。可以看出，在火灾情况下，隧道内高温区出现在隧道顶部区域，随着到火源距离的增大，温度逐渐降低，下降的梯度也逐渐减小。典型的横截面温度分布如图 4 所示。隧道内照明灯具以及电缆布置等应尽量远离火灾时的高温区，而火灾探测器则应安装在顶部区域，以便在火灾发生时尽快报警。

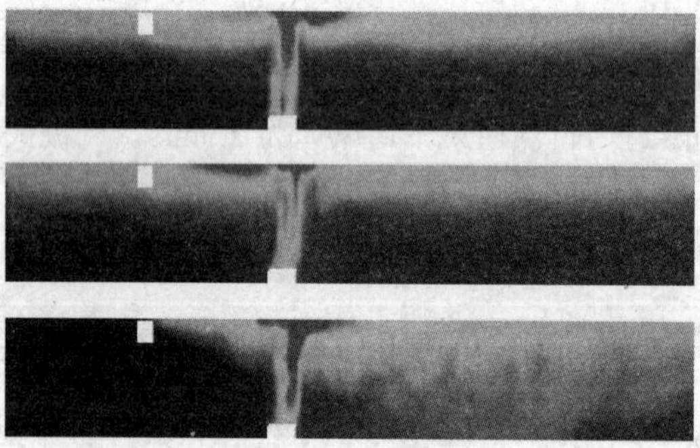

图 3　隧道内纵向温度分布图

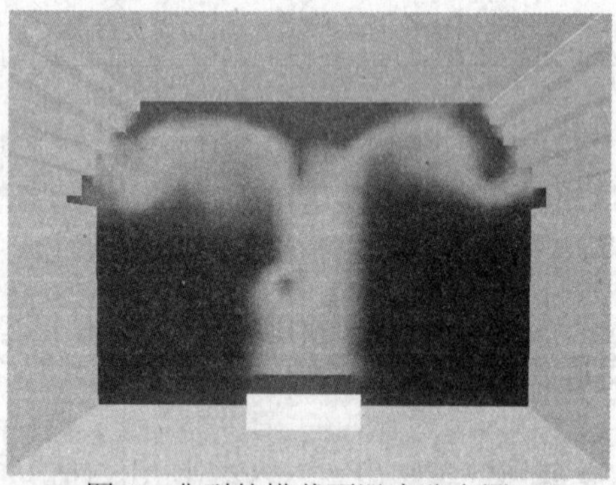

图 4　典型的横截面温度分布图

2.4 火灾探测报警中温度点漂移问题的讨论

在本隧道的消防报警系统技术方案中，选用首安公司模拟量线型差定温探测器和模拟量线型定温探测器进行温度探测比较试验，感温电缆布置在隧道顶部。实际应用中，由于通风带动热烟气漂移，可能会出现这种情况：实际发生火灾的防火分区没有报警，而下风向相邻的第一个或第二个区域发生报警，从而给火灾探测及联动控制带来干扰。本文对感温电缆报警的温度点漂移问题进行了数值模拟。

显而易见，通风风速越大、火灾功率越小、火源距射流风机越近，温度漂移量将越大。为此，针对高风速条件下的小功率火灾进行计算（工况 D）。其中，隧道内自然通风平均风速为 5m/s，射流风机出口风速 20m/s，火源中心位置距射流风机 5m，火灾功率为 2.5MW。

图 5 给出了工况 D 不同时刻的温度场分布。对结果进行分析知，火灾发生后，隧道顶部区域温度上升，最早探测到火灾信号的感温电缆段距隧道左端约 36m。此处距离火源中心位置为 11m。由于每个探测分区为 30m，因此在这种工况下，最高温度点漂移量小于一个探测分区长度。火灾情况下将是火源本区或下风向相邻的探测分区报警，而不会发生第三个分区先报警的情况。前述较大功率火灾工况 A、B、C 的模拟

结果同样符合这一结论。

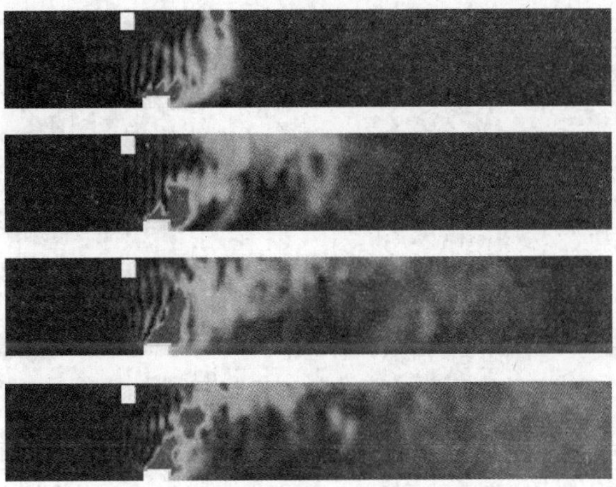

图 5　工况 D 不同时刻温度分布图

上述数值计算结果也与首安公司在重庆交通科研设计院实验隧道的试验结果一致。该试验结果表明：以往单独采用线型差温探测的方式响应时间快，可以实现早期报警，但难以分辨温度点漂移现象；单独采用线型定温探测的方式存在小火灾无法报警或报警响应慢的问题；采用线型差定温探测器既可快速探测火灾，又能避免温度漂移引起的非火灾区域误报警。综合数值模拟和实体试验的结果，在本项目消防设计中选用模拟量线型差定温探测器进行火灾探测，同时采用双区联锁灭火的方式进行灭火，即在接收到火灾报警信号后，同时启动先发生报警的区域和上风向分区的自动灭火系统。这种处理方式是可靠的，有利于防范各种极端情景，尽快消灭火灾。

3. 隧道火灾探测试验——国际公路隧道火灾探测项目介绍

3.1 项目概况

“国际公路隧道火灾探测研究项目”（International Road Tunnel Fire Detection Research Project）由美国消防协会 NFPA 和加拿大国家研究院 NRC 发起，旨在研究现有各种探测技术的性能，为公路隧道标准和规范编制提供数据支持，并优化隧道消防设计、施工中的技术参数。

项目技术组由国际知名的研究机构、制造商及标准组织等组成。首安公司作为产品制造商参加了该项目，并提供线型感温探测器进行检测和试验。其他主要技术组成员包括：

研究机构: NRC, NFPA's　FPRF, SP，Worcester Polytechnic Institute;

制造商: Sureland（首安）, Siemens, Tyco, GE industries, Visions, AxonX, Spectrex, Micropack, United Technologies, Det-tronics;

标准组织: NFPA502，UL;

政府机构: Port Authority of New York and New Jersey, Federal Highway Administration, AASHTO, Quebec MOT, Ontario MOT, B.C. MOT, Seattle Fire Department;

咨询公司: Parsons Brinckerhoff, A&G Consultants, ARUP Fire Risk & Security, Hughes.

3.2　公路隧道火灾探测试验

火灾探测实体试验是本项目的重点工作。项目组选用了感温电缆、光纤、火焰探测器、C C T V 探测、图像探测器、感烟探测器、吸气式探测器等多种代表性的探测技术，建立了公路隧道火灾探测试验的模型，并开展了相应的试验研究。

通过对隧道火灾案例的统计分析，并经模拟测试，最终探测试验中选用的实体火类型包括：可燃液体油盘火、固定车辆火、移动车辆火；部分试验在自然通风和控制风速（0m/s、1.5m/s、3m/s）下分别进行。

油盘火试验包括车辆下方和车辆后方两种，试验模型示意图和试验参数分别如图 6、图 7 以及表 1、表 2 所示。

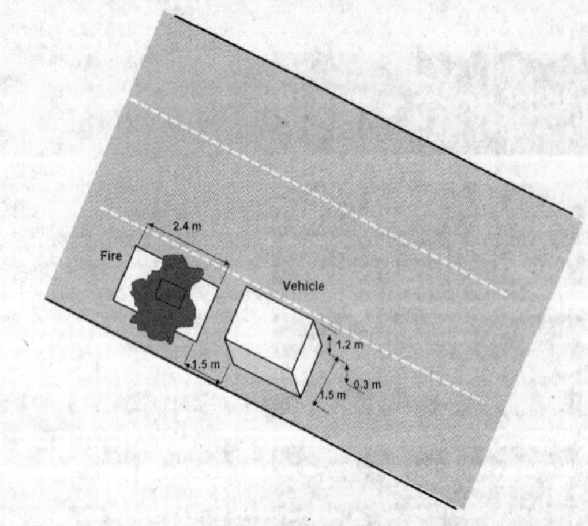

图 6　车辆下方油盘火试验模型示意图

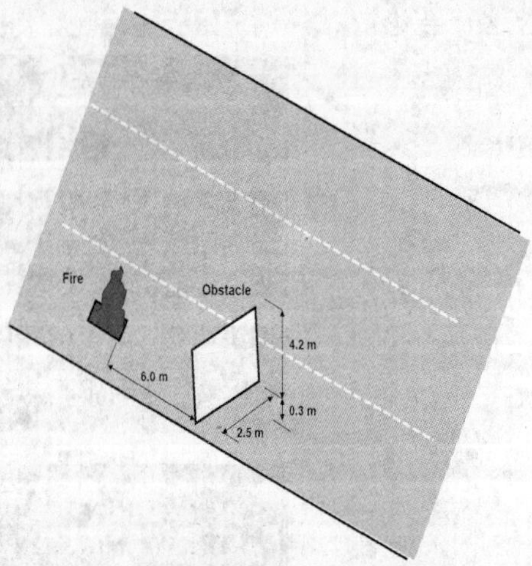

图 7　车辆后方油盘火试验模型示意图

表 1　车辆下方油盘火试验参数

序号	油盘尺寸 (m)	燃料	释热速率 (kW)
F2-1P1	0.3×0.3　无遮挡	汽油	100～150
F2-2P1	0.3×0.3	汽油	100～150
F2-3P1	0.6×0.6	汽油	550～650
F2-4P1	1.0×1.0	汽油	1500～1700
F2-5P1	1.0×2.0	汽油	3000～3400
F2-6P1	燃烧器	丙烷	1500～1700
F2-7P1	燃烧器	丙烷	3000～3400

表 2　车辆后方油盘火试验参数

序号	油盘尺寸 (m)	燃料	释热速率 (kW)
F2-8P2	0.3×0.3	汽油	100～150
F2-9P2	0.6×0.6	汽油	550～650
F2-10P2	1.0×1.0	汽油	1500～1700
F2-11P2	1.0×2.0	汽油	3000～3400

固定车辆火用于模拟驾驶室或车厢着火后火灾从小到大的发展过程，试验参数如表 3 所示。

表 3　固定车辆火试验参数

序号	火灾位置	燃料	最大释热速率(kW)	达到最大功率所需时间 (min)
F2-12S1	序号	油盘尺寸 (m)	燃料	释热速率 (kW)
F2-13S1	F2-8P2	0.3×0.3	汽油	100～150
F2-14S1	F2-9P2	0.6×0.6	汽油	550～650
	F2-10P2	1.0×1.0	汽油	1500～1700
	F2-11P2	1.0×2.0	汽油	3000～3400

移动车辆火试验参数如表 4 所示

表4　移动车辆火试验参数

序号	释热速率(kW)	车速 (km/hr)	方向
F2-15M1	100～150	20	反向
F2-16M1	100～150	50	反向
F2-17M2	100～150	20	正向
F2-18M2	100～150	50	正向

项目技术组在加拿大研究院试验隧道、蒙特利尔、纽约等地的实际隧道中，按照所确定的试验模型进行了试验，取得了对于当前各种隧道火灾探测技术性能的第一手资料，试验报告将于今年年底发布。这些结果将为 NFPA502 《Standard on Road Tunnels, Bridges and Other Limited Access Highways》的修订，以及我国相关标准规范（如湖北省地方标准《公路隧道火灾自动报警系统设计规程》）的编制工作等提供重要参考依据。

4．结论

1．本文应用火灾动力学模拟软件 FDS 对某公路隧道内的火灾过程进行了数值模拟，定量预报了不同工况下隧道内的烟气流动状况及温度分布。结果表明：火灾状况下采用射流风机通风可有效控制烟气流动方向及降低隧道顶部温度，有利于人员疏散及火灾扑救；火灾情况下隧道顶部出现高温区；在高风速条件下的小功率火灾中，最高温度点漂移距离小于防火分区长度，选用模拟量线型差定温探测器进行火灾探测，并采用双区联锁灭火方式是可靠的。

2．对“国际公路隧道火灾探测研究项目”进行了介绍，重点是所建立的公路隧道火灾探测试验的模型。该试验研究结果将为有关标准规范的编制和修订提供重要参考依据。

5．参考文献

[1]　张硕生,张庆明等. 隧道防火保护的现状及发展趋势. 消防技术与产品信息,2003,7:6-7.

[2]　Karpov.A.V, Makarov.D.V. et al. Fire in tunnels:3D numerical simulation and comparison with the experiment. Proceedings of the 4th Asia-Oceania Symposium on fire Science and Technology. Tokyo: Waseda University, 2000:565-576.

[3]　兰利敏. 交通隧道的防火——大规模试验的初步研究结果. 隧道译丛, 1994 (2):1-9.

[4]　公路隧道通风照明设计规范. JTJ, 1999, 026.

计算机数值模拟在地下建筑火灾中应用的研究现状

刘松涛[1]，杜莉莉[2]，杨勇[3]

[1]中国建筑科学研究院建筑防火研究所
[2]中国矿业大学（北京）资源与安全工程学院
[3]煤炭科学研究总院北京安全技术研究所

摘要

随着计算机技术的飞速发展和流体力学数值计算方法的不断成熟，数值模拟在火灾科学研究中有着越来越广泛的应用，地下建筑火灾的流场特性分析中也更多的应用数值模拟手段。论文首先论述基于计算流体力学理论的计算机模拟手段的发展历程及其在火灾科学研究中的作用和重要意义，在此基础上，介绍了目前地下建筑的通风与火灾计算机数值模拟中应用最为广泛的三种物理模型——网络模型、区域模型和场模型，分析它们之间的区别与联系，论述每一种物理模型的特点和应用领域。根据物理模型的不同，论文分别介绍不同数值模拟方法在国内外的研究现状和工程应用情况。针对地下建筑火灾数值模拟领域研究现状的综合分析，提出该领域目前存在的问题和不足，并根据这些问题和不足，探讨该技术领域未来的研究方向和发展前景。

关键词：数值模拟、地下建筑、网络模型、区域模型、场模型。

1. 概述

近年来，在矿井、隧道、地铁、巷道、峒室、地下仓库等地下工程中，火灾发生的频率不断增加。地下工程火灾在排烟、疏散、救护等方面均存在困难，火灾燃烧时产生大量有毒有害的气体和热量，风流受火灾动力作用，容易引起状态紊乱，甚至造成整个通风系统风流状态的混乱，由此造成的损失尤为严重。所以，开展地下工程火灾燃烧特性和烟气流动规律的研究对于防范和控制火灾发生具有重要意义。

火灾科学中基本研究方法包括理论分析法、模型实验方法和数值模拟方法。随着计算机技术的快速发展，计算机模拟技术得到越来越广泛的应用。与实验研究相比，计算机模拟技术具有成本低、速度快、资料完备的优点，并且具有模拟真实条件和理想条件的能力。

论文概述近年来计算机模拟技术在地下工程火灾中的研究现状，提出该研究领域内存在的困难和不足，探讨未来可能的研究方向。

2. 主要物理模型

根据研究区域内控制体的不同划分，主要物理模型可分为网络模型、区域模型和场模型 [1]。

网络模型是把一个受限空间作为一个控制体单元，假设每个单元体内部的状态参数（如气温，组分浓度等）是均匀的，火灾过程的发展表现为构成整个模拟空间的各单位内部的参数变化。火灾风流网络模拟技术是针对能形成网络的封闭空间系统发生火灾时，用计算机模拟技术来模拟火灾烟气随系统风流流动状态的一种技术手段。模型假设简单，对计算能力要 求较小，主要用于矿井火灾，近年也开始用于高层建筑火灾。

区域模型把研究空间分成上下两个区域，即上部分的热气层和下部分的冷气层，每一层内的物理量如温度、烟气浓度等均为均匀分布，而质量、能量的交换只发生在区域与区域之间、区域与其边界之间以及它们与火源之间。

场模型把研究区域划分成许多微元控制体，对每个控制体建立控制方程，通过求解大量的控制方程组计算每个控制体的流场状态。它能较详细地给出每个控制体内各种物理量的分布，适用于近火源区域和大空间建筑，但是它需要较长的计算时间和巨大的计算机能力。

不同的物理模型对模拟场景进行的假设不同。表 1 为三种物理模型的特点和主要应用领域。

基金项目：国家科技攻关项目（2006BAJ27B04）

表 1　数值模拟主要物理模型比较

物理模型	特点	应用领域
网络模型	模型简单，对计算机处理能力要求低，可以进行粗略的全风网模拟。	矿山开采、地下隧道交通的通风设计及火灾烟气流动规律模拟。
区域模型	把研究区域划分为不同的冷热层，通过羽流进行能量和物质交换，计算需求时间较短。	地面单室建筑、公共活动的大空间建筑火灾烟气高度预测。
场模型	微元控制体分割研究区域，可计算所有控制体的相关参数，对计算机处理能力要求高。	航空航天、流体机械设计、近火源区域流体流动规律研究。

3. 数值模拟方法在地下建筑火灾研究中的应用

3.1 网络模型在地下建筑火灾中的应用

3.1.1 网络模拟技术发展历程

1936 年美国学者 H•克劳斯提出解算水力管网计算方法。1951 年英国学者 D•斯考德、H•恒斯雷将 H•克劳斯法用于矿井通风网络解算，称为斯考德－恒斯雷法[2]。上世纪 50 年代末，数字计算机在西德、英国等地开始被应用于矿井通风网络的自然分风解算。70 年代中期，美国开发出矿井火灾的准稳态模拟程序。80 年代，计算机技术开始广泛应用于灾变时期矿工撤退及可靠避灾路线选择、矿井火灾非稳态模拟及最优状态控制中。90 年代，矿井火灾动态模拟技术得以进一步发展，一些模拟软件开始用于矿井火灾的救灾。进入本世纪，学者们开始尝试把火灾网络模拟技术与其它火灾模拟技术相结合，目前，这些工作正在研究中。

火灾网络模拟的优点是它可以模拟整个通风系统的风流状态，计算速度快，在目前的计算水平下，是唯一可以进行整个网络系统火灾模拟的方法。火灾网络模拟的缺点是对火源区域或大空间内部烟气流动状态的模拟过于粗略，不能反映一些特殊的火灾现象，计算误差较大。

3.1.2 网络模拟技术在地下建筑火灾研究中的应用

20 世纪 70 年代以来，基于矿井火灾的网络模拟技术也开始兴起，用于描述整个系统发生火灾后的状态。1973 年，美国火灾专家 R•格雷尔首先进行了矿井火灾风流动态模拟技术的研究，他领导的课题小组建立了高温烟流与巷壁非稳态热交换的数学模型及热风压的数值计算方法，开发出第一套矿井风流准稳态模拟计算机程序。此后，该程序又加入烟流流动实时模拟技术及风流非稳态模拟技术，经推广应用、多次修改及实验矿井的火灾实验验证，已发展成较成熟的矿井火灾风流稳态、非稳态、准稳态模拟的一套理论和计算方法，开发了相应的计算机软件 MFIRE。1979 年法国的 E.Simode 完成了以风流温度计算为基础的火灾瞬态模拟程序。20 世纪 80 年代以来，世界各国在火灾模化技术方面的研究蓬勃发展，矿井火灾风流动态模拟的研究工作也达到高潮。

目前国际上使用较广，相对成熟的地下建筑环控模拟软件是美国交通部开发的 SES。1975 年，美国交通部开发出隧道环境控制计算机模拟软件 SES，该程序可以模拟隧道内各种运行工况下车站、隧道和通风井中的风速、风量、气温和湿度以及车站的空调负荷，为以后的隧道环境控制设计和方案选择提供了较好的计算工具。SES 被用到亚特兰大、波斯顿、纽约、香港、新加坡等地铁的设计中；美国的 Bradley J.Rogers 等人利用该软件对海底隧道进行了计算； William D.Kennedy 等将 SES 推广到公路隧道通风系统，并对新加坡地下公路系统进行了模拟，获得较好的结果。

在国内，20 世纪 80 年代以来，中国矿业大学、淮南矿业学院、西安矿业学院、抚顺煤科分院、重庆煤科分院等单位在矿井火灾模拟技术方面做了大量研究工作。清华大学朱颖心等人研制了一套隧道热环境模拟分析软件 stess。上海隧道工程轨道交通设计院的郑晋丽利用隧道通风系统软件对地铁和隧道通风进行了分析计算。西南交通大学从 90 年代起，致力于地下建筑环境控制方面的研究，开发了一系列的分析软件，分别对深圳地铁和重庆轻轨地下车站进行了模拟计算。

3.2 区域模型在地下建筑火灾中的应用

3.2.1 火灾区域模拟技术的形成和发展

从实际火灾或者火灾实验中可以观察到，火灾发生后，热烟气在浮力作用下总是向上运动，并且在顶棚及四周壁面限制下，往往在封闭空间上部形成一个热烟气层，而下层基本上仍是空气，也就是说，空间内的烟气存在着一种明显的分层现象；另外，通过测量空间内气体温度也可发现，上层烟气及下层空气内部，其温度变化幅度相对较小，而在上下层界面附近区域则存在着明显的温度梯度，也就是说，温度分布也存在着一定的分层现象，观察和测量其它的物理参数也可有类似的发现。据此，哈佛大学的 Emmons 教授首先提出了区域模拟思想，也就是，根据分层现象，认为可以将一个空间（一般是一个房间）分为上下两个区域，并且假设每个区域内部的各物理状态参数均匀一致，而质量、能量的交换只发生在区域与区域之间、区域与其边界之间以及它们与火源之间[3]。根据质量、能量守恒原理及气体状态方程，对各个房间可以推导出一组描述烟气物理状态的常微分方程，并通过各种火灾现象的描述及各个源项把火灾过程中一系列松散耦合的分过程联系起来，形成一种计算火灾过程的模型，即区域模拟。由于区域模拟计算代价低，同时又抓住了建筑火灾过程的主要特征，该模拟技术自 20 世纪 70 年代形成以来，得到了迅速发展。哈佛大学、美国国家标准技术所、日本建筑研究所等均已编制成多室火灾区域模拟程序。中国科学技术大学火灾科学国家重点实验室近年来也成功编制了多室火灾区域模拟程序。

3.2.2 区域模型在地下建筑火灾研究中的应用

区域模型适用于模拟大空间建筑的烟气层厚度及其变化规律，所以，这种方法主要应用在像中庭建筑、体育馆、剧院、展馆等特殊的大空间建筑以及单室火灾烟气厚度预测中，而在地下建筑的火灾特性研究中应用较少。尽管如此，国内外还是在相关领域开展了一定的研究工作。国内相关科研院所开展的这方面的研究工作包括，中国科技大学应用开发的区域模型软件C-FAST模拟地下大空间建筑的烟气层高度变化规律；中国矿业大学（北京）邱雁博士研究应用网络模型和区域模型相结合的方法模拟地下隧道火灾烟气流动特性；香港W.K.Chow采用CFAST区域模拟方法将隧道分成多个小空间进行多区域模拟，并与实验值进行比较，指出这种多区域的模拟形式与场模拟相比有计算量少，并且计算误差小的特点。

3.3 场模型在地下建筑火灾中的应用

3.3.1 场模拟技术的发展概况

场模拟和 CFD 模拟是在不同领域称呼方式的不同。场模拟是场模型这种物理模型在方法上的实现，模拟过程受到场模型各种假设条件的限制，而其方法的实现源于计算流体力学 CFD 的发展，是流体力学基本理论的方法体现。计算流体力学的发展可分为三个阶段：

① 初期萌芽阶段(1965-1974)

这一时期主要研究成果有：a)交错网格的提出；b)对流项差分迎风格式的再次确认；c)Patankar 与 Spalding 于 1967 年发表了求解抛物型流动的 P-S 方程；d)1972 年 SIMPLE 算法问世；e)1974 年美国学者 Thompson，Thames 及 Mastin 提出了采用微分方程来生成适体坐标的方法。

② 开始走向工业应用阶段(1975-1984)

1977 年由 Spalding 及其学生开发的 GENMIX 程序公开发行；1979 由 Spalding 教授及其合作者开发的流动传热计算的大型通用软件 PHOENICS 第一版问世；同年提出对流项离散格式—QUICK 格式；1980 年 Patankar 教授的名著"Numerical Heat Transfer and Fluid Flow"出版；对不可压缩流体流场计算流速与压力的耦合关系，提出了 SIMPLER, SIMPLEC 算法。

③ 进一步兴旺发达的近期(1985 年至今)

这一阶段的主要研究成果包括：a)前后处理软件的迅速发展，GRAPHER，GRAPH TOOL，IDEAS，PATRAN，ICEM-CFD 等，均是在这一时期问世的；b)巨型机的发展促进了并行算法及湍流直接数值模拟(DNS)与大涡模拟(LES)的发展；c)PC 机成为 CFD/NHT 研究领域中的一种重要工具是该时期的一个特色；d)一批 CFD/NHT 新的教材、参考书及期刊出版或创刊；e)多个计算传热与流动问题的大型商业通用软件陆续投入市场，如 FLUENT，FIDAP，STAR-CD，FLOW-3D 等；f)数值计算方法向更高计算精度和更好区域适应性的方向发展。

3.3.2 场模拟技术在地下建筑火灾研究中的应用

近些年来，随着 CFD 计算技术突飞猛进的发展，许多工程领域都开始把它作为评价、优化设计的手段，并取得了很大成功。在隧道、地下铁路的通风工程中，CFD 也有许多卓有成效的应用实例。比如"Analyzing a transit subway station during fire emergency using computational fluid dynamics"、"CFD modeling considerations for train fires in underground subway stations"和"Numerical simulation of subway station fires and ventilation"等等[4]。

随着地下建筑环境模拟研究的不断深入以及计算机的飞速发展，场模型得以引入到地铁环境模拟中。科学家对地铁内不稳定气体动力学和热动力学进行了深入研究，1973 年举行的第一届气体动力学和隧道通风国际会议上，上述问题已经得到了广泛关注。随着地下隧道气体动力学和热动力学研究的不断完善，计算软件也得到不断发展，如日本的吉日治典利用反应系数法进行热状况计算，J.Valensi 等人对隧道内活塞作用对气流的影响做过大量的理论和实验研究[5]。对于隧道火灾的研究，过去大多集中在隧道的紧急通风。日本、法国、俄罗斯等国铁路部门在火灾事故调查、火灾实验、列车和隧道防灭火技术以及发生火灾时旅客安全疏散等方面，做了大量的工作。 ICF Kaiser Engineers 公司首次利用 CFD 模拟软件（CFX）对隧道火灾及通风进行了模拟与分析，开展了 CFD 技术在地下隧道工程领域应用的研究工作。

隧道热力学计算主要是对隧道内及周围岩土层热环境的研究。日本的芪又弘道等专家对隧道内发热量以及隧道废热利用进行了研究，提出了隧道内热量来源及各种热负荷的计算方法；苏格兰的 Zhang Zhaoyang 等用镜像法(method of images)研究了隧道周围岩土层的长期温度分布，并利用有限元法对方程求解；日本的吉日治典利用反应系数法计算隧道热状况；日本的 Zouga etal, Otsuka, Takamoto 和 Toshio 以及苏格兰的 DAIGuoping 和 Alan Vardy 对隧道长期和短期热环境进行了研究；美国加利福尼亚大学的 Malcolm J. Mcpherson 利用 CLIMSIM 程序模拟和分析了矿井及其岩土层的热状态；英国的 H.Barrow 利用整体分析法(global analysis)，即将隧道看作整体控制体积，在外界温度周期变化下对隧道及其环境进行准稳态和瞬态分析；Jaeger et al. 第一个将周围岩土层的热流输入制成表格，采用年龄函数法进行分析；美国的 G.Danko 等利用分析解，将温度变成阶梯近似，对具有移动热源的隧道壁面的温度、湿度进行了分析研究；香港的 W.K.Chow 用场模型求解 k-ε 方程，并用 phonemics 程序对火灾烟气与紧急通风进行三维模拟。

国内一直活跃在地下隧道工程模拟领域的高等院校有清华大学、西南交通大学、中国科技大学、天津大学等院校，他们很早就开展了和地下建筑环境控制相关的研究。清华大学自主开发了水平较高的隧道环境模拟 CFD 软件 STACH-3，并对深圳地铁、天津地铁的环控系统都做过很深入地研究，他们曾利用 STACH-3 对天津地铁站台的气流组织做过模拟。中国科技大学在模型实验和混合模型、天津大学在隧道环境控制等领域也开展了研究工作[6]。

4. 存在的问题及发展方向

4.1 存在的问题和困难

1. 地下建筑火灾条件下燃烧和传热机理研究不够充分

与地面建筑不同的是，地下建筑空间比较封闭，火灾发生后通风排烟比较困难，热量和烟气容易积聚，并给救援工作造成障碍。当前对地下建筑环境下火灾的燃烧特性研究得还不够充分，对因空气对流和壁面导热所产生的热传导的研究也存在不足，这就给进行数值模拟时有关参数的设定带来了困难。

2. 火源特性描述的困难

在数值模拟中，火源参数的设定对模拟结果的影响是非常显著的。与地面建筑火灾数值模拟一样，地下建筑火灾的火源位置、功率变化、火灾位置等主要参数受到太多不确定因素的影响，准确描述火源特性存在困难。

3. 物理数学模型的选择与计算能力的矛盾

不同的物理数学模型，由于其假设条件的不同，对计算能力的要求存在巨大差异，如网络模型和场模型；而同样的物理模型、不同的数学模型，对计算能力的要求也存在较大差异，如标准两方程 $k-\varepsilon$ 湍流模拟、大涡模拟和直接模拟方法。如何根据研究对象的需要和可以利用的计算资源，选择合理的物理数学模型是需要考虑的重要问题。

4.2 研究方向

1. 开展联合建立大空间建筑火灾实验平台的可行性研究

目前国内火灾科学研究还处于起步阶段，有限的科研资源被分散到不同的研究团队，造成资源难以被集中利用、重复研究内容、人才分散、合作较少等弊端。集中有限的科研资源，建立不同火灾场景的实验基地和实验平台，完成和丰富描述火源条件的数据库，吸引优秀研究人员成为提高火灾和消防基础性研究的有效手段。

2. 火灾燃烧机理研究

目前的火灾模拟由于对燃烧机理研究得不够充分，很多对模拟结果的分析还停留在温度场和一定发烟量条件下的传播规律研究，对于组分分布的研究较少，而有毒有害气体是造成火灾情况下人员伤亡的最大原因，所以研究主要火灾可燃物的燃烧机理、组分、中间产物和生成产物，可以为利用数值模拟软件（如

FLUENT）模拟组分分布规律提供极大方便。

3. 混合物理模型应用

近年来在该领域，国内外有些学者提出了混合模型的思想，即充分利用不同模型的特点，组合利用两个以上的模型来实现工程应用需要，但是研究往往局限于思想概念的提出以及理论实现的可能性，对于边界条件的耦合和实际的工程应用没有展开深入的研究。在满足工程应用需要的前提下，如何选择和组合不同模型，有效利用有限的计算资源，成为未来该领域的重要研究方向之一。

5. 结论

论文在介绍地下建筑火灾主要研究方法的基础上，阐述计算机模拟方法对进行火灾研究的重要性。比较三种主要物理模型的特点和应用领域，介绍它们的研究现状和在地下建筑火灾模拟中的应用情况。根据研究现状，提出目前该领域存在的不足和困难，以及未来可能的研究方向。

6. 参考文献

[1] 陶文铨著.计算传热学的近代进展.科学出版社.2000.

[2] 冯炼.地铁网络系统环境控制数值模拟研究.西南交通大学博士学位论文.1999.

[3] 傅祝满,范维澄.建筑火灾区域模拟研究.自然科学进展.1997.5.

[4] J. P. Kunsch. Simple model for control of gases in a ventilated tunnel. Fire Safety Journal, 2002, 3:76-81.

[5] Wu, Y., Bakar, M.Z.A. Control of smoke flow in tunnel fires using longitudinal ventilation systems-a study of the critical velocity. Fire Safety Journal,2000,35(4): 363-390.

[6] 姚建达,范维澄等.建筑火灾中场-区-网数值模型的应用.中国科学技术大学学报.1997,27(3): 304-308.

The study situation of applying numerical simulation to underground building fire

Abstract

With the rapid development of computer technology and the progress of computational fluid dynamics (CFD), the application of numerical simulation to fire science is becoming more and more widely. The numerical simulation method is more used in underground building fire flow characteristic analysis. First of all, the paper discusses the development of computer numerical simulation method based on CFD and the important role in fire science. And then, the paper introduces three main physics models, which are net model, zone model, and field model, used widely in numerical simulation of fire and ventilation, analyzes the difference and sameness among them, and discusses the main characteristics and applying domain of each model. The paper introduces study situation and engineering application of each model respectively. At last, the paper puts forward problems and disadvantages in this applying domain, and discusses the study direction and development foreground in this study domain according to these problems and disadvantages.

Keyword: numerical simulation, underground building, net model, zone model, field model.

作者简介:

刘松涛，男（1978- ），安徽阜阳人，中国建筑科学研究院工程师，2007 年 7 月毕业于中国矿业大学（北京），获工学博士学位，主要从事安全工程、矿井通风、火灾及消防工程方面的研究工作。联系方式：北京市朝阳区北三环东路 30 号，中国建筑科学研究院建筑防火研究所。邮编：100013，Tel：13146342135，E-mail：liust78@163.com。

地铁火灾模型实验相似条件分析

刘松涛[1]，杨勇[2]，杜莉莉[3]

[1]中国建筑科学研究院建筑防火研究所
[2]煤炭科学研究总院安全技术研究所
[3]中国矿业大学（北京）资源与安全工程学院

摘要

作为火灾科学的重要研究手段，模型实验在火灾科学中具有重要作用。对地铁这种复杂的地下大空间交通系统来说，进行现场火灾模拟实验或者同比例模型实验是不现实的，所以缩小比例尺的模型实验成为地铁火灾模型实验方法的现实选择，而模型与原型的相似条件分析是进行模型实验设计中首先要解决的问题之一。论文针对地铁火灾模型实验需要满足的相似条件进行分析和理论推导，根据量纲分析和流体力学相似理论，首先对地铁火灾燃烧的物理化学过程进行假设，对描述地铁火灾燃烧过程的控制方程进行简化，推导模型实验相似准则，得到模型与原型局部相似的模型律；然后分析全部实现这些相似准则的可行性，确定影响相似准则的主要因素以及模型实验需要满足的相似准则，探讨进行地铁火灾模型实验的可行性。理论分析结果可用于指导地下空间火灾模型实验平台的建立，对地下空间火灾模型实验具有重要的现实意义。

关键词：地铁火灾、模型实验、相似分析、模型律。

1. 概述

对于地铁这样的地下复杂空间来说，采用全尺寸模型实验或实体实验存在一定困难，且很不经济，从可行性和经济性来考虑，采用缩比例的相似模型研究地铁火灾发展和烟气流动规律非常必要[1]。因此，地铁火灾烟气流动相似条件的研究，不仅为理论研究提供了经济合理的验证手段，而且为积累地铁火灾的经验数据提供了可能，同时还增加了实验数据的可利用性。论文以相似理论为基础，根据地铁火灾特点，对地铁火灾烟气流动相似模型进行理论分析，导出模型与原型动力相似的相似准则，得到建造模型实验平台的模型律。

2. 相似准则推导方法

导出相似准则的基本方法有三类[2-4]，分别是定律分析法、方程分析法和量纲分析法，其中方程分析法包括相似转换法和积分类比法，相似准则推导方法如图1所示。

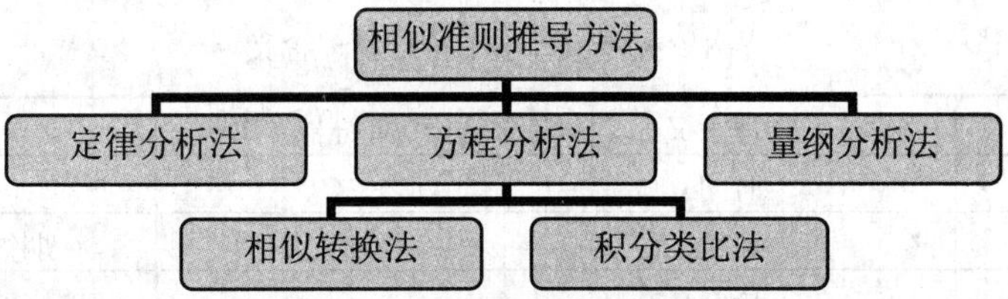

图1　相似准则推导方法

本文采用方程分析法中的相似转换法。该方法对所研究对象的物理本质进行认真分析，建立相应的控制微分方程组进行相似变换，将方程化为无量纲方程组，从而得到相似准则。

基金项目：国家科技攻关项目（2006BAJ27B04）

3. 简化的地铁火灾烟气控制方程

地铁初期火灾是指在火灾发生的初期阶段，燃烧发展较为缓慢、热释放速率较小、持续时间较长的一段时期，此阶段对于人员疏散和扑救火灾具有重要意义。论文着重分析这一阶段的火灾烟流形成发展规律。

地铁火灾初期阶段具有以下特点：火源强度小，火源所诱发的热烟气层温度低，热烟气层内部主要是对流换热；地铁空间内的氧浓度足以使燃料在火源区域燃烧，因此除火源区外，烟气层中不存在化学反应。对于这类情况下的火灾烟气运动，称为低强度火源所引起的烟气运动，而且有研究表明，该阶段地铁火灾烟气温度较低，不可能发生轰然现象[5-6]。因此，不考虑火灾的蔓延，着重分析地铁初期火灾的烟气流动规律。

基于上述分析，假设如下：

① 将燃烧着的火焰处理为一热源；

② 由于研究的是燃烧区域以外火烟羽的发展，因此不考虑火灾时燃烧过程以及化学反应引起的烟气成分变化；

③ 不计紊流脉动的影响，采用紊流时均值；

④ 因为大空间火灾烟流温度值不高，不计辐射传热的影响；

⑤ 热烟气运动是由浮力驱动的，浮力影响采用Boussinesq近似，即 $\rho_0-\rho\approx\rho_0\beta(T-T_0)$；

⑥ 烟气与空气热物理性质相同，不计烟气可压缩性；

⑦ 由于热扩散、粘性耗散、压力等对烟气流动的影响较小，将这些因素的影响也忽略不计。

基于上述简化处理，将烟气流动控制微分方程简化如下：

连续方程：$\dfrac{\partial\rho}{\partial t}+\dfrac{\partial(\rho u_j)}{\partial x_j}=0$ （1）

运动方程：$\dfrac{\partial(\rho u_i)}{\partial t}+\dfrac{\partial(\rho u_j u_i)}{\partial x_j}=-\dfrac{\partial p}{\partial x_i}+(\rho-\rho_0)g_i+\dfrac{\partial}{\partial x_j}\mu(\dfrac{\partial u_i}{\partial x_j}+\dfrac{\partial u_j}{\partial x_i})+\dfrac{1}{3}\dfrac{\partial}{\partial x_i}(\mu\dfrac{\partial u_j}{\partial x_j})$ （2）

能量方程：$\dfrac{\partial}{\partial t}(\rho c_p T)+\dfrac{\partial}{\partial x_i}(\rho u_i c_p T)=\dfrac{\partial}{\partial x_i}(\lambda\dfrac{\partial T}{\partial x_i})+q$ （3）

浓度方程：$\dfrac{\partial(\rho C_s)}{\partial t}+\dfrac{\partial(\rho u_i C_s)}{\partial x_i}=\dfrac{\partial}{\partial x_i}(\rho D_s\dfrac{\partial C_s}{\partial x_i})+\dot{m}_s$ （4）

状态方程：$p=\rho RT$ （5）

维护结构导热方程：$(\dfrac{\rho c}{\lambda})\dfrac{\partial T_s}{\partial t}=\dfrac{\partial^2 T_s}{\partial x_s^2}$ （6）

内壁边界条件：$x_s=0$，$\lambda_s\dfrac{\partial T_s}{\partial x_s}=\dfrac{0.036\lambda Pr^{1/3}}{L}\mathrm{Re}^{0.8}(T-T_s)$ （7）

以上方程中的物理量代表紊流时均值，物理量参数含义见下表：

表 1 控制方程组中符号物理含义

符号	物理含义	符号	物理含义
t	时间	C_s	烟气浓度
u	速度	D_s	烟气质量扩散系数
p	压强	m_s	单位体积火源的产烟量
g	重力加速度	ρ_s	壁体密度
T	烟气温度	C_s	壁体比热
C_p	烟气定压比热	λ_s	壁体导热系数
ρ	密度	α	对流换热系数
ρ_0	环境空气密度	s	壁体参数
R	气体常数	Pr	普朗特数
q	单位体积火源的燃烧热	Re	雷诺数

4. 地铁火灾模型实验相似准则推导及运动相似性分析

4.1 相似准则推导

对地铁火灾烟流模型实验进行相似性分析，首先要推导相似实验应满足的相似准则，这需要将上述简化的微分控制方程组无量纲化。在无量纲化分析中，可以认为所有热力学和传热物性参数是常数，因为最终推导出的模型相似律必然会保证模型与原型温度场相同，所以在推导过程中取这些依赖温度的物性参数为常数不会影响导出的无量纲量。

定性参数取特征长度L、特征速度V、特征时间τ、特征压强p_0、环境（或初始）温度T_0、密度ρ_0、火源特征强度Q_0、火源特征烟气质量m_0，烟气特征浓度C_0，壁体厚度δ_0。把无量纲量表达式代入简化的地铁火灾烟气运动控制方程（1）～（7），可以写出如下形式的无量纲控制微分方程组：

连续方程：$$\frac{L}{V\tau}\frac{\partial\hat{\rho}}{\partial\hat{t}}+\frac{\partial(\hat{\rho}\hat{u}_j)}{\partial\hat{x}_j}=0 \quad (8)$$

运动方程：$$\frac{L}{V\tau}\frac{\partial(\hat{\rho}\hat{u}_i)}{\partial\hat{t}}+\frac{\partial(\hat{\rho}\hat{u}_j\hat{u}_i)}{\partial\hat{x}_j}=-\frac{p_0}{\rho_0V^2}\frac{\partial\hat{p}}{\partial\hat{x}_i}+\frac{gL}{V^2}(\hat{\rho}-1)+\frac{\mu}{LV\rho_0}[\frac{\partial}{\partial\hat{x}_j}\hat{\mu}(\frac{\partial\hat{u}_i}{\partial\hat{x}_j}+\frac{\partial\hat{u}_j}{\partial\hat{x}_i})+\frac{1}{3}\frac{\partial}{\partial\hat{x}_i}(\hat{\mu}\frac{\partial\hat{u}_j}{\partial\hat{x}_j})] \quad (9)$$

能量方程：$$\frac{L}{V\tau}\frac{\partial}{\partial\hat{t}}(\hat{\rho}\hat{T})+\frac{\partial}{\partial\hat{x}_i}(\hat{\rho}\hat{T})=\frac{\lambda}{\rho_0Vc_pL}\frac{\partial}{\partial\hat{x}_i}(\frac{\partial\hat{T}}{\partial\hat{x}_i})+\frac{Q_0}{\rho_0c_pVT_0L^2}\hat{Q} \quad (10)$$

浓度方程：$$\frac{L}{V\tau}\frac{\partial(\hat{\rho}\hat{C}_s)}{\partial\hat{t}}+\frac{\partial(\hat{\rho}\hat{C}_s)}{\partial\hat{x}_i}=\frac{D_s}{VL}\frac{\partial}{\partial\hat{x}_i}(\frac{\partial(\hat{\rho}\hat{C}_s)}{\partial\hat{x}_i})+\frac{m_0}{\rho_0VC_0L^2}\dot{m} \quad (11)$$

状态方程：$$\hat{p}=(1-\frac{c_v}{c_p})/(\frac{p_0}{\rho_0T_0C_p})\hat{\rho}\hat{T} \quad (12)$$

维护结构导热方程：$$\frac{\delta}{\tau}(\frac{\rho c}{x})_s\frac{\partial\hat{T}_s}{\partial\hat{t}_s}=\frac{\partial^2\hat{T}_s}{\partial\hat{x}_s^2} \quad (13)$$

内壁边界条件：$$\frac{\partial\hat{T}_s}{\partial\hat{x}_s}=C_1\frac{\lambda\delta}{\lambda_sL}\mathrm{Re}^{0.8}(\hat{T}-\hat{T}_s) \quad (14)$$

无量纲方程组经归一化整理，可以得到无量纲数组，其中有些无量纲数组就是常见的相似准数。由方程组得到的无量纲数见表2所示。

表2 无量纲数列表

无量纲数	表达式	无量纲数	表达式
π_1	$\frac{L}{V\tau}=\frac{1}{H_0}$	π_2	$\frac{p_0}{\rho_0V^2}=Eu$
π_3	$\frac{gL}{V^2}=\frac{1}{Fr}$	π_4	$\frac{\mu}{\rho_0VL}=\frac{1}{\mathrm{Re}}$
π_5	$\frac{\lambda}{\rho_0Vc_pL}=\frac{1}{Pe}=\frac{1}{\mathrm{Re}\cdot\mathrm{Pr}}$	π_6	$\frac{Q_0}{\rho_0c_pVT_0L^2}$
π_7	$\frac{D_s}{VL}=\frac{1}{\mathrm{Re}\cdot Sc}$	π_8	$\frac{m_0}{\rho_0VL^2}$
π_9	$\frac{c_v}{c_p}$	π_{10}	$\frac{p_0}{\rho_0T_0C_p}=Ec$
π_{11}	$\frac{\delta^2}{\tau}(\frac{\rho c}{\lambda})_s=\frac{1}{Fo}$	π_{12}	$C_1\frac{\lambda\delta}{\lambda_sL}\mathrm{Re}^{0.8}=Bi$

上述简化的地铁烟气控制微分方程组，存在4项约束条件，可令其中4个无量纲数π_1、π_2、π_3、π_{12}为1，特征参数由其它变量表示，从而满足约束条件，减少无量纲数的个数。

4.2 运动相似性分析

上面导出的相似准则中，欧拉准则 *Eu* 和毕渥准则 *Bi* 为待定准则，其余为已定准则。为了使模型与原型完全相似，应在满足上述所有已定准则相同的基础上来设计模型。事实上，上述相似准则仅仅是在简化处理的条件下得到的，并不是火灾现象所涉及的所有相似准数，即便如此，设计模型时也难以保证满足上面导出的全部相似准则，而且也没有必要这样做[7-8]。所以，为了使模型研究得以进行，就必须采用近似模型的研究方法。

雷诺数 Re 表示惯性力与粘性力之比的度量，如果雷诺数相等，则在相同流体介质条件下，可以有如下结论：

$$\frac{V_a L_a \rho_a}{\mu_a}=\frac{V_m L_m \rho_m}{\mu_m}\Rightarrow V_m=\frac{L_a}{L_m}V_a,(\rho_a=\rho_m,\mu_a=\mu_m)。$$

弗诺德数 *Fr* 表征惯性力和重力之比，是影响冷热烟气分层界面上传热、传质过程的重要参数，如果弗诺德数相等，则在相同流体介质条件下，可以有如下与上述结果相矛盾的结论：

$$\frac{V_a^{\ 2}}{g_a L_a}=\frac{V_m^{\ 2}}{g_m L_m}\Rightarrow V_m=\sqrt{L_m/L_a}V_a,(g_a=g_m)。$$

显然，不可能同时保证弗诺德数 *Fr* 与雷诺数 Re 相等，即无量纲数 π_3 和 π_4 不可能同时相等。而在发生火灾的情况下，地铁火灾引起的烟气流动既有浮升力引起的自然对流，也有机械风机提供的强迫流动。如果要确保弗诺德数相等，则同时要保证 Re 足够大，使流动处于 Re 第二自模化区，这样就无需考虑保持模型和原型中的雷诺数 Re 相同。如下分析模型实验确保雷诺数 Re 处于第二自模化区的可能性。

对于地铁站台空间中机械风压与浮升力共同引起的强迫对流，只要 $\mathrm{Re}>10^4$，流动一定呈紊流状态，流动处于 Re 第二自模化区。Re 中定性尺寸取地铁站台横截面当量直径，定性速度取烟气流动速度。

以地铁站台火灾相似模型实验为例进行分析。将天津地铁某站台作为原型：断面几何尺寸为 $18.2\times6\times202.7$；烟气流动速度设为2m/s；假定烟气温度 $T=323K$；物性参数近似与空气相同，即运动粘性系数 $\nu=1.86\times10^{-5}m^2/s$；特征长度取站台横截面的当量直径 $L_a=4S/U==9.025m$。那么：$\mathrm{Re}_a=V_f L_f/\nu=9.95\times10^5$。此时，原型中烟气流动处于紊流自模化区。

下面计算上述地铁站台空间在保证流动处于 Re 自模化区时的最大模型比例尺：$\mathrm{Re}_m=V_m L_m/\nu_m=10^4\Rightarrow\lambda_f=0.0466$，即模型与原型的相似比最大可以取1：22，烟气流动处于 Re 第二自模化区。如果相似比取1：5，那么完全可以保证烟气流动处于 Re 的自模化区。因此，在模型烟气流动与原型烟气流动的雷诺数与弗诺德数不能同时保持相等时，比例尺的适当选取可以使两种流动同处于雷诺数紊流自模化区，此时模型与原型的雷诺数可以不相等，从而证明将弗诺德数 *Fr* 作为设计模型的相似准则是可行的。

4.3 模型实验相似准则确定

通过分析表明，在进行模型设计时，应满足以下几个条件：①模型与原型几何相似；②模型与原型的实验环境条件相同；③保证 $\mathrm{Re}>10^4$，流动呈紊流状态；④保证下述相似准数模型与原型相同：

时间相似准则： $$\pi_1=\frac{L}{V\tau}=\sqrt{\frac{L}{g}}\tau=idem \quad (15)$$

运动相似准则： $$\pi_3=\frac{gL}{V^2}=idem \quad (16)$$

火源强度相似准则： $$\pi_6=\frac{Q_0}{\rho_0 c_p g^{1/2} T_0 L^{5/2}}=idem \quad (17)$$

围护结构热损失相似准则： $$\pi_{11}=\frac{(\rho c\lambda)_s}{C_1 g^{0.3}\lambda^2(\frac{\rho_0}{\mu})^{1.6}L^{0.9}}=idem \quad (18)$$

把欲求因变量写成自变量的解式，应有：$\hat{\omega} = f(\frac{x}{L}, \frac{y}{L}, \frac{z}{Z}, \pi_1, \pi_3, \pi_6, \pi_{11})$。

5. 地铁火灾烟气流动模型律

在分析缩小比例模型地铁火灾烟气运动的相似性基础上。对上述分析加以整合，得出应用缩小比例模型模拟研究地铁站台火灾烟气流动的模型律。在忽略火焰辐射的条件下，可得到地铁火灾烟气运动的模型相似律，如表3所示，其中用脚标 *m* 代表模型，*a* 代表原型或实型。

表3　地铁火灾烟气运动模型相似律

参数关系	关系式
几何关系	$x_m = x_a \lambda_L$
时间关系	$t_m = t_a \lambda_L^{1/2}$
温度关系	$T_m = T_a$
浓度关系	$C_{s,m} = C_{s,a}$
速度关系	$V_m = V_a \lambda_L^{1/2}$
火源强度关系	$Q_m = Q_a \lambda_L^{5/2}$
压强关系	$p_m = p_a \lambda_L$
进排风口体积流量关系	$Ve_m = Ve_a \lambda_L^{5/2}$
维护结构热工特性关系	$(\lambda \rho c)_{s,m} = (\lambda \rho c)_{s,a} \lambda_L^{0.9}$
维护结构厚度关系	$\delta_m = \delta_a \frac{\lambda_{s,m}}{\lambda_{s,a}} \lambda_L^{-0.2}$

6. 结论

论文根据地铁站台火灾特点，从火灾烟气运动控制方程着手，运用无量纲分析和相似理论，分析了模拟地铁火灾烟气运动的相似模型实验理论，导出模型实验相似准则，得到了模型与原型局部相似的模型律，并探讨了相似模型实验的可行性，得到如下结论：

（1）采用相似模型研究地铁站台火灾烟气流动时，保证模拟成立有四个主要准则：时间相似准则π_1，运动相似准则π_3，火源强度相似准则π_6，以及围护结构热损失相似准则π_{11}。

（2）研究地铁火灾烟气运动的相似模型实验的模型律为弗诺德模型，即采用弗诺德数设计缩尺模型。这种实验模拟方法不适用于发生轰燃的火灾烟气流动。

（3）适当选取缩尺模型比例，保证流动处于紊流 Re 数的自模化区。

（4）在给定火源强度，并已知送风和排风体积流量（V_e）的情况下，所求解的烟气温度（T）、烟气浓度（C）、流速（V）、压强（P）和壁面温度（T_s）的无量纲方程可以表示为空间坐标和时间的函数。

7. 参考文献

[1]　С.С. Кутателадэе.热物理学相似分析.北京:科学出版社.1987.

[2]　杨俊杰.相似理论与结构模型实验. 武汉:武汉理工大学出版社.2005.

[3]　Л. И. Седов.力学中的相似方法与量纲理论.北京:科学出版社.1982.

[4]　周美立.相似工程学.北京:机械工业出版社.1998.

[5]　胡斌.中庭火灾烟气运动的物理模型研究.重庆大学.2000.

[6]　林真国.中庭建筑火灾模型实验研究.重庆大学.2001.

[7] 宋彧,张贵文.相似模型与缩尺模型特点分析.高等建筑教育.2003,12(4):57-59.

[8] 徐挺.相似方法及其应用.北京:机械工业出版社.1995.

Study on Similitude Principle of Subway Fire Model Experiment

Abstract

As one of main methods, model experiment has an important role in fire science. To complex and large underground traffic system, such as subway, archetypal or same size-scale fire experiment is very difficult, so small size-scale model experiment becomes the feasible experimental method. In model experiment, the similitude principle is principal problem. The paper analyzes the similitude principle of subway fire model experiment: firstly, the subway fire burning process is supposed and the control equations that describe subway fire burning phenomena are simplified according to dimension analysis and hydrodynamics similitude theory, therefore, the subway model experiment similitude principle and model law can be obtained; secondly, the paper analyzes the feasibility that all the similitude principles are satisfied, and determines the main factors that influence model experiment and the similitude principles that need to be satisfied; at last, the feasibility of carrying out subway model experiment is discussed in paper. The study result can be used to instruct the establishing of subway fire model experiment, and it has an important role to underground large space fire model experiment.

Keyword: subway fire, model experiment, similitude analysis, model law.

作者简介：

刘松涛，男（1978－），安徽阜阳人，中国建筑科学研究院工程师，2007 年 7 月毕业于中国矿业大学（北京），获工学博士学位，主要从事安全工程、矿井通风、火灾及消防工程方面的研究工作。联系方式：北京市朝阳区北三环东 30 号，中国建筑科学研究院建筑防火研究所。邮编：100013，Tel：13146342135，E-mail：liust78@163.com。

性能化方法在地铁火灾防火设计中的应用研究

刘松涛，张向阳，刘文利

中国建筑科学研究院建筑防火研究所

摘要

作为新兴的防火设计方法，性能化防火设计在国内外大型特殊建筑的消防设计中得到越来越广泛的应用。论文分析了传统的“处方式”设计方法应用在地铁消防设计中遇到的问题和存在的不足，探讨基于目标的性能化防火方法在地铁消防设计中应用的可行性和必要性，根据设定的地铁防火设计目标，建立地铁火灾性能化防火评估模式。以天津地铁下瓦房站为研究对象，实例分析地铁性能化防火设计过程，采用数值模拟技术对地铁火灾流场特性进行定量化研究，分别计算地铁火灾可用安全疏散时间和所需安全疏散时间，对地铁消防设计进行性能化评估，并根据评估结果对设计方案提出改进意见。论文的研究结果对于在地下大空间建筑的消防设计中应用性能化方法具有指导和借鉴意义。

关键词：性能化、地铁火灾、数值模拟、疏散。

1．概述

随着地下轨道交通规模的快速发展，地铁火灾事故不断增多，给社会造成了巨大损失，地铁防火设计和烟气蔓延规律研究越来越引起人们的重视。研究地铁火灾烟气流动规律，动态分析火灾流场特性，运用新的防火设计方法成为具有重要现实意义的课题。

目前国内大部分的建筑防火设计，普遍采用基于消防规范的“处方式”设计方法，这种方法越来越不适应复杂多样的地铁建筑形式。在很多情况下，严格执行相关消防规程无法得到合理的设计方案，甚至阻碍建筑艺术向着多样性、人性化的方向发展[1]。处方式方法应用在地铁防火设计中存在的不足如下：

（1）地铁消防设计规范不够完善；

（2）消防规范的统一性与地铁建筑结构的复杂多样性存在矛盾；

（3）普通建筑消防设计规范应用于地铁防火设计存在问题。

问题的存在推动着人们去探求更为合理的设计方法，性能化设计应运而生。性能化防火设计是一种基于目标的设计方法，是由目标设计过程的研究方法，它由设计者根据建筑物的不同空间条件及其它相关条件，自由地选择为达到消防安全目的而采取的各种火灾安全设计方法，并将其有机地结合起来，因地制宜地提出科学合理、切实可行的消防设计方案[2]。

论文接下来研究性能化防火设计方法在地铁消防设计中的可行性，分析地铁性能化防火设计模式，并实例分析性能化设计方法在地铁消防设计中的应用。

2．地铁性能化防火分析

2.1 火灾场景

（1）可燃物

与地面公共场所不同，由于地铁环境对防灭火的严格控制，现代化地铁的可燃材料比较固定，可预测性较强，偶然性主要来自乘客携带的易燃物品和人为袭击事故[3]。对于火灾场景可燃物种类的确定，课题组对目前国内拥有地铁的城市进行了实地调研，取得了地铁站台火灾的相关调研资料。整体上说，地铁火灾的可燃物可以分为几个大类，如下表所示。

* 本研究受国家科技支撑计划资助（2006BAK06B02）

表1 地铁火灾可燃材料

可燃物类别	典型可燃物质	燃烧特性	危险程度
机电设备	电缆绝缘材料 机车润滑油 列车座椅 列车车厢底板	发生频率较高、火灾规模较小，机油和绝缘材料的燃烧容易产生较多烟气，火灾的开始阶段具有一定的隐蔽性。	高
乘客行李	织物 油类 纸类 塑料类等	可燃物种类复杂，有存在易燃易爆危险品的可能性，发生地点多在列车车厢内，火灾开始的初始阶段容易被发现。	高
商业网点	纸质报刊 塑料包装 食品 其它	发生地点固定，较容易安装防火装置和管理，一旦发生火灾火势蔓延较快。	中
壁面装饰	广告宣传 公告警示 指示标志 顶板、灯具等	大量阻燃材料被应用，发生燃烧和火灾的概率很低，在地铁其它位置发生火灾后，在高温火焰的作用下能够释放有毒有害烟气。	低

在地铁火灾模拟中，地铁可燃物可取木材占50%，化工类塑料（PMMA）占50%的比例，数据来源于国内一家较早从事性能化防火设计的单位对公共场所可燃物材料设置的建议。

（2）火源功率

对于地铁模型实验和数值模拟来说，火源功率的设定一直是一个非常重要而困难的问题。论文在火源参数的设定中，采取更为接近实际的 t^2 火源功率增长曲线：在开始阶段，火灾强度的增长为 t^2 火，满足：$Q=\alpha t^2$，其中 α 为增长系数。

目前国内对地铁列车火灾火源特性的实验研究很少。为了研究单节列车火灾的燃烧特性和火源功率曲线，在公安部四川消防研究所进行了 3 次单节列车火灾实验，采取最小二乘法对实验数据进行曲线拟合，得到热释放速率与时间的关系可由如下函数关系式表示：

$$Q=\begin{cases}0.082t^2 \quad kW & (0\le t\le 180s)\\ 2755 \quad kW & (t>180s)\end{cases}$$

2.2 判定标准

国内尚未制定相关的人员安全判定准则，根据国外相关安全准则要求，疏散时保证人员生命安全的评估准则如表2所示。

表2 人员生命安全评估标准

标准	特性界定
热辐射（热烟层）	环境 2.1m 以上，热烟层：对普通人员需小于 2.5kW/m^2 或热烟层温度小于 180℃，对消防队员小于 10 kW/m^2 或热烟层温度小于 375℃。
对流热	环境 2.1m 以下，对普通人员周围温度不超过 60℃；环境 2.1m 以下，对消防队员周围温度不超过 260℃。
能见度	环境 2.1m 以下，能见度不小于 10m。
CO 浓度	环境 2.1m 以下，对普通人员 CO 浓度不超过 450ppm。
CO_2 浓度	环境 2.1m 以下，对普通人员周围 CO_2 体积浓度不超过 1%。

2.3 物理数学模型

地铁火灾烟气流动属于湍流模型，在本文中，考虑到模拟效果和计算量的平衡，采用湍流模型中的大涡模拟（LES）方法对地铁火灾烟气流动进行描述。

在 LES 湍流模型中，滤波变量定义为[5]：

$$\bar{\Phi}(x)=\int \Phi(x')G(x,x')dx'$$

式中：G 为滤波函数。

LES 最为关键的问题就是合理地计算亚格子湍流黏度，本文采用 RNG 亚格子应力模型对小涡进行处理。

2.4 可用安全疏散时间

在给定火灾场景下，可以通过计算机数值模拟得到可用人员安全疏散时间（ASET）。人员安全疏散临界时间包括温度临界时间、浓度临界时间和风速临界时间。

理论上，可用人员安全疏散时间为上述临界时间的最小值。

3. 地铁火灾人员安全疏散预测模型

3.1 人员疏散预测模型

目前存在多种人员疏散预测模型，本文选择的是EVACNET模型。EVACNET模型是一个典型的不包括人员行为的网络人员流动模型。该模型通过采取一些相应措施，确定人员的最恰当疏散路线，使疏散时间最小，描绘了建筑物内人员疏散状态随时间的变化[4]。

3.2 所需安全疏散时间

在地铁火灾过程中，人员所需安全疏散时间（RSET）可分为觉察火灾时间 T_b、疏散准备时间 T_c、疏散行动时间 T_s 三部分。所需安全疏散时间可表示为：$RSET=T_b+T_c+T_s$。

4. 防火设计目标

4.1 防火设计目标

防火设计目标可以分为三个层次：（1）避免火灾的发生；（2）控制火灾，避免损失；（3）完成人员安全疏散。对于地铁这种特殊的地下建筑形式，地铁消防的首要目标不是避免对地铁系统的危害，而是快速有效地控制火势，完成被困人员的安全疏散。

如图1所示，如果所需人员安全疏散时间小于疏散可用时间（RSET < ASET），则疏散是安全的，二者的差越大则安全性越高；反之，若RSET > ASET，则不安全，应修改疏散设计。

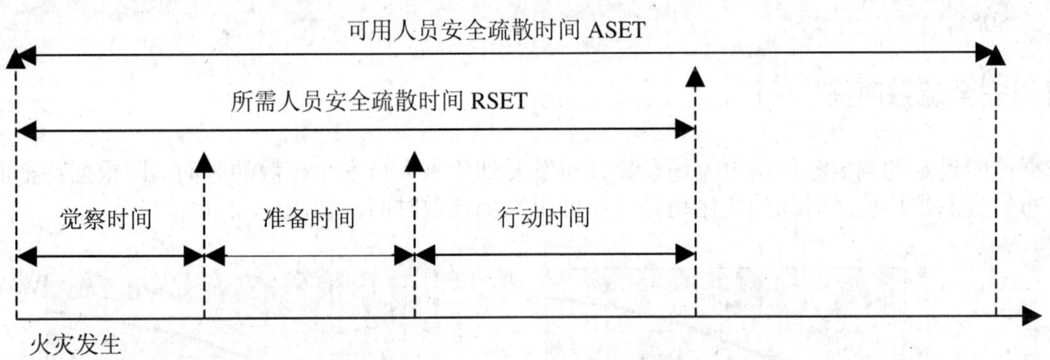

图 1 地铁火灾疏散时间示意图

4.2 地铁性能化防火设计流程

综上所述，地铁性能化防火设计流程如图 2 所示。

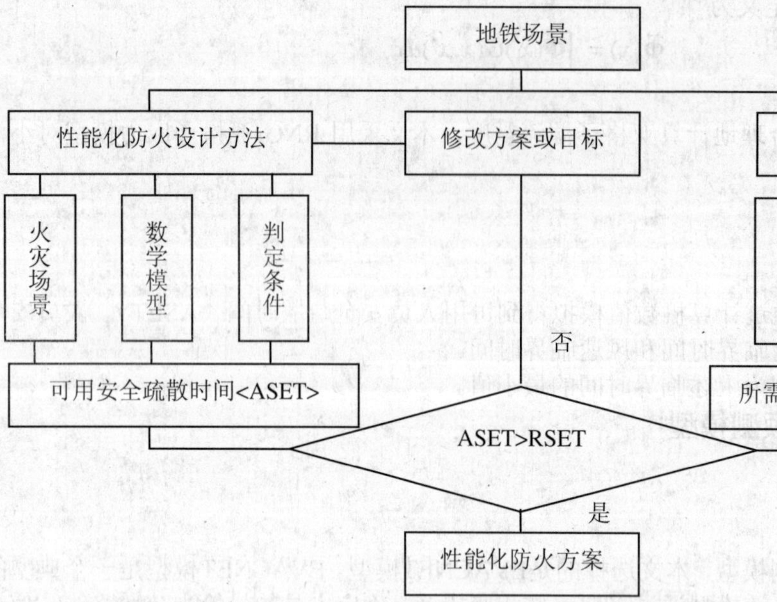

图 2　地铁性能化防火设计流程图

5．实例分析

5.1 场景说明

以天津地铁下瓦房站作实例分析。下瓦房站位于大沽南路与奉化道交叉口，有效站台中心里程K17+073，全长204.3m，有效站台120m，为岛式站台。共设4个出入口，两座风道。

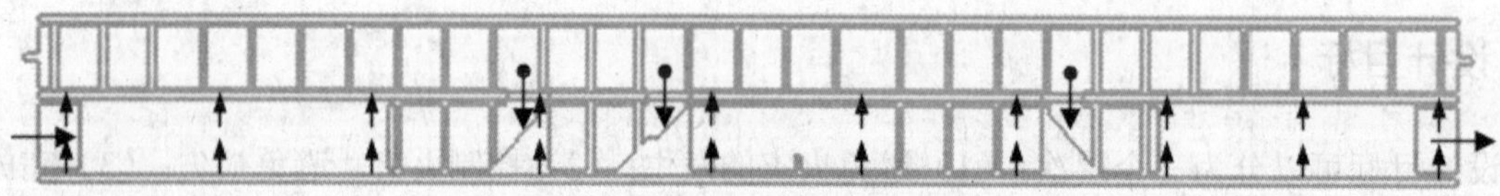

图 3　通风模式示意图

防排烟方式如图3所示：开启屏蔽门，打开区间辅助风机，采取“推－挽”的方式加快高温烟气的排出；站厅层采取补风方式满足所需通风量。在0～120s为正常通风模式，站台和站厅的通风量都为12.5m^3/s；报警装置响应后，应急通风模式启动，站厅的通风量为12.5m^3/s，站台的排烟量设定为27.5m^3/s，补风量为排烟量的50%。

5.2 可用安全疏散时间

依据前面设定的判定条件确定流场参数分布发展到危害人员安全疏散的时间，即根据特征面和特征高度上分布参数的平均值随时间的变化趋势计算可用安全疏散时间，如图4、5。

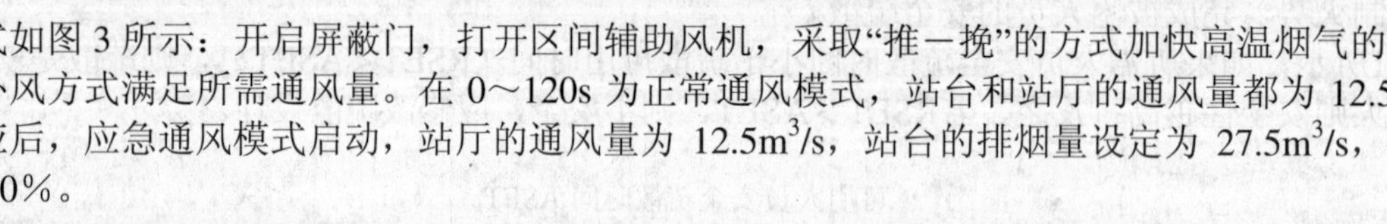

图 4　特征面（X=95m、115m）上特征高度平均温度趋势图

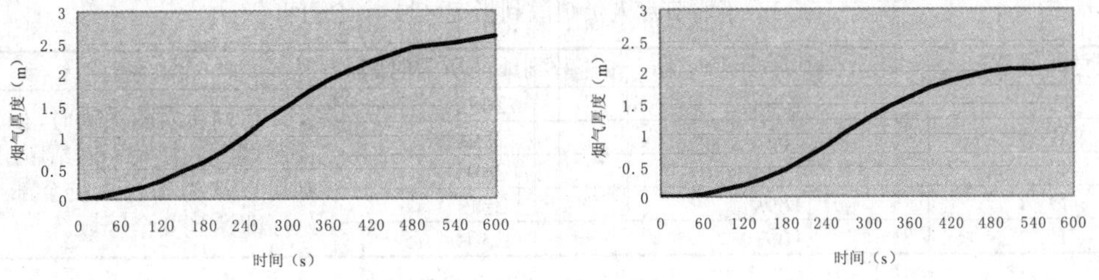

图 5　特征面（X=95m、115m）烟气层厚度趋势图

对上述趋势图进行分析，可得到对应特征面在特征高度上温度和烟气厚度的临界时间分别为 415s、472s、530s、>600s，所以，通过数值模拟确定可用安全疏散时间为 415s，即：ASET = 415 s

5.3 所需安全疏散时间

（1）觉察火灾所需时间 T_b

如果探测器距离火源保守地设置为 15m，根据数值模拟结果，此位置烟气平均温度达到 350K 的时间在 90s 左右，在这个时间段内，站台火灾也基本能够被工作人员和乘客发现，故设定觉察火灾所需时间为 60s。

（2）疏散准备所需时间 T_c

地铁车站既安装了火灾自动报警系统，同时也设置了独立的现场广播系统，可以向站台内的人员传达火灾信号。考虑到一定的延时，取人员疏散准备时间为 90s。

（3）疏散行动所需时间 T_s

假设站台的人流密度为 0.5 人/m^2，站台面积 11×150=1650 m^2，则站台容纳人数为 825 人。考虑一辆列车停靠在站台，一辆列车约容纳 800 人，站厅人数为 100 人。EVACNET4 是一个被广泛使用的人员疏散网络模拟软件，该软件以网络的形式描述建筑物结构，模拟人员在这一网络内的流动。根据对地铁车站的区域节点划分、人员疏散示意图以及人员疏散路线，可以对所模拟的地铁火灾场景下人员安全疏散建立网络模型，如图 6 所示。

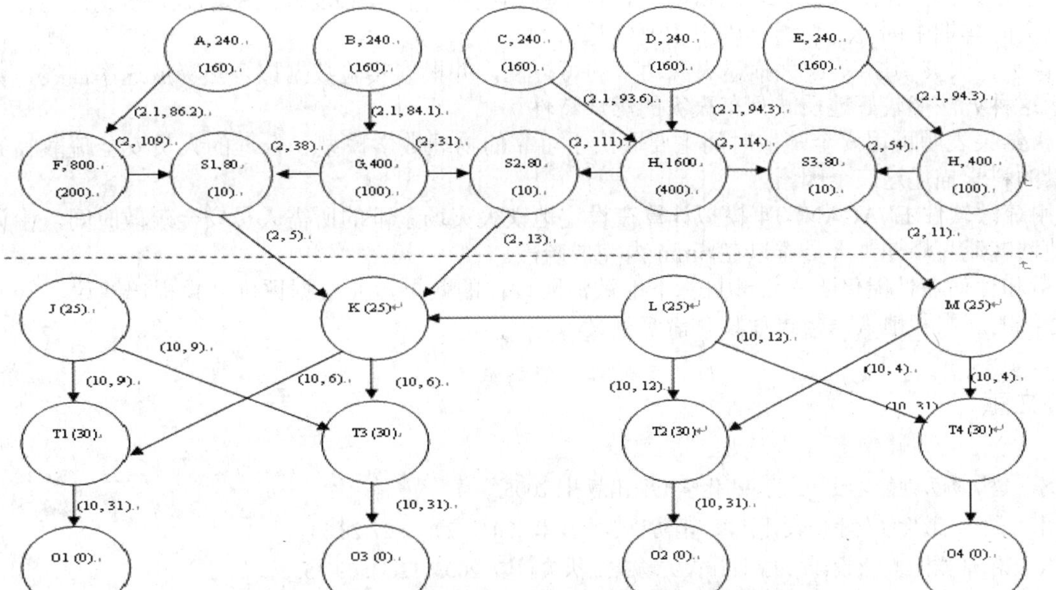

注：A~M 为区域节点；S1~S3 为楼梯节点；T1~T4 为通道节点；O1~O4 为地面出口。

图 6　地铁车站人员疏散网络模型

把节点参数输入 EVACANET4 人员疏散网络模型模拟软件，可得到各个区域节点人员疏散到不同位置的时间参数。表 3 为各车厢节点人员疏散到指定区域所需的时间。

表 3　车厢节点人员疏散到指定区域所需时间

最内层区域节点	疏散到站厅所需时间	疏散到地面所需时间	备注
A	174s	248s	当站台发生火灾时，如果能够控制烟气，使其不向站厅层蔓延，则可以认为站台人员全部撤离到站厅即达到安全区域。
B	181s	254s	
C	195s	269s	
D	189s	261s	
E	169s	236s	

由于本文分析的是站台火灾的情况，通风排烟条件可以确保楼梯通道不会产生向上的烟流，所以，疏散行动时间 T_s＝195s。由此可计算所需安全疏散时间：

$$REST = T_b + T_c + T_s = 60 + 90 + 195 = 345s$$

5.4 评价结果及建议

从上面分析过程可知，人员全部撤离到站厅所需时间为 345s，可用人员安全疏散时间为 415s，即 RSET > ASET，说明在设定的火灾场景下可以满足人员的安全疏散要求。

如果考虑安全系数，可用人员安全疏散时间和所需人员安全疏散时间就比较接近，设计方案可从下述几个方面进行改进：

（1）延长危险来临时间

方法包括合理设置防火分区，设置自动喷淋灭火系统，控制可燃材料等。

（2）缩短疏散反应时间

一方面要按照GB50116-98《火灾自动报警系统设计规范》选择合适的火灾探测系统；另一方面要合理设置报警系统和通讯系统，实行人工广播方式。

（3）缩短疏散行动时间

方法包括建筑的合理布局，疏散通道和安全疏散诱导系统的设置，防火疏散预案的制定等。

6. 结论

本文在论述性能化防火设计在地铁防火设计中应用的可行性和必要性的基础上，研究性能化防火方法在地铁火灾防排烟中的应用，得到以下主要结论：

（1）讨论了在火灾初期以 t^2 火描述火源功率的可行性，并根据实验数据拟合热释放速率曲线，数值模拟结果显示这种方法能较好地反映列车火灾的燃烧特性。

（2）分析结果表明可用安全疏散时间主要取决于可靠的物理数学模型、合理的人员安全疏散临界条件和火灾场景的科学描述这三个因素。

（3）应用疏散软件 EVACANET4 模拟计算在设定地铁火灾场景下的所需人员安全疏散时间，由计算结果可知在地铁客流高峰期，人员难以在 6min 内完成疏散。

（4）分析和评估在性能化防火设计目标下地铁消防设计的效果，并根据评价结果提出建议，研究结果对性能化方法的应用和地铁消防设计具有借鉴意义。

7. 参考文献

[1]　李引擎. 建筑防火性能化设计. 北京: 化学工业出版社, 2005.

[2]　汤希木. 安全疏散性能化消防设计初探. 消防科学与技术.2003，22(1): 27-28,34.

[3]　田玉敏. 论“性能化”防火设计中的“设计火灾场景”. 火灾科学, 2003, 12(1): 29-35.

[4]　Beck, V. Performance-based Fire Engineering Design and its Application in Australia [J]. Fire Safety Science-Proceedings of the Fifth International Symposium. pp.1997:23-40.

[5]　陈才侃. 计算流体力学.重庆: 重庆出版社,1992.

The Application of Performance-based Design in Subway Fire Protection

Abstract

As a new fire protection design method, performance-based fire protection design is applied more widely in large and especial buildings. The paper analyzes the problems and disadvantages while applying traditional prescription fire protection to subway fire protection design firstly; and then discusses the essentiality and feasibility of applying performance-based fire protection design to subway system; at last, the paper has set up subway performance-based fire protection estimation model according to the standard of subway fire protection. The paper takes Xiawafang station of Tianjin subway as the study sample to analyze the process of performance-based fire protection design in subway system. The numerical simulation technology is applied to study flow field characteristic in subway fire to compute available safety evacuation time and required safety evacuation time respectively, estimate performance-based fire protection design plan, and put forward improvement suggestions according to estimation result. The study has an instructional role and can be used for reference for applying performance-based fire protection design to subway.

Keyword: performance-based, subway fire, numerical simulation, safety evacuation.

作者简介：

刘松涛，男(1978-)，安徽阜阳人，中国建筑科学研究院工程师，2007 年 7 月毕业于中国矿业大学（北京），获工学博士学位，主要从事安全工程、矿井通风、火灾及消防工程方面的研究工作。联系方式：北京市朝阳区北三环东路 30 号，中国建筑科学研究院建筑防火研究所。 邮编：100013，Tel：13146342135，E-mail：liust78@163.com。

城市轨道交通火灾自动报警系统设计

刘卫华，白世军，谈丽娟，代新

北京海湾威尔电子工程有限公司
北京城建设计研究总院

摘要

本文着重分析了城市轨道交通火灾自动报警系统（FAS）的设计需求，以及地下/地面车站、区间隧道、主变电站、车辆段及停车场中等不同场所的环境因素。在此基础上，结合工程实践，对火灾自动报警系统的设备选型和设置做了充分的探讨，并结合联动控制模式、控制中心以及全线 FAS 网络的设置要求提出了全面的解决方案。

关键词：城市轨道交通、火灾自动报警、联动控制、模式控制。

1. 概述

近年来，城市轨道交通作为城市公共交通系统的一个重要组成部分，在我国得到较快发展。2005 年，中国投入运营的城市轨道交通线路里程超过 400 公里，其中地铁线路运营里程约为 293 公里。截至 2004 年年底，北京、上海、广州、天津、大连等国内 20 多个城市在建或准备建设和规划中新的轨道交通线，线路总长超过 4000 公里，预计到 2050 年中国城市轨道交通线路总长将超过 4500 公里。

城市轨道交通作为独特的、大运量的现代化城市公共运输系统，其运营安全被国际社会密切关注。消防设施作为城市轨道交通安全设施重要的组成部分，其重要性尤为突出。城市轨道交通，尤其是地铁，具有人员密集、疏散救援困难等特点，因此，设置具有早期预警功能的火灾自动报警系统，以及完整可靠的火灾自动报警和消防联动控制系统，对保障城市轨道交通安全起着至关重要的作用。

2. FAS 设计要求

2.1 总体要求

（一）系统的可靠性

1) 系统应具有可靠的信号采集和准确的辨识功能，保证低误报率，并杜绝漏报的发生。
2) 系统应具有可靠的信号传输功能，能预警和正确报告火情，保证信号传输准确、稳定。
3) 系统应有较强的故障自诊断功能，有准确的故障指示功能，并保证不能因外围设备、器件单点或局部故障（包括但不限于开路、短路及接地），影响整个系统的正常运行。
4) 系统主要设备应有充分的冗余备份措施，即故障时系统能自动切换到备份的部件。
5) 系统必须保证在强烈的磁场干扰、电源干扰和信号通道干扰下正常工作，并具有防尘、防潮、防霉、防震等措施。

（二）系统的可维护性

1) 系统应有全面的自诊断功能，准确的故障指示功能及方便的组件更换功能；
2) 系统主要设备独立部件应具有互换性，保证以最低的备品备件库存保证最短故障恢复时间；
3) 系统应具有实施远程维护的能力，保证对系统 24 小时实时监控。

（三）系统的可扩展性

系统应具有扩展能力，以适应各车站区域火灾自动报警系统扩容，以及全线远期增加站点需要。

系统扩展应不影响已有设备的运行，扩展系统与原系统之间应保证具有相同的软件和硬件接口，且协议兼容。

（四）系统的先进

系统应采用成熟先进的火灾探测报警及联动控制技术，保证火灾的早期预报和快速响应，并确保及时有效的联动控制。

（五）系统的开放性

实现与其它控制系统信息资源共享和协调工作，系统网络的硬件、软件、通信协议、操作系统、数据库管理等遵循国际标准或协议。

2.2 典型环境描述及需求分析

（一）全线火灾自动报警系统要求

城市轨道交通火灾自动报警系统设计应贯彻"预防为主、防消结合"的方针，按全线同一时间内发生一次火灾考虑。系统设计应符合现行国家规范要求。

系统应覆盖全线各车站、地下区间隧道、车辆段、控制中心及变电所。以各车站、车辆段为独立单元，设置独立运行的车站级系统。在控制中心（OCC）设全线 FAS 控制中心，通过光纤网络与各车站级 FAS 系统联网，组成全线 FAS 系统。

全线 FAS 控制中心负责全线防灾、救灾设备的集中监控管理，火灾时负责全线的统一调度和指挥。车站级负责管理车站及相邻区间隧道的防灾、救灾工作；车辆段集中管理停车库等重要用房防火救灾工作；车站级（包括车辆段）与中央级联网工作，并对其所管辖范围独立地进行消防监控管理。

（二）多系统联动与信息集成

具有良好的开放性和兼容性，能够实现与其他系统的信息交互，实现联锁控制；实现全线 FAS 联网及全线各系统信息集成，保证中央控制系统的集成监控管理。

1) FAS 与综合监控系统（ISCS）的界面集成。目前，城市轨道交通新建线路普遍采用将车站 FAS 界面集成到综合监控系统的方案，即取消车站和控制中心 FAS 图形工作站，由车站级和中央级综合监控系统工作站取代，全线 FAS 网络由综合监控系统构建，为 FAS 提供逻辑上独立的通道。
2) 消防专用设备如防火卷帘门、消防泵、喷淋泵、排烟风机、排烟防火阀、气体灭火系统等由车站级 FAS 直接控制，中央控制级可通过网络实现远程控制。
3) 车站 FAS 系统与行车共用事故广播、闭路电视、列车无线电话等防灾通讯设施。火灾发生时，将正常广播强行转入火灾事故广播状态，具有火灾事故广播优先控制权；在控制中心设置闭路电视监视终端和切换装置，各车站控制室与行车共用显示终端。
4) FAS 与 BAS 共用机电设备的管理。BAS 直接控制共用机电设备，FAS 通过 BAS 实现火灾模式下的管理与控制。正常运行时，由 BAS 管理共用机电设备；当火灾发生时，FAS 通过车站级 FAS 与 BAS 的数据接口发出模式控制指令，BAS 转换为火灾运行模式，实现消防联动控制。 FAS 发出的模式控制指令具有优先权，BAS 执行后应将动作完成信号反馈给 FAS。
5) 与其他系统的接口

   FAS 提供与安全疏散指示系统、应急照明系统、低压配电系统、电梯、安全门系统以及自动售检票系统（AFC）的接口，将火灾信号传递至各系统，保证各系统在火灾模式下的正确运行。

（三）典型环境火灾自动报警系统需求分析

地铁的典型环境主要包括车站、区间隧道、车辆段、停车场、主变电站、中央监控指挥中心等场所。下面综合各主要城市地铁的特点，对上述场所的火灾探测报警及消防联动控制要求进行简要描述。

1) 车站

   车站应按一级保护对象设计火灾自动报警系统。车站站厅、站台、设备机房、办公用房、公共走廊、配电室、值班室、会议室等场所应设置感烟型火灾探测器，火灾灵敏度一级。站台板下电缆通道、变电所电缆夹层应设置线型感温火灾探测器，探测器的报警温度值应可根据应用环境设定。设置气体灭火系统的设备房间应根据其火灾特点设置两种不同类型的火灾探测器对其进行保护。
2) 区间隧道

   区间隧道应按一级保护对象设计火灾自动报警系统。隧道内宜设置线型光纤测温系统，该系统能实时监测区间隧道的环境温度，报警温度可按照三级以上任意设定，空间分辨率应不小于 1 米，测温误差应不大于±2℃。
3) 车辆段及停车场

   车辆段、停车场按二级保护对象设计火灾自动报警系统。车辆段的停车列检库、架定修库、月修静调库、易燃品库、降压/混合变电所、信号楼、综合办公楼及地下车库等单体建筑设火灾自动报警设备。其中，停车列检库等高度超过 10 米的场所（封闭及半封闭），应设置适用于大空间应用的火灾探测设备；其它场所可根据其火灾特性设置常规火灾探测报警设备。

4) 主变电站

主变电站应按一级保护对象设计火灾自动报警系统。变电站主控室、通讯室应设置感烟型火灾探测器，火灾灵敏度一级；电信机房、保护室应设置极早期高灵敏度火灾探测器，并应设置感温火灾探测器，用于气体灭火系统的控制；蓄电池室应设置防爆型感烟火灾探测器；电缆夹层及变压器室（包括户外变压器）应设置线型感温火灾探测器，探测器的报警温度值应可根据应用环境设定。

5) 地面中央控制指挥中心大楼

地面中央控制指挥中心大楼应按一级保护对象设计火灾自动报警系统。其中，中央控制室、通信室（包括设备间和机柜间）等关键部位应设置极早期高灵敏度火灾探测器；在设备间和机柜间还应设置感温型火灾探测器用于对气体灭火系统的控制；其它普通办公用房可根据其火灾特性设置常规火灾探测报警设备。

3. 火灾自动报警系统设计

3.1 控制中心设置

为了实现全线消防的统一调度指挥，设置全线消防控制中心。消防控制中心与全线行车调度中心、电力调度中心等共同设置于中央调度大厅内。根据可靠性原则，全线列车运营相关系统一般设置控制中心和备用控制中心注 1（简称备用中心）。备用中心在应急状态下，替代控制中心行使控制中心功能。控制中心工作站和数据服务器亦采用冗余设置，最大限度地保障全线 FAS 的可靠运行。

注 1：对于是否需要设置备用消防控制中心，GB50116《火灾自动报警系统设计规范》和 Gb50157《地铁设计规范》均未做要求，通常不做考虑。但对于设置了综合监控系统备用中心的线路，可考虑与之结合兼做备用消防控制中心。

3.2 全线 FAS 网络

由于地铁全线各站（车辆段）比较分散，总长度在几十公里，因此，一般采用光纤作为通信介质。同时，为了保证通信的可靠性，应优先采用冗余双环网络。全线 FAS 系统网络示意图见图 1。

（一）采用专用通信链路的组网模式

采用专用通信链路的组网模式就是由 FAS 系统独立组网，采用独立的光纤网络，实现网络各节点的信息交互。组网方式有：基于工业以太网交换机的环型光纤网络、基于 RS485 的环型光纤网络等。

（二）采用专用信道的组网模式

采用专用信道的组网模式就是利用通信专业预留的通信信道，FAS 网络在物理上不独立，只是在信息通道上独立。通信专业完成物理层、数据链路层和网络层（或传输层），由 FAS 在构建好的信息高速路上实现网络各节点的信息交互。

典型的通讯传输系统采用双环结构，以光纤作为网络传输介质，采用 MSTP（多业务传输平台）技术，为各系统构建了一个双冗余信息通道。其中，通讯传输系统在各车站、控制中心为 FAS 系统预留两个独立的通道，控制中心及车站 FAS 火灾报警控制器通过此通道接入全线 FAS 骨干网络。中心级火灾报警控制器和各车站级火灾报警控制器之间，可采用 TCP/IP 通讯协议进行通讯，完成各种报警及故障信息的传输。

3.3 设备选型与设置

根据城市轨道交通设施的环境特点和需求分析，我们按照不同区域的保护范围和保护对象进行分类，并选择不同类型的探测报警及联动控制设备。

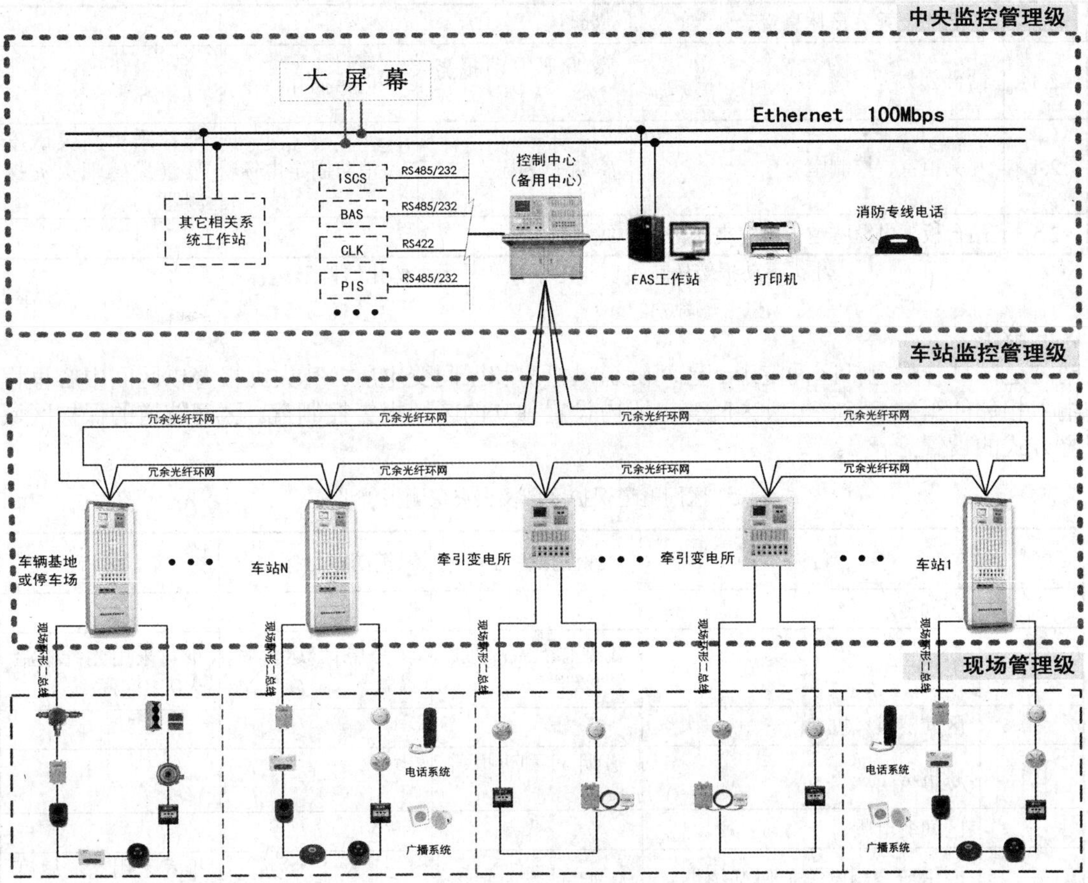

图 1 全线 FAS 网络系统示意图

（一）地铁/城铁车站

地铁/城铁车站一般分为站厅层和站台层。站厅层及站台层内设有办公用房、设备用房、公共区域及走廊。其中，地下车站站厅层的车控室、信号设备室、通信电缆间、外部通信机房、通信设备室等区域以及站台层的开关柜室、控制室等区域为气体灭火区域，需要设置两种不同类型的火灾探测方式。地铁/城铁车站的保护区域及火灾探测报警方式的设置见表 1。

表 1 地铁/城铁车站保护区域及火灾探测报警设置

序号	名称	探测报警方式	消防电话	备注
一	站厅层			
1.1	通风空调机房、通风空调电控室、配电室、气瓶间、消防泵房等重要设备用房	感烟	消防固定电话	
1.2	AFC 电源室、AFC 票务室、值班休息室、公安通信室等房间	感烟	—	
1.3	站厅公共区、走廊、出入口等	感烟＋手动报警按钮	电话插孔	
1.4	车控室、信号设备室、通信电缆间、外部通信机房、通信设备室等	感烟＋感温	消防固定电话	推荐采用高灵敏度吸气式感烟火灾探测器
二	站台层			
2.1	照明配电室	感烟	消防固定电话	

续表 1

2.2	备品库及乘务员休息室等	感烟	—	
2.3	站台公共区	感烟＋手动报警按钮	电话插孔	
2.4	开关柜室、控制室等	感烟＋感温	消防固定电话	推荐采用高灵敏度吸气式感烟火灾探测器
2.5	站台板下电缆隧道或电缆夹层	线型感温	—	

注：手动报警按钮可以与电话插孔采用一体化结构形式。

（二）区间隧道

区间隧道区域一般包括区间隧道、区间隧道风机房和区间变电所。其火灾报警以区间中心里程为分界点分别纳入相邻的车站 FAS。一般区间变电所内设置独立的区域报警控制盘。区间隧道的保护区域及火灾探测报警方式的设置见表 2。

表 2　区间隧道保护区域及火灾探测报警设置

序号	名称	探测报警方式	消防电话系统	备注
一	区间隧道			
1.1	隧道	线型感温+手动报警按钮	轨旁电话(运营系统)	推荐采用光纤测温火灾探测系统
二	区间隧道风机房			
2.1	风机房	感烟＋手动报警按钮	—	
三	区间变电所			
3.1	变电所控制室、低压开关柜室及整流机组室等各个区域	感烟＋手动报警按钮	—	推荐采用高灵敏度吸气式感烟火灾探测器
3.2	变电所电缆夹层	线型感温	—	

（三）车辆段与停车场

车辆段与停车场一般分为综合办公楼、信号楼、检修主厂房、物资总库、各类检修库、污水处理站、主变电站。如果设置有票务清分中心（ACC）的备用中心，那么 ACC 备用中心、资料室、开关柜室及控制室等区域为气体灭火区域，需要设置两种不同类型的火灾探测方式。车辆段与停车场的保护区域及火灾探测报警方式的设置见表 3。

表 3　车辆段与停车场保护区域及火灾探测报警设置

序号	名称	探测报警方式	消防电话系统	备注
一	综合楼			
1.1	安防监控中心、电梯机房等重要设备间	感烟	消防固定电话	推荐采用高灵敏度吸气式感烟火灾探测器
1.2	厨房操作间	可燃气体探测	—	
1.3	ACC 备用中心、资料室等	感烟＋感温	消防固定电话	
1.4	会议室	感温	—	
1.5	其它各层办公室、走廊、楼梯间、储藏室、休息室及配线间等地	感烟＋手动报警按钮	电话插孔	

续表 3

二	信号楼			
2.1	信号设备室及通信机房等重要设备间	感烟	消防固定电话	
2.2	各层走廊、楼梯间、配电间、机房、检修间、电缆引入间、材料库、办公用房、休息室及备品库等地	感烟＋手动报警按钮	电话插孔	
三	混合变电所			
3.1	开关柜室及控制室等	感烟＋感温	—	推荐采用高灵敏度吸气式感烟火灾探测器
3.2	整流变压器室	感温	—	
3.3	检修室	感烟	—	
3.4	值班室	感烟	消防固定电话	
3.5	变电所电缆夹层	线性感温电缆	—	
3.6	其它区域	手动报警按钮	—	
四	消防泵房			
4.1	消防泵房	感烟	消防固定电话	
五	列检库			
5.1	辅助用房－各办公室、走廊、配电间、电缆引入间、列检班、备品库、清扫班等地	感烟＋手动报警按钮	电话插孔	
5.2	辅助用房－运转值班室	感烟	消防固定电话	
5.3	辅助用房－开关柜室	感烟＋感温	消防固定电话	
5.4	辅助用房－电缆夹层	线性感温电缆	—	
5.5	列检库	感烟+火焰探测＋手动报警按钮	电话插孔	推荐采用图像型火灾探测系统
5.6	不落轮镟库、洗车库	感烟+火焰探测＋手动报警按钮	电话插孔	推荐采用图像型火灾探测系统
六	联合检修库			
6.1	辅助用房-熔焊间	感烟＋感温	—	
6.2	辅助用房-配电间、检修间、备品间、叉车库、维修班、月检班、清扫吹扫班、管理用房及走廊等地	感烟＋手动报警按钮	电话插孔	
6.3	定临修库	感烟+火焰探测＋手动报警按钮	电话插孔	推荐采用图像型火灾探测系统
6.4	清扫吹扫库、静调库	感烟+火焰探测＋手动报警按钮	电话插孔	推荐采用图像型火灾探测系统
6.5	月检库	感烟+火焰探测＋手动报警按钮	电话插孔	推荐采用图像型火灾探测系统
6.6	材料备品库	线型感烟＋手动报警按钮	电话插孔	

续表 3

七	内燃机车、特种车库			
7.1	特种车库、内燃机车库	感烟+火焰探测＋手动报警按钮	电话插孔	推荐采用图像型火灾探测系统
7.2	抢修料间	线型感烟	—	
7.3	油脂间	感温	—	
7.4	走廊、检修间、工具间、值班室、备品间及办公室等地	感烟＋手动报警按钮	电话插孔	
八	蓄电池检修间			
8.1	蓄电池检修间	感烟(防爆)＋感温(防爆)＋手动报警按钮(防爆)	消防固定电话＋电话插孔	
九	易燃品库			
9.1	氧气、乙炔库	可燃气体探测(防爆)＋感温/火焰探测(防爆)	—	
9.2	油漆、稀料库	可燃气体探测(防爆)＋感温/火焰探测(防爆)	—	
9.3	制冷剂库	可燃气体探测(防爆)＋感温/火焰探测(防爆)	—	
9.4	化工材料库	可燃气体探测(防爆)＋感温/火焰探测(防爆)	—	
9.5	汽油、酒精库	可燃气体探测(防爆)＋/火焰探测感温(防爆)	—	
十	备品配件库			
10.1	备品配件库	感烟＋线型感烟	—	
10.2	电梯机房、管理用房	感烟	消防固定电话	
10.3	走廊、楼梯间、库房及储藏室等地	感烟＋手动报警按钮	电话插孔	
十一	锅炉房			
11.1	锅炉房	红外火焰探测＋可燃气体探测＋手动报警按钮	电话插孔	

注：手动报警按钮可以与电话插孔采用一体化结构形式。

3.4 与其它系统的接口设计

根据系统需求，FAS 系统需要与城市轨道交通工程的环境与设备监控系统(BAS)、通信系统、信号系统、动力照明系统、暖通系统、气体灭火系统及电梯专业系统等进行接口设计，以实现各个系统间的通讯或联动控制功能。FAS 与其它系统的接口方式见表 4。

表 4　FAS 与城市轨道交通工程其它系统的接口方式

序号	与 FAS 接口的系统		接口形式	接口数量	备注
1	综合监控系统(ISCS)	ISCS 工作站	通信接口(TCP/IP)	2 个	按设计要求一般采用冗余接口
2	环境与设备监控系统(BAS)	BAS PLC	通信接口(RS485)	1 个	
3	旅客信息系统(PIS)		通信接口(RS485)+硬线接口(FAS 模块)	1 个+1 处	按照设计要求 FAS 与 PIS 一般采用通信接口和硬线接口两种形式
4	自动售检票系统(AFC)		硬线接口(FAS 模块)	1 处	
5	时钟系统(CLK)		通信接口(RS422)	2 个	按设计要求一般采用冗余接口
6	广播系统(PA)		通信接口(RS422)\硬线接口(FAS 模块)	1 个\1 处	按照设计要求 FAS 与广播系统一般采用通信接口或硬线接口的形式
7	与换乘站 FAS	换乘站 FAS 工作站	通信接口(TCP/IP)	1 个	
		换乘站 FAS 控制器	通信接口(RS485)	1 个	
		现场共用设备	硬线接口(FAS 模块)	1 处	
8	气体灭火系统		通信接口(RS485)	1 个	FAS 与气体灭火控制系统为同一厂家产品
			硬线接口(FAS 模块)	1 处	FAS 与气体灭火控制系统为不同厂家产品
9	应急照明		硬线接口(FAS 模块)	1 处	
10	低压配电		硬线接口(FAS 模块)	1 处	
11	电梯		硬线接口(FAS 模块)	1 处	
12	门禁系统/安全门		硬线接口(FAS 模块)	1 处	
13	安全疏散系统		通信接口(RS485)+硬线接口(FAS 模块)	1 个+1 处	按照设计要求 FAS 与安全疏散系统一般采用通信接口和硬线接口两种形式

4. 气体灭火区域火灾自动报警系统设计

由于气体灭火控制区域的重要性，及其相对的独立性，在城市轨道交通火灾自动报警系统设计中，气体灭火区域的火灾自动报警系统一般作为一个相对独立的子系统进行设计，并通过各车站 FAS 主机接入全线 FAS 系统。

气体灭火区域火灾自动报警系统一般分为区域独立型和控制中心型两种。

4.1 区域独立型系统

系统为每一个独立的气体灭火控制区域配置一台控制器，该控制器管理本灭火区域的火灾探测器、声光警报装置、联动控制设备和气体灭火控制设备，实现火灾报警和气体灭火控制功能。各区域控制器通过车站火灾报警系统网络接入综合控制室，为全线 FAS 系统提供共享信息。区域独立型系统示意图见图 2。

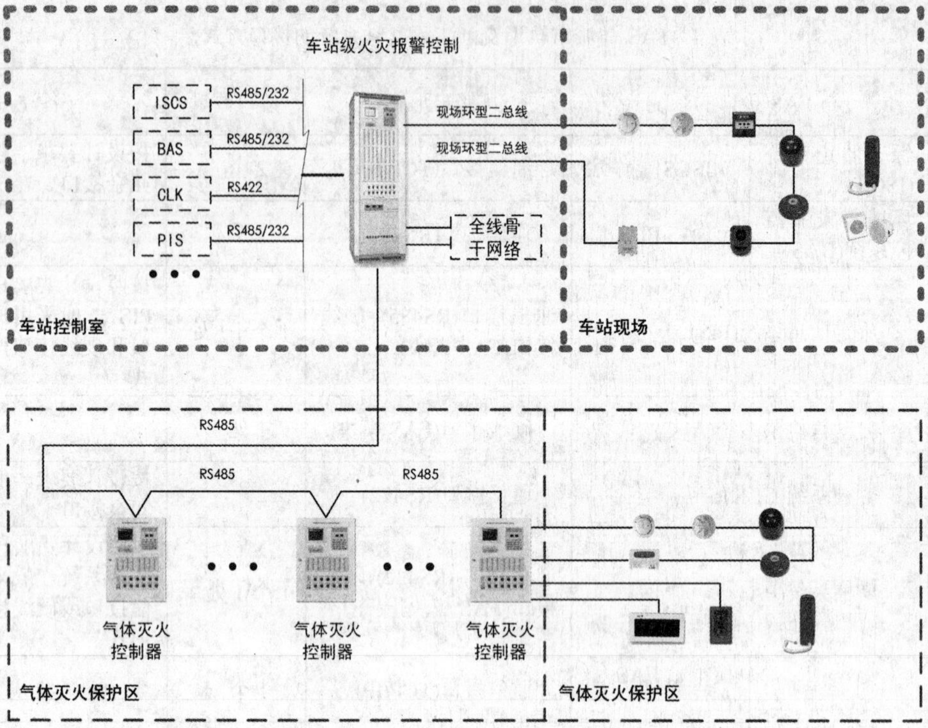

图 2 区域独立型气体灭火控制系统

4.2 控制中心型系统

系统为车站气体灭火区域提供一台火灾报警控制器，管理站内所有气体灭火区域的火灾探测器、声光警报装置、联动控制设备和气体灭火控制设备，实现火灾报警和气体灭火控制功能。该控制器可以设置在车站综合控制室，并通过通信接口与车站级 FAS 工作站连接，为全线 FAS 系统提供共享信息。控制中心型系统示意图见图 3。

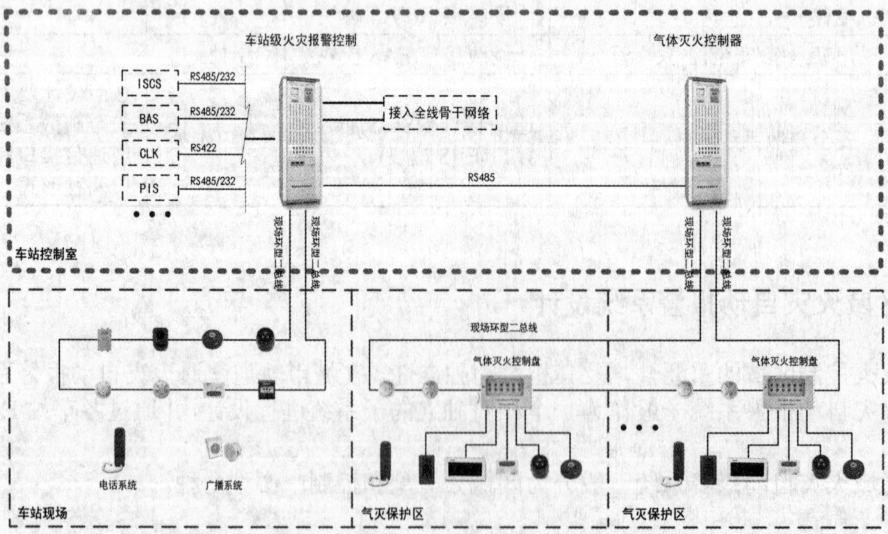

图 3 控制中心型气体灭火控制系统

5. 焦点问题分析及建议

5.1 全线网络链路层的设置

由于城市轨道交通的特点，FAS 全线网络一般与综合监控系统统一规划。随着通信技术的发展，不同系统共享同一通讯链路、独享各自信道已成为可能。前面提到的基于同步光纤网 SONET（Synchronous

Optical Network)和 MSTP（多业务传输平台）技术的通信平台就是当前最流行的解决方案。

这种方式的集成性好、可靠性高，易于统一维护。各子系统与通信系统接口清晰，是一种经济实用、可靠有效的解决方案。

但是，按照火灾自动报警设计规范的要求，FAS 的传输网络不应与其他系统的传输网络合用。这是在城市轨道交通全线 FAS 系统设计时经常遇到的问题。

如果考虑规范要求，采用独立的物理介质实现 FAS 全线骨干网络的联接，则需要在每一个节点设置光电转换等接口设备。这样，不仅整体造价会增加，而且也会提高后续运行维护的成本。

因此，建议在标准修订或城市轨道交通 FAS 设计标准制定过程中充分考虑技术发展及特殊需求，从根本上解决这一矛盾，使得工程设计更趋于合理。

5.2 FAS 与 BAS 共用设备的联动控制模式

充分利用 BAS 系统设备，实现重要的共用消防设备的协同控制，保证系统的简约、高效、可靠。

（一）自动控制

对于 FAS 与 BAS 共用设备，由于 BAS 系统具有基于 PLC 的控制系统，可以在接收到 FAS 系统的模式控制指令后转入火灾模式，并按照模式控制指令控制共用设备按照预定的逻辑动作。

（二）IBP 紧急后备盘

利用 BAS 系统的 IBP 紧急后备盘实现对 FAS 与 BAS 共用设备的手动模式控制，而不需另设联动控制的直接启、停控制装置。

6. 结语

随着国家优先发展公共交通政策措施的出台，城市轨道交通的发展已经正式进入了“快车道”。由于交通安全重要性的日益突出，作为防灾设计重要组成部分的 FAS 系统设计也越来越受到关注。2003 年，GB50157《地铁设计规范》已经正式颁布实施，为 FAS 系统设计提供了重要的指导作用。随着城市轨道交通建设规模的扩大，以及相关技术的不断发展，FAS 系统设计将不断走向成熟，并为城市轨道交通的安全运行提供保障。

7. 参考文献

[1] 中国城市轨道交通设备市场投资研究报告.中华商务网,2005 年 7 月 11 日发布.

[2] 花铁森,试论中国消防电子产业崛起与发展.电气&智能建筑.2003 年 5 期.

Fire Alarm System Design for Urban Rail Transit

Abstract

This Paper briefly analyzes the requirement of Fire Alarm System for Urban Rail Transit, and the different environmental factors of underground/ground stations, tunnels, high-voltage substations, depots and stabling yards, etc. Based on engineering experience, the selection of devices for Fire Alarm System is discussed, and a total solution is promoted according to the mode of automatic control and requirements on the control center and the whole FAS network.

Key Words: Urban Rail Transit, Fire Alarm, Automatic Control, Mode Control.

作者简介：

刘卫华，女，海湾威尔电子工程有限公司，高级工程师。主要从事火灾自动报警及灭火产品研发管理及消防工程设计等方面的工作。联系方式：地址：北京市海淀区中关村大街 19 号新中关大厦 B 座 17 层。邮政编码：100080，Tel：010-82487805，Fax：010-82487673，Email：lwh@gst.com.cn.。

基于性能化分析的大型舰船机舱水基灭火系统有效性评价研究

刘晅亚，陈国庆，王昌建，陆守香

中国科学技术大学火灾科学国家重点实验室号

摘要

对于舰船机舱水基灭火系统有效性评价方法，IMO（International Maritime Organization）规范文件 MSC Circular 668 规定了三种不同级别的机舱模型，以及机舱中燃油流量与压力分布范围，并在此基础上设定了 13 种标准火灾场景。但对于机舱容积大于 3000m^3 的万吨级大型舰船，由于其机舱内设备结构复杂，燃油管路分布密集，MSC Circular 668 火灾场景试验方法就存在一定的局限性与不足。本文在对 IMO 相关规范标准分析的基础上，运用性能化分析方法对某型万吨级舰船机舱火灾场景的设置进行了研究，针对该大型舰船机舱的水基灭火系统的有效性评价方法进行了探讨，并与 IMO 水基灭火系统评价方法中的火源尺度进行了比较分析。研究结果表明：依据机舱危险源辨识结果，以火灾性能化分析方法为基础所设置的火灾场景更能满足舰船机舱水基灭火系统有效性评价的要求，由此得到的机舱消防系统灭火有效性评价的结果则更合理。

关键词：性能化分析、舰船机舱、水基灭火系统、有效性评价。

1. 引言

舰船火灾是威胁我国航运交通安全的灾害事故，据统计，每年舰船火灾事故约占舰船航运事故总数的 11%，而舰船机舱火灾则占到舰船火灾总数的 75%[1]，舰船机舱火灾防治技术研究尤其为人们所关注。

水面舰船作为一种水上建筑，舰船火灾具有一般建筑火灾的共同特征，但对于舰船机舱，由于其内部结构及设施条件的特点，从火灾发生到火灾发展过程，以及火灾防治技术等方面，舰船机舱火灾与建筑火灾都有着许多本质的差别。首先，舰船机舱常期存在的高温热源与大量油品造成机舱内火源与火灾热源的独特性，机舱中的油柜及输油、液压管道中都储有大量易燃油料，以至于其起火源增多，火灾预警困难；舰船机舱构建材料为金属，其热传导速率比一般建筑物的传热快，因此其火灾蔓延速率较快，当舱室内油雾浓度较高时则易引发爆燃性火灾事故；而且舰船机舱为全封闭环境，空间狭小，设备结构复杂，机舱内部采取机械排风与通风控制相结合，其火灾烟气流动与消防系统配置都与普通建筑物有着很大差别。

对于舰船机舱消防系统有效性的检验，各国所依据的规范和原则主要有：国际海事组织（IMO）强制性协议与规范，船级社消防系统检验标准，相关行业规范与标准，消防系统设计安装规范等。在舰船消防系统检测方法中，除按各船级社规定的检验程序进行性能测试之外，还需通过对设定的标准火源进行灭火效果的检验。IMO针对舰船机舱不同消防系统的有效性试验检测进行了详细的规定和要求，相关强制性协议与规范已经成为各国船检机构对舰船消防系统的设计、安装进行有效性检验的主要依据。对于舰船水基灭火系统，IMO（MSC/Circ668）根据舰船吨位，将舰船分为三个不同级别，并设置了不同级别机舱的种类、体积以及燃油管道中的压力、燃油流量大小，在此基础上设定了相应的火灾场景对水基灭火系统进行试验。在对舰船机舱细水雾全尺度试验的研究过程中，人们发现IMO消防系统有效性试验规范，对于容积大于3000m^3的大型舰船机舱消防系统有效性验证还存在一定的局限性与不足，其火源设置与试验方法不能满足大型舰船机舱内部复杂结构及设备对消防系统的实际需求[2-4]。性能化分析方法作为一种建筑防火设计的量化分析方法，可根据具体建筑物的火灾发展特性来决定其防火需要，可为消防系统设计以及有效性评价提供更为合理的火灾场景设置方法。本文利用性能化防火设计的理论、方法，针对大型舰船机舱消防设计需求，对机舱火灾危险源及火灾场景设置方法进行研究，建立基于性能化分析的大型舰船机舱水基灭火系统有效性评价方法。

2. 舰船机舱防火性能化设计方法

性能化防火分析是根据具体建筑物的火灾发展特性来决定其防火需要，通过对建筑物设定火灾场景的分析，确定相应的消防系统，实现所设计的火灾安全目标。在建筑性能化防火设计的研究成果基础上，人们在舰船性能化防火设计方面也进行了许多有益的尝试，对如何实现舰船性能化防火设计进行了相关的研究[5, 6]。与建筑性能化防火设计方法类似，舰船性能化防火设计过程大致也可分为三个步骤：首先，通过调研、收集舰船结构特点以及危险源分布等信息，确定具体的防火目的、损失目标及性能化防火判据等；其次，根据舰船可能的火灾危险源，通过设定火灾场景分析，定量计算以量化指标表征火灾危险性；最后，根据计算分析结果确定舰船防火设计方案，并对方案的优劣进行比较，编制报告供舰船设计主管部门审查。具体舰船性能化防火设计的基本步骤如图 1 所示。

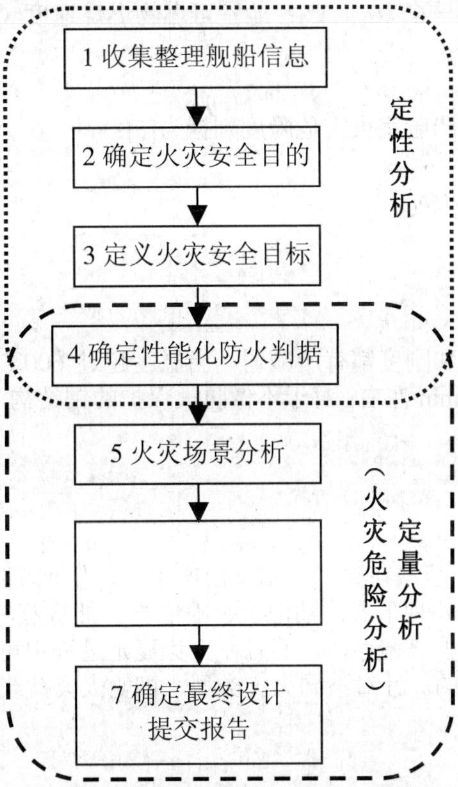

图 1　舰船性能化防火设计步骤示意图

舰船机舱是对所有机械舱室的总称，可分为主机舱和辅助机舱，主要包括：动力机舱、炉机舱、齿轮箱舱、修理舱等其它具有相关机械设备的舱室。根据图 1 所示舰船性能化防火设计方法，舰船机舱防火性能化设计主要包括以下主要内容：机舱火灾危险源辨识与分析，确定机舱火灾安全目的，确定机舱性能化防火判据，设定机舱火灾场景，建立机舱火灾增长模型，评价分析机舱防火设计方案。

2.1　机舱性能化设计的安全目标

机舱性能化设计的安全目标为：保护机舱内关键装备的安全，确保动力设备的正常运行；保护机舱内船员生命安全，确保船员疏散通道安全；保护机舱结构物安全，确保火灾环境中舱室结构部件安全。

2.2　机舱性能化防火判据

2.2.1　人员安全性

机舱内所造成的人员伤害的主要因素包括：烟气窒息、高温辐射以及爆燃超压。烟气层位于临界高度以上时，烟气层对人体的热辐射通量超过 2.5KW/m^2 或烟气层温度高于 180℃时，将对人员造成严重灼伤；

临界危险的烟气层高度为 2.1m，机舱内通道中烟气能见度至少为 5m；烟气层 CO 危害的临界浓度为 1400ppm；当发生油雾爆燃时，对人员造成严重伤害的超压为 0.05MPa。

2.2.2 机舱火灾发生和蔓延

机舱内火灾形成以及蔓延与舱室内燃油泄漏量、燃油特性（燃点、闪点、燃烧速度）、点火源、舱室温度、舱室通风状态因素、消防系统的配置与效率、火灾现场救援等因素有关。利用舰船舱室火灾危险度参数 P_{oi} 对机舱火灾蔓延的可能性大小进行评估，即[7]：

$$P_{oi} = (k_1 \cdot k_2 \cdot k_3 \cdot k_4 \cdot k_5)^{0.2} \tag{1}$$

式中 K_1—可燃物因子；$k_1 = (750 - C_1)/(T_{max} - T_{min})$，$C_1$：舱室内主要可燃物燃点；$T_{max}$：舱室内可燃物的最高燃点；$T_{min}$：舱室内可燃物的最低燃点。

K_2—可燃物载荷密度因子；$k_2 = q/60$，q：舱室内可燃物的火灾荷载密度（kg/m^2）；

K_3—可燃物燃烧速度因子；$k_3 = C_3/C_k$，C_3：舱室可燃物燃烧速度（$kg/(m^2 min)$）；C_k：可燃物平均烧速度（$kg/(m^2 min)$）；

K_4—舱室通风状态因子。

根据国内舰船火灾研究的经验，舰船舱室火灾危险度判据为[5]：

当 $1 \ge P_{oi} > 0.9$，舱室极易发生火灾；

当 $0.9 \ge P_{oi} > 0.5$，舱室比极容易发生火灾；

当 $0.5 \ge P_{oi} \ge 0$，舱室较难起火；

2.2.3 机舱钢结构临界温度

在火灾热作用下，钢结构强度和刚度都有所减弱，当温度超过 600℃时，钢材基本丧失全部刚度和强度，裸露的钢结构耐火极限约为 15min 左右；对于不做防火保护的钢结构，其周围的火场温度不应超过 200℃。

2.3 机舱火灾场景设计

机舱火灾主要是由于燃油/滑油泄漏在高温作用下而产生的，根据机舱燃油/滑油泄漏方式以及点火热源的特点，机舱火灾主要存在以下几种形式：油池火、喷射火、油雾蒸汽火、喷射-油池火以及油雾蒸汽-喷射火等。这几种形式的机舱火灾中普遍存在，而且在火势蔓延过程中可能引起链锁反应，产生爆燃、爆炸现象，其产生的危害是极其严重的。针对不同火灾类型，机舱火灾荷载分布以及火灾功率计算方法如下所示[8]：

(1) 油池火的最大热释放速率

$$Q_{max} = m'' \Delta H_c \chi \pi \frac{D^2}{4} \tag{2}$$

其中，D/m 为油池直径，$m''/(gm^{-2}s^{-1})$为单位表面积的质量燃烧速率，H_c/(kJ/kg)为燃料燃烧热，χ 为燃烧效率。

机舱油池火火灾载荷密度

$$q = \frac{\rho V \Delta h}{S} \tag{3}$$

其中，ρ 为燃料密度，V 为泄漏燃料体积，S 为油池面积。

油池火从点燃到发展为最大面积,达到最大热释放速率所需时间可以通过式(4) 进行计算

$$t_{max}=0.564D/(gyD) \tag{4}$$

其中，t_{max}/s 为火灾增长时间; $y/(m \cdot s^{-1})$ 为油池衰退速率, $g = 9181\ (m \cdot s^{-2})$ 为重力加速度.

(2) 喷射火的最大热释放速率

$$Q_{max} = m \Delta H_c \chi \tag{5}$$

其中，$m/(kg.s^{-1})$为质量流率。

$$\dot{m} = A_{exit}\rho\sqrt{\frac{2\left(\frac{P_{line}}{\rho}-\frac{P_{amb}}{\rho}\right)}{1-\left(\frac{A_{inlet}}{A_{exit}}\right)^2}} \tag{6}$$

其中 A_{inlet} 为输油管内截面积，$A_{inlet}=\frac{1}{4}\pi d^2$；$A_{exit}$ 为破裂孔截面积，$A_{exit}=1.15A_{inlet}$；

P_{line} 为管道内测量的绝对压力，P_{amb} 为环境压力。

(3) 油雾蒸汽火的最大热释放速率

$$Q_{\max} = M\Delta H_c / t \tag{7}$$

其中，M/kg 为燃料蒸汽质量，*t*/s 为燃烧持续时间。

爆燃火焰燃烧持续时间可根据经验公式（6）计算[9]

$$t = 1.089M^{0.327} \tag{8}$$

针对机舱消防系统有效性评价，机舱内不同火灾类型火源功率的设置则主要依据实际机舱内最危险状况下的燃油或燃油蒸汽泄漏量进行计算，根据机舱典型设备的空间分布特点以及环境通风条件对具体火灾场景进行设置。

3. 大型舰船机舱火灾危险源分析与火灾场景设置

3.1 机舱火灾危险源分析

舰船机舱火灾事故频发的主要原因是高温热源与燃油或燃油蒸汽相接触所造成的。机舱中的高温热源主要有大量排烟管道、排气管、高温蒸汽管及燃料燃烧室的高温热壁，以及在维修时所使用的高温切割和焊接设备等。机舱内未包覆的高温热壁和管道表面的温度可能高达 500℃，远远高于燃油的闪点，尽管按照相关军标要求舰船机舱在建造以及维修时都对高温热壁进行包覆，而且包覆后的表面温度必须低于60℃，但是在某些部位如拐角、连接法兰和不同构件包敷连接处，因为疏忽或包敷工艺不过关，仍有局部温度超标，甚至一些局部区域的表面温度超过了柴油的危险温度（220℃）。这些高温热壁一方面为泄漏燃油提供了蒸发的热源，泄漏燃油被蒸发以后，可以被电火花等一类弱点火源点燃；另一方面为泄漏燃油发生火灾提供了点火源，直接点燃泄漏燃油；此外，机舱内设备电弧火花、静电火花引发的油雾爆燃等事故也多造成机舱火灾的发生。

当输油管路过压、管接头存在缺陷、阀门填料和油泵轴封欠佳时，引起燃料油或滑油的泄露以及油料蒸发就形成了机舱火灾的可燃源。根据目前对舰船机舱火灾事故的统计发现，由于燃油喷射管，供给管的断裂，以及振动引起的管路接头的松脱，连接螺栓的脱开，造成燃油喷洒在高温机器设备表面引起的火灾已经成为舰船机舱火灾的主要原因。由于液压油泵的出口液压高达 15MP，高压油呈雾状喷射到高温物体上便很容易引燃发生火灾；日用燃油柜的柴油溢流后大量溅落到排气管的灼热表面自燃发火而导致的火灾也在多数。高温管路及局部明火可以直接点燃油雾或附壁油层，也可以造成环境温度增高，加速油料蒸发，形成较高浓度的油蒸汽，当热源温度达到 300℃以上时即可引起燃油蒸汽的空中点火，并可产生严重的油气爆燃事故[10]；燃油贮罐外部局部火灾可能造成贮罐内、外部形成大量可燃油蒸汽，从而引发贮罐内、外可燃油蒸汽燃爆事故。

3.2 大型机舱火灾场景设置

针对某型舰船机舱，该机舱舱室尺寸分别为 22m(L)×20m(W)×8.25m(H)，机舱内部由两层隔栅甲板层分为三部分，舱室中设置有柴油发动机、汽轮机、电机等设备。根据燃油种类、输油管道压力、流量以及可能泄漏的位置，设定燃油泄漏被巡视发现的时间为 15min，以输油管平接螺纹松动引发泄漏对机舱火灾场景进行计算。取 DN300 输油管最大工作压力为 4.2Mpa，低压为 0.8MPa，燃油流率为（0.16±0.01）Kg/s，则泄漏油池直径约为 4.42m，油池厚度为 0.01m，取舱内已蒸发柴油雾蒸汽质量为 1.5Kg，重油为 0.6Kg，则由式（2）至（9）分别对柴油、滑油的热释放速率以及燃烧时间等参数进行计算，计算结果如表 1 所示。其中油池火、喷射火以及喷射-油池火在机舱中可根据所处不同障碍物的位置设置不同类型障碍油池火与障碍喷射火。

表 1　机舱火灾场景设置参数

燃油类型	燃油物性参数				油池火最大热释放速率	高压喷射火最大热释放速率	低压喷射火最大热释放速率	油雾蒸汽火热释放速率
	ΔH (MJ/kg)	ρ (kg/m^3)	q (MW/m^2)	χ	MW	MW	MW	MW
-柴油	41.0	940	1.0	0.7	15.32	24	10.16	49.45
重油	41.3	970	1.1	0.7	16.85	23.8	10	26.93

参照 IMO（MSC/Circ668）火灾场景的设置，依据性能化分析建立的机舱水基灭火系统有效性试验的火灾场景设置要求如表 2 所示。由于油雾蒸汽火燃烧时间短，火焰传播速度快，其在机舱内通常引发附近泄漏油池以及喷射油管的燃烧，采用水雾抑制油雾蒸汽火的意义不大。对于油雾蒸汽火危害，则通常采用主动监测早期预防的方法，通过对油雾蒸汽浓度的监测，采取通风以及惰化冷却等方式防止油雾爆燃事故的发生。因此，在对机舱水基灭火系统有效性评价的试验设置中就不包含油雾蒸汽火的火灾场景；而对于试验燃油的种类，则根据具体舰船类型以及所使用燃油的具体分布进行相应的设置。与 IMO（MSC/Circ668）火灾场景设置相比，基于性能化分析的舰船机舱水基灭火系统评价所需设置的火源功率要大许多。

表 2　大型舰船机舱水基灭火系统有效性评价试验火灾场景设置要求

试验序号	火灾场景	试验燃料
P-1	在水雾喷头之间，模拟发动机顶部低压喷射火（24.0MW）	商用燃油或轻柴油
P-2	与水雾喷头中部成 45 度角，在模拟柴油机顶部低压喷射，撞击 1m 远处，直径 12-15mm 杆 (24MW)	商用燃油或轻柴油
P-3	在模拟柴油机一侧，低压隐蔽水平喷射火，油喷嘴距离柴油机尾部 0.1m 的位置(24MW)	商用燃油或轻柴油
P-4	结合实验 1-3 中最恶劣的喷射火以及距模拟柴油机顶部直径 4m 的油池火	商用燃油或轻柴油
P-5	在模拟柴油机顶部高压水平喷射火(10MW)	商用燃油或轻柴油
P-6	在模拟柴油机一侧，低压低油量隐蔽水平喷射火，油雾喷头位于柴油机尾部前 0.1m 的位置(10MW)	商用燃油或轻柴油
P-7	在模型中下面直径 4m 油池火	商用燃油或轻柴油
P-8	在模型中下面直径 4m 油池火	润滑油
P-9	在舱底油盘顶部通风条件下直径 1m 油池火	庚烷
P-10	从模型顶部 0.25Kg/s 流动火	庚烷
P-11	在模型下直径 4m 油池火	商用燃油或轻柴油
P-12	在水雾喷头之间，位于模拟发动机顶部低压喷射火（24.0MW）	庚烷
P-13	位于模拟发动机顶部直径 4m 油池火	庚烷

4. 机舱水基灭火系统有效性评价方法

IMO 水基灭火系统有效性评价，主要通过对不同级别模拟机舱内设定大小的 13 种标准火灾场景的灭火有效性进行评价，其火源设置主要依据为机舱燃油管道压力及舱室空间大小对火源通风条件的影响。但对于大型舰船机舱内部复杂的结构特点，开口通风条件以及火灾危险源分布等特性，IMO 规范所采用的评价方法不全面，尤其在火源设置以及通风条件控制方面不能满足不同型号舰船机舱消防系统有效性评价的需要。美军舰船研究中心在 IMO 试验方法的基础上，根据舰船所使用的高闪点柴油燃料的特点，提出了修订的水基灭火系统性能检测方法与程序；美国海岸警卫队（USCG）则在 IMO 试验基础上增设了五种不同尺度喷射火和三种不同大小的油盘火，设置了总共 18 种试验火灾场景对水基灭火系统有效性进行试验检测[11, 12]。针对不同类型舰船，仅根据机舱舱室大小进行类别划分采用“处方式”火源设置还不能完全区分不同舰船舱室火灾危险性的差别，应根据对舰船机舱火灾危险源的分析，采用防火性能化设计的方法，设置合理的火灾场景，选择具有最大危险性的火源设置对舱室消防系统有效性进行检测。

通过上述对大型舰船机舱火灾危险性的分析以及火灾场景设置的研究，对于大型舰船机舱水基灭火系统有效性评价方法步骤应主要包括以下几个步骤：

(1) 机舱火灾危险源分析；
(2) 基于性能化分析的火灾场景设置；
(3) 灭火有效性评价试验方案；
(4) 消防系统设置方案总结分析。

5. 结论

本文利用火灾性能化分析方法对舰船机舱火灾危险源特性进行了研究，根据对舰船机舱火灾蔓延规律的分析，建立了大型舰船机舱火灾场景分析方法，提出了以机舱火灾危险源辨识为依据，基于性能化分析的机舱水基灭火系统有效性试验评价方法，该方法可对机舱消防系统验证及机舱火灾防治提供理论指导。根据机舱危险源辨识与火灾性能化分析方法建立的机舱水基灭火系统的有效性评价方法更加系统与全面，对机舱消防系统灭火有效性评价结果更合理。

6. 参考文献

[1] 董兴章. 预防机舱火灾. 船舶. 1998. 54(6): 22-25.

[2] Gerard G. Back, Craig L. Bey1er, Phil 1. DiNenno, et al. Water mist protection requirement for very large machinery spaces, Washington, DC 20593-0001: u.s. Coast Guard Research and Development Center 1082 Shennecossett Road, Groton, CT 06340-6096, 2000.

[3] G.G. Back, C.L. Beyler, P.J. DiNenno, et al. Full-Scale Testing of Water Mist Fire Suppression Systems in Machinery Spaces, Washington, DC: U.S. Coast Guard Research and Development Center, 1998.

[4] Beck G G, Beyler C L,DiNemo P J. An Evaluation of the International Maritime Organization's Gaseous Agents Test Protocol, Washington, DC 20593-0001: Worcester Polytechnic Institute Worcester, MA 06 109, 1997.

[5] 王磊,浦金云. 舰艇防火的性能化设计. 船海工程. 2007, 36(1): 104-106.

[6] 李凌云, 浦金云,张光辉. 舰船性能化防火设计的分析研究. 船舶, 2007(2): 54-57.

[7] 张光辉, 浦金云,陈晓红. 舰艇火灾综合评估. 船舶, 2006(1): 30-33.

[8] 陈国庆, 陆守香, 庄磊. 船舶机舱油料火灾的发展过程研究. 中国科学技术大学学报, 2006, 36(1): 91-95.

[9] 杨立中.工业热安全工程. 合肥: 中国科学技术大学出版社, 2001: 58-60.

[10] 陆守香. 舰船机舱着火机理模型系列研究. 合肥: 中国科学技术大学, 2002.

[11] Back G, E. Forssell, A. Wakelin, et al. An Evaluation of Total Flooding High Expansion Foam Fire Suppression Systems for Machinery Space Applications, Washington, DC: U.S. Department of Homeland Security United States Coast Guard Marine Safety and Environmental Protection.

[12] Robert G. Bill J, Charlebois D E,Waters D L. Water Mist Fire Tests For Class II & III Engine Rooms, Virginia: National Technical Information Service, Springfield. 1998.

The water-based fire-extinguishing system validity evaluation based on the performance-based analysis methods for the machinery spaces of large-scale ship

Abstract

On the water-based fire-extinguishing system test methods for the ships' machinery spaces, International Martine Organization (IMO) criterion of MSC Circular 668 declares three different scales of machinery space models including the fuel flux and pressure distributions. According to the machinery spaces model design, the criterion puts forward 13 kinds of standard fire scenarios. But for the large ship of machinery spaces volume more than 3000m^3, the fire scenarios designed in the criterion of MSC Circular 668 are not sufficient and limited due to the complicated structure and equipment with serried oil pipeline. On the basics of the IMO criterion, this paper studied the fire scenarios designing methods of a large machinery space using the performance-based analysis methods, and discussed the water-based fire-extinguishing systems evaluation test methods compared with the designing methods in the IMO criterion. The results show that the fire scenarios based on the identification of risk source in the machinery spaces and the performance-based analysis methods are more satisfied with the requirement of the evaluation test, and the test results are more reasonable.

Keywords: performance-based analysis, machinery spaces of ship, water-based fire-extinguishing system, validity evaluation.

作者简介：

刘晅亚，男，中国科学技术大学火灾科学国家重点实验室博士后，主要研究方向气云火灾动力学及舰船火灾风险评估。联系电话：0551-3607881-803，13705609680，Email：xuanya@ustc.edu.cn，邮政编码:230027，通讯地址：安徽省合肥市黄山路 443 号，中国科学技术大学火灾科学国家重点实验室（力学一楼 206 室）。

Study on Human Pre-movement Behavior Using System Dynamics Approach

Lo S M[1], Huang H C[1], Daniel C. W. Ho[2], Gao Lijing[3], Liu Min[1]

[1]Department of Building and Construction, City University of Hong Kong, Hong Kong
[2]Department of Real Estate and Construction, The University of Hong Kong, Hong Kong
[3]Faculty of Risk and Crisis Management, Chiba Institue of Science, Japan

Abstract

Pre-movement time, the delay time prior to the initiation of movement, is considered as the critical part in performance-based approach. Currently, most of the evacuation models concern on occupants' movement rather than motivations to the evacuation. How occupants think and act before their evacuation starts is a comparatively new area. The main purpose of this research is to identify the rational human behavior in case of fires or emergencies and develop a framework for the analysis of the pre-movement behavior process from a system point of view. System dynamics approach was employed to establish a conceptual model of human response to fires. The proposed model integrated the major variables that affect human perception and cognition process and formulate a general understanding of the behavior reactions adopted by the victims to cope with fire. Besides the major factors identified in the previous researches, psychological influence and social relationship among the occupants were also considered. To examine how the established system dynamics model works, the proposed model was applied to analyze the performance of emergent management policies for a hypothetical room fire case. In total five different management strategies were designed for the implementation. The results agreed with the fact that occupants are reluctant respond to the warning system by itself but are very likely to respond to member of staff. It can be found that the proposed model is sufficiently general to any type of fire scenarios and evacuation management policy analysis and provide a practical way to estimate the performance of different management strategies at building planning stage.

Keywords: Emergency Management; Human Behavior, System Dynamics, Pre-movement Time.

1. Introduction

Pre-movement time, the delay time prior to the initiation of movement, is considered as the critical part in performance-based approach. It has been recognized as a major reason for the injuries or fatalities in fire incidents. However, such data is difficult to obtain. The estimation of pre-movement time has recently aroused more and more concerns from building designers, academic researchers as well as local government officials.

In order to ensure safe egress in buildings, many researchers have concentrated on modeling people's movement and establishing evacuation models over the past twenty years[1-8]. However, the developed models tend to concentrate mostly on people's movement through escape routes rather than offering comprehensive studies on people's behavioral response. Psychological input is also limited and physical environment is seen merely as a constraint factor. The pre-movement is usually specified as a specified delay time or a probability distribution varying with time.

Recent researches mentioned that people tend to affirm the threat before deciding on their action. The action of people depends on a decision making process. Bryan has identified in his study that the behavioral reaction of the individuals under a fire situation is complicated and a series of decision making processes involving recognition, validation, definition and evaluation will be undertaken [9].

The main purpose of this research is to identify the rational human behavior in case of fires or emergencies and develop a framework for the analysis of the pre-movement behavior process from a system point of view. It is a new trial to adopt system dynamics approach for the study of human pre-movement behavior and portray the dynamic relationships among people, fire and built environment in the pre-movement process.

2. System Dynamics Approach

System Dynamics (SD) approach, developed by Forrester in 1961, has long been adopted to model the dynamics nature of a complex social system. It has been widely applied into many fields, such as political, economic, managerial, production systems and so on [2]. It provides an opportunity to involve the major influences on the whole system and dispense with much of the details to ensure that the key behavior of the system is not obscured. It combines the theory, methods and philosophy needed to analyze the behavior of systems and provides a common foundation that can be applied to understand the relationship between the behavior of a system over time and its underlying structure and decision rules [11].

Pre-movement behavior simulations involve numerous variables and the non-linear relationships between the variables and the state of environmental changes such as the fire development. Thus, this kind of problems is well suited for applications of SD solution techniques. Moreover, SD can provide an understanding of strategic problems in complex dynamic systems [10],[12]. It is particularly useful to evaluate the efficiency of different evacuation management strategies by simulating the human behavioral responses in the system.

3. Modeling of Human Pre-movement Process

3.1 Causal Chain of Human Responses in Pre-movement Process

Pre-movement is the process wherein people become aware of a building fire-related emergency and experience a variety of mental process or actions prior to moving to an exit. In general, it is thought that people evacuate when they know that a fire exits. However, the findings in many recent studies have indicated that people respond to fires is more complex and immediate evacuation may not happen in most cases. The motivations to start the movement integrate a series of mental activities rather than a simple stimulus-response psychology.

Following the general definition, the pre-movement process can be divided into "Recognition Stage" and "Response Stage"[13,14]. Recognition stage begins at an alarm or cue and ends with the first response. It can be interpreted as the psychological process of cue validation involving receiving cues, recognizing cues and interpreting cues. Such cues include fire cues, warning signals or public address announcement, verbal cues from people alerting others, and cues from building services disruption. Regarding to the cues received, people may take diverse actions as the result of their evaluation. For example, some people may search for more reliable information to confirm the ambiguous warning, some may ignore the warning and keep engaging in their pre-fire activities, some may try to fight the fire by themselves, and others may start the movement to leave the building.

At response stage, people will carry out a range of activities before they begin to move to the ultimate place of safety. The types of actions include alerting other people, collecting their belongings, beginning to evacuate, and etc. The decision on which actions will be taken will be dependent on the people's behavioral factors, the characteristics of the built environment and the nature of the incident. A chart showing the interrelationship of the process is shown in Figure 1. It further illustrates that evacuation is not motivated by discrete factors but is derived from information processing and decision making.

3.2 Development of Human Pre-movement Behavior model

Causal loop diagram in System Dynamics approach is used to identify the causal feedback loops, which can portray the information feedback in a system [10]. According to the causal loop diagram, the dynamic behavior of the system can be identified by the consequence of the system structure, which contains circular chains of cause and effect relationship. The process, through which the initial cause passes through a chain of causal relations to an indirect effect on itself, is called 'feedback'. Feedback loops can be divided into positive and negative loops. A feedback is *positive* if an increase in a variable, after a certain delay, leads to a further increase in the same variable. Positive feedback will produce reinforcing behavior in systems. For a *negative* feedback loop, an increase in a variable leads to a decrease of the same variable. Negative feedback drives balancing or stabilizing systems that produce asymptotic or oscillatory behavior.

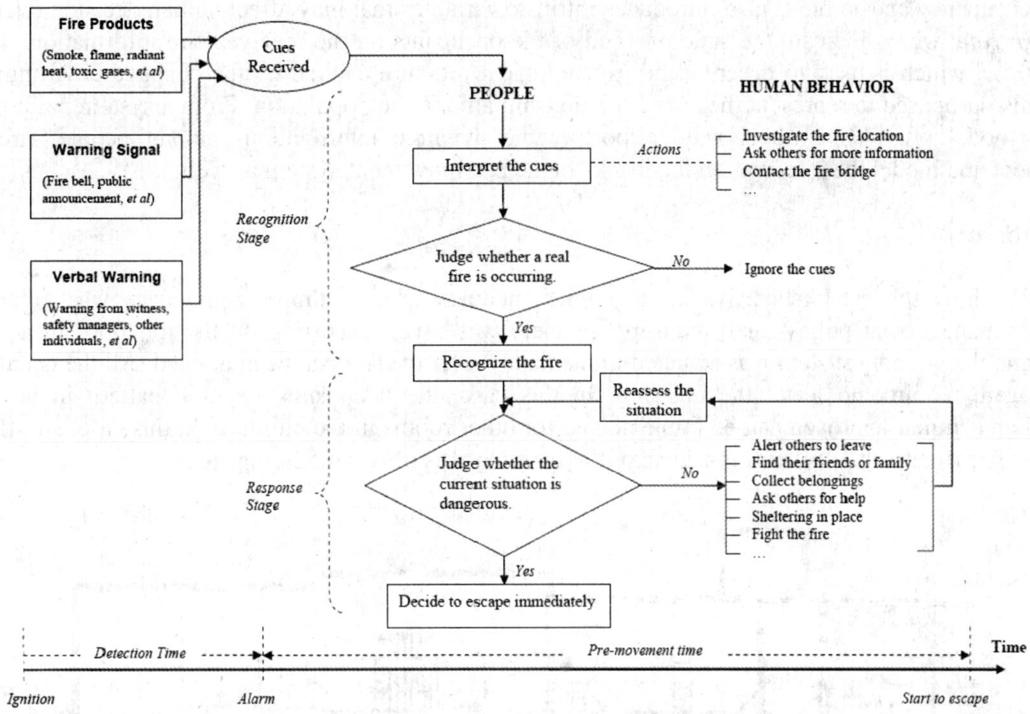

Figure 1 Causal chain indicating human response in fires

This study focuses on the major factors that affect human responses at the two stages which result in the change of population under threat, population with fire awareness and population with immediate evacuation decision. The Vensim-PLE (Ver 5.4c) software is employed to execute the System Dynamics simulation in this study [15]. The causal loop diagram of human behavior in pre-movement process figured by Vensim-PLE is illustrated in:

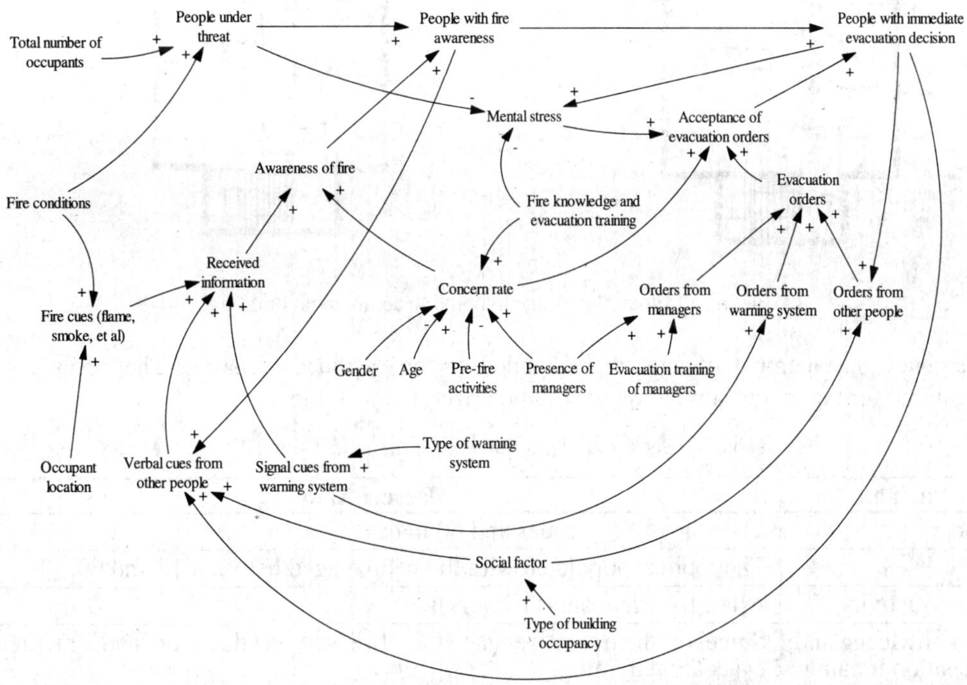

Figure 2 Causal Loop diagram of pre-movement human behavior
(In the causal loop diagram, a plus sign('+') indicates that the variables at the opposite ends of the arrow tend to increase in the same direction while a minus sign ('-') indicates an inverse relationship.)

The system dynamics model integrates the major factors that may affect human recognition and decision making process, including the different aspects of individuals, fire cues, warning system, emergency managers, type of building occupancy and so on. It also introduces intrinsic variables that may affect human decision over time. One is *Concern rate*, which indicate the state of mind of the occupants on the received fire information. The other is *Mental stress*, which is used to describe the psychological pressure evoked by the changed environment. *Social factor* is also proposed to represent the social relationship among the population. From a system point of view, the proposed model provides a novel way to portray the dynamic interrelations among people, fire and built environment and model the information feedbacks in the pre-movement system as well.

4. Case Study

To examine how the established system dynamics model works, a simple room case was created for the emergency management policy analysis. Suppose there was a fire occurring on the top floor in a commercial building and the warning system was actuated immediately after the fire had been noticed. All the occupants in the building were required to leave the building. In this case, the occupants' reaction pattern in an office was examined and similar approach can be implemented for other rooms in the building. In this case, an office located on the non-fire floor was selected. Floor plan of the building was illustrated in Figure .

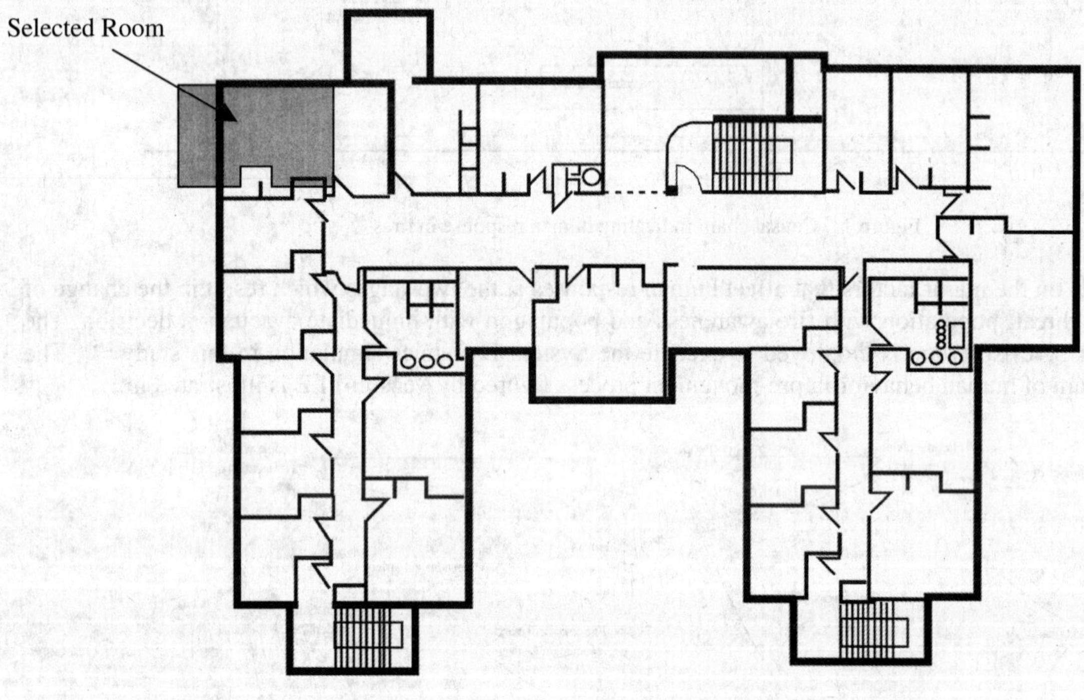

Figure 3 Floor plan of the hypothetic commercial building

Different emergency management policies were applied to the assumed situation. The necessary background information required for the model simulation was summarized in the Table 2.

Table 2 Background information for the model simulation

Variable	Description
Gender	There are 40% females and 60 males.
Age	The room is populated with the people aged between 18 and 60.
Pre-fire activity	All of the occupants are working.
Fire knowledge and evacuation training	Some of them have engaged in fire safety education and emergency evacuation training.
Fire products	There is no flame and smoke in the room.
Location of	Non-fire floor
Type of building occupancy	Commercial building
Interpretation time	Delay time to understand the perceived information.
Decision time	Delay time to make the evacuation decision under emergent situations.

Five scenarios derived from five different emergency management policies, were established and simulations were performed to examine their influence on the pre-movement process. Each policy was simulated independently by using the proposed system model.

Scenario A:

Assumption: Only alarm bell rings. No security staff presents and no public addressing announcement.

Scenario B:

Assumption: Alarm bell rings with security staff(s) walking outside. The staff will only investigate the fire site.

Scenario C:

Assumption: Pre-recorded voice announcement with evacuation alerting.

Scenario D:

Assumption: Live public addressing announcement with detailed evacuation instruction to inform the students to start the evacuation as soon as possible.

Scenario E:

Assumption: Live public addressing announcement with detailed evacuation instruction and assistance of well-trained security staff. Security staff would inform the people to start the movement as soon as possible.

The proposed human pre-movement behavior model was applied in the case study. The simulation results were shown as follows:

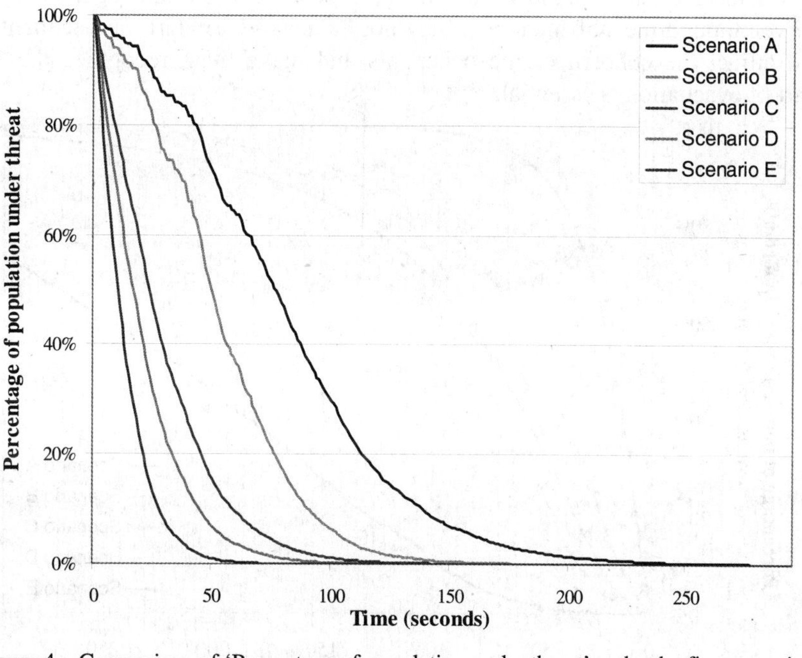

Figure 4 Comparison of 'Percentage of population under threat' under the five scenarios

Figure shows the comparison of predicted population under threat in percentages in the five scenarios. The horizontal axis represents the passing time. The vertical axis indicates the percentage of population who are not aware of the fire. The performance of the five scenarios sorted in descending rank is ***Scenario E >Scenario D> Scenario C> Scenario B>Scenario A***. It revealed a good agreement between the predicted results and previous findings in evacuation drills. That is, alarm bell in ***Scenario A*** is the least effective measure to make people recognize the fire incident, whereas, live public addressing system with well-trained managers may act as the most effective measure to alert the occupants in the building.

The elapsed time required for 25%, 50%, 75% and around 100% of occupant with fire awareness was presented in Table 3. Due to the errors in computation, the Percentage of occupants with fire perception will converge to value 1 but can not reach it in a short time. In order to provide a reasonable estimation of the delay time at the recognition stage, we would define 99.9 percents of population as an acceptable level. The results showed that measures of Scenario E can provoke the conscious of 75 percents occupants in less than 20 seconds. However, in ***Scenario A*** there was a need of more than 100 seconds to make 75 percents occupants aware of the fire. The performance of ***Scenario E*** was significantly better than other scenarios at the recognition stage.

Table 3 Comparison of 'Recognition time' under the five scenarios

Percentage of occupants recognize the fire	Scenario A (s)	Scenario B (s)	Scenario C (s)	Scenario D (s)	Scenario E (s)
25%	47	30	11	8	5
50%	77	50	24	17	11
75%	106	71	41	29	19
99.9%	283	178	144	113	72

Another comparison of 'Percentage of occupants with immediate evacuation decision' under the five scenarios was illustrated in Figure . The horizontal axis represents the passing time. The vertical axis indicates the percentage of population who start to evacuate. Similar to the comparison of 'Percentage of occupants under threat', evacuation measures under ***Scenario A*** and evacuation measures under ***Scenario E*** correspond to the least effective and the most effective to initiate the evacuation. However, it is found that the measures under ***Scenario B*** can make the whole population start the movement in a shorter time than ***Scenario C*** and ***Scenario D***. It implies the presence of staff members may cause a great influence on the evacuation decision of the population. The results agree with the fact that occupants are reluctant respond to the warning system by itself but are very likely to respond to members of staff. Under ***Scenario B***, security staff members were employed to assist the evacuation management. In uniform or wearing a name tag, staff members are likely to be concerned and regarded as examining a severe emergent situation. Even though the staff members may not be activate to alert the occupants, their presence and quick moving would attract the concern of the occupants and make them recognize that a real emergency is occurring and the start of evacuation is essential.

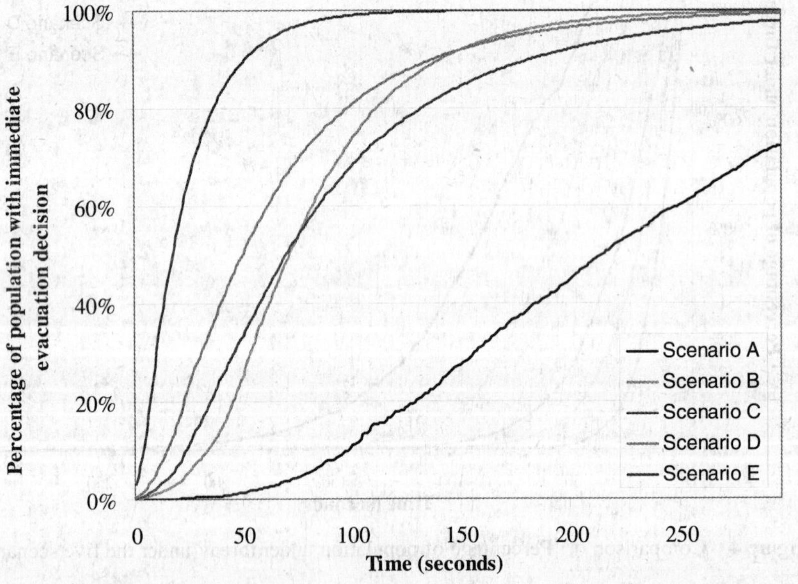

Figure 5 Comparison of 'Percentage of occupants with immediate evacuation decision' under the five scenarios

Table 4 Comparison of 'Pre-movement time*' under the five scenarios

Percentage of occupants start to evacuate	Scenario A (s)	Scenario B (s)	Scenario C (s)	Scenario D (s)	Scenario E (s)
25%	144	50	41	26	9
50%	214	72	70	50	18
75%	345	103	117	86	32
99.9%	>600	290	338	317	150

Table 4 describes the comparison of delay time from alarm activation to taking the evacuation action for different scales of population under the specified five scenarios. It can be seen that the elapsed time required for initiating the evacuation of nearly all the people is more than 10 minutes under ***Scenario A***, whereas, the required time is

150 seconds under ***Scenario E***. In addition, the performance of measures under ***Scenario B*** is found to be worse than recorded public addressing announcement under Scenario C and live public addressing announcement under ***Scenario D*** at the beginning of pre-movement process; however, it becomes more efficient to initiate the evacuation at the late period of pre-movement process. The main reason is that the presence of staff members would produce a mental pressure to the people and promote them to carry out the evacuation as soon as possible. In the beginning of pre-movement, measures under ***Scenario B*** are less efficient to alert the people of the fire incident than that under ***Scenario C*** and ***Scenario D*** due to verbal warning messages broadcasted by the public addressing system. Compared with ***Scenario C*** and ***D,*** the presence of staff members under ***Scenario B*** would significantly arouse the concerns of occupants and received evacuation orders. As a result, the scale of population with evacuation decision in a time step would be more than that under the other scenarios. As a result, the performance of the five scenarios during the pre-movement process is ***Scenario E> Scenario B >Scenario D> Scenario C >Scenario A***, which is significantly different from the rank at the recognition stage.

5. Conclusion

The main emphasis of this research is to develop a framework for the analysis of the pre-evacuation process in buildings from a system's point of view. A human pre-movement behavior model has been developed to involve the dynamic interactions among people, building and fire environment. System dynamics approach was employed to build the conceptual model of human response to fires. Based on the findings in real fire incidents, the major factors affecting human behavior at the recognition stage and response stage were integrated in the proposed model. In order to involve the psychological influence in the pre-movement process, we proposed two psychological variables, that is, *Concern rate* and *Mental stress*. In addition, *Social factor* was used to represent the social relationship among the population. As a result, the established model has an advantage of emphasizing the difference in elapsed time caused by diverse population.

6. Reference

[1] Kirchner, A., Klupfel, H., Nishinari, K., Schadschneider, A. and Schreckenberg, M., Simulation of competitive egress behavior: comparison with aircraft evacuation data, Physica A: Statistical Mechanics and its Applications, 2003,324:689-697

[2] Kisko, T. M., Francis, R. L. and Nobel, C. R. , EVACNET4 User's Guide, Uniersity of Florida,1998

[3] Lo, S. M. and Fang, Z. , A spatial-grid evacuation model for buildings, Journal of Fire Science, 2000,18:376-394.

[4] Lo, S. M., Fang, Z. and Chen, D. H., The use of modified network model for analyzing evacuation patterns in high-rise buildings, ASCE Journal of Architectural Engineering,, 2001,7:21-29.

[5] Lo, S. M., Fang, Z., Lin, P. and Zhi, G. S., An evacuation model: the SGEM package, Fire Safety Journal, 2004,39:169-190.

[6] Lo, S. M., Lam, K. C., Yuen, K. K. and Fang, Z., A Pre-evacuation Behavioral Study for the People in a High-rise Residential Building under Fire Situations, International Journal on Engineering Performance-Based Fire Codes, 2001,2:143-152.

[7] Thompson, P. A. and Marchant, E. W. , Testing and application of the computer model 'SIMULEX', Fire Safety Journal,1995,24:149-166.

[8] Fahy, R. F., An evacuation model for high-rise buildings, In Proceedings of INTERFLAM' 93 -6th International Fire Conference, London,1993,519-528.

[9] Bryan, J. L. , Behavior response to fire and smoke, In The SFPE Handbook of Fire Protection Engineering (2nd Ed) ,NFPA, Quincy, Mass.,1995,3:241-262.

[10] Forrester, J. W. , Principles of Systems.Portland :Productivity Press,1990.

[11] Maclennan, H. A., Regan, M. A. and Ware, R. , An engineering model for the estimation of occupant pre-evacuation and/or response times and the probaility of their occurrence, In Proceeding of the 1st International Symposium on Human Behavior in Fire, University of Ulster, Belfast, Northern Ireland, pp. 13-29, 1999

[12] Forrester, J. W. , System Dynamics, Systems Thinking, and Soft OR, System Dynamics Review, 10, 1994

[13] Purser, D. A. and Bensilum, M., Quantification of behavior for engineering design standards and escape time calculations, Safety Science, 38, pp.157-182, 2001

[14] Shield, T. J. and Boyce, K. E., A study of evacuation from large retail stores, Fire Safety Journal, 35, pp.25-49, 2000

[15] Andrew, F. , Modeling the environment : an introduction to system dynamics modeling of environmental systems, Island Press, Washington, D.C. ,1999

应用系统动力学方法分析人员在疏散准备阶段的行为反应

摘要

当建筑物发生火灾时，人员在疏散前的准备时间是影响最终安全疏散的重要因素之一。目前，大部分疏散模型着重研究人员在建筑物内的逃生过程，而忽略了疏散前人员的行为反应。为了研究在疏散准备阶段人员的行为反应，本文综合了火场逃生实例中影响人员逃生行为的关键因素，重点考虑了逃生者的个体特征、火灾现场周边环境、应急管理系统、人际关系等因素，利用系统动力学的方法研究逃生人员面对危险情形时从认知到行动的反应过程，并建立了逃生前人员行为反应的系统动力学模型。该模型通过因果关系图解释各个因素对人员心理及行为的影响关系，再定量分析了各因素随时间的动态变化以及计算人员逃生前的反应时间。本文提出的系统动力学模型可应用于研究不同火灾场景下人员安全疏散管理策略的分析与评估。

关键字：应急管理、行为模式、系统动力学、疏散准备时间。

作者简介：

卢兆明，博士，男，香港城市大学建筑系副教授。主要研究方向：性能化防火设计、人员疏散行为建模、火灾风险分析、火灾动力学研究等。联系方式：香港九龙塘达之路香港城市大学建筑系，电话：(00852)2788 7683，传真：(00852) 2788 7612，Email: bcsmli@cityu.edu.hk。

消防性能化设计之应用：排烟系统的效率与验收

王汉良，罗明纯

奥雅纳工程顾问香港有限公司

摘要

本文采用消防工程学方法论述排烟系统的设计和排烟效率。以一大型商业项目为例，详细说明了采用性能化进行排烟系统设计。运用流体力学计算机模型分析及实际热烟试验结果定量分析机械排烟系统的效率，发现计算机流体力学模拟结果与实际热烟测试的数据相对一致。为了保证排烟系统在需要时能正常工作，排烟系统必须按照设计要求进行施工安装。有时消防性能化设计的要求被后继设计和施工团队忽略，从而给项目的验收过程带来问题与挑战。本文通过实际案例说明，为确保排烟系统达到所要求的性能，消防工程学方法在项目设计阶段和验收阶段均十分重要。

关键词：消防工程学、防排烟、流体力学模型、施工验收。

1. 概述

在国内外大型商业项目中，由于人员流通与建筑美学的需要，经常在商业楼内设置中庭连通不同楼层，以创造广阔的空间，增加商业楼内不同楼层的连通性，鼓励人员上下流动，增加商业价值。而且，在商业项目中开业的高级零售店对自己的品牌设计有较高要求，例如它们希望在不同项目中开业的零售店有着同样的门面品牌设计。因此高级零售店要求商业项目中，不对它们的门面设计有太多的限制，例如减少使用防火卷帘或防火玻璃分隔零售店与走道，以增加设计的创意与灵活性，如图 1 所示。对于以上功能与设计上的严格要求，不但为建筑带来设计上的问题，亦为传统的消防设计概念带来挑战。因此，消防工程学方法[1]便经常应用在大型商业项目中，在迎合建筑设计与功能使用的同时，保证消防安全性。

本文以一大型商业项目为例，详细说明了采用性能化进行排烟系统设计，以达到建筑设计上的要求。在防排烟设计中，将几个零售店组成一个防烟单元，并在每个防烟单元内设置机械排烟系统，减少烟气扩散至其它区域，零售店与公共空间不设防火分隔。中庭内设自然排烟系统将烟气排走。在设计中亦运用流体力学计算机(CFD)模型，分析机械与自然排烟系统效率。施工验收过程也安排了实际热烟测试，测试结果与 CFD 模型定量分析结果比较，发现 CFD 模拟与实际热烟测试的数据相对一致。

图 1　零售店消防设计：安装大量防火卷帘于店门（左），与轻巧简洁、无防火分隔的零售店设计（右）

为了保证排烟系统在需要时能正常工作，排烟系统必须按照设计要求进行施工安装。有时消防性能化设计的要求会被后继设计和施工团队忽略，从而给项目的验收过程带来问题与挑战。本文通过实际案例说明，为确保排烟系统达到所要求的性能，消防工程学方法在项目设计阶段和验收阶段均十分重要。

2. 防排烟设计方案

在我国建筑设计防火规范中[1]，建筑所需的排烟量是根据换气量的方法来计算。因此，排烟量的大少是与防烟分区的体积成正比。这种处方式的排烟系统设计方法，目的是在火灾时将防烟分区内的浓烟稀释，从而协助人员逃生与消防救援。但这种排烟量的计算方法未考虑防烟分区的高度与长、宽等比例。因此，并不能完全保证浓烟不会扩散至其它区域，以及能否在发生火灾的防烟分区内维持一个高的烟气清晰高度供人员安全疏散。

为了更全面地去考虑排烟系统的性能，除了按换气量的方法计算排烟量外，亦可以以消防性能化方法，根据基本的工程学原理去计算排烟量。所需的排烟量可以由设计火灾大小与所产生的烟气量而设计[2]。利用这种方法，设计者可以详细计算烟气清晰高度及控制浓烟，减少烟气扩散至其他的区域。

2.1 消防工程学设计

在大型商业项目设计中，经常使用上述的消防工程学方法，计算排烟量，设计排烟系统。防排烟设计方案以多个零售店组成一个防烟单元，并在每个防烟单元内设置机械排烟系统，减少烟气扩散至其它区域。零售店与走道不设防火分隔，以迎合建筑设计与功能使用的要求，增加设计的灵活性。把多个零售店组成一个防烟单元，比把每个零售店作为单独防烟单元更具成本效益。防烟单元内设感烟探测系统与喷淋系统，用以启动机械排烟系统。图 2 表示了这个设计概念。

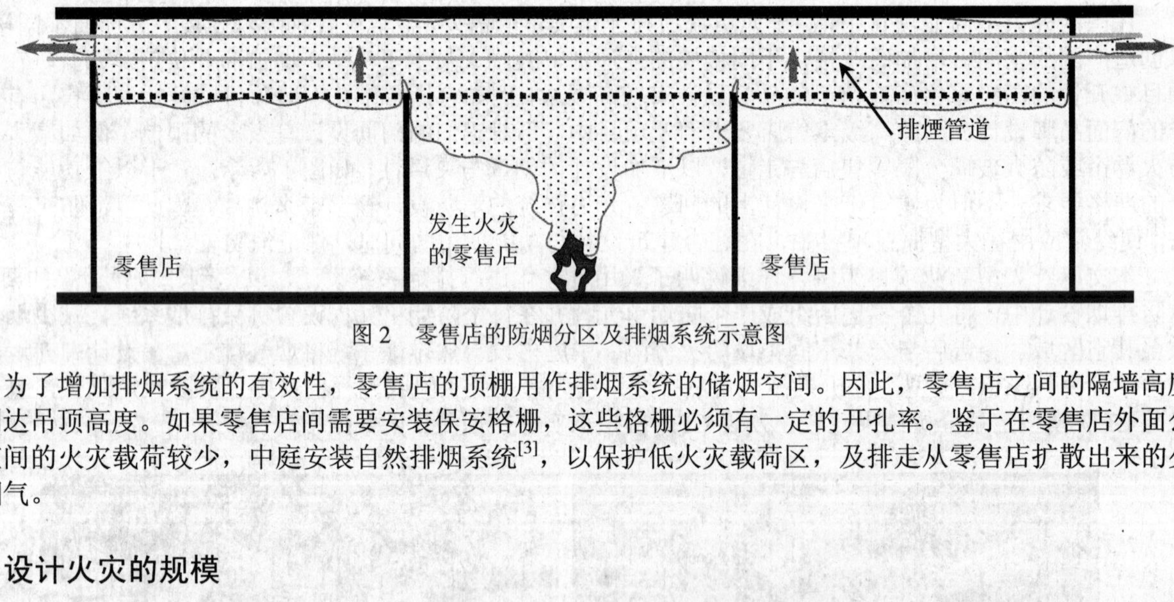

图 2　零售店的防烟分区及排烟系统示意图

为了增加排烟系统的有效性，零售店的顶棚用作排烟系统的储烟空间。因此，零售店之间的隔墙高度只到达吊顶高度。如果零售店间需要安装保安格栅，这些格栅必须有一定的开孔率。鉴于在零售店外面公共空间的火灾载荷较少，中庭安装自然排烟系统[3]，以保护低火灾载荷区，及排走从零售店扩散出来的少量烟气。

2.2 设计火灾的规模

设计火灾规模可以用来计算烟气产生速率，即确定排烟系统的排烟能力，这是计算排烟量的一项重要因素。设计火灾大小，可以采用可燃物载荷的峰值释热速率为火灾规模，或者喷淋控制火灾情况下，采用喷淋启动时的释热速率为火灾规模。火灾的发展可以利用 TM19[4]中的时间平方函数表示。在火灾初期，时间平方火与实际火灾近似，因此得到广泛应用。

$$\dot{Q}=1000(t/t_g)^2$$

其中，$\dot{Q}$ ＝ 释热速率

t ＝ 时间

t_g ＝ 增长特征值

利用时间平方火是一种比较保守的考虑。如果火灾发生，首先要经过一个潜伏期，如图 3 所示。图 3 表明释热速率随时间的变化情况，即持续增长火。潜伏期可能持续几秒到几个小时不等，较难预测。时间平方火假设火灾一旦发生即开始按照时间平方火曲线进行，忽略了火灾潜伏期。在潜伏期内，阴燃可以产生大量的烟气，可能足够启动感烟探测系统，或者声/光报警系统，因此内部的人员发现火灾的时间可能更早。

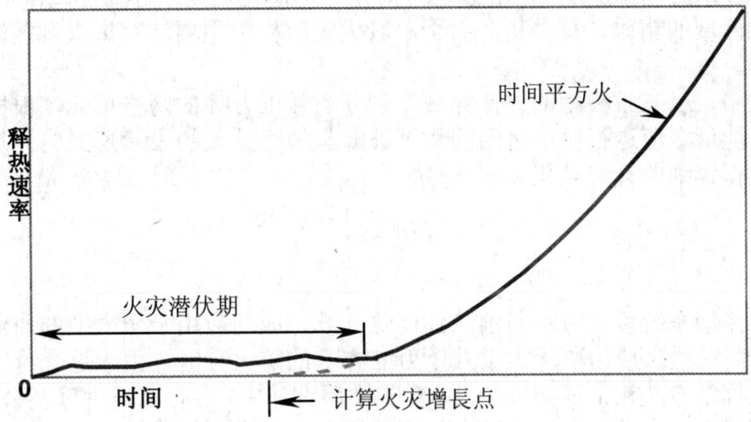

图 3　典型真实火灾增长曲线

2.3 公式计算方法

设计的排烟量可以从上述的火灾大小，根据轴对称羽流及烟流温度等公式，加上设计烟气清晰高度及其他设计参数等计算出来。设定火灾规模下的排烟速率计算主要参考 TM19 [5]，烟气产生体积速率（$\dot{V}_p$）相等于设计排烟系统应提供的最低排烟量要求，如下所示：

$$L_f = 0.235\dot{Q}^{2/5} - 1.02D$$

$$D = \sqrt{4\dot{Q}/\pi I}$$

$$\dot{m}_p = 0.071\dot{Q}_p^{1/3} z^{5/3}$$

$$T_s = T_o + \frac{\dot{Q}_p}{\dot{m}_p c_p}$$

$$\dot{V}_p = \frac{\dot{m}_p}{\rho_o} + \frac{\dot{Q}_p}{\rho_o T_o c_p}$$

其中，L_f　=　火焰平均高度
D　=　火源直径
I　=　单位面积火源释热速率
$\dot{m}_p$　=　烟气质量产生速率
$\dot{Q}_p$　=　对流释热速率
T_s　=　烟气羽流平均温度
T_o　=　环境温度
$\dot{V}_p$　=　烟气体积产生速率
z　=　烟气清晰高度
c_p　=　空气比热
ρ_p　=　空气密度

2.4 计算机模型

对于形状复杂的空间，使用以上传统的公式方法，不一定能准确计算排烟系统的效率。分析烟气流动时亦可以利用计算机模型“区域模型”[5]或“场模型”[6]，定量计算设计的排烟系统效率，论证防排烟策略的有效性。

其中一个专门的火灾分析场模型为 Fire Dynamic Simulator (FDS)，FDS 是由美国国家标准与技术机构开发，专门用于混合燃烧火灾分析。该模型是目前应用最广泛，且得到最大量验证的火灾 CFD 模型之一。

FDS 是利用大涡旋流（LES）类比技术的计算流体力学软体。LES 适合用于解决浮力驱动下的烟气流动情况，且可以有效地对 FDS 中出现的紊流现象进行简化。这简化适用于浮力驱动下的烟气速度（2-3m/s），且不需要进行近火源区域的精确计算分析。由于一般火灾分析中主要针对远火源区域烟气流动计算，因此该简化是可以接受的。

在场模型的建立中，以三维模型的“计算域”划分为数以万计的网格单元，根据每个网格单元内的质量守恒、动量守恒、能量守恒进行微小时间间距下计算。最终结果的表示形式为计算域内的三维温度、烟气和速度分布，以取得详细的计算结果。

3．项目实例

以上所描述的防排烟系统设计方案与消防性能化计算，成功应用于一大型的商业项目中。因应建筑及营运上的需要，整个商业项目成为单一大于八十万立方米的防火分区。由于这个特大的防火分区，此商业项目需要使用消防工程学方法论证消防安全性。在防排烟设计中，零售店与中庭及公共通道不设放火分隔。商业区中多个零售店组成一个防烟单元，并在每个防烟单元内设置机械排烟系统。利用零售店门上方隔板作为挡烟垂壁，顶棚为储烟空间，与公共通道的防烟分区分开。数个防烟分区可共用一套机械排烟系统，以提高成本效益。零售店内设置开孔吊顶，不妨碍烟气流通至储烟空间。

图 4　大型商业项目的特大防火防区（左）与零售店设计（右）

由于零售店顶棚内作为储烟区，应提供足够空间让烟气流通。但在施工设计与系统安装期间，顶棚内安装了大量的管道。亦由于客户及建筑的要求，吊顶尽量提升，因此在零售店隔墙上的透烟面积变得极为有限。有可能影响设计的排烟效果。而且中庭设自然排烟系统，高度达 22 米，亦需要保证自然排烟系统能有效运作。

因此，在验收过程中进行了全面的排烟系统测试：在零售店及中庭内进行热烟测试。进行热烟测试的目的是为了表明机械与自然排烟系统能正常运作，以及证明在零售店内，烟气仍可从发生火灾区域流动至排烟口。从观察及量度的烟气流动，量化排烟系统效能。整个热烟测试的要求是按照澳大利亚标准[7]进行，测试火的燃料为工业用甲醇（95 级）。为了减低热烟测试对已安装的建筑材料及喷淋系统的影响，测试时采用了 1 兆瓦（零售店）与 2 兆瓦（中庭）的测试火。另外，测试中亦用了烟枪产生足够的烟气，把热烟的流动视觉化，如图 5 所示。

图 5　热烟测试的安排

为了定量计算已安装的排烟系统的效率，在热烟测试中，采用手提式电子温度计，测量和记录储烟空间内的热烟以及阳台型烟羽流的温度。另外，亦量度了零售店阳台型烟羽流的深度及烟气流动速度。透过量度阳台型烟羽流的厚度及速度，可以计算出零售店内各方向的烟气流量。实际测量的数据与 CFD 模型所计算出来的结果比较，以量化排烟系统的效率。

4. 消防工程学分析

由于零售店顶棚空间内安装了复杂的管道，及形状复杂的中庭设自然排烟系统，使用简单的公式计算方法，不能准确计算排烟系统的效率。特别是要与热烟测试的数据作比较，公式的计算方法更不能模拟测量点的温度及烟气速度。因此，在此项目的设计中，采用了一些较为复杂的消防工程计算机模型“场模型”，作详细的分析与比较。定量计算排烟系统的效率，论证中庭与零售店防排烟策略的有效性。

4.1 模型输入参数

建立模型是进行分析的重要一步，将实际情况下的建筑条件转换为 FDS 可以识别的输入文档，可以在电脑内形成与实际建筑条件比较相符的三维模型。模型可以清晰地显示出实际建筑情况，包括物理边界条件，定义各种输入参数等。在 FDS 软体中，透过输入该软体可以识别的资料，我们建立了中庭模型与包含了数个零售店的模型。这些模型可以用作中庭与零售店的烟气控制分析。我们将这个三维模型的“计算域”划分为数十万的网格单元，最大宽度为 0.15 米。模型亦包括了零售店的顶棚空间及已安装的屋宇装备管道。主要根据建筑师提供的建筑平面图建立中庭与零售区域模型。

图 6　零售区 FDS 计算机模型

于本分析中，假设燃料为合成碳氢化合物及纤维物的混合可燃物。分析所探讨的可接受安全准则主要限于温度及能见度。经验所得，如商业项目等大型开放空间中，能见度通常为制约的安全准则。所以燃料特性的选择，重点考虑对能见度的影响。在分析中，使用的可燃物，符合零售区的火灾负荷为木材及塑胶的实际情况。

4.2 计算结果与分析

最终模型计算结果以后处理软体 Smokeview 表示，Smokeview 同样由美国国家标准与技术机构开发，专门用于显示 FDS 的计算结果。从 FDS 模拟结果中，我们可以得出温度及速度场作深入分析。为了全面地比较及量化排烟系统的效率，我们在 FDS 模型得出了热烟测试的数据点，以及把温度及速度数据表列于图 7 及图 9。

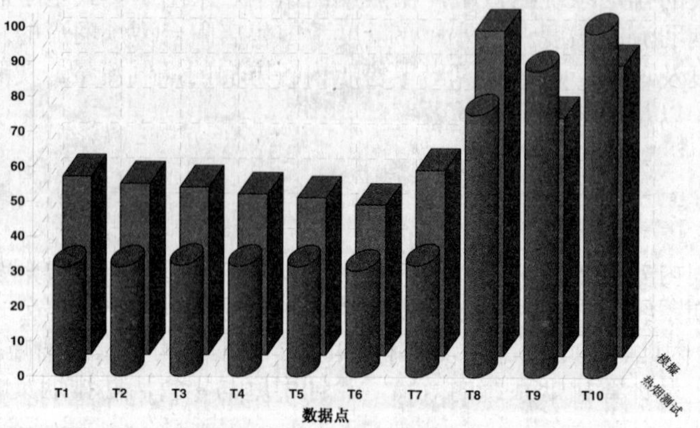

图 7　中庭模拟与热烟测试数据比较（温度）

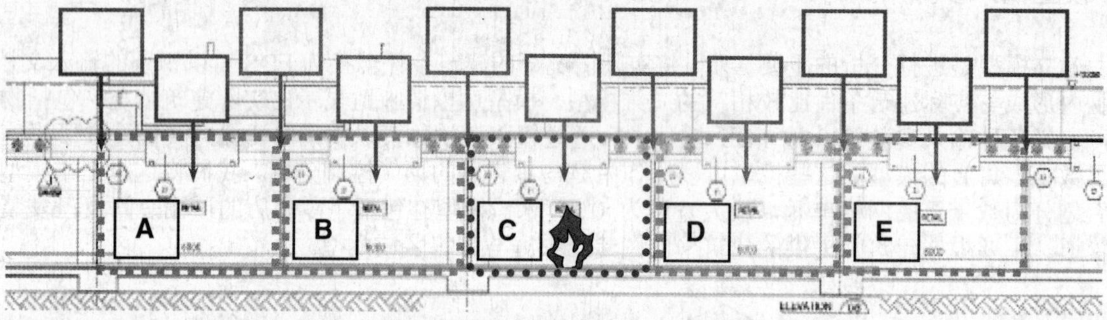

图 8　零售店数据点位置

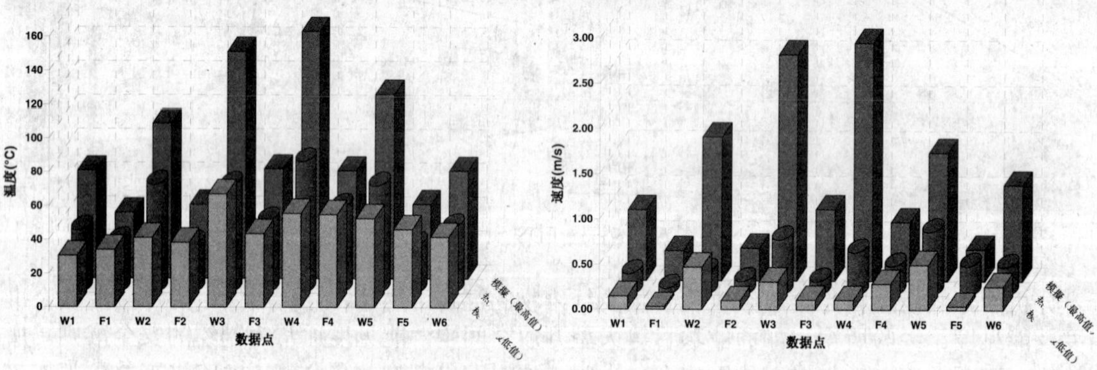

图 9　零售店模拟与热烟测试数据比较：温度（左）与速度（右）

从以上图表的比较，可以得出 CFD 模拟结果基本上与热烟测试数据趋势一致。总体来说热烟测试得出较为低的温度及速度数据，这是由于在 CFD 模型中进行了一定的简化，例如未有考虑烟气对流热与热辐射的能量损失、因制作计算机模型而对顶棚储烟空间与管道的简化、及热烟测试数据量度设备的误差等。

由于要量化排烟系统的效率，验证所设计的零售店防排烟方案是否合理，研究中对扩散至零售店外的烟气量进行计算。扩散至零售店外的烟气量，是由从发生火灾的零售店扩散至相邻零售店的烟气量，与经零售店上方扩散至中庭的烟气量计算而来。基于以上的热烟测试与模拟结果，可以使用简单的计算方法来计算扩散至零售店外的烟气量，得出排烟系统的效率。计算结果如表 1 所示。

表 1　扩散至零售店外的烟气量与排烟系统效率

零售店	热烟测试	模拟	排烟系统效率
A	未察觉	1.1%	98.9%
B	5.2%	4.1%	95.9%
C（发生火灾的零售店）	15.1%	18.7%	81.3%
D	12.0%	10.2%	89.8%
E	未察觉	1.1%	98.9%

4.3 结果比较

从图 7 及图 9 的结果比较显示，CFD 模拟结果与热烟测试结果的相近。CFD 模拟与热烟测试同时表明，中庭设置的自然排烟系统能有效运作，把设计火灾的烟气完全排出中庭。在零售店内，表 1 显示大部分的烟气由零售店内的排烟系统排走，而且平均排烟量达 93%。小量未能排走的烟气会从零售店门扩散至中庭内。由于中庭有具大的体积，达八十万立方米，小量的烟气会很快得以稀释，不会对人员产生伤害。

对于以上热烟测试与 CFD 模拟计算得出的排烟系统效率，比实际情况保守。在热烟测试的量度过程中，受屋宇装备管道的阻挡，只能读取顶棚储烟空间内管道下方测量点数据。由于热空气上升的原理，可以得出在顶棚高位，屋宇装备管道上方的烟气流动速度更快。所以，以上的排烟系统效率计算，使用了较慢的数据，低估了排烟系统效率。

另外，基于 CFD 模型网格单元大小的限制，部分顶棚储烟位置的空间（阔度小于 0.15 米），在模型中假设完全被屋宇装备管道阻挡。部分应该在这些空间内流动的热烟，在 CFD 模型内被完全阻挡。这同样地得出较少烟气从发生火灾的店扩散至相邻零售店，低估了排烟系统效率。

因此在真实的情况中，排烟系统的排烟量大于计算结果，而扩散至中庭的烟气少于计算结果。另外，CFD 模型与热烟测试结果显示大部分烟气的温度低于 60°C。少量低于 60°C 的烟气将不会对疏散人员造成永久伤害[8]。所以在这项目中吊顶空间内大量的屋宇设备，并未有对设计的排烟系统与防排烟方案造成严重影响。

4. 总结

本文描述了在一大型商业项目中，使用消防工程学方法定量分析了排烟系统的效率。为了迎合建筑设计与功能使用上的要求，该项目中零售店与公共空间不设防火分隔，而设计了以数个零售店组成一个防烟单元的防排烟方案，并使用自然排烟系统将中庭烟气排走。在系统安装及测试期间，发现了零售店顶棚空间内安装了较多的管道。这些管道令数个零售店所共用的顶棚空间变得非常有限，有可能对性能化设计的排烟系统与防排烟方案造成影响。

因此，采用消防性能化方法进行计算机流体力学模拟，并通过热烟测进行论证。定量地计算排烟系统的效率。分析和测试结果显示，中庭的自然排烟系统与零售店内的机械排烟系统能有效运作。

几个零售店组成一个防烟单元、零售店与公共空间不设防火分隔、和中庭自然排烟系统的设计方案符合消防安全要求。本案例证明消防工程学的运用不但在项目设计早期非常重要，而且在验收测试期间也能发挥重要作用。

5. 参考文献

[1] Luo, M., A Performance Based Approach to Fire Safety Engineering Design of Major Projects, Int. Sym. On City Fire Safety, 1999, 8 – 13.
[2] GB50016–2006 建筑设计防火规范,中华人民共和国国家标准,2006.
[3] Luo, M., Au, W.H.,Introduction to Fire Safety Engineering Design in Practice, Proc. Of Construction Challenges into the Next Century: 1999, 76 – 83.
[4] Luo, M., 2000, Design of Static Smoke Extraction System, Proc. of Nanjing – Hong Kong HVAC Seminar *2000*, 58–65.
[5] CIBSE,Technical Memorandum 19 Relationships for Smoke Control Calculations, London,1995.
[6] Jones, W.W., Forney, G.P,Improvement in Predicting Smoke Movement in Compartmented Structures, Fire Safety J., 1993,21:269 – 297.
[7] Luo, M., Beck, V.,A Study of Non-Flashover and Flashover Fires in a Full Scale Multi-Room Building, Fire Safety J.,1996,26:191–219.
[8] Standards Australia, Smoke Management Systems – Hot Smoke Test, AS 4391, Australia,1999.
[9] CIBSE Guide E Fire Engineering, Chartered Institution of Building Services Engineer, London, 2003.

The Application of Fire Engineering Design: Efficiency and Commissioning of Smoke Extraction System

Abstract

A performance based fire engineering approach has been used to address the smoke extraction system design and efficiency in this paper. A large scale retail project has been used as an example to demonstrate the use of fire engineering in smoke extraction system design. Computational fluid dynamics simulation and hot smoke test have been used to characterize the efficiency of smoke extraction system. It has been found that the simulation result fits reasonably well with real test data. Smoke extraction system shall be installed according to the design requirement in order to ensure its operational effectiveness. The fire engineering design requirements may sometimes be ignored by the design and installation teams, which will create challenges during the system commissioning and inspection. This paper has shown that fire engineering analysis is important in both the design and commissioning stages to ensure the operation of smoke extraction system up to the design requirements.

Keywords: performance based fire engineering approach, smoke extraction, computational fluid dynamics model, installation commissioning.

作者简介：

王汉良，男，汉族，1977 年生，毕业于美国马里兰大学消防工程系硕士、香港科技大学机械工程系硕士。现职奥雅纳工程顾问香港有限公司，任消防工程师，主要从事香港与中国大陆消防性能化项目的设计工作，包括超高层建筑、大型商业项目、汽车与铁路隧道等。
联系电话：(852)22683794，E-mail：kelvin.wong@arup.com

基于火灾风险的大型交通枢纽消防性能化设计

马莉莉，郭大刚，王彦东，罗明纯

奥雅纳工程咨询（上海）公司深圳分公司

摘要

目前，我国处于快速发展阶段，现有交通设施还未能完全满足经济发展和市民出行的要求，大批交通基建设施将要兴建或正在兴建中，大型交通枢纽工程也是其中的重要组成部分。“零换乘”和“以人为本”的设计理念使得大型交通枢纽的规模越来越大，建筑设计也越来越具特色。同时，由于大型交通枢纽在城市的正常运转中起着相当重要的作用，在消防安全方面交通枢纽也具有较高的要求。但是新颖的建筑设计、多种交通系统接驳、特殊的使用和运营要求、交通工具火灾风险的引入等等都对大型交通枢纽的消防设计提出了挑战。本文基于大型交通枢纽不同于一般建筑的火灾风险特点，提出了新的设计思路，在此基础上介绍了新的设计概念和设计对策，以南方某枢纽客站为例，简单说明了新设计概念和对策的应用，并讨论了针对该类建筑防火规范应做出的调整。

关键词：性能化设计、火灾风险、交通枢纽。

1. 前言

由于交通的改善对经济起着巨大的推动作用，当前我国各大中城市正在或即将兴建一批大型的交通枢纽，兴建规模也越来越大，建筑设计也越来越具特色。大型交通枢纽，包括机场、火车站、大型的地铁和城市轻轨车站、交通换乘枢纽等往往会成为一个城市的标志性建筑，因此，许多当代流行的或创新的建筑设计理念、新的建筑技术和材料经常会率先在这类建筑中采用。目前而言，在进行此类建筑的消防设计时，高层民用建筑设计防火规范、建筑设计防火规范往往还是主要依据和参考的规范。但这类建筑的建筑设计特点、使用功能要求以及火灾风险与规范主要针对或涵盖的建筑类型有很大的不同。因此，消防设计需要在对这类建筑的火灾风险、建筑特点和运营要求进行研究的基础上提出新的设计理念和思路，开发新的消防措施，有针对性地解决这类建筑的消防安全问题。

2. 大型交通枢纽的火灾风险特点

1）大型交通枢纽的建筑特点

影响大型交通枢纽火灾风险的主要因素是交通枢纽的使用功能和运营特点。交通枢纽是整合城市内外和城市内部交通的衔接系统，多种交通系统交汇在一起，乘客可以在交通枢纽内部进行不同交通方式之间的转换。因此，交通枢纽内部的交通流线设计要求体现“以人为本”的原则，保证枢纽内部的车流、人流协调畅通，满足乘客在枢纽内部换乘的安全性、连续性、便捷性和舒适性的要求。为了满足这样的设计要求，交通枢纽通常具有平面面积大、楼层数量少、层高大、不同使用功能区域相互连通且难以分隔等特点。

除了建筑空间上的特点外，交通枢纽还具有大量使用新建筑材料尤其是新顶棚材料的特点。随着社会的发展，人们对舒适、美观的内部建筑环境的要求也越来越高，新材料的应用也越来越普遍，尤其是在对采光、内部视觉效果等有较大影响的顶棚材料方面，ETFE、聚碳酸酯（Polycarbonate）等材料的使用日渐普遍。由于这些新材料在耐火特性方面难以简单按照规范的不燃、难燃、可燃、易燃等进行界定，在进行消防设计的时候，新顶棚材料是否符合规范的要求也经常成为争论的焦点。

2）火灾可能在不同功能区域之间相互影响

由于交通枢纽在使用功能、运营和建筑上的特点，某一局部位置上的火灾可能对不同功能区域造成影响。在一般的建筑设计中，不同使用功能的区域需要划分成不同的防火分区，以减小火灾对不同功能区域的影响。然而，为了保证枢纽内部人流流线的畅通，交通枢纽建筑普遍采用开敞、通透的设计概念，尽量减少墙体等内部分隔，在属于不同交通方式的区域之间没有严格的物理分隔。此外，为了引入更多的自然光，可能会在不同使用功能楼层之间设置大量的中庭，使得火灾可能通过中庭在不同功能区域之间蔓延和影响。

3）交通工具火灾、火车、地铁车辆、飞机的特殊火灾

各种交通工具在交通枢纽内接驳，将交通工具火灾如列车火灾、地铁车辆火灾甚至飞机火灾等风险引入到了交通枢纽中，这是交通枢纽独有的火灾风险特点之一。与一般建筑内的火灾相比，交通工具火灾通常具有火灾规模大，发展速度快等特点。而由于交通工具种类繁多，多数都缺乏火灾实验数据，在设计时如何考虑交通工具火灾及其影响，都是值得探讨的。

4）平均火灾载荷低，局部火灾载荷高

由于交通枢纽需要满足乘客换乘的便捷和舒适，交通枢纽建筑常常需要设置面积巨大的走道、长廊等流通区域和候车、侯机场所。流通区域是枢纽内部主要的交通空间，为了保证内部流线的畅通，一般不允许受到堵塞，因而在流通区域内基本上没有火灾载荷，如机场内的到达长廊、出发大厅等。在交通枢纽中，候车、侯机区域往往也占据了较大面积，这些区域内的主要火灾载荷为候车座椅。为了减少火灾风险，这些座椅一般会经过防火处理，达到难燃甚至不燃的耐火等级，因此，交通枢纽中大部分区域的火灾风险都很小。在交通枢纽建筑中，也存在高火灾风险区域，如候车厅内的零售商店、装修豪华的VIP候车室等，但是通常面积较小，并分散布置在大面积的低火灾风险区域中。因此，总的来说，交通枢纽的平均火灾载荷低，局部火灾载荷较高。

5）对连续运营和发生事故后迅速恢复运营的要求高

交通枢纽中汇聚了多种交通工具，人流量大，在城市的正常运转中起着非常重要的作用，一旦交通枢纽的运行被中断，不同的交通系统也将受到影响，影响市民和乘客的出行和日常生活。因此，交通枢纽对于连续运营较一般建筑有更高的要求。若发生火灾，应尽量将火灾控制在局部区域内，避免火灾扩大影响到交通系统的正常运转。发生事故后，要求能够迅速恢复运营，降低对交通枢纽和交通系统中断的影响。

6）交通枢纽易成为恐怖袭击的目标

从社会学角度来说，作为城市的重要公共建筑，交通枢纽易于成为恐怖袭击的目标。近年来，恐怖袭击多将目标锁定在重要的交通系统，如2005年的7.7伦敦地铁爆炸案、2006年7月的印度孟买列车连环爆炸案等，而大型交通枢纽接驳了多种交通工具，其性质比单一的交通系统更为重要，也更易成为恐怖袭击的目标。

3. 针对特殊火灾风险的新的设计思路

大型交通枢纽在火灾风险特点方面与普通建筑不同，有必要开拓新的设计思路，以应对大型交通枢纽特殊的火灾风险。

1）从整体考虑火灾发生后的一系列连锁反应

传统的消防设计主要着重于应对单一建筑火灾，并以防火分区为基础，排烟、人员安全疏散等设计均以火灾被控制在起火的防火分区内为前提。而如前文所述，交通枢纽火灾可能在不同功能区域中相互影响，甚至会影响到在枢纽内接驳的交通系统的正常运转，因而需要与时俱进地将设计思路转为整体考虑对某个位置产生火灾后到产生的一系列连锁效应，包括对不同功能区域运营的影响、导致的交通系统延迟甚至停止服务等，以从整体上把握消防安全水平。

2）NFPA的消防安全概念树（Fire Safety Concept Tree）的启示

了解了火灾发生后的一系列连锁反应，可以制定消防安全目标，然后从消防安全目标出发，找出在火灾发生过程中各种可以达到消防安全目标的措施，这就是美国NFPA 550中所说的消防安全概念树方法。

图1为简单的消防安全概念树示例。为了达到消防安全目标，可采取防止起火源和控制火灾影响两种不同的方法。而在控制火灾影响中，又可通过控制火灾和控制爆炸两种途径达到，再一步又可分为控制燃烧、抑制火灾和限制火灾蔓延等不同的方法。消防安全概念树就是这样层层递进，将所有可以达到消防安全目标的措施都找到。从概念树中可以知道，达到同一个消防安全目标可以有多种不同的途径，当某种方法由于建筑的限制难以实现时，则可以通过另一种更易于操作、成本更低的方法去达到目标。这种设计思路对于在功能和使用上有诸多要求和限制的大型交通枢纽消防设计中尤为重要。

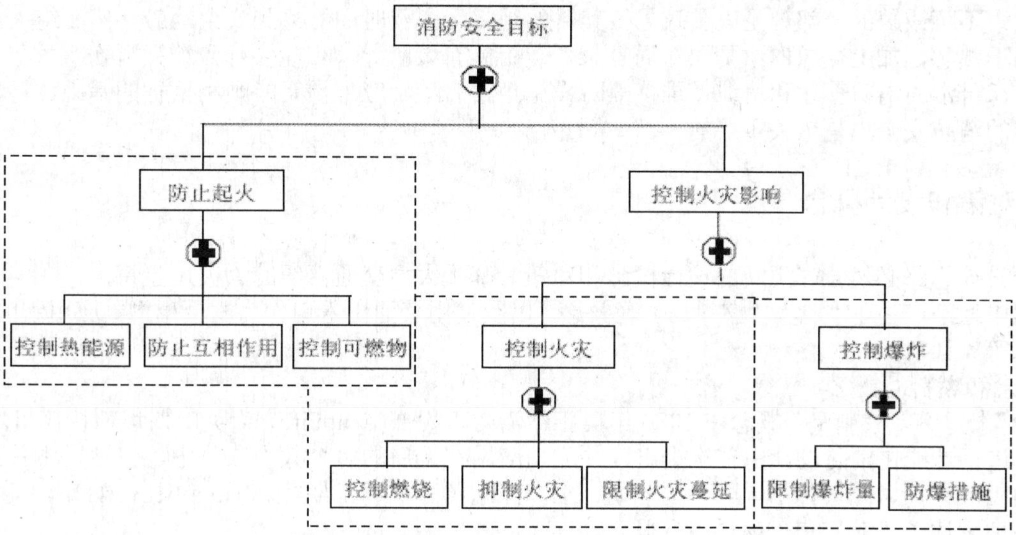

图 1 交通枢纽消防安全概念树

3）消防设计方案中的成本—效益考虑

提高消防安全水平需要通过加强消防设施、管理、培训等一系列措施来实现，这就需要支付一定的成本。一般来说，投入成本增加，安全水平也将得到提高。但是，在安全水平提高到一定程度后，成本的增加对安全水平的影响将减少，这就需要在消防安全水平和成本中取得平衡，尤其是在大型交通枢纽中。大型交通枢纽的规模较大，相对于一般建筑而言，要求更高的消防安全水平，因此有必要在消防设计中考虑成本—效益的关系。在设计中从引起事故发生的环环相扣的事件入手，对多种不同方案进行经济技术上的比较，重点改善影响较大但成本较低的环节，择优选取方案。

4）从物理分隔到空间分隔，从全面保护到局部重点保护

为了限制火灾的蔓延，传统的消防设计采用划分防火分区、设置物理防火分隔的方法。在大型交通枢纽内，若设置物理防火分隔将妨碍内部交通流线的顺畅。在大型交通枢纽的火灾风险特点中重要的一点是平均火灾载荷低，局部火灾风险高，而且零固定火灾载荷的乘客交通空间也占据了较大面积。火灾蔓延主要有三种途径即飞火、热对流和热辐射，距离在三种途径中都是重要的影响因素，距离越小，火灾蔓延的可能性越大。若设置足够的距离，火灾蔓延的可能性将有效降低，由此产生了“防火隔离带”的概念，即在可燃物之间设置没有任何可燃物的空间以防止火灾蔓延，用空间分隔替代物理分隔，同时满足使用要求和消防要求。

传统消防设计提倡全面设置自动喷淋系统，以及时控制火灾。然而大型交通枢纽中的高顶棚常常限制了喷淋系统的设置。可燃物是产生火灾的基本条件，大型交通枢纽中平均火灾载荷低、局部火灾载荷高的特点使局部设置自动喷淋系统而非全面保护成为可能，并且通过加强局部高火灾风险区域的重点保护，也能达到与全面保护相当的安全水平。

5）从排烟到蓄烟、火灾时排烟到灾后排烟

在火灾中，烟气是导致人员伤亡的主要原因，烟气控制一直是消防设计的重点之一。一般建筑设计中，由于层高低、面积有限，必须及时将烟气排出，才能维持人体可耐受的环境，保护人员疏散安全。面积大、空间高的大型建筑枢纽通常具有很强的储烟能力，即使不设置排烟系统，同样能够提供较长时间的安全环境。在灾后为了恢复正常运营，可采用空调系统进行灾后排烟。但是，是否取消排烟系统只进行蓄烟和灾后排烟要视乎建筑的特点和安全目标而定，并应经过计算或 CFD 模拟的验证。

6）从以防火分区为依托的消防联动控制到更加适应建筑特点的消防联动控制方案

一般建筑中，消防联动控制只包含本建筑内的消防系统，而通常认为防火分区可以有效将火灾控制在起火分区内，消防联动控制较为简单。但在大型交通枢纽中，多种交通系统交汇在一起，这就要求一个兼容性较强的消防联动控制方案，使火灾发生后，各个系统能够及时启动做出反应，减少由于通讯、联络等问题导致的不良后果。

7）对应急预案、消防管理和人员疏导的倚重

大型交通枢纽是一个庞大的系统，其消防安全比一般建筑更为倚重应急预案、消防管理、人员疏导等软件方面的措施。大型交通枢纽涉及多种交通工具和部门，人流量大，内部系统复杂，如何在发生火灾等

紧急事故时及时将各种系统组织起来，形成一个有机整体，这就要求一个完整的、可操作性强的应急预案。应急预案中不可或缺的一部分是人员疏导，其目的是将乘客及时的撤离到安全地带。然而绝大部分乘客对建筑布局不熟悉，加上交通枢纽平面布局复杂，若不能有效疏导，可能会导致群死群伤重大事故的发生。除此之外，日常的消防管理和培训是维持消防设施正常启动、应急预案能顺利执行的基础，对于维持大型交通枢纽的消防安全也是至关重要的。

4. 设计对策和设计概念

新的设计思路必然会产生新的设计概念和对策，基于大型交通枢纽的火灾风险特点，在消防性能化的设计过程中逐渐产生了"舱"、"燃料岛"等概念，以及使用普通出入口作为安全出口、应用新的探测技术、灭火技术等设计对策。

1) 舱概念和燃料岛概念

"舱"概念和"燃料岛"概念在1980年奥雅纳消防工程部(ArupFire) 为英国斯坦斯特德机场（Stansted Airport）进行性能化消防设计中首次提出，并成功应用在之后的多个大型项目中，包括日本关西机场、香港赤蜡角国际机场、北京首都国际机场三期、上海浦东国际机场二期等。Paula Beever[1]博士在1991年第一次完整地阐述了"舱"和"燃料岛"概念。

"舱"概念是针对大空间内局部高火灾危险区域进行重点保护的解决办法，常用于无法设置物理防火分隔采用大空间设计的大型公共建筑。"舱"概念的目的是将局部火灾限制在起火区域内，避免对大空间造成影响。如图2所示，一个完整的舱主要由以下几个元素组成：

- 坚实的顶棚（有一定耐火极限）
- 自动喷淋系统
- 火灾自动报警系统
- 机械排烟
- 防火卷帘或挡烟垂壁，以形成储烟空间

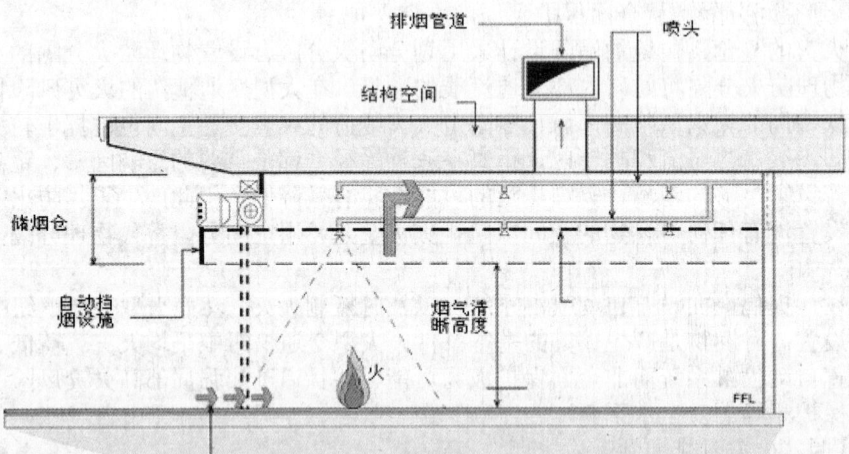

图2　大空间内舱的抽象示意

"燃料岛"是指在大空间中，对于直接暴露在大空间中的火灾载荷，通过设置足够宽度的防火隔离带达到防止火灾蔓延的目的，通常应用于大空间内固定或移动的分散可燃物，如电话亭、流动摊点等。

采用舱概念和燃料岛概念的大型交通枢纽，可以满足人流流线顺畅的要求，维持建筑设计概念的完整性。

2) 使用普通人员出入口作为安全出口

传统建筑设计中要求设置封闭楼梯间作为安全出口，但大型交通枢纽中难以设置封闭楼梯，这是因为：

(1) 不同楼层通常为不同的使用功能，设置供逃生用的封闭楼梯容易引起管理上的混乱，为　了安全和管理上的便利，难以设置封闭楼梯间。例如某火车站共有三层，从上到下分别为高架候车层、站台层和出站层，若设置贯穿三层的封闭楼梯间，乘客将可通过这些楼梯间随意进入不同的楼层、付费区和非付费区，造成管理上的混乱。

(2) 大型交通枢纽通常采用开敞通透的设计方法，在大空间内设置数量众多的封闭楼梯间将会影响内部的视觉效果。

为了解决交通枢纽建筑中疏散方式的问题，可以考虑使用普通人员的出入口如开敞楼梯、登机桥等作为安全出口，原因有三：

(1) 交通枢纽具有平均火灾载荷低、局部火灾载荷高的火灾风险特点，而通过采用“舱”概念，可将火灾限制在局部区域内，从而使人员采用普通的出入口作为安全出口提供了有利条件。此外，交通枢纽建筑大多有较高的顶棚，具有较强的蓄烟纳热的能力，可以有效延缓环境到达人体不可耐受状态的时间。
(2) 使用普通出入口符合人的疏散习惯。对于陌生的建筑，人们倾向使用自己熟悉的出入口进行疏散。
(3) 普通出入口数量多，便于迅速疏散。大型交通枢纽中为了内部交通的便利，通常设置大量的楼梯和自动扶梯，楼梯的数量、宽度等可能都远远大于安全出口，人们使用这些普通出入口进行疏散更为便捷。

3) 新的火灾探测和自动灭火技术

大型交通枢纽的建筑特点使传统的自动火灾探测和自动灭火技术难以达到快速探测、快速灭火的效果，适当引入新的火灾探测技术和自动灭火技术对于提高大型交通枢纽的消防安全水平有积极作用。大空间火灾探测技术一直是国际上火灾探测技术研究和发展的热点，目前常用的技术包括红外光束火灾探测、空气采样火灾探测、线性光束图像型火灾探测等，此外还有较新的视频烟感探测系统等等。不同的枢纽建筑在建筑、结构、使用等方面均有其特点，在设计自动火灾探测系统的时候应全面考虑造价、钢结构震动和变形的影响、烟气热障的影响等等，选取合适的探测系统。在不同的区域可能也要根据可能的火灾场景、建筑特点等采用不同探测系统。由于大空间内无法安装传统自动喷淋系统，新的自动灭火技术如大空间智能型自动喷水灭火系统、长距离喷淋系统等等，可以有效控制直接暴露在大空间内的可燃物引起的火灾。

5. 消防设计规范为适应这类建筑所应做出的调整

从前文可知，大型交通枢纽的特殊运营要求和新颖的建筑特点已难以按照传统的消防规范进行设计，尤其在防火防烟分区划分、防排烟设计、人员安全疏散设计、自动报警系统和自动灭火系统设计等方面。随着一批大型交通枢纽的兴建，消防设计规范为适应这类建筑如何做出相应的调整也日益成为设计人员关注的焦点。针对大型交通枢纽普遍存在的火灾风险特点和每个枢纽本身独特的建筑设计理念，消防设计规范针对这类建筑应该做出更灵活的规定，而不是沿袭旧的消防设计规范的概念，对每一个方面都做出严格的处方式的规定。此外，还需要引入新的设计理念和设计对策，及时出台新的探测技术和自动灭火技术的规程、规范等，这样才能减小消防设计对创新建筑设计理念的限制。

6. 基于火灾风险特点的新设计思路和对策的工程实例

南方某城市规划兴建一座大型铁路枢纽客站，总建设规模为56。56万m^2，其中客运用房约21。5万m^2，建筑总进深398m（东西向），南北向宽度约200m。客站地上部分分为3层，从上到下分别为候车层、站台层和出站换乘层，地下2层为地铁站。候车层总面积约为6万m^2，并且有四个面积约3000 m^2的大中庭与站台层相连通。出站换乘层的面积约为8万m^2，并于地铁站厅层有接口。本节以该工程为例，探讨新设计思路和设计对策在大型交通枢纽中的应用。

(1) 防火分隔

该客站的候车层和出站换乘层均有很大面积的低火灾载荷区域。图3为候车层的平面图。如图所示，候车层的大部分面积为候车室和交通空间，火灾载荷低，高火灾载荷区域分散在零星的零售商店或服务用房中。由于平均火灾载荷低，除了对高火灾载荷区域采用“舱”概念进行设计外，大面积的候车区域和交通区域不再进行物理的防火分区划分。

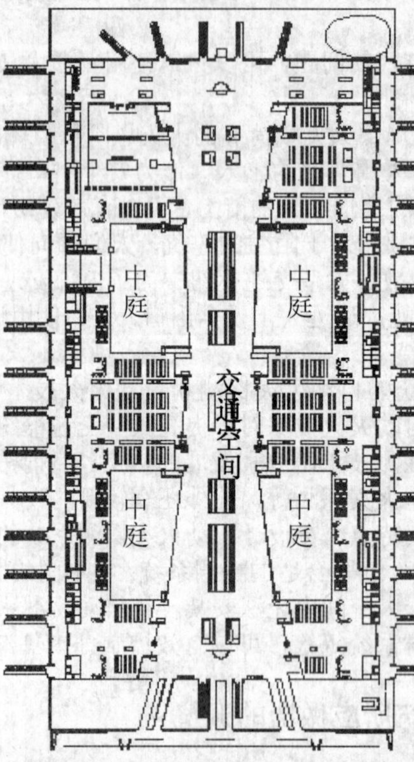

图 3　某客站候车层平面

(2)　采用普通出入口作为安全出口

该客站基本上未设置封闭楼梯间，人员疏散主要通过普通出入口进行。以候车层为例，候车层两侧分布有多个楼梯和自动扶梯通往站台层，内部也有多部楼梯连接到地面的出站换乘层。数量众多的楼梯为乘客提供了足够多的逃生出口，使人员可以迅速撤离。

(3)　新探测技术的应用

该客站候车层为高顶棚，顶棚结构和支撑柱均为钢结构。在该客站的消防性能化设计中，为了提高火灾探测能力和降低成本，针对目前常用的几种大空间探测技术进行了技术经济比较，最终提出在高架候车层大空间内采用 VSD 视频感烟探测系统，该系统与 CCTV 系统共用的视频监控器，从而减低成本。

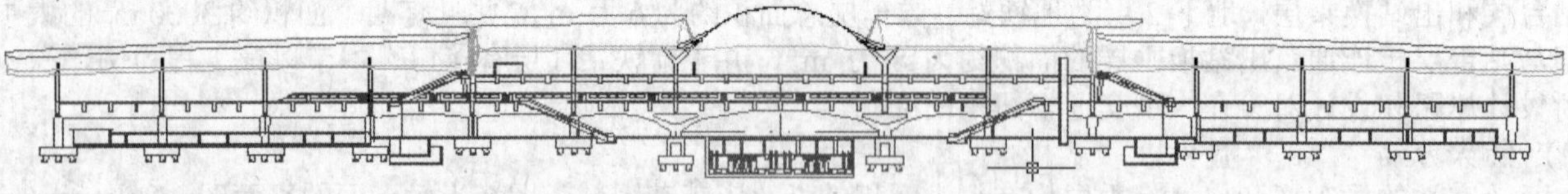

图 4　剖面

(4)　烟气控制

该车站候车层面积大、顶棚高，具有很强的蓄烟能力。通过火灾风险定性分析，该候车层平均火灾载荷较低。根据这些特点，候车层的烟气控制采用自然排烟的方式，在顶棚和高侧窗设置自然排烟口。另外，为了控制排烟口的开启，将候车层划分为 15 个控制分区，排烟口的开启与本分区内感烟装置联动。除了自然排烟之外，为了灾后迅速恢复运营，将使用空调系统对客站内残留的冷烟进行稀释。

(5)　适应建筑特点和运营要求的消防联动控制方案和人员疏导方案

在该客站中接驳了国铁和地铁，不管是国铁、地铁还是车站建筑发生火灾，对三方都有影响，因此在制定消防联动控制方案时，明确了如何操作各个系统的消防设施、操作顺序、各交通系统的接口是否应关闭等问题。在应急预案中同时还包含了人员疏导方案，将候车层按照平面布局划分为 15 个疏散分区，对不同区域发生火灾时，疏散哪些区域人员、使用哪些疏散出口等都进行了分析。

7. 结语

大型交通枢纽在火灾风险方面与普通建筑有明显的区别，在功能和运营要求上也有其特殊的要求。本文从大型交通枢纽的建筑特点出发，总结了火灾风险特点，并基于这些特点，与传统消防设计相比照，提出了新的设计思路、设计概念和设计对策。在此基础上，随着众多交通基建工程的展开，应进一步开展对交通枢纽建筑火灾风险和防火性能的研究，以应对交通的发展和消防安全水平要求的提高。

8. 参考文献

[1] Paula Beever, "Cabins And Islands: A Fire Protection Strategy For An International Airport Terminal Building," Fire Safety Science -- Proceedings of the Third International Symposium, Elsevier Applied Science, 1991, 709-718.

Performance-based Fire Safety Design for Large Transportation Hubs Based on Fire Risk Assessment

Abstract

Most comprehensive transport hubs are built with large scale, huge volume, and unique architectural design. And the operation continuity and high safety level is usually required due to their important role. Because of these characteristics, innovative solutions are needed in fire safety design. This article put forward new design ideas based on the special fire risk characteristics of great transportation hubs compared with the general buildings, as well as illustrate a southern hub station to introduce the new design conception, design solution. The article also makes some recommendations on the adjustment of fire code for this kind of buildings.

Key words: performance-based, fire risk, transportation hub.

作者简介：

马莉莉，女，奥雅纳工程咨询（上海）公司深圳分公司消防工程部，工程师，硕士，主要从事消防性能化设计工作，广东省深圳市福田区民田路 88 号中心商务大厦 18 楼，518026。

城市小区消防系统集中供水的可行性分析

毛俊翔

湖北省消防总队

摘要

结合实际工程对小区消防集中供水系统进行管网水力计算，从规范角度讨论自动喷水灭火系统和消火栓系统采用集中供水的可行性，提出设计和施工中应注意的问题和解决方法。

关键词：小区消防、集中供水、管网水力计算、效益分析。

1. 引言

小区建设作为城市现代化发展的重要标志如雨后春笋快速发展。笔者从武汉市规划部门了解到，二十世纪八十年代以来，武汉市老城区拆、改和新建的小区（社区）达 3000 多个，城区外环的东西湖、江夏、蔡甸、黄陂、新洲等发展新建 2700 多个。如百步亭社区、钢花新村、盘龙城等。这些小区设施齐全，功能完善，呈现相对独立的特性，有高层建筑、地下车库、住宅、车站、超市、学校等，面积小则 4—5 万平方米，大的多达几十万平方米。城市小区不是一组单栋建筑物的机械组合，它强调规划建造的整体性和特色性。因此，笔者根据多年从事建筑消防审核工作的实际经验，结合武汉某小区工程建设，提出将规范贯彻到小区建设中，论证城市小区采用消防集中供水、集中消防、集中管理的可行性。

2. 小区消防集中供水的依据

1 《建筑设计防火规范》GBJ16-87 第 8.2.1 条规定：居住人口小于 2.5 万人的地区，同一时间内的火灾次数为 1 次，一次灭火用水量不超过 15l/s。也就是说，居住区发生火灾最高次数由居住的人数来确定，居住人口少于 2.5 万人的小区，排除人为因素（如纵火），几栋建筑同时着火的可能性几乎为零。

2 《高层民用建筑设计防火规范》GB50045-95 第 7.3.5 条规定："同一时间内只考虑一次火灾的高层建筑群，可共用消防水池、消防泵房、消防水箱。"这就是说可以将整个小区作为一个整体，小区内所有建筑的消防用水可由一个泵房通过小区环状管网集中供水，这为我们设计小区消防集中供水，共享消防资源提供了依据。

3. 消防集中供水可行性案例分析

3.1 案例简介

本案是位于武汉市繁华地带的某中高档商住小区。该小区占地约 30 亩，近 2 万平方米，共有 18 栋建筑，其中最高一栋建筑为 9 号楼，19 层高 73m，呈不规则多边形分布，场地内部地势平坦，见图 3.1。小区集办公、商住为一体，设计容纳人数不超过 1 万人。若按常规设计，每栋建筑都需要独立设置各自的消防管网系统。按室内外消防用水量之和设置消防水池和消防水泵房，不仅造成资源浪费，而且在今后的使用中，增加维护管理成本。这里，笔者以本案为例，讨论集中供水的可行性和经济性。

图中细线为消火栓系统管网，粗线为自动喷水灭火系统管网。对于自动喷水灭火系统的设置，整个小区包括九栋楼，每栋楼构成一个独立的防火系统。4 号和 5 号楼区又分别含有两个部分。依据《建筑设计防火规范》BGJ16-87 规定，将此设计方案中所有建筑通过小区环状管网连接并通过 5 号楼和 3 号楼之间的主干管连至泵房，使十个楼区共用同一个泵房（如图 3.1 右下方所示）。

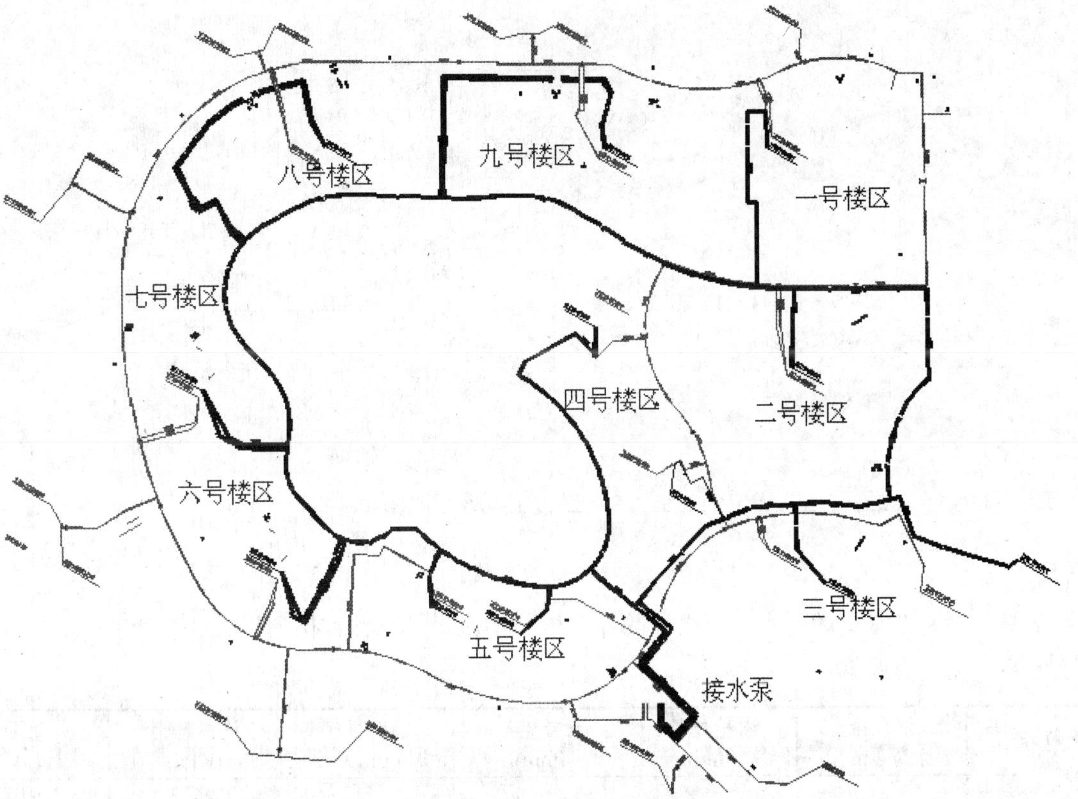

图 3.1

3.2 消火栓系统集中供水可行性分析

小区集中供水考虑的主要因素：

3.2.1 消防用水量

应满足小区最大一栋建筑所需消防用水量要求，本案为 9 号楼。

3.2.2 系统水压

应满足小区被保护范围内最不利点（9 号楼）消火栓出口处的充实水柱水压要求。

3.2.3 系统超压

小区建筑有高层也有多层，必然会带来压差问题。《建规》第 7.4.6.5 条规定，当静水压力大于 0.8MPa 时应采用分区给水，当消火栓出口处水压大于 0.5MPa 时，应设减压装置，设计时应区别对待。当多层与高层相差不大时，可共用系统，设置减压孔板或减压稳压设施。若压差悬殊，设计时可在多层室内管网进水处设置减压阀组及旁通管，以降低多层水压。

3.2.4 消防水泵

若不采用分区给水系统，以其中最高一栋建筑选择水泵扬程、流量，就能满足小区内其它建筑的要求。

3.2.5 系统水力计算

由多个环状管网构成的消火栓系统也可通过管网水力计算进行精确设计。对于本例，同样是计算最不利的 9 号楼中的 4 个室内消火栓（标高为 73m）；3 个室外消火栓（标高 1m）。见计算简图 3.2。

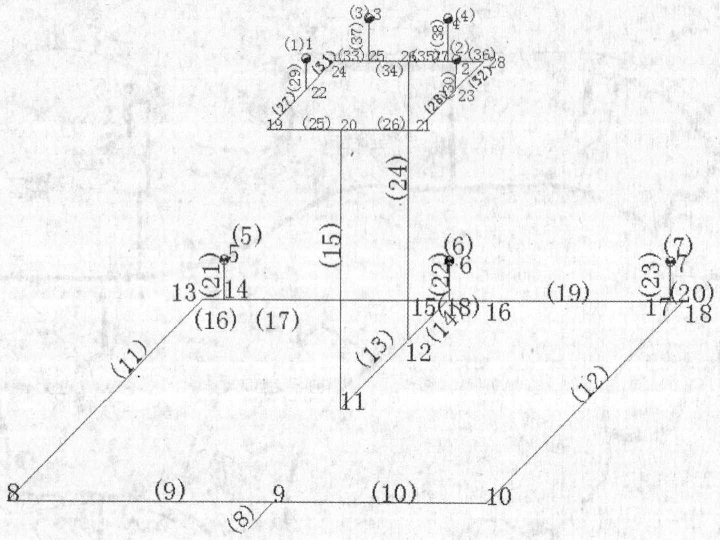

图 3.2

计算结果包括每个水枪的射程、消火栓的栓口压力和流量，具体数据列于表 3.2 中。

表 3.2

水枪号	消火栓标高（m）	水枪口径(mm)	水带直径(mm)	射程（m）	栓口压力(KPa)	流量(l/s)
1	室内 73	19	65	10	297.2	5.08
2					297.2	5.08
3					297.2	5.08
4					297.2	5.08
5	室外 1				378.9	5.74
6					377.8	5.73
7					378.9	5.74

由表 3.2 数据可见：所有室内和室外的消火栓流量都已达到规范要求，栓口压力相当均匀合理，且都未超过 0.5MPa 的规定值。

3.3 自动喷水灭火系统集中供水可行性分析

在整个管网系统中，距泵房最远，且楼层最高的为九号楼，高 73m，共 19 层，属于中 I 危险级建筑。见图 3.3.1 所示立面图。根据规范要求，设计过程中应对九号楼最高层--19 层中最不利点附近的 160 ㎡作用面积内的所有喷头均开启时的情况进行喷淋管网的水力计算。图 3.3.2 是 19 层的平面图，其中，最不利点应在距立管最远的右上角部位，需进行水力计算的 160 ㎡作用面积内共包含了 17 个喷头，如图 3.3.3 所示。9 号楼与整个小区环状供水管网构成的计算简图见图 3.3.4（图中已将不规则的环管简化成由直线构成的矩形），作用面积内喷头放大图如 3.3.5 所示。根据《自动喷水灭火系统设计规范》GB 50084-2001 规定，喷头的流量系数 K=80。最不利点喷头的压力不得小于 0.05MPa。按照“管道水力计算”中给定的每米管道的水头损失公式　i=0.0000107·v2/dj 1.3

图 3.3.1　9 号楼立面图

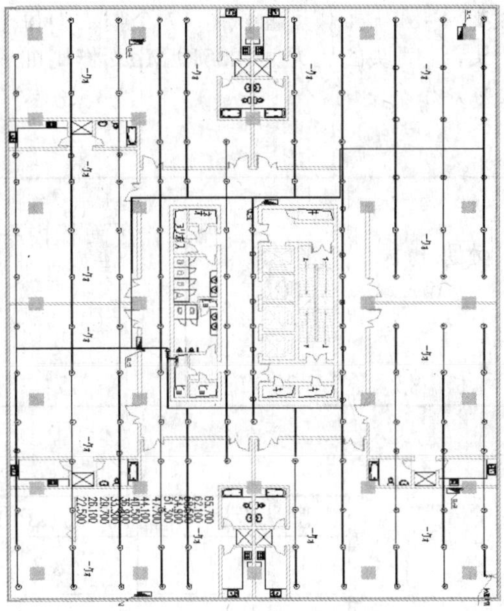

图 3.3.2　19 层的平面图

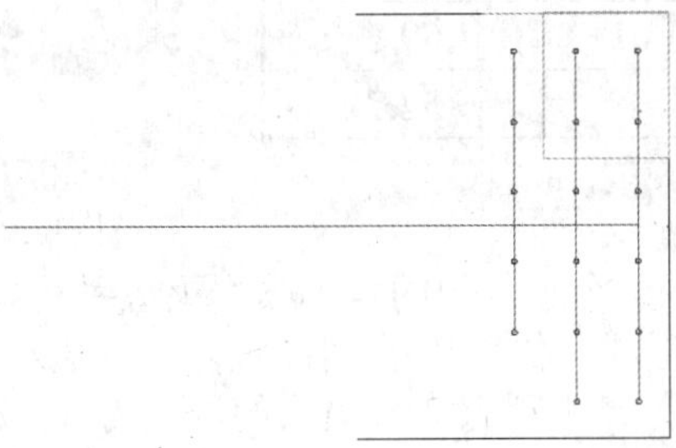

图 3.3.3 作用面积内的喷头

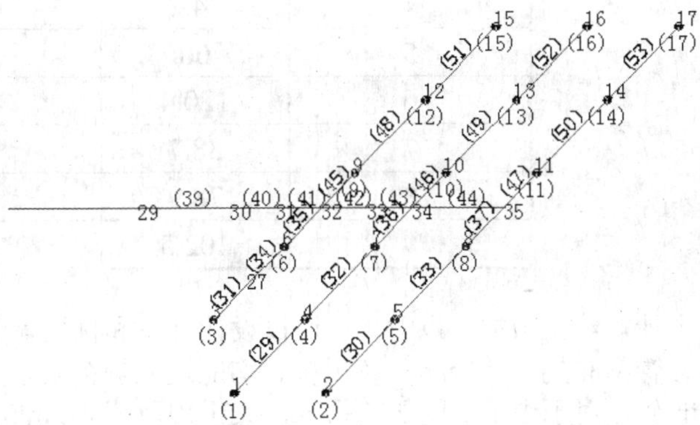

图 3.3.4　喷淋系统的计算简图（室内部分放大图）

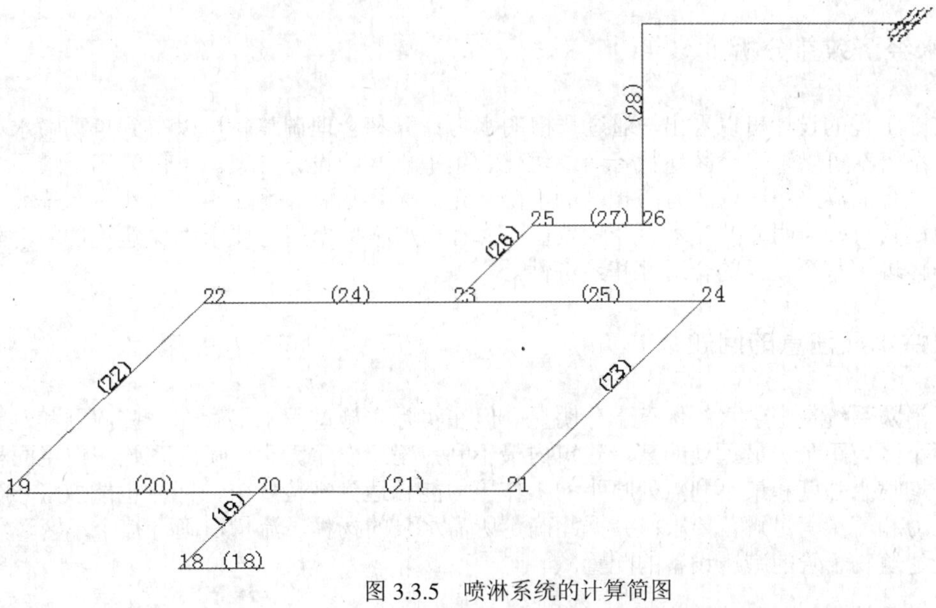

图 3.3.5　喷淋系统的计算简图

通过计算，表 3.3.1 中给出了作用面积内的平均喷水强度、最不利点附近四个相邻喷头的平均喷水强度、流速最大的管段号及其流 速的数值，以及所需泵的扬程和流量等重要数据。

表 3.3.2 中列出了作用面积内 17 个喷头中每个喷头的压力计算结果。从表 3.3.2 可见：最不利点喷头是 2 号喷头，该喷头的压力为 0.0519 Mpa；作用面积内压力最高的喷头是 9 号喷头，该喷头的压力为 0.1205 Mpa。压力分布不均匀。

表 3.3.1

水泵扬程 (m)	水泵流量 (l/s)	作用面积内平均喷水强度 (L/min.㎡)	最不利点附近四个喷头的平均喷水强度 (L/min.㎡)	流速最大的管段号	最大流速 (m/s)
177.85	20.11	7.54	6.07	28	4.05

表 3.3.2

喷头节点号	压力(kPa)	喷头节点号	压力(kPa)
1	58.3	10	90
2	51.9	11	80.1
3	114.1	12	85.7
4	74.2	13	75.3
5	66	14	67
6	120.4	15	67.4
7	88.7	16	59.2
8	78.9	17	52.7
9	102.5		

从以上计算结果数据可以看出，通过设计计算和优化调整，整个小区中的自动喷水灭火系统只要管径选取适当、管网布局设计合理，各项参数均能达到规范要求。例如，本例中"作用面积内平均喷水强度"为 7.54 L/min.㎡，对于中Ⅰ危险级的系统，大于规范值 6L/min.㎡；最不利点 2 号喷头的压力为 51.9kPa，达到此系统规定的最小值 50 kPa；通过表 3.3.2 可以看出个喷头的压力不很均匀，管径尚有调整和改进的余地；流速最大的 28 号管段流速为 4.05m/s，小于 5 m/s。

3.4 集中供水经济效益分析

从上述实际工程的设计可以看出，通过严格的水力计算和合理调整就可以得到自动喷水灭火系统和室内、外消火栓系统都可以采用小区环状管网最优化、集中供水的设计方案。不仅能满足最不利点建筑的消防安全，而且能全面满足小区内所有防护区的消防安全。采用这种方案不仅整个小区只需设置一个泵站、一个消防水池，具有极为明显的技术、经济效益；而且在严格依据规范要求确保建筑群的消防安全更可靠的同时，充分体现了整个设计的合理性和经济性。

4. 消防集中供水应注意的问题

尽管小区消防系统集中供水的优点十分明显，但在实际实施过程中仍存在一些问题和难点。最大难点在于如何保证小区内距泵房最远处的某一建筑内最不利点附近发生大火，喷淋系统在作用面积内所有喷头均动作时的平均喷水强度和最不利点处喷头的工作压力能否达到规范要求，同时也能保证该建筑的室内、外消火栓的压力和流量满足规范要求；并据此确定所需水泵的扬程、流量，确定整个小区环状供水管网和通向各个独立建筑物干管的减压设备的配置。

4.1 泵房位置的选取

泵房位置会直接影响小区消防系统的合理性、可靠性及经济性。消防系统的设置必须配合小区整体建筑设计和其它各种系统的设施配置。同时，泵房位置到各建筑物的距离不宜差别太大。否则，会使各建筑物入口供水压力差别太大。如果小区内建筑物高度差距较大，泵房则应尽量靠近高层建筑，以缓解高差过大而带来的问题。因而，泵房设计必须通过计算确定泵的扬程、流量，进行水泵的选型，避免隐患的存在。

4.2 环状管网的设置

消防系统的设计与供水管网的设置密切相关。为了使各建筑物内的供水压力尽量均衡并能确保管网某段维修或发生故障时仍能供水灭火，建筑物间的干管一定要设置成环状管网。既要考虑到各建筑物所在的具体位置，又要兼顾建筑物内室内消火栓环状管网和室外消防环状管网的恰当连接。

4.3 管网水力计算

小区集中供水方案必须通过严格的水力计算。小区通过环状管网不仅要向各栋建筑内的室内消火栓和喷淋系统供水，而且还要向小区的室外消火栓供水。同时还要考虑到,一旦发生火灾，可能要同时向不同系统供水。这种情况下精确的水力计算是确保安全的关键。

4.3.1 最不利点处喷头压力

《自动喷水灭火系统设计规范》表 5.0.1 中规定“系统最不利点处喷头的工作压力不应低于 0.05MPa”。但是，许多工程设计人员仍有沿用老规范的规定习惯，将最不利点喷头压力设定为 0.1MPa，这样虽然能够充分确保每个喷头压力足以达到要求，使整体设计看起来十分放心。但是，由于最不利点处喷头的额定工作压力较高，使得损失过大，需要的水泵扬程、流量过高，造成浪费。所以，除使用大流量喷头外，一般情况下完全可以取最不利点处喷头压力不低于 0.05MPa，这样做既能满足规范的要求，又可明显提高经济性。

4.3.2 管段流速

在喷淋系统中，流速是确定管径的重要参数。《喷规》第 9.2.1 条规定:“管道内的水流速度宜采用经济流速，不宜超过 5m/s，但不应大于 10 m/s”。如果流速超过此规范规定值，水头损失就会较大，管网中的压力分布均匀性变差。遇到这种情况，一定要将流速过高的管段的管径调大，使流速降到允许范围内。另一方面，对于流速过小的管段，管径也可缩小以提高经济性。

4.3.3 减压问题

由于小区内的各栋高层建筑位置不同，到泵房的距离不同以及一个建筑物内各楼层的标高差等因素都必定会造成超压问题。《喷规》规定：“轻危险级、中危险级场所中各配水管入口的压力不宜大于 0.4 MPa”；《建规》规定：“当静水压大于 0.8 MPa 时应采用分区给水系统；消火栓系统栓口压力大于 0.5 MPa 时，消火栓应设减压装置”。减压的方法可以采用设置减压阀组、减压孔板或节流管等方法。

5. 结语

显而易见，这类小区一体化设计在现代城市建筑设计中有着显著的社会和经济效益。首先就消防工程而言，运用现代技术，设计合理的消防系统集中供水系统完全可以替代对单一建筑独立供水的设计方案，本案论证已证明了它的可行性和可靠性；其次，现代住宅建筑群中公用部位的设计相当紧凑，集中供水可大大节省泵房的占地面积；第三，减少了多套消防水泵等设备的购置费用，明显降低工程造价；第四，便于小区管理部门对公用设备的监督、维护及管理，降低管理成本。

6. 参考文献

[1] 《建筑设计防火规范》GBJ16-87.
[2] 《高层建筑设计防火规范》GB50045-95.
[3] 《自动喷水灭火系统设计规范》GB50084-2001.
[4] 武汉御景苑初步设计方案.

作者简介：

毛俊翔，湖北省消防总队。联系地址：湖北省武汉市紫阳东路 69 号，430064。

高大空间建筑火灾探测的集成设计

梅志斌[1]，方俊[2]，王爱中[3]

[1]公安部沈阳消防研究所
[2]中国科学技术大学火灾科学国家重点实验室
[3]河北秦皇岛海湾安全技术有限公司

摘要

高大空间建筑的火灾危险性越来越复杂，单一、传统的探测方法往往不能实现有效的火灾探测和可靠的系统运行。针对火灾探测报警系统在设计安装上出现的规范规定不详、难以操作的新情况和新问题，合理集成多种火灾探测技术并采用合适的安装方式成为一种有效的设计途径。本文结合目前高大空间火灾探测技术多样化特点，对目前高大空间建筑火灾探测技术进行了分析，明确了影响早期火灾探测有效性的主要因素，并从火灾探测的基本目标出发，对火灾探测性能要素进行耦合和协调，提出了此类场所火灾探测集成设计的方法和流程，进而实现高大空间建筑火灾探测设计的有效和高性能。该方法使高大空间中各类火灾探测器得到有效整合，对提升此类场所消防保护水平有较好的指导意义。

关键词：火灾探测、高大空间、集成、性能化设计。

1. 引言

随着建筑科技的长足进步和功能的不断提升，具有高大空间结构型式的建筑数量日益增加。这些建筑的应用环境的特殊性，使其火灾探测设计成为消防保护的难点之一。

现行防火设计规范对高大空间建筑火灾探测报警系统的设计有很多未规定和规定不详之处，给消防设计和监督带来了诸多困难。高大空间建筑特点和火灾特征与现行常规火灾探测技术之间的矛盾，使得此类场所难以采用适用于一般建筑物火灾早期探测的一些有效措施[1]；新型的火灾报警技术产品运用于高大空间建筑，在一定程度上解决了早期报警的难题，但如果选型、设置不当或防护方式单一，将严重影响这些新型的火灾探测技术正常发挥作用，极大降低消防保护的整体效果。为了提高此类建筑消防安全防护水平，必须依据其建筑特点和火灾特征，对火灾探测防护方式进行合理设计和有效集成，以达到预定的防火目标。

鉴于开展高大空间建筑智能探测报警系统集成技术研究的重要性和迫切性，在国家“十五”科技攻关项目（2004BA803B03-4）资助下，专题研究人员总结并提出了适合于高大空间早期火灾探测的集成设计方法。

2. 高大空间火灾探测器性能比较分析

目前，消防业内一般认为室内净空高度超过 12m 的建筑场所属于高大空间[1]。随着火灾探测技术的快速发展，现适用于高大空间的火灾探测器产品呈多样化，或者为感烟或者感光（火焰）探测机理；由于空间高大，感温防护方式将达不到预期效果。

根据产品的探测机理，我们将每类产品在高大空间工程应用时的适用场所、设计原则及性能做一简要比较，如表 1 所示。

不同结构形式及使用用途的高大空间建筑，火灾初期特征不尽相同；不同原理的火灾探测器，在高大空间应用时设计原则不同，性能表现也不一致。因此，每一种火灾探测器都不能视为解决高大空间早期火灾探测问题的“万能钥匙”。在高大空间建筑的火灾探测报警设计过程中，应根据保护区域的实际环境情况和可能的火灾形成特征，结合各类火灾探测器的性能指标，合理地选择某种探测方式或几种探测方式的组合来实现对保护区域的火灾早期探测。

表 1　高大空间火灾探测器性能比较

<table>
<tr><th>探测方式</th><th>适用场所</th><th>探测器产品类型</th><th>设计原则</th><th>性能特点</th></tr>
<tr><td rowspan="3">感烟探测</td><td rowspan="3">火灾初期产生大量的烟，很少或没有火焰辐射的场所；且无烟雾聚集或滞留</td><td>线型红外光束感烟火灾探测器</td><td rowspan="2">光束轴线距探测区域的地（楼）面高度不宜超过 20m
光束轴线至顶棚的垂直距离应考虑热障因素影响
发射器和接收器之间的探测区域长度不宜超过 100m</td><td rowspan="2">气流、热障、光源及遮挡物等对探测存在影响</td></tr>
<tr><td>光截面图像感烟火灾探测器</td></tr>
<tr><td>吸气式感烟火灾探测器</td><td>非高灵敏度：不宜安装在天棚高度大于 16m 的场所
高灵敏度：在设为高灵敏度时可安装在天棚高度大于 16m 的场所,并保证至少有两个采样孔低于 16m</td><td>高气流对管路采样有影响</td></tr>
<tr><td rowspan="2">火焰探测</td><td rowspan="2">火灾发展迅速，有强烈的火焰辐射和少量的烟的场所</td><td>点型火焰探测器</td><td rowspan="2">安装位置应保证其视场角覆盖探测区域
与保护目标之间不应有遮挡物</td><td>部分产品可火源定位
安装高度与探测灵敏度等级有关</td></tr>
<tr><td>图象型火灾探测器</td><td>火源定位、
人工光源、阳光等可能对探测产生影响</td></tr>
</table>

3．高大空间早期火灾的集成探测设计准则

3.1 影响早期火灾探测有效性的主要因素

火灾探测的基本目标是对可能发生的火灾能实现早期探测，并且与其所处建筑、环境与人员特性和谐匹配，高大空间建筑的火灾探测设计也应遵循这个原则。高大空间建筑之间差异很大，影响火灾探测有效性的因素主要如下：

- 火灾探测器产品工程适应性（火灾探测灵敏度、环境适应性、易安装维护性、系统兼容性等）
- 火灾早期特性（可燃物分布及早期产物特性）
- 建筑特性（空间高度、顶棚形式、平面尺寸及梁柱分布；使用功能与用途等）
- 环境特性（空调、通风、热源及光源的分布与强度；热障及遮挡等）
- 人员特性（密度、分布等）

3.2 火灾探测器的选型

火灾探测器应用于高大空间消防保护时，其选型首先综合考虑火灾探测器功能型式配置要素。如图 1 所示，这些要素包括消防整体设计目标的需求、空间结构的匹配和建筑美观性的考虑。例如探测器的火源定位能力、通讯组网方式及供能方式等性能指标均应与消防应用系统方案一并考虑，以使消防系统发挥良好的整体效能；同时，保护场所的空间高度、顶棚形式、平面尺寸及梁柱分布等空间结构特性参数，探测空间内不利因素影响，以及安装后的建筑环境美观性等，也影响探测器型式的选择。其次，应从火灾灵敏

度、环境适应度、安装维护性和系统兼容性等方面对选定的火灾探测器型式进行产品工程适应性评价，以确定最为适宜的探测器产品及其配置水平。

3.3 火灾探测器的布置

1. 规避探测不利因素

在高大空间建筑内，如果火灾探测器安装位置不当，一些干扰因素会导致误报现象频繁发生，因此在选定探测器安装位置时，应选择可以避开受阳光、高强度人工光源、移动和固定遮挡物以及热障影响的最有利位置，将由此引发的误报、迟报及漏报可能性降至最低，保证火灾探测器稳定运行。

2. 提高早期探测响应度与快速性

从目前应用于高大空间建筑的火灾探测器产品型式来看，感烟探测均采用接触式探测原理，即烟雾只有到达感烟火灾探测器内部或光路上才可实现探测报警；而火焰探测采用的是非接触式探测原理，即通过感光方式的“视觉”探测。高大空间内的建筑特性和诸多不利因素使得火灾探测器布防与其在一般建筑场所应用时不同，必须通过对各种探测器的优选和安装方式重组与重构，形成合理的集成布置模式提高对火灾的早期响应度与快速性，保证探测布防设计的有效性[2]。对于高大空间内可能发生的早期阴燃或明火火灾，火灾探测器的几种集成布防模式如表 2 所示。

表 2　高大空间火灾探测集成布防模式

<table>
<tr><th colspan="2">早期火灾
及环境特征</th><th>集成布防模式</th><th>实现方式</th><th>说明</th></tr>
<tr><td rowspan="4">阴燃</td><td rowspan="4">存在热障</td><td rowspan="4">立体
模式</td><td>吸气式感烟火灾探测器
垂直采样[3]</td><td>每 2℃温差间隔或 3m 间隔（取最小者）设置采样孔</td></tr>
<tr><td>光截面图像感烟火灾探测器
纵向截面布置或分层布置</td><td rowspan="2">实验模拟或仿真计算烟气最大上升高度[4]</td></tr>
<tr><td>线型光束感烟火灾探测器
分层布置</td></tr>
<tr><td>VSD 感烟火灾探测器
择点布置</td><td>新技术产品</td></tr>
<tr><td colspan="2">明火</td><td>火焰
探测</td><td>火焰探测器择点布置
视野交叉，就近防护</td><td>避免探测盲区及不利区域</td></tr>
<tr><td colspan="2" rowspan="2">火灾及环境特征
变化复杂</td><td rowspan="2">组合
模式</td><td>立体模式</td><td rowspan="2">组合式布防，并对火灾危险部位重点防护</td></tr>
<tr><td>立体模式＋火焰探测</td></tr>
</table>

3.4 设计流程与要素

在上述实验归纳总结基础上，形成高大空间火灾集成探测的设计要素与流程，如图 1。

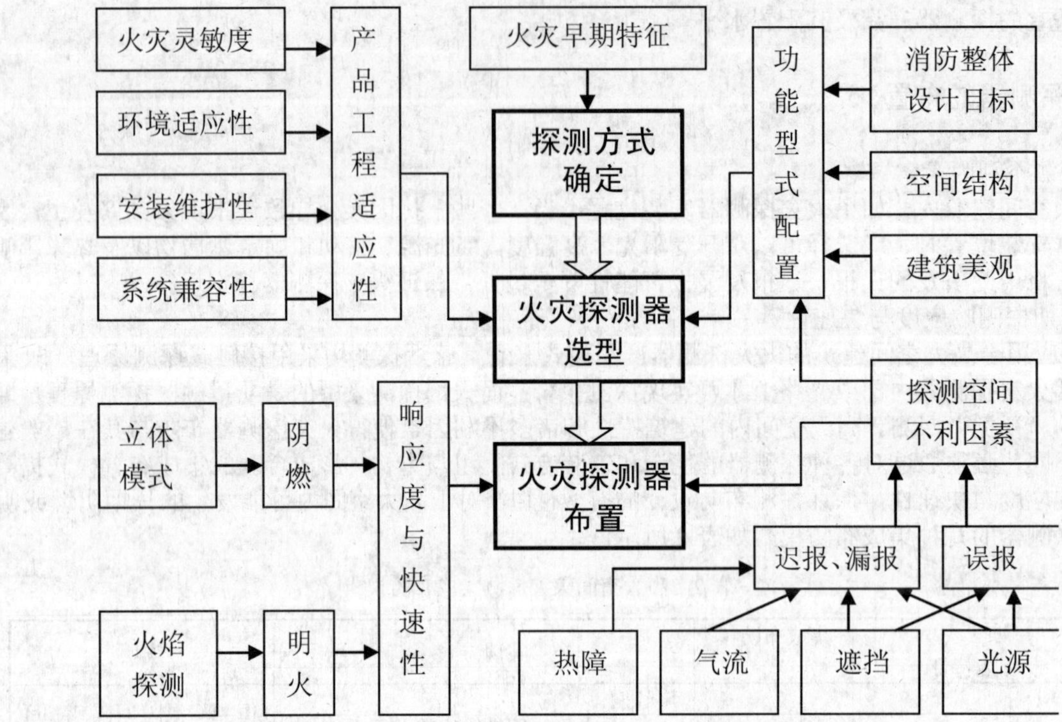

图 1　高大空间火灾集成探测的设计要素与流程

4. 高大空间火灾探测集成实验

4.1 实验工况

利用中国科学技术大学火灾实验室大空间实验厅（22.4m×12m×27m），分层布置线型感烟火灾探测器、光截面图像型感烟火灾探测器、图像型火灾探测器、点型红外火焰探测器，垂直布置吸气式感烟探测器。设计不同类型、不同位置及不同规模（ＧＢ４７１５规定的标准规模或两倍规模）的试验火[5]，测试各火灾探测器的响应情况，对建立的高大空间早期火灾探测集成布防模式进行了验证。

4.2 实验结果

实验共进行了数十次不同工况的试验火测试，通过对火灾探测器响应状况和测试数据进行对比分析，得出高大空间火灾探测的一些基本结论：

- 对于阴燃试验火，热障越明显，烟气上升速度越慢，烟气最大上升高度越低且不易达到顶棚附近；对于明火试验火，即便是标准规模，其生成的烟气也可达到顶棚附近。
- 在特定试验火的烟气的最大上升高度的上方、下方分别通风，可相应起到拔烟和吹散的两方面作用，并直接影响感烟探测效果。
- 不论是线型光束感烟火灾探测器还是光截面感烟火灾探测器，安装位置越高，对有烟气生成的明火响应越快，但对阴燃火早期探测越不利并极可能产生漏报现象。
- 相对于线型感烟探测器和光截面感烟探测器而言，虽然采用高大空间垂直保护方式的吸气式感烟探测器响应时间未必提前，但对于不同类型火灾的烟气扩散均能可靠响应，具有很高的报警准确性，并不会因热障存在而影响早期探测效果；实验中其它各种火灾探测器受安装位置、安装高度和通风条件等因素的影响，以及火灾燃烧材料类型、点火位置和燃烧规模的制约，都可能存在一定的探测盲区。

因此，高大空间场所早期火灾特征可为阴燃，或有烟明火，或无烟明火，这将直接影响该类场所进行火灾早期探测设计时火灾探测器选型及布置。若既有阴燃的可能，又具有热释放速率较高的明火燃烧的可能，在火灾早期探测设计时应兼顾两种类型火灾的烟气变化规律综合考虑探测器的选型及布防。

5. 结论

对于高大空间的消防保护，在明确影响早期火灾探测有效性的主要因素基础上，结合目前高大空间多样化的火灾探测技术，从火灾探测的基本目标出发，对火灾探测性能要素进行耦合和协调，采用科学合理的集成探测方法以提高火灾探测的响应度和环境适应度，可以实现高大空间建筑火灾探测设计的有效和高性能，进而促进此类场所性能化火灾探测设计研究。

6. 参考文献

[1] 朱力平.消防工程师手册.南京:南京大学出版社,2005.
[2] 廖曙江,付祥钊,刘方.对中庭设置火灾自动探测报警系统的探讨.重庆建筑大学学报.2001,4.
[3] DBJ15-48-2005.吸气式感烟火灾探测报警系统设计、施工及验收规范.
[4] FANG JUN,YUAN HONG-YONG,JI JIE,ZHANG YONG-MING,AND WEICHEN FAN.Research on Early Fire Smoke Movements and Detection Method in Stable Thermally Stratified Environments.International Association for Fire Safety Science. FIRE SAFETY SCIENCE-PROCEEDINGS OF THE EIGHTH INTERNATIONAL SYMPOSIUM, 2005.
[5] GB 4715-2005.点型感烟火灾探测器.

Integrated Design of fire detection in a Large Space

Abstract

The danger of fire in a Large Space turns more and more complex, single and traditional detection method usually can't realize effective fire detection and reliable run of system. For emerging non-detailed code and new situation which is hard to operate in design and installation of fire detection and alarm system, it turns an effective method in reasonably integrating multiple fire detection technique and adopting suitable installation. Combining with the various characteristic of fire detection technique in large space, this article analyzes the fire detection technique in large space at present, it clarifies the major factors which affect validity in early fire detection, and coming from essential aim in fire detection, it couples in and assorts with the factors of fire detection capability, it puts forward method and flow for integrated design of fire detection in a large space , in this way, the validity and high- capability come true in design of fire detection in a large space. This method effectively makes all kinds of detectors in large space conformity, and it has a better directive meaning in advancing the fire protection in a large space.

Keyword：fire detection, large space, integrated design, performance-based design.

作者简介：

梅志斌，男，公安部沈阳消防研究所，副研究员，从事火灾自动报警及消防安全工程技术研究。手机：13604046277，办公电话：024—86120917。

多功能商场性能化设计初探

佴士勇[1]，宋文华[2]

[1]河北省众联能源环保科技有限公司
[2]天津理工大学环境科学与安全工程学院

摘要

首先简要介绍了性能化设计的原则及我国性能化设计中存在的问题，然后通过多功能商场的具体实例详细阐述了性能化设计的思路及评估方法，在分析了*ASET*、*RSET*及它们与人员安全疏散之间关系的基础上，通过利用经验公式计算与计算机模拟，分析得出此多功能商场应设置穿越消防车道的结论。

关键词：多功能商场、性能化设计、*ASET*、*RSET*、火灾模拟。

1. 引言

1.1 性能化设计概述

随着新技术、新材料的不断开发、运用和建筑工程日趋复杂化、多样化，现行的消防技术法规体系逐步滞后于当前建筑行业的发展，暴露出一些局限性。近年来，国内外不断有学者提出“以性能为基础的防火设计”(Performance-based design)的观点，也有称之为“消防安全工程设计方法”(Fire safety engineering method)。自20世纪70年代起，世界上一些发达国家就开始对以火灾特性为基础的建筑防火设计方法进行系统研究。从20世纪80年代开始，澳大利亚、新西兰、加拿大、日本、英国、美国等国家和地区相继开展了性能化防火的理论研究及实际应用，取得了不同程度的进展，一些相对成熟的方法已经投入实际使用。

1.2 性能化设计原则

性能化设计方法运用消防安全工程学的原理与方法，根据建筑物的结构、用途和内部可燃物等方面的具体情况，由设计者根据建筑的各个不同的空间条件、功能条件及其它相关条件，自由选择为达到消防安全目的而采取的各种防火措施，并将其有机地组合起来，构成建筑物的总体防火安全设计方案，然后运用已开发的工程学方法，对建筑的火灾危险性进行预测和评估，从而得出最优化的防火设计方案。因此这种新的设计方法完全不同于传统的“处方式”或“规格式”设计方法，是当前消防安全工程学的热门和最新研究领域，是消防安全工程学的主要发展方向之一。

1.3 我国性能化设计过程中存在的问题

我国目前的性能化设计正处于起步阶段，现行的建筑工程消防设计主要是由设计者根据建筑物的情况，按照现行规范中条文所规定的设计参数的指标，制订出符合规范要求的消防设计方案。目前，我们进行建筑工程消防设计的主要依据是《建筑设计防火规范》[1]和《高层民用建筑设计防火规范》[2]以及与之配套的一系列自动消防系统设计规范，在设计的过程中并没有采用性能化设计中最重要的火灾模拟部分，因此做出的设计方案不一定最经济、合理、有效。

本文结合某多功能商场的具体实例进行消防安全分析。

2. 多功能商场工程概况

2.1 建筑基本情况介绍

该建筑平面图呈 L 型(见图 1)，建筑左下部为马路，右上部为某学校。占地面积 10260 ㎡，建筑面积为 42092 ㎡，经营面积 3.5 万㎡，层数为地上 6 层，地下 1 层，建筑高度为 24m，结构为钢筋混凝土结构，耐火等级二级。该建筑与学校之间以学校外围墙体进行分隔，该建筑外墙与围墙间部分又作为该建筑消防车道兼作消防通道。建筑各层使用功能分别为：地下一层主要作为汽车库及自行车库使用，还布置有变配电间、制冷机房、泵房、泵房水箱间等；首层主要为商场营业厅，汇聚精品专卖店，经营范围为食品及服饰；二、三层为大型综合超市；四层为大型主题商场；五层为餐饮和娱乐休闲场所；六层主要用做商场办公。

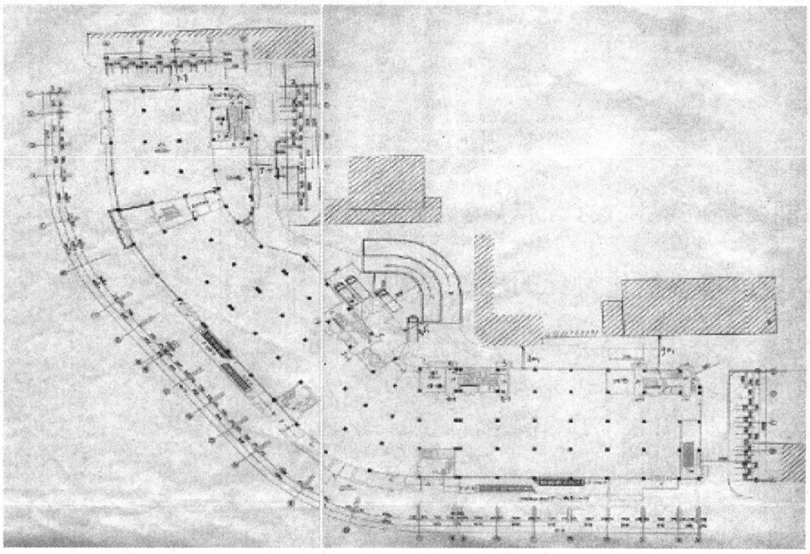

图 1　建筑首层平面图

2.2 建筑首层防火分区设置

该建筑首层由两道防火墙划分为三个防火分区，即由 A-F 轴与 1-9 轴所围成的区域构成第一个防火分区，该防火分区建筑面积为 1302 ㎡，由 A-E 轴与 10-12 轴所围成的区域构成第二个防火分区，该防火分区建筑面积为 283 ㎡，由 A-E 轴与 12-26 轴所围成的区域构成第三个防火分区，该防火分区建筑面积为 3139 ㎡。

2.3 建筑首层使用功能介绍

建筑首层使用功能分区较为明显(见图 2)，其中 A 区作为服装鞋帽区，设有鞋店 6 个，女装店 6 个，童装店 2 个，毛衫店 1 个，美容院 1 个；B 区主要经营金银饰品及珠宝，设四个珠宝柜台；C 区主要为休闲娱乐区，有天福茗茶、淘气堡（儿童娱乐区）和一个食品柜台，D 区主要以餐饮业为主，主要有大圆碗、土大力、马兰拉面、茂昌眼镜。

4 个区中 A 区为服装鞋帽区，该区特点是人员密集，且出售的服饰、衣帽等火灾荷载较大，着火后产生烟气浓度较大，不利于人员安全疏散，发生火灾时易造成较大的人员伤亡及财产损失，该区的火灾危险性最大，属于易燃区域；B 区为金银饰品区，该区特点是无可燃或易燃物品，属于不燃区域；C 区为休闲娱乐区，该区特点是人员相对集中，且淘气堡是儿童娱乐区，这里儿童居多，而且儿童的玩具多为塑料制品，一旦发生火灾能产生大量有毒烟气，再加上儿童逃生的能力不强，容易造成人员伤亡；D 区为餐饮区，该区域特点是人口密度较低，易燃物量小，发生火灾后人员能迅速感知火情的发生，并迅速做出疏散，不易造成人员伤亡，因此该区域属于难燃区域。

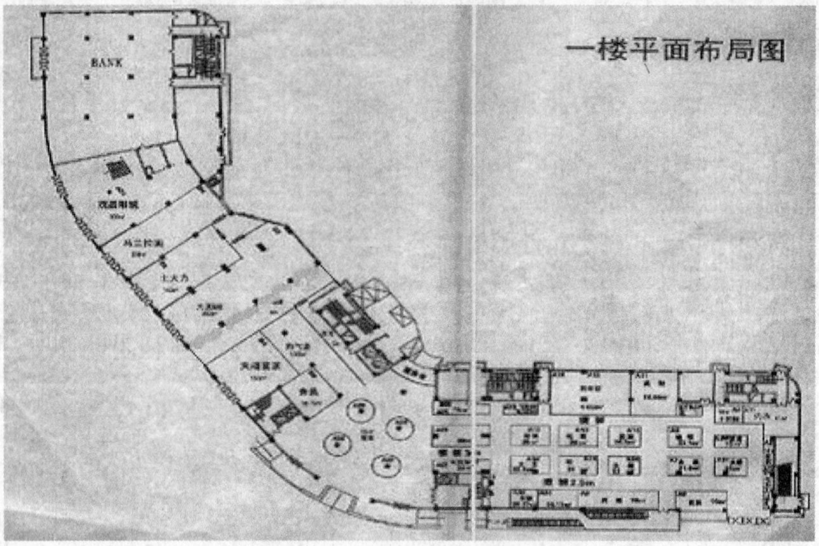

图 2　建筑首层使用功能分区图

3. 典型临街多功能商场性能化设计的思路与评估方法

3.1 典型临街多功能商场性能化设计的思路

性能化设计的主要目标是发生火灾时，在保证人员安全以及财产损失最小的情况下，提出科学合理的最优化设计方案，即最经济合理的设计方法。该建筑目前在金角处设置了穿越消防通道，为了对该建筑进行性能化设计，并为以后的设计提供背景值，我们取消金角处的消防通道，并假设以下 3 种场景：

场景一：金角处不设置穿越消防通道，而在临街处设置 2 扇疏散门，但不改变金角的使用功能，其它区域使用功能及安全疏散门的数量不变；

场景二：金角处不设置穿越消防通道，也不设置安全疏散门，且金角的使用功能不变，仍为金银饰品区，其它区域使用功能及安全疏散门的数量不变；

场景三：金角处不设置穿越消防通道，也不设置安全疏散门，将金角的使用功能改为销售服装鞋帽的易燃区，其它区域使用功能及安全疏散门的数量不变。

我们就上面三种场景分别进行模拟分析，验证在这三种情况下是否能满足人员疏散的要求。通过模拟分析的结果我们将能了解在不设置穿越消防通道时建筑内人员安全疏散状况，可以为以后各种情况下的分析比较奠定基础。

3.2 评估方法

进行性能化设计的首要目标是保障火灾时期人员的生命安全，也就是保证人员有充足的时间从危险区域疏散到安全地点。要想达到这一要求必须满足如下条件：

$$ASET > RSET \tag{1}$$

其中：

ASET（Available Safe Egress Time）— 可以获得的安全疏散时间，即从起火到火灾构成危险状态的时间间隔；

REST（Required Safe Egress Time）— 需要的安全疏散时间，即建筑中人员从疏散开始至全部人员疏散到安全区域所需要的时间。

ASET 为从火灾发生到危险条件来临之间的时间间隔。*REST* 为人员从危险区域疏散至安全区域所需要的实际时间。如果上面的不等式成立，则认为人员能够安全地从危险区域疏散出去，也就是说该防火设计符合安全要求，是合理的，反之则是不合理的。

在评估时，我们采用公式计算安全疏散时间与 FDS 软件模拟分析相结合的方法，然后比较这 2 个结果的差异，从而确定建筑中的人员在火灾时是否能安全疏散到安全区域。

4. 计算与模拟分析

4.1 安全疏散时间 REST

对于疏散时间我们按消防工程导则(FEG)推荐的公式进行计算[3]：

$$t_{evac} = t_{alm} + t_{pre} + t_{flow} \tag{2}$$

式中：

t_{alm} — 报警探测时间；

商场中的人员感知火灾的时间将取决于感烟探测器启动的时间，这里我们假设烟感探测器的报警时间为 2 分钟；

t_{pre} — 行动开始前的时间（包括做出反应和处理的时间）；

在通过听到警报而发觉火灾后，人员将开始疏散前的准备，这段疏散前的准备时间称为行动开始前的时间。FEG 给出了一些能够用来估测人员反应时间的信息，在有声光报警设备的情况下我们将其设置为 1 分钟；

t_{flow} — 人员行走的时间。

人员行走时间的预测是基于建筑中人员在疏散过程中是有序进行，不发生恐慌为前提的。在本文中，我们将采用《日本避难安全检证法》[4]提供的经验公式进行计算。人员行走时间 t_{flow} 是由步行时间(从最远疏散点至安全出口步行所需时间)和出口通过排队时间(计算区域人员全部从出口通过所需的时间)构成，即

$$t_{travel} = \max(\sum \frac{l}{v}) \tag{3}$$

$$t_{queue} = \frac{\sum p \cdot A}{\sum N \cdot B} \tag{4}$$

式中 ：

t_{travel} — 步行时间；

t_{queue} — 出口通过时间；

l — 步行最大距离；

v — 步行速度；

p — 人员密度；

A — 火灾区域建筑面积；

N — 出口有效流出系数；

B — 出口有效宽度。

据测量，在三种场景下建筑物内人员距疏散出口最远处的距离分别为 28m、67m、67m，安全疏散门宽 1.5m，通行系数为 1.3 人/m·s，人员步行速度为 1m/s，根据国际惯例我们将商场内的人员的最大密度设置为 0.9 人/m^2。

确定各参数后，根据以上公式对我们所假设的三种场景的情况进行人员疏散的计算，结果见下表：

表 1　三种场景下安全疏散时间 *REST*

场景	安全疏散门数目	最远疏散距离（m）	疏散时间（s）
场景一	8	28	389
场景二	6	67	488
场景三	6	67	488

4.2 危险来临时间 *ASET*

危险来临时间是指开始出现导致疏散人员生理或心理不可忍受情况的时间，可根据可耐受性指标进行判断。可耐受性指标有许多，本文主要以温度、CO 浓度、能见度三个关键指标判断，人体可耐受的极限值如表 2 所示。日本以距地面 1.8m 处作为危险来临时间的一个判据，也是有科学道理的。但是为保守起见，本文选用距地面 2m 处来衡量危险来临时间。

表 2 人体可耐受性指标[5]

名称	温度（℃）	CO 浓度（ppm）	能见度（m）
人体可耐受的极限	94	3000	1.82

运用火灾模拟模型计算火灾发展过程中各个参数的变化情况，可得到不同时间的危险程度及危险来临时间。本文运用美国国家标准局（NIST）开发的FDS4.0软件对火灾温度及烟气的流动情况进行模拟。

4.3 计算机模拟分析

火灾动力学模拟模型(FDS)[6]是一个 Fortran 90 计算机程序，用于计算热流体和火灾的控制方程。它是一个对火灾引起流动的流体动力学计算模型。软件对于低速、热驱动流的定量计算使用 Navier-Stokes 方程（粘性流体方程），其侧重于火灾产生的烟气和引起的热传输。3D 图形程序 Smokeview 用来显示 CFD 模型的输出结果。

首层 A 区商铺主要经营服装、鞋帽，由于鞋等皮革制品火灾荷载较大，且遇火易燃，着火后能释放大量烟气，严重影响室内人员疏散。因此选择火灾的发生地点在服装鞋帽区的中部，同时为了方便计算我们对整个建筑布局进行了简化，将金角的弧形部分近似成面积及开口方式相同的矩形。根据经验，A 区商铺火灾增长速率较快，因此假定火灾按照快速火 t^2 规律增长，火灾增长系数为 0.04689kW/s^2。计算区域为商场首层第三防火分区，简化的CFD模型尺寸是196m(长度)×16m(宽度)×4m(高度)，而模型的规格是784000个网格(490×80×20)，在笛卡儿坐标系中形成精细的网格。环境温度设为 20℃。下面为三种不同场景下火场温度分布、CO 浓度分布及能见度模拟结果。

场景一：火场温度分布模拟的结果为：当时间为 389 秒时，距地面 2m 处温度均低于 94 摄氏度。CO 浓度分布的模拟结果为：在 389 秒时火场中距地面 2m 处的 CO 的浓度均不足 3000ppm。能见度分析的模拟结果为：在 389 秒时，几个疏散口附近距地面 2m 高度处的能见度均大于 1.8m。

场景二：火场温度分布模拟的结果为：当时间为 488 秒时，距地面 2m 处温度均低于 94 摄氏度。CO 浓度分布的模拟结果为：在 488 秒时火场中距地面 2m 处的 CO 的浓度均不足 3000ppm。能见度分析的模拟结果为：在 488 秒时，几个疏散口附近距地面 2m 高度内的能见度均大于 1.8m。

场景三：图 3 显示的是 488 秒时首层高度 2m 平面的温度水平分布情况，图 4 显示的是 488 秒时建筑首层 A 轴剖面温度垂直分布情况，图中的黑色区域为设定的 94℃。可以看出，488 秒时建筑首层 2m 平面以及 3 个疏散门处的温度均高于 94℃，已经超出人体可耐受性指标，因此对建筑内的人员安全疏散已造成影响。

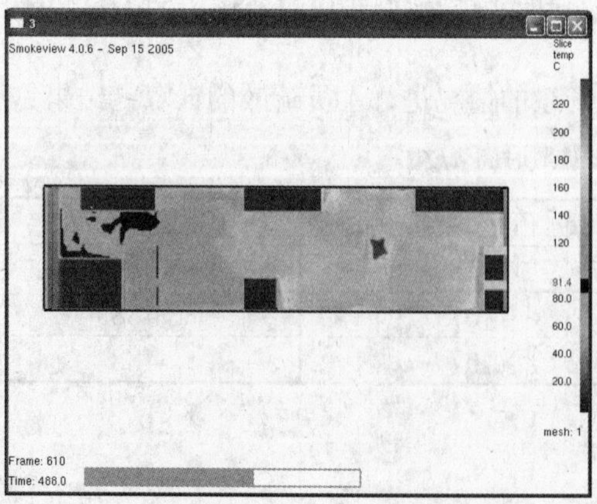

图 3　488 秒时首层高度 2m 平面的温度水平分布图

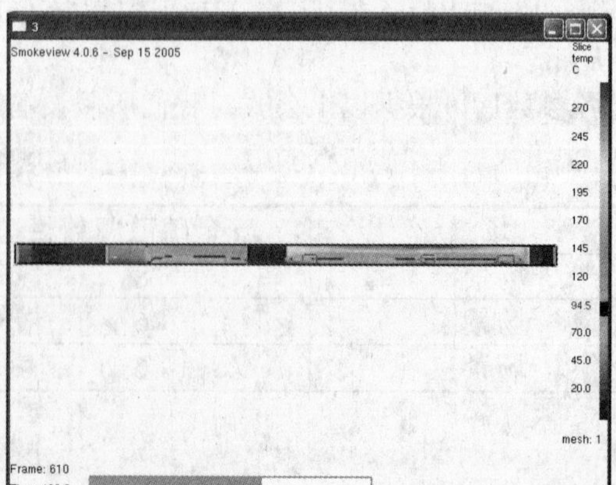

图 4　488 秒时建筑首层 A 轴剖面温度垂直分布图

图 5 显示的是 488 秒时首层高度 2m 平面的 CO 浓度水平分布情况，图 6 显示的是 488 秒时建筑首层 A 轴剖面 CO 浓度垂直分布情况，我们设定人体对 CO 可耐受性指标为 3000ppm，并将 3000ppm 设定为黑色。从图中可以看出，488 秒时建筑首层 2m 平面以及 3 个疏散门处的 CO 浓度均小于 3000ppm，因此 CO 浓度对于人员疏散并没有造成影响。

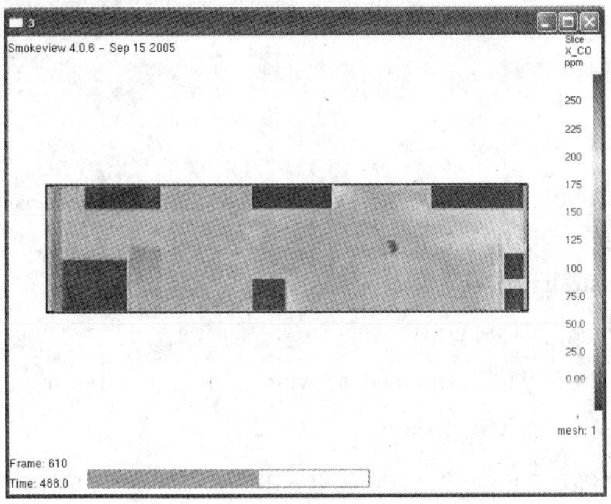

图 5　488 秒时首层高度 2m 平面的 CO 浓度水平分布图

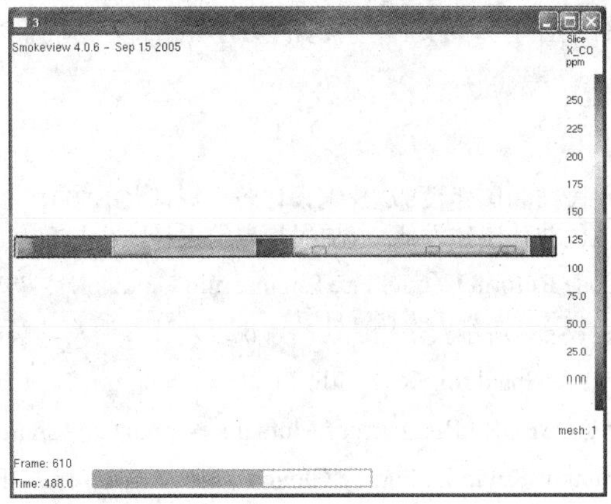

图 6　488 秒时建筑首层 A 轴剖面 CO 浓度垂直分布图

图 7 显示的是 488 秒时首层高度 2m 平面的能见度情况，图 8 显示的是 488 秒时建筑首层 A 轴剖面能见度情况，图中的黑色区域为设定的 1.82m。可以看出，488 秒时建筑首层 2m 平面以及 3 个疏散门处的能见度均低于 1.82m，尤其是有些地方接近地面的能见度仅为 1.82m，这已经超出人体可耐受性指标，严重影响了建筑内人员的安全疏散。

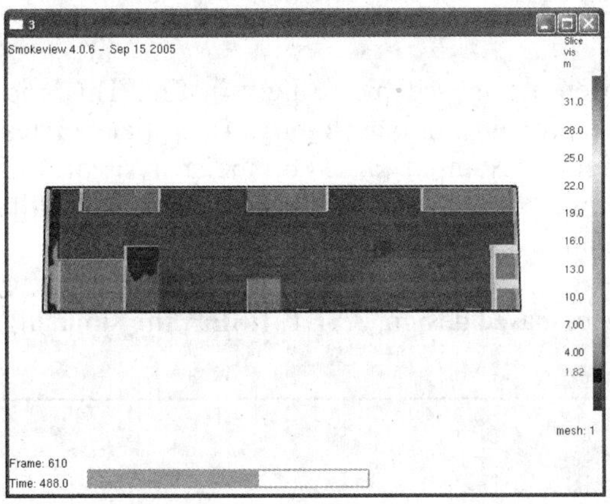

图 7　488 秒时首层高度 2m 平面的能见度分布图

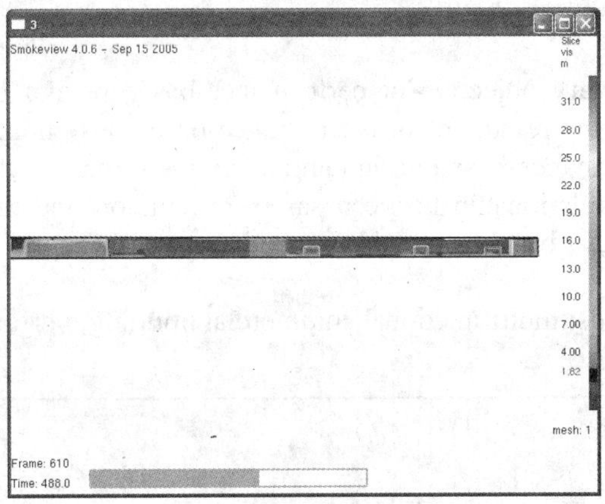

图 8　488 秒时建筑首层 A 轴剖面能见度分布图

5. 结论与展望

根据以上计算及火灾模拟的结果，可以得出以下结论：

当金角处不设置穿越消防通道，在临街处设置 2 扇疏散门或不设置安全疏散门，但不改变金角的使用功能和其它区域使用功能及安全疏散门的数量，根据温度、CO 浓度、能见度三个指标，可以知道危险来临时间大于安全疏散时间即 $ASET > RSET$，从而可以判断火灾时建筑内的人员可以安全疏散至安全区域。

当金角处不设置穿越消防通道，也不设置安全疏散门，但将金角的使用功能改为销售服装鞋帽的易燃区，其它区域使用功能及安全疏散门的数量不变，虽然 CO 浓度不对人员安全疏散造成影响，但根据温度及能见度这两个指标，可知危险来临时间小于安全疏散时间即 $ASET < RSET$，从而可以判断火灾时建筑内的人员不能在危险来临前安全疏散至安全区域。

根据《建筑设计防火规范》GB50016-2006 第 6.0.1 条的规定：当建筑物的沿街部分长度超过 150m 或总长度超过 220m 时，均应设置穿过建筑物的消防车道。从此例的分析可以看出建筑设计防火规范考虑还是比较保守，因为该建筑沿街道部分长度为 194.59m，大于 150m，按照规范应设置穿越消防车道，但通过模拟可以看出，当金角处不设置穿越消防通道，在临街处设置 2 扇疏散门，只要不改变其使用性质同样能满足安全疏散的需要。

但我们不能保证业主在使用过程中不改变各区域的使用性质，为了不让该商场的消防安全留下隐患，我们考虑应设置穿越消防车道。穿越消防车道对于火灾蔓延及烟气流动、消防救援行动展开、人员最大安全疏散距离以及人员安全疏散时间均有很大影响。因此在选择穿越消防车道的位置时应综合考虑各部分的影响因素，对于如何选择穿越消防车道的位置我们将做进一步探讨。

6. 参考文献

[1] 中华人民共和国建设部. 建筑设计防火规范. GB50016-2006, 2006.
[2] 中华人民共和国建设部. 高层民用建筑设计防火规范. GB50045-95, 2005.
[3] Fire Code Reform Centre. Fire Engineering Guidelines. NSW, Australia, 1996.
[4] 日本建设省. 避难安全检证法的解说以及计算例及其解说. 平成讲习会, 2001.
[5] Kung H C, Spaulding R D, Hill. Field evaluation of Residential Prototype Sprinkler-Los Angeles Fire Test Program. Technical Report J.I.OEOR3.RA. Factory Mutual Research Corporation, Norwood, MA, February 1982.
[6] McGranttan Kevin B, Forney Glenn P, Floyd Jason E, etal. Fire dynamics simulator-User’s guide. National Institute of Stands and Technology, Building and Fire Research Laboratory, 2002.

Research on Performance-based Design of Multifunctional Commercial Building

Abstract

The primary objective of performance-based design is to ensure the people's safety in fire. This paper firstly presents the principles of performance-based design and the problems in our country. Then it elaborates the idea of performance-based design and assessment method through an example. Based on the analysis of *ASET*, *RSET* and the relationship between safety evacuation and them, we come to the conclusion that this multifunctional commercial building should design fire street through calculation and computer simulation.

Key words: multifunctional commercial building, performance-based design, ASET, RSET, fire simulation.

作者简介:

佴士勇，男，河北省众联能源环保科技有限公司，研究方向：消防与工业安全技术及工程。联系方式：Tel: 15830651015, Email: ayong5250@163.com.

基于性能化防火设计方法的地铁换乘站排烟分析

潘李伟[1,2]，廖光煊[1]，陈吕义[1]，杨满江[1]

[1]中国科学技术大学火灾科学国家重点实验室
[2]中国科学技术大学——香港城市大学联合高等研究中心

摘要

烟气是地铁火灾中影响可用人员安全疏散时间（ASET）的主要原因，北京地铁某换乘站，有上下两条交汇线路，一旦下层站台发生火灾，其烟气不仅影响到本层人员的疏散，也会影响到上层站台人员的疏散，此时排烟系统的工作显得尤为重要，本文基于性能化防火设计方法，利用 CFD 模拟技术对换乘站排烟系统在火灾情况下的工作情况和效果进行了初步分析，并根据分析结果对地铁设计中人员疏散时间的确定提出修改建议。

关键词：地铁火灾、烟气控制、CFD 应用、性能化防火设计方法。

1. 概述

随着我国城市化进程的不断加快，城市人口的不断增多，发展城市地铁已经成为缓减城市交通紧张的有效途径。随之而来的是地铁火灾防治问题的日益突出。人员的安全疏散作为地铁火灾防治的重要目标，越来越受到相关部门的重视。结合众多地铁火灾案例的统计结果发现，火灾中烟气的蔓延是影响人员安全疏散的主要原因[1]。

北京地铁某站是地铁一号线和环线的换乘站，一线站在下，环线站在上，一线站和环线站之间有换乘通道相连。如果一线站发生火灾，其烟气不仅影响本站台的人员疏散，还会对环线站的人员疏散产生影响；两层站台的排烟口主要布置在站台两端，位置相对集中。因此排烟系统能否正常工作对火灾烟气的蔓延有着重要的影响。本文将主要研究在一线站台起火情况下，地铁排烟系统正常工作或故障时，火灾烟气的蔓延情况，以及火灾烟气对可用人员安全疏散时间（ASET）的影响情况。

2. 火灾场景的设计

在性能化防火设计中，常采用 T^2 火模型来描述火灾过程的热释放速率随时间的变化[2,6]。$Q_f=\alpha t^2$

Q_f——火源的热释放速率 kW；

α——火灾增长速率 kW/s^2；

t——时间 s。

火灾场景的选取通常采取最不利的原则，即根据火灾最可能发生情况和危害最大情况来选取场景，同时结合地铁站特定的建筑结构，设定最合适的火灾场景来进行研究。按照我国的《地铁设计规范》的基本要求，建立站厅通风排烟的物理模型如图 1。

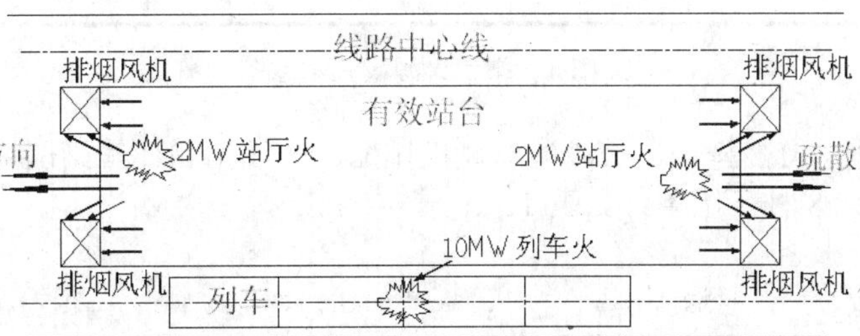

图 1　站台通风排烟物理模型

国家相关规范中对地铁站内部装修材料进行了严格的限制，地面、墙面和吊顶等基本采用不燃材料，所以车站内固定的火灾载荷较小，可燃物主要是移动式可燃物，包括乘客携带的行李、书报亭、设备以及列车等。参考相关文献[3,4,5]，我们设计如下主要火灾场景：

1. 站台火灾，火源位于站台西侧楼梯口处，2MW，快速火(α=0.0496)，图 2；
2. 站台火灾，火源位于站台东侧换乘楼梯口处，2MW，快速火，图 2；
3. 列车火灾，火源位于南侧轨道东侧隧道口处，10MW，快速火，图 3。

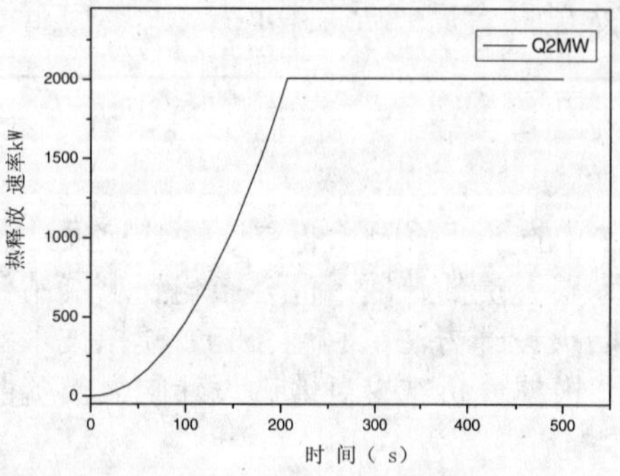

图 2　2MW 快速增长火 α=0.0496

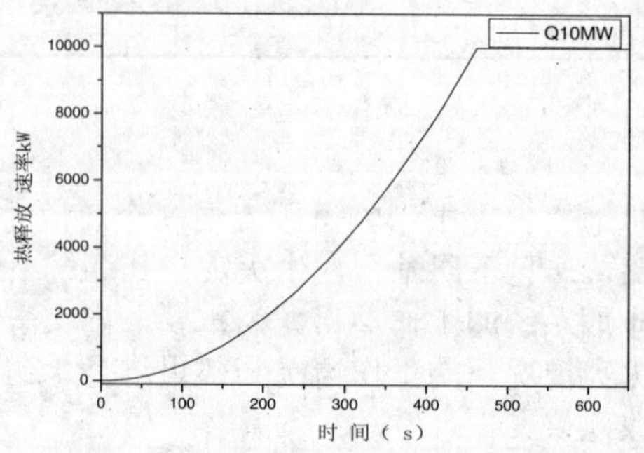

图 3　10MW 快速增长火 α=0.0496

3. 危险判据的确定

根据《地铁设计规范》第 19.1.19 条规定，”出口楼梯和疏散通道应该保证在远期高峰客流量时发生火灾的情况下，6min 内将一列车乘客和站台上候车的乘客及工作人员全部撤离站台……”，但是在实际情况中，由于各种因素的影响，ASET 可能不足 6min，因此，我们认为如果达到下几种情况[7]，即使此时疏散时间还未达到 6min，我们也视为达到了危险状态：

1. 危险高度(1.8m)以下，烟气温度超过 60℃；
2. 关键疏散路径上，2m 以上空间的能见度低于 10.0m；
3. 当烟气层维持在危险高度(1.8m)以上时，顶部烟气温度超过 180℃。

实际分析时，我们应采用上述判据对应的最短时间作为可用人员安全疏散时间(ASET)。

4. 火灾烟气模拟

计算区域主要分为两部分（图 4）：第一部分为一线站，计算区域为 168.0m×21.2m×8.4m，其中站台宽 14m，高 4.9m，轨道宽 3.6m，轨道顶棚高 8.4m。第二部分为环线站，计算区域为 130.0m×22.2m×8.2m。

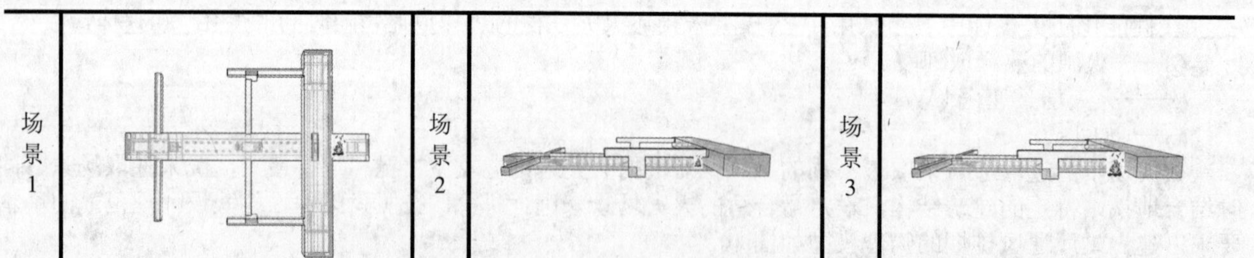

图 4　站台火源设置示意图

设计三种不同的排烟模式：自然排烟、一线站双风机排烟、一线站和环线站四风机排烟，每个风机排烟量为 198,000m^3/h。综合设计 8 种工况条件如表 1。

表 1　站台场模拟工况列表

工况编号	火源功率	火源位置	排烟模式
1	2MW	西侧楼梯口	自然排烟
2	2MW	西侧楼梯口	双风机排烟
3	2MW	东侧换乘楼梯口	自然排烟
4	2MW	东侧换乘楼梯口	双风机排烟
5	2MW	东侧换乘楼梯口	四风机排烟
6	10MW	东侧隧道口	自然排烟
7	10MW	东侧隧道口	双风机排烟
8	10MW	东侧隧道口	四风机排烟

5. 烟气模拟结果

通过 CFD 火灾模拟常用软件 FDS（fire dynamic simulation）模拟 8 组工况，得出排烟系统工作下的人员疏散可用时间如表 2。

表 2　各工况条件下人员疏散可用时间

工况编号	火灾场景	机械排烟	危险判据	一线西侧站厅 ASET	一线中央换乘通道 ASET	环线站 ASET
工况 1	2MW 站台火 靠近西侧楼梯	风机故障	能见度	150s	250s	>400s
			对流热	-	-	-
工况 2	2MW 站台火 靠近西侧楼梯	一线站 双风机	能见度	200s	>400s	>400s
			对流热	-	>400s	>400s
工况 3	2MW 站台火 靠近东侧换乘楼梯	风机故障	能见度	380s	300s	220s
			对流热	-	-	-
工况 4	2MW 站台火 靠近东侧换乘楼梯	一线站 双风机	能见度	>400s	>400s	250s
			对流热	>400s	>400s	-
工况 5	2MW 站台火 靠近东侧换乘楼梯	四风机	能见度	>400s	>400s	>400s
			对流热	>400s	>400s	-
工况 6	10MW 列车 南侧轨道东侧隧道口	风机故障	能见度	400s	350s	250s
			对流热	>600s	>600s	480s
工况 7	10MW 列车 南侧轨道东侧隧道口	一线站 双风机	能见度	-	-	230s
			对流热	>600s	>600s	460s
工况 8	10MW 列车 南侧轨道东侧隧道口	四风机	能见度	>600s	>600s	350s
			对流热	>600s	>600s	>600s

从表中可以看出，在工况 1、2、3 和 6 的情况下，ASET 均会受到烟气层能见度的影响而减少至小于 6min。此时 ASET 则不能仅根据规范所规定的 6min 设定，而需要以计算出的疏散时间为准，部分工况条件下能见度情况如图 5-8。

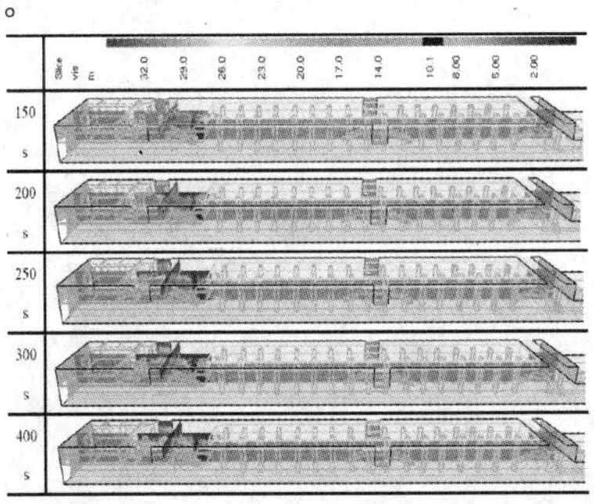

图 5　工况 1 中一线站的能见度情况

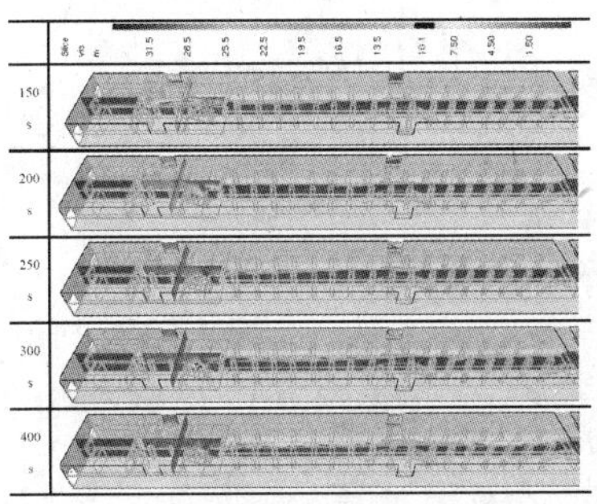

图 6　工况 2 中一线站的能见度情况

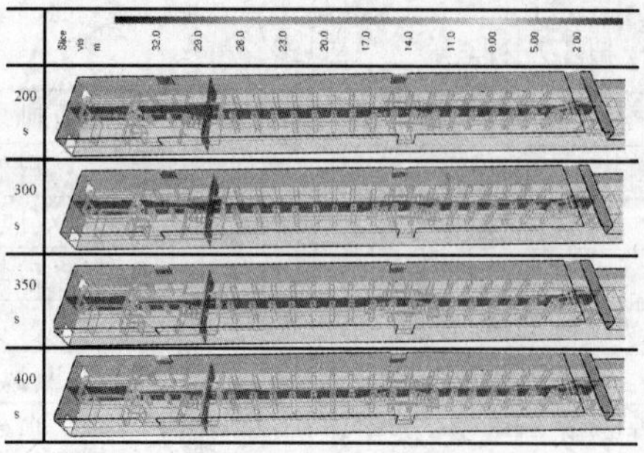

图 7　工况 3 中一线站的能见度情况

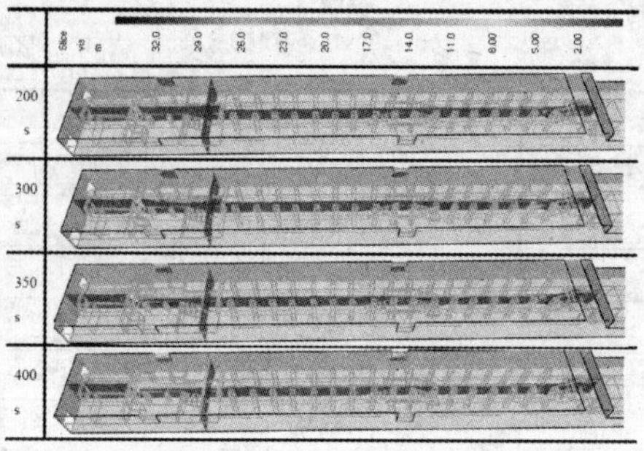

图 8　工况 6 中一线站的能见度情况

6. 结论

通过 FDS 模拟可以看出，火灾产生的高温烟气层能够迅速的达到一层站台顶部，并经由上下两层之间的通道口向上层站台蔓延。风机的作用能够有效的抑制烟气的蔓延速度，增加人员安全疏散可用时间（ASET）。

火源位于一线和环线相连的楼梯口附近时，烟气能很快在环线站台楼梯口聚集，并通过楼梯蔓延到环线站，导致环线站台烟气沉降严重，使得环线站台的烟气层厚度比一线站更厚，烟气层沉降速度比一层更快，人员安全疏散可用时间（ASET）更短；

在地铁火灾中，烟气影响人员安全疏散的关键在于烟气的蔓延能够极大地降低火场的能见度，从而缩短了人员安全疏散可用时间（ASET）。

《地铁设计规范》中给定的 6min 疏散时间是通过自动扶梯的数量以及疏散楼梯的宽度计算，其模型准确度本身就有待商榷，真实情况的复杂程度往往超出了模型考虑的范畴，应该采用更为科学的量化方法来计算人员安全疏散的所需时间（RSET）；

综上所述，我们可以得出，基于性能化防火设计方法，利用 CFD 模拟技术研究地铁等特殊空间的排烟问题，能够为消防设计提供合理的、有效的科学依据和指导。

7. 参考文献

[1] 地铁设计规范,GB50157－2003.
[2] 廖曙江等. 火灾场景的确定原则和方法. 消防科学与技术,2004,23 (3).249－251.
[3] 冯炼等.地铁火灾烟气控制的数值模拟. 地下空间,2002,22 (1):61－64.
[4] 王迪军等.地铁隧道火灾疏散与烟气控制. 消防科学与技术,2004,23 (4).345－347.
[5] 李存夫等. 设计中如何选定地铁火灾的强度.地下工程与隧道,1995 年 1 月.
[6] 杨晖等.地铁火灾场景设计探讨.自然灾害学报,2006,15(4):121-125.
[7] 霍然等,"性能化建筑防火分析与设计",中国科学技术大学出版社,2002.

Smoke Exhaust Analysis of Subway Station Based on the Performance-based Fire Protection Design Approach

Abstract

Smoke control is very important when a fire occurs in the subway station, mainly because the toxic gas influence the Available Safety Egress Time(ASET), The transfer station of Beijing Subway has two lines crossed，once the fire occurs in the lower platform, the smoke generated would not only influence the evacuation of the occupant on lower platform, but also affect the evacuation of upper platform. The CFD modeling is conducted in this study intend to analyze the performance of the mechanical smoke exhaust system, and gives some proposals based on the performance-based fire protection design approach.

Keywords: Subway fire, Smoke control, CFD modeling, performance-based fire protection design.

作者简介：

潘李伟(1984-)，男，中国科学技术大学火灾科学国家重点实验室硕博连读研究生，中国科学技术大学——香港城市大学联合培养博士研究生，主要从事火灾风险评估，性能化防火设计及热灾害防治技术等方向的研究。通讯地址：苏州工业园区独墅湖高等教育区仁爱路 166 号至善楼中国科学技术大学——香港城市大学联合高等研究中心。Email：liweip@mail.ustc.edu.cn，MSN：l.w.pan@hotmail.com。

排烟设备开启方式对某大型商场人员安全疏散影响的研究

彭伟[1]，李元洲[1]，徐强[2]，孙晓乾[1]，蒋亚强[1]

[1] 中国科学技术大学火灾科学国家重点实验室
[2] 山东省莱芜市消防支队

摘要

近年来，大型商场越来越多的出现在我国各大、中城市里，它给人们的日常生活提供了极大的便利。然而，此类建筑存在的显著问题就是防火分区面积偏大、人员疏散距离偏长、疏散出口宽度偏小，这些消防隐患对商场内的人员安全带来了较大的威胁，利用火灾安全工程学进行火灾安全评估是解决此类的问题的有效方法之一。本文主要针对某大型商场，设计了两种排烟设备开启方式（只开启起火防烟分区的风机和开启整个防火分区的风机），并分别进行了烟气运动的模拟计算，以比较两种方式的优缺点。最后，结合模拟结果，为以后此类的工程设计提供一些建议。

关键词：商场火灾、排烟形式、性能化防火设计、CFD。

1. 概述

近年来，我国经济快速发展，人们的收入显著增加。为了满足人们的消费需求，提高其生活水平，全国各地建造了一大批大型商场。这些商场的出现给大家的生活带来了便利，却也常常伴有一定的消防隐患。此类建筑一般多采用大跨度设计，占地面积较大，因此往往出现防火分区面积偏大、人员疏散距离偏长、疏散出口宽度偏小等消防设计方面的问题。另外，大型商场在营业时间段内人员密度较大，火灾时人员疏散困难，容易造成人员伤亡事故。2004 年 8 月巴拉圭亚松森市的超市火灾，造成了 504 人丧生，520 余人受伤[1]。

据统计资料显现，火灾中绝大多数的人员伤亡是由烟气造成的[2]，为了最大限度的减少这些伤亡，排烟系统显得尤为重要。在我国的相关消防法规中[3,4]，只是规定了每个防火分区中需要配置的排烟风机的排烟量，并没有规定火灾时的开启方式。本文以某大型商场为研究对象，使用性能化防火设计的概念，比较了相同排烟量下两种排烟设备开启方式的排烟效果。

2. 商场情况简介

该商场位于一座超高层建筑三层裙房的第二层，层高 5m，分为两个防火分区。其中防火分区一的面积为 1915m^2，防火分区二的面积为 2454m^2。商场内设有安装了快速响应喷头的自动喷水灭火系统。在裙楼顶层设置了两台排烟风机，每台风机最大排烟量为 60000m^3/h，各负责一个防火分区的排烟；每个防火分区设有挡烟垂壁，将其分为若干个不大于 500 平方米的防烟分区。本文以该商场的防火分区二（2454m^2）作为研究对象，如图 1 所示。

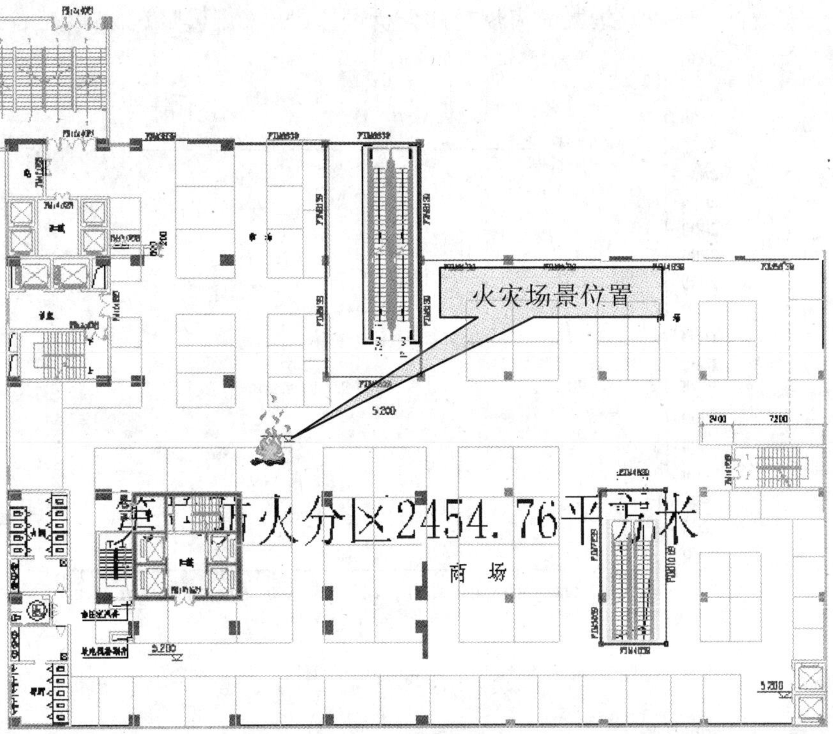

图 1　商场防火分区二平面图

3. 火灾场景设置

根据对其他同规模商场的调查结果[5]，一般商场主要经营食品、日化品、衣物、文具、电器等，而且主要以货架的形式为主。根据 NFPA 资料，一般情况下，装满东西的邮袋、塑料泡沫、叠放的木架为 t2 快速增长火，在火灾初始阶段将按照起火时间的平方关系增长，如式（1）。对于商场中的绝大多数物品及包装，快速增长的 t^2 火（α =0.04689）具有良好的代表性[6]。

$$\dot{Q}=\alpha t^2 \tag{1}$$

本商场安装了快速响应自动喷水系统，英国 CIBSE GUIDE E、TM19 等指出了水喷淋动作时火灾规模不再增长，以此可以用来衡量水喷淋控制型火灾的规模。我国上海《民用建筑防排烟技术规程》（DGJ 08-88-2000）提供了不同类型建筑在水喷淋启动后的火灾规模，如表 1 所示[7]。因此本商场火灾的最大规模选取 3MW

表 1　热释放量

	热释放量 $\dot{Q}$（MW）
设有喷淋的商场	5
设有喷淋的办公室、客房	1.5
设有喷淋的公共场所	2.5
设有喷淋的汽车库	1.5
设有喷淋的超市、仓库	4
设有喷淋的中庭	1
无喷淋的办公室、客房	6
无喷淋的汽车库	3
无喷淋的中庭	4
无喷淋的公共场所	8
无喷淋的超市、仓库	20

注：设有快速响应喷头的场所可按本表减小 40%

结合上面对火灾增长形式以及最大火灾规模的分析可知，火灾规模将在254s左右到达最大值，并一直维持该水平，如下图2所示。

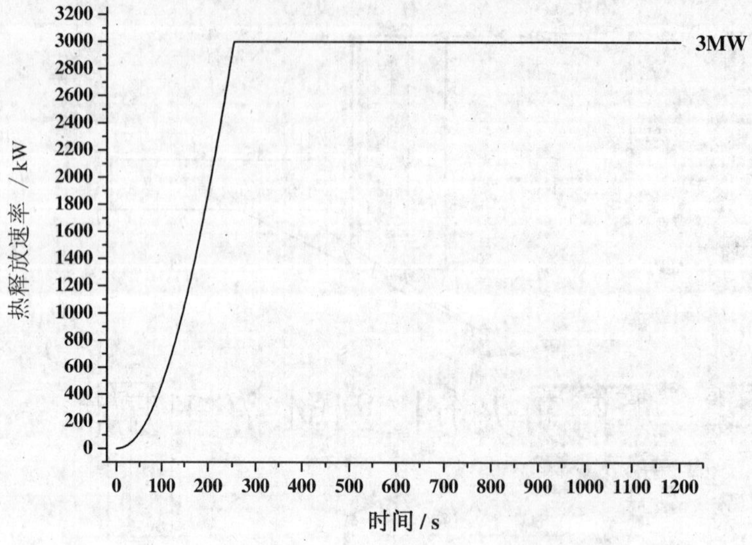

图2　t^2—快速增长火的典型火灾发展规模曲线

4. 烟气运动与蔓延模型设置

本文采用NIST开发的CFD程序FDS（v4.07）计算该商场防火分区二的烟气运动状况。整个防火分区的网格间距为 0.4m×0.4m×0.4m，火源部分周围区域进行了局部网格加密，其间距为 0.1m×0.1m×0.1m。如图3所示，各火灾场景中，设置格栅式吊顶，有效层高5m。起火点于商场防火分区二货架处，火源设为t^2快速增长火，稳定功率为3MW，火源面积6m^2。该防火分区面积2455m^2，总共设置5个防烟分区，每个防烟分区均小于500m^2，并在防火分区四周设置自然补气口。FDS模型中在Z=1.8m处设置监测面，用于监测该处温度以及能见度的发展变化趋势，并设置3个测点（A、B、C）用于监测所在位置温度及能见度的发展趋势。

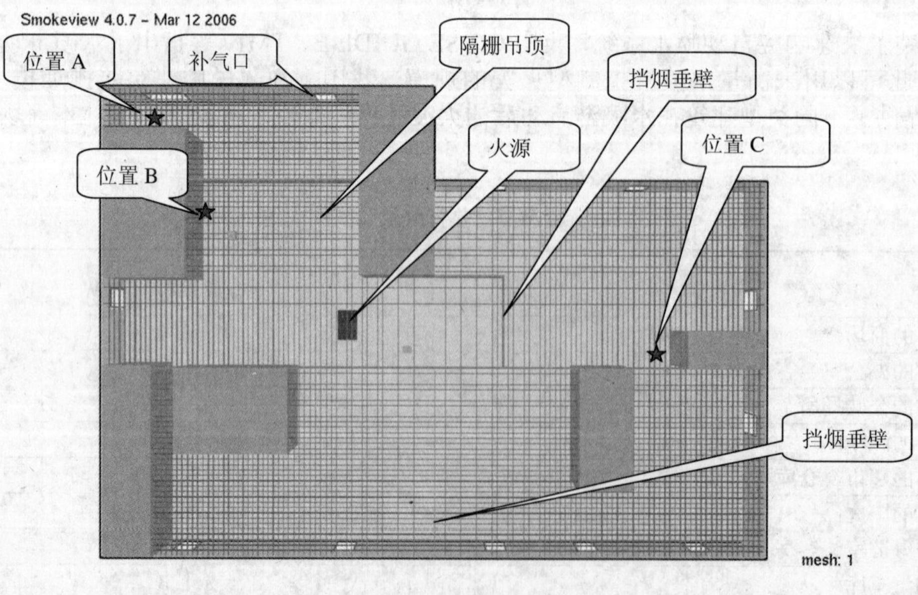

图3　商场防火分区二模型图

5. 排烟方式比较

该商场的有效层高为 5m，其顶部设有排烟管道，与商场所在裙房顶部的排烟风机相连。考虑到商场的美观，在排烟管道的下侧安装了镂空式格栅，并在格栅的下边缘设置了机械排烟口。为了研究同等排烟量下不同排烟方式的排烟效果，本文设计了两种排烟方式，即：A）只开启起火防烟分区的排烟口，B）依次开启整个防火分区的排烟口。

5.1 排烟方式 A

排烟方式 A 是目前商场类建筑中最常用的方式之一，它在探测到火灾后只开启火源所在防烟分区的排烟口进行排烟，如图 4 所示。该方式集中风机的所有排烟量于一个防烟分区，起火防烟分区内每个排烟口的排烟量很大，能将烟气可以很快的被排出。然而正是由于此时工作中的每个排烟口的排烟量很大，排烟口周围流速很快，容易产生烟气层吸穿（plug holing）现象，把大量新鲜空气也排到了室外，排烟效率较低。

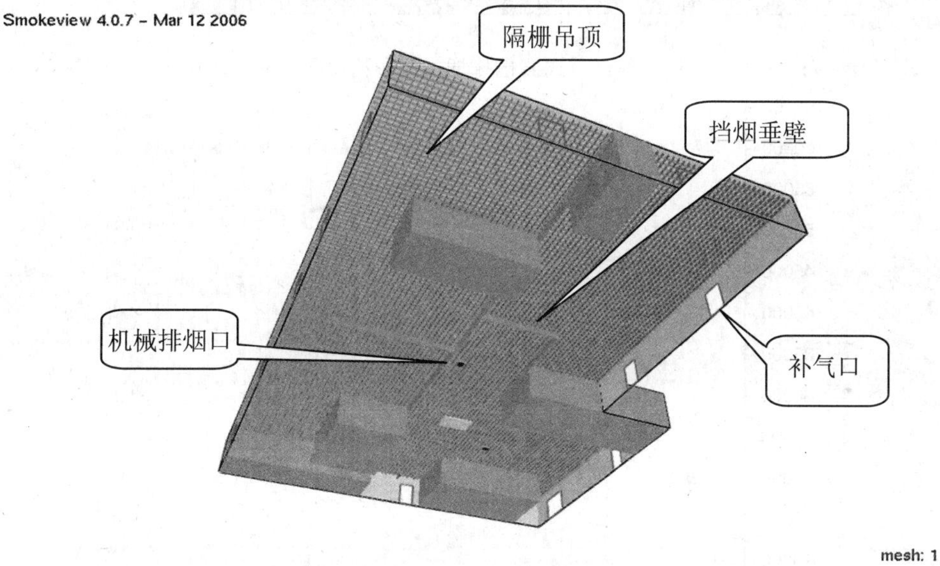

图 4　排烟方式 A 的排烟口、补气口分布（仰视图）

5.2 排烟方式 B

排烟方式 B 先开启着火防烟分区排烟口，再开启相邻防烟分区排烟口，最后开启离着火点最远端的排烟口的，最终使得防火分区内所有排烟口全部开启。每隔 30s 开启一个防烟分区的排烟口，如图 5 中所标序号（①、②、③、④、⑤）为开启顺序号，则整个防火分区内的总风量曲线如图 6 所示。这种排烟方式在火灾最初阶段只在起火防烟分区进行排烟，避免了由于其它防烟分区排烟口的排烟作用而导致的火灾烟气迅速水平扩散。在火灾中后期，由于火灾烟气早已蔓延到了几乎整个防火分区的顶部，这时各防烟分区同时排烟，可以最大限度的将烟气排出室外。

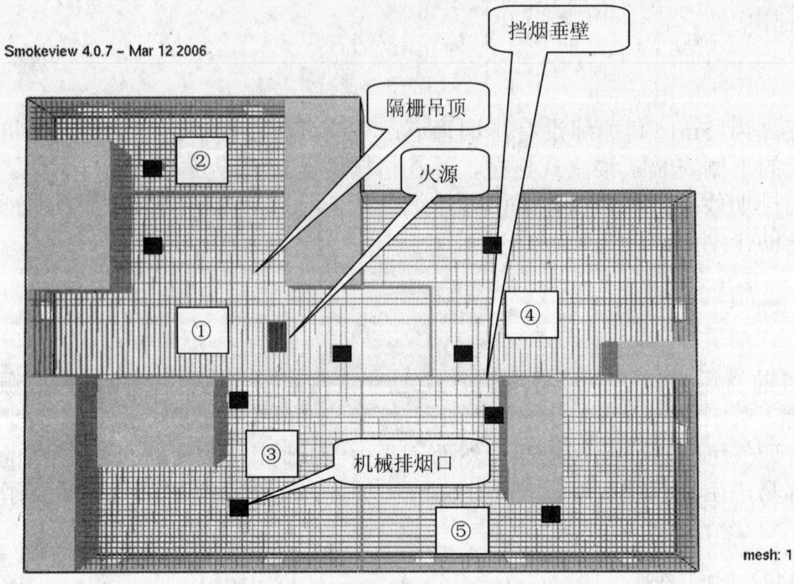

图 5　排烟方式 B 的排烟口分布及开启顺序

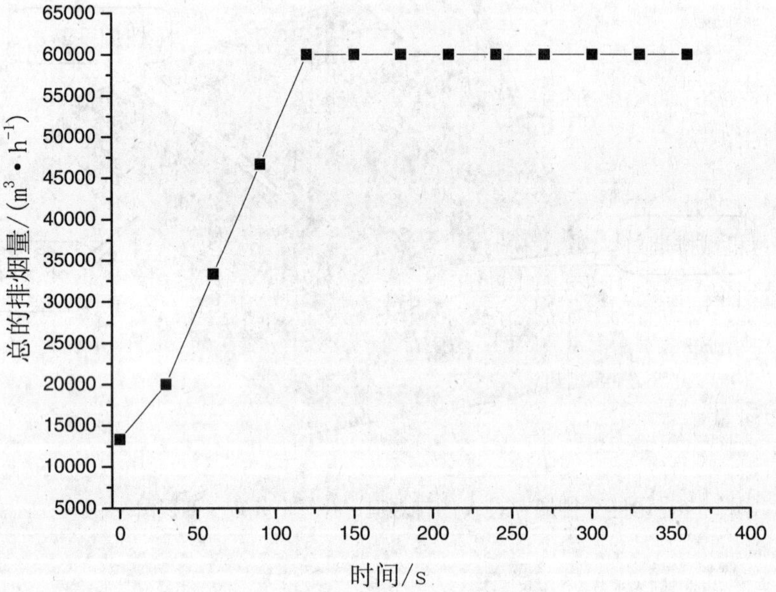

图 6　防火分区二排烟风量曲线 6

6. 排烟效果模拟计算结果比较

6.1 排烟方式 A

对于商场这类防火分区面积较大的建筑，火灾烟气在蔓延过程中会不断卷吸周围的新鲜冷空气，自身温度不断下降，上层烟气温度并不是很高，不适合用于判断烟气层的高度。在这里选用能见度作为判断指标，研究商场防火分区二各处的烟气情况。如前所述，选取高度为 1.8m 的水平截面为监视面，研究该平面上各处的能见度值，判断该处的烟气是否会对人员造成伤害。

下图 7 给出了采用排烟方式 A 进行排烟时，几个典型时刻在 H＝1.8m 处的能见度分布图。

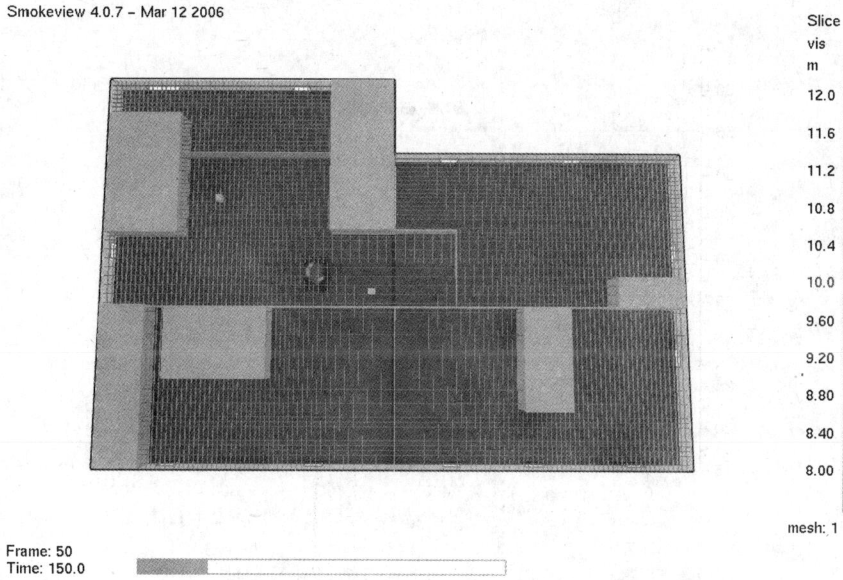

（a）t=150s

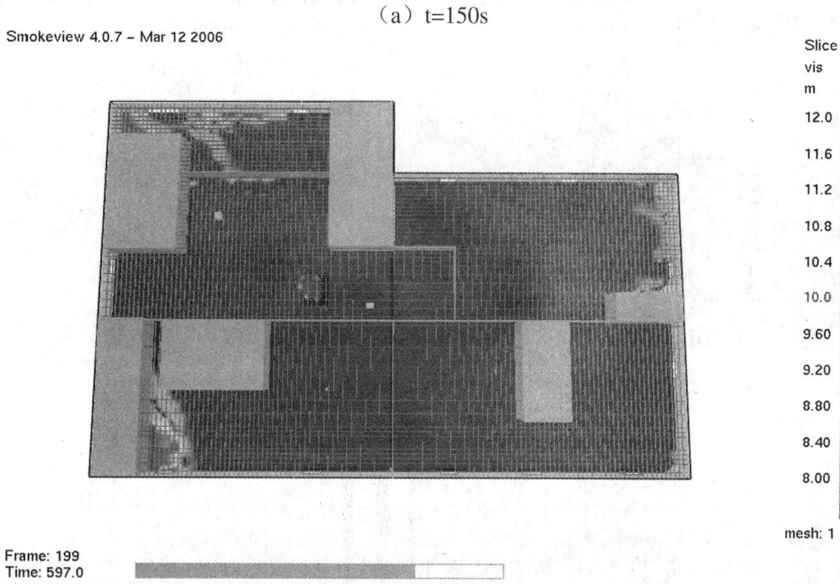

（b）t=597s

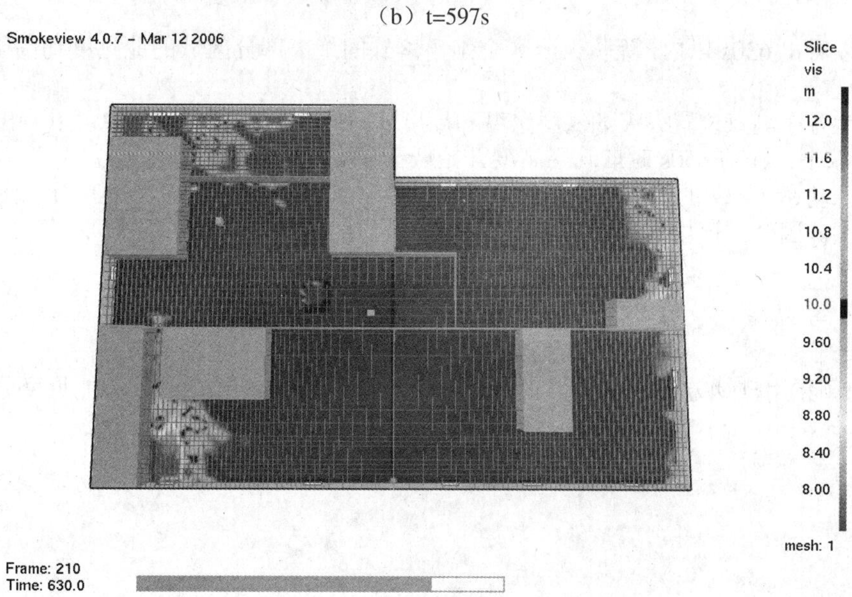

（c）t=630s

图 7　排烟方式 A H=1.8m 截面烟气能见度截图

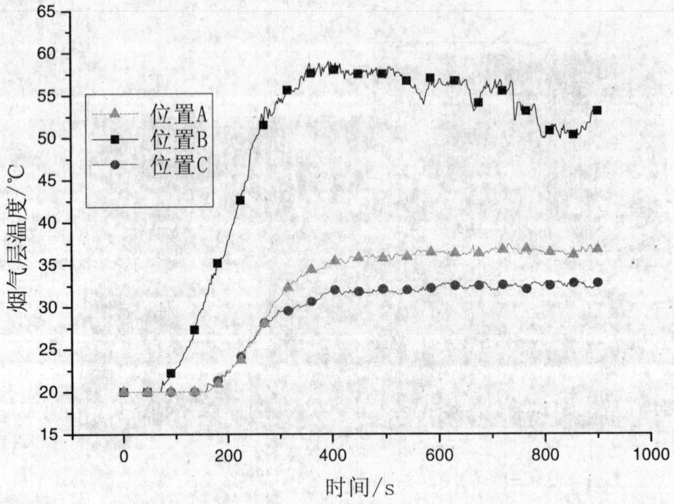

图 8　排烟方式 A 各个测点烟气温度曲线

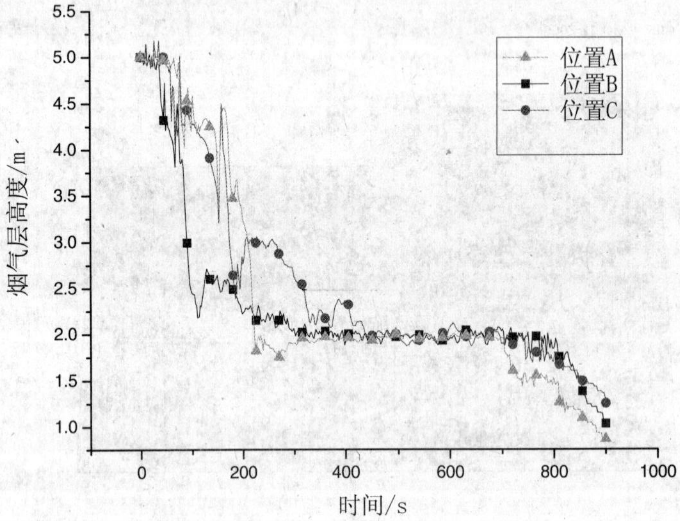

图 9　排烟方式 A 各个测点烟气层高度曲线

从图 7 中可以看出 630s 以内，除防火分区个别角落外的绝大部分区域的能见度均高于安全值 10m（图中黑线所示）。

图 8 和图 9 为各个测点位置火灾烟气层温度和高度随时间发展曲线，由图中可以看出，各测点的烟气温度始终在 60℃以下，在约 650s 时烟气层高度开始低于设定的 1.8m 高度。

小结：在稳定火源功率 3MW 的情况下，仅启动着火防烟分区的机械排烟口，630s 开始烟气下降到危害人员安全疏散的高度。因此，该场景下可供使用的疏散时间为 ASET=630s。

6.2 排烟方式 B

下图 10 给出了采用排烟方式 B 进行排烟时，几个典型时刻在 H＝1.8m 处的能见度分布图。

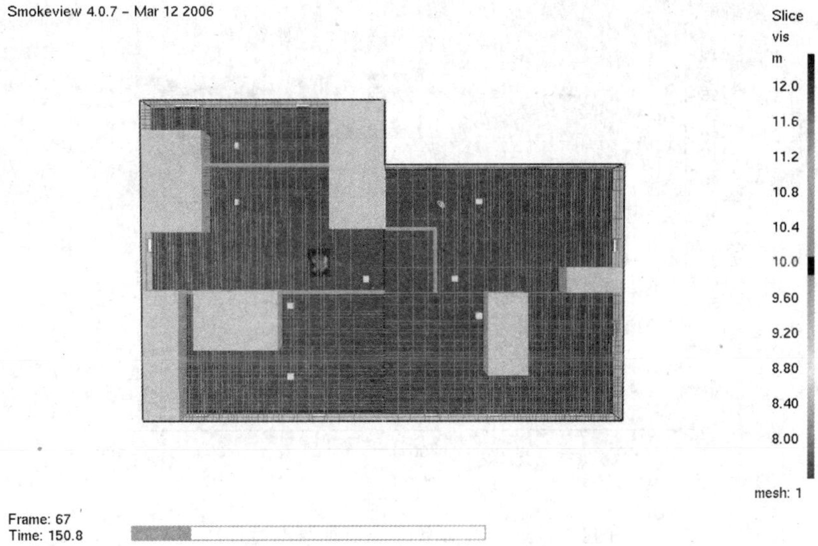

(a) t=150s

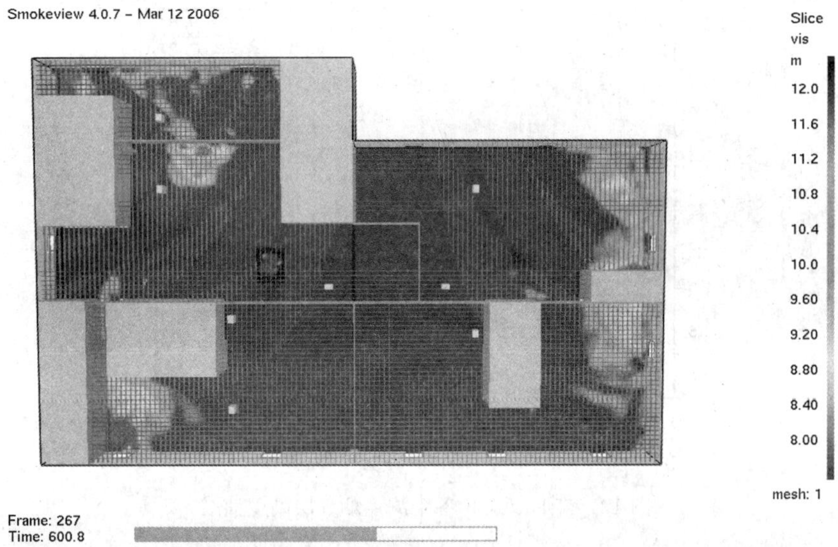

(b) t=600s

(c)t=700s

图 10　排烟方式 B H=1.8m 截面烟气能见度截图

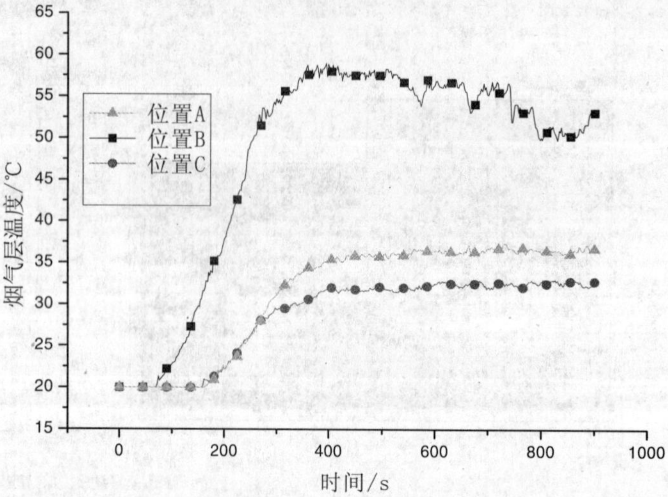

图 11　排烟方式 B 各个测点烟气温度曲线

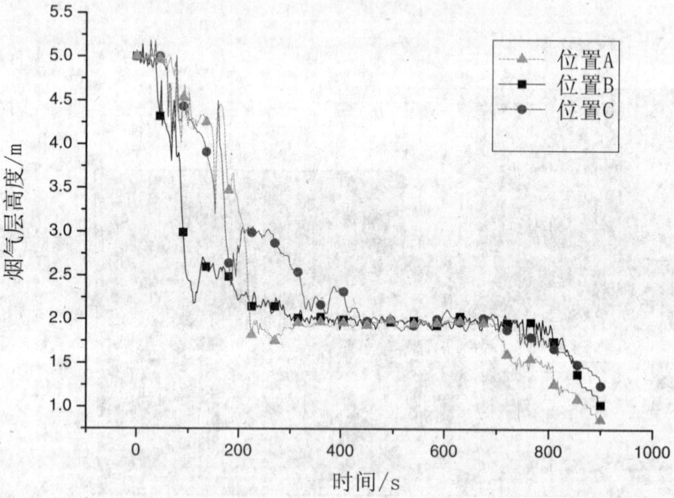

图 12　排烟方式 B 各个测点烟气层高度曲线

从图 10 可以看出 700s 以内，除防火分区个别角落外的绝大部分区域的能见度均高于安全值 10m（图中黑线所示）。

图 11 和图 12 为各个测点位置火灾烟气层温度和高度随时间发展曲线，由图中可以看出，各测点的烟气温度始终在 60℃以下，在约 700s 时烟气层高度开始低于设定的 1.8m 高度。

从以上分析可知，在稳定火源功率 3MW 的情况下，依次启动各防烟分区的机械排烟口（排烟方式 B），700s 开始烟气下降到危害人员安全疏散的高度。因此，该场景下可供使用的疏散时间为 ASET=700s。

排烟方式 B 与方式 A 相比，由于在整个防火分区内开启机械排烟口排烟，烟气沉降时间比场景 2 延迟了 70s。

7. 结论

根据该大型商场本身排烟设备的设置情况，针对原有排烟设计方式（方式 A），提出了改进方式（方式 B）。由于排烟方式 B 在火灾最初阶段只在起火防烟分区进行排烟，避免了由于其它防烟分区排烟口的排烟作用而导致火灾烟气迅速水平扩散。在火灾中后期，由于火灾烟气早已蔓延到了几乎整个防火分区的顶部，这时各防烟分区同时排烟，可以最大限度的将烟气排出室外。对于本文研究的建筑，经模拟计算的结果可知，排烟方式 B 可以比 A 多提供 10%（70s）的可用疏散时间，这将对该建筑内人员的安全疏散起到极大的帮助。

8. 参考文献

[1] 新浪网. 巴拉圭超市火灾死亡人数增至 504 人,512 人受伤[EB / OL].2007-08-24. http://news.sina.com.cn/c/2004-08-05/10413301497s.shtml

[2] 霍然,袁宏永编著.性能化建筑防火分析与设计.合肥:安徽科学技术出版社,2003.

[3] 建筑设计防火规范.(GBJ 16-87).2001.

[4] 高层民用建筑设计防火规范.(50045-95),2005 年修订版.

[5] 游宇航,李元洲,周吉伟等.大型超市人员密度的初步调查.消防科学与技术. 2007, 26(4):360-362.

[6] 钟委,霍然,史聪灵.热释放速率设定方式的几点讨论.自然灾害学报. 2004,13(2):64-69.

[7] 上海市地方标准.民用建筑防排烟技术规程.(DGJ 08-88-2000),2000.

Influence on Evacuation by Smoke Exhausting Mode in a Large Shopping Center

Abstract

Recently, more and more large shopping centers appear in Chinese big and medium cities, which provide convenience for people's daily life. Unfortunately, these buildings are often accompanied by some potential safety hazards, such as big area of fire zone, long distance of evacuation route, narrow exit, etc compared with standard of building design. A good method to solve the problem is evaluating the fire hazards with the knowledge on fire safety engineering. This paper is a study on a large shopping center, which has alternative exhausting modes. One mode is only starting the exhausting fans in the smoke zone on fire, and the other is starting all the exhausting fans in the whole fire zone at once. A series of CFD simulation on smoke movement in the shopping center were performed to compare the advantage and drawbacks of the two exhausting mode. At last, some suggests were provided to the other engineering design of this kind of buildings.

Keyword: shopping center fire, exhausting mode, performance-based fire safety design, CFD.

作者简介：

彭伟，男，中国科学技术大学火灾科学国家重点实验室。博士研究生。主要研究隧道内的烟气控制.联系方式：Email: pengwei@mail.ustc.edu.cn。

在大型火电厂扩建工程中采用性能化防火设计带来的思考

沈宇亮

湖北省襄樊市公安消防支队

摘要

通过对襄樊电厂三期（2×1000MW）扩建工程可行性研究报告中消防系统的性能化防火设计方案的分析，阐述了推行性能化防火设计的必要性,提出了加强性能化防火设计、研究、立法、评估机构建立，人才培养等方面的意见和措施。

关键词：性能化、防火设计、火电厂。

性能化防火设计是建立在消防安全工程学基础上的一种新的防火设计理念，是以建筑物在火灾中的安全性能为基础的防火设计方法。其基本思想是在确保建（构）筑物使用和观赏功能的前提下，针对建（构）筑物的消防安全目标，运用工程分析和计算来确定最优化的消防安全设计方案的防火设计方法。它可由设计者根据建筑的不同空间条件、功能条件及其它外部条件，自由选择和确定各种防火措施，将其有机组合，最终形成满足消防安全目标要求的总体防火安全设计方案，为建（构）筑物提供最科学合理的消防安全保护。与现行的设计方法相比，它所关注的是具体安全目标的实现，而不是拘泥于满足规范的最低要求。笔者在此就襄樊电厂三期扩建工程可行性研究报告中消防系统的性能化防火设计方案作概要介绍，并结合多年从事建筑设计防火审核工作实际，就性能化防火设计浅谈几点看法。

1. 襄樊电厂三期扩建工程的性能化消防设计

1.1 基本情况

襄樊电厂位于湖北省襄樊市市区南端，距市中心约 12 公里，东北距汉江约 120m。襄樊电厂建设分三期：一期工程为 4×300MW 亚临界机组，二期工程建成 2×600MW 燃煤机组，目前，正开展三期扩建工程建设工作，设计容量为 2×1000MW 国产超超临界燃煤机组，并在总体规划上预留 2×1000MW 机组再扩建条件，工程总投资 686485 万元，预计施工总工期为 40 个月。建成后，电厂总装机容量将达到 4400MW（突破《火力发电厂与变电所设计防火规范》GB50229-96 的适用范围 ），是湖北省大型火力发电厂。

1.2 主机技术条件

1) 汽轮机、锅炉、发电机相互匹配；
2) 锅炉采用超超临界直流锅炉，单炉膛、一次中间再热、平衡通风、固态排渣、全钢架悬吊结构，每台锅炉配用 2 台三分仓回转式空气预热器，采用前后墙对冲或单炉膛双切圆燃烧方式；
3) 汽轮机型式为超超临界、一次再热、四缸四排汽、单轴、双背压、8 级回热、凝汽式汽轮机。

1.3 主厂房布置

采用侧煤仓布置方案，主厂房采用现浇钢筋混凝土结构。汽机纵向顺列布置，机头朝向扩建端，锅炉为露天岛式布置。

1.4 消防系统设计

因装机容量突破《火力发电厂与变电所设计防火规范》GB50229-96 的适用范围，该工程消防系统的设计采用了性能化防火设计方法。设计人员遵照国家有关政策法规，按照“预防为主、防消结合”的原则，参照《火力发电厂与变电所设计防火规范》GB50229-96 和《火力发电厂设计技术规程》DL 5000—2000 等国家及行业的消防安全规范规程，在分析电厂危害的基础上,确立了以确保电厂运行人员的人身安全及电厂设备安全运行提供消防保护,同时尽量减少火灾可能造成的损失为目的的设计保护目标，进而确定了电厂应配套建设的消防设施。

1) 厂区构（建）筑物的总体布置、建筑结构、耐火等级设计、材料设备的选用等方面要按照相关消防技术标准的要求进行。对于受场地限制不能满足防火间距要求的构（建）筑物，需在建筑设计上采取有效的防火措施。
2) 电厂要制定有关消防组织、火灾扑救及消防安全检查的各项具体制度，加强和重视消防安全管理工作。
3) 建立全厂的火灾探测、报警及控制系统。在锅炉、汽轮机、发电机和主变等设备处设置安全防火保护装置及报警信号，以保障主机等设备及操作人员的安全，防止事故蔓延扩大。
4) 集控室、电子设备间的空调系统采取防火措施，集控室、电子设备间设置独立的排烟系统。
5) 工程电力防火设计除在主厂房、输煤、燃油及其它易燃易爆场所选用阻燃电缆外，还要采取防火隔墙、防火门、防火堵料等有效阻燃的防火措施。
6) 对重要的建筑物及设备要具有两种及以上的灭火手段。

在厂区内设置室外消火栓，主厂房区、煤场及主要附属建筑物设置室内消火栓，消火栓给水系统管网布置成环状，并增设相应消防水池泵房保证供水的可靠性。

对油罐区配备固定式泡沫灭火装置，变压器采用水喷雾灭火系统，主厂房内油系统采用水喷雾灭火系统，输煤系统采用闭式湿式自动喷水灭火系统、水幕自动喷水灭火系统和消火栓灭火系统；对集空楼单元控制室、电子设备间、计算机室、配电间、电缆夹层、继电器室等及主厂房内电缆夹层等采用 FM200 气体灭火系统，主厂房内电缆隧道及其他重要建筑的电缆夹层采用悬挂是超细粉末灭火系统；煤斗采用低压 CO_2 灭火系统。

全厂建筑物内设置种类齐全数量充足的灭火器。

7) 工程中有爆炸危险的设备及有关电气设施、工艺系统和厂房的工艺设计及土建设计（如碎煤机室、制氢站、发电机氢系统、各类压力容器等），按照不同类型的爆炸源及危险因素采取相应的防爆保护措施。
8) 主要生产及附属生产建筑均按消防要求设置楼梯、消防爬梯和安全出口。

2. 消防设计评析

襄樊电厂三期扩建工程属于超规范设计。目前，在行业类防火设计规范中无法找到明确的设计依据，只能依照《消防法》、《建筑设计防火规范》及相关规范所体现的基本原则、指导思想，在分析火电厂建筑、生产工艺等方面火灾危险性的基础上，从防火灭火两方面考虑，针对各个环节制订具体的措施。设计人员在借鉴襄樊电厂一期、二期建设和运营过程中积累的经验的基础上，在三期工程中大胆引入性能化防火设计思想，摆脱了现行规范无“处方”的尴尬。

在工程防灭火措施的选用上，设计人员参照了现行规范中大量的设计条文，就襄樊电厂三期扩建工程可行性研究报告中消防系统的性能化防火设计方案总体来讲，既有值得赞赏的地方，也存在一定的不足，这既有设计规范不足方面的原因，也有设计人员自身职业缺陷和个人阅历、经验等多方面的因素。因此，当地消防部门在审核该设计方案时也提出了一些修正意见：一、在供水的可靠性上要进行强化，设计人员对工程消防用水的评估分析主要是依据现行规范的相关条文，理论依据不够充足，同时在实际中，灭火用水量要远远大于设计用水量。为此，当地消防部门在审核时做了强调，要求设计人员不仅要考虑设计用水量，更要注意实际灭火用水的需要。二、三期工程与二期工程之间要强化防火分隔措施，既要考虑三期工程各单体建筑物的消防安全，又要把三期工程放在襄樊电厂总体规划的角度来考虑，要考虑到一期、二期工程的建设规模和当时采用的防灭火措施的局限性，从襄樊电厂总体规划上考虑，使设计具备一定的前瞻性。三、鉴于襄樊电厂不在公安消防队的有效保护距离之内，要在企业原有专职消防队的基础上，设计增配一定数量的特种消防车辆及特勤器材，强化机动灭火措施。四、借鉴国内外的成功作法和经验，同时初步设计、施工设计要通过专家论证。

3. 襄樊电厂三期扩建工程性能化防火设计方案所带来的思考

通过对襄樊电厂三期扩建工程性能化防火设计方案的介绍和分析，我们可以看出：

3.1 襄樊电厂三期扩建工程充分暴露了现行消防技术规范的缺陷,推行性能化防火设计势在必行。

现行消防技术规范对设计和监督单位来说易于掌握，易于使用，设计人员根据所设计的建筑物的形式，结合本人的实践经验，从规范中直接选定与该建筑物相应的设计参数和指标，消防监督人员也是对照标准逐项进行审核。整个设计和监督过程类似于医生开单抓药，被人们形象地称为"处方式规范"。

由于每座建筑的结构、用途及内部可燃物的数量和分布情况均不一样，其居住者或使用者的条件也存在很大差异，传统的处方式规范不可能覆盖所有建筑的要求；因此按照此种规范统一给定的设计参数所做出的设计方案，并不一定是最科学、最合理、最有效的。同时，由于规范条文本身的复杂性和对安全经济性因素的影响考虑不够，弹性较小等原因，也逐渐显现出它的不足，对于"超规范"建筑的设计方案，用传统的处方式规范不能很好解决，襄樊电厂三期扩建工程充分说明了这个问题。

性能化防火设计与"处方式"设计相比，可以为工程师和业主提供的好处。其一，性能化防火设计特别注意建筑物的特殊方面、用途以及业主特殊的需要；其二，多种工具可以被用来进行火灾风险分析，这样使得工程设计的精确性和可靠性大大增加；其三，性能化防火设计能够导致一种综合的防火战略的形成，在这种战略中，所有的消防设施被组合起来运用，而不是单独设计；其四，这种综合的工程方法通过对损失可能性认识的改进，可以提供更加节省而有效的防火系统。其五，性能化防火设计方法考虑建筑的全部防火系统的相互作用，可以有效的解决"超规范"的需要，同时也为一些重大火灾隐患的消除提供了一条可行之路。如某公共建筑的安全疏散距离突破现行规范的限制，如需整改涉及结构变动，而且费时费力，假如采用性能化防火设计，通过对烟气的控制，及时排除火灾产生的烟气，延长烟气降低到安全高度以下的时间，进而延长疏散时间，从另一个角度解决了安全疏散距离过长的隐患。此外，性能化防火设计是针对特定情况下的应用，这样可以更准确反映预期火灾对特定设施的作用和影响，其提出的防火对策能使总的火灾损失降低。由此可见，性能化防火设计的方案更加科学合理，更加灵活适用，可以降低建筑成本确保建筑安全，有利于新技术、新材料、新产品的发展。同时，也有利于充分发挥设计人员的才能，确保设计规范和标准的国际化，增强我国建筑设计和施工企业的国际竞争力。

性能化防火设计正在成为消防设计的趋势，推行性能化防火设计势在必行。

3.2 推广和应用性能化防火设计目前面临着很多挑战。

性能化防火设计思想是火灾科学和安全工程学发展的产物，其基本思想的科学性是显然的。但从目前建筑审核的依据《中华人民共和国消防法》第十条和"公安部第30号令"第十七条来看，其实施尚没有明确的法律依据，只是在上述法规中针对建设工程中采用新技术、新工艺、新材料做出了一些规定，在实施性能化防火设计时也就存在两种情况：一是把性能化防火设计方法本身作为一种新技术采用；二是在工程建设中采用新技术、新工艺、新材料时，出现了无法满足现行防火技术标准规定；或者现行防火技术标准没有相应的规定但可能影响建设工程质量和安全的情况，此时应用性能化防火设计方法去分析、解决出现的新问题。因此，在性能化防火设计应用之初，在消防部门不熟悉、不适应的情况下，由于缺少相应的专业人员进行分析审查，对批准这种设计方案存在顾虑。

在襄樊电厂三期扩建工程中，当地消防监督部门也仅仅对可行性研究阶段的性能化防火设计思路做出了肯定，而对于初步设计阶段和施工图审查阶段则明确提出须经专家论证。一方面在于没有明确的依据（法定实施依据和科学性的评估体系），另一方面也在于性能化防火设计审查者的自身素质。由于性能化防火设计是运用工程分析和计算来确定最优化的消防安全设计方案的防火设计方法。在设计过程中，性能化防火设计要求对建筑物可能发生的火灾进行量化分析，并对典型火灾场景下火灾及烟气的发展蔓延过程进行模拟计算，因此计算的工作量以及各类基础数据的需要量非常大，往往需要采用大型CFD（计算流体力学）软件等分析和计算工具。这些都对设计者和审查者的自身素质提出了更高地要求。特别是，当前设计者的素质差别很大，而性能化防火设计的要求又具有很大的弹性，所以难以根据他们的素质给出正确的评价。如何确定一种有效得以保证设计适当性的质量控制措施，成为重点要解决的问题。

如同在处方设计中一样，建筑物的占用或使用性质的变更可能改变防火的需要，而这直接与性能化防火设计初设的各种前提条件相关。因而，这种类似建筑使用用途的改变，将直接导致性能化防火设计方案的失效。同时，性能化防火设计与日常的消防安全管理密切相关。因为性能化防火设计的安全目标与消防系统、人员疏散组织等密不可分，火灾时需要保证消防系统如同所预想的那样运行，这也给消防监督部门和业主在日常防火检查管理工作提出了更高的要求。

3.3 要正确理解和应用性能化防火设计。

性能化防火设计方法在我国仍是一个新兴产物，并且它在突破规范后具有极大的自由度，只有正确的理解和运用，才能推动性能化防火设计的健康发展。

在应用性能化防火设计时，不能将性能化防火设计与现行规范对立起来，不能一谈性能化防火设计，就简单理解为设计可以随心索意。应该说，无论是性能化防火设计方案还是现行规范，都是在大量实验分析和实际工作的基础上建立的，是消防工作经验的集成，是火灾事故经验教训的总结，两者同样具有科学性。性能化防火设计是在现行规范的基础上发展起来的，是对现行规范不足和局限性的有效补充，现行规范为性能化防火设计的出现奠定了基础，它所确立的基本原则、指导思想以及大量的参数、计算公式被性能化设计所借鉴。应该看到，现行的处方式设计方法以其应用简单，安全目标的可评估性强，而具有强大的生命力。即使是性能化规范制订出来以后，性能化设计方法也不可能完全取代“处方式”的设计方法，两者必将是相互依存，互为补充。

性能化防火设计要牢牢把握两个关键点, 第一是确认危害, 第二是明确设计目标。要从建筑物的特点、建筑物内人员特点、建筑物内部操作方式、建筑物外部特征、消防灭火组织特点等多方面综合考虑，从而针对每种危害或者每个设计区域选择设计方法及评估方法。

过去, 当设计方案超过既定规范要求时, 通常性能化的设计是基于人为经验判断, 而缺乏科学依据。现今, 随着火灾动力学的进一步发展, 人们对火灾的发展规律有了进一步的认识, 电脑硬件及软件的发展, 也为评估性能化的消防设计方案提供了有利的可信的科学依据，特别是通过对火灾模型（包括理想火灾模型和半实验型火灾模型）的运用，使人们对于复杂环境下火灾运动规律把握的更为准确，这为设计人员提供了更大的设计考虑空间，性能化设计思想体现得更为充分。当前，必须尽快制定性能化设计导则，培养专门人才，为其提供广阔的应用舞台。性能化防火设计需要较高的技术背景，需要有一支高素质的设计审核队伍。因此，必须深入开展对火灾安全工程学的研究，建立火灾基础数据库，开发实用的消防安全评估模型和方法，制订设计导则，进而制订与导则相配套的技术规范和技术法规（如建筑防火审查的方法与程序等)，使性能化设计有法可依，有章可循。

4. 结束语

性能化防火设计已成为当今世界消防设计的趋势，推行性能化防火设计势在必行。从宏观而言，性能化防火设计可以提高我国城市消防安全水平和消防管理水平，促进建筑防火设计和消防安全咨询的专业化，及其他专业设计的观念更新，提高设计的科学合理性，而具体到现实问题，性能化防火设计对于解决襄樊电厂三期扩建工程面临的“尴尬”也有着重要的意义。每个设计人员和消防审核人员都要努力提高个人的素质，以适应形势发展的需要。

5. 参考文献

[1] 中华人民共和国消防法.

[2] 建筑工程消防监督管理规定(公安部第 30 号令).

[3] 建筑设计防火规范 GB50016-2006. 北京:中国计划出版社,2006.

[4] 火力发电厂设计技术规程 DL 5000—2000.北京:中国计划出版社,2000.

[5] 火力发电厂与变电所设计防火规范 GB50229-96.北京:中国计划出版社,1996.

[6] 霍然, 胡源, 李元洲. 建筑火灾安全工程导论. 合肥: 中国科学技术大学出版社,1998.

雪山隧道水系统灭火设备仿真之研究

陈叁奇，吴品蓉，沈子胜，简贤文，曾伟文，高学贤

警察大学消防科学研究所

摘要

公路隧道之建造是全世界交通网络开发之趋势，而防护公路隧道消防安全则是无止尽努力的目标。台湾公路隧道最长者雪山隧道长达 12.9 公里，虽内部设有各项消防安全设备，但并无设置固定式水系统灭火设备，本研究综览世界各国对于隧道内装设固定式水系统灭火设备之设置情形，并收集世界上新的研究计划成果，以 FDS 模拟雪山隧道发生大客车火灾事故时，有关固定式水系统灭火设备之动作效能，得最后结论为雪山隧道有必要设置自动撒水系统以防护火灾所造成之危害，并建议全尺寸燃烧实验是必要的，未来研究应朝规划建置相关实验进行为目标。

关键词：公路隧道、撒水系统、FDS、雪山隧道。

1. 前言

随着人类经济发展，世界各国之交通量遽增，土地资源有限，再加上地形限制，隧道的开建便成了无法阻挡之趋势。然而公路隧道虽提供了交通上之便利，但其先天上之封闭冗长结构，一旦发生火灾事故，高温之环境使得深入抢救及内部人员避难都有一定之困难性。

从 1999 年至 2001 年，欧洲发生了几起重大之隧道火灾事件，如连通法国与意大利的 Mont Blanc 隧道长约 11.6 公里，曾于 1999 年 3 月 24 日一辆载运面粉及人造奶油的卡车因电动机漏油着火，火势持续二天之久，造成 39 人死亡，隧道封闭长达三年之久；1999 年 4 月位于奥地利的 Tauern Tunnel 发生火灾，夺走 12 条人命；瑞士的 Gotthard 隧道是目前世界第三长之公路隧道，为单孔双向单车道行车设计，长约 16.9 公里，于 2001 年 10 月 24 日，发生两辆卡车对撞失火事故造成 11 人死亡。由于隧道火灾所导致严重的人命财产损失的惨痛案例下，世界各国开始积极研究有关长隧道内消防安全防护的妥适性，欧盟更有五年七个计划全面性检讨发展维护隧道安全之各层面的研究，如 UPTUN 这个计划就是专门研究经济有效创新的方式用以提升既存隧道之消防安全。

综观目前世界各国大多数公路长隧道现有防灾设备的设置状况，仅日本、澳洲有明文规范于隧道内设置自动灭火设备，其它各国则无，或有是因应特殊需求而特别设置，以往对于是否要设自动灭火设备意见纷歧，造成意见纷歧的原因主要是隧道自动灭火系统对于隧道火灾有许多高价值的“正面效应”，如初期灭火、控制火势、防止隧道坍塌、降低隧道温度以及建立可进入与良好的救灾环境等，但“负面影响”如高温水蒸气可能灼伤用路人、撒水造成浓烟下降能见度降低之情形，使得世界各国难有共识。不过，几场大火造成严重人命经济损失后，近年来世界上各大研究室所执行之新的研究计划及成果对自动灭火设备能提供之正面效益，似乎抱执着更为肯定之态度。

雪山隧道是东南亚第一长之公路隧道，在台湾历史上具有指标性的意义，它的开通也为东西部交通带来快速的连结，在种种美好的贡献背后，行车通行之安全性就是最重要的支撑，而隧道内发生的事故就属火灾最具破坏性，雪山隧道目前并无自动撒水设备之设置，然而，以雪山隧道所扮演之重要交通连络角色，又大客车通车在即，人命安全之维护更显重要，因此，有必要检讨其设置自动撒水设备之必要性，本研究即以 FDS 软件仿真雪山隧道大型游览车发生火灾时撒水系统动作前后之灭火效能分析。

2. 公路隧道装设固定式自动灭火设备之探讨

2.1 自动灭火设备运用于公路隧道之影响

自动灭火设备之范围很广，包括自动撒水设备、泡沫灭火设备、水雾设备、细水雾灭火设备、气体自动灭火设备、干粉灭火设备等，对于公路隧道而言，最常被使用且积极研究者为固定式水系统灭火设备，这包括以水为灭火药剂之自动撒水设备、水雾设备、细水雾灭火设备等，泡沫灭火设备也可广义纳入。

而自动灭火设备运用于公路隧道灭火乙事，至今仍被广泛讨论，主要是因为早先一些研究对其有正负面不同之结论，这使得各国对自动灭火设备之使用主张分歧，然而几次严重公路隧道火灾造成人命、财物损失惨重后，自动灭火设备正面之早期灭火效能又再度受到重视，并且成为各国积极研究之计划，尤以欧盟 UPTUN 计划成果最受瞩目。在 PIARC 2007 年版中，有关荷兰对于撒水测试有以下结论：

1. 撒水系统不能扑灭车辆内部的火灾。
2. 撒水系统会在动作时立即地减少能见度，使人员看见逃生路线产生困难，另汽车驾驶无法在撒水的状态下安全驶离。
3. 撒水系统扑灭小于 15MW 的火灾后，不会产生大量的蒸气。
4. 撒水系统扑灭将近 25MW 的火灾后，蒸气下降的环境情况是严重的但却不危急。
5. 火源周围其它车辆的温度会下降，减少闪燃危机的发生。
6. 纵向空气速率为 5 m/s 以上时，会减低撒水的效能。

另外，欧洲在几起严重隧道火灾之后，隧道内是否设置自动灭火设备又开始被密切地被开始研究。在 UPTUN 于 2006 年 8 月所公布之 WP2 公路隧道及地下化设施固定式水系统灭火设备工程指南中，对于水系统灭火设备使用于公路隧道中有全面扭转的态度，由原先之质疑保留态度转而积极正面的认同，该篇研究成果可谓系对于欧洲甚至全世界隧道设计之重要文献。以下即该研究报告之重要内容摘录：

一般场所的火灾是以抑制火灾并且积极扑灭火势为原则，而长久以来，隧道火灾对于火灾风险管理所抱持之原则系争取火势扩大发展前用路人逃生时间，及保护隧道结构不要被猛烈火势所破坏。然而从很多火灾实验或是案例中发现，隧道火灾之热释放率在短时间内可高达 100 MW，甚至 200MW，若非采取积极主动之方式，难以有效防护隧道安全之最低需。水系统灭火设备之水粒子大小依系统设计不同而有很大的变化，如（HIGH PRESSURE WTER MIST SYSTEMS）高压系统细水雾系统所产生之水粒子极小，而（DELUGE OR SPRINKLER SYSTEM）消防栓或撒水系统的水粒子就比较大。

水系统对于公路隧道火灾防护有其重大影响的原因是因其种种灭火效能：

1. 冷却效果：一公斤的水从摄氏 20 度上升至 100 度所需消耗的热量为 335KJ，而从水转变成蒸气又会消耗 2257KJ，所以水的吸热冷却能力是受到肯定的，水粒子越小则吸热冷却效果越好。冷却效果是针对火源周围之空气及可燃性气体而不是冷却燃烧物体本身，而粒子越小则掉落至物体表面的时间越长，相对地可在空气中进行冷却的时间越长。
2. 窒息效果：当水蒸发成水蒸气时，它的体积会增加为 1640 倍大，这样的效果可让火源周围氧气浓度减少，因而窒息火势，或至少抑制火势成长。氧气的减少是由于水蒸气的形成，而水蒸气的形成仅会产生会温度非常高的地区。所以，氧气浓度的减少通常都发生在靠近火源处而非人员避难逃生处。
3. 隔离效应：当水粒子掉落到火焰及燃料接触面时，可降低燃料表面吸收辐射热的能力，即所谓的隔离效应，一旦收吸率降低，燃烧率（burning rate）也会跟着降低。而辐射热被隧道内任何潜在可燃物吸收的能力也随之降低，当然也减低火焰延烧的机会。而隔离效果则随着水粒子粒径变小而增大。
4. 遮蔽效应：如上所述，水粒子会减少辐射热被可燃物表面所吸收。这种遮蔽的效果可预防火焰的传播并且保护用路人逃生及紧急救援人员的进入。
5. 保护隧道结构：由实验可见，水可有效降低隧道内的温度，因此，可有效保護隧道结构及内部各项施设的安全。所以，在水系统的防护下，甚至可以减低水泥保护及各项防火设施的等级。不过，在降低各项安全设施等级之前仍然必须注意考虑各方面的相关性。

2.2 世界各国自动灭火设备之设置情形

（一）有关世界各国自动灭火设备之设置情形整理如下表：

<table>
<tr><th>国家</th><th>内容叙述</th></tr>
<tr><td>比利时</td><td rowspan="13">一、公路隧道中未安装撒水设备。
二、荷兰不采用撒水设备，认为撒水设备的缺点大于优点，此外安装及维护的成本过高也是考虑因素。最重要的理由是，撒水设备的灭火性能并不是可控制的，因为系统开启或关闭时水量的分配无法调整，可能导致液体火灾扩展等无法预期状况。</td></tr>
<tr><td>丹麦</td></tr>
<tr><td>英国</td></tr>
<tr><td>意大利</td></tr>
<tr><td>荷兰</td></tr>
<tr><td>瑞典</td></tr>
<tr><td>德国</td></tr>
<tr><td>法国</td></tr>
<tr><td>奥地利</td></tr>
<tr><td>捷克</td></tr>
<tr><td>埃及</td></tr>
<tr><td>土耳其</td></tr>
<tr><td>瑞士</td></tr>
<tr><td>荷兰</td><td>一、荷兰南部 Roermond 的 A73 公路上的两座公路隧道将装设灭火系统，预计会是分区开放式水成膜(AFFF)泡沫系统。
二、因为考虑紧急救援的反应时间过长，以及通行车辆可能会载运 LPG 及其它危险物品而设置。
三、Roermond 隧道全长 2.2 公里，而另一座 Swalmen 隧道全长是 400 公尺，也都将于从 2003 年开始动工并且预计于 2008 年完工。</td></tr>
<tr><td>挪威</td><td>一、挪威的法规中并未规定隧道须设撒水设备。
二、目前挪威有两座隧道设置撒水设备，因冬天环境温度低于零度，因此采用干式配管。</td></tr>
<tr><td>美国</td><td>一、美国的公路隧道不设置撒水设备。
二、在波士顿的 CNNA, Route 1 Tunnel 及西雅图的Ⅰ-90 First Hill 及 Mt.Baker 隧道，因为允许运载危险物品之货车通过，故设置开放式泡沫火设备。
三、Mt.Baker 隧道为世界上隧道装设泡沫灭火设备之首例，其完成之时间为 2003 年初。</td></tr>
<tr><td>日本</td><td>一、日本超过 10000 公尺之长隧道及交通频繁之短隧道(超过 3000 公尺)要求设置撒水设备。
二、目前有 82 座隧道设置撒水系统，正常状况下只使用水而不添加化学药剂；鉴于撒水系统喷撒出之水滴会导致隧道中烟层下降，因此启动撒水设备前隧道工作人员需确认放射区域人员是否离开，但有时候隧道中的能见度非常差，因此很难确保是否有人员在放射区域附近。
三、使用撒水设备的主要理由是降低隧道中的温度、防护隧道结构避免崩塌及提供避难人员更适当的生存条件。
四、日本订有隧道自动撒水设备之设置标准。</td></tr>
<tr><td>澳洲</td><td>一、包含雪梨过港隧道装设开放式自动水设备以外另有 7 座隧道装设自动灭火系统。
二、澳洲订有隧道自动灭火设备之标准。</td></tr>
</table>

（二）世界各国自动灭火设备的装设情况分析

针对世界各国收集有关自动撒水设备、细水雾及泡沫等自动灭火设备的设置情形，经分析可以发现目前只有日本及澳洲在其规范上有明文设置自动灭火设备，其它国家只有少数隧道因特殊因素考虑而有撒水或是泡沫系统之设置，不过，有设置之隧道数量很少，除日本，其它国家加起来不超过 20 座。日本对于公路隧道设置灭火设备已经有长远的历史，第一座撒水系统在公元 1963 年就设置了，目前日本有 82 座的隧道设置了撒水系统，而日本的隧道撒水系统使用成功率也非常的高，到目前为此还没有在实际火灾案例中运作失败的报告出。瑞士 SP 实验室一篇撒水实验报告中提及，日本的隧道每年大概会发生 10 至 16 次的隧道火灾，其中有 5 至 6 件火灾被撒水系统冷却控制并且防止延烧。而另一个日本官方报告表，日本长年来也有计划地实施各项灭火实验，均对于撒水系统有着正面的见解。而欧洲除瑞典与荷兰外尚对自动撒水系统持较积极之看法外，包括挪威等大部分国家与美国则对隧道装设自动撒水设备抱着比较消极的态度，美国 NFPA 502 只将自动撒水设备收录在附录，并声明该部分并非 NFPA 法规要求的部分，收录的目的只在提供隧道装设撒水设备之相关讯息。

2.3 FDS 仿真水系统消防安全设备于雪山隧道之探讨

2.3.1 模拟目的

综合各国文献及新的研究成果发现，长公路隧道内装设固定式水系统自动灭火设备已然成为趋势，因为公路隧道发生火灾温度动辄上千度，若无主动抑制火势之灭火系统，除了造成用路人及消防抢救人员生命遭受威胁外，隧道结构亦有可能受到破坏。此外，雪山隧道即将通行大客车，究竟大客车若在隧道内发生火灾对整个环境之影响为何，若装置固定式水系统放射水密度对于水系统效能之影响又为何，本应透过全尺寸燃烧实验予以得知，然而受限于研究经费、时间之故，无法执行，因此本研究利用美国标准技术局(National Institute for Standard and Technology, 简称 NIST)所研发之 FDS(Fire Dynamics Simulator)火灾计算机仿真软件第 4.06 版，仿真雪山隧道内游览车发生火灾之情境。

2006 年于瑞士洛桑市所举行的第二届国际隧道研究会中挪威 SINTEF NBL 之 K.Opstad,Ph.D 及 J.P.Stensaas Ph.D 所提出之一份报告“FIRE MIGIGATION MEASURES”中介绍了 UPTUN WP2 部分全尺寸灭火实验之成果，报告中所提到之灭火设备为细水雾灭火设备（water mist system）高压系统及低压系统，而做为燃烧实验之设计火灾则以不同油池大小及木堆架做为等价之替代物，其中大客车火灾即以 80~100 个集货架所组成之木堆架为代表。该报告中也提及日本于公路隧道中装设水雾系统，所需要之放射水量多（至少要 6 LPM/M2），就细水雾高低压系统对于木堆架（大客车）之灭火效能而言，在多个实验中，高压系统可减低热释放率 50%~80%，使用之放射密度为 0.6~2.3LPM/M2，而低压系统可减低热释放率约 40%，使用之放射密度为 1~3.5 LPM/M2，风速为 1~2.5m/s。报告中并且提到影响灭火效能最重要的因素为撒水头之种类、位置及放射水量密度。

本研究之模拟目的为了解雪山隧道装设低压水雾系统（water spray system），放射水量对于火势抑制之影响，而设计火灾则采用 UPTUN 对于大客车之替代品木堆架之燃烧。

2.3.2 FDS 计算机仿真软件介绍

FDS(Fire Dynamics Simulator)为美国标准技术局(National Institute of Standards and Technology, 简称 NIST)所研发出来的一套火灾仿真软件，FDS 主要包括两个部份，一个是 FDS，另一个则是 smoke view，前者为数值运算程序，后者则将运算出来的数值以计算机动画的方式呈现出来，让使用者可对火灾中各种流体的运动与现象可以目视的方式了解。FDS 也是一种 CFD(computational fluid dynamics) model，FDS 将空间分割成若干格点，作为数值运算的基础，即以有限的、不连续的格点，在数学上趋近无限的、连续的空间，然后利用计算机数值运算的技术，对描述火灾中诸多如火、烟、气流等因热驱动的低速流体之 Navier-Stokes 方程式来求解，所谓 Navior-Stokes 方程式主要是以控制体积的概念，以质量、动量、能量守恒方程式、边界条件、起始条件等来描述火场流体的各种运动或能量传递现象。此外 FDS 亦结合许多子程序可以计算辐射、对流热传、撒水头动作时间、撒水放射、火焰传播、以及灭火等各种火场现象，因此 FDS 广范为消防(防火)业界与学术界使用，用来作为评估避难安全、自动撒水系统之灭火性能、甚至火场重建的工具。本研究使用 FDS 4.06 版本。

2.3.3 FDS 模拟情境设计

（一）隧道长度：

本研究利用 FDS 软件进行计算机仿真，囿于当前个人计算机的速度、容量与运算能力，以 100 公尺作为隧道的全长。

（二）格点尺寸：

FDS 模拟所需花费之时间与精确度与格点大小息息相关，目前市面上配备较高级个人计算机规格 -3.0GHZ 与 2GB RAM 的运算速度，1 百万左右的格点数所需耗费的运算时间是比较适合的，本研究模拟雪山隧道的尺寸长宽高分别约为 100 公尺、10 公尺与 6.4 公尺，若以 20 公分的格点来区画整个隧道空间共需 80 万个格点(500*50*32)，若以 10 公分的格点则需要 640 万个格点，已超出目前个人计算机所能处理之范围固采 20*20*20 公分之格点。(隧道之模拟高度采 6.4 公尺而非实际之 6.6 公尺则是为配合 FDS 较适合运算 2、3、5 倍数的格点数。)

（三）大客车：

由于大客车系由多种复杂对象组成，要完全实际模拟实属不易，再者，即使是全尺寸火灾实验，也因为成本之考虑，大多以木堆架等取代，欧盟 UPTUN 研究计划中有一部分所执行之全尺寸火灾实验即以 80~100 个货物架所组成之木堆架，燃烧之热释放率相当于大客车，做为固体火灾之代表。因此，本研究亦以木堆架做为模拟燃烧标的物，并视为大客车。

而木堆架之堆积方式如下图所示：

木堆架长 4.8 公尺，宽 1.8 公尺，高 1.8 公尺，且距地面 40 公分，系由长短交错共 9 层之木条组成，第一层最靠近地面为与隧道平行排列之长条，每条规格为长 4.8 公尺、宽 0.2 公尺、高 0.2 公尺，第二层为与隧道垂直排列之短木条，长 1.8 公尺、宽 0.2 公尺、高 0.2 公尺，依序长短交错排列至第 9 层。距离木堆架上方 0.8 公尺处有一与木堆架长宽相同、厚 10 公分之轻质水泥板（lightweight conc）用以模拟车顶之遮蔽现象（与 UPTUN 全尺寸火灾实验设计相同）。

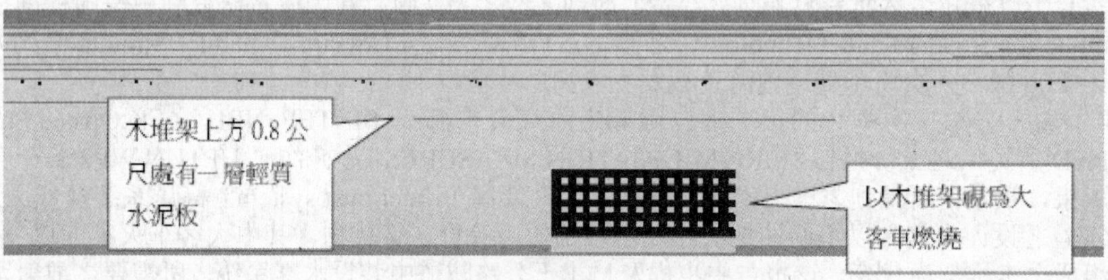

图 3-1 FDS 模拟隧道内大客车燃烧设计图

2.3.4 撒水系统动作仿真设计

（一）撒水全区及撒水头配置：

由欧盟UPTUN研究结论显示隧道火势成长快速，非一齐开放式撒水头同时撒水无法有效抑制火势的成长，因此，本仿真撒水系统采手动全区一齐开放方式进行撒水，撒水分区为50公尺（为日本道路公团设计要领第三集第九篇有关隧道水喷雾系统之设计规定）。沿隧道顶端设置3条主要管线，两边主管线距侧墙2公尺、距地面4.6公尺，中间主管线距两边主管线各3公尺，距地面4.6公尺。每颗撒水头距前后各距3公尺，计算得每一撒水分区有51颗撒水头。

（二）撒水参数：

本研究模拟撒水条件设定如下表：

表 4-1 水雾系统设定条件

编号	放射密度（LPM/m^2）	K 值	单颗流量（LPM）	压力（bar）	粒径（um）	水系统启动时间
1	6	34	58.9	3		起火后第 180 秒
2	19	107	186	3	800	起火后第 180 秒
3	25	141	245	3		起火后第 180 秒

（三）模拟总时间：8 分钟。

（四）纵向风速：2.5m/s。

2.3.5 模拟结果分析

（一）未启动水雾灭火系统

1．热释放率

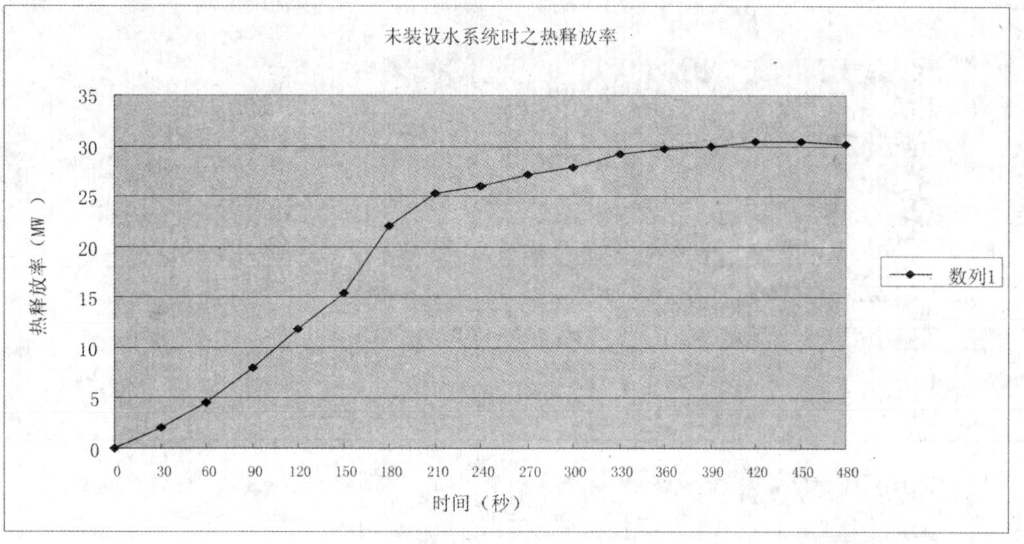

图 4-1　未装设水系统时之热释放率走势图

由上图所示，在水雾系统未启动之仿真时间 8 分钟内，大客车之热释放率可达 30MW 左右之最高值。

2．温度方面

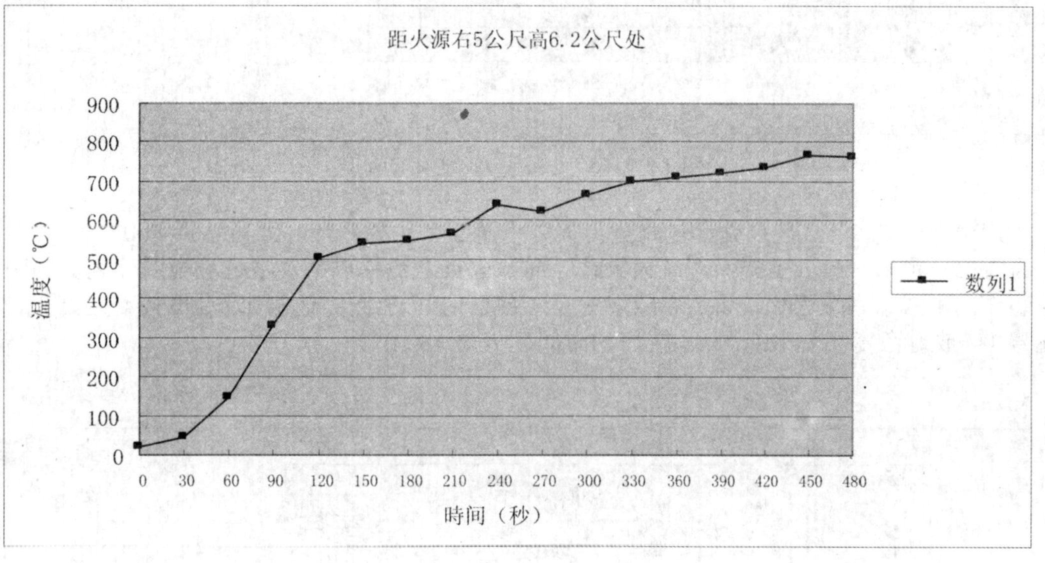

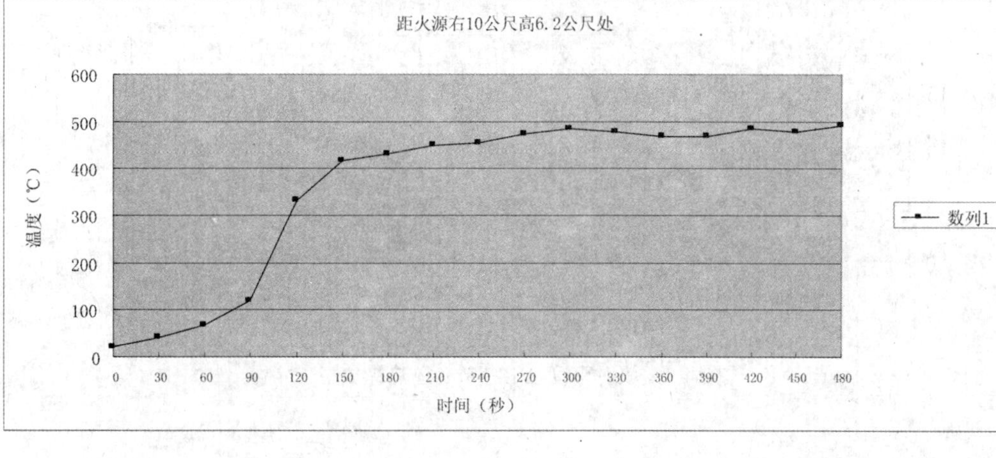

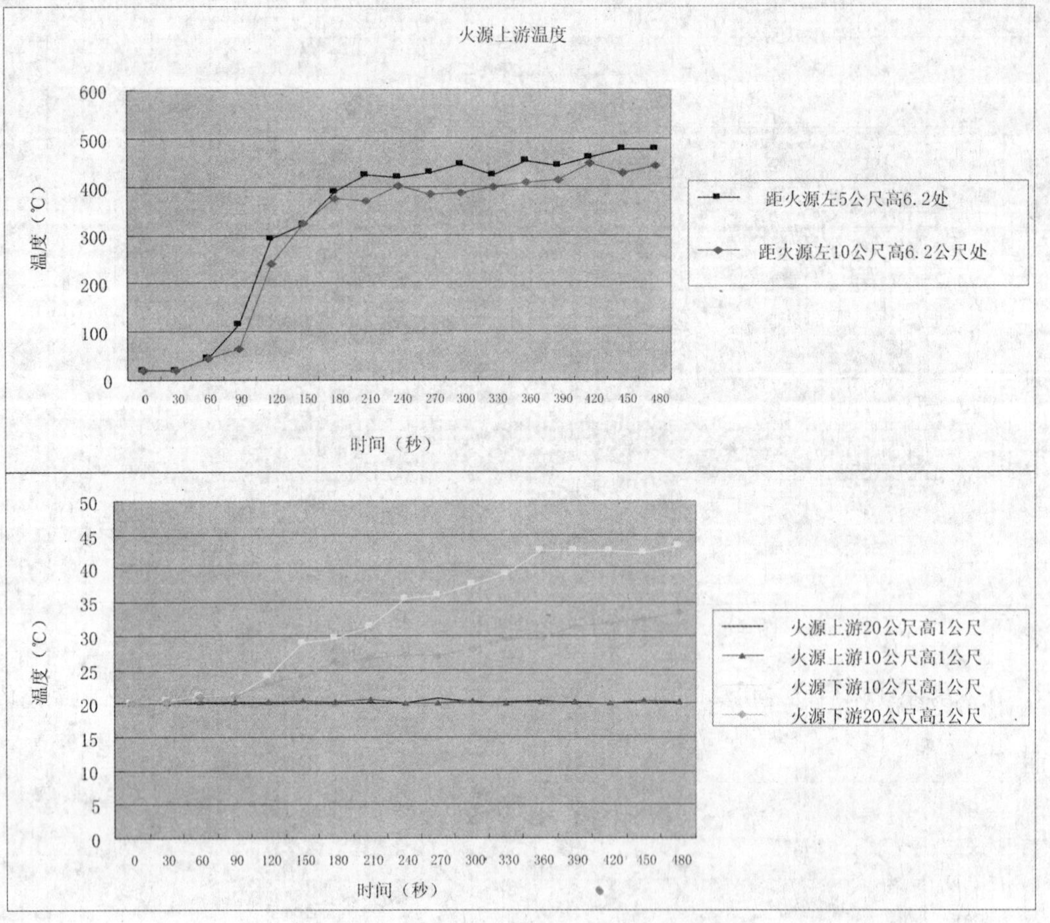

图 4-2　未装设水系统时之环境温度

温度方面，在距地面高度 6.2 公尺处，量测点于火源下游 5 公尺处，最高温可达近 800℃。

以上为雪山隧道未装设固定式水系统灭火设备时，火灾之热释放率及隧道环境温度之分布情形，接着则是模拟装设固定式水系统灭火设备后，放射水量与放射时间对于火势抑制及温度控制之结果。

（二）编号 1（放射密度 6 LPM/m^2，系统启动时间起火后 180 秒）

1．释放率

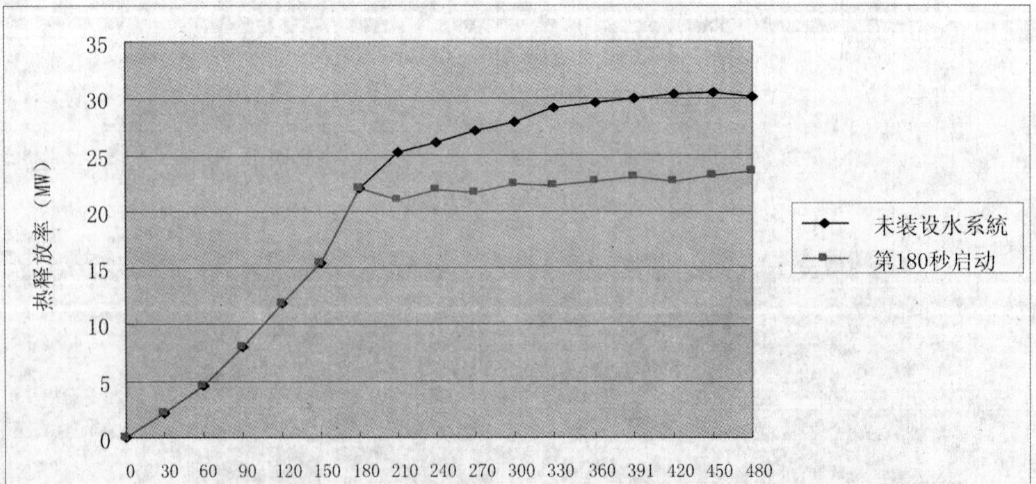

图 4-3　放射密度 6 LPM/m^2 之热释放率

2. 温度

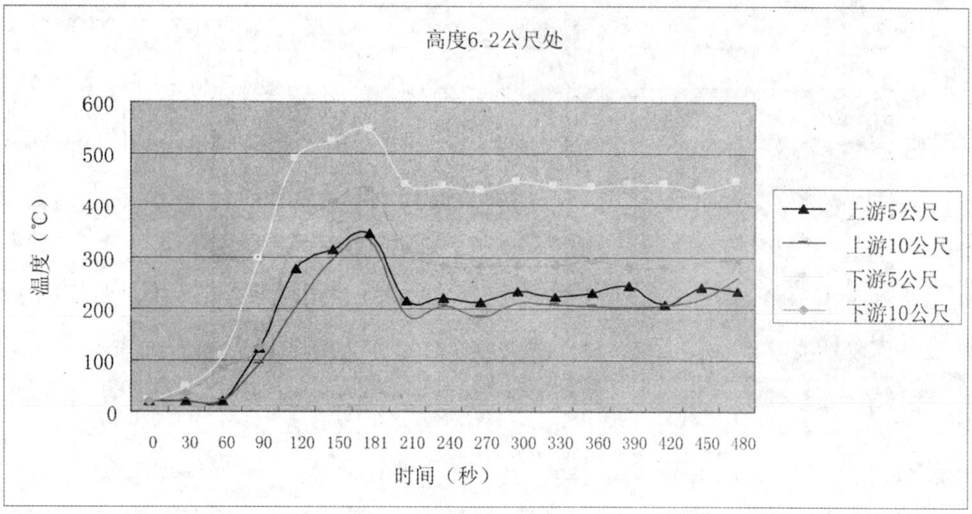

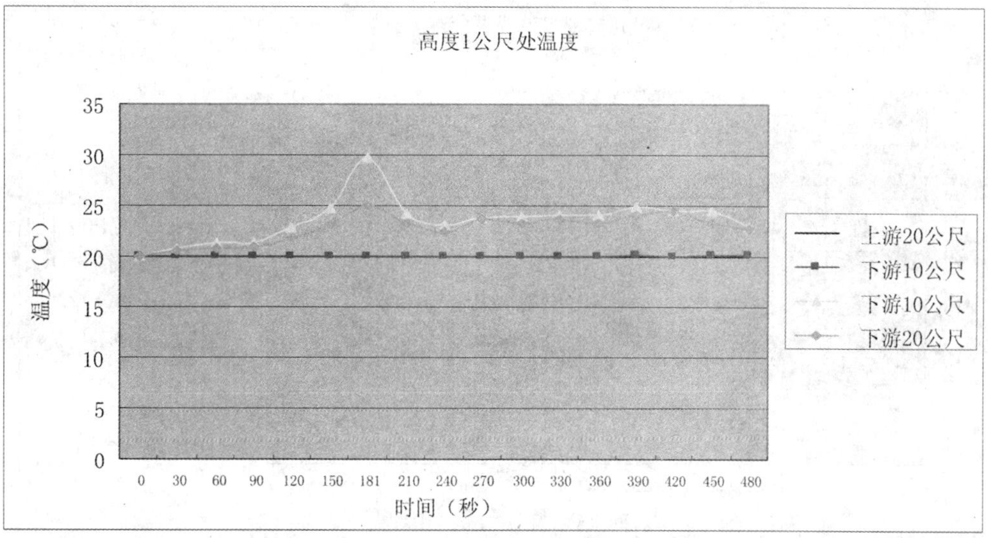

图 4-4　放射密度 6 LPM/m^2 之环境温度

（三）编号 2（放水密度 19 LPM/m^2，系统启动时间起火后 180 秒）

1. 热释放率

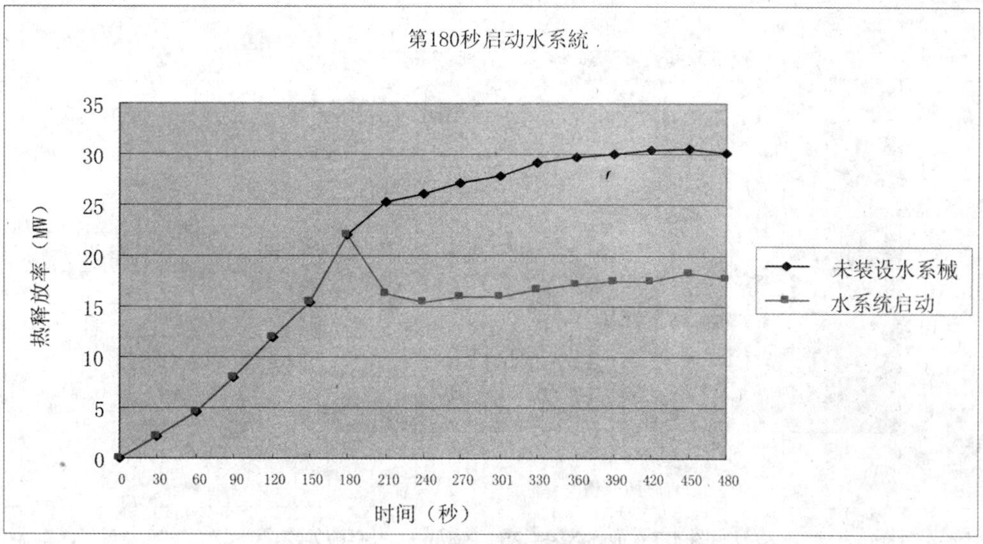

图 4-5　放水密度 19 LPM/m2 之热释放率

2. 温度

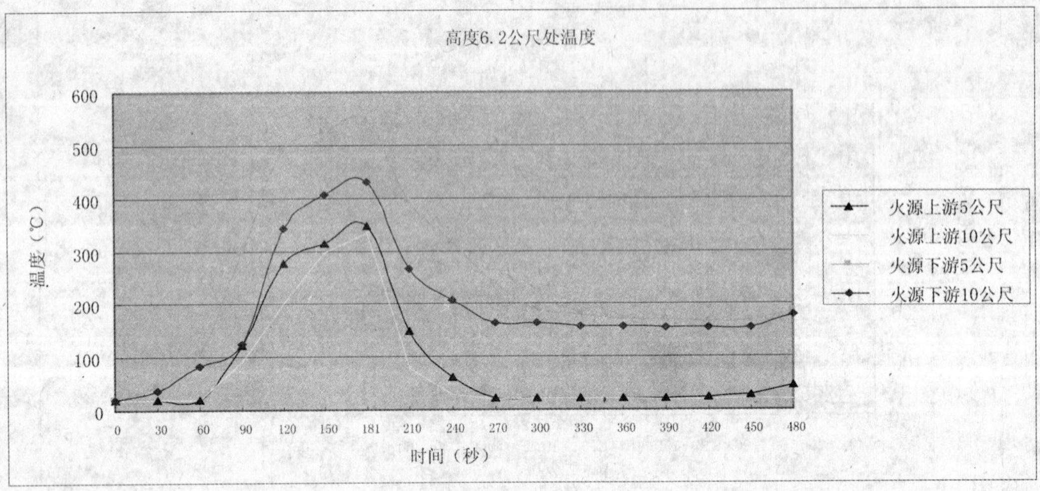

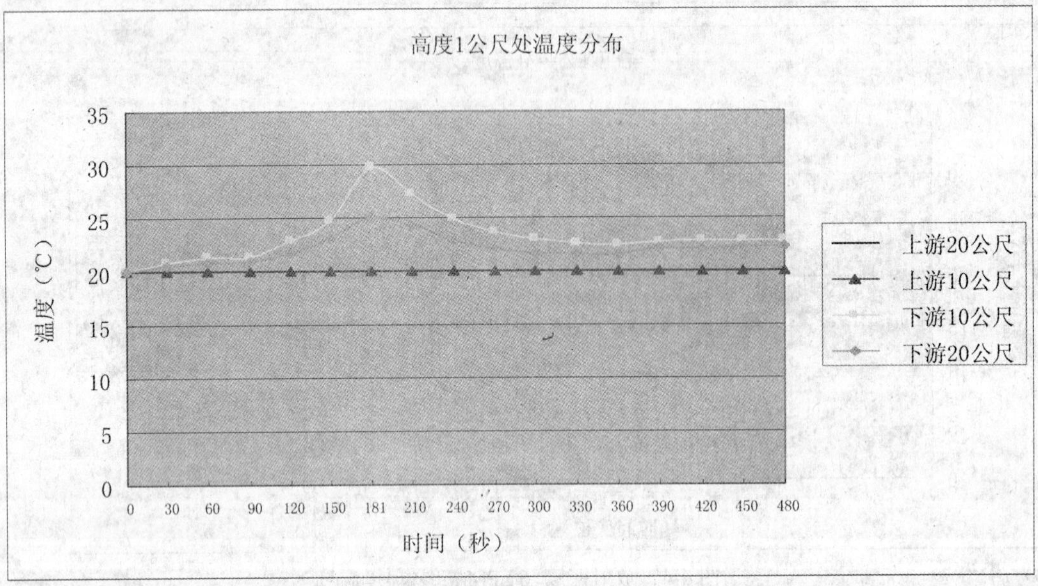

图 4-6　放水密度 19 LPM/m^2 之环境温度

（四）编号 3（放水密度 25 LPM/m^2，系统启动时间起火后 180 秒）

1. 热释放率

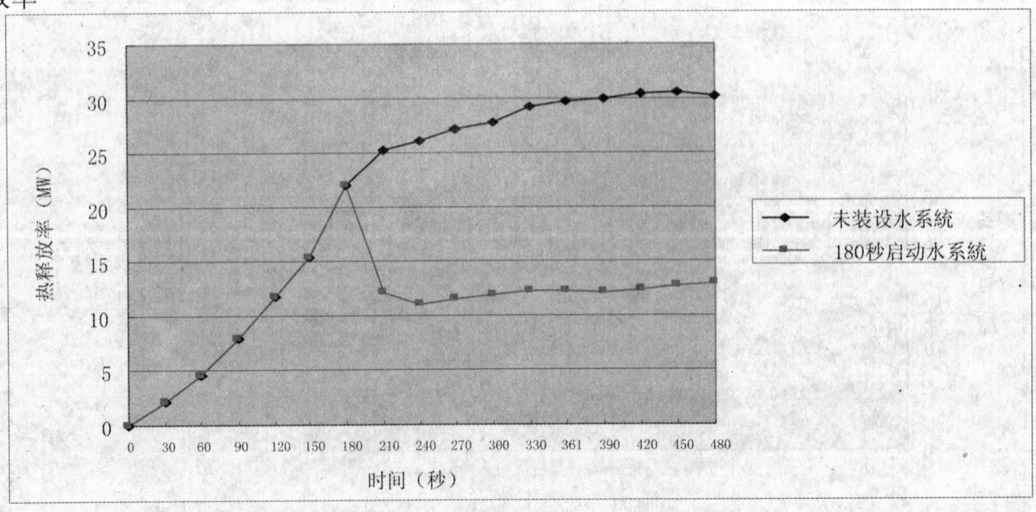

图 4-7　放水密度 25 LPM/m2 之热释放率

2、温度

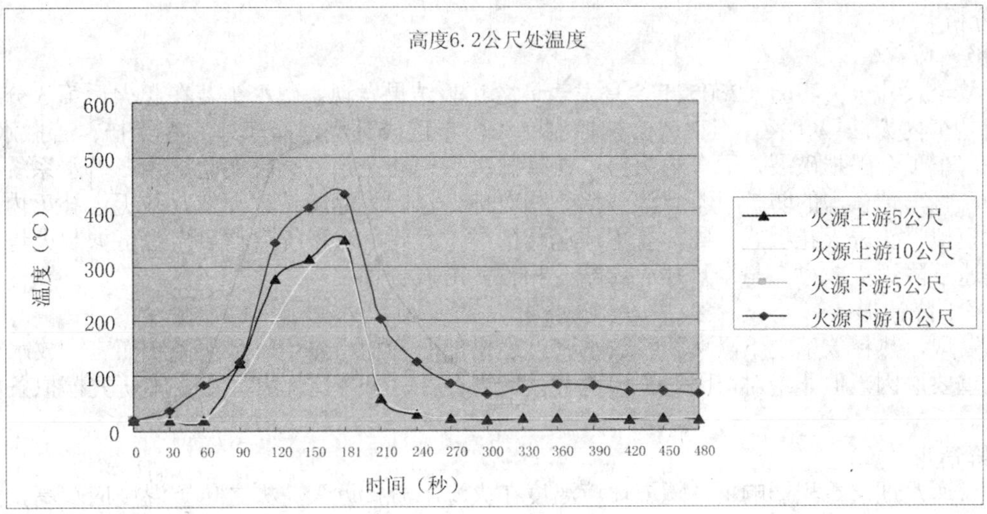

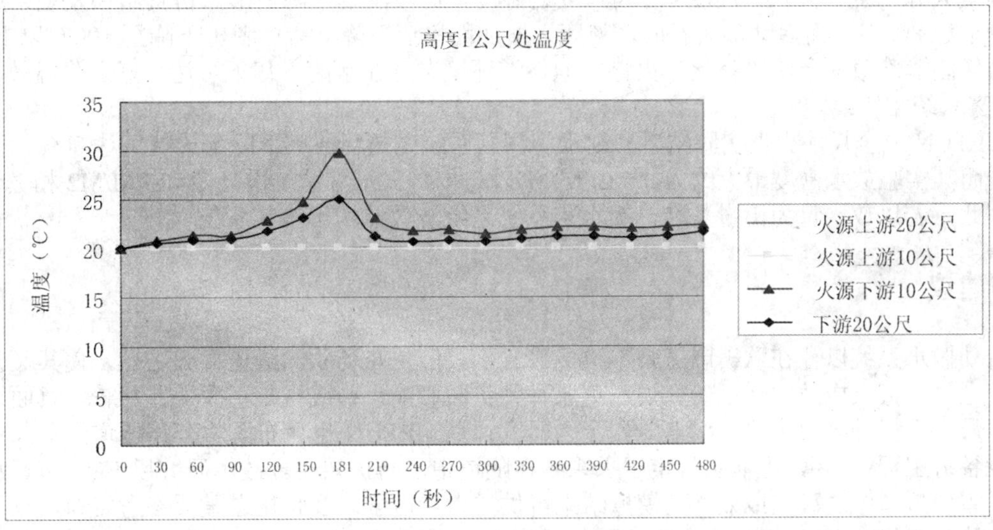

图 4-8　放水密度 25 LPM/m^2 之环境温度

2.3.6 模拟小结

分析项目 种类	热释放率下降率	温度下降情形	备注
未装设水雾系统	30MW	760℃	一、热释放率下降率以模拟时间内最高峰为比较点。 二、温度测量点为火源下游 5 公尺，高度 6.2 公尺处。
放射密度 6LPM/M^{2---}	23MW （下降约 20%）	450℃ （下降约 300℃）	水系统启动时间为第 180 秒
放射密度 19 LPM/M^{2---}	18MW （下降约 40%）	170℃ （下降约 600℃）	水系统启动时间为第 180 秒。
放射密度 25 LPM/M^{2---}	14MW （下降约 50%）	80℃ （下降约 700℃）	水系统启动时间为第 180 秒。

2.3.7 结论分析

1. 车顶遮蔽效应：

根据荷兰全尺寸火灾实验（2005 年 5 月发表）之实验结果发现，撒水头若在起火后第 3 分钟开启，则火源在密闭之车内无法被扑灭，但火势会被控制在车内不造成延烧，而车顶完整无伤；若撒水头在第 10 分钟方开启，车顶会毁损破裂，而车内火势很快被扑灭。上述全尺寸火灾实验显示，若水系统及早启动，可控制火势，且车顶在水的防护下不致遭毁损，相对地，也因为遮蔽持续存在，故无法扑灭内部火灾。

本研究模拟喷头采天花板式，同样有车顶遮蔽情形，因此，水系统启动后，虽可抑制火势及温度，但无法达到快速下降灭火效果，与全尺寸火灾结论相较，应属合理。

2. 热释放率下降情形：

由模拟发现，热释放率之下降率随着放水密度之增加而增加，显示就水雾系统而言，放水密度是影响灭火效能之重要原因，但非绝对，因为车顶遮蔽效应之存在，下降比率有限，在本研究模拟条件下最大下降率为 50%。

3. 温度下降情形：

在纵向风速及烟层蓄积影响下，隧道环境温度在火源下游接近天花板之位置温度应较高，因此，本研究主要以测量火源下游 5 公尺，高度 6.2 公尺处之温度来比较温度下降情形。仿真结果发现未启动水系统时，温度可达近 800℃，而启动后随着放水密度之增加而快速下降，最佳者可下降至 100℃以下。

显示虽然因遮蔽效应无法“扑灭”火势，但隧道环境温度在水的冷却下可达良好之降温效。

4. 与细水雾系统相较：

根据 UPTUN 之全尺寸火灾实验结果，细水雾高压系统之热释放率下降率最佳可达 80%，而低压系统可达 40%，而其实验放水密度最大约为 3.5 LPM/M2，与本仿真水雾系统最高 25 LPM/M2 相较，水量相差非常大，因此，若以放水量为衡量基准，细水雾系统之经济效益优于水雾系统。

3. 结论与建议

虽然自动撒水系统以往在欧美国家是不赞成设置的，但是几场欧洲隧道大火之后，使其又开始重视自动撒水系统之早期灭火成效并透过研究说明克服种种负面影响，亦或与其正面效益相较，负面影响可被盖过。而欧洲最大之提升既存公路隧道消防安全之研究计划 UPTUN 也公布了“公路隧道设置固定式水系统消防安全设备之工程指南”，无非系肯定了水系统在隧道中之防护效益。故本研究以 FDS 仿真水系统消防安全设备于雪山隧道中之灭火成效，其模拟结果可供雪山隧道学习及强化之重要参考资料，以下提出本研究最后之结论与建议：

一、结论

(一) 水雾系统之抑制火势成效随着放水密度之增加而增加，最小放水密度 6LPM/M2-热释放率下降率约为 20%，而最大放水密度 25 LPM/M2 约为 50%。

(二) 隧道环境温度亦随着放水密度之增加而明显下降，在距火源下游 5 公尺，高度 6.2 公尺处未启动水系统之仿真，最高温可达近 800℃，而启动水系统之后，最佳者可下降至 100℃以下。

(三) 天花板型之水雾系统虽亦可抑制火势成长，有效降低隧道环境温度，但是所需水量仍远大于细水雾系统，就水量经济成本之考虑而言，细水雾系统优于水雾系统。

(四) 本研究模拟喷头采天花板式，有车顶遮蔽情形，因此，水系统启动后，虽可抑制火势及温度，但无法达到快速下降灭火效果，与全尺寸火灾结论相较，应属合理。

二、建议

本研究针对雪山隧道消防安全设备与后续研究方向提出如下建议：

(一) 长隧道内装设固定式水系统灭火设备已成为世界趋势，因此，建议雪山隧道应有固定式水系统灭火设备之设置，至于选择设置何种系统，仍应全面衡量，在安全、有效、经济、合理之精神下，并有全尺寸火灾实验而验证。据目前世界最新研究如 UPTUN 及 PIARC 2007 年版，系以细水雾系统之成效较值得注意。

(二) FDS 之模拟结果仅可当作部分之参考，仍应要有火灾燃烧实验为验证。建议应建置一定规模之实验隧道做全尺寸之火灾燃烧实验，对于隧道安全防护才有实际之效益。

(三) 大客车有车顶遮蔽之效应，使得天花板型撒水头之灭火成效有其限制，建议可进一步研究侧壁式撒水头或是加有泡沫之水系统灭火设施，以多方评估灭火效益。

(四) 欧美各国甚至日本，都有专门之隧道研究机构，针对各种隧道内消防安全设备做研发与实验，通常都有相当之贡献。台湾隧道开发亦越来越密集，若设有专门研究单位，对隧道安全之防護应能更进一步。

(五) 综归各国绝大部分国家都有订定规范公路隧道消防安全设备之规范，不论是日本法条条列式规范，或是美国、澳洲等较偏重性能式之规范，都有完整程序，且不断地研究进步更新，而除雪山隧道外，还有其它大大小小开发或即将开发之隧道群，至今仍无可依据之设计规范，实在有必要订定相关之数据以防护公路隧道之消防安全，保护人民生命财产安全。

4. 参考文献

[1] PIARC.Systems and equipment for fire and smoke control in road tunnels. 2007.
[2] Engineering Guidance for water based fire fighting systems for the protection of tunnels and subsurface facilities, work package 2.5 of the research project UPTUN of the European commission, 2006,8.
[3] 沈子胜,简贤文.隧道火灾紧急救援灭火设施研究研究案.台湾区国道新建工程局.2006,1.
[4] Hankur Ingason Model scale tunnel fire tests sprinkler. SP Fire technology. 2006.
[5] 简贤文.公路隧道火灾防救专题研究.鼎茂图书出版公司.1999,4.
[6] 简贤文.公路隧道消防安全设备规范之研究.台湾区国道新建工程局.1997.
[7] 王朝煌,简贤文.雪山隧道重大灾害救援指挥标准作业程序建立.台湾区国道高速公路局北区工程处, 2005,9.
[8] 沈子胜,简贤文."隧道火灾紧急救援灭火设施研究"研究案.台湾区国道新建工程局,2006,1.
[9] 简贤文,熊光华,曾平毅,沈子胜.国道东部公路紧急应变计划及救援标准作业程序建制.2003,9:5-15, 5-16.
[10] Underground transportation systems in Europe : safety, operations, and emergency response, U.S department of transportation, FHWA, 2006,6.
[11] Professor Gabriel Alexander Khoury . Common SAFET/UPTUN safety philosophy leading to the global approach to tunnel safety. second international symposium, Lausanne. 2006.
[12] Felix Amberg Large scale underground research facility on safety and security-L-SURF, second international symposium, Lausanne. 2006.
[13] R C Hall(Mott Macdonald) Ventilation during road tunnel emergencies, copyright TRL Limited.2006,8.
[14] Arvidson, M..Alternative fire sprinkler systems for roadway tunnels. Proceedings of the International Symposium on Catastrophic Tunnel Fires.20-21, 2003,11:193-201.
[15] Brinson, A. Are sprinklers the solution to prevent Catastrophic tunnel fires. Proceedings of the International Symposium on Catastrophic Tunnel Fires. 20-21, 2003,11:155-159.
[16] Brandt., A. W.. Presentation of test result from large scale fire tests at the Runehamar tunnel. Proceedings of the International Symposium on Catastrophic Tunnel Fires. Fires. 20-21, 2003,11:118-119.
[17] Carlotti, P. An integrated safety study for the use of Fixed Fire Fighting Systems. NFPA World Safety Conference, Las Vegas. 2005, 6:1-8.
[18] Fielding, L. Fire suppression in road tunnels-why is needed-A fire brigade view. Proceedings of the International Symposium on Catastrophic Tunnel Fires. 20-21, 2003,11:207.
[19] Huijben, I. Application of Transportation Tunnel Fixed Fire Fighting Systems in the Netherlands. Proceeding of the 2005 NFPA World Safety Conference, Las Vegas. 2005,6.
[20] Huijben, Ir. J.W. Tests on Fire Detection Systems and Sprinkler in a Tunnel.ITC Conference Basel 2-4 ,2002, 12.
[21] Ingason H. Heat Release Rate Measurements in Tunnel Fires. Proceedings of the International Conference on Fires in Tunnels.1994:98.
[22] Ingason, H., Lonnermark, A. Large-scale Fire Test in The Runehamar tunnel-Heat Release Rate. Proceedings of the International Symposium on Catastrophic Tunnel Fires. 20-21,2003, 11:81-91.
[23] Lemaire, T. Runehamar tunnel Fire Tests:Radiation, Fire Spread and Back;ayering. Proceedings of the International Symposium on Catastrophic Tunnel Fires. 20-21, 2003,11:105~116.
[24] Li, Yuguang. Assessment of Vehicle Fires in New Zealand Parking Buildings. Master's Thesis.Department of Civil Engineering, University of Canterbury, New Zealand. 2004,5:28.
[25] Liu, Z., and Kim, A. k. A REVIEW OF WATER MIST FIRE SUPPRESSION SYSTEMS- FUNDAMENTALS STUDIES. Journal of Fire Protection Engineer. 2000,10(3):32-50.
[26] Lonnermark, A., Ingason, H. Large Scale Fire Test in the Runehamar tunnel-Gas temperature and radiation. Proceedings of the International Symposium on Catastrophic Tunnel Fires.20-21 ,2003, 11:93-103.
[27] Mashimo, H., Mizutani, T. Current State of Road Tunnel Safety in JAPAN.The 22nd PIARC World Road Congress. 2003,10.
[28] McGrattan K..Fire Dynamics Simulator (Version 4) Technical Reference Guide. 2005,2.

A Study on FDS Simulations of Water-based Fire Suppression Systems in the Snow-Mountain Tunnel

Abstract

It is a worldwide trend to build road tunnels for transportation. The catastrophic consequences of the tunnel fires (e.g., the Mont Blanc tunnel, 1999, the Austrian Kaprun funicular tunnel, 2000, and the Swiss St. Gotthard tunnel, 2001) not only resulted in loss of life, severe property damages, but also left the public with a lack of confidence in using such systems. Thus, to protect the tunnel fire safety becomes the never endless goal.

In Taiwan there are many road tunnels built and the longest one, Snow Mountain tunnel, is 12.9Km length. It has been constructed as paired uni-directional traffic tunnel and have been provided with safety features such as mechanical ventilation systems, full CCTV surveillance, frequent escapes to a place of safety and 24 hour staffed control rooms, but there is no deluge or similar system in Snow Mountain tunnel. However, up to now we do not have any regulations or guidelines for road tunnel fire safety. In this study, based on the analysis of important new studies in the United Sate, Australia, some Europe countries and Japan, that use deluge or similar systems in road tunnels, and discuss the effect of sprinkler system in tunnel fire by using Fire Dynamics Simulation (FDS), the fire protection systems in Snow Mountain Tunnel are evaluated to identify whether they are sufficient to protect the tunnel environment in fire incidents.

Finally, it will simulate and compare the scenarios about the bus fire in tunnel and the effects of sprinkler system in various gauges, pressures, and activated methods. The study demonstrates that it is necessary for the Snow Mountain tunnel to install the fire suppression system. In addition, the smoke control system and signal equipments are also needed to provide a safer tunnel environment. In the future, full-scale fire tests are the recommended for tunnel fire safety research.

Key words: road tunnel, FDS, Sprinkler System, Snow-Mountain Tunnel.

作者简介：

陈叁奇，男，1978 年 12 月，台湾警察大学消防科学研究所，研究生。公路隧道消防安全设备研究领域。
联系方式：地址：桃园龟山乡大岗村树人路 56 号,电话：03-3281114(O)，
e-mail：fc953064@mail.cpu.edu.tw。

双层幕墙建筑的消防性能化设计

施碧波，殷颖智，罗明纯

奥雅纳工程咨询（上海）有限公司

摘要

近年来，随着中国经济化建设程度的加快，中国的建筑业方兴未艾。国外运用较多的双层幕墙建筑由于具有环保、节能、美观等功能在中国的大城市不断涌现。在建筑的品位提升时，由于双幕墙结构所具有的特殊的“烟囱”形状，一旦发生火情，火灾在双幕墙空隙内的蔓延情况成为消防审批部门担心的问题。由于国内没有消防规范对这类新颖建筑的消防设计做出规定，采用性能化的模拟分析和设计成为较好的解决方法。

本文简要介绍了国内外双层幕墙的形式和功能；提出国内如北京、上海等大城市在双层幕墙设计中碰到的难题和消防部门的关注点，由此引出不同类型的双层幕墙在解决消防设计难点上的措施，包括加设挑檐、设置额外的消防主动系统等等；分析中提出了双层幕墙安全设计的接受标准，并采用计算流体力学模拟分析不同种类型双层幕墙的火灾蔓延情况；同时本文也提供个案分析予以说明。

关键词：双层幕墙、消防性能化、模拟分析。

1. 引言

近一二十年来，中国经济快速增长，奥运、世博会等发展契机带来了中国建筑业的蓬勃发展。随着欧陆风的盛行，在中国新建的高层、标志性建筑中，建筑的表现形式也发生了明显的变化，采用玻璃幕墙的建筑在大城市中如雨后春笋般的涌现。采用这种表现形式的建筑相对以往采用实体墙的形式其建筑品位提升了很多，但玻璃幕墙在保温、节能、光污染等方面确有很多“瑕疵”，而社会发展造成的能源危机使人类对可持续性发展的要求越来越强烈。因此，玻璃幕墙对节能与环保的需要也更加迫切，随着建筑幕墙技术的发展，一种在功能上具有提高节能和环保作用的新颖建筑——幕墙建筑诞生并被广泛的运用。

双层幕墙又被称为呼吸式幕墙、热通道式幕墙，简单来讲就是由两层玻璃幕墙和中间形成的空腔组成。这类幕墙的出现解决了很多节能和环保上的问题，但同样又引出了其他问题，比如两层玻璃幕墙间的空腔在火灾中起了负面作用，形成了“拔火通道”，类似于烟囱的作用。如何克服这种消防难题成为消防工程界研究的重点。

消防性能化设计针对这种新颖的建筑可以充分发挥其特点，个案分析、因地制宜地制定消防策略。设计和分析中可以较好的结合双幕墙的特点，把节能、建筑品位、消防安全等方面综合考虑，最终找到最适宜、最合理的消防策略，满足业主、建筑师、消防主管部门的要求。

2. 双层幕墙概述

2.1 双层幕墙的发展历史

近年来双层幕墙在各种书籍、文章中被广泛的论述，而最早记载双层幕墙的概念要追述至十九世纪。学者 Saelens[1]在他的文章中指出：早在 1849 年，Jean-Baptiste Jobard 描述了一种早期的机械通风式的多层幕墙系统。Jean-Baptiste Jobard 时任布鲁塞尔工业博物馆的馆长，他详细描述了冬天热空气在双幕墙间的循环方式以及夏天冷空气在双幕墙间的循环方式。

而据 Crespo 宣称，最早采用双层幕墙的建筑于 1903 年诞生在德国南方金格的史泰夫工厂（Steiff Factory, Giengen, Germany）。该建筑出发点是最大化利用日光和减少外界寒风的影响。由于该建筑的成功，1904 年和 1908 年分别又建造了两栋类似的双层幕墙建筑。

在上世纪 20 年代俄罗斯和巴黎也相继建造了几幢双层幕墙建筑，其后就没有发展下去。直到上世纪

70 年代末 80 年代初，出于环境的考虑双层幕墙建筑又开始流行，其次双层玻璃外墙的美学效果也是双层幕墙发展的一个重要原因。到了 20 世纪 90 年代，持续的环保关注使建筑师不仅从技术上也从政治影响上考虑采用双幕墙这种绿色建筑的概念。

2.2 双层幕墙的原理和特点

双层幕墙由内外两层玻璃幕墙组成，两层幕墙之间形成一个通风换气层，由于换气层中空气的流通或循环的作用，使内层幕墙的温度接近室内温度，从而减小温差以达到节能效果。例如外循环双层幕墙的内层幕墙往往采用双层或三层具有隔热功能的钢化玻璃或浮法玻璃，玻璃间的空隙往往填充空气或氩气；外层幕墙通常采用钢化单片玻璃或夹层玻璃[2]。

不同幕墙系统的节能功效及不同幕墙通风换气方式的选择，会因建筑所在地点的气候条件、建筑朝向、建筑高度及热舒适环境要求而变化。与传统幕墙相比，双幕墙的优点是显而易见的：

- 全面的玻璃外墙使建筑玲珑剔透，建筑美感得以提升；
- 节能环保，内外幕墙形成的缓冲区类似保温层，夏天可减少室内接受的太阳辐射同时保持明亮的环境；冬天可减少室内热量损失，减低空调和照明系统的能源消耗。
- 可切实改变室内环境，内外幕墙形成的空腔作为缓冲区，即使在大风大雨的恶劣天气下，依然可利用双幕墙夹层进行通风；
- 隔音效果好，在噪音污染的区域双幕墙可有效屏蔽噪音，提供安静的环境。

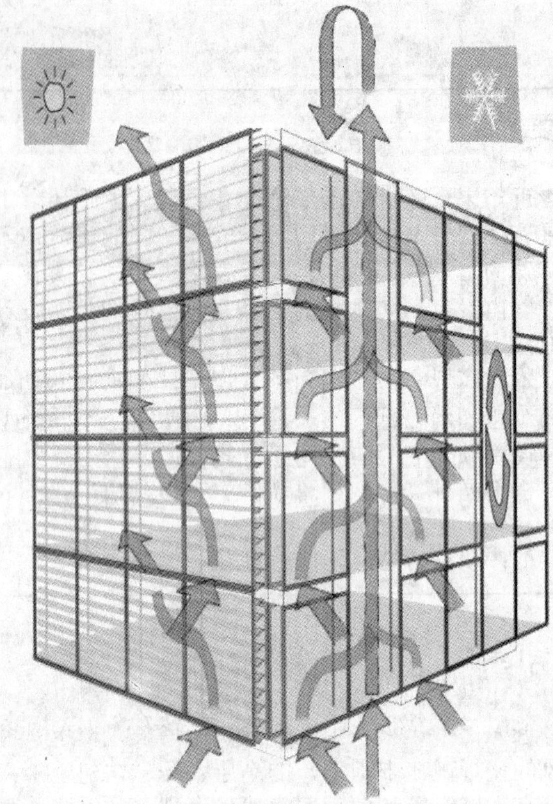

图 1　双层幕墙示意图

2.2 双层幕墙的分类

双层幕墙有多种分类方式，最主要的分类如下[3]：

- 通风方式；
- 双层幕墙间空腔的分隔方式；
- 换气模式

通风方式

这种方法主要将双层幕墙间的通风形式分为以下三种：

1. 自然通风
2. 机械通风
3. 混合通风

混合通风方式结合了自然通风和机械通风，并尽量采用自然通风的方式。

双层幕墙间空腔的分隔方式

这种方法主要将双层幕墙空腔的分隔方式分为如下四种：

1. 单层独立模块式
2. 走廊式
3. 多层式
4. 井-盒式

第一种类型在水平和垂直方向都把双层幕墙进行分隔；第二种类形式把双层幕墙在垂直方向上每层进行分隔，形成通风走道；第三种类似第二种方式，区别在于垂直方向上若干层进行分隔或干脆不分隔；第四种方式是由井状的通风井配合盒状窗户来实现。

图 2　单层独立式模块

图 3　单层走廊式

图 4　多层式

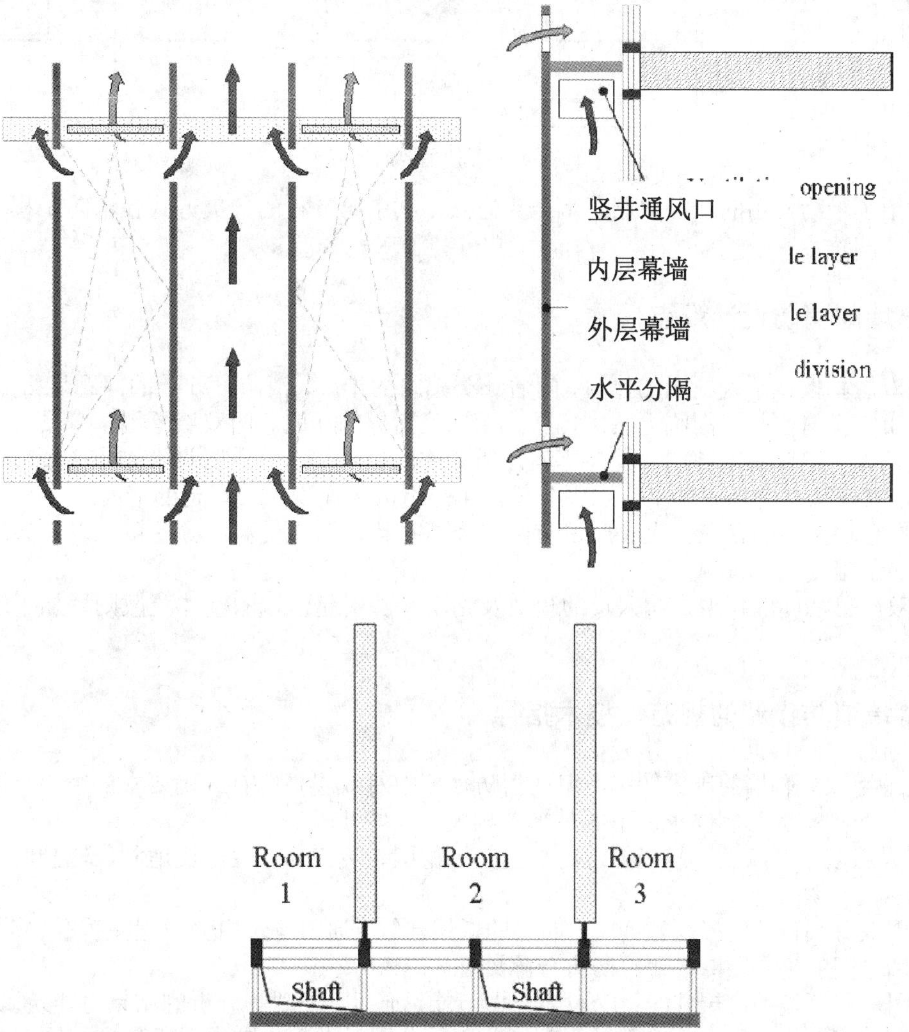

图 5　井-盒式立面图、剖面图、平面图[4]

换气模式

这种方法将双层幕墙的换气模式主要分为五类：

1. 外循环式
2. 内循环式
3. 吸气式
4. 呼气式

5. 缓冲式

第一种方式形成的气流将外幕墙包围，第二种方式形成的气流将内幕墙包围，第三种方式由外部向室内提供新鲜气流，第四种方式将室内空气排至室外，第五种方式只是形成内外界的缓冲区，不存在气流交换。

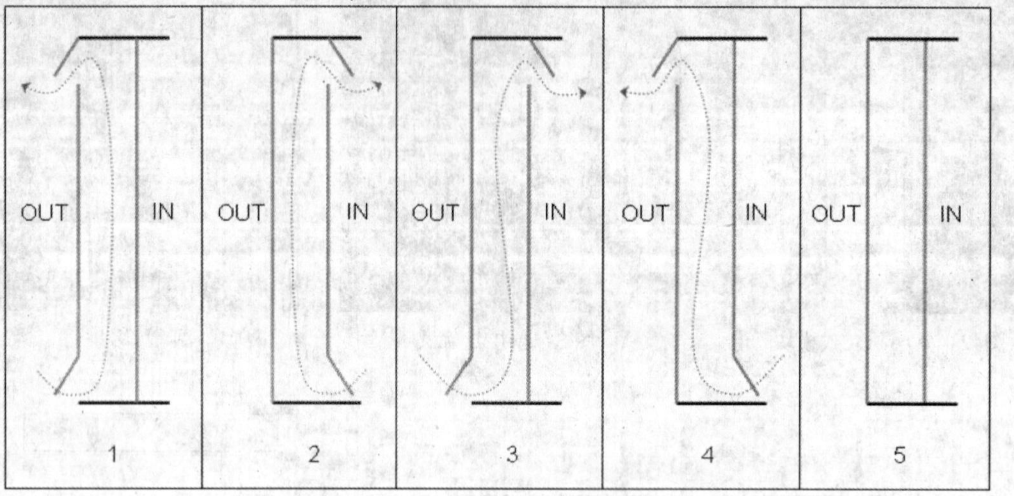

图 6　五种主要的换气模式

以上介绍了最为常用的三种双层幕墙分类方式，其中第二种的分类方式在消防工程学上运用最多，较符合消防设计的特点。

2.3 双层幕墙的消防设计难点

在中国双层幕墙属于较新颖的建筑，随着该类建筑的推广，消防设计上的问题显得尤为突出，在上海、北京等大城市审批时也往往面临无案例可循、无规范指导的问题。而双层幕墙本身具有的特殊性，有若干问题成为设计方、消防主审部门、消防工程师所关注的焦点，这些消防设计难点主要体现在如下几方面：

- 火灾和烟气在双层幕墙内向上或水平蔓延，可能造成大面积火灾蔓延的情况；
- 由于双层幕墙空腔的存在，火灾时消防部门登高扑救，消防员对火源的辨识以及如何快速进入着火区域都增加了难度；
- 烟气在双层幕墙间的积聚影响人员的疏散及判断，若引起建筑的整体疏散则增加了疏散安全的不确定性；

2.4 双层幕墙消防设计的规范、技术指导

世界上采用双层幕墙的国家较多，但在消防规范中对双层幕墙有明确要求的很少，国外更多的是形成设计惯例，并非规范的强制要求，下面是国外相关的一些要求。

欧洲是采用双层幕墙设计最多的地区，包括了德国、英国、芬兰、奥地利、比利时、法国等国家。主要的设计方式可归纳如下：

- 对于采用双幕墙设计的楼层数为三、四层的低层建筑，通常建筑内会设置完善的自动灭火和报警系统，内外幕墙之间的夹层不专门进行防火分隔处理。
- 对于采用双层幕墙的高层建筑，一般会根据节能、通风、外观等分析的结果将建筑以1～7层楼甚至更多楼层划分为一个分区，内外幕墙之间夹层跨越分区时做竖向防火隔断处理。同一分区内的各楼层的内外幕墙之间的夹层不做特殊防火分隔处理。

从上面一些欧洲的常规做法可以看出，欧洲国家对双层幕墙的垂直分区在消防法规上没有明确的规定。建筑师往往是出于节能、通风、外观等要求将双层幕墙在垂直方向上进行划分。欧洲消防规范对于双层幕墙建筑不做要求，原因是认为在各种消防设施完善的条件下这类建筑发生严重火灾的危险性较小。

在日本，规范对双层幕墙的消防设计没有具体要求，通常认为不管是内幕墙还是外幕墙都属于外墙，所以常规只考虑在内幕墙处设置 900mm 高的窗槛墙或在内外幕墙间设置水平的防火挑檐，水平挑檐的宽度至少要 500mm，厚度至少 35mm。类似欧洲的做法，在日本通常每 3 层用楼板分隔形成一个分区，但也

有建筑整体贯通不做分隔的。日本与欧洲的差异在于日本要求内幕墙设置窗槛墙或防火挑檐。在消防系统设计上，比如火灾探测报警系统、自动喷水灭火系统等，它的要求跟单幕墙建筑一样，没有特别的说明。

在大洋洲国家，比如新西兰文献 C3(approved Documents C3)认为水平挑檐能够使火焰偏离外幕墙，是一种非常有效的防止火灾上下层蔓延的方法。同样在澳大利亚，消防工程指南（Fire Engineering Guidelines Clause 5.5.5.2）[5]指出：水平挑檐是较好的防止火灾垂直传播的方式，其优点比设置窗槛墙的形式要有效。

根据学者 Igor Oleszkiewicz[6]在他所著的《使用窗槛墙或挑檐的垂直分隔方式》(Fire Technology Issue: 1991 年 11 月，27 册）中指出，根据全尺寸的试验，把窗槛墙，阳台、雨棚这样的挑檐的分隔物设置在楼层外檐能较好的引导火焰和烟气流，但达到同样的效果，需要的窗槛墙高度是不切实际的，所以挑檐显得更为明显、有效。

3. 双层幕墙的消防性能化设计

针对双层幕墙的特殊形式，消防工程界研究了很多对策，其中有些成为普遍接受的方法。由于不同种双层幕墙的空间尺寸、通风条件等差异较大，相同的消防措施带来的效果也会不同，所以在进行双层幕墙消防设计时首先就必须设定安全的接受标准。根据接受的标准寻找相应的措施，再针对相应的措施进行一定的评估，比如采用计算流体力学的模拟分析或一定的试验论证等，从而保证双层幕墙在消防上的安全可靠性。

3.1 接受的标准

采用消防性能化设计时，对研究的问题往往要确定消防安全度是否满足要求。常采用的标准就是通过性能化设计后的消防安全度至少不低于规范要求的安全度。

国内规范虽然没有明确指出双幕墙的消防设计要求，但从消防功能上的理解是下层发生火灾不能因为双幕墙而向上或向水平方向蔓延，双层幕墙的存在至少要与单幕墙建筑的安全性能一致。为此，消防性能化设计制定了如下的安全接受标准：

- 发生火灾时，着火楼层内幕墙破裂后，上面楼层外幕墙先于内幕墙破裂，此时可认为内幕墙处于室外，与常规单幕墙建筑类似。(针对外幕墙破裂的情况）
- 发生火灾时，着火楼层内幕墙破裂后，烟气上升的过程中不能烧破上层的内幕墙，烟气不蔓延至上面楼层。(针对外幕墙不破裂的情况）

3.2 采用的措施

针对双层幕墙的消防设计接受标准，性能化设计时就需要寻找科学的安全措施，这些措施能有效的降低双层幕墙所带来的火灾风险。具体的消防措施选择往往要根据建筑的特征，最主要的是考虑双层幕墙间的间距，其次通风形式也对幕墙的消防安全有很大影响。

常用的消防策略可概述如下：

- 采用双层幕墙的建筑建议所有的房间设置早期火灾探测报警系统、自动喷水灭火系统以保证火灾的早期发现和控制；窗槛墙、窗间墙或防火裙墙的设计按照规范执行；
- 内幕墙采用的玻璃耐温性能要比外幕墙更高，或者通过内幕墙一侧设置加密喷头冷却内幕墙来实现；
- 对于廊道式的双幕墙建筑，双幕墙空腔每层进行分隔，可以按常规的要求设计消防系统，没有特别要求；
- 对于多层式的双幕墙，可分两种情况分析：

  对于每隔若干层（比如 3、4 层）进行分隔的双幕墙建筑，在楼板外沿需设置一定宽度的防火挑檐，通常取 500mm。由于外界风速对外幕墙自然排烟的影响较大，为防止烟气倒灌进入室内影响人员疏散，建议外幕墙侧窗火灾时联动关闭；

  对于不进行分隔的双层幕墙建筑，在楼板外沿需设置一定宽度的防火挑檐。整个内外幕墙的空腔往往采用顶部自然排烟，当采用顶部侧排时考虑外界风速可能造成烟气倒灌的情况，建议排烟口前方设置一定的挡风设施。
- 对于井—盒式双层幕墙要求通风井的耐火极限不小于 1hr，通风井的通风口火灾时自动关闭；
- 对于建筑有特别要求，无法设置防火挑檐时可选择在双幕墙空腔内设置干式喷水灭火系统，对火灾降温控制；

➢ 为了保证消防员的顺利扑救，建筑外幕墙需要在一定间隔内（20m 为宜）设置入口标记，每侧立面不少于两处。该位置允许消防员打破外玻璃幕墙进入建筑，且入口玻璃宜采用安全玻璃，附近不得设置任何阻碍物。

3.3 工程实例

根据上面所论述的双层幕墙的设计方法，下面将结合实际的工程案例来加以说明。

北京诺基亚研发大楼

诺基亚研发大楼主要功能为手提电话的软件研发与测试，项目采用的双幕墙高 30m，沿西、南、北三个立面敷设，层间不分隔。外幕墙与内幕墙之间间距 1.55m，楼层与楼层之间有超过 0.8m 的梁可作为窗槛墙使用，楼板由内幕墙向外延伸 0.5m，可作为防火挑檐使用。内幕墙采用双层中空玻璃，每层玻璃 10mm，中空间距 12mm，外幕墙为 19mm 的单层玻璃。内幕墙的外侧是多孔或隔栅板的维修通道，双层幕墙顶部侧向开百叶通风排烟。下图为诺基亚办公研发楼主楼双幕墙设计方案的局部示意图。

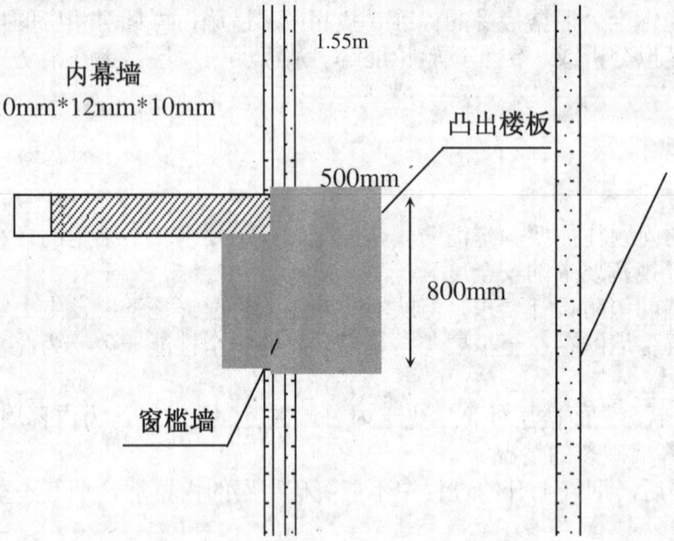

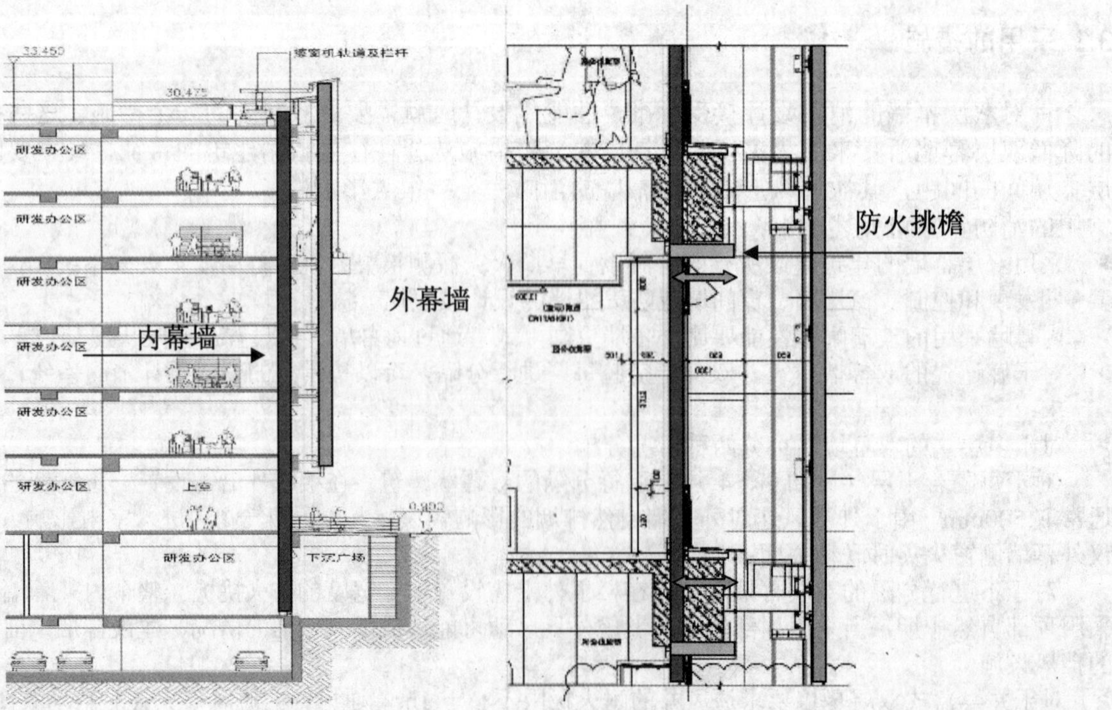

图 7　诺基亚办公研发楼采用的双幕墙示意图

自然排烟开口、窗槛墙及凸出楼板（防火挑檐）对火焰及高温烟气在双幕墙内蔓延所产生的共同作用，通过计算流体力学（CFD）软件 FDS 进行模拟验证，以了解设计火灾场景下办公室内火焰和烟气对楼上几层的影响，同时考虑烟气上升对外幕墙的影响。

表 1　火灾场景设置及分析目的

<table>
<tr><th>位置</th><th>模拟火灾场景</th><th>CFD 模拟原因及目的</th></tr>
<tr><td>二层轴 L-K/7-8</td><td>办公室喷淋控制的 2.3MW 快速发展火</td><td rowspan="2">模拟火灾时火焰和烟气在双幕墙之间蔓延情况，以验证在采用防火挑檐的情况下双幕墙内垂直防火分隔方法的可靠性，即分析火灾是否会在双幕墙内的楼层间蔓延。</td></tr>
<tr><td>二层轴 L-K/7-8</td><td>办公室喷淋失效 6 MW 快速发展火</td></tr>
</table>

FDS 模拟分别验证了在不同火灾场景下，火焰及烟气在双幕墙内的蔓延情况，根据加拿大国家研究院消防研究所和日本建筑研究所的研究，单层玻璃一般在达到 300℃时会发生破裂和脱落，模拟中采用这一数据，模拟结果主要如下：

- 2.3MW 的火灾场景下，火灾初期按快速火迅速发展，在 201s 时着火层内幕墙破裂高温烟气上升，由于楼板外沿设置的防火挑檐和窗槛墙对烟气和火焰的传播起到明显的阻隔和外推的作用，上层内幕墙处烟气最高温度 117℃，远远低于玻璃幕墙的破碎临界点，火灾不会向上层蔓延。
- 在喷淋系统失效可信最不利的 6MW 火灾场景下，情况与 2.3MW 相似。在 200s 时内幕墙破裂,在挑檐和窗槛墙的干扰下,火焰趋向于靠外墙一侧上升，上层内幕墙处烟气最高温度 160℃，远远低于玻璃幕墙的破碎临界点，从而保证了上层内幕墙不会破裂,火灾不会向上层蔓延。

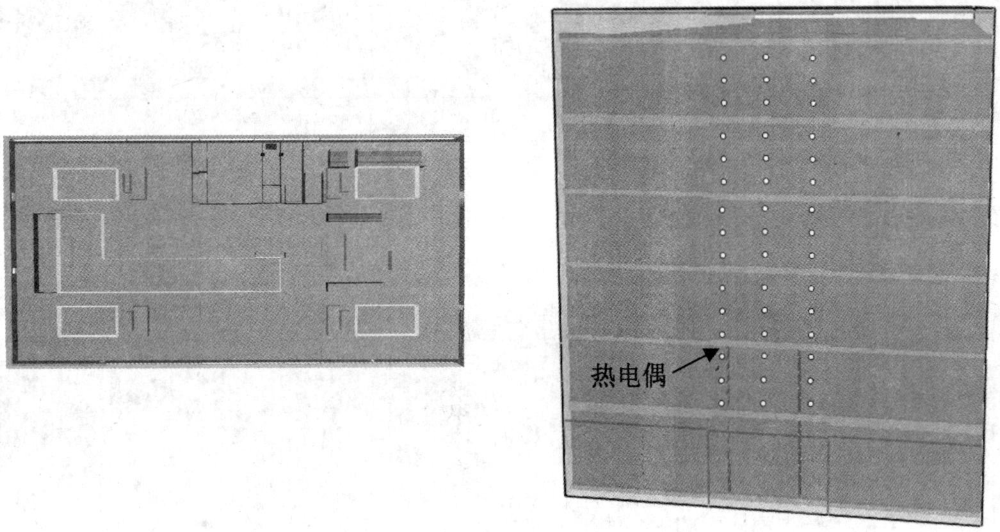

图 8　模型外观

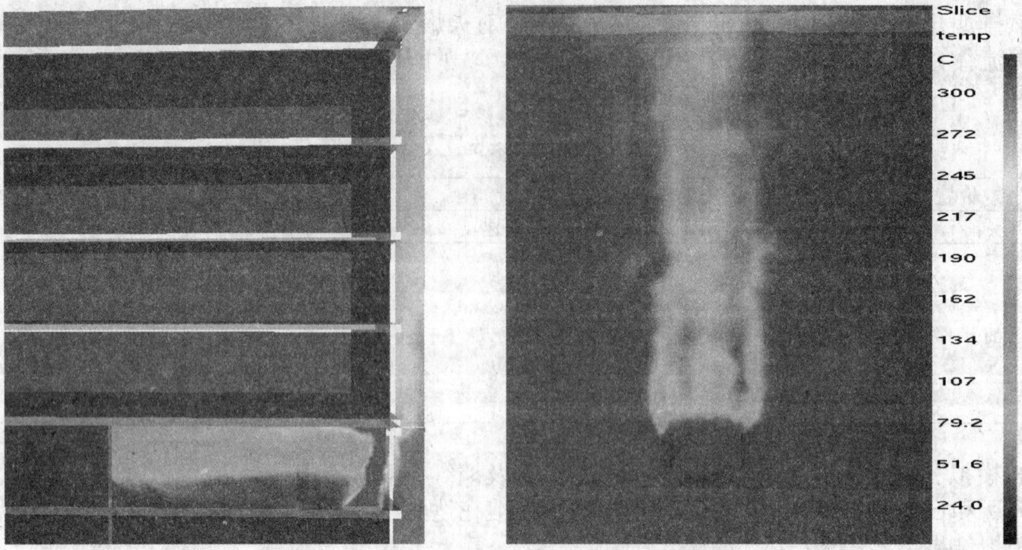

图 9　2.3MW 场景下 20 分钟时温度分布图

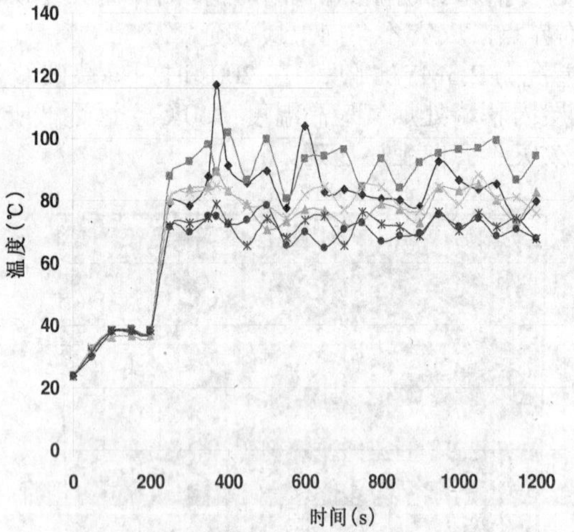

图 10　2.3MW 内幕墙垂直方向温度变化曲线

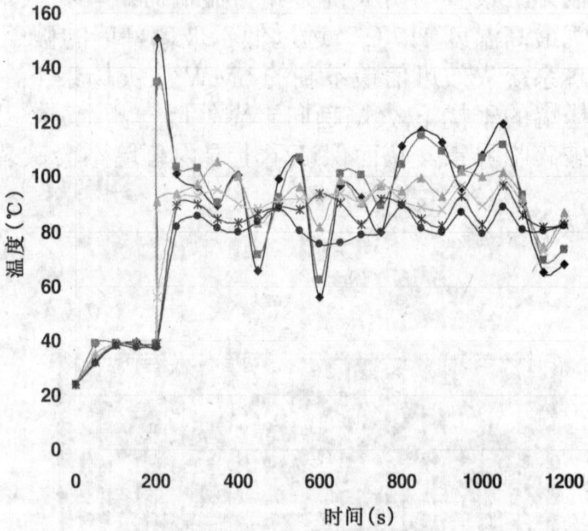

图 11　2.3MW 外幕墙垂直方向温度变化曲线

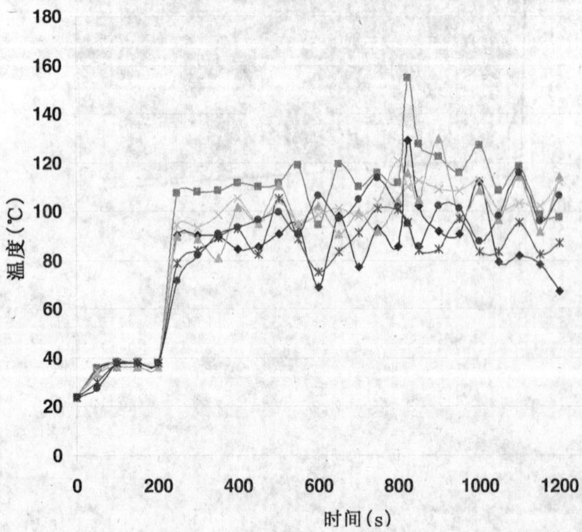

图 12　6.0MW 内幕墙垂直方向温度变化曲线

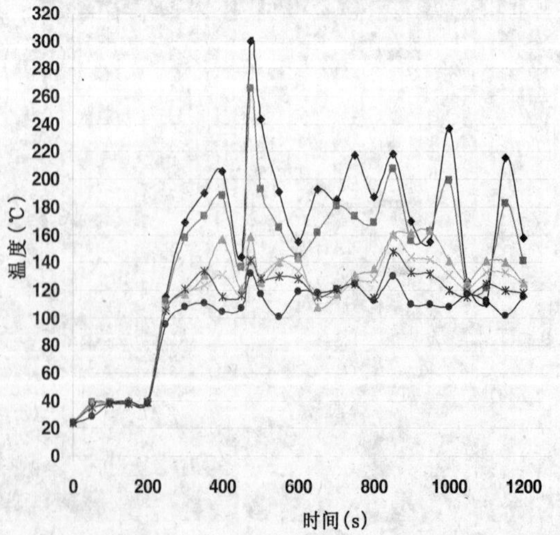

图 13　6.0MW 外幕墙垂直方向温度变化曲线

上海某高层大楼

该办公大楼毗邻黄浦江，楼高 27 层。大楼平面呈曲边三角形，每层建筑面积为 1,500m²，层高为 4.38m。大楼在东、南及西面玻璃幕墙采用了双层幕墙系统，双幕墙之间的空隙约 1.0m 左右，楼板外沿设置 500mm

的防火挑檐。在双幕墙之间每三层设置防火玻璃隔断，外幕墙设置可开启窗户。每层楼板外沿设置不低于800mm 的 1h 耐火极限的窗槛墙，内外幕墙上的可开启窗与火灾探测报警系统联动，火灾情况下自动关闭。

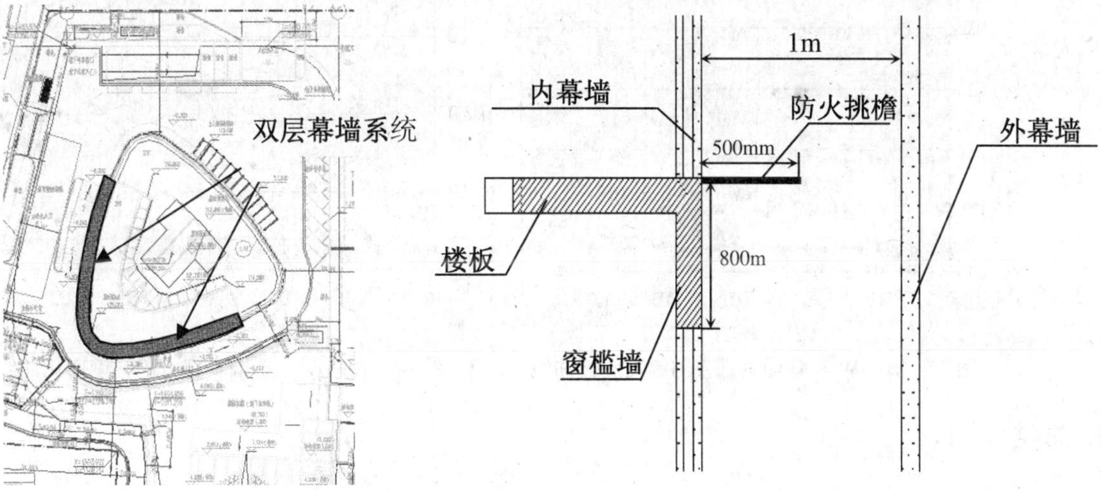

图 14　双层幕墙示意图

由于高层建筑所面临的外界风速较高，火灾时打开外幕墙通风口可能面临烟气倒灌，气流组织混乱的情况，所以分析中认为火灾时利用外幕墙排烟不可控因素较多，建议火灾时关闭外幕墙可开启窗。分析中假设两种火灾场景，分别是喷淋控制和喷淋失效下的情况，火灾规模分别为 1.5MW 和 10MW。通过 FDS 计算流体力学模拟，可以得出这样的结论：在 10MW 的情况下，当着火层内幕墙破裂后，由于挑檐的存在，火焰和高温烟气被外推，外幕墙会先于内幕墙破裂，上层内幕墙附近温度低于破裂极限；而在 1.5MW 的情况下，上层内、外幕墙的温度也始终未达到破裂的极限，况且幕墙选材时内幕墙的耐温极限高于外幕墙，高温烟气聚集在双层幕墙空腔内会首先让外幕墙破裂，符合设计的接受标准。

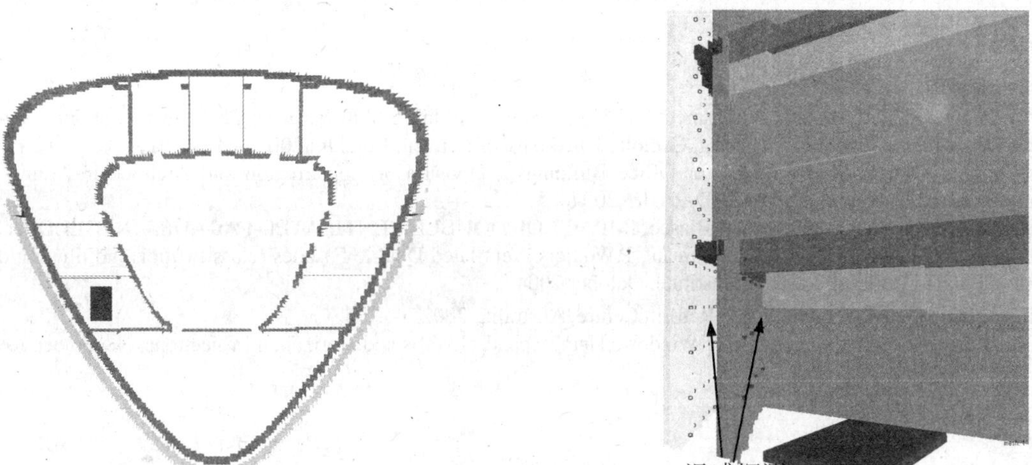

图 15　模型示意图

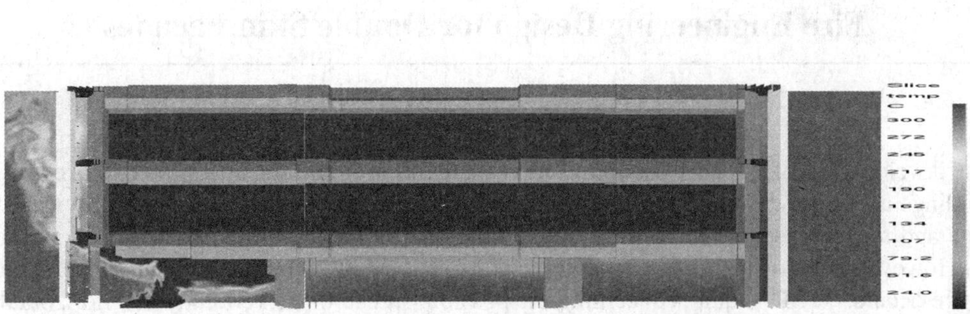

图 16　10MW 火灾 20 分钟时的温度分布情况

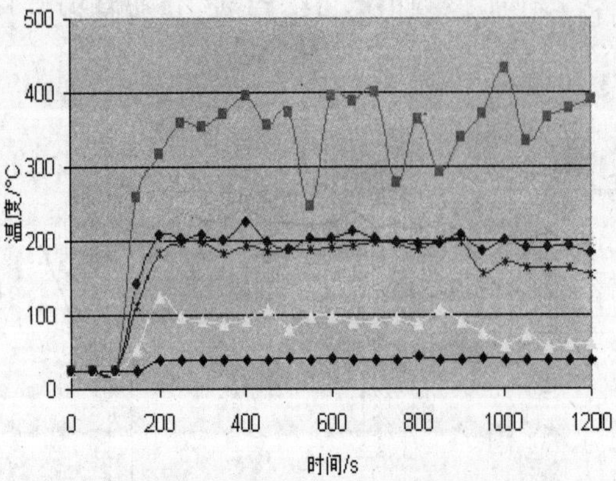

图 17　10MW 内幕墙垂直方向温度变化曲线

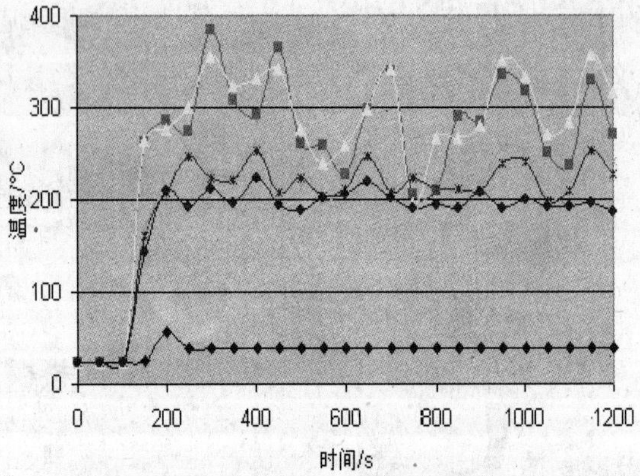

图 18　10MW 外幕墙垂直方向温度变化曲线

4. 总结

与普通的单幕墙不同，双幕墙设计具有节能保温的功能，然而当某一楼层发生火灾后，双幕墙内高温烟气在上升过程中可能会烧破内幕墙而引起上下楼层的火灾蔓延，所以怎样防止这种情况产生成为消防设计的难点。

双幕墙设计美观节能，虽然消防规范对此没有详细的要求，但采用防火挑檐结合其它措施，通过先进的计算方法和软件模拟论证，可以证明本文论述的双幕墙消防措施能够达到规范要求的消防安全水平。

需要指出的是任何双层幕墙建筑由于通风方式、幕墙空腔的间距等方面的不同，相同的消防措施带来的安全程度不尽相同，所以消防设计时还需要基于建筑的特点采用有针对性的措施，并能通过一系列的模拟分析加以论证。

5. 参考文献

[1] Saelens, D. Energy Performance Assessments of Single Storey Multiple-Skin Facades. PhD thesis, Laboratory for Building Physics, Department of Civil Engineering, Catholic University of Leuven, Belgium,2002.

[2] Harris Poirazis, Double Skin Facades for Office Buildings. Division of Construction and Architecture, Lund Institute of Technology, Lund University,Report EBD-R-04/3,2004.

[3] X. Loncour, P. Wouters, G. Flamant, M.Blasco. IMPACT OF DOUBLE VENTILATED FACADES IN BUILDINGS.

[4] X. Loncour, A. Deneyer, M.Blasco, G. Flamant, P.Wouters. Ventilated Double Facades (classification and illustration of façade concepts). Belgian Building Research Institute, October 2004.

[5] Fire Engineering Guidelines, Fire Code Reform Centre, Australia, 2002.

[6] Igor Oleszkiewicz, Vertical Separation of Windows Using Spandrel Walls and Horizontal Projections, November 1991.

Fire Engineering Design for Double Skin Facades

Abstract

With the fast development of China's economy, more and more environmental protection, energy-saving and beautiful buildings are being designed and constructed. Because double skin facades can provide both improved indoor climate and reduced use of energy in the same time, there is a growing tendency from architects to put it into practice. However, the existing air cavity (intermediate space) between inner skin and outer skin will act as a shaft once a fire occurs.　FSD is quite concerning the possible spread of fie vertically and horizontally by this air cavity. Double skin facades are not taken into account in the existing fire regulations; so fire-engineering approach is a good solution in respect of fire protection.

The aim of this paper is to describe the concept and classification of double skin facades. The problems and solutions of fire safety design for these types of buildings in Beijing and Shanghai are also discussed. In addition, acceptance criteria of fire safety design is given and comments are made. Finally examples of office buildings with double skin facades are presented with CFD analysis.
Keyword: double skin facades, fire engineering design, CFD simulation

作者简介：

施碧波：男，奥雅纳工程咨询（上海）有限公司，消防工程师。主要从事复杂建筑消防性能化设计和论证及公共安全应急与管理的研究；参与了国内多个大型项目的消防性能化设计与论证，包括机场、铁路枢纽、游轮码头、奥运场馆、世博会交通轴、高层建筑、工业厂房等等。Email: Bibo.Shi@arup.com

大空间建筑防火设计初探

石　芳

南京市公安消防局防火处建审科

摘要

随着我国经济建设的快速发展,各类大空间建筑越来越多，文章针对大空间建筑的特点，分析了防火分隔、钢结构保护、自动消防设施等方面存在的问题，并针对这些问题，对大空间建筑的消防设计进行了初步探讨。

关键词：大空间建筑、防火分隔、自动灭火设施、火灾自动报警系统。

1. 前言

随着我国经济建设的快速发展，各类大型公共建筑特别是展览馆、体育馆、机场等大空间建筑不断涌现。这些建筑多作为人员密集场所，具有规模大型化、造型非标准化、使用功能特殊化等特点，同时，其火灾发生时通常为燃料控制型燃烧，具有火焰温度场和烟气温度场的特性，与普通建筑火灾的特性有较大的不同。因此，大空间建筑难以采用适用于普通建筑在火灾防治方面的一些有效措施，如何对大空间建筑进行科学、合理、经济的防火设计也就成为我们面临的新课题。

2. 防火设计上面临的难题

2.1 使用空间防火分隔困难

大空间建筑为追求建筑艺术性和空间与视觉的通透效果，多采用大跨度空间设计，比如南京会展中心，苏州会展中心。如果单纯按照规范对防火分区的要求，采用常规防火墙、防火卷帘、防火水幕等防火分隔措施，将会给实际工作带来许多问题：防火墙的设置带来空间和视觉障碍、限制使用功能的实现；净空高度过高，使防火卷帘的设置很困难；防火水幕的使用造成室内消防用水量猛增，并可能造成巨大的水渍损失。可见，按“处方式”防火设计规范进行消防设计，不仅直接影响大空间建筑的使用功能和建筑自身的美观性、艺术性，而且严重缺乏合理性、科学性和经济性。同时，使用空间的扩大，也造成疏散距离的增加、疏散楼梯首层不宜直通室外等一系列疏散设计的问题。

2.2 钢结构防火保护施工难度大

钢结构因自重轻、施工快、可利用空间大、平面布置灵活等优点被展览中心、机场等大空间建筑广泛应用。这些建筑因跨度大、净空高度高等要求，通常采用钢结构的梁、柱作为承重构件，由钢梁、钢柱、钢网架组成的立体空间大而高。钢材虽然是不燃材料，但是钢材的屈服强度和弹性模量随着温度的上升而下降，一般认为，钢结构的耐火极限为 0.25h，为保证火灾时人员的安全疏散和消防队员的灭火扑救，需要对钢结构防火保护。大空间建筑的高空作业使其施工难度较大。

2.3 烟气危害性大

火灾中烟气是对人身造成危害的主要因素。普通建筑的层高较低，火灾时高温烟气在有限的空间内热量散失少，高温烟气的水平扩散是引燃周边可燃物、导致火灾蔓延的主要途径。大空间建筑由于空间大、净空高，影响烟气上升扩散的因素很多，通过中国科技大学火灾科学国家重点实验室大空间火灾实验馆的实验，发现大空间建筑的火灾烟气上升过程热量散失较大，温度下降较快，极易发生沉降，造成烟气大面积扩散，给人员疏散和施救带来更大困难。

2.4 普通消防设施难以适用

根据《火灾自动报警系统设计规范》和《自动喷水灭火系统设计规范》，普通感烟探测器的最大设置高度为 12m、采用闭式系统场所的最大净空高度民用建筑为 8m；非仓库类高大净空场所为 12m。而大空间建筑的净空高度一般都会超过，致使普通消防设施不能发挥有效的探测或灭火功能，并且通常用来控制火势和烟气蔓延的手段如划分防火、防烟分区等也很难在大空间建筑中适用。因此，有必要针对大空间建筑的建筑特点和火灾发展特性，选择和设置及时、有效的室内自动灭火设施、火灾探测设施和烟气控制设施。

3. 防火设计对策

3.1 合理设置防火分隔措施

如上所述，大空间建筑中采用防火墙、防火卷帘、防火水幕等来划分防火分区，会带来许多实际问题，目前在许多工程实例中如南京国际会议展览中心、辽宁工业展览馆、苏州会议展览中心等引入防火隔离带的概念，即在可燃物品的建筑物内划分出一段区域，这个区域内的建筑构件及装修全部为非燃材料（且该区域内不存在可燃物）并采取有效的防烟措施，阻挡防火隔离带一侧的烟火向另一侧蔓延，从而在空间上形成一个无形的防火分隔区域。大空间建筑火灾中有大量的冷空气补充，高温气流在上升距离较高时，温度下降较快，热辐射成为火灾蔓延的主要因素，防火隔离带的设置宽度应有效的防止由于辐射所导致的火灾向相邻区域蔓延，根据目前采用的工程实例，多在 9m 以上。这样，尽可能地在保证消防安全的同时满足大空间建筑功能上的需求。

3.2 选择可靠的自动灭火设施

大空间建筑因防火分区面积大、净空高度高、可燃物较多，应根据建筑物的使用功能、火灾危险性、建筑物体型高度等具体情况综合考虑，合理选择合适的自动灭火设施，目前常用的有以下几种形式：

1．采用雨淋系统

雨淋系统适用于室内净空高度超过《自动喷水灭火系统设计规范》第 6.1.1 条规定，且必须迅速扑救初期火灾的场所。该系统在保护区内可实现大面积的喷水灭火，降温及灭火效果非常显著，适用于过大面积的灭火。但是存在系统管线复杂、报警阀多、维护管理困难的缺点，而对其自动控制部分要求也很高，需要有很高的可靠性、不允许误动作或不动作。火灾后水渍损失也很大。

2．采用固定消防水炮灭火系统

自动消防水炮灭火系统可与火灾自动报警系统联动，既可手动控制，也可远程控制并自动搜索火源、对准着火点、自动喷水灭火。它喷出的水量集中、流速快、冲量大、水流可以直接接触燃烧物而作用到火焰根部，将火焰剥离燃烧物使燃烧中止，能有效扑救体育馆、展览厅等高大空间的火灾。如果用于展览厅时，应注意展览物品不能堆积过高，防止“死角”，影响灭火效果。

3．采用大空间智能灭火系统

大空间智能灭火系统采用的是自动探测及判定火源、启动系统、定位主动喷水灭火的灭火方式。与闭式灭火系统相比，具有人工智能、可主动探测寻找并早期发现判定火源；可对火源的位置进行定点定位并报警；可主动开启系统定点定位喷水灭火、着火点及周边圆形区域均匀洒水等优点。与开式雨淋系统相比，具有探测定位范围更小、更准确；不会出现雨淋系统在临界保护区域发生火灾时，两个或几个区域同时开启导致喷水量超过设计流量的情况。该系统尤其适合空间高度高、容积大、火场温度升温较慢的会展中心、候机楼、体育馆等大空间场所，根据广东省标准《大空间智能型主动喷水灭火系统设计规范》，标准型大空间智能灭火装置在顶部安装时，设置场所净空最大高度为 25m；架空安装时，设置场所净空最大高度不限。

3.3 选择合适的火灾自动报警系统

大空间建筑的探测问题，核心是建筑空间高度与探测器的有效性之间的关系。目前适用于大空间探测的手段主要有红外线感烟探测器、火焰探测器、空气抽样系统等，它们探测原理、安装方式、投资成本等方面存在差异，见表 1。因此应根据大空间建筑具体的特点来选择合适的火灾报警探测器，也可以通过三者的不同组合，取长补短，使火灾报警系统更具安全保障性。表 2 是典型工程运用组合探测系统的举例：

3.4 设置有效的排烟设施

排烟的目的主要是及时排除火灾产生的大量烟气，阻止烟气向防烟分区外扩散，确保建筑物内人员顺利疏散和安全避难，并为消防救援创造条件。一般有自然排烟、机械排烟等方式。大空间建筑采用高侧可开启自然排烟窗开、关都不方便，采用与报警系统联动的自然排烟天窗和机械排烟系统，成本很高。目前在许多工程多采用易熔采光带（窗）。易熔采光带（窗）是用易熔材料（熔点一般大于 80℃，且没有熔滴生成）均匀布置在建筑屋顶的采光带（窗），平时采光透亮，火灾时利用易熔材料在高温条件下自行熔化形成敞开空间进行自然排烟。做到平时采光与火灾时排烟的有机结合，确保火灾时排烟的及时性。

表 1　红外线感烟探测器、红外线火焰探测器、空气抽样感烟系统的比较

	红外线感烟探测器	红外线火焰探测器	空气抽样感烟系统
探测原理	如果烟雾隔断红外线光束带时，红外线探测器反馈光线减弱，探测器向主机发出报警信号探测器	探测器探测是否有火焰的红外线，如果有，探测器向主机发出报警信号	主动抽取空气，探测空气中是否带有烟雾粒子
安装高度	离地 20m 左右的墙面上 / 距顶棚 1~1.5m 的墙面上	安装在顶棚上，与一般的点型探测器相同	抽样管网安装在顶棚上，自身的探测主机可以安装在便于维修的墙面上
有何干扰因素	直接照射到接受器的光线的干扰	日光、灯光	基本没有
是否适用于火灾的阴燃阶段	适合	不适合	基本适合
维护保养难易度	比较容易，只需搭云台在发射接收端	与一般的点型探测器相同，如果需搭云台才能保养的，难度就较大	非常简单，使用高压空气喷入管网中，即可清洗，无须搭云台
优点	价格便宜，安装、维护简便，探测方式直接有效	安装高度相对较高；价格适中	安装、维护都非常简单；可以更好地保护装饰面
缺点	受安装条件限制，如建筑物本身或安装支架因热胀冷缩等外界因素引起的微小变化都有可能使信号产生漂移	安装、维护都比较困难；探测到的火情已出现明火；受光干扰因素较多	虽然系统是主动式探测系统，但由于烟雾上升需要时间，烟雾再通过管网到探测器中检测，花费时间略长；价格比较高

表 2　运用组合探测系统的典型工程举例

组合方式	工程名称	建筑规模	技术难点	具体设置	其他工程名称
两段红外线感烟探测器的组合	广州新白云国际机场侯机大楼	建筑面积约 300000m^2	大空间高度平均 30m 且柱子之间距离超过 100m	第一层设置距地面 6m 左右的高度，主要探测地面的火情；第二层设置在距地面 15m 处，布置方向与第一层是交错的，目的为补漏，同时探测此部分的机电设备、电线、展板等。	大连国际会议展览中心、南京国际会议展览中心、广东现代国际会议展览中心、广东现代国际展览中心、上海东方明珠国际会议中心
红外线对射感烟探测器与火焰探测器的组合	广州国际会议展览中心	建筑面积约 400000m^2	大空间高度约 22 m	在顶部安装火焰探测器，由于其探测角度只有 60^0 或 90^0，在空中有一道道三角形的盲区，在此区域布置红外线对射感烟探测器，探测展区地面的火情，作为预火警，如果火情不断发展，出现较大的明火，火焰探测器也报警，便作为自动确认火灾处理。	
红外线对射感烟探测器与空气抽样系统的组合	厦门国际会议展览中心	建筑面积约 120000m^2	大空间高度约 20 m	在展厅夹层里安装空气抽样系统，通过在装饰面开孔，抽气进入系统的感应装置，保护了天花板的造型，也不会因展览的悬挂物造成误报；同时在距地面 10m 处安装了红外线对射感烟探测器作为预报警。	东莞会展、广西南宁国际会议展览中心

3.5 加强钢结构保护

钢结构的防火保护目的是尽可能延长钢结构到达临界温度的过程，以争取时间灭火救人。常见的主要有三种方法，一是混凝土包覆，即用混凝土或耐火砖将钢构件完全封闭起来、二是防火板包覆，即采用石

膏板、硅酸钙板等非燃材料的防火板将钢构件包裹起来、三是采用隔热涂料或膨胀型防火涂料。实际应用中应考虑钢结构所处的部位，需保护的构件性质（如屋架、网架或梁、柱、钢结构采用防护措施后结构增加的重量及应用空间、防护材料的可靠性、施工难易程度和经济性等因素合理选择具体的保护措施。

3.6 加强消防安全管理

目前大空间建筑按规范要求安装了自动报警系统和自动喷水灭火系统，这些消防设施平时若不注意维护保养，火灾发生时很难正常发挥作用。因此，必须要按要求定期检查，确保消防设施能正常运转。同时，建立严格的消防管理制度，包括消防值班制度、消防知识培训制度等。加强管理和落实，提高员工的消防意识，使员工掌握基本的消防知识和技能，提高员工在火灾情况下的应急处理能力。

4. 结束语

随着我国大空间建筑的不断涌现，防火设计方面的问题也将层出不穷。如何对它的消防安全防患于未然，防消结合，采取科学、合理、有效的防火设计，以确保国家经济不受损害，人民的生命财产安全有所保障，还需在实践中进一步摸索和总结。

作者简介:

石芳，南京市公安消防局防火处建审科，江苏.联系方式：电话：025-83622441，13915940362，email:fang_0709@sina.com。

大型钢结构建筑性能化防火设计方法研究
——基于整体的系统方法

史健勇

上海交通大学土木系安全与防灾工程研究所

摘要

本文基于火灾科学、结构工程、计算机模拟等多个学科领域的知识和研究成果，立足于复杂空间建筑的整体防火性能模拟与分析的理论研究和实际应用，建立了空间整体结构火灾-结构耦合分析模型和系统集成方法，提出了复杂空间结构整体性防火分析的系统分析模型，并进行了实例研究。该系统分析模型综合考虑实际火灾的发展蔓延过程以及火灾对结构体系的影响，研究建筑火灾中火场状况与空间结构体系之间的相互关系，对大空间建筑在各种火灾场景下的结构反应进行仿真模拟，从而进行整体性系统化的分析和评估。本课题的研究在理论分析的基础上为结构整体防火分析提出了新的手段和思路，可为我国建筑防火研究和建筑防火设计、消防救援、应急预案制定等工程实际应用提供有益的参考。

关键字：大空间结构、整体防火性能、热-结构耦合、系统方法、钢结构。

1. 概述

随着国家经济的迅速发展，新型建筑形式不断涌现，许多大跨度、大空间的建筑结构和新颖别致的高层建筑层出不穷，比如奥运体育馆、世博会展览馆、CCTV 新大楼等等。这些建筑物或者面积大或者楼层高、装潢考究、结构独特、人员密集，内部电器设备较多，潜在的火灾隐患大，一旦失火，在空气对流的作用下，不仅燃烧猛烈，蔓延迅速，且不易扑救，另一方面，这些建筑物内人员密集，在火灾情况下，人员容易惊慌，拥堵疏散通道及出口，如果在疏散设计和管理方面出现问题，必然会造成大量人员的伤亡。这些因素对结构安全和人员疏散都会造成很大的威胁，极易造成严重伤亡事故和重大经济损失，并带来极其恶劣的社会影响。

因此，正确分析这些造型新颖、结构奇特的新型建筑的火灾危险性，做好这些建筑的火灾预防工作，对建筑的安全使用具有重要意义。然而由于建筑物规模越来越大，构造越来越复杂，新建筑的结构风格越来越丰富，火灾设防的要求也越来越个性化，使得建筑结构火灾安全的设计与研究遇到很多新的挑战，目前传统的防火安全分析方法和手段，由于其采用指令性的防火规范进行设计，很难反映真实情况，其真实性和准确性都存在很大的不足，难以满足这些新式建筑的需要，因此，需要采用更加先进和合理的技术和方法来进行性能化的火灾安全分析。

我国目前已在大空间建筑性能化防火设计方面展开了不少研究工作，并取得了一定进展，但仍然存在不少问题，其中钢结构性能化防火设计是最为突出的问题之一。当前的钢结构抗火设计仍然习惯于对照现行防火规范。不少大型工程的性能化设计项目，由于缺乏有效的技术手段进行整体分析，而只能凭借火灾分析中获得的结构周边环境温度来进行较为粗糙结构失效判断。另外，较为细致的力学分析与相关设计方法还主要集中在框架结构，复杂空间结构还没有涉及，一个主要原因就在于缺乏合适的系统化的分析方法和手段。

本文在总结分析当前结构抗火分析和设计方法利弊的基础上，提出了采用系统方法来研究复杂空间结构整体性防火安全的思想，并给出了相应的设计流程、方法和分析模型。

2. 当前结构抗火设计上存在的问题

尽管我国对于结构防火性能化设计已经取得了一定的进展，但仍然存在不少问题，主要表现在以下几方面：

(1) 结构抗火性能研究仍主要采用基于构件的分析方法，仍然习惯对照现有规范进行[1,2,3]，而缺乏整体分析。近些年来，不少学者提出火灾下结构整体性能的研究思想，卡丁顿实验表明，结构整体性效应(如构件间的相互支撑，悬链力等)对提高构件的抗火性能具有重要的作用，结构整体的抗火性能与试验中单个构件的情况有很大差别。

(2) 结构抗火研究通常采用ISO标准曲线或是均匀的室内温升曲线来模拟结构的温升环境[1,2,3]，这与实际火灾相差较大，不能真实地反映火灾场景，因而也不能准确地模拟和分析结构的实际火灾反应。

(3) 影响结构的火灾环境及结构研究对象的选择通常局限于局部的区域，实际上，由于实际火灾中的温度场分布的不均匀性，使得结构内力重分配，往往造成整个平衡体系的重新调整，有时会出现远离火源的结构反而率先破坏的现象，采用区域分析或对称分析则无法放映这一整体性特点。

(4) 建筑中不断出现的新结构形式在火灾中的性能和反应没有得到系统的研究，如外型奇特的高层建筑、大跨网壳结构以及膜结构等。不同结构形式在不同火灾场景下的响应和规律缺乏有力的分析工具进行系统的研究。

(5) 目前的性能化分析还是孤立地在火灾科学和结构工程各自领域内进行的，结构的抗火分析未能与火灾场景模拟和人员疏散有机的结合为一体，火灾下的烟气、温度等的影响未予系统和充分的考虑，结构的危险水平变化与人员逃生的路线、时间等问题不能在同一环境下协调考虑和评估。因此，不能很好地解决建筑结构在火灾下的整体安全问题，不能揭示建筑火灾的系统化特性，不能从整体上反映火灾的各种作用和影响因素之间的相互关系。

3. 基于整体的系统化方法研究

近些年来，国内外一些火灾造成的建筑物倒塌事件已经引起了防火安全领域的专家学者们的高度重视。不少学者提出火灾下结构整体性能的研究思想，有关整体结构在火灾下的反应和破坏方面的研究也成为一个热门的研究课题，世界各国在建筑结构整体防火性能的计算分析领域逐步开展了广泛而深入的研究[4,5,6]。从国外的研究发展方向来看，从整体上综合考虑各种作用体系和影响因素之间的相互关系，进行一体化的模拟分析，日益成为一种迫切的需要，研究结构整体在火灾下的力学性能是未来的发展方向。

国内外的众多理论和实验研究均表明，由于空间结构体系通常具有很强的高次超静定特性，在火灾条件下，虽然某些构件失去了设计预期的功能，甚至发生了局部破坏，但由于结构的超静定性和整体性，结构在火灾下体现出很强的整体性，构件之间较强的关联关系延缓了结构发生整体破坏[5,6]。因此，要研究和利用复杂空间结构在火灾作用下的这种整体性能，就必须需要运用系统方法，从整体上来研究复杂空间结构的火灾反应特性，对火灾下整体结构的性能表现有较为清楚的理解。

所谓系统化就是要基于系统和整体的观点，综合运用多学科的相关技术，对火灾下的结构体系进行从整体到局部的全面有机的系统分析，从而实现“真实”火灾条件下基于整体的结构防火设计。这其中包含两层含义：一是分析内容上要系统，要将火灾模拟和结构分析进行综合运用，并且通过耦合模型将它们有机的融合起来，二是技术路线上要系统，即在分析过程中要从宏观整体到微观构件和节点进行有机的贯穿。

图 1 展示了采用基于火灾-结构耦合分析的系统方法进行复杂空间结构整体防火设计和分析的流程框架和主要内容。从图中可以看出，首先需要运用火灾动力学模型进行设定火灾场景下的火灾模拟，经过数值模拟获得“真实”火灾下的空间温度场等结果，然后通过火灾-结构耦合模型FSCI(Fire Structures Coupled Interface)将这些结果作为荷载和边界条件传递给经过初步设计的结构体系进行结构传热分析，获得结构体系内部温度场的时空分布，再通过非线性分析对结构体系在火灾下的整体性能进行模拟和研究，发现其整体力学性能和承载力状态的变化规律，并定量识别在火灾下的关键构件或危险区域。将这些构件或子结构取出，按照它们在空间整体中的温度环境、受荷状况以及约束条件进行基于整体的构件抗火分析，验证构件是否失效，进一步验证整体是否失效，如果发现失效则需要返回到设计阶段重新调整设计，包括结构设计和防火设计，再根据新的设计条件重复以上过程进行再次验算分析。

采用该系统方法可以进行在任何“真实”火灾场景下的结构整体的防火性能分析和基于整体的结构抗火设计。既可以考虑最不利状况，也可以考虑在不同消防保护措施作用(如喷淋和通风系统)下的结构反应，从而可以实现灵活的结构防火设计，并可进行设计方案对比优选。该系统方法中存在的关键技术环节在于以下几个方面：(1)如何进行火灾场景的合理设计；(2)火灾-结构耦合模型FSCI的构建，这是建立火场模拟和结构分析之间耦合关系的关键一环；(3)构件抗火分析中整体环境的模拟。本文作者基于火灾科学、结构工程、计算机科学等多个学科领域的理论知识，针对系统方法中的关键环节，通过深入系统研究，基于图1所示的系统过程模型，采用系统集成的思想，以成熟的有限元分析软件ANSYS和火灾模拟程序FDS为基础，开发了一套建筑火灾模拟与结构分析一体化的综合系统—BFireSAS系统(见图2)。该系统以AutoCAD为建模平台，建立了模型转换模块、数据传递模块、控制模块以及友好的交互式用户界面，实现火灾-结构耦合模型的自动化处理以及建筑火灾结构安全的一体化分析。可根据建筑个体和火灾个例的特性，进行火灾场景的模拟，求算温度场的分布，进行温度和常规荷载作用下的结构反应，根据设防的特定要求找到“最危险”的关键构件，在此基础上进行进一步的分析。该系统的建立将有助于研究人员掌握建筑火灾模拟和结构安全一体化全过程分析的方法，对建筑物进行火灾模拟和结构安全分析，研究火灾的发展状况和结构的火灾反应，分析的结果可为建筑物的防火安全分析、结构设计和改造提供参考依据，这对于科学合理的进行建筑物的防火设计和改造，保证结构的防火安全将具有积极的作用和重要的工程实践意义。下面以一个实际工程案例来说明该系统方法的在结构整体抗火分析中的应用。

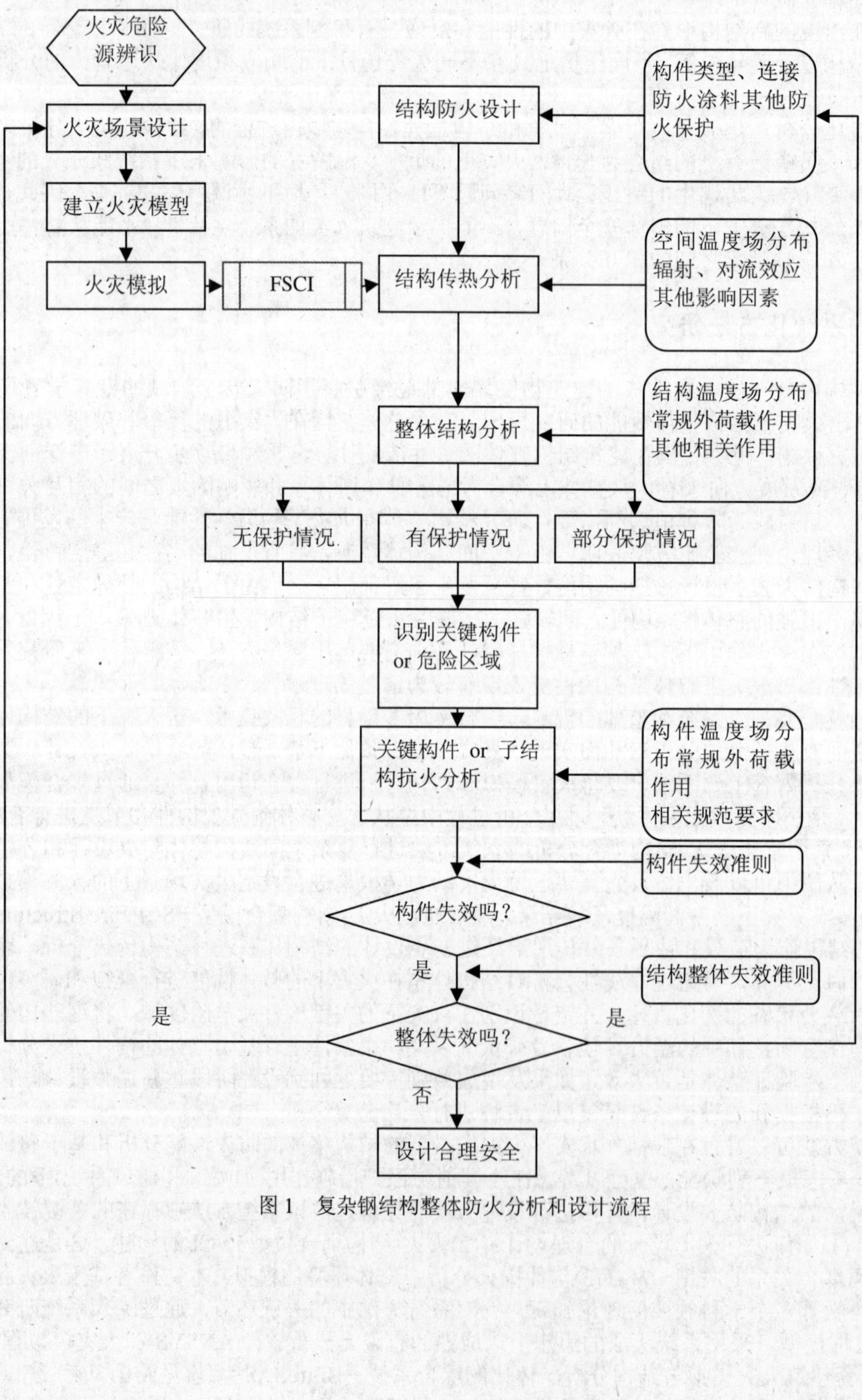

图1　复杂钢结构整体防火分析和设计流程

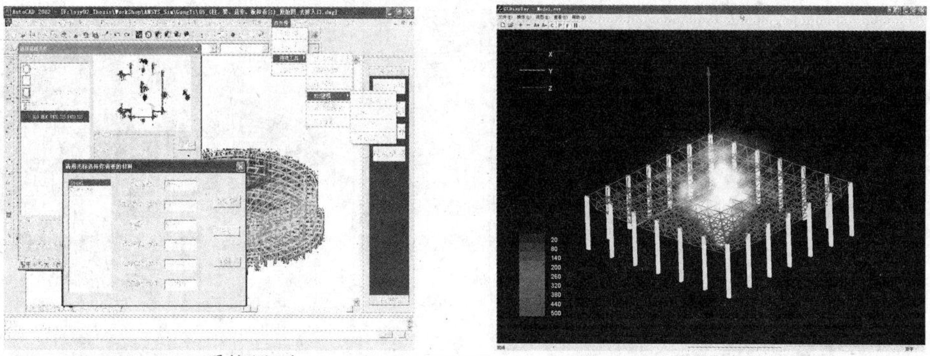

(a) BFireSAS 系统界面　　(b) BFireSAS 的动态演示效果

图 2　BFireSAS 系统展示

4. 工程实例分析

以一个将作为 2008 奥运会比赛用馆的某体育馆为例，用本文介绍的系统方法模拟该场馆在设定火灾下的火灾场景，温度场分布以及主体结构在火灾下的结构反应，这个例子体现了该软件系统将火灾模拟和结构分析综合起来进行一体化分析，能较为真实的反映火灾状况，模拟火灾场景，研究火灾的发展过程，并且可以将得到的分析结果引入到结构分析中去，进行结构在火灾下的稳定和承载力等力学分析。

该场馆为一个室内体育馆，建筑高度自屋外地面到屋顶达 11.2 米，长和宽均为 33 米，包括一个比赛大厅和周围的辅房。屋架体系采用正放四角锥平面网架结构，四周支撑在混凝土柱子上。

火灾场景模拟是性能化火灾安全设计的基础。本实例研究根据场馆的结构特性和场地布置等情况设计多种不利火灾场景，现取其中较有代表性的一例进行介绍。火源位置位于比赛大厅中央，这里是举行展示会、演唱会时搭建舞台的地方，舞台所用的木材、布料、装饰材料等都是易燃物品，且电器设备较多，容易引发火灾。根据可燃物数量，确定此次模拟的火灾荷载的大小为8MW。火灾增长曲线取中速t^2火(热释放速率公式为:$Q=\alpha\cdot t^2$)。该场馆采用机械排烟，模拟时考虑排烟和补风的实际情况，4个排烟窗设置在屋顶。根据火灾场景的设计，位于场馆中央的舞台起火，容易威胁屋架钢结构的安全。图3～图6显示了这个场馆的火灾模拟和结构分析过程。图4是利用FDS进行的火灾场景的模拟，同时得到了各构件的表面环境温度、热流以及辐射等结果数据，系统的计算机程序将这些数据通过FSCI模型处理后作为结构传热分析的荷载和边界条件，自动传给Ansys模块。

经过火灾模拟得到了的温度—时间曲线(如图 5 所示)，从图中可以知道最高温度峰值出现在 850 秒，达到 576 度，随后稳定了一段时间，然后开始下降。对于屋面钢结构，首先分析了网架结构在常温情况下的受力性能，分析结果标明，在荷载因子为 1.48 时结构达到了极限承载状态，在常规荷载作用下，中间节点的最大位移为 58.4mm(小于 L/300=100mm),表明结构是设计安全的。随后进行火灾下的钢结构反应分析。图 6 是利用 ANSYS 对受火灾影响的网架结构进行的热分析，在温度峰值时刻，构件升温最高已达 612 度. 图 7 展示受火灾影响区域网架结构经过热－结构耦合分析后的位移变形情况。从分析结果可以得出，在火灾发生后的 375 秒，位于火源上方的网架局部构件开始发生破坏。当到达 900 秒时，火源上方网架结点的计算位移已经达到 670mm，大部分结点的位移都已经超过控制挠度，杆件内部的拉力也已超过设计值(如图 8 所示)，表明整个网架结构在火灾作用下已经产生大面积破坏，结构发生塌落。

值得注意的是，在火灾发展后期，位于网架支座处的一些杆件也开始屈服(见图 8)，这与以往的一些火灾实例中观察到的支座破坏情况相一致，说明火灾的影响不仅仅是局部的，由于体系之间的相互关联，温度场的不均匀导致结构体系内原有的平衡被打破，内力发生重分配，继而影响到一些不处于火灾直接影响下的构件发生破坏，因而，火灾下的结构破坏表现为整体性的破坏，非火灾直接影响区的构件也必须进行火灾安全性分析。

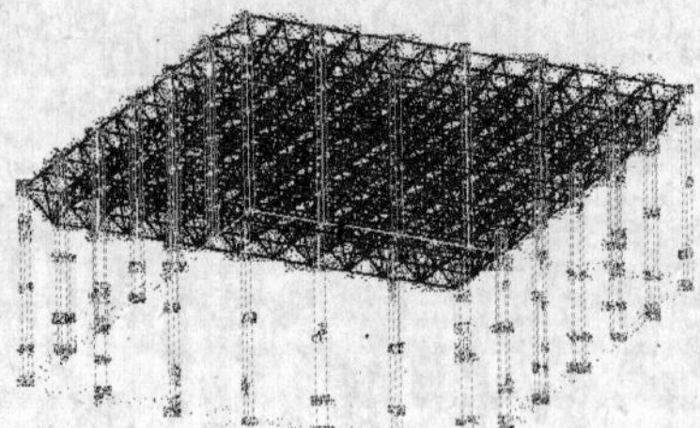

图 3　体育馆模型

图 4　体育馆的火灾模拟

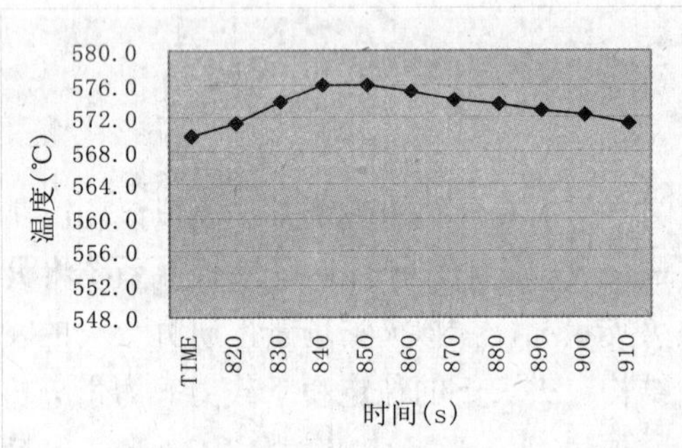

图 5　温度－时间曲线

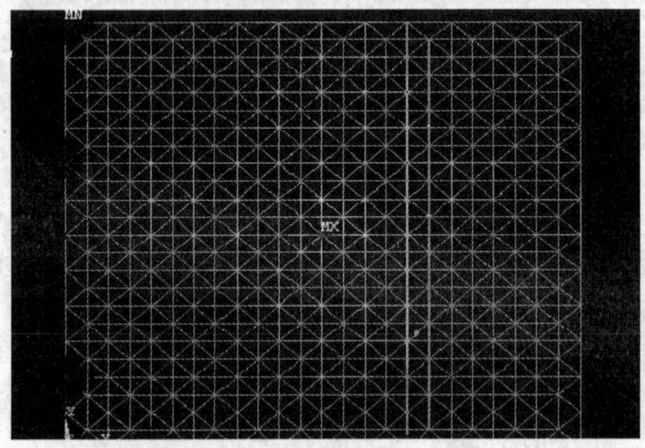

图 6　结构内部温度场分布

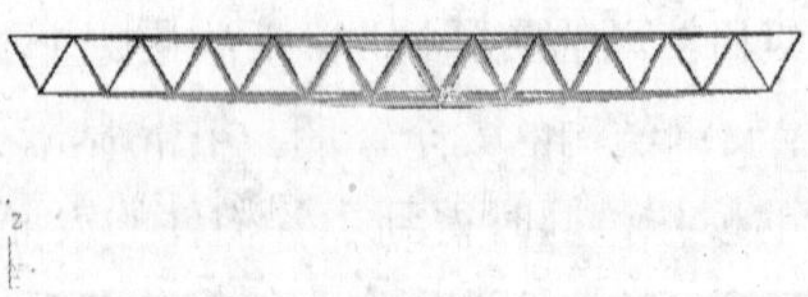

图 7　结构的位移变形

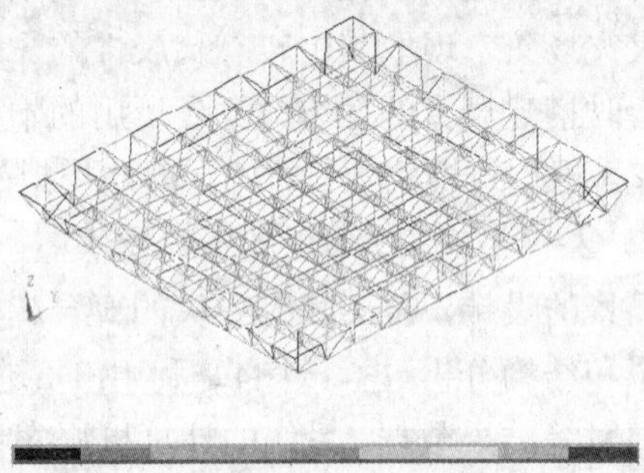

图 8　结构的内力

5. 结论

结构的防火设计绝不是一个孤立的过程，研究结构整体在真实火灾模拟下的力学性能和防火设计方法是结构工程和火灾安全工程学科发展道路上的重要一步。本文总结了当前钢结构抗火研究和设计中存在的不足和弊端，综合火灾科学、结构工程、计算机模拟等多个学科领域的知识和研究成果，立足于复杂空间建筑的整体防火性能模拟与分析的理论研究和实际应用，建立了空间整体结构火灾-结构耦合分析模型和系统集成方法，提出了复杂空间结构整体性防火分析的系统分析模型，并进行了实例研究。

通过系统研究，本文得出了以下一些结论供有关研究和设计工作参考：

(1) 火场环境是进行结构抗火分析的基础条件。真实火灾模拟情况下的空间温度是随时间变化的空间场形态$T(x,y,z,t)$，在水平方向和垂直方向上均呈现不均匀变化的状况，这种不均匀性对空间钢结构的受力状态产生巨大的影响，引起结构体系内力和平衡状态的变化。因此，采用ISO曲线和空间均匀温升假定来作为结构抗火的环境温度条件，对大空间结构来说是不合适的；

(2) 结构体系在火灾作用下往往表现出很强的整体性，不均匀温度场造成结构体系的内力重分布会使得某些形式的空间结构体系在远离火源出率先发生结构破坏；

(3) 构件在整体环境下的力学性能与基于试验的力学表现往往会有很大的不同，因而在构件抗火设计中应充分考虑整体效应的影响，灵活运用规范中的设计方法，设计出更加符合实际的构件；

(4) 在系统的整体分析基础上，本着安全、有效、经济的原则，可灵活采用多种技术手段来加强结构的防火性能，而不只是单纯的依靠防火涂料，从而真正体现出性能化设计的本质内涵。

6. 参考文献

[1] 建筑设计防火规范,GB50016-2006.
[2] 高层民用建筑设计防火规范,GB 50045-95.
[3] 中国工程建设标准化协会,建筑钢结构防火技术规程,CECS 200:2006.北京:中国计划出版社,2006.
[4] HOWARD R. BAUM. Simulating Fire Effects on Complex Building. Eighth (8th) International Symposium. International Association for Fire Safety Science (IAFSS). September 18-23, Beijing, China, 2005,189-200.
[5] J. Y. Richard Liew, L. K. Tang; and Y. S. Choo, Advanced Analysis for Performance-based Design of Steel Structures Exposed to Fires, JOURNAL OF STRUCTURAL ENGINEERING, DECEMBER 2002,1584~1593
[6] A.Y. Elghazouli, B.A. Izzuddin, A.J. Richardson. Numerical modeling of the structural fire behaviour of composite buildings. Fire Safety Journal, 2000, 35:279~297.

Research on Performance-based Fire Resistance Design Methodology of Large Steel Structures
——A Systems Methodology based on Whole Structural analysis

Abstract

It is a new challenge to the buildings fire safety design and analysis as the quick development of large and high-rise buildings with complexity space structure. In this paper, the disadvantage of traditional prescriptive and performance-based type fire design methods was presented, and the methodology and technology to analyze the mechanical respond of whole structures exposed to a real fire was studied carefully. A newly developed multi-dimensional integration systems methodology of whole structural fire resistance was introduced to analyze the overall fire safety behavior of complex space structures under real fire conditions. This system adopts computer integration technology to perform the overall process of structural fire safety analysis and assessment from fire simulation to structural analysis, with the coupling thermal and mechanical effect considered. A complex steel structure has been studied as a case through the systems methodology. The results show that the structural respond and behavior of large space building under fire conditions have the systemic nature of a coherent whole, rather than the local effect. The case demonstrates that the whole structural analysis coupling with fire simulation is a powerful methodology and has high advantage while used to perform fire safety analysis.

Keywords: Large space structure, Whole structure fire resistance, fire-structure coupled, systems methodology, Steel structure

作者简介：

史健勇，男，博士，讲师，主要从事结构防火安全分析、结构防灾及土木工程信息化技术的研究。联系方式：地址：上海市闵行区东川路 800 号上海交通大学船建学院 200040，电话：021－62932102，021－54742702，E-mail: shijy@sjtu.edu.cn

人员安全疏散评估中若干随机性问题探讨*

孙金华，褚冠全

中国科学技术大学火灾科学国家重点实验室

摘要

火灾时人员的安全疏散是消防性能化设计中的第一安全目标。本文针对当前关于所需安全疏散时间RSET与可用安全疏散时间ASET计算中存在的相关问题进行了探讨。对于RSET的计算，鉴于通常将其重要组成部分火灾探测报警时间及疏散准备时间取为定值时计算结果的不合理性，建议使用概率密度分布函数来描述。对于ASET的计算，鉴于通常忽略防灭火设施工作的可靠性，导致不能全面分析可能的火灾场景。本文根据火灾动力学以及消防设施的实施效果，利用事件树分析可能导致的火灾场景，从而计算每个火灾场景下的ASET值。通过比较每个火灾场景的RSET与ASET，参考相关统计数据，对建筑火灾发生时人员面临的风险进行评估

关键词：人员疏散、风险评估、疏散准备时间、事件树。

1. 引言

在一些超高、超大、设计新颖的建筑为现代城市增色的同时，随之而来也有日益严峻的火灾安全问题。这些建筑中的防火设计单纯依靠现行“处方式”设计规范已无法解决，只能依靠性能化防火设计方法，而火灾风险评估则是性能化防火设计过程中的一个十分关键的环节。只有合理、准确地进行火灾风险评估，性能化防火设计才能达到预期的目标。火灾发生时，首先需要保证的是人员的生命安全，而保障人员安全的一个十分重要的因素就是要有合理有效的火灾安全设计方案。切实可行的建筑物火灾安全性能化设计离不开科学的火灾风险评估方法。火灾安全设计的目标就是要使生命和财产的火灾风险控制在最低程度。因此，科学地预测人员火灾风险是选取合理的火灾安全设计方案的基础。He[1, 2] 通过随机建模的方式提出了概率的火灾风险评估框架，对人员面临的预期火灾风险进行量化，并与可接受的火灾安全设计方案比较以确定设计方案是否可行。Kristiansson[3] 基于概率分析的方法对建筑物内的人员安全进行了评估。Robert et al.[4] 通过考虑一些不确定性因素对高层建筑进行了性能化火灾安全分析与设计。Frantzich[5] 提出了定量风险分析（QRA）来量化人员面临的火灾风险。随着火灾安全工程的发展，人们对人员火灾风险评估结果的量化程度和合理程度要求也越来越高。然而火灾与人员疏散都是十分复杂的现象，因此预测人员火灾风险注定是一个艰难的过程。一方面，火灾是一个十分复杂的现象，具有双重性规律：确定性和随机性。另一方面，人员疏散也是一个十分复杂的过程，涉及到建筑物结构、火灾发展过程和人员行为三种基本因素，其中的人员行为极其复杂，高度不可预测并受许多因素和变量的影响。因此，为了得到更加合理地预测人员火灾风险，为火灾安全设计提供可靠的支持，就需要在火灾风险评估中考虑更多的不确定性和随机性因素。

2. 人员安全疏散评估中存在的问题

在性能化防火设计中，是通过比较RSET与ASET进行人员安全疏散评估的，如图1所示。

RSET由四部分组成：火灾探测时间（t_d），火灾报警时间（t_a），疏散准备时间（t_p）以及运动时间（t_m）。火灾探测时间与报警时间主要受火灾发展初期动力学特征、起火区域的建筑环境与探测报警装置特性的影响，可以根据火灾蔓延模型以及探测系统的特性进行计算和预测。人员疏散运动时间主要受人员密度、人员疏散速度、人员组成、建筑环境等因素影响，其值可以通过经验公式或计算模型得到。而疏散准备时间由于与人员的心理行为特征、年龄、对建筑物的熟悉程度、人员反应灵敏性和人员集群特征密切相关[6-9]，而较难准确估计。目前，关于RSET的计算，是将疏散准备时间取为一常数，但在实际情况下，人们不可能同时获得发生火灾的信息，获得信息后人的反应、行为也各不相同，因此将疏散准备时间取为

常数而得到的整个疏散时间与真实情况不符，以此为依据得到的人员疏散评估结果也就不客观，有时会带来很大的误差。

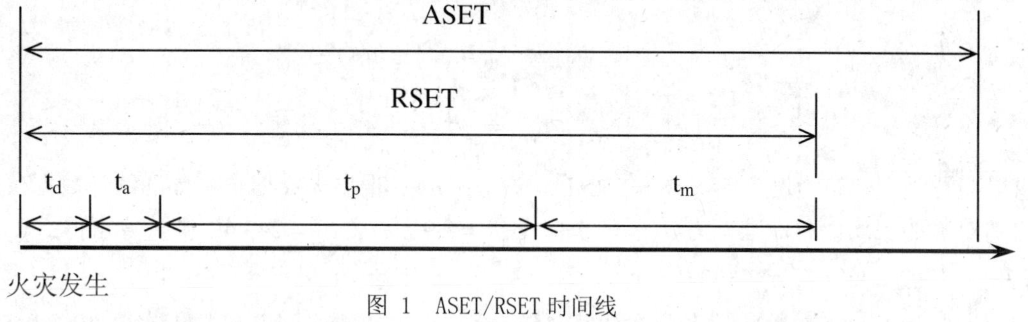

图 1　ASET/RSET 时间线

对于可用安全疏散时间 ASET 的计算，一般只是考虑某种特定的火灾场景下，或者是所谓考虑最不利的火灾场景的烟气蔓延情况。然而，对于不同类型建筑，由于其使用功能的不同，其内部可燃物的种类和含量、电器以及能量的利用程度将大大不同，那么火灾发生的概率将肯定有所差别。一旦建筑物内火灾发生后，其蔓延的概率有多大？会不会发展成盛期火灾？盛期火灾的持续时间有多长？因此不同火灾场景下，烟气蔓延情况不仅与建筑物内可燃物的状况，建筑结构等有关，还与建筑物的防灭火设施的工作可靠性有关。

2.1 所需安全疏散时间（RSET）的随机性

2.1.1 火灾探测报警时间的随机性分析

火灾情况下的人员疏散是一个涉及建筑物结构、火灾发展过程和人员行为三种基本因素的极其复杂的过程。建筑物内某处发生火灾后，人们未必能即使发现，只有当火灾发展到一定规模的时候，才有可能被火灾探测系统探测到火灾，并发出报警信号，而一般情况下，此时人们才能察觉火灾。在人们听到火灾报警或发现火灾信号时，就会开始准备疏散。因此，准确估测火灾探测报警时间对于合理计算人员疏散时间十分重要。

火灾探测时间与报警时间主要受火灾发展初期动力学特征、起火区域的建筑环境与探测报警装置特性的影响，可以根据火灾蔓延模型以及探测系统的特性进行计算和预测。以感烟火灾探测器为例，工程计算常将烟气高度沉降到房间高度 5%以下作为响应时间[15]。火灾烟气高度经验公式有以下几点假设：（1）房间的顶棚面积、地板面积以及各处标高相同；（2）火灾初期按照 t^2 规律增长。

$$Z=\left[0.075\left(\frac{\alpha g}{\rho_0 C_p T_0 A^3}\right)^{\frac{1}{3}} t^{\frac{5}{3}}+H_r^{-\frac{2}{3}}\right]^{-\frac{3}{2}} \tag{1}$$

当 $Z=0.95H_r$ 时，

$$\alpha^{\frac{1}{3}} t_d^{\frac{5}{3}}=\frac{(0.95H_r)^{-\frac{2}{3}}-H_r^{-\frac{2}{3}}}{0.075\left(\frac{g}{\rho_0 C_p T_0 A_r^3}\right)^{\frac{1}{3}}} \tag{2}$$

式中，t_d 为火灾探测时间（s）；H_r 为房间净高（m）；A_r 为房间地板面积（m^2）。

令 $k_d=\dfrac{(0.95H_r)^{-\frac{2}{3}}-H_r^{-\frac{2}{3}}}{0.075\left(\frac{g}{\rho_0 C_p T_0 A_r^3}\right)^{\frac{1}{3}}}$，对式（2）两端取自然对数可得：

$$\ln t_d=-\frac{1}{5}\ln\alpha+\frac{3}{5}\ln k_d \tag{3}$$

由火灾增长系数α服从对数正态分布可知，$\ln\alpha$服从正态分布。对于特定的建筑场景，k_d为常量，$\ln t_d$也服从正态分布。$f(\ln t_d)$的平均值和标准差分别为

$$\mu_{\ln t_d} = -\frac{1}{5}\mu_{\ln\alpha} + \frac{3}{5}\ln k_d \tag{4}$$

$$\sigma_{\ln t_d} = \frac{1}{5}\sigma_{\ln\alpha} \tag{5}$$

这里以商业类型建筑为例说明，$A_r = 500m^2$，$H = 3.5m$。根据火灾增长系数的统计数据，火灾增长系数α的自然对数的平均值和标准差为$\mu_{\ln\alpha} = -5.4$，$\sigma_{\ln\alpha} = 1.9$，那么$k_d = 243.6$。则计算可得：$\mu_{\ln t_d} = 4.38$，$\sigma_{\ln t_d} = 0.38$；$\mu_{t_d} = 86.1$，$\sigma_{t_d} = 33.9$

火灾探测时间的自然对数的正态分布曲线$f(\ln t_d)$与火灾探测时间的对数正态分布曲线$f(t_d)$分别如图2、图3所示。

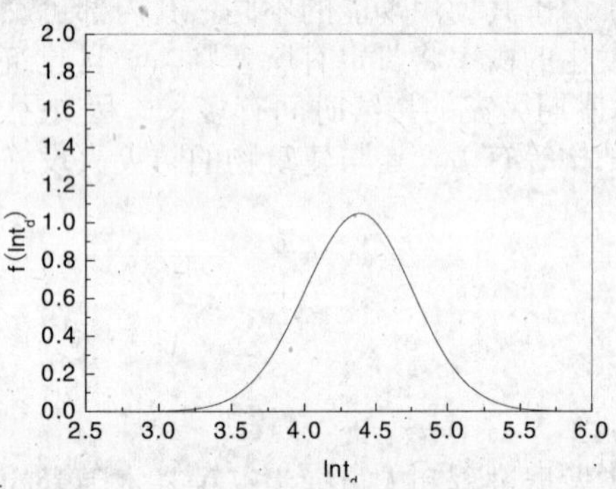

图2　火灾探测时间自然对数的正态分布曲线

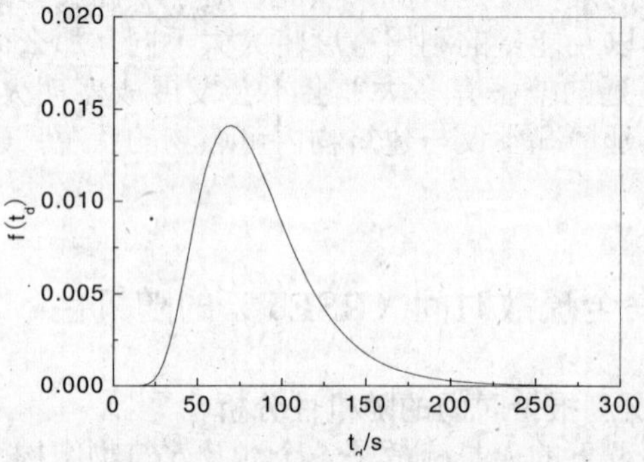

图3　火灾探测时间的对数正态分布曲线

2.1.2 疏散准备时间的分布特性

由于人员疏散准备时间与人员组成、建筑环境等多方面因素有关，且在火灾等紧急情况下人员心理行为较为复杂。如果将人员疏散准备时间取为常数，而不考虑其分布状态，就会使疏散情形与实际情况不符，也不能体现出不同功能建筑人员疏散情形的差异。国外很多研究表明，人员疏散准备时间服从某种概率分布。Proulx[10]认为，人员疏散准备时间用 Gamma 分布表示比较合适。MacLennan[11]认为，Weibull 分布作为疏散准备时间的分布比较合适。

1）旅馆，公寓，办公楼等场所。人员广泛分布于建筑的各个房间内，处于相对封闭的空间，且建筑物内涉及到个人利益的物品较多，如个人财产、重要文件等。一旦发生火灾，人们的反应肯定千差万别。人员疏散准备时间的平均值较大，且在相当长一段时间内还有少数人员没有开始疏散，因此，疏散准备时间在整个疏散时间中占了相当重要地位。图4是世贸大厦汽车炸弹事件后人员疏散准备时间问卷调查结果，证明这类建筑人员疏散准备时间的均值和方差都较大。

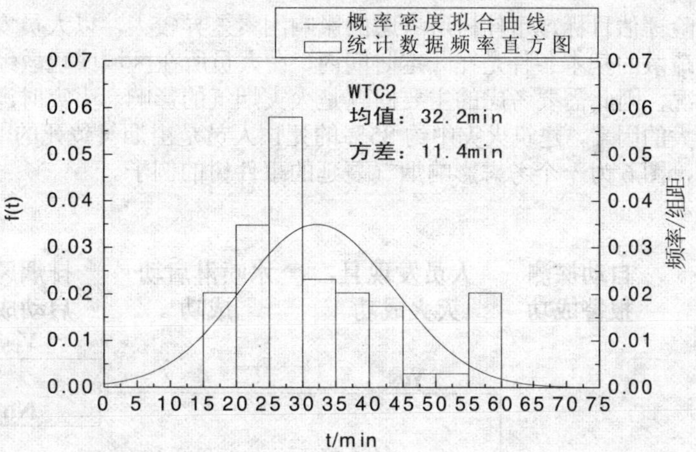

图 4　世贸大厦汽车炸弹事件人员疏散准备时间问卷调查结果与理论公布

2）超级市场，影剧院等场所。人员同在一个相对封闭的空间内，且建筑物内涉及到个人利益的物品较少。一旦发生火灾，人员之间的疏散准备时间差别不大，人员疏散准备时间的平均值和方差都较小。Purser 等人[12]通过商店、影院、体育场馆等场所的实际疏散演习以及火灾后的人员逃生录像得出数据，认为单峰、偏斜的对数正态分布适合作为这类功能建筑中人员疏散准备时间的分布函数，如图 5 所示。对于这类建筑的整个人员疏散时间主要取决于人群的运动时间。如果建筑物内人员密度较大，决定性因素就是人员在出口处排队等待的时间。

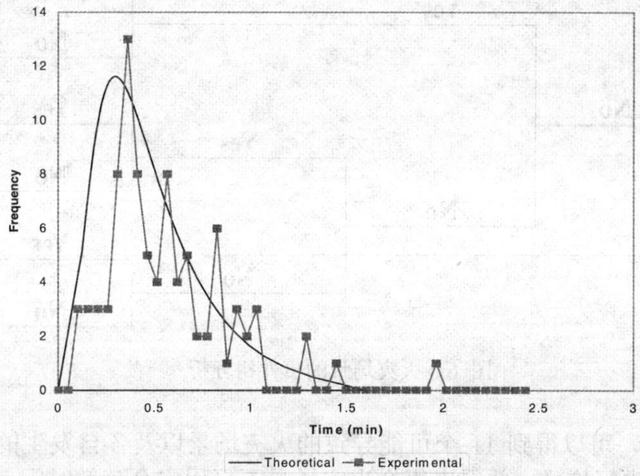

图 5　某零售店内人员疏散准备时间试验值与理论分布

此外，在模拟计算时，认为建筑物内所有人员在同一时刻开始疏散，其结果必然造成门、楼梯口等处出现较严重的人员拥挤、排队、等待等现象。但在真实情况下，人员疏散准备时间服从概率分布，即建筑物内人员并不是在同一时刻一起开始疏散，而是在不同时间段开始疏散。当疏散准备时间取为一定值与概率密度分布时，对总体疏散时间的影响差异较大[13]。因此，对于疏散准备时间，建议采用概率密度函数进行描述。

2.2 可用安全疏散时间（ASET）的随机性

在性能化防火设计中，可用安全疏散时间 ASET 既可以通过根据实验数据整理得出的经验公式，也可通过比较成熟的计算程序得到。然而，火灾场景的设定是一个比较复杂的问题，因为只有合理设定火灾场景，才能得出比较可信的可用安全疏散时间。火灾能够发展到什么程度，除了受到建筑物内可燃物特征，建筑结构等因素影响外，还受到建筑物内防灭火设备实施效果的影响。为了考虑防灭火设备对火灾发展的影响，将事件树引入对火灾可能导致的场景进行分析。事件树分析方法，既可以定性地了解整个事件的动态变化过程，又可以通过分析每一步成功和失败的概率，定量地算出个阶段的可能概率，并最终了解事故的各种状态的发生概率。

对于不同的风险评估目标，事件树所考虑的影响因素差异较大，以人员安全疏散评估为例，由于保证建筑物内人员安全疏散的基本条件是在一定时间内，在人员所在区域或疏散经过的通道中不会出现对人员生命构成危险的状况，因此需要考虑的主要问题是火灾烟气的影响。火灾时产生的大量高温、有毒烟气是对人员生命危害最大的因素，建筑火灾中约 85%的死亡人员是由烟气致死的[14]。因此，事件树主要考虑影响烟气蔓延的因素，图 6 为一个考虑影响烟气蔓延的事件树的例子。

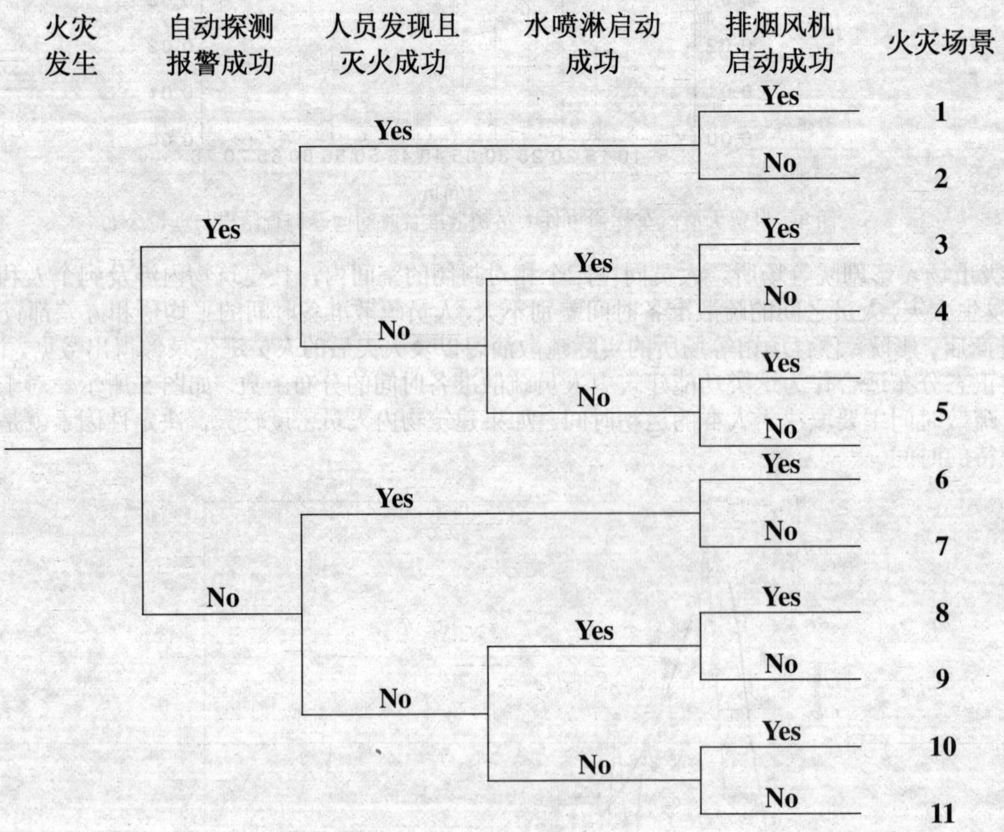

图 6 火灾场景的事件树分析

通过图 6 所示事件树，可以得到 11 个可能导致的火灾场景以及各自发生的概率，这些火灾场景均可以通过火灾相关模拟软件进行构建，并得出每个火灾场景下可用安全疏散时间。

3. 人员安全疏散概率分析

通过事件树分析，考虑建筑物内防灭火设施工作的可靠性，可以得出火灾发生后可能的场景以及其发生的概率。通过火灾相关模拟计算软件对火灾场景进行构建，将概率密度函数引入到人员疏散准备时间中，计算得出所需安全疏散时间。那么，就可以将预计伤亡人数作为指标对人员安全疏散进行评估，如式（7）所示。

$$L = \sum_{i=1}^{n} P_i \cdot C_i \quad (7)$$

其中，L 为预计伤亡人数；P_i 为火灾场景 i 的出现概率；C_i 为火灾场景 i 下，在可用安全疏散时间 ASET 来临之前，未疏散至安全区域的人数。

然而，式（7）仅仅是考虑火灾发生条件下的情况，对于不同功能建筑，发生火灾的频率有很大的差异。如果考虑火灾发生的频率，则：

$$ERL = P_{fire} \cdot A_{floor} \cdot L \quad (8)$$

其中，ERL 为人员疏散时的预计风险；P_{fire} 为建筑物发生火灾的概率（起/m^2/年）；A_{floor} 为建筑物总面积

（m^2）。

由于风险具有很大的不确定性，不同个体甚至同一个体在不同状态下对风险的感受与理解也存在差别。因此，对风险的社会可接受性进行研究成了风险管理的重要环节。所谓风险的可接受性，是指社会公众根据主观愿望对风险水平的接受程度。如果能够将可接受风险引入到性能化防火设计中，计算得到的人员所面临的风险小于可接受火灾风险，则可以认为消防设计满足性能化设计的要求，即通过可接受火灾风险来衡量人员能否安全疏散。

4. 结束语

人员安全疏散评估是性能化防火设计中的一个重要环节，合理准确地确定可用安全疏散时间 RSET 与所需安全疏散时间 ASET 十分重要。从风险的角度考虑，利用事件树分析了在建筑物内防灭火设施作用下可能导致的火灾场景。对于疏散准备时间，建议采用概率密度函数来表示，以得到更加贴近实际情况的可用安全疏散时间 RSET。最后，引入可接受火灾风险的概念来衡量性能化设计方案是否合理。如果计算得到的人员所面临的风险小于可接受火灾风险，则可以认为消防设计满足性能化防火设计的要求。反之，需要对消防设计进行改进以达到安全的目标。

由于火灾的过程以及人员疏散的过程都及其复杂，因此还有许多因素需要深入研究。首先是对人员疏散准备时间，其影响因素很多，目前还未准确地确定其分布状态，为得出合理的人员安全疏散评估结果，还需在以下方面做深入研究。1）根据建筑的不同功能，确定疏散准备时间的概率分布形式。不同功能建筑内人员疏散准备时间有较大差异，其概率分布形式也应有所不同。2）确定概率分布函数的相关参数。在已知人员疏散准备时间概率分布形式的情况下，还需要确定概率分布函数的相关特征参数，以确定其概率分布函数的表达式。其次，对于建筑物内防灭火设施工作的可靠性和建筑物发生火灾的概率，需要建立具有我国特征的相关数据库。最后，需要根据不同功能建筑场所，建筑类型建立可接受火灾风险体系。

5. 参考文献

[1] He YP, Horasan M, Taylor P, Ramsay C. A probabilistic fire safety engineering assessment of a refurbished high rise office building. Proceedings of the International Conference on Engineered Fire Protection Design. Society of Fire Protection Engineers. 2001: 211-228.

[2] He YP, Horasan M, Taylor P, Ramsay C. Stochastic modelling for risk assessment. Proceedings of the Seventh International Symposium on Fire Safety Science. International Association on Fire Safety Science. 2002:333-344.

[3] Kristiansson GH. On probabilistic assessment of life safety in building on fire. Report 5006. Lund, Sweden: Department of Fire Safety Engineering, Lund University.1997.

[4] Robert J, Johan L. The Swedish case study different fire safety design methods applied on a high rise building. Report 3099. Lund, Sweden: Department of Fire Safety Engineering, Lund University, 1998.

[5] Frantzich H.Uncertainty and risk analysis in fire safety engineering.Report 1016. Lund, Sweden: Department of Fire Safety Engineering, Lund University.1998.

[6] British Standards Institution.Part 1: guide to the application of fire safety engineering principles, British Standard BS DD240 fire safety engineering in buildings. British Standards Institution, London. 1997

[7] Meacham B J. Integrating human factors issues into engineered fire safety design. Fire and Materials, 1999, 23(6): 273-279

[8] Bryan J L.Human behavior in fire: the development and maturity of a scholarly study area.Fire and Materials. 1999, 23(6):249-253

[9] Gwynne S, Galea E R and Hickson J. The collection and analysis of pre-evacuation times derived from evacuation trials and their application to evacuation modelling. Fire Technology.2003, 39(2): 173-195

[10] Proulx G. Occupant Response Model. Unpublished report, NRCC, May,1994.

[11] MacLennan H A, M. A. Regan and R. Ware. An engineering model for the estimation of occupant pre-movement and or response times and the probability of their occurrence.Fire and Materials, 1999, 23(6): 255-263

[12] Purser D A and Bensilum M. Quantification of behavior for engineering design standards and escape time calculations. Safety Science, 2001, 38(2): 157-182

[13] Chu Guanquan, Sun Jinhua. The effect of pre-movement time and occupant density on evacuation time. Journal of fire sciences, 2006, 24(3): 237-259,.

[14] Quintiere JG. Scaling Applications in Fire Research. Fire Safety Journal 1989,1:3-29.

[15] He, Y. P., Wang, J., Wu, Z. K., Hu, L., Xiong, Y. & Fan, W. C. Smoke venting and fire safety in an industrial warehouse. Fire

Safety Journal, 2002, 37:191-215.

Some stochastic factors analysis for occupant evacuees in building fires

Abstract

In this paper, an expected fire risk to life assessment method is presented with consideration of some stochastic factors (fire growth rate, probability of fire protection system, occupant pre-movement time distribution and probable fire scenario). The probable fire scenario is constructed based on event tree analysis, and the ASET is calculated by fire simulation software for each fire scenario. For occupant evacuation time calculation, fire detection time is characterized by probability distribution with consideration of uncertainty of fire growth rate, occupant pre-movement time is characterized by normal distribution. By comparison the calculated results of ASET and RSET for every fire scenarios the number of injuries and deaths of every fire scenario can be calculated.

Keywords: occupant evacuation, risk assessment, pre-movement time, event tree.

作者简介：

孙金华,中国科学技术大学教授、博士生导师。联系方式：电话：0551-3606425，Email: sunjh@ustc.edu.cn。

FDS 建模工具的研究及其在性能化设计中的应用

孙旋，刘文利

中国建筑科学研究院建筑防火研究所

摘要

场模拟是建筑火灾计算机模拟的重要组成部分，场模拟软件 FDS 是美国国家标准技术局(NIST)建筑火灾研究实验室开发的产品，它专门从数值计算方面解决一系列适合于热驱动、低速流动的 Navier-Stokes 方程，重点适用于火灾导致的热烟传播和蔓延的数值模拟，并得到了大型及全尺寸火灾实验的验证。随着软件的深入开发，FDS 软件正致力于解决消防安全工程中的一系列实际火灾问题，并正在成为燃烧和火灾动力学研究的一个有力工具。FDS 软件建立的模型能够体现火场的空间几何形状和尺寸，但因为其输入文件一般为手写输入，遇有复杂火场环境，建模过程将变得异常繁琐。本文将对比研究现有 FDS 建模工具的优劣，提出一种高效、新型的建模方法和思路，并介绍其在性能化设计工程中的实际应用以及不同火场环境的相应处理方式。

关键词：场模拟、FDS、消防性能化设计。

1．概述

火灾模拟研究的理论基础是承认火灾过程遵循确定性的规律，这种规律既可以在模拟实验中再现，也可以抽象成控制火灾过程的数学表达式（微分方程或代数方程）。模拟研究的意义在于，可以通过简化和近似，逐个研究影响火灾的各个分过程和各主要因素的作用，逐步揭示火灾的机理和规律。如用小型受限空间中的烟气运动模拟室内火灾烟气的运动等。火灾模拟分实验模拟与计算机模拟两类。但是，实验模拟研究一般是在某种近似条件下进行的，由于火灾过程的复杂性，严格的相似准则往往很难建立，实验模拟方案所包含的近似必然导致研究结果与实际的偏离。计算机火灾模拟技术的开发与利用，为人们了解火灾发生和发展的过程提供了新的方法和手段，也为建筑防火设计和消防安全评估提供了新的科学工具，是消防安全工程学和性能化设计的重要基础。它使人们可以通过在计算机上建立火灾模型，运用工程计算和计算机模拟的方法，对不同空间和环境条件下火灾的发展和蔓延进行模拟和预测；并根据设定的火灾场景，测算和确定各种建筑构件、材料与组件、消防设备以及空间内的火灾特性参数。这样—方面减少了人们对昂贵的火灾试验的依赖，可以大大节省研究和测试费用；另一方面通过设定多种火灾场景进行重复的模拟和演算，可以大大增加研究的灵活性和准确性，从而便于找出规律性的东西。

在过去十几年里。火灾模化经过了区域模化、场模化到网络模化和场区网复合模化的发展，从过去的以理论研究为主体转向注重实际应用。国外在火灾模化理论成果的基础上，已开发出一批具有实用价值的计算机火灾模型和消防安全评估软件，例如美国的 Hazard、CFAST，FDS，加拿大的 FiRECAM，英国的 JASMINE、Smartfire，澳大利亚的 CESARE—Risk，日本的 BRI，德国的 KOBRA-3D，等等。这其中应用最广泛、界面友好及可视性最强的软件为美国 NIST 开发的 FDS，它的特点是针对性较强，可以得到比较详细的物理量的时空分布，能精细地体现火灾现象；对计算机能力和运算时间的要求可以根据所研究对象进行调节，因此在课题研究、性能化设计等工程实际当中，常用这种方法来模拟火灾过程。但是，FDS 的模拟过程是一种流体力学为基础的数值分析过程，其建立的几何模型必须是长方体的集合[1]。FDS 的模拟与计算完全基于手写输入文件，当火场较为复杂，如曲面屋顶情况下建立准确的现场模型就十分困难；此外，对于同一现场的不同分辨率分析，也需要重新建模，十分不便。实际使用过程中，FDS 模型建立往往耗费掉 CFD 工程师大部分的工作时间。为此，研究开发 FDS 建模工具是当前提高 FDS 使用效率的首要目标。

2. 模型方法研究

FDS 作为研究型软件，开放了其源代码，为其进一步改进提供了可能。国内外已有不少研究人员致力于 FDS 建模方法及工具的的研究[2] [3]，这其中比较有代表性的建模工具为 DXF2FDS、PYROSIM、ARX-FDS 等，由于开发时间、原理及完善程度不同，它们分别具有各自的特点。

2.1 现有常用建模工具的对比

DXF2FDS

DXF2FDS 是一种将 DXF 的文件转化成 FDS 输入文件的程序。它的工作原理是读取 DXF 文件内的 3Dface 变量，然后将它转换成 FDS 的实体或面。

它有两个缺点：第一、将图形转换成输入文件之前必须将先将图形存为 DXF 文件，通常情况下这样做会导致文件变大，增加时间及计算成本；第二、只能转换 3Dface 变量，所以在转换前要在 AUTOCAD 中绘制 3Dface 图形，这对于某些建筑空间或建筑组件来说不是很方便。图 1 是 DXF2FDS 的使用界面。

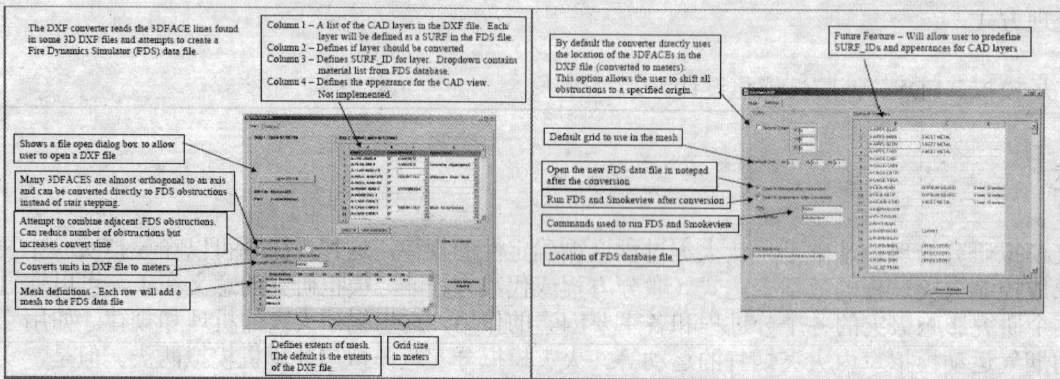

图 1　DXF2FDS 使用界面

PYROSIM

它是 FDS 前处理器商业软件，界面开发比较成熟，且在不断完善之中，对于复杂模型的处理能力较强。但笔者感觉不够实用：第一、界面设计不够友好，操作复杂，对于简单模型，并不比使用 Excel 或记事本有更高的效率；第二、用 PYROSIM 生成的输入文件在修改时不太方便。

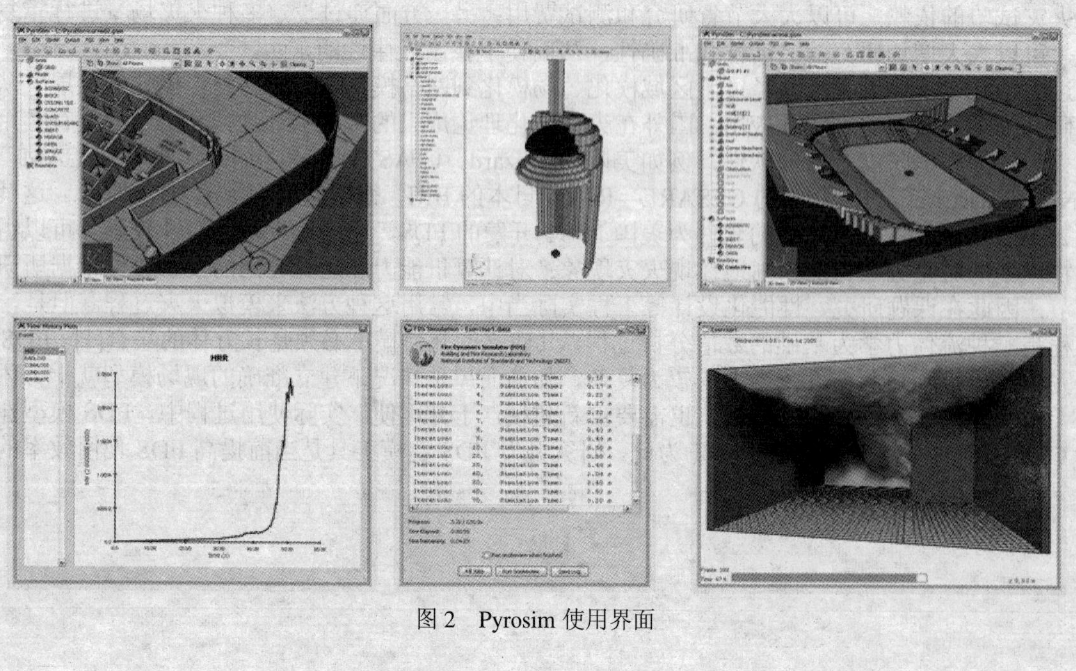

图 2　Pyrosim 使用界面

ARX-FDS

该程序首先确定 AutoCAD 中模型的一个包围空间，然后用一定精度的小立方体去与模型求交，与模型相交的小立方体被保留下来，作为进一步构建 FDS 模型的基本元素。最后可以通过进行必要的合并来建立 FDS 模型。这样，用户可以在 AutoCAD 环境下对火场几何进行建模并附加材料信息，然后由系统自动完成到 FDS 可识别的“OBST”字串数据。

该程序存在以下缺点：第一、需要读入的变量为 3Dsolid，因此应事先在 AutoCAD 中建立火场的立体模型，这项工作对于大多数 CFD 工程师来说并非易事；第二、由于大量使用了 3Dsolid 的复制、平移、并、交角色，速度慢，占用内存多。

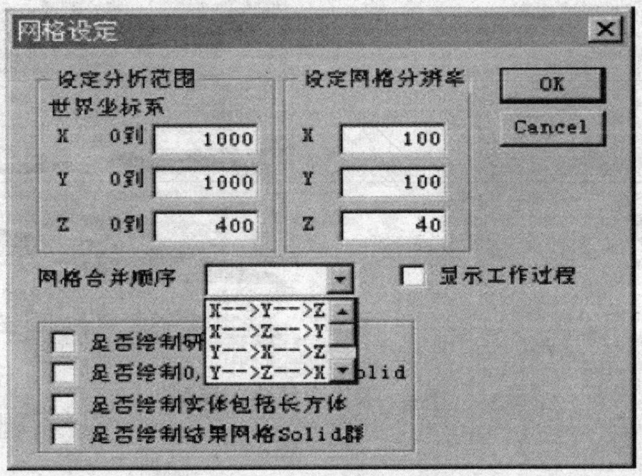

图 3　ARX-FDS 使用界面

2.2 空间建模研究

基于 Autocad 平台，针对不同的火场空间实体地给予不同的处理或转换方式，然后将这些方法集成在一个建模工具中，这样能够在兼顾建模准确度的同时，大大缩短建模时间，降低建模难度，提高火灾模拟效率。现对本文研究的一套 FDS 空间建模方法和思路进行简单介绍。

1、复杂曲面　建筑中具有复杂形状的屋顶或墙体，可以采用“撷取关键点－生成曲面轮廓－转换为 3Dface－生成 FDS 输入文件”的步骤。应该注意：1、对于曲面来说，要精细地再现曲面形状，需要将 3Dface 划分的足够细；2、每个 3Dface 的尺寸不能小于一个单元格的尺寸，否则 FDS 计算中将忽略这个实体；3、可通过使用三维曲面的一些命令来完成 3Dface 的转换，避免手工生成 3Dface 的繁琐；4、通过软件处理，3Dface 可在 AutoCAD 中直接转换成 OBST 或 SURF 字符串，而无须像 DXF2FDS 一样先行将 3Dface 转换成 DXF 文件。

2、墙体　建筑中形状规整但数量繁多的墙体，可以采用“处理建筑图纸－转换线型－设定高度等关键参数－生成 FDS 输入文件”的步骤。应该注意：1、处理建筑图纸时，可将墙线所在图层单独剥离出来，而无需重新画出墙线；2、绝热无厚度墙在 FDS 里可以设定且有更好的可视性，因此除非空间较小，不要把墙体做成有厚度的实体，否则在网格划分时会遇到麻烦。

3、楼板，建筑中平面形状复杂的楼板，可以采用“处理建筑图纸－生成 CAD 实体－转换成 FDS 输入文件”的步骤。应该注意：通过二维建筑图纸，容易得到各层楼板轮廓，不管采用剥离还是重新描绘的方式，都应可能精细的再现曲面墙体的形状。

3　建模方法应用

3.1 某汽车博物馆

某汽车博物馆占地 4.3 公顷，形状酷似一只“大眼睛”，占地面积约 58.2 公顷。博物馆建筑造型新颖，结构形式复杂，内有旋转坡道，汽车升降梯。其屋顶、墙体及楼板在三个方向上均有变化，给消防性能化设计带来极大挑战。

本工程工作量及难度极大，若要手工写成 FDS 输入文件需要几个月时间。但利用自己研发的建模工具，采用上述方法，只花费 10 个小时便完成了建模，如图 4 所示。建模时统畴考虑了网格精度及计算能力等因素。火源周围网格尺寸为 0.15m*0.15m*0.15m。

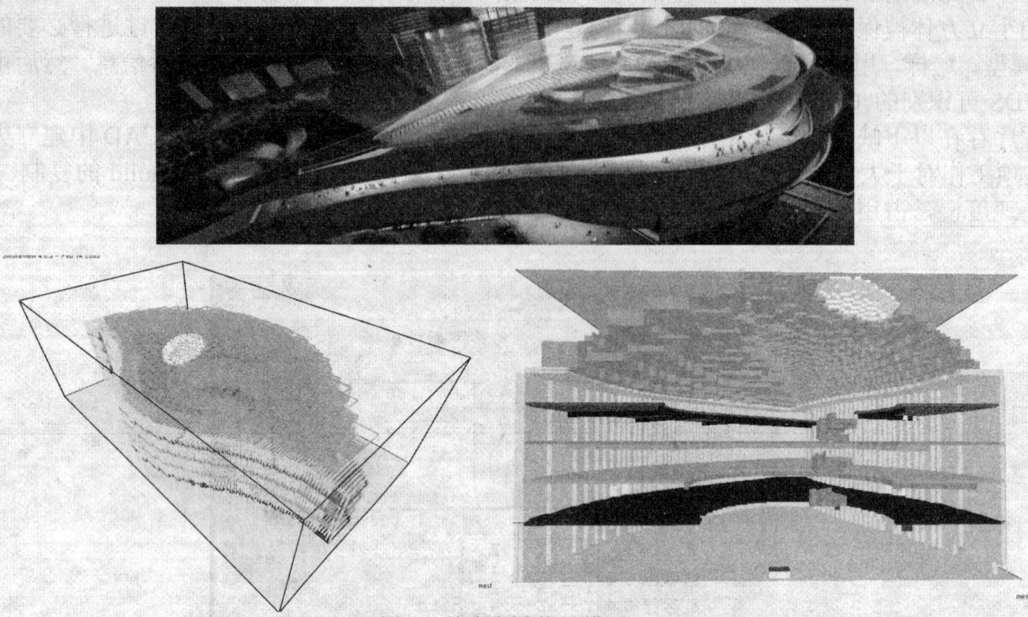

图 4　某汽车博物馆模型

3.2　某大型博物馆

某博物馆总建筑面积 178664 m^2，造型新颖，空间组织形式复杂，内有开敞大楼梯，观景平台。入口大厅具有充裕的空间、明确的定位性、以及多条通往展览空间的便捷通道。人们在北入口和西入口处通过安全检查后，在入口大厅内可以买票，购买纪念品，了解博物馆内部的活动和展览内容；然后，通过楼梯、电梯、自动扶梯等交通系统到达各种展厅，包括临时展厅和国际交流展厅。

本工程的难点在于内部空间的详细构建。分段分层设计是建模时的主要方法：记录参考原点，同层内相同类别的构件和线型采用同样的处理方式，最后进行多层整合。其建筑外形与 FDS 模型如图 5 所示。火源周围网格尺寸为 0.20m*0.20m*0.20m，建模时间 8 个小时。

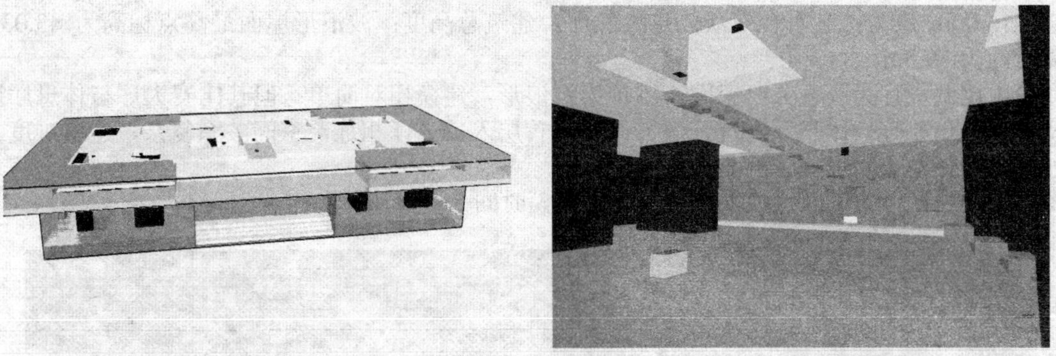

图 5　某博物馆模型

3.3　某大型客运火车站

车站建筑总建筑面积：102190m^2，其中：客运站房总建筑面积：40235m^2。含地下层出站厅、配套管理及设备等用房，建筑层数三层，站房最高聚集人数 6000 人。旅客高峰小时旅客发送量：2065 人。2025 年客运旅客发送量 683 万人。

车站总体造型构思巧妙，明朗、宏大的钢结构穹顶将进站大厅与候车厅空间融为一体，形成高大、宽广、通透的共享空间，+8.50m 处，高架候车厅设置中庭，形成开阔明亮的空间效果。利用站台与广场 3.50m 高差空间并下沉 4.00m 设置容纳所有到达旅客的出站空间及联系南北广场的自由通道。车站整体造型中部隆起、两翼舒阔，恰似翱翔的雄鹰。

火源周围网格尺寸为 0.15m*0.15m*0.15m，建模时间 4 个小时。

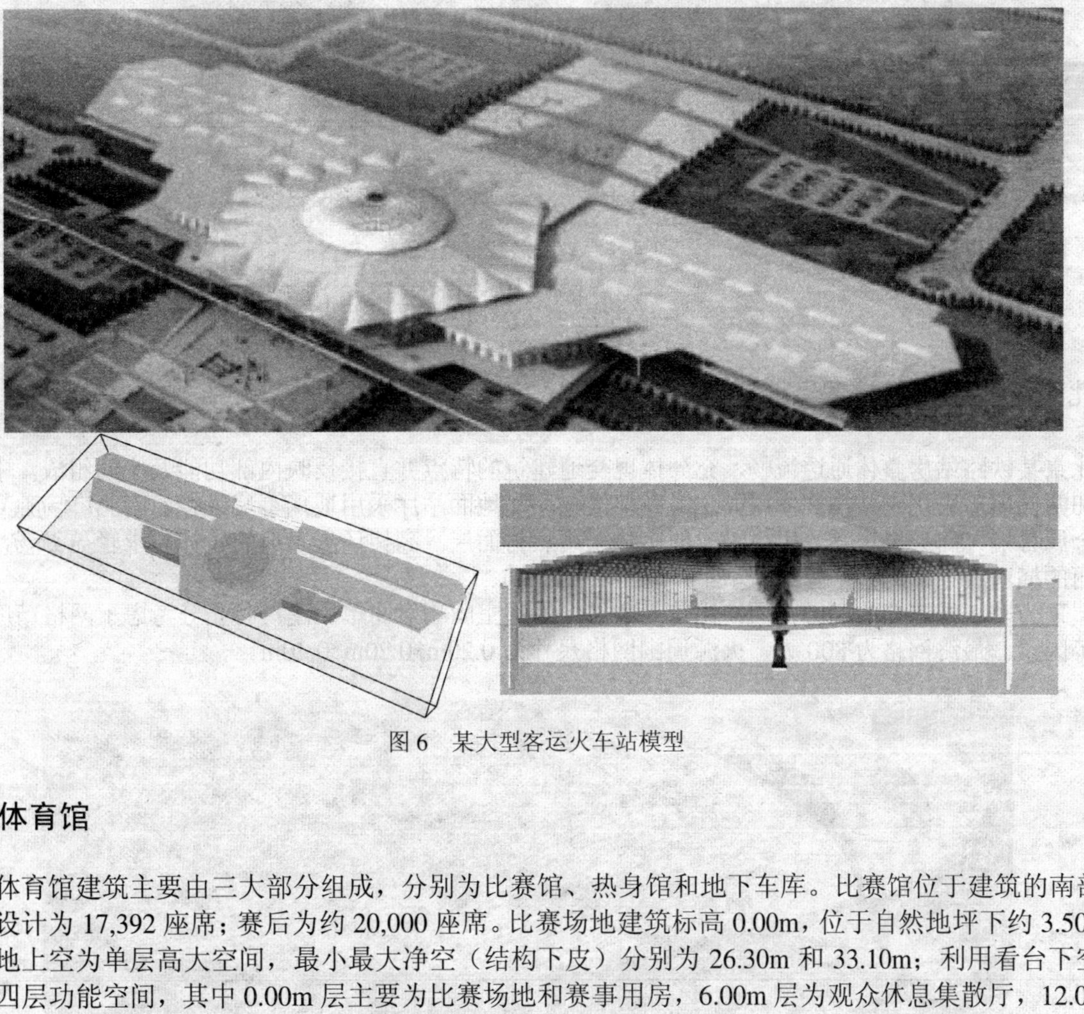

图 6　某大型客运火车站模型

3.4 某体育馆

某体育馆建筑主要由三大部分组成，分别为比赛馆、热身馆和地下车库。比赛馆位于建筑的南部，赛时看台设计为 17,392 座席；赛后为约 20,000 座席。比赛场地建筑标高 0.00m，位于自然地坪下约 3.50m 处，比赛场地上空为单层高大空间，最小最大净空（结构下皮）分别为 26.30m 和 33.10m；利用看台下空间共设计了四层功能空间，其中 0.00m 层主要为比赛场地和赛事用房，6.00m 层为观众休息集散厅，12.00m 层为包厢层，16.00m 层为楼座看台观众休息集散厅。建筑总高度：波浪形屋面最高点标高为 43.03m，距自然地平高度约为 39.5m。

体育馆内比赛大厅为高大共享空间，屋顶为波浪形，建模相对简单；但其比赛大厅与休息厅通过体育馆上部及观众入口相连，休息厅通过开敞大楼梯与首层入口大厅相连，空间关系复杂，建模难度大，需分步进行处理，最后整合生成。

火源周围网格尺寸为 0.20m*0.20m*0.20m，建模时间 8 个小时。

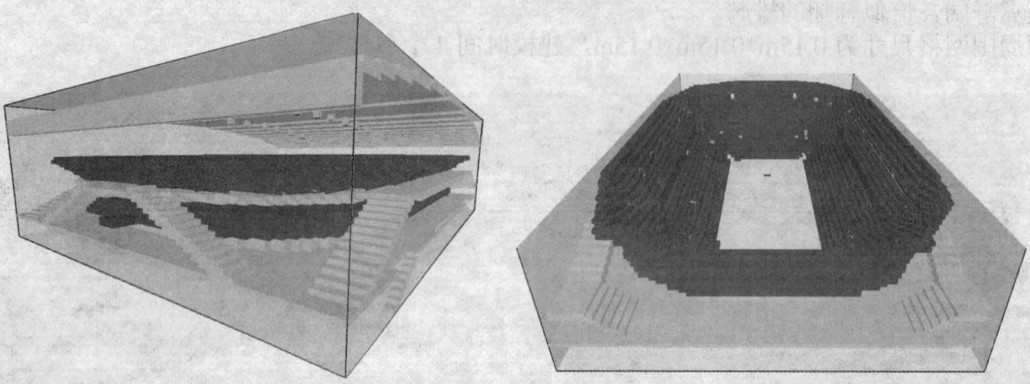

图 7　某体育馆模型

3.5 北京某大型铁路站房

北京某铁路站房整体通透流畅，充分体现交通建筑的特点并直接反映内部功能及空间组成。中央椭圆屋面和两侧雨篷采用钢结构和金属面层。高架候车厅和地面站厅采用玻璃幕墙维护，南北广场独立综合楼采用金属幕墙，高架层售票等用房组成的实体采用石材面层。高架环形车道的设计力求轻盈舒畅，采用清新秀丽的横向线条，对整个建筑造型不产生过多的影响。

屋顶为非直线走向的椭圆曲面，比较复杂；但内部空间相对简单。建模时充分考虑了网格精度及计算能力等因素。最终网格为 800 万，火源周围网格尺寸为 0.20m*0.20m*0.20m。

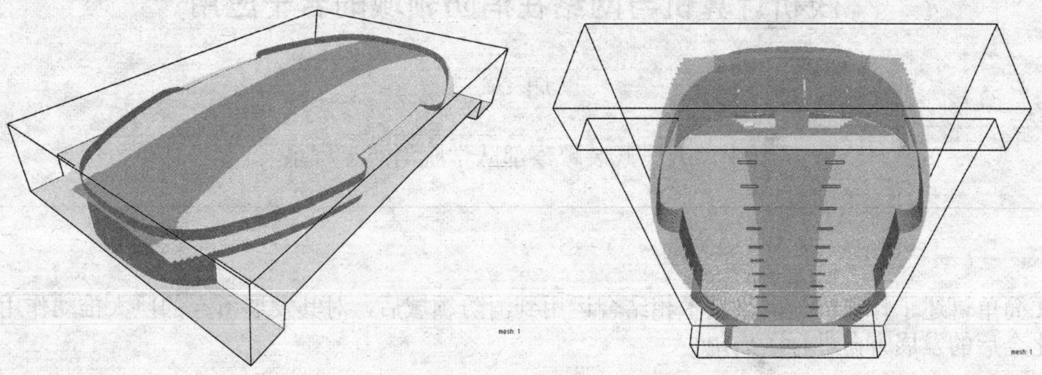

图 8　北京某铁路大型站房模型

4. 结论

在 FDS 建模工具开发上，目前国内外许研究机构都力求使 FDS 的建模简单化、准确化。就目前来说，软件的灵活性和全面性还有待完善。实际工作中多种软件和多种方法同时使用可能会使工作效率和工作质量得到大幅度提高，有针对性的选择建模方法与建模步骤有时可以达到事半功倍的效果。

5. 参考文献

[1]　FDS 用户手册

[2]　邵钢，杨培中，金先龙 FDS 中非矩形边界隧道的自动建模. 计算机工程与应用. 2005 年 36 期

[3]　吴炜煜，高佐人，任爱珠. FDS 中非矩形边界隧道的自动建模. 系统仿真学报. 2005 年 08 期.

Research on Model Building Method of FDS and its Application

Abstract

Field simulation is the main part of building fire simulation. Fire Dynamics Simulator is such a field simulator programmed by Building and Fire Research Laboratory, NIST(National Institute of Standards and Technology). FDS is a computational fluid dynamics (CFD) model of fire-driven fluid flow. The software solves numerically a form of the Navier-Stokes equations appropriate for low-speed, thermally-driven flow with an emphasis on smoke and heat transport from fires. It has been validated by many full-scale fire experiments by world-around researchers. With the development of the software, FDS is used to solve more and more fire engineering problem and becoming a powerful implement. Though the model of FDS can bring forth vivid shape and configuration of the building, the process of model establishment is too hard to be completed when a complex space need to be modeled. This paper will bring forward high effective methods and their various applications in performance-based design project on fire engineering.

Key words: Field simulation, Fire Dynamics Simulator, Performance Based Design on Fire Safety.

作者简介:

孙旋，男，中国建筑科学研究院建筑防火研究所工程师，主要从事建筑防火性能化设计。联系方式：地址：北京市北三环东路 30 号，邮编：100013，电话：010-64517879。

浅析计算机与网络在消防领域的若干应用

唐 斌

中国人民武装警察部队学院消防工程系

摘要

本文简单讲述了计算机与网络技术相结合运用到消防领域后，对其发展所起的巨大推动作用，并对消防信息化今后的发展方向进行了展望。

关键词：计算机、网络、消防信息化。

1. 概述

近年来，随着计算机技术与信息技术的飞速发展，数字革命席卷全球，迅速而深刻地改变了人类社会的生存发展。把计算机与网络应用于消防，正是为适应这一形式的发展。VOIP、CAD、CAI、GIS、数据仓库技术、流媒体技术、多路复用技术、ATM、三级信息通信网络和共享平台等新技术[1]的应用为消防领域提供了全数字化的技术支持，使消防部队各种新业务不断涌现，完全改变了旧有的工作理念。

2. 在消防自动化方面的应用

以前火灾报警有两种模式：一种是通过有线方式，即通过电话线实现与消防指挥中心的联网；另一种方式是通过无线方式，主要是 GPRS 或 CDMA。这两种方式对用户的实时监控作用差，最多是文字显示，不能实现图像监控。

有了网络后，我们现在采用的是消防远程网络监控技术，其拓扑由三部分组成：火灾报警监控终端（含火灾自动探测监视系统、自动灭火系统、防排烟系统、安全疏散及应急照明系统、自动防火门、防火卷帘系统等）、报警监控通信网（分为有线，无线通信系统）、报警监控中心（含火警受理调度系统、GIS 消防地理信息系统、CAD 计算机辅助决策系统、监视系统等）。报警监控中心又分为三级网络：省总队“中心网”，地、市“支队网”，县、区“远程工作点”。这样，当火情发生时，各级单位就能按不同的职责与分工及时进行处理。

虽然网络监控自动化程度很高，但也存在着一些问题，如各地系统相对独立，通讯协议无标准，数据格式不统一，针对这一情况，90 年代末我国起动了“金盾工程”（公安信息化系统工程），目的是建立一个宽频带、高速率的专用消防信息网络，把语音通信、视频通信、计算机数据、多媒体等各种信息业务纳入统一的网络，从而满足了消防系统多层次的任务需求。

3. 在现场灭火救援方面的应用

有时，消防官兵在处理现场时，会遇到一些棘手的问题，比如：我国危险化学品事故呈上升趋势，社会上存在的危险化学品种类有数万种，常用的也有数千种之多，而危险化学品易燃、易爆、有毒、有害、有腐蚀等特性，使其本身固有的危险性很大，无论是放置还是运输都需要排除诸多安全隐患。为此，消防部队在火灾或事故的现场需要快速确定化学危险品的理化性质、储存形式、个人防护要求等，从而制定处置对策及注意事项，在这个过程中会不断的与上级部门进行信息沟通。

目前的消防通信分为两种方式，一是依靠程控交换机，以语音通信为主，用户端通信设备主要以固话、移动电话、对讲机为主；二是依靠 Intel 网，以计算机为主，实现多媒体信息的交流。具体以部队装备的不同来区分。前者具有快速，及时，准确的特点，后者有传输信息量大的优势。随着蓝牙标准在无线技术上的成功运用，使得 PC 微型化及无线化成为发展的主流，无线手持 PC 集成了电话及计算机的所有通信功能，并具有快速的传输速率，这样通过无线局域网接入“金盾网”，就可以及时，准确的把现场的视频信息传送给后方的指挥员，以便其能迅速的做出决策。

当现场出现非常特殊或罕见情况时，我们还可以采用数据仓库技术[2]和专家辅助决策系统加以解决。数据仓库技术是指通过建立统一的标准规范，实现行业间、部门间、报表间的流畅数字对话，将分布在网络不同系统中的数据集成到一起，为决策者提供一致、正确、有效的数据，起到信息共享、决策支持的作用。专家辅助决策系统通过查询数据仓库，根据现场传回的实时信息，就可以制定出灭火预案，再通过网络指导现场进行灭火救援。

可见，由计算机与网络支持的消防信息化对实现消防业务办公自动化和消防业务信息共享和综合利用，建立消防部队快速反应机制，提高消防部队预防和扑救火灾以及处置其它灾害事故的实战能力，优化消防业务工作流程等方面，都起到了积极作用。

4. 在教育培训方面的应用

随着现代教育思想、理念，教学模式、方法、手段不断的变化发展，多媒体网络教学[3]越来越成为现代教育技术中最为引人注目的一个亮点，文字、图形、音频、视频、动画等多种媒体的结合，使网络课堂变的绚丽多彩。通过网络多媒体方式进行的教学与培训，形象生动，令人耳目一新，印象深刻。

随着计算机的应用和普及，以及相应配套软件的诞生，三维图片和三维动画的使用已经大量存在于人们的工作、生活、学习、娱乐当中，用计算机模拟技术开发出一个三维立体的火灾现场，并配上声、光、电等环境，可以构造一个虚拟的训练平台。其特点是系统是可控的，可动态变化的。角色扮演也非常灵活，你可以是战斗员，也可以是指挥员，训练员由计算机担任，各级之间的信息传递由计算机完成。教师可以控制训练环境和监视学生的训练情况，并对训练结果进行点评。

这种训练方式，不但降低了风险与成本，而且可以为学员营造不同的训练环境，从而积累更多的火情处置经验。这种训练系统还可以通过网络进行远程登录，从而满足不同地域人群同时训练的需要。

5. 在消防社会化方面的应用

消防社会化离不开教育与宣传，而我们原有的手段比较单一，除了对特殊人群举办短期的讲座、培训外，就是利用一些假日举行一些活动，这样只能形成教育与宣传的短期效应，而且覆盖的人群也比较窄。而计算机网络的一个重要特性，就是它的可扩散性和共享性。部队与地方可以共同开发宣传资源，建立通用的“信息库”，然后利用现有的硬件资源，把“库”中制作好的多媒体信息传播出去。现在的楼堂馆所及一些公共场所都配有集成控制的广播系统，只要把其主控计算机联入 Intel 网，“金盾网”中的资源就可以通过电信网络在广播系统中播放，使社会成为一个真正的大课堂，消防工作就能收到良好的社会效益。

6. 结束语

随着计算机与 Inter 网技术的迅猛发展，消防部门办公的自动化、网络化进程正在加速进行，这是一个不可避免的发展趋势。信息化建设中所面临的问题也将越来越受到各级领导的重视，怎样健全管理体制，培养专业的网络技术人员，制定统一的标准，共享网络资源，推动国内消防与国际接轨是我们今后的发展方向。

7. 参考文献

[1] 吴功宜. 计算机网络. 北京:清华大学出版社.2007.
[2] 林宇. 数据仓库原理与实践. 北京:人民邮电出版社.2003.
[3] 贺雪晨. 多媒体技术实用教程. 北京:清华大学出版社.2005.

A simple Introduction for some Applications of Computer and Network in the Fire Fighting Field

Abstract

This paper describes an enormous role in promoting the Fire fighting technologies after the computer and network has been used. At last it gives the future direction of the development.

Keywords: computer, network, informational fire fighting.

作者简介：

唐斌，男，武警学院，讲师，主研网络工程。联系方式：Email:toynben@163.com。

基于"性能化"思想的建筑防火设计优化模型的探讨

田玉敏[1]，王伟军[2]

[1]中国人民武装警察部队学院消防工程系
[2]浙江省杭州市公安消防支队

摘要

建筑防火设计是保证建筑安全的主要手段，设计方案的合理性将直接影响建筑的安全性。在目前我国市场经济条件下，建筑防火设计不仅应满足建筑的安全需求，而且还应满足提高建筑消防投资经济效益的要求，即设计方案应该达到安全性与经济性统一的目标。而"性能化"防火设计方法为达到这个设计目标提供了有利的帮助。本文从"性能化"防火设计方法的思想出发，对消防投资的合理性评价方法进行了探讨，并初步建立了建筑防火设计优化模型，为进一步推动火灾科学与消防工程学科的发展提供理论和方法上的指导。

关键词： "性能化"防火设计、最优安全度、消防投资、经济性评价、优化模型。

1. 概述

改革开放以来，中国经济建设取得了巨大的成就，各种新型建筑的出现，大大改变了城市面貌并增强了建筑物的使用功能，但建筑的消防安全方面也提出了许多新问题。因此，为了降低火灾的风险性，采取更加安全、合理、经济有效的防火设计方法就显得尤为重要。

目前，我国建筑防火设计是基于"指令性"规范的设计方法，这种方法缺乏灵活性，难以确保工程项目的安全性和经济性。对于大型的、结构比较复杂的建筑，如果死板地执行规定的标准，将会导致过高的设计，带来更高的成本。比如某些建筑出口的增加、防火间距的限制、耐火等级等要求并不能在所有的建筑中产生较好的消防安全度。此外，在目前我国市场经济的条件下，如何在确保在一定的安全水平下，使消防投资的比例趋于合理，并提高消防投资的经济效益也是投资者必须面对的问题。因此，建筑设计方案应该达到安全性与经济性统一的目标。

80年代开始，国际上"性能化"防火设计方法开始流行，该方法基于消防工程学的方法，而不局限于消防规范和标准，并允许设计者有一定的选择权，并从最佳经济效益角度评估成本效益的关系。这个方法包括定量的火灾风险和对不同的火灾保护策略的有效性和效益的评估。"性能化"防火设计是消防安全设计方法的趋势，也是我国消防安全发展的一个方向，这种设计方法的优越性之一就是能够通过技术上丰富的可选择性，提高防火设计的经济性和灵活性。

2."性能化"防火设计在经济上的优越性

国外大量案例表明：采用"性能化"防火设计一般可以大大降低消防投资。下面是一个较为典型的案例分析。

2.1 案例来源

该实例是来自澳大利亚的一个建筑工程[1]。

这是一个附带停车场的旅馆建筑，其中的建筑投资是按2001/2002年度悉尼市中央商务区（CBD）内建造项目的费用近似取值的。项目的总投资是按照国际标准、并考虑了每平方米用地面积上的所有费用（包括土地价格）来进行估算的。采用"性能化"方法和"处方式"方法在投资上的差别，已经根据所提供的设计上的差异而被估计出来了。所有费用均以澳大利亚元为单位计。

2.2 采用“性能化”方法节省的投资

下表是上述方案采用“性能化”方法与“处方式”设计相比所节省的全部费用的估算情况。

表1　采用“性能化”方法与“处方式”设计的费用对比

更改的项目内容	具体措施	节省的费用
降低耐火水平	减少楼板和墙体覆盖（抹灰保护）层厚度	$65，000
旅馆客房用实心门取代防火门（60分钟和30分钟耐火极限）	40mm 厚实心门，供680个旅馆客房使用	$394，000
停车场内加长疏散距离	减少两部防火楼梯	$163，000
减少地下1层安全出口的总宽度	容许	$50，000
减少扬声器的数量	在17个楼层内每层取消3个WIP扬声器	$19，000
去掉客房卫生间内和中庭顶部的水喷淋装置	680个客房每间取消一个喷头，提供感温探头，撤消覆盖中庭顶部的水喷淋装置	$93，000 $16，000
取消区域烟气控制系统	简化烟控系统	$5，000
旅馆客房层的空气处理系统	取消阀门等	$476，000
舞厅排烟流量	$10m^3/s$ 的排烟流量（不是要求的认为是满足安全的流量）	（$20，000）
降低中庭排烟流量	从 $660m^3/s$ 降到 $100m^3/s$	$707，000
节省投资总计		$1，968，000

从该实例可以看出：采用“性能化”方法可以节约很大一部分的消防投资。

3.“性能化”防火设计在提高安全度上的优越性

3.1 安全度的基本概念

（1）安全度：消防系统的安全度，是指采取消防技术措施后，火灾损失所能下降百分比的大小。安全度＝1－风险度，因此，安全度与风险度具有互补关系，而风险度是火灾发生概率和严重程度的乘积。

（2）合理安全度：安全度越高，一般来说需要较大的消防投资。但是，随着消防投资的进一步增加，安全度不会持续增加，或者说增加的幅度在不断下降。从经济效益方面来说，安全度应当在一个比较合理的范围之内，才能确保消防投资的合理性。

（3）最优安全度：火灾总损失F（s）是火灾实际损失L（s）和消防投资C（s）的总和，并且它们都是安全度s的函数。如图1[2]所示。最优安全度对应的火灾总损失最小，经济性最好，即消防投资具有最高的经济效益。因此，最优安全度是消防经济学研究的核心问题。

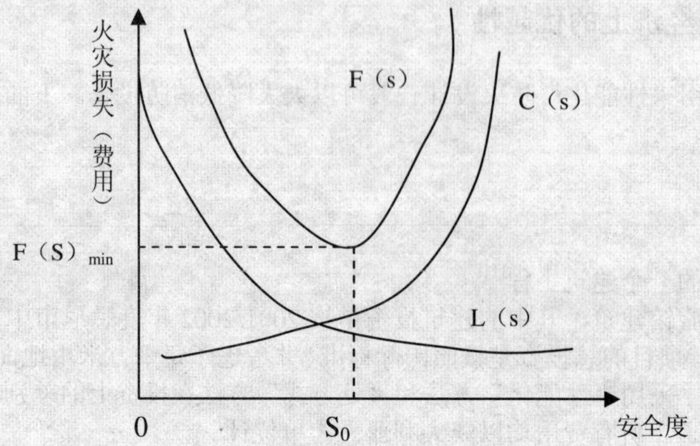

图1　最优安全度

3.2 性能化防火设计提高安全度的方法

性能化防火设计是建立在消防安全工程学基础上的一种新的防火设计理念[3]，是以建筑物在火灾中的性能为基础的防火设计方法。其基本思想是在确保建筑物使用和功能的前提下，针对建筑物的消防安全目标，运用工程分析和计算来确定最优化的消防安全设计方案的防火设计方法。性能化防火设计从本质而言应是提高设计的安全度，对安全度的考虑应贯穿于性能化设计的整个过程。安全度高的设计包括以下部分：（1）提供了足够的主动和被动灭火措施；（2）消防技术措施具有较高的可靠性；（3）消防设计具有较高的安全余量。性能化防火评价方法模型如图 2 所示[4]。

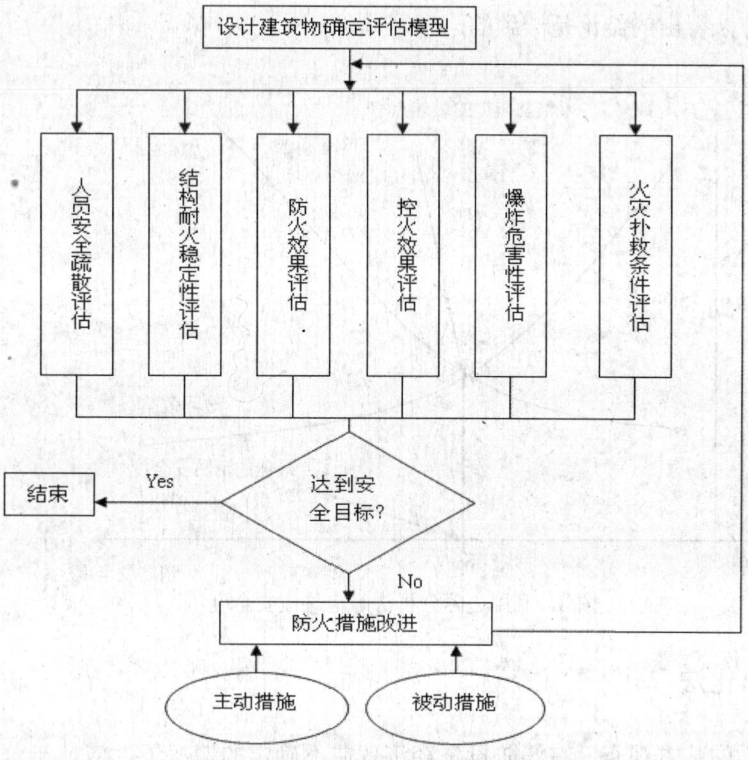

图 2　性能化防火评价方法模型

4. 最优安全度的确定方法

4.1 求极值的方法

一般而言，在图 1 中，消防投资函数 C（s）和火灾实际损失函数 L（s）满足如下关系[5]：

$$C(s)=Ae^{as}\qquad L(s)=Be^{-bs}\tag{1}$$

式中：A，B，a，b——为统计常数；s——为系统安全性百分数

那么，在系统存在期间，总费用 F（s）与安全性关系如下：

$$F(s)=Ae^{as}+Be^{-bs}$$

求 F（s）得最优值：$F'(s)=Aae^{as}-Bbe^{-bs}=0$

则有：

$$s_0=\frac{1}{a+b}Ln(\frac{Bb}{Aa})\tag{2}$$

其中，参数 A、B、a、b 可以利用线性回归（OLS）的方法来确定。

4.2 边际分析方法

安全度的边际投资随安全度的提高而上升；而安全度的提高，带来的边际损失呈递减趋势。通常有这样的规律[6]：当处于最佳安全度 S_0 时，边际投资量 MC=边际损失量 ML（即边际效益时），这意味着此时消防投资的增加量=火灾损失的减少量，如图 3 所示。在安全度低于 S_0 时，提高安全度所获得边际损失大于边际投资，因此，提高安全度时必须而且值得的；如果超过 S_0，那么提高安全度所花费的边际投资大于边际损失，即安全效益在下降，此时也可以理解为火灾的控制过于严格了。但在有些情况这是必要的，比如当某项目的性质十分重要时，严格控制火灾危险是非常必要的。

值得提示的是：当边际投资量 MC=边际损失量 ML（即边际效益 MB）时，火灾总损失也是最低的，也就是，以上两种方法得出的结论是一致的。

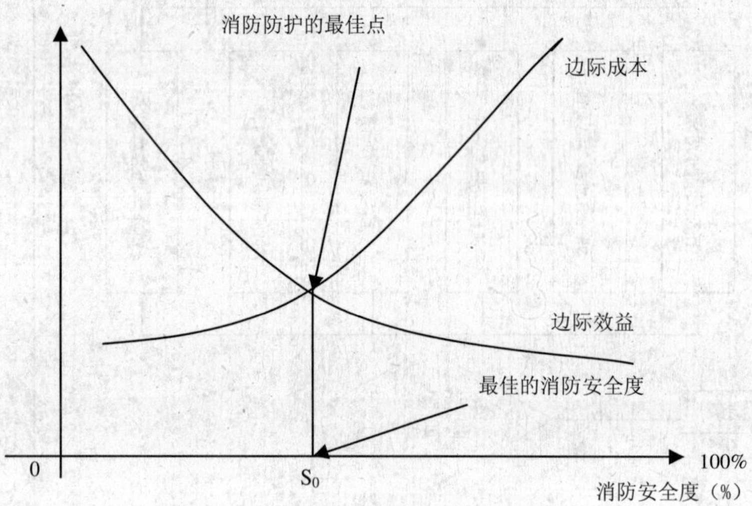

图 3　利用边际分析法确定最优安全度

4.3 年总成本最小化法

根据工程经济学的基本观点，在消防投资经济效益不确定的情况下，应使年总成本最小化。

（1）不考虑火灾保险因素的年总成本

如果财产根本就没有投保，即完全要自担损失，那么应考虑的年火灾损失为 $F_V\bar{x}_V$，其中 $\bar{x}_V$ 为处于风险中的财产值 V 的期望损失，Fv 为财产值 V 的平均每年发生火灾的概率。

那么业主每年的成本为[7]：

$$T = F_V\bar{x}_V + C \tag{3}$$

式中：C 为消防系统年平均费用（包括：主要设施购买成本年值与维护成本年值之和）。

（2）考虑火灾保险因素的年总成本

业主购买保险之后的每年总成本为[8]：

$$T = F \cdot \overline{X} + I + C \tag{4}$$

式中：T 为年总成本；

F 为火灾发生概率；

I 为年保险费用；

$\overline{X}$ 为未投保财产火灾损失的年期望值；

C 为消防系统年平均费用（包括：主要设施购买成本年值与维护成本年值之和）。

在考虑自留风险的情况下，投资总成本变为：

$$T_D = \bar{F}\bar{x}_D + I_D + C \tag{5}$$

式中：I_D 为自担风险额为 D 时的年保险费用，$\bar{x}_D$ 为当财产所有者可以接受的自担损失为 D 时，火灾的期望损失值。

由于火灾损失的期望值具有随机性，因此，该决策过程就是求目标函数的最小值，即求 $\min Z=\sum_{j=1}^{n}c_j$，

其中：$\sum_{j=1}^{n}c_j=c_1+c_2+......c_n$ 为各种消防工程措施和火灾保险费年总成本之和。

虽然在实践中这却是一个比较复杂的问题，但是却很具有研究的意义，可以为合理决策提供帮助。

5. 建筑防火设计优化模型

基于“性能化”设计的思想和消防投资的合理性评价模型，可以提出建筑防火设计优化模型。该模型使建筑防火设计方案在确保合理安全度的情况下，使消防投资的比例趋于合理，并提高消防投资的经济效益。图 4 给出了该优化模型。

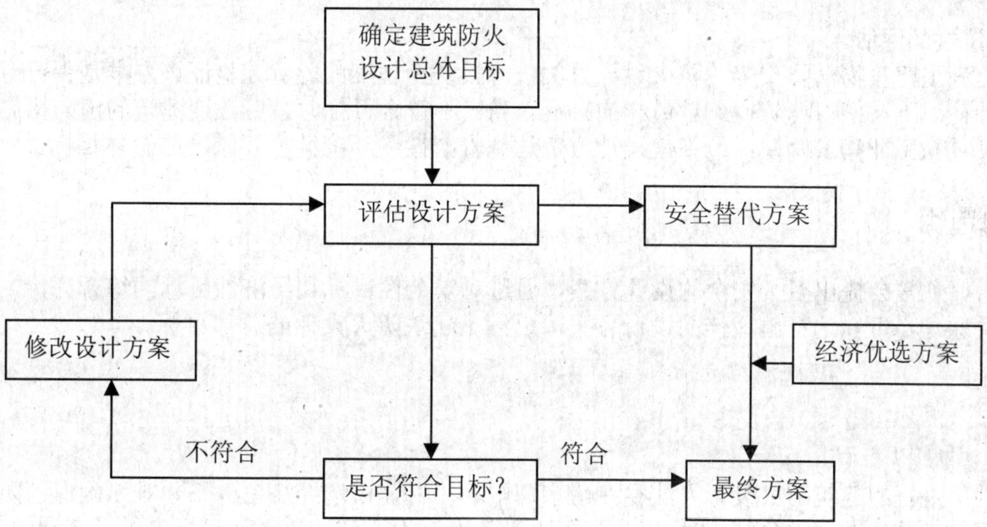

图 4　建筑防火设计优化模型

5.1 建筑防火设计总体目标

建筑防火优化设计的总体目标是在不影响建筑使用功能的条件下，以最经济的方式满足建筑的消防安全要求，即建筑防火设计方案应达到安全性和经济性的统一。这个总体目标有以下三个含义：

（1）消防工程设计首先应确保消防安全度的要求；
（2）在确保安全的前提下，尽量使设计方案最为经济；
（3）满足安全性和经济性统一的设计方案才是科学的、合理的。

5.1.1 安全性目标

（1）减小火灾发生的可能性；
（2）在火灾条件下，保证建筑物的使用人员以及救援人员的人身安全；
（3）建筑物的结构不会因火灾作用而受到严重破坏或发生垮塌，或虽有局部垮塌，但不会发生连续垮塌而影响建筑物内财产的整体稳定性；
（4）减少由于火灾而造成商业运营、生产过程的中断；
（5）保证建筑物内财产的安全；
（6）建筑物发生火灾后，不会引燃其相邻建筑物；
（7）尽可能减少火灾对周围环境的污染。

5.1.2 经济性目标

（1）在保证合理安全度的情况下，使得消防投入量最小；

（2）在保证合理安全的情况下，消防投入所带来的经济效益最大。

5.2 设计方案的评估方法

5.2.1 设计方案安全性的评估

根据设定的火灾场景，利用火灾工程学成熟的理论，证明设计方案的有效性和合理性，确定其能满足建筑的消防安全目标。主要强调建筑消防的整体安全性，因为在工程设计过程中，不同技术工种中某些性能要求也许可以满足，但又可能使其它工种的某些指标得不到满足。因此，必须对建筑物的整体消防安全进行评估，主要包括：人员安全疏散、建筑结构耐火性能、防火效果、控火效果、爆炸危害性、火灾扑救条件。当所提供的建筑防火设计满足不了要求时，则必须返回修改设计。

5.2.2 设计方案经济性的评估

对于所确定的满足建筑物消防安全的防火设计方案进行投资合理度的验算，验证该方案是否符合在保证建筑消防安全的情况下，使得消防投入量最小的目标。当其不符合目标时，应改变建筑的消防措施，对改变后的设计方案重新验证其安全性，最终使设计方案达到安全性和经济性相互统一的总体目标。

5.3 设计方案的选优

在选择设计时，通常会提出多个安全的设计方案，通过对安全性目标和经济性目标的综合评价，利用消防经济学的相关原理，可以选择出最佳的设计方案，以满足建筑防火设计的总体目标。

6. 结论

基于“指令性”规范的建筑防火设计方法存在诸多弊端，在目前市场经济条件下，难以确保消防工程项目的安全性和经济性统一的总体目标，“性能化”防火设计方法为达到这个设计目标提供了有利的帮助。本文基于“性能化”设计的思想和消防投资经济性的评价模型，提出了建筑防火设计优化模型，该模型对于“性能化”规范的制定具有一定的指导意义。

由于我国现阶段在性能化防火设计和消防经济学方面的研究尚处于初期阶段，很多原始数据不全，本文所建立的优化理论与方法有待于今后在工程实践中进一步验证和完善。

7. 参考文献

[1] 董希琳等.高层建筑性能化防火设计案例汇编.公安部消防局.

[2] Ganapathy Ramachandran. the Economics of Fire Protection[M].Simultaneously published in the USA and Canada by Routledge. 1998.

[3] 程彩霞.建筑性能化消防设计方法理论及示范工程研究. 武汉大学, 武汉. 2004.

[4] 屈立军.建筑防火. 北京: 中国人民公安大学出版社, 2006.

[5] 风险管理,编写组. 风险管理. 西南财经大学出版社,1994

[6] 罗云.安全经济学. 北京:化学工业出版社,2004.

[7] 田玉敏. 重大项目消防投资的经济性评价. 灾害学,2005,20(3):11-15.

[8] 田玉敏. 引入保险之后的消防投资经济性的评价模型. 灾害学,2005,20(4):29-32.

Discussion on Optimum Model of Fire Protection Design Based on Performance-based Thinking

Abstract

Fire protection design is an important means of ensuring safety in buildings, of which the rationality of a design is essential. Under the market economic system in our country fire protection design should meet the requirements of fire safety as well as the best economic benefits, i.e. fire safety should be conformed with economy. Performance-based design can help to achieve this goal. The paper discusses economical evaluation methods of fire protection cost and an optimum model is built based on performance aiming to accelerate the development of fire science and fire protection engineering.

Key words: performance-based design, optimum safety degree, fire protection cost, economical evaluation, optimum model

作者简介：

田玉敏，女，河北省沧州市人，中国人民武装警察部队学院消防工程系建筑防火教研室副主任、教授，工学博士。从事消防教学与科研工作 22 年，发表学术论文 40 余篇，其中多篇被 EI、ISTP、CSCD 检索。主编、参编教材等出版物共 8 部。多项研究成果获公安部、武警学院的奖励。主要研究方向：消防工程、消防经济学。联系方式：E-mail: tymsweet@163.com, Tel: 13785583823， 0316-2068836,0316-2068835（Fax）.
王伟军，男，浙江省杭州市公安消防支队高级工程师，从事消防工作 22 年，具有丰富的工程实践经验。

基于 Floyd 算法的火灾救援最佳路线选择

汪金辉，陆守香，冯磊，庄磊，张学林

中国科学技术大学火灾科学国家重点实验室

摘要

火灾应急救援是城市消防工作中的一个重要方面，火灾发生后，如何确定一条最佳路线，以便消防救援力量在最短时间内到达火灾事故现场是一项值得研究的课题。

将城市交通网络抽象为有向拓扑图，以消防站与火灾事故所在地为“两点”，基于图论知识研究由消防站出警至火灾所在地的最佳路径问题。建立了基于 Floyd 算法的火灾应急救援的全源最佳路径计算模型。考虑到交通网络存在多种管制情况，对堵车或其他非正常交通情况的线路，实时更新各路段的动态耗时特征，并及时计算最佳行车路径，从而做出准确合理的应急决策。

把这种基于 Floyd 算法的火灾应急救援的全源最佳路径计算模型应用于某火灾应急救援示例，案例说明通过本文介绍的模型可以为消防管理部门在火灾应急救援工作中提供科学决策。

关键词：火灾、Floyd 算法、最佳路径、应急救援。

1. 概述

随着我国城市化进程的加快，各种灾害对城市乃至整个国家所造成的损失亦越来越大，城市灾害对城市发展的影响日益引起人们的关注。城市作为人口聚集、财产集中的场所，减少人员伤亡和财产损失应是灾害应急管理的首要目标。社会经济的高速发展，促进了城市化建设，同时也带来了负面影响，城市步入了“非稳定状态”的灾害频发期，形成经济高速发展与危机并存的现状。据统计，我国城市潜在的重大灾害有 10 大类，火灾是其中最重要的灾害之一。

发展有效的城市重特大火灾事故应急救援决策技术，对完善城市防灾减灾措施和管理体系有重要意义，是我国当前城市建设的迫切需求。应急救援工作中的重要问题是及时消防资源的调度，以便抓住最佳时机对火灾发生现场实施灭火救援。

本文针对消防站出警的最佳路径问题展开研究，考虑到城市重特大火灾通常需要多个消防站的共同救援，提出了基于 Floyd 算法全源最佳火灾救援路径计算模型，并研究了交通网络在多种管制情况下，如堵车或其他非正常交通情况的线路，实时更新各路段的动态耗时特征，并依据模型做出相应的优化路径。

2.最佳救援路线的数学模型

城市交通枢纽主要由街道组成，交通图是街道相交相连构成纵横交错的交通网络。在交通网络途中，街道的地理位置关系通常比较复杂，为了避免过多考虑街道间的拓扑关系，本文抽取交通网络图中街道交叉路口为街道分割点，这样街道被分成互不交叉的独立路段，并由交叉路口连接路段形成完整的交通网络。为了简洁表示交通网络图，这里将交叉路口定义为拓扑图中的节点，路段定为网络图中的边，下面根据图论的基本理论将交通网络抽象为带权有向不完全的稀疏图。

对某城区交通网络抽象成拓扑图如图 1（a）所示，采用一个有向图 G(V，E)表示交通网络[1]，V 为顶点集，V={V_1，V_2，..V_n}，E 为边集，E={（V_1，V_2），（V_1，V_6），（V_1，V_7），（V_2，V_1），（V_2，V_3），（V_2，V_4），（V_3，V_2），（V_3，V_4），（V_3，V_5），（V_4，V_6），（V_5，V_3），（V_5，V_6），（V_5，V_7），（V_6，V_5），（V_6，V_7），（V_7，V_6）}，(V_i,V_j)表示从顶点 V_i 到 V_j 的有向边。G 的每条边上赋有一个权重，用 d(i,j)表示边(V_i,V_j)上的权，其值大小表示在此段路径上的耗时（或此路段的等效长度），如果(V_i,V_j)不相邻则我们认为 d(i,j) 为无穷大。

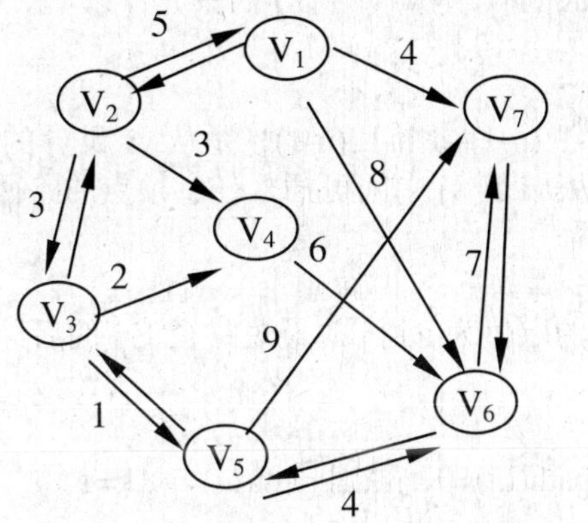

a

$$\Omega = \begin{bmatrix} \infty & 5 & \infty & \infty & \infty & 8 & 4 \\ 5 & \infty & 3 & 3 & \infty & \infty & \infty \\ \infty & 3 & \infty & 2 & 1 & \infty & \infty \\ \infty & \infty & \infty & \infty & \infty & 6 & \infty \\ \infty & \infty & 1 & \infty & \infty & 4 & 9 \\ \infty & \infty & \infty & \infty & 4 & \infty & 7 \\ \infty & \infty & \infty & \infty & \infty & 7 & \infty \end{bmatrix}$$

b

图 1 （a）交通网络拓扑图　　　　（b）相应的邻接矩阵 Ω

d(i,j)实际上是路段阻抗的值，当然可以用不同物理意义的值来表示（可以用车辆在该路段上的行车耗时时间数或本路段的等效长度等），其大小不仅跟自身特征如路段长度、宽度、质地、等级有关，也与路段上的交通流量有关。对于考虑交通流量的路段阻抗，目前国内没有统一的数学模型，大多直接采用国外的模型或经过修改后使用。国外代表性的有美国联邦公路局（FHWA）的 BPR 模型、Davidson 模型、TRRL 模型和 MUL 时间函数模型等。

BRP 的路段行程时间预测模型如下[2]：

$$t_{ij} = t_{ij}^{0}[1+\alpha(\frac{q_{ij}}{c_{ij}})^{\beta}]$$

其中 t_{ij} 表示路段行程时间，q_{ij} 表示路段（V_i,V_j）上的车流量，t_{ij}^{0} 标识路段（V_i,V_j）上自由行驶的最短行程时间，c_{ij} 表示路段（V_i,V_j）上实际通行能力，α，β 为测试参数，一般取 $\alpha = 0.15$，$\beta = 4$。

假定某城市交通网络的拓扑图如图 1 所示，在城市的 F 处火灾发生，消防站位于 S 处，在消防站接到救援信息后，为了能使消防警力在最短时间内到达火灾事故现场（即从 S 到 F）需要计算出一条耗时最短的行车路径——即消防应急救援最佳路径问题。

求解最佳路径问题的算法有很多，目前常用的有 Dijkstra 算法和 Floyd 算法。通常求非负值加权图中指定两点最短路径问题我们采用 Dijkstra 算法[1]。经典的 Dijkstra 算法，用于计算一个节点到其他所有节点的最短路径，是典型的单源最短路径算法。如果 $v_1v_2\ldots v_n$ 是从 v_1 到 v_n 的最短路径，则 $v_1v_2\ldots v_{n-1}$ 也必然是从 v_1 到 v_{n-1} 的最短路径，基于这一原理以起始点为中心向外层层扩展，直到扩展到终点为止。然而如果要求任意两点最短路径的话我们需要循环调用该算法，每次取定一个顶点作起点，但这就得需要大量重复计算，降低了算法的效率。Floyd 另辟蹊径[3]，在 1962 年提出了比 Dijkstra 更好的算法，一次性地求出任意两点间的最短路径和距离，其思想方法很有创意，与 Dijkstra 算法截然不同。

在本文中，考虑到城市火灾特点，一般火灾可以单个消防站完成任务，但对于重特大火灾可能需要多个消防站联合完成应急扑救任务，这种情况通常需要解决多个消防站及时出警的最短路径问题，因此属于多源最短路径问题。而 Floyd 算法是解决全源最短路径问题，满足这一要求，后面将重点探讨这一算法的主体思想及其在消防应急中的实际应用。

3．基于 Floyd 算法求解最佳路径

Floyd 算法的基本思路是[3]：从图的带权邻接矩阵 Ω=[d(i,j)]n×n 开始，递归地进行 n 次更新，即由矩阵 D(0)=Ω，按下面的递推公式，构造出矩阵 D(1)；又用同样地公式由 D(1)构造出 D(2)；……；最后又用同样的公式由 D(n-1)构造出矩阵 D(n)。矩阵 D(n)的第 i 行第 j 列元素便是 i 号顶点到 j 号顶点的最短路径长度，称 D(n)为图的距离矩阵，同时还可引入一个后继节点矩阵 p 来记录两点间的最短路径。

递推公式为：

D(0)= Ω；

D(1)=[dij(1)]n×n，其中 dij(1)=min{dij(0),di1(0)+d1j(0)}是从 vi 到 vj 的只允许以 v1 作为中间点的路径中最短路的长度；

D(2)=[dij(2)] n×n，其中 dij(2)=min{dij(1),di2(1)+d2j(1)} 是从 vi 到 vj 的只允许以 v1，v2 作为中间点的路径中最短路的长度；

……

D(n)=[dij(n)] n×n，其中 dij(n)=min{dij(n-1),di, n-1 (n-1)+d n-1,j(n-1)} 是从 vi 到 vj 的只允许以 v1，v2 ，…，vn 作为中间点的路径中最短路的长度；即是从 vi 到 vj 中间可插入任意顶点的路径中的最短路的长度，因此得到的 D(n)为距离矩阵。

采用循环迭代可以简便求出上述矩阵序列，具体算法步骤如下：

Path(i,j)：对应于 dij(k)的路径上 i 的后继点，最终的取值为 i 到 j 的最短路径上 i 的后继点。

输入带权邻接矩阵 Ω=[d(i,j)]n×n

1. 赋初值

   对所有 i,j，d(i,j)=a(i,j)；当 a(i,j)=无穷大时，path(i,j)=0，否则 path(i,j)=j；k=1。

2. 更新 d(i,j)，path(i,j)

   对所有 i,j，若 d(i,k)+d(k,j)>=d(i,j)，则转（3）；否则 d(i,j)=d(i,k)+d(k,j)，path(i,j)=path(i,k)，k=k+1，转入执行（3）。

3. 重复（2）直到 k=n+1。

   基于 matlab6.5 软件环境，编制 Floyd 全源最佳路径算法。

4．示例分析

如图 1-a 所示，表示的是某城区的简明交通网络图，边值是正常交通状况下两点之间的消防车所需花费的时间单位数，以邻接矩阵 Ω 表示，如图 1-b 所示，火灾发生地位于 V_7 附近，消防站位于 V_3，要求消防警力在最短时间内到达火灾发生现场，试求其最佳的行车路径。

通过上述计算程序计算得到此时刻出警的最佳路径为 $V_3 \rightarrow V_5 \rightarrow V_7$，最短时间为 10 个单位时间。

在交通网络中，通常有两类交通管制信息，一类是静态的交通限制，例如单行道，禁止右拐弯等等，在交通网络的邻接矩阵上表现为连接这段路的顶点间的边上权重为无穷大，即路线不通。另外一类是动态的交通管制，如突发交通事故或车辆拥挤引起交通堵塞，这种信息通常是不确定和不可预知的，具有很强的动态性。因此出警后的途中要关注会出现动态交通管制信息，并及时根据动态信息重新选择合理的最佳行车路径。

如果行车至 V_5 处获知（V_5,V_7）路段有车辆严重堵塞情况，且交通网络各路段耗时特征重新改变，见图 2 所示。

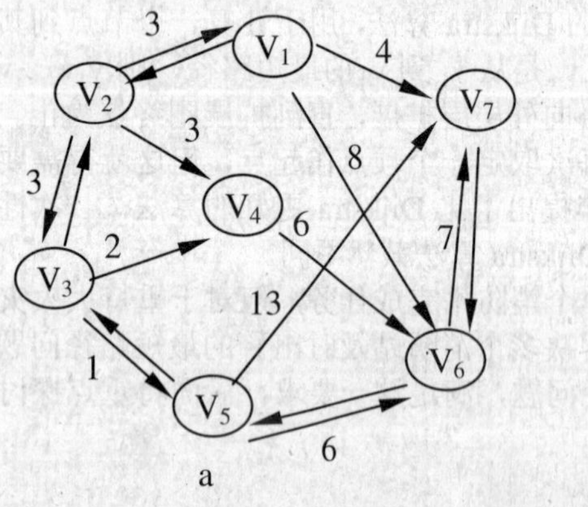

a

$$\Omega = \begin{bmatrix} \infty & 3 & \infty & \infty & \infty & 8 & 4 \\ 3 & \infty & 3 & 3 & \infty & \infty & \infty \\ \infty & 3 & \infty & 2 & 1 & \infty & \infty \\ \infty & \infty & \infty & \infty & \infty & 6 & \infty \\ \infty & \infty & 1 & \infty & \infty & 6 & 13 \\ \infty & \infty & \infty & \infty & 6 & \infty & 7 \\ \infty & \infty & \infty & \infty & \infty & 7 & \infty \end{bmatrix}$$

b

图 2 （a）管制下的交通网络拓扑图 （b）相应的邻接矩阵 Ω

消防车队从 V_5 赶至 V_7，通过计算得到最短路径为 $V_5 \rightarrow V_3 \rightarrow V_2 \rightarrow V_1 \rightarrow V_7$，相应的耗时数为 11 个单位时间。

对于发生的重特大火灾，假如火灾发生地是在 V_4 附近，本地区有两个消防站分别位于 V_5 和 V_7，即时路段耗时特征如图 2 所示，则两个消防站出警的最佳路径分别为：

对于 V_5 处的消防站，最佳行车路径为：$V_5 \rightarrow V_3 \rightarrow V_4$，耗时为 3 个时间单位。

对 V_7 处的消防站，最佳行车路径为：$V_7 \rightarrow V_6 \rightarrow V_5 \rightarrow V_3 \rightarrow V_4$，耗时为 16 个时间单位。

5. 结束语

城市重特大火灾的应急救援是城市消防的重点工作任务，消防部门在接警后如何及时出警并在最短时间内赶至火灾现场实施有效火灾救援需要及时、准确地制定最佳的行车路径，本文分析了城市消防应急救援中的最佳行车路径问题，基于 Floyd 算法建立了消防行车最佳路径问题的数学模型，并给出了应用示例。得到如下结论：

(1) Floyd 算法可以解决全源最佳路径问题，城市区域重特大火灾的应急救援通常需要多个消防站共同参与完成，其最佳路径问题属于多源最佳路径问题，运用 Floyd 算法来解决是切实可行的，而且显然比传统的单源最佳路径 Dijkstra 算法效率高。

(2) 交通网络存在多种管制情况，在消防应急任务执行中，应及时、准确地从交管部门获取动态的路段耗时特征，并及时计算最佳行车路径，做出准确合理的应急决策。

(3) 针对城市区域的实际交通网络，研究各路段的耗时特征，为模型提供准确的数据信息，是非常必要的。

6. 参考文献

[1] 卢开澄,卢华明.图论及其应用.北京:清华大学出版社.1995.

[2] 俞雪雷,周俊红,杨俊琴.有交通条件约束与软时间窗约束的配送配载模型算法研究.交通与运输(学术版).2007.

[3] 严蔚敏,吴伟民.数据结构.北京:清华大学出版社.1997:186-190

Fire Rescue Optimal Route Selection Based on Floyd Algorithm

Abstract

Fire emergency rescue system is an important aspect of city fire protection. As fire occurring, How to determine a optimal route, on which the fire rescue force can arrive at the fire place in best time, is an essential research project.

To abstract city traffic network as directed topological graph, where the place of fire station and fire accident are begin position and end position respectively, On the basis of graph theory, the optimal route from fire station to fire place is investigated. The optimal route computed model is established based on the Floyd algorithm. Considering multi-control cases in traffic network, namely, aim at jam or other abnormal traffic situations, this model can dynamically compute the optimal route according to the dynamic-time-consuming information of routes. The reasonable emergency strategies can, therefore, be made.

The optimal route-computing model put forward in this paper is applied to a demonstrated example, which show how to use this model and its results show this model is applicable to fire emergency work.

Keywords：Fire, Floyd algorithm, Optimal route, Emergency rescue system.

作者简介:

汪金辉,男,1981 年生, 博士研究生.研究方向: 火灾风险评估, 系统可靠性分析与优化。联系方式：E-mail: sunrise@mail.ustc.edu.cn。

烟气控制系统的优化设计研究

王婉娣，肖泽南，彭华

中国建筑科学研究院建筑防火研究所

摘要

本文针对目前常规烟气控制系统设计中的部分不足，采用消防性能化设计方法对烟气控制系统的优化设计进行了相关研究，通过优化排烟口的设计取得了良好的烟气控制效果，优化方案经济且可行；此外，模拟分析表明，对于净空高度较低的空间，将顶棚空调送风系统兼作火灾补风系统不利于人员的安全疏散。

关键词：烟气控制、排烟口、朝向、常规设计、优化设计。

1. 引言

目前，我国《高层民用建筑设计防火规范》[1]和《建筑设计防火规范》[2]对于排烟口的设置考虑比较简单，如在《高层民用建筑设计防火规范》中规定：排烟口应设在顶棚上或靠近顶棚的墙面上，且与附近安全出口沿走道方向相邻边缘之间的最小水平距离不应小于 1.5m。可见，规范中对于排烟口的设置方式较笼统，仅仅停留于将排烟口设在顶棚或靠近顶棚的墙面上，致使常规设计中对于一些无吊顶或采用开口率不小于 25%的镂空吊顶形式的空间进行排烟设计时，排烟口设计也不作过多考虑。然而对于这些空间，不同的排烟口设计将产生不同的烟气控制效果。

此外，对于需要设机械补风的场所，规范中对于设置补风的位置并没有明确的要求，因此在目前较多的设计中直接将设置在顶棚的空调送风系统兼作火灾时的补风系统，这样的设计方式只考虑了满足补风量的要求，而忽视了顶棚向下的补风气流对烟气控制所产生的负面效应。

因此针对常规设计不足所进行的优化设计研究十分必要。

2. 基于消防性能化设计理念的烟控系统优化设计

为了合理地进行排烟设计，满足建筑防火的要求，在设计中需要对建筑物内可能发生的火灾状态进行预测，以便分析在所设计的烟气控制系统作用下，火灾烟气在建筑空间内的运动和分布特性，从而验证烟控系统的有效性。采用 CFD（Computational Fluid Dynamics）技术已成为一种有效的预测验证方法，通过 CFD 模拟结果可分析排烟系统是否满足消防安全要求，设置是否合理。

本文基于消防性能化设计理念的烟控系统优化设计方法则首先综合分析火灾规模、烟层设计高度等参数以及有关消防系统，设置一定数量的典型火灾场景，然后通过 CFD 技术对各典型火灾场景下的火灾发展过程及烟气控制过程进行数值模拟计算，验证初步设计的烟气控制效果。若验证结果表明系统不能满足要求则可通过模拟结果分析问题所在，及时进行优化调整，并重新进行模拟验证，直至满足安全需要，从而最终确定有效的烟气控制系统及其设计参数值。

3. 实例研究

3.1 概况

本文以北京某商业建筑为分析对象，该商业建筑地下商业区层高 5.3m。各个防火分区面积 $2000m^2$ 左右，每个防火分区划分为 2 个防烟分区，每个防烟分区均设置独立的机械排烟和机械补风系统，空调回风管道和回风口兼作排烟管道和排烟口，空调送风管道和送风口兼作补风管道和补风口。依据规范，每个防烟分区机械排烟量设为 $60000m^3/h$，机械补风量设为 $30000\ m^3/h$。

3.2 CFD 模拟验证

3.2.1 火灾场景的设计

火灾场景的设计一般包括选择火灾发生的位置、预测火灾的发生和发展过程、确定火灾的最大可能规模等。设置火灾场景时，应考虑建筑本身的固有特性，例如人员状况、可燃物性质和数量、建筑使用状况、建筑结构以及固定在某些位置的防火设施等。火灾规模可根据权威部门的统计资料，或者相关研究部门的试验数据确定。火灾增长类型常采用时间平方火[3]，即：

$$Q = at^2$$

式中，Q ：火灾热释放速率，kW；

a ：火灾增长时间常数，kW/s^2；

t ：火灾燃烧发展时间，s。

不同性质可燃物的火灾增长时间常数 a 不同，工程上按热释放速率增长的快慢通常将时间平方火分为四类，即超快、快速、中速和慢速火。鉴于本文分析对象用作商场，其火灾增长采用快速火。

3.2.2 烟控系统有效性的判定条件

性能化的烟控系统设计目标主要是人员安全疏散要求，应当保证人员免受烟气的危害，检验烟气控制系统设计是否满足要求的判断指标为：在人员所需安全疏散时间内，低于烟层设计高度（2m）的空间区域内烟气温度低于 60℃，能见度大于 10m，CO 浓度不超过 500ppm。

3.2.3 计算参数的设置

（1）火灾为快速 T^2 增长型，火灾规模参考上海市工程建设规范《建筑防排烟技术规程》（DGJ08－88－2006）[4]中关于不同场所火灾热释放速率资料，其中设有喷淋的商场火灾热释放速率为 3MW。

（2）可燃物的产烟量设置考虑了燃烧物 20％为塑料和 80％为木材；

（3）火灾发生时，感烟探测器报警后，联动排烟风机和补风风机启动，排烟量 60000 m^3/h，补风量 30000 m^3/h；

3.2.4 几何模型的建立

选取其中一个疏散条件最差的防火分区作为分析对象，火源位置选取在该防火分区内的楼梯间附近，发生火灾时，火灾烟气将封堵该楼梯间疏散出口，如图 1 所示。该防火分区面积为 $2200m^2$，划分为两个防烟分区。进行 CFD 模拟所建立的模型为整个防火分区，排烟口和补风口分别按照空调回风口和送风口进行建模，如图 2 所示。

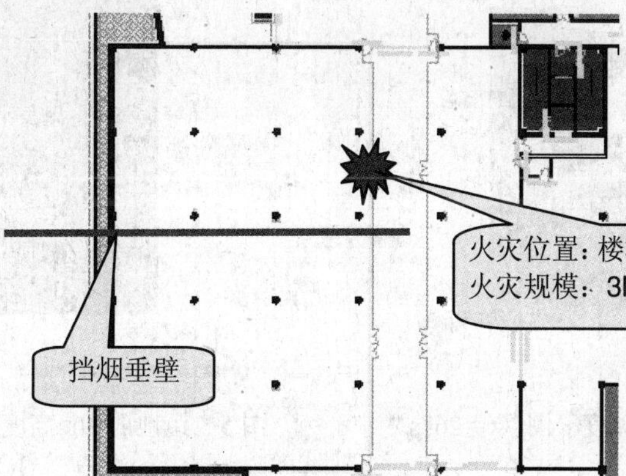

图 1　建筑平面图

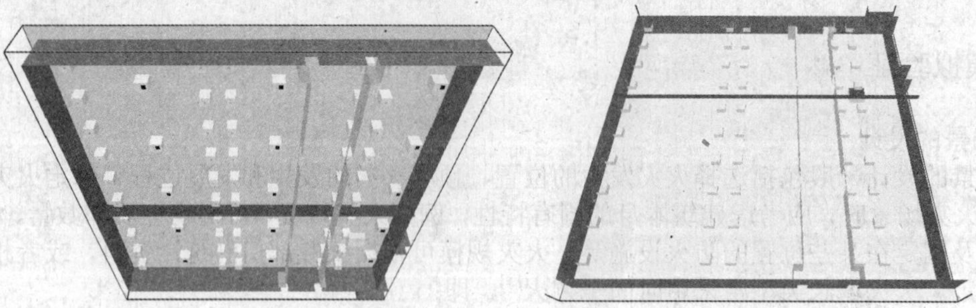

（a）仰视图　　　　（b）俯视图

图 2　CFD 模型示意图

3.2.5 CFD 模拟计算与分析

通过人员疏散分析计算，该防火分区人员疏散所需时间 675s，为了满足人员安全疏散的要求，烟控系统所实现的烟气控制效果必须保证危险来临时间>675s。

（1）初步设计

设计方案：从排烟管道下壁面引出排烟口，排烟口朝向向下，且排烟口和补风口距地面高度均为 3.2m。

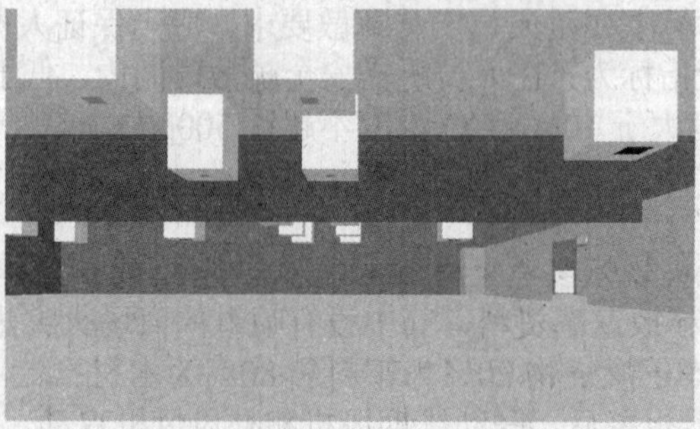

图 3　烟控初步设计 CFD 模型图

模拟结果：由于采用了烟控系统与空调系统共用，火灾时被联动启动的防烟分区在进行排烟的同时也进行补风，补风口送出的向下气流将烟气层扰乱，特别对于这种净空较低的空间，向下的补风作用将烟气直接吹向有人活动的下部空间，致使 2m 以下的人员活动空间较早受到烟气的污染，如图 4 所示，烟控效果不理想，危险来临时间为 300s，远小于人员安全疏散时间 675s，严重威胁到人员的安全疏散。

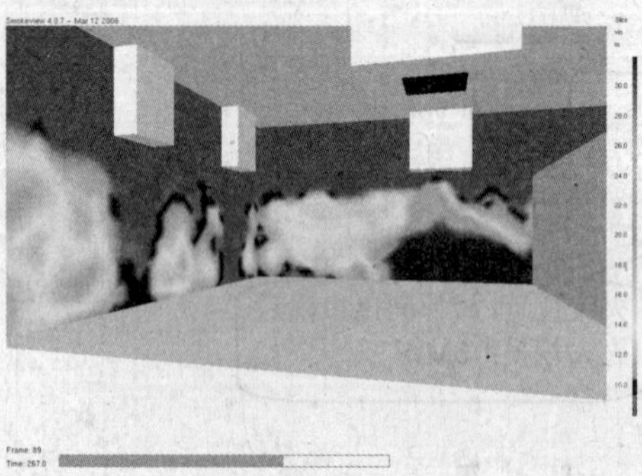

图 4　补风口和排烟口处的纵截面能见度云图（t=267s）

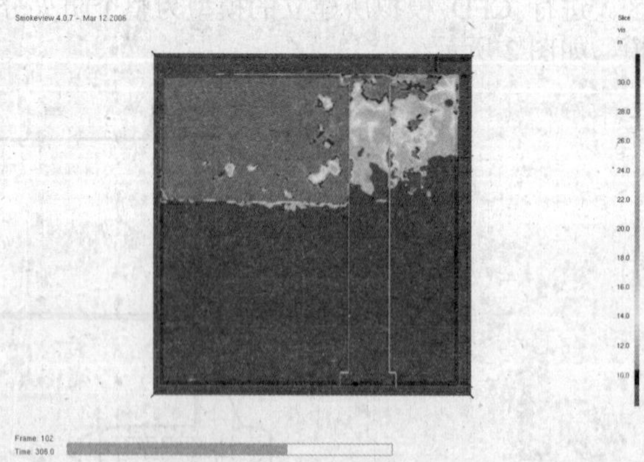

图 5　距地面 2m 高度能见度云图（t=300s）

（2）优化设计

优化方案：从排烟管道上壁面引出排烟口，将排烟口位置抬升到距地面 4.4m 的高度，排烟口朝向改为朝上的形式。

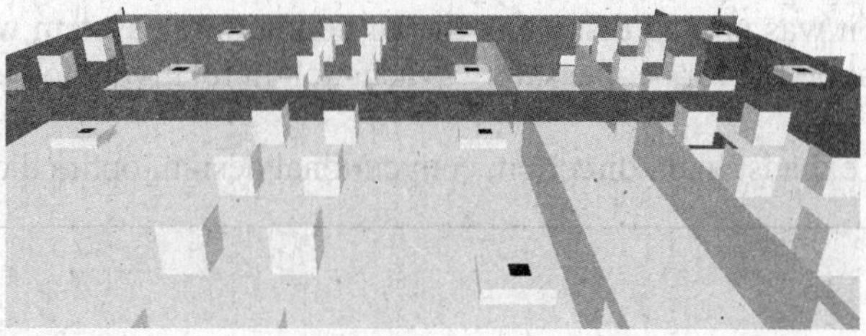

图 6 烟控改进设计 CFD 模型图

模拟结果：从排烟管道上壁面引出排烟口，一方面可使排烟口位于较高的位置以利于排烟，另一方面也同时将排烟口的朝向改为了朝上，这样的朝向方式下，当烟层下降到排烟口上方附近时排烟口就能开始有效排烟。因而在对排烟口设置高度和朝向方式进行优化调整后，烟气控制效果得到明显改善，危险来临时间延长到 873s，大于人员安全疏散时间 675s，人员安全疏散得以保证。

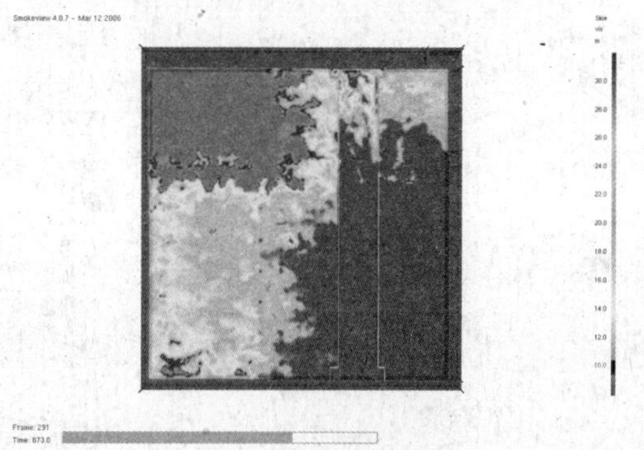

图 7 距地面 2m 高度能见度云图（t=873s）

4．结论

本文针对常规设计中的部分不足，通过结合工程实例对烟气控制系统的优化设计进行了相关的 CFD 模拟验证和分析，得出以下结论：

1. 对于一些无吊顶或采用开口率不小于 25%的镂空吊顶形式的空间，排烟口的设计对于烟气控制效果有着较大影响，朝向向上的排烟口设计明显优于常规朝向向下的排烟口设计，对于这类空间建议采用朝向向上的排烟口设计；
2. 以往常常通过加大排烟量的措施实现烟控系统满足消防安全的要求，而本文则通过优化排烟口的设计达到了良好的烟气控制效果，优化方案经济且可行；
3. 对于净空高度较低的空间，将顶棚空调送风系统兼作火灾补风系统不利于人员的安全疏散。

5．参考文献

[1] 高层民用建筑设计防火规范(GB50045-95),中国计划出版社,2005.
[2] 建筑防火设计规范(GB50016-2006）,中国计划出版社,2006.
[3] 霍然,胡源,李元洲.建筑火灾安全工程导论.合肥:中国科学技术大学出版社.1999
[4] 上海地方标准:民用建筑防排烟技术规程.DGJ 08-88-2006,2006.

Study on Optimization Design for Smoke Control System

Abstract

In this paper, according to the problems of conventional design for smoke control system, the performance-based design method was applied to study the system optimization design. By optimizing the design of exhaust inlets, the improved smoke control effect was obtained, and this strategy was economical and feasible. In addition, based on the simulation analysis, it was proved that using the air conditioning system with ceiling supply air as makeup air system in fire was not favorable for people safety evacuation in relatively lower height space.

Key words: smoke control, exhaust inlet, direction, conventional design, optimal design.

作者简介：

王婉娣，女，1978 年生，贵州遵义人，工学硕士，中国建筑科学研究院建筑防火研究所，工程师，主要从事消防性能化研究。通信地址：北京北三环东路 30 号中国建筑科学研究院建筑防火研究所，邮编：100013。E-mail: wwdcabr@163.com，联系电话：1371879946

建筑电气系统漏电火灾的防范措施

王新红

北京公安消防总队东城支队

摘要

我国电气火灾事故位居各类火灾的首位，漏电是造成电气火灾的重要隐患，为防止漏电造成的损失，建筑电气系统的漏电检测和在线监视，就成为一个有效的基数手段，在修订后的国家规范对此有明文规定。本文阐述了漏电的形成原因和危害，介绍了剩余电流保护电器和漏电火灾在线监视装置的工作原理和漏电在线定期检测诊断方法。

关键词：电气火灾、漏电检测、漏电火灾在线监视装置。

1．国家标准对漏电火灾防范的规定

随着我国经济的飞速发展,人民生活水平逐年提高,各种电气设备及家用电器的用量陡增,电气火灾事故也呈逐年上升趋势。据统计，全国电气火灾事故已接近火灾事故总量的30%，位居各类火灾的首位，给国家和人民生命财产造成了巨大损失。

电气火灾主要是由于电气线路或用电设备过负荷、短路、漏电、接触电阻过大或绝缘击穿造成高温、电火花和电弧等所引起的。根据消防部门对电气火灾案例现场勘查分析,在电气火灾中由于漏电导致接地故障引起的火灾已占电气火灾案例的一半以上。漏电是造成电气火灾的重要隐患，同时漏电还会造成对人身的触电伤害和电能浪费。即使楼房是新建的，其配电线缆电气绝缘也会随着使用时间的增加使性能降低而发生漏电。对旧有建筑漏电隐患肯定存在,说不定哪天在外在条件下就会酿成火灾。

为了防患于未然，在线监视和检测建筑电气系统的漏电情况，就成为预知和减少电气火灾的有效技术手段。电气火灾漏电探测报警器与现有的漏电断路器（漏电保护开关）配合使用，可以构成对漏电“整体监测、局部跳闸”的完整保护体系。对于一些根本不允许切断电源的系统或终端负载，由于不能采用漏电断路器，则安装电气火灾漏电探测报警器成为最为理想的选择。

众多火灾事故教训已告诉人们，漏电能引起火灾，并得到社会和消防部门的重视和认可，所以在新修订的高、低规防火设计规范中，都新增加了漏电预防性监测的有关条文，虽然不是强制性，但是却提供了在线预知漏电状态，预防电气火灾的途径。国家标准要求安装电气火灾漏电探测报警设备规范有：

已于2005年12月1日开始实施的《剩余电流动作保护装置安装和运行》(GB13955-2005)，特别强调对电气火灾的防护，要求安装使用具有报警功能的漏电检测设备，并指出要在用电系统的分级保护中引入此类产品。

已于2005年7月15日发布的《高层民用建筑设计防火规范》(GB50045-95)
2005年版，其中新增加了关于在高层建筑内火灾危险性大、人员密集等场所设置漏电火灾报警系统的有关要求。

已于2006年12月发布的《建筑设计防火规范》(GB50016-2006)中，也首次增加了在很多场所要求安装漏电火灾报警系统的条款。

2. 漏电的形成与漏电火灾特点

2.1　漏电形成原因

漏电是由电气线路或电气设备的绝缘老化造成的，我们知道建筑布线系统的固体绝缘材料，在运行中要受到热、电、化学、机械和环境等各种复杂因素的综合影响，这种影响并不是固定不变，它们随时间的变化而相互起着作用。

预防电气火灾一个很重要的技术问题，就是要特别关注影响绝缘老化的相关因子，绝缘老化是绝缘遭受到了不可恢复的损坏现象。绝缘损坏主要可以归纳为电、热、环境和机械四个因子。其中热老化是人们熟知的；电老化机理复杂；环境老化随使用环境而变化；机械老化有纯机械和电磁因子。对于电线电缆来讲，热和电对其影响最大，环境和机械相对较小。但是，对电气火灾而言绝缘使用环境绝不能忽略。

这就是说电气绝缘在使用中，往往并不是仅仅受到各个单一因子的影响，而是要受到两种以上复合老化因子的影响，并且还要受到各影响因子之间的相互作用或协同作用的影响。因此，要弄清楚绝缘老化程度，就必须知道影响因子之间的相互作用，及其种类和大小程度。IEC792（1984）标准，对绝缘受复合老化因子影响作了叙述，指出电绝缘在使用中，都要处在多种因子影响之下，如下表 1 所示。

表 1　影响绝缘老化的因子

影响绝缘老化的因子	影响因子	绝缘老化作用量
单一因子老化	A1	B1
单一因子老化	A2	B2
复合因子老化	A1，A2	B12

从表 1 可以看出当因子之间有相互作用时，B12≠B1＋B2；当因子之间无相互作用时，B12＝B1＋B2。

上面所说的绝缘老化作用量是指绝缘的一次变化，既指作为老化反应的结果产生的某一化学成分的浓度变化或者生成物的量等。与此相反所谓老化的程度是指物理性质，例如绝缘击穿强度的变化等。热老化是给材料施加上热能，在材料中产生不可逆的化学变化而使特性下降的一种现象。热老化现象与化学反应速度有关。热老化能使绝缘材料机械性能变坏，其变化情况可以从图 1 所示的相互关系中，分辨出来。在实践中要看它们之间，有无相互作用发生，通常是根据绝缘老化程度来判断，通过人的感官和仪器来测定。

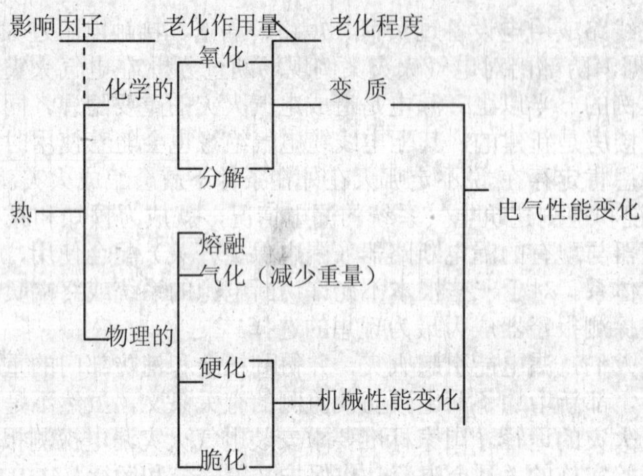

图 1　绝缘热老化情况

2.2 漏电的危害

(1) 漏电能引起电气火灾；电气原因引起的火灾一直是我国建筑火灾的主要原因。
(2) 能导致能源浪费；每年因漏电造成的能源浪费目前尚无数字统计，但是这种能源浪费是惊人的。
(3) 能造成人身伤亡事故；电气火灾造成人身伤亡的数字逐年增加,仅 2000～2002 年，全国就造成 3215 人的伤亡。在重、特大火灾中，电气火灾所占的比例就更大。例如 1991～2002 年全国公共聚集场所共发生特大火灾 37 起,其中电气火灾 17 起,约占 46％。
(4) 漏电途经建筑物中的金属结构件易腐蚀；
(5) 产生杂散耦合干扰计算机和通信等设备。

2.3 漏电火灾的特点

(1) 漏电隐蔽具有非感官性。由于漏电电流看不见、听不到、嗅不着，常人不易识别，所以在绝缘受损后，潜在的火灾危险性也不易识别。
(2) 由于建筑布线系统所处环境复杂，漏电流经途径多样，这就给漏电火灾的防范带来困难。

(3) 漏电作用时间长，隐患潜伏期长。
(4) 漏电与绝缘，绝缘与过负荷、机械损伤、环境等具有关联性。
(5) 漏电电流即使小于安培级，也能在接触不良处，形成局部热积聚。

3. 有关漏电及其保护的几个常见概念

3.1 剩余电流与漏电电流是一致的

剩余电流保护电器（Residual Operated Protective Devices），简称 RCD 是 IEC 对电流型漏电保护电器的规定名称。其核心是剩余电流检测器件，在电磁型剩余电流保护电器中检测器件为零序电流互感器。当线路电流通过零序电流互感器的铁芯时，根据基尔霍夫电流定律，正常工作时，电流相量和为零，互感器铁芯中不会产生磁通，二次侧也就不会有感生电流；当设备发生碰壳接地时，接地电流会经过设备接地电阻和大地流回电源，这时铁芯中产生磁通，互感器二次侧绕组感生电动势，闭合线圈内产生电流，这个电流就是漏电故障电流。漏电电流的大小与互感器一次侧电流相量和不等于零的电流呈正比。一次侧电流相量和不等于零的那部分电流，称为剩余电流， 这个“剩余电流”，就是通常所说的漏电电流。它的流通路径一般是从设备的 PE 端子和设备工作端子以外的地方流走的，当人与设备外壳接触时，人体上流过的电流就是剩余电流。保护电器是根据测到的剩余电流大小来动作的。漏电开关只是各种剩余漏电保护电器的一种统称。

3.2 剩余电流保护对电气火灾防护的作用

RCD 在电气防火中，主要是对由于绝缘损坏产生的泄漏电流和单相接地故障电流引起火灾的防护。系统中虽然安装有过电流保护装置，但它对漏电和单相接地小电流故障是无效的，这种潜在的小电流，在泄漏通道的电阻上消耗的功率积蓄到 60~100W 时，就能引起绝缘的燃烧，实践证明 300mA 以下的 RCD 能够有效防止绝缘燃烧。另外对电弧性接地故障，由于回路阻抗大，接地故障电流小，但是它可远大于 0.5A 数值，可是又不能使过电流保护装置动作，大于 0.5A 数值的电流就是剩余电流，由它产生的电弧能量足以能引发电气火灾。所以只要正确整定 RCD 的漏电动作电流，对防范电气火灾，就具有重要意义。

3.3 电气火灾漏电探测报警设备与现有漏电断路器的比较

表 2　电气火灾漏电探测报警设备与现有漏电断路器的比较

项目	通用漏电断路器	报警式漏电断路器	电气火灾漏电探测报警设备
主要作用	防止人身触电。	在防止人身触电的同时，对预防漏电火灾有一定作用。	能预防漏电火灾
基本功能	漏电时，切断电源。	漏电灯光报警，是否切断电源可根据要求设置。	漏电报警并发出声光信号，数字显示漏电电流值，有自检、故障报警、记忆储存、查寻、打印等功能，能向上级或其他控制装置输出信号。
动作、报警设定值	固定值设置。	台阶式设置，漏电能报警，但漏电数值不明。	可在 0~999mA 间连续调节。
使用条件	与负载容量有关，但在不允许停电的系统中不能安装。	与负载容量有关。	与负载容量无关，特别适用于不允许停电的系统。
安装	串接在线路上，安装时须断线、断电。	串接在线路上，安装时须断线、断电	安装时无须断线、断电
可靠性	容易误动作。	进口产品可靠性高，但是当线路电压异常时，不能正常监测。	有备用电源，线路电压异常时，仍能正常监测。
经济性	便宜	昂贵	适中
使用寿命	须六年复检一次后，才可继续使用。	须六年复检一次后，才可继续使用。	使用寿命长。

4. 漏电预防性在线监视途径

4.1 漏电跟踪监视阈值报警

漏电火灾在线监视就是用零序电流互感器对被保护线路的剩余电流进行探测，当其漏电电流达到报警设定值时，就能发出报警信号探测器；或接收探测器的报警信号，并发出声、光信号和控制信号，指示报警部位，记录并保存报警信息的装置；或由探测器和装置组成的电气火灾监控系统，进行实时监视。根据规范规定探测器报警值不应小于 20mA，不应大于 1000mA，而且报警值应在报警设定值的 80%~100%之间。达到报警设定值时，应在 60s 内报警。对监控装置在接收到探测器监控报警信号后，并能在 30s 内发出声、光报警信号，指示报警部位，记录报警时间，并予以保持，值班人员可在主机处远程操作切断电源或到现场排除剩余电流故障后手动复位。

漏电火灾监视，在电气配电系统的设置，宜采用三级防护方式，一级将剩余电流保护器设置在电源总进线侧，动作电流宜选择在 500mA~1A；二级将剩余电流保护器设置在分支干线电源端，动作电流宜选择在 100mA~500mA；三级将剩余电流保护器设置在分支线电源端或用电设备的电源线上，动作电流宜选择在 30mA，以人身触电保护为主，兼做漏电火灾保护。

在 TN—S 和 TT 系统，线路各级保护之间应有时间差的配合关系，以保证供电电源的运行安全。

4.2 电气火灾漏电监视装置对漏电电流的检测及条件

4.2.1 对低压配电系统总漏电电流的检测及条件

如果要监测某单位用电系统的总绝缘性能，可以检测系统的总漏电电流，前提是该单位需有独立的变电系统及接地型式为 TN-S 或 TT 系统。

在接地型式为 TN-C 系统中，必须将其改造为 TN-C-S、TN-S 或局部 TT 系统后，才可以安装使用电气火灾漏电探测报警设备。

采用电气火灾漏电报警装置检测配电系统总漏电电流 如图 2。

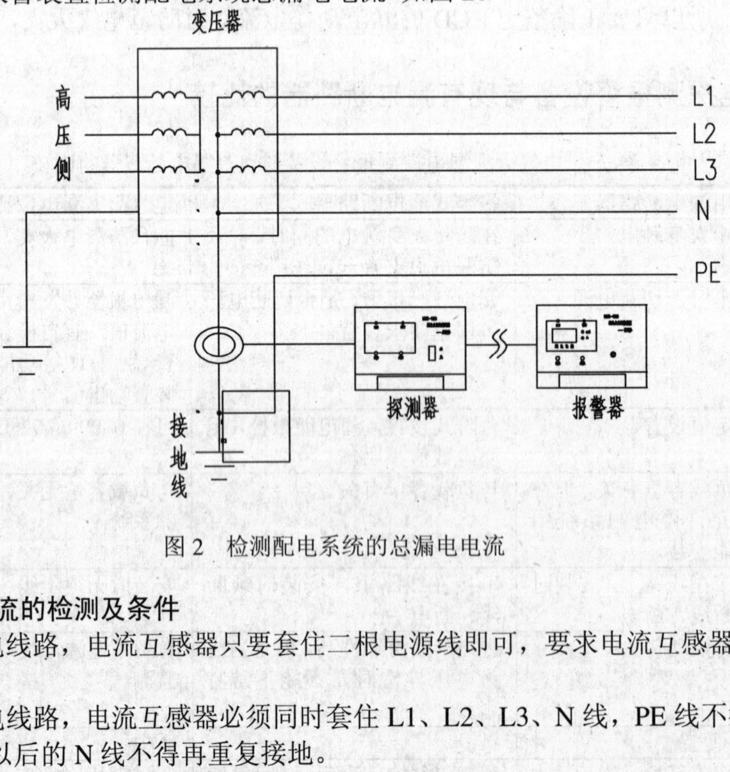

图 2 检测配电系统的总漏电电流

4.2.2 对分支干线漏电电流的检测及条件

对于交流 220V 配电线路，电流互感器只要套住二根电源线即可，要求电流互感器安装处以后的 N 线不得再重复接地。

对于交流 380V 配电线路，电流互感器必须同时套住 L1、L2、L3、N 线，PE 线不得穿过电流互感器，要求电流互感器安装处以后的 N 线不得再重复接地。

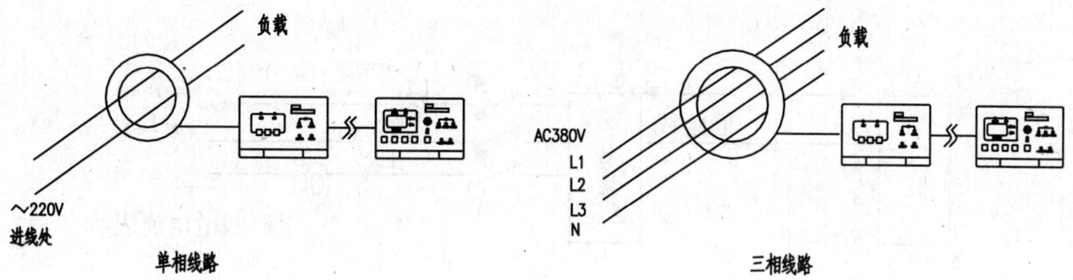

图 3　检测配电线路的漏电电流

5.漏电在线定期检测诊断方法

电气火灾漏电监视装置是固定安装在建筑电气配电系统，对漏电电流实施跟踪检测的一种方法，安装价格较贵，由于规定安装日常运行中，需要专人管理。对没有安装电气火灾漏电监视装置的配电系统，可以用便携式漏电检测装置，定期对配电系统各配电回路的漏电状况，进行检测，然后分析判断漏电存在的火灾危险性，及时采取防范对策。

5.1 用钳形漏电电流表测量漏电电流

当低压配电线路发生漏电时，我们可以使用钳形漏电电流表，在检测漏电电流的同时检查和排除漏电电流产生的部位。用钳形漏电电流表可以在线路带电运行的状态下，对线路漏电电流大小在线进行测量，这种方法简单、方便、数值即时可读，就目前技术发展状况来讲，是对低压配电线路和电器设备进行漏电诊断，便于实施应用的方法。

5.2 用钳形漏电电流表对绝缘不良部位的检测顺序

在变压器中心点接地的 TN 系统中，或住宅进户配电箱主开关处，如果要检测整个电路的漏电流时，对不良部位的检测顺序可按照图 4（a）（b）所示的步骤进行。然后用排除法确定不良部位点。不过在具体应用时应根据现场设备的不同情况，顺序也应该有所调整区别对待，只有这样应用起来才比较方便可信。

5.2.1 变换测量位置进行检测

先将钳形漏电电流表放在 a 处检测漏电电流，然后分别放在引入线或分支电路的 b　c　d 等处挨次检测下去。这时如果被检测到的漏电流很小，那么就可以确定漏电流发生在 A 区内。如果在 c 处检测出大的漏电电流，就可以知道漏电发生在用户 L_{p2} 或分支电路内，因此可以从 c 开始采用上面的同样方法，挨次对负荷侧的分支电路 L_1、L_2、L_3 进行测量，这样就能发现产生漏电电流的部位。

5.2.2 通过开关的通断操作进行检测

开关通断操作检测与图 4（a）一样，如果在 a 处检测出漏电电流，可将钳形漏电电流表安装在 a 处的位置上，一面看漏电电流表的指示或显示值，一面依次打开引入线或分支电路的开关 zk_1、zk_2、zk_3 确认漏电电流表的指示或显示值。如果打开 zk_2 后漏电电流变小，就可以知道漏电电流发生在 zk_2 的负荷侧。

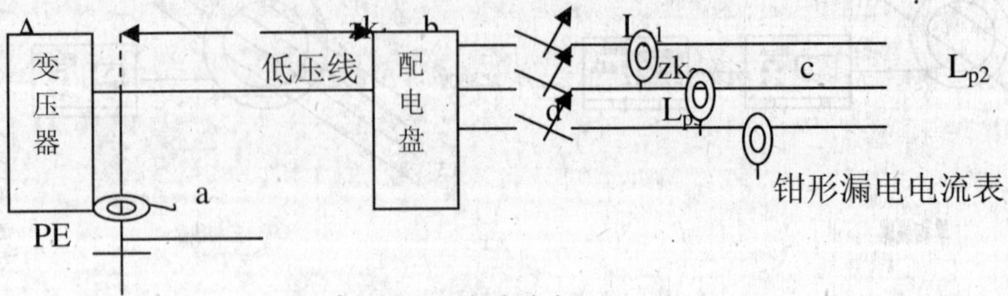

（a）在低压配电线路上

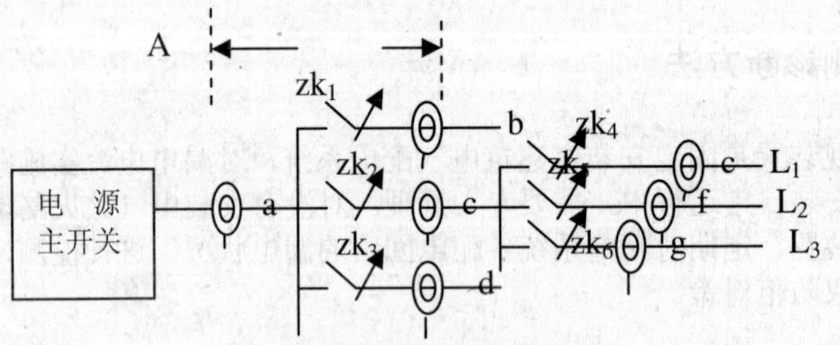

（b）建筑配电进户配电箱

图 4　对绝缘不良部位的检测顺序

6. 漏电电流阈值与漏电火灾电流的确定

对漏电流危险值的确定。正确选择漏电保护器的安装位置和整定值，定期检测漏电保护器的灵敏性和动作时间，检测漏电保护器保护线路的漏电电流，是确保漏电保护对象防火安全的一项重要措施。

能使人感知的漏电电流为 1 mA，在低压配电线路中即使有 1 mA 漏电电流流过，根据 IEC 出版物 4791 关于交流电流（50Hz）流过人体时对人体的影响，对人体不会造成触电危险；即使它集中在一个部位上，根据经验和火灾案例证明，也不一定会引起火灾。可能引起火灾的危险漏电电流的数值大小，一般界定为 1A 以上，日本电气协会 JEAG8101 低压电气线路接地保护导则中规定为 100 mA 以上。我国规范对配电系统漏电火灾的防范，采取三级防护形式，第 1、2 级规定值在 100mA~1A，在靠近用电设备的负荷端为第 3 级，这里以能使人致命的 30mA 为整定界限值，即能保护人身触电安全又能起到防止漏电火灾的作用。

但是，值得注意的是这个动作电流只规定了一个选择范围，在具体应用中很不好操作，所以在配电线路现场必须对线路的实际漏电电流值进行实测，然后根据用户配线方式、线路长短、实测漏电电流值和经验，选定适当的动作电流，作为漏电火灾保护值。

7. 结束语

建筑电气防火安全关系到人民群众的根本利益，关系到改革开放、经济发展和社会稳定的大局，是经济发展和构建和谐社会的前提和保障。搞好电气防火安全，落实科学发展观，是构建社会主义和谐社会的必然要求。

各设计和企业单位，必须按照“预防为主、防消结合”的方针，切实履行企业安全生产的社会责任，认真贯彻高、低规防火设计规范对电气布线系统漏电监视的要求，消防监督部门严格把好监督关。

为了使漏电火灾预防技术真正得到落实，建议新建建筑电气配电系统在竣工验收时，电气施工安装单位，应提供配电系统各配电回路的实测漏电电流，作为原始漏电记录存档备查，作为竣工以后运行检测的比对值依据。对已使用多年的配电系统各回路的漏电情况，由电气防火安全检测公司，做一次普查，然后形成制度，在调查研究的基础上，有关部门出台规定性国家或地方法规，规定定期检测年限，确保漏电防火安全。

8. 参考文献

[1] 杨在塘编著.建筑电气消防安全培训读本.中国建筑工业出版社,2007,6.

Prevention of the leakage current fire in electrical system

Abstract

The main cause of all kinds of fire in China is electrical fire accident which leakage current fire is the most important causes. Detection of leakage current in electrical system and examine leakage current fire online are effective technical methods to make up for a loss. This paper elaborated the dangerous and the basic cause of leakage current .It also introduce the principle of residual operated protective devices and the way of testing leakage current regularly.

Keywords: Electrical Fire, Detection of Leakage Current, Examine Leakage Current Fire Online.

作者简介：

王新红，女，北京市公安消防总队东城支队高级工程师，主要从事建筑工程审核、验收以及防火监督等工作，研究方向为建筑消防安全。目前为中国科学技术大学火灾实验室安全工程专业在读研究生。联系方式：010-84081199，010-84081200(fax)。通信地址：北京市东城区大兴胡同 45 号，邮编：100007。

浅谈防火性能化设计方法在既有建筑火灾隐患整改中的应用

王毅，彭朝阳

广东省公安消防总队

摘要

目前，我国城乡存在着大量火险隐患普遍，整改难度极大的历史遗留问题建筑，无法通过整改满足消防技术规范标准要求，给社会和经济发展造成极大危害。本文通过介绍广东消防部门如何运用防火性能化设计的理念和手段，基本实现了消防安全设计和成本效益的最优化，从而提出了一条解决问题的全新方法和途径。

关键词：既有建筑、防火性能化设计、应用。

1. 引言

近年来，广东省在经济发展过程中，由于消防安全意识淡薄或受经济条件制约，城乡建设所快速无序发展，造成广大村镇、城郊结合部、“城中村”普遍存在大量密集型企业、个体私营企业和小档口、小作坊、小娱乐等场所，这些场所往往设在未经任何消防行政许可和消防监督检查就已建成使用的历史遗留问题建筑物内，这些建筑缺乏必要的消防设施和防火分隔措施，有的还将人员住宿场所与生产、储存场所混合设置在同一建筑物内，消防安全问题相当突出，据《广东省火灾年鉴》等资料统计，2006 年广东省该类建筑火灾造成 110 人死亡，占全年死亡人数的 39.6%。

为从根本上解决此类建筑的消防安全问题，广东消防总队在此方面进行了深入研究和探索，付出了极大的努力，笔者就曾经参与此类建筑的专项整治行动深入村镇基层一线达半年之久，其中，运用防火性能化设计的理念和方法对“既有建筑”（该建筑为缺少必要的消防控制手段、具有普遍性的丙类生产场所）进行改造，就成为了确保该类建筑火灾隐患得到彻底整治技术上的关键因素和有力工具。

2. 既有建筑的概念及其火灾隐患整改影响因素

在引入以满足功能要求为先导的性能化防火设计方法之前，我们首先深入基层乡镇街道场和村进行实地调研和勘查，并在试点城市组织进行了全面摸底排查，逐个登记造册，建立台帐，在充分掌握此类建筑消防安全现状第一手资料的基础上，对所有数据进行了汇总、统计、分析，将所有未经消防行政许可即投入使用的历史遗留问题建筑物分为三类：

1.建筑高度不超过 24m，单层建筑面积超过 $250m^2$ 且不超过 $1000m^2$，总建筑面积不超过 $4000m^2$ 的丙类加工生产（含设有中间仓库）的建筑，定义为“既有建筑”。

2.经营面积在 $300m^2$ 以下以具有销售、服务性质的商店、营业性的饮食店、汽车摩托车修理店、洗衣店、电器维修店等的小档口（小店面）；每层建筑面积在 $250m^2$ 以下以具有加工、生产、制造性质的场所（含配套的仓库、办公、住宿等场所），即小作坊；建筑面积在 $200m^2$ 以下的具有休闲、娱乐功能的酒吧、茶艺馆、沐足屋、棋牌室（含麻将房）、桌球室、美容美发店（院）等小娱乐场所，统称为“三小场所”。

对于“三小场所”实际情况是大多以家庭经营为主，一场大火往往造成阖家大小葬身火海，影响比较大。分析技术要求，对于“小档口”、“小娱乐场所”，清除留宿人员，是最简便和快捷的方式，群众也基本能接受，同时也达到我们消防安全的目的和要求。对于“小作坊”也重点抓住“疏散通道畅通，员工会报警、会逃生”的“一畅两会”提出技术要求。

3.其它建筑高度、面积等超过“既有建筑”的规模比较大的未经消防行政许可即投入使用的建筑物。此类建筑应严格按照国家有关消防技术标准要求执行，不存在防火性能化设计的要求。

其中第一类“既有建筑”在试点地区有好几千家，数量多、面积大、人员密集，一旦发生火灾，极易造成群死群伤，是消防部门整治的重中之重，在开展对此类建筑火险隐患专项整治行动中，由于现行建筑防火设计规范本身的复杂性和存在对安全经济性因素的影响考虑不够，弹性较小、对环境条件和社会因素影响考虑不周、特殊建筑的防火安全要求无法适用等难以解决的问题。我们本着“尊重历史、实事求是、尊重生命、顾全生计”的原则，明确建筑物的根本目的是为了利用其生产、生活的使用功能，以纯粹满足“消防规范”要求的处方式设计方法及其理念已决定了它不再适合此类特殊建筑物的要求。

由于历史问题，这些建筑物存在许多不符合消防消防技术标准的现象，消防安全现实状况确实令人堪忧。但如果按现行消防技术标准进行整改，不仅对社会经济生活产生巨大的甚至是毁灭式影响，而且很多都难以达到要求，特别是涉及到防火间距、消防车道、安全疏散、消防给水、自动灭火、防排烟、耐火等级、消防电源等问题，很难通过整改达到要求，或根本无法进行处理。对于这些建筑物的消防安全问题，通过授予消防安全论证或消防安全评估一定法律地位的方法，进行灵活处理，不必完全按照现行消防技术规范标准进行整改。

3. 防火性能化设计方法在既有建筑火灾隐患整改中的应用

考虑到“既有建筑”消防安全条件先天不足的特殊性，从其使用性质、火灾荷载、耐火等级等方面分析，“既有建筑”一般均为钢筋混凝土结构，耐火等级较高，使用性质和功能单一，均为丙类生产企业，一般只有一个疏散楼梯且常常被临时货物堵塞，在基本无任何消防设施，根本无法满足消防技术规范标准要求的实际情况下，可通过提高既有建筑的防火功能和消防安全条件，达到防火性能化设计的目的。

我们没有机械的照搬《广东省建设工程性能化消防设计与评估实施规定》的程序和规定，而是由省总队一级组织研究论证，考虑到建筑物起火和发展、烟气蔓延和控制、火灾蔓延和控制、火灾探测和灭火、通知使用者并疏散、消防部门的接警和响应等情况，按照国内外普遍认可和使用的步骤来指导分析和设计：

1. 确定工程场址或工程的具体内容。选取了 5 类具有该地区代表性的不同层数、面积、人员数量的既有建筑物设立场景，实地测量，制作了标准的建筑图纸，以点带面，基本涵盖情况类似的同类型的所有建筑物。

2.确定消防安全总体目标、功能(或损失)目标和性能要求。我们从建筑物的性能化消防要求的主要两个方面的设计内容着手，重点是保证建筑内人员安全疏散的性能设计，其次是保证建筑构件耐火的性能设计。

其中人员安全疏散的性能设计是从建筑内人员安全方面进行考虑的，通过综合考虑各种火灾因素对人员逃生的影响，采用性能化的设计方法来保证建筑物内人员的火灾安全性，从而防止人员伤亡。其性能化的设计原则是：烟层下降高度和烟气浓度达到人不能忍耐的时间大于人员安全疏散所需的时间。因为该类建筑往往存在疏散楼梯数量不足，通道宽度不达标等情况，所以反映到最终制定并已省公安厅文件形式发文的既有建筑物消防安全治理技术标准共 14 条要求中，有 6 条是规定有关疏散通道、紧急逃生出口、疏散楼梯、逃生门锁等内容。

构件耐火的性能化设计是从建筑物的稳定性方面进行考虑的，通过分析建筑构件在火灾中的反应，采用性能化的设计方法来保证建筑物结构的火灾稳定性，从而防止建筑物的倒塌。其性能化设计准则是：火灾持续时间小于构件的耐火时间。因为既有建筑物已经存在且消防安全等级并不低，对建筑构件大的改动困难很大，所以我们主要通过完善消防设施、采用技防手段的方法来弥补这一缺陷的，而且考虑到实际情况，广泛采用了造价较低、方便加装的简易报警设施和简易喷淋装置，对于室内消火栓的设置也进行重新定义，例如允许采用管径不小于 65mm 的市政给水管或当市政给水管网管径小于 65mm 或没有市政给水管网时，可设置一个不小于 18m^3 的天面消防水箱或水池作为消防水源，设置配套流量不小于 5l/s（18m^3/h）的管道泵的室内消火栓系统，室内消火栓竖管只要不小于 50mm 即可。

3.建立性能指标和设计指标标准并建立火灾场景。对于既有建筑物，我们对 5 类场所分别选取了厂房、仓库、员工宿舍作为起火点，共计 15 个火灾场景进行了火灾模拟，由于各类场所存在着差异，我们在火灾场景设置时，均假设了员工密度大于平均既有建筑物生产场所的两倍以上；疏散通道被堵塞一半、无法通过只能通过紧急逃生出口逃生；无符合技术标准的消防设施且主要立足于自救等最不利情况。

4.在建立设计火灾全过程中。在充分考虑员工对建筑物的熟悉程度、消防火场逃生等知识的掌握情况、火场上个人心里素质、对消防设施、灭火器使用的掌握情况的基础上，分别假设 15 个火灾场景的火灾位置。设定火源功率取值，设定火源面积、火焰等效直径、火焰高度、燃烧类型等情况，通过模拟计算和现场试验，只要在火灾发生后 15－25 分钟内，疏散通道保持畅通，可以保证人员无伤亡的情况，因此，疏散通道的畅通是既有建筑物提高消防安全水平中最为关键的环节（即使其它方面不满足消防技术规范标准要求，例如，无任何消防自救设施）。

5.定出技术标准要求。根据灾害经济学的基本原则，既有建筑物不必完全按照现行消防技术规范标准进行整改，满足一定的消防安全基本条件即可。最后，通过召开公安部消防局、《建筑设计防火规范》管理组、广东省建筑设计研究院等专家参加的消防安全论证会议，在实地勘查和充分论证的基础上，在会议上形成了《广东省既有建筑消防安全治理技术要求专家论证会会议纪要》，肯定了消防部门对既有建筑物进行灵活处理的做法，完善了技术改造措施，以公安厅的名义印发了通知，作为技术上具体的指导依据作为消防审核验收依据，实现建设工程消防安全目标，完善了有关消防手续。

4．结论

广东省在既有建筑物改造中使用防火性能化设计的理念和手段，大大促进老旧建筑物消防安全设计的科学化、合理化和成本效益的最优化，就目前来看，广东省内此类建筑物的火灾在面上已基本控制住，迄今为止试点地区未再发生重、较大火灾事故，政府和群众均比较满意，防火性能化设计产生了十分重大的社会效益和经济效益，达到了“保障安全”与“经济发展”双赢的局面，确保了社会的和谐稳定

5. 参考文献

[1] 田玉敏.论“性能化”的建筑防火设计方法.消防技术与产品信息.2003,7.
[2] 方正,程彩霞,卢兆明.性能化防火设计方法的发展及其实施建议.自然灾害学报.2003,12(2).
[3] 广东省既有建筑消防安全治理技术要求专家论证会会议纪要.
[4] 广东省建设工程性能化消防设计与评估实施规定.
[5] 霍然,袁宏永.《性能化建筑防火分析与设计》.安徽科学技术出版社.

The application of performance-based fire-protection design method in the renovation work of the existed building potential fire

Abstract

Currently, a large number of construction of issues left over from history which the fire hidden danger exists generally and rectification extremely difficult in China's urban and rural, the construction can not meet fire standards through the technology rectification. The paper proposed a new problem-solving methods and means through the introduction of the fire department of Guangdong how to achieve the basic fire safety design and optimization of the most cost-effective based on use Performance-based fire-protection concepts and tools.

Keywords: Existed building, Performance-based fire-protection design, Application.

作者简介：

王毅，男，1977.11，硕士，工程师，广东公安消防总队防火部，主要从事建筑工程消防设计审核、消防监督检查工作。广东公安消防总队地址广州市天河区五山瘦狗岭路 489 号，邮编:510640。
彭朝阳，男，1966.4，学士，高级工程师，消防监督。

视频火灾探测报警系统

王自朝，孙宇臣

河北省秦皇岛市海湾安全技术有限公司

摘要

在高大空间或存在运动气流的场所，当火灾发生时，由于空间高度、热障效应、复杂气流等因素的影响，使得传统火灾探测方式不能对此类场所提供有效的保护。基于数字图像处理的视频火灾探测技术通过摄像机监控现场环境，利用智能火灾识别算法对所得视频图像进行分析和处理，从而实现对火灾的探测报警。本文结合海湾安全技术有限公司的 GST-VFD 视频火灾安全监控系统，详细介绍了基于视频处理的火灾探测技术、系统结构、特点以及系统设计的基本原则，同时给出了系统在户外运动气流场所的试验结果，验证了视频火灾探测报警的有效性和可行性。

关键词：视频火灾探测、大空间火灾探测、极早期火灾探测、户外火灾探测。

1. 概述

目前火灾探测领域内常采用的是传统点型探测器，它们安装于顶棚或者墙壁上，当火灾信号（如烟雾、热量）到达探测器并积累到一定浓度后产生报警。然而，在高大空间或存在运动气流的场所，当火灾发生时，火灾模式与通常情况下的小空间有所不同，由于空间高度、热障效应、复杂气流等因素的影响，火灾信号很难到达或者需要很长时间才能到达传统点型探测器的安装位置，因此不能对此类空间提供有效的保护，对此类场所进行有效的火灾探测也一度成为火灾探测领域的难点。

随着计算机技术、数字视频相关技术及数字图像处理技术的不断发展，基于视频处理的火灾探测技术为解决上述火灾探测问题提供了新的解决方案，逐渐成为本领域的研究热点。此技术利用安装在现场的摄像机监控现场环境，通过对所得视频图像的分析和处理实现对火灾的探测，并通过图形界面和各种输出方式向系统管理人员报警。系统具有响应速度快、可视化、智能化、无接触、抗干扰等优点，具有重要的应用价值和广阔的市场前景。

视频火灾探测报警系统（以下简称 VFD 系统）是由海湾安全技术有限公司推出的专门针对大空间和存在运动气流场所进行视频火灾安全监控的一款高新技术产品，可广泛应用于传统火灾探测器无法实现有效保护的各种场所，如发电厂、历史性建筑、公路隧道、候车（船、机）大厅、购物中心、家具城、演播厅、展览馆、体育馆、礼堂、仓库、机库、石油存储终端、化工厂、高层建筑的中庭等。

2. VFD 系统结构

VFD 系统由控制室设备、现场设备以及视频和电源传输线路组成。其中控制室设备包括琴台柜、系统主机、UPS 电源、控制室电源、显示器、键盘、鼠标，另外还可以根据现场情况和用户要求选用视频分配器、视频矩阵、硬盘录像机、监视器等辅助设备。控制室设备如图 1 所示。

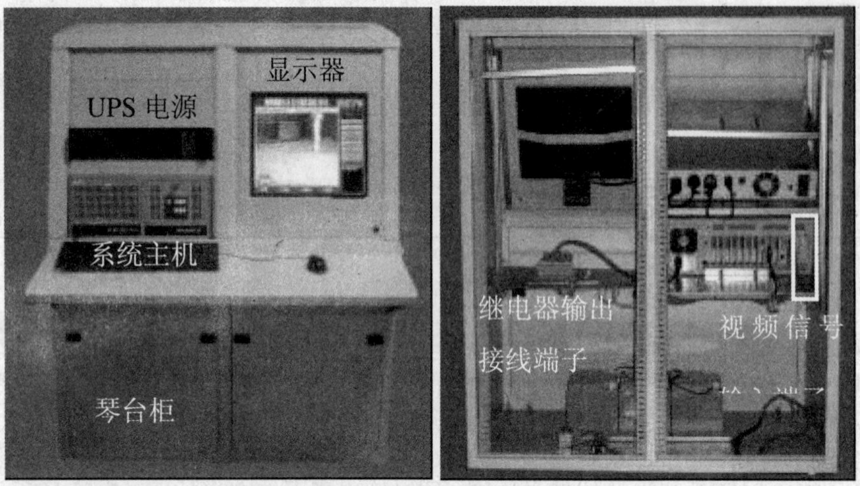

图 1　GST-VFD 系统正面及背面外形图

现场设备包括现场电源箱、摄像机及辅助的红外灯、配套的摄像机防护罩、支架等。其中 UPS 为整个系统提供不间断电源，视频火灾探测软件运行于系统主机之上，现场摄像机的视频信号接入系统主机，系统主机同时提供对外的继电器输出信号。系统设备结构如图 2 所示。

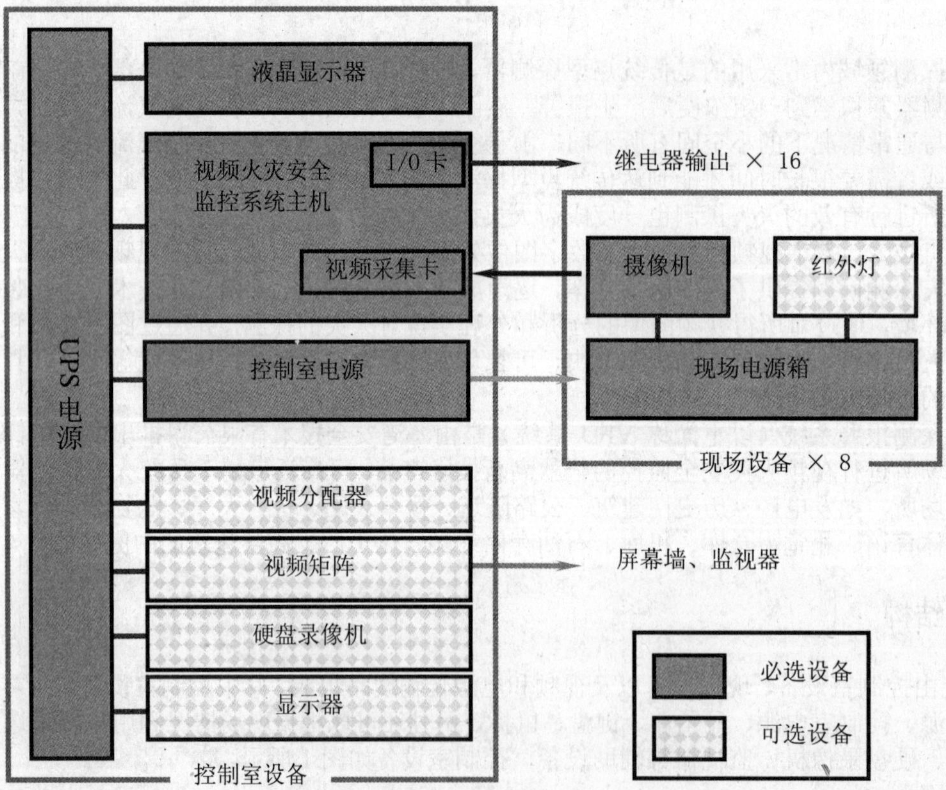

图 2　系统设备结构图

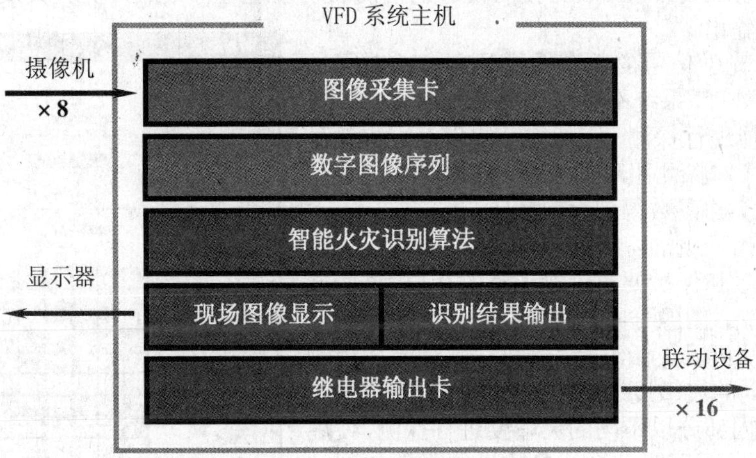

图 3　GST-VFD 系统工作原理示意图

2. VFD 系统基本原理

VFD 系统的工作原理如图 3 所示。系统的输入信号为标准闭路电视（CCTV）信号，它经过图像采集卡后转化为可被计算机处理的数字图像序列，智能火灾识别算法就是利用这些图像序列进行火灾探测的。算法能够探测到场景中的微弱变化，并提取变化区域的特征与火灾特征进行比较，从中寻找能够与火灾（如灰度特征、边缘特征、运动特征等）相匹配的特征，并对这些特征间的相互关系进行深入分析，同时加入智能光照和运动补偿算法，有效避免环境光照变化和物体运动的影响。利用上述智能组合判据对特征信息进行筛选，保证了系统能够迅速准确地探测到火灾。当系统探测到火灾后，会通过图形界面和继电器输出方式向系统管理人员报警

3. VFD 系统主要规格与特点

基于视频图像处理的火灾探测方式是火灾探测领域内的一种全新理念。VFD 系统的视频火灾监控软件运行于 Windows 2000/Windows XP 之上，集成了图像显示、参数设置、用户设置、联动设置、报警管理等多种系统功能，界面友好，操作方便，易于维护。系统运行主界面如图 4 所示。

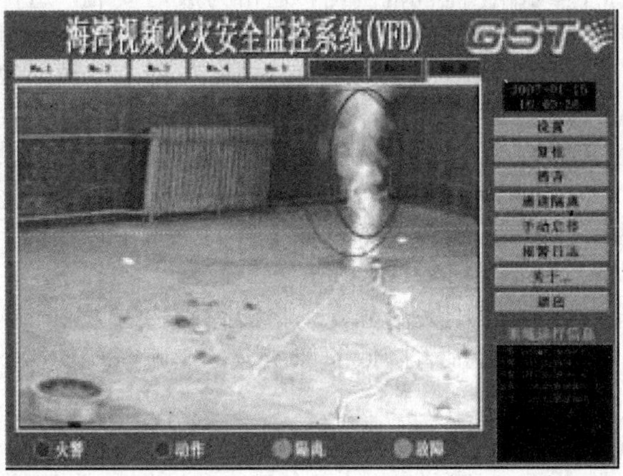

图 4　GST-VFD 系统运行界面

系统支持彩色图像的显示，这种可视化的现场图像和报警验证向系统管理人员提供了更加丰富和直观的现场信息，便于快速准确的探测到火灾和及时采取相应的措施。

高性能的工控计算机以及高效快速的智能识别算法使得系统支持 8 路视频信号同时进行探测，每路信号达到 5 帧/秒，避免了信息的丢失。

系统支持 16 路继电器触点输出，方便与现有的消防联动系统进行集成，当火灾发生时可以自动或者手动触发这些触点进行输出。

由于系统采用基于光学信号的数字图像处理方式对现场的监控图像进行分析和处理，系统不必等待火灾信号（如烟雾、热量等）接近探测器即能进行探测，因此能够实现对火灾的早期探测，同时系统降低了对探测距离的限制，探测距离的变化可通过调整摄像机及镜头的参数得到有效解决。

为了使系统能够应用于更加广泛的领域，系统对每路视频信号提供了根据不同场景和保护要求进行调整的接口，这些接口包括：算法参数的调整，图像分区的划分，每一分区灵敏度的调整等。这些调整方法可以灵活组合，既可以实现不同视频通道（监控画面）以不同的灵敏度进行探测，也可以实现某一视频通道监控画面的不同部分以不同的灵敏度进行探测，使用时可根据现场情况进行灵活配置。系统参数设置界面如图 5 所示。

系统具有日志保存和查询功能，能够在系统发生故障或者识别到火灾时自动进行日志生成和保存操作，并附加日期、时间、通道号和日志类型等附加信息，方便随后依据这些信息进行条件查询。

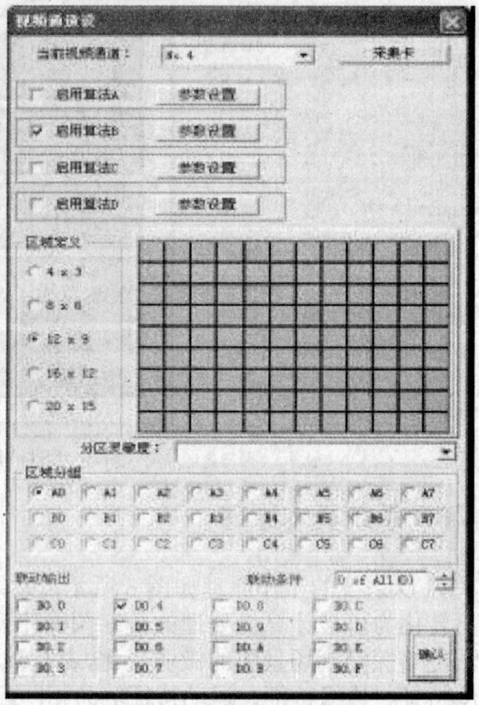

图 5　系统参数设置界面

4. VFD 系统设计主要原则

VFD 系统为基于视频处理的火灾探测系统，其处理对象是视频图像序列，因此只有在摄像机视野范围内的空间（或者火灾烟雾飘入摄像机视野）才能受到有效保护。系统设计时应遵守以下几个主要原则：

优质的现场图像是系统进行准确快速探测的前提，低劣的图像质量会降低系统的探测效果。因此，摄像机的安装场所应具备良好的光照条件，从而保证摄像机能够得到清晰的现场图像，在现场照明不足时，可采用普通光源或者红外光源进行补光。

摄像机距地面高度应在现场所有设备、人员、运动物体及其它障碍物的高度之上即可，不推荐将摄像机安装于太高的位置，同时保证能够监视容易发生火灾或存在危险的场所。

摄像机的安装位置应保证整个保护区域都在监视范围内，通常为成对安装，这样两个摄像机的视野能够互相补偿。当现场存在不可避免的监控盲区时，应增加摄像机或采用其它火灾探测方式予以补偿。

系统能够探测到的最小火灾规模约为图像面积的 0.6%～1%左右，视频图像中更小规模的运动事件会自动被系统忽略。因此同一火灾事件在不同的场景下会得到不同的系统响应，在小场景下，火灾事件所占图像比例较大，更容易实现探测；反之在大场景下，同一火灾事件所占图像比例较小，则会延缓报警过程。因此，对每个摄像机，不能通过对镜头焦距的调整无限增大其探测范围，尽管此时仍能得到监控现场的图像，但过大的场景会使系统的灵敏度降低，不易实现早期报警。基于上述原因，系统规定对每一摄像机，无论其工作距离远近，其最大设防范围不超过 40m×30m。

保证摄像机镜头前方无大的遮挡物，否则大部分视场将被障碍物占据，影响对现场的监控，同时保证摄像机不要对准过亮或过暗的物体，否则会显著降低图像质量，影响系统的探测性能。

5. VFD 系统应用实例

为了验证 VFD 系统的性能，我们在一体育场馆进行了试验。体育场馆近似为一 70m×40m 的矩形，其顶棚为对称拱顶，最低处距地面约 11m，最高处距地面约 15m。根据上述系统设计主要原则，对于此场馆采用 4 个摄像机即可实现对现场的完全覆盖。4 个摄像机的安装位置如图 6 所示，安装高度为 8m 左右。

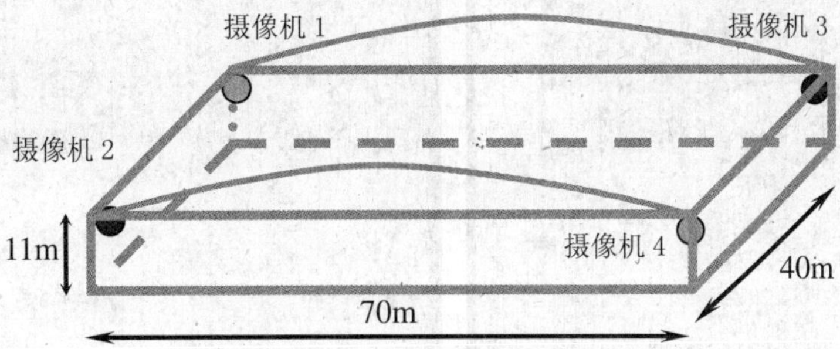

图 6　摄像机安装位置示意图

图 7 为每个摄像机的视野俯视图，为了表述清晰，采用两幅图分别来表示。

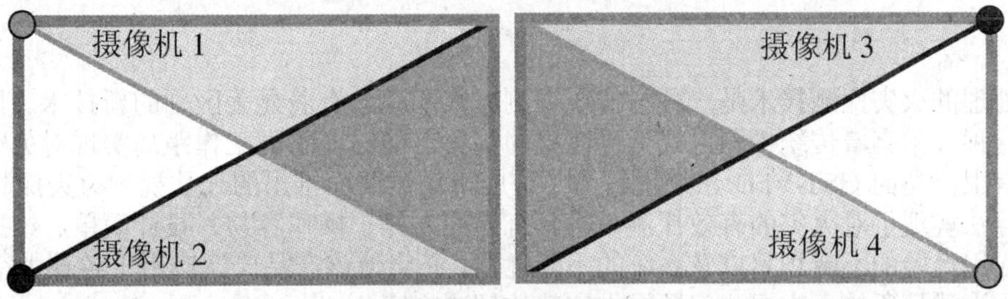

图 7　摄像机视野俯视图

系统安装完毕后，根据现场情况对系统进行调整和设置，使系统处于正常工作状态。随后采用烟雾发生器分别在远近两个位置进行了试验，对于每次试验，当烟雾达到一定规模后（时间约为 5－10 秒钟左右，烟雾高度约为 3m－5m），VFD 系统即能够实现对烟雾的探测，发出火灾报警信号，并将相应的报警区域用红框突出显示，如图 8 所示。

图 9 为户外有风时的试验结果，可以看出，尽管存在的气流干扰使得烟雾被风吹散，且运动方式较为杂乱，但系统仍能够很好的识别烟雾，并准确在图中进行定位。

以上试验结果有力地说明了 VFD 系统在大空间及存在运动气流场合进行火灾探测的有效性，系统能够在短时间内实现火灾探测，并在图像上准确定位出火灾发生的位置。

图 8　体育馆内两次火灾试验报警日志画面

图 9　户外有风时的报警日志画面

6. 结论

基于视频处理的火灾探测技术是一种与传统探测方式和理念有着显著区别的新技术。其可视化、无接触的特点使得这种技术有着传统探测方式无可比拟的优势，能够在不同工作距离实现对火灾的早期探测。海湾安全技术有限公司的 GST-VFD 系统正是为了适应市场需要而推出的一款视频火灾探测产品。该产品采用智能识别算法实现了对火灾的有效探测，且具有界面友好、操作容易、设计简单、维护方便等优点。相信随着工程应用经验的不断积累以及系统的不断优化，必将使该产品广泛应用于各种大空间和存在运动气流的场所，为上述场所的火灾探测问题提供完美的解决方案。

7. 参考文献

[1]　刘卫华,火灾探测报警系统现状分析.消防技术与产品信息,2000,10:20－21.

[2]　胡君健,谢启源等. 火灾探测技术展望.消防科学与技术,2005,24 (2):199－201.

[3]　潘刚,火灾探测报警技术发展趋势.消防科学与技术,2002,1:29－30,38.

Video-based Fire Detection System

Abstract

As a result of thermal barrier effect, complex air current, and so on factor, the traditional fire detection can't provide effective protection for high and large space building. Based on digital picture processing, Video-based Fire Detection can realize early-stage fire detection by highly complex algorithms. This article will unifies the GST-VFD system of GST to elucidate the technical theory, the system structure and the basic principle of design. Additionally, we will introduce a outdoor application example.

Keywords: Video-based fire detection, large space fire detection, early-stage fire detection, outdoor fire detection.

作者简介：

王自朝，男，在海湾安全技术有限公司产品研发中心从事火灾探测与火灾报警系统方面的研究工作。河北省秦皇岛市开发区长江东道 80 号，电话：(0335)8502444。

基于性能化防火设计的建筑物首层开口高度对烟气流场及人员疏散影响的研究

魏东[1]，侯玉成[2]，张希瑜[3]

[1]公安消防部队西安指挥学校

[2]陕西省公安消防总队防火部

[3]西安市公安消防支队

摘要

本文尝试应用性能化防火设计中计算机数值模拟的方法对建筑物进行评估，模拟烟气在建筑物首层中的蔓延流动路径，探索烟气流动对人员疏散的影响。在火灾情况下由于人员疏散，首层的疏散门经常处于敞开位置，门的关闭与开启对烟气流场及疏散评估时间的影响十分明显，特别是首层设置开敞式楼梯间时，烟气对楼上人员的疏散带来极为不利的影响，给逃生时间的确定带来困难。

关键词：数值模拟、烟气流场、疏散。

1．概述

性能化防火设计针对火灾和烟气蔓延特性，利用计算机模拟火灾和烟气蔓延及人员疏散形式并进行预测（主要的软件有场模拟软件 FDS，人员疏散模拟软件 ASET 等），通过进行适当的安全疏散设施的设置、设计，提供合理的疏散方法和其他安全防护方法，保证建筑中的所有人员在紧急情况下迅速疏散[1]。

建筑物首层的安全出口是大多数人员疏散的必经之路，火灾中首层的烟气蔓延直接影响到楼上人员的安全疏散，本文尝试探讨在多层建筑中，首层设置敞开式疏散楼梯的情况下，安全出口在开启和关闭时对首层烟气流场的改变和人员疏散的影响。

2. FDS 数值模拟

FDS4.0 主要研究火灾场景的热释放速 HRRPUA，烟气中的 PARTICLES，SOOT DENSITY 等发展蔓延过程，它不仅可以给出着火房间火灾蔓延过程而且也能给出相临区域的烟气运动的情况，能够满足火灾和烟气研究的需要。

2.1 场模拟 FDS4.0 的原理

FDS4.0（Fire Dynamics Simulator）程序采用数值方法求解一组描述热驱动的低速流动的 Navies-Stokes 方程[2]，重点计算火灾中的烟气流动和热传递过程，该软件采用大涡模拟的方法来处理火灾烟气流场，具有较好的精度。可用于烟气控制与水喷淋系统的设计计算和建筑火灾过程的再研究。

2.2 FDS4.0 的微分方程

FDS4.0 的守恒方程是基于热扩展、多组分混合的理想气体的质量方程、动力方程、能量方程：

1.质量守恒方程：
$$\frac{\partial p}{\partial t}+\nabla \bullet \rho u=0$$

2.组分守恒：
$$\frac{\partial}{\partial t}(\rho Y_l)+\nabla \cdot \rho Y_l u=\nabla \cdot \rho D_l \nabla Y_l+\dot{m}'''_l$$

3.动力守恒方程： $\rho(\frac{\partial u}{\partial t}+(u\cdot\nabla))+\nabla p=\rho g+f+\nabla\cdot\tau$

4.能量守恒方程： $\frac{\partial}{\partial t}(\rho h)+\nabla\cdot\rho hu=\frac{Dp}{Dt}-\nabla\cdot q_r+\nabla\cdot k\nabla T+\sum_l \nabla\cdot h_l\rho D_l\nabla Y_l$

式中，p：压力，t：时间，ρ：密度，u：速度矢量，Y_l：第 i 组分质量分数，D_l：扩散系数[2]。

3. 火灾模型建立

3.1 场景描述

以某摩托城为例建立模型，该建筑为多层框架式结构，首层为摩托城销售大厅，营业期间窗户处于常闭状态，大门直通室外，在门的西侧有一部敞开式楼梯，敞开式楼梯与二层相通，疏散楼梯的北部客户休息厅，首层大门高 2 米，宽 5.5 米，室内摆满整箱成品摩托车，如图 1 摩托城建筑平面示意图所示。

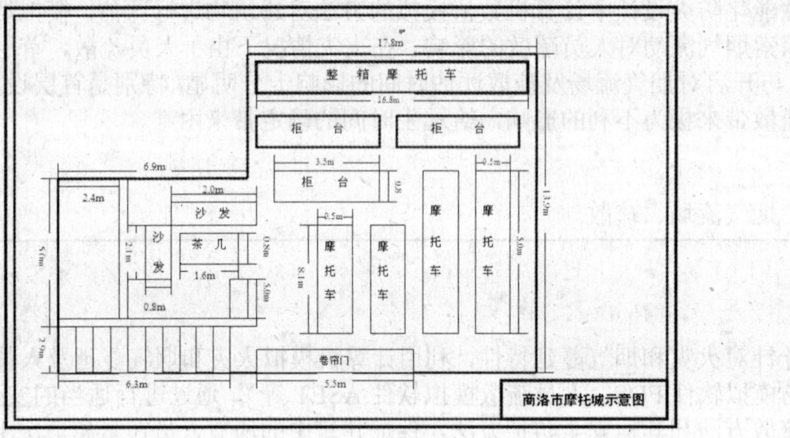

图 1 摩托城建筑平面示意图

3.2 FDS4.0 模型建立

3.2.1 数据的输入

在 FDS4.0 的 SL4. DATA 文件输入摩托城所给的建筑数据，其网格数的设置综合考虑摩托城的面积以及计算机的运算性能，按照 Fire Dynamics Simulator Version4 中 The GRID Namelist Group 要求设置，模拟时间的设定结合近年来重大火灾的经验教训和消防队接警到场时间设定为 600 秒。

摩托城的起火部位确定：设定为北部墙上的配电盘为火点；该摩托城的窗户多数平时是常闭的，敞开式楼梯间与上层相同，VENT 定义为 SURF_ID='OPEN'/door，在输出文件 SLCF 中定义 QUANTITY ='soot density', 'visibility'，'VELOCITY', 'carbon monoxide'。DATA 文件[3]具体如下所示：

```
HEAD   CHID='sl4', TITLE='ATF Room Fire Test'
&PDIM   XBAR0=0.0,XBAR=6.9,YBAR0=0.0,
        YBAR=7.9,ZBAR0=0.0,ZBAR=4.3
&GRID   IBAR=16, JBAR=16, KBAR=16
&MISC   REACTION='POLYSTYRENE', NFRAMES=6000, SURF_DEFAULT='CONCRETE'
        DATABASE='c:\nist\fds\database4\database4.data'
&SURF   ID='burner', HRRPUA=3000, PARTICLES=.TRUE.,RGB=1.0,0.5,0.0
&TIME   TWFIN=600
```

3.2.2 三维模型的生成

通过在 DOS 下按指定路径 cd c:\nist\fds\samples4\store4，fds4 < store4.data 运算，得到该案例的模型，在 Smoke View. Document[4]显示三维模型如图 2 所示。

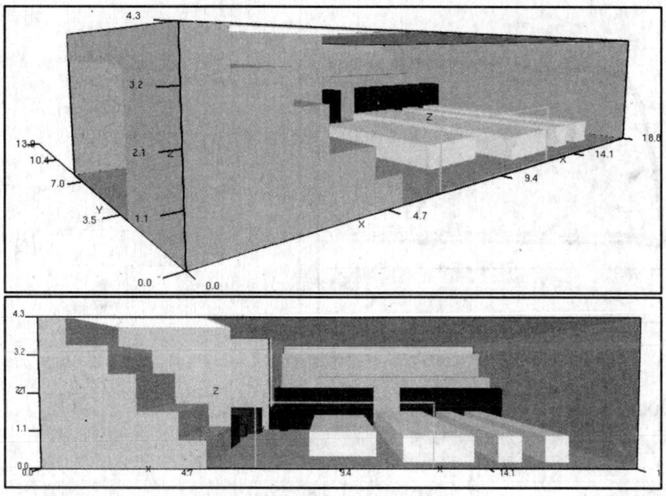

图 2　摩托城三维模型

4. 烟气模拟

4.1 开口处于敞开时首层内烟气流场模拟

在其它条件不变的情况下，将 DATA 文件中门的开口高度定义为 2m，如下所示,&VENT XB=6.90,12.40,0.00,0.00,0.00,2.00, SURF_ID='OPEN'/门,在 NIST 文件下 FDS 中的 database4 数据里添加 PINE 燃烧性能数据，如下所示，

```
&SURF                      ID='PINE'
RGB                        =0.86,0.58,0.44
HEAT_OF_VAPORIZATION       =2500.
HEAT_OF_COMBUSTION         =12044.
BURNING_RATE_MAX           =0.015
KS                         =0.14
ALPHA                      =8.3E-8
DELTA                      =0.020
TMPIGN                     =390
```

运行 FDS 得到数据如表 1 所示

表 1

Time (s)	Fuel (kg)	O_2 (kg)	CO_2 (kg)	CO (kg)	Soot (kg)
0.00E+00	0.00E+00	2.20E+02	0.00E+00	0.00E+00	0.00E+00
1.09E+00	1.74E-02	2.20E+02	9.49E-02	2.12E-03	5.79E-03
1.42E+00	2.29E-02	2.20E+02	1.56E-01	3.47E-03	9.49E-03
2.21E+00	7.06E-02	2.19E+02	3.79E-01	8.45E-03	2.31E-02
……………………………………………					
6.00E+02	3.53E-01	1.45E+02	1.63E+01	3.63E-01	9.92E-01
6.00E+02	3.53E-01	1.45E+02	1.63E+01	3.63E-01	9.91E-01
6.00E+02	3.54E-01	1.45E+02	1.63E+01	3.63E-01	9.91E-01

依据表 1 数据，通过 Origin 6.1 绘图得到 TIME 在 600 s 内与 CO_2、CO、Soot 及 Temp 之间的关系，图 3、4 如下所示。

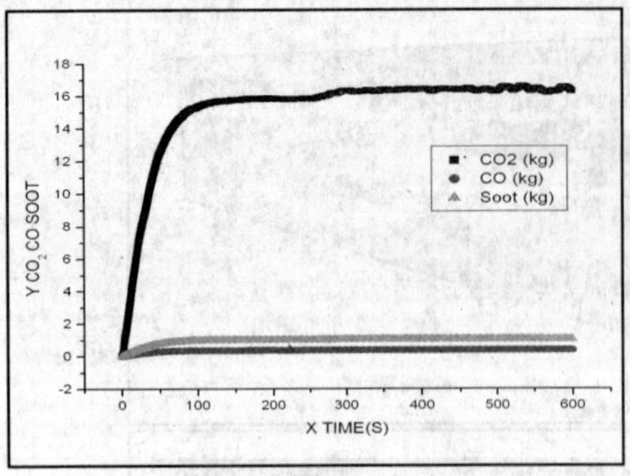

图 3

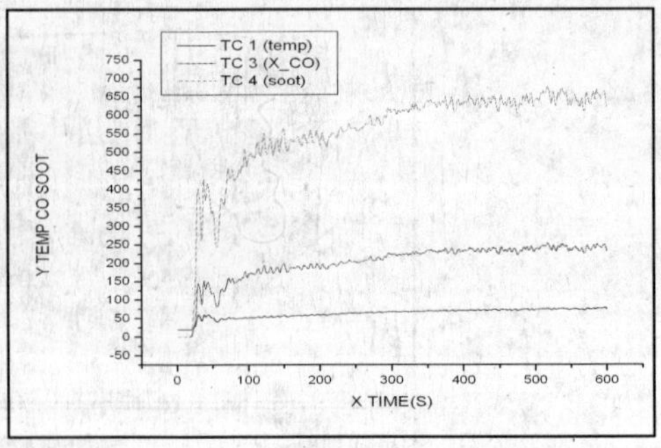

图 4

在 Smoke View. Document 显示烟气粒子 T=599 S 时的 particles 在首层大厅流场的三维模型如图 5、6 所示。

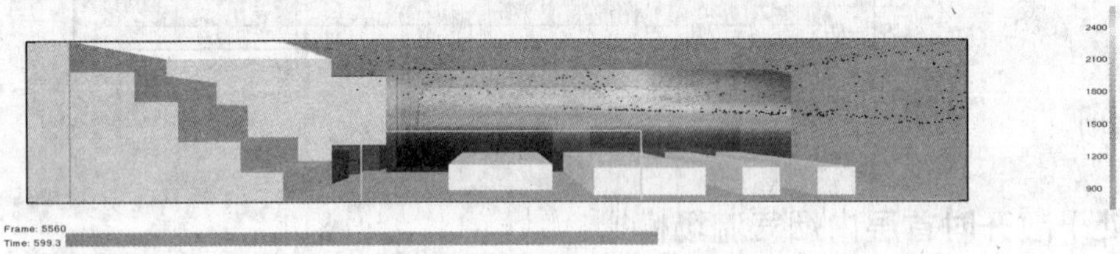

图 5

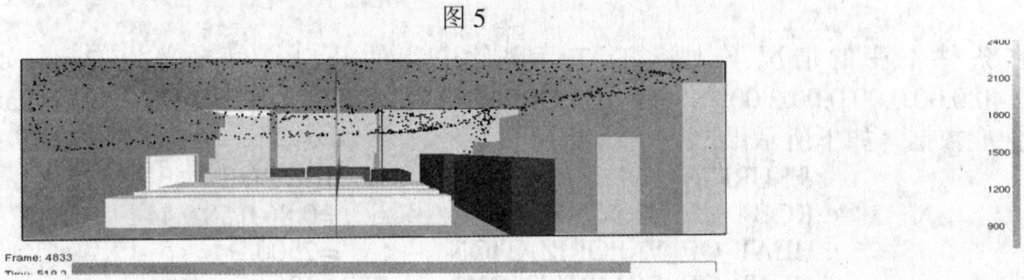

图 6

4.2 开口处于敞开位置时烟气模拟分析

通过对图 3-1、图 3-2 TIME=600 s 内与 CO_2、CO、Soot 及 Temp 之间的关系可以看出，烟气中的 CO_2、CO、Soot 从 60 s 以后始终处于一个比较稳定的位置，而在图 3-3、3-4 中，Smoke View. Document 显示烟气粒子 600S 内的 particles 在首层大厅流场始终在高于门框即 2m 高度以上，没有明显的沉降，烟气流场的规律性特别强，沿墙壁在顶部呈 8 字形流动，最后向疏散楼梯方向流动，向上蔓延。

4.3 开口处于关闭位置时首层内烟气流场模拟

其它条件不变，将 DATA 文件中门的开口高度定义为 0m，如下所示,&VENT XB= 6.90,12.40,0.00,0.00,0.00,0.00, SURF_ID='OPEN'/门,则大厅首层的处于关闭状态，运行 FDS 得到数据如下表 2 所示：

表 2

Time (s)	Fuel (kg)	O_2 (kg)	CO_2 (kg)	CO (kg)	Soot (kg)
0.00E+00	0.00E+00	2.20E+02	0.00E+00	0.00E+00	0.00E+00
2.94E-01	2.66E-04	2.20E+02	4.56E-02	1.02E-03	2.78E-03
……………………………………					
8.81E-01	9.98E-03	2.20E+02	8.24E-02	1.84E-03	5.03E-03
1.10E+00	1.78E-02	2.20E+02	9.57E-02	2.14E-03	5.84E-03
……………………………………					
6.00E+02	1.34E+00	7.62E+01	7.52E+01	1.68E+00	4.59E+00
6.00E+02	1.33E+00	7.62E+01	7.52E+01	1.68E+00	4.59E+00
6.00E+02	1.33E+00	7.62E+01	7.52E+01	1.68E+00	4.59E+00

依据表 2 数据，通过 Origin 6.1 绘图得到 TIME 在 600 s 内与 CO_2、CO、Soot 及 Temp 之间的关系，图 7、8 如下所示。

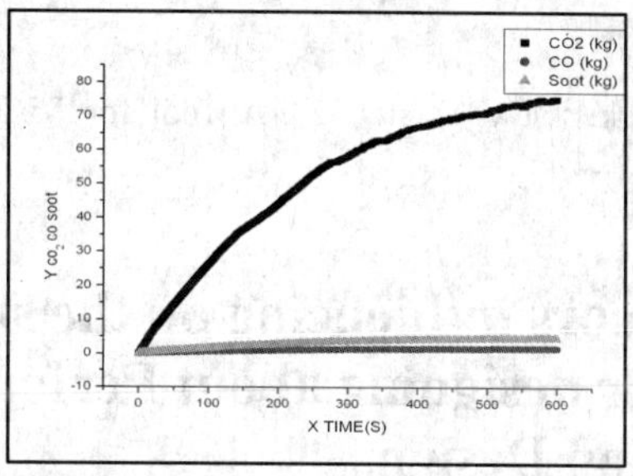

图 7

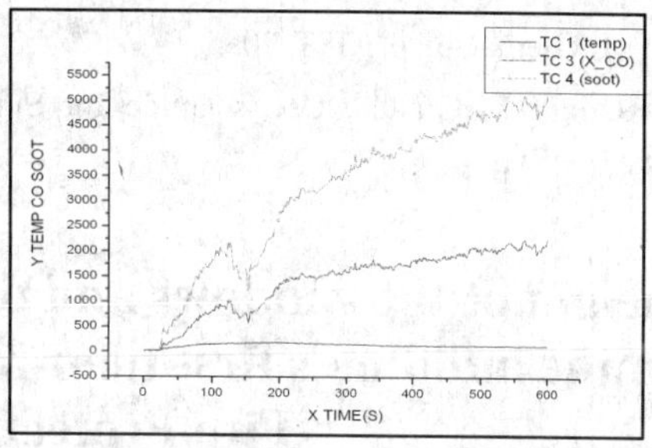

图 8

在 Smoke View. Document 显示烟气粒子 T=599 S 时 particles 在首层大厅流场的三维模型如图 9、10 所示.

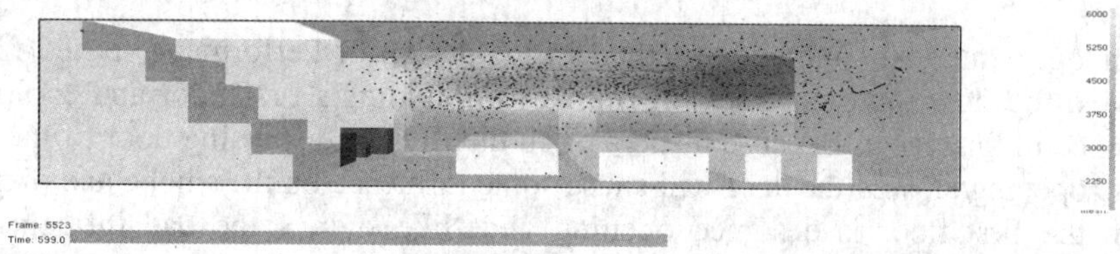

图 9

图 10

3.4 开口处于关闭位置时烟气模拟分析

通过对图 7、图 8 TIME=600 s 内与 CO_2、CO、Soot 及 Temp 之间的关系可以看出，烟气中的 CO_2、CO、Soot 从 0 s 开始一直处于一个上升位置，特别是 CO_2 的浓度增加得非常快，在图 9、10 中，Smoke View. Document 显示烟气粒子 600S 内的 particles 在首层大厅流场快速沉降，很快沉积到地面，烟气流场的没有明显的规律性，在大厅蔓延后向疏散楼梯方向流动，向上扩散。

4. 结论

通过首层大厅烟气模拟分析可知，火灾情况下，安全出口处于敞开位置时有利于新鲜空气的流入，造成大厅门口周围形成一个流场，这个区域烟气含量大为减少，并且烟气沉降速度减慢，受新鲜空气流动的影响，烟气流回流绕过安全出口，形成 8 字流场，非常有利于人员疏散。相反，如果首层的大门由于装闭门器或设置双向弹簧门，造成大门处于常闭位置，没有新鲜空气的流入，首层内整个大厅烟气沉降的非常快，同时 CO_2、CO 的浓度迅速升高，不仅影响疏散人员的视线，而且极易中毒。另外，从模拟结果分析，敞开式疏散楼梯极易成为烟气竖向传播的通道。因此建议，火灾情况下直通室外的安全出口应处于敞开位置，有利于人员疏散；尽量减少在多层公共建筑内设置敞开式疏散楼梯，最好设置封闭楼梯间和防烟楼梯间。

5. 参考文献

[1] 霍然.性能化防火分析与设计基础.中国科学技术大学出版社,2002,2.

[2] Kevin B.McGrattan, Howard R. Baum, Ronald G. Rehm, Anthony Hamins, Simo Hostikka, Kuldeep Prasad. Fire Dynamics

simulator (Version 4) –Technical Reference Guide, NIST, 2005.

[3] Kevin B.McGrattan, Glenn P.Forney, Kuldeep Prasad, Fire Research Division Building and Fire Research Laboratory; Jason E. Floyd, Hughes Associates, Inc. Baltimore, Maryland; Simo Hostikka VTT Building and Transport Finland, Fire Dynamics simulator (Version 4) -User's Guide, NIST, 2005.

[4] Glenn P.Forney, Kevin B.McGrattan, User's Guide for Smoke view Version 2.0-A Tool for Visualizing Fire Dynamics Simulation Data.

Study on the height of the windows and doors influencing on the smoke field and evacuation on the building's first floor for designing about Performance-based Fire Protection Design

Abstract

It attempted to adopt numerical simulation method in the design of Performance-based fire protection design to evaluate, simulated the flow route of spreading smokes in building's first floor and explored smoke flow to the dispersing influence in this paper. Because dispersing in the fire the dispersing door of the building's first floor is open. In this case opening/closing the door will cause some influence on the smoke and dispersing evaluation time. Especially when the first floor is designed opening wide-like stair, some bad influence will be bring to the dispersing upstairs and some difficulties to the time for sure.

Keywords: numerical simulates, smoke field, evacuation.

作者简介：

魏东，男，公安消防部队西安指挥学校高级讲师，中国科学技术大学火灾科学国家重点实验室工程硕士。研究方向：安全方向控制工程领域、消防监督。联系方式：029-86167577（办），E-mail: weidongxian119@163.com。

侯玉成，陕西省公安消防总队防火部工程师，防火部指导处副处长。

张希瑜，西安市公安消防支队防火处工程师，副处长。

人员聚集场所内建夹层之火灾危害的性能化防火分析

吴希晖 [1]，李国防 [2]，杨立中 [3]

[1]河北省公安厅消防局培训中心
[2]河北省公安厅消防局
[3]中国科学技术大学火灾科学国家重点实验室

摘要：

针对某公共场所建筑内建夹层这一特定问题，依据火灾安全工程学的思想和理论，运用性能化建筑防火分析方法，通过计算机模拟计算，定量分析了该场所建筑夹层的火灾烟气危害，研讨了有关对策，论证了建筑夹层存在的危害性及其存在的可行性。

关键词：公共场所、夹层、计算机模化、烟气、性能化。

2005年12月26日，广东省中山市坦洲镇檀岛西餐厅发生特大火灾，造成26人死亡，11人受伤。经调查发现，该餐厅位于一建筑底层，建筑面积115平方米，经营者擅自加建了126平方米的夹层，没有窗户，采用大量易燃装饰装修，死亡人员均系吸入有毒烟气窒息而死。

在一些建筑层高较高的建筑内改建公共场所时，增设夹层的现象比较普遍，主要是因为这即可增加使用面积，又大大改善了场所内的视觉效果。但是由于夹层这一特殊的建筑形态，无论是从火灾蔓延、人员疏散还是灭火救援等方面，都同一般平面布置的公共场所不同，在火灾危险方面存在极大隐患[1]。由于各类规范中未对此作明确禁止性要求，消防部门对如何科学地评估和整改它们，正确客观地认识其对建筑物安全的危害程度，尚缺乏有利的依据，在判别和整改此类隐患时存在顾虑，因此用必要通过一种科学的手段对此问题进行准确定位。本文就此结合实际案例，运用计算机模化技术来具体认识和分析该类场所的火灾危险性并探讨相关对策。

1. 研究工具介绍

1.1 计算机模化技术

计算机模化分析又可称为性能化防火分析，它是由近年来兴起的性能化设计演化而来，是目前建筑火灾风险评估分析的一种重要形式，它根据建筑物的结构特点，通过定量计算，用某些物理参数描述出火灾的发生和发展过程，并分析这种火灾对建筑物内的人员、财产及建筑结构本身的影响程度，从而为采取合理的消防对策提供基本依据。由于这种方法的核心是采用计算机建立模型进行模拟火灾的发生、发展过程，因此这种火灾风险评估方法又称为计算机模化法。

这种方法是在计算机技术的迅猛发展和对火灾基础研究的不断深入的情况下发展起来的。它主要运用温度、组分、速度等物理化学状态参数的时空分布，描述火灾发生发展的过程；分析火灾过程中的热效应、力学效应及化学效应，描述火灾对人员、物品所产生的影响和损害。其中“过程”的描述，在计算机模拟方法上又可根据模拟对象的不同，选择场模拟、区域模拟、网络模拟、场区模拟和场区网模拟以及以经验公式为数学基础的专家系统等模拟方法；“影响”的描述是对火灾中各个效应所产生的诸如灼伤、窒息、中毒等后果的分析研究。通过“过程”和“影响”描述的结合，构造相应的危害模型，推演适应的对策[2]。

在过去十几年里，火灾模化经过了区域模拟、场模拟到网络模拟和场-区-网复合模拟的发展，已经从过去的以理论研究为主体向注重实际应用的转变，目前该种方法已开始被人们广泛研究和应用[3, 4]。

1.2 计算机模化法的有关计算工具

在进行火灾风险评估时，一个关键的问题是对建筑物的火灾性能做出定量分析。具体说，就是要用一定的数学方法对有关的指标、目标、参数、系数等进行定量计算。随着火灾科学和火灾安全工程学的发展，现在已经研发出一些与之配套使用的计算公式和计算机模型[2-5]。下面只介绍与本文研究相关的美国 NIST 发布的火灾安全工程软件 CFAST(Consolidate Fire And Smoke Transport)和 FDS(Fire Dynamics Simulator)。

1、区域模型及模拟软件 CFAST

区域模型能对多个防火分区结构的建筑火灾发生发展过程进行模拟，计算各时刻各区域烟层界面的高度、燃烧生成物浓度及环境温度等参数；另外还可以得出火灾探测器、喷头动作时间，由此评价建筑物的火灾风险性。它将每个房间分为上下两个区域，通常称之为层。假设在每一层内温度、烟气浓度等状态参数都是均匀的，通过求解每层能量、动量和质量的守恒方程能够得出上述参数的变化。

CFAST 是一种计算火灾与烟气在建筑物内蔓延的区域模拟程序，可以用来预测用户设定火源条件下建筑内的火灾环境，最多可以计算多达 30 个房间的结构形式。CFAST 用户需要输入建筑内多个房间的几何尺寸和连接各房间的门窗开口情况、围护结构的热物性参数、火源的热释放速率或烧损率以及燃烧产物的生成速率。该模型可以预测各个房间内上部烟气层和下部空气层的温度、烟层界面位置以及气体浓度随时间的变化。它同时还可以计算壁面的温度、通过壁面的传热以及通过开口的质量流量。CFAST 还能处理机械通风和存在多个火源的情况。

2、场模拟软件 FDS 模型

室内火灾研究通常使用区域模拟，在一定程度上兼顾了可靠性和经济性。但出于区域模拟自身的局限性，它很难处理强通风、强火源等源点附近梯度变化剧烈区域的精细结构以及辐射传热造成室内火灾能量重新分布从而影响流动状态等现象。场模拟是利用计算机求解火灾过程中状态参数的空间分布及其随时间变化的模拟方式。场是指状态参数如速度、温度、各组分浓度等的空间分布。场模拟的理论依据是自然界普遍成立的质量守恒、动量守恒、能量守恒以及化学反应的定律等。火灾过程中状态参数的变化也遵循这些规律。场模拟可以给出火灾过程的细节，但它对计算机的能力以及火灾分过程理论模型的要求限制了其使用范围[6]。

FDS 是一个计算火灾驱动流体流动的计算流体动力学模型的程序，由美国国家标准与技术研究院(NIST)开发并发展完善，属场模拟程序。该程序采用数值方法求解一组描述热驱动的低速流动的 Navier-Stokes 方程，重点计算火灾中的延期流动和热传递过程。可用于烟气控制与水喷淋系统的设计计算和建筑火灾过程的再现研究。其模型中包括两大部分。第一部分简称为 FDS2.0，是求解微分方程的主程序，他所需要的描述火灾场景的参数需要用户创建的文本文件提供；第二部分称 SMOKEVIEW，是一种绘图程序，人们可用它直观地查看计算给果[7]。2002 年 11 月 18 日新发布了 FDS3.0，这是目前的常用版本，最新版本 FDS4.07 已于 2006 年初发布。

2. 对公共场所建筑内建夹层火灾烟气危害的计算机模化分析

本章节重点针对太平洋广场娱乐中心存在的火灾隐患问题展开研究，重点分析隐患的影响程度及可行的整改措施等。

2.1 工程案例情况介绍

本文研究的工程案例是太平洋广场一层舞厅--奥卡罗俱乐部，建筑面积约 1900 M^2，层高 6 米，其中，KTV 舞厅四周采用金属构件搭建局部二层（夹层），设半敞开式包间；为达到灯光效果，窗户进行了封堵处理，这些在防火规范中均无明确要求，单凭专家评价无法给出确切结果。人员载荷：100 人。见图 2-1.

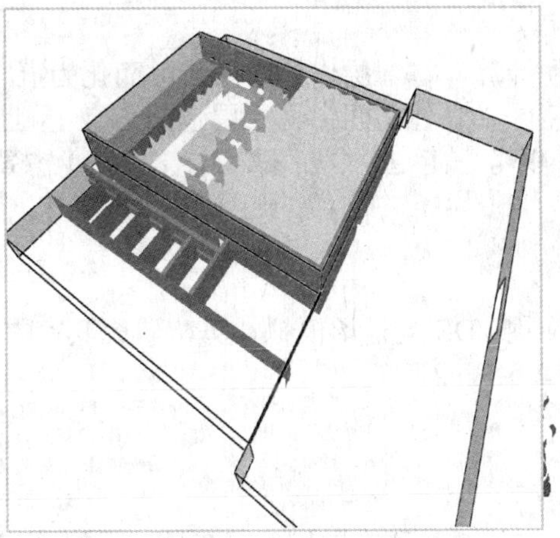

图 2-1　一层结构图

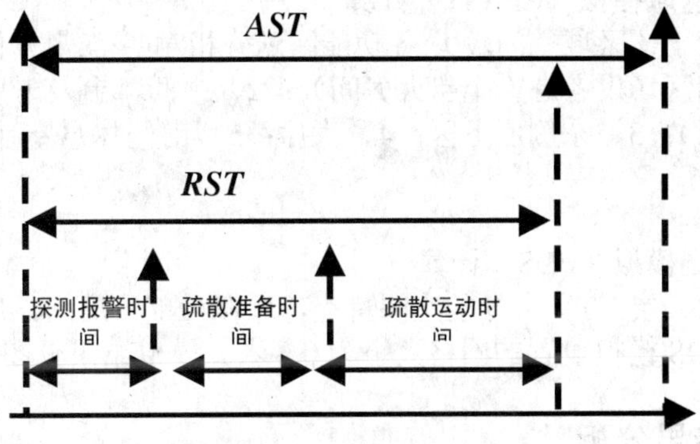

图 2-2　建筑火灾人员安全判据示意图

2.2 防火安全目标与性能判据

针对公共场所的安全目标是确保人员的生命安全，防火安全目标设定为发生火灾时确保所有人员能够安全疏散。对此需要考虑的主要问题是火灾烟气的影响。

火灾达到危险状态判据和人员安全疏散时间判据是评估火灾安全的两个主要性能判据，见图 2-2。

本文分两种情况确定火灾到达危险状态的判据：(1)当烟气层高度高于人眼的特征高度，烟气层温度达到 180℃时，认为火灾达到危险状态；(2)当烟气层高度低于人眼的特征高度(本文中人眼的特征高度取1.8m)，认为火灾达到危险状态。这两种火灾到达危险状态的判据都在本文中使用，取较短的时间作为火灾达到危险状态所需时间 t_H[8]。

2.3 火灾危险源辨识

火灾危险源辨识主要任务是面向对象、找出火灾危险源并分析其危险因素的特性及其演变过程，描述火灾场景（设计火灾）。主要包括：量化火灾荷载与火灾荷载密度、点火源分析、设计火灾与火灾场景[8]。

2.3.1 重点火灾危险源（区）的确定

结合该建筑特点，综合可燃物的种类、数量、集中方式、人员活动及场所功能等情况进行分析，确定该建筑的重点火灾危险源区。依据相关文献和计算确定各重点危险源区的火灾荷载密度等参数[8]。见表 2-1。

2.3.2 设定主要区域火灾场景

该场所为公共娱乐和人员聚集场所，可燃装修相对较重，特别是一层舞厅内西侧包间为全木结构分隔，存在较多可燃物聚集。鉴于前面所作危险源辨识的结果，西侧包间区发生火灾的危害相对较大，故将其确定为模拟火源区，并参照表 2-1：太平洋广场一层重点火灾危险区及相关参数，其中 1、KTV 厅西包间（单个）2 分钟时热释放速率为 1512 KW，考虑到火灾发生时室内可燃物燃烧的延续性，参考有关文献[9]，此处（保守）设置了 1MW 的定常火。

根据现场情况，通向大厅门均为常闭，其它门为常开。由于为满足室内灯光效果要求和减少噪声传播，该 KTV 大厅内对自然采光的通风口进行了封堵处理，至少是封闭（一般舞厅、歌厅等娱乐场所与此情况相符），现分别模拟自然通风良好和被封堵两种情况下的烟气情况。见表 2-2。

2.4 火灾模拟计算

由于CFAST与FDS各有应用方便、结果直观等特点，本文应用这两种方法分别模拟计算，以作结果验证和相互性能补充。

2.4.1 区域模拟（CFAST）计算

由于该区域空间较大,各功能区划分相对明确,为方便计算，将一层作如下简化：简化为五个区，1、西侧包间区（仅考虑一个起火房间）；2、中间舞台及卡座区（立体空间中将二层包间与 1 区上部空间作对等抵消）；3、东侧服务区；4、大厅；5、南侧休息室（仅考虑走道）（见图 2-3，表 2-3）。模拟结果见图 2-4-1~6。

2.4.2 场模拟（FDS）计算

针对一层 KTV 大厅的空间特点，近似为单一房间，应用 FDS 进行场模拟计算，研究其室内火灾发展特性。FDS 模拟设置的网格大小为 0.3 米。模拟结果见图 2-5-1，2-5-2。

2.5 结果分析

根据针对一层的区域和场模拟结果，由图 4-3-2-2 可知，火源所在的腔室（包间 1）在约 435 秒时发生轰燃，造成该房间内的烟气温度和浓度迅速上升。给一层人员和财产安全造成极大威胁。

由图 2-4-2 我们可以看到，当舞厅（即腔室 2）内各窗口被封堵之后，形成一个基本封闭的腔室，烟气层急速下降。特别是该空间内的夹层包间区，（楼板高度为 3 米，）着火约 266 秒时烟气层高度即下降至危险高度 4.8 米（相对高度 1.8 米），人员疏散可利用时间仅有 4 分钟，根据一般经验判断，无法保障人员安全疏散[10]。

当舞厅（即腔室 2）设置一个 4*1 平米的通风口，中心高度 5.3 米时， 由图 2-4-4 可见，在约 330 秒时，烟气层高度下降至最低点 4.6 米（即二层的 1.6 米处）。该种状况下，二层（夹层）包间顾客约有 6 分钟的可利用疏散时间，况且，330 秒之后，烟气高度逐步稳定并抬高，基本可以认定该方法控烟的可行性。另据计算，当采用 6*1 平米的通风口，中心高度 5.3 米时，烟气层高度及下降至最低点的时间基本相同（见图 2-4-6），故，采用无限增加自然通风口面积的方法对排烟的效果不明显。

表 2-1　太平洋广场一层重点火灾危险区及相关参数

序号	区域	主种可燃物种类	建筑面积	火源面积	等效直径	火灾荷载密度 MJ/m2		火灾增长因子 a (考虑墙顶)			可燃物全部被引燃时间（S）	最大热释放速率（KW）	2 分钟时热释放速率（KW）	5 分钟时热释放速率（KW）
						局部	整体	a_f	a_m	a				
1.	KTV 厅西包间（单个）	沙发，木地板，可燃装修	12	12	3.5		370	0.049	0.056	0.105	292	8952	1512	
2.	北包间（单个）	沙发，可燃装修	15	15	3.9		112	0.0068	0.056	0.062	325	6548	892	5580
3.	东北包间（单个）	音控设备，柜子等	24	9	3	89		0.0046	0.014	0.0186	250	1162	268	
4.	KTV 东南角吧台	吧台，食品，办公桌等	12	12	3.5		250	0.026	0.014	0.040	291	3387	576	
5.	KTV 厅舞台	木质台	64	64	8		300	-	-	0.047	667	20888	677	4230
6.	KTV 厅卡座	桌子，椅子	150	90	9.5	533		-	-	0.047	708	23559	677	4230
7.	KTV 南走道包间(单)	沙发，按摩床，可燃装修	17	6	2.4	298		0.0345	0.054	0.088	200	3520	1267	
8.	KTV 厅二层包间	沙发，可燃装修	12	4	2	297		0.034	0.014	0.048	167	1338	690	

注：火源面积为可燃面积（不含墙面、顶）；木材比重：400-600Kg/M^3

表 2-2　一层火灾场景设置

序号	起火区域	火源功率（MW）	火灾增长类型	自然排烟	烟气层温度曲线	烟气层高度曲线
1.	1	1	中速火	无	图 2-4-1	图 2-4-2
2.	1	1	中速火	有,4*1 M^2	图 2-4-3	图 2-4-4
3.	1	1	中速火	有,6*1 M^2	图 2-4-5	图 2-4-6

表 2-3　各区域建筑等效尺寸（m）

序号	区域	长(D)	宽(W)	高	相对地平高
1.	包间	4	4	3	1.0
2.	舞台及卡座	23	18	6	0
	1-4 门 1	*	1.2	2	0
	1-4 门 2	*	1.2	2	0
*	增加窗		4	1	4.5
3.	卡座区及服务区	23	14	3	0
	1-5 门 1	*	1.6	2	0.4
	1-5 门 2	1.8	*	2	0.4
4.	大厅	30	(18)	3	0.4
	4-外门	4	*	2	0
5.	休息室（走道）	2	22	3	0
	5-外门	1.4		2	0

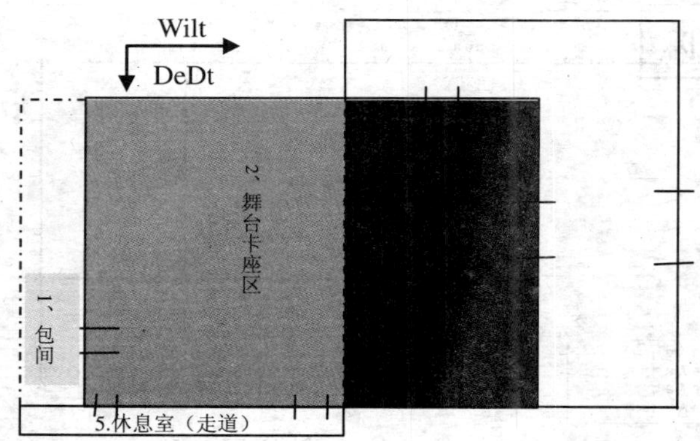

图 2-3　一层简图

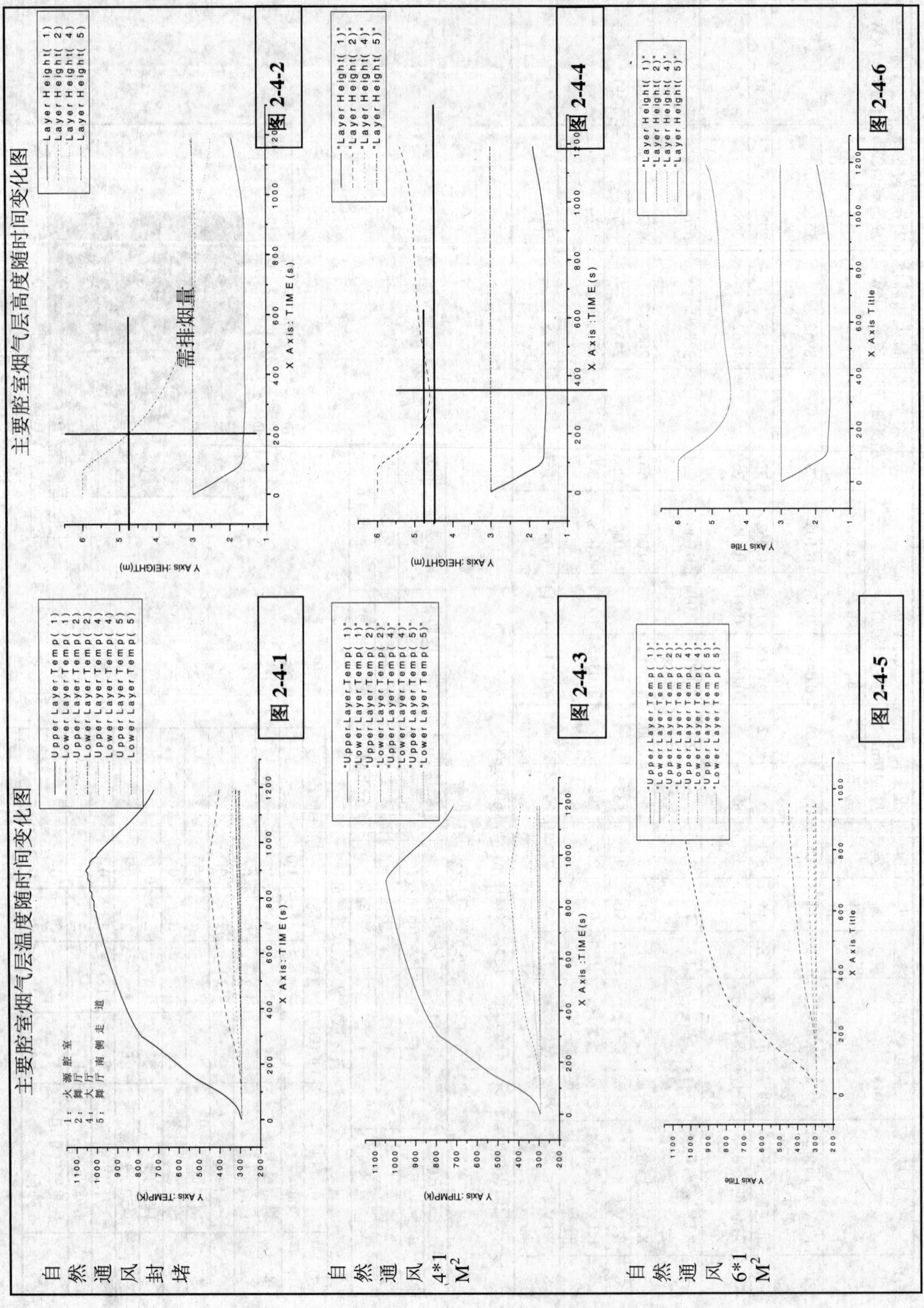
主要腔室烟气层温度随时间变化图
主要腔室烟气层高度随时间变化图
自然通风封堵
自然通风4*1 M²
自然通风6*1 M²
需排烟量
图 2-4-1
图 2-4-2
图 2-4-3
图 2-4-4
图 2-4-5
图 2-4-6
Y Axis :TEMP(K)
Y Axis :HEIGHT(m)
X Axis : TIME(s)
X Axis Title
Y Axis Title
Upper Layer Temp(1)
Lower Layer Temp(1)
Layer Height(1)
Layer Height(2)
Layer Height(4)
Layer Height(5)

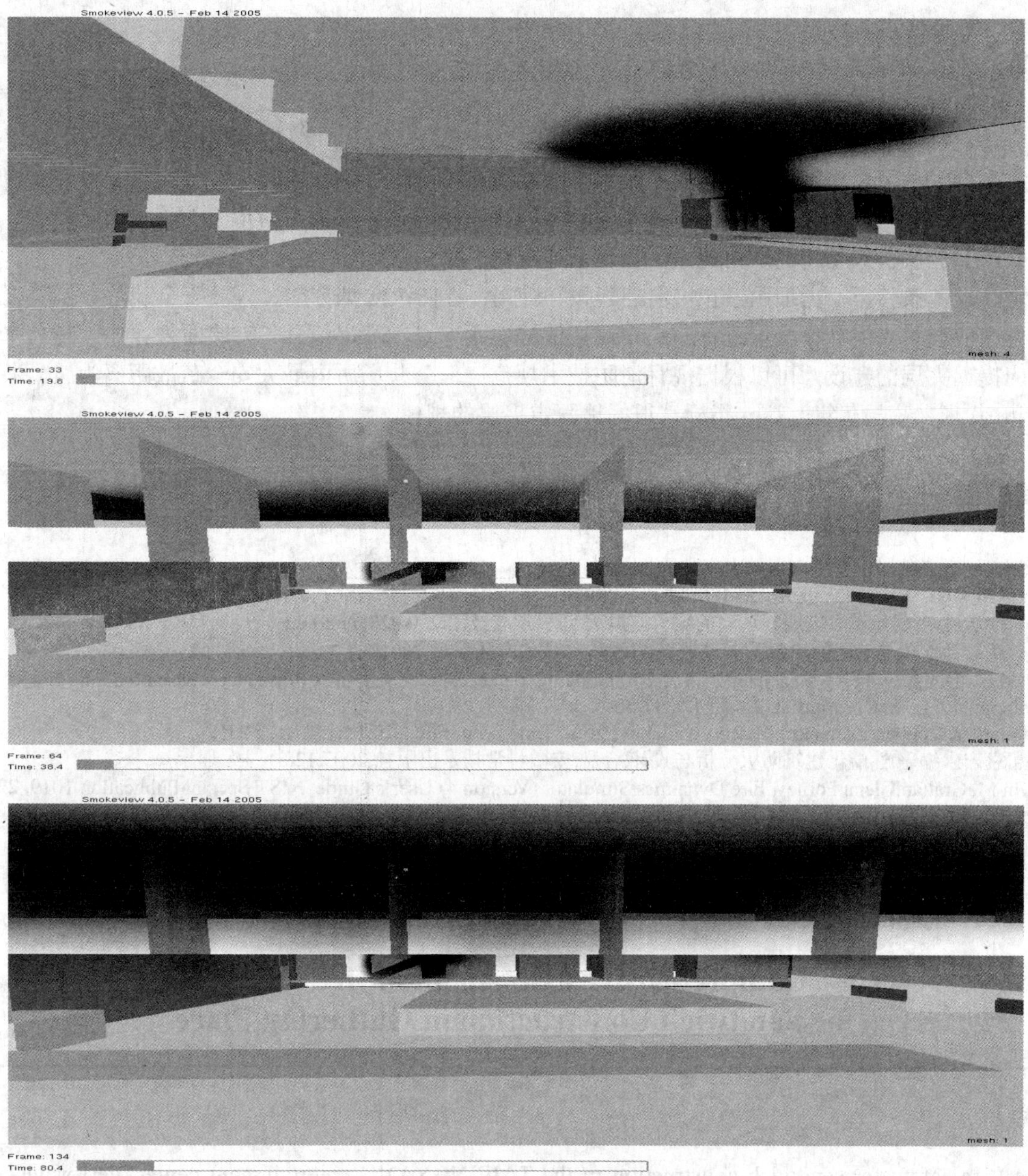

图 2-5-1 舞厅烟气蔓延过程（内视图）

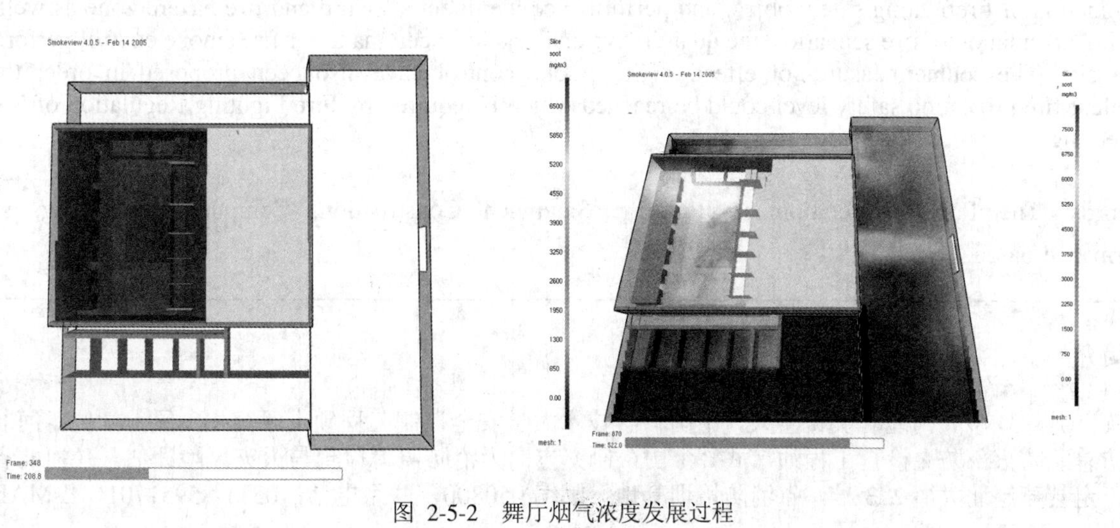

图 2-5-2 舞厅烟气浓度发展过程

3. 结论

本文针对特定案例，借鉴性能化建筑防火分析方法的思路，应用计算机模化法对公共场所建筑夹层在火灾场景下烟气危害及控制措施等进行了研究，以量化形式论证了公共场所中夹层的建设将大大增加其火灾危险性，但如果可以有效地保证通风排烟的良好则可以保证该场所火灾情形下的人员安全疏散。

因此，笔者就公共场所建筑内建夹层提出下如观点：

在现有规范条件下，无理由禁止夹层的建设和使用；在防火防烟分隔、人员安全疏散、自动灭火设施设计等方面应当将夹层算作一层进行防火设计，依据连通方式，确定是否与夹层面积叠加；在当前各地实践中不应提倡夹层的建设，可以根据现行消防技术规范——公共场所内最大安全疏散距离为 40 米（多层建筑）和 30 米（高层建筑）这一指标，很好地限定夹层的规模。

4. 参考文献

[1] 张杰红.浅析公共娱乐场所夹层的火灾危险性及对策.
[2] http://www.js119.com/dongtai/folder48/folder52/2006-07-26/2006-07-26_1_32887_0.html,2006.6.08.
[3] 周庆,徐志胜.多层建筑火灾烟气运动的数值模拟.消防科学与技术.2004,23(1):20-22.
[4] 田玉敏.以性能化为基础的建筑防火设计探讨.消防科技与产品信息.2002,3:3-7.
[5] Wolski A , Dembsey N A , Meacham B J . Accommodating perceptions of risk in performance - based building fire safety code development.Fire Safety Journal. 2000,34 : 297-309.
[6] Lenonard Y. Cooper. Estimating Safety Available Egress Time From Fire.NBSIR,1987,195 215.
[7] 霍然,袁宏永编著.性能化建筑防火分析与设计.合肥:安徽科学技术出版社,2003:128.
[8] Kevin McGrattan,Glenn Forney. Fire Dynamics Simulator (Version 4) User's Guide, NIST Special Publication 1019. 2004,9.
[9] 范维澄，霍然等编.火灾风险评估方法学.合肥:中国科学技术大学出版社.2004:252.
[10] 霍然,胡源,李元洲编著.建筑火灾安全工程导论.合肥:中国科学技术大学出版社.1999:253-254.
[11] 袁理明,范维澄.建筑火灾中人员安全疏散时间预测.自然灾害学报.1997,6(2):28-33.

Comprehensive assessment of fire safety for Sandwich Construction in Gathering Place

Abstract

To assess fire safety for sandwich construction in the TAIPINGYANG entertainment center, Performance-based Building Fire Protection Approach is employed according to the methods and theory of fire safety engineering. By determination of firefighting safety object and performance judgment standard and fire hazard zone as well as its modeling calculation of fire scenarios, the quantitative analysis has been made for fire smoke control performance in this site. The countermeasures of effective fire smoke control have also been proposed in order that the equivalent fire protection safety level could be reached which is required by Fire Fighting Regulation of National Engineering.

Keywords: The Public Entertainment Building, Sandwich Construction, Computer Simulating, smoke, Performance-based.

作者简介：

吴希晖，男，31 岁，河北省吴桥县人，中国科学技术大学安全控制工程硕士研究生，硕士学位，河北省公安消防总队防火部防火检查工程师，武警上尉，研究方向为消防监督检查与火灾风险评估。（河北省石家庄市正定县燕赵北大街 223 号，省消防培训基地，邮编 050800，联系电话：0311-85951701，E-MAIL: fire.protect@163.com。

城市越江隧道火灾烟气流动与纵向通风的数值模拟研究[1]

谢丽霖，方 正，袁建平，唐智

武汉大学土木建筑工程学院

摘要

本文分析了隧道火灾的特点，简要介绍了国内外隧道火灾的数值模拟研究现状，并运用商业CFD软件FLUENT对一工程实例——武汉长江隧道进行了火灾数值模拟，分析了在不同纵向通风条件下，隧道火灾中烟气浓度场的分布情况，有助于了解城市隧道火灾烟气的流动特性，并为人员疏散方案的制定提供了重要依据。

关键词：隧道火灾、烟气流动、数值模拟。

1. 引言

近年来，随着我国经济建设的腾飞，公路事业快速发展，各种交通隧道的建设规模也越来越大。随着隧道长度和车流量的不断增加，隧道中的安全隐患越来越多，发生火灾的几率也大大增加。目前，世界各国都很重视对隧道火灾的研究，其中计算机数值仿真是一种常用的研究方法。

1.1 隧道火灾的特点

由于隧道结构特殊，隧道中发生火灾时火势蔓延快，烟气不易排除，散热缓慢，气流温度飙升，因此车辆及人员疏散困难，火灾难扑救，涉及范围大，经济、人员损失也十分惨重。日本消防研究所进行的模型隧道火灾试验结果表明，隧道内燃料的燃烧速度是敞开空间的3倍， 隧道内的温度最高可达到1000 ℃。而且，因隧道内通风不足，燃烧不充分，CO、CO2及其它有毒气体浓度也迅速增加[1]。

研究隧道火灾要考虑的一个重要因素是浮力效应。发生火灾时，由于着火点源源不断地产生烟气，热气流上升在隧道拱顶附近形成一定体积的热烟气并迅速扩大，向隧道内部着火点两侧扩散，同时冷空气从下部向着火点进行补充，所以火源两侧有对称的循环气流。

当隧道内有纵向通风时，火源两侧的烟气流不对称。如果纵向风速比较小，不足以克服火源上游反向的上层热烟气时，将产生烟气回流现象，这不利于控制火灾蔓延和进行人员疏散。如果纵向风速足够大，烟气将不会或者只有少量烟气往火源上游蔓延，此时火区上风方向为无烟区，仅下风方向有烟。因此，最好使用机械通风系统保证纵向风速大于临界风速[2]。

1.2 国内外研究现状

近年来，世界各地发生的隧道火灾屡见不鲜，各国科学家从试验测试和数值模拟两个方面开展了大量的研究工作。试验测试主要是在实验室或在废弃的隧道中进行，试验结果可靠，但费用过高；随着计算机技术的进步，越来越多研究开始利用计算机数值模拟方法，从数值模拟的分类来看主要包括三种：区域模型、网络模型和场模型[3]。

(1) 国外研究现状

1983 年，Brandeis.J.和 Bergmann.D.J.等人对多种火灾通风方案进行了二维数值模拟研究。

1987 年，英国火灾研究中心的 G.Cox 和 S.Kumar 等在伦敦 King'S Cross 地铁站火灾之后，结合火灾的调查、采用计算机流体动力学的方法，建立了求解三维非稳态问题的烟气流动模型，并开发了 JASMINE 程序，将计算机预测数值和在奥地利 Zwenberg 铁路隧道内进行的火灾试验结果作了比较，证明了其一致性。

[1]基金项目：本文受到国家自然科学基金（50478057）和和武汉市政府《武汉长江隧道工程关键技术研究项目》资助

1991 年，英国的 Fletcher.D.F.，Kent.J.H.，Apte.v.B.和 Green.A.R.等人开始对不同通风风速和燃料池尺寸产生的影响进行了模拟研究，并将模拟结果与他们进行的实验进行了对比。
1995 年，A.N.Beard，D.D.Drysdale 和 s.R.Bishop 等人利用计算机模拟来研究纵向通风隧道内发生火灾时火势在物体(例如重型货车)间的蔓延问题。

此外，日本的 M.oobashi 和 T.Imai 等人运用数值模拟方法对采用纵向和横向混合通风系统的隧道在火灾模式下的紧急通风进行了研究，并将研究成果应用于当年在建的 Higashiyama 隧道。法国的 F.Demouge 和 D.Lacroix 采用三维的 CFD(Computational Fluid Dynamics)方法计算并分析了横向火灾通风下的烟气流动。美国的 S.S.Levy 和 J.R.sandzimier 利用 CFD 方法进行三维瞬态模拟，探讨 Ted Wiiliams 隧道火灾时的排风量和烟气控制效果之间的关系。瑞士的 C.Rudin 通过对特长隧道的烟气扩散研究，提出隧道内救援站设计的原则。

(2) 国内研究现状

1989 年，广州铁路局科研所、铁科院西南所在四川华鉴山矿务局救护大队的训练巷道进行了 1：3 断面模拟试验，探索隧道的消防方法。

1995 年 10 月，根据铁道部“隧道消防技术的研究”课题，由中国铁路西南科学研究院主持，在四川省宜宾地区进行了铁路消防模拟(1：3)试验，试验目的有油罐列车火灾时高温烟气流的发展及分布规律，封闭火区的快速检测方法和防范措施。

2000 年以来，西南交通大学杨其新、王明年和阎治国等人对秦岭终南山特长公路隧道的防灾救援技术进行了大力研究，就该隧道采用纵向通风方式下的火灾问题进行了火灾模型试验，借助试验，以火灾规模和通风风速作为两个主要影响因素，研究了火灾时隧道内不同区域温度、压力以及烟雾的传播分布规律。

2001 年，华南理工大学舒宁和徐建闽以京珠高速公路粤境南段隧道工程为依托，对纵向式火灾通风下的烟气流动状况进行了二维稳态仿真，研究了上行隧道烟气对横洞和下行隧道的影响。

2002 年，北京工业大学的田沛哲和戴国平对二郎山半横向通风特长公路隧道进行数值分析与计算，得出发生火灾时，不同通风阻力条件下隧道中的风速分布及流量分布，给出了火灾控制方案。

2003 年，北京工业大学的王日升和戴国平以京福高速公路美菰林隧道的结构参数为依据，对当隧道内发生火灾时，隧道烟雾随时间的发展扩散过程进行了动态的模拟与研究，得出了不同的火灾放热率、发烟率的情况下，控制隧道烟雾回流的临界风速这一关键数据，为隧道突发火灾时的紧急通风控制提供参考。

2005 年，武汉大学的方正教授、邓艳丽使用 FDS 软件对隧道的烟气发展进行了数值模拟，并且对隧道火灾情况下设置喷淋的可行性进行了研究。

2. 算例设计

2.1 物理模型本文模拟的计算对象是武汉长江隧道。武汉长江隧道位于武汉长江大桥与长江二桥之间，是一条沟通内环线以内汉口和武昌中心区的重要过江通道。隧道全长约 3.7km，机动车设计行车速度为 50km/h。隧道内采用双向四车道，左、右线之间采用联络横通道连接。隧道左线全长 3630m，右线全长 3638.53m。本次火灾模拟计算只考虑左线隧道的进口段风井上游一定范围内的烟气发展状况。取隧道长度为 450m 计算，火源设在该段隧道中部，为了方便模拟，对隧道模型进行了简化，断面设定为：上部为半径 5m 的圆弧，车行道宽 9m，位于圆心下方 1.78m 处，见图 1。取火灾上游隧道起端横断面作为进口边界，设为沿 x 轴正方向，在火灾下游隧道末端横断面处设置出口边界条件。

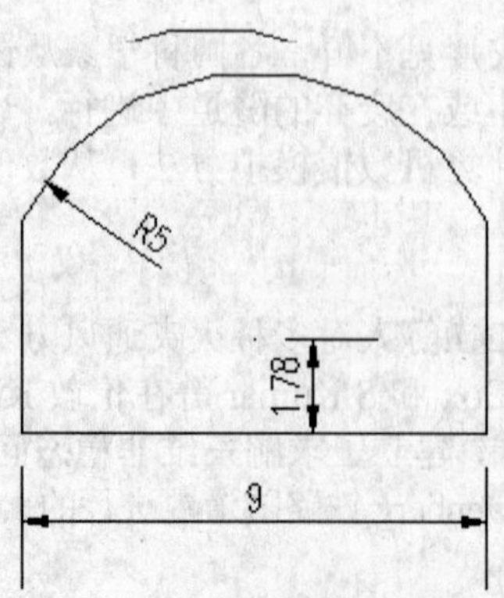

图 1 隧道横断面示意图

武汉长江隧道为双向隧道，中小型客车居多，所以模拟按客车火灾设计，火灾规模及发热功率为20MW，属于中型火灾规模。火源位置设置在隧道中轴线上，其尺寸为0.5m×0.5m。

根据隧道横断面的对称性，沿隧道中轴线截取左半部模型进行计算，对两种工况下的隧道烟气流动状况进行了模拟。

2.2 边界条件

1. 隧道进口：
- 无通风时为压力出口；
- 1.5m/s纵向通风时为速度进口；
- 3m/s临界纵向通风时为速度进口。
2. 隧道出口为压力出口。
3. 火源：在隧道地面中轴线上设置一模拟火源，火灾规模为20MW[4]，火焰点大小为0.5m*0.5m。
4. 隧道壁面： 在隧道固体壁面上，速度分量均采用无滑移边界条件，并假定为绝热，无热量交换。过隧道中轴面设置为对称面。

2.3 网格划分

采用均匀正交网格，将计算区域划分为790000个控制体，在此基础上计算各点的函数值。

3. 计算结果比较与分析

3.1 隧道中轴线纵断面云图

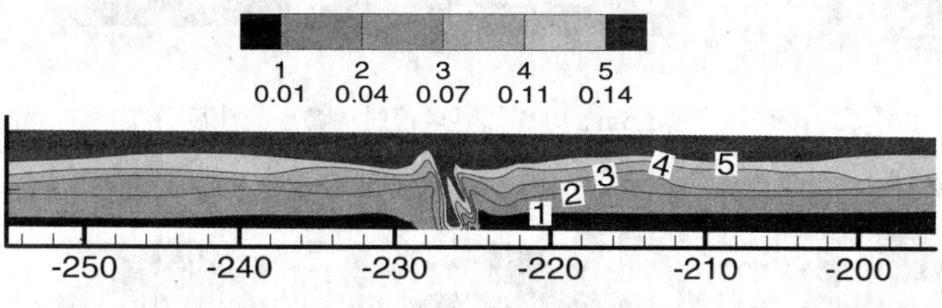

(a) 不通风时的CO_2浓度云图

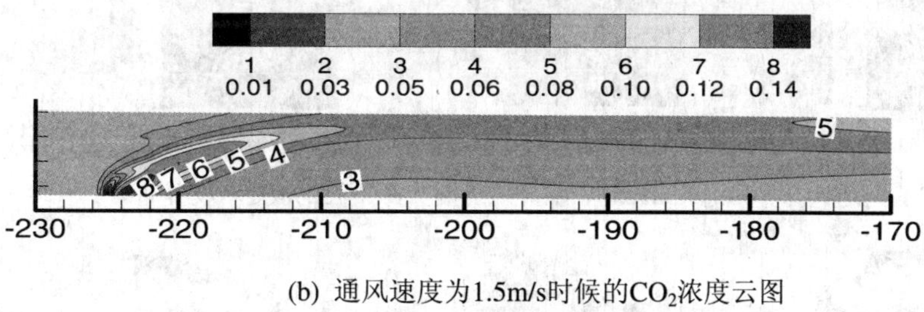

(b) 通风速度为1.5m/s时候的CO_2浓度云图

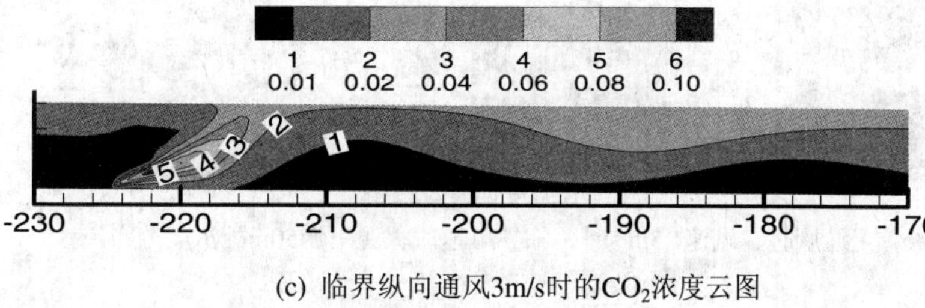

(c) 临界纵向通风3m/s时的CO_2浓度云图

图 2 不同通风条件下纵断面上浓度云图(相对浓度)

图 2给出了20MW火灾强度、不同通风条件下隧道内中轴线处纵断面烟气浓度的分布云图。从中可以看出：

(1) 无纵向通风时，烟气几乎以相同的速度向隧道两端出口处扩散，烟气浓度以火源点为中心基本呈对称分布，火源附近浓度梯度最大，往隧道两端逐渐减小。烟气层的最高浓度出现在火源点正上方的隧道顶壁附近，这是由于火源点燃烧产生的高温烟气受热膨胀后在隧道顶壁附近积聚所造成的[5]。火源点产生的烟气受热膨胀后以较大的速度冲向隧道顶壁，撞到顶壁后沿着隧道顶向两端的出口扩散。

(2) 当纵向通风速度(1.5m/s)小于临界风速时，火焰向下风向倾斜并呈现一定的倾角，烟气有回流现象，烟气在浮升力作用下上浮趋势比较显著。火源下风向烟气浓度高于上风向，但仍有比较多的烟气向上风向扩散，烟气弥漫于隧道，不利于上游人员的疏散和消防救援。

(3) 临界纵向通风(3m/s)时，烟气层几乎由双向扩散变为向下风向的单向扩散，下风向烟气浓度明显高于上风向，上风向基本上成为无烟区，为人员疏散和火灾救援提供了安全空间。除火源点外，烟气层的最高浓度已不在火源点正上方的隧道顶壁附近，而是位于火源点下风向8—10m 处的隧道顶壁附近，这是由于纵向通风流过火区产生节流效应所造成的。

3.2 隧道横断面云图分析

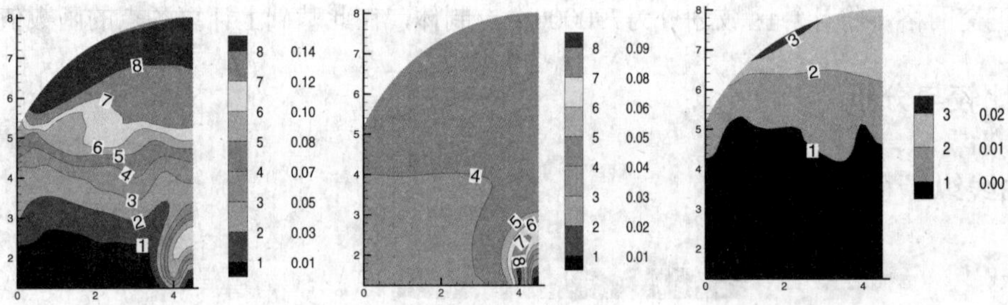

(a) 无通风时、风速 1.5m/s 时、临界风速时火源点处浓度分布

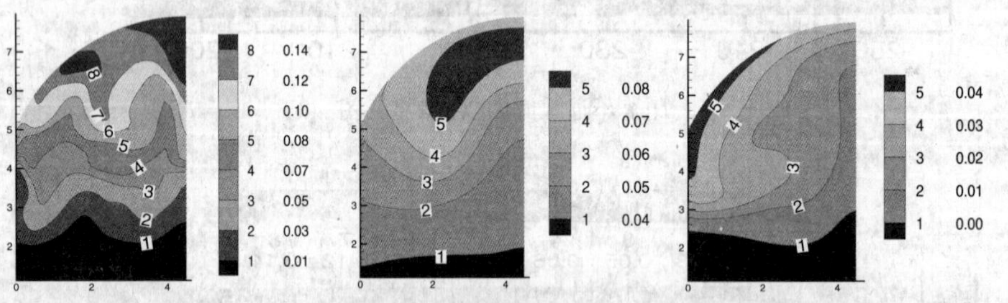

(b) 无通风时、风速1.5m/s时、临界风速时火源下游20m处浓度分布

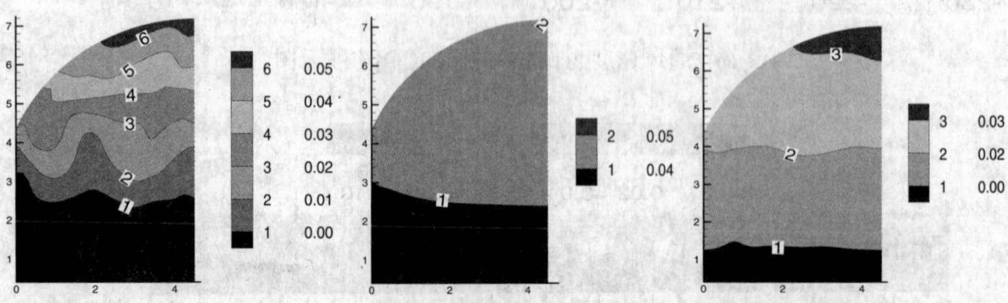

(c) 无通风时、风速1.5m/s时、临界风速时火源下游50m处浓度分布

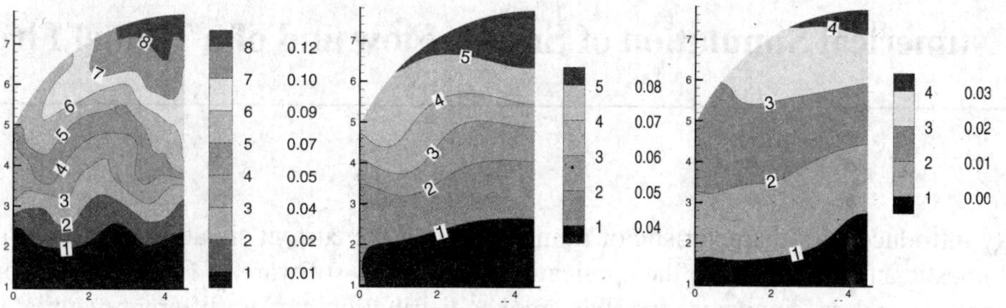

(d) 无通风时、风速1.5m/s时、临界风速时火源下游150m处浓度分布

图 3 不同通风条件下火源下游浓度分布图(相对浓度)

从图 3可以看出:

(1)烟气有明显的分层现象;

(2)烟气浓度在隧道内受风速影响比较大，有通风时烟气浓度比无通风时明显降低了很多。在临界风速条件下，烟气浓度已控制在较小的范围内;

(3)临界通风条件下，火源处烟气浓度并不是最大的，这是由于纵向气流与火区截留效应产生的阻力作用的结果[6]。但随着与火源点距离的增大，烟气烟气浓度先增大后减小。高浓度烟气层发生在隧道顶部及隧道两侧偏上的位置。

4. 结论

利用场模拟的方法和流体计算软件对隧道火灾烟气的流动进行了模拟研究。结果表明:

(1) 对于 20MW 的火灾强度，3m/s 左右的纵向通风可以有效地抑制烟气层向上风向扩散，为人员疏散和消防救援提供了安全的活动空间。

(2) 无通风时，烟气分层线比较平直；有纵向通风时，烟气分层线是凹凸的曲线[7]。

(3) 无通风时，火源点产生的烟气的积聚现象比较明显，烟气浓度随着离火源点距离的增大而降低；有纵向通风时，通风气流对烟气有稀释作用，烟气层浓度随着离火源点距离的增大呈现先升高后降低的趋势。

由此可以看出，隧道中控制一定的临界风速，可以有效阻止烟气向上游扩散；对于下游而言，虽然一定程度破坏了烟气分层现象，但却大大稀释了下游烟气浓度，十分有利于人员疏散，保持一定的纵向通风速度不仅是正常行车的需要，同时对隧道火灾排烟也有非常重要的作用。

5. 参考文献

[1] 洪丽娟,刘传聚. 隧道火灾研究现状综述. 地下空间与工程学报,2005,1:149-153.

[2] 刘敏,丁国锋,秦挺鑫..公路隧道火灾的数值模拟.消防科学与技术,2005,9:573-578.

[3] 李元洲,霍然,易亮等. 隧道火灾烟气发展的模拟计算研究.中国工程科学,2004,2:67-70.

[4] 张娜,戴国平.坡度隧道中烟气控制的 CFD 模拟研究.公路,2005,5:180-184.

[5] 赵相相,周孝清.地铁隧道火灾烟气特性与临界风速的数值模拟分析. 暖通空调，2005,12:68-71.

[6] 张进华,杨高尚,彭立敏等.隧道火灾烟气流动的数值模拟.中南公路工程,2006,1:4-8.

[7] 徐志胜.运行旅客列车隧道火灾模拟实验研究[J].中国安全科学学报,2003,7:8-12.

Numerical Simulation of Smoke Flow and of a Tunnel Fire

Abstract

This paper firstly introduces the characteristic of tunnel fires and the current situation of research on modelling of tunnel fires at domestic and abroad. With the application of the CFD software of FLUENT, a supposed tunnel fire in Wuhan Yangtse Tunnel is simulated and the smoke distribution under different ventilation conditions is analyzed, which helps making the evacuation plan.

Keywords：tunnel fire, smoke flow, numerical simulation.

作者简介：

谢丽霖，女，武汉大学土木建筑工程学院，博士研究生。联系方式：电话：13407164026，email：040192704@sina.com。

某科学中心展厅的消防性能化设计应用分析

谢元一[1]，金素艳[1]，汪鹏[2]

[1]公安部四川消防研究所
[2]成都西南交通大学

摘要

某科学中心是某省举办科学展览的主要场馆，包括了展厅、科技影院、科学实验室、餐饮、商务办公等功能。由于建筑使用功能复杂，依靠传统的“规格式”规范进行消防设计已不能完全适用。为此，笔者采用性能化设计的方法，具体分析了建筑本身的特点，以人员生命安全为设计目标，针对部分展厅防火分区面积过大，空间高度较高的问题进行了评估。运用美国 NIST 开发的 FDS 软件模拟了展厅的烟气流动情况，量化各时刻的烟气特性参数值，得到了烟气达到危机人员生命安全的时间（ASET）；运用公安部四川消防研究所与武汉大学合作开发的 BuildEvac 软件模拟了展厅内人员疏散行动的情况，并结合展厅的报警和疏散预动情况，得到了人员疏散所需的时间（RSET）。通过比较 ASET 和 RSET，对展厅的消防安全性进行了分析和评估。最后依据分析结果，对展厅的消防设施和消防管理提出了建议。

关键词：性能化设计、会展建筑、烟气模拟、安全疏散。

1. 概述

在建筑设计中，防火分区通常采用防火墙、防火门、防火卷帘、水幕等方法进行防火分隔，但在大空间展览建筑中，传统的分区方法或措施已无法同时满足使用功能和防火功能上的要求。如采用防火墙、防火门的方式划分防火分区，则失去了大空间及开敞的视觉效果，违背了建此建筑的初衷；如采用防火卷帘划分防火分区，技术上很难实现，产品本身就不能满足高度和跨度的要求，且钢结构难以分隔到顶，即使在技术上能够采用防火卷帘分隔，但大面积地使用防火卷帘也往往不能保证在火灾时卷帘全部关闭；如采用防火水幕带划分防火分区，其分隔长度达几十米到上百米，消防用水量将达上千立方米，显然不经济，且高度较高，效果也会受到一定影响。因而这类建筑防火分区普遍大大超过“规格式”防火设计规范的规定，已成为无可回避的事实。

2. 工程概况

某科学中心是某省举办科学展览的主要场馆，包括了展厅、科技影院、科学实验室、餐饮、商务办公等功能。常设展厅布置在科学中心主体建筑二、三层，层高最小 12 米，最大 24 米。

《高规》规定，防火分区面积不大于 4000 ㎡。[1]因为使用功能的要求，每个展厅划分为了一个防火分区，部分展厅防火分区超过规范所允许的最大值。为此，本文将采用基于目标的性能化设计方法，设定火灾安全的目标，评估验证防火分区面积超过规范要求的展厅的消防安全性，以确定展厅的消防设计是否合理。

选择进行性能化评估的展厅如图 1 所示，建筑总面积 5569.2 ㎡，净面积 4992.8 ㎡，楼层高度 12m，疏散人数为 2482 人，设有五个疏散出口。

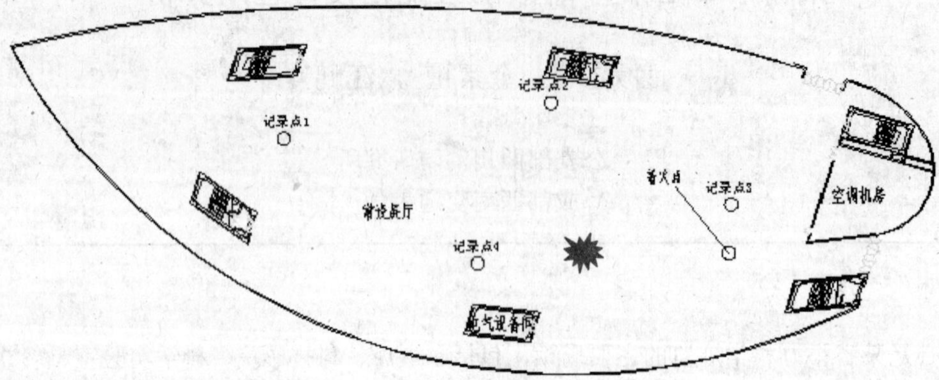

图 1　展厅平面图

3. 展厅消防安全的性能化分析

3.1 消防安全目标的确定

确定分析对象的防火安全目的和目标要求是进行性能化防火分析的出发点。总的来说，基本的防火安全目标可分为两类：与生命安全直接相关的和与其它安全相关的。前者考虑火灾中各类人员的安全，包括居住者、工作人员、顾客、消防人员等，通常这是大部分建筑物防火安全的主要目标。[6]

“规格式”规范和性能化方法在设计的时候，虽然设计的方法、步骤等各不相同，其目的都是为了达到相应的消防安全目标。

防火分区的设置主要是为了防止火灾蔓延到相邻区域，造成火情的扩大。展厅部分的防火分区面积的扩大导致分区内疏散人员增多，疏散距离增长，疏散时间增加，火灾危及人身安全的几率增大。因此，对面积超大的展厅部分防火分区的性能化设计将重点从火灾情况下的人员生命安全进行考察评估，消防安全目标为：建筑内人员到达某一安全位置前，保证他们免于火灾造成的伤害。

3.2 人员安全疏散时间判据

为了实现对以上人员生命安全目标的评估，本文将通过烟气和人员疏散两个方面的模拟，量化人员安全疏散时间判据进行判断，判据的实现可由图 1 表示。在特定的火灾场景下，如果保证人员需要的安全疏散时间（RSET）小于火灾发展到人体耐受极限条件的时间（ASET），则可实现人员疏散安全。这个关系中加入一个适当的安全余量（ASET-RSET），以考虑假设和计算中的不确定性。安全余量越大，人员疏散的安全性就越高。[4]

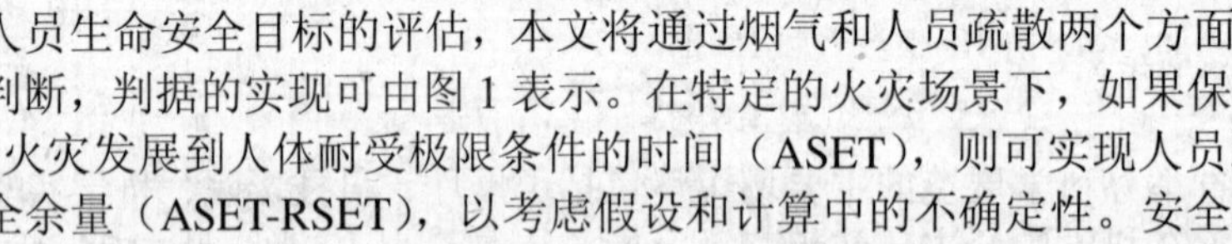

图 2　人员安全疏散时间判据

在建筑火灾模拟中，人体耐受极限条件一般按以下情况确定：

① 如果热烟层距地板高度大于 2m，则热烟层的温度不超过 180℃；
② 如果热烟层距地板高度小于 2m，则热烟层的温度不超过 50℃，且能见度不小于 10m。
③ 如果热烟层距地板高度小于 2m，CO2 浓度不得超过 1%（体积百分比），CO 浓度不得超过 450ppm。

3.3 展厅的烟气模拟计算

3.3.1 火灾场景的设置

展厅火灾的发展过程按照 t2 来确定，火灾增长系数α设为 0.0888kW/s2。展厅的最大热释放速率按照较不利的场景来取值，参照上海市地方标准《民用建筑防排烟技术规程》（DGJ08-88-2000），本文计算取无喷淋的公共场所，最大热释放速率峰值为 8MW，从不利的角度出发，保守地乘以 1.5 的安全系数，最终计算对象最大热释放速率峰值为 12MW。火灾热释放速率的时间曲线如图 3 所示。模拟的时间长度为 1200s。

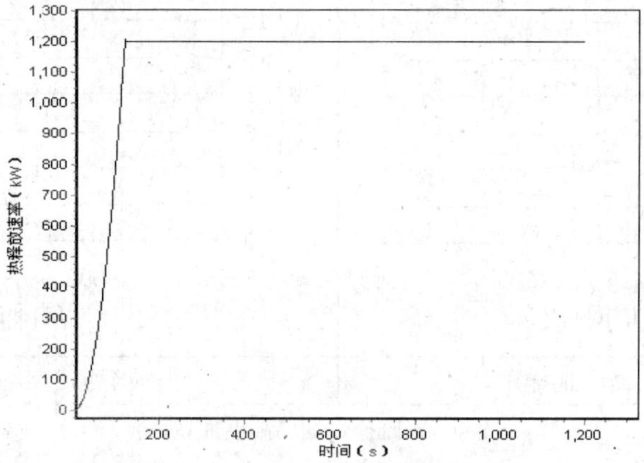

图 3　展厅火灾的热释放速率曲线图

在模拟的初始时刻，周围环境温度为 26℃，展厅内温度为 24℃，压力为 1 个标准大气压。展厅采用自然排烟，展厅两侧设面积 2%的排烟口。

模拟过程中，考虑较为不利场景，起火点设于展厅某一疏散出口附近，具体位置见图 1。为了得到整个展厅的烟气沉降情况和烟层温度情况，同时根据判据要求，在主展厅不同位置选取 4 个点，作为设置烟层高度、温度的输出点，具体位置见图 1。

3.3.2 模拟结果分析

运用 FDS 软件对展厅火灾进行动态模拟[2,3]4 个点的烟层高度沉降过程如图 4 所示，从图中可以看出各监控点的烟层高度在火灾发生后的初始阶段烟气尚未蔓延侵袭到达，烟气层高度没有发生变化。经过一段时间以后，烟气由顶棚射流到达各监控点处，烟气层高度急剧下降，然后随时间的推移，烟气层的高度逐渐趋于稳定，在整个模拟时间段内，各监控点的烟气层高度均未下降到威胁人员安全的 2m。

通过模拟，可以得到各烟气特性参数的模拟结果量化如表 1 所示。从表中可知，2m 高度的烟气的能见度在 819s 时刻降低到 10m，最先达到人体耐受的极限条件，人员可用的安全疏散时间（ASET）为 819s。

表 1　模拟结果统计表（火灾场景 A）

上层烟气温度达到 180℃时间	>1200s
下层烟气温度达到 50℃时间	>1200s
烟气下降 离地面 2m 处时间	>1200s
地面上方 2m 处的 CO2 浓度达到 1%的时间	>1200s
地面上方 2m 处的 CO 浓度达到 2500ppm 的时间	>1200s
距离地面 2m 处能见度下降到 10m 时间	819s
火灾发展到致使环境条件达到人体耐受极限的时间（ASET）	819s

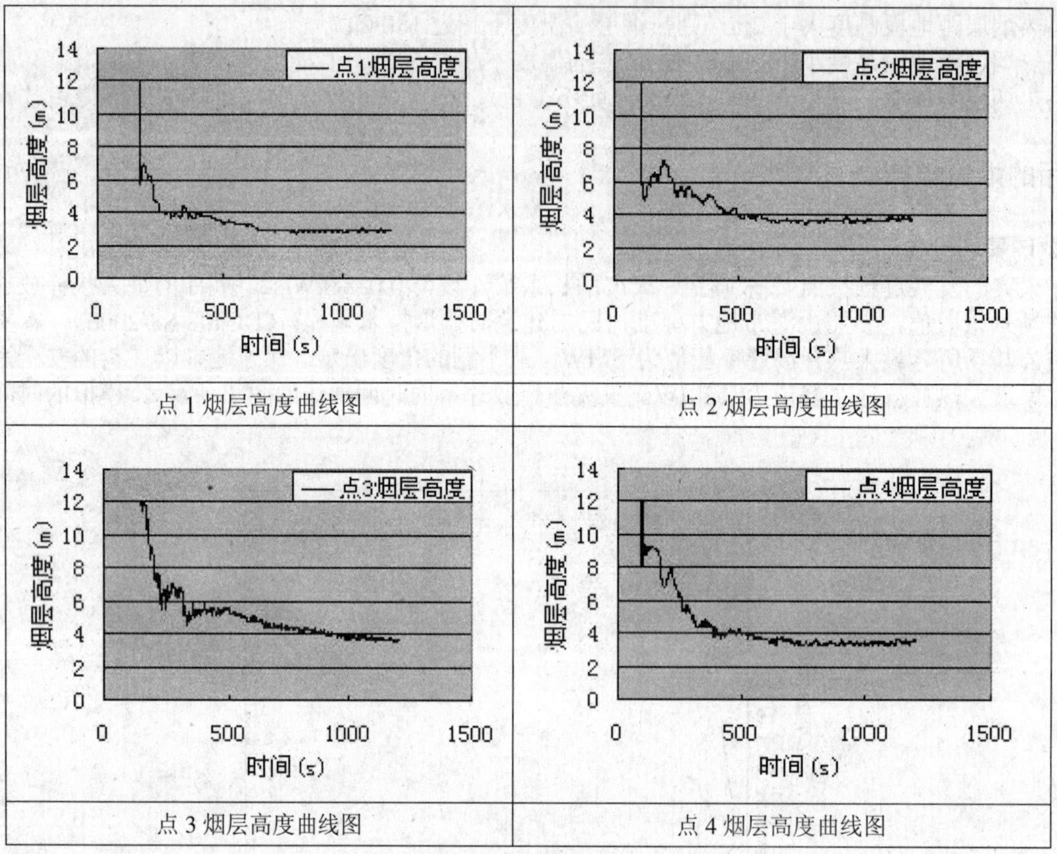

点 1 烟层高度曲线图　　点 2 烟层高度曲线图

点 3 烟层高度曲线图　　点 4 烟层高度曲线图

图 4　各监控点烟层高度曲线图

3.4 人员疏散模拟分析

人员需要的安全疏散时间（RSET）由火灾报警时间（Td）、人员的疏散预动时间（Tpre）和人员从开始疏散到到达安全地点的行动（Tt）几个部分组成：RSET =Td + Tpre + Tt。

3.4.1 火灾报警时间（Td）

展厅中采用了智能型感烟探测器和手动按钮作为火灾报警装置，根据智能型感烟探测器动作的时间，取火灾报警时间（Td）为 60s。

3.4.2 人员的疏散预动时间（Tpre）

人员的疏散预动时间（Tpre）由识别时间和反应时间组成。由于展厅中有实况转播指示，采用声音广播系统进行报警通知，考虑到人员对环境不熟悉，需要一定的时间进行识别，故识别时间取为 120s。反应时间一般需要数秒到数分钟，展厅内空间开敞高阔，疏散出口明显，展厅内的人员可以很快确定疏散方向及路线，取为 60s。因此，人员的疏散预动时间（Tpre）取为 180s。

3.4.3 人员疏散行动时间（Tt）

用于模拟人员疏散行动时间 Tt 的疏散模拟软件 BuildEvac 是一个集几何模型建立、疏散实时模拟和疏散过程动态可视化于一体的建筑物内人员疏散仿真系统。可以实现单层、高层建筑的人员疏散过程的仿真，提供着火层人员疏散动态过程(包括单个人员运动和房门人员拥挤)和楼梯内人员疏散动态过程，以及以图形的方式提供建筑物内任一房间人员疏散过程和建筑出口的人员拥挤过程。[7]

运用 BuildEvac 软件建立展厅的疏散模型如图 5 所示。

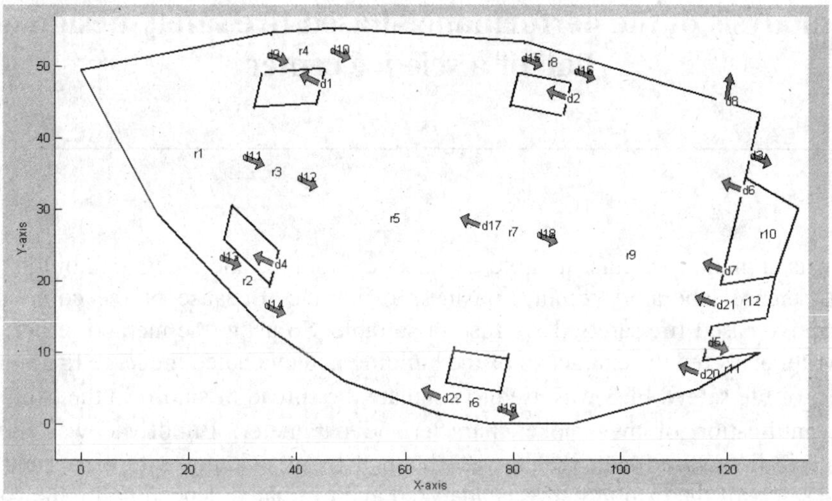

图 5　展厅疏散模型结构示意图

通过软件模拟，可以得到展厅的疏散行动时间为 495s。

通过以上对展厅火灾报警时间、Td）、人员的疏散预动时间（Tpre）和人员疏散行动时间（Tt）的确定，可以得出展厅人员需要的安全疏散时间（RSET）为：60+180+495=735s。

3.5 人员安全疏散分析

经过以上对火灾烟气和人员安全疏散两个方面的模拟，对比展厅的 ASET 和 RSET 可知，人员可用的安全疏散时间大于人员需要的安全疏散时间，且具有 84s 的安全余量。故展厅内的人员可以安全疏散，达到了消防设计的安全目标。

4. 结论

本文针对某科学中心展厅防火分区面积超大的问题，采用性能化评估的方法，确定其消防设计的安全目标，并根据安全目标，通过对火灾烟气和人员疏散两个方面的模拟，得出了以下结论：

展厅防火分区面积的扩大导致人员疏散时间较长，但是由于展厅的层高较高，起到了良好的蓄烟效果，2%的自然排烟面积能够有效排走烟气，保持烟层高度始终维持在 2m 之上，有利于保证人员的安全疏散。

基于目标的消防性能化设计方法，能够有效地通过分析整个消防系统的整体的性能表现来确定其是否能够满足消防设计所要求的安全目标，从而灵活实现对消防系统设计的评估。

5. 参考文献

[1] GB 50045-95.高层民用建筑设计防火规范.2005 .

[2] Kevin McGrattan. Fire Dynamics Simulator (Version 4) Technical Reference Guide.U.S. Government Printing Office. Washington DC USA 20402 202-512-1800. NIST Special Publication 2004: 1018.

[3] Kevin McGrattan and Glenn Forney. Fire Dynamics Simulator (Version 4) User's Guide. U.S. Government Printing Office. Washington DC USA 20402 202-512-1800. NIST Special Publication 2005: 1019.

[4] Fire Engineering Guidelines, Fire Code Reform Centre, NSW, Australia,1996.

[5] 李椿年. 人在火灾中的行为. 西安：陕西科学技术出版社,1989.

[6] G. V. Hadjisophocleous, N. Benichou. Development of Performance-based Codes, Performance Criteria and Fire Safety Engineering Methods. International Journal on Engineering Performance-based Fire Codes, 2000, 2(4): 127-142.

[7] 王平.大型公共建筑人员疏散性能化评估软件的开发. 武汉:武汉大学,2005.5

Application analysis of the performance-based fire safety design of the exhibit hall of a science center

Abstract

The science center is a main building to hold science exhibition, including exhibition halls, science and technology cinema, science laboratory, dining, business office etc. Because of the complicated utility of the building, the prescriptive-based fire safety design is not suitable. So using the method of performance-based fire safety design, the writer analyzed the characters of the building and evaluated the large fire compartment and high space with the object of life safety. FDS was used to simulate the spread of smoke in the exhibit hall，ASET was obtained by the quantification of the smoke characteristic parameter; BuildEvac was used to simulate the evacuation of people in the exhibit hall, RSET was obtained by associating with alarm and the preparation of evacuation. The fire safety of the exhibit hall was analyzed and evaluated depending on the comparison of ASET and RSET. Finally, a proposal was given to the fire fighting device and fire safety management of the exhibit hall.

Keyword: performance-based design; exhibition building; smoke flow simulation; safety evacuate

作者简介：

谢元一，男，生于 1980.1。工学硕士，毕业于重庆大学城市建设与环境学院。现供职于公安部四川消防研究所防火室，主要从事建筑消防性能化的研究，曾为国内多座重要建筑作过性能化安全评估工作。

半导体厂湿式清洗台之细水雾防护性能验证

张文耀,[1] 徐一量 [2],傅炳坤 [3],陈宝珠 [4],陈俊勋 [5]

[1] 台湾交通大学机械工程学系所
[2] 科技大学环境与安全卫生工程学系
[3,4] 台湾交通大学机械工程学系所
[5] 台湾交通大学机械工程学系所

摘要

半导体厂湿式清洗台在制程中使用了大量的易燃性化学品，以及加热设备，极易产生火灾危害，在统计数据中半导体厂湿式清洗台引起火灾的事件始终居高不下，为防止相同的事故一再发生，在湿式清洗台中时常设置主动灭火系统，其中细水雾亦为其中一个选项，本研究即以细水雾系统为研究对象，在不同的测试参数下进行灭火效能的研究与探讨。

本研究以湿式清洗台常用之清洗剂丙酮做为火源，由于丙酮具极低的燃点，在以细水雾灭火上具一定的困难度，为厘清细水雾灭火的条件，本研究以实场测试进行效能评估，测试的参数有系统操作压力、喷头位置、喷头数量及火源大小等进行测试，由测试结果厘清各参数对灭火的影响。由研究结果发现，细水雾系统应用于湿式清洗台，必须要特别注意系统的设计，唯有适当的设计才能达到灭火的要求。

关键词：细水雾、湿式清洗台、半导体、火灾。

1. Introduction

Taiwan has approximately 1000 semiconductor facilities, with their total output value at roughly 23 billion US dollars in 2006 ranking 3rd in the world. A polypropylene (PP)/polyvinyl chloride (PVC) wet bench is usually used in the clean room environments. Its manufacturing procedure uses hundreds of chemicals, some of them evaporate easily and have a wide flammability range [1, 2].FM Global has estimated that 1 in 10 fab locations suffer a fire loss annually. Fires involving wet benches have caused serious losses in the semiconductor industry in past years. The beginning of the 1990s, FM focus on replacing the materials or protecting existing plastic wet benches in the semiconductor industry. Many companies have simply accepted the recommendations, following the guideline of FM7-7 and installed the carbon dioxide or fine water mist in the wet bench [3]. According to NFPA 750 [4], water mist is defined as sprays in which 99% of spray droplets, for flow-weighted cumulative distribution, have diameters <1000 microns as the minimum design operating pressure of water mist nozzle. Because of the large surface to volume ratio and long suspension time, water mist shows very effective quenching behavior. The corresponding dominant mechanisms for suppressing fires of water mist are the flame cooling, oxygen displacement, radiant attenuation, dilution of flammable vapors, and direct impingement wetting and cooling of the combustibles [5, 6]. It is well known that water mist presents the advantages of no toxic, no corrosion, and no environmental problems.

Previous studies suggested that suppression of wet bench fire should be carried out in the early stage of the fire[7, 8].Wu, Taylor and Harriman experimentally investigated the simulated wet bench fires with fine water spray [9]. The polypropylene pool fire is placed in the middle with two 7in cylinders on each side to block the direct impingement of water mist. Two nozzles on the each end wall can extinguish all the polypropylene pool fires in 10 seconds. Mawhinney [10] used a twin-fluid nozzle to produce a fine spray to extinguish liquid pool fires. It was Mawhinney found that spraying downward directly at the flame is the most effective means of extinguishing a fire. Obstructions in the spray path lower the spray's momentum and the amount of water suspended in the air as mist, resulting in reduced capacity to extinguish a fire. Little literature has been published on the evaluating of extinguishing efficiency in the liquid wet bench fires by the water mist system. To evaluate the fire protection performance, several field tests were carried out using a water mist system installed in the wet bench.

2. Experimental apparatus

To control experimental conditions, fire tests were held in field test facility, which is 25 m long, 9 m wide and 7 m high. All the tests were considered as open-air tests; that is, air was supplied naturally. The test facility consists of a test compartment, water-mist systems and instruments for data collection.

2.1 Experimental layout

Figure 1 presents the schematic configuration of the experimental apparatuses. The dimensions of the wet bench are 2.3m long, 0.64m wide and 1.61m high, according to FM 5560 approval standard [11]. Five square pans were placed isometric in the working surface. Mist nozzles could be fixed on the top of the wet bench wall according to test scenarios. The mist nozzle was connected to an electric high-pressure pump via a soft hose. The mist release pressure was adjusted using the pump pressure valve. The high pressure pump could produce 130 bars pressure and the flow rate up to 13 liters per minute. The high pressure water mist nozzle used is a commercial one. The K factor of the nozzle was 1.16 l/min/bar1/2 and the flow rate was 11.65 liter per minute at 100 bars. Pressure was monitored using the pressure gauge attached behind the nozzle. Temperature was measured with a thermocouple tree, arranged in the pan center line. The radiometer was utilized to observe the radiant attenuation effect of the mist. All measured data was transferred to a disk storage system using a PC-controlled data recording system.

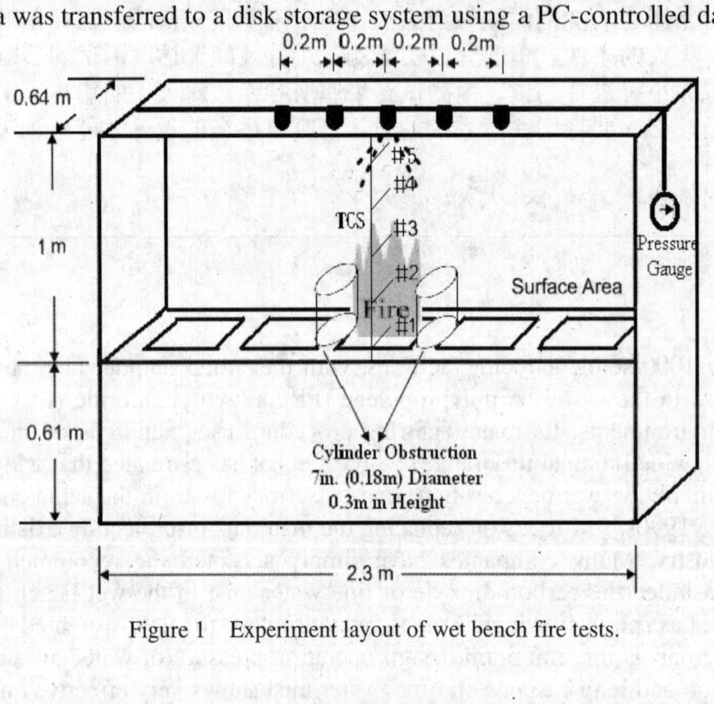

Figure 1 Experiment layout of wet bench fire tests.

2.2 Fire source

The wet bench fire source, using acetone as the fuel, was contained in a square iron pan, which is 20cm×20cm square and 15cm deep. The water mist system will be manually activated after a 60 second pre-burn to reach a steady state condition.

2.3 Data collecting

Five k-type thermocouples were set up in the center of the pan. They are marked as #1, #2, #3, #4, #5 and the locations are 15cm, 35cm, 55cm, 75cm and 95cm arranged in the pan center line above the fuel surface to measure the history of temperature.

2.4 Test parameters

The fire tests parameters used were operating pressure, nozzle location, pan size, cylinder obstruction and closure degree of the door. Each fire test repeated at least three times for data consistency.

Table 1 showed the water (mist) volume flow rate at different operating pressure in one minute.

Table 1 Volume flow rates of water mist (L/min)

Nozzle type \ Pressure(bar)	55	45	35	25
One Nozzle	10.6	9.4	8.4	7.2

3. Results and Discussion

Generally, water-based fire protection systems should not be applied to Class B fires as most fuel would splash over the pan. Therefore, cooling the fuel surface with water evaporation is difficult and can produce a 'running liquid fire.' However, water mist systems do not have sufficient water for a fuel to float—water accounts for only 1/10 of the content in conventional sprinkler systems. Water mist system may therefore suppress wet bench fires effectively with appropriate design and operation.

3.1 Single nozzle tests with different pan sizes and operating pressures

The pan sizes used were 20cm×20cm square and 30cm×30cm, both pans were 15cm deep. In these tests, one water mist nozzle was fixed one meter above the pan center. Each pan was filled with 400c.c. or 900c.c. acetone such that the same fuel surface level (1cm high) was maintained. After 60 seconds of pre-burning, the water mist system was activated manually. The mist operating pressure was changed from 15bar to 55bar in series of tests to identify the critical pressure. Table 2 shows the time required to extinguish the fires in different pan sizes and at different operating pressures. When the nozzle was installed just above the pans, fires were extinguished in seconds at most operating pressures. The water mist system effectively extinguished the acetone pan fires. During each pan size test, there was a critical pressure. Below the critical pressure, the mist took more than ten seconds to extinguish the fires or even did not extinguish the fires. For the 20cm and 30cm pan fires, the critical pressure was the same 15bar. Under that pressure, mist density (flux) and jet momentum was insufficient to extinguish the fires. According to Table 2, the time to extinguish a small pan fire was shorter than that for a large fire. For the 30cm×30cm pan, when operating pressure decreased, time to extinguish the fire increased; however, this phenomenon was not obvious for the 20cm pan. For different pan sizes, flux and momentum of water mist have significant roles in fire suppression. For the 20cm pan, the mist totally covered the pan during tests and fires were extinguished instantly. However, for the 30cm pan with larger fuel surface, additional mist and at an increased momentum was needed to extinguish the fires. That is, the 30cm pan fires needed additional time to be extinguished.

Table 2 Fuel Pan Size and corresponding extinction time(sec) under different operational pressure

	Fuel Size Test	
Pressure(bar) \ Fuel Pan Size	30×30 cm	20×20 cm
55	2	1
45	3	1
35	3	1
25	5	1
15	failed	failed

*us: unstable condition

During the tests, the single nozzle fixed above the pool extinguished the wet bench fires in seconds with appropriate pressure. When pressure reached 15bar, the flame became unstable and started to tremble markedly. The fire even spread to other pans located beside the fire pan. At a low operating pressure, the fire had the potential to ignite fuel in another pan and spread over the wet bench.

3.2 Fire spreading in a wet bench

During the series of tests, several special phenomena should be discussed. The fire spread in some fire tests. In the distribution tests, a single nozzle fixed above the pan can destabilize the flame, making it tremble, jump to another pan and ignite when operating pressure was insufficient. Additionally, when a single nozzle was fixed at the side of the wet bench or at a distance from the center above the pan, it stretched the flame to the other side and easily ignited other fuel pan. To prevent fire spread, nozzles should be fixed above pan fire and have sufficient operating pressure, or fixed on each side of the pan to prevent flame stretching. With proper nozzle locations, fires can be suppressed in the pan and not ignite other pans nearby.

4. Conclusion

In this study, several parameters were examined in acetone wet bench fires. In the single nozzle tests with different pan sizes, water mist extinguished the small pan fire easier than large pan fires. In the nozzle distribution tests, the area covered by the water mist and mist momentum played important roles. The closer the water mist to the center of pan (raised the coverage), the easier the fire can be extinguished. With sufficient coverage, a critical operating pressure exists. Above that pressure, fires were easily extinguished. The critical pressure should be used when designing a water mist system, as insufficient pressure can increase the opportunity of a fire spreading through fuel spread. In this study, the number of the nozzles used also affected the ability of water mist to extinguish a fire. When two nozzles were fixed on either side of the pan, efficiency extinguishing a fire was better than that with a single nozzle. This study identified several issues germane to preventing fire spreading out during wet bench fires. Low operating pressure, unsuitable location of nozzles and improper discharge angle can make fires to spread in a wet bench. An appropriate design with sufficient operating pressure and locations of water mist nozzles can extinguish wet bench fires effectively in early fire stages.

5. Acknowledgment

The authors would like to thank the Science Council, Taiwan (Contract No. NSC [95]- [2622]-[E]-[166]-[006]-[CC3]) and the Ministry of Education, Taiwan, for financially supporting this research.

6. References

[1] Chelton CF, Glowatz M, Mosovsky JA, Chemical hazards in the semiconductor industry. IEEE Transactions on Education.1991,34:269–288.
[2] Hirano T. Accidental explosions of semiconductor manufacturing gases in Japan. Journal of Loss Prevention in the Process Industries. 2004,17:29–34.
[3] FM Global Loss Prevention Data Sheet 7-7, Semiconductor Fabrication Facilities, 2003.
[4] NFPA 750, Standard for the Installation of Water Mist Fire Protection Systems. Fire Protection Association, Quincy, MA. 2000.
[5] Braidech, M.M, Neale, J.A, Matson, A.F. and Dufour, R.E., The Mechanisms of Extinguishment of Fire by Finely Divided Water, Underwriters Laboratories Inc. for the Board of Fire Underwriters, NY, 1955,73.
[6] Mawhinney, J.R, Dlugogorski, B.Z and Kim, A.K. A Closer Look at the Fire Extinguishing Properties of Water Mist. Fire Safety Science-Proceedings of Fourth International Symposium, Ottawa.1994.47.
[7] Fisher, L.F, Williamson, R.B, Toms, G.L, and Grinnion, D.M. Fire protection of flammable work stations in the cleanroom environment of a microelectronic fabrication facility. Fire Technology. 1986, 22(2).
[8] Wu, P.K, Chaffee, J, and Knaggs, B, .A wet bench free-burn test under FMRC fire products collector. Factory Mutual Research Corporation, Norwood, MA. 1995.
[9] Wu, P.K, Taylor, J, and Harriman, R.B. Wet bench fire suppression with fine water sprays. Factory Mutual Research Corporation, Norwood, MA. 1996,10.
[10] Mawhinney and Solomon. Water Mist Fire Suppression Systems.Fire protection handbook(18th ed). 1997: 6/216-6/248.
FM 5560. Approval standard for water mist systems, FM Global Technologies LLC. 2005 Edition.

Table 2 Fuel Pan Size and corresponding extinction time(sec) under different operational pressure

The Performance Evaluaion of Water Mist System for Wet Bench Fire Protection

Abstract

Wet benches are usually used in semiconductor facilities for wafer and parts cleaning. There are heaters and some flammable liquids, like Acetone and Isopropyl Alcohol (IPA) used in cleaning process, and easy to induce a fire. In past years, fires involving wet benches have caused serious losses in the semiconductor industry. To evaluate the fire protection performance, several field tests were carried out using a water mist system installed in the wet bench. In this study, the parameters of tests were operational pressure, pan size, nozzle location, cylinder obstruction and closure degree of the door. A proper design of the operational pressure and the location for the water mist nozzles can extinguish the wet bench fire effectively in the early stage. The nozzles are suggested to be fixed above or on the each side of the pan. This way the fire would be suppressed in the pan and would not spread out all over the wet bench.

Keywords: water mist, wet bench, semiconductor, fire, clean room.

作者简介：

张文耀(Wen-Yao Chang)，男。台湾交通大学机械工程学系，博士候选人。研究方向：防火安全、燃烧、细水雾系统。联系方式：地址：300 台湾省新竹市大学路 1001 号工程五馆 343 实验室，电话：+886-3-5712121#55189，Email：wychang.me92g@nctu.edu.tw。

徐一量(Yi-Liang Shu)，男。科技大学，助理教授。研究方向：风险评估、防火安全、细水雾系统、数值仿真。联系方式：地址：406 台湾省台中市北屯区廍子里廍子巷 11 号，
电话：+886-917776980，Email：ylshu@ctust.edu.tw。

加护病房避难安全策略及紧急应变作为之研究
——以某医学中心为例

萧世弘，颜高山，简贤文

高雄消防局

摘要

现今的医院除了一般建筑物的机能外，最重要的是包含了医疗上的功能。目前台湾各大医学中心及教学医院，除了基本的医疗功能外，也增加餐饮、购物等各项附加服务设施，让医院的机能比早期更加地复杂，相对上发生火灾的机率亦大增；而医院内病患占了多数，因而产生避难疏散上的重大问题；尤其是在加护病房的重症病患几乎是没有避难能力。

在加护病房中欲进行避难演练并不容易，受限于病患及家属的意愿，且伦理及道德上的问题也限制着这些演习，因为把病患从医院中的加护病房进行避难疏散，可能使病患面临生命危险。因此，本研究以某医学中心的加护病房为例，从相关文献的参考数据计算出避难所需的时间，并利用FDS计算机仿真软件来仿真加护病房火势变化的时间，并进行比较分析。

最后，从研究的结果当中提出加护病房的避难安全策略，以及探讨紧急应变作为，让医院在面临火灾时，如何在有限的医疗人力下，善用医院内的人力资源及拟订疏散策略。

关键词：医院避难、加护病房、避难策略、紧急应变作为。

1. 概述

“加护病房避难安全策略及紧急应变作为之研究”是探讨目前医院收容的重症病患大多受限于行动能力，在面临灾害时，避难能力远不及一般的病患、访客。因此，本研究乃从相关文献的参考数据计算出避难所需的时间，并利用 FDS 计算机仿真软件进行对象例加护病房火势变化，并提出分析来强化初期医护人员之应变观念，以维护加护病房内重症病患之安全。

2. 对象例加护病房之避难时间计算与 FDS 模拟

为了解加护病房内发生火灾之状况，本研究利用收集的文献来探讨加护病房内避难所需的时间以及利用计算机仿真的方式，仿真加护病房在可能之最坏情况下能够避难的时间，并将两者所得之结果进行比较。

2.1 加护病房避难时间之计算

从许多的文献当中可知，对于加护病房之避难疏散大都认为其无法避难或避难困难度很高，在非必要下，皆以就地避难为原则；但就地避难应适用于起火点在加护病房以外的空间，特别是起火空间位于较高楼层或它栋建筑物为主。若考虑医院低层部、加护病房邻接空间或加护病房内起火，火势无法控制时，势必仍需进行避难，来确保病患的安全。

2.1.1 加护病房疏散速度相关文献

因多数文献对于加护病房避难只建议就地避难，故对于探讨加护病房内医护人员协助病患避难之移动速度数据并不多见，以目前所收集有关利用推床疏散病患之数据数据如下：

2.1.1.1 医疗院所避难逃生设计规范之研究（杨逸咏、林庆元，1998）

从林庆元氏“医疗院所避难逃生设计规范之研究”中可知病患使用担架或推床之移动速度如表 1 所示[1]。但由于其数据是采取平均值，故单以担送之情形来说，病患就分有无借助移动器具及治疗装置之差别，这些对于避难行动的执行时间就有很大的影响，如重症病患身上医疗仪器之转换准备时间等，所以病患本身的状况就有很大差异性。尤其平均值会忽略了重症病患避难之困难性，而未考虑到最坏的情况。

表 1　某医疗院所病患行动能力分析表

行动能力	协助人员与器具	说明	平均速度
担送	需协助者与移动器具	需由协助者借助轮椅、担架等移动者	1.28 m/sec
	需协助者与治疗器具	需由协助者借助治疗装置(呼吸器、点滴等)移动者	
	需协助者、移动器具及治疗器具	需由协助者藉助治疗装置(呼吸器、点滴等)及轮椅、担架等移动者	
	不可移动	经由上述方式均不得移动者	

2.1.1.2　Fires and Human Behaviour（David Canter, 1980）

在 Fires and Human Behaviour（David Canter, 1980）中，有谈到各种不同疏散病患之工具及方法，也针对各种方式之速度进行量测，在此节录出医护人员以推床运送病患之速度，如表 2 所示[2]，做为本研究之参考依据。此数据有考虑到疏散之准备时间，故参考价值较高，但因准备时间只有 13 秒，可能无法符合加护病房之现况。

表 2　不同运送病患工具之移动速度表

疏散方式	准备时间	水平速度（sec/metre）	完成时间	
			等待	水平
推床	13 秒	1.1	-	0 分 39 秒

2.1.1.3　Using Computer Simulations to Support A Risk-Based Approach For Hospital Evacuation（C.W. Johnson, 2005）

英国 Glasgow 大学的 C.W. Johnson 教授 为开发医院之避难软件 Glasgow-Hospital Evacuation Simulator (G-HES)，而在英国的许多医院中进行有关病患避难之演习及研究调查，并针对病患避难疏散之相关数据进行记录及统计分析，进而提出有关病患避难疏散之相关资料如表 3、表 4。

表 3　为病患做避难前准备之延迟时间[3]

	病患种类	最小延迟(秒)	最大延迟(秒)
1	无行动能力的病患，亦无法从病床上移出（需仰赖相关的仪器）。	180	900
2	无行动能力的病患，可以从病床上移出，但有相当的困难度及必要的延迟（例如：轮椅）	180	900
3	无行动能力的病患，但可以很容易的以一个或多个员工来协助移动。	60	180
4	有行动能力的病患，可以根据员工（负责告诉他们接下来要做什么）的指示自行移动。	30	90

表 4　护士搭配不同运送工具之速度[4]

移动 10m 所需的大约时间	缓慢（秒）	中等（秒）	快速（秒）
只靠护士即可	16	12	8
护士搭配轮椅	20	16	12
护士搭配推床	35	25	20

2.1.2 对象例加护病房避难时间之计算

本研究乃是以台湾某医学中心为例，假设其新大楼 6 楼外科加护病房发生火灾，且使用 C.W. Johnson 教授所提出之数据来作简算法运算。

避难路径距离之计算为从距出入口最远处之病床开始计算，测量至新大栋与旧大楼间之防火铁卷门处的两条路线（如图 1）。另外，由于将病患移至旧大楼避难，仍需至适当地点安置病患，因此再增加 20m 之安全值，提供医护人员安置病患之移动距离与时间，因此避难路径距离计算之结果，避难路线 A 之距离为 76m，避难路线 B 之距离为 93.5m。

从实际面来探讨，由于加护病房避难的初期，需考虑在医护人员不足的情况下，需准备推床、病患移床及医疗仪器转换成移动式的准备时间。因此，以英国 Glasgow 大学的 C.W. Johnson 教授所提出之初期准备时间与疏散速度，来计算避难时间较能符合现况，其计算所得之避难时间如表 5。此计算方式是采最慢之移动速度与最小延迟时间（因假设医护人员皆已受过专业之训练）。而避难前准备之延迟时间虽未明确说明医护人员准备推床、病患移床及医疗仪器转换成移动式的时间，但应可涵盖前述之准备时间。

而从计算结果可知，初期的避难时间还不到 8 分钟，算是相当迅速。但此一时间仍有赖于医护人员平时的医疗、消防训练，以及避难演练的落实和详尽的紧急应变计划才能达成；否则，实际上的避难时间可能会较此数据（446 秒）超出许多。

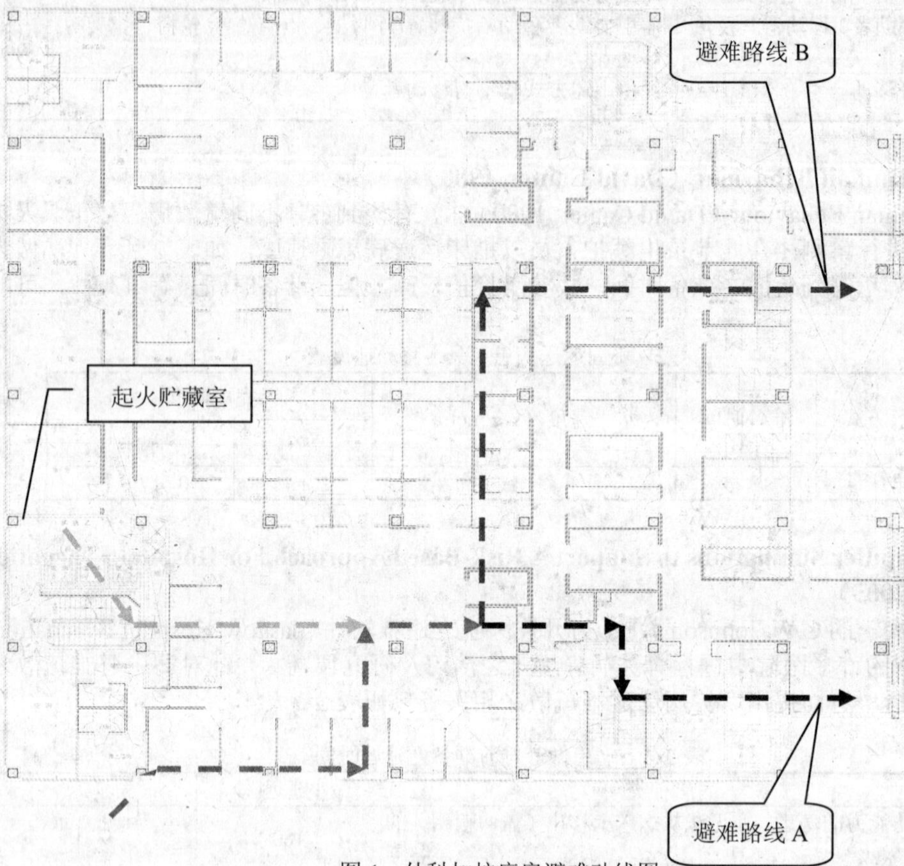

图 1　外科加护病房避难动线图

表 5　采用 C.W. Johnson 教授数据之避难时间表

种类＼路径	路线长度 (m)	准备时间 (s)	移动速度 (sec/10m)	延迟时间 (s)	避难时间 (s)
避难路线 A	76	–	35	180	446
避难路线 B	93.5	–		180	507.25

2.2 对象例加护病房火灾 FDS 计算机仿真

本研究乃是假设新大楼 6 楼外科加护病房（SICU）之贮藏室其内部起火，由于该贮藏室存放许多医疗用之耗材（氧气面罩、鼻导管、棉花球、纱布等），火载量相当高，且人员较少进出，对于火灾之发现较易延迟。

有关火源之设定乃是以低密度聚乙烯(LD-PE)作为起火之燃烧物质，其热释放率[5]为 1,071 kW/m^2，设定其火源大小为 5 MW 来进行模拟。另外，以聚乙烯（PE）做为起火燃烧物质时，其热释放率[6]为 1,929 kW/m^2，并取得一较大火源（约 9 MW）来进行比较。

模拟的情境乃是将该空间内之自动撒水设备、排烟设备动作与否，在不同情况下可进行避难的时间。兹将模拟境况整理如表 6。

表 6　模拟境况一览表

模拟境况 \ 消防设备	撒水	排烟	火源大小	
case 1	－	－	5 MW	9 MW
case 2	V	－		
case 3	－	V		
case 4	V	V		

注：「V」→动作，「－」→未动作。

一般考虑可安全避难之烟层高度为烟层下降至距地板 1.8 公尺[7]处之高度；另外，依据「各类场所消防安全设备设置标准」第 150 条之规定，自走廊或通道任一点至避难方向指示灯之步行距离不得超过 10 公尺，即避难时可视距离应达 10 公尺以上。因此，在进行避难时，本研究即以距地板 1.8 公尺处之能见度应达 10 公尺以上做为主要的探讨方向。

由于疏散重症病患需要一段准备时间，而模拟之起火燃烧物属于高分子物质，燃烧时极易产生大量之浓烟，造成医护人员在进行病患疏散的准备工作时，浓烟已迅速扩散，阻碍了避难之视线。本研究模拟之量测点如图 2。

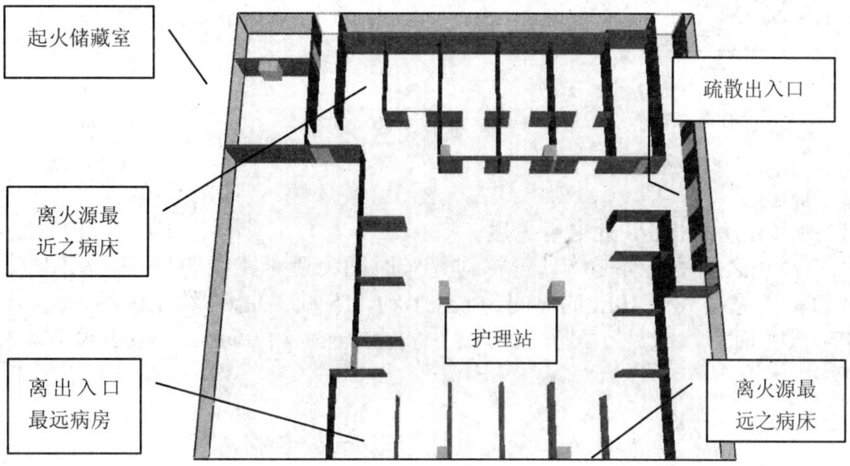

图 2　本研究设定之测点位置

2.2.1 对象例加护病房火灾 FDS 计算机仿真结果

本研究利用 FDS 模拟加护病房内起火，从几个设定的测点所得之结果如下：

2.2.1.1 离火源最近病床 1.8m 处之能见度

从图 3、图 4 中可以得知，以 5MW 火源而言，case1、case3（设定排烟设备在 60 秒后手动启动）之能见度大于 10m 只能维持 60 秒；case2、case4 因自动撒水设备动作而降低了燃烧的速度，让能见度大于 10m 维持 70 秒的时间。而 9MW 的火源，在 case1、case3（设定排烟设备在 60 秒后手动启动）之能见度大于 10m 只能维持 47 秒；case2、case4 因自动撒水设备动作而降低了燃烧的速度，让能见度大于 10m 维持 60 秒的时间。

离火源最近病床 1.8m 处之能见度

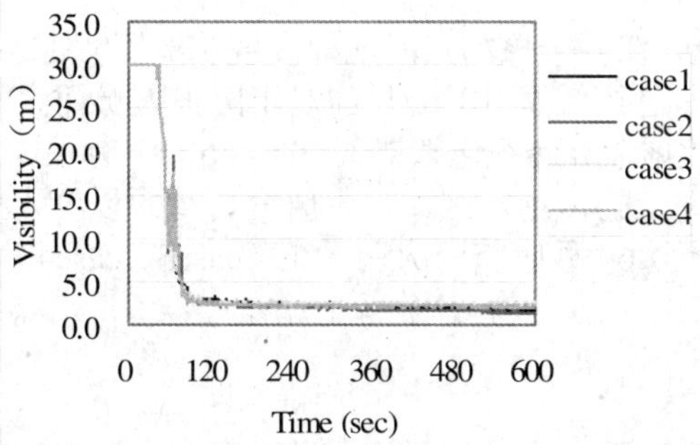

图 3　5MW 火源

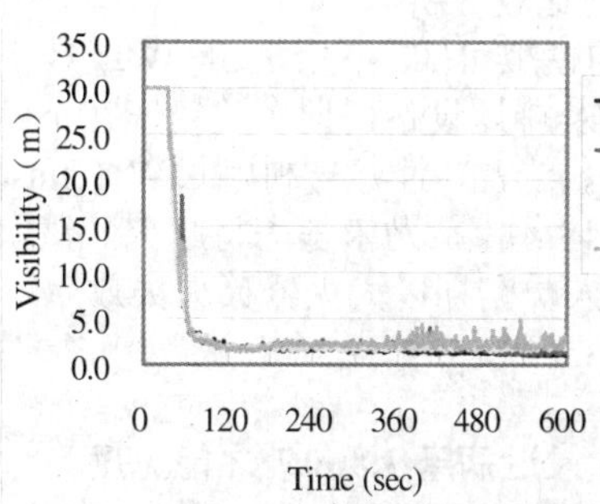

图 4　9MW 火源

2.2.1.2 护理站 1.8m 处之能见度

从图 5、图 6 中可以得知，以 5MW 火源而言，能见度大于 10m 的时间为 case1 约 97 秒、case2 约 104 秒、case3 约 122 秒、case4 约 147 秒。而 9MW 火源之能见度大于 10m 的时间为 case1 约 82 秒、case2 约 89 秒、case3 约 83 秒、case4 约 94 秒。

由于护理站距离起火点较远，浓烟扩散亦需要时间，加上排烟系统的启动，此时能见度大于 10m 的时间均较起火点附近之病床提升许多。

护理站 1.8m 处之能见度

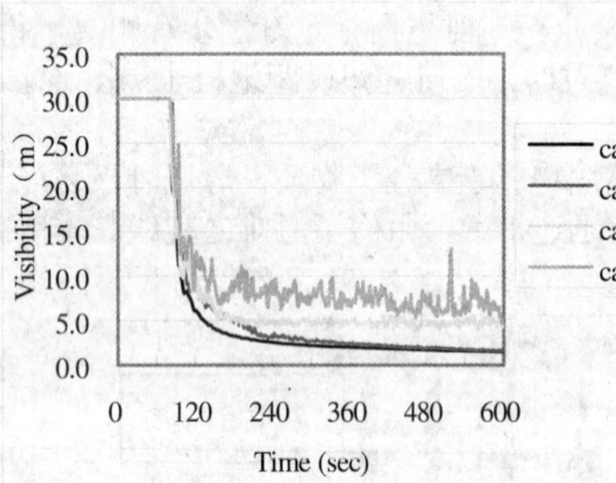

图 5　5MW 火源

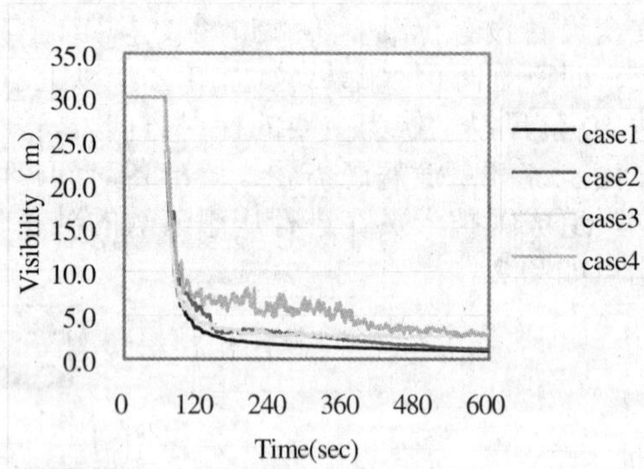

图 6　9MW 火源

2.2.1.3 离出入口最远处病房 1.8m 处之能见度

离疏散出入口最远之病房，亦是本研究探讨避难时间中避难路线的起点，从图 7、图 8 中可以得知，以 5MW 火源而言，能见度大于 10m 的时间为 case1 约 115 秒、case2 约 123 秒、case3 约 112 秒、case4 约 120 秒。以 9MW 火源而言，能见度大于 10m 的时间为 case1 约 95 秒、case2 约 104 秒、case3 约 95 秒、case4 约 103 秒。

离出入口最远处病房 1.8m 处之能见度

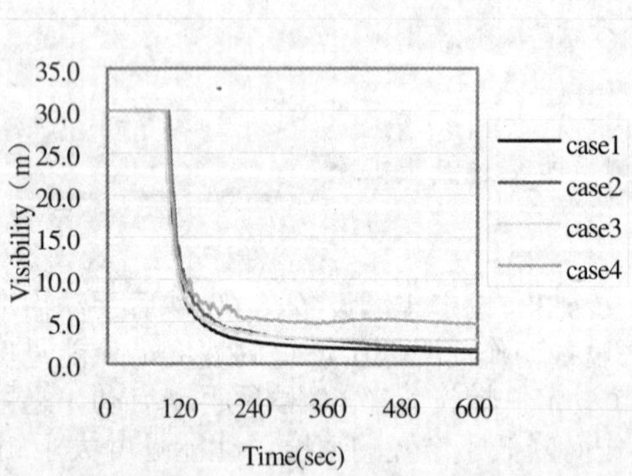

图 7　5MW 火源

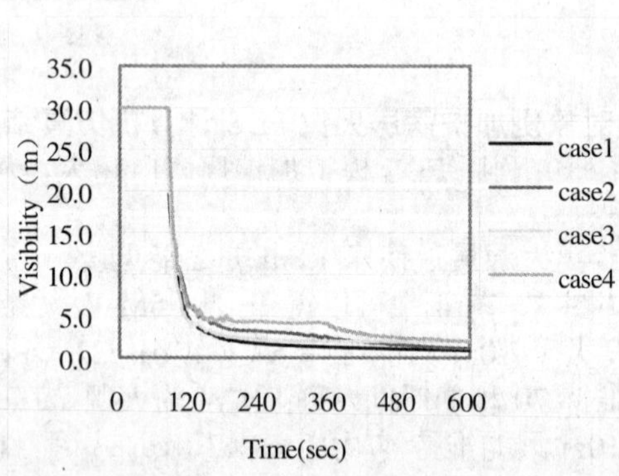

图 8　9MW 火源

2.2.2 避难时间比较分析

从 FDS 的模拟可知，不论是 5MW 或是 9MW 的火源，在各个探测点距地板高度 1.8 公尺处之能见度，即使设有撒水及排烟设备，但多数境况在不到两分钟内即已经低于 10 公尺。对于医护人员而言，欲进行避难之困难度相当高，且亦与利用 C.W. Johnson 教授之数据计算所得之避难时间（446 秒）有很大的差距。

然而，上述之模拟乃未考虑将起火贮藏室之防火门关上的情形。因此，本研究再重新以 9MW 火源模拟，假设医护人员初期以灭火器灭火失败后，在火势发展至 60 秒时将防火门关上（case3、case4）之情形，所得结果如下：

2.2.2.1 离火源最近病床 1.8m 处之能见度

从图 9 可知，case3 在 48 秒、case4 在 60 秒时能见度低于 10m，但医护人员因为灭火失败后将防火门关闭，阻止浓烟向加护病房内扩散，再加上排烟设备的启动，将加护病房内的浓烟排出，使得 case3 在 119 秒、case4 在 143 秒时之能见度开始大于 10m。

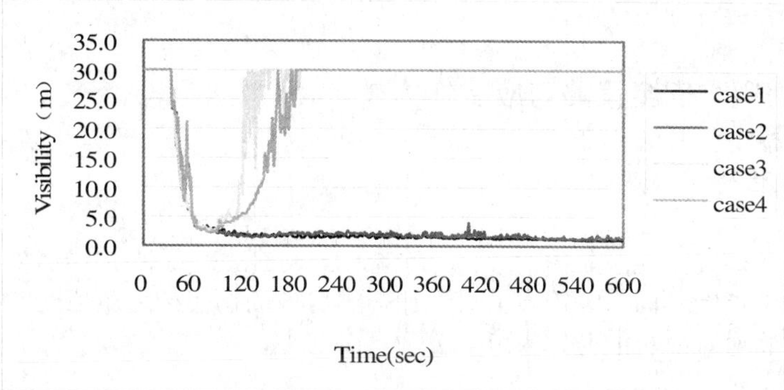

图 9　9MW 火源十离火源最近病床 1.8m 处之能见度

2.2.2.2 护理站 1.8m 处之能见度

从图 10 可知，case3 在 82 秒时能见度低于 10m，但在 115 秒时，能见度开始提升到大于 10m；而 case4 仅有数秒的时间能见度低于 10m，不致于影响避难行动的进行。

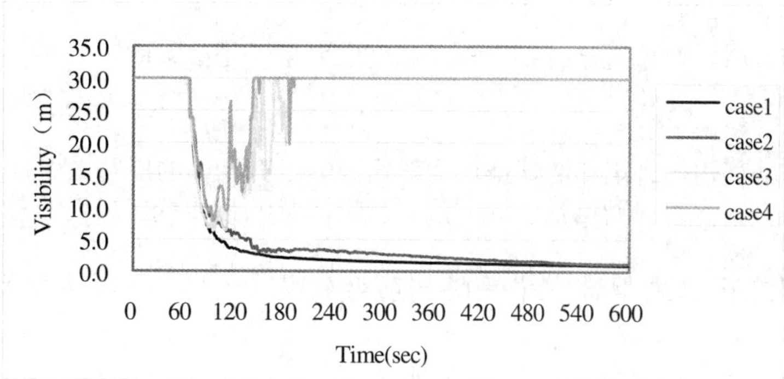

图 10　9MW 火源于护理站 1.8m 处之能见度

2.2.2.3 离出入口最远处病房 1.8m 处之能见度

从图 11 可知，case3 在 95 秒、case4 在 107 秒时能见度低于 10m；case3、case4 皆在 128 秒时，能见度开始提升到大于 10m，受浓烟影响能见度低于 10m 之时间皆在 40 秒以内。

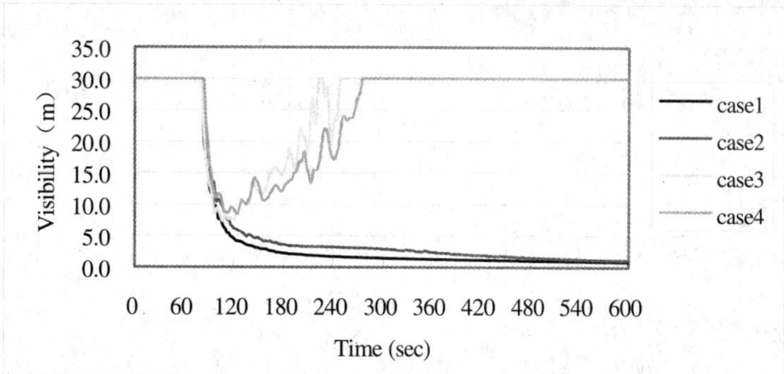

图 11　9MW 火源于离出入口最远处病房 1.8m 处之能见度

2.3 小结

由上述之模拟结果可知，当初期灭火失败时，将起火室之门关上是很重要的动作，但仍须再加上有完整之防火区划，才可阻止浓烟继续向加护病房内扩散，并随着自动撒水设备与排烟设备之动作，逐渐将能见度提高到 10m 以上，有助于医护人员疏散病患；亦有利于达到采用 C.W. Johnson 教授的数据计算所得之避难时间（446 秒），来完成病患之疏散。

再者，此结果亦与美国维吉尼亚州彼得堡(Peterburg)医院火灾[8]未及时关上起火病房门，导致火灾迅速蔓延之结果相呼应。因此，建立医护人员在火灾初期灭火失效之后，须把病房门关上及利用防火区划局限火势的观念，强化在各种教育训练当中。

3. 对象例加护病房之避难安全策略与应变作为

3.1 加护病房之避难类型

我们可以知道火灾可能发生在医院内的任何一个空间，可能发生于加护病房外，亦有可能发生在加护病房内。针对火灾发生地点的不同，医护人员对于加护病房内的病患的避难应变，亦有所不同。以下可针对火灾发展型态不同，将避难时机的考虑大致上分为三个类型：

3.1.1 第一类型

当火灾发生在较高楼层、其它楼层（非加护病房的直下层）；或邻栋（旧大楼）同一楼层，而火焰、浓烟对加护病房人员生命没有立即的威胁时，预先准备避难疏散是必要的。此时有较多的时间来移动病患，故避难之平顺性、病患之舒适性及注重病患的状况比避难速度来得重要。

3.1.2 第二类型

当火灾发生在加护病房的直下层、邻接的防火区划，且火焰、浓烟有随着时间扩散的可能，但至少还有一些时间进行避难疏散时，对于避难准备、移动速度的要求还是必须的。

3.1.3 第三类型

当火灾发生在加护病房内，火焰和浓烟被认为对病患安全有立即的威胁，而且火势可能发展成无法扑灭或控制时，避难逃生必须尽可能利用最快的方法、从最容易的路线抵达最近的安全区划。

3.2 对象例加护病房外起火之避难安全策略与应变作为

以第一类型、第二类型而言，火灾均发在加护病房以外的空间，因此火焰、浓烟对加护病房内人员的生命没有立即的威胁，二者的差别在于起火点距离加护病房的远近，能够提供医护人员进行避难准备时间长短的差异而已。此时之避难安全策略及应变作为如下：

3.2.1 避难安全策略

由于重症病患之避难诚属不易，且此时火灾对于重症病患而言，并无立即性的威胁，所以此时之避难安全策略以就地避难为原则。其相关之避难策略如下：

3.2.1.1 防火区划功能之确保

确认所有防火铁卷门、防火门、窗都已关闭，来形成完整的防火区划，并防止火势因防火门、窗未关闭而成为延烧的管道。

3.2.1.2 倚赖呼吸器之病患

准备携带式氧气瓶，务必确认病患全程均佩带呼吸器；除非情况发展至必须疏散此类病患，否则应尽可能让病患待在原处。

3.2.1.3 降低加护病房进出之次数

将加护病房出入口之自动门改为手动关闭，并减少进出之次数，避免火焰、浓烟之侵入。

3.2.1.4 避难路线之确认

立即确认单位内之应变计划，由于起火地点的不同，有可能影响整个应变计划原先规划之避难动线，因此需重新确认。如果原先规划之避难动线已受火灾侵袭，则须利用原本规划之第二路线或重新拟定新的路线。

3.2.2 紧急应变作为

在确认火灾发生后，应由护理长（或其代理人）担任现场初期应变指挥官，而其主要的任务如下：

3.2.2.1 掌握火势发展

利用电话或使用无线电对讲机，随时向防灾中心询问火势发展情况，并预作判断及准备，随时接受防灾中心下达进行避难之讯息。

3.2.2.2 维生系统的确认

重新确认所有维生管线是否正常，并确认目前病患之使用状态；此为重症病患维持生命之必要设备，因此需随时检查确认。

3.2.2.3 疏散器材整备

指挥加护病房内护理及工作人员从贮藏室取出备用推床、担架预作疏散准备；整备加护病房内移动式维生器材，如：携带式氧气瓶、生理监视器、携带活动式抽痰机等。

3.2.2.4 疏散人员分类

由护理人员负责将病患、家属行动能力分类并准备疏散事宜。通常加护病房内并无家属，除非是探访时间，因此如有家属，则可请家属协助相关准备事宜。

3.2.2.5 安抚病患

起火楼层因警报和广播系统动作势必会引起病患之不安，所以在的楼层，护理人员应加强病患的安抚，以免造成病患的恐慌。

3.2.2.6 接收外来病患

起火地点是在加护病房以外的其它楼层或建筑物，故加护病房的位置初期是相对安全的；因此，有可能需要接收从其它受灾的加护病房送来之重症病患，所以有必要整理出空床位来接收病患。

3.3 对象例加护病房内起火之避难安全策略与应变作为

当火灾发生于加护病房内时，其火焰和浓烟对病患安全有立即的危害，但若火势初期属可以控制期，则此时之避难安全策略为立即疏散起火点附近受到火焰、浓烟影响之病患；一旦火势无法控制时，则第一时间进行水平疏散，将病人从具火灾危害的区域，作水平移动至无火焰及浓烟危害之区域，病人将于此处集结直至火场无法控制或火势扩大时，再进行邻近安全区域之疏散或垂直楼层之疏散。

3.3.1 避难安全策略

3.3.1.1 立即确认避难之路线，进行水平避难疏散

立即确认单位内之应变计划，由于起火地点的不同，有可能影响整个应变计划原先规划之避难动线，因此需重新确认。如果原先规划之避难动线已受火灾侵袭，则须利用原本规划之第二路线或重新拟定新的避难路线。并立即派员确认整个避难路线之安全性。

3.3.1.2 倚赖呼吸器之病患

准备携带式氧气瓶，务必确认病患全程均佩带呼吸器。

3.3.1.3 立即启动排烟设备

发现火灾后，应立即启动排烟设备，将浓烟排出，以确保加护病房空间内之能见度，让抢救、避难工作能顺利进行。

3.3.1.4 垂直避难疏散之考虑

当病患进行水平疏散后，有下列两种情形需要进行垂直避难：

(1) 火势持续扩大：当火势持续扩大，水平避难区域周围之防火区划皆已受火势波及时，则需进行垂直避难。

(2) 无适当收容场所：当病患水平疏散后，若无适当的空间能提供正接受治疗之病患时，亦需进行垂直避难，寻找适当之空间收容重症病患。

3.3.2 紧急应变作为

当火灾在加护病房内发生时，应由护理长（或其代理人）担任现场初期应变指挥官，而其主要的任务如下：

3.3.2.1 通报防灾中心

向防灾中心报告火警时，应沉着冷静、咬字清晰、详细说明加护病房的状况、有无人命待救等，俾利进行通报时之说明及消防队派遣适切的消防车辆前来救灾；并立即请求防灾中心调派人力、器材前来支持。

3.3.2.2 启动自卫消防编组

单位内自卫消防编组成员于接获火灾讯息时，应立即赶往现场抢救，并依照编组分配之任务执行应变程序。

3.3.2.3 紧急应变计划之执行

由于起火地点已在加护病房内，对于起火点附近，甚至整个加护病房内的重症病患都有立即性的威胁，因此应立刻执行单位内的紧急应变计划，立刻疏散病患。

3.3.2.4 疏散器材整备

指挥病房内除了灭火及通报人员外之所有人员立即从贮藏室或邻近的护理站、病房取出备用推床、担架，并整备加护病房内移动式维生器材。需确认每位病患所需之装备、器材皆足够，如有不足，应立即向防灾中心联络，请求调派装备、器材支持。

3.3.2.5 安抚并告知病患

因为警报和广播系统动作，势必引起病患之不安，护理人员应加强病患的安抚，以免造成病患的恐慌。若必须进行避难工作，亦应让病患了解必须避难的状况，以免让病患更加紧张，亦可增加病患之配合度。

3.3.2.6 请求胸腔内科(呼吸治疗)人员支持

胸腔内科(呼吸治疗)主治医疗人员应被通知到火灾事故区域来协助下列事项：

(1) 决定是否针对受事故影响之区域关上氧气阀与其它医疗用途之气体。

(2) 提供携带式氧气设备。

(3) 医疗设备人员配合胸腔内科(呼吸治疗)的主治医疗人员与护理人员，方能执行关上氧气阀与其它医疗用途气体之作业。

3.3.2.7 联络可转送之单位

由于收容重症病患之空间，必须提供适当的医疗设备；故必须事先选定，在进行避难之前，仍应先行确认是否有能力收容，能收容之病患数为何，才进行疏散。因为重症病患之生命征象就已经很微弱，无法承受不断的避难移动，因此事先的规划及避难前的确认是相当重要的。

4. 结论

对于医院而言，疏散加护病房的病患是一项重大的工程，为避免此情况发生，仍以预防加护病房起火为第一考虑，但我们仍不能忽视加护病房起火时之作为，因此对于避难策略及应变作为之实施必须要有所考虑。从本文所得之结论如下：

4.1 及早的应变准备

医院内任何空间皆有起火的可能，但在面临火灾时，不论起火位置为何，加护病房由于收容重症病患之故，其避难安全策略及应变作为应较其它空间提早进行整备。

4.2 设置自动撒水设备

撒水系统的动作，让有限的医护人力能够全力投入疏散病患，并增加容许避难的时间，故医院全区自动撒水设备的设置，对于维护加护病房安全是一良好之设计。

4.3 内部装修不燃化

依据 FDS 模拟之结果，就影响能见度之效能而言，排烟设备之效果明显优于自动撒水设备，其原因为自动撒水设备虽可将火势控制，但火灾燃烧产生之浓烟仍在加护病房空间内，让能见度无法有效提升。所以必须降低加护病房内装修物质之发烟量。

4.4 把火势控制在起火居室内

加护病房内之医护人员对于火灾之认知、判断及灭火训练上，应优于其它空间之医护人员，并设法将火势控制在起火居室之内。

4.5 关上起火居之门形成完整区划

医护人员若初期灭火失败后，应将起火居室的门关上，并仰赖防火区划之完整性来局限火势，此动作对于整个加护病房甚至其它空间在避难行为上是相当重要的，其重要性如下：

(1) 避免浓烟迅速扩散，影响避难逃生。
(2) 局限火势，避免火势快速延烧，争取支持人力前来的时间。
(3) 降低排烟系统负担，让起火居室外之排烟系统能顺利将浓烟排出。

5. 建议

根据本研究之结果提出以下建议：

5.1 每一加护病房收容重症病患人数不宜过多

由于加护病房收容之病患皆为避难弱者，因此病患数不宜过多，病床数以不超过 15 床为原则[9]，可增加管理之便利性，并降低灾害时医护人员应变的负担。

但由于护理站内随时都有医护人员，对于火灾之侦测能力较其它单位强。因此，对于加护病房内收容病患之人数，亦可使用病患数与护理人员数之比，来作为收容病患数之依据，但建议病患数与护理人员数仍应不超过 2：1，即每位护理人员照顾之病患以不超过 2 名病患为原则，以免增加医护人员在避难应变上之负担。

5.2 每个加护病房应为一个独立的防火区划

每个加护病房应各自独立为一个防火区划，具有独立之排烟、空调及电力系统等设备，以免发生火灾时，因同一个防火区划内之相邻加护病房为邻灾区，需同时进行避难，造成避难路线可能重迭，而增加避难之困难度。

5.3 强化加护病房之避难演练

虽然加护病房内要协调病患配合演练的可行性很低；但医院仍可要求院内员工佯装成重症病患之状态来进行演练，使加护病房之医护人员更能熟悉应变作业之流程，并强化其观念及熟练度。训练内容应包含白天及夜间逃生，如何迅速移送病患及使用各种灭火设备，并纪录所有员工受训情形。

5.4 加护病房应设于 4 楼以下

加护病房所在之楼层应以不超过 4 楼为原则，最好为 3 楼以下，有利于消防人员及其它人员之协助抢救，亦可降低垂直疏散之困难度。

6. 参考文献

[1] 杨逸咏,林庆元.医疗院所避难逃生设计规范之研究.台北:建筑研究所专题研究计划成果告.1998:12.
[2] D. Canter. Fires And Human Behavior. John Wiley & Sons, Ltd.. 1980:213.
[3] C. Johnson. The glasgow-hospital evacuation simulator: Using computer simulations to support a risk-based approach to hospital evacuation. Technical report, University of Glasgow. 2005:18.
[4] 同注 3
[5] Naeem Iqbal, Mark Henry Salley. Fire Dynamics Tools (FDTs) Quantitative Fire Hazard Analysis Methods for the U.S. Nuclear Regulatory Commission Fire Protection Inspection Program (NUREG-1805, Final Report). 2004:7-4.
[6] NFPA 72. Fire Alarm Code Handbook. 2002 : 523.
[7] 何明锦,简贤文.性能式防火避难安全设计法之研究(二)—烟控与避难验证及审查技术规范,台北:建筑研究所,2002:67.
[8] J. Gordon Routley, and Reade Bush. Hospital Fire Kills Four Patients Southside Regional Medical Center Petersburg.Virginia. Federal Emergency Management Agency, United State Fire Administration.1994,12,31. from www.usfa.fema.gov/fire-service/prevent/prevent-pubs4.shtm.
[9] 侯秉宜.医院单元房室基本硬件指引之研究.台中:逢甲大学建筑与都市计划研究所硕士论文,1994, 5:35.

A study for the safety evacuation strategies and emergency response operations of the ICUs in hospitals–A medical center as an example

Abstract

Currently, hospitals, clinics and the like occupancies have medical functions besides normal functions as other occupancies. However, major Taiwan medical centers and teaching hospitals not only have fundamental medical functions, but also include facilities to offer food, shopping and other services, which increase the possibility of fire casualties. Furthermore, patients are the majority of the residents in the hospitals resulting in big issues in emergent evacuations, especially for the serious patients, who lack mobility, in ICUs.

It is not easy to carry out fire drills in ICUs. The limitations are from the wills of the patients themselves and their relatives, in addition the issue of ethics, and morals. Moreover, the action itself to evacuate the patients from ICUs could endanger the patients' lives. As a result, this study uses the FDS simulator to predict fire growth timing in ICUs. The predicted time is compared with parameter data of reference literatures.

Finally, the research brings at the question how to improve the evacuation safety strategies and emergency response operations of the ICUs should include. Also the discussion of emergent responses in ICUs are concluded to help hospitals and the like occupancies to fully utilize limited human resources, and establish evacuation strategies to relocate patients safely within safe evacuation periods in emergent cases to meet the final goals of the hospitals.

Key word：hospital evacuation, intensive care unit, evacuation strategies, emergency response operations

作者简介：

萧世弘，男，高雄消防局分队长，研究方向：以某医学中心的加护病房作为研究对象，从相关文献的参考数据及利用 FDS 计算机仿真软件来探讨加护病房火势的变化；并从研究的结果当中提出加护病房之避难安全策略以及探讨紧急应变作为。联系方式：0919174551，E-mail：fc661155@gmail.com。

前室火灾时透过楼梯间门窗对楼梯间造成的热辐射研究

杨丹, 卢兆明, 袁国杰, 郑楚坤，卢伟真

香港城市大学建筑系

摘要

用前室将楼梯间与普通房间隔开是一种常用的楼梯间被动防护措施。这种防护系统里的前室与楼梯间使用防火自闭门隔开。通常在这种门上开有小型观察窗。当发生前室火灾时，这些观察窗可能会在门板失去稳定性前破裂。破裂后成为通风口。热烟气和由羽流产生的热辐射会通过这些窗口蔓延到楼梯间，严重影响到火灾时的人员疏散。在这篇文章中，将会使用 CFD 方法来模拟楼梯间门窗附近的热辐射通量。

关键词：热辐射通量、前室火、楼梯间门窗、CFD。

1. 概述

楼梯是楼层建筑垂直交通工具，是安全疏散的重要通道。当发生火灾时，楼梯间内一旦窜入烟气，就会严重影响建筑内人员的撤离，威胁人身安全。前室，作为一种简单有效的防护性措施，被广泛应用在现代建筑设计中。火灾时，作为建筑物内使用空间与楼梯间的过渡区域，前室不仅可以缓冲烟气的蔓延，当逃生困难时，也可以充当临时避难所。故前室的防烟隔热性能要满足一定要求，且为保证疏散通道畅通，前室能不能堆积杂物，尤其是可燃物。但在实际情况中，疏散楼梯间及前室被占为储藏室的现象屡禁不止。一旦堆积物着火，燃烧产生的烟气及辐射势必对楼层及楼梯间内的人员疏散造成影响。

建筑内通向前室的门以及由前室通向楼梯间的门一般采用自闭乙级防火门，耐火时间为 45 分钟。即使前室内发生火灾，防火门有足够能力阻挡火势及烟气蔓延扩散至楼梯间。但由前室通向楼梯间的门上通常会镶有一个小型玻璃窗，用以观察前室或楼梯间内的情况，兼起采光和美观的作用。据《木质防火门通用技术条件》只有镶嵌的玻璃面积大于 0.1 m^2 ，才会对玻璃有背火面温度和热辐射强度的测试要求。实际使用的单扇防火门，镶嵌玻璃面积小于 0.1 m^2。由于达不到耐热要求，在火灾过程中该小玻璃窗会由于高温高压而破碎，形成孔洞。由于前室及楼梯间的狭小面积，使得楼梯间内逃生人员直接暴露在火焰及溢出烟气的辐射下。本文将针对此辐射强度对人员疏散可能造成的影响进行研究分析。

2. 辐射危害性初步估计

热辐射和热对流是火灾中热量传播的主要方式。2.5kW/ m^2 的辐射强度，几秒钟就会引起皮肤强烈疼痛。英国建筑火灾安全工程中给定在 10 kW/ m^2 的辐射强度中，人体的耐受极限只有 4s。要保证人员安全，火灾时热辐射强度的计算十分必要。火焰对周围物体的热辐射强度，可以用两种模型估算——点源模型和固体火焰模型[1]。点源模型假设火焰的全部能量均由火焰中心点呈球面发出。固体火焰模型将火焰看成直立的发热圆柱体，并考虑到了辐射目标位置因素造成的视角变化。点源模型虽然简单但应用广泛；固体火焰模型主要应用于大型油池火的辐射计算中。对固体燃料火灾点源模型较固体火焰模型准确[2]。本文采用点源模型进行初步估算。

2.1 点源模型

点源模型是对辐射源形状最简单的结构简化。热辐射源位于火焰中心，全部能量由此发出。辐射强度与目标物体距离的平方成反比。

$$\dot{q}'' = \frac{\chi_r \dot{Q}}{4\pi R^2} \tag{2-1}$$

其中 $\dot{q}''$ 为入射辐射热流值(kW/ m^2)； χ_r 为辐射能量分数； $\dot{Q}$ 为火源的热释放速率(kW)；R 为目标至火源中心的半径(m)。

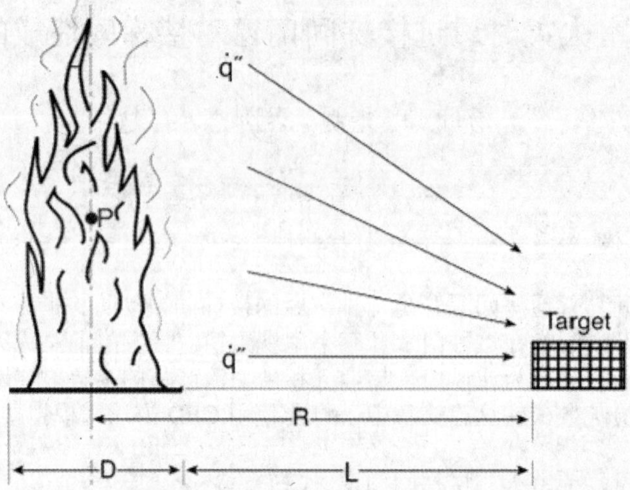

图 2.1　点源模型

辐射能量分数 χ_r 与燃料种类，火焰大小和形状有关。对低碳黑燃料，例如酒精，χ_r 约为 0.15；对高碳黑燃料，例如烃类染料，χ_r 约为 0.60。根据《重大危险源分级标准》，对固体燃烧物取 χ_r 为 0.25。

2.2 前室火灾辐射估算

某建筑内面积为 5 m^2 的楼梯间前室，长为 2.5 米。靠近入口处内堆放了废纸，衣物等易燃物品。参考建火灾场景设计中火源热释放速率的计算[3,4]，取堆积物燃烧的热释放速率为 1MW。前室及楼梯间平面图如图 2.2 所示。门宽 0.9 米，高为 2.1 米。门上镶有长 55mm，宽 15mm 的玻璃观察窗。

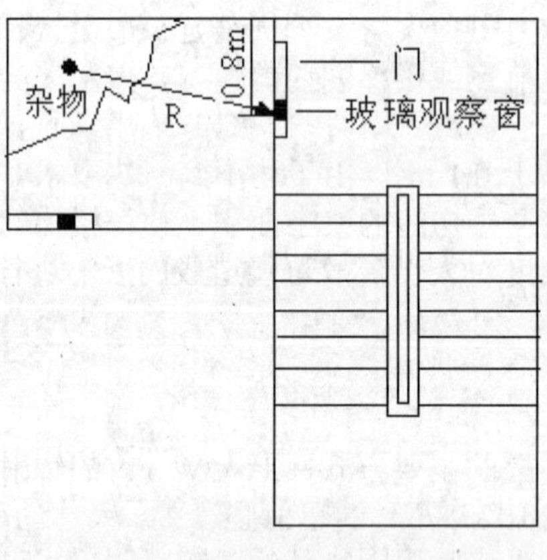

图 2.2　楼梯间及前室平面图

在观察窗处，R 约为 1.8m。据式 2-1 算得火焰热辐射强度约为 6 kW/ m^2。也就是说在观察窗附近，火焰辐射强度足以对楼梯间内的逃生人员造成辐射伤害。根据实验结果，当热辐射强度低于 1.7 kW/ m^2 时，无论多长时间也不能对人造成危害[5]。据式 2-1 算得此安全距离为半径 3.4m 处。半径 1.8m 至 3.4m 间的区域为有危险的火焰辐射区域，如图 2.3 所示。

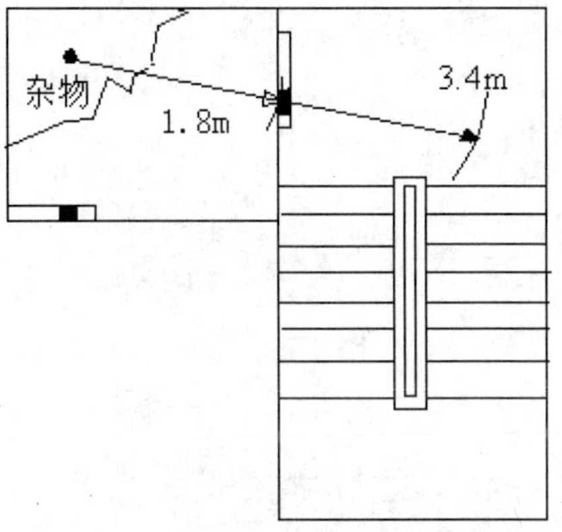

图 2.3 楼梯间内的辐射区域

由点源模型法的计算结果可以看出前室火灾产生的辐射会威胁到火灾时的人员疏散。尤其当逃生人员大量涌入楼梯间内，使得速度减慢，暴露在高强度辐射中的时间也会增长，危险也越大。但点源模型过于简单，仅能粗略估算出燃烧时火焰的热辐射强度值。实际情况中，前室内火焰并不是一个点，玻璃窗附近的辐射强度和有害辐射区域应该大于上述计算值。而且燃烧产生的热烟气会顺着玻璃窗口溢出，在楼梯间内蔓延聚集。考虑到高温烟气也会产生辐射，辐射区域和强度将会更大。尤其在窗口附近，烟气较浓且温度较高，辐射区域应该更宽。为求出更为精确的辐射强度空间分布，下面将使用 FDS 对此场景进行数值模拟。

3. FDS 模拟

3.1 模型建立

按照 2.2 中前室及楼梯间尺寸建立三维模型如图 3.1 所示。

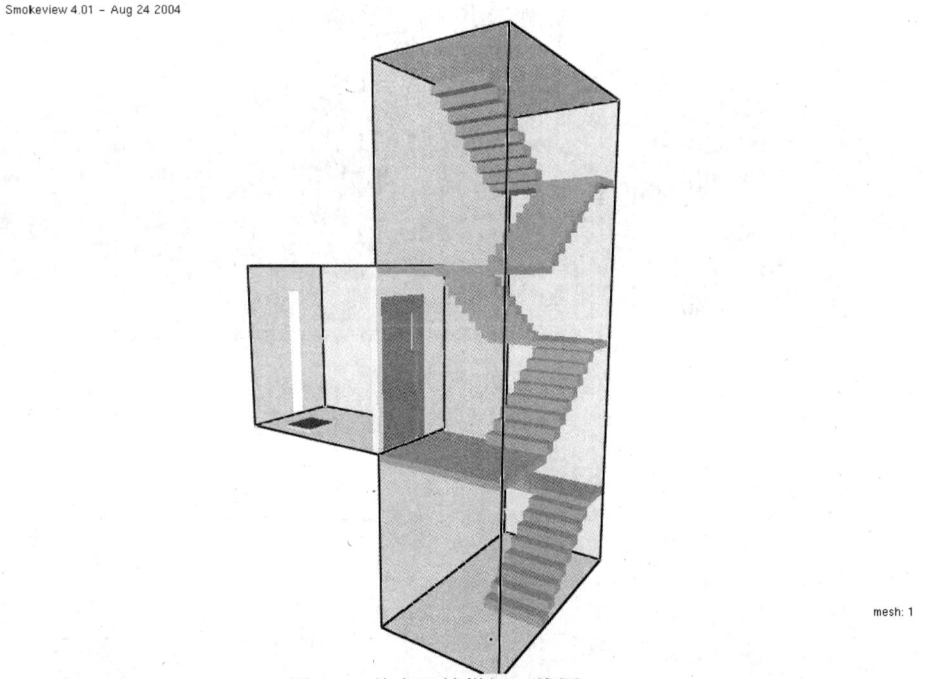

图 3.1　前室及楼梯间三维图

考虑到由建筑内通向前室的门上玻璃破碎，及通过缝隙的气流，前室入口出留有与玻璃窗相同宽度的狭长形开口。火源热释放速率设为 1MW 和 2MW，呈 t^2 快速火增长。

3.2 模拟结果与分析

1WM 火 1.6m 高度处热辐射模拟结果：

50s

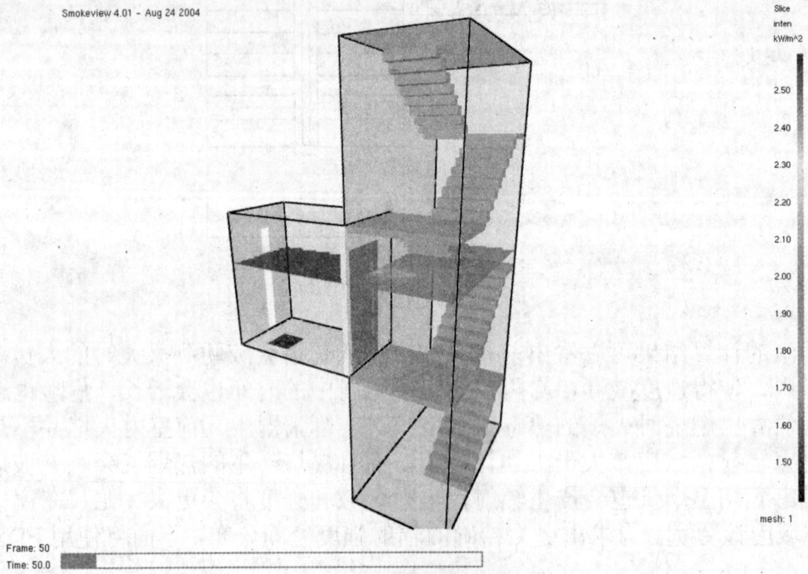

100s

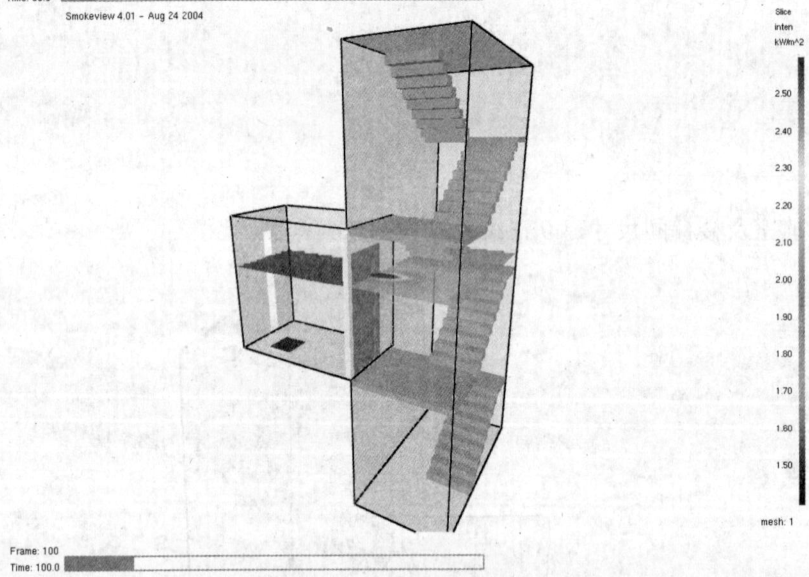

150s

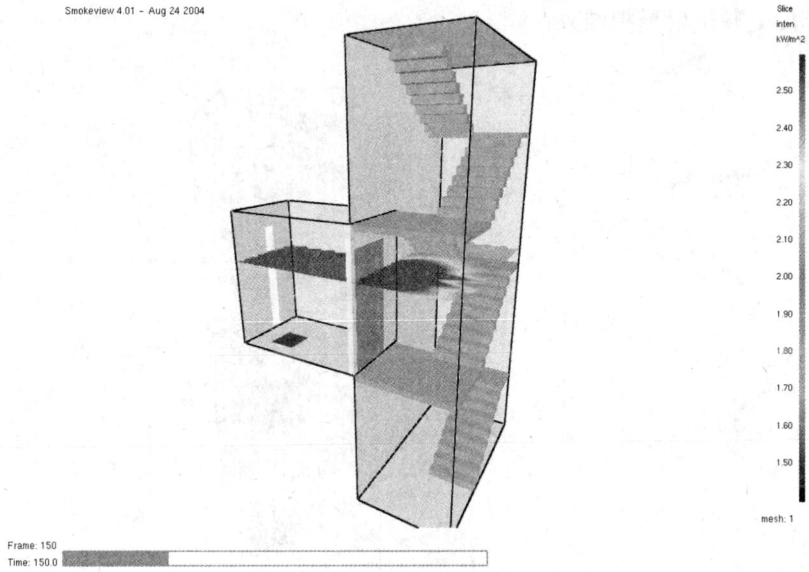

400s

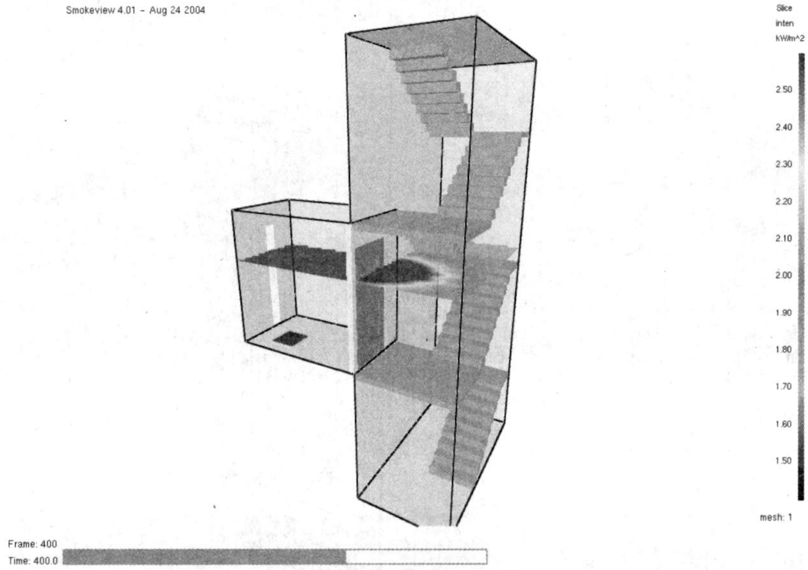

600s

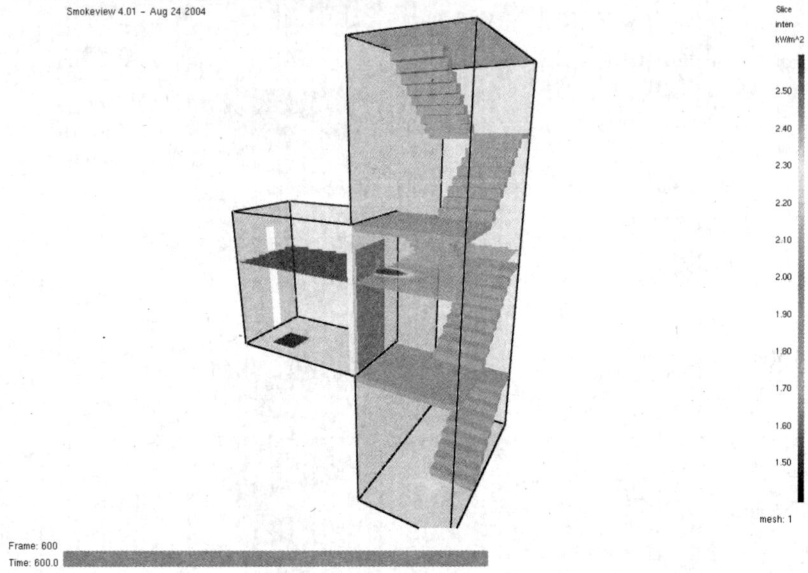

2WM 火 1.6m 高度处热辐射模拟结果：

50s

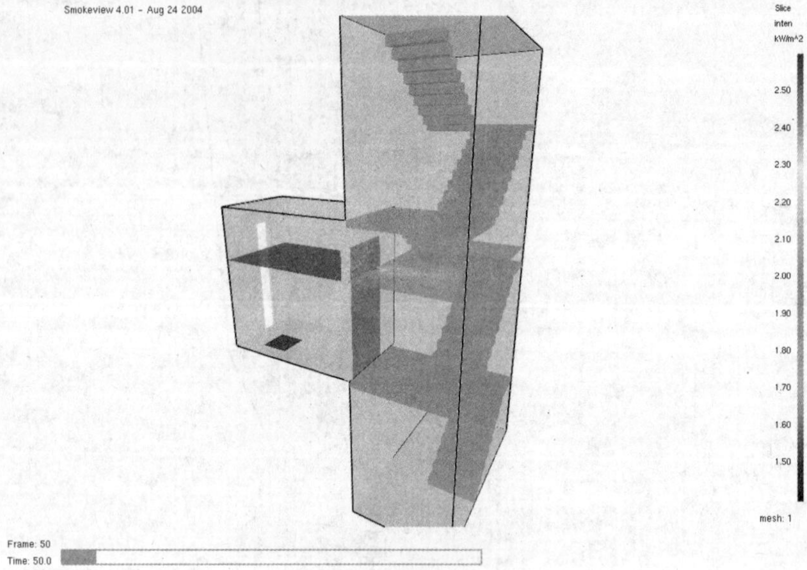

100s

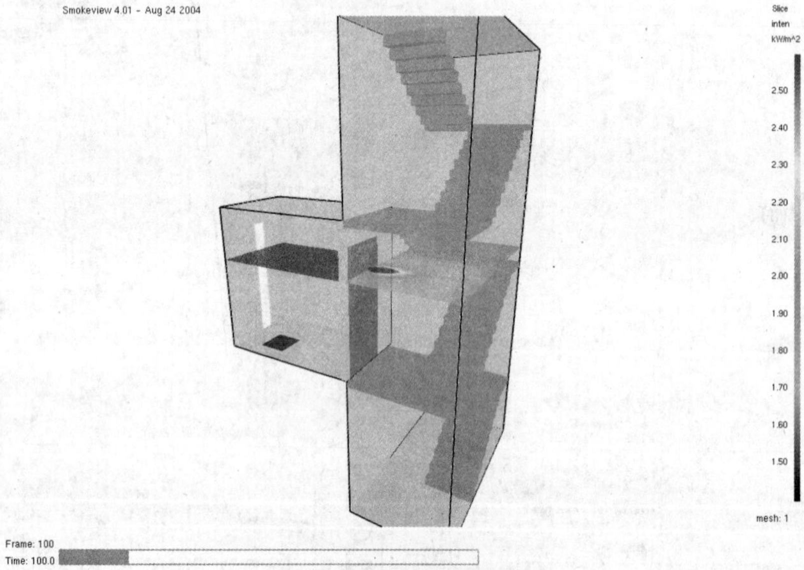

150s

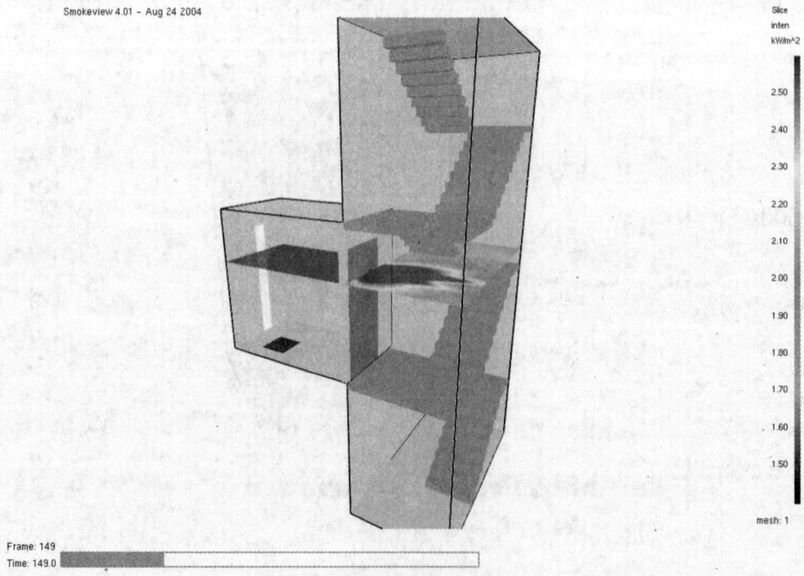

400s

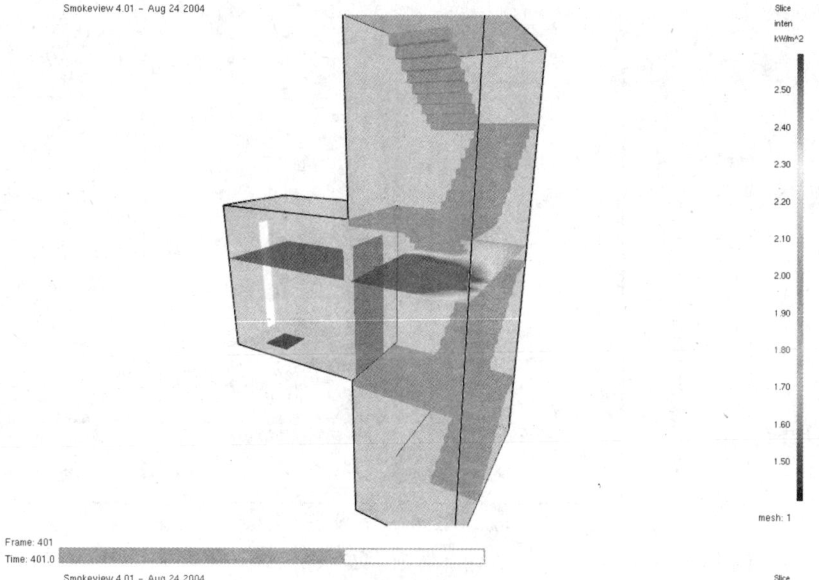

600s

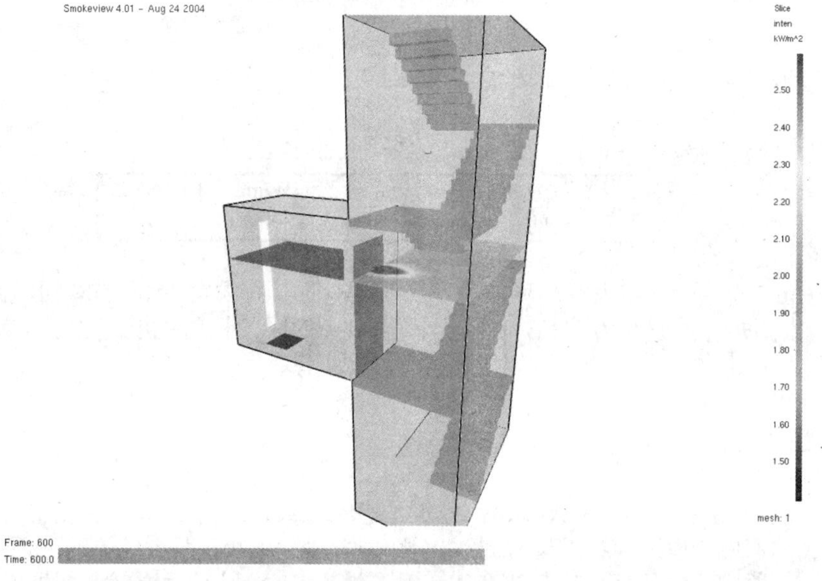

由以上模拟结果可以看出，50s 时前室内辐射强度已超过 2.5 kW/ m^2 。但此时火源热释放速率还未到达峰值，楼梯间内空间未受辐射影响。100s 时窗口附近区域辐射强度已经超过 2.5 kW/ m^2 ，辐射区域开始扩大。150s 左右 1MW 火热释放速率达到峰值，楼梯间内此时辐射危险区域也达到最大，三分之一的区域辐射强度超过了耐受标准。2MW 火的热释放速率在 200 多秒达到峰值，到 400s 时几乎整个楼梯平台仍然暴露在强辐射下。此后，随着火势的衰退，辐射强度也渐渐减小。

图 3.2 给出了楼梯平台靠近前室门一侧 1.6m 高度处的辐射强度平均值。可以看出 1MW 火时，该区域的辐射强度峰值出现在 150s 左右，约为 6 kW/ m^2。2MW 火时，辐射强度峰值出现在 300s 附近，且持续时间较长，约为 11kW/ m^2 左右。

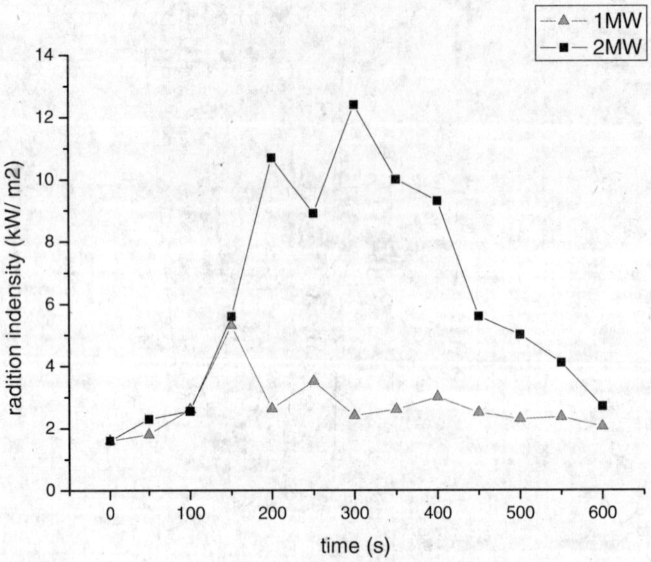

图 3.2　前室门附近区域 1.6m 高度处辐射强度

根据人体对辐射耐受能力的研究[6]，如表 3.1 所示，人体在辐射强度为 2.5 kW/ m^2 的环境中，耐受时间为 30s。

表3.1　人体对辐射热的耐受极限

热辐射强度	<2.5kW/m2	2.5kW/m2	10kW/m2
耐受时间	>5 min	30 s	4 s

以 2.5 kW/ m^2 为标准，当火源热释放速率为 1MW 时，有大约 150s 的时间段内楼梯间的辐射强度高于 2.5 kW/ m^2。火源热释放速率为 2MW 时，甚至有 200s 的时间辐射强度超过了 10kW/ m^2。显然在这些时间段内通过该楼梯平台的人群必会受到辐射伤害。

4. 结论与展望

本文使用了点源模型法与 FDS 数值模拟分析了前室火灾对楼梯间造成的热辐射分布，以及该辐射对人员疏散可能造成的影响。通过模拟发现辐射强度峰值发生在火源最大热释放速率前后，持续时间与火源热释放速率有关。当前室火灾热释放速率为 1MW 时，燃烧几分钟后，楼梯间内的辐射强度就足以使人体受到伤害。2MW 时，辐射强度更高，危险性更大。但考虑到楼梯平台距离很短，人员通过的时间也很短。辐射伤害有多大，需要结合楼梯间内的人员疏散进行分析。

5. 参考资料

[1] Iqbal N, Salley M H .Fire Dynamics Tools (FDTs) Quantitative Fire Hazard Analysis Methods for the U.S. Nuclear Regulatory Commission Fire Protection Inspection Program , 20555 – 0001 [R]. Washington, D C: U S Nuclear Regulatory Commission Office of Nuclear Reactor Regulation, 1999. 191-213.

[2] Charls M.Fleischmann.Radiant Ignition of Adjacent Upholstered Furniture- A Simple Approach, NIST SP 998, 2003.

[3] 陈俊敏,郑雪松,付永胜. 性能化防火设计中火灾场景设计的内容和方法. 西南交通大学学报, 2006.

[4] 王志刚,倪照鹏, 王宗存, 姜明理. 设计火灾中火灾热释放速率曲线的确定.安全与环境学报, 2004

[5] Brzustow sk i T A. P redict ing radiant heat ing from flares. Esso Engineering Research and Development Repo rt, EE15ER. 71 (1971) .

[6] Toxicity assessment of combustion products. SFPE Handbook of Fire Protection Engineering, Quincy, Massachusetts:National Fire Protection Association,Third edition 2002, Chapter 2-6.

Lobby fire induced heat flux through door window of staircase

Abstract

A commonly used method for passive protection of stairwells is to separate them from the accommodations by a lobby. The lobbies in such systems are separated from the stairwell by fire resistant, self-closing doors. Usually there are small glass windows in such door panels. During lobby fire, these windows may break before the doors lose fire resistance, and act as vents after breaking. These vents allow hot smoke and thermal radiation of fire plume to spread into staircase, which will significantly affect the evacuation of people. In this paper, CFD method will be used to simulate the heat flux near the door window in the staircase.

Keywords: heat flux, lobby fire, door window of staircase, CFD

作者简介：

杨丹，女，香港城市大学建筑系硕士研究生，主要从事火灾安全与灾害方面的研究。通讯地址：香港九龙达之路 83 号香港城市大学建筑系。E-mail: danyang4@student.cityu.edu.hk。

性能化评估中 CFD 计算的网格尺寸选取原则的探讨*

杨善友，陆守香，黎昌海，孙志友

中国科学技术大学火灾科学国家重点实验室

摘要

性能化分析需要运用计算机模拟火灾发展过程以及有关参数变化规律，而计算机模拟结果的可靠性与计算网格大小有很大的关系。本文选取美国 NIST 开发的火灾动力学模拟软件 FDS 作为 CFD 求解器，在同一个案例中，设计了两种火源功率，对每种火源功率分别运用边长为 0.4m，0.2m 和 0.1m 三种不同尺寸的均匀网格进行模拟。定义无量纲量 R 为火源特征直径 D*与最大网格边长的比（$R = D^* / \max(dx, dy, dz)$），由此分析计算结果对网格尺度的敏感性。结果表明，精确求解火源附近的温度对 R 的取值有很高的要求，火场的能见度，CO 浓度和远离火源处的温度等对 R 的要求相对较低。

关键词：性能化设计、灵敏度分析、火灾过程计算机模拟。

1. 概述

在防火设计的性能化评估中，采用计算机模拟技术可以进行全尺度的模拟来得到性能化评估所需要的各种参数，在采用计算机模拟技术时，计算结果的精度和计算模拟所需要的时间是我们重点关注的两个参数。计算结果的精度是计算模拟可靠性的体现，而计算时间的则是效率和经济性的体现，如何根据在两者间取得一个平衡是性能化评估中一个重要的研究内容。

2. 网格分析

在相同尺寸的几何空间的 CFD 模拟中，计算时所采用的网格的粗细是影响计算时间的一个主要因素，粗网格计算时间短，但精度低；细网格计算时间长，精度高。正确的选取网格尺寸可以达到经济性和效益性的统一。

本文采用由美国 NIST 专门针对火灾开发的计算流体力学模拟软件 FDS[1]作为模拟工具，FDS 已经在世界范围内被广泛采纳使用的火灾动力学模拟软件，并已经被证明对火灾的模拟具有较高的准确性[2-6]。

2.1 求解精度的判断准则

在 FDS 计算的结果信息里，有一个火的求解指标 FRI（Fire Resolution Index）[1]，它代表的是混合分数计算模型中，计算时的混合分数与混合分数的理想值之间的比值，是用来衡量对火的动力学过程求解的好与坏，它的理想值等于 1，这时表示火的动力学过程在混合分数反应模型下得到了充分的求解。用 FRI 的值来衡量求解结果的好坏。

2.2 求解精度与火源功率的关系

有研究表明，FDS 的模拟精度除了与网格的粗细有关系外，还可能与火源的功率等有关系。为了寻求一个可以用来作为网格选取准则的无量纲数，取火源功率的火源的特征直径 D^*为[7]。

* 基金项目：国家“十一五”科技支撑计划（2006BAK06B02-2）

$$D^* = \left(\frac{Q}{\rho_\infty c_p T_\infty \sqrt{g}} \right)^{\frac{2}{5}}$$

其中：Q 为火源的总热释放速率（kW）；ρ_∞ 为环境温度下空气的密度（$kg \cdot m^{-3}$）；c_p 为空气的定压比热容（$kJ \cdot kg^{-1} K^{-1}$）；T_∞ 为环境温度（K）；g 为当地的重力加速度（$m \cdot s^{-2}$）。
在标准状态条件下，这个公式可以写为

$$D^* = 0.0606 Q^{\frac{2}{5}}$$

定义一个无量纲量 R，用来分析不同网格尺寸对计算结果的关系。

$$R = \frac{D^*}{\max(dx, dy, dz)}$$

其中 dx, dy, dz 分别为计算网格在三个坐标轴方向上的尺寸。

2.3 分析方法

选取一个几何尺寸为长 20m，宽 15m，高 5m 的房间作为本研究的模拟对象。房间一侧开了两个 1.8m ×2.2m 的门作为通风口；在顶部开了 4 个机械排烟口，总排烟量为 18000m3/h；火源位置位于地面的中心。整个计算模型如所示：

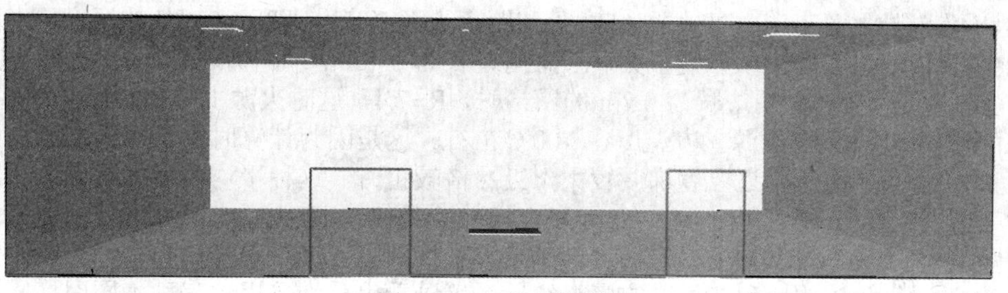

图 1　FDS 计算模型图

本文对分别对 3MW 和 1MW 两种火源功率进行了模拟计算。根据特征直径的公式得到 3MW 的特征直径 D*=1.49，1MW 时 D*=0.96。每种功率，我们分别采用了 3 种不同大小的网格来进行模拟计算，见表 1。

表 1　不同网格尺寸不同火源功率的 R 值

网格尺寸/m	3MW 的 R 值	1MW 的 R 值
0.4×0.4×0.4	3.7	2.4
0.2×0.2×0.2	7.4	4.8
0.1×0.1×0.1	15	9.6

3．计算结果分析

3.1 3　MW 场景的模拟结果

火源位于计算区域地面的中心处，尺寸为 2m×1.5m，总面积 3m2，火源总功率为 3MW，采用快速 t 平方火。不同网格尺寸条件下 FRI 趋于平稳时的 FRI 的平均值、求解时间见表 2，可以看出随着 R 的增大，求解时间会剧烈增加。FRI 与热释放速率之间的关系见图 2，当热释放速率趋于稳定时，FRI 也趋于相对稳定。

表 2　3MW 时不同网格尺寸的求解结果

网格尺寸/m	网格数量/个	R	平均 FRI	求解时间/h
0.4×0.4×0.4	21600	3.7	0.4	0.4
0.2×0.2×0.2	172800	7.4	0.55	12.8
0.1×0.1×0.1	1382400	15	0.96	297.8

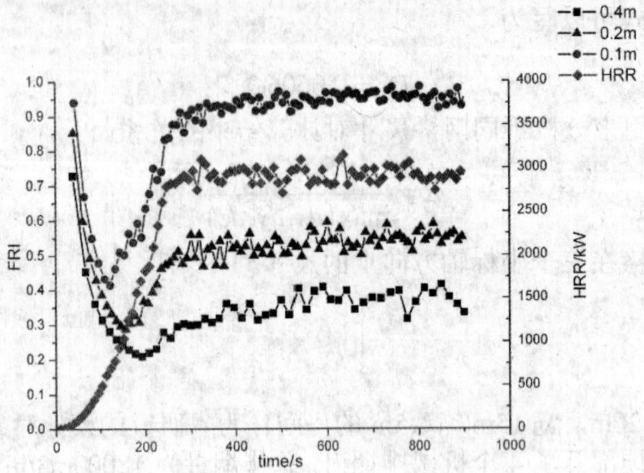

图 2　3MW 时各种网格尺寸下 FRI 与火灾热释放速率的关系图

图 3 和图 4 分别是火源正上方离地面 4.5m 处和距离火源 9 米，高度 4.5m 处的温度，由图可以看出网格的粗细对火源附近的温度的求解影响很大，当采用边长为 0.4m 的网格时，R=3.7，火源上方最高温度才 300℃左右，被明显低估了；采用边长为 0.2m 的网格时，R=7.4，这时火源上方的温度在 500℃左右；采用边长为 0.1m 的网格时，R=15,火源上方温度在 700℃左右。这是因为计算时每个网格的温度的取值是整个网格所占空间的平均值，火源附近温度梯度较大，当网格较粗时，这种平均会使得温度的求解出现较大的偏差。由图 4 可以看出，分别采用 0.4m、0.2m 和 0.1m 的网格时，在距离火源 9 米处的地方的温度在火灾发展阶段相差很小，火灾充分发展后，它门之间的差异在 30℃左右。

图 5～图 7 是一氧化碳浓度和能见度的模拟结果，可以看出分别采用这三种不同网格网格时，位于火源上方距离地面 4.5m 处的 CO 浓度差异在 100ppm 左右，而在距离火源 9m，高度为 4.5m 处的 CO 浓度差异在 30ppm 左右，相对于性能化 CO 浓度判据的 1400ppm 来说，这些误差在可接受范围内。

由图 7 可以看到在远离火源的地方，三种不同尺寸的网格条件下对能见度的预测相差不大。

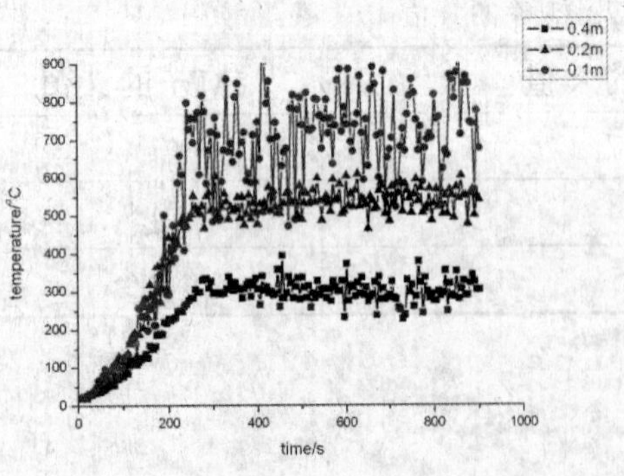

图 3　火源正上方离地面 4.5m 的温度

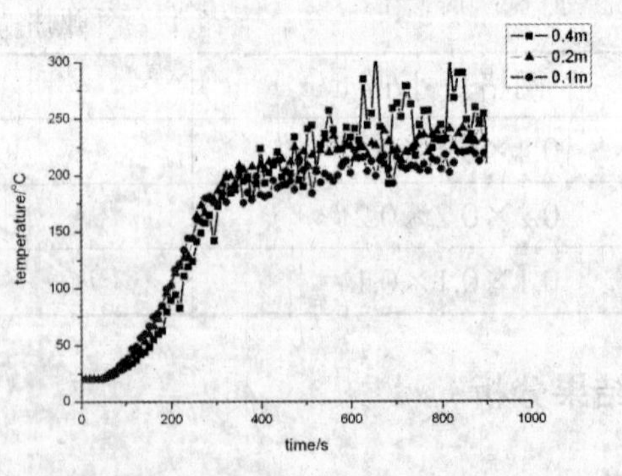

图 4　距离火源 9 米，高度 4.5m 处的温度

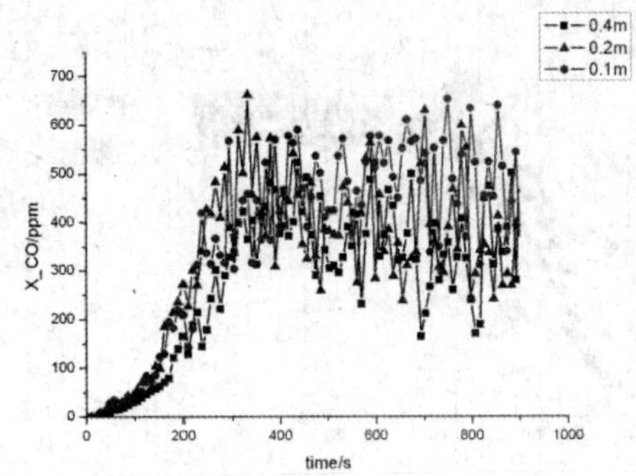

图 5　火源正上方离地面 4.5m 处的 CO 浓度

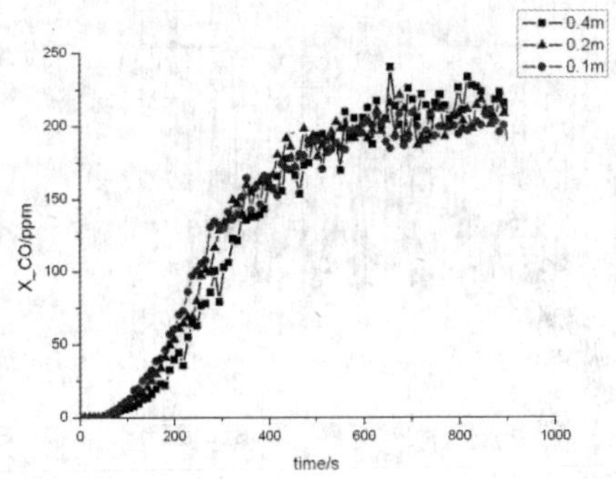

图 6　距离火源 9 米，高度 4.5m 处的 CO 浓度

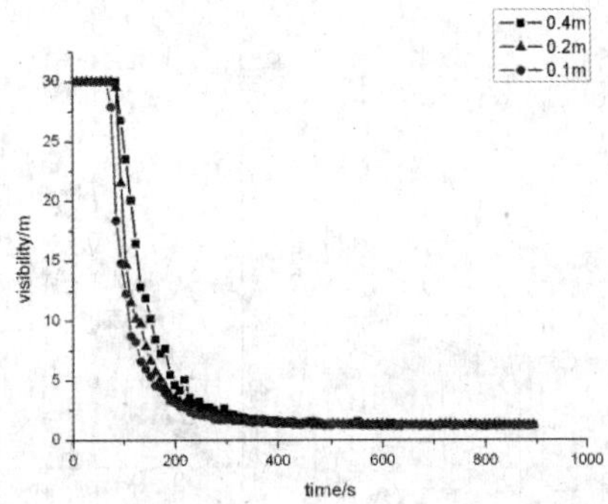

图 7　距离火源 9 米，高度 4.5m 处的能见度

3.2 1MW 模拟结果

火源位于计算区域地面的中心处，尺寸为 1m×1m，总面积 $1m^2$，火源总功率为 1MW，采用快速 t 平方火。不同网格尺寸条件下 FRI 趋于平稳时的平均值、求解时间见表 3，可以看出随着 R 的增大，求解时间会剧烈增加。同时由于火源功率减小，其特征直径 D^* 也相应地变小，在同样网格尺寸条件下其 R 值比 3MW 时的 R 值小，导致 FRI 也相应降低了。

表 4　1MW 时不同网格尺寸的求解结果

网格尺寸/m	网格数量/个	R	平均 FRI	求解时间/h
0.4×0.4×0.4	21600	2.4	0.25	0.4
0.2×0.2×0.2	172800	4.8	0.42	13.5
0.1×0.1×0.1	1382400	9.6	0.73	265.0

图 8 和图 9 分别是火源正上方离地面 4.5m 处和距离火源 9.0m，高度 4.5m 处的温度，可以看出网格的粗细对火源附近的温度的求解影响很大，由于火源功率降低，R 值的减小，采用边长为 0.1m 的网格时位于火源上方 4.5m 处的求解温度只有 300℃左右，没有被正确求解，为了正确求解火源附近的温度，还需要更精细的网格。在分别采用 0.4m、0.2m 和 0.1m 的网格求解时，在距离火源 9 米，高度 4.5m 处的温度差异在 20℃左右。

图 10～图 12 是一氧化碳浓度和能见度的模拟结果，可以看出在三种不同粗细网格的条件下，火源上方距离地面 4.5m 处 CO 浓度相差在 100ppm 左右，在距离火源 9.0m,高度 4.5m 处的 CO 浓度的差异在 20ppm 左右。由图 12 可以看到在远离火源的地方，三种不同尺寸的网格条件下对能见度的预测相差不大。

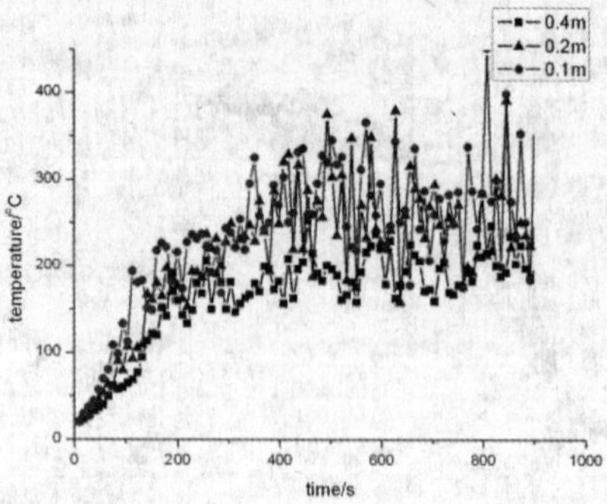

图 8　火源正上方离地面 4.5m 的温度

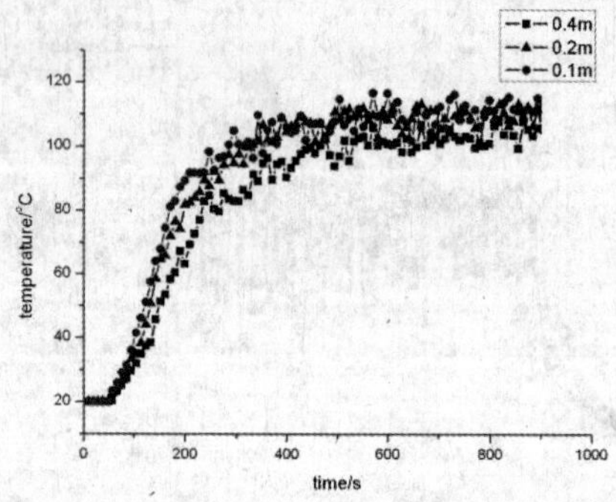

图 9　1 距离火源 9 米，高度 4.5m 处处的温度

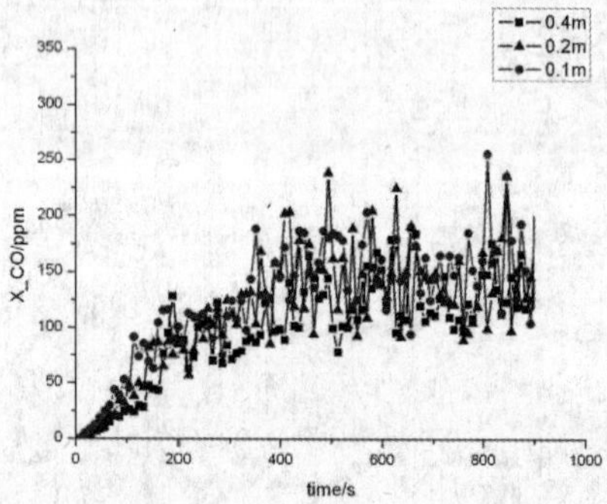

图 10　2 火源正上方离地面 4.5m 处的 CO 浓度

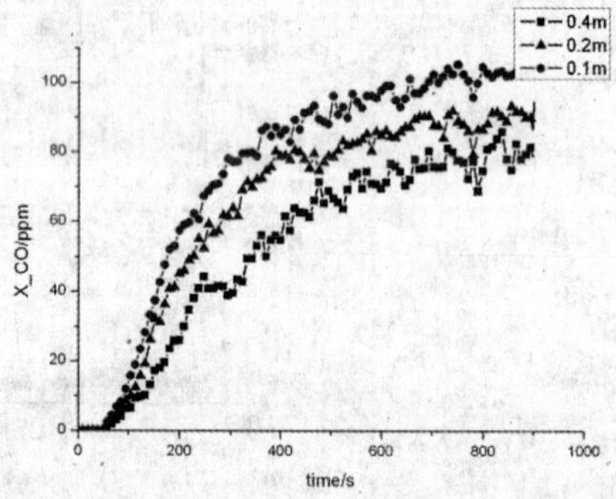

图 11　离火源 9 米，高度 4.5m 处处的 CO 浓度

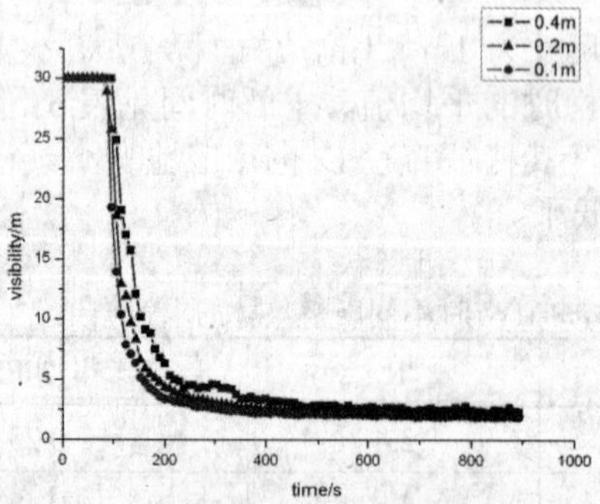

图 12　3 距离火源 9 米，高度 4.5m 处的能见度

3.3. R 对求解结果的影响

由下图可以看出，FRI 随着 R 的增长基本上成线性增长，也就是说 R 越大，求解结果越精确。当 R 大于 15 时，FRI 的值趋近于它的理想值 1。

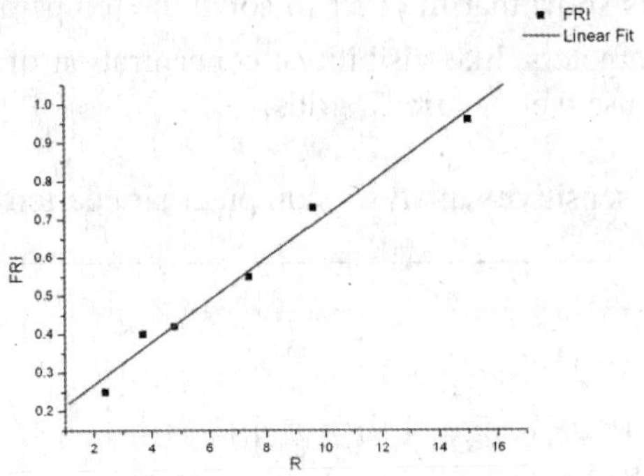

图 13 不同 R 对 FRI 的影响

4. 小结

用 FDS 对火灾进行 CFD 模拟时，火源特征尺度与网格尺寸的比值 R 对计算结果有影响：R 值越高，求解的精度越高；R 值的改变对靠近火源处的温度的预测的影响很大，为了能更准确的预测火源附近的温度，建议 R 的取值应该在 15 以上；R 值的改变给 CO 化碳浓度预测带来的差异在靠近火源的地方约为 100ppm，在远离火源的地方约为 30ppm；R 值的改变对远离火源处温度的预测带来的差值在 20℃左右；R 值的改变对能见度的预测影响不大。

在性能化评估中，如果空间较大，可以不考虑靠近火源附近温度的危害，R 值改变给 CO 浓度、能见度和远离火源的温度的预测所带来的影响，相对于相应的性能判据来说在可接受范围内，这时 R 的取值可以根据实际情况在 4～9 之间取值。

5. 参考文献

[1] McGrattan, K. and G. Forney, *Fire Dynamics Simulator (Version 4) User's Guide*. National Institute of Standards and Technology Special Publication 1019. 2005: NIST.

[2] Clement, J.M., *Experimental Verification of the Fire Dynamics Simulator (FDS) Hydrodynamic Model*, in *Fire Engineering*. 2000, University of Canterbury: Christchurch,New Zealand.

[3] Hietaniemi, J., S. Hostikka, and J. Vaari, *FDS simulation of fire spread--comparision of model results with experimental data*. VTT Working Papers. 2004: VTT Information Service.

[4] McGrattan, K., *Fire Dynamics Simulator (Version 4) Technical Reference Guide*. National Institute of Standards and Technology Special Publication 1018. 2005: NIST.

[5] Petterson, N.M.,Assessing the Feasability of Reducing the Grid Resolution in FDS Field Modelling,School of Engineering University of Canterbury.2002.

[6] Ryder, N.L., C.F. Schemel, and S.P. Jankiewicz, *Near and far field contamination modeling in a large scale enclosure: Fire Dynamics Simulator comparisons with measured observations.* Journal of Hazardous Materials, 2006. 130(1-2): .182-186.

[7] Bounagui, A., et al.,Grid Optimization for the Full-scale test facility to evaluate the Fire Performance of Houses - Part I-Basement Fires,National Research Council Canada.2004.

Study of Selecting the Grid Size Used in CFD Simulations in Performance-based Evaluation

Abstract

In performance-based evaluation, numerical simulation is often used to simulate the development of the fire. The reliability of results is strongly related to the grid size. Om this paper, we employed Fire Dynamic Simulator (FDS) developed by NIST as the solver of CFD. Tow scenarios with different fire size in same case were studied. In each scenario, Simulations with three different sizes, 0.4m, 0.2m and 0.1m, were performed. The dimensionless parameter R, which defined as the ration of characteristic diameter D^* and the maximal grid size

（ $R = D^* / \max(dx, dy, dz)$. The results show that in order to solve the temperature field near the fire, R must be strictly restricted, while the other parameters, like visibility , concentration of CO and the temperature field far away from the fire, is not necessary to use well restricted grids.

Keywords: performance-based design, sensitivity analysis, computer simulation of fire。

作者简介：

杨善友，男，1977 年 7 月生。火灾科学国家重点实验室博士研究生，主要从事火灾中结构性能以及建筑性能化设计的研究。地址：安徽省合肥市 4 号信箱。电话: 0551-3607881，Email: ysy@mail.ustc.edu.cn。

考虑人数分布不确定性和视野变化的人员疏散格子气模型研究

张俊，宋卫国

安徽省合肥市中国科学技术大学火灾科学国家重点实验室

摘要

紧急情况下（如火灾等）下的人员疏散研究可以为减少人员伤亡提供科学指导，同时也可以为性能化设计提供有用的依据和方法。人员疏散模型是研究人员疏散的主要手段之一。迄今为止，通常的人员疏散模型计算中，待疏散人数都是给定的，没有考虑人数的不确定性。虽然通过设定不同的人数，分别进行多次计算，可以得出疏散时间的分布，但是模型的计算效率较低、计算成本大大增加。针对这种情况，本文在普通格子气模型的基础上，结合平均场（mean-field）模型提出了一种考虑人数分布特性的人员疏散格子气模型。通过本模型可以在不知道准确的待疏散人数的条件下，利用人员的概率分布得到人数的估计值；通过一次计算得出在一定置信水平下、任意时刻成功疏散人数的区间估计值。这就避免了现有模型需要多次计算所导致的计算时间长的问题，提高了运算速度；另外，在模型中可以考虑视野的影响，得到不同的视野范围对疏散时间的影响。该模型的计算结果在所计算的建筑空间足够大，人数足够多的情况下准确成立，对于建筑空间小、人数较少的场景则可以得到较为合理的估计值。因此，它适用于分析大型公共场所的人员疏散问题。

关键词：人员疏散、疏散模型、格子气、视野。

1. 概述

随着社会和经济的发展, 公共安全事故灾难越来越引起人们的关注。灾难性的践踏事件、群死群伤事件时有发生，同时多种多样超高、超大建筑和特殊功能的建筑不断出现使得紧急情况下的人员安全疏散工作的难度进一步加大[1]，这就迫切要求进行人员疏散的研究。

人员疏散模型是研究人员疏散的主要手段之一,如何针对人群特征建立准确完善的模型和规则是研究的关键。截至2005年初,已有超过50种人员疏散模型在各类文献中被介绍[2]。目前人员疏散模型研究大致可以分为两种:一种是将人看作连续流动介质的宏观方法,可以直接利用流体力学的相关研究成果；另一种是微观的方法,考虑了单个人员的个体差异以及人员的行为。微观模型又包括连续性模型和离散模型, 连续性模型中最为著名的是Helbing等人提出的社会力模型[3,11-14]，离散模型以格子气模型 (LG)[4-6,10,15-21]和元胞自动机 (CA)[7-8,22-26]使用较多。

宏观模型方法忽略了个体间作用及个体的差异,使模拟结果跟实际不是很符合；连续模型虽然模拟结果可靠,比较接近真实情况,但是由于计算复杂度高、耗费计算资源多,导致运算速度慢,计算模拟时间随着人数的增加呈现指数增长,不太适合行人众多情况下的模拟；而格子气、元胞自动机等离散模型的特点是规则简单、运算速度快、资源耗费小、耗时少,因此目前使用的较多。

当前大多数普通的疏散模型或软件,在进行模拟计算时需要设定一个准确的待疏散人数，进行多次计算取平均值求出疏散时间。而超大型公共建筑内很多情况下都很难得到准确的待疏散人数，在这种只能得到大概的待疏散人数的情况下，普通的模型就只能分别设定不同的初始人数，进行多次计算确定疏散时间的分布。同时建筑空间越大,人数和位置分布的不确定性就会越大,使用普通模型或软件计算效率会降低。另外，大多数格子气模型中人员的运行规则只是根据与人员所在格子紧密相邻的格点是否被占据来决定下一步的运动方向，然而在实际的人员疏散中，人员都是尽可能的搜集周围环境的信息，以寻找最佳的疏散路径，减少拥塞提高疏散效率。

针对这一情况,本文基于格子气模型和平均场理论,引入“视野”的概念，提出了一种考虑人数分布的人员疏散格子气模型。该模型中,在已知建筑物内人数的大致范围时,即可通过一次模拟计算得到一定置信水平下人员疏散时间的区间分布情况,同时也可以得到某一段时间内疏散人数的区间分布,这在一定程度上解决了普通模型计算效率低的问题；本文研究了不同视野范围对疏散时间的影响，得到了相应的模拟结果。

另外，本模型的另一特点是,所计算的建筑空间越大,计算结果的可靠性也越高，这是模型的本身特点决定的。

2. 模型介绍

本文的模型是以改进的格子气模型[6]为基础，结合平均场理论模型[4, 5]建立起来的。我们考虑一个划分为 L×L 个格子，出口宽度占 W (1 个出口)格子的房间中的人员疏散情况。模型中对整个房间平面进行均匀的网格划分，每个网格的尺寸为 0.5m×0.5m，在疏散过程中假定人是按照无后退的有偏随机朝门口方向(设为 x 轴)行走，各时间步每个人至多移动一个格子，每个格子或者被一个人占据，或者为空，不能同时有多个人占据同一个格子。文中只考虑均匀分布的情况，如果房间中人数的期望值为 N，那么初始时刻各格点有人的概率均为 $P_0=N/(L\times L)$。设 P (i，j；t) 表示 t 时刻格点 (i，j) 有人的概率， 那么 1－P(i，j；t) 就是该格点在 t 时刻无人的概率。在任意时刻，(i，j)处的行人根据相邻格点是否有人占据，可能面临 8 种情况[6]，如图 1 所示。其中圆圈代表该格点有人，箭头代表格点无人。每种情况对应的概率分别为 $P_{casei}(i,j)$。

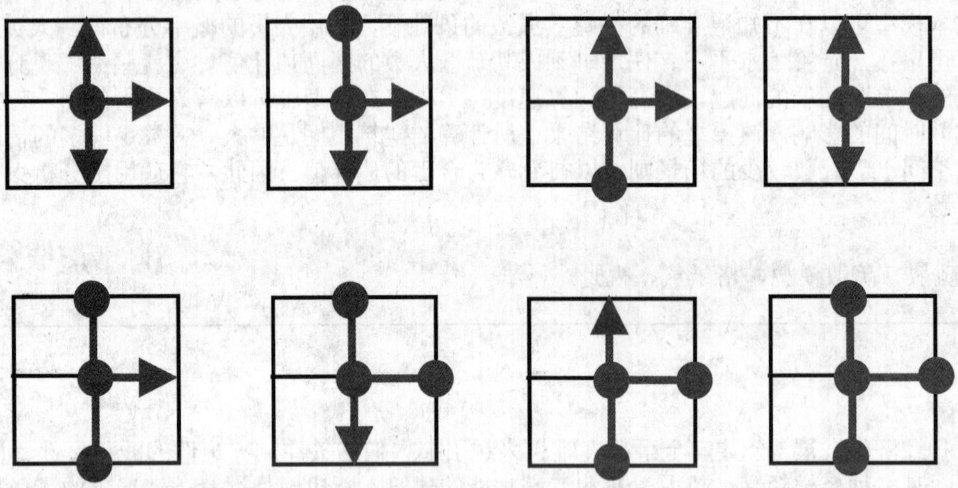

图 1　行人在格子上可能存在的所有情况

$P_{case1}(i,j)=(1-P(i,j+1;t))\times(1-P(i-1,j;t))\times(1-P(i+1,j;t))$；

$P_{case2}(i,j)=(1-P(i,j+1;t))\times P(i-1,j;t)\times(1-P(i+1,j;t))$；

$P_{case3}(i,j)=(1-P(i,j+1;t))\times(1-P(i-1,j;t))\times P(i+1,j;t)$；

$P_{case4}(i,j)=P(i,j+1;t)\times(1-P(i-1,j;t))\times(1-P(i+1,j;t))$；

$P_{case5}(i,j)=(1-P(i,j+1;t))\times P(i-1,j;t)\times P(i+1,j;t)$；

$P_{case6}(i,j)=P(i,j+1;t)\times P(i-1,j;t)\times(1-P(i+1,j;t))$；

$P_{case7}(i,j)=P(i,j+1;t)\times(1-P(i-1,j;t))\times P(i+1,j;t)$；

$P_{case8}(i,j)=P(i,j+1;t)\times P(i-1,j;t)\times P(i+1,j;t)$；

模型中引入“视野”的概念，即在模型中设定的人员所能观察到的区域范围（如图 2）。通过改变不同的视野半径，来研究视野半径对疏散时间的影响。

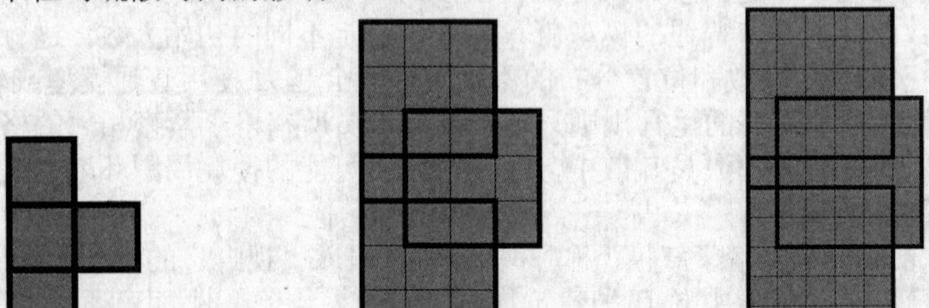

a）“视野”半径 r=1 格；　　b）“视野”半径 r=3 格；　　c）“视野”半径 r=5 格；

图 2　“视野”范围示意图

在模型中对“视野”的定义如图 2 所示，“视野”范围内的区域主要包括被研究格点前左右半径为 r 格子所包含的区域。由于采用了这样的定义，考虑对称性，模型中的“视野”半径 r 只取奇数值。

引入“视野”范围的概念主要是考虑到人员在行走的过程中总是试图避免冲突和拥塞，而向行人稀疏的区域行走[25]。用 $F_{t,x}$，$F_{t,y}$，$F_{t,-y}$ 分别表示 t 时刻“视野”范围对行人下一步行走方向选择的影响系数，$N_{t,x}$，$N_{t,y}$，$N_{t,-y}$ 表示在三个方向的视野范围内的 r×r 个格点无人的概率之和，则对于图 1 中的 8 种情况，$F_{t,x}$，$F_{t,y}$，$F_{t,-y}$ 分别用如下公式计算：

case1：$F_{t,x}=N_{t,x}/\left(N_{t,x}+N_{t,y}+N_{t,-y}\right)$，　$F_{t,y}=N_{t,y}/\left(N_{t,x}+N_{t,y}+N_{t,-y}\right)$，　$F_{t,-y}=N_{t,-y}/\left(N_{t,x}+N_{t,y}+N_{t,-y}\right)$；

case2：$F_{t,x}=N_{t,x}/\left(N_{t,x}+N_{t,-y}\right)$，　$F_{t,y}=0$，　$F_{t,-y}=N_{t,-y}/\left(N_{t,x}+N_{t,-y}\right)$；

case3：$F_{t,x}=N_{t,x}/\left(N_{t,x}+N_{t,y}\right)$，　$F_{t,y}=N_{t,y}/\left(N_{t,x}+N_{t,y}\right)$，　$F_{t,-y}=0$；

case4：$F_{t,x}=0$，　$F_{t,y}=N_{t,y}/\left(N_{t,y}+N_{t,-y}\right)$，　$F_{t,-y}=N_{t,-y}/\left(N_{t,y}+N_{t,-y}\right)$；

case5：$F_{t,x}=1$，　$F_{t,y}=0$，　$F_{t,-y}=0$；

case6：$F_{t,x}=0$，　$F_{t,y}=0$，　$F_{t,-y}=1$；

case7：$F_{t,x}=0$，　$F_{t,y}=1$，　$F_{t,-y}=0$；

case8：$F_{t,x}=0$，　$F_{t,y}=0$，　$F_{t,-y}=0$；

设 $\Delta p_{t,x}(i,j,t)$，$\Delta p_{t,y}(i,j,t)$，$\Delta p_{t,-y}(i,j,t)$ 分别表示 t 时刻格点（i，j）的人向邻近三个格点转移的概率，于是

$$\Delta p_{t,x}(i,j,t)|_{casei}=P(i,j;t)\times p_{t,x}|_{casei}\times F_{t,x}|_{casei}+(1-P(i,j;t))\times 0 \tag{1}$$

$$\Delta p_{t,y}(i,j,t)|_{casei}=P(i,j;t)\times p_{t,y}|_{casei}\times F_{t,y}|_{casei}+(1-P(i-1,j;t))\times 0 \tag{2}$$

$$\Delta p_{t,-y}(i,j,t)|_{casei}=P(i,j;t)\times p_{t,-y}|_{casei}\times F_{t,-y}|_{casei}+(1-P(i+1,j;t))\times 0 \tag{3}$$

式(1)、(2)、(3)中右边第一项表示当（i，j）格点有人的情况下，该人可能向格相邻格点行走的概率；第二项表示（i，j）点无人的情况下向相邻格点行走的概率，即 0。其中 $p_{t,x}$，$p_{t,y}$，$p_{t,-y}$ 的确定与文献[6]相同，下面做摘要介绍：

在文献[6]的模型中将空间如图 3 所示划分为 A，B，C 三个区域，对于 A 区内的行人，对应图 1 中的不同情况 $p_{t,x}$，$p_{t,y}$，$p_{t,-y}$ 如下定义：

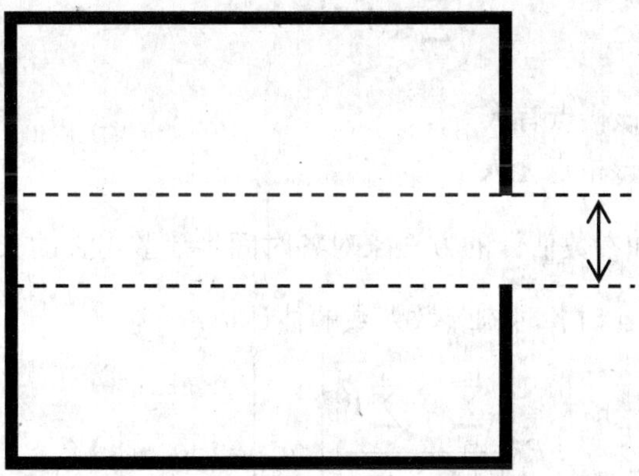

图 3　模型规则中对房间内的区域划分情况

case1：　$p_{t,x}=D_x+(1-D)/3$，　$p_{t,y}=(1-D)/3$，　$p_{t,-y}=D_y+(1-D)/3$；

case2：　$p_{t,x}=D_x+(1-D)/2$，　$p_{t,y}=0$，　$p_{t,-y}=D_y+(1-D)/2$；

case3：　$p_{t,x}=D+(1-D)/2$，　$p_{t,y}=(1-D)/2$，　$p_{t,-y}=0$；

case4：　$p_{t,x}=0$，　$p_{t,y}=(1-D)/2$，　$p_{t,-y}=D+(1-D)/2$；

case5： $p_{t,x}=1$， $p_{t,y}=0$， $p_{t,-y}=0$；

case6： $p_{t,x}=0$， $p_{t,y}=0$， $p_{t,-y}=1$；

case7： $p_{t,x}=0$， $p_{t,y}=1$， $p_{t,-y}=0$；

case8： $p_{t,x}=0$， $p_{t,y}=0$， $p_{t,-y}=0$；

以上各式中D表示人员向门口前进的趋向性，$D\in[0,1]$；$D_x=D\cdot|x-x_0|/(|x-x_0|+|y-y_0|)$，$D_y=D\cdot|y-y_0|/(|x-x_0|+|y-y_0|)$ 分别表示D在x方向和y方向上的分量，(x, y) 为人员所在点的坐标，(x_0, y_0) 为门口 (EXIT) 中心点的坐标。

相应地C区的情况只需类比A区的情况相应的互换一下 $p_{t,y}$，$p_{t,-y}$ 即可得到，对于中间B区域定义如下：

case1： $p_{t,x}=D+(1-D)/3$， $p_{t,y}=(1-D)/3$， $p_{t,-y}=(1-D)/3$；

case2： $p_{t,x}=D+(1-D)/2$， $p_{t,y}=0$， $p_{t,-y}=(1-D)/2$；

case3： $p_{t,x}=D+(1-D)/2$， $p_{t,y}=(1-D)/2$， $p_{t,-y}=0$；

case4： $p_{t,x}=0$， $p_{t,y}=1/2$， $p_{t,-y}=1/2$；

case5～case8 的 $p_{t,x}$，$p_{t,y}$，$p_{t,-y}$ 与A，C区的情况一样。

基于以上分析，我们提出如下的模型更新规则：

$$\begin{aligned}P(i,j;t+1)=&\sum_{case1}^{case8}[P_{casei}(i-1,j)\times\Delta p_{t,-y}(i-1,j,t)|_{casei}]+\sum_{case1}^{case8}[P_{casei}(i+1,j)\times\Delta p_{t,y}(i+1,j,t)|_{casei}]+\\&\sum_{case1}^{case8}[P_{casei}(i,j-1)\times\Delta p_{t,x}(i,j-1,t)|_{casei}]+\{P(i,j;t)-\sum_{case1}^{case8}[P_{casei}(i,j)\times(\Delta p_{t,-y}(i,j,t)|_{casei}+\\&\Delta p_{t,y}(i,j,t)|_{casei}+\Delta p_{t,x}(i,j,t)|_{casei}]\}\end{aligned}\tag{4}$$

公式4中前三项表示人员从与(i, j)格点相邻的(i-1, j)，(i+1, j)，(i, j-1)格点分别可能转移到(i, j) 格点的概率；后面的一项表示格点(i, j)的人可能停留在(i, j)点不移动的概率。运用以上规则，各时间步随机不重复地选择格点对所有格点进行乱序更新，这样便得到各时间步每一格点有人的概率值。

人员的分布属于二点分布，即每个格点只存在两种状态：有人或者无人。根据中心极限定理，当样本容量足够大时，可以近似看作正态分布[9]：

即
$$\frac{\sum_{i=1}^{n}\varepsilon_i-\sum_{i=1}^{n}P_i}{\sqrt{\sum_{i=1}^{n}P_i(1-P_i)}}\sim N(0,1)\tag{5}$$

其中
$$\varepsilon=\begin{cases}1, & \text{若该格点有人}\\0, & \text{若该格点无人}\end{cases}$$

所以可以根据非正态总体未知参数估计的方法来对各时间步疏散出去的人数 $\sum_{i=1}^{n}\varepsilon_i$ 进行区间估计，通过公式6，[9]计算出一定置信水平 $1-\alpha$ 时各时刻疏散人数的估计值：

$$P\left\{\left|\frac{\sum_{i=1}^{n}\varepsilon_i-\sum_{i=1}^{n}P_i}{\sqrt{\sum_{i=1}^{n}P_i(1-P_i)}}\right|<u_\alpha\right\}=1-\alpha\tag{6}$$

其中 u_α 可通过N (0, 1)正态分布表确定，各时间步 P_i 已知，那么人数 $\sum_{i=1}^{n}\varepsilon_i$ 的置信区间即为：

$$\left[\sum_{i=1}^{n}P_i-u_\alpha\cdot\sqrt{\sum_{i=1}^{n}P_i(1-P_i)},\sum_{i=1}^{n}P_i+u_\alpha\cdot\sqrt{\sum_{i=1}^{n}P_i(1-P_i)}\right]\tag{7}$$

3. 模拟结果及其分析

应用上一节建立的人员疏散格子气模型，本文对一个面积为50m×50m的虚拟房间场景下的人员疏散情况进行了模拟，根据前述的0.5m×0.5m的网格划分规则，该虚拟场景划分为100×100个格点，设定房间内初始人数的期望值为1000人，根据均匀分布情况，初始时每个格点有人的概率为0.1，门外有人的概率为0，表示向主方向门口行走的倾向力取D＝0.5.我们考虑出口宽为1.5m (即三个格点) 的情况，设置开放边界条件，当概率转移到出口时不再考虑.由于这种概率转移的模型理论上可能会无限运行下去，所以我们给其设置结束条件，当房间内的各格点的概率之和小于1时，我们认为房间不足1人，整个疏散过程结束。

在模型中，规定各时间步每个人员至多移动一个格点，根据正常情况下人的行走速度是1m/s[26]的标准，以及每个网格对应的空间是0.5m×0.5m的前提条件，每个时间步长耗时就应当是0.5/1.0＝0.5s。

根据区间估计公式(7)可以得出，当房间内存在的期望人数为1000时，在95% (即α＝0.05) 的置信水平下，在平均分布初始人数(即在初始情况下各格点有人的概率 p_i 均为0.1)的情况下，通过10000个样本值(可以认为样本量足够大，即满足公式(5)的条件)即可由公式(7)求出置信区间为[941，1059]。

我们记录各时间步虚拟场景中各个格点有人的概率值 (10000个样本值) ， 用同样的方法可以估计出每个时间步疏散出去的人数， 改变不同的"视野"半径r对疏散过程进行模拟，并将模拟结果与改进的普通模型考虑"视野"半径的情况进行比较，其中普通模型的结果是20次模拟计算取平均值得到的，本文模型的模拟结果是一次模拟得到的。普通模型中关于视野的定义与本模型一致，不同的是本文模型中考虑的是各个格点的概率，而普通模型考虑的是各个格点实际的行人，得到的模拟结果如图4所示。 模拟结果与文献[8]的结果基本上是一致的。从图中可以看出当"视野"半径大于9个格点（即4.5m）时，视野范围对疏散时间的影响基本可以忽略，而在视野范围较小时，疏散时间的变化比较大。这表明在视野范围较小时，人们无法根据周围环境的特征作出正确的判断而不自觉的接受和效仿他人的行为，导致局部拥挤现象出现从而延长了疏散时间。相应地，当视野范围较大时，人员可以获取更广阔范围的环境信息，冷静的选择合理的疏散行为，并且可以有效地避免局部拥塞现象出现，从而在一定程度上可以节约疏散时间。

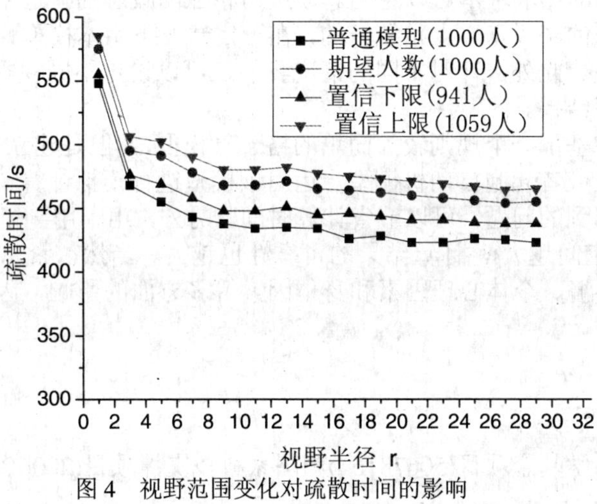

图4 视野范围变化对疏散时间的影响

同时从图4可以看出，对于1000人的疏散曲线，普通模型和本文提出的模型在相同的视野范围情况下，疏散时间存在着一定的差异，并且改进的普通模型计算的结果总是比本文提出的基于人数分布的格子气模型的所得的疏散时间短。为此，我们采用两种模型分别模拟了"视野"半径r=3个格子时1000个行人的疏散过程，并记录了各个时刻疏散出的人数，得到的结果如图5所示，其中用改进的普通模型进行了三次模拟。从图5可以看出，对于整个疏散过程来说，各时刻两种模型模拟的结果的差异不大，而疏散总时间存在一定的偏差，这可能是由于本文提出的模型是基于平均场理论的模型，各时间步的模拟计算遍布整个虚拟场景的各个格点，且每一步的计算要比普通模型更加精细，这就导致了最终得到的疏散时间比普通模型稍长。

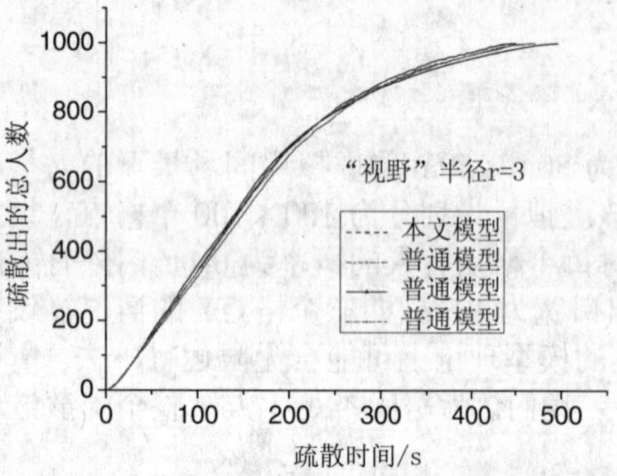

图 5　两种模型对 1000 人疏散过程的模拟对比

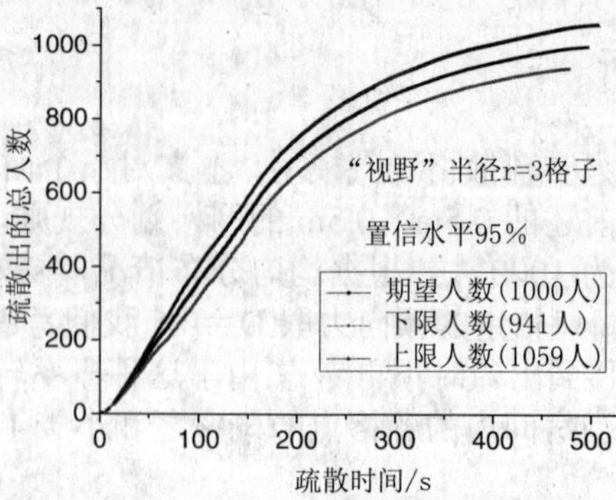

图 6　疏散时间与疏散人数分布区间关系图

同样，如图 6 所示，我们对不同人数分布情况下整个虚拟场景中的人员疏散过程通过一次模拟，可以得到任意时刻在不同的疏散人数情况下可疏散出的人员，以及在不同的初始人数情况下疏散出一定人员所需要的疏散时间等。这就解决了普通疏散模型在解决待疏散人数的不确定性时遇到的问题，而且提高了计算效率。

4. 结论

本文以改进的格子气模型为基础，结合平均场理论模型及概率统计中区间估计的相关知识提出了一种基于人数分布的人员疏散格子气模型。在模型中引入了"视野"的概念，研究了视野范围对疏散时间的影响。在不确定建筑内准确人数而只知道一个大概范围的情况下， 运用本模型可以通过一次模拟，记录每个时间步建筑物内各个格点有人的概率，即可对疏散人数和疏散时间进行估计，得出疏散时间和疏散人数的关系，疏散出一定人数所需的时间分布的区间估计值以及不同时间段内所能疏散出的人数的分布区间。

利用本文模型模拟了 50m×50m 的虚拟场景内初始期望人数为 1000 人的疏散情况，得到了 95%的置信水平下疏散时间与疏散人数之间分布曲线；通过改变不同的视野半径，研究了视野范围对疏散时间的影响，发现随着视野范围的变大，疏散时间逐渐减小，当视野范围增大到一定程度时，疏散时间基本保持不变，视野范围对疏散时间的影响基本可以忽略。通过与相应的改进的普通格子气模型进行比较发现，本模型的计算结果与普通模型的结果基本上是统一的，在一定情况下用本模型代替普通的格子气模型进行模拟计算，可以提高计算效率。此外，针对不同的情况我们还可以设定不同视野范围来对疏散过程进行模拟，以期得到更加准确的模拟结果。

虽然本文建立的模型基于一个规则较为简单的格子气模型， 但是建立模型的方法是通用的， 也可以应用于其它规则的格子气或者元胞自动机模型。运用该模型进行模拟计算，解决了普通疏散模型在解决待疏散人数的不确定性时遇到的问题，可以节省计算时间。另外，由于用到了参数估计（公式 5），这就决定了样本值越多(即计算的空间越大)，计算结果的可靠性也越大。当然，紧急情况下的人员疏散行为是非常复杂的，它会受到周围环境、个体心理因素和身体因素等多方面的影响，因而下一步还有许多问题和细节需要更深入的研究和探讨。

5. 致谢

本工作受国家自然科学基金项目(50678164)和国家科技支撑项目(2006BAK06B00)资助。

6. 参考文献

霍然,袁宏永.性能化建筑防火分析与设计.合肥:安徽科学技术出版社,2003. 9:1-17.
Lo S M, Lin P, Huang H C, et al. A review on evacuation modeling. In: Lo S M, Yuen K K, Li W M, eds. Fire Science and Engineering, The 2nd Conference in the Development of Performance-based Fire Code. Hong Kong, 2005. Hong Kong: City University of Hong Kong Press. 2005: 273-290
Helbing D, Farkas I, Vicsek T. Simulating dynamical features of escape panic. Nature, 2000, 407: 487-490
Takashi Nagatani. Dynamical transition in merging pedestrian flow without bottleneck. Physica A, 2002, 307: 505-515.
Takashi Nagatani. Dynamical transition and scaling in a mean-field model of pedestrian flow at a bottleneck. Physica A, 2001, 300: 558–566
Yusuke Tajima, Takashi Nagatani. Scaling behavior of crowd flow outside a hall. Physica A, 2001, 292: 545-554
翁文国,袁宏永,范维澄.一种基于移动机器人行为的人员疏散元胞自动机模型.科学通报, 2006, 51(23): 2818-282.
崔喜红,李强,陈静等.大型公共场所人员疏散模型研究—考虑个体特征和从众行为.自然灾害学报. 2005, 14(6):133-140.

缪铨生.概率与统计.南京:南京大学出版社,2000,10:289－301.

Yusuke Tajima, Kouhei Takimoto, Takashi Nagatani. Scaling of pedestrian channel flow with a bottleneck. Physica A.2001, 294: 257-268.

陈涛,应振根,申世飞等.相对速度影响下社会力模型的疏散模拟与分析.自然科学进展, 2006, 16 (12) : 1606-1612.

Helbing D, Keltsch J, Molnar P. Modeling the evolution of human trail systems. Nature, 1997, 388: 47-50.

Helbing D, Molnar P. Social force model for pedestrian dynamics. Phys Rev E, 1995, 51: 4282-4286.

Helbing D, Schweitzer F, Keltsch J, Molnar P. Active walker model for the formation of human and animal trail system]. Phys Rev E.1997, 56: 2527-2539.

Muramatsu M, Nagatani T. Jamming transition in two-dimensional pedestrian traffic. Physica A. 2000, 275: 281-291.

Muramatsu M, Nagatani T. Jamming transition of pedestrian traffic at a crossing with open boundaries. Physica A. 2000, 286: 377-390.

Tajima Y, Nagatani T. Clogging transition of pedestrian flow in T-shaped channel. Physica A, 2002, 303: 239-250.

Nagatani T. Jamming transition in the traffic flow model with 2-level crossings. Phys Rev E, 1993, 48: 3290-3294.

Nagatani T. Jamming transition in a two-dimensional traffic flow model. Phys Rev E, 1999, 59: 4857-4864.

Chen Tao, Song Weiguo, Fan Weicheng, et al. Jamming transition of pedestrian evacuating flow in crossing exit [A]. In Huang P , Wang Y, Li S , Qian X , eds. Progress in Safety Science and Technology [C] . Beijing: Science Press, 2002, III: 507-512

Helbing D, Isobe M, et al. Lattice gas simulation of experimentally studied evacuation dynamics. Physical Review E.2003, 67: 067101.

Burstedde C, Klauck K, et al. Simulation of pedestrian dynamics using a two-dimensional cellular automaton. Physica A.2001, 295: 507-525.

Kirchner A, Schadschneider A. Simulation of evacuation process using a bionics-inspired cellular automaton model for pedestrian dynamics. Physica A. 2002, 312: 260-276.

Kirchner A, Nishinari K and Schadschneider A. Friction effects and clogging in a cellular automaton model for pedestrian dynamics. Physical Review E.2003, 67: 056112.

S. Maniccam.Adaptive decentralized congestion avoidance in two-dimensional traffic. Physica A.2006, 363: 512–526

Blue V J, Adler J L. Bi-directional emergent fundamental pedestrian flows from cellular automata microsimulation [A]. Ceder A, ed. Transportation and Traffic Theory[C]. Proceeding of the 14th International Symposium on Transportation and Traffic Theory, Jerusalem, Israel, 1999: 235-254.

Study on a Lattice-gas Model of Evacuation Considering the Uncertainty of Pedestrians' Number and Variety of Visual Field

Abstract

Pedestrian evacuation study in emergency such as fire can provide scientific guidance for reducing casualties, useful basis and methods for performance-based designs. Model study is an effective method to study evacuation. Up to now, the number of pedestrians waiting for evacuation is set without considering the uncertainty in most of common evacuation models. Though we can get the distribution of the evacuation time by setting different number of pedestrians and calculating several times, the calculation efficiency will decrease and the cost will increase enormously. In allusion to this instance, this paper introduces a lattice-gas model of evacuation considering the properties of distribution of the number of pedestrians based on common lattice-gas model and mean-field model. In this model, the estimate value of pedestrians can be gotten using the probability distribution of pedestrians when the exact number of pedestrians are unknown. Meanwhile, the estimate value of pedestrians evacuated successfully under certain confidence level at any time can be calculated for once, which can avoid problem of long computation time that common models face and improve the computation efficiency. Besides, this model considers the visual field of pedestrians and gets the influence of different range of visual field on evacuation time. The computation results of this model are exact in the case that the architecture space and the number of pedestrians are large enough, while for the scenario with small space and few pedestrians, the reasonable estimate value can be gotten. Consequently, it is fit for analyzing the evacuation process of large-scale public places.

Key Words: pedestrian evacuation, evacuation model, lattice-gas, visual field.

作者简介：

张俊（1984- ），男，甘肃天水人。现为中国科学技术大学火灾科学国家重点实验室硕士研究生，主要从事人员疏散模型方向的研究。E-mail: cjjz@mail.ustc.edu.cn.

宋卫国（1973- ），男，山东高唐县人，中国科学技术大学副教授。研究方向：森林与城市火灾的复杂性、火灾环境中的人员疏散、火灾安全性能化设计等。E-mail: wgsong@ustc.edu.cn

性能化防火设计理念在重大火灾隐患整改工作中的运用

张丽华

湖北省襄樊市公安消防支队

摘要

本文从当前重大火灾隐患整改工作面临的困境分析入手，论证了将性能化防火设计理念引入重大火灾隐患整改工作中的可行性、实用性及优越性，并阐明了设计方法。

关键词：性能化设计、重大火灾隐患、整改。

1. 引言

性能化防火设计(performance——based fire safety design method)起源于 20 世纪 80 年代的英国，并迅速被日本、澳大利亚、美国、加拿大、新西兰以及北欧等发达国家运用、发展。它运用消防安全工程学的原理和方法，针对各类建筑物的实际状态，应用科学的方法对建筑的火灾危险和将导致的后果进行定性、定量预测和评估，以期达到最佳的防火设计方案和最好的防火保护，并对设计结果运用数学模型进行论证。相对与我国现行的规范性（prescriptive-based）设计模式，它更贴近设计实际，消防设计更具合理性、灵活性及经济性。针对性能化防火设计的这一特点，结合当前重大火灾隐患整改难的问题，笔者设想将性能化设计理念引入重大火灾隐患整改工作中，针对隐患局部采用性能化防火设计，推动重大火灾隐患整改工作。

2. 当前重大火灾隐患整改面临的困境

当前，在重大火灾隐患整改工作中常用的方法有四种：一是直接整改隐患。即按照整改要求直接整改火灾隐患。如缺少消防器材、设施则增配、增设消防器材、设施，按规范疏散要求增加疏散宽度等等；二是降低建筑火灾危险性。一般采用减少建筑内可燃物数量、限制容纳人数，部分建筑空间停用等方法；三是改变建筑使用性质。采用变公共场所为办公场所等方法。四是建筑停止使用或搬迁。以上四种方法在实施过程均面临着不同程度的困境，主要是：

2.1 整改资金不足

直接重大火灾隐患整改需要有充裕的资金投入作为后盾，如增设固定消防设施、改造消防车道、拓宽疏散通道、设置疏散楼梯、分隔防火分区等等。有些单位因经济紧张，无力投入。有些单位因产权分散，产权单位、管理单位因利益难以平衡而相互推诿，导致整改资金难到位，使隐患问题迟迟得不到解决。

2.2 整改工程繁琐、影响面大

重大火灾隐患以先天性火灾隐患居多，随着建筑工程投入使用自然生成。这种现象在 80 年代后期及 90 年代建成的大型集贸市场或商贸场所中尤为突出，此类建筑因设计缺陷、技术规范更新等原因形成了重大火灾隐患，隐患的形式为防火、防烟分区、疏散安全及消防安全布局等方面的问题，如要整改隐患多需要改动建筑结构，工程繁琐、工期长，影响到数以千计家庭的生活、工作秩序，处理不慎可能危及地区安定。

2.3 整改工程造成资源浪费

为了整改重大火灾隐患，一些高层建筑，不得不封闭高层建筑的上部分，将高层变为多层建筑使用，降低火灾危险性；另一些不符合要求的场所不得不改变经营性质，甚至一些单位不得不停止使用，不仅导致大量的社会资源流失、浪费，还会给社会带来就业负担。

3. 规范性设计理念在重大火灾隐患整改工作中的局限性

目前，重大火灾隐患整改方案以现行的标准进行设计，未考虑隐患建筑的使用性质和人员、物质分布等实情，采用固定的规范、标准来设计使用状况不同的建筑，其本身的科学、严谨性有待商榷。表现为：

3.1 整改方案欠缺合理性

按照规范要求设计的重大火灾隐患整改方案，往往对内部装修、可燃物的多少、建筑功能及使用人员等因素未加考虑。如：为了阻止火势蔓延，现行的消防技术规范对建筑防火分区的最大允许建筑面积做了规定：耐火等级一、二级的民用建筑防火分区间每层最大允许建筑面积为2500m^2，一类高层民用建筑每层最大允许建筑面积为1000m^2，设有自动灭火系统的面积可扩大一倍等。该规定仅依据建筑物的使用性质、高度、耐火等级等条件对防火分区最大允许建筑面积进行了规范，未兼顾建筑内部装修、可燃物的数量、建筑功能及内部人员等情况。从燃烧学的角度考虑，装修的复杂性、可燃物密度等是衡量火灾发生机率、蔓延速度的重要参数，是造成人员、财产损失的重要方面。将装修复杂、可燃物较多的人员密集场所同其它未装修的场所定为同一标准，是不科学的。又如：二层建筑面积同为的4000 m^{2}豪华装修展览厅和未装修的大学食堂，我国现行的《建筑设计防火规范》对其防火要求是基本一致。若因"防火分区不符合要求"将两个场所定为重大火灾隐患，并要求增设自动喷水灭火系统或进行防火分隔，显然是不合理的。

3.2 整改方案可操作性不强

在日常消防监督工作中，依照规范发现重大火灾隐患、提出隐患整改要求不难，难在隐患场所如何整改才能符合要求。我们常见到这样的整改方案，"该场所未安装自动喷水灭火系统，违反《建规》第×条×款要求"，对于该场所究竟应设什么样的系统、如何设置系统等却没有提出具体要求，在对自动喷水灭火系统进行设计时，场所的各项防火技术设计参数是多少，也没有确定。继而对于系统组件的各项参数，如喷头类型、安装方式、安装间距、喷水强度等技术参数，也没有定量。方案针对性不强，不能很好地指导单位整改隐患。而且，系统设置后对该场所的安全保障性能可达到什么程度，也没有宏观预测。此类问题在室外消防车通道、安全疏散距离、防火分区等重大隐患整改工作中也存在。

3.3 易造成隐患循环

随着社会发展，消防技术规范修订是必然的。规范变更会使一些原本符合设计规范的建筑变成了重大火灾隐患单位，且只要运用规范这种情况就不可避免，重大火灾隐患将不断滋生。因此，按现行规范整改了的重大火灾隐患，是否符合将来修订后的新规范要求仍是一个未知数。例如：设置在一多层建筑首层的某大众舞厅，其建筑耐火等级为一级，舞厅面积为400 m^2，厅内无可燃装修，于1998年申报开业前消防安全检查时，疏散条件、防火分区及消防设施、器材完全符合消防安全条件。但到了2001年，该场所就存在重大火灾隐患，原因是由于《建筑》(GBJ16-87) 局部修订，按第8.7.1B条（现行《建筑》(GB50016-2006) 第8.5.1条第一款第6项）要求，此类场所应当设置自动喷水灭火系统而未设。只要运用规范这种情况就不可避免，造成重大火灾隐患循环滋生的现象。

4. 性能化设计理念在重大火灾隐患整改工作中的优势

在重大火灾隐患整改工程中引入性能化设计理念，其设计理念与隐患整改的总目标相一致，它弥补了传统规范性设计的隐患整改方案在实际运用中的不足。

4.1 隐患整改方案设计更为合理

通过性能化设计的重大火灾隐患整改方案是以隐患单位个体为研究对象而量身定制的，其整改工程针对性强，消防安全目标明确，在实际工作中具有更强的可操作性及灵活性，即保障了消防安全，又防止了资源浪费。同时，以工程学及安全科学对火灾的预测达到了定性、定量的程度，为整改方案奠定了坚实的理论依据，对隐患单位具更强的说服性，有助于整改工程的推进。

4.2 隐患整改方案操作性更强

因为性能化设计以科学计算为基础，在对单位安全条件进行科学论证的基础上建立了安全条件模型参数，设计者对于建筑内的情况十分了解，对建筑内的消防安全设施的性能参数把握准确，各项设计以安全量化为依据，对整改方案设置细致，可操作性强，有助于隐患单位整改。

4.3 防止重复滋生隐患

性能化设计的方案建立在建筑本身安全性能和科学分析的基础上，经过了充分论证、科学评估，以科学为依据，不受规范变更的影响，防止了隐患重复整改的现象。

5. 性能化设计理念在重大火灾隐患整改工作中的运用

性能化设计的重大火灾隐患整改方案，将工程技术及数学模型评估运用于每个环节、每个步骤，直到分析出最优化的隐患整改方案，是今后建筑防火设计工作的发展趋势，以某公共场所安全"疏散条件不符合防火安全要求"的重大火灾隐患为例，其整改方案性能化设计程序分为四部分：(1) 定性设计审查;(2) 量化分析;(3) 判定标准评估;(4) 报告及发表。设计的基本流程如下：

①确定隐患整改总目标

保证火灾时该场所内人员的安全疏散。

②了解场所灾害情况

了解场所各个区域的使用性质以及所采取的安全疏散形式，分析建筑物内的人流状况、疏散分布及人员特点，分析火灾中各类人员的心理，分析外界施救的情况，确定该建筑的火灾荷载及危害。

③设计火灾

分析该场所内不同地点可能发生的各类不同火灾场景，设计火灾场景。

④分析场所内危害性最大的火灾场景

对场所内各种火灾场所进行比较分析，确定该建筑在最不利条件下发生火灾的场景。

⑤建立目标安全参数

通过对建筑物内人员分布的研究、对个体运动特征及运动安全的研究、对人群在火灾中行为与管理的综合研究，对火灾增长、火灾蔓延、烟气运动和它们对于建筑及人员所造成的后果进行量化分析，以物理、化学和热动力学关系为基础,运用科学理论和经验计算得到疏散允许时间，确定人员在火灾场景中疏散所需要的时间，完成该场所疏散模型各项参数。也可以通过概率论来考察整个场所中所有可能发生的疏散危险事件及其发生的概率。分析各个疏散危险事件所造成的危害,并在此基础上得出整个系统的目标参数。

⑥设定目标保护底线

把安全参数套入该建筑的最不利防火分区内，计算得出最不利火灾场景内可以保障人员安全疏散的保障时间。在考虑其它因素，如消防队员介入等情况下，计算得出实际能够保障人员安全疏散的条件。

⑦设计隐患整改方案

根据安全疏散条件，在考虑建筑已有设施的防火性能基础上，确定建筑物应安装的防火系统需要达到的性能要求，最终敲定隐患整改性能化设计方案。

⑧整改方案的综合评估

对设计的隐患整改方案，进行综合评定，确保其安全性达到目标要求。

性能化消防设计过程比较复杂，不如规范性消防设计易操作，目前在我国尚处于摸索阶段，技术上不够成熟。但将其引入重大火灾隐患整改工程之中，作为规范化防火设计的有效补充不仅是可以的，而且是有优势的，因为重大火灾隐患场所多数是建成投入使用的场所，其实情相较于新建建筑是清楚明了的，对于场所内的功能、可燃物分布、消防安全制度落实及人员分布等情况也是从实情出发，并非通过设计者设计而定，因此设计更贴近实情。如：某 6 层高 25.5m 的商贸大楼，顶层为办公区，1-5 层为商贸区，一级耐火等级，每层建筑面积为 3000 ㎡，设有自动喷水灭火系统，每层为一独立的防火分区。依照现行《高规》(GB50045-95)，该建筑每层至少应设 2 个防火分区，故存在重大火灾隐患。按规范性设计，以增设防火墙、设置防火卷帘等为整改手段，整改工程大，投入资金大，而是否合理却不清楚。若采用性能化设计，通过建立阻止火势蔓延的灾害模型设计出的整改方案及综合评估，其防火分区的面积及数量更加合理，显示了隐患整改的经济性和安全性。

6. 结束语

将性能化设计运用于重大火灾隐患整改工程中，尤其是一些整改工程大、工期长、资金需求大及涉及群众利益广泛的隐患是非常必要的，建议国家有关部门加强研究和立法工作，并在地区范围内成立专业的性能化设计评估机构，加快其推广应用进程。

7. 参考文献

[1] 建筑设计防火规范(GB50016-2006). 北京:中国计划出版社,2006.
[2] 高层民用建筑设计防火规范(GB50045-95). 北京:中国计划出版社,2005.
[3] 自动喷水灭火系统设计规范(GB50084-2001). 北京:中国计划出版社,2005.
[4] 重大火灾隐患判定方法(GA653-2006).

Numerical Study on a Pool Fire using Large Eddy Simulation

Alice, L.K. Cheung[1], Richard, K. K. Yuen[2], Eric, W.M. Lee[2], S. O. Cheung[2]

[1]Arch&Fire Professional (Int'l) Ltd
[2]Deparment of Building and Construction, City University of Hong Kong

Abstract

In this paper, we have investigated the pulsating behaviour that characterizes buoyant fires through the Large Eddy Simulation (LES) approach. The configuration studied consists of a gaseous fuel (methane) being injected through a porous burner (0.3m x 0.3m). Three-dimensional computations are performed on a 3m x 3m x 3m domain. A subgrid-scale (SGS) model is used to close the equations resulting from the non-linear terms appearing in the form of SGS stress tensor and scalar flux vectors, and in reacting flows in the form of filtered chemical source term. Radiation heat loss due to contributions of combustion products and soot particles is accounted where the radiation heat transfer is handled through the discrete ordinates method (DOM). The soot model of Moss *et al.*[1] is employed in the present study. For buoyancy-driven flows, density effects present an integral part in pool and natural pool fires. A two stage predictor-corrector scheme using the projection method has been employed to strongly couple the momentum and continuity equations with density. It has been found that the explicit marching scheme that introduced a second-order Adams-Bashforth time integration scheme for the predictor followed by a quasi second order Runge-Kutta method for the corrector is stable to a ratio of the burned and unburned temperature up to a value of 10. The solution to the soot chemistry was accommodated through an ordinary differential equation solver based on the fourth order Runge-Kutta formulation. A second-order central difference scheme is used for the discretisation of the all the governing equations. Solution to the Poisson equation for the pressure is achieved through the Krylov method. An acoustic CFL condition of 0.35 was used to achieve time-accurate solution. Comparisons between the model predictions and measurements from McCaffrey [2] were demonstrated. The vortex shedding/puffing frequency was predicted to be 2.1 Hz, which corresponded very closely to the experimental recording of roughly 2.7 Hz. The paper further highlighted possible discrepancies and improvements to the model.

Keywords: large eddy simulation, buoyant fires, computational fluid dynamics

1. Introduction

Pool fire is dominated by a strong buoyancy effect which drives the instabilities in flames. The buoyant diffusion flame instabilities are known as "puffing effect". McCaffrey (1979) revealed the puffing mechanism as follows. With the acceleration of buoyancy of combustion gases in stagnant air, a large torodial vortical structure was developed. The vortex assist the entrainment of air into the reaction zone causes the combustion gases to further accelerate and creating the necking. The low pressure region created by the vortex moving upwards will immediately been filled by the adjacent combustion gases and creating a bulge region. As the bulge rises up, another toroidal vortex was formed at the fire bed. This periodic oscillation can be manifests as the pulsation frequency of the flame flickering phenomenon. An comprehensive reviews of pulsation frequency was carried out by Malalasekera (1996).

Pool fires can essentially be described as low-speed flows where acoustic waves do not significantly contribute to the flow dynamics. In this paper, the low-Mach-number variable-density formulation of Knio et al. (1999) adapted from Najm et al. (1998) is well suited and is therefore adopted in this present investigation. The numerical scheme developed efficiently handles the disparity of the broad ranges of flow and chemical scales, and its construction is based on a two-stage predictor-corrector projection formulation. For buoyancy-driven flows, density effects present an integral part in pool fires. The most important feature of this time-marching scheme is the strong coupling between the density and fluid flow equations through each stage of the predictor-corrector method to appropriately account for the large density variation that exists within the various zones of the flame structure.

2. Mathematical Formulation

In the present study, fluid motion of the pool fire is considered as low-speed flows where acoustic waves do not significantly contribute to the flow dynamics. Following the formulation of Knio *et al.* (1999), the low-Mach-number Favre-filtered mass, momentum, energy and scalar conservation equations in a Cartesian coordinate system can be expressed as:

$$\frac{\partial \bar{\rho}}{\partial t}+\frac{\partial\left(\bar{\rho}\tilde{u}_j\right)}{\partial x_j}=0 \tag{1}$$

$$\frac{\partial\left(\bar{\rho}\tilde{u}_j\right)}{\partial t}+\frac{\partial\left(\bar{\rho}\tilde{u}_i\tilde{u}_j\right)}{\partial x_i}=-\frac{\partial \bar{p}}{\partial xj}+\frac{\partial \bar{\tau}_{ij}}{\partial x_i}-\frac{\partial \bar{\tau}_{u_iu_j}}{\partial x_i}+\left(\bar{\rho}-\rho_{ref}\right)\bar{g} \tag{2}$$

$$\bar{\rho}C_p\frac{\partial \tilde{T}}{\partial t}+\bar{\rho}C_p\tilde{u}_i\frac{\partial \tilde{T}}{\partial x_i}=\frac{\partial \bar{\tau}_{u_iT}}{\partial x_i}-\frac{\partial \bar{q}_i}{\partial x_i}+\bar{\omega}_T+S_{rad} \tag{3}$$

$$\frac{\partial\left(\bar{\rho}\tilde{\phi}\right)}{\partial t}+\frac{\partial\left(\bar{\rho}\tilde{u}_i\tilde{\phi}\right)}{\partial x_i}=\frac{\partial \bar{\tau}_{u_i\phi}}{\partial x_i}-\frac{\partial \bar{q}_\phi}{\partial x_i}+S_\phi \tag{4}$$

where ρ is the mixture density and u_i is the velocity vector. ϕ represents the scalar quantities involve in the system (i.e. mixture fraction, variance of mixture fraction, soot particulate density and soot volume fraction). $\bar{\omega}_T$ is the filtered heat release source term. Source terms of equation (3) and (4) describing the global radiative heat exchange and generation rate of species will be discussed later. By using the Newton's, Fick's, and Fourier's laws (1996), the filtered viscous stress tensor, species diffusion vector and heat flux vector in terms of resolved quantities are given by:

$$\bar{\tau}_{ij}=-\frac{2}{3}\mu\frac{\partial \tilde{u}_k}{\partial x_k}+\mu\left(\frac{\partial \tilde{u}_i}{\partial x_j}+\frac{\partial \tilde{u}_j}{\partial x_i}\right) \tag{5}$$

$$\bar{q}_i=-\frac{\mu C_p}{Pr}\frac{\partial \tilde{T}}{\partial x_i} \tag{6}$$

$$\bar{q}_\phi=-\frac{\mu}{Sc_\phi}\frac{\partial \phi}{\partial x_i} \tag{7}$$

The molecular Prandtl number Pr is set to a value of 0.7 while the molecular Schmidt numbers for mixture fraction and its variance are specified as 0.7. The Schmidt numbers for soot quantities, (i.e. soot particulate number density and volume fraction) are set to 700 (Sivathanu and Gore 1994).

The perfect gas state equation can be expressed as $p^{(0)}=\bar{\rho}R\tilde{T}$, where the zeroth-order pressure p(0) is taken to be equivalent to the atmospheric pressure while the gas constant R is determined through $R=R_u\cdot\sum Y_i/W_i$. The unknown SGS correlations, $\bar{\tau}_{u_iu_j}$, $\bar{\tau}_{u_iT}$, and $\bar{\tau}_{u_i\phi}$ appear in equation (2)-(4), require closure using the SGS models. In accordance with Zhuo *et al.* (2001), as well as the recent LES study on the physical characteristic of a small pool fire, standard Smagorinsky-Lilly model (1963) is demonstrated to be sufficient to resolve the small scales associated with the turbulent eddies within the turbulent flame. The Smagorinsky-Lilly model is therefore employed for modelling the SGS momentum stress, viz.,

$$\bar{\tau}_{u_iu_j}\approx 2C_s\bar{\rho}\Delta^2\left|\Pi_G\right|\left(\tilde{S}_{ij}-\frac{1}{3}\tilde{S}_{kk}\delta_{ij}\right) \tag{8}$$

Here, the Smagorinsky constant C_s is taken to be 0.2. Similar to the resolved scale, the thermal and scalar flux vectors due to SGS motions are correlated according to the turbulent Prandtl and Schmidt numbers. With reference to the combustion studies on turbulent diffusion flame recently performed by Yaga *et al.* (2002), the turbulent Prandtl and all the scalar turbulent Schmidt numbers are prescribed at values of 0.3.

2.1 SGS Combustion

In handling the turbulent interacting combustion behaviour, the conserved scalar approach is adopted in our investigation. By using such approach, the mixing of chemical reactant and the instantaneous species concentrations can be simplified and expressed as a function of mixture fraction. In the present study, a global one-step irreversible chemical reaction for the reactants is written as follows:

$$(1)\ \text{kg Fuel} + (s)\ \text{kg Oxidant} \longrightarrow (1+s)\ \text{kg Product} \tag{9}$$

By assuming the chemical reaction to be infinitely fast as compared to the reactant mixing rate, the instantaneous state relationships for the fuel and oxidant, Y_{fu} and Y_{ox}, can thus be related to the instantaneous mixture fraction f as a linear relationship (Kuo 1986).

In order to account for turbulence mixing of the reactant due to the SGS motion, an assumed SGS filtered Probability Density Function (PDF) of the mixture fraction in the form of a beta function is employed (Kuo 1986). In LES, the filtered *i*th species mass fraction consisting of the fuel, oxidant and products are determined by convoluting the state relationships with the PDF as:

$$\tilde{Y}_i = \int_0^1 Y_i(f)P\left(f,\tilde{Z},\tilde{Z}''^2\right)df \tag{10}$$

The shape of the beta function is determined by filtered mixture fraction value and its variance. The filtered mixture fraction, $\tilde{Z}$, can be calculated directly from the equation (4) by setting its source term as zero. For solving the filtered mixture fraction variance, appropriate source terms representing the dissipation and effect of mixing are required. Following Jiménez *et al.* (2001) proposal, the filtered source term $S_{Z''^2}$ can be expressed and substituted into equation (4) as:

$$S_{Z''^2} = 2\left(\frac{\mu}{Sc_{Z''^2}} + \frac{C_s\bar{\rho}\Delta^2\left|\Pi_G\right|}{Sc_{t,Z''^2}}\right)\frac{\partial\tilde{Z}}{\partial x_i}\frac{\partial\tilde{Z}}{\partial x_i} - \underbrace{\frac{\left(\mu + C_s\bar{\rho}\Delta^2\left|\Pi_G\right|\right)}{Sc_{t,Z''^2}C''\Delta^2}\tilde{Z}''^2}_{\tilde{\chi}} \tag{11}$$

where the constant C″ is set to a value of 0.07 (Jiménez et al., 2001).

Based on the conserved scalar approach (Bilger 1977), the local heat release rate is determined by $\bar{\omega}_T = -\bar{\omega}_{fu}\Delta H_c$, where ΔH_c is the heat of combustion. The filtered consumption rate of fuel is given by:

$$\bar{\omega}_{fu} = -\frac{1}{2}\bar{\rho}\tilde{\chi}\tilde{P}(f_{st})\frac{Y_{fu,f}}{(1-f_{st})} \tag{12}$$

2.2 Soot and Radiation Modelling

For accounting radiation augmentation by the presence of soot particles, microscopic radiation and soot formation models have been incorporated. The soot model by Moss *et al.* (1988) that incorporates the essential physical processes of soot nucleation, coagulation and surface growth is employed in the current study. Modification of the surface growth source terms suggested by Syed *et al.* (1990) has also been adopted. Detailed formulation of the soot model can be found in Syed *et al.* (1990) and the references therein.

Luminous thermal radiation from combustion products and soot is treated by solving the filtered radiative transfer equations (FRTE) for a non-scattering grey gas using the Discrete Ordinates Method (DOM) with S_4 quadrature scheme (Jamaluddin and Smith 1988). By adopting the S_4 scheme, the radiative transfer over the whole solid angle can then be approximated by a simple summation of a total 24 discrete ordinates. The absorption coefficient for the combustion products (CO_2 and H_2O) and soot is approximated according to the grey gas assumption (Magnussen and Hjertager 1976; Kent and Honnery 1990).

3. Experiments

The fire experiment by McCaffrey (1979) which examined various cases of pool fire in an open environment is used for validating the numerical results. The case of 45 kW buoyant fire was adopted which was fuelled by a square 0.3 m porous burner of methane. The time-averaged vertical velocity and temperature have been obtained using the bi-directional velocity probes and thermocouples. Visual observation of the flame behaviour was also recorded using a collection of photographic images to ascertain pulsation frequency of the pool fire.

4. Numerical Details

The finite volume method is employed to discretize the above filtered governing equations on a collocated gird. Second-order central differencing is adopted for all spatial derivatives approximations. The solution advancements in the time space of equation (1)–(3) is achieved numerically by using the predictor-corrector approach (Knoi *et al.* 1999). The approach involves a second-order Adams-Bashforth time integration scheme for predictor stage follow by a second-order quasi Crank-Nicolson integration for the corrector stage. Moreover, for the evolution of soot formation, time derivatives of soot quantities are solved numerically by using a fourth-order Runge-Kutta scheme.

4.1 Computational domain and boundary conditions

A square cube computational domain of 3 m length was employed for the simulation. A methane fuelled porous square burner of 0.3 m × 0.3 m was centrally placed on the floor level of the domain. A non-uniform mesh of 96^3 control volume is overlaid within the domain while finer grid cells were generated above the square burner to better capture all the necessary macroscopic large-scale features of the flaming fire. Since the fire is burning in an open domain, the traction-free boundary condition is specified for all lateral boundaries (McCaffrey 1983). For the top boundary, a zero gradient condition is imposed for all the transport variables. To prevent flow enters into domain at the top which might incur numerical instabilities, velocities with negative values are forced to zero.

4. Results and Discussions

4.1 Computational domain and boundary conditions

Analysis of the Puffing Phenomenon

A series of flame skeleton of predicted result by using Predictor-corrector scheme is depicted in Figure 1, in which corresponding photographic images obtained from McCaffrey (1979) experiment is included for comparison. Three iso-surfaces of temperatures at 800 K, 450 K and 310 K are used to show the visible flame and cold smoke in weakly sooting combustion. The puffing phenomenon demonstrated the flow underwent a phase shift along the axial direction. Two distinct regions of the flame that comprised of the upper flame separating from the lower persistent flame as depicted in frames 1 and 5 by the present numerical model showed remarkable resemblance to the associated frames of the photographic images. The surging upward flame structures in frames 4 before flame separation in frame 5 were also adequately captured by the model when compared against the corresponding images of the developing fire observed during experiments.

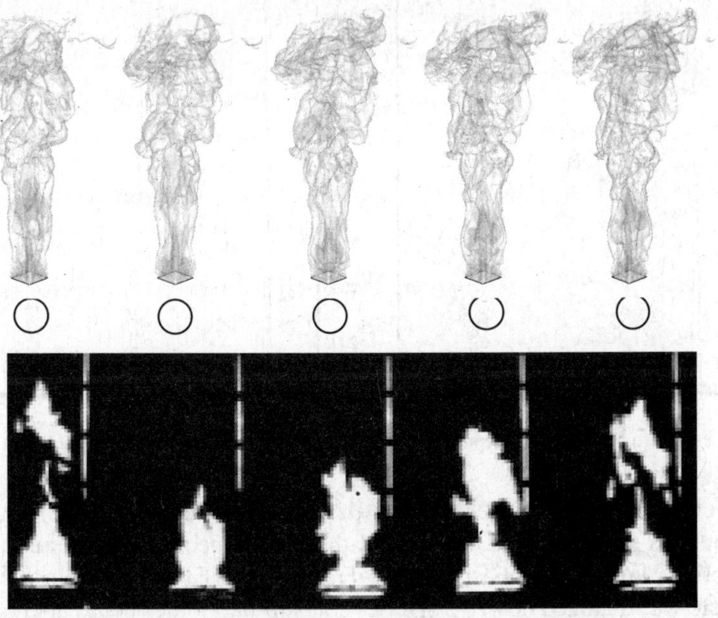

Figure 1 Flame skeleton of the buoyant pool fire

Within the observed puffing period above, three distinct regions of the flame could be identified, in which a persistent flame region situated just above the burner, an intermittent flame region encapsulating the puffing effect and beyond that, a buoyant plume region. For the pool fires, one of the buoyant diffusion flames, majority of the flow structure is dominated by the movement of the combustion gases and ambient air within the buoyant plume region. The puffing mechanism is identified by the characteristic "necking" just above the burner and consequent creation of the "bulge" as observed by McCaffrey (1983). As a result of the entrainment of the ambient air observed in Figure 2 into the reaction zone, the combustion gases were accordingly accelerated as indicted by the large velocity vectors at the centre. Two large vortices as pointed out in Figure 2 at the outer fringes of the bulge clearly showed the entrainment of more ambient air into the bulge thereby maintaining its structure until they burnt out at the top of the flame.

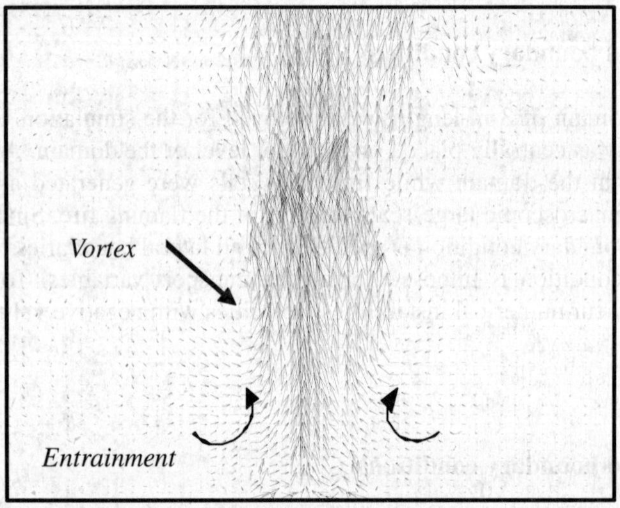

Figure 2 V ector plo t of the buoy ant pool fire

The dynamic behaviour of the buoyant fire can be accessed by tracing the instantaneous velocity and temperature quantities with the time-dependent LES at the centreline axial locations of y/D = 1, 2, 3 (D refer to the burner width - 0.3 m in present study) above the porous burner in Figures 3. It can be seen the instantaneous velocity and temperature quantities at axial locations displayed a highly repeatable puffing behaviour at the same frequency but with different amplitudes. These results showed the puffing mechanism being actively maintained within the persistent and intermittent flame regions.

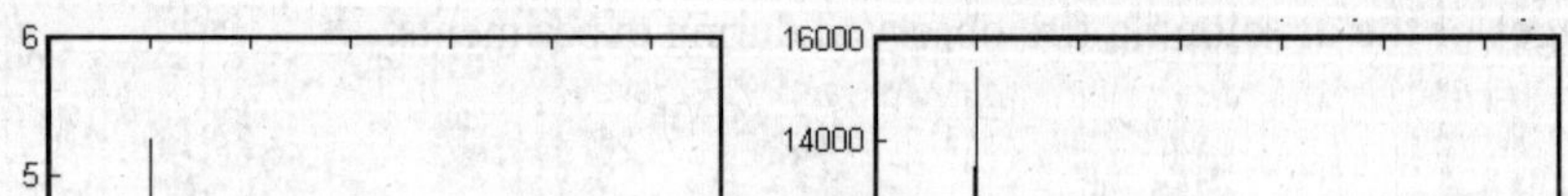

Figure 3 Puffing frequency of centerline axial velocity and temperature

Puffing frequency of centreline axial velocity and Temperature.

The frequency spectra obtained from the time histories of the instantaneous velocity and temperature quantities at the centreline axial locations y/D = 3 by Fast Fourier Transform (FFT) are shown in Figures 4. The phase period over one puffing cycle was obtained nearly 2 Hz. Several sub-harmonics could also be observed aside from the dominating frequency. Approximately the same frequency obtained from either the instantaneous velocity or temperature quantities clearly demonstrated the strong coupling within the predictor-corrector method where the fluid motion was driven predominantly by the buoyancy effects.

Numerous experimental pulsation frequency values have been reported in McCaffrey (1979), Protscht (1975), Zukoski *et al.* (1984) and Byram and Nelson (1970). For a fire bed of 0.3 m, experimental investigation by Byram and Nelson (1970) gave a frequency of about 2.5 Hz while Protscht (1975) showed a characteristic frequency of 2 Hz. Zukoski *et al.* (1984), however, revealed a range of frequencies between 2 Hz and 3 Hz. Incidentally, based on the visual photographic images, McCaffrey (1979) provided a pulsation frequency of about 3 Hz corresponding to the higher end frequency range. Our prediction corresponded to the lower bound of the frequency range. In general, the agreement can be considered to be rather reasonable and corresponded to the expected measured frequency for this particular fire bed size.

Time-averaged quantities at Centreline

The centreline predicted axial velocity and temperature are time-averaged over 15 puffing period. The time-averaged velocity and temperature dependences are compared against Baum and McCaffrey correlation (1989) obtained through experimental data of McCaffrey (1979) and presented in Figure 10. For large values of y, the plume region demonstrated the characteristic of y-1/3 and y-5/3 variation for v and ΔT dependence; while for small values of y, it showed a remarkable tendency of clustering around a line with slope y1/2 for v and zero for ΔT. Drawing a line through points that were obvious in the plume and another in the flame regime lead to the intermittent regime. McCaffrey (1979) proposed a line with slope zero for v and y-1 for ΔT in this regime. As observed in Figure 10, good agreement was achieved between the predicted centerline axial velocity and temperature and Baum and McCaffrey correlation (1989) for the respective quantities. The three distinct of the flame regions were also clearly identifiable from the predicted time-averaged quantities.

5. References

[1] Baum H.R. and McCaffrey B.J., Fire Induced Flow Field-Theory and Experiment, Fire Safety Science, Proc. 2nd Int. Symp., Hemisphere, New York, 1989, 129-148.

[2] Bilger R.W., Reaction Rates in Diffusion Flames, Combust. Flame, 1997,30:277-284.

[3] Byram G.M., Nelson Jr. R.M., The Modeling of Pulsating Fires, Fire Tech., 1970, 6:102-110.

[4] Jamaluddin S. and Smith P. J.,Predicting Radiative Transfer in Rectangular Enclosures Using the Discrete Ordinates Method, Combust. Sci. Tech., 1988,59:321-340.

[5] Jiménez C., Ducros F., Cuenot B. and Bédat B., Subgrid Scale Variance and Dissipation of a Scalar Field in Large Eddy Simulations, Phys. Fluids, 2001,13:1748-1754.

[6] Kent J.H. and Honnery D.R., A Soot Formation Rate Map for a Laminar Ethylene Diffusion Flame, Combust. Flame, 1990, 287-299.

[7] Knio O.M., Najm H.B. and Wyckoff P.S., A Semi-Implicit Numerical Scheme for Reacting Flow: II Stiff, Operator-Split Formulation, J. Comp. Phys., 1999,154: 428-467.

[8] Kuo K.K., Principles of Combustion. A Wiley-Interscience Publication. New York., 1986.

[9] Magnussen B.F. and Hjertager B.H., On Mathematical Modelling of Turbulent Combustion with Special Emphasis on Soot Formation and Combustion, Proc. Comb. Inst. 1976:16, 719-729.

[10] Malalasekera W.M.G., Verteeg H.K. and Gilchrist K., A Review of Research and an Experimental Study on the Pulsation of Buoyant Diffusion Flames and Pool Fires, Fire Materials, 1996,20:261-271.

[11] McCaffrey B.J., Purely Buoyant Diffusion Flames: Some Experimental Results, NBSIR 79-1910, NIST, 1979.

[12] McCaffrey B.J., Momentum Implications for Buoyant Diffusion Flames, Combust. Flame, 1983,52:149-2167.

[13] Moss J.B., Stewart C.D. and Syed K.J., Flowfield Modelling of Soot Formation at Elevated Pressure, Proc. Comb. Inst. 1988,22:413-423.

[14] Najm H.B., Wyckoff P.S. and Knio O.M., A Semi-Implicit Numerical Scheme for Reacting Flow: I Stiff Chemistry, J. Comp. Phys., 1998,143:381-402.

[15] Portscht R., Studies on Characteristic Fluctuations of the Flame Radiation Emitted by Fires, Combust. Sci. Tech., 1975,10:73-84.

[16] Smagorinsky J.,General Circulation Experiment with the Primitive Equations: Part I. The Basic Experiment, Monthly Weather Rev., 1963,91: 99-164.

[17] Syed K.J., Stewart C.D. and Moss J.B., Modelling Soot Formation and Thermal Radiation in Buoyant Turbulent Diffusion Flames, Proc. Comb. Inst. 1990,23:1533-1541.

[18] Warrantz U., Maas U., Debbie R.W., Combustion, Springer-Verlag, Berlin, 1996.

[19] Yaga M., Endo H., Yamamoto T., Aoki H. and Miura T., Int. J. of Heat and Mass Transfer, 2002:45, 2343-2349.

[20] Zhou X., Luo K.H., and Williams J.J.R., Numerical Studies on Vortex Structures in the Near-field of Oscillating Diffusioin Flames, Heat Mass Transfer, 2001,37:101-110.

[21] Zukoski E.E., Cetegen B.M. and Kubota T.,Visible Structures of Buoyant Diffusion Flames, Proc. Comb. Inst. 1984,20: 361-366.

基于大涡模拟的池火数值模拟研究

摘要

本文应用大涡模拟(LES)的方法研究了浮力火的振动特性。在本文设定的火灾场景中，以甲烷气体作为燃料，喷入筛状的燃烧炉(0.3 米 x 0.3 米)进行燃烧。数值模拟的研究区域为 3 米 x 3 米 x 3 米的立方体空间。本文采用的亚格子尺度(SGS)模型，考虑亚格子尺度应力与湍流通量的耦合影响。为了研究燃烧及碳烟颗粒造成的热辐射损失，本文利用离散坐标法(DOM)研究热辐射转导过程，同时应用 Moss 等提出的碳烟模型描述烟的发展过程。为了研究浮力驱动下的湍流，本文采取了二级"预测-修正"的阶段分析方法，预测时引入二阶 Adams-Bashforth 时间积分法的显式推进方法，而修正时采用准二阶的 Runge-Kutta 方法。结果证明，通过应用二级阶段分析方法，模拟的燃烧区与非烧烧区的温度比值达到一个稳定数值。为了研究产生碳烟的化学反应过程，本文利用四阶 Runge-Kutta 的常微分方程进行求解，采用二阶中心差分法离散所有的控制方程式，并应用了 Krylov 方法求解泊松方程。通过与 McCaffrey 的实测结果进行比较，本模型预测的涡震/颤振频率为 2.1 赫兹，与实验测得的大约 2.7 赫兹非常接近。最后，本文还进一步讨论了模型的优缺点及今后的改进工作。

关键字： 大涡模拟、浮力火、计算流体动力学。

作者简介:

张丽娟 博士，女，Arch&Fire Professional (Int'l) Ltd 项目经理。主要研究方向：性能化防火设计、火灾动力学研究、空气流通性分析、CFD 数值模拟、大涡模型等。联系方式：香港特别行政区火炭禾盛街 11 号 603 室 Arch&Fire Professional (Int'l) Ltd，电话：(00852)3165 1992，传真：(00852)3743 4001，E-mail: alicec@archfirepro.com。

不同排烟模式对深埋地铁站台火灾烟气扩散的影响

张帅，张培红，符靖宇

沈阳建筑大学市政与环境工程学院

摘要

运用 FLUENT 软件，通过数值模拟的方法来分析深埋地铁岛式站台中部发生 2．5MV 火灾的情况下，不同排烟模式对火灾烟气扩散的影响．结果表明四种排烟模式都对火灾烟气实现了很好的控制，相比较而言，在上述火灾功率和地铁车站不变的情况下，只开启站台层和隧道轨顶排烟系统的模式控烟效果最好．对于 2．5MW 的小火灾功率站台火灾来说，适当的控制排烟量和合理的气流组织形式会对火灾烟气蔓延实现更好的控制，更有利于人员的顺利疏散．

关键词：站台火灾、烟气扩散、人员疏散、排演模式。

在发生火灾时，人员致死的主要原因为烟气的窒息和中毒作用[1]．地铁自身结构的特点决定了发生火灾时，在没有强制排烟的情况下，人员的逃生方向和烟气的扩散方向相同，人员的出入口可能就是喷烟口．有效控制火灾烟气的流动方向，为地铁人员顺利疏散提供一条安全通道，是地铁安全中非常重要的问题．由于受到地面建筑的限制等多方面原因，很多城市的地铁都采用深埋敷设，在一定程度上增加了人员疏散的难度，给车站的排烟设计提出了更高的要求[2-7]．

对于地铁车站的防排烟设计，须保证楼梯间等人员疏散通道上新鲜空气的速度在 1．5m/s 以上，乘客迎着新风向地面等安全避难空间疏散．主要的控烟手段包括：站厅层送风、站台层排风、隧道轨顶排风和隧道轨底排风．火灾事故通风模式的选择一般包括其中的一种或几种相结合．笔者对站台中部发生 2.5MW 小功率火灾进行了四种通风模式的数值模拟，并对结果进行了分析比较[8,9]．

1. 模型建立及验证

地铁车站的几何模型如图 1 所示，地面一层、地下五层．地面层为站厅层，地下一～四层为设备层，地下五层为站台层．相邻两层之间通过两组扶梯连接，另一侧设有疏散楼梯．车站有效站台长 72m，站台宽 12m，车站设有屏蔽门系统．站厅层设有送风口，站台两侧上部设有排烟口，隧道顶部和底部均设有排烟口．

火源的设置以及排烟量的选取等边界条件的设置均参照参考文献[10]．火源设置在站台中部，最大火灾功率为 2.5MW．在起火之后关闭站厅层送风，站台、隧道轨顶和轨底排烟开启(工况一)．站台上排烟风机的排烟量为 25m^3/s ，轨道顶部和轨道底部的排烟量分别为 18m^3/s 和 12m^3/s．笔者选择了火源点左侧 12m、距地面 2m 火源点正上方和火源点右侧 8m 处三个测点 T1、T2、T3 进行观测．图 2 为笔者三个测点处温度变化的模拟结果，图 3 为史聪灵、钟茂华等人的实验所测得的三个测点的温度变化．通过比较我们可以看出，笔者模拟的结果与文献[10]的实验结果的趋势基本是相同的，表明笔者建立的模型是合理的。

2. 模型的应用

利用前文所建立的模型，选用相同的火源设置和边界条件．选取了四种工况进行了数值模拟和对比分析，见表 1．四种工况中站台层的排烟口都是开启的，所不同的是，工况一关闭了站厅层的送风；工况二关闭了轨底排风和站厅层送风；工况三关闭了轨顶排风和站厅层送风；工况四所有的控烟手段全部开启，送风量为 4.5m^3/s．

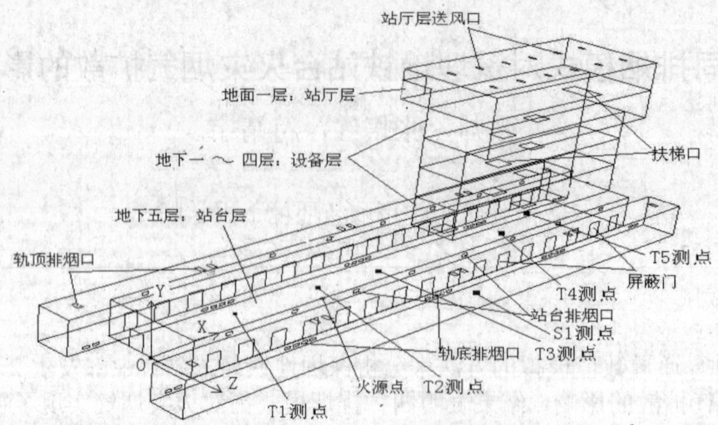

图 1　地铁车站的几何模型

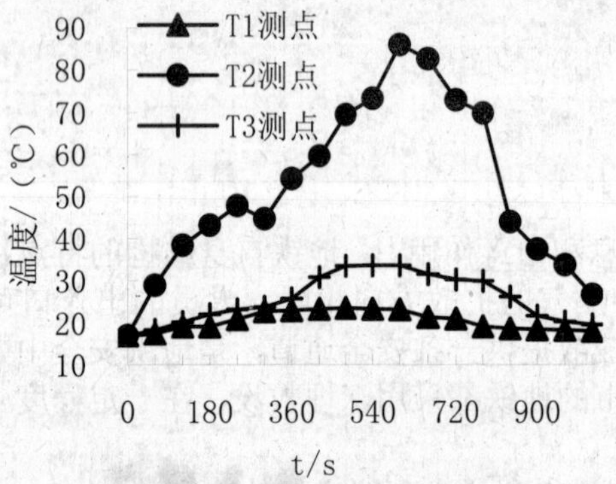

图 2　T1～T3 测点的温度变化

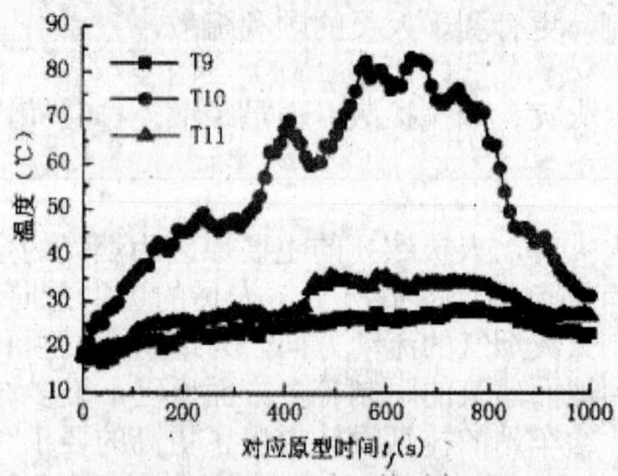

图 3　文献中的三测点的温度变化

表 1　各种工况的具体说明

工况	说明
工况一	站台层排烟风口、隧道轨顶、轨底排烟口开启，站厅层送风口关闭.
工况二	站台层排烟风口、隧道轨顶排烟口开启，站厅层送风口及隧道轨底排烟口关闭.
工况三	站台层排烟风口、隧道轨底排烟口开启，站厅层送风口及隧道轨顶排烟口关闭
工况四	站台层排烟风口、隧道轨顶、轨底排烟口开启，站厅层送风量为 4．5m^3/s.

根据需要，本次模拟的测点主要布置在站台、隧道、站台层与负四层连接的扶梯口处．站台测点为站台横向中轴线 2m 高处；隧道测点为隧道横向中轴线 2m 高处；扶梯口的测点为右侧扶梯口的中心正下方 0.5m 处． 具体位置为：站台上选取四个测点，各个测点坐标为 T1（12，2，0）、T2（24，2，0）、T3（32，2，0）和 T4（50，2，0）；扶梯口一个测点 T5（58，3.5，0）；隧道中选取了一个测点 S1（35，2，8．25）．坐标的设置以及测点的布置见图 1．

2.1 车站内的气流组织情况

四种工况的过火源中心断面的速度场分布趋势相似，以工况二为例，如图 4 所示，主要的空气流向为从站厅层经由扶梯口流入站台、从区间隧道流入我们的计算区域．

图 5 为四种工况右侧扶梯口中心测点 T5 气流速度变化与对比，可以看出，扶梯口向下的气流速度都保持在 1.5m/s 以上．工况四加入了站厅层送风之后，扶梯口向下的气流速度有了明显的提高．在关闭站厅送风情况下，工况一、二、三扶梯口的速度没有很大的区别．

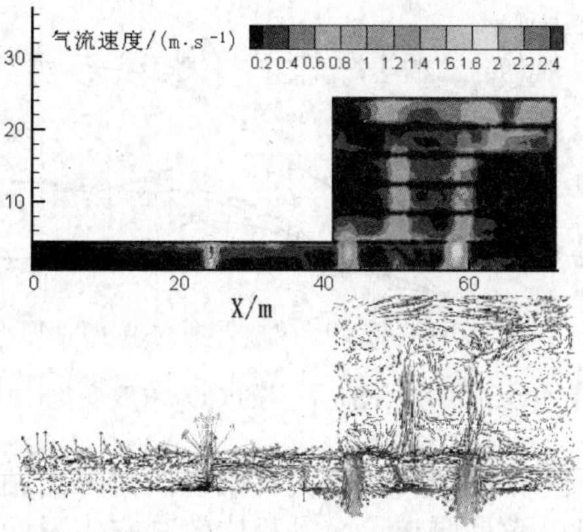

图 4　工况二过火源 X 轴向断面速度场

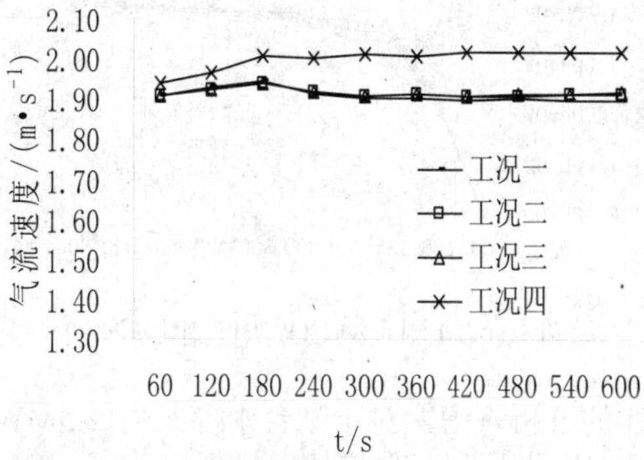

图 5　T5 测点随时间的气流速度变化

地铁站台 2m 高度水平截面的气流速度场分布，工况二和工况三大致相同，工况四和工况一是大致相同的，如图 6 和图 7 所示．工况二、三与工况一、四相比，隧道左侧的空气流速变化不大，但是右侧隧道口的气流组织有了较大的变化，在关闭了轨顶或者轨底排烟口之后，右侧的气流方向不像工况一和四那样单纯的由区间隧道向站台方向流入，而是在隧道断面处两侧的空气相互掺混．结合对图 5 的分析可以看出：两个扶梯口和四个隧道断面为整个地铁站台的主要补风口．站厅层送风对于扶梯口的补风量起着很大的作用，而隧道的轨顶和轨底排风对扶梯口向下的补风量影响不大，但对区间隧道的补风作用产生很大的影响．

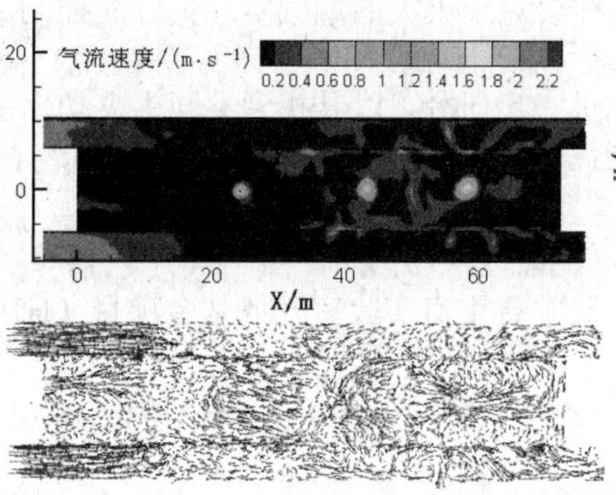

图 6　工况二 2m 高处水平截面速度场

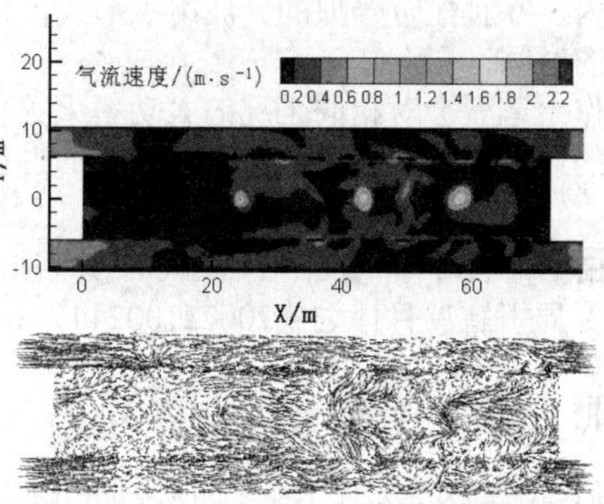

图 7　工况四 2m 高处水平截面速度场

2.2 烟气的扩散分析

火源左侧 12m 处和右侧 8m 处的测点 T1 和 T3 的烟气浓度变化，如图 8 和图 9 所示．通过四种工况的相比较，可以看到关闭轨底排烟口和站厅层送风口的情况（工况二）对烟气的控制效果相对来说最好；两扶梯口中间位置测点 T4 的烟气浓度变化，如图 10 所示．在此测点各工况的变化差别不大；隧道内的测点 S1 的烟气浓度变化，如图 11 所示．可以看到在关闭了隧道轨底排风之后，工况二和工况三变化是很明显的．工况三测点的烟气浓度相对最高是因为关闭了轨顶排烟口之后，由于轨底排烟口的作用使得烟气向下沉降，可见隧道轨底排风对隧道内的烟气扩散影响是很大的．

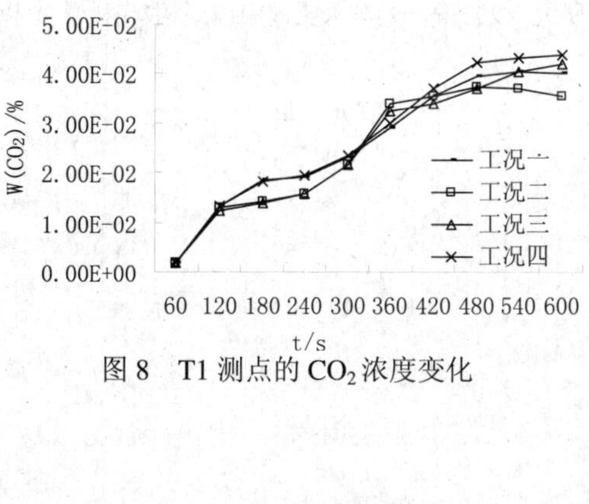

图 8　T1 测点的 CO_2 浓度变化

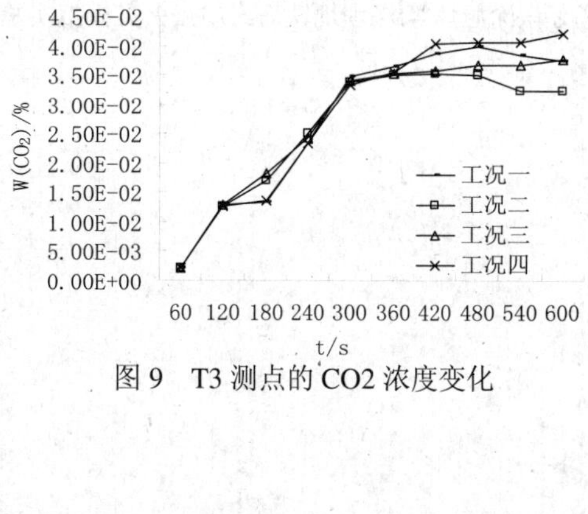

图 9　T3 测点的 CO2 浓度变化

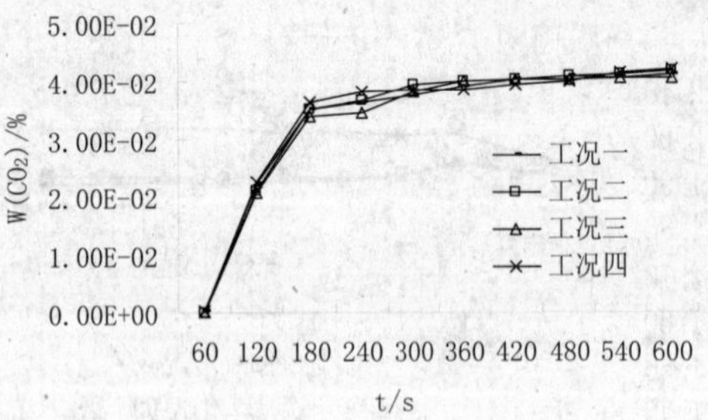

图 10　T4 测点的 CO_2 浓度变化

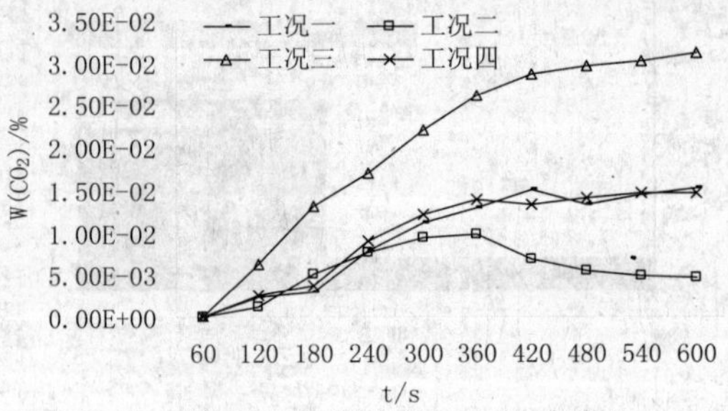

图 11　S1 测点的 CO_2 浓度变化

综合上述的分析考虑，对于站台中部发生 2.5MW 的深埋岛式站台火灾来说，只开启站台层排烟口、隧道轨顶排烟口，站厅层、隧道轨底排烟口关闭，就可以满足要求．而且相比较其它工况而言对烟气的控制效果更好．

3. 结论

本文对于深埋地铁岛式站台中部发生 2.5MW 的火灾进行了模拟分析，结果表明在进行防火排烟设计的时候，并不是说将所有的防烟控烟手段都是用在地铁工程中就能得到很好的控烟效果．排烟量和补风量也不是说越大越好。因为，增大了排风量和补风量，会冲淡烟气浓度而且可以更多的带走烟气，但同时也增加了进入燃烧区域的氧气量，起到了助燃的作用，增大了烟气的发生量．所以排烟量应该控制在一个适当的范围之内，并且配合合理的气流组织形式，这样会对于火灾的烟气实现更好的控制，为人员的顺利疏散赢得宝贵的时间．

在后续的工作中笔者会对相同工况的大功率火灾作进一步研究，以寻找到不同火灾功率在不同排烟模式下对烟气扩散的影响规律，以便对于排烟模式的性能优化提供一些理论依据．

4. 基金项目

国家外专局引智项目计划（20072100244）和 辽宁省重点实验室开放基金项目（HJ-200606）资助。

5. 参考文献

[1] 李引擎.建筑防火性能优化设计.北京:化学工业出版社,2005.

[2] 张培红,黄晓燕,万欢欢,等.基于智能体技术的人员群集流动动力学模型.沈阳建筑大学学报（自然科学版）,2005,21(4):358-362.

[3] Chow W K. Simulation of Tunnel Fires Using a Zone Model. Tunneling and Underground Space Technology, 1996, 11(2): 221-236.

[4] 高俊霞,史聪灵,钟茂华.深埋地铁防排烟设计研究.中国安全生产科学技术,2006,2（6）:39-44.

[5] Zhong Maohua, Fan Weicheng, Liu Tiemin.Some Key Technologies and the Future Developments of Fire Dafety Science.Safety Science, 2004, 42(7): 627-637.

[6] Jojo S M,Chow W K. Numerical studies on performance evaluation of tunnel ventilation safety systerms[J].Tunnelling and Underground Space Technology,2003, (18):435-452.

[7] Zhong Maohua, Fan Weicheng.　Airflow optimizing control research based on genetic algorithm during mine fire period[J].Journal of Fire Sciences, 2003, 21(2): 131-153.

[8] 北京城建设计研究总院.GB 50157-2003 地铁设计规范.北京:中国计划出版社,2003.

[9] 杨英霞,陈超,屈璐,等.关于地铁列车火灾人员疏散问题的几点讨论.中国安全科学学包,2006,16（9）:45-50.

[10] 史聪灵,钟茂华,涂旭炜等.深埋地铁岛式站点火灾模拟实验研究（2）——列车火灾.中国安全生产科学技术,2006,2（2）: 14-18.

The Impact of diffrent ventilation modes on smoke spread of deep buried metro station fire

Abstract

On the 2.5MW fire in the middle of the platform of deep-burying island type of metro station, the impact of diffrent ventilation modes on smoke spread was analyzed by FLUENT. Simulation results illustrate that all of four modes can effectively control the smoke. Compared with four modes, under the same fire intensity and station, the combination of platform smoke discharge system and the top of tunnel smoke discharge system can get the best smoke discharge effect. For the small intensity of platform fire, saying 2.5MW, appropriate smoke discharge system and reasonable fresh air supply organization can control the smoke spread more effectively, and more advantageous to the human safety evacuation in metro station fire.

Key Words: platform fire; smoke spread, evacuation; ventilation mode

作者简介：

张帅（1982- ），男，硕士研究生，主要从事火灾安全科学研究。

地铁火灾虚拟环境下人员对不同颜色疏散标识的决策反应

王粟，张培红，郭海丰，张帅

沈阳建筑大学市政与环境工程学院

摘要

利用3DMAX软件构建地铁站台火灾的三维模型，得到地铁站台火灾烟气条件下人员疏散的仿真动画，在不同人群中进行模拟实验和数据采集，统计分析实验者对不同颜色疏散标识的决策反应。实验数据的统计分析结果表明，性别、成长环境和专业背景与人员对不同颜色疏散标识的决策反应有一定的相关性。绿色疏散标识是中国内地青年学生在地铁站台火灾烟气条件下应急疏散的优先选择。

关键字：地铁火灾、人员行为、疏散标识、统计分析、决策反应。

1. 引言

在火灾环境下，不同颜色的疏散标识因能见度不同，以及对紧急状态下恐慌人群不同的心理作用，对人员疏散的安全性有着非常重要的影响。绿色可以使人精神镇定，克服急躁的心理状态。然而，在烟气条件下，红色系统比绿色系统更有利。这是因为随着烟气浓度的增加，物体的可见距离成反比明显下降，红色光波较长，可以适当延长可见距离[1]。美国国家火灾防治协会 NFPA 的生命安全规范[2]规定疏散指示的颜色采用红色；加拿大国家规范中关于疏散标识的颜色可以选用红色或绿色。我国主要采用绿色作为疏散标识的颜色[3]。国内外学者针对建筑火灾中不同颜色疏散标识的反应特征进行了研究分析。Collins[4]等人研究了清洁空气和烟气条件下疏散标识的能见度，通过有烟和无烟条件下的实验发现疏散字体颜色以及与背景的对比度、标识亮度是烟气条件下疏散标识能见度的重要影响因素。Ouellette[5, 6]指出疏散标识颜色并不是影响能见度的主要因素，但却是影响人的注意力的主要因素。Cleary T[7]、宋卫国等也针对疏散标识在烟气中的反应特性进行了研究[8-10]。

地铁火灾与一般建筑火灾相比，具有采光条件相对较差、能见度低、出口相对狭窄、烟气蔓延方向与人员疏散方向一致等特点，地铁火灾中人员疏散的危险性更加严重[11]。因此，建立地铁火灾烟气蔓延条件下的虚拟环境，对不同行为人员对不同颜色疏散标识的决策反应情况进行模拟分析和优化，具有一定的实际意义。

2. 建立模型

遵照国家标准（GB 15630—1995）[12]关于消防安全标志的设置要求，建立了3种内光源型疏散标识灯，分别进行绿色、黄色和红色疏散标识的两两对比试验，如图1所示。疏散标识的亮度设置为16cd/m^2。尺寸为400mm×145mm。

利用3DMAX构建地铁站的三维模型，将上述建立的疏散标识灯两两一组分别置于地铁站台三维模型中，进行渲染，对其出口的物理环境、火灾时应急照明情况、疏散诱导信息、火场烟气蔓延情况进行仿真。地铁站台尺寸为64m×18m×4m。站台两侧设置立柱、灯箱广告与排风口。

在3DMAX场景中利用AURA插件对火场烟气蔓延情况进行模拟，并加入消防警报声音。初始时刻地铁站台场景如图2所示。当火警响起2秒后，地铁站台内正常照明电源切断，人员开始疏散。

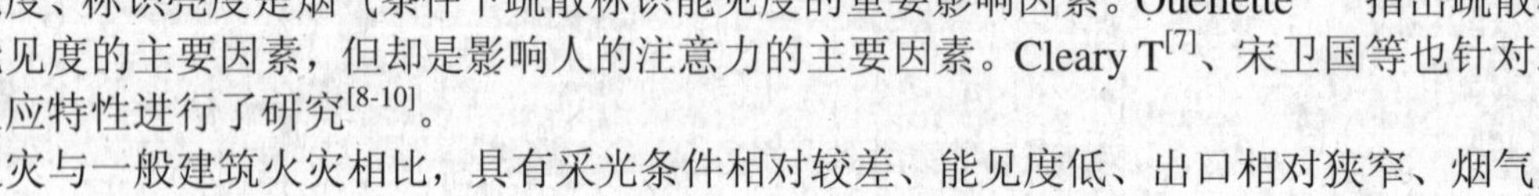

图1 不同颜色的疏散标识对比

图 2 地铁站台模型 t=0s

人员疏散的模拟借助摄像机镜头的推进完成。镜头跟进的速度参照成年人行走的速度设置。停电前环境照明较好，速度较快。将行进速度定为 3.5m/s。行进 2s。停电后环境照明较差，速度较慢定为 0.8m/s。行进 12s。

图 3 t=2s 地铁站台切断电源

图 4 t=10s 安全出口位置

3. 模拟实验和数据采集

设计了 3 组实验场景，就不同颜色的疏散标识进行两两对比，如表 1 所示。

表 1 模拟试验方案设计

实验组别	目的	实验内容
1	颜色对比	红与黄对比
2		红与绿对比
3		黄与绿对比

调查问卷的设计，不仅包括对疏散标识的选择，还就参加试验人员的性别、年龄、成长背景（大城市，小城镇，农村）以及是否担任领导职务进行调查，并请参试人员说明之所以选择某种疏散标识的原因，例如感觉标识更吸引注意，更正规，更符合习惯，更明白，等等。问卷最后包括 3 组不同厚度烟雾中红绿两种标识灯的对比情况。

4. 结果与分析

在大学生、中青年技术人员中进行模拟试验，采集到了 287 份答卷，其中有效问卷 172 份，其中男 106 人，女 66 人。其中，将绿色疏散标识作为第一选择的 120 份，占总数的 69.8%。黄色标识灯为第一选择的 44 份，占总数的 25.6%。红色标识灯为第一选择的 8 份，仅占总数的 4.6%。这部分调查全部在市政与环境工程学院学生中进行，学生多为大二和大三学生。因此，年龄和专业背景对疏散标识反应的影响未作考虑。

利用统计分析软件 SPSS v14.0 对数据进行处理，分析不同人员行为对疏散标识的颜色、字体、图案等的反应特性及其相关性。克莱姆系数 V（Cramer's V）<0.1 不相关； 0.1<克莱姆系数 V <0.3 微弱相关；克莱姆系数 V >0.3 显著相关。

4.1 性别对不同颜色疏散标识的决策反应的影响

172 份有效答卷中，66 名女性受访人员将绿色疏散标识作为第一选择的共 50 名，占 75.8%。 106 名男性受访人员将绿色疏散标识作为第一选择的共 70 名，占 66.0%。如表所示。利用 SPSS 软件分析性别与对不同颜色疏散标识决策反应的相关性，得到克莱姆系数 V =0.107<0.3，表明性别对不同颜色疏散标识的选择具有微弱相关性。女性更多的人把绿色作为安全色。

表 2 性别与不同颜色疏散标识的相关性分析

性别	不同性别人员对不同颜色疏散标识的选择频数			总数
	绿色	黄色	红色	
男	70	30	6	106
女	50	14	2	66
总数	120	44	8	172

4.2 成长背景对不同颜色疏散标识的决策反应的影响

生长在大城市有 46 份，其中绿色标识是第一选择有 35 人，占 76.1%；生长在小城镇 66 份，绿是第一选择有 47 人，占 71.2%；生长在农村有 60 份，绿是第一选择有 38 人，占 63.3%。

克莱姆系数 V =0.178<0.3 微弱相关。从结果来看，成长环境越优越，越容易认同疏散标识颜色的普遍规范。

表 3 成长背景与不同颜色疏散标识的相关性分析

成长背景	不同成长背景对不同颜色疏散标识的选择频数			总数
	绿色	黄色	红色	
大城市	35	6	5	46
小城镇	47	17	2	66
农村	38	21	1	60
总数	120	44	8	172

4.3 不同颜色疏散标识在烟雾中能见度对比

问卷中选取红绿两种疏散标识在烟雾环境中进行对比。在相同厚度的烟雾中，红色比绿色更不容易消失在烟雾中，在这组对比中，172 人中 159 人占 92.4%认为红色比绿色更醒目。

5. 结论

建立了虚拟的地铁站台火灾场景，在不同行为特点大学生中进行模拟实验，调查青年学生对不同颜色疏散标识的决策反应。从实验结果的分析表明，地铁火灾烟气弥漫的环境中，虽然红色疏散标识在烟雾中更为醒目，但绿色作为疏散安全色已被青年学生普遍接受。

需要更多的实验者给出选择标识的原因与评价；需要更多不同年龄的样本，进而分析不同年龄组在选择疏散标识中的不同；可以进一步研究疏散标识内置光源的强度对疏散人员判断的影响。

6. 基金项目

国家自然科学基金项目（70303016）；辽宁省教育厅项目（2004C001）

7. 参考文献

[1] 居家奇等.应急照明的光谱对疏散和逃生的影响.灯与照明. 2006, 30(2):5~7.
[2] NFPA. NFPA 101 Life Safety Code. Quincy: National Fire Protection Association, 2006.
[3] 中华人民共和国建设部. GB50016-2006 建筑设计防火规范[S]. 北京：中国建筑工业出版社,2006.
[4] B.L.Collins, M.S.Dahir and D.Madrzykowski Visibility of Exit Signs in Clear and Smoky Conditions[J].Fire

Technology.1993,29（2）:154-182.
[5] Ouellette M．Exit Signs in Smoke．Lighting Res. and Tech. 1988, 20:155-160.
[6] Ouellette M．Visibility of Exit Signs .Progressive Architecture,1993,39-42.
[7] Cleary T.G Video Detection and Monitoring of Smoke Conditions．Germany: Luck H．International Conference on Automatic Fire Detection，2004,681-690.
[8] 宋卫国,马剑等. 典型学生人群对疏散指示反应特性的初步研究. 火灾科学, 2006, 15(3):161~166.
[9] 宋卫国,马剑等. 烟气条件下疏散指示能见度实验及图像分析. 安全与环境学报,2007, 3:110~115.
[10] Wang Canping, ZHANG Peihong, etc. Investigation and Analysis on Human's Wayfinding Decision Behavior towards Exit Signs in Evacuation Process. Beijing: Progress in Safety Science and Technology. 2006, 399-402.
[11] 张培红,张帅,于谨.屏蔽门对岛式站台隧道火灾烟气蔓延的影响.沈阳建筑大学学报：自然科学版，2007,23（5）:734~738.
[12] 中华人民共和国建设部. GB 15630—1995 消防安全标志设置要求.北京:中国建筑工业出版社,1995.

Decision Response on Exit Signs of Different Colors in Subway Fire Virtual Environment

Abstract

Simulation analysis to the response characteristic of personnel behavior towards exit signs under the subway fire. 3DMAX build model software is applied to build a three-dimension model of fire in subway station. Then the simulation cartoon of evacuation in subway station is obtained. The statistics analysis software SPSS v14.0 is applied to analyze the data we get from the survey of university students, young technological people, etc. It is found that human behaviors have certain relevance with their decision response towards different color of exit signs. The relevant human behaviors include gender, grown-up backgrounds and professional fields. The green character is personnel's first choice under hazardous situations in the subway platform fire.

Kay words: subway fire, personnel, exit Signs, statistics analysis, decision response.

作者简介：

王粟（1986- ），男，硕士研究生，主要从事火灾安全研究。

大型多功能公共建筑火灾安全技术应用研究

刘文利[1]，包盼其[2]，刘克[2]，唐海[1]，马建民[3]，杨欣[3]

[1]中国建筑科学研究院建筑防火研究所
[2]北辰国家会议中心有限公司
[3]北京市公安局消防局

摘要

随着社会经济的发展、建筑技术的不断进步，越来越多的公共建筑正趋向大型化、多功能化发展。大型体育场馆、会议中心、艺术中心、博览中心等在我国的建设方兴未艾，这些建筑在给人们带来建筑艺术、视觉冲击以及使用舒适便利的同时，也给建筑的设计、建造和运营管理带来了一系列问题。

大型多功能公共建筑往往具有建筑体量大、空间高、人员密集等特点，其防火安全至关重要。北京2008年奥运会的许多在建场馆均为大型多功能建筑，赛时这些场馆承担着比赛、大型活动以及服务等功能，其防火安全直接关系到北京 2008 年奥运会举办的成败；赛后作为大型的体育设施、文化活动、会议展览等场所，其防火安全同样关系着人民的生命财产安全和社会的和谐稳定。

本文结合国家会议中心项目这一典型的大型、多功能建筑，从建筑特征以及火灾特点分析入手，研究探讨现代火灾安全技术在大型多功能建筑的应用，以提高大型多功能公共建筑的消防安全综合技术水平，为我国大型多功能公共建筑的建设提供先进、适用的综合防火技术应用手段。

关键词：大型公共建筑、火灾安全技术、性能化防火。

1. 建筑特征和火灾特点

1.1 建筑组成与特征

奥林匹克公园（B 区）中心为“国家会议中心及配套”项目，其用地面积 12.21 公顷，建筑面积达到 53.4 万 m^2。在 2008 年奥运会期间，该项目承担两个媒体中心（国际广播中心 IBC 和主新闻中心 MPC）、两个比赛场馆和一个训练场馆（击剑比赛和现代五项的击剑、气手枪比赛）的使用任务，在残奥会期间该建筑同样承担两个中心（国际广播中心、主新闻中心）及两个轮椅比赛项目（轮椅击剑、轮椅硬地滚球）的使用任务。赛后具有大型会议、综合展览、酒店、写字楼、商业等功能，同时庞大的地下两层室内停车场与城市地铁、城市地下公交车道连通（项目鸟瞰图见图 1）。

国家会议中心建筑总建筑面积约 27 万 m^2，其中地上建筑面积 15 万 m^2，地下建筑面积约 12 万 m^2。主体建筑 35 m，局部建筑 42 m，地上 8 层，地下 2 层。奥运会期间（以下称赛时）建筑类别为特级体育和一类公共建筑，奥运会后（以下简称赛后）为一类公共建筑。建筑主要功能区域组成如下：
地下部分：赛时主要作为国际广播中心（以下简称 IBC）用地，赛后为商业和停车用房；
地上北区：赛时主要作为 IBC 用地，赛后主要作为展览用房；
南区较低部分：赛时为低座比赛馆，赛后作为大宴会厅；
南区较高部分：赛时为高座比赛馆，赛后作为大会堂；
建筑东侧面向景观路的狭长区域——内街：赛时北侧作为大餐厅使用，赛后内街主要作为公共人流空间，同时其内设有长期展厅、大报告厅等空间。
作为典型的大型多功能建筑，国家会议中心建筑体现为以下几个建筑特征：

（1） 建筑体形庞大、形式独特、多功能复合；
（2） 大小空间组合，地上地下联体；
（3） 赛时（奥运会、残奥会）、赛后三个阶段建筑空间使用功能差异大；
（4） 人员构成复杂，作为比赛场馆、大型会议、展览及商业空间人员密度高，人员疏散困难；
（5） 作为 IBC 使用的区域，其电气设施线路密集，对防水、供电、空调、声学等要求高，同时区域设施具有临时性、工程建设及转换周期短等特点。

图1　项目鸟瞰图

1.2 火灾特点

（6）　建筑体量大，疏散距离长，人员疏散时间较长；人员对建筑不熟悉，密度高，不利于人员安全疏散。

（7）　对于大空间场所，火灾烟气易出现热障和烟气弥漫现象，不利于人员疏散和外部救援。

（8）　对于地下空间场所，人员方位感差，人员需向上疏散，同时火灾烟气流动方向与人员疏散方向一致，给人员疏散造成不利影响。

（9）　展览厅、商业可能火灾荷载大，火灾规模大。

（10）IBC 使用的区域可能发生的火灾为电气火灾，将火灾控制在较小范围，保证运营至关重要。

2. 主要消防设计问题与防火安全目标

2.1 主要消防设计问题

（11）　赛后作为大展厅、赛时作为 IBC 用地使用的建筑空间整个区域为一个独立的防火分区，面积达到约 20000m²，空间高（天花高度为 12～17m），其防火分区超过国家规范规定的面积限制；同时也存在人员疏散、烟控系统设计与自动灭火系统设计问题。

赛后作为大宴会厅使用，赛时为低座比赛馆的建筑空间单层面积约为 5000m²，天花高度为 17m 高，整个区域为一个独立的防火分区，防火分区超过国家规范规定的面积限制；同时也存在人员疏散、烟控系统设计与自动灭火系统设计问题。

赛后作为大会堂使用，赛时为高座比赛馆的建筑空间单层面积约为 6500m²，天花高度为 16～19m 高，整个区域为一个独立的防火分区，防火分区面积超过国家规范规定的面积限制，同时存在疏散设计、烟气控制设计和消防设施设计问题。

内街整个区域为一个大空间，同时内部设有长期展览区及拱桥状人行道等。内街部分将形成一个贯穿整个空间的独立大防火分区，其防火分区面积超过国家规范规定的面积限制；内街长期展厅采用 1hr 耐火极限的防火玻璃外加喷淋头保护的方式与内街公共人流区域进行分隔。

地下商业区总面积约为 4.2 万 m²，分别位于地下一层和地下二层。其中地下一层面积达 3.0 万 m²；地下二层面积约为 1.2 万 m²。地下商业区总建筑面积大于 20000m²，未采用防火墙进行分隔；同时疏散设计不能完全满足国家规范要求。

2.2 防火安全目标

国家会议中心建筑作为大型会展类建筑（赛时作为 IBC 用地和击剑比赛以及现代五项的击剑、气手枪比赛场地），其建筑特征决定了其防火设计难以依据传统的规格式设计方法进行，给防火设计、运营管理以及防火监督带来了巨大的挑战。也正是基于本建筑功能的特殊性、复杂性，国家会议中心采用了基于性能化的设计方法进行防火安全设计。本项目性能化防火设计安全目标至少应包括以下几部分：

（12） 保证建筑内人员的疏散安全；
（13） 保护财产安全；
（14） 保持建筑运行的连续性。

3. 火灾安全技术应用策略

3.1 针对防火分区扩大的消防策略

大型公共建筑往往需要开敞流动的空间，其防火分区扩大是这类建筑防火设计面临的最常见问题之一，在现行规范中建筑物内划分防火分区的目的主要在于：

（15） 对大面积的空间进行防火分隔，包括水平方向分隔和竖直方向分隔，防止火灾在建筑物内大范围蔓延，减少火灾造成财产损失扩大；
（16） 保证火灾区域的人员能够及时疏散到安全区域，并减少对建筑物内非火灾区域人员安全的影响；
（17） 将火灾控制在较小范围内，为消防救援和灭火战斗创造有利条件。

针对防火分区扩大问题，应从实现划分防火分区的目标出发，采取合理的消防策略：

（18） 首先将可燃荷载密集或火灾危险性大的功能区域，如汽车库、设备机房、仓库以及办公等区域应采取防火墙、防火卷帘及防火门与其他区域进行防火分隔，使其成为不同的防火分区。
（19） 对于公共开敞、无法按规范进一步防火分区划分的大空间场所内的高火灾荷载或高危险且有较低屋盖区域，应通过采取防火单元（或防火舱，以下称防火单元）方式将火灾烟气控制在较小范围内。防火单元内应设置火灾自动报警系统、自动灭火系统和防排烟系统，防火单元与公共人流空间进行适当的防火分隔。由于公共人流区域（或中庭上空部分）无固定可燃荷载，因此对于面向公共人流空间（或中庭上空部分）防火单元的隔墙可适当降低防火等级，国家会议中心赛后内街长期展厅与内街空间的分隔采用了耐火时间为 1.0h 的防火玻璃，是可行的。
（20） 对于公共开敞、无法按规范进一步防火分区划分的大空间场所内的高火灾荷载或高危险且无较低屋盖区域，应通过采取控制可燃荷载数量和保持一定的安全防火分隔距离（燃料岛概念）以使初期火灾规模较小，且不会导致火灾蔓延扩大。
（21） 设置防火隔离带，通过辐射热强度的分析和控制，确定合理的防火分隔距离，防止火灾在建筑空间的连续蔓延。
（22） 对于大体量公共建筑，由于其单层面积大，亦或几层空间共通，难以按规范要求按防火分区及层进行疏散诱导组织，应合理划分疏散及防火控制分区。
（23） 采取分阶段疏散原则合理引导人员进行疏散，并提供合理可靠的疏散路径和足够的疏散宽度，保证人员疏散安全。
（24） 应合理设置火灾自动报警系统、自动灭火系统以及防排烟系统等消防设施，以实现早期探测灭火，控制火灾规模，防止烟气扩散，利于人员及早疏散，保证人员疏散安全的目标。

3.2 针对人员疏散设计问题的消防策略

大型公共建筑人员疏散设计按现行规范衡量，往往存在疏散宽度不足、疏散距离超长，以及首层无直接对外出口等疏散设计问题，这也成为大体量建筑防火设计的又一难点。现行规范对于疏散宽度一般按层和防火分区进行要求，而对于大型多功能公共建筑，由于其体量大，防火分区面积大，疏散宽度按层和防火分区进行衡量难以满足规范要求；单层面积大的建筑，其必然存在标准层疏散距离过长或首层无直接对外出口的问题。上述问题应建立在对空间特点具体分析的基础上，从保证人员疏散安全目标出发，采取合理的消防策略。

（25） 应合理划分疏散及防火控制分区，并采取分阶段疏散原则合理引导人员进行疏散。对于特定的区域应提供足够的疏散宽度，保证各个区域人员火灾时能够迅速离开火灾区域进入安全场所（指室外开敞空间或避难层间）或临时安全场所（包括防烟楼梯及其他防火分区）。
（26） 设置准安全区或避难走道，保证疏散路径的安全。对于楼梯在首层难以对外以及难以满足疏散距离时，应将建筑中的某些区域通过采用适当的防火分隔措施（不宜采用防火卷帘）与其他区域单独划分出来，控制这些区域的可燃荷载和内装修（原则上为不燃装修），并采取主动消防设施，保证其作为疏散路径的安全，同时要求该区域本身有较好的疏散条件通向安全场所，还应加强应急照明、疏散指示以及应急广播的设置。国家会议中心地下一层设置了一条贯穿建筑北区南北的避难走道，并结合防火隔离带的设置，解决了地下空间有关防火分区面积过大、人员疏散困难的设计难题。

3.3 针对高大空间消防系统设置问题的消防策略

（27） 大空间区域应合理选择防排烟方式，按空间尺寸、火灾规模和保证一定的清晰高度为控制参数合理确定排烟量或排烟开口有效面积。大空间区域的烟控系统，一般参考 NFPA92B 提供的二层区域模型公式进行设计计算（参见图 2）；对于建筑面积大于 500m^2 且高度大于 6m 的大空间场所如设置自然排烟系统应设置高位自动排烟窗，并应与火灾自动报警系统联动；对于净空高度超过 12m 的高大空间如采用自然排烟系统，应通过 CFD 模拟分析烟气流动规律，并与疏散分析结果对比，以保证人员疏散安全为目标，判断验证烟控系统设计的合理性。赛后大展厅采用了自动自然排烟系统，应用性能化分析手段，验证了该区域烟控系统设计的合理性。

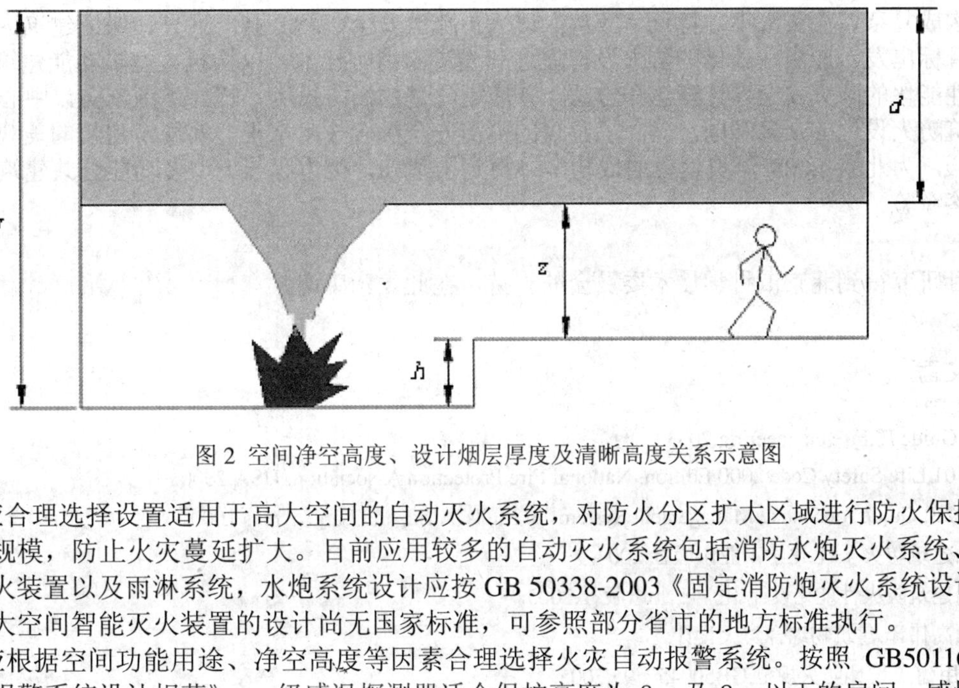

图 2 空间净空高度、设计烟层厚度及清晰高度关系示意图

大空间区域应合理选择设置适用于高大空间的自动灭火系统，对防火分区扩大区域进行防火保护，以控制火灾规模，防止火灾蔓延扩大。目前应用较多的自动灭火系统包括消防水炮灭火系统、大空间智能灭火装置以及雨淋系统，水炮系统设计应按 GB 50338-2003《固定消防炮灭火系统设计规范》执行，大空间智能灭火装置的设计尚无国家标准，可参照部分省市的地方标准执行。

大空间区域应根据空间功能用途、净空高度等因素合理选择火灾自动报警系统。按照 GB50116-98《火灾自动报警系统设计规范》，一级感温探测器适合保护高度为 8m 及 8m 以下的房间；感烟探测器适合保护高度为 12m 及 12m 以下的房间；火焰探测器适合保护 20m 及 20m 以下高度的房间；选用红外光束探测器时，其安装高度不宜超过 20m。近年来，吸气式烟雾探测火灾报警系统、图像型火灾探测器（双波段图像型火灾探测器和光截面图像感烟火灾探测器）在大空间中得到了较好地应用。

3.4 针对 IBC 区域水消防系统设置消防策略

IBC 是为奥运授权媒体转播商提供节目制作和播出的工作场所，世界各国家、各地区的奥运会授权转播商都将广播电信设备集中在此。保证该区域运营的连续性对于奥运会的成功举办至关重要，而防火的同时还特别要求预防水渍的影响，为此针对 IBC 区提出水消防系统设置策略如下：

（1） 对于媒体转播区和 BOB 技术区火灾危险性较大的配电间进行单独的气体灭火系统保护，对于其他区域则加强火灾早期探测报警功能以及加强灭火器等移动式灭火设备的配备。

（2） 对于地下一层以及二层至七层的 IBC 区域，可结合并利用奥运赛后国家会议中心建筑内自动灭火系统设计条件，将奥运赛时的媒体转播区和 BOB 技术区的湿式喷淋系统改造为预作用喷淋系统，使位于媒体转播区和 BOB 技术区上空的喷淋配水管道在日常状态下保持无水状态，只有在区域内探测到火灾并确认的情况下才联动开启报警阀组向配水管道充水。这样，既避免了平时因故障或误动作造成水渍损失，又能够在真正发生火灾的情况下灭火系统有效工作，进一步提高消防安全水平。

（3） 首层赛后大展厅内虽设计有红外对射火灾探测系统和自动消防水炮灭火系统，由于奥运赛时 IBC 高空管线遮挡严重，媒体转播区部分房间还设有吊顶和隔墙，这对自动探测和自动灭火产生较大影响，建议奥运赛时暂不启用大展厅内的红外对射火灾探测系统和自动消防水炮灭火系统，而在大空间内安装吸气式早期火灾探测系统，对首层展厅大空间进行整体火灾监测，同时加强灭火器等移动式灭火设备的配备以及在主通道上加强消火栓和消防卷盘的设置，并要求在首层大展厅内加强安全巡查和消防灭火力量的配备，提高消防安全水平。

（4） 对于 IBC 内与转播区隔离开的其他非转播工作区，如餐饮区、服务大厅、奥组委（BOCOG）办公管理区、设备区等应充分利用赛后国家会议中心消防条件，按要求设置自动灭火系统。

4. 总结

大型多功能建筑的大量出现，在给人们带来建筑艺术、视觉冲击以及使用舒适便利的同时，也给建筑的设计、建造和运营管理带来了一系列问题。针对大型多功能建筑功能多样，建筑体量大、空间高，以及建筑人员构成复杂、人员密集等特点，应从保证人员疏散安全、降低财产损失、保证建筑运营的连续性等防火安全目标出发，应用性能化的防火设计理念和先进的消防技术，以构筑大型多功能建筑的防火安全。通过应用性能化的防火安全设计理念和方法，并应用先进的消防技术，解决了国家会议中心这一典型大型多功能建筑防火设计的众多难题，提高了建筑的消防安全综合技术水平，实现了建筑的美观、安全、经济的和谐统一，为北京 2008 年奥运会的成功举办奠定了基础，也为我国大型多功能公共建筑建设提供了较好的可借鉴经验。

注：本项目研究得到北京市科学技术委员会的支持，在此表示感谢！

5. 参考文献

[1] CIBSE Guide E ,Fire engineering.2003.
[2] NFPA 101,Life Safety Code 2000 Edition. National Fire Protection Association, USA.2000.
[3] NFPA 92B, Guide for Smoke Management Systems in Malls. Atria, and Large Areas.2000.
[4] 李引擎.建筑防火工程.化学工业出版社.2004.
[5] 李引擎.建筑防火性能化设计.化学工业出版社.2005.
[6] 孙金香,高伟译.建筑物综合防火设计.
[7] 高层民用建筑设计防火规范.GB50045－95.2005.
[8] 自动喷水灭火系统设计规范.GB50084－2001.2005.
[9] 火灾自动报警系统设计规范.GB50116－98.
[10] 自然排烟系统设计、施工及验收规范.DBJ 01-623-2006(北京市地方标准).
[11] 建筑防排烟技术规程.DGJ 08－88－2006(上海市地方标准).
[12] 袁宏永,赵建华,苏国锋.图像型大空间建筑早期火灾智能探测报警技术.消防技术与产品信息.2001,2.
[13] ARUP.北京奥林匹克公园会议中心初步设计消防性能化分析报告.2004,12.
[14] 中国建筑科学研究院建筑防火所.北京奥林匹克公园会议中心项目消防性能化设计复核评估报告.2004,12.
[15] 中国建筑科学研究院建筑防火所,国际广播中心性能化消防设计分析报告.2007,3.

Study on Large Multifunctional Public Building Fire Safety Technology

Abstract

With the development of society economic and progress of building technology, more and more public buildings become large-sized and multifunctional. Large gymnasium, conference centre, art centre, exposition centre and so on come forth continuously in China. These buildings can bring building art, vision impact, comfort and convenience to people, but on the other hand, they will cause some problems to building design, construct and management.

Large multifunctional public building usually has some characteristics, such as large volume, high span, large density of population, etc., so its fire safety is very important. As game field and large performance place, and supply service in 2008 Olympics, many projects belong to large multifunctional public buildings, their fire protection influences safety of Beijing 2008 Olympic Games directly. Post-Olympics, these gymnasiums will serve as large gym field, culture activity centre, conference centre and exposition place, therefore, their fire protection has relation to safety of people life, belongings safety, and society stableness and harmoniousness.

In order to improve fire protection technology level in large multifunctional building, the paper takes the National Conference Centre which is a representative large multifunctional building as sample. Its building peculiarity and fire characteristic are analyzed firstly, and then, how to apply modern fire protection technology to large multifunctional building is studied and discussed in this paper. Through the study, the advanced fire protection technology can be offered to large multifunctional building.

Keyword: large multifunctional public building, fire safety technology, performance-based fire protection.

作者简介：

刘文利，中国建筑科学研究院建筑防火研究所，高级工程师。联系方式：地址：北京北三环东路 30 号（100013），电话：13911365660 84279906。

建筑防火性能化设计在大型体育场馆中的应用

张向阳[1]，杨欣[2]，史翀[2]

[1]中国建筑科学研究院建筑防火研究所
[2]北京市消防局奥运办

摘要

自我国加入世界贸易组织后，建筑设计国际化步伐进一步加快，在一些新颖的建筑设计中引进了许多新的设计理念。特别是 2008 年北京奥运会的申办成功需要新建大量国际水平的体育场馆，这些场馆多数是通过国际招标征集的设计方案，这些方案往往设计新颖、独树一帜，在许多方面难以依照我国现行的标准或规范实施。针对上述亟待解决的问题，引入新的建筑防火性能化设计理念，并将该领域的最新科研成果应用于这些大型体育场馆的建设中，无疑是最有效的解决途径。

本文首先分析了奥运场馆的建筑特点，然后从奥运场馆的特点出发，针对超大防火分区、人员疏散设计、防排烟设计、结构的防火保护等特殊问题，介绍了采用性能化方法解决上述问题的基本原则和技术，最后阐述了当前性能化设计发展过程中面临的问题和未来的研究方向。

关键词：性能化设计、奥运、大型体育场馆。

1. 前言

自 20 世纪 80 年代中期，英国和日本提出建筑防火性能化设计的概念以来，许多国家在性能化防火设计方面进行了大量的研究，并在相关规范制定和工程应用方面取得了相当的进展。英国早在 1985 年修订其建筑规范时就已经将性能化的设计方法作为一种可供选择的防火设计方法。新西兰、日本和澳大利亚在大量研究工作的基础上，提出了性能化的设计规范和指南。美国、加拿大、法国、芬兰、瑞典等国也都在积极开展性能化设计方面的研究工作。到目前为止，性能化的防火设计方法在国际上已受到了广泛的关注。

虽然我国从 20 世纪 80 年代初就开始进行火灾科学和相关工程技术的研究，但是直到 1995 年国家"九五"科技攻关项目"地下大型商场火灾研究"，人们才开始关注建筑物的性能化防火设计，2000 年国家"十五" 科技攻关项目"重大工业事故与城市火灾防范及应急技术的研究"，标志着我国建筑物性能化防火设计的理论研究和应用研究开始进入了全面发展的阶段。

自我国加入世界贸易组织后，建筑设计国际化步伐进一步加快，在一些新颖的建筑设计中引进了许多新的设计理念。特别是 2002 年 7 月 13 日北京获得 2008 年奥运会主办权，为此北京需要建设 30 个比赛场馆，包括新建场馆和改扩建场馆。北京奥运场馆的设计方案多数是通过国际招标征集的设计方案，这些方案设计新颖，独树一帜，反映了当今体育场馆建设的国际先进水平和独特设计理念，但是其消防设计在许多方面难以满足我国相关规范或标准的要求。奥运场馆的建设为我国的消防设计和审核提出了前所未有的挑战，同时也为我国建筑防火性能化设计的发展提供了难得的机遇。可以说，北京 2008 年奥运会场馆的建设对推动我国建筑防火性能化设计的研究和应用起到了至关重要的作用。

2. 北京奥运场馆的特点

北京新建的奥运场馆多数体量大、观众数量多、结构新颖，就其消防设计而言具有以下特点。

2.1 防火分区扩大

奥运场馆为举办国际性的体育赛事而设计，通常规模宏大，功能复杂。例如国家游泳中心（水立方）建筑基底为 177 米×177 米的正方形，总建筑面积约为 94600 平方米，其中包括约长 120 米、宽 115 米、高 28 米的奥林匹克比赛大厅，长 140 米、宽 40 米、高 28 米的嬉水大厅等大规模竞赛、热身及娱乐空间。赛后，还需满足集专业体育训练/竞赛、全民健身、商业、娱乐、办公等于一体的复杂而多样的功能要求。

由于赛事的需要，使用功能的复杂性与特殊性，以及结构的特殊性，使得比赛大厅，热身大厅，嬉水大厅，休闲冰场大厅及商业街等大型空间无法按照我国现行防火规范要求划分防火分区。

2.2 人员疏散问题突出

体育场馆的疏散设计一般依据《建筑设计防火规范》和《体育建筑设计规范》的相关规定，上述规范对体育场馆内走道间座椅数量、疏散走道宽度和出口宽度、观众厅出口数量等都提出了相应的要求。而奥运场馆规模宏大，例如国家游泳中心赛时看台设计观众席为17000座，国家体育馆为19000座，国家主体育场约为91000座，如果按照上述要求进行疏散设计，观众厅内的疏散通道宽度和观众厅出口宽度、数量将会很大，无法满足设计人数的要求。

2.3 排烟设计困难

《建筑设计防火规范》和《高层民用建筑设计防火规范》是体育场馆排烟设计的主要依据，这两部规范对机械排烟系统排烟风机的风量规定如下：①担负一个防烟分区排烟或净空高度大于6.00m的不划防烟分区的房间时，应按每平方米面积不小于60m^3/h计算（单台风机最小排烟量不应小于7200m^3/h）；担负两个或两个以上防烟分区排烟时，应按最大防烟分区面积每平方米不小于 120m^3/h 计算。②中庭体积小于17000m^3时，其排烟量按其体积的6次/h换气计算；中庭体积大于17000m^3时，其排烟量按其体积的4次/h换气计算；但最小排烟量不应小于102000m^3/h。

对于大型体育建筑来说，室内净空高度通常都大于 6m，因此不划分防烟分区，常规设计的排烟量一般按每平方米面积不小于60m^3/h计算，也有按照体积的4次/h换气来计算排烟量的。但不论是按照地面面积来计算排烟量还是按照空间体积计算排烟量，都没有考虑可燃物多少和人员分布情况这些重要因素，有时计算得出的排烟量会很大而难以实现。

2.4 钢结构的防火保护

钢结构的应用是北京奥运场馆设计中的亮点，游泳中心、主体育场、体育馆等主要场馆的建筑设计都是通过钢结构来表现其建筑艺术的特点。这些钢结构按照我国现行防火规范的要求应采用喷涂防火涂料等措施进行防火保护。结构设计中钢材用量非常大，如果不分情况全部钢结构都按照规范要求喷涂防火涂料则投资巨大，不符合“勤俭办奥运”的指导思想，因此有必要对整体结构进行分析，以判断哪些部分需要进行防火保护以及如何保护等。

上述问题，在我国目前的消防设计规范的框架下是很难解决的，为了保证奥运场馆顺利建设同时保证其消防安全性能，在奥运场馆的消防设计中引入性能化的设计方法是大势所趋。

3. 性能化的解决方案

建筑防火的性能化设计与常规的防火设计尽管在设计方法和手段上不同，但是两者的消防安全目标应该是一致的。不论是性能化设计还是常规设计，主要都是为了保护火灾时人与财产的安全，尽量减少火灾造成的损失，只不过安全目标在性能化设计过程中表现得更加突出而已。针对上述防火设计问题，下面将分别介绍在北京奥运场馆防火设计中所采取的性能化解决方案。

3.1 防火分区的划分

设置防火分区的目的是为了控制火灾的最大规模，限制火灾的大面积蔓延，从而减少由此而带来的财产损失和人员伤亡。增大防火分区面积将会增大火灾大面积蔓延的可能性，同时由于疏散距离或人员数量的增加也将导致人员疏散的危险性增加。因此针对防火分区扩大的问题，应从保证人员安全疏散、有效控制火灾烟气蔓延、降低火灾燃烧蔓延可能性方面进行分析，并采取必要的消防措施达到可接受的安全水平。

造成火灾燃烧蔓延的因素很多，如飞火、热对流、热辐射等。对于一个扩大的防火分区，为了控制火灾在该防火分区内的蔓延通常可以采取以下措施：控制可燃物之间的间距、控制火灾的规模、将主要的危险源进行隔离保护等。体育场馆中可燃物的分布通常是很不均匀的，可以将其中的库房、店铺等可燃物较多或火灾危险性较大的区域作为防火单元来处理，以防止这些区域发生火灾后影响到其他的区域。对于可燃物比较集中但是难以进行分隔处理的区域则需要对可燃物之间的距离提出要求，防止发生火灾时引燃相邻的可燃物导致火灾的大面积蔓延；或者通过加强自动灭火措施来控制火灾的规模，达到阻止火灾蔓延的目的，例如消防水炮或大空间自动灭火系统等消防新技术为控制体育场馆内的火灾蔓延提供了有效的手段。

3.2 人员的安全疏散

人员安全疏散即保证建筑中的所有人员能够在危险到来之前到达安全的地点，对于大型体育场馆来说，主要是保证观众厅内的人员能够及时离开观众厅并转移到室外安全地带。为了评价人员疏散的安全性，需要计算人员的疏散时间和危险来临时间。疏散时间一般包括探测报警时间、疏散准备时间和疏散行动时间三部分。危险来临时间主要由结构的安全性、疏散通道周围分隔构件的耐火性能、火灾烟气的影响和人员的心理承受能力等决定。

对于体育场馆而言，结构失效的时间一般远远大于人员的疏散时间，火灾烟气的影响可以通过防排烟系统的分析得出。由于大型体育场馆人员数量众多，疏散时间相对较长，因此疏散过程中的心理影响也是需要考虑的重要因素之一。在一般的体育场馆疏散设计中，观众厅的疏散出口通过时间通常控制在3分钟～4 分钟，但是对于类似国家主体育场这样的大型体育场馆的疏散时间没有明确的规定。

英国权威出版物《Guide to Safety at Sports Grounds》(《体育场馆安全设计指南》又称《绿色指南》)，是目前被很多国家广泛采用的体育场馆设计指南。该指南建议将每个安全出口的控制疏散行动时间定为不超过 8min。这主要是考虑到，在观众对体育场馆比较熟悉或能够确认出口位置的情况下，以正常速度通过安全出口的时间小于 8min 时，观众一般不会出现激动、焦虑和紧张的情绪。因此，在大型体育场馆的人员安全疏散分析中，不仅要考虑火灾烟气的影响，还要考虑人员心理的影响，应将人员通过观众厅疏散出口的时间控制在 8min 以内。该指标这也可应用于其他人员密集的大型公共建筑的人员安全疏散分析中。

3.3 防排烟系统的设计

设置防排烟系统的主要目的，是为了将火灾产生的热量和烟气及时排除，控制火灾烟气的蔓延以保证人员的安全，因此对防排烟系统的分析也是评价人员疏散安全性的重要内容。最理想的防排烟系统，应该保证在一定的排烟量下能够将火灾烟气控制在火源所在防烟分区内。但是，对于体育场馆建筑的观众厅和训练馆等大空间来说，由于功能和使用上的需要，难以划分防烟分区，如果将整个大空间作为一个防烟分区来考虑，其排烟量的设计是个需要深入研究的问题。

在大空间的性能化排烟设计中，常常采用区域分析模型估算结合 CFD 模拟分析的方法来确定排烟量的大小。由于空间体量大，采用 CFD 模拟分析的方法往往需要花费大量的时间进行计算机的运算，有时难以满足工程进度的要求。这里，针对高大空间的排烟设计推荐采用一种划分“逻辑防烟分区”的设计方法。如图 1 所示，首先按照要求将整个排烟区域划分成不同的防烟分区；然后计算各防烟分区内所需的排烟量，再将各防烟分区排烟量相加的结果作为整个区域总的排烟量；最后在排烟口布置时应满足各个分区排烟量的要求，并且排烟口应该能够与相应分区的报警信号联动。

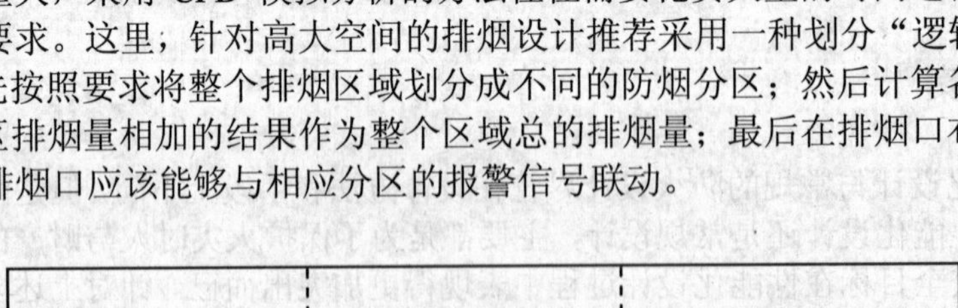

这样，即使各分区之间不进行物理的防烟分隔，也能够保证任何分区范围内都有足够的排烟量将烟气有效排除。这里的“逻辑防烟分区”更确切地讲应称为“逻辑排烟分区”，它是在原有防烟分区划分的基础上，保证各分区独立排烟的条件下，取消各分区之间的物理防烟分隔的一种排烟设计方法。

3.4 结构的防火保护

火灾对钢结构的影响主要来自火灾的热作用，火灾的热作用将导致钢结构的强度降低，使之失去应有的承载力，此时钢结构的温度称为“临界温度”。由于本项目中的钢结构体系复杂，很难精确确定其临界温度，不过在同样的火灾条件下这种结构的稳定性比单个构件要好，因此以单个构件的临界温度代替整个结构的临界温度应该有较高的安全系数。确定临界温度后，可通过分析影响结构的可能的火灾情况，分析在这些情况下火灾是否会导致结构的失效，并据此分析是否需要对结构采取必要的保护措施或对火灾荷载进行控制。

火灾中钢结构的失效主要源于火灾的热作用。随着钢结构温度升高，其强度和刚度有所减弱。在 200℃以下强度和刚度变化不明显。当温度超过 600℃时，钢材基本丧失全部刚度和强度，裸露的钢结构的耐火极限大约 15min 左右。因此，我国规范规定钢结构承重构件应采取外包不燃烧材料或喷涂防火涂料，或设置自动喷水灭火系统保护等措施，使其达到规定的耐火极限的要求。另外，屋顶钢结构通常采用膨胀型钢结构防火涂料，该类防火涂料在温度达到 210℃以上时开始膨胀并起到隔热防火的作用。因此，如果屋顶钢结构不作防火涂料保护，则为了达到与规范要求的同等的安全水平，必须采取相应的消防措施使得周围空间发生火灾的情况下，屋顶钢结构构件的温度不超过 200℃。

4. 总结

本文针对大型体育场馆消防设计中遇到的比较突出的问题，提出了性能化的解决方案，其中许多技术已应用到了北京奥运场馆的消防设计中。实际上，这些性能化的设计技术同样可以应用到其他类型建筑的消防设计中。

尽管性能化设计技术在我国已逐渐得到了比较广泛的认可和应用，但是为了进一步推动建筑防火性能化设计技术在我国的发展，还需要在以下两个方面开展深入的研究工作：

（1） 性能化的设计需要进一步的规范。特别是在设计指标、设计方法和分析工具选择方面没有统一的标准。

（2） 从目前国际上性能化防火设计技术发展的情况来看，虽然在性能化防火设计的理论和工程技术方面已经取得了巨大的发展，但是还有许多问题需要进一步地研究，包括火灾试验数据库的建立和适合工程应用的分析工具的开发等。

5. 参考文献

[1] 中华人民共和国国家标准 GB50045-95:高层民用建筑设计防火规范. 北京:中国计划出版社,2005.

[2] 中华人民共和国国家标准 GB50016-2006:建筑设计防火规范. 北京:中国计划出版社,2006.

[3] 中华人民共和国行业标准 JGJ31-2003:体育建筑设计规范. 北京:中国建筑工业出版社,2003.

[4] 中国消防手册第三卷:消防规划.公共消防设施.建筑防火设计. 上海:上海科学技术出版社,2006.

[5] 李引擎 主编. 建筑防火工程. 北京:化学工业出版社,2004.

[6] Guide to Safety at Sports Grounds. London:The Stationery Office,2003.

The Application of Performance-based Fire Protection Design in Large Gymnasiums

Abstract

With the fast development of internationalization in architecture design since China joined in WTO, many new ideas has been introduced to new building designs, especially many unique gymnasiums will be designed for the Beijing 2008 Olympic Games. In the design of these gymnasiums certainly many new technologies and ideas will adopted, and these technologies and ideas will be big challenges to the traditional building fire protection design in China. In the face of these challenges new design methods and ideas must be introduced and the performance-based fire protection design will be the best solution.

In this paper, the building characteristics of Olympics gymnasiums are analyzed firstly; and then, basic principle and methods for applying performance-based fire protection design to solve particular problems, such as large fire compartmentation, people evacuation, smoke control, structure fire protection, are introduced; at last, the problems in present and developing direction in future about performance-based fire protection design are discussed.

Keyword: performance-based fire protection design, Olympics, large gymnasium.

作者简介：

张向阳（1969— ），男，中国建筑科学研究院建筑防火研究所高级工程师，工学硕士，主要从事性能化防火设计相关技术的研究。联系方式：地址：北京市北三环东路 30 号，100013，电话：010-84285007。

某大剧院钢结构性能化防火设计

张晓明, 李　风, 唐二明

公安部四川消防研究所

摘要

通过对某大剧院的钢结构防火保护进行性能化设计，提出了大剧院的钢结构防火保护的消防设计解决方案，并确定了有效的防火保护时间。

关键词：钢结构保护、等效时间、防火、性能化。

1. 引言

目前，国内的钢结构防火保护时间是按照《建筑设计防火规范》、《高层民用建筑设计防火规范》所规定的建筑结构构件耐火极限来确定的。考虑建筑的特殊性，为合理规划消防投资，针对广东省某大剧院的扇形屋面支撑柱，通过设置多个火灾场景，选取不利的情况，利用计算机数值模拟对火灾及烟气的蔓延情况，结合部分区域人员安全疏散计算考察人员安全性，从而对建筑的消防安全性能进行评估论证，同时根据模拟结果对钢结构防火设计提供合理的建议，确定一个根据钢结构所处特定场所得到的防火保护方案。

2. 情况介绍

该大剧院位于某市新城市中心鸿福路南侧，建筑面积 40257.19m2。防火分类为一类，耐火等级为一级。地上 8 层，地下 2 层。上部结构采用钢筋混凝土框架结构，局部钢结构，屋盖一部分采用钢结构；另一部分采用钢筋混凝土结构。

该大剧院属于高层建筑，根据《高层民用建筑设计防火规范》规定，其钢结构（如柱、梁、承重构件、吊顶等）须达到相应耐火等级。若用没有防火保护的普通建筑用钢作为建筑物承载的主体，一旦发生火灾，钢结构在直接受火的作用下很容易失去稳定性，则建筑物会迅速坍塌。因此，钢结构保护对于保持建筑结构完整性显得尤为重要，值得注意的是：有的采用防火保护的钢结构在火灾中因没有达到规范规定的耐火时间而已经破坏；而另一些采用了防火保护的钢结构在超过规范规定的耐火时间的火灾中并没有破坏，从而造成不安全或过于保守而浪费材料。

3　钢结构的火灾危险性分析

3.1　计算对象

该计算对象为该大剧院的扇形屋面的一、二层。扇形屋面部分形成的空间主要用作人员休息和疏散的通道。扇形屋面部分设有火灾自动探测报警系统、自动喷水灭火系统。由于扇形屋面的范围比较大，选取了其中的一个房间和部分相邻的空间进行火灾模拟计算，一层高度为 5.2m，第二层高度为 4.2m，考虑火灾对支撑钢架的不利场景，把起火点设在靠近外墙钢结构附近的一个部位。为了对烟气温度的分布情况进行分析，同时根据判据要求，选取不同位置的 10 个点，作为设置烟层温度的输出点。

3.2　钢结构失效的临界温度判据

钢结构失效时的温度常作为临界温度，即失效标准所取温度，一般取为 540℃，这是一个广为接受的钢结构耐火设计准则。这个标准也会因钢结构元件类型和尺寸不同而有所不同，如 ASTM 将钢筋的临界温度取为 593℃，而预变形钢的临界温度取为 426℃。也有文献在进行钢结构性能化防火设计过程中，保守地将钢结构的蠕变温度 325℃作为安全设计标准。从消防工程的观点来看，如果在火灾中钢结构在要求的耐火时间没有达到 325℃，就不需要采取额外的防火保护。保守采用 325℃作为钢结构失效的临界温度判据。

3.3 火灾规模的确定

该案例选用了 FAST 软件包中的一个沙发和椅子燃烧方式，通过叠加计算，可以得到扇形屋面部分的多个沙发燃烧的热释放速率曲线。为了观察建筑内温度的变化趋势，根据本文后面计算的等效时间，火灾模拟时间取为 60 分钟，即 3600s，我们假设在模拟时间内，火灾发展速率为快速火，热释放速率达到最大时不再减小，扇形屋面部分达到火灾受控状态的最大热释放速率为 8MW（见图 1）。

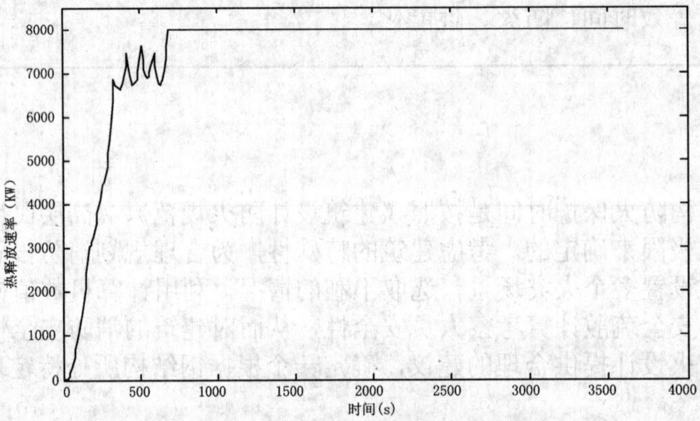

图 1　扇形屋面部分热释放速率曲线图

3.4 钢结构保护时间计算分析

假设周围环境温度为 30℃，剧院内温度为 25℃，压力为 1 个标准大气压。剧院内火灾的蔓延不受风力的影响，这样可设风速为 0m/s。在火灾模拟过程中，保守假设各开口情况，扇形屋面部分的门除防火门关闭外，其余各门均开启。扇形部分采用自然排烟，建筑层高为 5.2m，最大设计火灾规模为 8MW，非稳态设计火灾类型，起火地点靠近扇形屋面。

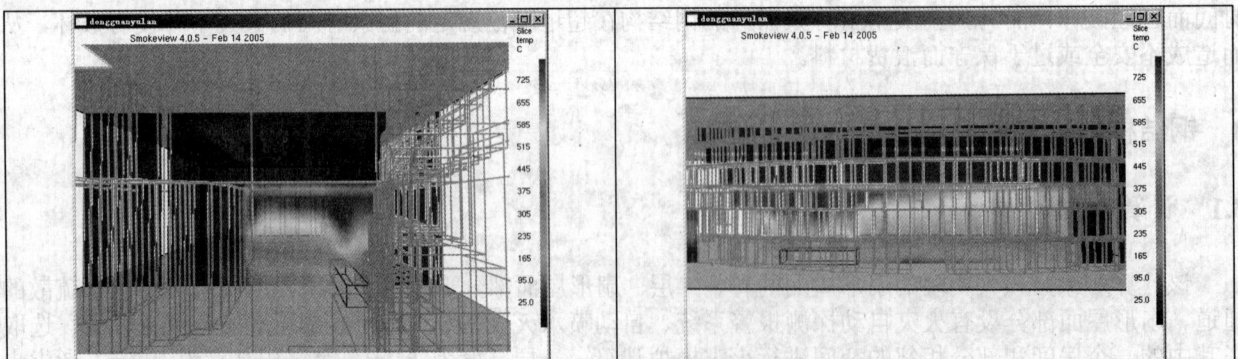

温度横向分布切片	温度纵向分布切片

图 2　FDS 软件模拟结果示意图

计算得出舞台空间内钢结构附近某些温度较高点的时间—温度曲线图：

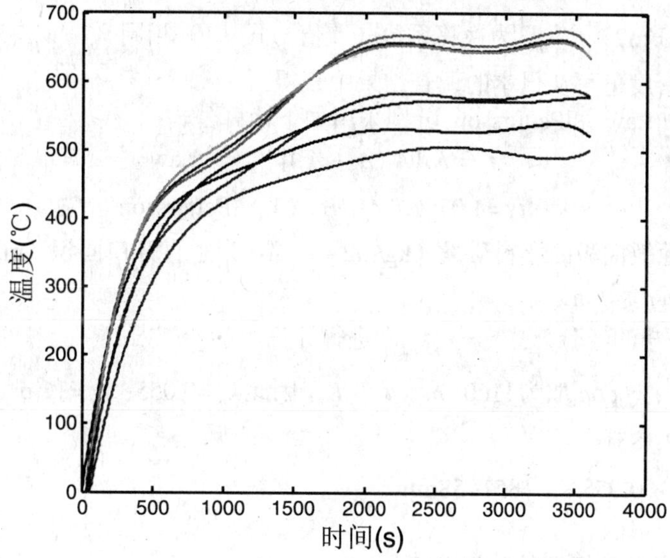

图 3　时间—温度曲线图

通过计算得出空间内钢结构附近某些温度较高点的时间—温度曲线图看出，起火区域钢结构附近的温度变化在 400℃～700℃范围内，在 315s 左右最高温度处达到 325℃。

3.4.1　钢结构暴露在火灾下的等效时间 t_e

等效时间的计算是按实际火灾的预计火灾烈度设计的，考虑燃料载荷、房间特征的通风情况，火灾符合标准升温曲线。火灾烈度的概念是与火灾作用于结构支撑构件和分隔构件的影响有关的，Buchanan 将其解释为：火灾烈度是指暴露在标准火灾下的等效时间，这个等效时间会导致受保护的钢结构构件达到最高温度。等效时间的方法被发展用于钢结构的隔热材料保护技术，在这种情况下钢材的温度滞后于火灾温度，该方法也适用于钢筋混凝土等构件。

Lane提出的等效时间火灾模型如下：

$$t_e = L_{t,d} \cdot v_{q1} \cdot v_{q2} \cdot v_n \cdot k_b \cdot w_f \tag{1}$$

式中：t_e 为等效时间（s），$L_{t,d}$ 为火灾荷载（MJ/m^2），v_{q1} 为受火灾类型和房间高度影响的结构失效因子，v_{q2} 为消防设施影响的结构失效因子，v_n 考虑水喷淋影响的结构失效因子，为考虑材料的影响系数，在其文献中的取值按以下规定：

$\sqrt{k\rho c}$	k_b
$>2500 J/m^2 \cdot s^{1/2} \cdot K$	0.04
≥ 720并且$\leq 2500 J/m^2 \cdot s^{1/2} \cdot K$	0.055
$<720 J/m^2 \cdot s^{1/2} \cdot K$	0.07

w_f 为通风因子，且具有以下表达式：

$$w_f = (6/H)^{0.3}[0.62 + 90(0.4 - a_v)^4]/(1 + b_v a_h)]$$

式中：$a_v = A_v / A_f$

$a_h = A_h / A_f$

$b_v = 12.5(1 + 10a_v - a_v{}^2)$

$A_f =$ 地板面积

$A_v =$ 垂直开口面积

$A_h =$ 水平开口面积

$H =$ 高度

BUCHANA在计算等效时间时，忽略了水喷淋等系统的作用，采用了一个比较保守的经验公式：

$$t_e = e_f k_b w_f$$

式中：e_f 为火灾荷载（MJ/m2），k_b 为换算系数（取值与式（1）相同），w_f 为通风因子（按式（1）进行计算）火灾荷载能量密度值可从日本的调查结果中查得。

其他的等效时间火灾模型如Law 和Pettersson 分别采用如下计算公式：

$$t_e = L/[A_v(A_t - A_v)]^{1/2} \quad \text{Law}$$

$$t_e = 1.21 \cdot L/[A_v\sqrt{H_v A_t}]^{1/2} \quad \text{Pettersson}$$

以上两式中：L 为单位地板面积的燃料质量（kg/m2），A_v 为垂直开口面积（m2），A_t 为房间的总表面积（m），H_v为开口的高度（m）。

本报告采用Buchana比较保守的经验公式$t_e = e_f k_b w_f$进行计算。

火灾荷载e_f取为480 MJ/m^2；$\sqrt{k\rho c}$取为1160 $m^2 \cdot s^{1/2} \cdot K$，因此$k_b$=0.055；$A_v$=11 m^2，$A_h$=0m^2，$A_f$=260 m^2，$H$=5.2 m，通风因子$w_f$=2.1851。

$$t_e = e_f k_b w_f = 480 \times 0.055 \times 2.1851 \approx 58\text{min}$$

3.4.2 钢结构元件达到安全设计标准的时间FRR

在结构喷淋失效或者其它因素导致不能初期灭火的情况下，主要通过被动防火措施来达到钢结构防火保护的目的。在火灾发展过程中，钢结构将暴露于火灾产生的热烟气之下，当然钢结构的暴露情况将有所不同，如对没有受保护的钢梁来说，很可能其四个边都暴露于火灾之下。暴露于火灾烟气下的钢结构将受热而致使温度上升，随之其强度、塑性等受到影响，最后导致结构失效。根据前面分析，我们保守地将钢结构的蠕变温度 325℃作为安全设计标准。钢结构的临界温度随其材质、结构的几何形状、截面系数、受载等多种因素的不同而存在差别，而与是否实际火灾、模拟火灾对象无明显的关联，也就是说钢结构的材质、结构的几何形状、截面系数、受载等因数确定后，其临界温度是一定值。

如果考虑一个受载的钢结构，在钢材温度到达 325℃之前构件都应保持它的承载能力。从消防工程的观点来看，如果在火灾中钢结构在要求的耐火时间没有达到 325℃，就不需要额外的防火保护。为了确定钢结构是否需要保护及保护时间，需要计算钢结构在火灾条件下的时间温度关系，在 Pettersson《钢结构消防工程设计》中对其进行了论述，并提出以下计算关系式：

未受保护钢结构元件温度：

$$T_s = \frac{(23 + \dfrac{5.77\varepsilon_r}{T_t - T_s})[(\dfrac{T_t + 273}{100})^4 - (\dfrac{T_s + 273}{100})^4](\dfrac{F_s}{V_s})}{\rho_s c_{ps}} \Delta t$$

上式中：T_s 为钢结构元件温度（℃）

T_t 为房间温度（℃）

ε_r 为火灾烟气与钢结构元件的合成黑度

F_s 为暴露于火灾下的单位长度钢结构元件表面积（m^2）

V_s 为单位长度钢结构元件的体积（m^3）

ρ_s 为钢结构元件的密度7850kg/m^3

c_{ps} 为钢结构元件的比热（J/kg. ℃）

Δt 为时间步长（s）。

表 1　ε_r 的取值

钢结构类型		合成黑度
全暴露于外		0.7
正面暴露在外		0.3
混凝土包裹的横梁，底部边缘暴露		0.5
上翼缘为水泥板的横梁	横梁截面的宽与高的比值≥0.5	0.5
	横梁截面的宽与高的比值<0.5	0.7
	箱形梁和格形梁	0.7

钢结构的比热 c_{ps} 随着温度的变化而改变，根据温度的模拟结果，钢结构温度小于 600℃，因此，采用下式计算确定 c_{ps}：

$$c_{ps}=425+0.733T_s-1.69\times10^{-3}T_s^{\,2}+2.22\times10^{-6}T_s^{\,3}\ \ \text{J/kg.℃}\qquad 20\le T_s<600\ ℃$$

根据模拟出的钢结构附近的温度，在计算钢结构内部温度变化时，我们选择温度最高的一个 T_t 进行计算。根据表 1，火灾烟气与钢结构元件的合成黑度 ε_r 取为 0.7；钢结构元件的密度 ρ_s 为 7850 kg/m^3；暴露于火灾下的单位长度钢结构元件表面积 F_s（m^2）与单位长度钢结构元件的体积（m^3）V_s 的比值 F_s/V_s 等于 57.3，见下图 4。

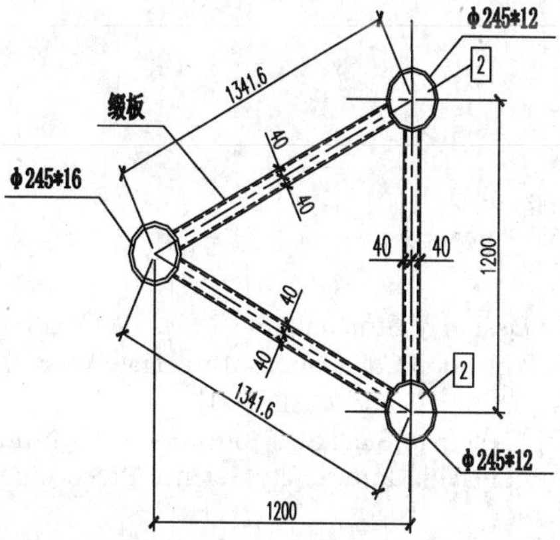

图 4　钢结构横截面大样

计算出钢结构温度的变化图如下：

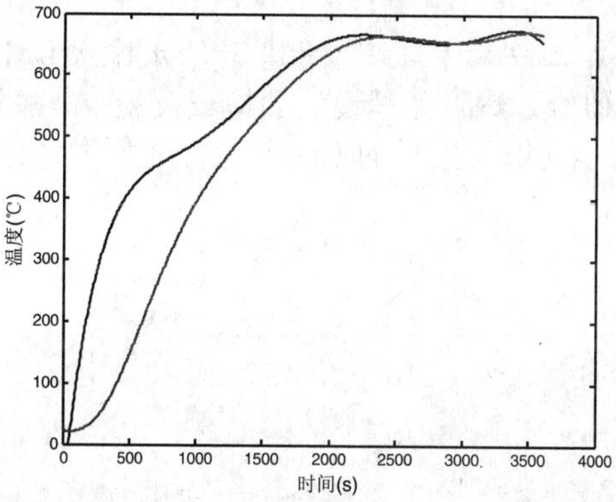

图 5　钢结构附近最高温度和钢结构内部温度曲线图

图 5 可看出，处于下方的曲线为钢结构内部温度，达到 325℃需要时间约为 835s，钢结构元件达到安全设计标准的时间 FRR=835s。

3.5 分析结论

通过以上计算和分析可知，钢结构达到 325℃的时间为 835s，即钢结构元件达到安全设计标准的时间 FRR=835s，小于钢结构暴露在火灾下的等效时间 te=58min，即 3480s。因此，扇形屋面支撑柱必须进行防火保护，根据火灾等效时间 58min，保守设计扇形屋面支撑柱钢结构的防火保护时间 1.5h，认为钢结构安全能够得到保证。

4. 结论

（1）该剧院扇形屋面支撑柱必须进行防火保护，防火保护时间 1.5h，计算出的钢结构暴露于火灾下的火灾等效时间为 58min，因此我们认为钢结构安全能够得到保证，同时在扇形屋面支撑柱的涂料外面涂刷氟碳涂料，在不影响防火涂料发挥作用的前提下可以使用。

（2）火灾烈度是指暴露在标准火灾下的等效时间，这个等效时间会导致受保护的钢结构构件达到最高温度。等效时间是按实际火灾的预计火灾烈度设计的，考虑燃料载荷、房间特征的通风情况，火灾符合标准升温曲线。在特定空间内，减小钢结构空间内的火灾荷载密度可降低等效时间，从而减小了对钢结构的火灾威胁。建议在有钢结构的房间或钢结构的附近地方不设或设置不燃或难燃家具，使火灾尽量远离钢结构，提高整个建筑的消防安全水平。

（3）在钢结构建筑防火设计中，造成结构浪费的主要问题就在于对规范的生硬套用上，没有对具体建筑进行具体分析。不同的建筑因其使用功能不同，诱发火灾的因素、火灾荷载、蔓延途径、升温过程和火灾延续时间是不同的。应针对建筑特点和使用功能，认真分析火灾的随机性，建立符合具体的火灾模型。在性能化防火设计中确定易发生火灾的部位；计算火灾荷载；判定火灾蔓延途径；判定高温烟气扩散方向；计算分析温升曲线(考虑自动灭火系统的响应时间和冷却作用)。在已建立火灾模型的基础上，综合运用防火设计。

5. 参考文献

[1] 高层民用建筑设计防火规范. GB50045-95（2001 年版）.
[2] 剧场建筑设计规范. GB50157-2003（2001 年版）.
[3] 钢结构设计规范. GBJ17-88.
[4] David Parkinson. Performance Based Design of Structural Steel for Fire Conditions.
[5] Lane, B. Appendix B. Structural Fire Protection Calculations, Broadgate West Ⅱ, Ove Arup & Partnership, 13 Dec. 2000.
[6] BUCHANAN A. H.. Fire Engineering Design Guide, CAE, 2001.
[7] Pettersson, O., et al.. Fire Engineering Design of Steel Structures. Swedish Institute of Steel Construction, Publication 50, 1976.
[8] Law, M.. Review of Formula for T-Equivalent. Fire Safety Science Proceedings of the Fifth International Symposium, 1997: 985-996.

作者简介：

张晓明，女，1996 年毕业于湖北华中科技大学环境工程学院给水排水专业，同年就职于公安部四川消防研究所。其间从事消防规范的管理及研究、消防工程设施的检查及验收、建筑防火的研究、建筑疏散的研究、建筑的消防安全性能化分析的研究，并做了大量的消防安全性能化案例分析及研究。

铁路站消防性能化设计探讨

张小忠

湖北省公安消防总队

摘要

以新武汉铁路站为例，分析了现代大型铁路站的建筑特点以及消防设计存在的问题，提出了运用“防火舱”、燃料“岛”、准安全区域和人员分阶段疏散等概念对铁路站进行性能化设计的方法。

关键词：铁路站、性能化设计、防火。

随着我国社会经济的快速发展，作为对外服务和形象窗口的铁路客站，其功能和使用要求均发生了巨大变化。现代新型铁路客站的设计与建设以及管理要求以人为本，以客运服务的实用性为前提，综合体现“功能性、系统性、先进性、文化性、经济性”原则，具有建筑空间大、各空间相互联通、客流量大、人员密度高等特点。铁道部第四勘察设计院与法国 AREP 公司共同设计的新武汉火车站首创全国等候式和通过式相结合的流线模式，站台与候车厅分为上下层，旅客进入火车站大厅可以俯瞰所有列车进出，下电梯即达站台层上火车，充分体现了以先进的设计理念和设计方法来实现和满足新时期铁路客站在功能性和系统性上的要求，创造了新一代中国铁路客站的全新模式。

1. 工程概况

新武汉火车站是全国铁路四大路网客运中心(北京、上海、广州、武汉)之一的武汉枢纽的最主要客运站，也是我国第一条客运专线——武广客运专线的起点，位于京广通道和沪蓉沿江经济带“十”字形交叉点。新武汉站按客车到发线 20 条，站台 11 座规划建设。远期规划武汉站 2030 年专线旅客发送量 3100 万人，日均 8.49 万人，高峰小时 0.93 万人。

图 1　设计新颖的武汉站，功能空间区域上部为波浪状弧形顶面

根据建筑总体设计方案，武广铁路专线新武汉站为超大型高层公共建筑，是一个庞大的现代化建筑群。武汉火车站总建筑面积 355391m2，站房建筑面积 104803m2。建筑工程由以下几个部分组成：（1）站房建筑；（2）无站台柱雨棚；（3）站前高架人行平台；（4）地面层人行平台和停车场。站房建筑分为三层，最高点 58.00m。

2．新武汉站消防设计面临的主要问题

作为我国现代特大型交通枢纽，新武汉站应具有综合性的功能，需要宽阔的、开放性的流动空间，满足人员疏散安全、使用便利、建筑美观等基本要求。但新武汉站站房工程是建筑高度超过 24m 的非单层公共建筑，为一类高层建筑，防火设计应执行《高层民用建筑设计防火规范》的规定，候车厅中许多区域为大容积的内部受限空间，防火分区面积过大和疏散距离过长，超出我国现行建筑防火设计规范的有关要求，而且在钢结构防火保护、火灾自动报警系统和自动灭火系统及烟气控制系统设置等方面也存在着许多技术难题。

图 2　主站房内部空间效果图

3．消防安全性能化设计

在对建筑进行火灾安全分析时，必须结合建筑物具体情况，通过对建筑物功能、用途，结构特点、防火、防烟分区情况，建筑物可燃物类别、火灾荷载，人员疏散路径，建筑消防设施的配置情况等因素进行分析，大型铁路站性能化设计防火安全措施主要有：

3.1　防火“舱”

防火“舱”也称作防火单元设计，分为开放舱和封闭舱两种型式。新武汉站大空间建筑采用防火“舱”概念进行性能化设计，各功能区按照所在区域及可燃物情况，分别确定采用不同的防火舱方式。所谓“舱”（商业用房）由坚实的顶棚构成，履盖在整个火灾载荷高的区域之上，如零售区和商务办公区，利用“舱”上面的机械排烟系统、自动报警系统、自动喷淋系统、防火分隔及防烟分隔等消防设施对火灾载荷较高的区域进行防火保护。

专家论证认为：1、武汉站“舱”的围护结构应采用不燃材料，耐火极限不小于 1h；当采用内侧设喷头的防火玻璃作围护结构时，“舱”内应设置火灾自动报警及自动灭火设施，并合理确定喷头响应时间、温度等参数，防止玻璃破裂。2、建筑面积不应超过 100m2；3、“舱”的总建筑面积不应超过防火分区的 5%，“舱”之间的防火间距不小于 8m；4、“舱”内的固定家具、货架等应采用 A 级材料，窗帘及其它装饰物应采用不低于 B1 级材料。

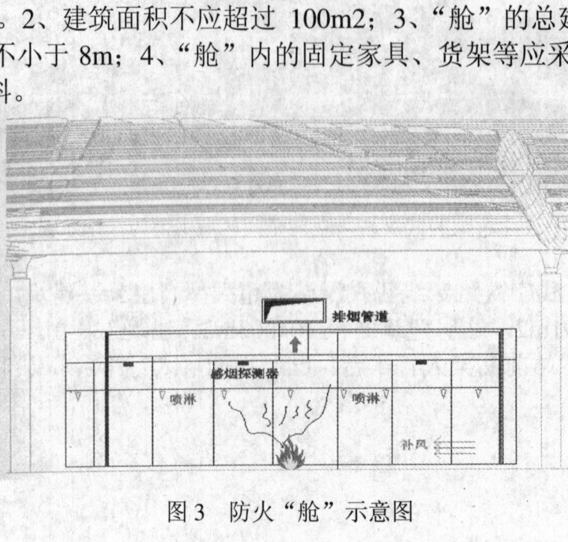

图 3　防火“舱”示意图

3.2 燃料“岛”

燃料“岛”防火设计，就是控制大空间内可燃物之间的分隔距离，使之即使在无自动灭火系统保护的情况下，也不会导致火灾连续蔓延。利用燃料“岛”的概念用来设计新武汉站站房里高大空间内固定或移动可燃物之间的防火间距，确定防火隔离带的宽度。在武汉站站房的大空间内，分散的可燃物组群形成了一个个燃料“岛”，“岛”与“岛”之间的人流通行区域则形成了天然的防火分隔带。

在站厅内高大空间下的人流通行区域，可燃物的分布很分散，火灾载荷密度较低，这些区域的可燃物发生火灾时，可燃物之间的火灾蔓延主要靠热辐射作用，火焰辐射强度随可燃物之间的距离增大而急剧下降，由于烟气和热量主要向层高很大的顶棚扩散，因此，只要可燃物之间或可燃物与高火灾载荷区域（如零售区域）保持足够的距离，即使没有自动灭火系统的保护，火灾蔓延也很难发生。

专家论证意见为：新武汉站内每个燃料“岛”的火灾强度不应超过1MW，间距不得小于11m。

3.3 人员分阶段疏散

由于新武汉站单层平面面积大，地面层建筑面积为55363 m2，高架层建筑面积为34562 m2，空间相互贯通，应合理确定疏散分区，保证建筑内所有人员及时获知准确的火警信息，避免人群发生恐慌，同时也尽量减少火灾对运营的影响。

新武汉站站厅面积巨大,总建筑面积超过350000 m2,而火灾一般只发生在某个局部区域。因此发生火灾时通常没有必要对整个站厅进行疏散，可以先对火灾影响区域人员疏散至未受火灾影响的相对安全区域，然后再根据火灾发展情况疏散到安全区。确保火灾威胁区域外的人员有合理的疏散路线和可靠的安全出口。

专家论证认为：1、新武汉站检票口采用移动隔栏时，可计入疏散宽度；2、0.00m地面层疏散宽度应考虑2列地铁同时到达时的人员疏散；3、站台两端的股道不应作为安全疏散区域；4、站房各层应当有不少于1/2的出口直通室外。

3.4 准安全区

准安全区一般指除起火区域和相邻两个需要疏散区域外的相对安全区域。由于新武汉站空间巨大，同时站内人员为不确定公众人员，所有人员疏散至室外安全场所的所需时间较长，因此可通过在建筑中设置一定的准安全区，当火灾发生时可先将危险区的人员疏散至准安全区，再进一步到达安全区。

准安全区可通过限制可燃荷载、采用不燃或难燃的内装修、与周围区域采取可靠的防火及防烟设施、可靠的结构保护等措施来实现。

根据新武汉站性能化消防设计要求，专家对武汉站建筑消防设施提出以下意见：1、中间站台应设置扑救列车火灾的消火栓系统，消火栓间距不大于50m，采用DN65双阀双出口；2、站房内不得设置歌舞娱乐放映游艺场所，25.000m夹层餐饮区不得使用明火；3、火灾自动报警系统不宜采用空气采样式；4、大空间自动灭火系统应符合国家现行规范和标准，宜采用固定消防水炮系统；5、无柱雨棚距轨面12m以上可采用无防火保护的钢结构；6、自动消防设施联动应进行合理化分区，减少局部发生火灾时对整个站房运用的影响等。

4．人员安全疏散模拟分析

在建筑防火安全设计中，人员的疏散问题至关重要。作为具有综合功能的现代化铁路客站，新武汉铁路站功能空间巨大，人员疏散距离长度往往超过规范要求，疏散时间的控制缺乏依据。因而在火灾发生时，需要通过模拟分析，综合设计更为合理的消防应急疏散方式，引导人们避开烟雾，正确逃生。

消防性能化设计关于人员疏散安全判定准则是：可提供的人员安全疏散时间（ASET）应为在火灾环境尚未达到人员耐受极限前人员疏散到相对安全的区域（比如防烟楼梯、室外等），即人员所需疏散时间（RSET）的1.2倍，则认为人员可以安全疏散。

新武汉站人员疏散行动时间采用BuildingEXODUS模拟软件进行分析，BuildingEXODUS经过试验证明能较为真实地反应复杂通道的人流速度和疏散时间。BuildingEXODUS对新武汉站火灾烟气仿真分析中的不同场景进行了人员疏散模拟，现以站房核心区发生火灾时人员的疏散为例进行分析。

站房发生火灾时，由于建筑空间连通，整个站房人员及地铁站台内人员均需安全疏散，即地面层本身停留人数、同时到站的列车人数及站台上候车人数、高架层候车区及夹层通过地面层的人数，包括在地铁列车站台上人员都需要疏散。将武汉站站房划分为3个疏散区。火灾发生在核心区时，车库为半室外空间，其烟气及热对车库基本没有影响，人员进入车库后基本处于安全。当站房核心区发生火灾时，可将其作为疏散的过渡安全区，因此可将车库作为一个准安全区域。通向车库的安全出口共10个，总疏散宽度为32m。本层火灾时需疏散人员总数为13519人，按局部最近路径原则考虑，在最不利情况下考虑夹层部分人员通过地面层进行疏散，其最远水平疏散距离达到300m左右，最远垂直疏散距离约为25m左右，其水平投影疏散长度约为60m。经保守计算分析，全部人员疏散至安全场所的时间为15.5min。

通过对有效疏散时间（ASET）和需要疏散时间（REST）的比较，除18.8m候车大厅以及25.0m商业夹层外，各层人员均能有效疏散。但是，仅用这个方法判定人员安全性并不符合实际情况，因为18.8m候车大厅以及25.0m商业夹层区域的人员在火灾影响到他们原来所处区域前已经撤离到了一个相对安全的区域，因此，还需要使用分阶段分区域疏散的时间来判定人员的安全性。

采用BuildingEXODUS模拟软件对新武汉站不同火灾场景疏散过程的人员疏散距离进行分析，当火灾发生在地面出站层时，人员疏散距离最长，达到400m左右，远远超过现行规范要求，但分阶段分区域疏散策略的实施，使得人员的绝大多数疏散时间都处于准安全区域，生命安全不会受到威胁。模拟软件分析结果证明了分阶段分区域疏散策略的有效性。

5. 结论

新武汉铁路站性能化防火设计运用BuildingEXODUS等模拟软件，分别建立了不同场所的火灾场景，参照国内外设计案例，结合工程实际，防火设计内容基本完整，分析结果比较合理，对火分区面积过大和疏散距离过长等问题提出了解决方案，不仅满足了火车客站的消防设计要求，而且提高了建筑物使用的灵活性。

6. 参考文献

[1] 李引擎. 建筑防火性能化设计. 北京:化学工业出版社,2005.

[2] 上海泰孚建筑安全咨询有限公司.铁路武汉站消防性能化设计报告,2007.4.

作者简介：

张小忠（1968—），男，湖北仙桃人.湖北省公安消防总队防火部指导处高级工程师，工程硕士，中国消防协会电气防火专业委员会委员。主要从事建筑防火工程研究和消防监督管理工作。联系方式：地址：武汉市武昌区紫阳东路69号，430070，电话：13377891665。

钢空间框架结构的火灾工程安全评估

郑建军，刘敏

香港城市大学建筑系

摘要

本文基于火灾工程的模型技术给出和探讨了对 GMS 空间框架结构火灾安全评估的预测方法。根据 FRC 的要求，本文着重讨论了钢框架结构顶部的管状单元在封闭空间火灾情况下温度变化。在忽略热传导对温度的影响的情况下，通过对流子模型和辐射子模型的建立，本文给出了对流和热辐射对于顶部平面上任意一位子的温度影响的计算公式。本文对多个情况下的空间火灾给出了钢结构顶部平面不同位子单元的温度计算结果，参考钢结构标准的最终温度进行了分析。

关键词：对流、辐射、火灾工程、空间框架结构。

1. 前言

钢结构因为自身的特点被广泛应用在建筑结构之中，特别是近代建筑的多样化，钢结构的应用领域有了较大的扩展。高层和超高层房屋、多层房屋、体育场馆、大跨度公路桥梁、大跨度会展中心和海上采油平台等都已经采用了钢结构。钢虽然是非燃料材料，但是钢耐火性不强，温度到达 400°C 时，钢的屈服强度就下降到室温的一半，温度达到 600°C 时，钢材基本丧失强度和刚度。因此，如何如何评估钢结构在火灾工情况下的安全性能是一项非常重要的任务。

以香港 1996 年的耐火规范中规定工业用途的建筑中的每个建筑单元（elements of construction）必须有不低于两个小时的耐火周期（FRP）。也就是说，空间框架结构的如果被视为建筑结构单元，他们必须有 2 个小时的 FRP。因此，根据抗火性能的要求，很必要对空间框架钢结构提供耐火涂层的保护。但是对于一些很小直径的管状单元，因为要维持结构外表的美观，设计师一般不希望增加外层，所以很难对它们提供足够的防火保护。本文旨在评估空间框架钢结构中管状结构单元在火灾情况下的安全性能（垂直方向的承重单元仍然使用 2 小时耐火性能的耐火涂层保护）。

2. 案例

图 1 的主楼是现有的高层建筑物，为改善入口的美观，业主要求在正门口附加一钢结构大厅。本文研究的是钢结构中单元在火灾情况下的温度变化。

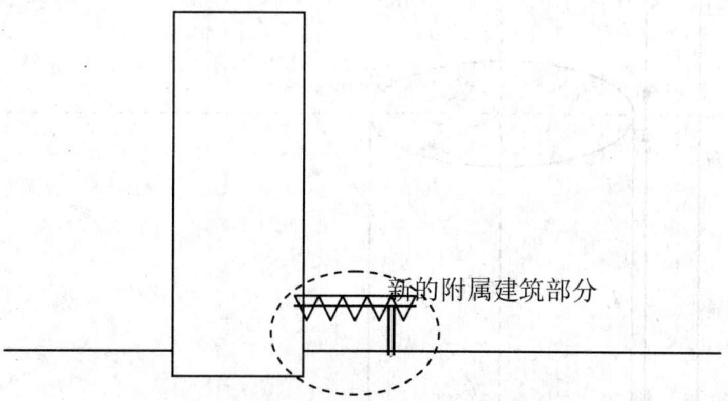

图 1 钢结构附属建筑

对于发光火焰的密闭空间火灾，火焰散发出来的热通过传导、对流和辐射传到建筑结构。这就造成了封闭空间内（包括墙体和结构单元）的物体的温度的上升。除了直接接触火源或者在火源附近范围的物体，热传导对于热传送贡献甚微。对流和热辐射在传热中扮演重要的角色。本文给出了空间框架结构在火灾中温度上升预测的一种计算方法，模拟了对流和热辐射的细节。这里假设传导对于传热的贡献可以忽略不计。

2.1 对流的子模型

为了估计从火焰到结构单元的热对流过程，对于由结构下火焰产生的热空气而引起的顶棚射流的气体温度要由很好的预判。本文引用了 Alpert（1972）[1]给出的关于顶棚射流温度的公式 1。这个公式最早是被发展用来计算在稳定燃烧环境下顶棚射流温度和火灾探测器的反应。本文的研究中，虽然燃烧是不稳定的，但是由于火焰的发展过程中的一段时间内火焰的尺寸可以认为是准稳态的。因此，每个时间段内的计算都可以使用 Alpert 的公式。这样就可以预测从羽流和顶棚射流到空间单元的热对流。

$$T_{\max} - T_{\infty} = \frac{5.38\left(\dot{Q}_c / r\right)^{2/3}}{H} \quad 对 \quad r > 0.18H$$

$$T_{\max} - T_{\infty} = \frac{16.9\dot{Q}_c^{2/3}}{(H)^{5/3}} \quad 对 \quad r \le 0.18H \tag{1}$$

这里 $\dot{Q}_c$（kW）是对流引起的热释放率，H (米) 是天花板的高度，r 为火焰的半径，如图 2 所示.

2.2 热辐射的子模型

在真实的火灾情况下，火焰形状的瞬态和波动使得热辐射的传热过程很难估计。通常，火焰假设是圆柱体。它的顶部和侧面的表面对外进行热辐射（Drysdale，1996）。热流从圆柱的顶部和侧面的表面积均匀的散播出来。

本文采用了 SFPE 手册（1995）给出的对于火焰（假设为圆柱体）的辐射热通量的计算方法。Drysdale（1996）也给出了相似的计算方法。为了定义圆柱体的火焰外焰，依据 Heskestad（1984）发表的相关实验数据给出了需要的火焰高度（公式 2）。由于单元的位子不同对应了不同的火焰的可视面积（见图 2），这样有时要求用不同的公式。同样由于火焰的瞬态，形状因子随着火焰高度的增减而变化。形状因子可以根据 Dayan 和 Tien（1974）给出的公式来计算。Siegel 和 Howell（1981）同样给出了有用的形状因子。

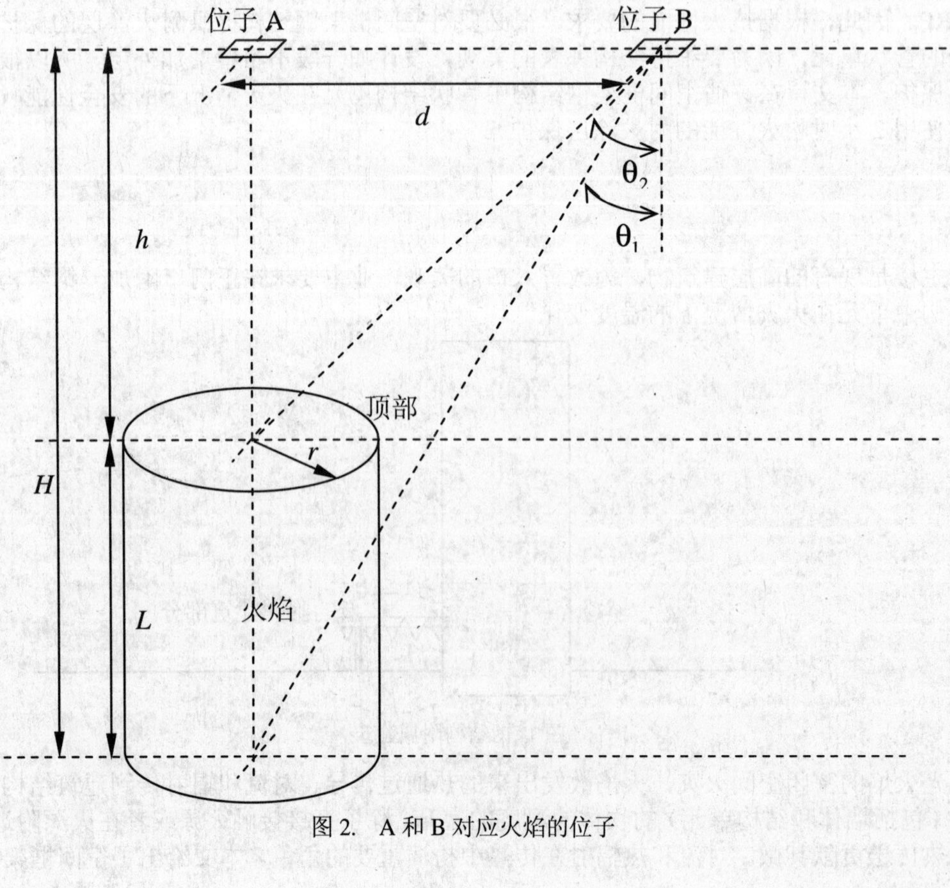

图 2. A 和 B 对应火焰的位子

$$L = 0.23\dot{Q}_c^{2/5} - 1.02D \tag{2}$$

这里 D (米)是火焰的直径.

本文计算了在 A 和 B 位子的钢单元的升温。因此需要计算对应 A 和 B 的热辐射传导的形状因子 F_{A-F} 和 F_{B-F} （见图 2）。

对于位子 A 的形状因子 F_{A-F} 的计算表达式为 （仅为圆柱状火焰的顶部）

$$F_{A-F} = \frac{r^2}{h^2 + r^2} \tag{3}$$

这里 h（米）是 A 到火焰顶部的垂直距离，r（米）是火焰的半径。$h = H - L$。

B 点对于火焰的顶部和侧面都是可视的，所以形状因子 F_{B-F} 的表达式为

$$F_{B-F} = F_{B-FT} + F_{B-FS} \tag{4}$$

这里 F_{B-FT} 和 F_{B-FS} 分别对应 B 点处可视的顶部和侧面的形状因子。

$$F_{B-FT} = \frac{1}{2}\left(1 - \frac{1 + a^2 - b^2}{\sqrt{c^2 - 4b^2}}\right) \tag{5}$$

$a = h/d$ ，$b = r/d$ 和 $c = 1 + a^2 + b^2$ 。d（米）是 B 点到火焰中线的水平距离。

$$F_{B-FS} = \frac{1}{\pi}\left(\frac{r}{d}\right)\left(\cos^2\theta_1 - \cos^2\theta_2\right) \tag{6}$$

这里 $\theta_1 = \tan^{-1}(d/H)$ 和 $\theta_2 = \tan^{-1}(d/h)$.

2.3 火焰热释放率的设计

如果大厦是由一家负责任的物业管理公司管理并且提供了良好的管理。没有任何货物和工业用品被放在入口处和休息区域。在空间结构框架支撑的入口和休息区域中火灾的主要风险来自随身携带的办公用品（像公文包或者文件和文件夹）或者前台用的软垫椅子。当着火的时候，其中后者有更高的燃料载荷和更快的燃烧率，因此产生更多的热量。本文火焰设计是依据实验中的软垫椅子的热释放率数据[2]。表 1 中给出了作为时间函数的相应的热释放率。

表 1 软垫椅子的热释放率

时间, 秒	热输出, kW
150	100
200	400
250	900
300	750
450	500
600	200
750	50
900	25
1050	10
1200	0

2.4 参数的输入

从火焰传播到结构单元的总的热为对流和热辐射的总和。为了简化过程，这里计算了（公式 7－9）水平面 P（见图 3）上的管状单元的温度上升过程。对于屋顶和其余垂直方向物体的再次辐射不予考虑。

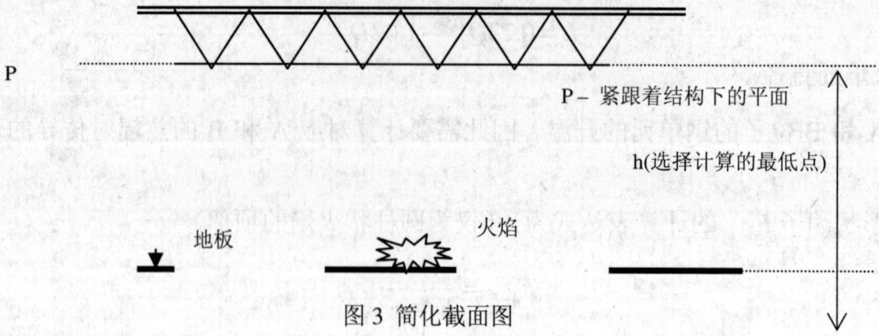

图 3 简化截面图

空间结构中任意点的温度上升率的计算公式可以表示为

$$\frac{C_{ps}m_s}{A_s}\frac{dT_s}{dt}=F_{X-F}\dot{Q}_{rad}+h_c\left(T_g-T_s\right) \tag{7}$$

这里T_s和T_g（^{o}C）分别表示钢的温度和天花板附近的热空气的温度。T_g（^{o}C）可以由公式 1 中 Alpert 的表达式得到。m_s（千克）是单元的质量，A_s（米^2）是单元可视火焰的面积。C_{ps} (kJ/kgK)是钢的热容。这里F_{X-F}是形状因子，h_c是传热系数。热辐射$\dot{Q}_{rad}$ （kW）按照总热释放率Q (kW)的一定的百分比φ (%)给出如下

$$\dot{Q}_{rad}=\varphi\dot{Q} \tag{8}$$

$$\dot{Q}=\dot{Q}_c+\dot{Q}_{rad} \tag{9}$$

实验数据给出的热释放率表示了发展中的火的对流和辐射的热释放率的和。准确的对流和辐射的热输出比例在整个火灾过程中可以不同。然而，对大多数火灾工程计算（见 Drysdale 1996），对流和辐射输出的热的百分比可以分别认为是 70%和 30%。

在类似的于 1300K 升温的干燥空气的环境情况下（见 Alves 1989），热传导系数被认为是 20 Wm^{-2}K。

取最坏的环境情况下，最小直径的单元选做计算对象。单元尺寸为 48mm（直径）×2.3mm（壁厚）。此外，要考虑到一些单元会处于离开火源比较近的位子。本文的设计给出了在一楼的自动扶梯的落地位子的垂直方向的最小距离，最小距离（h）等于 3.8 米。

钢的密度为 7801 kgm^{-3} 和钢的热容为 0.486 kJkg^{-1}K^{-1}（见 Siegel 和 Howell，1981）。

3. 计算结果

对于火源之上的单元 A 的温度计算结果在表 2 中给出。最高温度是在火灾发生后 600 秒时的 106°C。这很明显的低过表 4 给出的最终温度，在最终温度下钢单元的强度会下降到一个不可接受的程度。600 秒之后，和预想的一样，由于有限的燃料温度开始随着热释放率的衰减而下降。表 3 给出了在 3.8 米高平面上距离中线 3 米远单元 B 的预测温度。最高温度在 600 秒时的 56 ^{o}C。同样的，从这个时候向前发展，温度开始下降。

表 2 火焰中线上 3.8 米处单元 A 的计算温度

时间, 秒	温度, ^{o}C
150	33.60
200	42.30
250	62.37
300	77.56
450	105.04
600	105.76
750	95.30
900	85.25
1050	75.96
1200	66.75

表 3 高度 3.8 米平面上距离中线 3 米处单元 B 的计算温度

时间,秒	温度, ^{o}C
150	28.54
200	31.95
250	38.85
300	44.44
450	55.52
600	56.20
750	52.38
900	48.54
1050	44.91
1200	41.31

当热输出是上面例子的 2 倍和 4 倍的时候，同样的对单元进行了温度预测。在两倍输出情况下，单元 A 和 B 的最高温度分别 175 ^{o}C 和 70 ^{o}C。在四倍输出情况下，单元 A 和 B 的最高温度分别 446 ^{o}C 和 96 ^{o}C。这些温度仍然低于表 4 给出的最终温度。

4. 讨论

在封闭空间的火灾下，在单间的温度可能高过一些标准，如美国标准 ASTM E-119 （表 4 ），中规定的最终温度。因此，钢架需要外部的保护，如保护防火涂层或者发泡性防火涂层。然而在一些特定例子中，如果单间在火灾情况下的温度低于最终温度，外部的保护就不是那么必要了。本文研究证明了空间框架结构支撑的入口大厅内的温度在特定时间段里面不会达到最终温度。给出了热从火到管状单元传播的计算过程和危险位子（紧跟着空间框架结构之下）的管状单元的温度计算。

表 4 ASTM E-119 温度终点指标

结构单元	位置	最大温度 (^{o}C)
地板/屋顶(装配&承重梁)	钢梁(平均) (单点)	593 704
	空腹钢铁托梁	593
钢梁/支架 (非承重)	(平均) (单点)	530 649

在 Eurocode 1[6-7]中同样也详尽的规定了火灾情况下的结构的评估，其具体的过程可以分成 4 步：Step 1 选择相应的火灾场景－》Step 2 设计对应的燃烧过程－》Step 3 计算结构单元的温度上升过程－》Step 4 计算结构的力学反应。

同时为了更好的设计火灾场景，Eurocode 1 还给出了不同空间中的火灾负荷密度，如表 5 所示。

表 5 不同空间中的火灾负荷密度

空间	火灾负荷密度（MJ/m^2）			
	平均水平	80%	90%	95%
住所	780	870	920	970
医院	230	350	440	520
医院储藏室	2000	3000	3700	4400
旅店睡房	310	400	460	510
办公室	420	570	670	760
商店	600	900	1100	1300
工厂	300	470	590	720
图书馆	1500	2250	2550	-
学校	285	360	410	450

注：表中的 80%是经常用做设计参考的数据，它表示取安全燃烧情况下火灾负荷密度的 80%。可以看出对实际情况的处理是很复杂的，需要实验数据和数值模拟相结合的方法才能保证结构的安全和经济。

同 Eurocode 1 中的设计评估过程比较，本文给出了一个评估结构安全性能的方法，对模型进行了一定的简化并且忽略了热传导的影响，并且结算了钢结构一些位子的单元的温度。在更为复杂的情况下，对于火灾的情况需要更为精确的分析，例如用 FDS 对空间火灾情况进行分析得到更为精确的结果。同时在安全性能分析的时候需要认清的是，钢结构的破坏是在高温下的受力破坏。在得出温度场的情况下，还需要对结构的受力情况进行分析。在实际火灾中，当某些构件因为高温而破坏会对整个结构造成影响，这样对整体的钢结构的影响就需要重新评估。同时，钢材料的强度和屈服极限会随着温度的升高而降低，所以在实际的分析钢结构的受力分析（例如使用 ANSYS 分析火灾情况下的结构稳定性能）时需要考虑温度变化对材料本身带来的影响。总之，钢结构在火灾工程中的安全性能评估是一项十分重要的工作。

5. 结论

本文基于火灾工程的模型技术给出和讨论了对 GMS 空间框架结构火灾安全评估的预测方法。本文内容包括了对于密闭空间中火灾发展过程中对流和热辐射问题的具体处理和传热分析，给出了空间框架结构中危险位子的单元的升温分析。探讨了几种火灾场景。所有的问题中，通过假设火灾过程，得出的单元的最高温度都低于表 4 给出的最终温度，最终温度下钢单元的屈服强度将会下降到不可以接受的水平。这就说明在这个特定的例子中，结果的管状单元的强度是可以维持的。对于本例子，2 小时的防火涂层保护要求并不需要。这对建筑结构中的火灾防护提供了多样化的应变措施，同时节约了建筑成本和满足了建筑美观方面的要求。

6. 参考文献

[1] Alpert, R. L., “Calculation of response time of ceiling-mounted fire detectors”, *Fire Technology*, 8, 181-195.

[2] Alves, S. S. and Figueiredo, J. L., "A Model for Pyrolysis of Wet Wood", *Chem. Engg. Sci.*, 44, 12, 2861-2869 (1998).

[3] CSIRO, “User Manual for FireCalc: Computer Software for the Fire Engineering Professional”, Version 2.3, pp. A6-A7 (1993).

[4] Foliente, G.C.. Developments in Performance-based Building Codes and Standards, Forest Products Journal 50(7/8), pp.12-21, 2000.

[4] Dayan, A. and Tien, C. L., *Comb. Sci. Tech.*, 9, 41 (1974). [6] 雷明遠. 我國功能性防火設計之現況與展望. 環保資訊月刊，2002，45: 1-4.

[5] Drysdale, D, “An Introduction to Fire Dynamics”, John Wiley and Sons, pp. 143-146 (1996).

[6] Eurocode 1: Actions on Structures Part 1.2: General Actions-Actions on structures exposed to fire, British Standards Institution (2002)

[7] Eurocode 1: Basis of design and actions on structures, Part 2.2: Actions on structures exposed to fire, ENV 1991-2-2, British Standards Institution (1996)

[8] Heskestad, G., *Fire Safety Journal*, 7, 25 (1984).

[9] Holman, J. P. and White, P. R. S., Heat Transfer, 7th Ed., McGraw-Hill, 651-653 (1992).

[10] Siegel, R. and Howell, J. R., Thermal Radiation Heat Transfer, Hemisphere Publishing Corporation, New York, 822-831 (1981).

[11] Society of Fire Protection Engineers & National Fire Protection Association, “The SFPE Handbook of Fire Protection Engineering”, 2nd Ed., NFPA, 1-73 (1996).

[12] Thermal Radiation Monograph: Calculation of the Intensity of Thermal Radiation from Large Fires, The Institution of Chemical Engineers (1990).

Assessment on fire safety of space steel frame

Abstract

A prediction method for the assessment of fire safety of GMS space frame based on fir engineering modeling techniques is presented. In accordance with requirements in Fire Resistance Code (FRC), the paper investigates temperature variation of tubular elements in the steel space under enclosure fire. By building sub-models of convection and radiation and ignoring conduction effects, computational formulas of temperature for arbitrary point in the top plane of the frame are given. In several cases, temperature results of elements in different positions are calculated. Referring to endpoint temperature in some criterions, analysis about the results is given.

Keywords: convection, radiation, fire engineer, space frame.

作者简介：

郑建军，男，香港城市大学建筑系在读博士。研究方向：智能建筑结构、钢结构在火灾中的安全性能等。Email：50006006@student.cityu.edu.hk。

数值模拟于大型室内空间中火烟模式之应用与研究

钟基强[1]，苏崇辉[2]，杨育荃[3]

[1]云林科技大学机械系
[2]吴凤技术学院消防学系
[3]云林科技大学工程科技研究所

摘要

本研究最主要的目的在探讨 FDS 使用于大型室内空间的正确性与限制性。于 2000 年时，NIST/BFRL（美国国家标准暨技术协会火灾实验室）发展出来一套 CFD 火灾仿真软件 FDS（Fire Dynamics Simulator），这几年来已经从最初始的版本进步至到现在的第四版，而 FDS 也几乎成为世界各国对于火灾研究的使用者所使用最多的计算机火灾仿真软件，但在软件的使用方面，随着使用者格点配置的设定方式不同，可能会导致结果会有所不同，如火源位置的格点数与宽高比，当火源位置的格点数不足时会造成低估火焰温度的情形发生，在 Ma.与 Quintiere 的研究中提到使用 FDS 软件进行仿真，在 $R^*=0.05$ 时会有最佳的温度预测值，但在大型空间中要达到 $R^*=0.05$ 是相当困难的，为了让模拟的结果有更高的可信度，本研究从案例分析中发现在大型空间里，若不考虑火源位置的温度时，$R^*\cong 0.1\sim 0.15$ 即可有很好的烟流温度预测值。

关键词： CFD、FDS、格点配置、宽高比。

1. 概述

随着科技的进步在台湾开始有越来越多大型的现代化建筑，如：量贩店、大型购物商场与体育馆等，这些大型建筑体除了有现代化的艺术感与未来感外，伴随而来的还有它们复杂的几何外型与可能内涵大量可燃物等问题，对于现代防灾工程来说着实为一大严峻的考验。此外，这些大性空间都必须遵循不同的建筑规范，因此一些等效替代方案与性能验证可以拿来证明这些大型建筑体的防火安全性能，有了这些性能式规范，当防火设计者在设计大型现代化建筑时也可以更灵活运用的弹性与空间。

在过去，性能式设计的评判主要取决于个人主观判断，所以，缩尺模型与 CFD 被广泛的运用在大型建筑结构的设计与防火性能验证上。

这些数值工具的快速发展有助于检视建筑防火安全性能[1-3]，当然也有许多文献显示 CFD 仿真火烟模式被成功地运用在挑高空间上，然而，火是一种相当复杂的物理与化学现象，一些参数的交互影响更是错综复杂，使用单一的关系式与参数是没有办法完整描述火烟行为的[4]。

在 Ma 与 Quintiere [5] 的研究 "The accuracy and limitations of axi-symmetric fire plumes by numerical simulation"中提到一个主要的参数 Q*(dimensionless heat release rate)可以用来决定一些其它的参数，在文献中藉由这个参数来指出使用 FDS 的限制性，然而，模拟的空间尺寸(小于 20m3)与火源规模(小于 1MW)，与实际大型室内体育场所采用的设计参数相比是非常小的，大型空间模拟中一些如 R*(resolution of simulation)与 z*(characteristic length of the fire)等设计参数，若是要符合设计建议将会使计算格点相当庞大，如本研究中的巨蛋体育馆其模拟空间为 440,000m3，若是按照设计规范 R*=0.05 来建构 FDS 的模型，那计算的总格点数将超过 6 亿四百万，这已经远远超过现有个人计算机的计算能力，在过去有许多研究文献谈到模拟较小格点数的判断标准，但却很少有文献提到 FDS 在大型空间中使用的正确性与限制性。

随着计算机科技的快速进步，使用计算流体力学的仿真软件来研究与设计在大型挑高空间与地下车站等具有复杂外型的大型建筑体越来越普遍。CFD 的原理是将仿真的空间分格成许多格点，藉由计算机来求解流体动力中的统御防程序，经由 CFD 的求解过程来得到火场中的一些重要参数如：烟流、温度分布、及通风性能等，一般来说细小的格点会使模拟结果的正确性提高，但相对的就必须消耗大量的计算机计算能力，所以当选择计算格点的多寡时，除了考虑模拟的正确性外也必须考虑计算的限制性与点脑计算时间等问题，CFD 软件求解复杂的差分方程式时，必须在这些分割的物理空间中兼顾质量、动量与能量守衡等问题。

本研究所使用之火灾烟控仿真程序为美国 NIST(National Institute of Standards and Technology)建筑物与

火灾研究实验室(Building and Fire Research Laboratory)所发展之火灾仿真软件 FDS 4.07(Fire Dynamics Simulator)。FDS 程序是以 Large Eddy Simulation(LES)为基础的计算机火灾仿真软件，可仿真受火灾浮力驱动气流流动(Fire-driven Fluid Flow)的三维数值计算流体力学(3D Computational Fluid Dynamics) [6-8]。

2. 建筑物概况

本研究主要为探讨在大型空间中其格点配置的最佳化设计，在实验案例分析上选择一大型的室内体育馆作为研究规划的对象，主要建筑概要如表 1 所示。

表 1 建筑物概要表

名称	现代化综合体育馆（俗称巨蛋）
主要用途	体育赛事与展览活动
前面道路	40m
基地总面积	57,376.66 平方公尺
总面积	48,569.21 平方公尺（地上部分）
楼层数	六楼（地上部分）
最高高度	40m
构造	SRC 造＋S 造＋RC 造
设施规模	最大容纳座位数：15068 席
体积	约 300,000m^3

2.1 模型建构与对象配置

巨蛋体育馆各楼层平面之隔间配置与剖面如图 1 至图 8 之平面图所示，本研究模拟的体育馆大小尺寸约为 100 公尺×110 公尺，楼高约为 40 公尺，其仿真对象配置与模型外观等如图 9 与图 10 所示，火源置于蛋体中央处，配合 Heskestad 的烟流中心温度计算公式将温度量测点分别置于火源上方 5m、10m、20m、30m 之高度，另烟沉降高度决定位置与四周看台中间如图 1 之标示，进行理论公式与数值计算结果之比较，以评估数值模拟之正确性。体育馆烟控模拟建构示意图如下图 9 与图

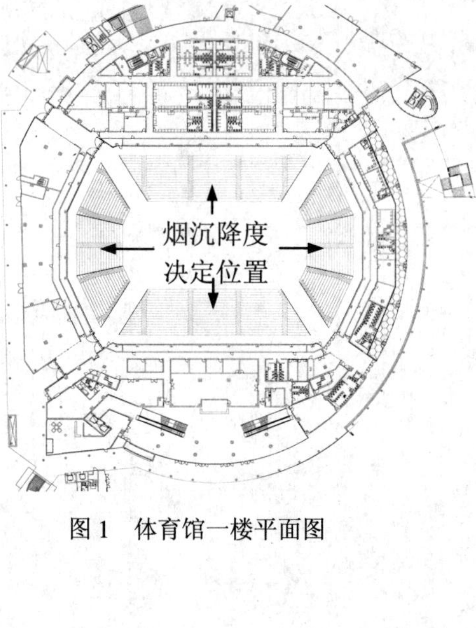

图 1　体育馆一楼平面图

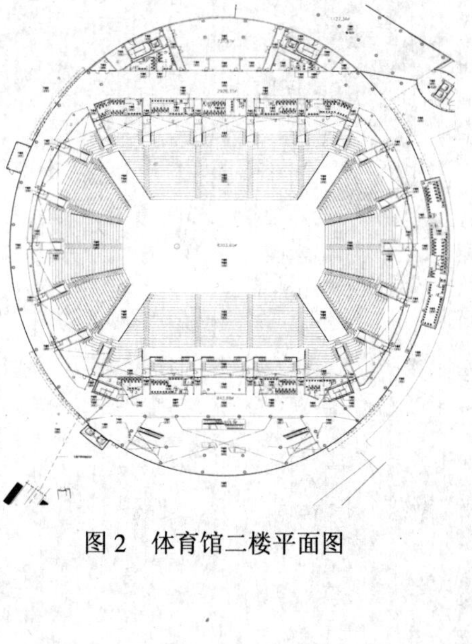

图 2　体育馆二楼平面图

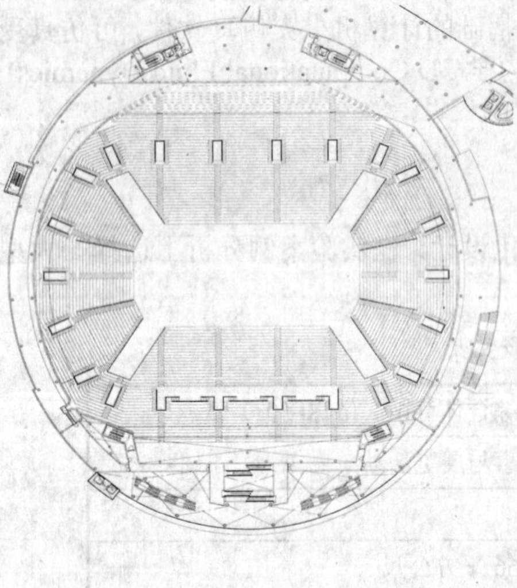

图 3　体育馆三楼平面图

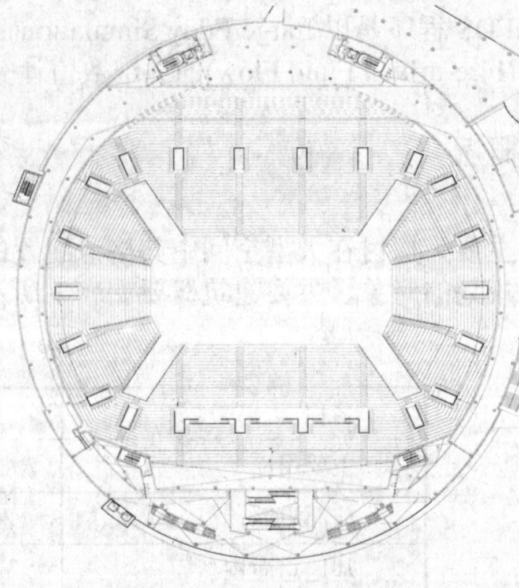

图 4　体育馆四楼平面图

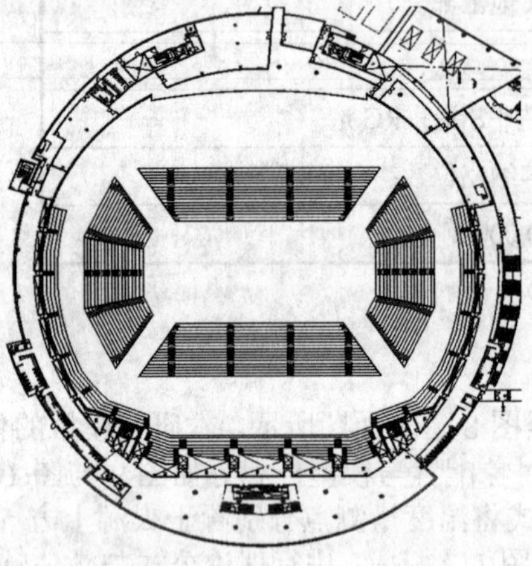

图 5　体育馆五楼平面图

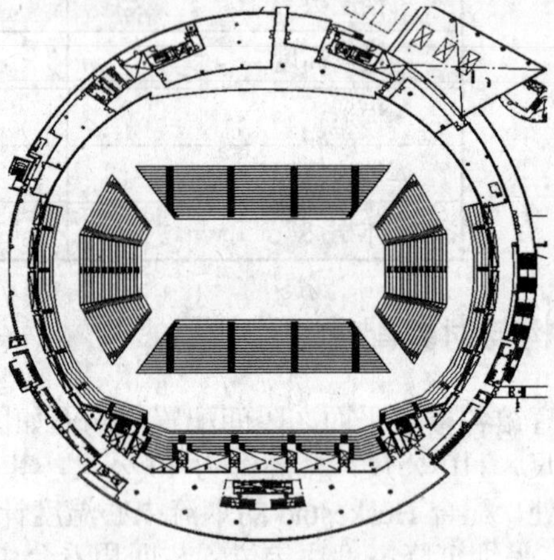

图 6　体育馆六楼平面图

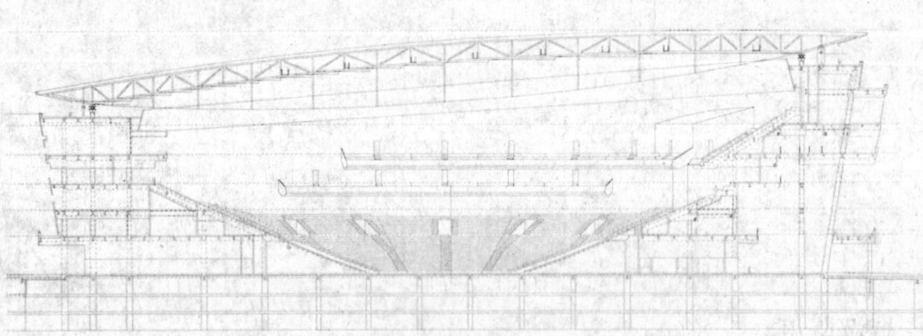

北侧剖面图

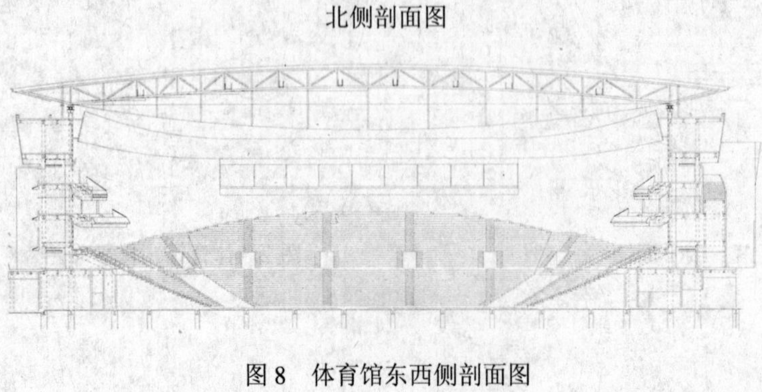

图 8　体育馆东西侧剖面图

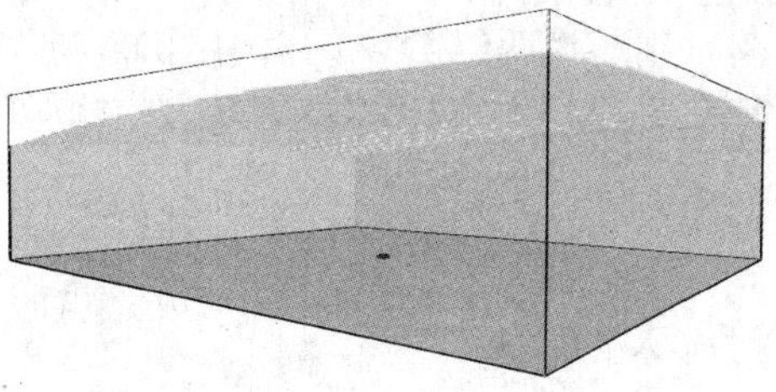

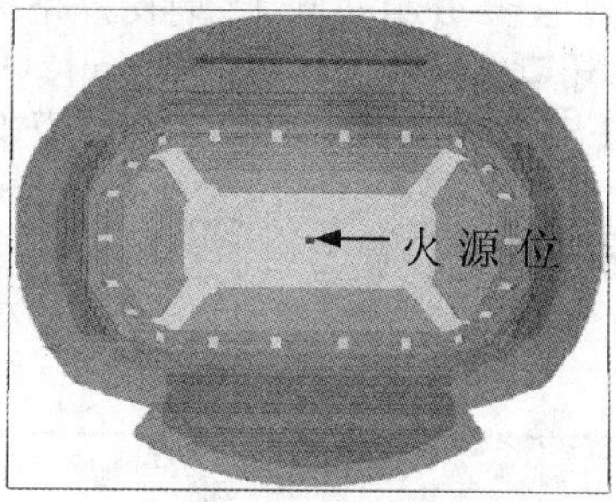

图 9　体育馆烟控模拟之屋顶建构外观示意图　图 10　体育馆烟控模拟之看台建构外观示意图

2.2 自然排烟系统与补气口之设定

2.2.1 自然排烟系统

体育馆自然排烟窗系统有两组，分别设在屋顶层东向与屋顶层西向，其中屋顶层东向设有（2 连×23 组＋单连×1 组）共 47 扇窗，屋顶层西向设有（2 连×10 组）共 20 扇窗，每一扇自然排烟窗实际开口尺寸为 1.1 m × 0.9 m（扣除外框架，剩下之有效开口面积），全部有效排烟面积为 66.33m2（46.53+19.8）。自然排烟窗系统平时作为通风换气使用，配有电动式开关，假若火灾发生之情况下，自然排烟窗系统可透过火焰式探测器将捕捉到火警之信号传送至受信总机，再由受信总机驱动电动开关开启马达并将电磁阀激磁释放排烟窗之钢索，驱动排烟窗之推升器将排烟窗打开，启动所需时间为 110 秒。

体育馆自然排烟窗之仿真模型建构，依据体育馆实际规划之排烟窗系统进行建构与设定，建构之外观示意图如图 11、图 12 所示。

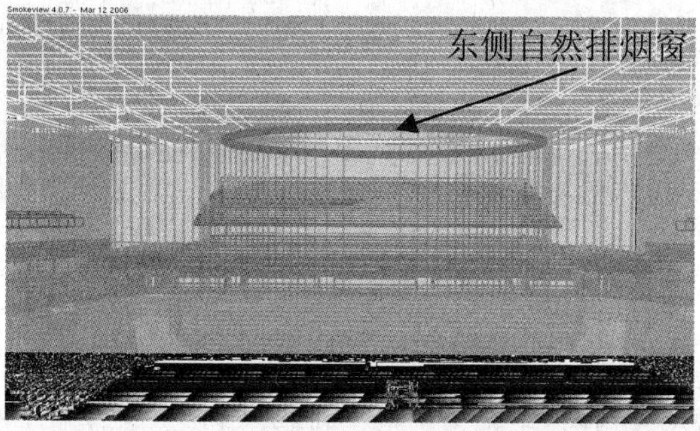

图 11　模拟自然排烟窗建构外观示意图(东侧)

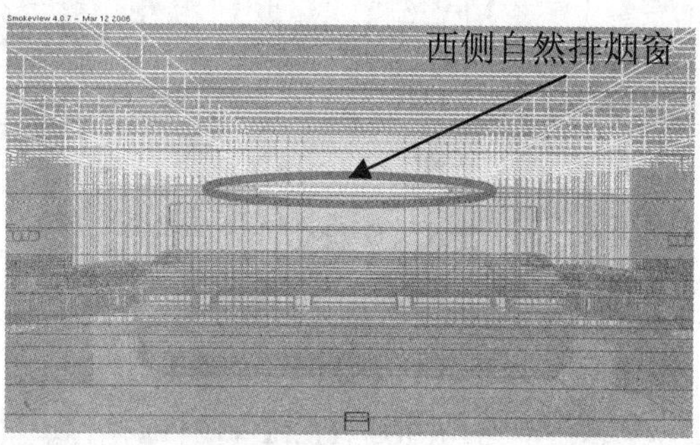

图 12　模拟自然排烟窗建构外观示意图(西侧)

2.2.2 一楼补气口

体育馆蛋体利用一楼位置之自然排烟自然补气之补气口以自然进气进行补气，补气口之补气窗分为 DW3 与 DW5 二种型式，其中 DW3 设有(2 连×8 组)共 16 扇窗，每一扇自然排烟窗实际开口尺寸为 0.525m ×0.955m（扣除外框架，剩下之有效开口面积为 8.02m2），

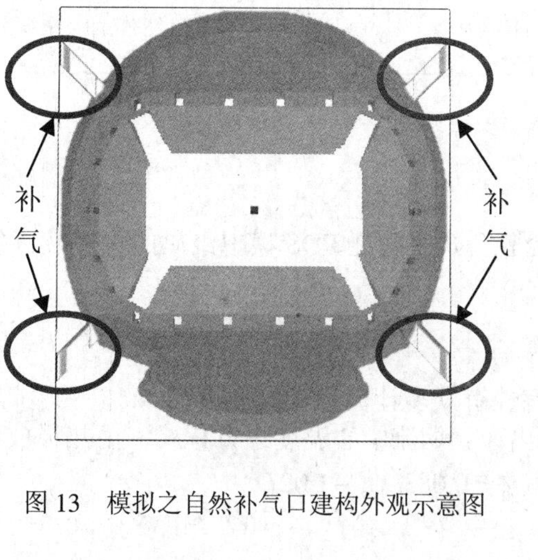

图 13　模拟之自然补气口建构外观示意图

DW5 设有（2 连×6 组）共 12 扇窗，每一扇自然排烟窗实际开口尺寸为 0.765m×0.955m（扣除外框架，剩下之有效开口面积 8.76m2)）。在一楼四个角落分别装设两组 DW3 与两组 DW5 之补气窗。全部有效排烟面积为 33.56m2（8.02×2+8.76×2）。模拟所建构之补气口示意图，如图 13 所示。

2.2.3 边界条件与初始条件

表 2　假设条件与输入参数说明

输入参数项目	输入值	输入参数值缘由说明
体育馆内部初始温度	20℃	考虑体育馆内发生火灾前室内维持空调运转状态
火源位置	一楼球场中央	考虑体育馆作为展览用途
火源高度	1m	考虑人为纵火或展览物不慎起火
火源大小	5MW	依据 NFPA92B 所建议一般挑空区域之火载量为 5MW，5MW 之火源约为一 4m^2 煤油火盆所产生之热量，汽油之燃烧率约为 0.039（kg/m^{2}s），依模拟时间 600 秒计算约需 93.6kg 之煤油，这已接近 6 桶 20 公升之煤油量。
火源成长曲线	火源成长时间 t_g=75 秒（火源成长系数 α=0.1878kW/sec^2）	考虑若有人为纵火等会引起相当快的燃烧速度，并以较保守的估计方式，故将火源成长模式设定为 Ultra Fast。
燃料	FYI='Kerosene, C_14H_30, MW_FUEL=198.0 NU_O2=21.5 NU_CO2=14.0 NU_H2O=15.0 EPUMO2=12700. CO_YIELD=0.012 SOOT_YIELD=0.042 /	由于 FDS 数据库内并无汽油燃料，因此本案采用燃烧特性相近且发烟量更大的煤油作为本案设计火源之燃料。
自然排烟窗面积	66.33m^2	本案自然排烟窗系统有两组，分别设在屋顶层东向与屋顶层西向，其中屋顶层东向设有 47 扇窗，屋顶层西向设有共 20 扇窗，每一扇自然排烟窗实际开口尺寸为 1.2m×1.1m（扣除外框架，剩下之有效开口面积）。
自然排烟窗作动所需时间	110 秒	配合本案自然排烟窗系统启动所需时间为 110 秒。

3. 经验关系式

我们使用一些火烟模式的经验公式来验证 FDS 模拟结果的正确性，包含了烟流中心温度与火焰高度。

3.1 烟流中心温度

计算火源产生之各项烟流特性有众多计算模式，Heskestad 以实验的数据为基础将理想状态的烟流束（如图 14 所示）加以修改，导出计算烟流中心温度之方程式，由热释放率与虚拟火源位置构成如下：

$$z_0 = 0.083\dot{Q}^{2/5} - 1.02D \tag{1}$$

其中　z_0　：虚拟火源位置(m)

　　　$\dot{Q}$　：热释放率(kW)

　　　D　：火源等效直径(m)

$$D=\sqrt{\frac{4\cdot A}{\pi}} \tag{2}$$

其中　A　：火源面积(m^2)

而于高度 z 之烟流中心温度与环境温度的差值 ΔT 可由下式(3)求得。

$$\Delta T=9.1\left(\frac{T_\infty}{gc_p^2\rho_\infty^2}\right)^{1/3}\dot{Q}_c^{2/3}\left(z-z_0\right)^{-5/3} \tag{3}$$

其中　T_∞　：环境空气温度(K)

　　　　：重力加速度(m/s^2)

　　　c_p　：环境空气比热[kJ/(kg K)]

　　　ρ_∞　：环境空气密度(kg/m^3)

　　　$\dot{Q}_c$　：对流热释放率(kW)

一般而言，对流热释放率的范围大概在 $0.6\dot{Q}$ 到 $0.8\dot{Q}$ 之间。若假设环境空气温度 T_∞=293 K，环境空气密度 ρ_∞=1.2 kg/m3，环境空气比热 c_p=1.0 kJ/(kg K)及重力加速度 g=9.81 m/s2，则方程式(3)之烟流中心温度与环境温度的差值 ΔT 可简化如下：

$$\Delta T=25\cdot\left(\frac{\dot{Q}_c^{2/5}}{\left(z-z_0\right)}\right)^{5/3} \tag{4}$$

3.2 火焰高度

而上方程式(3)只有在火焰平均高度 L 以上才成立，火源高度取决于火的几何形状、周遭条件、燃烧产生的热和化学量的比，其关系式适用于大多数的燃料，可表示成：

$$L=0.235\dot{Q}^{2/5}-1.02D \tag{5}$$

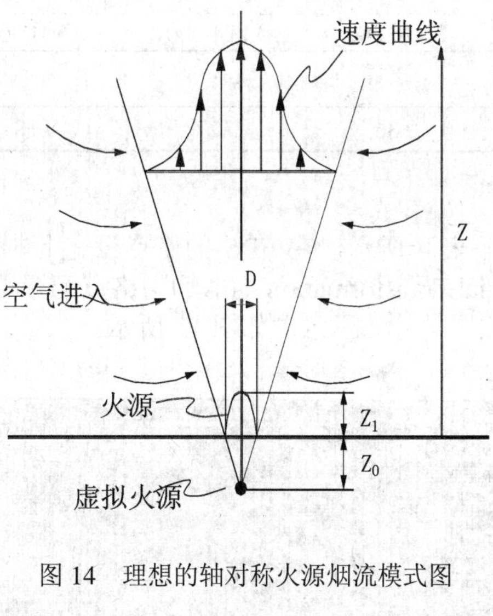

图 14　理想的轴对称火源烟流模式图

4. 无因次参数

当我们在进行结果研究分析时，无因次参数将会有助辨识不同的格点配置对于仿真结果的影响，目前应用于火烟行为的无因次参数仍未建立的相当完全，在进行模拟前有几项已广泛应用的无因次参数需要了解。

一个用于描述火源尺寸大小的无因次参数 Q_D^* 为无因次 heat release rate based on burner diameter 可由下

式表示：

$$Q_D^* = \frac{\dot{Q}}{\rho_\infty C_p T_\infty \sqrt{gD} D^2} \tag{6}$$

一般来说，Q_D^* 的值会在 0.1~1.0 之间，在大多数的建筑火灾中火源直径多在 0.1m 到 2m 之间，而相对应的 Q_D^* 也都在 0.3~3.0 之间。

对于任何的 CFD 软件来说，格点尺寸对于模拟结果来说是一个需要谨慎考虑规划的问题，在 Baum[5] 的研究中谈到在火源位置最少需要 10×10 以上的格点分割，一个帮助我们了解火源位置的格点尺寸大小的无因次参数 R^* (resolution of simulation)，表示如下：

$$R^* = \frac{\max(\delta x, \delta y, \delta z)}{z^*} \tag{7}$$

其中 z^* 为特征长度尺度，表示如下：

$$z^* = \left(\frac{\dot{Q}}{\rho_\infty c_p T_\infty \sqrt{g}} \right)^{2/5} = \left(\dot{Q}_D^* \right)^{2/5} \cdot D \tag{8}$$

5. 案例规划

5.1 格点配置

于格点设定方法中有两种较常用的方法：1. 均匀格点，2. 非均匀格点，在进行几组不同的格点配置测试中，经由不同高度的烟流中心温度预测值来相互比较，找出最佳的格点配置方法。

1. 均匀格点

不同的格点配置测试分配如下表所示。

表 3　均匀格点配置分布表

	配置一	配置二	配置三	配置四	配置五	配置六
格点配置数	110×120×80	165×180×80	220×240×80	330×360×80	220×240×120	330×360×120
火源格点尺寸(m×m)	1×1	0.66×0.66	0.5×0.5	0.33×0.33	0.5×0.5	0.33×0.33
总格点数	1,056,000	2,376,000	4,224,000	9,504,000	6,336,000	14,256,000
Q_D^*	0.59					
R^*	0.55	0.36	0.27	0.18	0.27	0.18

2. 非均匀格点

不同的格点配置测试分配如下表 4 所示，在 FDS 的格点设定上非均匀格点只限于两个轴向，在本案中选择在 x-y 方向上使用 Polynomial Transformation 的非均匀格点配置法，于 z 方向则藉由多重网格的设定方法来配置非均匀格点，其配置位置与方法示意图如图 15 所示。

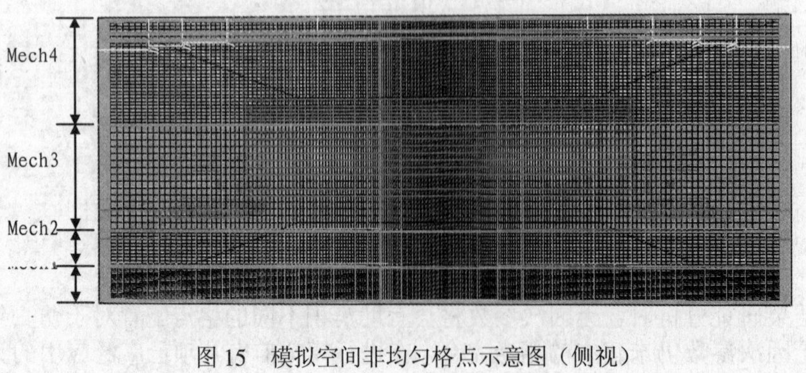

图 15　模拟空间非均匀格点示意图（侧视）

表 4 非均匀格点配置分布表

	配置一	配置二	配置三	配置四	配置五
Mesh 1	110x120x20 (264,000)	180x200x20 (720,000)	200x225x20 (900,000)	200x240x20 (960,000)	256x288x20 (1,474,560)
Mesh 2	110x120x10 (132,000)	180x200x10 (360,000)	200x225x10 (450,000)	200x240x10 (480,000)	256x288x10 (737,280)
Mesh 3	110x120x15 (198,000)	180x200x15 (540,000)	200x225x15 (675,000)	200x240x15 (720,000)	256x288x15 (1,105,920)
Mesh 4	110x 120x30 (396,000)	180x200x30 (1,080,000)	200x225x30 (1,350,000)	200x240x30 (1,440,000)	256x288x30 (2,211,840)
Total grid points	990,000	2,700,000	3,375,000	3,375,000	5,529,600
Grid size on fire source (m)	0.5 x 0.5	0.33 x 0.33	0.25 x 0.25	0.2 x 0.2	0.167x0.167
Aspect ratio	2	2	2	2.5	2.5
Computational time (hour)	9.83	32.77	47.01	67.04	94.39
Q_D^*	0.59				
R*	0.27	0.18	0.136	0.109	0.009

5.2 Aspect ratio

当在设置非均匀格点时还有一项重要的参数为 Aspect ratio，为了解 Aspect ratio 对模拟结果的影响，选择当 R^* =0.136 时，五种不同的比例的 Aspect ratio，如下表所示为不同 Aspect ratio 的模拟参数。

表 5 不同 Aspect ratio 分配表

	Ratio1	Ratio2	Ratio3	Ratio4	Ratio5
Grid number	96×108×75	128×144×75	160×180×75	220×225×75	240×270×75
Grid size on fire source (m)	0.25×0.25	0.25×0.25	0.25×0.25	0.25×0.25	0.25×0.25
Total grid points	777,600	1,382,400	2,160,000	3,712,500	4,860,000
Aspect ratio	5	3.33	2.5	2	1.67
Computational time (hour)	10.61	17.50	30.84	47.01	58.48
Q_D^*	0.59				
R^*	0.136				

6. 结果与讨论

在建筑物发生火灾时，由于火场中燃烧物的不同与现在环境条件的不同，所产生的浓烟在性质上与内容上都有很大的不同，但大多都是包含有毒性的气体，一般可知，有毒的烟气与缺氧且高温的环境，会迅速致人于死亡、中毒或是因为昏迷后活活被烧死，烟层是火场中另一个重要的特性之一，它会降低能见度而妨害避难人员从火场中逃生，而能见度的高低取决于烟的成份、浓度、微粒的大小、分布的情况以及照明设备与观察者现场的心理状态，故本研究也将着重于温升曲线与烟层的变化。

6.1 Grid Resolution

6.1.1 均匀格点

如下图所示各种格点配置于距离火源 5m 高处的烟流中心温度分别约为 100℃、180℃、200℃与 270℃、180℃、190℃，明显低于 Heskestad 所预测的烟流中心温度，而在 10m 高以后配置二与配置三的烟流中心温度可高于 Heskestad 所预测的烟流中心温度，在 20m 高以后各种配置的烟流中心温度均高于 Heskestad 所预测的烟流中心温度，但烟流中心温度的分布受限于格点数目的影响（配置四已达九百五十万），无法有效的预测烟流温度，故在大型空间的模拟上需藉由非均匀格点的配置方法来找寻较佳的格点配置。

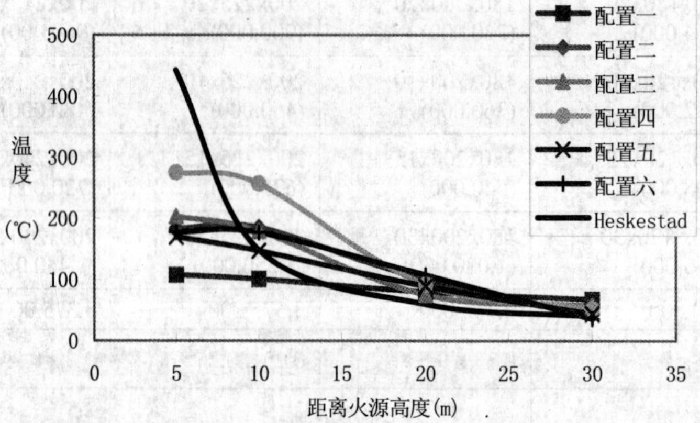

图 16 均匀格点各配置温度比较图

6.1.2 非均匀格点

如下图所示五种非均匀格点配置于距离火源 5m 高处的烟流中心温度分别约为 238℃、489℃、475℃、500℃与 475℃，配置一明显低于 Heskestad 所预测的烟流中心温度，而在 10m 高以后均与 Heskestad 所预测的烟流中心温度有相当程度的吻合，由下图可知配置一在接近火源处的烟流中心温度会较低，而在远离火源位置的的温度分布又会略高，而配置三与配置四在温度预测值上，其分布趋势无论距离火源远近均较符合 Heskestad 所描述的烟流中心温度曲线，但配置四之温度曲线略低于预测值。

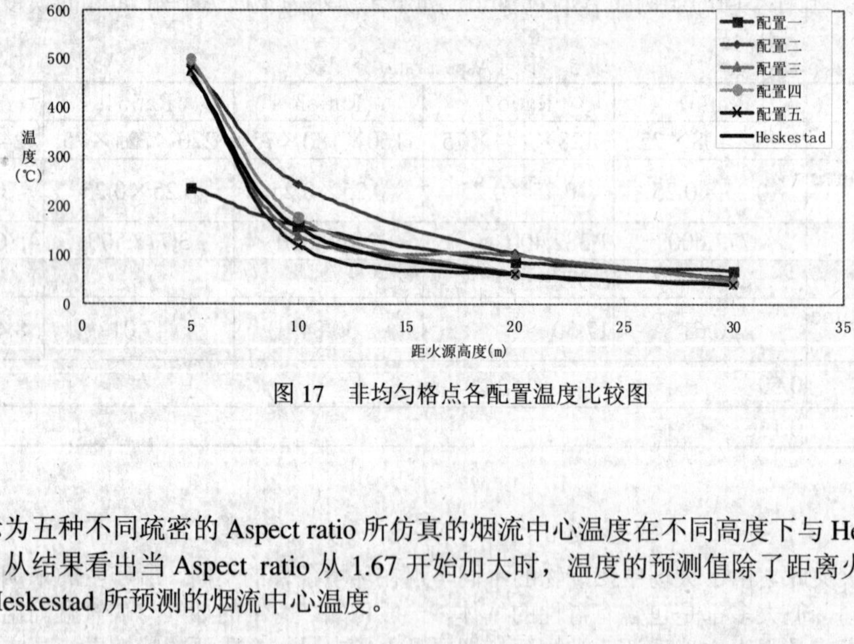

图 17 非均匀格点各配置温度比较图

6.2 宽高比

下图所示为五种不同疏密的 Aspect ratio 所仿真的烟流中心温度在不同高度下与 Heskestad 烟流中心温度的差异性，从结果看出当 Aspect ratio 从 1.67 开始加大时，温度的预测值除了距离火源较远的位置外，会开始偏离 Heskestad 所预测的烟流中心温度。

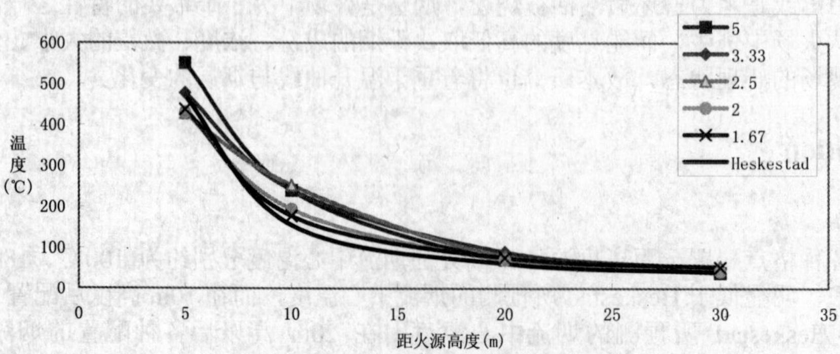

图 18 不同 aspect ratio 配置温度比较图

6.3 计算机计算时间

如表 6 及表 7 所示为计算机时间之比较表，我们使用四台 Pentium(R)双核心 CPU2.80GHz 之计算机运用平行处理的方法进行运算，随着格点数目的增加，总计算时间会相差数倍之多。

表 6　非均匀格点之计算机计算时间

	配置一	配置二	配置三	配置四	配置五
Total grid points	990,000	2,700,000	3,375,000	3,375,000	5,529,600
Computational time (hour)	9.83	32.77	47.01	67.04	94.39

表 7 Aspect ratio 之计算机计算时间

	Ratio1	Ratio2	Ratio3	Ratio4	Ratio5
Total grid points	777,600	1,382,400	2,160,000	3,712,500	4,860,000
Computational time (hour)	10.61	17.50	30.84	47.01	58.48

7. 结论

本研究最主要的目的在找出当使用 FDS 软件进行大型空间仿真时最理想的格点配置方法，由仿真之结果可归纳出下列几项结论：

在如高雄体育馆这么大的立体空间中进行烟控模拟，使用均匀格点的方法较不可行，为求能准确预测温升曲线，需使用超过千万如此大量的格点数，使用非均匀格点的设定是为较佳的配置方式。

在非均匀格点的配置方式中，由烟流中心温度的比较图表中可看出，配置一与配置二其温度预测有较大的偏差，而配置三、配置四与配置五在温度预测值上，其温升曲线趋势均较符合 Heskestad 所描述的烟流中心温度曲线，而配置三之烟流中心温度值是较 Heskestad 略高，建议在使用上可采用配置三的格点配置方法。

在 Quintiere 的研究中提到使用 FDS 软件进行仿真，在 $R^*=0.05$ 时会有最佳的温度预测值，但若用在大型公共空间的模拟时，若不考虑火源位置的温度时，$R^* \cong 0.1\sim0.15$ 即可有很好的温度预测值。

烟层高度受格点尺寸的影响不大，只要格点配置方法能有效显示空间对象尺寸大小即可。

当 Aspect ratio 越小时，模拟的结果会有较好的温度预测值，但相对模拟的计算格点量会加大，总计算时间相差数倍之多，建议 Aspect ratio 值取在 2~3 之间为佳。

当 R^* 在 0.136 时，若火源的热释放率在 1MW 至 10MW 时，仿真的温度可以有很好的预测值。

本研究现阶段尚未考虑边界条件如开口部大小对模拟结果的影响及格点对火焰高度的影响，加入后可使评估更具完整性。

8. 参考文献

[1] Hadjisophocleous, G. V. and Mccartney, C. J. Guidelines for the use of CFD Simulations for Fire and Smoke Modeling. ASHRAE Transactions, 2005,111:583-594.

[2] Klote, J. H. CFD Analysis of Atrium Smoke Control at the Newseum. ASHRAE Transactions. 2005,111: 567-574.

[3] Kashef, A., Benichou, N., Lougheed, G. D. and McCartney, C. A Computational and Experimental Study of Fire Growth and Smoke Movement in Large Spaces. NRCC-45201, National Research Council Canada.

[4] Baum, H. R. and McGrattan, K.B. Simulation of Large Industrial Outdoor Fires. In Fire Safety Science, proceedings of the Sixth International Association for Fire Safety Science, 1999.

[5] Ma, T. G. and Quintiere, J.G. Numerical Simulation of Axi-symmetric Fire Plumes: Accuracy and Limitations. Fire Safety Journal, 2003,38:467-492.

[6] K.B. McGrattan, H.R. Baum, R.G. Rehm, G.P. Forney, J.E. Floyd, and S. Hostikka, Fire Dynamics Simulator (Version 4)-Technical Reference Guide, Technical Report NISTIR 6783, National Institute of Standards and Technology, Gaithersburg, Maryland, August 2005.

[7] K.B. McGrattan, G.P. Forney, J.E. Floyd, and S. Hostikka, Fire Dynamics Simulator (Version 4)-User's Guide, Technical Report NISTIR 6783, National Institute of Standards and Technology, Gaithersburg, Maryland, August 2005.

[8] G.P. Forney, K.B. McGrattan, User's Guide for Smokeview Version 2.0-A Tool for Visualizing Fire Dynamics Simulation Data, Technical Report NISTIR 6783, National Institute of Standards and Technology, Gaithersburg, Maryland, August 2001.

Numerical Applications and Limitations of Fire and Smoke Plume in Atria

Abstract

CFD is a powerful technique that provides an approximate solution to the governing equations for hot smoke plume in the buildings. The flexibility of the technique makes it possible to solve these equations in very complex spaces, such as a large indoor stadium. The main scope of the paper is to study the availability and limitations of FDS numerical model for predicting hot smoke movement in a large indoor stadium. Some key design parameters of FDS model are tested to quantify the appropriate ranges for using in a large indoor stadium, such as grid arrangement, aspect ratio and computational time. A scaling factor (characteristic length, R*) ranged between 0.1 to 0.15 may provide an acceptable accuracy for predicting the temperature of the hot smoke plume in a large indoor stadium. However, the simulation results show that the temperature profile is under-predicted within the transmission area of smoke and flame.

作者简介：

钟基强，云林科技大学机械系教授。联系方式：地址：台湾省云林. email: chungkc@yuntech.edu.tw。

基于事件树分析的火灾场景选择*

庄磊，陆守香，王福亮

中国科学技术大学火灾科学国家重点实验室

摘要

针对建筑防火性能化设计中火灾场景的随机性和确定性，建立了基于事件树的火灾场景风险等级分析方法，以实现基于风险评价的火灾场景选择。从防火设计目标出发考虑事件树的初始事件，分析消防系统在火灾发展过程中可能的响应事件选取事件树路径因素，以此建立火灾场景事件树。提出了火灾影响域的概念，并用火灾影响量和危害系数量化各火灾场景的发生后果。结合火灾场景发生概率的评价，给出各火灾场景的相对风险值。以某机场航站楼的防火设计为例说明将该方法应用于解决性能化防火设计中火灾场景选择问题的过程。

关键词：事件树、火灾场景、性能化防火设计、火灾风险评估。

1. 引言

建筑中可能发生的火灾多种多样，具有随机性和确定性的双重性规律[1]。建筑防火性能化设计不可能对所有火灾场景进行列举和分析，因此，如何选取具有代表性的、火灾风险较大的火灾场景，是建筑防火性能化设计中的一个难题。

火灾场景设计，即根据建筑物结构特征、人员特点以及建筑内可燃物的荷载与分布情况，对危险源进行辨识，描述火灾场景的发展以及确定火灾热释放速率随时间的变化规律。它是建筑防火性能化设计中所有量化分析的基础，多年来一直是国内外研究者关注的热点。国际标准化组织（ISO）对火灾场景设计的研究较为系统化，也最具代表性，先后于 1999 年和 2006 年两次提出关于火灾场景的设计标准案[2, 3]。该标准案给出了火灾场景设计的一般原则方法，但没有说明如何量化选择火灾场景等问题，需要进行进一步研究以改进其实用性和可操作性。国内的相关研究主要集中在火灾场景的设计内容和原则[4][5]、火灾热释放速率的设定[6, 7]以及一些特定场所火灾场景的设计[8]，如何通过定性与定量评估进行火灾场景选择依然是一个需要研究的问题。

火灾场景的选择一般采用最不利原则，即选择火灾危害较大与火灾最有可能发生的场景。但在工程实际中，设计人员在展开数值模拟、定量分析之前往往很难明确判断出哪一火灾场景危害较大或最有可能发生。因此，选择火灾场景时需要进行全面科学合理的筛选，以避免由于设计人员对火灾规律认识的局限性而导致选择的片面性[9]，为此，应该建立一套合理可行火灾场景选择方法。本文基于事件树分析方法进行多场景设计，并结合统计资料给出场景概率分析方法；提出火灾影响域概念，并引入火灾影响量与危害系数两个参数量化各火灾场景后果，建立了火灾场景风险等级分析方法，以解决建筑防火性能化设计中的火灾场景选择问题。

2. 火灾场景事件树的构建

事件树分析法(Event Tree Analysis，简称 ETA)是安全系统工程中重要的分析方法之一。它建立在概率论和运筹学的基础上，在运筹学中用于对不确定性问题作决策[10]。作为构建火灾场景的风险评估技术，事件树分析方法将事件可能性、消防系统成功概率和火灾后果结合起来，量化火灾场景的相对风险值。本文发展的基于事件树分析的火灾场景选择基本过程如图 1 所示。

*基金项目：国家“十一五”科技支撑计划（2006BAK06B02-2）

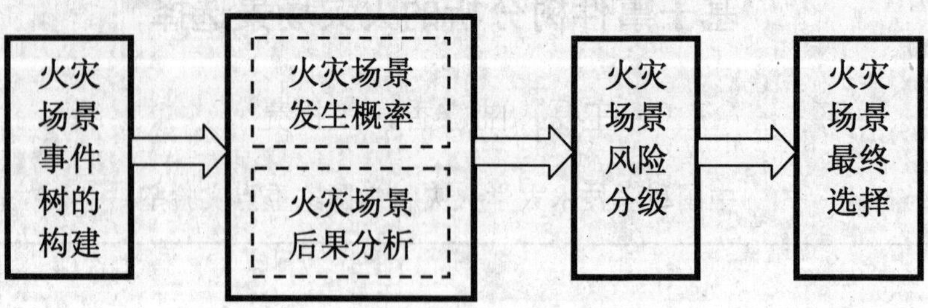

图 1　基于事件树技术的火灾场景选择基本过程

构建火灾场景事件树，主要有以下五步：

（1）分析评估对象的现场状况。即了解评估对象的基本状况，例如建筑使用功能、防火分区划分、可燃物类型与分布、现有的消防措施等。

（2）防火设计目标分析。通过对性能化设计防火目标的分析，明确需要考虑的火灾危害。常见的防火目标包括：保证人员生命安全、财产保护以及保证设备连续运行，相应需要考虑的火灾危害包括：火灾对人员生命安全造成的威胁、火灾引起的财产损失以及火灾对设备的损坏。

（3）确定火灾场景事件树的初始事件。

通过选择火灾的发生位置来确定火灾初始事件。确定火源位置一般可以从防火目标出发，诸如人流集结区域的火灾、可能导致结构坍塌的火灾等需要着重考虑，也可参照火灾事故统计资料进行选择。表 1 是建筑物不同区域火灾次数分布统计情况[11]。我国目前还没有建筑火灾发生位置的火灾统计，火灾位置的选择可以参考火灾发生原因的统计情况进行。表 2 是根据我国火灾统计年鉴得到的几类公共建筑起火原因统计情况

表 1　不同位置发生的火灾次数百分比

火灾位置	疏散通\辅助设施	商业、集会区	设备用房	建筑构件附近	存储用房
火灾次数百分比	7.6%	36%	12.3%	27.4%	17.7%

表 2　公共建筑火灾各类起火原因所占的百分比

起火原因 建筑分类	放火	电气	违章操作	用火不慎	吸烟	玩火	自燃	其它
办公建筑	5%	51%	5%	17%	6%	3%	1%	13%
商场	6%	36%	6%	20%	6%	5%	2%	19%
娱乐场所	2%	28%	7%	43%	5%	1%	0.5%	12%
宾馆饭店	1%	26%	8%	57%	2%	1%	1%	4%
车站码头机场	4%	43%	9%	21%	6%	4%	2%	12%

（4）确定火灾场景事件树的路径因素。路径因素是初始事件后发生的事件，它影响着火灾发展或者危险状态变化。在性能化防火设计中，通常选取各类消防系统在火灾情况下的响应事件作为火灾场景事件树的路径因素，如表 3 所示。

表 3　火灾场景事件树路径因素

消防系统	响应事件
火灾探测系统	正常工作、非正常工作
火灾报警系统	正常工作、非正常工作
排烟系统	正常工作、非正常工作
自动灭火系统	灭火成功、失败
	控制火灾规模成功、失败
消防队员	人工扑救成功、失败
防火分隔	分隔失效与否

（5）　构建火灾场景事件树。在确定火灾初始事件以及路径因素之后，按照消防系统的响应事件次序，从左至右逐步展开火灾场景事件树，如图 2 所示。

火灾场景初始事件	消防系统响应事件序列				火灾场景
火源位置	FPS1[1]	FPS2	FPS3	FPS4	
			Yes		S1
			$P_{1,1,1,1}$		P_{S1}
		Yes		Yes	S2
		$P_{1,1,1}$		$P_{1,1,1,2,1}$	P_{S2}
			No		
	Yes		$P_{1,1,1,2}$	No	S3
	$P_{1,1}$			$P_{1,1,1,2,2}$	P_{S3}
			Yes		S4
			$P_{1,1,2,1}$		P_{S4}
		No		Yes	S5
		$P_{1,1,2}$		$P_{1,1,2,2,1}$	P_{S5}
位置 1			No		
P_1			$P_{1,1,2,2}$	No	S6
				$P_{1,1,2,2,2}$	P_{S6}
			Yes		S7
			1,2,2,1		P_{S7}
	No	No		Yes	S8
	$P_{1,2}$	$P_{1,2,2}$		$P_{1,2,2,2,1}$	P_{S8}
			No		
			$P_{1,2,2,2}$	No	S9
				$P_{1,2,2,2,2}$	P_{S9}

注 1：FPS1～FPS4 分别代表表 3 中某一可能的消防系统响应事件。

图 2　火灾场景事件树示例图

3. 火灾场景发生概率分析

火灾场景的发生概率由初始事件的发生概率与分支事件条件概率相乘得到，以图 2 火灾场景事件树中场景 S1 为例，发生概率为：

$$P_{S1}=P_1P_{11}P_{111}P_{1111} \tag{1}$$

可以看出，分支事件的条件概率（即消防系统成功概率）是量化火灾场景发生概率的基础。可以通过事故树分析方法或者利用历史统计数据获取消防系统成功概率[12,13]（如表 4 所示）。

表 4　消防系统成功概率的统计数据

探测报警系统		
火灾探测器的成功概率	商用感烟探测器	0.9
	家用感烟探测器	0.75
	防尘感烟探测器	0.9
	感温探测器	0.9
	火焰探测器	0.5
报警系统的成功概率	一般值	0.95~1
自动灭火系统		
水喷淋成功动作的概率	最大值	0.95
	财产保护	0.9
	生命保护	0.8
	最小值	0.75
其它自动灭火系统成功动作概率	一般值	0.9
水喷淋启动、灭火失败时的控火概率	最小值	0
	最可能值	0.5
	最大值	1
排烟系统（机械和自然）		
排烟系统按照设计值运行的概率	一般值	0.9
防火分隔		
耐火时间达到设计标准 75%的概率	石墙	0.9
	隔断墙	0.65
	玻璃	0.4
	吊顶	0.25

4. 火灾场景后果分析

通过对火灾危险源以及其它风险参数进行分析，并按照一定的原则对其赋予适当的值，然后通过数学方法综合起来，得到描述火灾场景后果的数值，从而快速简单地估算火灾场景相对风险等级。这一过程就是火灾场景后果的半定量分析。

引入火灾影响域的概念表征某一特定火灾场景下火灾危害可能波及到的范围。一般地，火灾影响域有三个层次的范围：①火灾后果波及范围限制在防火分区的某个局部区域，譬如办公室，售货亭等。这些局部区域通常具有完整的防火分隔或设置有独立的消防系统。②火灾蔓延至整个防火分区。③火灾蔓延突破防火分区的分隔，向其它区域蔓延。

根据建筑防火设计目标，火灾影响域中的火灾后果（C）一般包括：火灾对人员生命造成的伤害（C_p）和火灾引起的财产损失（C_w）。本文引入火灾影响量（Q）和危害系数（H）两个参数对火灾后果进行量化，对于具有 m 个影响域的火灾场景，其火灾后果可以用式（2）表示：

$$\begin{cases} C_p = \sum_{i=1}^{m} Q_{p_i} \times H_{p_i} \\ C_w = \sum_{i=1}^{m} Q_{w_i} \times H_{w_i} \end{cases} \tag{2}$$

式中：Q_{pi} 表示第 i 个影响域内的人员总数（人）；H_{pi} 表示第 i 个影响域内人员受到的危害程度；Q_{wi} 表示第 i 个影响域内的财产总价值（元）；H_{wi} 表示第 i 个影响域内财产受到的危害程度。

4.1 火灾影响量

火灾影响量是指火灾影响域中的人员总数或财产总价值。第 i 个火灾影响域内的人员总数 Q_{pi} 可由该影响域的人员密度和影响域面积来确定：

$$Q_{p_i} = D_{p_i} \times S_i \tag{3}$$

式中：D_{pi} 表示第 i 个影响域的人员密度（人/m^2），一般可参考建筑设计防火规范来取值；S_i 表示影响域面积（m^2）。

第 i 个火灾影响域内财产总价值 Q_{wi} 可由该影响域内的财产价值密度和影响域面积来确定：

$$Q_{w_i} = D_{W_i} \times S_i \tag{4}$$

式中：D_{wi} 表示第 i 个影响域的财产价值密度（元/m^2），不同类型的建筑一般具有不同的价值密度；S_i 表示影响域面积（m^2）。

4.2 危害系数

危害系数是指火灾对其影响域内的人员和财产的破坏或者威胁的程度，主要由火灾危险源特性、降低火灾危害的消防措施和防火目标的易损性决定，其取值范围是[0,1]。根据 Gustav Purt 的风险分析思想，建立了评价火灾场景危害系数的多因子影响的半定量数学模型，如式（5）所示：

$$H = F_h \times F_v \times (1 - F_c) \times F_d \tag{5}$$

式中：F_h 为危险源因子，由火灾荷载和建筑内部装修决定；F_v 为防火目标易损性因子，分别包括人员安全和财产安全；F_c 为控火因子，主要表征各类消防设施对火灾危害的控制程度，包括探测报警、排烟系统、自动喷水灭火系统和防火分隔等。F_d 为距离因子，主要表征火灾影响域与起火位置的距离对危害系数的影响。

对这些影响建筑火灾安全水平的风险因子进行评分。每个因子的取值是依据其在火灾风险中所起作用的不同而确定大小，一般基于以往火灾案例及专家的知识积累和工作经验。然后这些赋值通过式（5）得到某种形式的数值，此值并不代表危害系数的绝对大小，而仅在火灾场景后果的对比判断上具有意义。它表征了各火灾场景对防火目标的相对危害水平，从而区分出所有可能的火灾场景的危险性。

4.2.1 危险源因子

危险源因子 F_h，表示建筑内可燃物对火灾危害系数 P 的影响，主要由火灾荷载分布和内部装修决定。根据前人研究[14]，火灾荷载和内部装修影响危险源因子大小的权重分别取 0.618 和 0.382。本文设定火灾荷载密度达到 900MJ/m^2、同时内部装修材料主要为易燃材料情况下，火灾危险程度达到最大，此时 F_h=1；当建筑内基本无可燃物时，即火灾荷载密度大致等于 0 的情况下，火灾危险程度最低，此时 F_h=0；以上述两种状态为基准，其它状态下的危险源因子取值可以通过对火灾荷载密度和内部装修材料可燃性进行线性插值的方法得到，表 5 为几种基准状态下的危险源因子取值。

表 5　危险源因子赋值参照表

火灾荷载密度(MJ/m^2)	得分	内部装修材料	得分	F_h
0	0	不燃	0	0
225	0.25	难燃	0.33	0.618×0.25+0.382×0.33=0.281
450	0.50	可燃	0.67	0.618×0.50+0.382×0.67=0.565
大于等于 900	1	易燃	1	1

4.2.2 防火目标易损性因子

防火目标易损性因子 F_v，包括人员安全、财产安全两个方面。人员生命安全的易损性因子主要由疏散设计（包括疏散宽度、疏散指示和疏散距离等）和人员自身特征决定；而财产易损性则主要由建筑结构和内容物的耐火能力和防护措施的防护水平决定。易损性因子各等级的推荐值如表 6 和表 7 所示。

表 6　人员生命安全的易损性因子赋值参照表

疏散系统的状态、人员特点		F_v 取值范围
疏散设计均符合规范	人员密度较小（小于 0.5 人/m^2）	0~0.05
	人员密度较大（0.5~1 人/m^2）且熟悉疏散路线	0.05~0.10
	人员密度较大（0.5~1 人/m^2）且不熟悉疏散路线	0.10~0.15
	人员密度大（大于 1 人/m^2）	0.15~0.3
疏散设计很少部分不符合规范	人员密度较小（小于 0.5 人/m^2）	0.3~0.45
	人员密度较大（0.5~1 人/m^2）且熟悉疏散路线	0.45~0.6
	人员密度较大（0.5~1 人/m^2）且不熟悉疏散路线	0.6~0.75
	人员密度大（大于 1 人/m^2）	0.75~0.9
疏散设计部分不符合规范	人员密度较小（小于 0.5 人/m^2）	0.8~0.85
	人员密度较大（0.5~1 人/m^2）且熟悉疏散路线	0.85~0.9
	人员密度较大（0.5~1 人/m^2）且不熟悉疏散路线	0.9~0.95
	人员密度大（大于 1 人/m^2）	0.95~1

表 7　建筑内财产易损性因子赋值参照表

建筑结构、建筑内容物的耐火能力以及防护措施		F_v 取值范围
建筑结构、内容物耐火能力强		0~0.1
建筑结构、内容物耐火能力一般	防护措施完整	0.05~0.15
	间隔防护或者无防护	0.15~0.5
建筑结构、内容物耐火能力差	防护措施完整	0.4~0.7
	间隔防护	0.7~0.9
	无防护、连续分布	0.9~1

4.2.3 控火因子

控火因子 F_c，主要表征各类消防设施对火灾危害的控制程度，包括探测报警、排烟系统、自动喷水灭火系统和防火分隔等。按照消防措施对火灾控制的水平，将控火因子分为 5 个等级，各等级控火因子的推荐值如表 8 所示。

表 8 控火因子的赋值参照表

消防措施的控火状态	F_c 取值范围		
	人 员	财 产	设备运营
探测报警、排烟系统正常工作，自动喷水系统灭火成功	0.95~1	0.95~1	0.95~1
探测报警、排烟系统非正常工作、自动喷水系统灭火成功	0.8~0.95	0.8~0.95	0.8~0.95
自动喷水系统灭火失败，控火成功	0.5~0.8	0.5~0.8	0.5~0.8
自动喷水系统控火失败，防火分隔有效作用	0.05~0.5	0.05~0.5	0.05~0.5
防火分隔失效	0~0.05	0~0.05	0~0.05

4.2.4 距离因子

距离因子 F_d，主要表征火灾影响域与起火位置的距离对危害系数的影响。表 9 给出了距离因子的赋值方法。

表 9 距离因子的赋值参照表

影响域与起火位置的距离	F_d 取值范围
起火位置附近的影响域	0.9~1
起火位置所在的防火分区，距离起火位置较远的影响域	0.5~0.8
起火位置所在防火分区相邻的防火分区内的影响域	0.2~0.5
其它可能的影响域	0~0.1

5. 火灾场景的风险分级与最终选择

获得各火灾场景的发生概率和后果后，可以按式（6）计算各火灾场景相对风险值。

$$R_i = C_i \times P_{Si} \tag{6}$$

由此，可以对火灾场景进行风险分级，以选择风险等级高的火灾场景作为性能化防火设计中的火灾场景。

6. 工程应用示例

机场航站楼往往空间巨大，人员密集，是一类特殊建筑。目前我国还没有专门的航站楼防火设计规范，因此机场航站楼的防火设计常采用性能化方法进行防火设计[15]。本文以某机场航站楼二层离港大厅－国际候机大厅为例进行火灾场景选择。

6.1 火灾场景事件树的构建

①分析对象的现场状况。该航站楼离港大厅，内部空间尺寸为 169m（长）×49m（宽）×23m（高），包括送客厅、办票区、国内候机厅、国际候机厅等功能区域，本例仅研究其中的国际候机大厅，包括咖啡厅、普通候机区、VIP 候机区及设备用房等。

②防火目标。机场航站楼是人员密集场所，因此保证发生火灾时国际候机大厅 302 人（咖啡厅 82 人，普通候机区 180 人，VIP 候机区 40 人）的生命安全。

③火灾场景事件树的初始事件。考虑到可燃物的分布以及参照表 1，选取咖啡厅作为起火位置。

④确定火灾场景事件树的路径因素。结合防火目标和现有的消防设施（探测报警系统、机械排烟和自动喷水灭火系统），确定以下 4 个路径因素：探测报警系统成功与否、排烟系统正常启动与否、自动喷水灭火系统灭火成功与否、自动喷水灭火系统控火成功与否。

⑤构建火灾场景事件树。将确定的火灾位置以及路径因素替代图 2 相应的项，便可得到本例的火灾场景事件树，如图 3 所示。

火灾场景初始事件	消防系统响应事件序列				
火源位置	探测报警系统	排烟系统	自动喷水灭火系统灭火	自动喷水灭火系统控火	火灾场景
			成功 0.95		S1 0.15
		成功 0.9		成功 0.93	S2 0.0073
	成功 0.9		失败 0.05	失败 0.07	S3 0.00055
			成功 0.95		S4 0.017
		失败 0.1		成功 0.93	S5 0.00083
咖啡厅 0.2			失败 0.05	失败 0.07	S6 0.000063
			成功 0.95		S7 0.019
	失败 0.1	失败 1		成功 0.93	S8 0.00093
			失败 0.05	失败 0.07	S9 0.000070

图 3　航站楼离港大厅的国际候机大厅火灾场景事件树

6.2 火灾场景发生概率与后果分析

在确定火灾场景 S1～S9 的基础上，对各火灾场景的发生概率和产生的后果进行分析。本例中仅选择一个火源位置，因此初始事件的发生概率并不能对火灾场景选择产生影响，可以假设 P_1＝0.2（次/年），参照表 4 分别选取各消防系统响应事件的概率，如图 3 所示。

本例中防火目标为保证国际候机大厅内人员（共 302 人，其中影响域 Q_1 为咖啡厅 82 人，Q_2 为普通候机区 180 人，Q_3 为 VIP 候机区 40 人）生命安全，因此火灾后果可用受到威胁的人员数量（Q_p）表示。场景 S1～S9 的后果分析如表 10 所示。

表 10　火灾场景风险分级结果

编号	场景发生概率	场景后果	相对风险($\times 10^3$)	风险等级
S1	0.15	0	0	1
S2	0.0073	8.25	60	5
S3	0.00055	22.42	12	3
S4	0.017	0.53	9.0	3
S5	0.00083	11.21	9.3	3
S6	0.000063	23.37	1.5	2
S7	0.019	1.41	27	4
S8	0.00093	11.97	11	3
S9	0.000070	23.37	1.6	2

6.3 火灾场景的风险分级与最终选择

将火灾场景发生概率和后果相乘，得到火灾场景 S1～S9 的相对风险，如表 10 所示。相对风险值越大，风险等级越高，相同数量级的风险值，评定为同一等级。根据 S1～S9 的火灾相对风险计算结果，火灾场景 S2 相对风险值最大，风险等级最高，可以作为性能化防火设计中定量分析的火灾场景。

7. 结束语

火灾场景设计是建筑防火性能化设计定量计算的基础，而场景的选择是场景设计的关键步骤，对烟气运动计算和人员疏散模拟有着重要的影响。火灾发展的不确定性给火灾场景的设计带来了很大困难，本文针对建筑防火性能化设计中的火灾场景选择，引入火灾影响量与危害系数两个参数量化火灾场景的发生后果，并结合场景的发生概率得出各火灾场景的相对风险值。通过这种基于事件树分析的火灾场景风险等级方法，对火灾场景选择进行了定性与定量评估。

本文对各种风险因子进行了初步赋值，这些值需要在以后的工程实践中进行进一步修正和完善。本方法还缺乏一些必要的初始数据，如各种消防系统的成功概率，不同类型建筑的财产价值密度分布等。现有的一些基础数据都是根据国外文献给出的，建立符合我国国情的火灾基础数据库是一项亟待开展的研究工作。

8. 参考文献

[1] 范维澄,王清安,姜冯辉等.火灾学简明教程.合肥:中国科学技术大学出版社,1995:516-519.
[2] ISO 13387 Fire safety engineering -- Part 2: Design fire scenarios and design fires,1999.
[3] ISO/TS16733 Fire safety engineering - Selection of design fire scenarios and design fires,2006.
[4] 田玉敏.论性能化防火设计中的设计火灾场景.火灾科学.2003,12(1):29-35.
[5] 廖曙江,罗启才.火灾场景的确定原则和方法.消防科学与技术,2004,23(3):249-251.
[6] 程远平,倪照鹏,陈亮等.性能化防火设计中火灾增长的分析方法.消防科学与技术. 2004,23(1):9-14.
[7] 徐亮,张和平,杨昀等.性能化防火设计中火灾场景设置初步研究.中国工程科学.2004, 6(1):64-67.
[8] 朱伟,侯建德,廖光煊.论性能化防火分析中的典型火灾场景方法.火灾科学.2004, 13(4):251-256.
[9] 汪箭,吴振坤,肖学锋等.建筑防火性能化设计中火灾场景的设定.消防科学与技术. 2005,24(1):38-43.
[10] 范维澄,孙金华,陆守香等.火灾风险评估方法学.北京:科学出版社,2004:173-174.
[11] J M McMillan. A guideline for the fire design of shopping centers. New Zealand: University of Canterbury, Christchurch, 2000
[12] BSI/PD7974-7.Application of fire safety engineering principles to the design of buildings —Part 7: Probabilistic risk assessment,2003.
[13] Johansson, H. Decision Analysis in Fire Safety Engineering-Analyzing Investments in Fire Safety,2003.
[14] 郑双忠.城市火灾风险评估与研究.沈阳:东北大学,2003.
[15] 胡宜磊,陆守香,庄磊等.白塔机场航站楼人员安全疏散策略研究.消防科学与技术.2007,26(1):44-46.

Design of Fire Scenarios Based on Event Tree

Abstract

Design of fire scenarios is a key step in assessing the safety of engineering systems of buildings. Event tree analysis method is introduced in the design for the uncertainty and deterministic laws of fire scenarios. The choice of initial events and route factors of event trees is discussed in detail. Two parameters respectively describing influencing fields and hazard degree are presented to quantify the consequence of potential fire scenarios, and risk rank of fire scenarios is obtained for all of scenarios under consideration. Meanwhile, a simple engineering case of an airport terminal building is presented to concretize the design method which can be used to select the fire scenarios that represent the most hazardous condition of buildings.

Keywords: event tree, fire scenarios, performance-based fire protection design, fire risk assessment

作者简介：

庄磊，男，中国科技大学火灾科学国家重点实验室博士研究生，研究方向：火灾风险评估. E-mail: lzhuang@mail.ustc.edu.cn。

电梯门在不同梯厅区划之燃烧行为探讨

庄英吉[1]，汤洁新[1]，陈柏宏[2]，黄信翔[1]，林庆元[1]

[1]台湾科技大学建筑系
[2]高苑科技大学建筑系

摘要

建筑物发生火灾时，升降机间可能成为火灾延烧扩大与烟毒流窜的路径。本研究透过全尺寸火灾模拟试验方法，分别针对梯厅区划不完全、无区划与电梯门区划条件下之火灾行为进行比较分析。研究结果显示，无论建筑物梯厅设置区划与否，火热对其上楼层不会有影响，但烟毒都会流窜至其上部楼层，其中直接以电梯门区划的型式，其烟毒流窜至上部楼层之情形最为严重。试验结果可判断一般电梯门为一道防火区划，但不为防烟区划，因此电梯门必须改善在高温环境下具备有遮烟性能，才能确保防烟区划安全。

关键词：电梯门、全尺寸试验、燃烧行为。

1. 前言

现今都市地狭人稠，建筑物不断往高处发展，因此在建筑物内设置升降机为必须及常见之垂直运输设备。升降机在平时扮演着连接各楼层垂直动线的角色，载运着人员与货物。但是当建筑物发生火灾时，其燃烧时产生的高温及有毒烟气，藉由烟囱效应(Stack Effect)作用传递，烟毒及热会藉由升降机竖穴流窜至其它楼层。火灾烟毒能使人缺氧窒息或中毒，且会降低环境的能见度，造成人员在逃生避难发生困难，更是不能轻忽。研究调查显示升降机间常因设计及使用上的需求，常常无法设置区划，而且由于升降机梯厅设置时希望能醒目，不希望有视线上的阻隔，导致升降机梯厅常无设置防火区划或防火区划设置不完全，因此电梯门就成为唯一阻挡火灾延烧的防火设备，电梯门的防火时效及遮烟性优劣性就显得格外的重要，不可不重视之。本研究目的主要针对建筑物升降机间三种不同区划方式下研究其火灾行为，第一种梯厅区划方式为无设置防火区划(火源离电梯门较远)，第二种为梯厅区划不完全，第三种为梯厅区划方式为无设置防火区划(火源离电梯门较近)，期望透过全尺寸火灾模拟试验，探讨升降机间不同区划方式下火热延烧以及烟毒流窜之危险性，了解升降机层门的防火防烟性能特性，进而提供防火设计以及使用上的需求，并研拟出符合经济与防火安全的升降机间区划方式，以供产官学界应用时之参考。

2. 研究内容

2.1 试体-电梯门及其配件

总共进行三次全尺寸火灾试验，如图 1 及图 2 所示，三次电梯门的型式都相同，电梯门高度为 210cm，每扇宽度为 41cm，材质为不锈钢，厚度为 1.5mm，属于中间开闭式的方式，试体除电梯门外尚包含其组件共有门轨、连动钢索、闭锁装置、门滑轮、门靴、门地炭及门导轨架...等，试验时一切安装方法同实际现场安装，电梯门非强制固定于升降机坑内，可正常开启或关闭，电梯门之收边以红砖及水泥砂浆修补。

图 1　不锈钢材质电梯门之安装情形 (表面护膜尚未拆除)

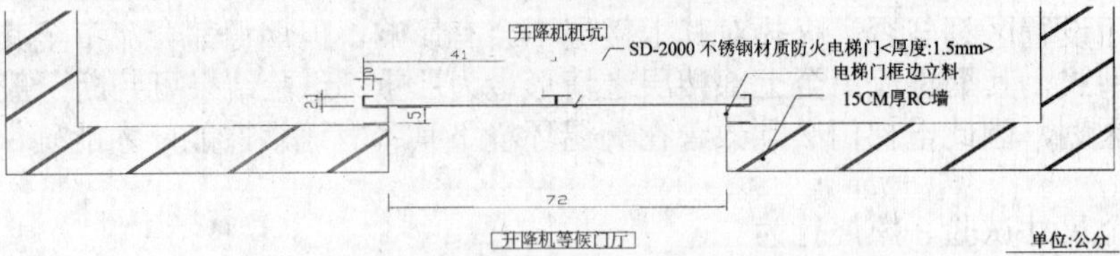

平面图

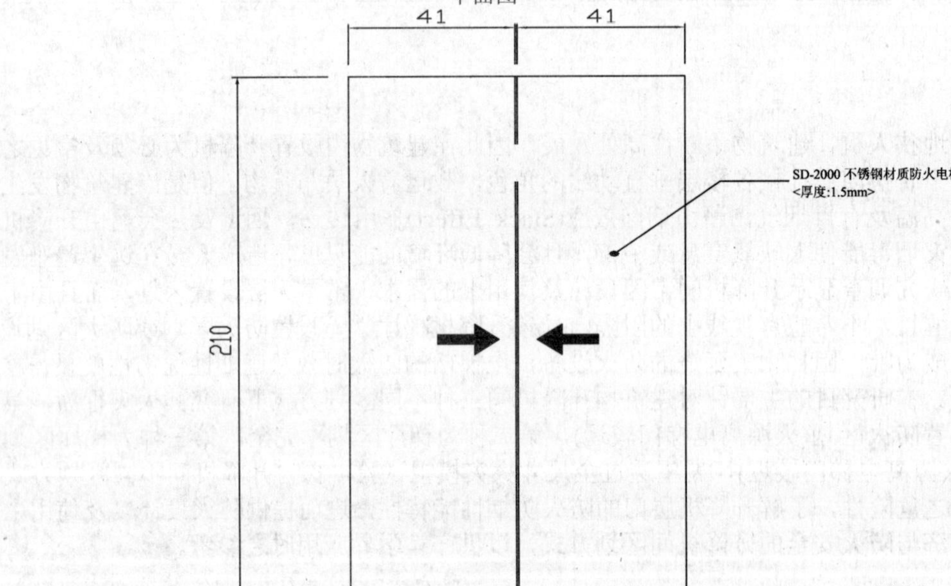

立面图

图 2　不锈钢材质电梯门之构造图

2.2 全尺寸火灾试验建筑物

试验建筑物位于台湾科技大学土城校区，如图 3～图 5 所示，建筑物主体为钢构所构成，建筑物楼板厚度为 12cm，火灾室墙壁两侧为 1B 红砖造，厚度为 12cm，表面无覆盖任何之保护材料，火灾室墙壁一侧为 ALC 白砖所堆栈构成(宽度为 40cm)，白砖之交接接口以密度为 96kg/m^3 陶瓷棉及防火泥填塞，白砖堆栈处并设一开口当排气使用(60(高)×120(宽)cm)，火灾室楼板两侧下方设两通风口，面积分别为(60(长)×60(宽)cm)，火灾室上方钢层板、梁及柱喷涂 3 小时防火时效之防火被覆，火灾室高度 300cm，长度为 720cm，宽度为 640cm，在白砖对面侧设有一 R.C.的升降机竖穴，高度为 11.6m，内尺寸为 240cm×240cm，升降机竖穴之墙壁厚度为 15cm，设有两个电梯出入口，分别位于试验舱之两楼层。

图 3　全尺寸建筑物之后视图

图 4　全尺寸建筑物之前方

图 5　全尺寸建筑物之模型示意图

2.3 试验量测配置

如图 6 所示，升降机竖穴内设置两条热电偶树，两热电偶树分别位于电梯门之中央处，分别距离电梯门 80cm 处及 160cm 处，热电偶树之热电偶垂直距离为 100cm，最下层热电偶距离地面 100cm，热电偶由地面依序设置至升降机竖穴顶部，两热电偶树之热电偶编号分别为 G1~G9 及 H1~H9，火灾室的天花板下方 10cm 处，分别平均分布设定 9 支 K-type 热电偶，如图 7 所示，量取火灾室燃烧温度。在下层电梯门之后方(升降机竖穴内)，表面分别设置五个热电偶，以不锈钢螺丝分别将热电偶线前端之铜片固定，量测电梯门背面之温度，在上层电梯门之正面及背面，表面分别各设置五个热电偶，以铝箔胶带将热电偶铜片固定，量测电梯门两侧之温度，另外于梯厅电梯门缝处(竖穴内)亦设置热电偶，设定位置如图 8 及图 9 所示，并于上层电梯门外亦设置双向式流速计(每支探头都伴随着一支 K-type 热电偶)，评估烟泄漏量之情形，如图 10 所示，并配合计算机数据撷取器，两秒钟纪录一次，收集温度值及烟泄漏量，并以相机纪录试验情形。

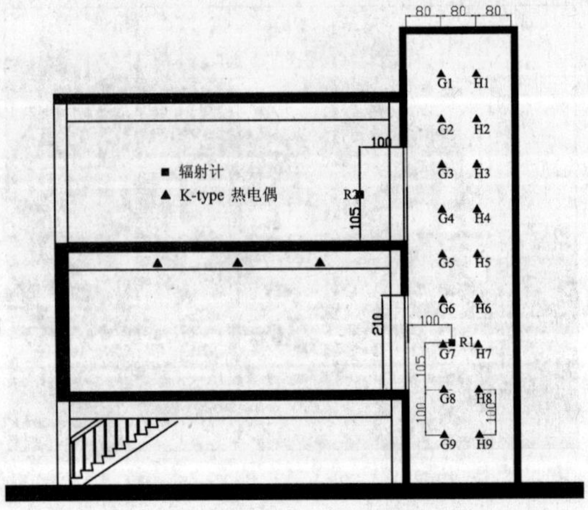

图 6　竖穴热电偶树配置图

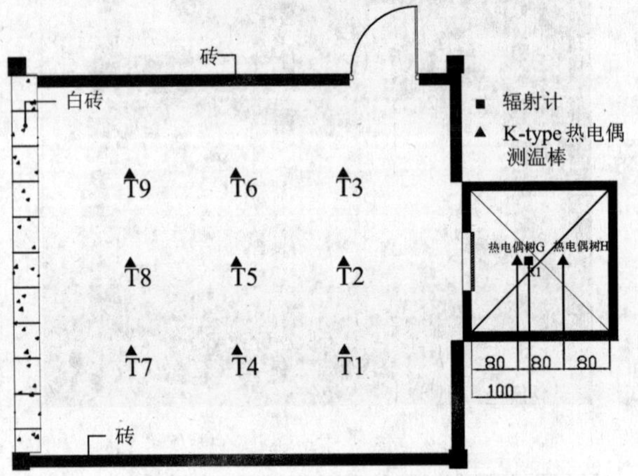

图 7　竖穴热电偶树配置图

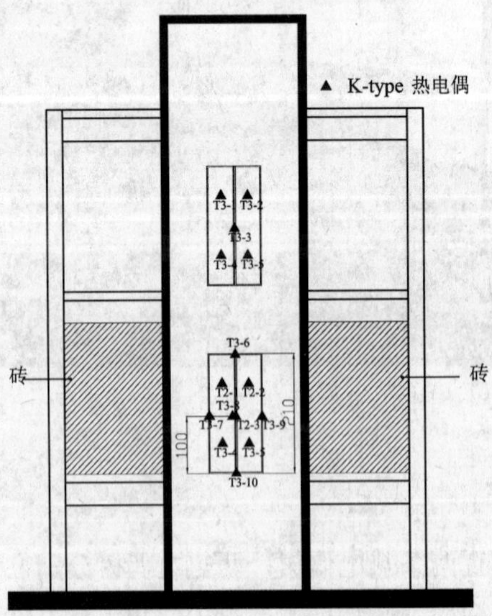

图 8　竖穴内侧电梯门之表面热电偶位置图

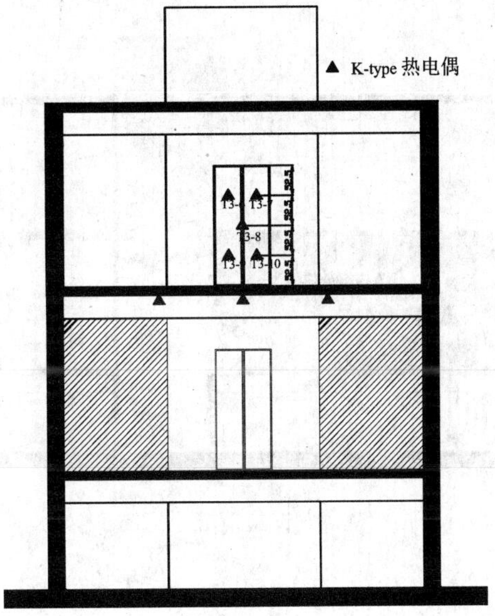

图 9　电梯门之表面热电偶位置图 (电梯门之正面)

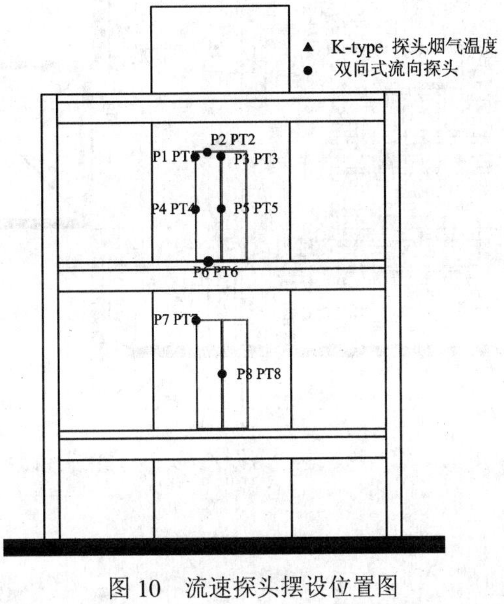

图 10　流速探头摆设位置图

2.4 试验程序

试验情境如图 11 所示，利用火灾室的木材燃烧，模拟升降梯间发生火灾时所产生之火热，是否会透过电梯门经由升降机竖穴，再透过其上楼层之升降机电梯门产生延烧，量测的位置为下层电梯门缝、电梯门的背温及升降机竖穴的温度，并量测上层电梯门正面温度，以评估电梯门之防火效果。试验之木材燃料于试验前，先于通风良好之地点先进行阴干至少 1 个月，第一次与第二次之之木材火载量相同为 1152kg，第一次试验模拟升降机间防火区划不完全，电梯门之正面直接面对火载，火载离电梯门正面距离为 4m，如图 12 所示，第二次试验模拟升降机间无防火区划，电梯门之正面前方处防火区划有一开口宽度约 1m，电梯门正面同样直接面对 4m 远之火载，如图 13 所示，第三次试验模拟木材可燃物直接紧邻电梯门之情形(火载离电梯门为 0.5m)，如图 14 所示，此种方式虽然是较为少见，因此设定火载量仅为 300kg，但是应可测试出电梯门的防火性能及竖穴的延烧情境。火载之下方都以 20cm 之白砖垫高，点火方式为在火载下方放置 1 白铁皿(60cm(长)×30cm(宽))，内放置 30ml 之煤油，以点火棒引燃煤油后，使木材自然被煤油所引燃，三次试验从引燃开始后，均让其自行燃烧殆尽。

图 11　试验情境示意图

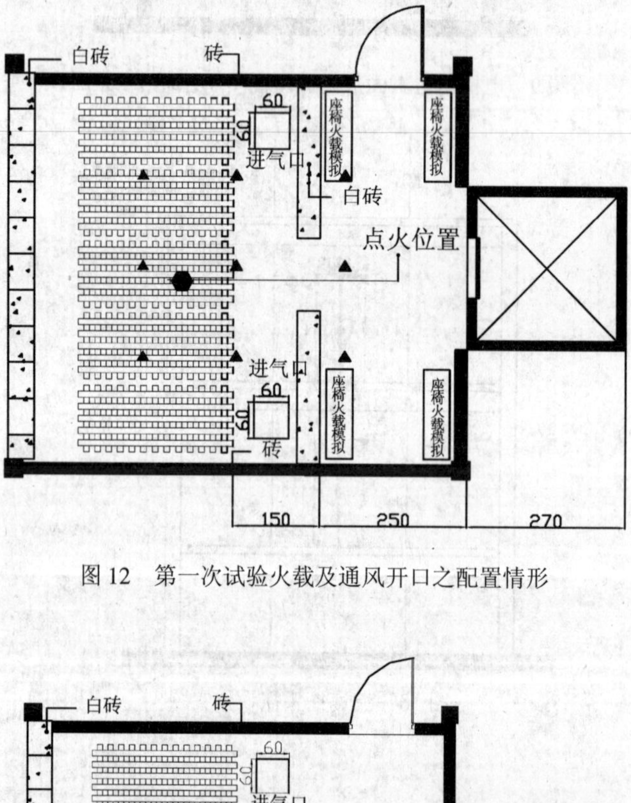

图 12　第一次试验火载及通风开口之配置情形

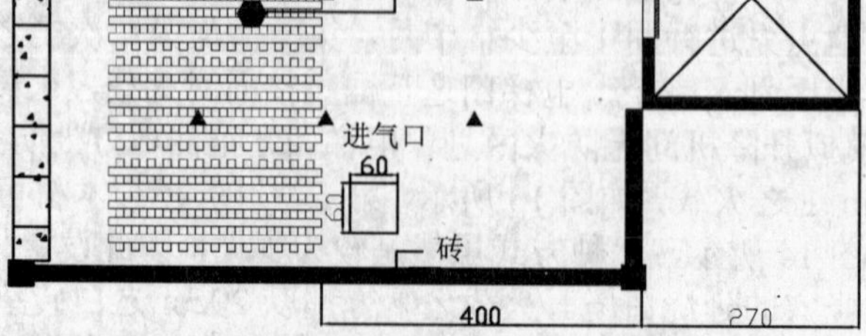

图 13　第二次试验火载及通风开口之配置情形

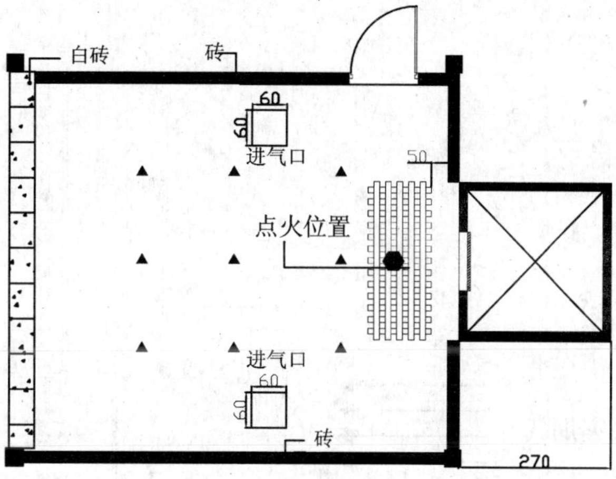

图 14　第三次试验火载及通风井口之配置情形

2.5 烟泄漏量量测仪器

本研究采用一种双向式流速测试探头，如图 15 所示，此种探头由一段短管和两根支管所构成，短管(长径比 L/D =2)中部被隔断，形成两个受压管，管的轴线与流向一致，两根支管分别与受压管相连。面向来流方向的受压管感受滞流压力即总压，另一受压管感受的压力约为静压，再应用伯努利定理算出气流的速度，支管用于传递压力信号，也作为探头的固定支架使用，此种探头的孔径较大不易被烟粒子堵塞，较一般的比托管使用上理想。一般将没有黏性的流体称为理想流体，理想不可压缩流体对于低速流动，由白努利定理(Bernoulli's equation)可得流速公式为：

$$v = \sqrt{2\Delta P / \rho}\,(\mathrm{m/s}) \tag{1}$$

v：流速(m/s)

ΔP：压差(pa)

ρ：气体密度(kg/m^3)

由于测压孔有一定的面积，也由于支杆干扰和制作上等原因，测压计测得的压差不会是实际值，因此通常在公式(1)乘上一个很接近于 1 的修正系数。由文献得知为 1.08。故本研究流速的使用公式为：

$$v = 1.08\sqrt{2\Delta P / \rho}\,(\mathrm{m/s}) \tag{2}$$

2.6 试验步骤

a.安装试体(电梯门及其配件)，并检查是否能正常开启。

b.架设热电偶、辐射计及计算机撷取设备。

c.检查仪器讯号及电源是否正常。

d.置放木材燃料。

e.点火后，并将试验舱门关上(试验开始)。

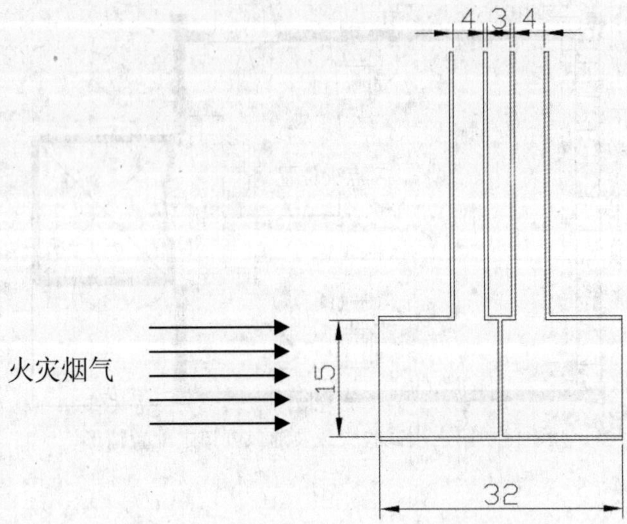

图 15　双向式流速测试探头示意图

3. 结果与讨论

3.1 梯厅不同区划方式下之火灾行为分析

图 16~图 18 分别为第一次试验、第二次试验及第三次试验之火灾室温度与时间历程图，前两次试验之温度曲线整体而言较相近，两试验均在火载点燃后火灾室温度开始快速上升，火盛期均持续约 40 分钟后温度开始下降，升温曲线(火载下方之测点温度)与标准升温曲线 CNS 12514 非常类似，因梯厅内侧之温度测点下方并无堆置火载，使内测测点(T1、T2、T3)之温度上升较缓慢也较低，梯厅中间测点 T4、T5、T6 与梯厅外侧测点 T7、T8、T9 温度上升较快也较高，因此梯厅的温度整体而言是不均匀的，第一次试验由于使用白砖当作区划不完全之构造物，致使白砖与电梯间之升降机间温度更低，T1~T3 温度约最高为 500℃左右，在白砖间之中间开口处(模拟防火门开启之情境)，木栈板燃烧之火焰可直接冲击 T2 测点，因此 T2 测点温度较 T1 及 T3 为高，第一次试验较无第二次试验整体的温度均匀，两次试验之火灾室最高温度均于 T9 测点分别测得为 949.6℃与 954℃。第三次试验火载量较少，因此在与第一次及第二次试验之通风条件相同之情况下，火灾持续时间较前两次试验短，从点燃后到火盛期时间结束约为 17 分钟，最高温度为 900℃左右，同样的温度分布情况在火载上方之测点温度较高，离火载越远之测点温度越低。

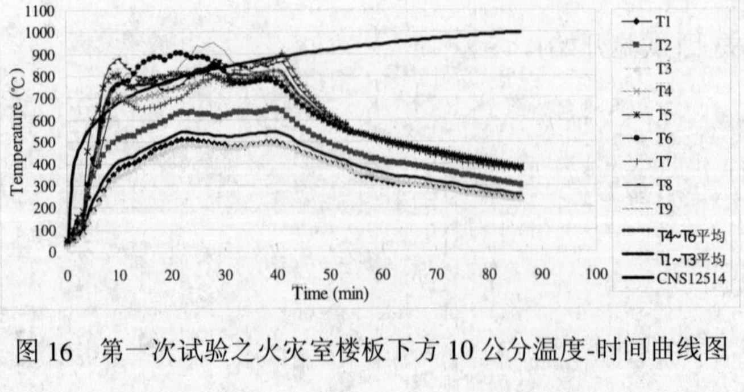

图 16　第一次试验之火灾室楼板下方 10 公分温度-时间曲线图

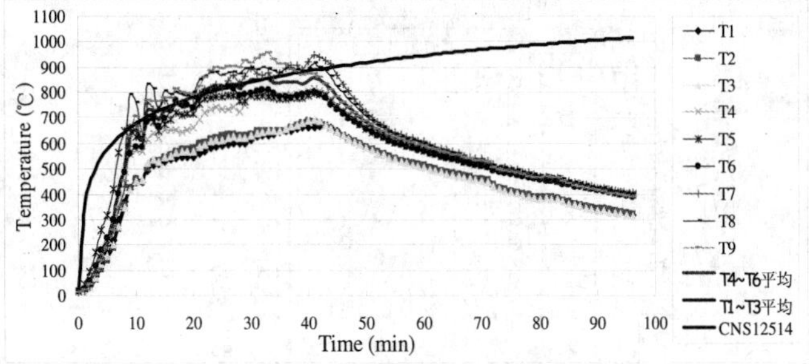

图 17　第二次试验之火灾室楼板下方 10 公分温度-时间曲线图

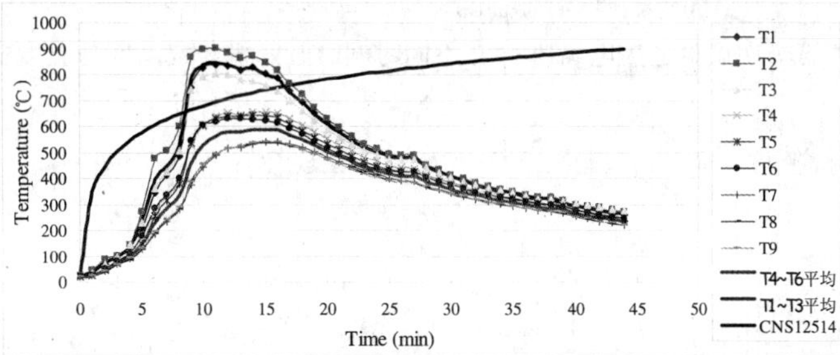

图 18　第三次试验之火灾室楼板下方 10 公分温度-时间曲线图

3.2 电梯门受热行为分析

前两次试验火灾室电梯门背面温度最高约为 540℃，如图 19 所示，两次之背温几乎都相同，因此对于竖穴之温度影响亦无太大之差别，如图 20 及图 21 所示，较靠近电梯门位置之 G 热电偶树所测得之温度，最高温度为 60℃左右，最高温度发生位置位于电梯门之上方处，离电梯门位置较远之温度维持在 50℃左右，而且温度非常均匀，离电梯门水平距离较远之 H 热电偶树所测得之温度，最高温度为 50℃左右，且温度无太大的变化，如图 22 及图 23 所示，由于竖穴内之温度整体而言并不构成延烧的危险，因此火灾室的上方电梯门表面温度相对而言亦随之较低，亦不会构成延烧之危险性，如图 24 及图 25 所示，因此无论梯厅防火区划或者区划不完全所造成的由升降机竖穴延烧的伤害几乎相同。第三次试验虽然火盛期时间较短，但由于火载较靠近电梯门，因此对电梯门所造成之破坏力不小于第一及第二次试验，试验结果如图 26 及图 27 所示，较靠近电梯门位置之 G 热电偶树所测得之温度，最高温度可达 120℃左右，因此上层电梯门之表面温度较高约为 80℃左右，但还是未能造成延烧之危险，因此由第一次及第二次之试验结果，再加上第三次严苛的火载摆设，可判断由竖穴的路径进而延烧至上层空间之情形并不会发生，因此判断电梯门可成丨道防火区划。

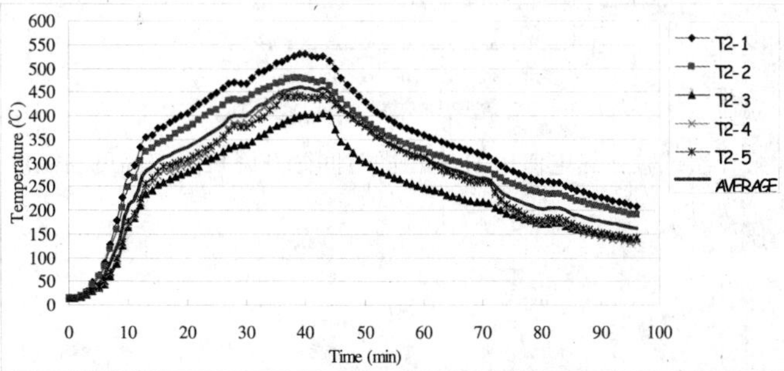

图 19　第二次试验之电梯门背温(火灾室)

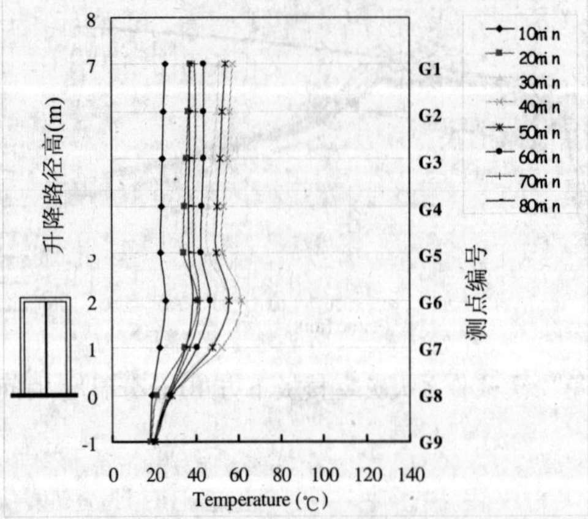

图 20　第一次试验之热电偶树 G 在不同时间时升降机竖穴高度与温度变化图

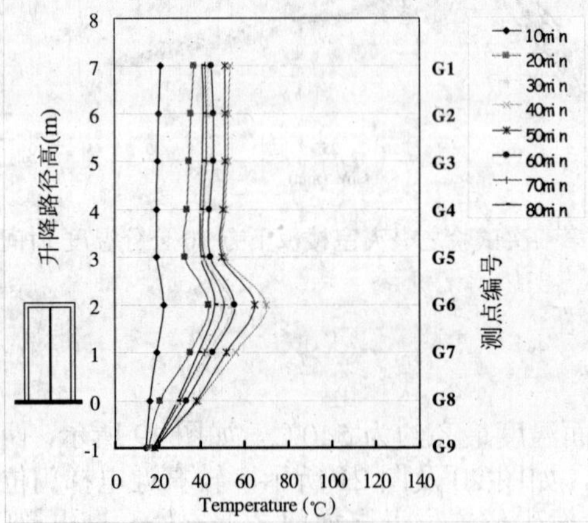

图 21　第二次试验之热电偶树 G 在不同时间时升降机竖穴高度与温度变化图

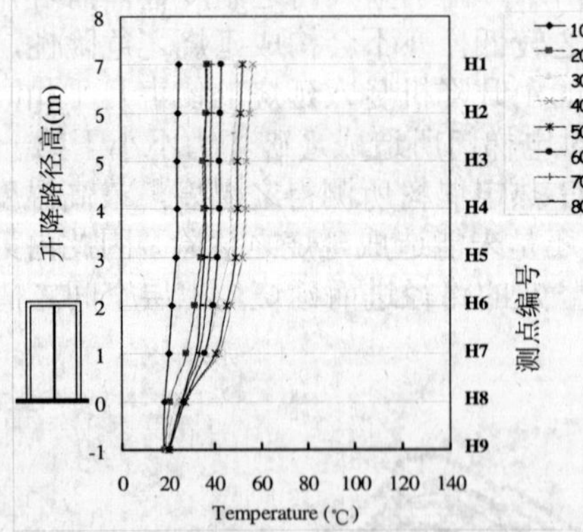

图 22　第一次试验之热电偶树 H 在不同时间时升降机竖穴高度与温度变化图

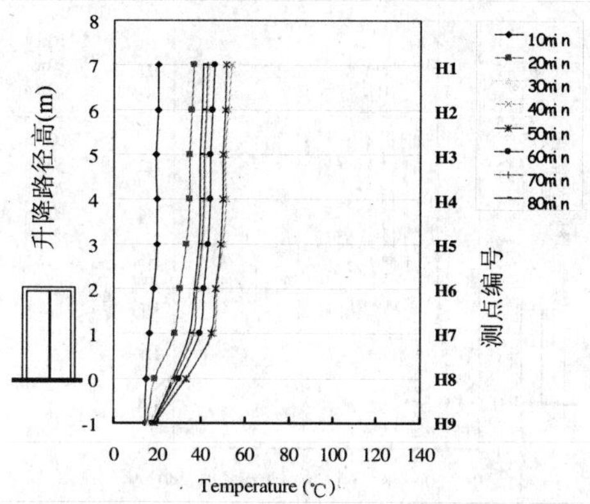

图 23　第二次试验之热电偶树 H 在不同时间时升降机竖穴高度与温度变化图

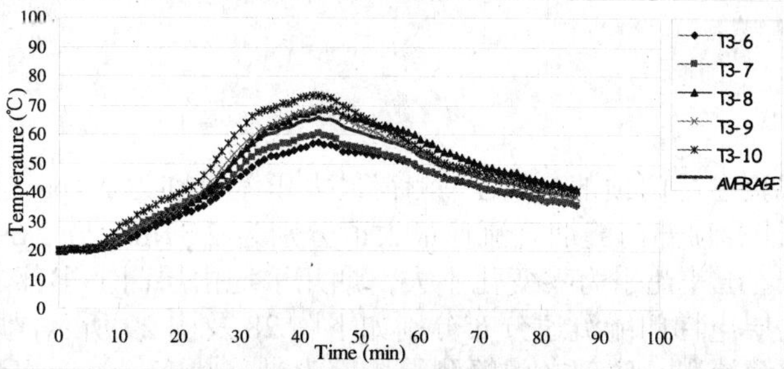

图 24　第一次试验火灾室其上楼层居室侧电梯门背温时间历程图

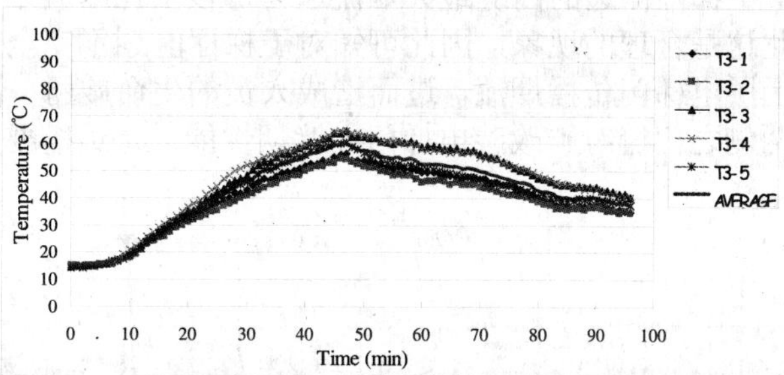

图 25　第二次试验火灾室其上楼层居室侧电梯门背温时间历程图

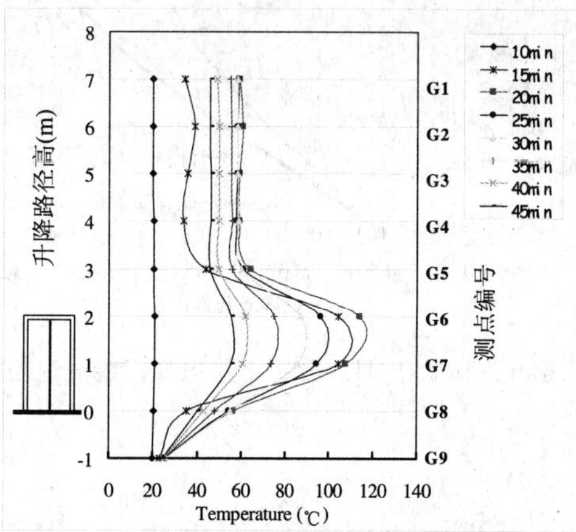

图 26　第三次试验之热电偶树 G 在不同时间时升降机竖穴高度与温度变化图

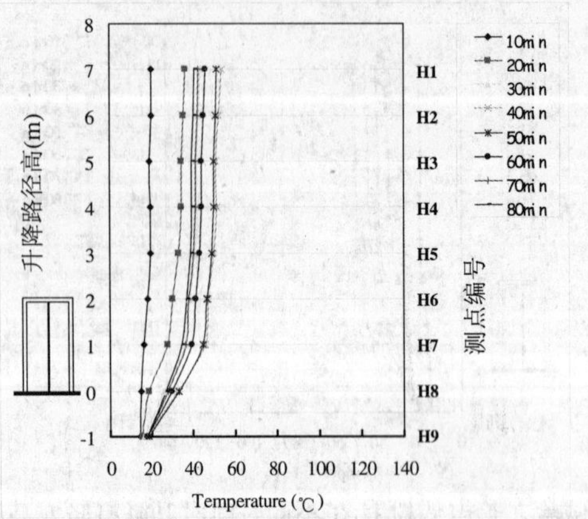

图 27　第三次试验之热电偶树 H 在不同时间时升降机竖穴高度与温度变化图

3.3 遮烟性分析

第一次试验与第二次试验在层门顶部测点(P7)测得最大压差分别为 2.1pa 与 2.8pa，探头最高温度分别为 135℃与 122℃，由压差计算顶部门缝烟气流速最大值分别为 2.37m/s 与 2.69m/s。由试验结果得知，中央门缝中半部测点(P8)测得之压差几乎为零变化不大，烟几乎均由层门上半部之门缝流入升降机竖穴中。第一次试验与第二次试验上层电梯门缝流速分布分别如下图 28 及图 29 所示，烟气主要由升降机层门两侧门缝、中央门缝及上方之门缝流出，底部之门缝测得压差为进气状态。第一次试验电梯门中央门缝最大烟流速为每秒 0.7m/s 左右，电梯门侧边的门缝最大烟流速为每秒 1.3m/s 左右，第二次试验电梯门中央门缝最大烟流速为每秒 0.5m/s 左右，电梯门侧边的门缝最大烟流速为每秒 1.1m/s 左右，由于电梯门两侧之门缝相对较电梯门中央门缝大，因此这是合理的现象，因此可知对于梯厅区划不完全或梯厅未区划时，都会透过升降机竖穴的路径，进而由上层电梯门传播烟流，进而造成人员的生命威胁。因此电梯门可判断不具防烟区划之能力，而且可以得知两侧之门缝对于改善电梯门之遮烟性能，是最需要改善之位置。

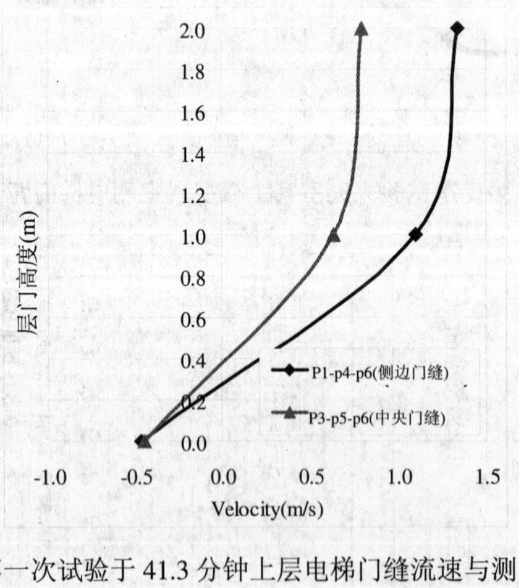

图 28　第一次试验于 41.3 分钟上层电梯门缝流速与测点位置图

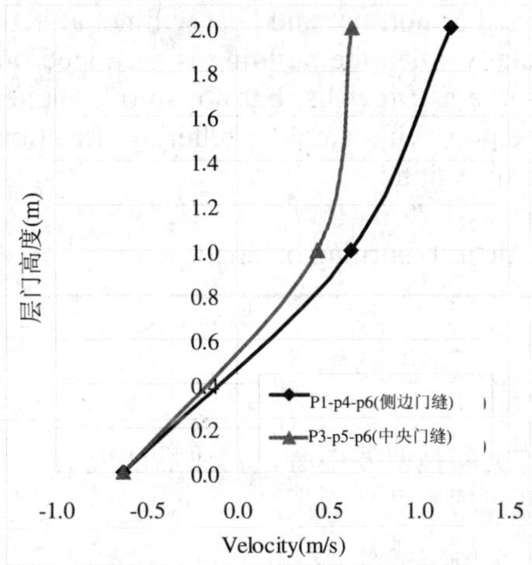

图 29　第二次试验于 39.2 分钟上层电梯门缝流速与测点位置图

4. 结论

无论建筑物升降机间未设置防火区划或者区划不完全的状况下，火热对其上与其下楼层之延烧行为较不会有影响，但烟毒会透过升降机竖穴的路径，进而由上层电梯门传播烟流，进而造成人员的生命威胁，电梯门的遮烟性远比电梯门的防火时效相对重要，因此当务之急必须朝向电梯门的遮烟性进行改善，在电梯门的施作方面务必减少门缝的宽度，以阻止烟流入上层空间之量，另外在法令上务必赶紧实施电梯门之气密性检测。

5. 参考文献

[1] 陈建铭.旧有集合住宅直通楼梯梯间避难安全性能改善研究－建筑防火避难设施改善方法与其成效分析.台湾科技大学建筑研究所硕士论文,2006.
[2] John H. Klote. Fire experiments of zoned smoke control at the plaza hotel in Washington DC. NISTIR, MD, NIST, 1990:90-4253.
[3] I.D. Bennetts, K.A.M. Moinuddin, C.C. Gohy, I.R. Thomas. Testing and factors relevant to the evaluation of the structural adequacy of steel members within fire-resistant elevator shafts. Fire Safety Journal. 2005, 40:698–727.
[4] 营建署.建筑技术规则.2006.
[5] 田中哮义.火灾安全工学入门.
[6] Wieczorek, C.J. and Dembsey. N.A. Human Variability CorrectionFactors for Use with Simplified Engineering Tools for Predicting Painand Second Degree Skin Burns. Journal of Fire Production Engineering. 2001,2(2):88-111.
[7] Bercaw,J.R., Jordan, K.G., and Moss,A.Z. Estimating Injury form Burning Garments and Development of Concepts for Flammability Test. Fire Standard and Safety.ASTM STP 614, A.F.Robertson,Ed. American Society for Testing Materials.1977.
[8] B. J. McCaffrey, G. Heskestad. A robust bidirectional low velocity probe for flame and fire application. Combustion and Flame. 1976, 26(125).
[9] 周鼎金.建筑设备.旭营文化事业.1999.
[10] CNS10595 升降机之车厢与升降路之尺寸.2002.
[11] CNS11227 建筑用防火门耐火试验法.台湾标准检验局.2002.

Experimental investigation of burning behavior of landing doors in different elevator lobby compartments

Abstract

During a building fire, smoke and fire can travel through building elevator shafts to threaten life at locations remote from the fire. These studies of full scale test to analysis the behavior of fire in elevator which having compartments、no compartments and compartments incompletely. The study shows: Whether or not the stairways in the buildings are being sectioned or not, fire and heat will not affect the upper levels. However, smoke can flee freely to the upper floors, especially when the building is sectioned only by the elevators. The result of the tests indicates that elevator's doors serve as firewalls, but not smoke shelters. Hence, it is suggested that the elevator door should be improved to equip with smoke-sheltering function under high temperature to ensure the effectiveness of smoke-prevention section.

Key words: landing door, full-scale test, burning behavior.

作者简介：

庄英吉,台湾科技大学，先进防灾科技研发中心，博士后研究员。
汤洁新,台湾科技大学，建筑系，项目助理教授。
陈柏宏,高苑科技大学，建筑系，副教授。
黄信翔,台湾科技大学，建筑系，硕士。
林庆元,台湾科技大学，建筑系，教授。

Introduction to Zonal Network Platform (ZNP) for CFD Fire-Smoke Tunnel Modeling and Simulations

Dee H. Wong

Mass Transit Railway Corporation, Hong Kong

Abstract

This paper identifies the shortcomings of the prevalently adopted CFD fire-smoke computer code (i.e., *FDS* or Fire Dynamics Simulator developed by NIST), which are dissipation errors and rectangular grid. Stemming from the traditional HVAC and hydraulic zonal network engineering methods predicated upon Reynolds Transport Theorem, ZNP (Zonal Network Platform), as coined in this paper, attempts to address the above shortcomings *simultaneously*. The crux of ZNP is to designate uniformly *local* nodes in a globe zone (cell, element, control volume), which can be isoparametrically mapped into a structured or unstructured computational-physical domain via any class of FE technologies. In doing so, a multitude of higher order FD or FE discretization schemes can be easily expanded. A *connector* (a boundary of the zone) engineering value can be interpolated either linearly or quadratically between the adjoining zones at their respectively centroidal locations. To test out ZNP, a simple 1-D Euler model predicated on Low Speed Thermally Driven (LSTD) flow is adopted in the context of long-tunnel fire modeling and simulations.

1. INTRODUCTION

CFD fire-smoke modeling and simulations has emerged in nineteen seventies [e.g., 1-6]. While the general-purpose commercial CFD codes (e.g., *PHOENICS*, *FLOW3D or CFX, and FLUENT*, *STAR-CD*, to name a few) flourished in nineteen eighties; and still are, a handful of so-called customized CFD fire-smoke codes or software cropped up in a few internationally renowned academic institutions and scientific fire research centers and laboratories worldwide. To date, the most popular CFD fire-smoke code is *FDS* (Fire Dynamics Simulator www.fire.nist.gov/fds) authored by Building and Fire Research Laboratory at National Institute of Standards & Technology (Gaithersburg, Maryland, USA). From the engineering or modeling standpoint, what uniquely distinguishes *FDS* from the rest of fire, non-fire, commercial, private, and public codes is the implementation of the so-called Low Speed Thermally Driven (LSTD) flow [3, 6, 7]. It implies that the density varies drastically from the near field to the middle and far fields due to buoyancy, while the hot gas travels at a very low Mach number (typically 0.1 or even smaller) yet maintains and hovers around the standard atmospheric pressure throughout the entire flow field. This physical phenomenon also translates into, in terms of dimensionless Equation of State, $\rho \approx 1/T$, thereby circumventing the explicit Energy equation and yielding the inhomogeneous solenoidal field (i.e., $\nabla \cdot \vec{u} \neq 0$) as a thermal source term [6, 7].

2. SHORTCOMINGS

Despite its popularity in user communities, *FDS* does suffer from a few drawbacks. Predicated upon limited research [8], *FDS* has been proven to be susceptible to (numerical) dissipation errors even though it incorporates the second-order explicit finite-difference algorithm in time and in space; i.e., the multi-level MacCormack method [9]. In other words, if the temporal-spatial discretization does not yield unity of Courant number, the engineering gradients can be materially smeared or diminished. Secondly, unlike most commercial codes, *FDS* is severely restricted to Cartesian grids, which cumbersomely handle irregular geometries via "staircase" technique along curved boundaries.

3. ZONAL NETWORK PLATFORM (ZNP)

Let us refer to Figure 1. A zonal network engineering system, stemming from thermal-fluid engineering communities such as HVAC and hydraulic networks, can serve as a versatile, "modular" platform accommodating Finite Difference (FD), Finite Volume (FV), and Finite Element (FE), including traditional engineering (nonlinear ODE) zones (control volumes) predicated upon Reynolds Transport Theorem. A zone must occupy its own zonal volume (area for 2-D, and length for 1-D), completely enclosed by continuous its boundaries called *connectors*, which joins contiguous zones or demarcates the physical boundaries of the fluid-thermal grid. Although ZNP does not appear to be much different from a uniform rectangular grid or a linear FE mesh, the subtle utilities are significant. Inside a generic zone, nodal spacings are uniform such that "conventional (uniform-gridded)" high-order FD and FE can be readily and easily implemented *on either a uniform or nonuniform grid*. To better illustrate the utilities, let us examine a simple 1-D metric relationships, which can be easily extended to 2- and 3-D.

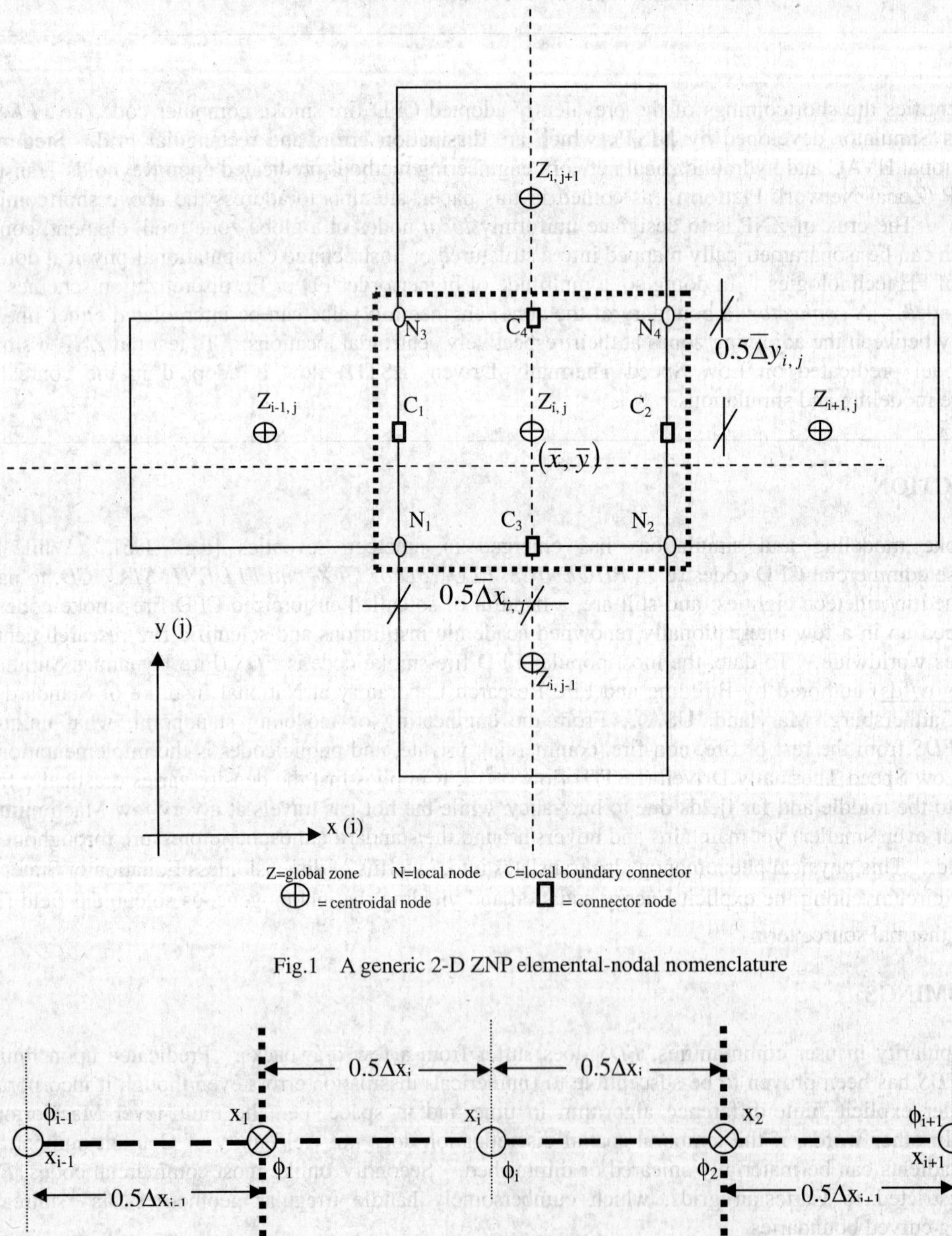

Fig.1 A generic 2-D ZNP elemental-nodal nomenclature

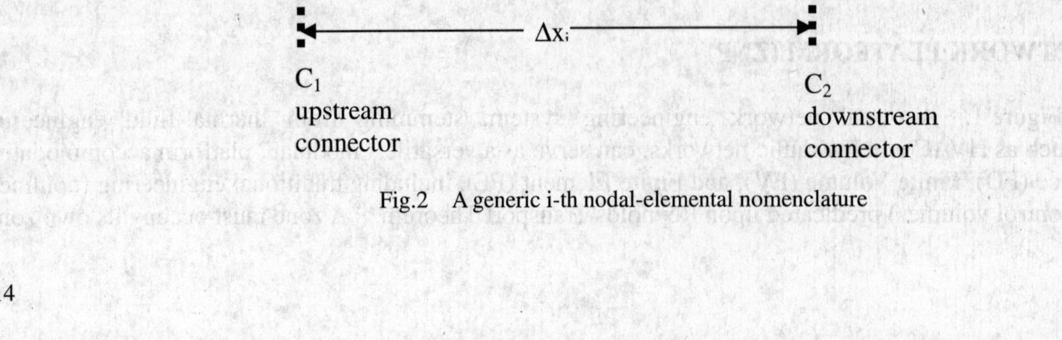

Fig.2 A generic i-th nodal-elemental nomenclature

4. GENERIC 1-D NON-UNIFORM SPATIAL DISCRETIZATION

In Figure 2, a schematic of a generic i-th discretized zone (cell, element, control volume) is depicted, whereby a centroidal node is located in the middle of the zone. The zone is bound by a *local* upstream connector (C_1) and a *local* downstream connector (C_2). The upstream connector joins the (i-1)-th zone with a (i-1)-th centroidal node, whereas the downstream connector joins the (i+1)-th zone with a (i+1)-th centroidal node. ψ denotes a generic engineering value such as density, speed, temperature and pressure.

Linear Interpolation

By linear interpolation, an engineering value at the local upstream connector (C_1) of the i-th nodal-elemental centroid is

Eqn (1) $$\phi_1 = \frac{0.5\Delta x_{i-1}}{(0.5\Delta x_{i-1}+0.5\Delta x_i)}\phi_{i-1} + \frac{0.5\Delta x_i}{(0.5\Delta x_{i-1}+0.5\Delta x_i)}\phi_i = \beta_{C_1,u}\phi_{i-1} + \beta_{C_1,d}\phi_i$$

where

$$\beta_{C1,u} = \text{metric coefficient of upstream Connector } C_1(\phi_1) \equiv \frac{\Delta x_{i-1}}{(\Delta x_{i-1}+\Delta x_i)}$$

$$\beta_{C1,d} = \text{metric coefficient of downstream Connector } C_1(\phi_1) \equiv \frac{\Delta x_i}{(\Delta x_{i-1}+\Delta x_i)}$$

Likewise, the engineering value at the local downstream connector (C_2) is

Eqn (2) $$\phi_2 = \frac{0.5\Delta x_{i+1}}{(0.5\Delta x_{i+1}+0.5\Delta x_i)}\phi_{i+1} + \frac{0.5\Delta x_i}{(0.5\Delta x_{i+1}+0.5\Delta x_i)}\phi_i = \beta_{C_2,d}\phi_{i+1} + \beta_{C_2,u}\phi_i$$

where

$$\beta_{C_2,u} = \text{metric coefficient of upstream Connector } C_2(\phi_2) \equiv \frac{\Delta x_i}{(\Delta x_{i+1}+\Delta x_i)}$$

$$\beta_{C_2,d} = \text{metric coefficient of downstream Connector } C_2(\phi_2) \equiv \frac{\Delta x_{i+1}}{(\Delta x_{i+1}+\Delta x_i)}$$

Quadratic interpolation

Generically,

Eqn (3) $\phi = ax^2 + bx + c$ $(x_{i-1} \le x \le x_{i+1})$

Substituting the three pairs of x and ψ values at x_{i-1}, x_i, and x_{i+1} correspondingly into Eqn (3), the coefficients of a, b, and c can be solved by the Cramer's Rule

Eqn (4) $a \equiv D_1/D$

Eqn (5) $b \equiv D_2/D$

Eqn (6) $c \equiv D_3/D$

and

$$D = \begin{vmatrix} x_{i-1}^2 & x_{i-1} & 1 \\ x_i^2 & x_i & 1 \\ x_{i+1}^2 & x_{i+1} & 1 \end{vmatrix} \quad D_1 = \begin{vmatrix} \phi_{i-1} & x_{i-1} & 1 \\ \phi_i & x_i & 1 \\ \phi_{i+1} & x_{i+1} & 1 \end{vmatrix} \quad D_2 = \begin{vmatrix} x_{i-1}^2 & \phi_{i-1} & 1 \\ x_i^2 & \phi_i & 1 \\ x_{i+1}^2 & \phi_{i+1} & 1 \end{vmatrix} \quad D_3 = \begin{vmatrix} x_{i-1}^2 & x_{i-1} & \phi_{i-1} \\ x_i^2 & x_i & \phi_i \\ x_{i+1}^2 & x_{i+1} & \phi_{i+1} \end{vmatrix}$$

Once the coefficients a, b, and c have all been determined as shown in Eqns (31)-(33), the engineering values at both the upstream and downstream connectors respectively are

Eqn (7) $\phi_1 = ax_1^2 + bx_1 + c$ (at C_1 upstream connector)

Eqn (8) $\phi_2 = ax_2^2 + bx_2 + c$ (at C_2 downstream connector)

In terms of FD schemes, Figure 2 depicts a so-called *uniform* "3-star" (yet arbitrary) scheme comprising ϕ_1, ϕ_i, and ϕ_2 *within* the i-th zone, which implies a second-order accuracy. However, it is easy to improve the accuracy by incorporating 5-, 7- or 9-star, and so on. Loosely comparing to the well established nonuniform FD schemes (e.g., determination of *a priori* undetermined coefficients [e.g., 10-11], compact scheme using polynomial interpolation [12], and Harlow and Welch [13] and Morinishi *et al* [14]), ZNP is indeed much simpler although levels of accuracy and robustness in relation to those schemes have not yet established.

5. AN *AD-HOC* 1-D EULER TUNNEL FIRE BENCHMARK CASE

Again, for simplicity, a one-dimensional unsteady LSTD model perfectly suitable for long train or road tunnels is adopted herein to demonstrate ZNP. The basic LSTD (Navier-Stokes) system, initial-boundary conditions, source term, nondimensionalization, and temporal discretization are presented in Appendices A-D.

6. Continuity

Interior densities

Eqn (9) $$\Delta\rho_i + \left(\theta\Delta u_i + u_i^n\right)\frac{\Delta t}{\Delta x_i}\left[\left(\theta\Delta\rho_2 + \rho_2^n\right) - \left(\theta\Delta\rho_1^n + \rho_1^n\right)\right] + \Delta t\left(\theta\Delta\rho_i + \rho_i^n\right)\left(\theta\Delta s_i + s_i^n\right) = 0$$

Forward solid boundary densities

Eqn (10) $$3\left(\theta\Delta\rho_1 + \rho_1^n\right) - 4\left(\theta\Delta\rho_i + \rho_i^n\right) + \left(\theta\Delta\rho_2 + \rho_2^n\right) = 0$$

Forward open boundary densities

Eqn (11) $$\left(\theta\Delta\rho_1 + \rho_1^n\right) - 2\left(\theta\Delta\rho_i + \rho_i^n\right) + \left(\theta\Delta\rho_2 + \rho_2^n\right) = 0$$

Backward solid boundary densities

Eqn (12) $$3\left(\theta\Delta\rho_2 + \rho_2^n\right) - 4\left(\theta\Delta\rho_i + \rho_i^n\right) + \left(\theta\Delta\rho_1 + \rho_1^n\right) = 0$$

Backward open boundary densities

Eqn (13) $$\left(\theta\Delta\rho_2 + \rho_2^n\right) - 2\left(\theta\Delta\rho_i + \rho_i^n\right) + \left(\theta\Delta\rho_1 + \rho_1^n\right) = 0$$

7. Momentum

Interior speeds

Eqn (14) $$\Delta u_i + \left(\theta\Delta u_i + u_i^n\right)\frac{\Delta t}{\Delta x_i}\left\{\begin{array}{l}\left[\left(\theta\Delta u_2 + u_2^n\right) - \left(\theta\Delta u_1^n + u_1^n\right)\right] \\ +\dfrac{1}{Eu}\dfrac{1}{\left(\theta\Delta\rho_i + \rho_i^n\right)}\left[\left(\theta\Delta p_2 + p_2^n\right) - \left(\theta\Delta p_1 + p_1^n\right)\right]\end{array}\right\} = 0$$

Forward solid boundary speeds

Eqn (15) $$\left(\theta\Delta u_1 + u_1^n\right) = 0$$

Forward open boundary speeds

Eqn (16) $$3\left(\theta\Delta u_1 + \rho_1^n\right) - 4\left(\theta\Delta u_i + u_i^n\right) + \left(\theta\Delta u_2 + u_2^n\right) = 0$$

Backward solid boundary speeds

Eqn (17) $$\left(\theta\Delta u_2 + u_2^n\right) = 0$$

Backward open boundary densities

Eqn (18) $$3\left(\theta\Delta u_2 + u_2^n\right) - 4\left(\theta\Delta u_i + u_i^n\right) + \left(\theta\Delta u_1 + u_1^n\right) = 0$$

8. Poisson

Interior pressures

Eqn (19)

$$\left(\theta\Delta s_i + s_i^n\right) + \frac{4\Delta t}{\left(\Delta x_i\right)^2}\left[\left(\theta\Delta u_2 + u_2^n\right) + \left(\theta\Delta u_1 + u_1^n\right) - 2\left(\theta\Delta u_i + u_i^n\right)\right]$$

$$+\frac{\Delta t}{\left(\Delta x_i\right)^2}\frac{1}{Eu}\left\{\begin{array}{l}\dfrac{4}{\left(\theta\Delta\rho_i + \rho_i^n\right)}\left[\left(\theta\Delta p_2 + p_2^n\right) + \left(\theta\Delta p_1 + p_1^n\right) - 2\left(\theta\Delta p_i + p_i^n\right)\right] \\ -\dfrac{1}{\left(\theta\Delta\rho_i + \rho_i^n\right)^2}\left[\left(\theta\Delta p_2 + p_2^p\right) - \left(\theta\Delta p_1 + p_1^n\right)\right]\left[\left(\theta\Delta\rho_2 + \rho_2^2\right) - \left(\theta\Delta\rho_1 + \rho_1^n\right)\right]\end{array}\right\} = 0$$

Or

Eqn (20)

$$\left(\theta\Delta s_i + s_i^n\right)\frac{Eu\left(\Delta x_i\right)^2}{4\Delta t} - \frac{2\theta}{\left(\theta\Delta\rho_i + \rho_i^n\right)}\Delta p_i$$

$$+\left\{\begin{array}{l}\left[\left(\theta\Delta u_2 + u_2^n\right) + \left(\theta\Delta u_1 + u_1^n\right) - 2\left(\theta\Delta u_i + u_i^n\right)\right] \\ +\dfrac{1}{\left(\theta\Delta\rho_i + \rho_i^n\right)}\left[\left(\theta\Delta p_2 + p_2^n\right) + \left(\theta\Delta p_1 + p_1^n\right) - 2p_i^n\right] \\ -\dfrac{1}{4\left(\theta\Delta\rho_i + \rho_i^n\right)^2}\left[\left(\theta\Delta p_2 + \rho_2^p\right) - \left(\theta\Delta p_1 + p_1^n\right)\right]\left[\left(\theta\Delta\rho_2 + \rho_2^2\right) - \left(\theta\Delta\rho_1 + \rho_1^n\right)\right]\end{array}\right\} = 0$$

Forward solid boundary pressures

Eqn (21) $$3\left(\theta\Delta p_1 + p_1^n\right) - 4\left(\theta\Delta p_i + p_i^n\right) + \left(\theta\Delta p_2 + p_2^n\right) = 0$$

Forward open boundary pressures

Eqn (22) $$\left(\theta\Delta p_1 + p_1^n\right) - 2\left(\theta\Delta p_i + p_i^n\right) + \left(\theta\Delta p_2 + p_2^n\right) = 0$$

Backward solid boundary pressures

Eqn (23) $$3\left(\theta\Delta p_2 + p_2^n\right) - 4\left(\theta\Delta p_i + p_i^n\right) + \left(\theta\Delta p_1 + p_1^n\right) = 0$$

Backward open boundary densities

Eqn (24) $$\left(\theta\Delta p_2 + p_2^n\right) - 2\left(\theta\Delta p_i + p_i^n\right) + \left(\theta\Delta p_1 + p_1^n\right) = 0$$

9. NUMERICAL RESULTS

In the next few weeks, a set of combined uniform- and nonuiform-gridded results will be generated in the context of simple 1-D tunnel fire modeling and simulations to illustrate Euler LSTD flow in the context of ZNP.

10. REFERENCES

[1] Du, A. C., Doria, M. L. and Lloyd, J. R. Numerical modeling of unsteady buoyant flows generated by fire in a corridor. 16th Intl Symp on Combustion, Boston, MA, USA, 1976.

[2] Yang, K. T. and Chang, L. C. *UNDSAFE-I:* a computer code for buoyant flow in an enclosure, Technical Report TR-79002-77-1, Fire Research Group, Dept of Aerospace and Mechanical Engineering, University of Notre Dame, Mar 1977 (NTIS PB-267-278).

[3] Rehm, R. G. and Baum, H. R. The equations of motion for thermally driven, buoyant flows. J of Research of the NBS, 1978, 83 (3): 297-308.

[4] Markatos, N. C., Pericleous, K. A. and Cox, G. A novel approach to the field modeling of fire. Physicochemical Hydrodynamics, 1986, 7 (2/3):125-143.

[5] Galea, E. On the field modeling approach to the simulation of enclosure fires. J of Fire Protection Engineering, 1989, 1 (1):11-22.

[6] McGrattan, K. B. *et al.* Fire-driven flows in enclosures. J of Computational Physics, 1994, 110: 285-291.

[7] Fire Dynamics Simulator (Version 4) Technical Reference Guide, NIST Special Publication 1018, National Institute of Science & Technology, Gaithersburg, Maryland, USA, March 2006.
[8] Wong, D. H. and Wu, D., K. H. Overview of CFD fire-smoke modeling and simulations and some *ad hoc* benchmark cases. Hong Kong IFE Fire Safety Science and Advances Symposium, March 2007.
[9] Hoffmann, K. A. and Chiang, S. T., Computational Fluid Dynamics for Engineers – Volume I, Engineering Education System, Wichita, KS, USA, 1993,192: 210-211.
[10] Thomas, J. W., Numerical Partial Differential Equations: Finite Difference Method, Springer, 1995: 34-35.
[11] Bernatz, R. A. Finite Analytic Method in Flows and Heat Transfer, CRC, 2000.
[12] Shukla, R. K. and Zhong, X. Derivation of high-order compact finite difference schemes for non-uniform grid using polynomial interpolation. J of Computational Physics, 2005, 204: 404-429.
[13] Harlow, F. H. and Welch, J. E. Numerical calculation of time-dependent viscious incompressible flow of fluid with free suface. Physics of Fluids, 1965,8: 2182-2189.
[14] Morinishi, Y. *et al.* Fully conservative higher order finite difference schemes for incompressible flow. J. of Computational Physics, 1998, 142: 1-35.

Appendix A – A Generic LSTD Euler (Inviscid, Non-conservative) Engineering Model

Continuity

Eqn (A1) $$L(\rho)=\frac{\partial\rho}{\partial t}+u\frac{\partial\rho}{\partial x}+v\frac{\partial\rho}{\partial y}+w\frac{\partial\rho}{\partial z}+\rho\nabla\cdot\vec{u}=0$$

x-Momentum

Eqn (A2) $$L(u)=\frac{\partial u}{\partial t}+\frac{\partial}{\partial x}(u^2)+\frac{\partial}{\partial y}(uv)+\frac{\partial}{\partial z}(uw)+\frac{1}{Eu}\frac{1}{\rho}\frac{\partial\tilde{p}}{\partial x}=0$$

y-Momentum

Eqn (A3) $$L(v)=\frac{\partial v}{\partial t}+\frac{\partial}{\partial x}(vu)+\frac{\partial}{\partial y}(v^2)+\frac{\partial}{\partial z}(vw)+\frac{1}{Eu}\frac{1}{\rho}\frac{\partial\tilde{p}}{\partial y}-\frac{1}{Fr}\left(\frac{1}{\rho}-1\right)=0$$

z-Momentum

Eqn (A4) $$L(w)=\frac{\partial w}{\partial t}+\frac{\partial}{\partial x}(wu)+\frac{\partial}{\partial y}(wv)+\frac{\partial}{\partial z}(w^2)+\frac{1}{Eu}\frac{1}{\rho}\frac{\partial\tilde{p}}{\partial z}=0$$

Poisson

Eqn (A5)
$$L(\tilde{p})=\frac{\partial}{\partial t}(\nabla\cdot\vec{u})+\frac{\partial^2}{\partial x^2}(u^2)+\frac{\partial^2}{\partial y^2}(v^2)+\frac{\partial^2}{\partial z^2}(w^2)$$
$$+2\frac{\partial^2}{\partial x\partial y}(uv)+2\frac{\partial^2}{\partial x\partial z}(uw)+2\frac{\partial^2}{\partial y\partial z}(vw)+\frac{1}{Eu}\frac{1}{\rho}\left(\frac{\partial^2\tilde{p}}{\partial x^2}+\frac{\partial^2\tilde{p}}{\partial y^2}+\frac{\partial^2\tilde{p}}{\partial z^2}\right)$$
$$-\frac{1}{Eu}\frac{1}{\rho^2}\left(\frac{\partial\rho}{\partial x}\frac{\partial\tilde{p}}{\partial x}+\frac{\partial\rho}{\partial y}\frac{\partial\tilde{p}}{\partial y}+\frac{\partial\rho}{\partial z}\frac{\partial\tilde{p}}{\partial z}\right)+\frac{1}{Fr}\frac{1}{\rho^2}\frac{\partial\rho}{\partial y}=0$$

Source (from Energy Eqn)

Eqn (A6) $$\nabla\cdot\vec{u}=\frac{\partial u}{\partial x}+\frac{\partial v}{\partial y}+\frac{\partial w}{\partial z}=-\nabla\cdot(\dot{q}_c''+\dot{q}_r'')+\frac{1}{PeBo}\dot{q}'''$$

Temperature (Post Processing)

Eqn (A7) $$L(T)=T-\frac{1}{\rho}=0$$

Since

Eqn (A8) $$L(p)=p-(1+\tilde{p})=0$$

And

Eqn (A9) $$p\approx1.0$$

Hence

Eqn (A10) $L(p) = p - \rho T \approx 1 - \rho T = 0$

Initial Conditions

Eqn (A11) $\rho = \rho(x, y, z, t = 0) = 1$

Eqn (A12) $u = u(x, y, z, t = 0) = 0$

Eqn (A13) $v = v(x, y, z, t = 0) = 0$

Eqn (A14) $w = w(x, y, z, t = 0) = 0$

Eqn (A15) $\tilde{p} = \tilde{p}(x, y, z, t = 0) = 0$

Eqn (A16) $T = T(x, y, z, t = 0) = 1$

Solid Boundary Conditions

Eqn (A17) $\frac{\partial \rho}{\partial n} = 0$

Eqn (A18) $u = 0$

Eqn (A19) $v = 0$

Eqn (A20) $w = 0$

Eqn (A21) $\frac{\partial \tilde{p}}{\partial n} = 0$

Eqn (A22) $T = \frac{1}{\rho}$

Open Boundary Conditions

Eqn (A23) $\frac{\partial^2 \rho}{\partial n^2} = 0$

Eqn (A24) $\frac{\partial u}{\partial n} = 0 \qquad \frac{\partial u}{\partial s} = 0$

Eqn (A25) $\frac{\partial v}{\partial n} = 0 \qquad \frac{\partial v}{\partial s} = 0$

Eqn (A26) $\frac{\partial w}{\partial n} = 0 \qquad \frac{\partial w}{\partial s} = 0$

Eqn (A27) $\frac{\partial^2 \tilde{p}}{\partial n^2} = 0$

Eqn (A28) $T = \frac{1}{\rho}$

Appendix B – Derivation of Thermal or Fire Source Term

Source Term

Invoking the Energy equation

Eqn (B1) $L(\rho c_p T) = \frac{\partial}{\partial t}(\rho c_p T) + \frac{\partial}{\partial x}(\rho c_p T u) + \frac{Dp}{Dt} + \frac{1}{PeBo}\dot{q}''' = 0$

Invoking the Equation of State for Low Speed Thermally Driven (LSTD) flows

Eqn (B2) $L(p_o) = p - \rho T = 1 - \rho T = p_o - \rho T = 0$

It should be pointed out that in the context of acoustic speed, the density is always inversely proportional to temperature; and their product equals unity. Assuming constant specific heat, neglecting substantial derivative of pressure, and substituting Eqn (B2) into Eqn (B1), then the desirable source term is

Eqn (B3) $s_i = \nabla \cdot \vec{u} = \frac{\partial u}{\partial x} = \frac{1}{PeBo} \dot{q}_i'''$

Appendix C - Temporal Discretization

An engineering (dependent, state) variable can be temporally yet linearly decomposed as the spatial discretization as shown previously,

Eqn (C1) $\phi_i = \theta \phi_i^{n+1} + (1-\theta) \phi_i^n$

where

superscript n=discretized time step (station, index), dimensionless

subscript i=i-th centroidal node of i-th zone (element, cell, control volume)

θ=implictness (0~1), dimensionless

If θ=1, then ϕ_i is fully implicit. If θ=0, then ϕ_i is fully explicit. If θ=0.5, then ϕ_i is semi-implicit (or –explicit), which manifests the classical Crank-Nicholson Method thereby constituting the second-order accuracy as a fully implicit method. Now, conveniently defining a generic temporal engineering differential at the i-th node (zone, element) as

Eqn (C2) $\Delta \phi_i = \phi_i^{n+1} - \phi_i^n$

Substituting Eqn (C2) into Eqn (C1)

Eqn (C3) $\phi_i = \theta \Delta \phi_i + \phi_i^n$

Appendix D - Nondimensionalization

Reference Parameters

Reference pressure

Eqn (D1) p_o=101.325 kPa

Reference temperature

Eqn (D2) T_o=295.0 K

Reference gas constant

Eqn (D3) R_o=0.287 kJ/(kg-K)

Reference density

Eqn (D4) $\rho_o = \frac{p_o}{R_o T_o} = \frac{101.325}{(0.287)(295.0)}$ =1.1967755 kg/m^3

Reference length

Eqn (D5) L_o = 1.0 m

Reference speed

Eqn (D6) $u_o = \sqrt{\frac{p_o}{\rho_o}} = \sqrt{\frac{101325}{1.1967755}} = 290.975$ m/s

Reference time

Eqn (D7) $t_o = \frac{L_o}{u_o} = \frac{1.0}{290.975}$ =3.43672E-3 s

Reference conductive flux

Eqn (D8) $\dot{q}''_{cond,o} = \frac{k_o T_o}{L_o} = \frac{(0.0259)(295.0)}{1.0}$ =7.6405 W/m^2

where

k_o = thermal conductivity of pure at 295.0 K, W/(m-K)

Reference radiative flux

Eqn (D9) $\dot{q}''_{rad,o} = \sigma T_o^4 = (5.67x10^{-8})(295.0)^4$ =429.4 W/m^2

where

σ =Stefan-Boltzmann constant, W/(m^2-K^4)

Reference volumetric heat rate

Eqn (D10) $\dot{q}'''_o = \frac{\dot{q}''_{rad,o}}{L_o} = \frac{429.4}{1.0}$ =429.4 W/m^3

Dimensionless Parameters

Reynolds number

Eqn (D11) $\text{Re} = \frac{\rho_o u_o L_o}{\mu_o} = \frac{(1.1967755)(1.0)(1.0)}{(1.821x10^{-5})}$ =6.572E4

where

μ_o =dynamic viscosity of pure air at 295.0 K, N-s/m^2

Euler number

Eqn (D12) Eu = $Eu = \frac{\rho_o u_o^2}{p_o} = \frac{(1.1967755)(1.0)^2}{(101325.0)}$ =1.181E-5

Prandtl number

Eqn (D13) $\text{Pr} = \frac{\mu_o c_{po}}{k_o} = \frac{(1.821x10^{-5})(1006.8)}{(0.0259)}$ =0.70787

where

c_{po} = specific heat at constant pressure for pure air at 295.0 K, J/(kg-K)

Peclet number

Eqn (D14) $Pe = \text{Re}\,\text{Pr} = (6.572x10^4)(0.70787)$ =4.652E4

Boltzmann number

Eqn (D15) $Bo = \frac{\dot{q}''_{cond,o}}{\dot{q}''_{rad,o}} = \frac{7.6405}{429.4}$ =0.017793

Fire Source

Rate of heat release (W)

Eqn (D16) $\dot{Q}_f = \dot{q}''_f A_f = \sum_j^N (\dot{q}''_f \Delta A_f)_j = \dot{q}'''_f V_f = \sum_j^N (\dot{q}'''_f \Delta V_f)_j$

where

$\dot{q}''_f$ = fire (thermal) flux, W/m^2

A_f = fire base area, m^2

ΔA_f = discretized fire base area, m^2

$\dot{q}'''_f$ = volumetric heat rate due to fire, W/m^3

V_f = fire volume, m^3

ΔV_f = discretized fire volume, m^3

Hence, for uniform boundary flux

Eqn (D17) $$\dot{q}_f'' = \frac{\dot{Q}_f}{\sum_j^N \left(\Delta A_f\right)_j}$$

Alternatively, for uniform volumetric rate

Eqn (D18) $$\dot{q}_f''' = \frac{\dot{Q}_f}{\sum_j^N \left(\Delta V_f\right)_j}$$

Then, the dimensionless source term is

Eqn (D19) $$s_i = \nabla \cdot \vec{u} = \frac{1}{PeBo}\left(\frac{\dot{q}_f'''}{\dot{q}_o'''}\right)$$

作者简介：

黄克基, PhD, PE, Tel:(852) 2993-3869, Email: deew@mtr.com.hk

公共建筑物减灾验证案

程昌兴

台北县政府消防局

摘要

近年台湾发生多件大楼或营业场所火灾，其原因有许多为人为疏失，显示防火管理制度并未全面落实，如何发现其问题所在，以检讨各类场所防火管理制度之推动实际功能，并厘清及了解制度不足，避免防火管理功能流于纸上作业。希望藉由消防防护计划之制定与防护编组之运作，对火灾预防、初期灭火及避难逃生等防灾相关应变能力，予以规划与训练，并经由验证制度之推动，可有效厘清防火避难设施与消防安全制度及防火管理制度之间，是否可真正达到火灾应变与安全疏散之功能，进而了解问题所在，并针对无法满足之项目实施改善，最后达到真正安全的目的。

关键词：减灾验证、防火管理、火灾预防、自卫消防编组。

1．前言

依据台湾消防法第十三条明定一定规模以上供公众使用建筑物场所，应由管理权人，遴用防火管理人，责其制定消防防护计划报请消防机关核备，并依计划执行有关防火管理上必要之业务；地面楼层达十一层以上建筑物、地下建筑物或主管机关指定之建筑物，其管理权有分属时，各管理权人应协议制定共同消防防护计划，并报请消防机关核备。建立台湾防火管理制度体系之法源。

此外消防法施行细则第十三条明示一定规模以上供公众使用建筑物范围；第十四条明定防火管理人资格及训练机构认可之法源；第十五条为消防防护计划内容事项；第十六条则为有关共同防护计划事项等有关防火管理制度推动法系，立法迄今已五年余，其间主管机关已颁行“共同消防防护计划应包括事项”、“防火管理人专业机构设立及管理须知”、“消防防护计划审核基准”、“共同防护计划制作范例及填写说明”、“施工中消防防护计划指导须知及范例”等相关规定,惟社会型态变迁迅速，各场所防火管理执行成效如何？是否落实自卫消防编组演练？又近年发生多件大楼或营业场所火灾，显示防火管理制度并未全面落实，如合发现其问题所在，以检讨各类场所防火管理制度推动实际功能，以厘清及了解本制度之不足。

2．计划背景

目前台湾推动防火管理制度上所衍生之问题，以及参考国外先进国家相关做法提供未来改进依据，检讨对高层或复合用途建筑物等场所自卫消防编组验证方式研拟具体方案；另外对于供公众使用建筑物场所共同防火管理制度适用检讨，防护计划内容事项作分析检讨，本服务案范围与预期目标，包含防火管理制度实施成效与检讨，以及防火管理人制定消防防护计划部分项目，自卫消防编组执行演练检讨或验证等，其主要内容如下：

(一) 防火管理制度主要消防防护计划之制式内容事项适当性、与执行成效分析，藉自卫消防编组执行演练检讨及验证其可行性分析。并选择高层建筑物、百货商场、饭店、社会福利机构等场所办理实地演练与验证，以落实自卫消防编组工作，避免防火管理之功能流于纸上作业。

(二) 可从证过程中发现台湾现行防火管理制度(含自卫消防编组)所定颁之各项法规，适用于实务工作之情形，有无窒碍难行之处及配合行政程序法之施行，除此之外，下列各项亦为本案推动之重要因素：

1．公共场所公共安全的重要性

现在经济蓬勃发展、商业兴盛、都市发展迅速，经商、旅游、娱乐、购物、居住等容纳多数人数用途的公共场所，内含消费民众及内部工作员工，若发生火灾事故，极易造成重大伤亡及公安事故，公共安全至关重要，影响民众安全及企业营运甚巨，政府为防范意外发生，应列为政府防范处理重要施政重点之一。

2．公共安全事故频传

过去台湾公共安全事故频繁。多年来，从组织面，消防从警察体系分出，推行消防专业体制不断改革、进步；在法规面，修法核订设备、设施标准，确保公共场所消防安全；在系统面，引进日本行已有效之防火管理人、消防设备师、士及检修申报制度，有效推广消防业务；执行面，大量培训消防干部，推动各项法令要求、运用系统执行，台湾消防业务在法令设备执行等多面向同时推动下，已大幅改善。从近年之火灾统计，公共场所安全之对重大伤亡事故压制近年公共场所安全已对重大伤亡火灾事故有所压制，唯仍有少数公安事故发生。

3．各项消防防护计划之推动

至于推动公共场所知措施中，公共场所关于消防设备系统，有防火管理人、消防设备师、士及检修申报制度，另在自卫消防防护计划、员工消防编组等作法，各公共场所亦遵照实施。唯在各项防护计划及自卫编组虽有图表或名册，报备完成程序，但实际是否可在火灾事故发生时立即启动运作，至有疑问，这些空间的落实面值得考虑与深思。

4．日本的消防验证制度

我们现行消防制度系援引自日本，而日本在推动过程中亦发现防护计划与自卫消防编组方 面是否落实亦有疑虑。因此，日本在数年前即开始着手推动验证制度。日本推动验证制度系由消防局编列经费预算，委由民间专业之消防组织来推动执行，俟验证合格即领发证书（验证程序不收取费用）。验证制度除了检验是否确实落实消防及公共安全外，更加保障人民及企业主之生命安全，就如同多买了一张保单多一层保障。

5．落实公共场所之消防验证制度

公共场所若经验证，不但检对公共场所防护计划与自卫编组，使之落实而不是一张数据徒具形式而已，另用实际的操作讲习与测试，使公共场所员工深刻体认平日预防工作项目与一见状况如何报警、灭火、指导逃生，有明确分工，知道如何实际处理，如此才能真正结合消防设备系统检查，达成公共场所安全完整之防护。因此，日本的此一新作法，推动消防验证制度，实值借镜。

6．强化公共场所安全及内部自主危机处理

现消防单位之消防编制，承办既有消防业务已属繁忙，人员编制仍显不足，此项验证制度若委办民间消防机构推动，由消防局编列预算，消防干部负责指导，逐次对辖区内公共场所进行验证，则可大为提升公共场所之安全性，强化公共场所内部自主危机处理。

3. 规划理念与实施方法

从历次的重大火灾案例的惨痛经验发现，大多数的人皆有心存侥幸的心态认为“没有那么倒霉”，“那是他家的火灾”而怠忽对可能发生火灾的危机意识，致虽然建筑物有完善的消防安全设备等硬件防灾设施但若疏于维护管理与作最适的使用，使火灾发生机率频传。从前节火灾案例中简单归类造成火灾因子可分为十三项：

1. 火灾之发现过迟
2. 通报消防机关延误
3. 消防单位出动过慢
4. 初期灭火失败
5. 火源处理不当
6. 耽误避难逃生时间或现场避难引导不当
7. 消防安全设备动作不良
8. 建筑物防火避难设施设计不佳或单一出口或安全门上锁、安全梯遭改造封闭、阻塞及顶楼加盖、招牌封闭窗户、窗户设置铁窗阻碍逃生等。
9. 内部装修材料不当.
10. 引导消防机关救灾能力失调
11. 防火管理制度中自卫消防编组训练不落实
12. 收容人数为详为分类或规划，俾利危机发生时执行不同的紧急应变措施
13. 民众与消费者缺乏避难逃生观念等有关影响建筑物消防安全的软硬件设备管理失当，是造成火势扩大延烧与人命伤亡重点所在。

硬件消防安全设备较易改善修理或提升性能，但如何使其维持完善可用状态，需仰赖防火管理制度的完善及教育训练所属建筑物内的居民能熟悉使用各项设备与各种逃生避难要领，尤其是较易伤亡的收容人数如老弱妇孺、视听障碍者、高龄者，或被人纵火场所、类似大规模供公众使用建筑物，如百货公司、旅

馆、饭店、高层建筑物及大型卖场等场所，更需能于灾害发生时，利用最短之时间予以多数人救助，才能降低人命之伤亡，因此，除平时加强消防安全检查维护消防安全设备正常外，并确实要求业者注重自卫防护、员工编组训练及做好防火管理，以增进初期之抢救能力，减少火灾损失。

因此，落实防火管理制度，除在法规规范面、程序上书面数据的完善、官方审核公正外，最重要的是社会大众执行面的落实，人是复杂多变再加上科技的日新月异，使得彻底实施防火管理制度落于自卫消防编组训练与演证，使大家能按战步骤实施训练，反复检讨改进，使之具有纯熟的技巧、临危不乱之精神，达到预期的效果。

(一) 实施方法：

1. 自卫消防编组乃火灾发生时，为降低人命、财产损失之目的，而事先编组训练之消防体制。而在防火管理制度中消防防护计划之制定及执行，关系着建筑物防火及应变之成败。因此有关自卫消防编组活动，能否在发生火灾初期就采取有效的行动，将会影响到火势之扩展与避难行动。故此等自力救济能力之良窳，实对建筑物之损失占有不可抹灭之地位，故对建筑物建立火灾处理标准作业流程，并对此作业流程予以训练并作验证，以减少火灾之伤害，保障建筑物之人命、财产安全。

(二) 实施计划

2. 实施对象：

（1）择定自卫消防编组验证重点对象，如医院、饭店、百货商场、高层复合用途　建筑物、抢救困难之集合住宅、工厂等。

（2）大规模场所（大于 10000M^2）5 处（老人赡养机构、百货商场、旅宾馆、高层复合用途建筑　物）。

（3）中规模场所（1000-10000M^2）10 处（老人赡养机构、饭店、旅宾馆、高层复合用途建筑物）。

（4）小规模场所（小于 1000M^2）15 处（老人赡养机构、旅宾馆、小型百货商场）。

3. 验证人员训练：

（1）火灾发生时，自卫消防编组之成员(以下简称“队员”)，应采取之应变事项。

（2）依各建筑物之建筑构造、内部装潢等有关防灾情形，设定界限时间，并验证在此时间内是否可以进行完所需之应变事项，藉此提升自卫消防编组训练之整备。

（3）设定界限时间，并进行各应变事项之演练，评估应变事项之动作及流程是否正确。

（4）纪录有关之应变时间，验证应变事项能否在规定之界限时间内完成。

（5）演练暨验证结束后，对演练场所有关人员之演练动作、流程及应变时间，评估其是否合乎规定？

(三) 实施步骤

1.取得基本资料、防护计划书、检修申报书、现况平面图、编组名册

2.检视场所消防设备。

3.编写验证步骤。

4.实际测试。

火灾发生时，自卫消防编组之成员(以下简称“队员”)，应采取之应变事项。同时，依各建筑物之建筑构造、内部装潢等有关防灾情形，设定界限时间，并验证在此时间内是否可以进行完所需之应变事项，藉此提升自卫消防编组训练之整备。

a.自卫消防编组之演练暨验证，其进行步骤如下：

a) 设定界限时间，并进行各应变事项之演练，评估应变事项之动作及流程是否正确。
纪录有关之应变时间，验证应变事项能否在规定之界限时间内完成。

b) 演练暨验证结束后，对演练场所有关人员之演练动作、流程及应变时间，评估其是否合乎规定，如不合规定，应指导有关人员进行改善措施，并择期再次办理验证。

b.应变事项：

火灾发生时，队员应采取之一般应变事项如下。但仍应按照各建筑物之实况加以考虑，另于各个应变事项之实施情况，指挥据点(如防灾中心)必须将讯息作一元化的管理。

(1) 确认起火地点：藉由火警自动警报设备之受信总机或受信副机，确认起火处所。

(2) 确认现场：到起火处所确认现场状况。

(3) 通报消防机关：用电话或紧急通装置，向消防队通报火灾之讯息。

(4) 初期灭火：使用灭火器或室内消防栓（有设置时），进行火灾初期灭火。

(e)形成区划：关闭防火门及防火铁卷门等，形成起火区划、邻接区划及垂直邻接区划：

起火区划：系指起火场所之防火区划。

邻接区划：系指和起火区划，以防火门、防火铁卷门的开口部相邻接之防火区划。

垂直邻接区划：系指成为邻接区划的垂直区划，并以防火门或防火铁卷门连接开口部之防火区划。

(f)讯息通报及避难引导：确认火灾后，立即向队员及从业员工等，通报、指示火灾之讯息，以及避难之讯息，并引导场所内从业员工等进行避难。

(g)向消防队提供讯息：应向消防队提供讯息，使消防队活动能更有效率的进行。

c.设定界限时间：

假设火灾发生，对设想火烟达危险程度之起火区划、邻接区划及垂直邻接区划，设定界限时间。各区划之界限时间如下：

(a)区划界限时间：从起火场所之探测器动作，到设想起火区划内达危险程度之时间。

<table>
<tr><th colspan="2">条　件</th><th>设有自动撒水设备之场合（注1）</th><th>未设自动撒水设备之场合</th></tr>
<tr><td rowspan="2">基准时间(Tf1)</td><td>受内部装修限制之场合(注2)</td><td rowspan="3">9分</td><td>6分</td></tr>
<tr><td>不受内部装修限制之场合</td><td>3分</td></tr>
<tr><td>延长时间(Tf2)</td><td>在初期灭火中使用室内消防栓设备</td><td>1分</td></tr>
<tr><td colspan="4">起火区划之界限时间 Tf=Tf1+Tf2
（注1）“设有自动撒水设备之场合”，包括依各类场所消防安全设备设置标准规定得免设撒水头之部分。
（注2）“受内部装修限制之场合”，指居室及通道之墙面与天花板等，符合“建筑技术规则”建筑设计施工篇第八十八条“内部装修限制”之规定。</td></tr>
</table>

(b)邻接区划界限时间：为设想邻接区划内达危险程度之时间。

<table>
<tr><th colspan="2">条　件</th><th>设有自动撒水设备之场合</th><th>未设自动撒水设备之场合</th></tr>
<tr><td rowspan="2">基准时间(Tn1)</td><td rowspan="2"></td><td rowspan="2">Tf(9分)＋3分</td><td>6分</td></tr>
<tr><td>3分</td></tr>
<tr><td>延长时间(Tn2)</td><td>构成区划之防火门全为甲种防火门或具遮烟效果之防火铁卷门之场合。</td><td>1分</td><td>1分</td></tr>
<tr><td colspan="4">邻接区划之界限时间 Tn=Tn1＋Tn2</td></tr>
</table>

(c)垂直邻接区划界限时间：为设想垂直邻接区划内达危 险程度之时间。

条　件	设有自动撒水设备之场合	未设自动撒水设备之场合
基准时间(Tu)	Tf(9分)＋8分	Tf(3~7分)＋6分
垂直邻接区划之界限时间 Tu		

6.判定是否合格?

于当天该场所正常运作状况下实施，从火警自动警报设备动作开始，各区划应变事项完成所需之时间，必须分别在各自之界限时间内完成，如下列规定：

a.起火区划之应变事项完成所需之时间（Rtf），应小于起火区划界限时间（Tf）。

b.至邻接区划之应变事项完成所需之时间（Rtn），应小于邻接区划界限时间（Tn）。

c.至垂直邻接区划之应变事项完成所需之时间（Rtu），应小于垂直邻接区划界限时间(Tu)。

方法如下：

a.消防防护计划之落实：建立消防设备之管理制度、落实员工自卫消防编组、落实员工训练、落实防火管理、拟定抢救计划。

b.协助防火管理人任务之落实指导。

c.协助考核设备检修申报制度之落实。

d.协助员工之训练。

e.协助举行每半年全面演习并验证其防护计划之各项成果。

f.提供消防安全设备设置状况之建议改善。

g.提供防护计划之建议修订内容。

4．结论

(一) 藉由消防防护计划之制定讲习，对于火灾预防、初期灭火及避难逃生等防灾相关事项，予以系统性之规划与训练，以求达到下列目标：

1．预防火灾发生，保障人员及财物安全。
2．纵使火灾发生，亦能迅速将其扑灭，降低财物损失。
3．火场中能迅速应变，采取适当避难逃生相关措施，以保护人命安全、降低损害。
4．改善消防防护计划之内容事项更具合理适用性。

(二) 平时对于用火、用电设备予以监督管理，并制定防止纵火相关安全措施，以杜绝火灾发生之根源。

(三) 经由消防安全设备之维护管理及防火避难设施之自行检查，遇有缺失立即报告管理权人改善，以确保消防安全设备及防火避难设施之妥善可用，于灾害发生时，能够适时发挥应有之功能。

(四) 将单位人员依其职务编成自卫消防编组，包含灭火班、通报班、避难引导班、安全防护班及救护班等，并于每六个月实施演习训练一次。使单位人员了解并熟悉其职责，以期于灾害发生时能有条不紊地迅速应变，将危害损失降至最低。

(五) 增、改、修建或室内装修施工时，常因电源中断或设备停用，原有安全防护系统不再有效防护，容易导致火灾，例如台北圆山饭店大火，即是施工不慎引发火灾。因此，建筑物施工时期，必须另定消防防护计划，以监督施工单位用火、用电安全。如此，必能提供更进一层施工安全保障。

(六) 呈现现行防火管理制度施行成效与问题检讨：含共同防火管理制度推动现况与相关问题衍生检讨。

(七) 依据实地自卫消防编组演练与验证调查结果，针对缺失部分研拟具体改善方案。

(八) 强化高层、复合用途建筑物及共同防火管理之落实。

Fire Disasters Prevention Approaches for Public Buildings

Abstract

There are many buildings or business place fires in Taiwan recently, the main reason was careless mistake, obviously the management system on fire prevention has not been implemented in an all-round way , how to find out its question and review the actual function for implementing the management system on fire prevention in all kinds of places, to distinguish and understand if the system is insufficient to avoid the function of fire prevention becoming the paper work only. By way of formulating the fire protection plan and the operation of fire control organization, planning and training the relative ability on fire prevention, initial put out a fire and shelter from disaster, also via the impetus of test system, it can be effective to distinguish within the fire prevention to take refuge facilities, fire control security system and fire prevention management system , whether can really reach the function for fire control and evacuation safe, and then understand really question, focus on improving the project that can't be implemented, achieve the really safe goal finally.

作者简介：

程昌兴，台北县政府消防局火灾预防课课长。

建筑火灾烟气中 CO\$CO_2$浓度分布及其迁移研究

刘 方

重庆大学城市建设与环境工程学院

摘要

作者在火灾实验房间，研究了棉布与木材在阴燃与明火燃烧状态下烟气中的 CO 与 CO_2 的浓度变化。结果显示：木材与棉布阴燃产生的 CO 浓度远大于明火燃烧产生的 CO 浓度，燃烧前期明火燃烧产生的 CO_2 浓度高于阴燃产生的 CO_2 浓度，且明火燃烧时，CO_2 浓度在前期增长很快，增至最大值后下降。

采用 FDS 程序模拟了地下商业街走道火灾烟气中 CO 与 CO_2 的浓度分布，结果表明：在机械排烟失效的情况下，沿水平方向走道空间各点的 CO 与 CO_2 浓度逐渐相同；在机械排烟正常启动情况下，沿着走道水平方向，走道远离火源处的 CO 和 CO_2 能够维持相当高的浓度，甚至高于走道近火源处的浓度。

关键词：烟气毒性、CO、CO_2、迁移。

1. 引言

大量火灾案例表明，建筑火灾死亡人员中，75%以上都是因为吸入有毒烟气引起窒息而死亡[1][2]。探索火灾中烟气毒性物质的生成及释放机理、毒性成分及比例、迁移方式、毒性效应是火灾科学防灾减灾研究中的重要基础性工作之一，对于低燃烧毒性建筑材料的研发及选用、建筑物防排烟及消防设施设计、消防用防毒器具研发、性能化设计毒性标准的制定等均有十分重要的指导意义[3][4]。性能化设计和评估中，一般用烟气层高度和烟气层温度来判断危险状态，对一些特殊场合采用毒性指标来判断危险状态。进一步开展烟气中毒性物质的毒害研究，无疑有助于危险状态参数中的有害燃烧产物指标的制定与完善。

目前，研究者开展了材料毒性测试手段方法，材料毒性物质分布，房间不同开口条件下，烟气在走廊中浓度与着火房间烟气浓度的关系，狭长通道火灾烟气传播过程中毒性成分的空间分布规律以及烟气中有害毒物的生物毒性等方面进行了研究[5][6][7][8][9][10]。

论文针对建筑火灾烟气中主要毒性气体 CO 与 CO_2，通过开展房间火灾实验与计算机模拟研究，探讨木材与棉布在阴燃和明火燃烧状况下，着火房间烟气中 CO 与 CO_2 的浓度；采用计算机模拟方法，分析模拟房间火灾场景 CO 与
CO_2 的浓度分布以及地下商业街火灾烟气中 CO 与 CO_2 的浓度分布，讨论 CO 与 CO_2 在疏散走道的浓度分布，探讨其迁移规律。

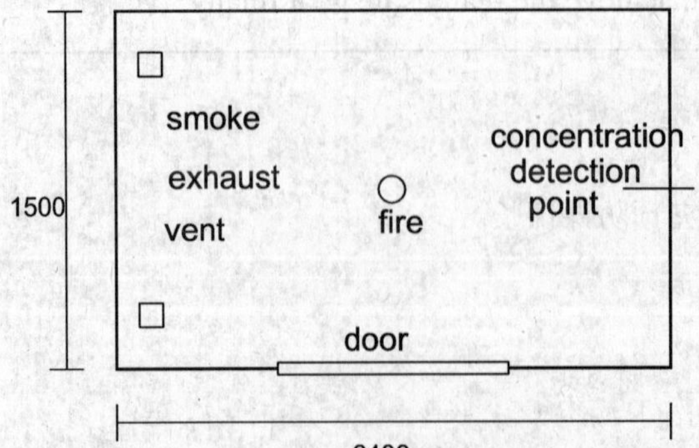

图 1　火灾实验房间平面图

2. 火灾实验房间

实验房间长、宽、高为 2400mm×1500mm×2400mm，顶部开设 2 个 100mm×100mm 的排烟口，侧面开设一个 500mm×500mm 的通风孔，监测烟气中毒性物质 CO 与 CO_2 浓度随时间的变化。实验房间平面图如图 1 所示。

使用华瑞多种气体检测仪检测 CO 与 CO_2 浓度，测试仪器浓度范围是：CO 为 0～100ppm，CO_2 为 0～10000ppm。实验测点取在高度为 1.5m 处房间一侧中心位置，如图 1 所示。在实验前，对检测仪进行了校正调节。

3. 实验结果及其分析

实验一共进行了两组，分别是木材热解阴燃火与木材明火；棉布阴燃火与棉布明火。实验燃烧时间设为 20 分钟。气体检测仪采样时间设置为 60s。

重量（100g）的木材与棉布分别摆放在实验房间地面的中心位置，进行了阴燃火实验与明火燃烧实验，电子分析仪记录燃料的失重。

木材热解阴燃火与明火燃烧测试的 CO 与 CO_2 浓度曲线分别如图 2 和图 3 所示。

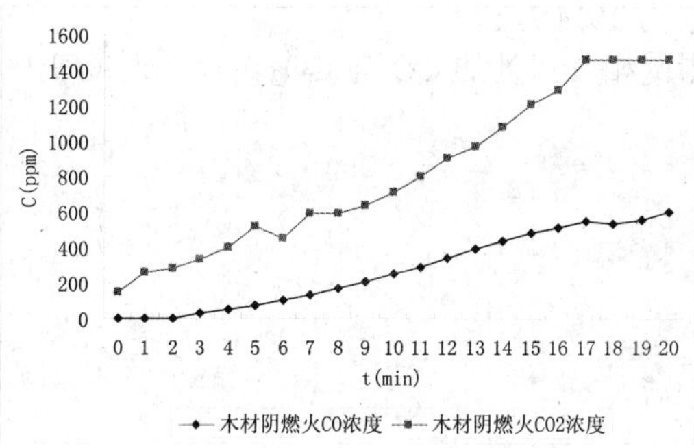

图 2　木材阴燃火实验的 CO 与 CO_2 浓度

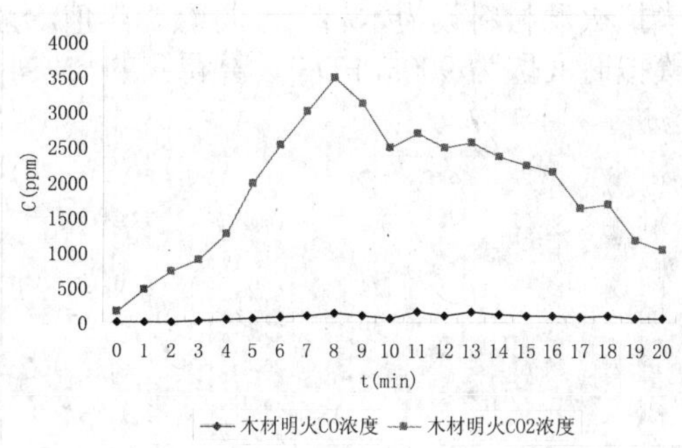

图 3　木材明火燃烧 CO 与 CO_2 浓度

木材阴燃火实验中，随着时间的发展，生成 CO 与 CO_2 浓度逐渐升高，20 分钟时，检测点的 CO 与 CO_2 浓度分别达到 603ppm 与 1460ppm。木材明火实验中，随着时间的发展 CO 与 CO_2 浓度先升高后降低，其中 CO 浓度升高降低趋势比较平缓，CO_2 浓度升高降低趋势比较迅速，在第 8 分钟时，CO 与 CO_2 浓度分别达到了 122ppm 与 3480ppm。同时木材阴燃火实验产生的 CO 浓度远高于明火燃烧的 CO 浓度，而木材阴燃火实验产生的 CO_2 的浓度低于明火燃烧产生的 CO_2 浓度。

木材热解阴燃火与明火燃烧测试的 CO 与 CO_2 浓度曲线分别如图 4 和图 5 所示。

棉布阴燃火实验中，随着时间的发展，生成 CO 与 CO_2 浓度逐渐升高，20 分钟时的 CO 与 CO_2 浓度分别达到 705ppm 与 900ppm。棉布明火实验中，随着时间的发展 CO 变化范围很小，CO_2 浓度先升高后降低，CO_2 浓度升高趋势比较迅速降低趋势比较平缓。实验过程中 CO 浓度最大值出现在 20 分钟，其浓度值为 98ppm；CO 浓度最大值出现在 11 分钟，其浓度值为 2140ppm。同时棉布阴燃火实验产生的 CO 浓度远高于明火燃烧产生的 CO 浓度，棉布阴燃火实验产生的 CO_2 的浓度低于明火燃烧产生的 CO_2 浓度。

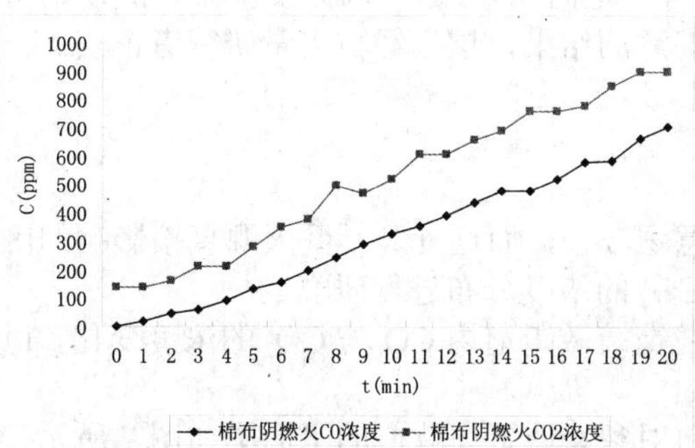

图 4　棉布阴燃火测试的 CO 与 CO_2 浓度

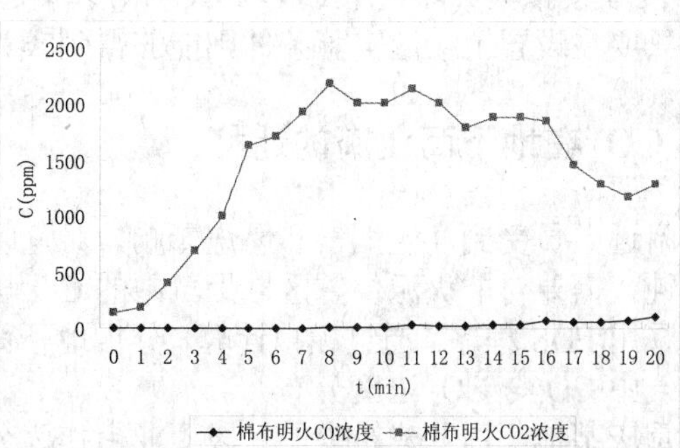

图 5　棉布明火燃烧测试的 CO 与 CO_2 浓度

上述实验表明，棉布与木材阴燃产生的 CO 远大于 CO_2，且明火燃烧时，CO_2 浓度在前期升高后期降低。这可能是木材与棉布在阴燃火实验中，不能得到充分燃烧，所以木材与棉布中的炭生成的 CO 的含量远大于明火燃烧产生 CO 含量；明火燃烧时，木材与棉布在燃烧前期得到充分燃烧，木材与棉布中的炭主要生成 CO_2，因此在燃烧前期明火燃烧生成的 CO_2 浓度高于阴燃火产生的 CO_2 浓度。明火燃烧中，CO_2 浓度在前期升高后期降低，是因为在前期房间内氧气充足，棉布可以得到充分燃烧，CO_2 浓度就会随着时间的发展而升高，当燃烧消耗掉氧气后，就会由充分燃烧转化为缺氧不充分燃烧，导致木材与棉布燃烧生成的 CO_2 浓度随着时间发展而下降。

4. FDS 模拟

FDS（fire dynamics simulation）软件是由美国国家技术标准局 NIST（National Institute of Standards and Technology）于 2000 年开发的，通过数值求解 Navier-Stokes 方程，模拟低速、热驱动的流动问题。

FDS 程序可以模拟计算烟气的流动情况，同时还可以根据燃料成分和计算空间内氧分布的情况计算得到计算空间内 CO 与 CO_2 的分布。FDS 按照以下化学反应计算燃烧产物的浓度[11]:

$$C_xH_yO_z + V_{O_2}O_2 \rightarrow V_{CO_2}CO_2 + V_{H_2O}H_2O + V_{CO}CO + V_{Soot}Soot$$

FDS 根据指定的燃料设置燃料的化学当量燃烧反应进行反应，并计算出 CO 与 CO2 浓度。

本文采用 FDS 程序模拟了木材明火燃烧房间中 CO 与 CO_2 浓度分布。根据实验条件建立 FDS 模型模拟计算。模拟火源材料设为木材。木材燃烧热值一般取为 19MJ/kg。

计算模拟时间取为 900s，FDS 计算得到的与实验测试相同点处的 CO 与 CO_2 浓度随时间变化曲线如图 6 所示。

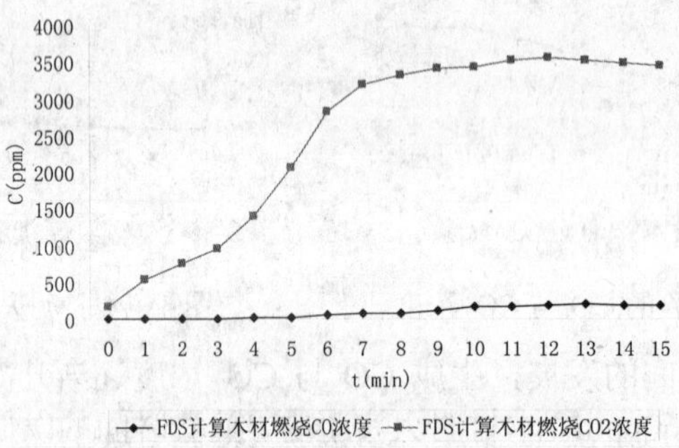

图 6　FDS 模拟的 CO 与 CO_2 浓度变化图

FDS 模拟计算结果与实验结果对比，可以看出，在燃烧的初期的 0～7min，FDS 计算的 CO 与 CO_2 浓度结果均略高于实验测试结果，在 7～15min 内 FDS 计算的 CO 与 CO_2 浓度结果则高于实验测试结果。FDS 计算最大 CO 浓度为 194ppm，实验测试最大浓度为 156ppm；FDS 计算最大 CO_2 浓度为 3560ppm，实验测试最大浓度为 3480ppm。

分析其原因，FDS 模拟是在程序中设定模拟条件，通过化学反应计算得到烟气中 CO 与 CO2 的浓度，认为木材充分燃烧。由于燃烧的复杂性，模拟计算中，设置的燃烧热释放速率的发展与实验条件下燃烧热释放速率发展不完全一致。

采用 FDS 模拟火灾烟气中 CO 与 CO_2 浓度和实验有一定的偏差，这是因为实验条件的复杂可变性带来的偏差。只要在设置上接近实验条件则能够得到较为满意的结果，这已经被大量研究者证实。

5. CO 与 CO_2 在地下商业街的迁移

火源附近人员受到高温烟气和燃烧影响，对危险意识较强，而远处（不受火源直接影响的区域）的人则反应迟钝，需要对非火源位置区域烟气中的 CO 与 CO_2 的浓度分布进行研究。

本文采用 FDS 程序，通过模拟计算，分析地下商业街疏散走道内 CO 与 CO_2 的浓度变化，讨论地下商业街内烟气中 CO 与 CO_2 浓度分布。

选择重庆某地下商业建筑中的一段商业街作为分析对象，地下商业街的平面图如图 7 所示，商业街高 4m。地下商业街 10 个店铺分布在疏散走道的两侧，走道尽头（测点 7）通向疏散楼梯间。

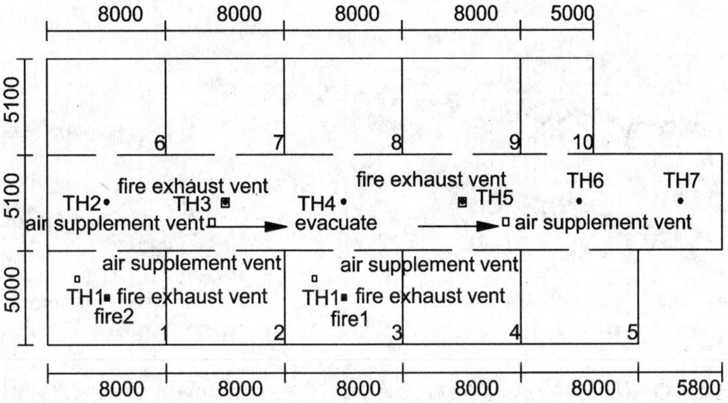

图 7　地下商业街平面图

采用 FDS 程序针对起火房室为商业街的中间一个店铺和端头一个店铺两种情况进行模拟，火源位置在店铺中心，如图 17 所示。根据《民用防排烟技术规程》，设有喷淋的商场最大火源热释放速率 Q 为 5MW，因此，在 FDS 里设置火源功率为 5MW，模拟时间为 1800s。走道布置的 7 个测点平面图如图 17 所示，测点高度均为 1.5m。

地下商业街防排烟系统，按照规范规定的单位面积排烟量和补风量进行设计，分别为 60m3/h 和 30m3/h。发生火灾时对起火室和走道进行排烟和补风，模拟计算的排烟口与补风口位置见图 17 所示，布置在商业街顶部。模拟计算时店铺门为敞开状况。

假定火源位于商业街中间和端头的一个店铺，见图 17。针对防排烟系统正常启动进行了模拟计算。并对火源位于商业街中间的一个店铺，防排烟系统失效情况进行了模拟计算。模拟方案见表 1。

表 1　模拟方案

Case	热释放速率 q	排烟量 Ve_1	补风量 Ve_2	火源位置
Case1	5	17000	8500	店铺 3
Case2	5	17000	8500	店铺 1
Case3	5	0	0	店铺 1

FDS 计算的商业街中间一个店铺发生火灾（Case1）而且防排烟系统正常工作情况下，起火室与走道各测点的 CO 与 CO_2 浓度计算结果如图 8a 与 8b 所示。从图可以看出，起火间 CO 浓度达到 600ppm、CO_2 浓度 13.28%；在走道远端 CO 最大浓度达到 182ppm；CO_2 最大浓度达到 4.42%。

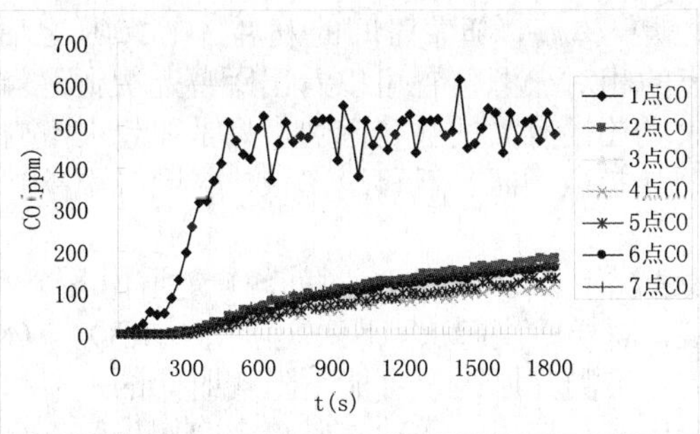

图 8a　不同测点 CO 浓度随时间变化曲线(Case1)

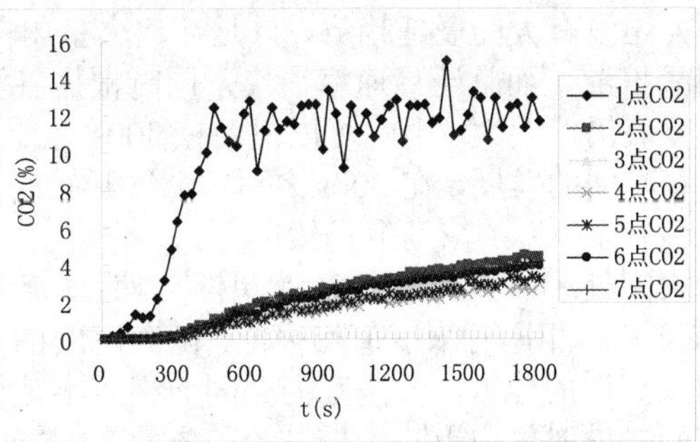

图 8b　不同测点 CO_2 浓度随时间变化曲线(Case 1)

FDS 计算当商业街端头一个店铺发生火灾（Case2），而且防排烟系统正常工作情况下，各测点的 CO 与 CO_2 浓度计算结果如图 9a 与 9b 所示。从图中可以看出，起火间 CO 浓度达到 400ppm、CO_2 浓度 9.8%；在走道远端 CO 最大浓度达到 202ppm，CO_2 最大浓度达到 4.94%。

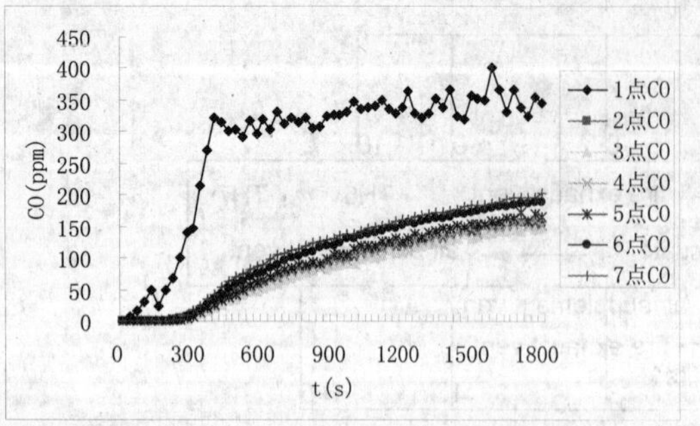

图 9a　不同测点 CO 浓度随时间变化曲线(Case 2)

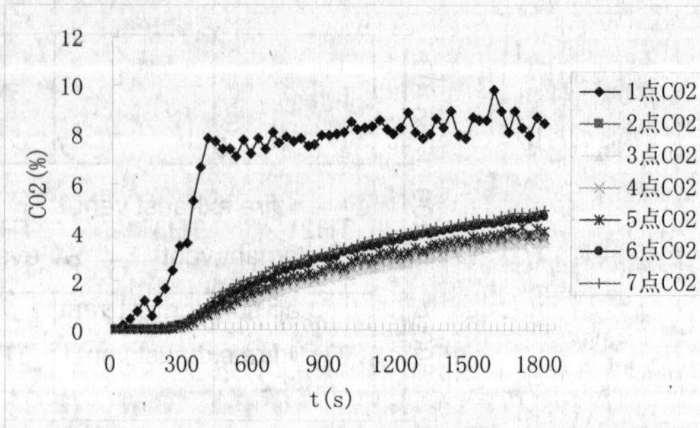

图 9b　不同测点 CO2 浓度随时间变化曲线(Case 2)

FDS 计算的，当商业街中间一个店铺发生火灾，防排烟系统失效情况下（Case3），各测点的 CO 与 CO_2 浓度计算结果如图 10a 与 10b 所示。从图可以看出起火间 CO 浓度达到 666ppm，CO2 浓度 16.31%；在走道远端 CO 最大浓度达到 310ppm，CO2 最大浓度达到 7.61%。而且随着时间推移，整个走道内的 CO 与 CO_2 浓度逐渐接近。

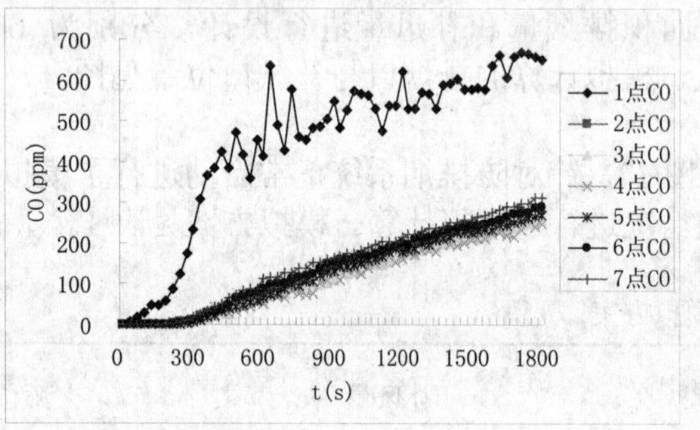

图 10a　不同测点 CO 浓度随时间变化曲线图

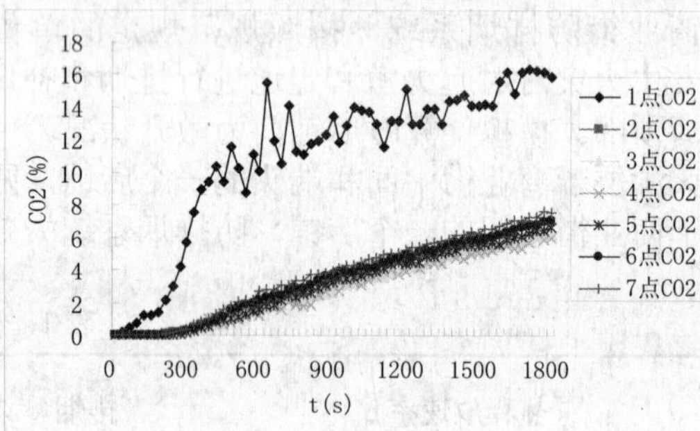

图 10b　不同测点 CO_2 浓度随时间变化曲线

(Case3，无防排烟)

图 11 和图 12 分别表示 FDS 计算的当商业街中间一个店铺发生火灾防排烟系统正常开启与失效情况下，不同时刻整个商业街 1.5m 高度处的 CO 与 CO_2 浓度分布。

当起火室处于商业街中间店铺而且防排烟系统正常工作情况下，在 0～300s 时间内，走道内各个测点的 CO 与 CO_2 浓度基本相同且浓度值均很低，随着时间的发展各个测点的浓度值就会出现差别。在 300s 之前，火灾还没有大的蔓延趋势，只是在起火室内发生烟气弥漫，随着时间的发展，在 300s 之后，烟气开始向外明显扩散，而且迁移速率很快，同时根据各测点的相对火源位置可以看出距离起火源远端，CO 与 CO_2 的浓度值仍然很大。由此可以说明在 300s 之前，火灾还没有大的蔓延趋势，只是在起火室内发生烟气弥漫，随着时间的发展，在 300s 之后，烟气开始向外明显扩散，而且迁移速率很快，同时距离起火源远端的走道，CO 与 CO_2 的浓度值仍然很大。

当起火室处于商业街中间店铺，且防排烟系统失效情况下，在 0～300s 时间内，走道内各个测点的 CO 与 CO_2 浓度基本相同且浓度值均很低，随着时间的发展，同样距离起火点距离远的地方 CO 与 CO_2 浓度大于距离起火点近的地方，但是它们之间的相差不是很大。推测其原因，可能是随着时间的发展，烟气弥漫至起火房间之外时，由于防排烟系统的失效，烟气就会形成自然填充运动，向整个空间扩散，直至最后达到平衡，走道空间各点的 CO 与 CO_2 浓度接近。

对比防排烟系统正常和失效情况下的计算结果表明，防排烟系统失效情况下的走道最大 CO_2 浓度为 7.6%，最大 CO 浓度为 181ppm；而防排烟系统正常工作情况下的走道最大浓度为 4.2%，最大 CO 浓度为 310ppm。显然，防排烟系统失效情况下造成的危险远大于正常工作情况下的危险果。

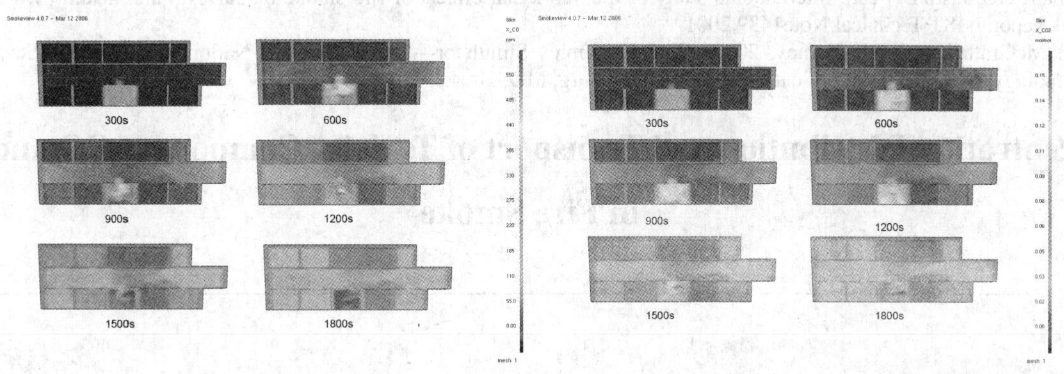

图 11a 不同时刻 Z=1.5m 断面 CO 浓度分布图(Case 1) 图 11b 不同时刻 Z=1.5m 断面 CO_2 浓度分布图(Case1)

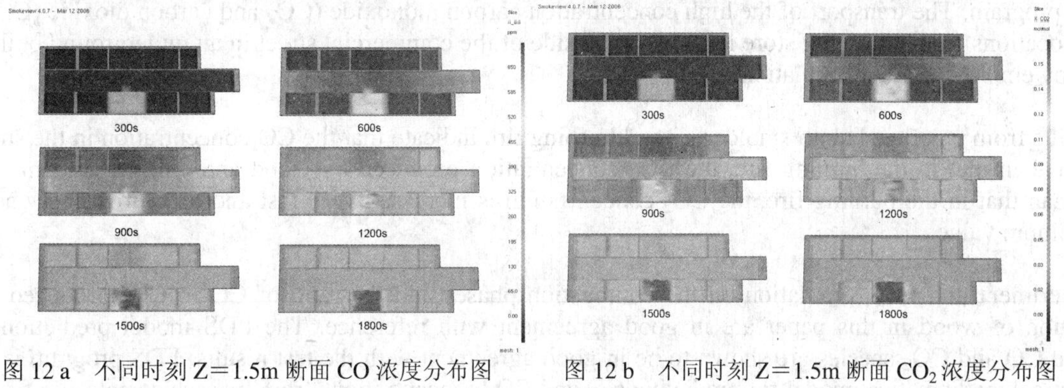

图 12 a 不同时刻 Z=1.5m 断面 CO 浓度分布图 图 12 b 不同时刻 Z=1.5m 断面 CO_2 浓度分布图 (Case3，无排烟)

6. 结论

作者通过火灾实验房间，研究了棉布与木材在阴燃与明火燃烧状态下烟气中的 CO 与 CO_2 的浓度变化。采用 FDS 分析了烟气中 CO 与 CO_2 在地下商业街走道迁移。论文研究结论如下：

① 木材与棉布阴燃产生的 CO 浓度远大于明火燃烧产生的 CO 浓度，燃烧前期明火燃烧产生的 CO_2 浓度高于阴燃产生的 CO_2 浓度，且明火燃烧时，CO_2 浓度在前期增长很快，到最大值后下降。

② 防排烟系统失效情况下，地下商业街走道内 CO 与 CO_2 浓度随着时间推移趋于一致，沿水平方向走道空间各点的 CO 与 CO_2 浓度相近，远离火源处的 CO 与 CO_2 浓度略高于火源近处。

③ 在防排烟系统正常工作情况下，沿着水平方向走道远离火源处的 CO 和 CO_2 维持相当高的浓度，甚至高于靠近火源处的浓度。

7. 参考文献

[1] Nelson G. L. Carbon Monoxide and Fire Toxicity: A Review and Analysis of Recent Work. Fire Technol. 1998, 34(1):39-58.

[2] 陈耀宏,任炳潭.洛阳市东都商厦/12.250 特大火灾人员大量死亡原因分析.消防科学与技术. 2001,5:57-59.

[3] 霍然,袁宏永编著. 性能化建筑防火分析与设计.合肥:安徽科学技术出版社,2003.

[4] Gann, R. G. Sublethal Effects of Smoke. Fire Technology. 2004, 40(2): 95-99.

[5] R. G., Averill, J. D., Butler, K. M., Jones, W. W., Mulholland, G. W.etc. Sublethal Effects of Smoke on Survival and Health. International Symposium, 2nd. Proceedings. March 26-28, 2001, Boston, MA, Interscience Communications Ltd., London, England, 285-296, 2001.

[6] 冯文兴,杨立中,方廷勇等.火灾中燃料失重速率与烟气向远距离处迁移关系的实验研究. 中国工程科学. 2005,1 (7) :81-85.

[7] 方廷勇,杨立中,冯文兴等.典型建筑结构中烟气毒物迁移的实验及数值分析.燃烧科学与技术.2005, 1(11):62-67.

[8] T. Y. Fang ,L. Z. Yang, R. Huang, W. X. Feng etc. The Relationship between Smoke concentration some distance down the Hallway and the Opening of the Room of Fire Origin. Journal of Fire Sciences . 2003, 21(4).

[9] Richard G. Gann Jason D. Averill Erik L. Johnsson Marc R. Nyden Richard D. Peacock. Smoke Component Yields from Room-scale Fire Test. Building and Fire Research Laboratory National Institute of Standards and Technology Gaithersburg, MD 20899-8664.

[10] LattimerBY, VandsburgerU, RobyRJ.Transport of High Concentrations of Carbon Monoxide to Locations Remote the Burning Compartment. Gaith2 ersburg: National Institute of Standards and Technology. 1997:12315.

[11] Rochard GG, JasonDA etal. International study of the sub lethal effects of fire smoke on survival and health (SEFS): Phase I Final Repot. NIST Technical Note1439,2001.
[12] K.B. McGrattan and G.P. Forney, 2004a. Fire Dynamics Simulator—User's Manual. National Institute of Standards and Technology, NIST Special Publication 1019, Gaithersburg, MD, 2004.

Concentration Distribution and Transport of Toxicity Component CO and CO_2 in Fire Smoke

Abstract

This paper presents the results from a series of clothe and wood fire tests to produce data on the yields of toxic products in both smoldering and burning fires. The yields of CO and CO_2 in fire room were tested and simulated by FDS program. The transport of the high concentration carbon monoxide (CO) and carbon dioxide (CO2) to the remote locations from a burning store located on the side of the commercial street in an underground building was studied by employing FDS simulation.

The results from wood and cloth smoldering and burning fire indicate that the CO concentration in the smoldering is higher than that in the burning fire, the CO_2 concentration produced by wood and cloth in the smoldering is higher than that in the burning fire, the CO_2 concentration is increased very fast and then dropping when it gets the maximum value.

The experiment and FDS simulation on the combustion phases and the ratio of CO to CO_2 produced from the combustion of wood in this paper are in good agreement with reference. The FDS model predictions for the predicted CO and CO_2 species are shown to be in good agreement with the test results. FDS program is a simple and practical mathematical model for predicting CO and CO_2 concentrations from full-scale enclosure fires.

Numerical simulation results for an underground commercial street indicate that the level of CO and CO_2 gradually become uniformly distributed state within the corridor while there is no smoke ventilation. And CO and CO2 concentrations far away the fire source may keep a high level or higher than those in the corridor near to the fire source when there is smoke ventilation. The further experiment studies should be conducted.

Key words: smoke toxicity, transport, CO, CO2, computational fluid dynamics (CFD).

作者简介

刘方，女，1965 年一 ，博士后，副教授，主要从事建筑防火技术与 CFD 技术研究。

浅谈公路隧道的性能化防火设计

覃文清

公安部四川消防研究所

摘　要

根据性能化的指导思想，总结近年来国内外一些公路隧道、地铁隧道、建筑的防火设计，对于公路隧道的防火安全问题的性能化设计进行了初步探讨。采用性能化防火设计的方法，使隧道的设计、建造、使用中应采取必要的防范火灾的消防安全技术措施，使隧道在耐火等级、防火分隔和消防设施上符合消防安全要求。

关键词：公路隧道；性能化防火设计；消防安全；防火保护

1　概　述

性能化防火设计是运用消防安全工程学的基本原理和方法，考虑火灾本身发生、发展和蔓延的基本规律，结合实际火灾中积累的经验，通过对建筑物及其内部可燃物和火灾危险性进行综合分析和计算，从而确定性能指标和设计指标。然后再预定各种可能起火的条件和由此所造成的火、烟蔓延途径以及人员疏散情况，来选择相应的消防安全保护措施，为建筑物提供足够的消防安全保障。目前国内外都非常重视性能化防火设计方法的研究和应用工作，我国已开始进行了许多卓有成效的研究，在许多大型建筑中也得到了初步应用。

从目前国内现行有关规程和规范来看，尚未对隧道的防火设计及消防设施有较具体的规定，未对隧道火灾时人员疏散方式有较明确的规定，因此为解决公路隧道火灾现象所带来的诸多灾难性问题，采用性能化防火设计的方法，是一条十分可行的途径。借鉴国内外先进的消防技术、消防产品，在现行消防技术规范基础上，采用经济合理的性能化防火安全设计方案，并得出一套完善可行的消防技术规定；有必要对隧道内火灾发生情况进行分析，找出较完善的隧道人员疏散方式。同时，在疏散过程中，必须较好地控制火灾烟气排除方向与人员疏散方向相反，以保证公路隧道的消防安全。根据性能化的指导思想，总结近年来国内外一些公路隧道、地铁隧道、建筑的防火设计，笔者对于公路隧道的防火安全问题的性能化设计进行了探讨。采用性能化防火设计的方法，使隧道的设计、建造、使用中应采取必要的防范火灾的消防安全技术措施，使隧道在耐火等级、防火分隔和消防设施上符合消防安全要求。

2　隧道的消防安全性能化设计方法

根据隧道的火灾原因和火灾隐患，及隧道火灾中烟气流动和火势蔓延即火焰的传播速度的特性，在隧道的设计、建造、使用中应采取必要的防范火灾的消防安全技术措施，使隧道在耐火等级、防火分隔和消防设施上符合消防安全要求。基于隧道火灾蔓延快，温度高，扑救条件差的特点，为了使隧道火灾发生后损失减少到最少，我们应该区分不同的火灾危险等级，从以下几个方面来考虑防火安全设计：（1）对结构防火保护进行设计，以提高隧道本身结构的耐火性能；（2）设计完善的灭火及控火系统；（3）设置有效的防排烟系统；（4）提供易于逃生的安全疏散通道；（5）科学的主动和被动监测系统；（6）隧道的防火分隔设计。以上安全措施互相补充协调，共同发挥作用，以对隧道火灾进行防范和控制。

2.1　对结构防火保护进行设计，以提高隧道本身结构的耐火性能

从隧道火灾对其结构产生破坏和造成影响的教训可知，在隧道防火设计中有必要对其内部结构进行防火处理。钢筋混凝土构件是一种不燃烧体，具有良好的耐火性，在空气中或高温作用时不起火、不微燃、不炭化，它虽然是不燃材料，实际上防火隔热性能较差，其原因是：预应力钢筋混凝土在 300℃时，强度

开始下降，500℃强度降低一半左右，800℃时，强度几乎丧失。混凝土在高温作用下会产生裂纹和强度丧失而破坏。图 1—1 是高温下混凝土的强度与温度关系。

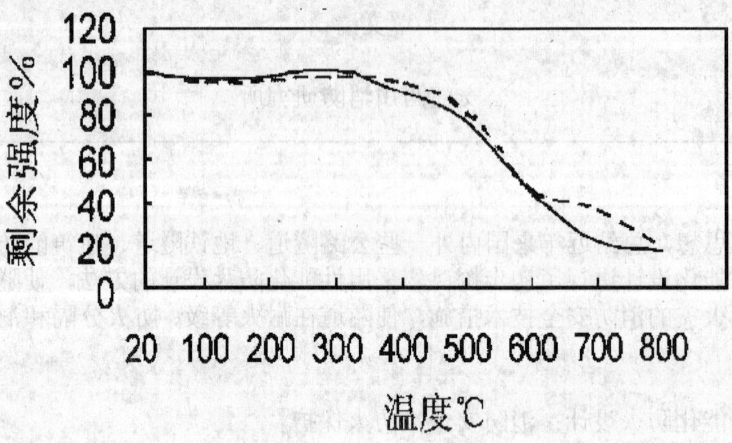

图 1-1 高温下混凝土的强度与温度关系

由图 1-1 可知，300℃以下的温度下，混凝土强度变化不大。当温度高于 300℃时，混凝土的强度随着温度升高而降低。当温度升到 600℃左右时，混凝土的强度下降约 50%。在隧道火灾中，有关实验表明：隧道中型火灾（相当于两辆货车相撞引起的火灾）3 分钟左右，隧道顶部温度可达 1000 摄氏度左右。均在半小时左右，隧道顶部钢筋表面混凝土酥裂，粘着力受到破坏，钢筋失去保护层而断裂垮塌，从而使构件承载力下降甚至失效，产生大的坍塌，侧壁也会失去稳定。

对隧道内部提供结构防火保护，提高隧道本身结构的耐火等级，使耐火极限达到 2 小时以上是很有必要的。在结构防火构造设计上，因而根据隧道的长度及车流量等，温度变化曲线是我们应予以重视的，应采用 H—C 曲线作为防火构造的依据。而隧道所用的材料耐火极限应为 1.5～3 小时，目前，隧道内防火保护材料一般采用喷涂隧道防火涂料和防火板材，以提高其耐火等级，防止隧道内钢材混凝土在火灾中迅速升温而降低强度，避免混凝土炸裂、衬内钢筋破坏失去支撑能力而导致隧道内垮塌，防止墙体内埋的电缆等设施烧坏。

2.2 设计完善的灭火及控火系统

由于隧道火灾的危害性，为使隧道火灾范围尽量得以控制，将隧道火灾扑灭于初起阶段。因此我们在隧道防火设计中必须考虑灭火及控火设施。在隧道内应配备必要的灭火器材，应设置消火栓系统以及便携式灭火器材。隧道的灭火系统设施目前主要采用了灭火器，消火栓和水喷雾系统。

1. 隧道内可能发生的火灾多为 A、B 类及带电火灾。灭火器用于扑灭初期阶段火灾，灭火器一般选用磷酸铵盐干粉灭火器和轻水泡沫灭火器，在隧道内壁每隔一段距离配置一定的消防灭火器材是很有必要的。

2. 消火栓系统是在火灾扩大而灭火器不起作用时使用。在隧道的两侧间隔一定距离设置墙式消火栓，系统供水管道应形成环网，在比较长的隧道设计中还应考虑到管道的水流损失。消防泵的启动方式目前我国主要采用消火栓箱内的按钮启动，泵房内手动启动，控制中心遥控启动并显示水泵开启状况等三种方式组合。此外还考虑操作对象使用的方便，既在适合现场人员（非职业队员）方便进行灭火，又要适合消防队员进攻救援时的需要。在日本的隧道中，墙式消火栓的启动杆与消火栓喷嘴设计成联锁动作，只要拉出喷嘴，水泵即同时启动开始喷水。这对于非职业人员在火灾初期时扑救火灾相当方便。

3. 在隧道设计中自动灭火形式目前主要还是考虑水喷雾系统。如果采用闭式系统，无法确定设计所需打开的喷头数，从而难以设定设计参数，所以一般都采用开式的水喷雾系统。

在隧道内部火灾发生后并扩大时，采用水喷雾系统主要是压制火势，冷却热气流，防止车辆及车上装载货物的火势蔓延，对隧道及各种设备的防护起到一定的效果，同时可以为人员的疏散争取时间，为扑救作业提供便利。

水喷雾的设计按隧道允许通行车辆的情况来假定火灾的规模，小轿车（潜热值 5MW～10MW）、卡车（潜热值 100MW）、油罐车（潜热值 300MW），从而进一步确定水喷雾的用水量及一组的保护范围，考虑到可能火灾发生在两组水喷雾之间，交界之处不可出现喷水盲区，两组水喷雾需要同时作用，因此在设计中水喷雾系统用水量应考虑两组的水量。如果隧道每组水喷雾的保护长度按 30m 设计，则水量应按 6L/（min·m）计算。

2.3 隧道的通风排烟设计

隧道火灾烟气流动和火焰传播、扩散是一个十分复杂的现象，尚待从理论分析、试验技术等方面进行深入的研究、探讨。隧道火灾危害主要来自于烟气和火势蔓延，而烟气的扩散和火焰传播的速度完全被隧道气流控制，通过对大量的研究表明，导致隧道火灾中人员死亡的主要原因是逃生过程中吸入了有毒的烟气。因此，在长距离隧道中对烟气流进行合理的控制是相当重要的。在隧道的通风排烟设计中需要对隧道火灾中烟气流动和火焰传播速度的特性有一定的了解。

2.3.1 隧道火灾中烟气流动的特性

无风隧道中烟气自由流动扩散的主要特性，其特征表现为缓慢而非稳定的流动扩散过程。火灾初起阶段烟气在隧道上部空间呈流束状的纵向延伸，同时逐渐向下部空间的空气区横向扩展。这种烟气、空气的分层作用将随着烟气的扩散逐渐减弱以致消失，在一定距离处以全断面的烟气流状态继续扩散；已形成的流束状烟气也渐趋消失。其结果在隧道中形成大范围的、高浓度的烟气危害区，在火灾初起阶段，利用烟雾、空气的分层现象和烟雾缓慢扩散的特性，可对防灾起到积极作用。但是，当自由扩散形成烟气危害区后，将对防灾产生十分不利的影响。利用通风气流改变这一流动扩散形态，将对控制隧道火灾、防灾产生明显的效果。

在自然风控制下隧道中的烟气受限流动扩散特性。其特征表现为：在下部烟气区，燃烧生成的烟气即刻被气流裹携，并在强烈的混掺作用下很快扩散至整个流区空间。烟雾区位置和对烟雾的稀释程度，是与火灾的强度和发生位置密切联系的。在少数特定的条件下，直接利用自然风控制火灾烟雾可以获得良好的防灾效果，但大多数情况下将对防灾产生不利影响甚至造成严重后果。因此，利用风机对气流的调节作用，改变烟雾扩散形态以利控制隧道火灾是十分必要的。

隧道通风与隧道火灾的控制及防灾有着十分密切的关系，如何防止因烟气和火势蔓延危害而导致火灾的严重后果，是隧道通风防灾技术中的一个关键问题。通过气流的调控改变烟气和火焰传播扩散的特性，不仅是必要的，而且也是可行的。

2.3.2 隧道火灾中火焰传播速度的特性

在一绝热的混凝土长管中充满混合均匀的燃气（混气），在管的一端加热点燃混气，使形成火焰。此后依靠导热的作用将能量输送给火焰邻近的冷混气层，使这些层的混气温度升高而引起化学反应（燃烧），并形成新的火焰。这样，一层一层的新鲜混气依次着火，见图 1-2 所示，也即薄薄的化学反应区-火焰前峰（或波前）开始由点燃的地方向未燃混气传播，它使已燃区和未燃区之间形成了明显的分界线。火焰位移速度是火焰前峰在未燃气中前进相对于实验坐标系的速度，其前峰的法向（正交）指向未燃气体，见图 1-3。若火焰前峰在 t 和 t+dt 时间间隔内的位移为 dn,则位移速度为：

$$u=\frac{dn}{dt}$$

火焰传播速度（在正常传播过程中又称正常传播速度或正交速度）是火焰相对于远处的未燃混气在其法线方向上的速度。

若设火焰前峰的位移速度为 u，未燃气流速为 w，它在火焰前峰法向（正交）上之分速为 w_n，则火焰传播速度 s 为：

$$s=u\pm w_n$$

在无风隧道火灾中，气流特征表现为缓慢而非稳定的流动扩散过程。气流速度约等于零，即 w=0 时，则 s=u，这时火焰移动的速度就是火焰传播速度。此时火源正上方的顶棚温度将升高，通过辐射热量的返回，燃烧速度将猛烈增加，将对防灾产生十分不利的影响。因此如果使隧道内产生一定程度的气体流动，利用通风气流改变这一火焰传播的状态，对控制隧道火灾、防灾产生显著的效果。

在自然风控制下隧道火灾中的气流受限流动，当位移速度 u 与气流速度的方向一致时，则取负号，反之则取正号。利用射流风机对气流的调节作用，改变火焰传播扩散方向和速度来控制隧道火灾是十分必要的。

利用风机改变隧道火灾中的自然风状态（包括静止状态），气流完全被控制而强制流动，这时位移速度 u 与气流速度的方向一致，则 $s = u - w_n$。由于气流的调控不仅可以进行不同幅度的增速、减速调节，而且还能改变流动的方向，因此，被调控气流所控制的火焰传播也随之变化。如果是一定程度的风速的话，和敞开空间的火焰传播燃烧速度差不多，且连续稳定燃烧；如果风速减弱，火焰传播燃烧速度将猛烈增加。认识这种火焰传播扩散特性对控制应隧道火灾是非常重要。

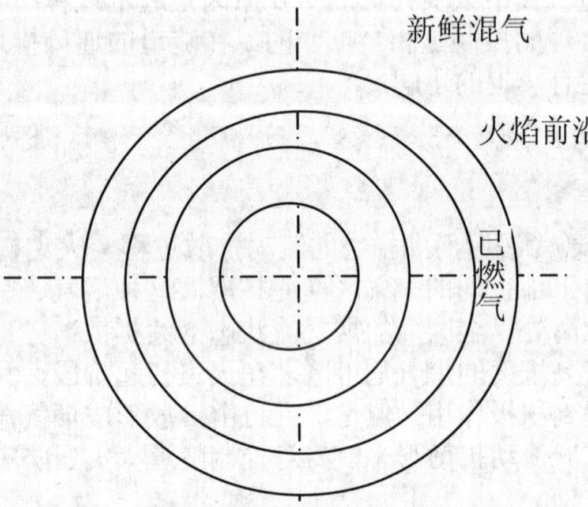

图 1-2　火焰传播示意图

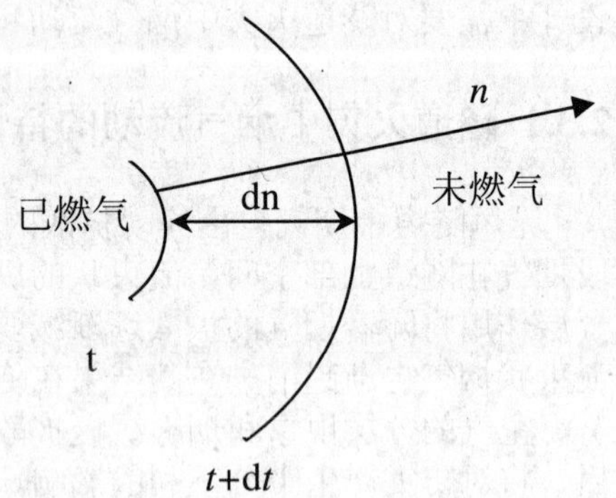

图 1-3　火焰传播速度方向示意

根据隧道火灾中烟气流动和火焰传播速度的特性，目前隧道排烟设计基本上与通风设计相结合，在正常情况下具有通风功能，满足环保的要求；而在火灾情况下为排烟、控烟功能，其主要目的是为在场人员创造一个安全的疏散路线，同时帮助救火人员顺利到达火灾现场。排烟的方式可以分为横向排烟方式和纵向排烟方式两种。

横向排烟方式是通过沿隧道的整个长度持续均匀的送风或排风。目前采用横向排烟方式时，在较长的隧道中大部分选用全横向排烟方式。全横向排烟方式具有正常交通运行时最好的通风效果和火灾时迅速排烟的安全性。

2.4　隧道的安全疏散设计

安全疏散始终在防火设计中占有很重要的位置。特别在较长的隧道中，如何来确定人员疏散方式及疏散距离更为重要。隧道内应设事故照明和明显的安全疏散引导标志，以便火灾时指示人们的避难方向。在隧道及连接通道中应设置应急照明，它能在隧道供电中断及发生火灾时起到诱导疏散作用。应急照明由交流及直流蓄电池电源供电，维持 30min 供电。根据经验，设置低位诱导标示对人员及时疏散和逃生具有明显的意义。为提高应急措施的可靠性，应靠连接通道一侧沿线设置诱导标识灯。在灾情时，人员可迅速由此进入安全通道疏散，并指令另一隧道管停止交通以供人员疏散。

2.5　隧道的监测系统设计

早期发现起火点，并且及时地采取措施，使其不扩大成灾是我们在消防设计中的一个重要环节。在隧道内根据 NFPA502《公路隧道、桥梁及其它限制公路标准》要求自动火灾探测系统必须能够在 15m 范围内确定火灾的位置。且必须至少提供两种探测系统，确定及定位隧道内的火源。

设置火灾自动报警系统作为一种主动监测方式，一般设在电缆层和车行段，由于在火灾发生后会产生、聚集大量的烟及热，且在隧道中一般的风速为 2m/s ～10m/s，在车行段采用传统的烟感或温感似乎很难探测到准确位置，这样对于联动水喷雾系统灭火就很难达到效果。所以在设计中报警系统探测器的选用上应充分考虑到报警点和实际着火点位置的误差及以后的维护。

隧道应设置闭路电视监控系统作为被动监测系统，由控制中心值班员监视整条隧道，可以在发生火灾（或其他灾情）时与自动监测系统配合，及时了解准确的地点、现场和灾害和乘客疏散情况。

2.6 隧道的防火分隔设计

为了防止火灾蔓延及烟气的扩散，较长的隧道应结合隧道本身的结构或隧道内的通风区域划分成若干个防火防烟分区，防烟分区应与防火分区一致；为了通风的需要，较长的隧道都设有风井与隧道相连，而风井一般都较高，如果隧道内发生火灾，风井就象烟囱一样，助长火势蔓延，影响风井内的所有设备。因此将风井与隧道之间分隔，所有相通的门均应做成耐火等级较高的防火门，凡风井与隧道相连的孔洞均应采用防火阻燃封堵材料；严禁与隧道无关的电缆、输送可燃气体和液体的管线穿越隧道。

3 结 语

随着我国经济建设的快速发展，高等级公路隧道日益增多，高速公路网络将在全国迅速形成，公路隧道的大量增加，在消防规范和审核工作中我国沿用多年的现行规范显得相对滞后。特别是在沿海发达城市，单向、双向、较长的公路隧道正成为城市建筑发展的一个新趋向，综上所述，隧道的防火设计是一门综合性科学，是多专业共同采取安全措施的综合体现，我们可以在学习国外先进经验技术的基础上，利用性能化设计的思想来弥补现行处方式防火规范的不足，在隧道的设计、建造和使用中对火灾进行防范和控制，以适应飞速发展的社会需求，保证公路隧道的消防安全，最大限度保障人民生命财产安全。

参考文献

[1] 兰利敏译，交通隧道的防火——大规模试验的初步研究结果，隧道译丛，1994.（2）
[2] S.Kotch，G.Yamanaka，Air flow analyses in a longitudinally ventilated road tunnel on a fire AsmE/JsmE.Thermal engineering Proceedings Volume 5-AsmE，1991
[3] G.K.Pucher，Retardatiol of air movement following a fire in a tunnel ventilated with jetblowers，Osterreichieshe Ingenieur-Zeitschrifk，vol.22，No.3，mor.1979
[4] 覃文清 李风主编，材料表面涂层的防火阻燃技术 北京：化学工业出版社，2004
[5] Basic Considerations in the Combustion of Hydocarbon Fuels With Air,NACA;TR1300;1957
[6] 程文襄． 混凝土及砌体结构[M]． 武汉：武汉大学出版社，2000
[7] 覃文清 李风 隧道火灾与防范 消防科学与技术 2004(3):54-56
[8] 李元洲，等。隧道火灾烟气发展的模拟计算研究[J]。中国工程科学，2004，2（6）：67—72。
[9] 彭立敏等。隧道火灾后衬砌承载能力的可靠度评估方法[J]。中国铁道科学，1998，4（19）：88—94。

Discussion On Performance–based Fire Protection Design In Road Tunnel

Sichuan Fire Research Institute of Public Security Ministry 266,Waibei St,Dujiangyan ,Sichuan 611830,China

Abstract: According to the guideline in performance-based fire protection design and the internal and external experience in fire protection design in road tunnel, subway tunnel and building, it was discussed on performance-based fire protection design in road tunnel in this paper. Performance-based fire protection design could keep the process in design, construction and use of the tunnel applying some necessary steps to have the tunnel get satisfactory conditions of fire rating, fire compartmentation and fire equipment in fire safety.

Keywords: Road Tunnel, Performance-based Fire Protection Design, Fire Safety, Fire Protection

作者简介

覃文清，女，51 岁，研究员，1982 年 1 月毕业于华东化工学院（现华东理工大学），长期从事防火涂料及阻燃材料的产品开发研究和阻燃技术方面的理论研究工作。研究出饰面性防火涂料、钢结构防火涂料、电缆防火涂料、预应力混凝土楼板防火涂料、隧道防火涂料等多项科研成果分别获得部、省级科技成果进步奖，已在全国各地广泛地推广应用，取得了显著的社会效益和经济效益。联系地址:四川都江堰市 102 信箱，电话：（028）87123780，13908072652，邮编：611830，E-mail: Xfkyszhs@mail.sc.cninfo.net